“十二五”普通高等教育本科国家级规划教材
普通高等教育“十一五”国家级规划教材
高等学校电子信息类精品教材

数字图像处理学

（第4版）

阮秋琦　编著

電子工業出版社
Publishing House of Electronics Industry
北京·BEIJING

内容简介

本书为国家“十一五”“十二五”规划教材和国家级精品教材。

全书分十章,包括:绪论,图像、图像系统与视觉系统,图像处理中的正交变换,图像增强,图像编码,图像复原,图像重建,图像分析,数学形态学原理,模式识别的理论和方法。每一章都安排了大量的思考题,供教学或自学练习,以便加深对本书所述内容的理解。

随本书附带的立体化教学素材可在电子工业出版社的华信教育资源网上免费下载。

本书可供从事信号与信息处理、通信、自动控制、遥感、生物医学工程、医学、物理、化学、计算机科学乃至经济、商务及社会科学的科研人员、大专院校的教师及本科生、研究生参考学习。

图书在版编目(CIP)数据

数字图像处理学/阮秋琦编著.—4版.—北京:电子工业出版社,2022.5
ISBN 978-7-121-43307-8

Ⅰ.①数… Ⅱ.①阮… Ⅲ.①数字图像处理-高等学校-教材 Ⅳ.①TN911.73

中国版本图书馆CIP数据核字(2022)第065835号

责任编辑:韩同平
印　　刷:三河市鑫金马印装有限公司
装　　订:三河市鑫金马印装有限公司
出版发行:电子工业出版社
　　　　　北京市海淀区万寿路173信箱　邮编100036
开　　本:787×1092　1/16　印张:31.5　字数:1008千字
版　　次:2000年12月第1版
　　　　　2022年5月第4版
印　　次:2023年1月第2次印刷
定　　价:119.80元

凡所购买电子工业出版社图书有缺损问题,请向购买书店调换。若书店售缺,请与本社发行部联系,联系及邮购电话:(010)88254888, 88258888。

质量投诉请发邮件至zlts@phei.com.cn,盗版侵权举报请发邮件至dbqq@phei.com.cn。

本书咨询联系方式:88254525,hantp@phei.com.cn。

前　言

数字图像处理起源于20世纪20年代，当时通过海底电缆从英国的伦敦到美国的纽约采用数字压缩技术传输了第一幅数字照片。此后，由于其在遥感等领域的应用，图像处理技术逐步受到关注并得到相应的发展。1964年美国的“喷气推进实验室”处理了由太空船“徘徊者七号”发回的月球照片，这标志着第三代计算机问世后数字图像处理开始得到普遍应用。CT的发明、应用及获得倍受科技界瞩目的诺贝尔奖，使得图像处理技术大放异彩。其后，数字图像处理技术发展迅速，目前已成为工程学、计算机科学、信息科学、统计学、物理、化学、生物学、医学甚至社会科学等领域中各学科之间学习和研究的对象。随着人工智能、大数据、云计算、物联网的提出以及Internet的广泛应用，图像处理科学与技术已是现代信息处理领域的热点课题。而且随着科技事业的进步以及人类需求的多样化发展，多学科的交叉、融合成为现代科学发展的突出特色和必然途径，因此，图像处理科学与技术逐步向其他学科领域渗透并为其他学科所利用是科学发展的必然。图像处理科学又是与国计民生紧密相联的一门应用科学，它已给人类带来了巨大的经济和社会效益，不久的将来它不仅在理论上会有更深入的发展，在应用上亦是科学研究、社会生产乃至人类生活中不可缺少的强有力的工具。它的发展及应用与我国的现代化建设联系之密切、影响之深远是不可估量的。在信息社会中，图像处理科学无论在理论上还是实践上都存在着巨大的潜力。

本书最早源于作者1983年的一套讲义，后来在经过几轮教学后正式出版了《数字图像处理基础》教材，也是国内最早的图像处理方面的教材之一。随着图像处理科学的发展和日益广泛的应用需求，各个院校都在开设数字图像处理课程。在同仁的关心和帮助之下，2000年编著了《数字图像处理学》一书。

自《数字图像处理学》出版以来，深受广大读者的青睐，经多次修订完善，先后荣获：

2006年　普通高等教育“十一五”国家级规划教材。

2011年　“十二五”普通高等教育本科国家级规划教材。

2011年　教育部普通高等教育精品教材。

2007年　北京交通大学的“数字图像处理”课程被评为国家级精品课程。

本书第4版仍然分为10章，根据作者多年教学及科研实践的体会并参考相关文献概括地描述了图像处理理论和技术所涉及的各个分支。众所周知，图像处理理论和技术所包含的内容是如此之广阔，以至各章都涉及更加专深的理论及内容，因此，每一个章节自成一书亦不为过。第4版系统地介绍了数字图像处理的基本理论和方法，其目的是使读者对图像处理有一个全面的了解，同时增加了近年来图像处理理论和算法的新进展，以便为读者进一步深入研究打下一个扎实的基础。

第4版的内容安排如下：

第1章详细介绍了图像处理科学与技术的起源、发展、核心理论及未来的主要发展动向，图像处理工程涉及的图像信息获取、存储、传输、处理及显示五大领域，同时对图像处理的八项内容做了概括性的介绍，以期使读者对图像处理科学与技术的体系有较为全面的了解。

图像是与光学有关的科学，图像处理既与信源(图像)有关，也与信宿(人眼或受信机)有关，第2章对图像、图像处理系统及视觉系统相关的知识做简单介绍，以开阔读者的视野。

第3章主要介绍图像处理中涉及的主要数学工具。众所周知，图像处理涉及大量的数学知识，其中正交变换是十分重要的预处理环节，本书详细介绍了图像处理常用的傅里叶变换、沃尔什变换、余弦变换、斜变换、哈尔变换、小波变换的理论、算法及实现，为读者后续学习打下坚实的数学基础。

第4~6章分别对数字图像处理的主要方法——图像增强、图像编码、图像复原做系统介绍，并增加了最新的SIFT和图像修复等方法的介绍。这些处理的特点是从图像到图像的处理方法。

第7章介绍图像重建，使读者理解图像处理的另一类处理特点，以进一步掌握从数据到图像的处理方法。

第8章的图像分析是从图像到景物描述的处理，它包括目标检测、图像分割、特征提取及描述等一系列处理。

第9章是以随机集论和积分几何为基础的图像处理方法，本章对膨胀、腐蚀、击中与击不中变换等做了详细介绍，使读者对这种特殊的处理方法有全面的了解。

第10章系统而全面地介绍模式识别的理论与方法，对统计识别、句法结构识别和模糊识别法进行了详细的讨论，同时对当前炙手可热的深度学习理论进行了详细诠释，这也是人工智能领域的支柱知识，同时给出了一些应用实例。

本书第4版根据读者和广大教师的建议进一步修改和增添了辅助内容，如实验、课件及编程实例，根据多年的实践编制的实验演示软件既可以用作教学或自学演示，以便加深读者的感性认识，也可以在教学中用作实验软件或直接用于图像处理。此外，为教学方便，本版教材还附上短学时（32学时）、长学时（64学时）及研究生教学的课件3套，选用该书的教师可根据教学时数及内容裁剪。同时本书还附上了多个C语言的编程实例，涵盖各种处理方法的实用MATLAB图像处理函数、标准图像库、来自科研实践的教学案例以及MOOC等辅助教学资源，使本书成为了一本适合本、硕、博一体化培养的“立体化”的教学用书。

教学辅助资料目录如下：

1. 数字图像处理学C语言程序实例；
2. 数字图像处理学MATLAB编程学习及演示软件；
3. 数字图像处理学MATLAB编程源程序实例；
4. 数字图像处理学教师参考课件；
5. 数字图像处理学教学案例；
6. 数字图像处理学实验；
7. 图像处理中的常用标准图像；
8. 国际标准Huffman编码表；
9. 数字图像处理学MOOC；
10. 详细参考文献。

具体内容可登录电子工业出版社的华信教育资源网下载：www. hxedu. com. cn。

本书第4版在编写中得到学校行政部门的大力支持，同时在编程实验、案例及MOOC制作中也得到本人指导的博士生、硕士生的帮助，如付树军博士、仵冀颖博士提供了多幅图例，王雪峤博士编写和校验了全部MATLAB图像处理函数，安高云博士和金一博士参与了MOOC制作，同时许多硕士生为案例的形成提供了大量的素材。此外，本书第4版还引用了一些论文和资料，对此，本人深表感谢。本书第4版之所以能高效率、高质量地及时出版，也是与电子工业出版社的支持分不开的，在此表示由衷的感谢。由于本人水平所限，书中一定会有许多不足之处，敬请读者批评指正。

作者（qqruan@ bjtu. edu. cn）
于北京交通大学

目　录

第 1 章　绪　论

1.1　序　言

人类传递信息的主要媒介是语音和图像。据统计，在人类接收的信息中，听觉信息占 20%，视觉信息占 60%，其他如味觉、触觉、嗅觉加起来不过占 20%。所以，作为传递信息的重要媒体和手段——图像信息是十分重要的，俗话说的“百闻不如一见”、“一目了然”都反映了图像在传递信息中的独到之处。

照相术的发明和研究可认为是图像处理的起源，世界上公认的第一幅照片（见图 1-1）由法国人尼埃普斯于 1827 年拍摄，1839 年法国科学与艺术学院宣布达盖尔（见图 1-2）获得摄影术专利。

图 1-1　世界上第一幅照片

图 1-2　摄影专利获得者达盖尔

图像处理技术的最早应用当属遥感与医学领域。世界上出现第一幅照片（1827 年）及意大利人乘飞机拍摄了第一张照片（1909 年），通常被认为是遥感技术的起源，也是图像处理技术的兴起。在医学领域中利用图像进行直观诊断可追溯至 1895 年 X 射线的发现。德国维尔茨堡大学校长兼物理研究所所长伦琴教授（1845—1923 年，见图 1-3），在他从事阴极射线的研究时，发现了 X 射线。1895 年 11 月 8 日傍晚，他在研究阴极射线时，为了防止外界光线对放电管的影响，也为了不使管内的可见光漏出管外，他把房间全部弄黑，还用黑色硬纸给放电管做了个封套。为了检查封套是否漏光，他给放电管接上电源，当他看到封套没有漏光时，感到十分满意。可是，当他切断电源后，却意外地发现一米以外的一个小工作台上有闪光，闪光是从一块荧光屏上发出的。他非常惊奇，因为阴极射线只能在空气中传播几厘米，这是别人和他自己的实验早已证实的结论。于是他全神贯注地重复刚才的实验，把荧光屏一步步地移远，直到 2 米以外仍可见到屏上有荧光。至此，伦琴确信这不是阴极射线了。治学态度非常严谨认真的伦琴经过反复实验，确信这是一种尚未为人所知的新射线，便取名为 X 射线。他发现的 X 射线可穿透上千页书、2~3 厘米厚的木板、几厘米厚的硬橡皮、15 毫米厚的铝板等。可是 1.5 毫米的铅板几乎就完全把 X 射线挡住了。

他还偶然发现 X 射线可以穿透肌肉照出手骨轮廓，有一次他夫人（见图 1-5）到实验室来看他时，他请她把手放在用黑纸包严的照相底片上，然后用 X 射线对准照射 15 分钟，显影后，底片上清晰地呈现出他夫人的手骨图像，手指上的结婚戒指也很清楚，如图 1-4 所示。这就是第一张具有历史意义的图像。这类成像技术后来在医学领域发挥了巨大作用，同时也促进了图像技术的发展。

图 1-3　德国科学家伦琴

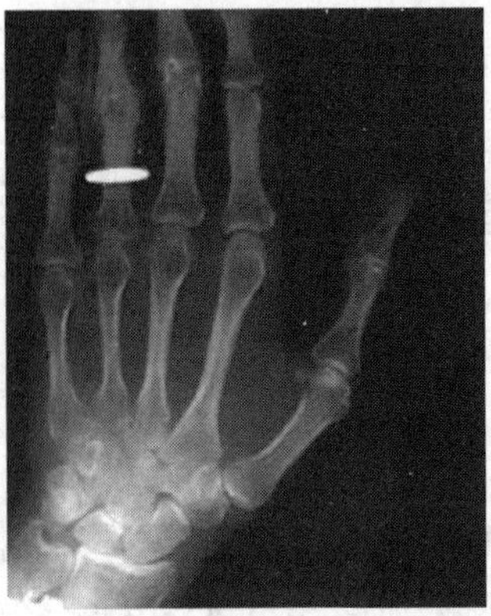

图 1-4　世界第一张 X 光图像

图 1-5　伦琴教授的夫人

数字图像处理技术起源于 20 世纪 20 年代,当时通过海底电缆从英国伦敦到美国纽约传输了一幅照片,它采用了数字压缩技术。就当时的通信技术水平来看,如果不压缩,传一幅图像要一星期时间,压缩后只用了 3 小时。1964 年美国的“喷气推进实验室”处理了由太空船“徘徊者七号”发回的月球照片,这标志着第三代计算机问世后数字图像处理概念开始得到应用。其后,数字图像处理技术发展迅速,目前已成为工程学、计算机科学、信息科学、统计学、物理、化学、生物学、医学甚至社会科学等领域中各学科之间学习和研究的对象。如今数字图像处理技术已给人类带来了巨大的经济和社会效益。未来,它不仅在理论上会有更深入的发展,在应用上亦是科学研究、社会生产乃至人类生活中不可缺少的强有力的工具。

当前图像处理面临的主要任务是研究新的处理方法,构造新的处理系统,开拓更广泛的应用领域,构建图像处理自己的理论体系。

图像处理科学对人类具有重要意义,它表现在如下三个方面。

(1) 图像是人们从客观世界获取信息的重要来源

人类通过感觉器官从客观世界获取信息,即通过耳、目、口、鼻、手以听、看、味、嗅和触摸的方式获取信息。在这些信息中,视觉信息占 60%~70%。视觉信息的特点是信息量大,传播速度快,作用距离远,有心理和生理作用,加上大脑的思维和联想,具有很强的判断能力。其次是人的视觉十分完善,人的眼睛灵敏度高,鉴别能力强,不仅可以辨别景物,还能辨别人的情绪。由此可见,图像信息对人类来说是十分重要的。

(2) 图像信息处理是人类视觉延伸的重要手段

众所周知,人的眼睛只能看到可见光部分,但就目前科技水平看,能够成像的并不仅仅是可见光。一般来说可见光的波长为 0.38~0.8μm,而迄今为止人类发现可成像的射线已有多种,如:γ 射线波长为 0.003~0.03nm;X 射线波长为 0.03~3nm;紫外线波长为 3~300nm;红外线波长为 0.8~300μm;微波波长为 0.3~100cm。这些射线均可以成像。利用图像处理技术把这些不可见射线所成图像加以处理并转换成可见图像,实际上大大延伸了人类视觉器官的功能,扩大了人类认识客观世界的能力。

(3) 图像处理技术对国计民生有重要意义

图像处理技术发展到今天,许多技术已日趋成熟。在各个领域的应用取得了巨大的成功和显著的经济效益,在工程领域、工业生产、军事、医学以及科学研究中的应用已十分普遍。例如:通过分析资源卫星得到的照片可以获得地下矿藏资源的分布及埋藏量;利用红外线、微波遥感技术不仅可以进行农作物估产、环境污染监测、国土普查,而且还可以侦查到隐蔽的军事设施;X 射线 CT 已广泛应用于临床诊断,由于它可得到人体内部器官的断层图像,因此,可准确地确定病灶位置,为诊断和治疗疾病带来了极大的方便。至于在工业生产中的设计自动化及产品质量检验中更是大有可为。在安全保障及监控方面图像处理技术更是不可缺少的基本技术,如无损安全检查、指纹、虹膜、掌纹、人脸等生物特征识别与认证等应用例子随处可见;在信息安全中的信息隐藏及数字水印技术以其不可替代的优势也正受到广泛的关注,至于在通信、多媒体技术及人工智能中,数字图像处理更是重要的关键技术。因此,图像处理技术在国计民生中的重要意义是显而易见的。正因为如此,图像处理理论和技术受到了各界的广泛重视。在科学工作者的不懈努力之下,已取得了令人瞩目的成就,并正在向更加深入及更高的层次发展。

1.2 图像处理技术的分类

图像处理技术基本可分为两大类,即模拟图像处理和数字图像处理。

1. 模拟图像处理

模拟图像处理(Analog Image Processing)包括:光学处理(利用透镜)和电子处理,如照相、遥感图像处理、电视信号处理等。模拟图像处理的特点是速度快,一般为实时处理,理论上讲可达到光的速度,并可同时并行处理。电视图像是模拟信号处理的典型例子,它处理的是活动图像,25 帧/秒。模拟图像处理的缺点是精度较差,灵活性差,很难有判断能力和非线性处理能力。

2. 数字图像处理

数字图像处理(Digital Image Processing)一般都用计算机处理或实时的硬件处理,因此,也称之为计算机图像处理(Computer Image Processing)。其优点是处理精度高,处理内容丰富,可进行复杂的非线性处理,有灵活的变通能力,一般来说只要改变软件就可以改变处理内容。其缺点是处理速度还有待提高,特别是进行复杂的处理更是如此。一般情况下处理静止画面居多,如果实时处理一般精度的数字图像,计算机大约要具有 100MIPS 的处理能力;其次是分辨率及精度尚有一定限制,如一般精度图像是 512×512×8bits,分辨率高的可达 2048×2048×12bits,如果精度及分辨率再提高,所需处理时间将显著地增加。

广义上讲,一般的数字图像很难为人所理解,因此,数字图像处理也离不开模拟技术,为实现人—机对话和自然的人—机接口,特别需要人去参与观察和判断的情况下,模拟图像处理技术是必不可少的。

1.3 数字图像处理的特点

数字图像处理的特点表现在如下几个方面。

(1) 图像信息量大

在数字图像处理中,一幅图像可看成是由图像矩阵中的像素(pixel)组成的,每个像素的灰度级至少要用 6bit(单色图像)来表示,一般采用 8bit(彩色图像),高精度的可用 12bit 或 16bit。一般分辨率的图像像素数为 256×256 像素、512×512 像素,高分辨率图像可达 1024×1024 像素或 2048×2048 像素。

例如: $256\times256\times8=64$ Kbytes, $512\times512\times8=256$ Kbytes

$1024\times1024\times8=1$ Mbytes, $2048\times2048\times8=4$ Mbytes

X 光照片一般有 64~256Kbytes 的数据量,一幅遥感图像有 $3240\times2340\times4=30$Mbits,因此,大数据量为存储、传输和处理都带来了巨大的困难。

(2) 图像处理技术综合性强

在数字图像处理中涉及的基础知识和专业技术相当广泛。一般来说涉及通信技术、计算机技术、电子技术、电视技术，至于涉及的数学、物理等方面的基础知识就更多。

当今的图像处理理论大多是通信理论的推广，很多理论是把通信中的一维问题推广到二维，以便于分析。在此基础上，逐步发展自己的理论体系。因此，图像处理技术与通信技术休戚相关。

在图像处理工程中的信息获取和显示技术主要源于电视技术，其中的摄像、显示、同步等各项技术是必不可少的。

计算机已是图像处理的常规工具。在图像处理中涉及软件、硬件、网络、接口等多项技术，特别是并行处理技术在实时图像处理中显得十分重要。

图像处理技术的发展涉及越来越多的基础理论知识，雄厚的数理基础及相关的边缘学科知识对图像处理科学的发展有越来越大的影响。总之，图像处理科学是一项涉及多学科的综合性科学。

（3）图像信息理论与通信理论密切相关

早在1948年，Shannon就发表了"A mathematical Theory of Communication"（通信中的数学理论）一文，它奠定了信息论的基础。此后，信息理论已渗透到了各个领域。图像信息论也属于信息论科学中的一个分支。从当今的理论发展看，我们可以说，图像信息论是在通信理论研究的基础上发展起来的。图像理论是把通信中的一维时间问题推广到二维空间上来研究的，也就是说，通信研究的是一维时间信息；图像研究的是二维空间信息；通信理论研究的是时间域和频率域的问题；图像理论研究的是空间域和空间频率域（或变换域）之间的关系；通信理论中认为：任何一个随时间变化的波形都是由许多频率不同、振幅不同的正弦波组合而成的；图像理论认为：任何一幅平面图像都是由许多频率、振幅不同的 x-y 方向的空间频率波相叠加而成的，高空间频率波决定图像的细节，低空间频率波决定图像的背景和动态范围。

总之，通信中的一维理论都可推广到二维来研究和分析图像处理问题，尽管有些理论尚不完全贴切，但对图像自身理论体系的形成有极大的借鉴意义。

1.4 数字图像处理的主要方法及主要内容

1.4.1 数字图像处理方法

数字图像处理方法大致可分为两大类，即空域法和变换域法。

1. 空域法

这种方法是把图像视为平面中各个像素组成的集合，然后直接对这个二维函数进行相应的处理。空域处理法主要有两大类：

（1）邻域处理法。包括梯度运算（Gradient Algorithm）、拉普拉斯算子运算（Laplacian Operation）、平滑算子运算（Smoothing Operation）和卷积运算（Convolution Algorithm）等。

（2）点处理法。包括灰度处理（Grey Processing），面积、周长、体积和重心运算等。

2. 变换域法

数字图像处理的变换域处理法是首先对图像进行正交变换，得到变换域系数阵列，然后再施行各种处理，处理后再将其反变换到空间域，得到处理结果。

这类处理包括滤波、数据压缩、特征提取等处理。

1.4.2 数字图像处理的主要内容

完整的数字图像处理工程大体上可分为以下几个方面。

1. **图像信息的获取(Image Information Acquisition)**

就数字图像处理而言,图像信息获取主要是把一幅图像转换成适合计算机或数字设备处理的数字信号。这一过程主要包括摄取图像、光电转换及数字化等几个步骤。通常图像获取的方法有如下几种。

①电视摄像机(Video Camera);②飞点扫描器(flying point Scanner);③扫描鼓;④扫描仪;⑤微光密度计;⑥遥感中常用的图像获取设备,如光学摄影-摄像机、多光谱相机等,MSS 多光谱扫描仪,微波辐射计,侧视雷达、真实空孔径雷达、合成孔径雷达(SAR)等;⑦Kinect RGB-D 图像获取设备;⑧由三角光法、结构光法和飞行时间法等制作的三维图像信息获取设备和方法。

2. **图像信息的存储(Image Information Storage)**

图像信息的突出特点是数据量巨大。一般作档案存储主要采用磁带、磁盘或光盘。为解决海量存储问题,主要研究数据压缩、图像格式、图像数据库以及图像检索技术等。其中,图像压缩和检索是当前研究的热点之一。

3. **图像信息的传送(Image information transmission)**

图像信息的传送可分为系统内部传送与远距离传送。内部传送多采用 DMA(Direct Memory Access)技术以解决速度问题。远距离传送主要研究图像通信问题。电视是大家熟知的图像传输方式,目前有各种制式和标准,如彩色电视的 NTSC、PAL、SECAM 制式。会议电视的 H. 320、H. 323、RTP/RTCP、UDP 等传输协议,以及 H. 261、H. 263 、H. 264、H. 265、H. 26L、MPEG1、MPEG2、MPEG4、MPEG7 等编码标准。图像通信主要解决占用带宽问题,正如当前 5G 的特点那样,低延时、高速率是流畅传输高清、超高清视频的基本要求之一。

4. **数字图像的处理(Digital Image Processing)**

目前,数字图像处理多半采用计算机处理,因此,有时也称为计算机图像处理(Computer Image Processing)。数字图像处理概括地说主要包括如下几项内容:

(1) 几何处理(Geometrical Processing)

几何处理主要包括坐标变换,图像的放大、缩小、旋转、移动,多幅图像配准,全景畸变校正,扭曲校正,周长、面积、体积计算等。其中,图像配准问题是十分重要的处理方法之一,它涉及众多的数学变换问题,特别是在医学图像处理中具有重要的应用价值。

(2) 算术处理(Arithmetic Processing)

算术处理主要对图像施以加、减、乘、除等运算,虽然该处理主要针对像素点的处理,但非常有用,如医学图像的减影处理就有显著的效果,如图 1-6 所示。

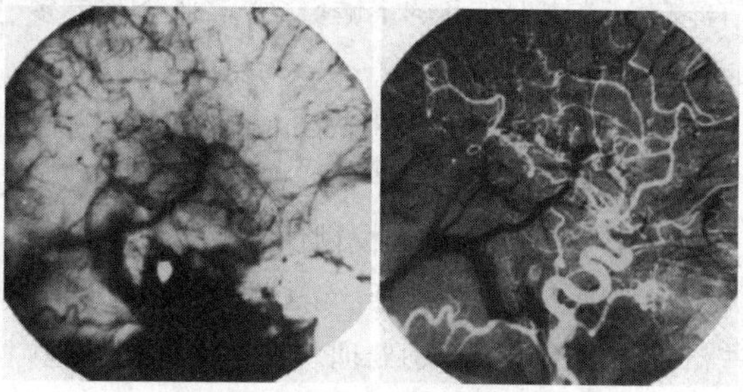

图 1-6　减影处理的实例

(3) 图像增强(Image Enhancement)

图像增强处理主要是突出图像中感兴趣的信息,而减弱或去除不需要的信息,从而使有用信息得到加强,便于区分或解释。主要方法有直方图修改技术、伪彩色增强法(Pseudo Color)、灰度窗口、图像平滑、图像尖锐化处理、同态处理等技术。

(4) 图像复原(Image Restoration)

图像复原处理的主要目的是去掉干扰和模糊,恢复图像的本来面目。典型的例子如去噪就属于复原处理。图像噪声包括随机噪声和相干噪声,随机噪声干扰表现为麻点干扰,相干噪声表现为网纹干扰。去模糊也是复原处理的任务。这些模糊来自透镜散焦、相对运动、大气湍流、云层遮挡等。

这些干扰可用维纳滤波、逆滤波、同态滤波等方法加以去除。图像修复也是图像复原处理的重要任务，近年来，基于偏微分方程的图像修复取得了令人瞩目的结果，这一数学工具的应用有力地促进了图像处理技术的发展。

(5) 图像重建(Image Reconstruction)

几何处理、算术处理、图像增强、图像复原都是从图像到图像的处理，即输入的原始数据是图像，处理后输出的也是图像，而重建处理则是从数据到图像的处理。也就是说输入的是某种数据，而处理结果得到的是图像。该处理的典型应用就是 CT 技术，CT 技术发明于 1972 年，早期为 X 光(X-ray) CT，后来发展有 ECT、超声 CT、核磁共振(NMR)等。图像重建的主要算法有代数法、迭代法、傅里叶反投影法、卷积反投影法等，其中以卷积反投影法运用最为广泛，因为它的运算量小、速度快。值得注意的是三维重建算法发展很快，而且由于与计算机图形学相结合，把多个二维图像合成三维图像，并加以光照模型和各种渲染技术，能生成各种具有强烈真实感及纯净的高质量图像。三维图形的主要算法有线框法、表面法、实体法、彩色分域法等，这些算法在计算机图形学中都有详尽的介绍。三维重建技术也是当今颇为热门的虚拟现实和科学计算可视化技术的基础。

(6) 图像编码(Image Encoding)

图像编码的研究属于信息论中信源编码范畴，其主要宗旨是利用图像信号的统计特性及人类视觉的生理学及心理学特性对图像信号进行高效编码，即研究数据压缩技术，以解决数据量大的矛盾。一般来说，图像编码目的有三个：①减少数据存储量；②降低数据率以减少传输带宽；③压缩信息量，便于特征抽取，为识别做准备。

就编码而言，M. Kunt 提出第一代、第二代编码的概念。Kunt 把 1948 年至 1988 年这 40 年中研究的以去除冗余为基础的编码方法称为第一代编码。如 PCM、DPCM、△M、亚取样编码法；变换编码中的 DFT、DCT、Walsh-Hadamard 变换等方法，以及以此为基础的混合编码法均属于经典的第一代编码法。而第二代编码方法多是 20 世纪 80 年代以后提出的新的编码方法，如金字塔编码法、Fractal 编码法、基于神经元网络的编码法、小波变换编码法、模型基编码法等。现代编码法的特点是：①充分考虑人的视觉特性；②恰当地考虑对图像信号的分解与表述；③采用图像的合成与识别方案压缩数据率。

图像编码应是经典的研究课题，自 1948 年以来的图像编码已有多种成熟的方法得到应用。随着多媒体技术的发展已有若干编码标准由 ITU-T 制定出来。如 JPEG、H. 261、H. 263、H. 264、H. 265、MPEG1、MPEG2、MPEG4、MPEG7、JBIG(二值图像压缩，Joint Bi-level Image Coding Expert Group)等。相信经广大科技工作者的不懈努力，未来会有更多、更有效的编码方法问世，以满足多媒体信息处理及通信的需要。

(7) 图像识别(Image Recognition)

图像模式识别是数字图像处理的又一研究领域。当今，模式识别方法大致有三种，即统计识别法、句法结构模式识别法和模糊识别法。

统计识别法侧重于特征，句法结构模式识别法侧重于结构和基元，模糊识别法是把模糊数学的一些概念和理论用于识别处理。在模糊识别处理中充分考虑了人的主观概率，同时也考虑了人的非逻辑思维方法及人的生理、心理反映，这一独特性的识别方法目前正处于研究阶段，方法尚未成熟。

(8) 图像理解(Image Understanding)

图像理解是由模式识别发展起来的方法。该处理输入的是图像，输出的是一种描述。这种描述不仅是单纯地用符号做出详细的描绘，而且要利用客观世界的知识使计算机进行联想、思考及推论，从而理解图像所表现的内容。图像理解有时也叫景物理解。在这一领域还有相当多的问题需要进行深入研究。

以上所述的八项处理任务是图像处理所涉及的主要内容。总的说来，经过多年的发展，图像处理经历了从静止图像到活动图像；从单色图像到彩色图像；从客观图像到主观图像；从二维图像到三维图像的发展历程。特别是与计算机图形学的结合已能产生高度逼真、非常纯净、更有创造性的图像。由此派生出来的虚拟现实技术的发展或许将从根本上改变我们的学习、生产和生活方式。

5. 图像信息的输出与显示

图像处理的最终目的是为人或机器提供一幅更便于解译和识别的图像。因此,图像输出也是图像处理的重要内容之一。图像的输出有两种,一种是硬拷贝,另一种是软拷贝。其分辨率随着科学技术的发展从256×256、512×512、1024×1024,至今已有2048×2048像素的超高分辨率显示设备问世。通常的硬拷贝方法有照相、激光拷贝、彩色喷墨打印等几种方法。软拷贝方法有以下几种。

(1) CRT(Cathode Ray Tube)显示

自20世纪60年代以来,在显示技术中,CRT几乎独霸天下。目前,彩色显像管(CPT)和彩色显示管(CDT)技术已相当成熟。20世纪90年代后期平板显示器件才相继问世。CRT显示质量好、亮度高、电子束寻址方式简单、制造成本低等都是该种显示器的显著优点。尤其采用微型滤光条(Microfilter)工艺,加之动态聚焦技术的出现,使得CRT在对比度、色纯度及光点大小方面都得到了改进。目前,分辨率为1280×1024、行频64kHz、点频110MHz的CRT已很普遍,高分辨率的可达到1920×1035,行频达80kHz,视频带宽达140MHz。进一步提高分辨率的主要困难在于显像管的制造和刷新存储器的速度。未来它将被新型显示设备所取代。

(2) 液晶显示器(LCD)

液晶的发现已有100多年的历史,真正用于显示技术的历史不到50年,但其发展势头之大,发展速度之快却令人刮目相看。LCD的突出性能是极吸引人的,它的缺点正在逐步被克服,如Sharp公司推出的彩色非晶硅TFT-LCD产品,屏幕尺寸21英寸,分辨率640×480,像素数921600点,彩色数1670万种。富士通推出的10.4英寸显示器的视角可达120°。目前,LCD显示器无论在亮度、对比度、分辨率及反应时间上,还是观察视角和屏幕尺寸上都有极大的改进,在电视和笔记本电脑领域的应用已相当普遍。

(3) PDP(Plasma Display Panel,等离子显示器)

这是近几年高速发展的等离子平面屏幕技术的新一代显示设备。它比传统的显示器具有更大的技术优势,主要表现在:

① 质量轻、无辐射。

② 各个发射单元的结构完全相同,因此不会出现显像管常见的图像几何变形。

③ 屏幕亮度非常均匀,没有亮区和暗区。

④ 不会受磁场的影响,具有更好的环境适应能力。

⑤ 不存在聚焦的问题。

⑥ 高亮度、大视角、全彩色和高对比度使图像更加清晰,色彩更加鲜艳;亮度高,因此可在明亮的环境之下欣赏大幅画面的影像。

⑦ 彩还原性好,灰度丰富,能够提供格外亮丽、均匀平滑的画面。

⑧ 显示画面响应速度快,滞后效应小。

(4) 场致发光显示器(FED)

场致发光平面显示器有多种,是最新发展起来的彩色平板显示器件。

FED具有光明的前途。但目前要解决的是大面积的FED需要改善发光的均匀性和提高低压荧光粉的发光效率,在实用化中,封接、排气、真空维持等工艺尚有困难,这些问题解决后,FED大有前途。

(5) OLED显示

OLED也被称为第三代显示技术。OLED的原文是Organic Light Emitting Display,中文意思就是"有机发光显示"(也可写成Organic Light-Emitting Diode,译成有机发光二极管)。其原理是在两电极之间夹上有机发光层,当正负极电子在此有机材料中相遇时就会发光,其组件结构比目前流行的TFT

LCD 简单，生产成本只有 TFT LCD 的三到四成左右。除了生产成本低，OLED 还有许多优势，比如自身发光的特性。目前 LCD 都需要背光源，但 OLED 通电之后就会自己发光，可以省掉背光源的质量、体积及耗电量，整个显示板（Panel）在封装加干燥剂（Desiccant）后总厚度不到 200μm（0.2mm）。OLED 不仅更轻薄、能耗低、亮度高、发光率好、可以显示纯黑色，并且还可以做成可弯曲的，甚至透明的显示屏，其应用范围更加广泛。

综上所述，图像显示设备是近年来发展迅速的技术领域，新的显示器件和设备不断问世，其性能不断得到改进，应用领域也不断扩展，是图像处理中十分活跃的研究热点。

1.5 数字图像处理的硬件设备

一般的数字图像处理系统如图 1-7 所示。

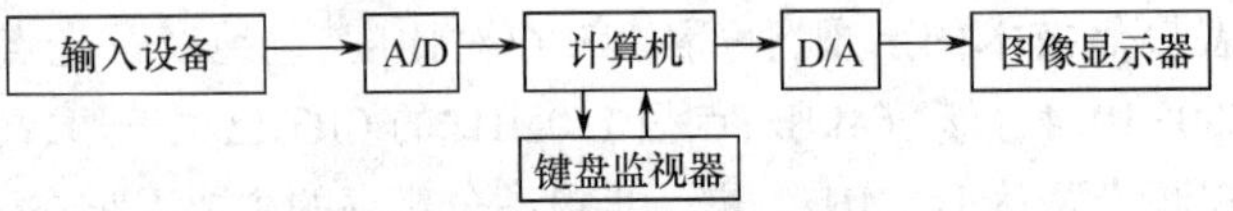

图 1-7 数字图像处理系统

早期的数字图像处理系统为提高处理速度，增加容量，都采用大型机。大型机的造价高，浪费大。后来较普遍的是发展小型机为主的系统。有代表性的是美国的 I^2S 系统，加拿大的Depex系统。这种系统的主机均以 VAX/750，VAX/785 为主。现在的图像处理系统向两个方向发展，一个方向是微型图像处理系统，其主机为 PC，配以图像卡及显示设备就构成了最基本的微型图像处理系统。目前，国产的有 CA540、Vp32、FGCT11010N8、CA-CPE-1000、CA-CPE-2000 等图像板卡研制成功并已商品化。多媒体系统中常用的 Video Blaster 也是一种较普遍的图像卡。此外，大多数工作站也都有图像处理功能，也可以看作是微型的图像处理系统。

微型系统成本低、设备紧凑、应用灵活、便于推广。特别是微型计算机的性能逐年提高，使得微型图像处理系统的性能也不断升级，加之软件配置丰富，使其更具实用意义。

1.6 数字图像处理的应用

数字图像处理的应用越来越广。它的应用已渗透到了工程、工业、医疗保健、航空航天、军事、科研、安全保卫等各个方面，在国计民生及国民经济中发挥越来越大的作用。

具体应用领域可粗略概括在表 1-1 中。

表 1-1 图像处理的应用领域

学科	应用内容
物理、化学	结晶分析、谱分析
生物、医学	细胞分析、染色体分类、血球分类、X 光照片分析、CT
环境保护	水质及大气污染调查
地质	资源勘探、地图绘制、GIS
农林	植被分布调查、农作物估产
海洋	鱼群探查、海洋污染监测
水利	河流分布、水利及水害调查
气象	云图分析等
通信	传真、电视、多媒体通信
工业、交通	工业探伤、铁路选线、机器人、产品质量监测
经济	电子商务、身份认证、防伪
军事	军事侦察、导弹制导、电子沙盘、军事训练等
法律	指纹识别等

其典型的应用领域如下。

（1）遥感（Remote Sensing）。

在遥感的发展和大事记中，我们可以看到大量的与图像处理密切相关的技术。从世界上出现第一幅照片（1839 年），意大利人乘飞机拍摄了第一张照片（1909 年），前苏联（1957 年）及美国（1958 年）发射第一颗人造地球卫星等，都为遥感技术的发展奠定了坚实的基础。1962 年国际上正式使用遥感（Remote Sensing）一词。此后，美国相继发射多颗陆地资源探测卫星，如

1972 年：LANDSAT-Ⅰ——四个波段，地面分辨率 59m × 79m；1975 年：LANDSAT-Ⅱ；1978 年：LANDSAT-Ⅲ，分辨率 40m×40m。1982 年：LANDSAT-Ⅳ，分辨率 30m×30m，在这颗卫星上配置了 GPS 系统（Global Positioning System），定位精度在地心坐标系中为±10m。

自 1972 年 7 月 23 日以来，已发射 8 颗卫星。LANDSAT-Ⅶ于 1999 年 4 月 15 日发射升空。Landsat-Ⅷ于 2013 年 2 月 11 日发射升空，经过 100 天测试运行后开始获取影像。LANDSAT-Ⅷ 卫星包含陆地成像仪（OLI，Operational Land Imager）和热红外传感器（TIRS，Thermal Infrared Sensor）。OLI 陆地成像仪包括 9 个波段，空间分辨率为 30 米，其中包括一个分辨率为 15 米的全色波段，成像幅宽为 185km×185km。

遥感图像处理的用处越来越大，效率及分辨率也越来越高。如土地测绘、资源调查、气象监测、环境污染监测、农作物估产、军事侦察等。当前，在遥感图像处理中主要解决数据量大和处理速度慢的矛盾。图 1-8 是一幅用于气象监测的飓风的遥感图像。

（2）医学。

图 1-8　飓风的遥感图像

图像处理在医学界的应用非常广泛，无论是在临床诊断还是病理研究都大量采用图像处理技术。它的直观、无创伤、安全方便的优点受到普遍的欢迎与接受。其主要应用可举出众多的例子，如 X 光照片的分析、血球计数与染色体分类等。目前广泛应用于临床诊断和治疗的各种成像技术，如超声波诊断等都用到图像处理技术。有人认为计算机图像处理在医学上应用最成功的例子就是 X 光 CT（X-ray Computed Tomography）。在 1968—1972 年英国 EMI 公司的 G. N. Hounsfeld 研制了头部 CT，1975 年又研制了全身 CT。20 世纪 70 年代美、日、法、荷兰相继生产 CT。其中主要研制者 G. N. Hounsfeld（英）和 A. M. Commack（美）因此而获得了 1979 年的诺贝尔生理医学奖。这足以说明 CT 的发明与研究对人类贡献之大、影响之深。图 1-9 给出了 CT 机及其重建图像。与其类似的设备目前已有多种，如核磁共振 CT（Nuclear Magnetic Resonance Imaging，NMRI），还有电阻抗断层成像技术（Electrical Impedance Tomography，EIT）或阻抗成像（Impedance Imaging），这是一种利用人体组织的电特性（阻抗、导纳、介电常数）形成人体内部图像的技术。由于不同组织和器官具有不同的电特性，这些电特性包含了解剖学信息，更重要的是人体组织的电特性随器官功能的状态而变化，因此，EIT 可望绘出反映与人体病理和生理状态相应功能的图像。目前，EIT 已发展了一些相应的算法（图像重建算法），在临床应用中也正在探索（如神经中枢系统、呼吸系统、心血管系统、消化系统）。当前的主要问题是分辨能力差，原因是入射电流进入人体组织后呈三维分布发散，因此，指向性不强，并且电流在人体组织中的分布规律复杂，未知因素多。虽然 EIT 分辨率不高，但是生物阻抗技术提取的组织和器官的电特性信息对血液、气体、体液和不同的组织成分有独特的鉴别能力，对血液的流动分布，肺内的气血交换，体液含量与流动等非常敏感，以此为基础，可进行心、脑、肺及相关循环系统的功能评价及血液动力学与流变学的研究。该技术对肺癌的早期发现显示出很大的优越性，这一点是现有的其他成像技术无法比拟的。

（3）图像处理技术在通信中的应用。

如果按业务性能划分图像通信可分为电视广播（点对面通信）、传真、可视电话（点对点通信）、会议电视（点对多点）、图文电视、可视图文及电缆电视等。如按图像变化性质分，图像通信可分为静止图像通信和活动图像通信。

从历史上看，早在 1865 年在法国就试验成功传真通信（巴黎至里昂），但后来由于技术及经济原因发展一直非常缓慢。20 世纪 70 年代后，图像通信逐渐成为人们生活中常用的通信方式，随着大规模集成电路的发展，使得图像通信中所需的关键技术逐步得到解决，推动了图像通信的发展。1980

年,CCITT 为三类传真机和公共电话交换网上工作的数字传真建立了国际标准,1984 年,CCITT 提出了 ISDN 的建议,以及当今基于 IP 的多媒体通信都意味着非话业务通信方式已在通信中占有重要位置。图像通信主要有如下一些内容。

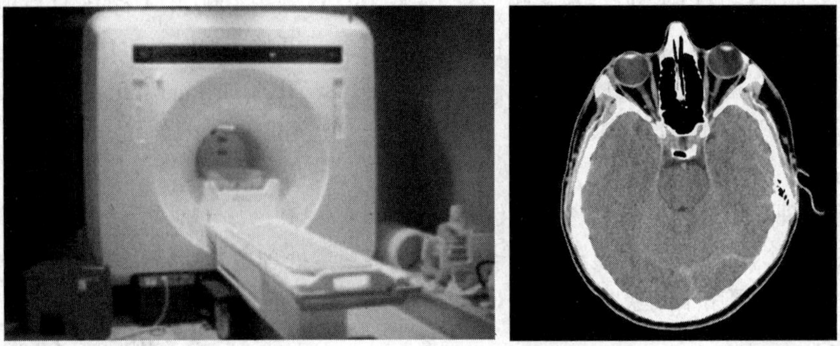

图 1-9　CT 机及其重建图像

① 电视广播:单色电视广播 1925 年在英国实现。1936 年 BBC 开始电视广播。目前出现的彩色电视有三种制式,即 NTSC(美国、日本等)、PAL(中国、西欧、非洲等)和 SECAM(法国、俄罗斯等)。

② 可视电话和会议电视:1964 年美国国际博览会展出了 Picture-phone MOD-I 可视电话系统,带宽为 1MHz。目前的可视电话/会议电视均采用数字压缩技术,也出现了相应的国际标准。如图像编码标准 H. 261、H. 263 等,会议电视的 H. 320 传输协议标准,它在专用通信网中用 PCM 一次群传输,速率为 2048Kbit/s。桌面型系统遵循 H. 323 传输协议标准。目前,由于网络的飞速发展,视频会议系统已非常成熟,华为视频会议系统、宝利通视频会议系统、思科视频会议系统、中兴视频会议系统、科达视频会议系统、MAXHUB 视频会议系统等,腾讯会议系统、Webex 系统等也十分普及。

③ 传真:是把文字、图表、照片等静止图像通过光电扫描的方式变成电信号加以传送的设备。1980 年 CCITT 为三类传真机和公共电话交换网上工作的数字传真建立了国际标准,即一类机——不压缩,4 线/毫米,A4 文件传送用时 6 分钟;二类机——采用频带压缩技术(残留边带传输)4 线/毫米,传送 A4 文件需 3 分钟;三类机——在传送前采用去冗余技术,在电话线上传 A4 文件用时 1 分钟;四类机——在三类机的基础上发展的、采用去冗余技术的传真设备,采用去冗余、纠错码技术在公用数据网上使用的设备,加 MODEM 也可以在公用电话网上使用。经过多年发展,传真技术不断进步,现在已有仅数秒钟就可传送一幅 A4 文件的传真机,分辨率高达 16 点/毫米。

④ 图文电视和可视图文:图文电视(Teletext)和可视图文(Videotext)是提供可视图形文字信息的通信方式。图文电视是单向传送信息,它是在电视信号消隐期发送图文信息,用户可用电视机和专用终端收看该信息;可视图文是双向工作方式,用户可用电话向信息中心提出服务内容或从数据库中选择信息。随着互联网的迅速发展,这些图像传输方式如今已被淘汰了。

⑤ 电缆电视(CATV):是通过电缆或光缆传送的电视节目。第一个电缆电视系统于 1949 年安装在美国,采用光缆实现的 CATV 是 1977 年后的事情。图像通信随着计算机网络及移动通信的飞速发展已日渐成熟,并且是通信中的主要研究目标。目前基于计算机网络和 4G、5G 的图像通信主要追求低延时、高带宽的技术指标,流畅地传输高清和超高清视频始终是研制者追求的目标之一。

(4) 工业生产的质量控制。

在生产线中对生产的产品及部件进行无损检测也是图像处理技术的一个广泛应用领域。如食品包装出厂前的质量检查,浮法玻璃生产线上对玻璃质量的监控和筛选,甚至在工件尺寸测量方面也可以采用图像处理的方法加以自动实现。另外在铁路设备检测中的铁谱分析也是一个典型的应用。在高速铁路的快速发展中,迫切需要对高铁运营装备的实时检测和评估,为保证铁路装备的安全运营,使设备从定期修转为状态修是铁路部门一直视为降低成本、提高效率的必由之路,其中,实现检测智能化的关键技术就依赖图像处理和计算机视觉技术。这方面已有多种成熟的技术被采纳，并发挥了重要作用。

(5) 安全保障、公安等方面的应用。

在该领域中主要把图像处理中的模式识别等技术应用于智能监控、指纹档案、案件侦破等工作中。随着数据感知、互联网和智能信息处理技术的发展，人类社会的信息化程度进入了一个新阶段。物联网、互联网和通信网在为人们构建一个网络化、数字化的生活和工作环境的同时，也为实时感知和深入理解人类的社会活动提供了一个理想的观测平台和丰富的数据来源，而公共安全和社会稳定也面临重大挑战。利用图像处理技术为防范和处理突发公共事件提供技术支撑和决策支持是国家公共安全和社会治安防控体系的重要组成部分。

(6) 教学及科研领域中也将大量应用图像处理技术，如科学可视化技术，远程培训及教学等。

(7) 当前呼声甚高的电子商务中，图像处理技术也大有可为。如身份认证、产品防伪、水印技术等。

总之，图像处理技术应用领域相当多，它在国家安全、经济发展、日常生活中充当越来越重要的角色，它在国计民生中的作用不可低估。

1.7 数字图像处理领域的发展动向

自20世纪60年代第三代数字计算机问世以后，数字图像处理技术出现了空前的发展，其形势可谓是方兴未艾。

在该领域中需进一步研究的问题，不外乎如下5个方面。

(1) 在进一步提高精度的同时着重解决处理速度问题。如在航天遥感、气象云图处理方面，巨大的数据量和处理速度仍然是主要矛盾之一。

(2) 加强软件研究、开发新的处理方法，特别要注意移植和借鉴其他学科的技术和研究成果，研究新的处理方法。

(3) 加强边缘学科的研究工作，促进图像处理技术的发展。如人的视觉特性、心理学特性等研究如果有所突破，将对图像处理技术的发展有极大的促进作用。

(4) 加强理论研究，逐步形成图像处理科学自身的理论体系。

(5) 时刻注意图像处理领域的标准化问题。图像的信息量大、数据量大，故而图像信息的建库、检索和交流是一个极严重的问题。就现有的情况看，软件、硬件种类繁多，交流和使用极为不便，这些严重阻碍了资源的共享。应及早建立图像信息库，统一存放格式，建立标准子程序，统一检查方法等仍然是当前图像处理领域面临的任务。

图像处理技术未来发展大致归纳如下4点。

(1) 高速、高分辨率和立体化

图像处理的发展将向着高速、高分辨率、立体化、多媒体化、智能化和标准化方向发展。围绕着HDTV（高清晰度电视）的研制将开展实时图像处理的理论及技术研究。其中包括：

① 提高硬件速度：不仅要提高计算机的速度，而且A/D、D/A的速度也要实时化。提高计算机速度的途径有三：其一，对于复杂指令计算机（CISC）的处理速度在逐年提高，如Intel公司的芯片，486有100多万个元件，速度不到10MIPS（Million Instruction Per Second），到2000年生产的Micro-2000每片可集成1亿个元件，速度达200MIPS；其二，对于精简指令计算机（RISC）将给予极大的重视，20世纪90年代为10MIPS，1995年达到800MIPS，利用ECL电路速度还会增加。有人预言不久的将来速度会超过2000MIPS；其三是提高图像处理速度的途径是研究并行处理器，利用多CPU并联，使软、硬件一体化。在日本有人估计将有$10^8 \sim 10^{12}$个处理器并行，大体与人脑的神经元数量相当，速

度可达到 GFlops(1G=1000M)甚至 TFlops(1T=1000G)。

② 提高分辨率:主要提高采集分辨率和显示分辨率。20 世纪 90 年代达到 2048×2048。提高分辨率的主要困难在于显示器件的制造和图像、图形刷新存取速度。20 世纪 80 年代法国的 SPOT 卫星分辨率为 10m×10m,由此可见,分辨率的提高速度是十分惊人的。

③ 立体化:图像是二维信息。随着技术的发展,三维图像处理将会更受重视,因为它的信息量更大,特别是随着计算机图形学及虚拟现实技术的发展,立体图像处理技术将会得到广泛应用。

④ 多媒体化:20 世纪 90 年代出现的多媒体技术在计算机界掀起了一股热潮,现在这一词汇可以说到处可见,实际上多媒体的关键技术之一就体现在图像数据压缩上。

目前有关图像压缩的国际标准已有多个,而且还在继续发展。例如,

- JPEG (Joint Photography Expert Group) 标准:1991 年 3 月提出的 ISO CD 10918 号建议。
- H. 261 建议:用于可视电话/会议电视的压缩标准。1998 年提出 $p\times64$Kbit/s,p 值可取 1~30,采用混合编码法,即采用 DCT 变换、运动补偿 DPCM、Huffman 编码技术。1984 年制定了会议电视的 H. 120 建议。目前的传输标准主要是 H. 320 和 H. 323 标准。
- MPEG1 标准:1992 年通过的 ISO CD 11172 号建议,它包括三部分,即 MPEG 视频、MPEG 音频、MPEG 系统,速率为 1. 5Mbit/s。目前的 MPEG4 是为实现多媒体通信的国际标准,主要把 MPEG 的典型特点与现有的或将来预期会出现的特征结合起来的新的编码标准。
- H. 264 标准:它是一种高性能的视频编解码技术。是由“国际电联(ITU-T)”和“国际标准化组织(ISO)”两个组织联合组建的联合视频组(JVT)共同制定的新数字视频编码标准,所以它既是 ITU-T 的 H. 264,又是 ISO/IEC 的 MPEG-4 高级视频编码(Advanced Video Coding,AVC),而且它将成为 MPEG-4 标准的第 10 部分。因此,不论是 MPEG-4、AVC、MPEG-4 Part 10,还是 ISO/IEC 14496-10,都是指 H. 264。

H. 264 最大的优势是具有很高的数据压缩比率,在同等图像质量的条件下,H. 264 的压缩比是 MPEG-2 的 2 倍以上,是 MPEG-4 的 1. 5~2 倍。例如,原始文件的大小如果为 88 GB,采用 MPEG-2 压缩标准压缩后变成 3. 5GB,压缩比为 25:1,而采用 H. 264 压缩标准压缩后变为 879MB,从 88GB 到 879MB,H. 264 的压缩比达到惊人的 102:1。与 MPEG-2 和 MPEG-4 ASP 等压缩技术相比,H. 264 压缩技术将大大节省传输频带的宽度和提高传输速率。尤其值得一提的是,H. 264 在具有高压缩比的同时还拥有高质量、流畅的图像传输。

总之多媒体技术的进一步发展是使计算机朝着人类接收和处理信息的最自然的方式发展。

⑤ 智能化:力争使计算机的识别和理解能按人的认识和思维方式工作;考虑主观概率,非逻辑思维,正如微软提出的要研制能听会说的计算机那样实现多功能的人—机交互。

⑥ 标准化:图像处理技术整体看尚没有统一的标准,今后应给予极大的关注。

(2) 三维成像和多维成像

图像、图形相结合朝着三维成像或多维成像的方向发展。

(3) 硬件芯片研究

目前,结合多媒体技术的研究,硬件芯片越来越多。如 ThomSon 公司 ST13220 采用 Systolic 结构,做运动预测器。INMOS 公司的 IMS-A121,采用流水线结构,C-Cube 公司 CL-550 把 JPEG 做到一个芯片上,更便于推广应用等。总之把图像处理的众多功能固化在芯片上将会有更加广阔的应用领域。

(4) 新理论与算法研究

在图像处理领域近年来引入了一些新的理论并提出了一些新的算法,如 Wavelet 、Fractal、Morphology、遗传算法、神经网络、偏微分方程方法等。其中 Fractal 广泛用于图像处理、图形处理、纹理分析,同时还可以用于数学、物理、生物、神经和音乐等方面,有人认为 Fractal 可以把杂乱无章、随意性很强的事物用数学方法加以规范和描述,它在分析和描绘自然现象上具有独到之处。这些理论在未

来图像处理理论与技术上的作用应给予充分的注意,并积极地加以研究。

图像处理特别是数字图像处理科学经初创期、发展期、普及期及广泛应用几个阶段,如今已是各个学科竞相研究并在各个领域广泛应用的一门科学。今天,随着科技事业的进步及人类需求的多样化发展,多学科的交叉、融合已是现代科学发展的突出特色和必然途径,而图像处理科学又是一门与国计民生紧密相连的应用科学,它的发展与应用与我国的现代化建设联系之密切、影响之深远是不可估量的。图像处理科学无论是在理论上还是实践上都存在着巨大的潜力。

思考题

1. 图像处理技术应用可追朔至伦琴教授 X 光的发现,从伦琴教授对 X 光的发现过程,我们可学到伟大的科学家身上的哪些优秀品质？他给了我们哪些启示？

2. 为什么说目前图像处理技术中的算法与通信理论密切相关？

3. 图像处理的主要方法分几大类？

4. 图像处理工程包括哪几项内容？试述其内涵。

5. 图像信息获取设备有哪几种？其优缺点是什么？

6. 由于科研工作的需要,实验室需要购置图像获取常用设备(如摄像机),您重点考虑的技术指标是什么？如何在技术要求和设备价格中做出合理的平衡？

7. 数字图像处理的主要内容是什么？试说明它们的基本用途。

8. 图像编码主要解决什么问题？现代图像编码的特点是什么？

9. 什么是软拷贝？什么是硬拷贝？它们主要使用什么设备？

10. 图像显示的主要方法有几种？其特点是什么？

11. 在检测装备研制中,怎样选择您需要的图像显示设备？

12. 选择显示器时,重点考虑哪些技术指标？

13. 目前的冯·诺伊曼计算机体系结构为什么难以提高图像处理的效率？

14. 数字图像处理有哪些应用？试举出几种您见过的应用。

15. 数字图像处理的发展方向是什么？

第 2 章　图像、图像系统与视觉系统

在数字图像处理技术中,处理方案的选择和设计与信源和信宿的特性密切相关。所谓信源就是处理前或处理后的图像,而信宿就是处理前后图像信息的接收者——人的视觉系统。因此了解图像的特点及人的视觉系统的特性是恰当地选择处理图像的方法以便从中获取最大的信息量所必备的先验知识。

本章将对图像的客观性质、图像处理系统的外围设备及人眼的视觉特性进行必要的讨论。

2.1　图　　像

2.1.1　有关光学的预备知识

在讨论图像与视觉系统的过程中,必然要涉及光学的有关知识。因此,我们首先介绍一下有关光学的术语及计量单位,以便为后续内容的展开做一点有益的铺垫。

光学理论中用到的主要术语及计量单位如下。

1. 发光强度(*I*)(Intensity)

光源发光的功率称为发光强度,其单位主要有如下两种。

① 烛光功率(Candle Power——CP):1CP 是指标准蜡烛发出的光。标准蜡烛是用鲸脑油制成的,重 1/6 磅,燃烧率为 120 格令(1 格令 = 0.0648 克)的蜡烛。

② 新烛光(坎德拉 Candle——cd):1cd 就是"全辐射体"加温到铂的熔点(2024K)时从 1 平方厘米表面面积上发出的光的 1/60。所谓"全辐射体"就是某一物质加热到某一温度时,它发出的能量分布在整个可见光范围内。理论上的全辐射体就是一个完全黑体,当冷却后,它将吸收所有入射到它上面的光。

在实用中可以认为 1CP = 1cd。

2. 光通量(Φ)

光通量是每秒钟内光流量的度量,其单位是流明(lumen,即 lm)。

流明是指与 1cd 的光源相距单位距离,并与入射光相垂直的单位面积上每秒钟流经的光流量。

3. 照度(*E*)(Illumination)

入射到某表面的光通量密度称为该表面的照度。用每单位面积的流明数来表示。主要单位有如下几种。

- 公制单位

  勒克司[lx]: $1\text{lx} = 1\text{lm/m}^2$,幅透(phot): $1\text{phot} = 1\text{lm/cm}^2$,毫幅透(mphot): $1\text{mphot} = 10^{-3}\text{phot}$。

- 英制单位

  英尺-烛光: 1 英尺-烛光 = 1lm/(ft)^2

  一般换算关系如下:

  1 英尺-烛光 = 1 流明/英尺^2 = 10.76lm/m^2 = 10.76lx

4. **反射系数(ρ)**

反射系数为
$$\rho=\frac{\text{某表面反射的流明数}}{\text{入射到该表面的流明数}}$$

5. **透射系数(τ)**

透射系数为
$$\tau=\frac{\text{某物质透射的流明数}}{\text{入射到该物质的流明数}}$$

6. **亮度(L)**

这个概念用来说明物体表面发光的量度。光可以由一个面光源直接辐射出来,也可以由入射光照射下的某表面反射出来。亮度对其两者均适用。

亮度的衡量有各种不同的单位。其中主要有A、B两组。A组是以每单位面积上的发光强度来表示的;B组是以每单位面积上发出的光通量来表示的。当然这两组单位也是可以换算的。

A组:使用新烛光(坎德拉)为单位。

尼特:1尼特=1新烛光(坎德拉)/平方米(cd/m^2)

熙提:1熙提=1新烛光(坎德拉)/平方厘米(cd/cm^2);1熙提=10^4尼特

B组:使用流明数为单位。

亚熙提:1亚熙提=1流明/平方米(lm/m^2)

朗伯:1朗伯=1流明/平方厘米(lm/cm^2);1朗伯=10^4亚熙提

相应的英制单位如下:

A组:1新烛光(坎德拉)/平方英尺(cd/ft^2)　　1新烛光(坎德拉)/平方英寸(cd/in^2)

B组:1英尺-朗伯=1流明/平方英尺(lm/ft^2)

换算关系:

1尼特=3.14亚熙提

1熙提=3.14朗伯

1新烛光(坎德拉)/平方英尺=10.76尼特

1英尺-朗伯=10.76亚熙提

1新烛光(坎德拉)/平方英尺=3.14英尺-朗伯

由于光学单位名目繁多,往往容易引起混乱,所以又提出了SI单位(国际单位),详见表2-1。

以上是我们要用到的主要光学术语及计量单位。

表2-1　SI单位

被测量	SI单位	缩写
发光强度(I)	新烛光(坎德拉)	cd
光通量(Φ)	流明	lm
照度(E)	勒克司	lx
亮度(L)	新烛光(坎德拉)/平方米	cd/m^2

2.1.2　图像的概念

"图像"一词在汉语中很难给出一个明确的定义。当我们打开英语词典时可以找到三个与图像有关的词,那就是"Picture"、"Image"和"Pattern"。一般英文词典对这三个词是这样注释的:"Picture"译为画、图画、图像、图片、电影等;"Image"译为像、图像、映像、影像、反射、映射等;"Pattern"译为模型、式样、样本、图案、花样、图、图形等。从这三个词的注释中大致可做如下区分:"Picture"是指与照片等相似的、用手工描绘的人物或景物,其中侧重于手工描绘的一类"画"。"Image"是指用镜头等科技手段得到的视觉形象。一般来讲可定义为"以某一技术手段被再现于二维画面上的视觉信息"。通俗地说,就是指那些用技术手段把目标(Object)原封不动、一模一样地再现的景物。它包含用计算机等机器产生的景物。而"Pattern"指的是图形,在拉丁语中指裁衣服的纸样。因此,它主要是指图案、曲线、图形。综上所述,我们所说的图像处理应是"Image Processing"。

这里，我们要处理的主要是属于照片、复印图、电视、传真、计算机显示的一类图像。

当用数学方法描述图像信息时，通常着重考虑它的点的性质。例如，一幅图像可以被看成是空间各个坐标点上强度的集合。它的最普遍的数学表达式为

$$I=f(x,y,z,\lambda,t) \tag{2-1}$$

式中，(x,y,z)是空间坐标；λ 是波长；t 是时间；I 是图像的强度。

这样一个表达式可以代表一幅活动的、彩色的、立体图像。

当我们研究的是静止图像(Still Image)时，式(2-1)与时间 t 无关；当研究的是单色图像时，显然与波长 λ 无关，对于平面图像来说则与坐标 z 无关。因此，对于静止的、平面的、单色的图像来说其数学表达式可简化为

$$I=f(x,y) \tag{2-2}$$

上式说明一幅平面图像可以用二维亮度函数来表示。因为光也是能量的一种表现形式，所以

$$0\leqslant f(x,y)<\infty \tag{2-3}$$

人们所感受到的图像一般都是由物体反射的光组成的。$f(x,y)$可视为由两个分量组成，一个是我们所看到的景物上的入射光量，另一个是景物中被物体反射的光量，它们可分别被称为照射分量和反射分量。如果用 $i(x,y)$表示照射分量，用 $r(x,y)$表示反射分量，那么

$$I=f(x,y)=i(x,y)\cdot r(xy) \tag{2-4}$$

式中

$$0\leqslant i(x,y)<\infty \tag{2-5}$$

$$0\leqslant r(x,y)\leqslant 1 \tag{2-6}$$

其中，式(2-6)表示全吸收情况为0，全反射情况为1。这里 $i(x,y)$由光源的性质来确定，而$r(x,y)$则取决于景物中的物体。

$i(x,y)$的单位用照度来度量，即 lm/m^2 或 1x。

下面我们列出一些 $i(x,y)$的典型值，以便为读者建立一点初步的感性认识。

例如：晴朗的日子，太阳在地球表面造成的照度为 9000 英尺-烛光(英制单位)，也就是 96840 勒克司或 $96840lm/m^2$。当天空有云时，太阳在地球表面造成的照度为 1000 英尺-烛光或 $10760lm/m^2$，也就是 10760 勒克司(lx)。晴天的夜晚而且是满月的情况下，地球表面的照度为 0.01 英尺-烛光即 0.1076 勒克司。

一般房间照明充分的室内照度大约为 100 英尺-烛光即 1076 勒克司。

$r(x,y)$是反射系数，其典型物质的典型值如下：黑天鹅绒为 0.01，不锈钢为 0.65，白色墙壁为 0.80，镀银金属为 0.90，白雪为 0.98。

在数字图像处理中经常用到监视器或电视机。自然景物映射到摄像管靶面的光的强弱取决于景物上反射出来的光通量。一般早期的黑白或彩色电视机的屏幕亮度为 80~120 新烛光(cd)/m^2或 80~120 尼特，当今阴极射线管(CRT)的亮度已达到 $500cd/m^2$，最新的等离子或液晶彩色电视显示器的亮度已达到 $1000cd/m^2$。

2.1.3 图像信息的分类

图像信息的种类是多种多样的，但是要想进行明确地分类也并非容易。这里我们就信息处理中常见的图像信息进行一下简单的分类。

概括起来，图像信息大致可分成三类，即符号信息、景物信息和情绪信息。下面就这三种图像信息的特点做一讨论。

1. 符号信息

在这类信息中，一般是用文字、符号、图形等表示的具体的或抽象的事物。例如文字，利用文字

可组成文章,在某种意义上也可以看成是用二值图像的形式携带这篇文章的寓意。最有代表意义的符号图像信息是电路图、机械图、建筑图等,它们都是用二值图像的形式向人们提供信息的。因为符号信息是以某一规则排列的记号,因此,在传送及处理中只要能表达清楚就可以了,它允许有较大的压缩。

2. 景物信息

这是一种能给人以主观感觉但并不取决于人本身的客观场景信息。一般来讲它包含有丰富的内容,所含的信息量也较多。如由铁路调车场控制中心的工业电视上看到的图像信息,可从中得到有关车辆编组调度情况、调车员的工作情景及天气情况等。情景画面的内容一般比较复杂,在传输和处理中做到较大的压缩比较困难。在人机识别中需要较大的信息量。但在事先设定某种条件的情况下,是有可能在任何情况下保证正确判断的。

3. 情绪信息

这是一类依赖于受信者的图像信息,它不仅能给人以直观感觉,而且能以其特殊的艺术内容刺激人的感官,使受信者"触景生情"引起感情上的波动和情绪上的共鸣。因此,它包含有更多的信息量。例如,当我们在春光明媚的季节漫步郊外时,看到春回大地,万物更新的一派生机勃勃的场面时,必然为这盎然的春意所感动,自然会产生一种难以名状的喜悦之感。当我们看到雄伟壮丽的万里长城,自然会联想到古代劳动人们的勤劳智慧,一种庄严的自豪感便由然而生。当我们在影片中看到雷电交加,周围一片漆黑的场面时,必然感到恐惧。当看到天色灰暗,淫雨绵绵的场景则会有无限的压抑之感。凡此种种都说明了这类图像信息不仅取决于图像本身的内容,而且还与受信者的经历、文化修养、年龄、嗜好,以及此时此刻的心境情绪有密切关系。换句话说,对于同一幅图像来说,它对受信者产生效果却是有差异的。因此,对于这类图像不仅无法考虑其概率模型,而且用香农(Shannon)理论明确其信息量也是极其困难的。

以上是从图像所携带的信息的种类出发进行简单分类的。当然还可以从其他角度进行分类。如把图像分成静止图像和活动图像、单色图像和彩色图像等。在 H. Matre 所著《图像处理》一书中曾谈到 Levialdi 曾对图像分类做了较彻底的研究,其中甚至考虑了许多不寻常的图像。他在这里把图像分为 4 种范畴:

① 明显图像:它包括幻觉、思虑图像、无意识图像等;

② 前后连贯的图像:如梦境图像、精神心里的幻觉等;

③ 容存的图像:如记忆图像、眼内构成的图像等;

④ 与感觉相影响的图像:如错觉、感觉失真、联想、模仿的图像等。

在我们数字图像处理中所涉及的是一些最普通类型的图像,它们的突出特点是都具有特殊的统计特性,并且有专门的应用。从这个基点出发可做如下较明快的分类。

① TV 型的自然场景:这是常见的图像,如肖像、风景画、街道和建筑物照片等。

② 空间摄影照片和地球资源探测图像:这类图像的特点是往往没有适宜的方向,构图不十分明显,除了海岸线外,没有可区别的形状。

③ 电子显微镜照片和标准的显微镜照片:这是冶金学、生物学、医学及石油探测等领域都很感兴趣的一类图像。

④ 文本:这是指一类打印或手写的记号图像。

⑤ 图样:它们通常就是简单地由线段和图形构成的单色二值图像。

⑥ 专用图像:如 X 射线照片、微波照片、红外热像或超声波图像等。这些图像各有特点,与在可见光下得到的图像有所不同。

总之,我们的物质世界是一个无处不充满图像的世界,对这么多的图像进行分类无疑是十分困难的事。本书所提到的一些图像只是极少数有代表性而又实用的图像。这些图像经过研究，大部分可以找到较为近似的模型和规律，这对方便处理和深入研究来讲无疑都是十分有利的。

2.1.4 图像的统计特性

在图像的统计特性表征中，认为图像信号是一个随机信号。对于一个随机信号的数学描述则是振幅或相位的分布函数、概率密度函数及一系列的相关矩、中心矩、功率谱等。利用这些参数来表征图像的特性，建立图像信息的数学模型，以便对图像信息进行有效的分析及处理。

1. 图像的振幅分布特性

图像信号的振幅分布特性由振幅分布函数或振幅分布密度函数来表示。振幅分布函数由下式表示：

$$F(z)=P\{g(x,y)<z\} \tag{2-7}$$

式中，$F(z)$是振幅分布函数，$g(x,y)$是二维图像信号，P代表概率。由式(2-7)可知，所谓图像信号振幅分布函数就是图像信号$g(x,y)$之值小于某一给定值的概率。$g(x,y)$的值落在z_1、z_2之间的概率由下式表示：

$$F(z_2)-F(z_1)=P[z_1\leqslant g(x,y)<z_2] \tag{2-8}$$

振幅分布密度函数$f(z)$可由$F(z)$的导数得到，即

$$f(z)=\frac{\mathrm{d}}{\mathrm{d}z}F(z) \tag{2-9}$$

或者

$$f(z)=\lim_{\Delta z\to 0}\frac{1}{\Delta z}P[z\leqslant g(x,y)<z+\Delta z] \tag{2-10}$$

图像信号的振幅分布函数及分布密度函数可由式(2-7)及式(2-10)来测定。

日本NHK技研所的千叶、安东曾对三种图像的振幅分布特性进行了测量，其中有戏剧场面的摄影作品、电影镜头画面等，其测试曲线如图2-1所示。

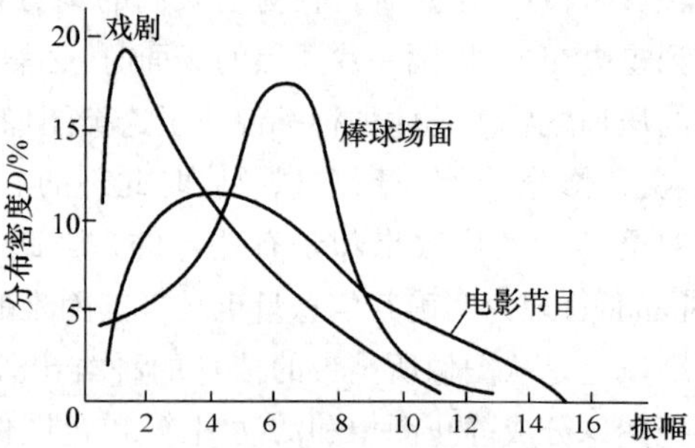

图2-1 图像振幅分布密度曲线

2. 差值信号的振幅分布特性

对图像信号预测编码有重要意义的差值信号的振幅分布特性也进行了测定。早在1952年，贝尔实验室的克雷茨默(Kretzmer)对相邻像素间的差值进行了测定，其分布密度曲线如图2-2所示。由曲线可见，相邻像素振幅的差大部分集中于零差值附近。这说明相邻像素间有较大的相关性。由曲线的形状，可认为其近似于指数分布，即

$$f(x)=\mathrm{e}^{-\alpha x} \tag{2-11}$$

式中，x是像素间的距离，α是由图像性质决定的系数，$f(x)$是概率密度函数。由实测结果可知，对于特写画面来说α值较小，对于群集远景画面来说α较大。

对于电视信号来说，除了像素间的差值外，还存在帧间差值。坎迪(Candy)对帧差值信号的分布密度特性也进行了测定，其曲线如图2-3所示。由图2-3可见，变化剧烈的图像与变化缓慢的图像其差值的分布是不一样的。帧差值信号分布密度大致也可以用指数函数来表示，即

$$f(x)=\mathrm{e}^{-\beta x} \tag{2-12}$$

式中，β是由图像变化程度所决定的系数。当图像内容变化比较剧烈时，β值较小，图像内容变化比较缓慢时，β值较大。

3. 图像的自相关函数和空域功率谱

一般情况下，图像的自相关函数和空域功率谱针对稳定画面来定义。稳定画面就是指图像$g(x,y)$

在 x,y 方向上可无限扩展,而且无论在哪个方向上都有相同的统计特性。为了充分了解这样的稳定画面的统计特性,我们将研究有限的、固定的图像的统计特性。

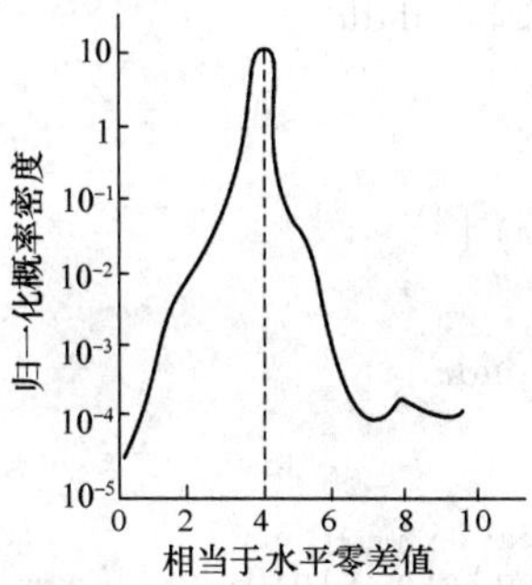

图 2-2　相邻像素间差值信号分布密度曲线

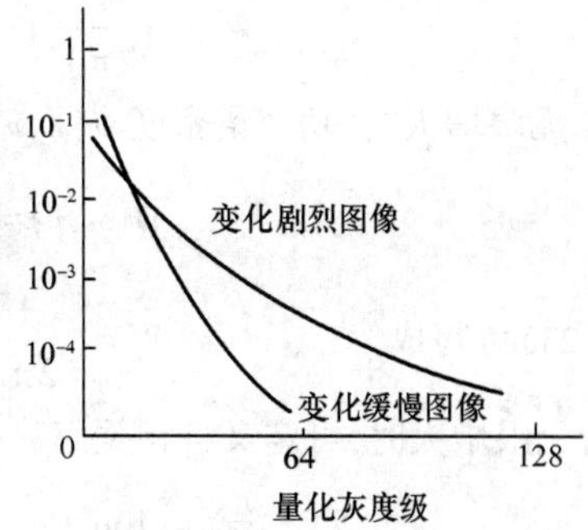

图 2-3　帧差值信号分布密度特性

(1) 能量有限的图像振幅谱和自相关函数

当一幅图像用 $g(x,y)$ 来表示时,那么它的傅里叶变换就是其振幅谱,即

$$G(u,v)=\int_{-\infty}^{\infty}\int_{-\infty}^{\infty}g(x,y)\mathrm{e}^{-\mathrm{j}(ux+vy)}\mathrm{d}x\mathrm{d}y \tag{2-13}$$

显然,如果知道了图像的振幅谱,用其反傅里叶变换就可以求得 $g(x,y)$,

$$g(x,y)=\frac{1}{(2\pi)^2}\int_{-\infty}^{\infty}\int_{-\infty}^{\infty}G(u,v)\mathrm{e}^{\mathrm{j}(ux+vy)}\mathrm{d}u\mathrm{d}v \tag{2-14}$$

图像信号所具有的能量可由下式表示:

$$E=\int_{-\infty}^{\infty}\int_{-\infty}^{\infty}|g(x,y)|^2\mathrm{d}x\mathrm{d}y \tag{2-15}$$

或者

$$E=\frac{1}{(2\pi)^2}\int_{-\infty}^{\infty}\int_{-\infty}^{\infty}|G(u,v)|^2\mathrm{d}u\mathrm{d}v \tag{2-16}$$

式中,$|G(u,v)|^2$ 为能量谱。能量有限的图像信号 $g(x,y)$ 的自相关函数由下式表示:

$$\rho(\xi,\eta)=\int_{-\infty}^{\infty}\int_{-\infty}^{\infty}g(x+\xi,y+\eta)g(x,y)\mathrm{d}x\mathrm{d}y \tag{2-17}$$

式中,$\rho(\xi,\eta)$ 与 $|G(u,v)|^2$ 之间存在着傅里叶变换关系,即

$$|G(u,v)|^2=\int_{-\infty}^{\infty}\int_{-\infty}^{\infty}\rho(\xi,\eta)\mathrm{e}^{-j(u\xi+v\eta)}\mathrm{d}\xi d\eta \tag{2-18}$$

$$\rho(\xi,\eta)=\frac{1}{(2\pi)^2}\int_{-\infty}^{\infty}\int_{-\infty}^{\infty}|G(u,v)|^2\mathrm{e}^{\mathrm{j}(u\xi+v\eta)}\mathrm{d}u\mathrm{d}v \tag{2-19}$$

(2) 功率有限的图像的空域功率谱和自相关函数

作为振幅谱和能量谱概念的自然扩展就可以导出功率谱的概念来。振幅谱或能量谱是对能量有限的画面定义的。但是,多数画面在 x,y 平面上是无限扩展的。因此,其能量 E 也不可能是有限的。对于 E 为无限的信号来说,有时图像中单位面积上的平均能量(平均功率)却是有限的,即

$$W=\lim_{X,Y\to\infty}\frac{1}{XY}\int_{-X/2}^{X/2}\int_{-Y/2}^{Y/2}|g(x,y)|^2\mathrm{d}x\mathrm{d}y \tag{2-20}$$

如果把 $g(x,y)$ 限定在如下范围内,即

$$g_{XY}(x,y)=\begin{cases}g(x,y) & -X/2\leqslant x\leqslant X/2,-Y/2\leqslant y\leqslant Y/2\\ 0 & \text{其他}\end{cases}$$

则式(2-20)可写成

$$W=\lim_{X,Y\to\infty}\frac{1}{XY}\int_{-\infty}^{\infty}\int_{-\infty}^{\infty}|g_{XY}(x,y)|^2\mathrm{d}x\mathrm{d}y \tag{2-21}$$

如果令 $g_{XY}(x,y)$ 为有限能量的图像,其对应的振幅谱就是 $G_{XY}(u,v)$。此时有

$$XYW \approx \frac{1}{(2\pi)^2}\int_{-\infty}^{\infty}\int_{-\infty}^{\infty} |G_{XY}(u,v)|^2 \mathrm{d}u\mathrm{d}v \tag{2-22}$$

$$W \approx \frac{1}{(2\pi)^2}\int_{-\infty}^{\infty}\int_{-\infty}^{\infty} \frac{1}{XY}|G_{XY}(u,v)|^2 \mathrm{d}u\mathrm{d}v \tag{2-23}$$

当 X,Y 无限增大时,功率谱密度 $\psi(u,v)$ 用下式表示:

$$\psi(u,v)=\lim_{X,Y\to\infty}\frac{1}{XY}|G_{XY}(u,v)|^2 \tag{2-24}$$

此时,式(2-23)可写成

$$W=\frac{1}{(2\pi)^2}\int_{-\infty}^{\infty}\int_{-\infty}^{\infty}\psi(u,v)\mathrm{d}u\mathrm{d}v \tag{2-25}$$

当能量无限增大时,可定义自相关函数如下:

$$\Psi(\xi,\eta)=\lim_{X,Y\to\infty}\int_{-X/2}^{X/2}\int_{-Y/2}^{Y/2} g(x+\xi,y+\eta)g(x,y)\mathrm{d}x\mathrm{d}y \tag{2-26}$$

这里,$\psi(u,v)$ 和 $\Psi(\xi,\eta)$ 的关系是一对傅里叶变换关系,即

$$\psi(u,v)=\int_{-\infty}^{\infty}\int_{-\infty}^{\infty}\Psi(\xi,\eta)\mathrm{e}^{-\mathrm{j}(u\xi+v\eta)}\mathrm{d}\xi\mathrm{d}\eta \tag{2-27}$$

$$\Psi(\xi,\eta)=\frac{1}{(2\pi)^2}\int_{-\infty}^{\infty}\int_{-\infty}^{\infty}\psi(u,v)\mathrm{e}^{\mathrm{j}(u\xi+v\eta)}\mathrm{d}u\mathrm{d}v \tag{2-28}$$

(3) 自相关函数的基本性质

$$\Psi(0,0)=E\{|g(x,y)|^2\} \tag{2-29}$$

$$\Psi(\infty,\infty)=[E\{g(x,y)\}]^2 \tag{2-30}$$

$$\Psi(x,y)=\Psi(-x,-y) \tag{2-31}$$

(4) 空域功率谱密度的基本性质

$$\psi(0,0)=\frac{1}{(2\pi)^2}\int_{-\infty}^{\infty}\int_{-\infty}^{\infty}\psi(u,v)\mathrm{d}u\mathrm{d}v \tag{2-32}$$

$$\psi(u_x,u_y)=\psi(-u_x,-u_y) \tag{2-33}$$

(5) 自相关函数的测定结果

图像的自相关函数最早也是由贝尔实验室的克雷茨默(Kretzmer)测定的。测定采用光学方法,用两张完全相同的幻灯片,测量两者稍微错开时的透光量和完全重叠时的透光量,然后求其比值,进而得到相关函数。测定的曲线如图 2-4 所示。由图可见,自相关函数也近似于指数分布,即

$$\Psi(\xi,\eta)=\exp(-\alpha\sqrt{\xi^2+\eta^2}) \tag{2-34}$$

式中,α 也是与画面有关的系数,对于特写画面 α 较小,群集的远景 α 较大。

关于这一性质,日本的矶部、藤村也同样用光学方法进行了测试,所得结果基本相似。

另外,克雷茨默对一帧场景各个方向上的相关性进行了测定,发现并没有明显的相关方向,其测试结果如图 2-5 所示。

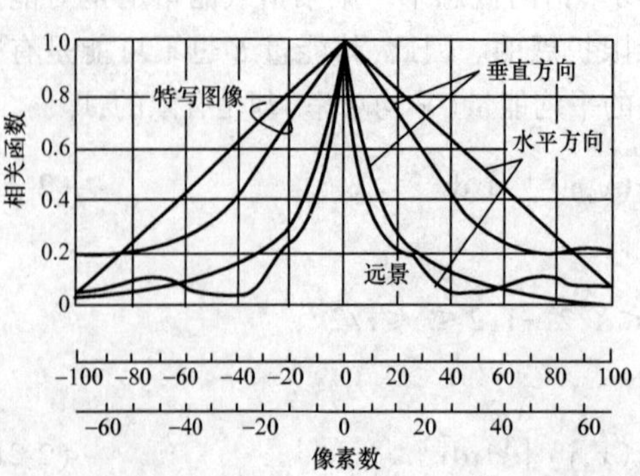

图 2-4 图像在水平和垂直方向上的自相关函数

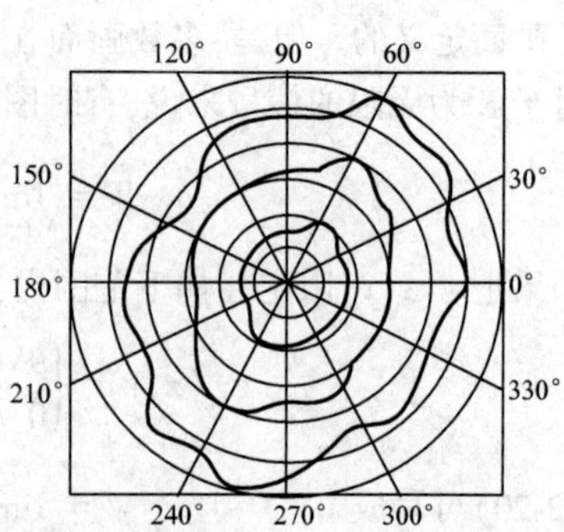

图 2-5 某景物各个方向上的自相关函数的轮廓

4. **电视信号的数学表示及自相关函数**

在数字信号处理中取样定理是大家所熟悉的基本定理。对于一维信号来说，如果 $x(t)$ 是频带受限信号，它所包含的最高频率为 f_c，当取样频率满足 $f_s \geqslant 2f_c$ 时，则完全可由其离散样点值来表示，即

$$x(t)=\sum_{n=-\infty}^{\infty} x(nT)\frac{\sin\omega_c(t-nT)}{\omega_c(t-nT)} \tag{2-35}$$

式中，$\omega_c=2\pi f_c$，$T=\frac{1}{f_s}=\frac{1}{2f_c}$，$\frac{\sin\omega_c(t-nT)}{\omega_c(t-nT)}$为内插函数。

仿照一维取样定理的结果，可以将其推广至二维情况。如果 $x(t_1,t_2)$ 是频带受限的二维信号，在 t_1 方向上所含最高频率为 ω_1，在 t_2 方向上所含最高频率成分是 ω_2，在 t_1 方向上的取样间隔为 T_1，其中，$T_1=\pi/\omega_1$，在 t_2 方向上的取样间隔为 T_2，其中，$T_2=\pi/\omega_2$。则

$$x(t_1,t_2)=\sum_{i=-\infty}^{\infty}\sum_{j=-\infty}^{\infty} x(iT_1,jT_2)\cdot\frac{\sin\omega_1(t_1-iT_1)}{\omega_1(t_1-iT_1)}\cdot\frac{\sin\omega_2(t_2-jT_2)}{\omega_2(t_2-jT_2)} \tag{2-36}$$

如果是动态图像，则可以推广至三维情况。也就是

$$x(t_1,t_2,t_3)=\sum_{i=-\infty}^{\infty}\sum_{j=-\infty}^{\infty}\sum_{k=-\infty}^{\infty} x(iT_1,jT_2,kT_3)\cdot \frac{\sin\omega_1(t_1-iT_1)}{\omega_1(t_1-iT_1)}\cdot\frac{\sin\omega_2(t_2-jT_2)}{\omega_2(t_2-jT_2)}\cdot\frac{\sin\omega_3(t_3-kT_3)}{\omega_3(t_3-kT_3)} \tag{2-37}$$

根据动态图像采样定理可以算出动态图像所需的带宽。例如，设有一帧图像的扫描时间为 T_p，在 t_1，t_2 方向上像素间隔均为 T，而且在 t_1，t_2 方向上各需 N_1，N_2 个像素，那么

$$T_p=N_1N_2T \tag{2-38}$$

由取样定理可知 $T=\frac{1}{2f_c}$，所以最高频率 $f_c=\frac{1}{2T}$，因此

$$f_c=\frac{1}{2T}=\frac{N_1N_2}{2T_p}=\frac{1}{2}N_1N_2f_p \tag{2-39}$$

一般情况下，在电视体制中要考虑到其他因素，所以最高频率由下式计算：

$$f_c=\frac{1}{2}KN_2^2f_pRR' \tag{2-40}$$

式中，K 为凯尔(Kell)系数，通常 $K=0.7$；R 为电视屏幕之宽高比，$R=4/3$；R' 为水平扫描率与垂直扫描率之比，通常 $R'=0.95/0.84$；N_2 为扫描行数；f_p 为帧频数。

例如，在 NTSC 制中，$N_2=525$，$f_p=30$，则可算出其最高频率

$$f_c=\frac{1}{2}\times0.7\times(525)^2\times30\times\frac{4}{3}\times\frac{0.95}{0.84}=4.3\text{MHz}$$

动态图像的自相关函数可用下式表示：

$$R(t_1,t_2,\tau)=\exp(-\alpha_1|t_1|)\cdot\exp(-\alpha_2|t_2|)\cdot\exp(-\beta|\tau|) \tag{2-41}$$

式中，$\exp(-\alpha_1|t_1|)$表示行内相关；$\exp(-\alpha_2|t_2|)$表示帧内相关；$\exp(-\beta|\tau|)$表示帧间相关。其中 β 反映时间轴方向上的相关性，研究表明，β 是一个很小的量，一般 $\exp(-\beta|\tau|)=0.99$。也就是说帧间的相关性接近于 1。

图像自相关的另外一种形式是用一阶马尔可夫过程作为模型(在第 5 章中再介绍)。在图像自相关函数的两种模型中，应用较多的是根据大量实验总结出来的 e 指数模型，即式(2-34)和式(2-41)所示的形式。至于其衰减的速度，完全取决于图像的种类及其内容细节。

2.1.5 图像信息的信息量

1. 离散的图像信息的熵

一个连续的图像信号经过编码后就变成了离散的图像信号。一幅图像如果有 $s_1,s_2,s_3,\cdots,s_q$ 共 q 种幅度值,并且出现的概率分别为 $P_1,P_2,P_3,\cdots,P_q$,那么每一种幅度值所具有的信息量分别为 $\log_2\left(\frac{1}{P_1}\right),\log_2\left(\frac{1}{P_2}\right),\log_2\left(\frac{1}{P_3}\right),\cdots,\log_2\left(\frac{1}{P_q}\right)$。由此,其平均信息量可由下式表示:

$$H = \sum_{i=1}^{q} P_i \log_2 \frac{1}{P_i} = -\sum_{i=1}^{q} P_i \log_2 P_i \tag{2-42}$$

把这个平均信息量叫作熵,记做 H。

如果一个图像信源能输出 K 个独立的消息,当这些消息出现的概率彼此相等时,那么这个信源的熵最大。例如,一个信源只输出两个消息其概率为 P 和$P-1$,熵的最大值出现在两个消息的概率都等于 0.5 处。

2. 连续的图像信息的熵

对于离散的图像信息来说,它只输出有限个符号。如果输出的不是有限个而是无限个,那么这样的图像信息叫作连续图像信息。对于连续图像信息的熵,也可以仿照离散图像信息的熵来计算。如图 2-6 所示的连续信源,把 s 分成小微分段 Δs,这样,类似于离散信源的熵可导出如下:

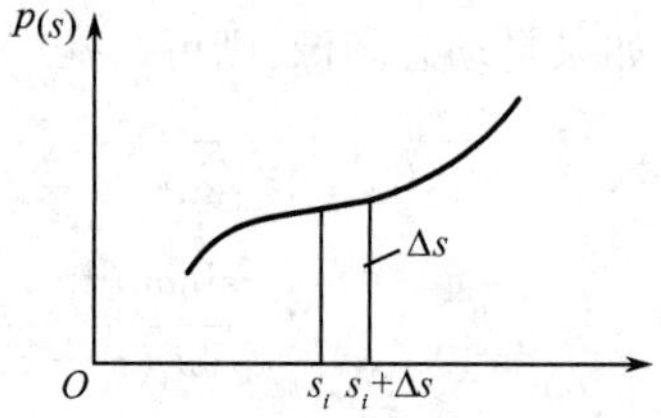

图 2-6 连续信源的熵的计算

$$H = -\sum_{i=-\infty}^{\infty} p(s_i)\cdot\Delta s\cdot\log_2[p(s_i)\Delta s] = \sum_{i=\infty}^{\infty} p(s_i)\cdot\Delta s\cdot\log_2\frac{1}{p(s_i)\Delta s}$$

$$= \sum_{i=-\infty}^{\infty} p(s_i)\Delta s\cdot\log_2\frac{1}{p(s_i)} + \sum_{i=-\infty}^{\infty} p(s_i)\Delta s\cdot\log_2\frac{1}{\Delta s}$$

当 $\Delta s\to 0$ 时,则
$$H = \int_{-\infty}^{\infty} p(s)\log_2\frac{1}{p(s)}\mathrm{d}s + \infty$$

第二项是由于 $\Delta s\to 0$ 时,$\log_2\frac{1}{\Delta s}\to\infty$ 所致。一般忽略掉第二项,连续的图像信源的熵如式(2-43)所示:

$$H = -\int_{-\infty}^{\infty} p(s)\log_2 p(s)\,\mathrm{d}s \tag{2-43}$$

这里应该注意的是连续图像信息的熵并不是绝对熵,而是绝对熵减去一个无限大项。因此,将其定义为相对熵。其中 $p(s)$是概率密度。

对于离散信源来说,当所有消息输出等概率时其熵最大。但对连续信源来说,最大熵的条件取决于输出受限情况。当输出幅值受限时,幅度概率密度是均匀分布时其熵值最大;当输出功率受限时,则输出幅度概率密度是高斯分布时其熵值最大。关于熵的概念在图像编码处理中有重要意义。

2.1.6 常用图像格式简介

在图像处理中,图像文件存储是最为常见又无法回避的问题之一,由于早期的标准化问题,目前已出现了众多的图像存储格式,对这些图像格式的基本了解是必备的知识之一。

1. BMP 格式

BMP 是 Windows Bit Map 的缩写,它是最普遍的点阵图像格式之一,也是 Windows 及 OS/2 两种操作系统的标准格式。在 Windows 环境中运行的图像软件都支持 BMP 图像格式。典型的 BMP 图像文件由三部分组成:位图文件头数据结构,它包含 BMP 图像文件的类型、显示内容等信息;位图信息数据结构(位图头),它包含有 BMP 图像的宽、高、压缩方法,以及定义颜色等信息;彩色对应表,彩色映像的大小一般为 2、16 或 256 各表项,BMP 只能存储四种图像数据:单色、16 色、256 色和全彩色。BMP 图像数据有压缩或不压缩两种处理方式。其中压缩方式只有 RRLE4(16 色)和 RLE8(256 色)两种,而由于 24 位 BMP 格式的图像文件无法压缩,因而文件尺寸比较大。

2. PCX 格式

PCX 图像格式是 MS-DOS 下常用的格式,是个人计算机中使用最久的一种格式。在 Windows 操作系统尚未普及时,图像的绘制、排版多用 PCX 格式,从最早的 16 色,发展至今已可达 1677 万色。PCX 格式由三部分组成,即文件头、位图数据和一个调色板。文件头占 128 字节,它除了版本号外,还包括图像的分辨率(每英寸点数)、大小(像素数)、每行字节数、每像素位数和彩色平面数。文件还可能包括一个调色板及表明调色板是灰度还是彩色的一个代码。

3. GIF 格式

GIF 是 Graphics Interchange Format(图形交换格式)的缩写,是 CompuServe 公司所制定的图像文件格式。它主要是为数据流而设计的一种传输格式,而不是作为文件存储的格式。它具有顺序的组织形式。除了多幅图像的顺序传输和显示外,这种顺序的组织形式对图像没有什么实际影响。目前,GIF 图像文件已经成为网络和 BBS 上图像传输的通用格式,经常用于动画、透明图像等。一个 GIF 文件能够储存多张图像,图像数据用一个字节存储一个像素点,采用 LZW 压缩格式,尺寸较小。图像数据有两种排列方式:顺序排列和交叉排列,但 G1F 格式的图像最多只有 256 色。GIF 格式有五个主要部分,这五个部分以固定的顺序出现,所有部分均以一个或多个块组成。每个块由第一个字节中的标识码或特征码标识。这些部分的顺序是:头块、逻辑屏幕描述块、可选的“全局”色彩表块、各图像数据块及尾块(结束码)。

4. JPEG 格式

JPEG 是 Joint Photographic Experts Group(联合图像专家组)的缩写。在 1986 年,ISO 和 CCITT 成立了“联合图片专家组”,他们的主要任务是研究静止图像压缩算法的国际标准。JPEG 是一种有损压缩格式,能够将图像压缩在很小的储存空间。JPEG 压缩技术用有损压缩方式去除图像数据冗余,在获得极高的压缩率的同时能够满足图像质量要求,而且 JPEG 是一种很灵活的格式,具有调节图像质量的功能,允许用不同的压缩比例对文件进行压缩,支持多种压缩级别,压缩比率通常在 10:1 到 40:1 之间。JPEG 格式通常应用于互联网,可减少图像的传输时间,可以支持 24 位真彩色,也普遍应用于需要连续色调的图像。

5. TIF(F)格式

TIF(F)是 Tagged Image File Format 的缩写。该格式主要在应用程序和计算机平台之间交换文件,几乎被所有绘画、图像编辑和页面排版应用程序所支持,它与计算机结构、操作系统和图形硬件无关。而且几乎所有桌面扫描仪都可以生成 TIF 图像。TIF 格式支持带 Alpha 通道的 CMYK、RGB 和灰度文件,支持不带 Alpha 通道的 Lab、索引颜色和位图文件。TIF 也支持 LZW 压缩。TIF 常被用于彩色图像的扫描,它是以 RGB 的全彩模式储存。TIF 格式有三级结构,从高到低依次为:文件头、一个或多个叫作 IFD 的包含标记指针的目录、数据。文件头包含三个表项:①一个代码,用来指明字节顺序(低字节在前还是高字节在前);②一个代码号;③一个指向图像文件目录(Image File Directory,IFD)的指针。IFD 提供一系列的指针,这些指针告诉我们各种有关的数据字段在文件中的开始位置,并给出每个字段的数据类型及长度。这种方法允许数据字段定位在文件的任何地方,可以是任意长度，并包含大量信息。在一个文件中可能有几个相关的图像，这时可有几种 IFD。IFD 的最后一个表项指向任何一个后续的 IFD。每个指针都有一个标记，它指明所指向的数据字段类型的一个代码。TIF 规范列出了所有正式的、非专用的标记号，并描述指针所识别的数据，指明数据的组织方法。

6. GEM 格式

GEM 是 Digital Research 公司定义的一种图像格式，该格式通常用 .IMG 为扩展名。图像可以是单色、灰度或彩色的。IMG 文件由文件头和后面的图像数据组成。图像按平面逐个存储。色彩对应表按从高位到低位平面顺序存储。位平面分四组，分别代表红、绿、蓝和灰度平面。图像头由 8 个或 9 个 16 位字组成，每个字按最高字节为先的顺序，用 big-endian 格式存储。图像数据按每个平面扫描行序列存储，每个扫描行以一个可选的重复计数值开始，后面跟一个或多个图像数据块。如果有重复计数值，则它制定下一扫描行在实际图像中重复的次数，在数据字节中，8 位代表 8 个像素，最高位为最左边的像素。

7. PBM 格式

PBM 是由 Jef. Poskanzer 编写的一套实用程序，它包括了读写许多其他位图文件格式的程序，以及对图像完成变换的实用程序。用户可以组合这些程序进行各种图像格式的转换和图像变换。实用程序定义了三种简单的图像格式，即单色位图的 PBM、灰度位图的 PBM 和彩色位图的 PBM。通过组合，可以方便地实现在任何支持的格式之间相互转换。三种格式中的每一个都以一个由 ASCII 码组成的头开始，后面跟随图像的像素。单色图 PBM 中的每一个像素代表单独一位，1 为黑，0 为白，后面的值是“1”或“0”，位间用空白字符隔开。位的顺序是从上到下逐行排列，每行则是按从左到右排列。灰度图 PBM 的每一个像素都有一个值，其值域从表示黑色的 0 开始到表示白的根据具体图像而定的最大值为止（这与黑白 PBM 正好相反）。彩色 PBM 文件中的每一个像素由红、绿、蓝三种色值的一个三元组来表示，值的范围是从 0 到视具体图像而定的最大值。黑色为（000），白色为（最大值，最大值，最大值）。头后面是二进制值表示的像素，每一个分量用一个字节。每一个像素占三个字节，即按红、绿、蓝顺序各占一个字节。像素从上到下逐行排列，每行从左到右排列。

8. PSD 格式

PSD 图像是 Adobe Photoshop 的专用图像格式，可以以 RGB 或 CMYK 彩色模式储存，而且能自定义颜色数目，PSD 可以将不同的目标以层级（Layer）分离储存，以便于修改和制作各种特殊效果。

9. PCD 格式

这是 KODAK 公司所开发的 Photo CD 专用存储格式，由于其文件特别大，不得不存在 CD-ROM 上，但其应用特别广泛。

10. WMF 矢量格式

WMF 是 Windows Metafile 的缩写，简称图元文件，它是微软公司定义的一种 Windows 平台下的图形文件格式。

WMF 格式文件的特点如下：

① WMF 格式文件是 Microsoft Windows 操作平台所支持的一种图形格式文件，目前，其他操作系统尚不支持这种格式，如 UNIX、Linux 等。

② WMF 格式文件是和设备无关的，即它的输出特性不依赖于具体的输出设备。

③ 其图像完全由 Win32 API 所拥有的 GDI 函数来完成。

④ WMF 格式文件所占的磁盘空间比其他任何格式的图形文件都要小得多。

⑤ 在建立图元文件时，不能实现即画即得，而是将 GDI 调用记录在图元文件中，之后，在 GDI 环

境中重新执行,才可显示图像。

⑥ 显示图元文件的速度要比显示其他格式的图像文件慢,但是形成图元文件的速度要远快于其他微软公司开发的矢量图形格式,在 Office 等软件中得到大量的应用。

以上是我们常常遇到的图像格式,还有其他一些格式,读者可参阅《图像格式大全》一书。

2.2 图像处理系统及外围设备

数字图像处理技术的进展及其日益广泛的应用促进了处理系统硬件设备的研制与开发。在图像处理技术发展的历史中,最初在模拟方案识别机构中开始应用计算机。它处理的对象是二值图像,处理的像素数目较少,数据量不大。因此,处理速度问题并没有显得十分突出。尽管如此,仍可以看到图像处理与一般的科学计算有着显著的不同,即在图像处理中应该保持其二维的特点。由于图像的数目越来越多,每幅图像的像素数目也越来越多,因此,处理一幅图像所需的时间越来越长,加之大型机的字长较长、代价较高、效率较低,这就越来越明显地看出通用计算机的图像处理能力有一定限制。因此,人们开始研制专用的计算机图像处理系统。到目前为止,已出现了各种各样的计算机图像处理系统,尽管各种系统大小不一,其处理能力也各有所长,但其基本硬件结构则都是由如图 2-7 所示的几个部分组成,即由主机、输入设备、输出设备及存储器组成。目前,这些系统就其应用领域来看有专用的,也有通用的。它们的主要差别则在于处理精度、处理速度、专用软件及存储容量等几个方面。为了较系统地理解图像处理系统的硬件设备,本节主要介绍几种常见的输入、输出设备的工作原理及图像处理系统的典型结构。

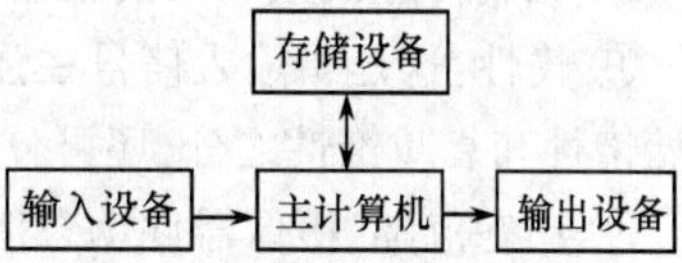

图 2-7 计算机图像处理系统基本结构框图

2.2.1 图像处理系统中常用的输入设备

图像处理的输入设备有很多种,其工作原理及性能也各有长短。常用的有如下几种。

1. 电视摄像机

电视摄像机是图像处理中常用的输入设备之一,它的关键部件是摄像器件。摄像器件的基本任务是把输入的二维辐射(即光学图像)信息转换为适宜处理和传输的电信号。

(1) 摄像器件的分类

目前,由于对摄像器件不同用途的需要,发展的品种极为繁多,大体上可做如下分类。

① 按输入信息可分为可见光方式(黑白或彩色方式)、不可见电磁辐射方式(红外线、紫外线及 X 射线)及超声波等。

② 按电流方式可分为电子束扫描摄像管(快电子束、慢电子束和光束扫描)、固体摄像器件(XY 寻址扫描、电荷传输扫描及弹性表面波扫描)。

③ 按光敏靶的种类可分为光电导型(注入型、阻挡型)、移像型(低增益靶,如超正析像管、分流直像管及二次电子传导等,电子轰击导生电导等)、特殊型(热释电及压电型)。

④ 按器件种分类:可分为电子器件和固态器件。

(2) 摄像器件的性能

摄像器件的性能好坏可以从以下几个方面来考虑。

① 频谱响应特性:亦称光谱响应特性、分光灵敏特性、光谱灵敏度等。它表示器件的分光灵敏度与相应波长的关系。

② 辐射灵敏度:也称响应度,即单位辐射通量或单位辐射照度均匀地输入到器件的接收靶面时

所能产生的输出信号电流的大小。

③ 光电变换特性:亦称光信号变换特性。它反映输入辐射或光量发生变化时相应的输出信号电流的变化。其中一个重要参数就是γ值。一般常选用γ值小于1的摄像器件。

④ 信噪比:摄像器件噪声的来源很多,不同的探测目的所要求的输出信噪比也不一样。一般在广播电视中要求信噪比在40dB以上。在普通摄像器件中,内部噪声是主要的,它主要来源于电流的散弹噪声。

⑤ 暗电流:这是指在没有输入信号时器件输出的电流。在理论上讲,如果暗电流在空间上和时间上是恒定的,它并不构成噪声。但是,实际上它不仅增加电流噪声,而且会使电子束发射系统和前置放大器负担过重。如果暗电流在空间和时间上不是恒定的话,就会直接构成噪声,增加了图像亮度的不均匀性和色平衡困难。

⑥ 分辨率:它是指器件对图像细节的鉴别能力。通常是把一高对比度的鉴别率测试图案投射到光接收面上,然后观察可分辨的最小空间频率数。一般用可分辨电视行数(TVL/H或IP/mm)为单位来度量。水平条纹反映的是垂直分辨率,它受扫描线数限制。垂直条纹反映的是水平分辨率。在有足够的频带宽度的条件下,基本决定于摄像器件的分辨能力。因此,测试器件时主要看垂直条纹。

⑦ 调制传递函数和方波振幅响应度:这是在工程上更严格的表征器件分辨能力的方法。

⑧ 惰性:这是指输入信号在强度发生变化时,输出信号的相应变化在时间上的滞后现象。它有起始惰性和衰减惰性之分,还可分为电容性惰性和光电导惰性。

⑨ 动态范围:摄像器件动态范围有两种含义,一是指器件能够处理的一帧景物内最亮单元和最暗单元的亮度的比值,它反映器件能探测的最小信号和能接收的最大信号的能力;二是指器件能容纳的不同的平均景物亮度的范围,即最亮的一帧景物平均亮度和最暗一帧景物平均亮度的比值。有时把前者称为内动态范围,后者称为外动态范围。

除了上面所列的评价摄像器件性能的几项指标外,还有如畸变、疵点、晕光、成阴、余像烧伤、寿命、机械强度和环境适应性等。

以上对摄像器件的基本分类和性能做了简要的介绍,下面介绍几种常用的摄像器件的结构与特性,以便在建立图像处理系统时,根据不同的应用目的加以合理地选用。

(3) 几种常用的摄像器件

① 早期常用的摄像器件。早期常用的摄像器件有:光电导摄像管(视像管),这类摄像器件还可分为硫化锑视像管、氧化铅视像管、硅靶视像管、硒化镉视像管、硒砷碲视像管、碲化锌视像管等;移像型摄像管,其中超正析像管、分流直像管、二次电子传导管及电子轰击导生电导管均属移像型摄像管。它们大都属于微光摄像器件。这些类型的摄像器件早期在图像获取中发挥了重要作用(由于这类设备已应用不多,具体原理可参照本书第二版,这里不再赘述)。

② CCD固体摄像器件。20世纪70年代初,随着金属-氧化物-半导体(MOS)器件制造技术的普及,常用的固体摄像器件,即电荷耦合器件(CCD)、MOS图像传感器、电荷注入器件(CID)、光电二极管阵列(PDA)、电荷扫描器件(CSD)已成为摄像的主流器件。

固体摄像器件的研究始于1960年。在1970年,美国贝尔实验室发明了一种新型半导体器件——电荷耦合器件(CCD)。

固体CCD摄像器件从像素排列的结构上来看可分为两种类型:一是线阵摄像器件,二是面阵摄像器件。

CCD图像传感器经过几十年的发展,目前已经成熟并实现了商品化。CCD图像传感器从最初简单的8像素移位寄存器发展至今,已具有数百万至上千万像素。由于CCD图像传感器具有很大的潜在市场和广阔的应用前景,因此,国际上CCD图像传感器的研究工作相当活跃,美国、日本、英国、荷兰、德国、加拿大、俄罗斯、韩国等国家均投入了大量的人力、物力和财力,并在CCD图像传感器的研究和应用方面取得了令人瞩目的成果。

从 1993 年德州仪器公司报道 1024×1024 像素 CCD 开始,目前 CCD 像素数已从 100 万像素提高到 2000 万像素以上。福特空间公司还推出了 2048×2048、4096×4096 像素帧转移 CCD。在摄像机方面,日电公司制成了 4096×5200 像素的超高分辨率 CCD 数字摄像机,分辨率高达 1000×1000 条 TV 线。加拿大达尔莎(Dalsa)公司报道了 5120×5120 像素帧转移 CCD。荷兰菲利浦成像技术公司研制成功了 7000×9000 像素 CCD。1997 年美国 EG&G · Retion 研制出 6144×6144、8192×8192 像素高分辨率 CCD 图像传感器。亚利桑那大学报道了 9126×9126 像素 CCD,1999 年欧洲南部天文开发成功 8184×8196 像素多光谱、宽视场 CCD 摄像器件。1998 年日本采用拼接技术开发成功了 16384×12288 像素即(4096×3072)×4 像素的 CCD 图像传感器。在科学应用领域,1024×1024 像素以上大面阵 CCD 图像传感器大量用于太空探测、地质、医学、生物科学以及遥感、遥测、低空侦察等。泰克公司和喷气推进实验室的 2048×2048 像素面阵 CCD 最早用于新一代哈勃太空望远镜摄谱仪和固定天文观测站。美国 Recon 光学公司开发的 5040×5040 像素 CCD 摄像机能在一万米高空进行拍摄试验,空间分辨率达 1. 57 英寸。继美国轨道公司和加拿大达尔莎传感器公司 1994 年研制成功单片集成 5120×5120 像素 CCD 后,荷兰菲利浦光电子中心在 6 英寸晶片上研制出 9000×7000 像素 CCD 阵列,最近美国亚利桑那大学研制的 CCD 芯片,分辨率已达 9126×9126 像素。CCD 的成本高低与像素大小和面阵尺寸有关,目前最小像素尺寸为 3. 24μm×3. 275μm,38 万像素阵列正趋向于 1/6 英寸以下芯片尺寸。X 射线 CCD 以非晶硅材料为主,可见光至紫外区扩展光谱则以普通 CCD 背面减薄技术为主。

CCD 图像传感器技术已比较成熟,并且得到非常广泛的应用。但是,随着 CCD 图像传感器应用范围的扩大,其缺点逐渐暴露出来。CCD 图像传感器技术难以将光敏单元阵列、驱动电路及模拟、数字信号处理电路单片集成,如模/数转换器、精密放大、存储等功能,要实现上述功能需要多个支持芯片;CCD 阵列驱动脉冲复杂,需要使用相对高的工作电压,不能与大规模集成电路制造工艺技术兼容。为此,美国 NASA 的 JPL 采用标准 CMOS 工艺技术研制了 CMOS 图像传感器。

③ CMOS 固体摄像器件:CMOS 图像传感器是 20 世纪 70 年代由美国航空航天局(NASA)的喷气推进实验室(JPL)研制的,它的研究与 CCD 图像传感器几乎是同时起步的。由于 CCD 摄像器件有光照灵敏度高、噪声低、像素尺寸小等优点,所以一直是图像传感器的主流产品。与此相反,CMOS 图像传感器过去存在着像素尺寸大、信噪比低、分辨率低、灵敏度低等缺点,一直无法和 CCD 技术抗衡。但是,随着标准 CMOS 大规模集成电路技术的发展,过去 CMOS 图像传感器制造工艺中不易解决的技术难题现在都找到了相应的解决途径,从而大大改善了 CMOS 图像传感器的图像质量。CMOS 图像传感器的高度集成化减小了系统的复杂性,降低了制造成本,它的成本仅为普通 CCD 图像传感器的二十分之一。它具有单一工作电压(电源电压为 3. 3V 或 5V)、功耗低(仅为普通 CCD 图像传感器的十分之一)、像素缺陷率低(仅为普通 CCD 图像传感器的二十分之一)、可与其他的 CMOS 集成电路兼容、对局部像素图像的编程可随机访问、能设计出更灵巧的小型成像系统等优点。

在早期,由于 CMOS 图像传感器的集成度高,各像元之间的距离很近,干扰比较严重,噪声对成像质量影响大,而 CCD 图像传感器的制作技术起步早,工艺成熟,成像质量相对 CMOS 图像传感器有一定的优势。随着 CMOS 传感器一系列新技术的出现,如电路消噪技术的进步可有效地降低 CMOS 图像传感器的固定图像噪声;采用掩埋光电二极管新型结构,可有效地降低漏泄电流,在低压下也能保证无电荷残余地完全读出等;得到与 CCD 图像传感器一样高质量的图像的 CMOS 传感器已比较成熟。目前,CMOS 传感器主要朝着高分辨率、高动态范围、高灵敏度、高帧速、集成化、数字化、智能化的方向发展。科技工作者主要致力于提高 CMOS 图像传感器性能,尤其是 CMOS 有源像素传感器(CMOS-APS)的综合性能,缩小像元尺寸,调整 CMOS 工艺参数,将时钟和控制电路、信号处理电路,A/D 电路、图像压缩等电路与图像传感器阵列完全集成在一起,并制作滤色片和微透镜阵列,以期实现低成本、低功耗、高度集成的单芯片成像微系统。现在,一种阶跃复位栅电压技术能将 CMOS-APS

的动态范围提高到90dB,而一般CCD图像传感器的动态范围仅为70dB左右。另外,CMOS图像传感器具有体积小、功耗低、高度集成、带有新型USB计算机接口等这些新的优点,高性能单芯片CMOS微型和超微型摄像机已经商品化。至今,已研制出一系列CMOS图像传感器,如CMOS无源像素传感器(CMOS-PPS)、CMOS-APS、CMOS视觉图像传感器、CMOS视网膜图像传感器、CMOS指纹图像传感器、对数变换CMOS-APS、CMOS凹传感器等。

在信息获取与处理领域,固体摄像器件是常用的关键器件。研制高集成度、高分辨率的单芯片摄像器件是一项国内外微电子领域都在攻关的尖端技术。当今的大规模集成电路已朝着0.18~0.09μm甚至3nm以下方向发展,这就为制作更小的CMOS摄像器件提供了必要的条件,采用0.18μm CMOS工艺可以制作出上千万像素的CMOS图像传感器,无论在军用、特殊应用还是民用和常规应用场合,CMOS微型和超微型摄像机都具有巨大的潜力。

④ 彩色图像传感器:利用上述摄像器件可构成单色图像传感器,也可以做成彩色传感器。早期彩色图像传感器分为三管彩色摄像机和单管彩色摄像机。三管彩色摄像机的结构框图如图2-8所示。由图可见,三管彩色摄像机是由镜头、滤色镜、分色棱镜、三只摄像管(R、G、B)、放大器、扫描发生器、寻像器及电源等附属设备组成。

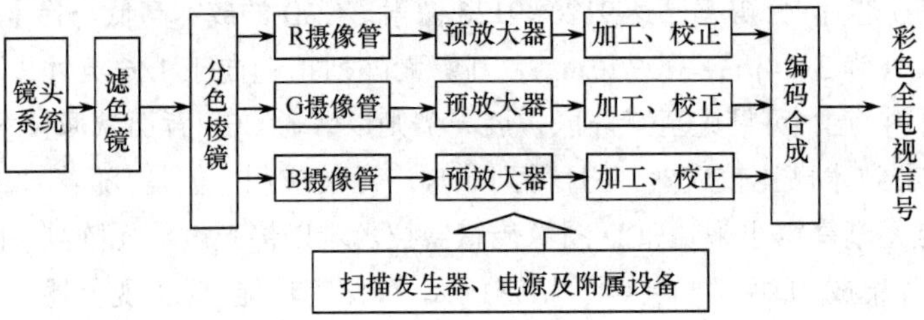

图2-8 三管彩色摄像机的结构框图

摄像机摄取彩色图像或景物,首先通过中性滤光片和色温滤光片,然后进入分色棱镜分解为三基色光像,三基色光像分别送入三只摄像管转变为图像电信号。然后,三路信号分别经过校正(电缆校正、黑斑校正、轮廓校正、彩色校正、γ校正及电平调节等),最后送入编码器以形成彩色全电视信号。

单管摄像机只有一个摄像管,它没有分色棱镜,是利用管内直接镀在靶上的条纹滤色器实现R、G、B分色作用的。单管彩色摄像机又分为频率分离式、相位分离式和三电极式三种。

频率分离式单管摄像机的结构框图见图2-9。在摄像管靶面设置两片条状滤色器,一片为反红条状滤色器,一片为反蓝条状滤色器,当光学图像经过滤色器和摄像管转变为电信号时,绿色信号是时间的连续函数,而红色和蓝色所对应的信号为时间采样函数。这些电信号经低通滤波器和带通滤波器即可分出亮度信号、红色信号及蓝色信号,经编码后就形成彩色全电视信号。

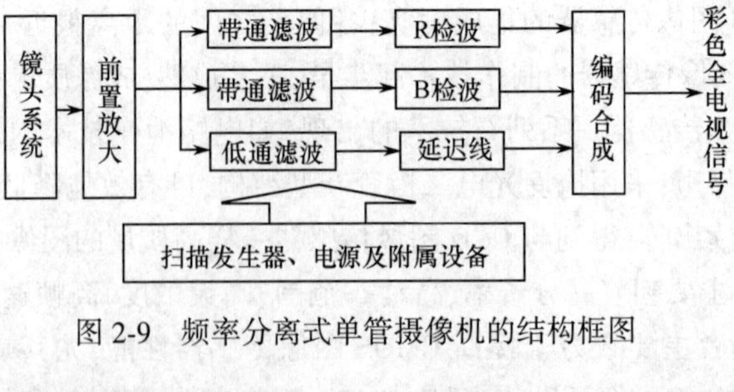

图2-9 频率分离式单管摄像机的结构框图

相位分离式单管摄像机是在靶前设置带状透明导电膜和红、绿、蓝垂直条纹滤色器。当电子束扫描时会得到一组组红、绿、蓝点顺序信号,通过低通及带通滤波器后可得到相应的频谱信号。这种摄像机的白平衡好,稳定性高,但清晰度不高。

三电极式摄像机是在三电极摄像管内装有重复的红、绿、蓝垂直条纹滤色器,并分别对准各自的相互绝缘的条状透明电极。当电子束扫描时,便把靶面上形成的图像或景物的三个基色的光像转变为三个基色信号,并分别通过各自的电极汇总到三条母线上,于是输出 R、G、B 信号,经编码后形成彩色全电视信号。这种摄像机白平衡、彩色重现和稳定性均好,但有时由于条状电极的静电电容影响,容易串色,影响清晰度。

2.2.2 飞点扫描设备

飞点扫描器(FPS)是另一种常用的图像信息输入设备,其外形如图 2-10 所示。它由飞点扫描管、偏转系统、透镜、漫反射球及光电倍增器组成,其结构如图 2-11 所示。飞点扫描器在水平和垂直两个偏转电路的控制下,CRT 的光点通过透镜光学系统在画面上逐行逐点依次扫描,与图像上亮度相对应的反射光由光电倍增管接收并转换为成比例的电流信号,经放大和 A/D 变换,送计算机处理。与此同时,通过半透明镜检出反射光,由另一个光电倍增管获得对应于 CRT 面上的辉度信号,经辉度补偿电路补偿扫描点的辉度,以提高变换的线性度。

飞点扫描器所用的 CRT 通常称为飞点扫描管,飞点扫描管是一种亮度高、聚焦好的小型显像管,在这里它是光源。工作时,飞点扫描管发出的光点照射到输入图像上。每一瞬间只照射一个像素,被照亮的像素反射的光射到光电倍增管上转换成电信号。目前已研制出高分辨率和高灰度的飞点扫描管。如日本的 OS701 飞点扫描器,采用 C-5 H05-B47 型 5 英寸磁偏转飞点扫描管,可形成 4096×4096 取样网格,输出灰度级为 128 级(7 比特),扫描速度为 2 微秒/步。

图 2-10 飞点扫描设备的外形

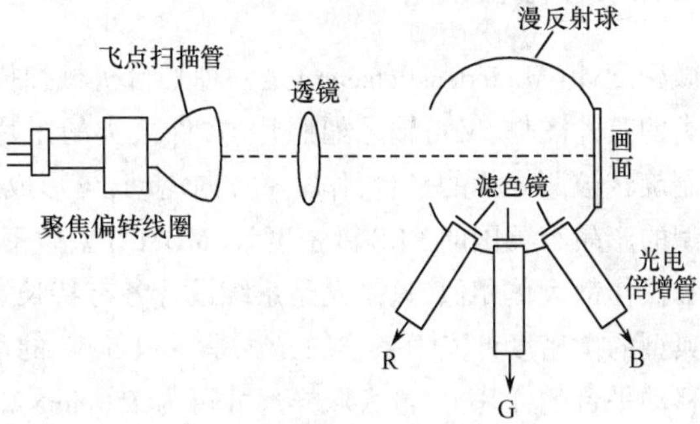

图 2-11 彩色飞点扫描器的结构示意图

彩色飞点扫描器与单色飞点扫描器的工作原理完全相同,只不过它有三个带有红、绿、蓝滤色镜的光电倍增管。它们分别把三种反射光变成电信号,从而得到 R、G、B 信号,这三种信号经编码即可输出彩色全电视信号。飞点扫描器设备简单,工作稳定可靠,扫描速度高,控制方式灵活。缺点是设备笨重,只能摄取照片和底片,不能输入实景。飞点扫描器也可以作为图像输出设备输出硬拷贝。

2.2.3 鼓形扫描器

鼓形扫描器又叫光电滚筒扫描器,外观见图 2-13,它的结构框图如图 2-12 所示。它由滚筒、光源、反射镜、光电倍增器及机械传动系统组成。机械扫描鼓的原理与传真机相似。照片或负片安放在鼓形滚筒上,最大尺寸可达 250mm×250mm,由光线照射或从内部光源透射在图像上,再由光学系统收集后送至光电倍增管,变换成电信号,经放大后送至 A/D 变换器,再经高速数据接口送入计算机。一般先送入磁盘等外存储器,再进行处理。

机械扫描鼓的滚筒由步进电动机带动作匀速圆周运动,而光电倍增管由另一步进电动机通过丝杠带动在滚筒轴向来回运动,形成相对图像的水平方向扫描,这样对图片构成了 x 方向和 y 方向的扫描。它的光学系统一般由光源、聚光镜、光栏、物镜和光电倍增管组成。整个光学系统均要放在一个密封的暗箱中,以防止杂散光的干扰。机械传动部分和丝杆的加工精度相当高,因而其重复定位精度高达 2~5μm,光密度的测量范围为 0~3D(Density),且测量精度高。灰度级范围为 256 级。

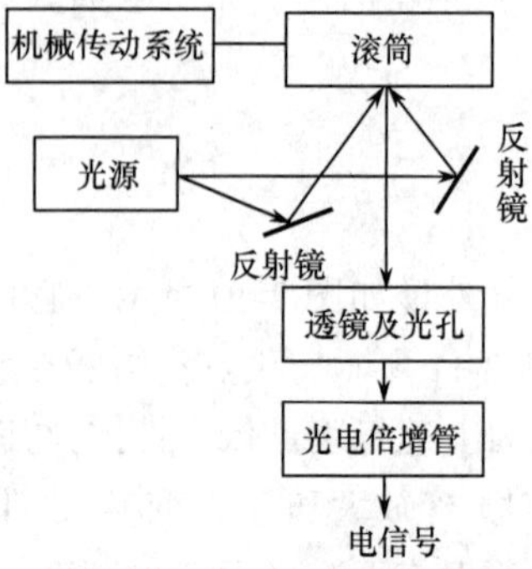

图 2-12　鼓形扫描器的结构框图

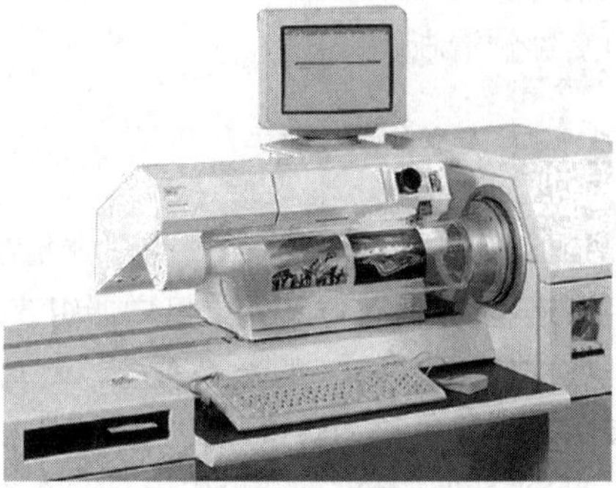

图 2-13　扫描鼓外形

机械扫描鼓是一种扫描精度高、信噪比高、可靠性好的图像输入设备。它输入一幅 36mm² 的图片只需要数分钟,速度比平台式微密度计要快得多,它既可以输入也可以输出。其缺点是只能采用逐行扫描方式,不能用于随机扫描。同时,价格也相当昂贵,维护要求高。典型的产品有美国 P-1000 扫描鼓、英国 Scanding-3 型扫描鼓。

2.2.4　微密度计

微密度计(Microdensitometer)是一种平台机械扫描式的光电转换图像输入设备,它既可输入如胶片之类的负片图像,又可输入如照片、文件之类的正片图像。微密度计的测量精度很高。使用计算机控制旋转被测样片的平台,作 x,y 方向运动,可形成逐行扫描、螺旋扫描、随机扫描及跟踪扫描。国外典型的产品有英国的 PDS 微密度计、MDM-6 型微密度计,都是比较先进的产品。以上产品的基本原理和操作都大体相似,只是光路系统设计各有特长。

典型的微密度计光学系统的光源是一只 50W 的卤钨灯,扫描光点经光源窗孔(光栅)聚焦到置于可移动平台的样片上,最大取样尺寸可为 250mm×250mm。透射光(或反射光)再经检测器窗孔(光栏)作用于光敏硅二极管上,从而取出和该坐标位置对应的像素的灰度值。由于微密度计是高密度的精密测量设备,因此光源的光分成二路,一路经聚光系统聚在图片上,由光敏硅二极管获得图像信息;另一路则直接射到参考光敏硅二极管上,以取得光补偿信息。由于光敏硅二极管用同样的材料和工艺制成,并且被放在同一暗盒内,性能和环境条件完全一致。因而,当光源的光随时间、电源变化而变化时,光敏硅二极管的输出将同时增加或减少,可以消除光源波动的影响,以保证测量的高精度。光密度的测量范围一般可达 0~4D,精度为±0.005。

图 2-14 为典型的微密度计的电原理框图。其平台由小型计算机发出指令,经微处理器控制 x 方向和 y 方向的步进移动扫描。最小步距为 2.5μm,扫描速度为 5mm/s。只要改变相应的计算机程序,就可以任选逐行扫描、螺旋扫描、随机扫描或跟踪任何曲线等方式进行扫描。同时,光敏硅二极管获得的连续图像电信号,经 A/D 变换后,也先送到微处理机暂存,等整个画面扫描完后,再全部移至小型计算机,从而使主机不必花费很多时间来等待机械扫描。

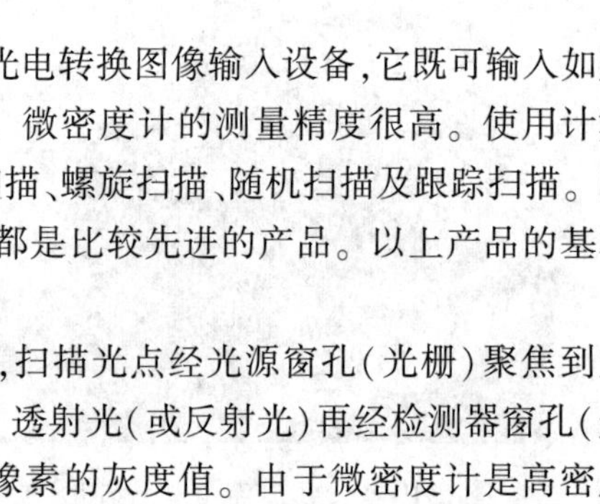

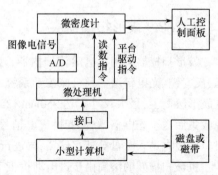

图 2-14　微密度计的电原理框图

微密度计是一种速度很慢、精度很高、取样很密、价格昂贵的图像输入设备。一般输入一张图片到计算机磁带上要花费一小时以上的时间。因此,它一般用于要求精度高、速度慢的图像输入。

2.2.5 遥感中常用的图像获取设备

遥感中的成像设备有多种技术手段,如:

光学摄影:摄像机、多光谱像机等。

MSS:多光谱扫描仪。

微波:微波辐射计、侧视雷达、真实空孔径雷达、合成孔径雷达(SAR)。

合成孔径雷达(见图2-15)是20世纪50年代发展起来的技术。它采用小天线通过直线飞行(长距离)合成一条很长的线阵天线,从而达到优良的横向方位的分辨率。目前的国际水平,在距雷达50~100km范围内,合成孔径雷达(SAR)的纵向和横向分辨率已达1m×1m以下。雷达的天线孔径计算公式如下:

$$L=K\frac{\lambda R_0}{2\delta\gamma_a}$$

例如$\lambda=3\text{cm}$,距雷达50km处的分辨率要达到1m×1m时所需的直线合成孔径为

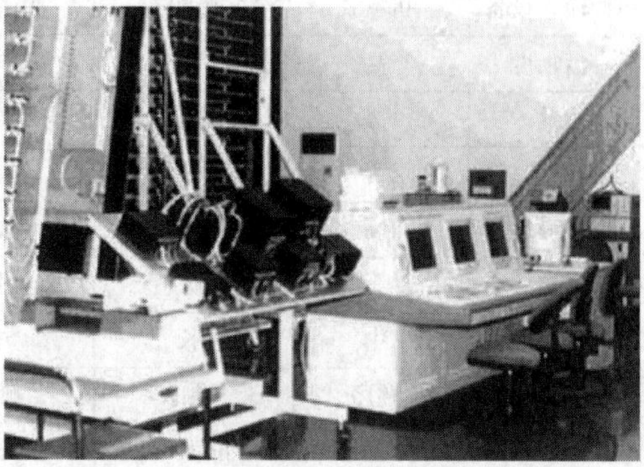

图2-15 星载合成孔径雷达(SAR)外观

$$\lambda=3\text{cm},\quad K=1.35,\quad R_0=50\text{km},\quad \delta\gamma_a=1,\quad L=1012\text{m}$$

由此可以看出飞行距离很长。为使飞机能直线、恒速飞行,要用到陀螺导航仪、GPS定位系统等设备和技术加以保证。

2.2.6 Kinect RGB-D 图像获取设备

Kinect主要由四部分组成:RGB摄像头,3D深度传感器,麦克风阵列(4个)和底座(Motorized Tilt)。其中深度传感器由一个红外光源投影仪(IR projector)以及红外相机(infrared camera)组成。红外相机由一个单色CMOS传感器组成,它可以获得RGB-D数据。

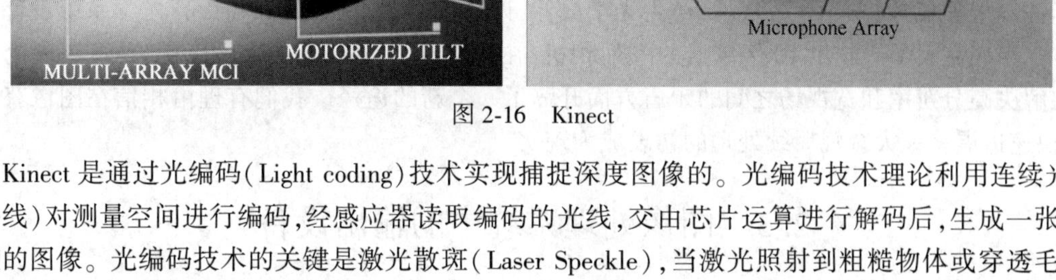

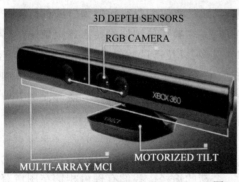

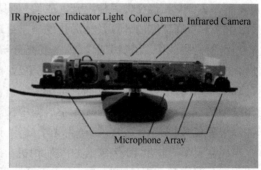

图2-16 Kinect

Kinect是通过光编码(Light coding)技术实现捕捉深度图像的。光编码技术理论利用连续光(近红外线)对测量空间进行编码,经感应器读取编码的光线,交由芯片运算进行解码后,生成一张具有深度的图像。光编码技术的关键是激光散斑(Laser Speckle),当激光照射到粗糙物体或穿透毛玻璃后,会形成随机的反射斑点,称为散斑。散斑具有高度随机性,也会随着距离而变换图案,空间中任何两处的散斑都会是不同的图案,等于将整个空间加上了标记,所以任何物体进入该空间及移动时,

都可确切地纪录物体的位置。光编码发出激光对测量空间进行编码，就是指产生散斑。Kinect 以红外线发出人眼看不见的激光，透过镜头前的光栅或扩散片（diffuser）将激光均匀投射在测量空间中，透过红外线摄像机记录空间中的每个散斑，再通过芯片计算成具有 3D 深度的图像。

2.2.7 其他图像输入设备

除前述的几种图像输入设备外，尚有光敏二极管矩阵图像传感器、激光扫描器和图像位置检出器等一些输入设备。这些图像转换和输入设备的性能比较列入表 2-2 中，以供参考。

表 2-2 图像信息输入设备性能比较表

图像输入设备		机械式	视像管	析像管	CCD	飞点扫描器	激光扫描器	光敏二极管
性能特点	清晰度	高	中	中	中/高	高	高	中/高
	线性	好	差	好	中等/好	好	好	好
	速度	慢	快	快	快	快	快	中等
	信噪比	高	中等	低	中等	高	高	中等
	存储效应	无	大	无	小	小	无	小
	适用波长	中	长	中	中	长	长	中
	扫描方式	顺序	顺序	顺序	顺序	顺序	顺序	顺序
	其他优缺点	位置精度较高，光密度精度高，扫描速度慢，价格昂贵	位置及光密度较差，结构简单，使用方便，灵敏度高，扫描速度快，价格便宜	灵敏度与分辨率不能兼顾，寿命长，扫描速度快，价格便宜	体积小，重量轻，功耗低，可靠性好，几何失真小	使用灵活，但不能在亮环境中应用，扫描速度快	干扰小，方向性强，单色性好，速度高，清晰度高，精度高	比较经济

随着科学技术的飞速发展，图像处理领域的信息获取技术受到了前所未有的重视，前边介绍的都是常规的图像获取设备及技术，它们在图像处理领域是不可或缺的重要技术之一。近年来，计算成像受到了国内外科研机构及科研工作者的广泛关注，成为图像处理科学研究的重点问题之一。计算成像属于集光学、数学和信号处理于一体的交叉学科方向，不同于传统的光电成像，它将照明、光学传播路径、光学系统、成像电路和显示等以综合统一的观点加以处理，打破了常规光电成像技术的分立式表征方法；同时，也突破了传统光电成像"所见即所得"的信息获取和处理方式的限制。计算成像技术由于具有高性能的计算及全局化的信息处理能力，突破了传统成像技术难以解决的各种难题，使得超衍射极限成像、无透镜成像、大视场高分辨率成像，以及透过散射介质清晰成像得以实现，同时使得图像获取朝着分辨率更高、成像距离更远、成像视场更广、物理体积和功耗更小的方向发展成为可能。由于计算成像技术不仅拥有传统成像技术强度探测的优势，而且具有能够获取并解译偏振、相位及频谱等信息的能力，在现代光学成像中扮演着重要角色。其典型应用有：透过散射介质成像，新体制偏振成像，光子计数成像，仿生光学成像，计算探测器，三维成像和计算光学系统设计。例如 2012 年杜克大学研制出 10 亿像素的阵列相机，在此基础上，基于非结构动态广场感知理论的提出，在解决高分辨率和宽视场之间的矛盾方面开辟了一个新的途径。我们有理由相信在图像获取方面的快速进展将大大减轻后续处理的初衷成为现实。

2.3 图像处理系统中的输出设备

图像处理系统输出设备的主要任务有两个：一个是将处理前后的图像显示出来以供分析、识别和解译之用；另一个是以硬拷贝或以数据的形式记录下来永久保存。图像处理系统中可采用的输出设备是多种多样的,例如前面介绍过的飞点扫描器、鼓形扫描器、激光扫描器等均可输出图像硬拷贝,而磁带机、磁盘机、光盘、磁鼓和U盘等可用来存储图像数据。此外,监视器、打印机等也是图像处理系统中常用的输出设备。

图像输出显示的对象可以是文字、数字和符号;可以是单色或彩色的图形、图表等;也可以是一般图像,其中包括静止的或活动的图像,单色或彩色图像乃至立体图像。

对图像显示所要求的功能和性能可归纳为如下几个方面:第一,显示功能。它包括能够显示的像素数目、显示的灰度层次、显示的颜色种类和范围。此外还有显示精度(定位精度和图像畸变)、显示速度、有无记忆功能及与其他图像重叠显示功能等。第二,图像质量。它包括画面尺寸、画面形状、显示形态、亮度、对比度、分辨力、清晰度、信噪比、图形畸变、电光变换特性、余辉及闪烁等。第三,其他有关性能。它包括操作、维护及调整的难易、稳定性、寿命、功耗乃至体积大小等。

下面介绍几种常用的图像输出设备。

2.3.1 监视器

监视器是图像处理系统中必不可少的图像输出显示设备。它的关键部件是显像管。这种被称做布老恩管的阴极射线管是1897年研制出来的。自那时以来虽经过了近一个多世纪,但显像管形态并没有根本的变化,所做的大量工作也只是缩短显像管长度、减小功耗、提高质量、降低成本等方面的工作。

1. 显像管

显像管(阴极射线管)的基本结构如图2-17所示,它由电子枪、电子束偏转系统和荧光屏组成。这些部件的主要功能如下:电子枪用来发射电子,并使之形成加速和聚焦的电子束,根据输入信号的大小,可控制电子束的强弱;偏转系统使电子束作水平或垂直偏转,以便使电子束根据输入的要求打在荧光屏的指定位置;荧光屏随着入射电子束的强度发出不同强弱的光,从而显示出可供观看的图像。

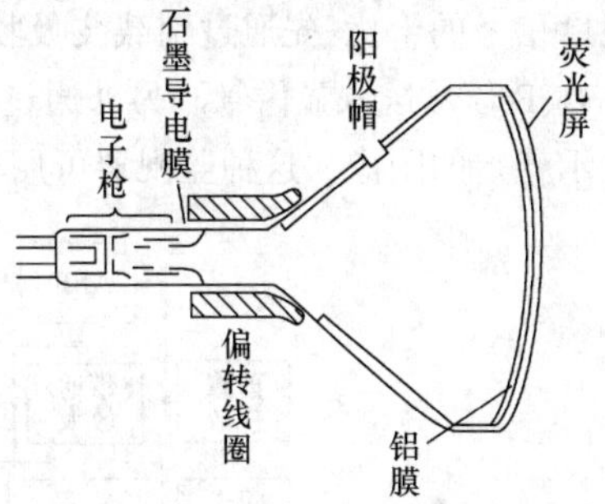

图2-17　显像管的基本结构

目前,图像处理系统中的监视器多为彩色监视器。当然,彩色监视器的心脏是彩色显像管。彩色显像管有如下几种类型。

(1) 荫罩式彩色显像管

这种显像管是由红、绿、蓝信号调制的三条电子束穿过荫罩板上的小孔,然后各自去激发相应的荧光粉点(一般红、绿、蓝三色点呈三角形排列),使它们发光而显示出彩色图像。这种显像管工作方式简单,能可靠地工作,生产较容易。但是它的效率较低,80%~85%的电子束被荫罩板挡住了。另外会聚调整较复杂。

(2) 单枪三束式显像管

单枪三束式显像管是日本索尼公司1968年研制的一种彩色显像管。这种显像管荧光屏上的荧光粉不是呈圆点状而是呈条状排列。每三条(R、G、B)成一组垂直排列。荧光屏约有500多组这种三色条。这种单枪三束管的选色板叫作影条板,它上面开有500多条细缝。电子束即从细缝通过打在荧光条上。这种显像管的荧光屏和影条板只能做成柱面形。另外一种单枪三束管的选色板是栅槽式的,它是影条板的改进型,选色板可做成球面形。在这种显像管中,三条电子束共用一个电子枪,聚焦透镜的直径可以做得较大,因此能实现更好的聚焦。单枪三束管的优点是会聚简单。由于三条电子束水平排列,并且绿束位于中心轴上,因此,绿光栅不需会聚校正。红、蓝电子束对称排列于绿束两边,所以,只要进行左右会聚校正就可以了。另一优点是清晰度好。由于聚焦好,电子束直径小且密度大,故清晰度好,同时也提高了图像的亮度。此外,这种类型的管子受地磁场影响小。这种显像管的电子透过率可达20%。

除以上两显像管外,还有三电子束控色栅管、单电子束控色栅管等。以上介绍的是几种常用的彩色显像管。用阴极射线管构成的监视器是图像处理系统中应用最为广泛的输出设备。随着技术的发展,这种显像管的清晰度和亮度正在逐步提高。

2. 监视器

监视器的种类很多,根据使用目的不同,其电路结构也有很大区别。在广播电视中为了解决兼容与传输方面的问题发明了三种彩色制式,即NTSC(National Television Systems Committee)制,PAL(Phase Alternation Line)制和SECAM(Sequential Couleur à Mèmoire)制。制式不同的监视器电路结构略有不同,它们只能用于显示与自己制式相同的视频信号,不能混用。

(1) PAL制监视器

PAL制的监视器原理框图如图2-18所示。它的工作原理如下:当彩色全电视信号送入视频输入端后,经带通放大器选出色度信号,进而由梳状滤波器分离出色度信号分量,然后,通过同步检波分别得到色差信号。解调副载波的频率和相位由色同步信号锁定,在识别出PAL倒相行后,由电子开关实现这种处理。其中自动色度控制(ACC)电路用于稳定色度信号电平。消色电路的作用是在接收到黑白视频信号时关闭色通道,以减少色杂波。彩色全电视信号的另一路送入亮度通道,为抑制色度信号的干扰,先通过副载波吸收网络,然后经放大、延迟与色差信号一起送入译码网,以便译出R、G、B信号送入显像管。另外通过同步分离电路分离出同步信号以控制扫描电路,以便在荧光屏上显示稳定的图像。这种监视器可用于广播电视系统,也可以用于图像处理系统。

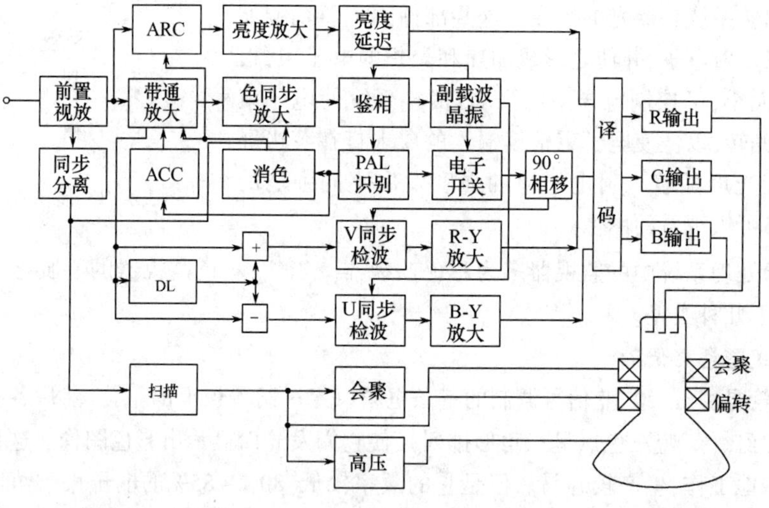

图2-18 PAL制彩色监视器原理框图

(2) R、G、B分别输入的彩色监视器

这种监视器原理框图如图2-19所示。监视器的电路十分简单,红、绿、蓝三个图像信号分别送入三路通道,经放大后直接激励显像管的R、G、B三个阴极。另外,复合同步信号送入同步通道,经同步分离分别控制行扫描和场扫描以便得到稳定的图像显示。这种监视器只能用于

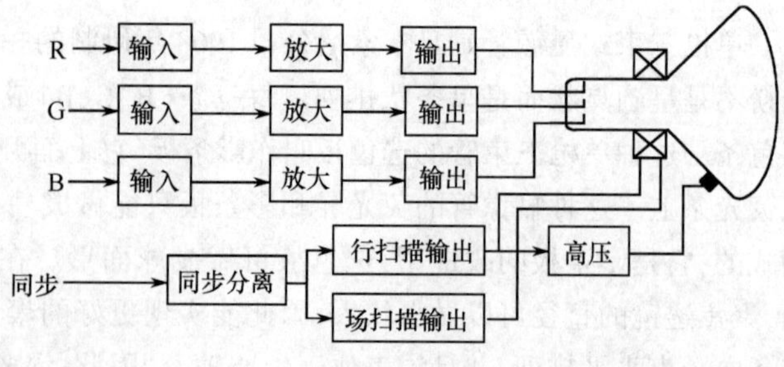

图2-19 R、G、B分别输入的彩色监视器原理框图

图像处理系统,不能用于广播电视系统。

以CD351为例,其指标如下:屏幕尺寸为20英寸,分辨率为1024×768像素,放大器带宽为20MHz,上升和下降沿小于或等于25ns,振铃与上冲小于10%,水平扫描为15.5~23.5kHz,垂直扫描为50Hz、60Hz、72Hz、80Hz四种,几何失真最大为画面高度的1.5%,R、G、B三信号输入幅度(峰—峰值)为0.7V,同步信号(峰-峰值)为4V,具有亮度、对比度控制及手动消磁控制。

2.3.2 激光扫描器

激光扫描器可以做输入设备也可以做输出设备用。它是用光束代替电子束。光束由激光器产生,激光束方向性强、单色性好、亮度高,因而图像清晰。

激光扫描是由两个多面镜鼓实现的。多面镜鼓是一种圆柱体,圆柱体的侧面切成很多镜面,镜面上镀有高反射率的介质膜或金属膜,使之成为反射性能极好的镜面。多面镜鼓的扫描运动如图2-20所示。扫描器由一个水平扫描镜鼓和一个垂直扫描镜鼓组成。激光束首先射向水平扫描镜鼓的一个镜面 a_1,然后反射光束再射向垂直扫描镜鼓一个镜面 b_1,经 b_1 反射投向屏幕。在扫描中,两个镜鼓分别以不同的速度转动。由于光源是固定的,水平镜面鼓的转动,使得光束的入射角度从小到大的变化,因此,反射光线也在做同样的变化(反射角等于入射角),使投向屏幕的光束随着反射角的变化做从左到右的扫描运动。当镜面 a_1 转过去后,随之而来的是镜面 a_2,a_3…它们分别重复 a_1 的过程,在更换镜面的瞬间便是行扫描的回扫。垂直扫描镜鼓的扫描过程与水平扫描道理相同,只不过它的转动较慢。当行镜鼓转 n 个面时,垂直镜鼓转动一个面,则在屏幕上就会扫出一个具有 n 行的光栅。如果用图像信号去调制激光束的强弱,那么在屏幕上就会扫出一幅图像来。在屏幕位置放上感光相纸,就可以制成图像的硬拷贝。

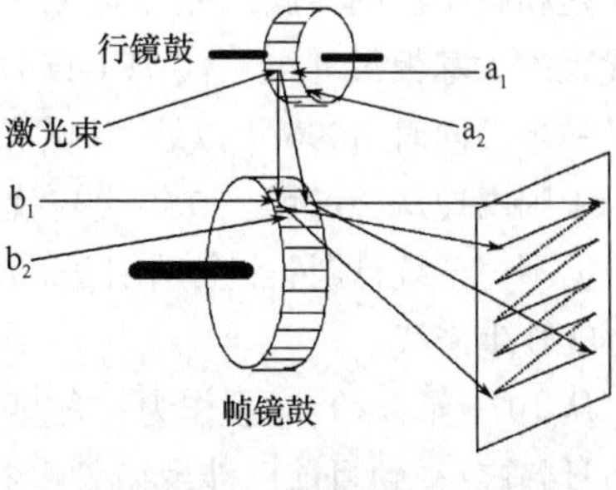

图2-20 多面镜鼓的扫描运动

2.3.3 平板显示器

平板显示包括气体放电平板显示、液晶显示、等离子显示、发光二极管显示、电致发光显示等。平板显示现在已在各个场合得到应用,目前,在计算机系统中,液晶显示器(见图2-21)的应用更加普遍。

1. 液晶显示器的发展

随着科学技术的高速发展,显示器技术也在向高清晰、低电磁辐射、低功耗等方向发展。虽然,目前流行的CRT(阴极射线管)显示器的生产技术越来越成熟,画面的显示质量也越来越好,大多数中、高档产品也通过了严格的TOC99认证,但是,由于其本身的物理特性,它的体积和辐射问题仍然是不可避免的。因此,体积小、重量轻和无电磁辐射的液晶显示器就备受关注了。

人们早在1888年就发现了液晶这一呈液体状的物质,它是一种几乎完全透明的物质,同时呈现固体与液体的某些特征。液晶从形状和外观看上去是一种液体,但它的水晶式分子结构又表现出固体的形态。像磁场中的金属一样,当受到外界电场影响时,其分子会产生精确的有序排列;如对分子的排列加以适当的控制,液晶分子将会允许光线穿透;光线穿透液晶的路径可由构成它的分子

图2-21 液晶显示器

排列来决定,这又是固体的一种特征。

20 世纪 60 年代起,人们发现给液晶充电会改变它的分子排列,继而造成光线的扭曲或折射。经过反复测试,1968 年,美国发明了液晶显示(LCD)器件,随后 LCD 液晶显示屏正式面世了。从第一台 LCD 显示屏诞生以来,短短 50 多年中,液晶显示器技术得到了飞速的发展。20 世纪 70 年代初,日本开始生产 TN-LCD,并推广应用;20 世纪 80 年代初,TN-LCD 产品在计算器上得到广泛应用;1984 年,欧美国家提出 TFT-LCD(薄膜式晶体管)和 STNLCD(超扭曲阵列)显示技术之后,到 20 世纪 80 年代末,日本掌握了 STN-LCD 的大规模生产技术,使 LCD 产业获得飞速发展。

1993 年,日本掌握 TFT-LCD 的生产技术后,液晶显示器开始向两个方向发展:一个方向是朝着低价格、低成本的 STN-LCD 显示器方向发展,随后又推出了 DSTN-LCD(双层超扭曲阵列);而另一个方向是朝高质量的薄膜式晶体管 TFT-LCD 方向发展。日本在 1997 年开发了一批以 550mm×670mm 为代表的大基板尺寸第三代 TFT-LCD 生产线,并使 1998 年大尺寸的 LCD 显示屏的价格比 1997 年下降了一半。同时,1996 年以后,韩国和中国台湾都投巨资建第三代的 TFT-LCD 生产线。

中国内地从 20 世纪 80 年代初就开始引进了 TN-LCD 生产线,目前是世界上最大的TN-LCD生产国。据不完全统计,目前全国引进和建立 LCD 生产线 40 多条,有 LCD 配套厂 30 余家,其中不乏 TFT-LCD 生产线。

从 1971 年开始,液晶作为一种显示媒体使用以来,随着液晶显示技术的不断完善和成熟,使其应用日趋广泛,到目前已涉及微型电视、数码照相机、数码摄像机、显示器及手机等多个领域。在其经历了一段稳定、漫长的发展历程后,液晶产品已摒弃了以前那种简陋的单色设备形象。目前,它已在平面显示领域中占据了一个重要的地位,而且几乎是笔记本和掌上型计算机必备部件。1985 年,自从世界第一台笔记本计算机诞生以来,LCD 液晶显示屏就一直是笔记本计算机的标准显示设备。但随着液晶显示技术的不断进步,LCD 在笔记本计算机市场占据多年的领先地位之后,具备平板显示屏幕的 LCD 液晶显示器又开始逐步地进入桌面系统市场。发展至今,更多的电子产品都纷纷采用 LCD 作为显示面板(如移动电话、便携式电视、游戏机等),因而也令 LCD 产业得到了蓬勃的发展。

2. 液晶的物理特性及显示原理

我们知道物质有固态、液态、气态三种形态。液体分子质心的排列虽然不具有任何规律性,但是如果这些分子是长形的(或扁形的),它们的分子指向就可能有规律性。于是就可将液态又细分为许多形态。分子方向没有规律性的液体我们直接称之为液体,而分子具有方向性的液体则称之为“液态晶体”,简称“液晶”。液晶是在 1888 年由奥地利植物学家 Reinitzer 发现的,是一种介于固体与液体之间,具有规则性分子排列的有机化合物。液晶按照分子结构排列的不同分为三种:黏土状的 Smectic 液晶,细柱形的 Nematic 液晶和软胶胆固醇状的 Cholestic 液晶。这三种液晶的物理特性各不相同。一般最常用的液晶形态为向列型液晶,分子形状为细长棒形,长、宽约 1~10nm。液晶的物理特性是:当通电时,排列变得有秩序,使光线容易通过;不通电时排列混乱,阻止光线通过。液晶显示器的结构是在两片无钠玻璃素材(Substrates)中间夹着一层液晶。在自然状态下,这些棒状分子的长轴大致平行。将液晶倒入一个经精良加工的开槽平面,液晶分子会顺着槽排列,所以,假如那些槽非常平行,则各分子也是完全平行的。在不同电流电场作用下,液晶分子会做规则旋转 90°排列,产生透光度的差别,如此在电源开/关下产生明暗的区别,依此原理控制每个像素,便可构成所需的图像。

液晶显示器按照控制方式不同可分为被动矩阵式 LCD 及主动矩阵式 LCD 两种。被动矩阵式 LCD 在亮度及可视角方面受到较大的限制,反应速度也较慢。由于图像质量方面的问题,使得这种显示设备不利于发展为桌面型显示器,但由于成本低廉,市场上仍有部分显示器采用被动矩阵式 LCD。被动矩阵式 LCD 又可分为 TN-LCD(Twisted Nematic-LCD,扭曲向列 LCD)、STN-LCD(Super TN-LCD,超扭曲向列 LCD)和 DSTN-LCD(Double Layer STN-LCD,双层超扭曲向列 LCD)。

主动矩阵式 LCD 目前应用比较广泛,也称 TFT-LCD(Thin Film Transistor-LCD,薄膜晶体管

LCD)。TFT 液晶显示器是在图像中的每个像素内建晶体管,可使亮度更明亮、色彩更丰富及得到更宽广的可视面积。

液晶显示器的显示原理如下。

(1) TN 型液晶显示原理

TN 型的液晶显示技术可以说是液晶显示器中最基本的,其他种类的液晶显示器是以 TN 型为原型加以改良而来的。同样,它的运作原理也较其他技术简单。图 2-22 中所示的是 TN 型液晶显示器的简易构造及基本显示原理,包括垂直方向与水平方向的偏光板,具有细纹沟槽的配向膜,液晶材料及导电的玻璃基板。不加电场的情况下,入射光经过偏光板后通过液晶层,偏光被分子扭转排列的液晶层旋转 90°,离开液晶层时,其偏光方向恰与另一偏光板的方向一致,因此,光线能顺利通过,屏幕呈亮状态。当加入电场时,每个液晶分子的光轴转向与电场方向一致,液晶层因此失去了旋光的能力,结果来自入射偏光片的偏光其偏光方向与另一偏光片的偏光方向成垂直的关系,光无法通过,屏幕因此呈现黑暗的状态(见图 2-23)。显像器件是将液晶材料置于两片光轴垂直偏光板的透明导电玻璃间,液晶分子会按配向膜的细沟槽方向顺序排列,如果电场未形成,光线会顺利地从偏光板射入,依液晶分子旋转其行进方向,然后从另一边射出。如果在两片导电玻璃通电之后,两片玻璃间会造成电场,进而影响其间液晶分子的排列,使其分子棒进行扭转,光线便无法穿透,进而遮住光源。这样所得到明暗对比的现象,叫作扭转式向列场效应,简称 TNFE(Twisted Nematic Field Effect)。在电子产品中所用的液晶显示器,几乎都是用扭转式向列场效应原理制成的。

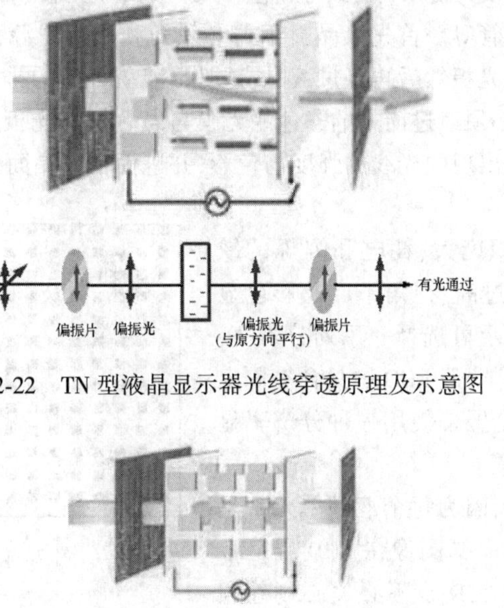

图 2-22　TN 型液晶显示器光线穿透原理及示意图

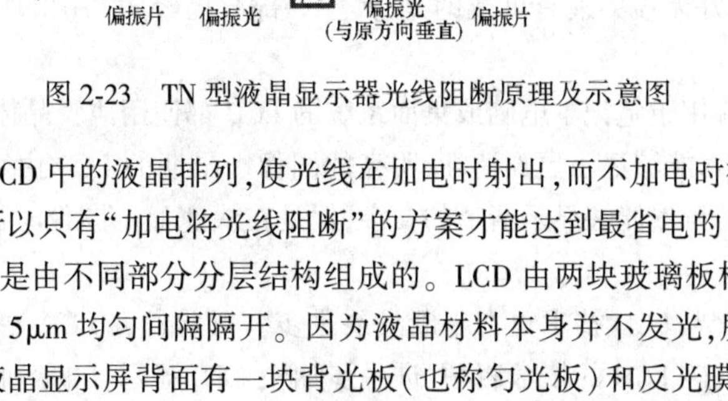

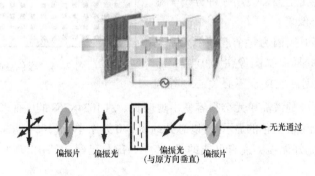

图 2-23　TN 型液晶显示器光线阻断原理及示意图

当然,也可以改变 LCD 中的液晶排列,使光线在加电时射出,而不加电时被阻断。但由于计算机屏幕几乎总是亮着的,所以只有"加电将光线阻断"的方案才能达到最省电的目的。

采用 LCD 的显示屏是由不同部分分层结构组成的。LCD 由两块玻璃板构成,厚约 1mm,其间由包含有液晶(LC)材料的 5μm 均匀间隔隔开。因为液晶材料本身并不发光,所以在显示屏两边都设有作为光源的灯管,在液晶显示屏背面有一块背光板(也称匀光板)和反光膜,背光板是由荧光物质组成的可以发射光线的装置,其作用主要是提供均匀的背光源。背光板发出的光线在穿过第一层偏振过滤层之后进入包含成千上万水晶液滴的液晶层。液晶层中的水晶液滴都被包含在细小的单元格结构中,一个或多个单元格构成屏幕上的一个像素。在玻璃板与液晶材料之间是透明的电极,电极分为行和列,在行与列的交叉点上,通过改变电压而改变液晶的旋光状态,液晶材料的作用类似于一个个小的光阀。在液晶材料周边是控制电路和驱动电路部分。当LCD中的电极产生电场时,液晶分子就会产生扭曲,从而将穿越其中的光线进行有规则的折射,然后经过第二层过滤层的过滤在屏幕上显示出来。

(2) STN型液晶显示原理

STN型的显示原理与TN型相类似,不同的是TN扭转式向列场效应的液晶分子是将入射光旋转90°,而STN超扭转式向列场效应是将入射光旋转180°~270°。要在这里说明的是,单纯的TN液晶显示器本身只有明暗两种情形(或称黑白),并没有办法做到色彩的变化。而STN液晶显示器与液晶材料有关,并有光线的干涉现象,因此显示的色调都以淡绿色与橘色为主。但如果在传统单色STN液晶显示器加上一彩色滤光片(Color Filter),并将单色显示矩阵的任一像素(Pixel)分成三个子像素(Sub-Pixel),分别通过彩色滤光片显示红、绿、蓝三原色,再经由三原色比例的调和,就可以显示出全彩模式的色彩。另外,TN型的液晶显示器如果显示屏幕做的越大,其屏幕对比度就会显得越差,不过借助于STN的改良技术,则可以弥补对比度不足的情况。

(3) TFT型液晶显示原理

TFT型的液晶显示器较为复杂,主要构成包括荧光管、导光板、偏光板、滤光板、玻璃基板、配向膜、液晶材料、薄膜式晶体管等。首先液晶显示器必须先利用背光源,也就是荧光灯管投射出光源,这些光源会先经过一个偏光板然后再经过液晶,这时由液晶分子的排列方式改变穿透液晶的光线的角度。然后,这些光线还必须经过前方的彩色滤光膜与另一块偏光板。因此我们只要改变刺激液晶的电压值就可以控制最后出现的光线的强度与色彩,并进而在液晶面板上显示各种颜色。图2-24是彩色液晶板的示意图。

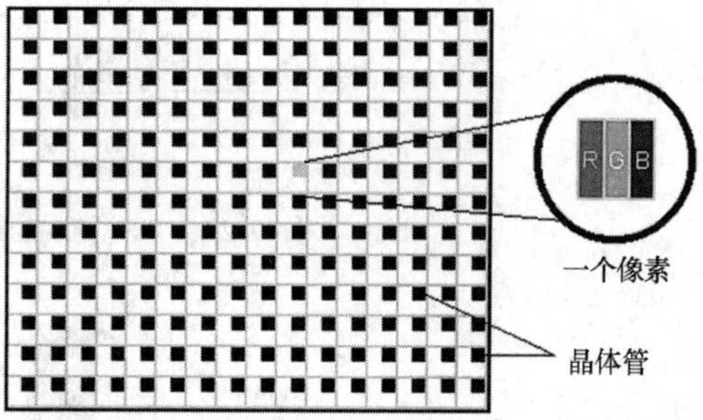

图2-24 彩色液晶板示意图

LCD克服了CRT体积庞大、耗电和闪烁的缺点,但也同时带来了造价过高、视角不广及彩色显示不理想等问题。CRT显示可选择一系列分辨率,而且能按屏幕要求加以调整,但LCD屏只含有固定数量的液晶单元,只能在全屏幕使用一种分辨率显示(每个单元就是一个像素)。

LCD不存在聚焦问题,因为每个液晶单元都是单独开关的。这正是同样一幅图像在LCD屏幕上为什么如此清晰的原因。LCD也不必关心刷新频率和闪烁。但是,LCD屏的液晶单元会很容易出现瑕疵。对1024×768的屏幕来说,每个像素都由三个单元构成,分别负责红、绿和蓝色的显示,所以总共约需240万个单元(1024×768×3=2 359 296)。很难保证所有这些单元都完好无损。最有可能的是,其中一部分已经短路(出现"亮点"),或者断路(出现"黑点")。

现在,几乎所有的应用于笔记本电脑或桌面系统的LCD都使用薄膜晶体管(TFT)激活液晶层中的单元格。TFT-LCD技术能够显示更加清晰、明亮的图像。早期的LCD由于是非主动发光器件,速度低、效率差、对比度小,虽然能够显示清晰的文字,但是在快速显示图像时往往会产生阴影,影响视频的显示效果。

随着技术的日新月异,LCD技术也在不断发展进步。目前各大LCD显示器生产商纷纷加大对LCD的研发费用,力求突破LCD的技术瓶颈,进一步加快LCD显示器的产业化进程、降低了生产成本,实现了用户可以接受的价格水平。

3. 液晶显示器的新技术

(1) 采用 TFT 型 Active 素子进行驱动

为了创造更优质画面,新技术采用了独有 TFT 型 Active 素子进行驱动。异常复杂的液晶显示屏幕中最重要的组成部分除了液晶之外,就是直接关系到液晶显示亮度的背光屏及负责产生颜色的色滤光镜。在每一个液晶像素上加装 Active 素子来进行点对点控制,这种控制模式在显示的精度上会比以往的控制方式高得多,大大提高了画面质量。

(2) 利用色滤光镜制作工艺创造更加绚丽的画面

这种技术是在色滤光镜本体还没被制作成型以前,就先把构成其主体的材料加以染色,之后再加以灌膜制造。这种工艺要求有非常高的制造水准。用这种工艺制造出来的 LCD,无论在解析度、色彩特性还是使用寿命来说,都有着非常优异的表现,从而使 LCD 能在高分辨率下创造更加绚丽的画面。

(3) 低反射液晶显示技术

众所周知,外界光线对液晶显示屏幕具有非常大的干扰,一些 LCD 显示屏,在外界光线比较强的时候,因为它表面的玻璃板产生反射,而干扰到它的正常显示。因此在室外一些明亮的公共场所使用时其性能和可观性会大大降低。目前很多 LCD 显示器即使分辨率再高,其反射技术没处理好,也难以在实用中得到令人满意的图像质量。新款的 LCD 显示器就采用"低反射液晶显示屏幕"技术提高图像质量,该技术就是在液晶显示屏的最外层施以反射防止涂装工艺(AR Coat),有了这一层涂料,液晶显示屏幕所发出的光泽感、液晶显示屏幕本身的透光率、液晶显示屏幕的分辨率、防止反射 4 个方面都得到了明显的改善。

(4) 先进的"连续料界结晶矽"液晶显示方式

在一些 LCD 产品中,在观看动态影片时候会出现画面的延迟现象,这是由于整个液晶显示屏幕的像素反应速度显得不足所造成的。为了提高像素反应速度,新的 LCD 采用目前最先进的 Si TFT 液晶显示方式,它具有比旧式 LCD 屏快 600 倍的像素反应速度。先进的"连续料界结晶矽"技术是利用特殊的制造方式,把原有的非结晶型透明矽电极,在以平常速率 600 倍的速度下进行移动,从而大大加快了液晶屏幕的像素反应速度,减少画面出现的延缓现象。

现在,低温多晶硅技术、反射式液晶材料的研究已经进入应用阶段,也会使 LCD 的发展进入一个崭新的时代。而在液晶显示器不断发展的同时,其他平面显示器也在进步中,等离子体显示器(PDP)、场致发光阵列显示器(FED)和发光聚合体显示器(LEP)的技术也将会在未来掀起平板显示器的新浪潮。

4. 液晶显示器的优缺点

液晶显示器有如下一些优缺点。

① 超精致的图像质量。液晶显示器的液晶技术可产生比一般阴极射线显像管显示器更清晰、更精准的图像质量。

② 真正的平面显示。

③ 体积小、重量轻。一台普通 17 英寸 CRT 显示器厚度大约为 43cm,而一台 15 英寸 LCD 显示器加上后面支架也不过 20cm。

④ 功耗较低,节省能源。CRT 显示器需要加热电极元件使电子枪以极高的速度发射电子束,这是 CRT 耗能的主要原因,而一台 15 英寸 LCD 显示器功耗大约是一台 17 英寸 CRT 显示器的 1/3。

⑤ TFT LCD 无辐射、无闪烁。因而会使使用者眼睛感觉非常舒适,这对长期以来因 CRT 显示器而受到健康影响的人员来讲无疑是最大的福音。

液晶显示器的主要缺点是与 CRT 显示器相比,LCD 显示器图像质量仍不够完善,这主要体现在色彩鲜艳程度和饱和度上,而且液晶显示器的响应时间仍然不够短,显示静止画面时也许并不突出,但在画面更新剧烈的显示类别中,液晶显示器的弱点就突显出来了,在技术上仍有待改进。此外,视角偏小也是液晶显示器的一大弱点。

5. 液晶显示器性能的指标和参数

(1) 点距和可视面积

液晶显示器的点距和可视面积有很直接的对应关系,可以直接通过计算得出。以 14 英寸的液晶显示器为例,14 英寸的液晶显示器的可视面积一般为 285. 7mm×214. 3mm,其最佳(也就是最大可显示)分辨率为 1024×768,就是说该液晶显示板在水平方向上有 1024 个像素,垂直方向有 768 个像素,由此,可以计算出液晶显示器的点距是 285. 7/1024 或者 214. 3/768 等于 0. 279mm。同理,也可以在得知某液晶显示器的点距和最大分辨率下算出该液晶显示器的最大可视面积。需要说明的一点是液晶的点距跟 CRT 的点距有些不同,实际上 CRT 显示器的点距由于技术原因,对荫罩管的显示器来说,中心处的点距要比四周的要小,对荫栅管的显示器来说,其中间的点距(栅距)跟两侧的点距(栅距)也是不一样的。目前 CRT 厂商在标称显示器的点距(栅距)的时候,标的都是该显示器最小的(也就是中心的)点距。而液晶显示器则是整个屏幕任何一处的点距都是一样的,从根本上消除了 CRT 显示器在还原画面时的非线性失真。点距的概念如图 2-25 所示。

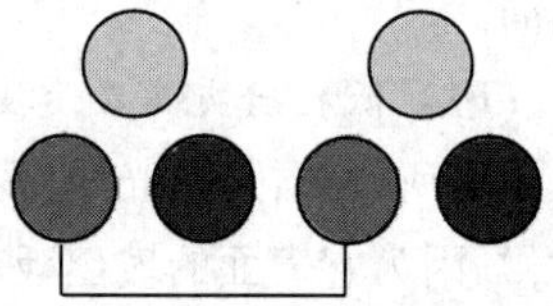

图 2-25　点距的概念
(单位为 mm)

(2) 最佳分辨率(真实分辨率)

液晶显示器属于“数字”显示方式,其显示原理是直接把显卡输出的模拟信号处理为带具体“地址”信息的显示信号。任何一个像素的色彩和亮度信息都是与屏幕上的像素点直接对应的,正是由于这种显示原理,所以液晶显示器不能像 CRT 显示器那样支持多个显示模式。液晶显示器只有在显示与该液晶显示板的分辨率完全一样的画面时才能达到最佳效果。而在显示小于最佳分辨率的画面时,液晶显示器则采用两种方式来显示,一种是居中显示,比如在显示 800×600 分辨率时,显示器就只是以其中间那 800×600 个像素来显示画面,周围则为阴影。这种方式由于信号分辨率是一一对应的,所以画面清晰,唯一遗憾就是画面太小。另外一种则是扩大方式,就是将 800×600 的画面通过计算方式扩大为 1024×768 的分辨率来显示。由于这种方式处理后的信号与像素并非一一对应,虽然画面大,但是比较模糊。目前市面上的 13 英寸、14 英寸、15 英寸的液晶显示器的最佳分辨率都是 1024×768,17 英寸的最佳分辨率则是 1280×1024。

当图像信号源的分辨率较低时,面板电路需要将较小的画面放大成与面板的最大分辨率一样的画面。假如电路不能有效地进行这项工作,显示在液晶面板上的图像将严重失真。从技术的观点来看,当 CRT 面临这样的问题时,只要调整电子束的偏转电压,就可接收新分辨率的图像信号。由于液晶显示器每一个像素都采用独立的主动控制,图像放大电路需要对较小的分辨率做更复杂的计算。从理论上分析,如果放大倍数为整数(如用最佳分辨率为1600×1200的液晶显示器显示 800×600 的图案,放大倍数为 2)的情况较为简单,只要用相邻的两个像素显示一个视觉点即可,放大后的图像质量不会有明显下降。但是,如果用最佳分辨率为 1024×768 的液晶显示器显示 800×600 的图案就没这么简单了,它的放大倍数为 1. 28(不是整数),所以,并不是原画面的每一个像素都等量放大。液晶显示器中的电路必须去决定哪一个像素该放大一倍而哪一个不需放大。数学上的模糊误差将导致放大后的图像或文字质量下降,给人视觉上以边缘模糊或者残缺不全的感觉。

为了得到更好的效果,放大电路通常使用一个小技巧减低这种误差,即,假如图像不能以整数倍放大时,用减低某些像素放大后的亮度加以改善,但仍然不能达到十全十美。因此,建议在使用液晶显示器时一定将显卡的输出信号设定为最佳分辨率状态,15 英寸的液晶显示器的最佳分辨率为 1024×

768,17 英寸的最佳分辨率则是 1280×1024。

(3) 亮度和对比度

液晶显示器亮度以平方米烛光(cd/m^2)或者尼特(nits)为单位。市面上的液晶显示器由于背光灯的数量比笔记本电脑的显示器要多,所以亮度看起来明显比笔记本电脑的要亮。亮度普遍在 150~210nits 之间。需要注意的一点是,市面上的低档液晶显示器存在严重的亮度不均匀的现象,中心的亮度和距离边框部分区域的亮度差别比较大。对比度是直接体现液晶显示器能否体现丰富的灰度级和彩色的参数,对比度越高,还原的图像的层次感就越好,即使在观看亮度很高的照片时,黑暗部位的细节也可以清晰地表现出来。目前市面上的液晶显示器的对比度普遍为 150:1~350:1,高端的液晶显示器还远远不止这个数。目前已做到 10000:1

(4) 响应时间

响应时间是液晶显示器的一个重要的参数,它指的是液晶显示器对于输入信号的反应时间。组成整块液晶显示板的最基本的像素单元"液晶盒"在接收到驱动信号后从最亮到最暗的转换是需要一段时间的,而且液晶显示器从接收到显卡输出信号后,处理信号和把驱动信号加到晶体驱动管也需要一段时间,这一点在大屏幕液晶显示器上尤为明显。液晶显示器的这项指标直接影响到对动态图像的还原。与 CRT 显示器相比液晶显示器由于过长的响应时间导致其在还原动态图像时有比较明显的拖尾现象(在对比强烈而且快速切换的图像上十分明显),因此,在播放视频节目时,图像没有 CRT 显示器那么生动。响应时间是目前液晶显示器尚待进一步改善的技术难关。目前,市面上销售的 15 英寸液晶显示器响应时间一般在 50ms 左右。

(5) 可视角度

当我们观看液晶显示器时,发现在不同的角度观看的颜色效果并不相同,这是由于某些低端的液晶显示器可视角度过低导致的失真。液晶显示器属于背光型显示器件,其发出的光由液晶模块背后的背光灯提供,而液晶主要是靠控制液晶体的偏转角度来"开关"图像像素的,这必然导致液晶显示器只有一个最佳的欣赏角度,这就是要正视。当你从其他角度观看时,由于背光可以穿透旁边的像素而进入人眼,所以会造成颜色的失真。液晶显示器的可视角度就是指能观看到可接收失真值的视线与屏幕法线的角度。这个数值当然是越大越好。目前,市面上的 15 英寸液晶显示器的水平可视角度一般在 120°或以上,并且是左右对称,而垂直可视角度则比水平可视角度要小得多,一般是 95°或以上,上下不对称,高端的液晶显示器可视角度已经可以做到水平和垂直都是 170°。

(6) 最大显示色彩数

液晶显示器的色彩表现能力当然是我们最关心的一个重要指标,市面上的 13 英寸、14 英寸、15 英寸的液晶显示器像素数一般是 1024×768 个,每个像素由 R、G、B 三基色组成,低端的液晶显示板各个基色只能表现 6 位色,即 $2^6=64$ 种颜色。可以简单地得出每个独立像素可以表现的最大颜色数是 64×64×64=262 144 种颜色。高端液晶显示板利用 FRC(帧频控制)技术使得每个基色可以表现 8 位色,即 2 的 8 次方=256,则像素能表现的最大颜色数为 256×256×256=16 777 216 种颜色。这种显示板显示的图像色彩更丰富,层次感也好。

2.3.4 等离子体 PDP 显示技术

1. 等离子显示屏的结构

"等离子"在物理学的角度来说是指"第四种物质";但从医学的角度上看,"等离子"便是指"血浆";另外,"等离子"也可解释为原形质或原生质,即包含了细胞核及细胞质的场所。然而在 Plasma Display Panel(PDP)的技术中,"等离子"是指 "放电现象"。

图 2-26 所示的等离子显示屏由前后两片玻璃面板组成。前面板由玻璃基层、透明电极、辅助电

极、诱电体层和氧化镁保护层构成,并且在电极上覆盖透明介电层(Dielectric Layer)及防止离子撞击介电层的 MgO 层;后板玻璃上有 Data 电极、介电层及长条状的隔壁(BarrierRib),并且在中间隔壁内侧依序涂布红色、绿色、蓝色的荧光体,在组合之后分别注入氮、氖等气体即构成等离子面板。

现在各个等离子显示屏生产厂家均以 42 寸 VGA(16:9)的等离子屏幕为主,因此,每个单元(细胞)体的大小约为 0. 36mm。但当分辨率由 VGA 提高至 XGA 时,细胞体的尺寸会缩小至 0. 24mm,这样便会附带着间隔壁的尺寸、电极尺寸、介电层膜厚度、荧光体的厚度等变化,形状也会产生变化。

2. 等离子显示屏的发光原理

等离子显示器的控制方法有两种,一种是直流电(DC)控制,另一种是交流电(AC)控制。1964 年,美国伊利诺大学开发了 AC 型等离子显示屏,经历了多年的技术改革,现在等离子技术多半利用交流电控制,因为它简单的结构能延长等离子显示屏的寿命。

“放电现象”是等离子显示的基本机理,其结构及原理如图 2-27 所示。显示屏以两片玻璃基板和间隔壁之间形成多个密封空间组成,在这些密封的空间内注入稀有气体氮及氖。另外,在这个密封空间的上下设置正负电极,令粒子与气体以高速相撞,以产生高能量的状态。当这些粒子平静下来时,能量便会慢慢消散,从而放射出紫外线,放电现象便是这样形成。紫外线可刺激红、绿、蓝荧光体发光。每个单元(细胞)体均可独立产生放电现象,放电现象随着图像信源而控制每个单元(细胞)的开关。要使等离子显示屏产生彩色图像,必须独立控制每个三原色单元(细胞)体。等离子显示屏采用与 CRT 完全不同的方法产生图像,由于显示屏同时全面发光,因此,便以 1 秒 60 次,由上至下将画面交替显示,但在这期间,之前的资料还保留在画面上,所以画面处于不断发光的状态。因为紫外线和可视光都已经是处于饱和状态,所以,通过电流的控制来操控亮度是不可能的。即使是电流改变,画面的明暗也不会改变。所以,等离子要利用 PCM(Pulse Code Modulation)技术来控制每一个区域内的脉冲,便可以改变画面的亮度。活动图像由每秒 60 帧(Frame)构成;其次将每 1 帧分割成 8 个次区域,再遵照设定适当的脉冲规律,决定各个次区域的相对亮度。根据图像的灰度及颜色使各区域的小“荧光灯”发亮及熄灭;最后,把这些次区域组合起来就可以显示 256 种色调。将色彩的总数融合起来,就可得到 256×256×256=16777216 种色彩。

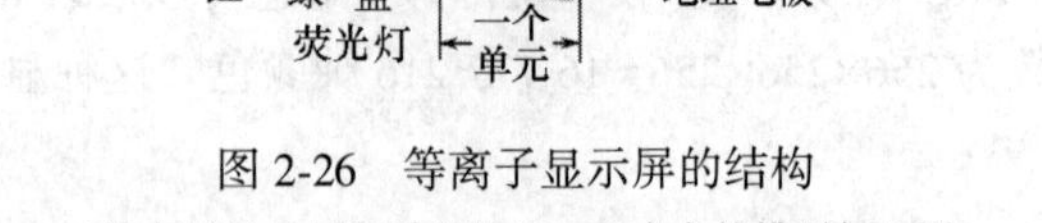

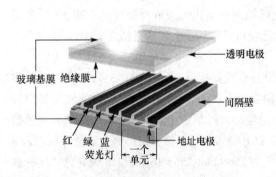

图 2-26 等离子显示屏的结构
(等离子显示屏所采用的(PDP)光点的排列如上图所示,每一个光点由三个小光点所组成(RGB),而这些光点与荧光灯的结构相似)

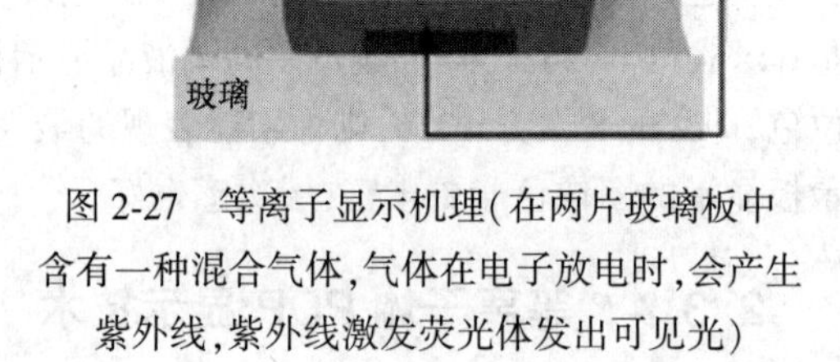

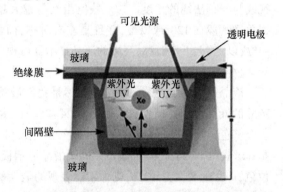

图 2-27 等离子显示机理(在两片玻璃板中含有一种混合气体,气体在电子放电时,会产生紫外线,紫外线激发荧光体发出可见光)

3. 提高等离子显示亮度的技术

由于等离子显示屏是全面发光的,因此耗电量必然很大,但在不断的技术改进之下,等离子显示器的耗电量已逐渐下降至 300W 以下。在提高亮度的基础上加强画质仍然是等离子显示器的关键之一。以往,等离子的能量效率只有 1.4%,而发光效率则只有 1. 1lm/W,所以仍然有加以改进的必要。

目前采用了两种改善方法:其一是从单元(细胞)体的开口率结构入手;其二是在材料方面做出改善。以一般的等离子构造来看,要提高发光率,最直接的方法便是提高单元(细胞)体的开口率,令放电的空间增加。而放电单元体的开口率与等离子中的间隔壁(Barrier Rib)构造有关,利用新的制造方式,将间隔壁做得更薄来增加放电空间。一般等离子间隔壁的制造方式以 Screer、Printing、SanfCiilUSt 或 PhrWesist 方法为主流,但新的制造过程中,如 TORAY 的 Photosensitive Film Paste 或京瓷(Kyocera)的 Press Method 都能减少间隔壁所占空间,进而提高开口率。此外,先锋公司(Pioneer)将一般面板 RGB 排列方式由条状(Stripe)改变成"井"字形,并采用 T 形透明电极,可防止荧光灯漏光且增加荧光材料发光面积,如此可以提高 20%的发光效率。但以"井"字形的间隔壁在制造过程上难度较高。

由于等离子是靠稀有气体放电产生真空紫外线照射荧光粉发光。其发光效率取决于放电效率及荧光粉转换效率。因为放电空间很小,放电效率自然很低,而荧光粉能量转换效率只有 20%。如果加上紫外辐射和各种吸收等因素,等离子显示屏目前的发光效率小于 0.4%,流明效率小于 1.11m/W,与高清晰电视的 PDP 51m/WAWO 效率要求,尚有一段距离。提高放电效率的方法,除了减薄隔壁增大放电空间外,放电体的混合比例及气体最佳化,放电紫外线红移及增大交流维持放电的时间都是可行方案。

4. 等离子显示屏的优点与缺点

等离子显示屏的优点与缺点如下。

① 等离子显示屏可以做得非常薄。由最初的 6 英寸的厚度,缩减至现在只有 3~4 英寸。对于目前的技术来看,厚度已达到极限。

② 超大屏幕。早期传统的电视画面最大可达到 40 英寸左右,而等离子电视画面可达到 63 英寸。就目前的技术来说已达到 100 英寸以上。

③ 超宽视角。等离子电视的视角为 160°,可以容纳更多的人观看。

④ 纯平面无失真。等离子完全是纯平面显示,且各个发光单元的结构相同,因此不会出现显像管常见的梯形失真、鼓形失真和枕形失真等图像几何失真现象。

⑤ 不受电磁干扰。等离子电视本身没有电磁结构,所以不会受电磁的干扰,扬声器、高压电甚至磁场都不会对其产生任何干扰,因此会获得更稳定的画质。

⑥ 亮度均匀。传统的 CRT 技术有热晕现象,即画面正中与四角边位出现亮度不均匀,由于等离子显示器中每一个像素皆可独立发光,非常均匀,没有亮区和暗区,所以不会有上述现象。

⑦ 无电磁辐射。等离子显示器和 CRT 不同,不是使用磁偏转扫描的方式,所以不会出现闪烁,加上无电磁辐射,长时间使用不会造成伤害。

⑧ 高亮度及对比度。相比 CRT 和投影机,拥有高亮度和对比度,最新的 PDP 产品亮度已达到 $1000cd/m^2$,就是在户外强光下,也有非常清晰的画面,适合户外显示屏用。

⑨ 全数码显示。大部分 PDP 品牌已经支持 DVI(Digital Video Interface),可减少因模拟信号所带来的失真现象。

⑩ 使用寿命长。世界等离子显示屏的各制造厂家均以约 5 万小时左右为目标开发该技术。一般估计实际的寿命约在 3 万小时左右。按每天观看 8 小时计算,使用可达 10 年以上。

等离子显示器有优点当然也有缺点,目前最大的缺点是它昂贵的价格和维修费,一部 42 英寸的等离子电视便需要 3~4 万元,60 寸以上还要 10 余万元。还有它的维修费是显示屏的 10%左右,从 4000~10000 元不等,可以说是一个非常昂贵的设备。另一个缺点是图像像素质量问题,像素不好的黑位只见黑、白位只见白、图像出现严重的锯齿状、色调呆板。此外,等离子显示屏的耗电量颇大也是一大缺憾。

2.3.5 OLED 显示技术

OLED 也被称为第三代显示技术。OLED 的原文是 Organic Light Emitting Display，中文意思就是“有机发光显示”(也有写成 Organic Light-Emitting Diode，OLED，译成有机发光二极管)。其原理是在两电极之间夹上有机发光层，当正负极电子在此有机材料中相遇时就会发光，其组件结构比目前流行的 TFT LCD 简单，生产成本只有 TFT LCD 的三到四成左右。除了生产成本便宜之外，OLED 还有许多优势，比如自身发光的特性。目前 LCD 都需要背光源，但 OLED 通电之后就会自己发光，可以省掉背光源的重量、体积及耗电量，整个显示板(Panel)在封装加干燥剂(Desiccant)后总厚度不到 0.2mm。OLED 不仅更轻薄、能耗低、亮度高、发光率好、可以显示纯黑色，并且还可以做成可弯曲的显示屏，其应用范围更加广泛。

LED 屏幕大致分为 OLED、AMOLED，以及 Super AMOLED 三种。

OLED 屏幕进行技术延伸，产生了 AMOLED 屏幕和 PMOLED 屏幕，前者的意思是“主动矩阵有机发光二极管显示”，后者的意思是“被动矩阵有机发光二极管显示”，目前智能机基本都是 OLED 或者是 AMOLED，“AM”的意思可以理解为主动控制。

OLED 的发光材料为有机发光材料，是相对于 LED 发光二极管而言的，OLED 只要在正负极加上正确的电压，就会发光，但如果缺少“AM”，屏幕就会一直发亮，这就是为什么大家常说 OLED 容易烧屏。而 AMOELD 屏幕工作机理不仅仅需要信号，还需要额外供电，使二极管达到工作状态，此时给出亮或者不亮的信号，这就是大家所说的 AMOLED 省电，屏幕黑色区域很黑的原因。图 2-28 示出手机用 LCD 屏和 OLED 屏显示黑色的差异。

图 2-28　LCD 屏幕(左)和 OLED 屏幕(右)同时显示黑色的差异

Super AMOLED 可以看作 AMOLED 的升级版，目前供应该屏幕的厂商仅三星公司一家，同时该屏幕也是三星创造的。

AMOLED 屏幕分为三层：显示屏幕、触摸感应面板和最外层的玻璃，Super AMOELD 取消了中间的触摸感应面板，将 AMOLED 感应层做在了屏幕之上，由此带来的好处就是操控更灵敏，再加上三星自主研制的 mDNIe 引擎，使得 Super AMOLED 屏幕看起来非常绚丽。另外值得一提的是，Super AMOLED 集成了 AMOLD 的所有优点，三星在此基础上进行了二次开发。虽说 Super AMOLED 是三星自主研制的屏幕技术，但该屏幕不仅仅用在三星自己的手机上，还应用在很多国产手机中，比如 VIVO X23、OPPO R17 Pro、ViVO NEX、魅族 15、魅族 PRO 6 Plus、Moto Z3 等，因为屏幕单价较贵，所以基本上只有旗舰机才会选择使用。

OLED 的基本结构是在铟锡氧化物(ITO)玻璃上制作一层几十纳米厚的有机发光材料作为发光层，发光层上方有一层低功函数的金属电极，构成如三明治的结构。

OLED 的基本结构主要包括：

基板(透明塑料、玻璃、金属箔)：基板用来支撑整个 OLED。

阳极(透明)：阳极在电流流过设备时消除电子(增加电子“空穴”)。

空穴传输层：该层由有机材料分子构成，这些分子传输由阳极而来的“空穴”。

发光层：该层由有机材料分子(不同于导电层)构成，发光过程在这一层进行。

电子传输层：该层由有机材料分子构成，这些分子传输由阴极而来的“电子”。

阴极(可以是透明的，也可以不透明，视 OLED 类型而定)：当设备内有电流流通时，阴极会将电子注入电路。

OLED 是双注入型发光器件，在外界电压的驱动下，由电极注入的电子和空穴在发光层中复合形成处于束缚能级的电子空穴对，称作激子，激子退掉激发时发出光子，产生可见光。

为增强电子和空穴的注入和传输能力，通常在 ITO 与发光层之间增加一层空穴传输层，在发光层与金属电极之间增加一层电子传输层，从而提高发光性能。其中，空穴由阳极注入，电子由阴极注入。空穴在有机材料的最高处占据分子轨道(HOMO)上跳跃传输，电子在有机材料的最低处占据分子轨道(LUMO)上跳跃传输。

OLED 的发光过程通常有以下 5 个基本阶段：

载流子注入：在外加电场作用下，电子和空穴分别从阴极和阳极向夹在电极之间的有机功能层注入。

载流子传输：注入的电子和空穴分别从电子传输层和空穴传输层向发光层迁移。

载流子复合：电子和空穴注入到发光层后，由于库仑力的作用束缚在一起形成电子空穴对，即激子。

激子迁移：由于电子和空穴传输的不平衡，激子的主要形成区域通常不会覆盖整个发光层，因而会由于浓度梯度产生扩散迁移。

激子辐射退激发出光子：激子辐射跃迁，发出光子，释放能量。

OLED 发光的颜色取决于发光层有机分子的类型，在同一片 OLED 上放置几种有机薄膜，就构成彩色显示器。光的亮度或强度取决于发光材料的性能以及施加电流的大小，对同一 OLED，电流越大，光的亮度就越高。

OLED 显示原理与 LCD 有着本质上的区别，它主要通过电场驱动，有机半导体材料和发光材料通过载流子注入和复合后实现发光。从本质上来说，就是通过 ITO 玻璃透明电极作为器件阳极，金属电极作为阴极，通过电源驱动，将电子从阴极传输到电子传输层，空穴从阳极注入到空穴传输层，之后迁移到发光层，二者相遇后产生激子，让发光分子激发，经过辐射后产生光源。简单来说，一块 OLED 屏幕，由百千万个“小灯泡”组成。

OLED 显示技术制备工艺对技术水平要求非常高，整体上分为前工艺和后工艺，前工艺主要以光刻和蒸镀技术为主；后工艺主要以封装、切割技术为主。其基本流程为：

(1) 氧化铟锡(ITO)基板前处理，包括 ITO 表面平整度、ITO 功能函数的增加；

(2) 加入辅助电极；

(3) 阴极工艺；

(4) 封装工艺，包括吸水材料、工艺和设备开发。

OLED 组件由 n 型有机材料、p 型有机材料、阴极金属及阳极金属构成。电子(空穴)由阴极(阳极)注入，经过 n 型(p 型)有机材料传导至发光层(一般为 n 型材料)，经再结合而放光。一般而言，在 OLED 元件制作的玻璃基板上先溅镀 ITO 作为阳极，再以真空热蒸镀的方式，依序镀上 p 型和 n 型有机材料及低功函数的金属阴极。由于有机材料易与水气或氧气作用，产生暗点(Dark spot)而使元件不发亮。因此，元件在真空镀膜完毕后，必须在无水气及氧气的环境下进行封装。在阴极金属与阳极 ITO 之间，目前广为应用的元件结构一般可分为 5 层。如图 2-29 所示，从靠近

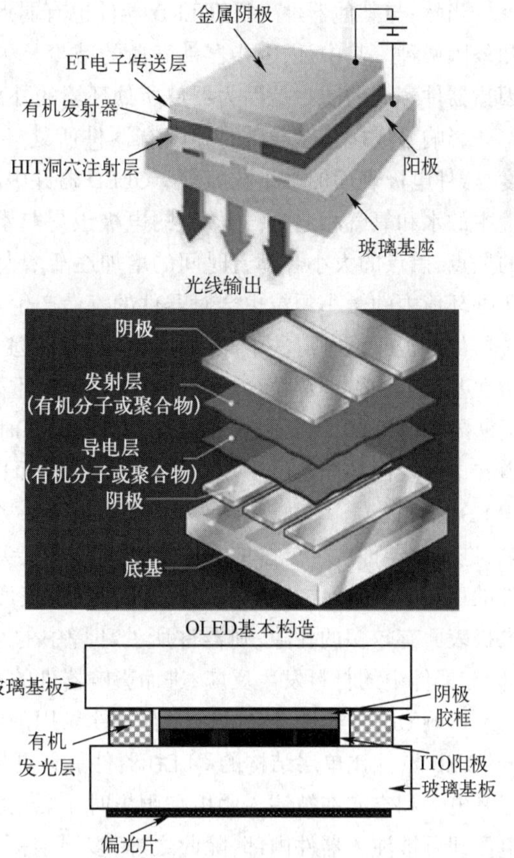

图 2-29　OLED 结构示意图

ITO 侧依序为:空穴注入层、空穴传输层、发光层、电子传输层、电子注入层。

OLED 具有以下优点:

(1) 功耗低。与 LCD 相比,OLED 不需要背光源,而背光源在 LCD 中是比较耗能的部分,所以 OLED 是比较节能的。例如,24in 的 AMOLED 模块功耗仅仅为 440mW,而 24in 的多晶硅 LCD 模块达到了 605mW;

(2) 响应速度快。OLED 技术与其他技术相比,其响应速度快,响应时间可以达到微秒级。较高的响应速度更好地实现了动态图像显示。根据有关的数据分析,其响应速度是液晶显示器响应速度的 1000 倍左右;

(3) 较宽的视角。与其他显示器相比,由于 OLED 是主动发光的,所以在很大视角范围内画面是不会失真的。其上下,左右的视角宽度都超过了 170°。

(4) 能实现高分辨率显示。大多高分辨率的 OLED 显示采用的是有源矩阵也就是 AMOLED,它的发光层可以做到 26 万真彩色的高分辨率,并且随着科学技术的发展,其分辨率会得到更高的提升。

(5) 宽温度特性。与 LCD 相比,OLED 可以在很大的温度范围内工作,根据有关的技术分析,温度在-40~80℃都是可以正常运行的。这样就可以降低地域限制,在极寒地带也可以正常使用。

(6) OLED 能够实现软屏。OLED 可以在塑料、树脂等不同的柔性衬底材料上进行制作,将有机层蒸镀或涂布在塑料基衬上,就可以实现软屏。

(7) OLED 成品的质量比较轻。与其他产品相比,OLED 的质量比较轻,厚度与 LCD 相比是比较薄的,OLED 屏幕厚度可以控制在 1mm 以内,其抗震系数较高,能够适应较大的加速度、震动等比较恶劣的环境。

当然,与其他器件一样,OLED 器件也有弱点,如影响 OLED 器件寿命的因素众多,可以分为内因和外因两种。其中,内因指器件寿命的减少是因器件自身的材料或结构等非外界因素而引起的,外因指器件寿命的减小是因为器件所处环境的外部因素而引起的。

影响 OLED 器件寿命的外因有器件所处环境中水、氧气、微小颗粒等的含量、基板表面的平整度、器件电极表面的微小孔隙等。OLED 器件中的电极通常采用的是活性较高的金属材料,当其与环境中的水和氧气相遇时,器件中的电极极易与水和氧气发生反应,在器件的发光区域产生不能发光的黑点,黑点的大小会随着时间的增加逐渐增大,使得器件可发光区域的面积逐渐减小。OLED 器件所处环境中的微小颗粒也会对器件的寿命产生重要的影响。在制备 OLED 器件的过程中,如果在清洗器件基板时没有清洗干净,或者器件在蒸镀过程中所处的蒸镀环境中有较多的微小颗粒,那么残留在基板上的微小颗粒会对器件的寿命产生重要的影响;原因是器件所处环境中的微小颗粒通常是无法导电的固体,当其附着在器件的电极表面时,微小颗粒会使其所处电极处的导电性下降,并对蒸镀在电极表面功能层的平整度产生影响,进而影响器件的寿命。器件基板表面的平整度也会影响 OLED 器件的寿命。如果器件基板的表面不平整且有较多的突起物,产生的突起物容易引起尖端放电,进而使器件产生更多的漏电流;除此之外,尖端放电也会导致器件产生的热量增多,进而影响器件的稳定性,使器件的寿命减少。器件电极表面的微小孔隙也会影响 OLED 器件的寿命;若器件的电极表面有较多的孔隙,则器件所处环境中的水和氧气更容易通过电极表面的孔隙进入器件的内部,与器件中的材料发生反应,进而影响器件的稳定性,减少器件的寿命。

影响 OLED 器件寿命的内因有器件采用的结构、器件所使用材料的稳定性等。通常,多层结构的 OLED 器件比单层结构的 OLED 器件具有更长的寿命;与单层结构的器件相比,多层结构的器件由于其电子和空穴在被注入阴极和阳极时需要克服的能级势垒较小,所以电子和空穴只需较低的驱动电压即可被注入器件内部;除此之外,多层结构的器件由于具有电子阻挡层、空穴阻挡层、电子传输层和空穴传输层等功能层的加入,器件的发光效率会更高。器件所采用的材料的稳定性也会影响

OLED 器件的寿命;器件在外加驱动电压的驱动下会产生较多的热量,如果器件所用材料的稳定性较差,器件的寿命也会减少。

OLED 的应用十分广泛,在商业领域中,POS 机、复印机、ATM 机中都可以安装小尺寸的 OLED 屏幕,由于 OLED 屏幕可弯曲、轻薄、抗衰性能强等特性,既美观又实用。大屏幕可以用作商务宣传屏,也可以用作车站、机场等广告投放屏幕,OLED 屏幕视角广、亮度高、色彩鲜艳,视觉效果比 LCD 屏幕好很多。

在电子产品中,OLED 应用最为广泛的就是智能手机,其次是笔记本、显示屏、电视、平板电脑、数码相机等领域。由于 OLED 显示屏色彩更加浓艳,并且可以对色彩进行调校(不同显示模式),应用非常广泛,特别是当今的曲面电视,广受群众的好评。在 VR 技术中,LCD 屏有非常严重的拖影,但 OLED 屏中会缓解很多。在交通领域中,OLED 主要用作轮船、飞机仪表、GPS、可视电话、车载显示屏等,并且以小尺寸为主,这些领域注重 OLED 广视角性能,即使不直视也能够清楚看到屏幕内容,LCD 则不行。

在工业领域中,我国工业正在朝着自动化、智能化方向发展,所引入的智能操作系统也越来越多,这就对屏幕有了更多的需求。无论是在触屏显示上还是观看显示上,OLED 的应用范围要比 LCD 更广。

在医疗领域中,医学影像诊断、手术屏幕监控都离不开屏幕,为了适应医疗显示的广视域要求,OLED 屏幕是首选技术。

由此可见,OLED 显示屏的发展空间和市场潜力巨大。但是相比 LCD 屏幕,OLED 制造技术还不够成熟,由于量产率低、成本高,在市场上只有一些高端设备才会采用顶级的 OLED 屏幕,国际上除了三星(当今三星还可以批量生产曲面屏),其他厂商很难进行大批量生产。但是从 2017 年上半年数据来看,各个厂商都加大了对 OLED 技术的研究投入,并且我国很多中端电子产品都应用了 OLED 显示屏。从手机行业来看,从 2015 年以后,OLED 屏幕的应用比例逐年提高,虽然依然没有 LCD 产品多,但是高端智能手机都采用了最先进的 OLED 屏幕,如 iPhoneX、三星 note8 等,因此,智能手机等电子产品的发展,势必会进一步推动 OLED 发展。

今后的 OLED 显示技术将向以下几个方向发展:

(1) 真正能发挥 OLED 技术优势,仍以 AMOLED 应用为主。

PMOLED 在其元件的结构组成方面,较 AMOLED 更为简单,具备大量生产、压低成本的制造优势,也是 OLED 用于显示应用最早量产的产品。PMOLED 适用于移动电话的显示屏幕应用,尤其适合信息显示量不高的小型面板应用,量产成本也相对较低。在产品越趋向高质量色彩、大尺寸、快速显示的应用方向时,PMOLED 在技术条件上明显无法应付新需求。OLED 技术优势,仍以 AMOLED 应用为主,尤其在显示器应用领域。

(2) 柔性 AMOLED 得以应用。

由于 AMOLED 结构具备柔性特性,因此也具备导入 e-ink 电子纸应用的条件,例如,Sony 开发出采用 AMOLED 构造的柔性显示器(Flexible Plastic Substrate)(见图 2-30),其方法是将 AMOLED 结构制作于塑料薄膜上,克服以往 AMOLED 高温制备过程可能会造成塑料基底的变形问题。在 Sony 的方法中,柔性的 OLED 面板制备过程可全程控制在 180℃以下。

针对柔性 OLED 的原型开发,亚利桑那州立大学(Arizona State University,ASU)也开发出 4 寸大小的 AMOLED 显示器,目前已具备 QVGA 显示分辨率。由 ASU 发展的柔设计原型使用杜邦热稳定聚乙烯萘二甲酸乙二醇酯(PEN)材料,与 Sony 同样以低于 180℃制备过程制作。

(3) 发展节能光源 OLED 成为全球趋势。

OLED 的材质特性,不只是得到显示器厂商的青睐,由于 OLED 具备自发光特性,也让灯具、光源制造商感兴趣,如飞利浦、欧斯朗等灯具大厂也尝试投入相关研发。

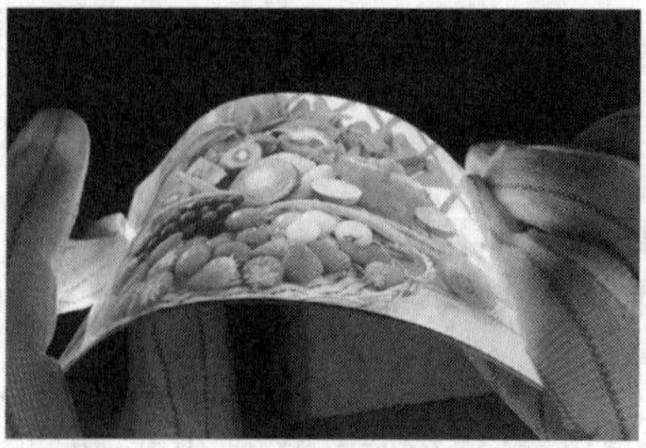 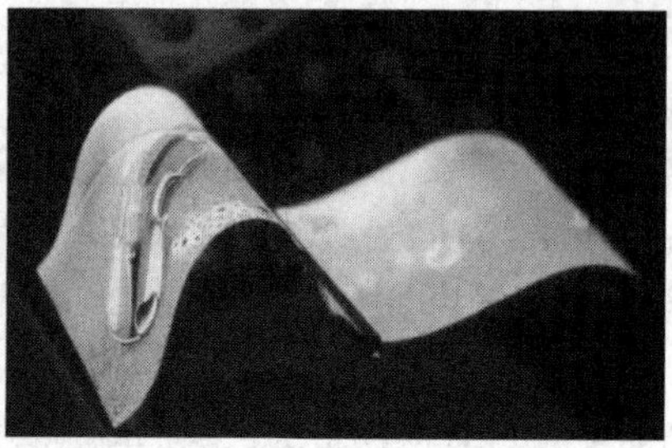

图 2-30　柔性 OLED 屏幕

2.3.6　数码纸显示技术

随着多媒体时代的来临,显示器发生了巨大的变革,显示技术已经不再局限于以上这些传统思路,多种新型的显示技术和显示方式已在多媒体领域中出现,显示器的应用也将进一步扩大,并更加多样化。目前国外一个研究热点——介于显示器技术与硬拷贝技术中间的可擦写数码纸技术就是其中之一。从舒适、方便、实用的人性化角度考虑,这种既像纸张一样阅读方便又可随心所欲处理信息的新技术应运而生。

1. 数码纸显示技术的发展与现状

以电子媒质为载体的信息能够轻松地进行传输、编辑和更新等处理,又不占空间,受到广泛欢迎。为了在外出时也能了解信息,人们已经开始使用 PDA 等小型信息终端。不过,个人计算机和 PDA 所使用的显示画面并不适于大量阅读以小文字为主的小说和报纸。因为长时间看着显示器,眼睛就会疲劳,所以对篇幅较长的文件,基本上大多数用户都要打印出来阅读。因此,尽管当前众多的信息是以电子化形式处理的,然而信息的阅读媒质不一定是显示器(电子媒质),而可能更多是通过打印出来的纸张(传统阅读媒质)。

两种阅读媒质各有优缺点:传统阅读媒质,具有舒适可视性——以纸为例,纸张之所以适合于文字阅读,是因为白纸黑字阅读起来非常清楚。另外,不仅手持时可以弯曲,而且打印出来的文字也不会很快消失。阅读姿势不受限制,躺着也能读取,携带方便,可同时几张并排起来互相参照着阅读等。但另一方面,纸张的复制也存在缺点,这就是一旦打印后,内容就不能再改写,不如显示器处理能力灵活。天长日久,纸张文件堆积如山,很多无用的文件被当作废纸丢弃,造成大量浪费。相反,电子阅读媒质则具有普通纸张所缺乏的灵活有效性。以显示器为例,电子显示设备具有可自由改写、追加信息,具备检索功能甚至可以显示动态图像的优点。但读写起来却不如纸张舒适。

因此,人们就想到了一种既能改写信息,又便于文字阅读的媒体。这就是能够利用电子装置显示,而且又具有像纸张一样的高可视性的“数码纸张”。这是一项早在约 30 年前就已开始研究的“梦幻技术”。一种自然的构想就是,将两种阅读媒质各取所长,融合成为一种新的阅读媒质,这就是数码纸张。

数码纸张(e-Paper),作为一种新型信息阅读媒质,将有望替代传统阅读媒质(纸)成为下一代阅读载体。其目标是具备如同读书一般舒适的可视性,纸一样薄,便于携带,甚至可折叠。同时具备电子显示设备的优点,即可自由改写、追加信息,具备检索功能甚至可以显示动态图像。目前的数码纸张(e-Paper)研究按照显示方式主要包括:基于磁场显示方案,基于光显示方案,基于热显示方案,和基于电场显示方案。而由于基于电场显示方案可以利用较小的能量引起较大的物理变化,媒质自由度比较大,成为研究的重点。

2. 数码纸的基本功能

实现数码纸张有三个技术方向。第一个方向是提高显示器技术。众多制造商正在进一步努力实现显示器的超薄、轻量设计,以便使之接近于纸张。第二个方向是使用打印机和纸张,提高打印技术。目前正在研究在纸张上涂上特殊的液体,从而使之成为能够多次改写的纸张,这种纸张也称为“可改写纸”。第三个方向是提高能够复制发光画面信息的复制技术。

数码纸张必须具备三个条件。第一点是文字便于阅读,背景的纯白度是至关重要的。背景越白,文字就越重,显示就越清楚。纯白度指标包括光线照射时的光线反射比例即反射率,黑白浓度之比即对比度,以及文字的粗细即分辨率(dpi 即每英寸的像素点数)。

第二点是即使关闭电源也能够继续显示。这是因为阅读大量文章时,某个画面必须显示一定时间。如果像今天的液晶显示器那样显示画面时必须加电,那么就需要内置电池。

第三点是要具有像纸张一样的易用性。也就是指像纸张一样薄,且能够弯曲。如果能够弯曲,就会具有较强的抗冲击性。

3. 数码纸设备的基本结构

基于带电粒子显像的数码纸张方案根据两种不同光学特性和电极性的粒子在静电场中运动的原理实现图像(文字)显示。上、下两电极板间的两色粒子分别带有正、负两种极性,在电场的作用下向相反方向移动,如图 2-31 所示。

显示器带有两种绝缘粒子,这两种粒子分别带有相反的光学特性和带电极性。粒子被封入一对电极之间充满空气的空间中。显示器的上层是由透明电极和基板构成的,可以从基板的外侧看到附着在上层内侧的粒子。

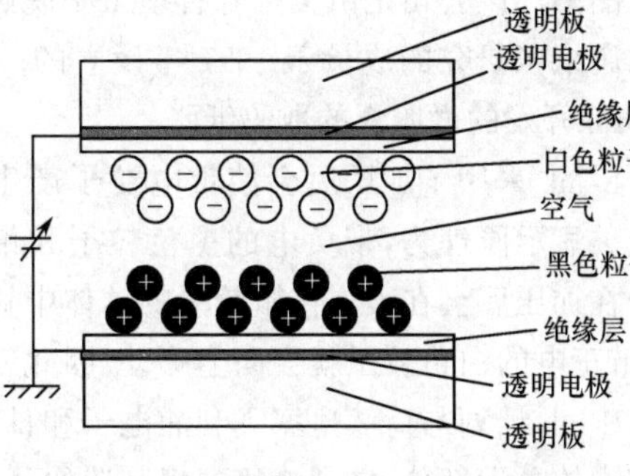

图 2-31　数码纸显示设备的结构

白色粒子是带有金属氧化色素的球形合成树脂,而黑色粒子是带有碳黑色素的球形合成树脂。经过筛选,选出直径在 20μm 左右的绝缘粒子,表面洒上粉末以便控制粒子的摩擦带电过程。白色粒子摩擦后带负电,黑色粒子摩擦后带正电。

将一个带有 20mm 宽的方洞、0.3mm 厚的硅胶薄板置于带有 ITO(Indium Tin Oxide,金属锡的氧化物)电极的透明玻璃板(50mm×50mm)上,将混合的黑白粒子注入洞中。然后,将另一块带有电极的透明玻璃板置于硅胶薄板上,最后再把两块板合并在一起。每个玻璃板上的电极都与电源相连,两板之间所加电压在 0~±300V 之间。

数码纸显示器的显示过程如图 2-32 和图 2-33 所示。

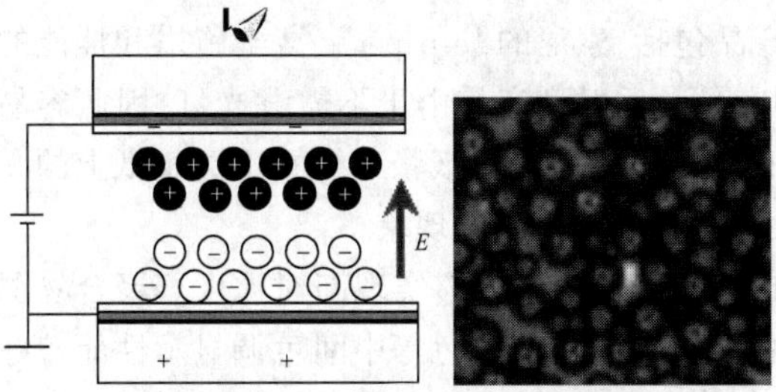

图 2-32　数码纸显示黑色原理

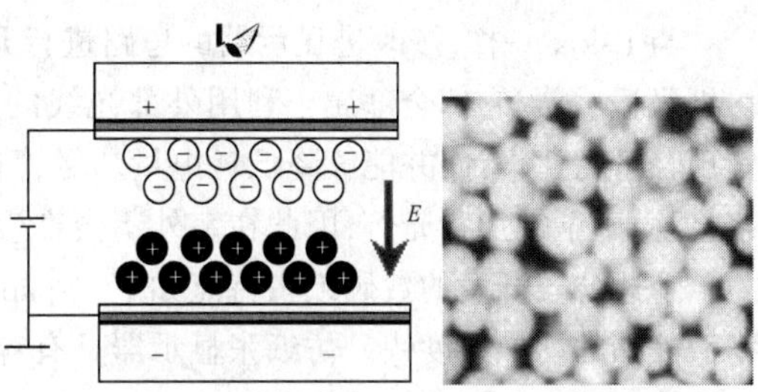

图 2-33　数码纸显示白色原理

先将 ITO 透明电极附着在透明玻璃板上,再把直径 10~20μm 的绝缘黑白粒子封入透明电极之间(通常间隔 100μm)的空气层中。粒子已经经过搅拌,分别带上了相反极性电荷,当在电极板上施加一定的电压使电极间形成静电场时,这些带电粒子就在电场力的作用下向相反方向运动起来。

在有图像部分和无图像部分分别施加反向电压,使黑色粒子附着在有图像部分,而白色粒子附着在没有图像的部分，这样图像就显示出来了。为了使粒子带电量稳定，在绝缘板上加了一层绝缘物质。用来驱动粒子静电场的形成方法与液晶显示器类似，并且根据粒子在一定场强被激发数量激增的特点，利用了一种更为简便的驱动矩阵，施加电压为0～±300V。这样，整幅图像被分割成大量微小的矩形像素单元，每个单元由绝缘隔板隔开。

这种显示手段的特点是对比度高，视角宽，成本低，即使切断电源，其显示内容仍可维持，并且可支持彩色显示和大面积显示设备。

就显示质量而言，粒子特性、填充量、混合比、电极间距离，以及表面绝缘层材质等是影响显示质量的主要因素。

4. 目前国外数码纸技术的研究现状

目前正在开发中的数码纸张在投产方面存在的障碍是，成本、显示维持时间、驱动电压及可靠性。

其中，美国E-Ink公司已于2003年春投产数码纸张。该公司开发的数码纸张是反射外部光线、无须背照灯的反射型面板。主要用于便携信息终端屏幕、电子词典和电子图书。该公司是由美国麻省理工学院媒体实验室从事数码纸张研究的成员于1997年设立的。图2-34是美国E-Ink开发的微胶囊的数码纸张。

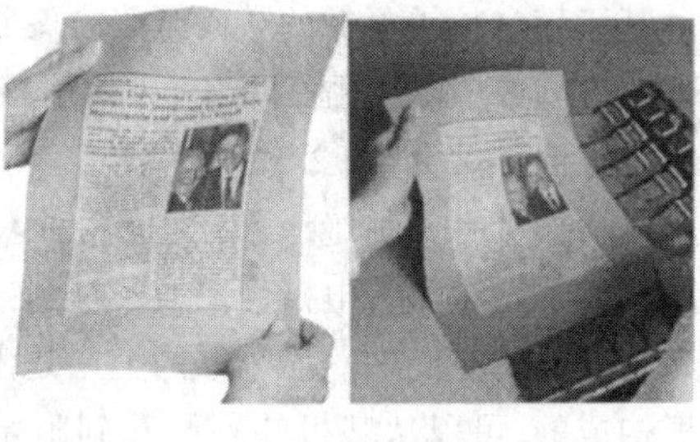

图2-34　美国E-Ink开发的数码纸

E-Ink采用了加压后会使带电粒子产生移动的电泳方式。显示原理为：带负电的黑色粒子和带正电的白色粒子在加压后会在被称作微胶囊的球体中移动。微胶囊夹在电极中间，上部的透明电极施加负电压后，带正电的白色粒子就会向上移动，因此就显示为白色。显示黑色时就向电极施加正电压。

E-Ink计划与荷兰皇家飞利浦电子和日本凸版印刷合作生产数码纸张。凸版印刷负责生产内有微胶囊的显示部分，飞利浦负责将制造的薄膜半导体（TFT）粘贴到成型的玻璃底板上。

这种数码纸张的对比度为10∶1，比报纸（对比度为5∶1）还高。关闭电源后的显示时间很长，据称整个画面的灰度级可保持一年左右。不过，改写时电压为15V，比液晶显示器稍高一些。

从技术角度讲，可通过层叠彩色滤色器实现彩色显示。如果提高响应速度，还可支持动态图像显示。以显示静态图像为目的的现有产品的响应时间为150～200ms。与液晶显示器（市售产品约为16ms）相比慢了很多。

除E-Ink外，其他公司正在开发的数码纸张的目标也是低耗电、高对比度和超薄设计。这些产品因不同的显示方法和材料，而分别表现出不同的特点。

与E-Ink一样，按改进显示器的思路进行开发的产品包括，索尼的“e-paper”、富士施乐和佳能的仿纸张显示器，它们全部属于利用外部光线的反射型产品。反射型产品由于不需背光灯，因此容易实现轻量超薄设计，并能够降低耗电量。尽管在光线昏暗的场所与普通纸张一样看不清楚纸上的文字，但由于不使用背光灯，因此在室外不会产生因画面发白而看不清楚的现象。

上述公司开发的数码纸张特点如下：e-paper的白色的反射率高，能够实现高对比度。聚合物网络型液晶的切换速度快。仿纸张显示器具有容易实现超薄设计，以及灰色等中间色调显示性能较好等特点。

索尼开发的e-paper的特点是，白色反射率高达70%以上。而手机常用的反射型显示屏的反射率只有30%左右。e-paper的对比度高达30∶1，文字的可视性非常好。现有产品的分辨率为150dpi以上，完全达到了清晰显示漫画和日本汉字注解假名的分辨率标准。

e-paper的显示功能利用了银离子附着到电极上变成金属时显示为黑色的特性（见图2-35）。其结构为，位于显示器上下侧的透明电极和银电极为正交配置，固体电解质夹在两电极中间。

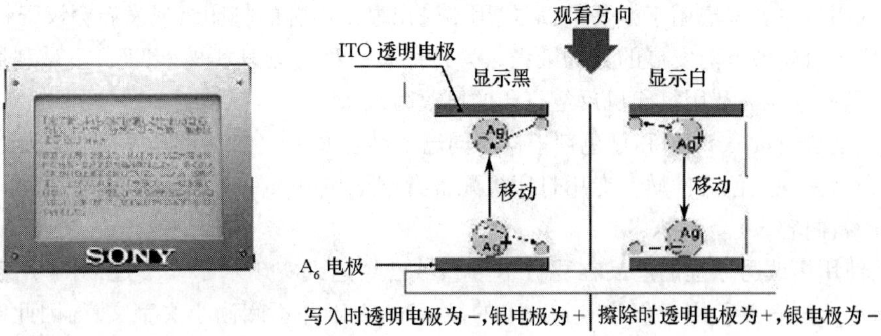

图 2-35　索尼研制的“e-paper”原理示意图

显示原理如下:首先施加 1.5V 的电压,银电极加正电压,透明电极加负电压。这样,在银电极上失去了电子的银变成银离子(Ag^+),发生溶解。银离子附着到上侧的透明电极上,即形成像镀银一样的状态。为了使这种状态显示为黑色,针对电解质成分进行了研究。需要擦除文字时,向透明电极施加正电压,使金属银变为银离子。

关闭电源时文字显示能够维持 30 分钟左右。索尼表示:“显示时间并不一定越长越好。最佳显示时间因 e-paper 用途而不同。比如,用于 IC 卡显示时最好是很快消失”。该产品主要设想用于显示静态图像,没有考虑支持动态图像。材料(电解质)本身能够支持 100 万次擦写。

由于反射率高,因此即便采用彩色滤色器,也能够确保 30%左右的反射率,实现彩色显示没有任何问题。目前投产方面所面临的课题是如何提高可靠性。今后将提高用于封装玻璃底板的封条的稳定性,以免水分进入而锈蚀电极。

上述两公司开发的数码纸张结构是:在上下两侧配置电极,通过物质在其中间移动或改变方向进行显示。相对于此,佳能采用了只在单侧配置电极,让黑色粒子在平面上移动的方法(见图 2-36)。佳能将其称为“仿纸显示器”。

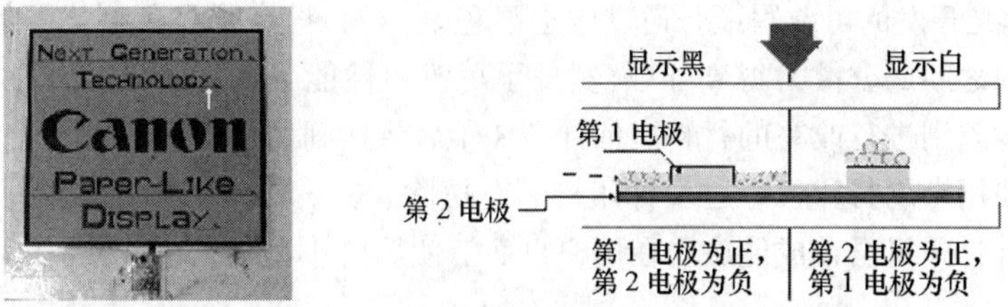

图 2-36　佳能开发的水平电泳显示器

其结构为:第 2 电极位于显示器单面上,在第 2 电极上面以栅格状铺黏着细小的第 1 电极。栅格间隙的四方形单元形成像素。第一电极排列间隔为 120μm。

其原理是:通过带正电的黑色粒子在电极之间移动来显示文字和图形。向第 2 电极施加负电压后,黑色粒子就会在表面上扩散开来,显示为黑色。反之,在第 1 电极上施加负电压后,粒子就会聚集在 5μm 大小的第 1 电极上。此时从上面看显示为白色。由于颜色饱和度决定于黑色粒子分别在单元底面和侧面各自吸附的量,因此显示中间色调的效果很好。

随着时间的流逝,黑色显示部分会逐渐偏白。这是因为显示时要在电极上通电,关闭电源后第 1 电极仍会残留电荷,致使黑色粒子逐渐向第 1 电极聚集。一定时间之后,黑色粒子会扩散开来、画面变黑。

佳能的数码纸张可以把元件设计得很薄。栅格单元厚度 15~20μm,大约为 E-Ink 的数码纸张所用的微胶囊的一半。分辨率为 200dpi,可以很好地显示细线。使用塑料底板,可以弯曲。

该产品的用途主要考虑用于办公室,取代用于输出显示内容的打印纸或发布会议资料等。

前面介绍了沿超薄方向发展的数码纸张。另外还有一种名副其实的"纸"。不是利用电子技术进行改写,而是一种能够利用打印机反复打印的可改写纸张。

利用无色染料(Leuco Dye)和显色剂根据不同温度结合及分离的特性显示黑色。显色剂具有与无色染料结合后呈现黑色的性质。专用打印机配备有擦除和写入专用的两个打印头,可以一边擦除文字一边打印新内容。

实际上,使用可改写原理的产品在积分卡等领域已经达到实用水平。不过,对于用于阅读的纸张,要求的条件相当苛刻。用于积分卡和磁卡的显示时,由于并不阅读小文字文章,因此即便改写精度不高也没关系。而用于文件显示时,就必须提高文字的显示饱和度以便提高对比度。而且,还必须能够完全擦除整个内容。

日本理光目前正在开发一种新型纸,以便与普通印刷字体以同样的浓度显示,而且能够完全删除并改写内容(见图 2-37)。它使用热敏纸所用的无色染料和显色剂进行显示。

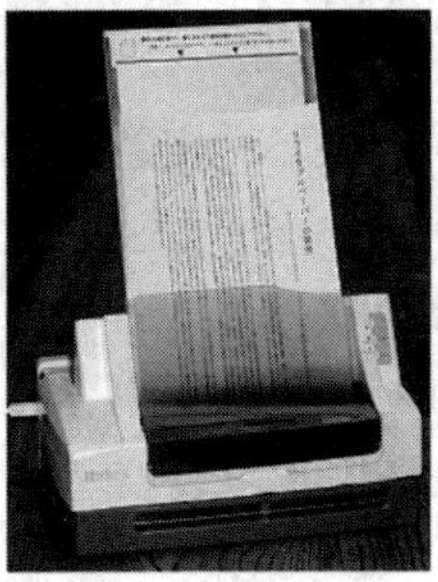

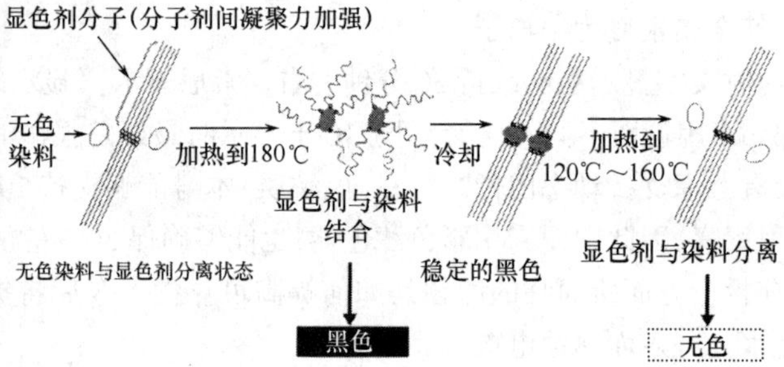

图 2-37　日本理光开发的可改写纸张

无色染料和显色剂具有结合后显示黑色的性质。两者结合后如果再分开,黑色就会消失并还原成原来的无色状态。其结合和分离因不同的加热温度而产生。结合温度为 180℃以上,分离温度为 120℃~160℃。理光开发的可改写纸张通过改进显色剂结构,提高了显色剂之间的凝聚力。从而使显色剂与无色染料之间的分散力得到加强,实现了可改写性能。在彩色显示方面,正在开发利用光波长而不是温度的差别进行改写的材料。估计 7、8 年后将达到实用水平。

改写时必须使用专用打印机。这种打印机具有擦除、写入文字的两个打印头,可在擦除的同时写入。考虑将这种打印机设计成能放置在用户桌面上使用的小型机,主要是为了取代用户输出的临时打印制品。

专用纸目前已经达到可改写 200 次的水平。改写次数越多,纸张磨损就越严重,打印效果也就会越来越差。这是因为弯曲起皱后,起皱部分就不能贴紧打印头的缘故。

作为附加值,目前还在开发用于在打印后的专用纸上书写的专用笔。使用特殊的墨水。不是用打印擦除,而是利用像海绵一样的东西进行物理擦除。

此外,还有一种显示器型和打印机型产品融合而成的独特的数码纸张。这就是由日本富士施乐开发的光写入式数码纸张,其原理是把媒体放到发光画面上,复制其文字和图形(见图 2-38)。

这种数码纸使用了胆甾型液晶,这种液晶具有关闭电源时也能够保持现有状态的性质。把纸张放到投影机或显示器等发光物体上,加电后就能够复制显示内容。

显示对比度为 10∶1,复制图像可持续显示 1 年以上。可改写次数达半永久程度。

媒体不是纸,而是使用薄膜底板的液晶面板。利用曲别针形状的外部设备夹住媒体,并施加电压。按一下外部设备按钮,将会施加 300V 电压。

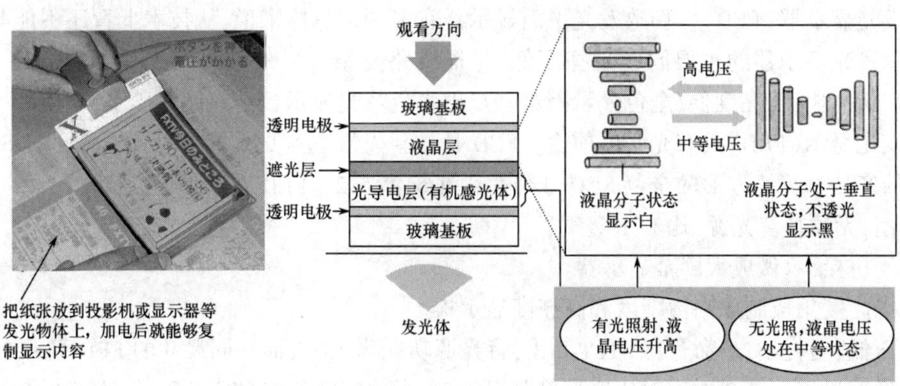

图 2-38　富士施乐开发的光写入式数码纸张

媒体结构为表面积相同的 2 枚透明电极夹着液晶层和光导电层。黑色遮光板位于液晶层和光导电层之间。

液晶材料使用的是胆甾型液晶。胆甾型液晶具有这样的性质：液晶分子变成螺旋状以后，即便关闭电压，也能够长期维持原有状态。光导电层的光线照射部分的电阻会下降，结果导致与之串联的液晶层电阻增加。光照部分会比无光照部分电压升高，就能够控制显示。

该种纸的缺点是耐热性差。这是因为使用了液晶。当温度升高到 60℃ 左右时，就会变成纯黑色。反过来温度降低后，其响应速度又会变慢。

5. 今后的研究方向

目前正在开发的数码纸张可单色显示静态图像，其目标是为了取代纸张显示。数码纸张背景的纯白度和文字的清晰度非常高，其对比度有的甚至比报纸还要高。在易用性方面也已经多少能够弯曲了。

为使其更接近于纸张，需要解决的课题包括：能用手写笔书写；能折叠或卷起来等。在可修改性方面，希望像数字数据那样进行书写处理。在形状方面，根据不同的应用要求有所不同。比如，如果是为了取代复印纸或阅读报纸图书，那么最合适的是如薄纸状且可折叠的产品。另外，由于手机的显示屏较小，因此作为辅助画面，可以考虑内置或外置于手机使用的卷状产品。

还有的制造商正准备开发能够进行彩色显示及显示平滑动态图像的产品。不过，对于这些功能有人认为应该针对用途，优先开发急需的功能。如果不分主次同时开发的话，很可能半途而废。

另一个发展方向是充分利用其能够处理电子信息的优点。比如小说等，有人就认为不是直接将小说原样录入显示，可以考虑采用点击用语和作品人物词汇来显示相关说明的方法，创造一种数码纸张特有的附加价值。

2.3.7　其他图像显示装置

除了前述的几种图像输出装置外，还有一些其他图像显示设备，限于篇幅，这里不可能详细讨论它们的工作原理，在此仅开列一些装置的类型，以供参考。

(1) 彩色打印机

彩色打印机可被计算机控制直接打印出彩色图像。

(2) 投影显示器

投影显示器多用于大屏幕显示。可分为有源显示和无源显示。投影管显示为有源显示类型，而光阀显示和激光显示等为无源显示类型。这主要看光源本身是否有调制功能而定。

(3) 其他平板显示

平板显示设备除了前边介绍的液晶和等离子显示外，还有如下几种。

场致发光显示器(FED)。场致发光平面显示器有多种。总体来说,从技术上看还不能与LCD相竞争。场致发光显示器的主要问题是亮度低、寻址线路复杂。另外电致发光显示(ELD)是全固态的,视角宽,响应快,但亮度低,全色显示困难。至于彩色荧光显示目前只能用于字符显示。

场致发光显示(FED)具有光明的前途。FED是最新发展起来的彩色平板显示器件。SID 95'会议上展出的产品6英寸方形的全色FED分辨率达到512×512。FED有以下优点:

① 薄型,无须加背光源,比LCD还薄。

② 易于拼接,可做成大屏幕显示器。

③ 可以高度集成制成高清晰度和高亮度显示板。

④ 电压低、功耗小、寿命长,如TFT-LCD,背光源功耗为13W,而相同尺寸的FED只有5W。

⑤ 图像质量好。FED在高对比度下可获得1600万种颜色和256级灰度,分辨率为1024×768,无视角限制,响应速度快(≤2μs)。

⑥ 发光亮度起伏小,成品率高。

⑦ 不需偏转线圈,无软X射线,抗辐射和电磁干扰,工作温度范围宽(-40℃~+85℃)。

⑧ 生产工艺简单,而且FED每个像素有数十个至数百个阴极,即使几个不工作也没有影响。但目前要解决的问题是大面积的FED要改善发光的均匀性和提高低压荧光粉的发光效率,在实用化中封接、排气、真空维持等工艺有困难,这些问题解决后FED大有前途。

2.4 数字图像处理的主机系统

如前所述,数字图像处理系统主要由主机和输入/输出系统组成,近年来围绕着数据量大和处理速度这一矛盾,发展了许多图像处理系统。下面介绍几种常见的图像处理系统及其性能。

1. 国产图像处理系统

图2-39是我国早期研制的一种图像处理系统框图。这个系统以国产130计算机为核心,加上一些外围设备组成。输入设备由摄像机和数字化器组成;输出设备为黑白监视器和彩色监视器;此外还有磁盘、磁带、打印机及字符CRT。

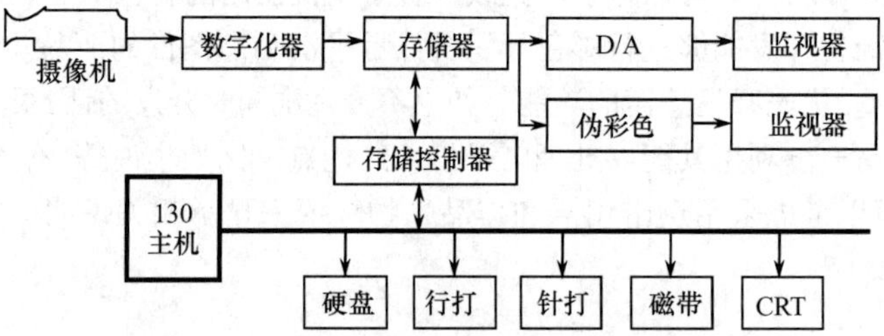

图2-39 图像处理系统框图

一幅图像经摄像机摄入后,通过数字化器变为数字信号。然后送入图像存储器。这个存储器兼有输入及输出显示两个任务。在将图像数据送入计算机之前,首先经D/A变换送入监视器,监视一下输入的图像是否理想,如果不理想可重新输入,如果满意,则可通过总线送入计算机存入原始图像。反过来经处理后的图像通过总线系统送入存储器,此时,存储器作为刷新显示之用,以便显示处理结果。这套系统的精度为256×256×8bits,输入速率为1.5μs/pixel,输出速度为2μs/pixel,RAM读写时间为600ns,通道传输时间为1.8μs/pixel。这是一个结构简单,价格便宜的通用处理系统。

2. Model 75 图像处理系统

美国I^2S公司Model 75图像处理系统的结构如图2-40所示。这套系统由主机子系统、视频输入子系统、图像处理器、视频输出子系统及交互式控制子系统组成。

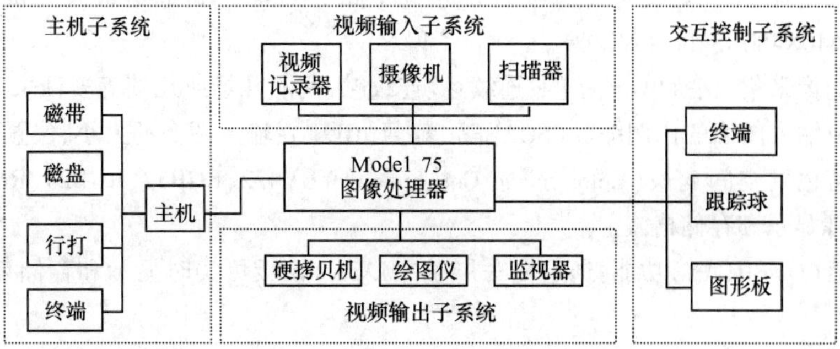

图 2-40　Model 75 图像处理系统

主机子系统可由下列机型组成：VAX-11、PDP-11、HP3000 系列Ⅱ或Ⅳ、Motorola 68000 等。主机子系统可配接磁带机、硬盘、打印机及多个终端。

视频输入系统可以是摄像机、飞点扫描器及视频记录器。视频输出系统由监视器、绘图仪及硬拷贝机组成。图像处理部分为 Model 75 图像处理器。

（1）系统的软件

主机系统的系统软件为 RSX-11M、VMS、MPE-1V 或 UNIX。Model 75 子系统配有多任务磁盘操作系统 System575。System575 是一个分层、模块式的软件包，这些软件有如下一些内容：

① Model 7540 处理软件包，它提供了硬件显示接口程序。

② Model 7541 接口和应用程序包，它包括 30 个 Fortran 子程序和 30 个接口子程序，用来控制 Model 75 的各种子系统，如刷新、存储、查表及光标等。

③ Model 7542 是诊断软件包。

④ Model 7543 是源程序包，它有 60 个 Fortran 程序，可作加、减、乘、除、平均、编码、2D-FFT、滤波、均衡、查表、放大等常用处理。

（2）系统主要指标

输入为标准视频信号，视频输出 625 行、25 帧、视频幅度（峰—峰值）1V，刷新存储器为 512×512×8bits，图形平面为 512×512×1bits。硬件放大系统有×2、×4 和×8 等，3 路并行 12bit 实时管道处理，屏幕显示可作 512^2、256^2、128^2、64^2 等开窗。

3. 微型图像处理系统

目前，随着微型计算机性能的不断提高，微型图像处理系统的应用越来越广泛，它的低成本、高性能使得微型图像处理系统足以应对大多数应用场合。一般的微型图像处理系统只要在微机中插上一块图像板卡就可以构基本硬件系统，配上板卡的开发系统就可以构成完整的微型图像处理系统。在这样的系统上用户就可以开展各种图像处理算法的研究及开发符合不同用途的专用图像处理系统，简单而快捷。

图像处理板卡种类繁多，功能各异。板卡的选购完全取决于特定的用途。这里列举几种类似的板卡以供参考。

（1）DH-VT142 图像采集卡

它是四通道彩色视频采集卡（见图 2-41），使用新型 PCI-E X1 总线作为数据存取通道，图像采集速度较快，同时 DH-VT142 为用户提供了自行加密的手段，可以保护用户知识产权不受侵犯。

其性能指标为：

① 标准 PAL、NTSC 制式彩色/黑白视频输入峰值电压为 1V。

② 四路复合视频同时输入同频显示。

③ 最大平均有效传输速率：4×768×576×24bit 同时传输，相当于 180MB/s（依赖于主机传输速率）。

④ 视频输入选择：单通道支持 1 路复合视频或 1 路 S-Video。每通道最大分辨率为 768×576×32bit（PAL）或 640×480×32bit（NTSC）。

⑤ 灵活的图像采集：支持单场、单帧、连续场、连续帧、间隔几场或几帧等多种采集方式。

⑥ 硬件完成输入图像的比例缩放（SCALE）、裁剪（CLIP）；输入图像的大小、位置可灵活设置。

⑦ 硬件支持色度空间变换（Color Space Conversion）YUV422、RGB32、RGB24、RGB15、RGB16 和 Y8bit 等多种图像显示和存储格式。

⑧ 图形覆盖（OVERLAY）功能：通过填写屏蔽（MASK）模板可实时显示和存储任意形状的输入图像。

⑨ 支持软件调整亮度、对比度、色调、色饱和度。

⑩ 用户自定义保险箱。

（2）MV-750 高精度、高速图像采集卡

它是高精度真彩色（黑白）实时图像采集卡（见图 2-42），实时采集效果具有高分辨率、高清晰度、高保真的特点。它是一颗 9bit ADC，相对于 8bit ADC 芯片来说不管是图像质量还是颜色的饱和度方面都要强很多，它配有 4 线 3D 梳状滤波器能自动消除噪声，使图像采集质量有明显提高，完全实时、无像素衰减。该卡适合于进行专业的彩色或黑白图像分析、处理工作，可广泛应用于显微成像、医学影像、智能交通、分析测量、生物医学、机器视觉、工业图像分析，以及其他多种高精度图像处理分析领域。其性能指标如下：

图 2-41　DH-VT142 图像采集卡

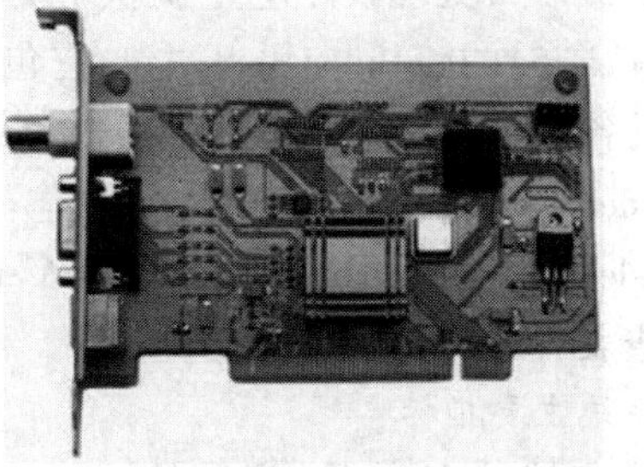

图 2-42　MV-750 高精度、高速图像采集卡

① 图像采集分辨率为 1024×768。

② 可实时采集单场、单帧，任意间隔以及连续帧的图像采集；支持标准视频信号输入（PAL、NTSC），具有高清晰度 S-VIDEO 接口。

③ 最多可连接两路组合视频，一路 S-VIDEO，可编程实现多画面分割。

④ A/D 转换精度：9bit，用户可得到 8bit 低噪声数据。

⑤ 亮度、对比度、色度、饱和度以及画面大小比例均可通过软件调节（A/D 之前）；可在图像上实时中文叠加 OSD、实时视频预览、区域可调的运动检测引擎支持视频流的镜像、倒置功能。

⑥ 提供外部控制接口，可以通过外触发控制图像采集等功能；硬件支持图像在水平/垂直方向任意缩小及开窗；水平清晰度可达 500 电视线以上。

⑦ 支持“一机多卡”工作方式，可实现多通道实时采集。用户可编程加密字模块。

⑧ 适用温度范围：0～60℃；直流噪声：<±2 灰级；总功耗：5V<5W，−5V<0.2W。

⑨ 提供 Windows 9X/NT/Me/2000/XP 系统下的开发库，支持 VC、VB、Delphi 等开发环境，全力提供源自专业厂家的技术支援服务。

⑩ 底层程序稳定，功能丰富、开发简便、便于程序移植。硬件兼容性能好，工作稳定可靠。可在兼容机、原装机/工控机上良好稳定地工作。

(3) Meteor Ⅱ图像卡

Matrox Meteor Ⅱ是由加拿大生产的板卡(见图 2-43),可以采集标准的模拟彩色/黑白视频信号,它将强大的函数扩展性能集成到了采集卡上。Matrox Meteor Ⅱ可以将采集到的图像传输到系统(主CPU)进行处理或到显存(VGA)以实时活动视频窗口进行显示。

① Matrox Meteor Ⅱ可提供 5/12 伏电源输出到摄像头。电源直接采自于 PC,这样可以防止 PCI 总线过载。

② Matrox Meteor Ⅱ带 RS232 串口,可远程控制摄像头(如增益、伽马控制、运行模式等),移动控制器件或 PLC。

③ 支持 PCI、CompactPCI 或 PC/104-PLUS™格式,采集 NTSC、PAL、RS-170 和 CCIR 视频信号,12 路视频输入,32-bit/33MHz PCI 总线。

图 2-43　Matrox Meteor Ⅱ图像卡

④ Matrox Meteor Ⅱ有一个为视频输入设计的单独的 44-pin 外部接口,分离的同步和控制信号,DC 电源输出和 RS-232 串口。

⑤ Matrox Meteor Ⅱ采用 32 位 PCI 总线主/从接口。总线主控可以以高达 130MB/s 的速率传输数据而不需要连续占用总线。即使系统同时进行采集、显示、制图、网络接收、磁盘存储,以及外部输入/输出扩展的缓存功能也可以确保图像数据实时传输到主存。

2.5 视觉系统

在图像处理中所采用的许多处理技术,其主要目的是帮助观察者理解和分析图像中的某些内容。因此,图像处理系统不但从视觉系统的角度来看是理想的系统,而且又是最经济有效的系统。为了达到预期的目的,在图像处理中不但要考虑图像的客观性质而且也要考虑视觉系统的主观性质。本节将对视觉系统的基本构造及其特性做一些讨论。

2.5.1 视觉系统的基本构造

人的视觉系统是由眼球、神经系统及大脑的视觉中枢构成。人的眼球的横断面如图 2-44 所示。人眼的形状为一球形,其平均直径约 20mm。这球形之外壳有三层薄膜,最外层是角膜和巩膜。角膜是硬而透明的组织,它覆盖在眼睛的前表面。巩膜与角膜连在一起,它是一层不透明的膜,包围着眼球剩余的部分。巩膜的里面是脉络膜,这层膜有血管网,它是眼睛的重要滋养源。脉络膜外壳着色很深,因此,有利于减少进入眼内的外来光和光在眼球内的反射。脉络膜的前边被分为睫状体和虹膜。虹膜的收缩和扩张控制着允许进入眼内的光量。虹膜的中间开口处是瞳孔,瞳孔的大小是可变的,可以从 2mm 变到 8mm。虹膜的前部有明显的色素,而后部则含有黑色素。眼睛最里层的膜是视网膜,它布满了整个后部的内壁。当眼球被适当地聚焦时,从眼睛外部物体来的光就在视网膜上成像。晶状体由纤维细胞的同心层组成,并由睫状体上的睫状小带支撑着。它含有 60%~70%的水。晶状体被稍黄的色素染色,其颜色随年龄的增长而有所加深。它吸收可见光谱的 8%,波长越短吸收得越多。红外光和紫外光被晶状结构内的蛋白质大大地加以吸收。但是,过量的红外线和紫外线会伤害眼睛。除此之外,还有把光刺激传给大脑的神经系统及保护眼睛的眼睑和泪腺等附属组织。

视网膜可看成是大脑分化出来的一部分。它的构造比其他感觉器官都要复杂,它具有高度的信息处理机能。其结构模型如图 2-45 所示。视网膜的厚度有 0. 1~0. 5mm。参与信息处理的细胞有视觉细胞(包括锥状体和杆状体)、水平细胞(Horizontal Cell)、埃玛克里细胞(Amacrine Cell)、两极细胞(Bipolar Cell)和神经节细胞(Ganglion Cell)5 种。眼睛中的光接收器主要是视觉细胞,它包括锥状体和杆状体。在图 2-44 中所示的中央凹(也称中心窝)部分特别薄,这部分没有杆状体,只密集地分布锥状体。锥状体只有在光线明亮的情况下才起作用,它具有辨别光波波长的能力,因此,对颜色十分敏感。有时它被叫作白昼视觉。每只眼睛的锥状体大约有 700 万个,在中央凹的分布间隔为 2~2.5μm。杆状体比锥状体的灵敏度高,在较暗的光线下就能起作用。但是,它没有辨别颜色的能力,有时又称它为夜视觉。杆状体分布在视网膜表面上,分布面积较大,其数量大约有 1 亿 3 千万个。正因为两种视觉细胞的不同特点,所以我们看到的物体在白天有鲜明的色彩,而在夜里却看不到颜色。与视觉细胞相比,神经节细胞数目较少,大约有 100 万个左右。

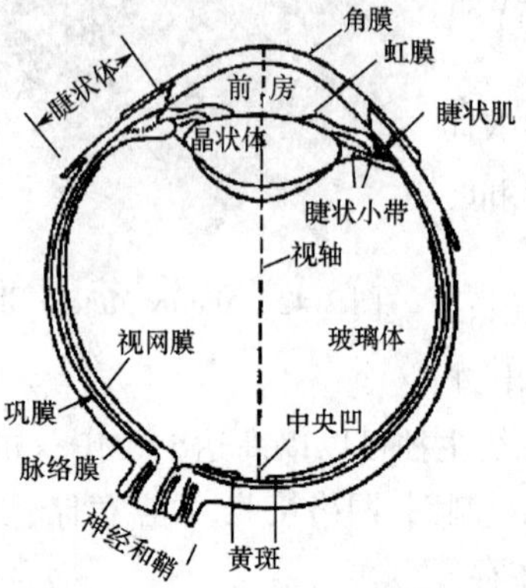

图 2-44　人眼球的断面图

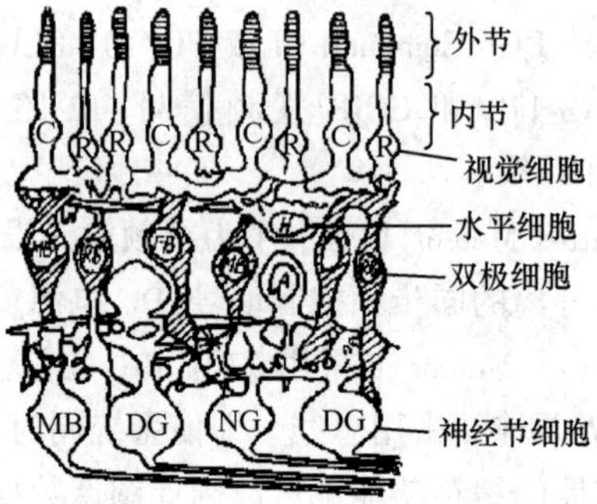

图 2-45　视网膜结构模型

锥状体和两极细胞的关系及细胞的结合方式并不十分明显,一般在数量上,在中央凹为 1∶1 左右。这些细胞接受光刺激后,通过神经系统传入大脑的视觉中枢,同时也可以控制眼球的转动,使感兴趣的物体的像落到视网膜的中央凹上。

2.5.2　光觉和色觉

眼睛对光的感觉称为光觉,对颜色的感觉称为色觉,这是眼睛的基本特性。

1. 光觉门限及亮度辨别门限

产生光的感觉必须有一定量的光进入眼睛,把产生光觉的最小亮度叫作光觉门限或光觉阈。光觉门限的适应状态受生理条件、光的波长、光刺激的持续时间、刺激面积以及在视网膜上的位置等因素的影响。光觉门限的值大约为 1×10^{-6}cd/m^2(尼特)。人眼感觉光的范围的最大值和最小值之比达到 10^{10}以上。

锥状体和杆状体各自的最大灵敏度随波长而异,其标准灵敏度特性如图 2-46 所示。其中 a 代表锥状体灵敏度曲线,b 代表杆状体灵敏度曲线。由图可见,杆状体的最灵敏点比锥状体最灵敏点波长短 50nm 左右。波长从 380~740nm 分别与紫、蓝、绿、黄、橙、红等顺序相对应。这就是在傍晚光线变暗时我们所看到的物体没有颜色的原因,这种现象叫作 Purkinje shift 现象。

光觉门限与刺激面积和刺激时间有密切关系。关于光觉门限与刺激面积的关系有里克(Ricco)定律和里波(Riper)定律来描述。当刺激面积较小时,光觉门限的强度 I 与面积 A 的关系遵循下式的关系,即

$$IA=常数 \tag{2-44}$$

这条定律就叫作里克定律。这里,面积 A 的大小在如下范围内:在中央凹处,视角在几分之内;离中央

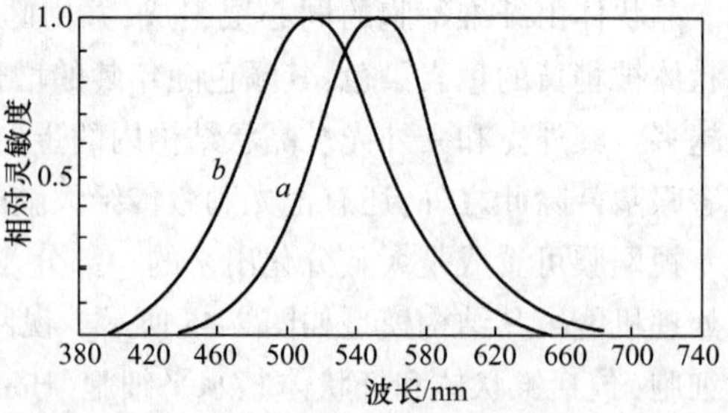

图 2-46　锥状体和杆状体的相对灵敏度特性

凹 4°~7°处的亚中央凹处大约为 0.5°以内;距中央凹处 35°左右约 2°以内都适合本定律。当刺激面积较大时,有式(2-45)的关系成立:

$$I\sqrt{A}=\text{常数} \tag{2-45}$$

这个关系就是里波定律。这个定律在视角范围内都可成立。一般情况下,里克定律和里波定律常合在一起用"IA=常数"来表示,统称为里波定理。

关于光觉门限与时间的关系由布洛克(Block)定理来描述,它在时间较短的范围内才成立。布洛克定理是指光强等于光觉门限时,刺激时间 T 与光强度 I 的关系如式(2-46)所示:

$$IT=\text{常数} \tag{2-46}$$

式(2-46)约在 0.1s 以下的范围内成立。

光觉门限是指产生光觉的最小值,而辨别门限是指辨别亮度差别而必需的光强度差的最小值。这个最小值 ΔI 随光强 I 的大小而异。有时也采用相对辨别门限 $\Delta I/I$ 或称之为韦伯比来表示辨别门限。

亮度的相对辨别门限 $\Delta I/I$ 与光强度水平 I 及刺激面积的关系曲线如图 2-47 所示。这些曲线是斯坦哈特(Steinhardt)在 1936 年测定的。

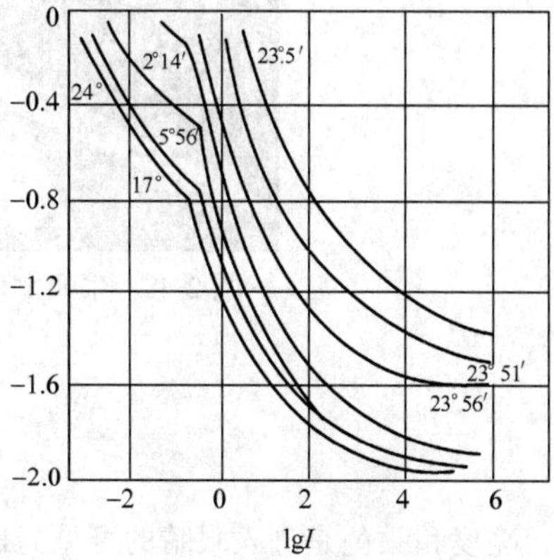

图 2-47　相对亮度辨别门限 $\Delta I/I$ 与光强 I 及刺激面积 A 的关系曲线

由图可见,开始时随 I 的增大,$\Delta I/I$ 减小,当 I 增大到一定值后,$\Delta I/I$ 则稳定在某一值上不再变化。在 $\lg I=0$ 处有一个不平滑点,这是因为处在杆状体和锥状体交替起作用的强度处。

亮度辨别门限与光觉门限一样受刺激时间和面积的影响。刺激时间 T 在某一范围内 ΔI 值与 T 成反比。ΔI 与刺激面积的关系有与皮埃隆(Pieron)定理相似的关系成立。

关于光的波长与辨别门限的关系由赫克特(Hecht)在 450~670nm 范围内进行了测定。一般规律是波长越长则辨别门限越高(即辨别灵敏度低)。

在中央凹处及其周围的辨别门限也进行了测定,一般周围的辨别门限大。特别是在明亮的场合下,这种倾向将增强。

2. 有关色觉的学说

自 1666 年牛顿成功地分解了太阳光谱以来,认为光的波动经过神经传到大脑,由于波长不同而产生不同颜色感觉的这一假说至今还在提倡。最初,Young(1801 年)认为颜色不是光的物理性质而是一种感觉现象。后来赫姆霍尔兹(Helmholtz)发展了这种假说,认为视网膜有三种色细胞,由于光学反应引起三种视神经纤维的兴奋,由此又引起大脑三种神经细胞兴奋而产生色觉。这就是杨-赫姆霍尔兹(Young-Helmholtz)的色觉三原色学说。另一方面,也有对三原色假说持反对立场的人,特别是杨-赫姆霍尔兹的三原色为红、绿、紫。据经验,黄色用红色和绿色混合而成是难于理解的。也就是说,用他的三原色假说不能说明黄色的纯色性。提出这一反对论点的代表人物是赫林(Hering)。赫林的假说是在视网膜上有红-绿物质,黄-蓝物质,白-黑物质。在光刺激下,各物质同时向对立的方向发生化学变化,向两个方向变化的程度根据刺激的波长不同而不同,由此产生色觉。赫林的相对色假说对说明色适应和色对比现象理由较好,但对色盲的性质却不能加以详细说明。三原色假说和相对色假说考虑方法是对立的,20 世纪也有提倡一种折中的假说,如 Ladd-Franklindel 发展假说,Hart-Ridgedel 多色假说等。

3. 色觉的生理学结构

关于人眼的锥状体感光色素和色觉关系的研究由拉什顿(Rushton)在 1957 年建立了良好的开

端。他收集到入射到眼睛中的光在眼底的反射成分，分析其波长，结果显示出在正常人的中央凹锥状体中存在着叫作红敏素（Erythrolabe）（吸收最大波长 λ_{max} = 590nm）和绿敏素（Chlorolabe）（λ_{max} = 540nm）的两种感光色素，特别是预言了叫作青蓝（Cyanolabe）色素的存在。并且指出红色色盲者不能检出红敏素色素来，这样，对色盲和视物之间的关系问题给出了有力的启示。经过这一研究证明锥状体内至少有两种感光色素，它们存在于同一锥状体内。马克斯（Marks）在 1964 年用显微分光法对动物和人的单一锥状体内感光色素进行了测定，证明了每个锥状体内具有简单的视觉物质存在。

图 2-48 是牛顿 1666 年将太阳光分离为连续色谱的例子。

图 2-48　牛顿发现的连续的光谱，一端是紫色，另一端是红色

2.6　光度学及色度学原理

亮度和颜色是进入眼睛的可见光的强弱及波长成分的一种感觉属性。从某一入射光产生的亮度和颜色的感觉无法测定，并且这种因人而异的感觉也不能比较。即使对同一个人来说，由于观察条件不同感觉也不一样。既然这些感觉无法测定那么用什么方法来表示亮度和颜色呢？下面对光度学和色度学以及视觉特征做一些讨论。

2.6.1　颜色的表示方法及观察条件

颜色的表示方法大体上有两种方法。一种是设置一套作为标准的颜色样本，被试的颜色与样本进行比较，然后用特殊的记号来表示。具有代表性的例子就是芒塞尔（Munsell）表示系统。另一种方法是取决于刺激光的物理性质和色的感觉的对应关系。用与这个规定相对应的量来表示试料的光的物理性质。这就是国际上规定的 CIE 表示系统。在处理光的物理性质和色觉的关系时，可在单纯的条件下来决定这种规定。一般条件规定如下：

① 刺激亮度在视觉细胞的锥状体起作用又不刺眼的范围内。

② 观察视野在 2°（或 10°）范围内，而且范围外是黑暗的。

③ 视野内的光分布均匀并且不随时间变化。

在这样单纯化了的条件下观察颜色时，记录刺激光的物理性质具有一贯性。但是，在这种条件下观察到的颜色与日常在复杂情况下观察到的颜色不一样，为与感觉色相区别，把这种颜色叫作心理物理色。

2.6.2　三基色混色及色度表示原理

根据光的波动说，单一波长的光称为单色光。从人们可以区别种种不同颜色这样一个事实出发，似乎可以假设视网膜上也存在着许多不同类型的锥状体，每一类型的锥状体只“谐振”于某一特定的颜色。如果锥状体果真有这样的单色响应，那么某一彩色感觉只能由相应波长的电磁能引起。然而，事实却不完全如此，照射到视网膜上的某一单色光并不是引起该彩色的唯一因素。例如，有几种单色黄光可以由射到视网膜上的红光和绿光混配出来。几乎所有的彩色都能由三种基本彩色混配出来。这三种彩色就叫作三基色。

由三基色混配各种颜色的方法通常有两种，这就是相加混色和相减混色。彩色电视机上的颜色是通过相加混色产生的。而彩色电影和幻灯片等与绘画原料一样是通过相减混色产生各种颜色的。相加混色和相减混色的主要区别表现在以下三个方面。第一，相加混色是由发光体发出的光相加而产生各种颜色，而相减混色是先有白色光，然后从中减去某些成分（吸收）得到各种彩色。第二，相加混色的三基色是红、绿、蓝，而相减混色的三基色是黄、青、紫（一般不确切地说成是黄、蓝、红）。也就是说相加混色的补色就是相减混色的基色。第三，相加混色和相减混色有不同规律（指颜料相混），这些将在后续章节中详细叙述。

著名的格拉斯曼定律反映了视觉对颜色的反应取决于红绿蓝三输入量的代数和这一事实。格拉斯曼定律包括如下四项内容：

① 所有颜色都可以用互相独立的三基色混合得到。

② 假如三基色的混合比相等，则色调和色饱和度也相等。

③ 任意两种颜色相混合产生的新颜色与采用三基色分别合成这两种颜色的各自成分混合起来得到的结果相等。

④ 混合色的光亮度是原来各分量光亮度的总和。

这里色调、色饱和度及亮度是表示色觉程度的。色调是表示各种颜色的种类的术语，色饱和度表示颜色深浅。以三基色为基础的格拉斯曼定律可用下式表示：

$$F \equiv R(R)+G(G)+B(B) \tag{2-47}$$

2.6.3 CIE 的 R、G、B 颜色表示系统

国际照明委员会（CIE）选择红色（波长 $\lambda=700.00$nm），绿色（波长 $\lambda=546.1$nm），蓝色（波长 $\lambda=438.8$nm）三种单色光作为表色系统的三基色。这就是 CIE 的 R、G、B 颜色表示系统。

在数字图像处理中的终端显示通常用彩色监视器显示。由相加混色原理可知白光可由红、绿、蓝三种基色光相加得到。产生 1lm 的白光所需要的三基色的近似值可用下面的亮度方程来表示：

$$1\text{lm}(\text{白光}) = 0.30\text{lm}(\text{红}) + 0.59\text{lm}(\text{绿}) + 0.11\text{lm}(\text{蓝}) \tag{2-48}$$

由式（2-48）可见，产生白光时三基色的比例关系是不等的，这显然给实际使用带来一些不方便。为了克服这一缺点，使用了三基色单位制。这就是所谓的 T 单位制。在使用 T 单位制时，认为白光是由等量的三基色光组成。因此，式（2-48）表示的亮度方程可改写如下：

$$1\text{lm}(W) = 1\text{T}(R) + 1\text{T}(G) + 1\text{T}(B) \tag{2-49}$$

比较式（2-48）和式（2-49）可以看出：1T 单位红光 = 0.30lm；1T 单位绿光 = 0.59lm；1T 单位蓝光 = 0.11lm。由此可知 T 单位与流明数的关系，在需要的时候可以很容易地进行转换。由于 T 单位的采用就除掉了复杂数字带来的麻烦。

由三基色原理可知，任何颜色都可由三基色混配而得到。为了简单又方便地描绘出各种彩色与三基色的关系，采用了彩色三角形与色度图的表示方法。

彩色三角形以最简单的直观图形给出三个给定彩色相混合时所获得彩色的大致范围。彩色三角形如图 2-49 所示。这是一个等边三角形，三个顶点分别为红、绿、蓝三色。其中黄色位于红色与绿色中间，紫色落在蓝色和红色中间，青色在绿色与蓝色中间。三角形的中心就是三基色分量都相等的白色。以三角形三个边为界，其内部每一点都是三基色混合而成的颜色。穿过中心点的任何一条直线所联系的两种彩色互为补色，即两者混配起来就形成白色。越靠近三角形中点则色饱和度越低。

对彩色的感觉必须考虑三个量，即色调、色饱和度和亮度。彩色三角形是二维图形，因此，它只能表示色调和色饱和度，不能表示亮度。

一般在彩色三角形上标上标度就可直接读出产生某种给定色调所需的三基色比例，为此，采用

直角三角形更为方便。图 2-50 便是采用直角三角形表示的彩色三角形。图中每一色调的量取为一个 T 单位。红色沿着 x 轴,绿色沿着 y 轴,给定的蓝色可简单地用格拉斯曼定律推出。因为每一色调都规定一个 T 单位,所以,任一色调的红、绿、蓝分量总和为 1,蓝色的 T 单位数就可以从 1 减去红色和绿色的 T 单位而推出。例如图 2-50 的 P 点,这一色调位于 $R=0.5$,$G=0.2$ 处,这说明,一个 T 单位的“P”色调包含有 0.5T 单位的红色和 0.2T 单位的绿色。由格拉斯曼定律可算出蓝色量为 1-(0.5+0.2)= 0.3T 单位。也就是说一个 T 单位的“P”色调等于 0.5T 单位的红色,0.2T 单位的绿色,0.3T 单位的蓝色之和。

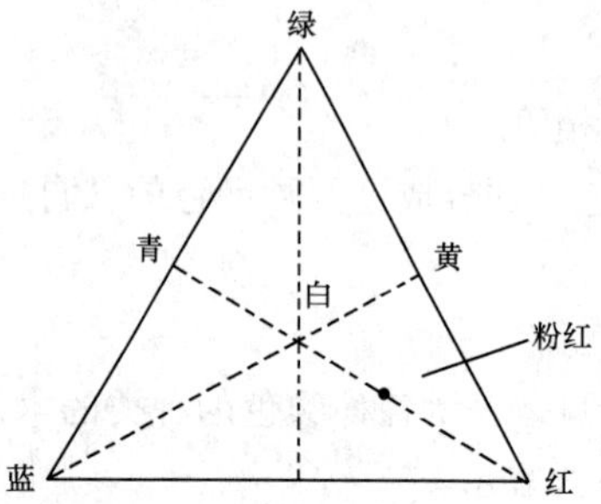

图 2-49 相加混色彩色三角形

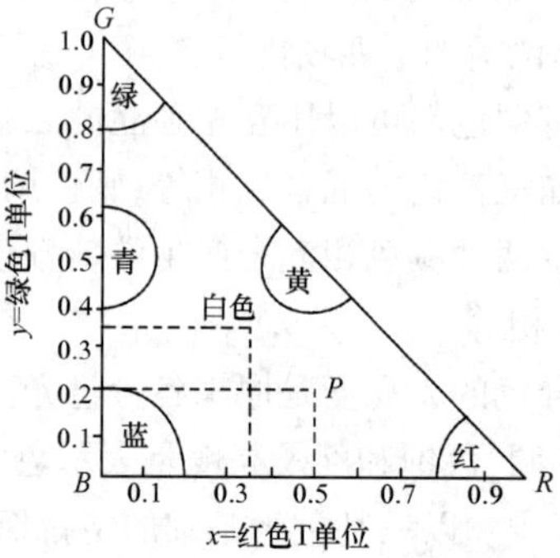

图 2-50 直角彩色三角形

上述彩色三角形并不是在任何时候都适用,其主要原因是它们只能表示出特定的三基色所能获得的色调。

在 CIE 色度图中,采用了假想的三基色。这样就可以画出一个包括一切彩色的色度图。图 2-51 所示的就是 CIE 色度图。其中假想的三基色位于三角形的三个顶点,所有谱色都位于三角形内马蹄形曲线上。在马蹄形图的一部分曲线上注有波长数,这样就可以根据波长辨别颜色。在马蹄形的底部没有标度,这里是非谱色,波长在这里自然没有意义。所谓谱色是指能以单色出现在光谱上而且有一定波长的彩色,反之,不能以单色出现在光谱上的颜色称为非谱色,各种紫红色就是非谱色的例子。

图 2-51 中的 C 点是标准白光。作为标准光源,CIE 规定的有 A、B、C 三种,A 光源是热力学温度约为 2845K 的全辐射体发出的光,其色度坐标为 $x=0.4476$,$y=0.4075$。有代表性的就是白炽电灯发出的光。B 光源是热力学温度约为 4870K 全辐射体发出的光,其色度坐标为 $x=0.3485$,$y=0.3518$。正午时刻直射的日光与其近似。在实验室中可由 A 光源用特制的滤色镜得到。C 光源的热力学温度为 6740K,色度坐标为 $x=0.3101$,$y=0.3163$。直射的日光与天上蓝色天空的光混合起来近似于这种光源。

由于色觉与刺激视野有关,所以上述色度图对视野大约为 2°时成立。为了适应视野较大的场合,在 1964 年又定义了视野为 10°的颜色表示系统。

另外,也用“彩色图”表示颜色系统,最常见的是美国芒塞尔制。这是一个圆形的图形,它分为十大块扇形部分,如图 2-52 所示。每一扇形又分十小块,直径两端的色调互为补色,饱和度在圆周上最大,分 16 级向圆心逐步减小,直到白色。

从彩色图上可见,5Y 是最黄的颜色,10Y 则接近黄绿色,同理,5R 是最红色,10R 近于红黄色,而 1R 近于紫红色,等等。总之,颜色表示系统有多种,除此之外还有 CIE1960UCS(Uniform Chromaticity Scale)、ULCS(Uniform Light Chromaticity Scale)等。

人眼对亮度与颜色的感觉因人而异,这种感觉对不同的人由于生理条件的不同也不一样,同时这种感觉与外界光的物理因素密切相关,对此前人进行了大量研究,并得出了有启发意义的结果。

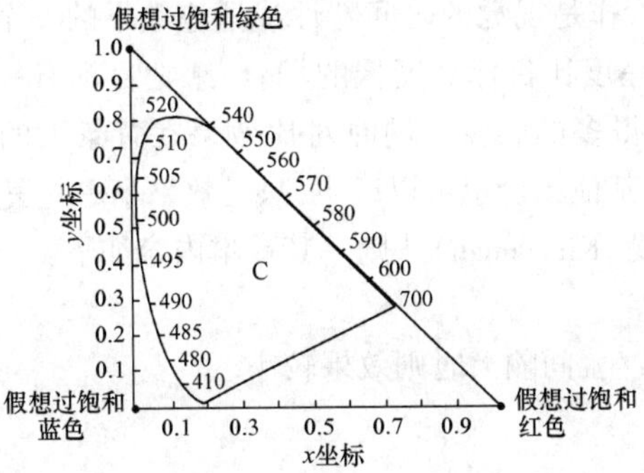

图 2-51　CIE 色度图

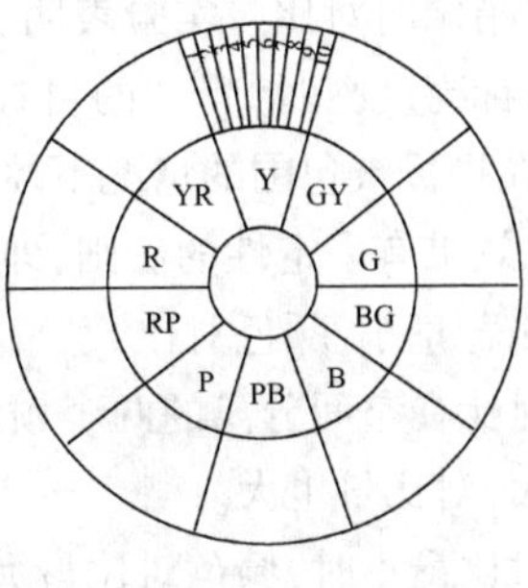

图 2-52　彩色图

2.7　亮度和颜色感觉的视觉特征

1. 刺激强度与感觉的关系

对于感觉器官来说，刺激强度 I 产生 ΔI 的变化，而且这个变化刚刚能辨别出来，那么对应的感觉有下式成立：

$$\Delta s = k\frac{\Delta I}{I} \tag{2-50}$$

两边积分后得

$$s = k\log\frac{I}{I_0} \tag{2-51}$$

这个式子说明感觉量与刺激强度的对数成比例，式中的 I_0 为绝对门限值。这个关系叫作韦伯-费克纳法则(Weber-Fechner)。

关于刺激光的强度和颜色的感觉，由于在较暗的情况下只有杆状体起作用，所以此时并没有颜色感觉。亮度达到 $10^{-3}\mathrm{cd/m^2}$ 时锥状体才起作用，也就是亮度达到所谓微明视觉的水平时才有色觉。颜色刺激与颜色感觉的对应关系比较复杂，光的亮度变化时，颜色也变化，这种现象叫贝佐尔得—布鲁克(Bezold-Brucke)现象。

2. 亮度适应和颜色适应

从较亮的场所到较暗的场所时，很难马上看到东西，相反，从较暗的场所到较亮的场所，也看不见东西。一般把眼睛的状态适应明暗条件的变化叫作亮度适应。从亮到暗的变化叫作暗适应；从暗到亮的变化叫作亮适应。一般亮适应时间较短，暗适应较长。与亮度适应相区别，随着光的分布而变化，眼睛有对颜色刺激灵敏度变化的性质。例如，用强红光刺激眼睛后看本来是黄色的物体却是绿色的。这种依赖分光分布的视觉灵敏度现象叫作色适应。

3. 亮度对比和颜色对比

一般情况，在相同亮度的刺激下，背景亮度不同所感觉到的明暗程度也不同。图 2-53 中的圆环的亮度是一样的，但是，由于左右两边的背景不同，看到的圆环两边的明暗程度也不一样，背景暗会觉得圆环亮一些；背景亮会感觉圆环较暗。在观察颜色的场合也一样，在图形的色度一样，但背景颜色不一样时，感觉到的图形的色度也不一样。

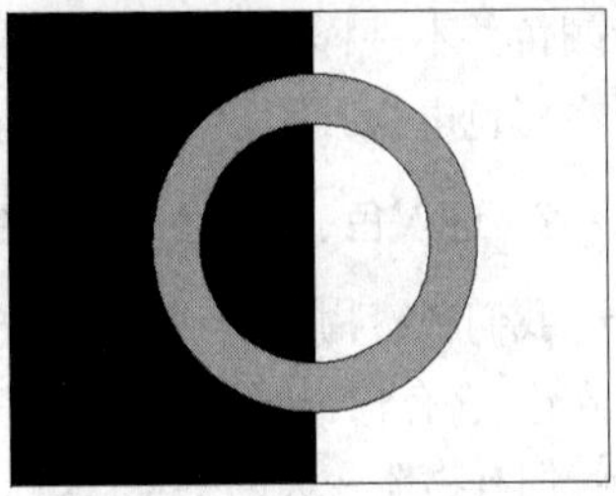

图 2-53　明暗对比的例子

刺激的亮度和色度受周围背景的影响而使其产生不同感觉的现象叫作同时对比现象。这里包括亮度对比和颜色对比。另外，在两个刺激相继出现的场合，后续刺激的感觉受到先行刺激的影响，这种现象叫作相继对比。但是,相继对比可以看作是视觉的时间特性或适应效果的一个侧面,因此,一般的对比多指同时对比。实验表明,在背景亮度比目标亮度低的场合,感觉目标有一定亮度。当背景亮度比目标亮度亮时,看到的目标就有暗得多的感觉。同时对比效果在背景大的场合比较显著,但不一定在目标被包围的情况下才产生,在其他场合也可以产生,只是效果小一些罢了。

关于对比效果有一定性的法则,即基尔希曼(Kirschman)法则。其基本内容如下:

① 目标比背景小,颜色对比大。

② 颜色对比在空间分离的两个领域内也发生,间隔大时则效果较小。

③ 背景大,对比量也大。

④ 明暗对比最小时,颜色对比最大。

⑤ 明暗相同时,背景色度高对比量大。

⑥ 亮度及颜色的恒定性。

有这样一些例子可以说明亮度的恒定性。例如,我们感觉一张白纸的亮度,照明光的强度改变时它也不怎么改变,总有一定的亮度感觉。更为显著的例子是,与白天的煤山相比尽管夜间的雪山亮度低,但我们感觉煤山还是黑的,而雪山还是白的。这种物理亮度在变化而感觉却有保持一定的倾向叫作亮度的恒定性。

另外,在照明光的颜色稍微改变的场合,我们感觉白纸仍然是白纸。这一类照明光改变但感觉到物体颜色能稍微保持一定的倾向叫作颜色的恒定性。这些恒定性与亮度和颜色的适应性与对比因素有关,同时也与材质有关。

4. 颜色感觉与刺激面积的关系

对于一个色觉正常的人来说,颜色刺激面积非常小时就不能识别颜色了,这种色觉异常状态叫作第三色盲。米德尔顿(Middleton)和霍姆斯(Holmes)曾用视角为2′和1′的目标研究了色度变化的感觉。他们得到的结果是当面积较小时,橙、蓝、绿直线的感觉很接近,当更小时,就只有灰色的感觉了。这个原理被用到彩色电视机原理中,对减少传送频带做出了贡献。

5. 主观颜色

如图 2-54 所示的黑白圆板。当它旋转时,我们将看到色度较低的颜色。因为这个现象不能用刺激光的分光特性来预测,所以称为主观色。有时也称为 Feahner color。当模型板缓慢旋转时,会看到 a、b、c、d 位置上的不同颜色。

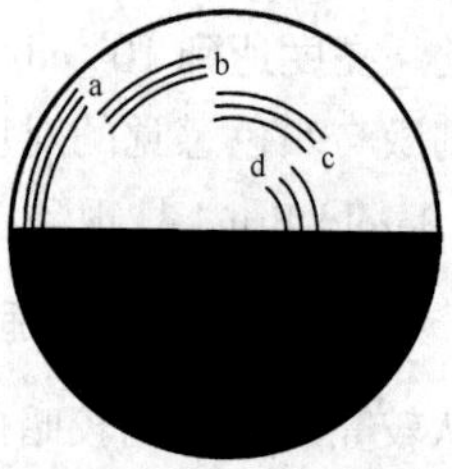

图 2-54 贝纳姆(Benham)模型

6. 记忆色

我们经常接触的物体,对它的特有的颜色会有记忆,这就是记忆色的概念。例如人的皮肤颜色、草木的颜色等很容易从颜色样本中选出来,这是人人都有的视觉倾向。但是,一般来说记忆色与实际颜色并不一样,记忆色的色度和亮度比实际颜色都要高。记忆色与理想颜色的再现关系密切,无论在彩色电视技术上还是绘画上都受到广泛的关注。

7. 进入色、后退色、膨胀色、收缩色

我们观察物体时,根据其颜色有的感觉距离较近,有的感觉较远。使你有拉近距离感觉的颜色称为进入色,它有较长的波长。看着有推远距离感觉的颜色称为后退色,它有较短的波长。另外,有的颜色,使我们有物体变大的感觉,这称为膨胀色。有的会有缩小的感觉,这称为收缩色。这些特性又与亮度有关。亮度高的黄色有增大的感觉,亮度低的蓝色有缩小的感觉,除此之外,还有所谓的暖色、冷色等。

8. 颜色和爱好

颜色与人的感情有关。人们也各自有自己所爱好的颜色。这种爱好会随着性别、年龄、时代等

因素而变化。另外,两种颜色相邻时,由配色而产生的和谐感也是一个重要的问题。有人做了大量研究,提出了一些所谓彩色和谐理论。

2.8 视觉的空间性质

1. 视力

视力是指人眼分辨物体细微部分的能力。眼睛的视野是较广的。一般以视线为中心向鼻子一侧大约为65°,向耳朵一侧为100°~104°,向上约65°,向下约75°这样一个范围。在这样宽的视野范围内,视力最好的那一部分仅仅在视线附近,也就是只在视网膜中央凹上。在中央凹周围视力则急剧下降。根据不同的测试条件测得的视力值也不同。根据国际标准,通常采用所谓的兰多尔特(Landolt)环来测定视力值。具体测定方法如图2-55所示。测试条件如下:视距为5m,照度为500lx,环的开口缝隙则刚好使视角为1′。当刚好勉强能分辨得开时,这种情况下的视力为1.0。如果使缝隙为上述的1/2时,那么在其他条件相同时视力为2.0。在视角范围内或者说在视网膜的各个部分上视力是不同的。在较暗的场合,因为锥状体不起作用,杆状体密度较高的中央凹附近视力相对的变高。

眼睛的光学系统对视力也有影响。瞳孔较大时,因为成像的光行差而使视力变低,瞳孔直径在3mm以下时,由瞳孔引起的折射和光行差互相抵消,因此,视力有一定值。但是在极端情况下,瞳孔很小时视力也要下降。

另外,影响视力的因素还有水晶体的调节状态,也就是说由于视距不同视力也不同。一般情况下,视距在1m以下时视距越小则视力降低越显著。此外,照明亮度高或者测试卡与背景的对比度大则视力会提高。但是,当背景用黑色,测试标为白色时,在某一对比度的场合由于光渗作用视力也会降低。特别是测试标在运动的情况下,运动速度越快则视力越低。视力与测试标运动速度的关系如图2-56所示。

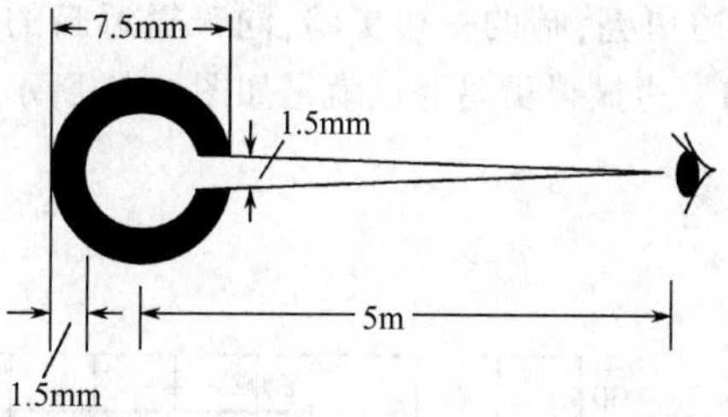

图2-55 视力为1.0时的兰多尔特环

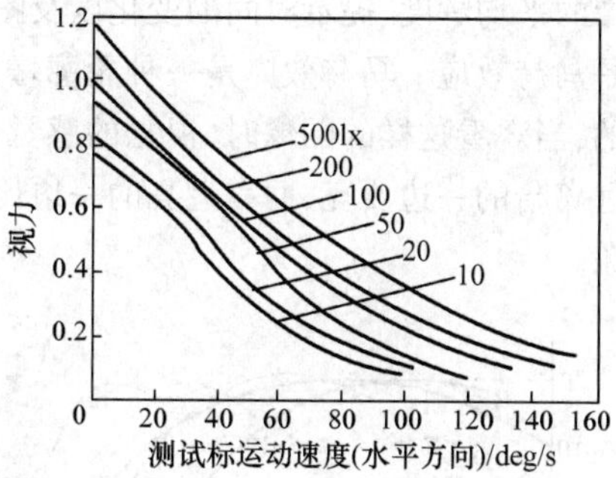

图2-56 测试运动速度对视力的影响

2. 视觉的空间频率特性

在电信号的传输系统中,常常用输入激励和输出响应之间的关系表示系统的特性。最为常用的是相位特性与频率特性等。如果系统没有非线性失真,那么响应与激励之间就有确定的对应关系,此时就可以用一个测量结果采用数学处理方法来推导其他响应。

在光学系统中,可以用空间变化的信号来代替时间变化的信号。例如空间正弦波,只要把时间量纲换以距离的量纲就可以用相同的方法加以处理。对于视觉系统,采用视力和亮度辨别门限一类参数来表示视觉系统的特性固然有重要意义,同时也希望考虑物理图像传输系统和适用于数学处理的系统这一环节。以此为基础,我们有可能采用通盘考虑视觉系统的反差灵敏度和分辨能力,以及图像的主观粒状性质和清晰度等物理系统的方法进行处理和预测。

(1) 眼睛光学系统的空间频率特性

眼睛光学系统的空间频率特性已由拉曼特(Lamant)、迪莫特(Demott)、克劳斯科普夫(Krauskopf)及罗尔勒(Rohler)等人进行了测定,测定结果如图 2-57 所示。图中实线是克劳斯科普夫的测定结果;点画线是罗尔勒测定的结果;点线是迪莫特测定的结果;虚线是拉曼特测定的结果。由图可见眼球光学系统具有低通特性。

(2) 根据主观判断求得的视觉空间频率特性

根据主观判断测定视觉空间频率特性可以这样进行,将图 2-58 所示的图形(空间正弦波模型)通过光学装置或电视装置显示出来并让被试验者观看,然后使辉度固定,改变对比度,求出刚好能辨别出图形的辨别门限。或者另外准备一个标准的对比度模型,求出认为与模型相等的对比度主观等价值 PSE(Point of Subjective Equality)。根据各种空间频率数测出的曲线就表示出视觉的空间频率特性。用这种方法,很多人对上述特性进行了测试,其结果如图 2-59 所示。

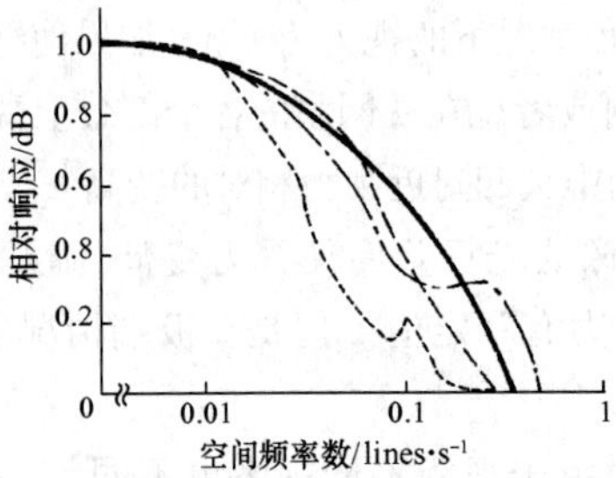

图 2-57　眼睛光学系统的空间频率特性

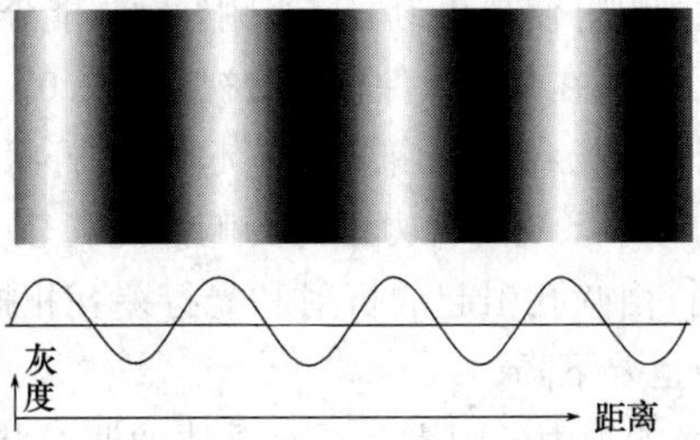

图 2-58　空间正弦波图形

测试结果虽然多少有些差异,但总的倾向是一致的。在高频域和低频域其响应值均较低,其整个特性近似于带通滤波器特性。图中 A 曲线是日本 NHK 测定的,采用的平均辉度为 10 英尺-朗伯;B 曲线是大上(日本)的测试结果;C 曲线是谢德(Schade)在 1955 年测得的结果。视觉的空间频率特性与图像的平均辉度、提示时间的变化以及图像移动与否有关。在视觉的空间频率特性中的一个重要特性是马赫效应。马赫效应是一种轮廓增强现象。一幅明暗图像,一边亮一边暗,中间过渡是缓慢斜变的,当观看这样的图像时,视觉的感觉是亮的一边更亮,暗的一边更暗,同时靠近暗的一边的亮度比远离暗的一边要亮,而靠近亮的一边比远离亮的一边显得更暗。这就是如图 2-60 所示的辉度上冲现象。

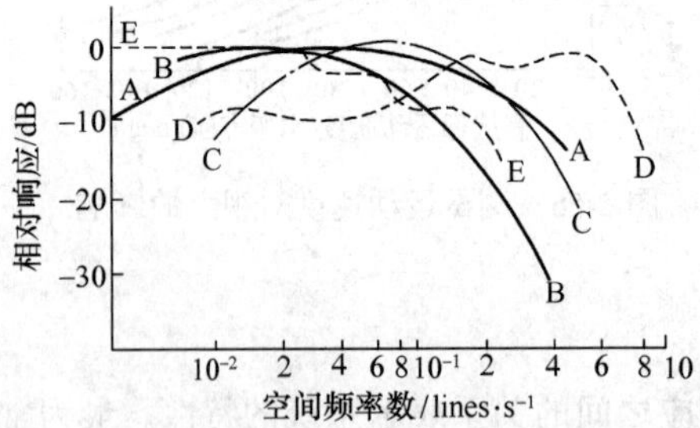

图 2-59　用对比度辨别门限测定的空间频率特性

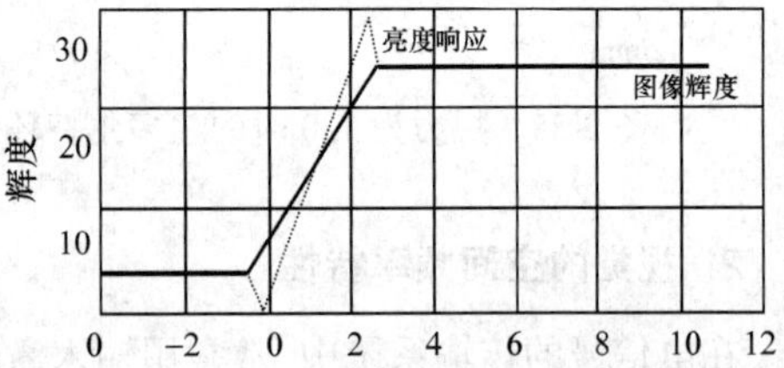

图 2-60　马赫(Mach)现象

3. 颜色辨别门限的空间频率特性

谢德(Schade)和山口等人曾经用红、绿、蓝等单色空间正弦波来测定视觉的空间频率特性。实验结果表明与黑白情况几乎没有差别。用两种颜色组合起来的色度空间正弦波测试视觉色度空间频率特性,其结果如图 2-61 所示。图中所示是以波长为 598nm 为中心向红和绿方向变化,其特性与亮度的情况不一样,在低频范围灵敏度不下降。

4. 视觉的空间频率特性和图像的清晰度

清晰度是指图像边界的明确程度。它是表示描述细微图像能力的物理量。分解力是表示微小图像的再现能力。因此,清晰度和分解力两者尚不尽相同。50多年前在光学领域中就引入了空间频率特性的概念,并开始研究包括视觉系统在内的图像传送的空间频率特性和主观清晰度的关系。到目前为止提出了不少关系式,但实验结果大致上相同,但究竟用什么尺度来衡量还须进一步讨论。

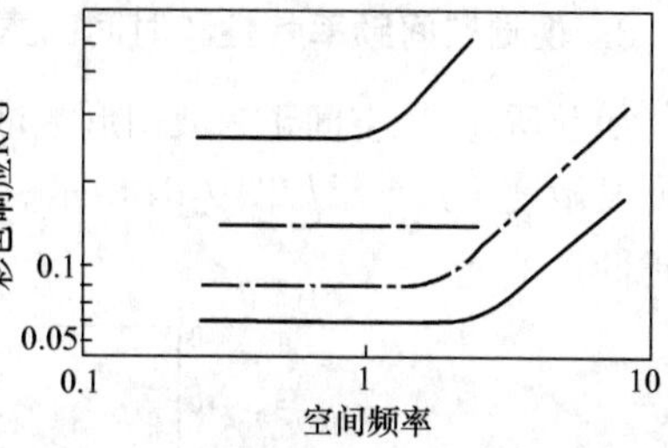

图 2-61 用辨别门限测定的色度空间频率特性

就电视而言,传输频带受限时还必须考虑相位关系。单纯加大传输能量,主观清晰度不一定能提高。在NTSC制式的电视中,彩色副载波为3.58MHz,在接收机图像放大电路中要进行衰减,这样,支配清晰度的辉度信号的频带就变窄了。在这种条件下与视觉空间频率特性的峰值相当的图像频率(在距画面高度的4倍的距离观看时,此频率约1MHz)附近的增益比低频范围提高5~6dB时,图像的清晰度会显著提高。

2.9 视觉的时间特性

视觉的时间特性是指对光刺激的过渡反应特性。如对闪烁的灵敏度特性、适应性、残像、对运动的感觉及眼球运动和感觉的关系等性质。

1. 加入阶跃光波刺激的明暗感觉

加入阶跃光波刺激产生的感觉如图2-62所示。由图可见,刺激后在几十毫秒时达到顶点,然后慢慢减少到一个常值。感觉曲线的上升沿随刺激光强的增加而缩短。

2. 闪烁

当光的闪烁次数增加时,就不会有闪烁的感觉了,这时与连续光刺激的感觉一样。闪烁的次数称为临界融合频率(Critical Fusion Frequency,CFF)。CFF与照射光的强度及在视网膜上的部位不同而有显著变化。其关系曲线如图2-63所示。由图可见,离中央凹越远(偏角大)其融合频率越低。照度越高则融合频率越高。人眼锥状体的CFF值为60~70Hz,杆状体为12~15Hz。CFF值与光强有式(2-52)的关系:

$$F = a\log l + b \tag{2-52}$$

式中,F代表CFF,l表示刺激光强,a、b为常数。这个关系叫作费里-波尔特(Ferry-Porter)定律。除此之外,CFF值还受背景亮度影响,背景亮度高时随着刺激光强的增大CFF值也提高。

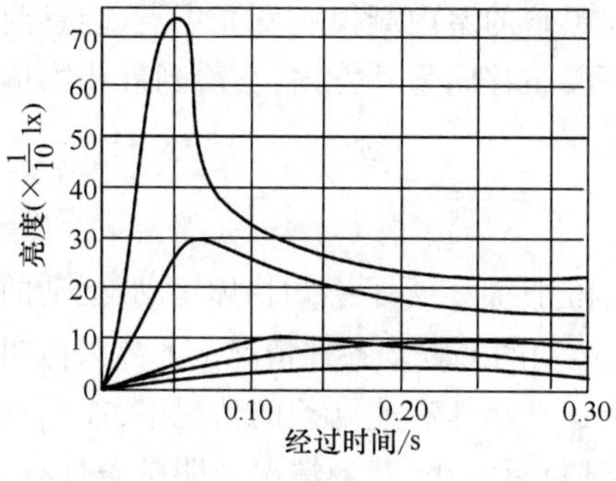

图 2-62 阶跃光波刺激对明暗感觉的曲线

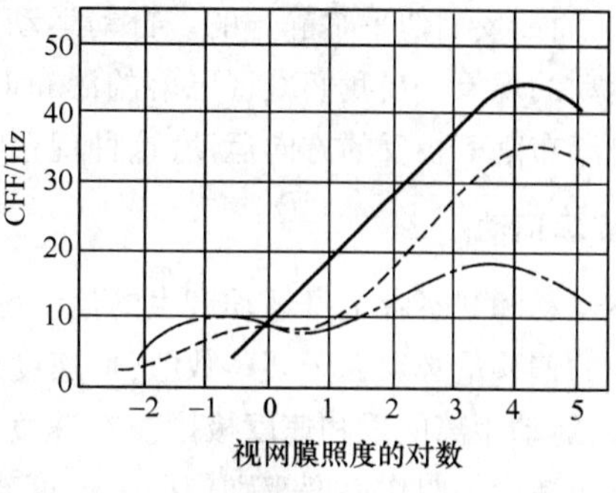

图 2-63 视网膜部位及刺激光强与CFF的关系曲线

3. 视觉空间频率特性和时间因素的关系

如前所述,用空间正弦波图形测试视觉的空间频率特性,测试图形的出示时间直接影响相对对比度灵敏度。其结果如图 2-64 所示。当测试图出示时间不受限制时相对灵敏度最大,出示时间越短则越低。

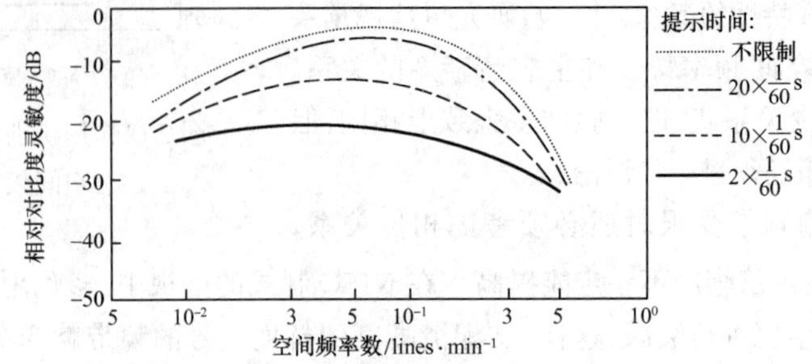

图 2-64　视觉空间频率特性与图形提示时间的关系

4. 眼球运动和视觉的关系

视网膜上的视觉细胞大约有 1 亿多个,从眼睛出来的神经末梢不超过 100 万个。黄斑处的锥状细胞大约有 3.4 万个,其中每个细胞都有独立的神经末梢通往大脑。黄斑以外的部分则是几个杆状体接到一个神经末梢上。因此,视力最好的部分只限于黄斑附近。在视野的大部分只能看到一个模糊的像。但是,实际上我们却总能看到一个清楚的像,这主要归功于眼球的自由运动机能。

眼球运动有断续性运动、平稳跟踪运动、辐辏开散(Vergence Movement)运动和凝视运动等。断续性运动是高速的跳跃性的运动,上升时间为 0.05~0.01s。平稳跟踪运动是低速眼球运动。辐辏开散运动是指两眼视线在远近方向上的运动,运动速度较低。凝视运动是指视线注视一点时常常进行类似噪声状的微小运动,它包括有颤动、闪烁和偏移等形式。总之,眼睛观察物体时总是伴随着各种运动,即使是注视着某一物体也伴随着所谓凝视运动的微小运动。眼球运动有维持对比度感觉的作用。一般情况下,对于不能预测的运动要延迟 0.2s 左右才能响应,能够预测的情况下眼球运动往往先于观察对象物的运动。

2.10　运动的感觉

不仅在实际物体运动和观察者运动时有运动的感觉,而且实际物体不运动而其他条件在运动的条件下也有运动的感觉。在心理学上把实际物体或观察者运动产生的运动感觉叫作实际运动,不是这种情况下产生的运动感觉叫作假像运动、诱导运动、自动运动及残像等。诱导运动就是由于静止物体受周围物体运动的影响而感觉它在运动的现象。如在流动着的云中看月亮时,倒觉得好像是月亮在移动,而云反而似乎是静止的。自动运动就是当我们在黑暗的室内凝视一发光小点,会感到小光点在运动的现象。当我们凝视飞落的瀑布时,在视线离开瀑布移向另外方向,会看到静止物体似乎在向着瀑布落下相反的方向运动,这种现象叫作运动残像。

1. 实际运动

物体运动和观察者本身运动产生的运动感觉并没有特别的区别。为了感知物体运动,运动的速度和运动的偏移量必须大于某一数值,但速度过大也不会有运动的感觉。各种情况下的界限值叫作速度门限、运动距离门限和速度极限。在速度变化或者两个运动物体有速度差的情况下,能感觉到运动的最小速度差叫作速度辨别门限。速度辨别门限与测试目标大小、背景情况及明暗条件有关。运动距离门限用视角来表示,其最小值为 8″~20″。关于速度门限,一般以一个小点的移动为目标来实验，当背景质地不同时角速度为(1′~2′)/s，当背景质地相同时为上述值的10~20倍。

中心视觉与边缘视觉相比较，一般来说中心视觉速度门限低，速度极限高。因此，仍然是中心视觉最好。感觉速度快慢的门限值同样受各种因素影响。例如，视线跟踪物体与视线固定两种情况后者感觉快；如果物体的形状在运动方向上较长和与运动方向相垂直的方向上较长的两物体以相同速度运动，会感觉前者速度快；大物体和小物体相比，当它们以相等的速度运动时，我们会感到大物体运动速度较慢。

2. 假像运动

一般把静止的光刺激的交替发生而产生运动的感觉叫作假像运动。例如，把两个红灯泡一个点亮，一个关掉，这样反复切换，会感到好像一个点亮的红灯泡在往复运动。假像运动最为简单的情况是两个点光源在适当的距离间隔和适当的时间间隔交替点亮和关掉而产生，其间隔和点亮的时间不同，感觉运动的情况也不同，把感觉运动最平稳的时间条件叫作最佳时间。

科特(Korte)(1915年)对于刺激出现的时间T，距离间隔S，刺激强度I，时间间隔P的关系进行了研究。保持一恒定的运动感觉，当I增大时，可用增大S来补偿(这是第一法则)；P增大时，可用I增大来补偿(这是第二法则)；P增大时，可用S增大来补偿(这是第三法则)；也可用减小T来补偿(这是第四法则)。

假像运动如果加进图形因素，运动方向就会受到显著影响。如图2-65(a)所示的图形，如果○和●的刺激图形交替地出现和消失，就会感到图形在以AB为轴做立体旋转运动(如同翻书一样的运动)。图2-65(b)是图形影响的另一例子。当虚线图形和实线图形交替出现时会产生逆时针方向运动的感觉而绝不会出现相反的运动的感觉。

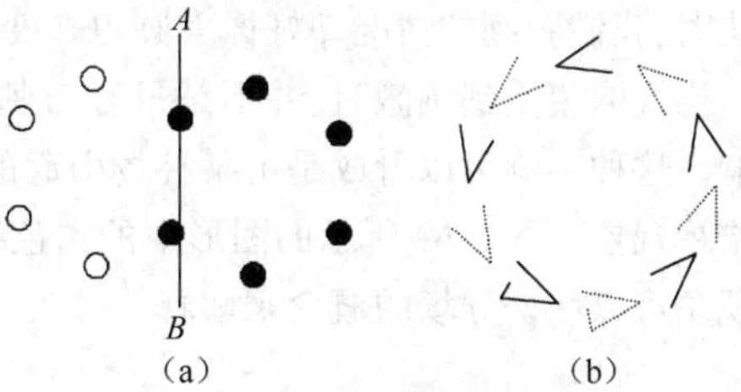

图2-65　假像运动图形影响的实例

3. 残像

光刺激移去后而残留的感觉叫作残像。残像形成直到消失的经过是复杂的。白色光刺激的痕迹一般是明像和暗像交替出现，徐徐消失。有色光刺激后是刺激光的颜色和它的补色相近的色交替出现徐徐消失。残像主要是由视觉细胞的光化学反应引起的。

2.11　形状感觉与错视

视觉系统所感觉到的物体的形状并不是简单的投影到视网膜上的原封不动的形状。对形状的感觉受到物体自身形状及周围背景的影响。这类影响是多种多样的，有神经系统引起的错视现象也有心理因素的作用。

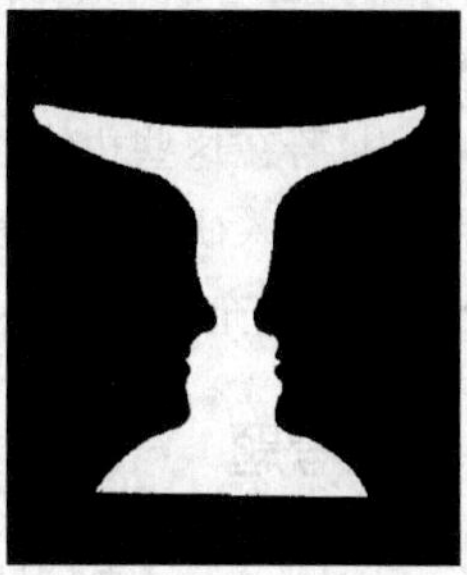
图2-66　图和背景反转的图形

在研究心理学的作用方面格斯特尔特(Gestalt)学派曾做出了较大的贡献。比如沃梯默(Wertheimer)提出，当出示几个图形时，互相接近的人之间对图形的感觉比较容易取得一致的看法，这里就包括有心理上的诱导作用，他把这种现象叫作群化法则。另一个关系到心理因素的重要问题是图形和背景的关系问题。例如，看到图2-66的图形时，首先感觉到的是图形还是背景呢？通过研究发现，对图形和背景的感觉与观察者的经验、态度、明暗差别以及面积的比例等各种因素都有关系。

错视是视觉对图形感觉的一个重要现象。图2-67是几个著名的几何学的错视图形的例子。图(a)本是两条相等的线段，由于两端加了不同方向的图形使我们感觉下边的一条线段较长；图(b)

使我们看到斜线是错位的；图(c)中原本是两条平行的直线，可给我们的感觉却是两根弯曲的线；图(d)本来是互相平行的三条线，可我们看到的却是不平行的了；图(e)中左边和右边两图中央的圆是相同的，但我们都觉得右边的要大。所有这些均是由错视造成的。

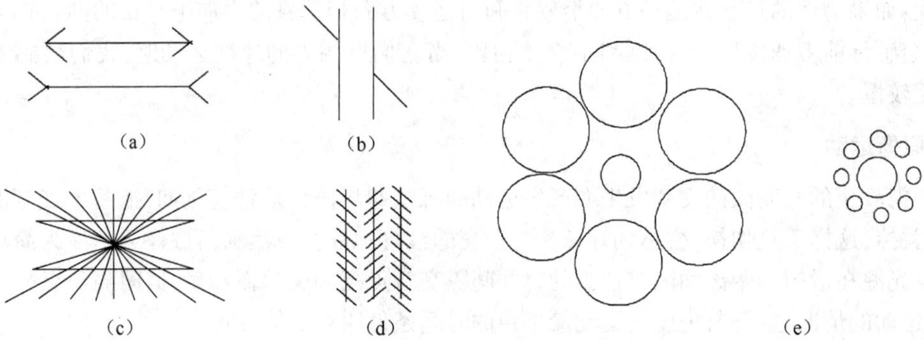

图 2-67　几种错视图形

视觉对大小形状的感觉也有时间因素的影响。例如，当我们长时间凝视一条弯曲的线之后马上看一条直线，就会感到这条直线向着原来所看的曲线相反的方向弯曲。这种现象叫作吉布森(Gibson)效应。另外，如图 2-68 所示的两个同心圆，外边的圆的直径固定，当内部小圆的直径做大小变化时，我们看到的情况却好像大圆也在变化。通常这个现象称为图形残效(Figural Afeer Effect)。

当视网膜受到刺激时，并不是只有与刺激部位相对应的神经系统产生反应，而是对其周围也有影响。这种影响可以看成是由某种场引起的，所以把它叫作诱导场。利用诱导场的概念可以解释一些错视现象。图 2-69 所示的图形中的白色线条的交点处给我们的感觉是灰色的而不是白色的。这个现象可以用诱导场的概念来解释。

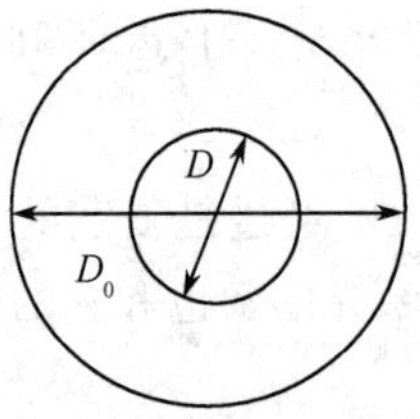

图 2-68　同心圆过大过小的错视

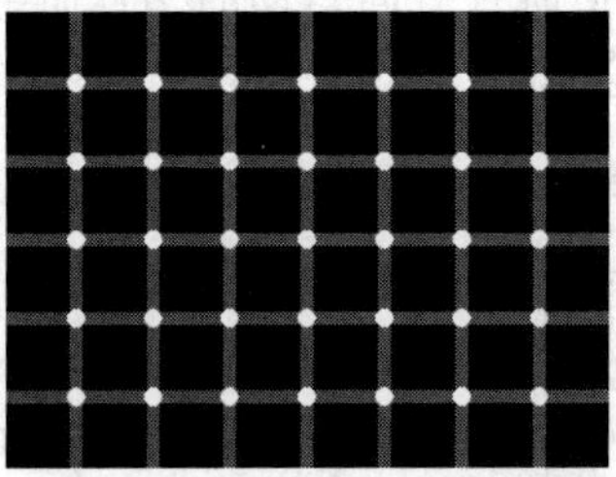

图 2-69　诱导场引起的视觉现象

在这一章中，我们对图像和视觉的特性进行了许多讨论。但这只是一些初步认识，应该看到，就图像本身的客观性质而言，至今尚未找到一个更加贴切的数学模型来表达图像的内在实质。同时对于视觉器官及人的生理和心理特性的研究也远未穷尽。在图像处理这一领域中会涉及许多边缘学科知识，若在这些边缘学科中有新的突破，那么也必然会给图像处理这一学科带来方向性的影响。所以，在深入研究各种处理方法的同时，要对图像信号的统计特性及视觉特性这一带有根本性的理论问题给予充分的注意。

思考题

1. 光学中的主要计量单位有哪几个？它们的含义是什么？
2. 什么是 SI 光学单位制？SI 单位制主要有哪几个单位？
3. 图像的普遍表达式是什么？它包含哪几个参数？这个表达式代表什么图像？
4. 图像是如何分类的？在图像处理中有什么指导意义？
5. 图像的统计特性包括哪些内容？
6. 图像信号的自相关函数 $\rho(\xi,\eta)$ 与 $|G(u,v)|^2$ 是什么关系？

7. 图像的功率谱密度 $\psi(u,v)$ 与自相关函数是什么关系？

8. 图像像素间差值信号分布密度曲线是什么形状的？它用什么数学表达式来表示？在图像处理中的意义是什么？

9. 何为图像信息的熵？离散图像信息与连续图像信息的熵有何区别？其表达式是什么？

10. 连续图像函数的信息熵如何推导？为什么要给它一个特殊的定义？

11. 图像摄取设备有哪几种？各有什么优缺点？

12. 摄像器件的性能从哪几个方面考虑？如果要购买一台摄像机或数码照相机你主要考虑其哪些主要参数？如果预算有限制,您又如何考虑？

13. 目前手机的照相功能是制造商互相竞争的一个重要卖点,你如何考虑这方面的选择？

14. 什么是 CRT 显示设备？

15. CRT 显示器有哪些优缺点？

16. 液晶发光吗？液晶显示器如何解决发光问题？

17. 液晶有哪些特性？

18. 液晶显示器的控制方法有哪些？

19. 液晶显示器有哪些重要技术指标？其含义是什么？

20. 液晶显示器有哪些优缺点？

21. 什么是等离子显示器？其显示原理是什么？

22. 等离子显示器有什么优缺点？

23. 提高等离子显示的亮度一般采取哪些措施？

24. 什么是数码纸(e-paper)？

25. e-paper 的显示原理是什么？

26. 数码纸有哪几种？

27. 国外数码纸的研究现状和未来发展趋势如何？

28. 什么是 LED 显示？目前主要分为哪几种？

29. LED 的基本结构包括哪几层？

30. OLED 发光通常包括哪几个基本阶段？

31. OLED 显示原理与 LCD 在本质上的区别是什么？

32. OLED 显示的优点是什么？

33. OLED 显示的弱点是什么？如何克服？

34. 试述 OLED 显示的发展趋势。

35. 什么叫光觉？什么叫色觉？

36. 有关色觉有哪几种主流学说？其含义是什么？

37. 什么是三基色？相加混色与相减混色的基色是否相同？

38. 如何定量地描述各种颜色？给出一个例子加以说明。

39. 什么是 CIE 色度图？其在图像处理中有什么意义？

40. 格拉斯曼定律包含哪些内容？

41. 标准白光有哪几种？其色度坐标是多少？

42. 何为第三色盲？它对图像处理有何意义？

43. 何为视力？视力与哪些因素有关？

44. 亮度的视觉特性是什么？您有哪些主观感觉来体会这些特性？

45. 颜色感觉的视觉特性是什么？您有哪些主观感觉来体会这些特性？

46. 什么是视觉的空间特性和空间频率特性？

47. 何为马赫现象？它指什么而言？

48. 如今的电影和电视技术利用了人眼的什么现象？

49. 何为光觉门限？

50. 错视现象对图像处理有何意义？

第3章 图像处理中的正交变换

数字图像处理的方法主要分为两大类:一个是空间域处理法(或称空域法),一个是频域法(或称变换域法)。在频域法处理中最为关键的预处理便是变换处理。这种变换一般是线性变换,其基本线性运算式是严格可逆的,并且满足一定的正交条件,因此,也将其称作酉变换。目前,在图像处理技术中正交变换被广泛地运用于图像特征提取、图像增强、图像复原、图像识别及图像编码等处理中。本章将对几种主要的正交变换进行较详细的讨论。

3.1 傅里叶变换

傅里叶变换是大家所熟知的正交变换。在一维信号处理中得到了广泛应用。把这种处理方法推广到图像处理中是很自然的事。本节将对傅里叶变换的基本概念及算法做一些讨论。

3.1.1 傅里叶变换的定义及基本概念

傅里叶变换在数学中的定义是严格的。设$f(x)$为x的函数,如果$f(x)$满足下面的狄里赫莱条件:①具有有限个间断点;②具有有限个极值点;③绝对可积。则有下列两式成立:

$$F(u)=\int_{-\infty}^{\infty}f(x)e^{-j2\pi ux}dx \tag{3-1}$$

$$f(x)=\int_{-\infty}^{\infty}F(u)e^{j2\pi ux}du \tag{3-2}$$

式中,x为时域变量,u为频率变量。如果令$\omega=2\pi u$,则有

$$F(\omega)=\int_{-\infty}^{\infty}f(x)e^{-j\omega x}dx \tag{3-3}$$

$$f(x)=\frac{1}{2\pi}\int_{-\infty}^{\infty}F(\omega)e^{j\omega x}d\omega \tag{3-4}$$

通常把以上公式称为傅里叶变换对。

函数$f(x)$的傅里叶变换一般是一个复量,它可以由式(3-5)表示:

$$F(\omega)=R(\omega)+jI(\omega) \tag{3-5}$$

或写成指数形式

$$F(\omega)=|F(\omega)|e^{j\phi(\omega)} \tag{3-6}$$

$$|F(\omega)|=\sqrt{R^2(\omega)+I^2(\omega)} \tag{3-7}$$

$$\phi(\omega)=\arctan\frac{I(\omega)}{R(\omega)} \tag{3-8}$$

把$|F(\omega)|$叫作$f(x)$的傅里叶幅度谱,而$\phi(\omega)$叫作相位谱。

傅里叶变换广泛用于频谱分析。

例:求图3-1所示波形$f(x)$的频谱。

解:

$$f(x)=\begin{cases}A & -\tau/2\leqslant x\leqslant\tau/2\\0 & x>\tau/2\\0 & x<-\tau/2\end{cases}$$

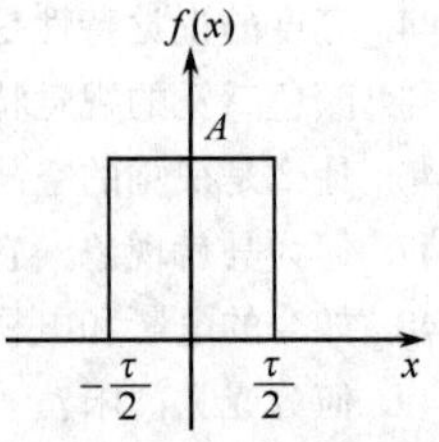

图3-1 函数$f(x)$的波形

$$F(\omega)=\int_{-\infty}^{\infty}f(x)\mathrm{e}^{-\mathrm{j}\omega x}\mathrm{d}x=\int_{-\tau/2}^{\tau/2}A\mathrm{e}^{-\mathrm{j}\omega x}\mathrm{d}x=\frac{A}{\mathrm{j}\omega}(\mathrm{e}^{\mathrm{j}\omega\tau/2}-\mathrm{e}^{-\mathrm{j}\omega\tau/2})=\frac{2A}{\omega}\sin\frac{\omega\tau}{2}$$

则
$$|F(\omega)|=\frac{2A}{\omega}\left|\sin\frac{\omega\tau}{2}\right|=A\tau\left|\frac{\sin\frac{\omega\tau}{2}}{\frac{\omega\tau}{2}}\right|$$

$$\phi(\omega)=\begin{cases}0 & \dfrac{4n\pi}{\tau}<\omega<\dfrac{2(2n+1)\pi}{\tau} \quad n=0,1,2,\cdots\\ \pi & \dfrac{2(2n+1)\pi}{\tau}<\omega<\dfrac{4(n+1)\pi}{\tau} \quad n=0,1,2,\cdots\end{cases}$$

$f(x)$的幅度谱及相位谱如图 3-2 所示。

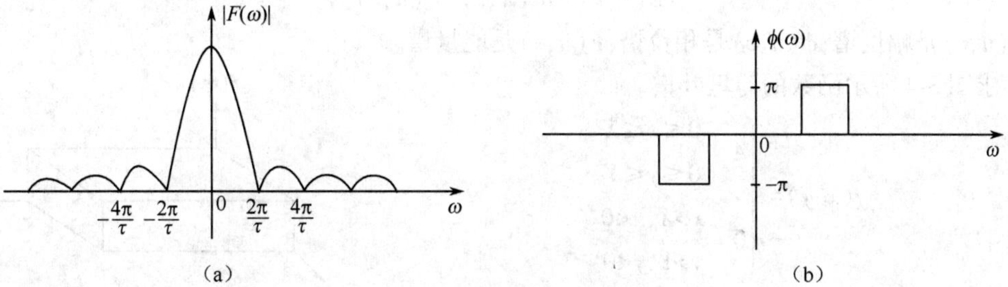

图 3-2　$f(x)$的幅度谱及相位谱

例:求周期函数的傅里叶谱。

解:一个周期为 T 的信号 $f(x)$ 可用傅里叶级数来表示,即

$$f(x)=\sum_{n=-\infty}^{\infty}F(n)\mathrm{e}^{\mathrm{j}n\omega_0 x}$$
$$F(n)=\frac{1}{T}\int_{-T/2}^{T/2}f(x)\mathrm{e}^{-\mathrm{j}n\omega_0 x}\mathrm{d}x$$

式中 $\omega_0=2\pi/T$。因此,傅里叶变换可写成如下形式:

$$F(\omega)=\mathscr{F}[f(x)]=\mathscr{F}\left[\sum_{-\infty}^{\infty}F(n)\mathrm{e}^{\mathrm{j}n\omega_0 x}\right]=\sum_{-\infty}^{\infty}F(n)\mathscr{F}[\mathrm{e}^{\mathrm{j}n\omega_0 x}]$$
$$=\sum_{-\infty}^{\infty}F(n)\int_{-\infty}^{\infty}\mathrm{e}^{\mathrm{j}n\omega_0 x}\mathrm{e}^{-\mathrm{j}\omega x}\mathrm{d}x=\sum_{-\infty}^{\infty}F(n)\int_{-\infty}^{\infty}\mathrm{e}^{-\mathrm{j}(\omega-n\omega_0)x}\mathrm{d}x=2\pi\sum_{n=-\infty}^{\infty}F(n)\delta(\omega-n\omega_0)$$

式中,$\delta(\omega-n\omega_0)$是冲激序列,其幅度谱如图 3-3 所示。

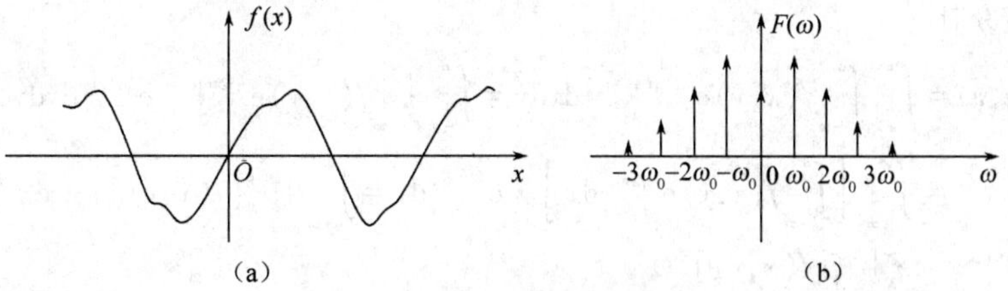

图 3-3　周期函数的傅里叶谱

由上面的例子可以建立起下面几个概念:

① 只要满足狄里赫莱条件,连续函数就可以进行傅里叶变换,实际上这个条件在工程运用中总是可以满足的。

② 连续非周期函数的傅里叶谱是连续的非周期函数,连续的周期函数的傅里叶谱是离散的非周

期函数。

傅里叶变换可推广到二维函数。如果二维函数$f(x,y)$满足狄里赫莱条件,那么将有下面二维傅里叶变换对存在：

$$F(u,v)=\int_{-\infty}^{\infty}\int_{-\infty}^{\infty}f(x,y)\mathrm{e}^{-\mathrm{j}2\pi(ux+vy)}\mathrm{d}x\mathrm{d}y \tag{3-9}$$

$$f(x,y)=\int_{-\infty}^{\infty}\int_{-\infty}^{\infty}F(u,v)\mathrm{e}^{\mathrm{j}2\pi(ux+vy)}\mathrm{d}u\mathrm{d}v \tag{3-10}$$

与一维傅里叶变换类似,二维傅里叶变换的幅度谱和相位谱如下

$$|F(u,v)|=\sqrt{R^2(u,v)+I^2(u,v)} \tag{3-11}$$

$$\phi(u,v)=\arctan\frac{I(u,v)}{R(u,v)} \tag{3-12}$$

$$E(u,v)=R^2(u,v)+I^2(u,v) \tag{3-13}$$

式中,$F(u,v)$是幅度谱;$\phi(u,v)$是相位谱;$E(u,v)$是能量谱。

例:求图 3-4 所示函数的傅里叶谱。

$$f(x,y)=\begin{cases}A & \begin{matrix}0\leqslant x\leqslant X\\ 0\leqslant y\leqslant Y\end{matrix}\\ 0 & \begin{matrix}x>X,x<0\\ y>Y,y<0\end{matrix}\end{cases}$$

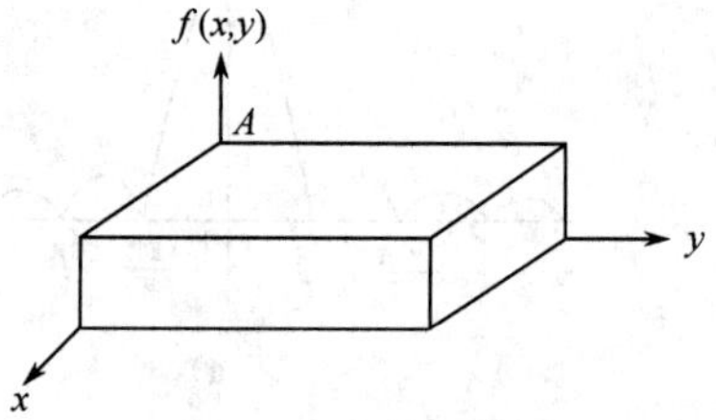

图 3-4　函数$f(x,y)$

$$\begin{aligned}F(u,v)&=\int_{-\infty}^{\infty}\int_{-\infty}^{\infty}f(x,y)\mathrm{e}^{-\mathrm{j}2\pi(ux+vy)}\mathrm{d}x\mathrm{d}y=\int_0^X\int_0^Y A\mathrm{e}^{-\mathrm{j}2\pi(ux+vy)}\mathrm{d}x\mathrm{d}y\\&=A\int_0^X\mathrm{e}^{-\mathrm{j}2\pi ux}\mathrm{d}x\int_0^Y\mathrm{e}^{-\mathrm{j}2\pi vy}\mathrm{d}y=A\left[\frac{\mathrm{e}^{-\mathrm{j}2\pi ux}}{-\mathrm{j}2\pi ux}\right]_0^X\left[\frac{\mathrm{e}^{-\mathrm{j}2\pi vy}}{-\mathrm{j}2\pi vy}\right]_0^Y\\&=\frac{A}{-\mathrm{j}2\pi u}[\mathrm{e}^{-\mathrm{j}2\pi ux}-1]\frac{1}{-\mathrm{j}2\pi v}[\mathrm{e}^{-\mathrm{j}2\pi vy}-1]\\&=AXY\left[\frac{\sin(\pi uX)\mathrm{e}^{-\mathrm{j}\pi ux}}{\pi uX}\right]\left[\frac{\sin(\pi vY)\mathrm{e}^{-\mathrm{j}\pi vy}}{\pi vY}\right]\end{aligned}$$

其傅里叶谱为

$$|F(u,v)|=AXY\left|\frac{\sin(\pi uX)}{\pi uX}\right|\left|\frac{\sin(\pi vY)}{\pi vY}\right|$$

3.1.2　傅里叶变换的性质

傅里叶变换有许多重要性质。这些性质为实际运算处理提供了极大的便利。这里,仅就二维傅里叶变换为例列出其主要的几个性质。

(1) 具有可分性

$$\begin{aligned}F(u,v)&=\int_{-\infty}^{\infty}\int_{-\infty}^{\infty}f(x,y)\mathrm{e}^{-\mathrm{j}2\pi(ux+vy)}\mathrm{d}x\mathrm{d}y=\int_{-\infty}^{\infty}\int_{-\infty}^{\infty}f(x,y)\mathrm{e}^{-\mathrm{j}2\pi ux}\cdot\mathrm{e}^{-\mathrm{j}2\pi vy}\mathrm{d}x\mathrm{d}y\\&=\int_{-\infty}^{\infty}\left[\int_{-\infty}^{\infty}f(x,y)\mathrm{e}^{-\mathrm{j}2\pi ux}\mathrm{d}x\right]\cdot\mathrm{e}^{-\mathrm{j}2\pi vy}\mathrm{d}y=\int_{-\infty}^{\infty}\{\mathscr{F}_x[f(x,y)]\}\cdot\mathrm{e}^{-\mathrm{j}2\pi vy}\mathrm{d}y\\&=\mathscr{F}_y\{\mathscr{F}_x[f(x,y)]\}\end{aligned} \tag{3-14}$$

这个性质说明一个二维傅里叶变换可用二次一维傅里叶变换来实现。

(2) 线性

傅里叶变换是线性算子,即

$$\mathscr{F}[a_1f_1(x,y)+a_2f_2(x,y)]=a_1\mathscr{F}[f_1(x,y)]+a_2\mathscr{F}[f_2(x,y)] \tag{3-15}$$

(3) 共轭对称性

如果$F(u,v)$是$f(x,y)$的傅里叶变换,$F^*(-u,-v)$是$f(-x,-y)$傅里叶变换的共轭函数,那么

$$F(u,v)=F^*(-u,-v) \tag{3-16}$$

(4) 旋转性

如果空间域函数旋转的角度为 θ_0，则在变换域中此函数的傅里叶变换也旋转同样的角度，即

$$f(r,\theta+\theta_0)\Leftrightarrow F(k,\phi+\theta_0) \tag{3-17}$$

在式(3-17)中引入极坐标表示。其中：$x=r\cos\theta, y=r\sin\theta, u=k\cos\phi, v=k\sin\phi$。所以 $f(x,y)$ 和 $F(u,v)$ 分别用 $f(r,\theta)$ 和 $F(k,\phi)$ 来表示。式中的⇔为对应关系符号。反之，如果 $F(u,v)$ 旋转某一角度，则 $f(x,y)$ 在空间域也旋转同样的角度。这条性质只要以极坐标代以 x,y,u,v，则立即可以得到证明。

(5) 比例变换特性

如果 $F(u,v)$ 是 $f(x,y)$ 的傅里叶变换，a 和 b 分别为两个标量，那么

$$af(x,y)\Leftrightarrow aF(u,v) \tag{3-18}$$

$$f(ax,by)\Leftrightarrow\frac{1}{|ab|}F\left(\frac{u}{a},\frac{v}{b}\right) \tag{3-19}$$

(6) 帕斯维尔(Parseval)定理

这个性质也称为能量保持定理。如果 $F(u,v)$ 是 $f(x,y)$ 的傅里叶变换，那么有下式成立：

$$\int_{-\infty}^{\infty}\int_{-\infty}^{\infty}|f(x,y)|^2\mathrm{d}x\mathrm{d}y=\int_{-\infty}^{\infty}\int_{-\infty}^{\infty}|F(u,v)|^2\mathrm{d}u\mathrm{d}v \tag{3-20}$$

这个性质说明变换前后并不损失能量。

(7) 相关定理

如果 $f(x)$，$g(x)$ 为两个一维时域函数；$f(x,y)$ 和 $g(x,y)$ 为两个二维空域函数，那么，定义以下的算式为相关函数：

$$f(x)\circ g(x)=\int_{-\infty}^{\infty}f(\alpha)g(x+\alpha)\mathrm{d}\alpha \tag{3-21}$$

$$f(x,y)\circ g(x,y)=\int_{-\infty}^{\infty}\int_{-\infty}^{\infty}f(\alpha,\beta)g(x+\alpha,y+\beta)\mathrm{d}\alpha\mathrm{d}\beta \tag{3-22}$$

式中，∘符号表示相关运算。由以上定义可引出傅里叶变换的一个重要性质。这就是相关定理，即

$$f(x,y)\circ g(x,y)\Leftrightarrow F(u,v)\cdot G^*(u,v) \tag{3-23}$$

$$f(x,y)\cdot g^*(x,y)\Leftrightarrow F(u,v)\circ G(u,v) \tag{3-24}$$

式中，$F(u,v)$ 是 $f(x,y)$ 的傅里叶变换，$G(u,v)$ 是 $g(x,y)$ 的傅里叶变换，$G^*(u,v)$ 是 $G(u,v)$ 的共轭，$g^*(x,y)$ 是 $g(x,y)$ 的共轭。

(8) 卷积定理

如果 $f(x)$ 和 $g(x)$ 是一维时域函数，$f(x,y)$ 和 $g(x,y)$ 是二维空域函数，那么，定义以下的算式为卷积运算，即

$$f(x)*g(x)=\int_{-\infty}^{\infty}f(\alpha)g(x-\alpha)\mathrm{d}\alpha \tag{3-25}$$

$$f(x,y)*g(x,y)=\int_{-\infty}^{\infty}\int_{-\infty}^{\infty}f(\alpha,\beta)g(x-\alpha,y-\beta)\mathrm{d}\alpha\mathrm{d}\beta \tag{3-26}$$

式中，* 符号表示卷积运算。由此，可得到傅里叶变换的卷积定理如下：

$$f(x,y)*g(x,y)\Leftrightarrow F(u,v)\cdot G(u,v) \tag{3-27}$$

$$f(x,y)\cdot g(x,y)\Leftrightarrow F(u,v)*G(u,v) \tag{3-28}$$

式中，$F(u,v)$ 和 $G(u,v)$ 分别是 $f(x,y)$ 和 $g(x,y)$ 的傅里叶变换。

3.1.3 离散傅里叶变换

连续函数的傅里叶变换是波形分析的有力工具，这在理论分析中无疑具有很大价值。离散傅里

叶变换使得数学方法与计算机技术建立了联系,这就为傅里叶变换这样一个数学工具在实用中开辟了一条宽阔的道路。因此,它不仅仅有理论价值,而且在某种意义上说它也有了更重要的实用价值。

1. 离散傅里叶变换的定义

如果 $x(n)$ 为一数字序列,则其离散傅里叶正变换定义由下式来表示:

$$X(m)=\sum_{n=0}^{N-1}x(n)\mathrm{e}^{-\mathrm{j}\frac{2\pi mn}{N}} \tag{3-29}$$

离散傅里叶反变换定义由下式来表示:

$$x(n)=\frac{1}{N}\sum_{m=0}^{N-1}X(m)\mathrm{e}^{\mathrm{j}\frac{2\pi mn}{N}} \tag{3-30}$$

由式(3-29)和式(3-30)可见,离散傅里叶变换是直接处理离散时间信号的傅里叶变换。如果要对一个连续信号进行计算机数字处理,那么就必须经过离散化处理。这样,对连续信号进行的傅里叶变换的积分过程就会自然地蜕变为求和过程。关于这一点,下面先用示意图 3-5 建立一个直观概念。由图(a)可见,时域信号是非周期的连续信号,其傅里叶谱就是连续的非周期的波形。由图(b)可见,时域信号是周期性的连续信号,其傅里叶谱就是非周期的离散谱。由图(c)可见,将时域非周期信号通过取样作离散化处理,其傅里叶谱就是周期的连续谱。从图(d)可见,将时域信号作离散化处理并延拓为周期性信号,其傅里叶变换就是离散的周期的谱了,以此可以看出离散傅里叶变换的概念。

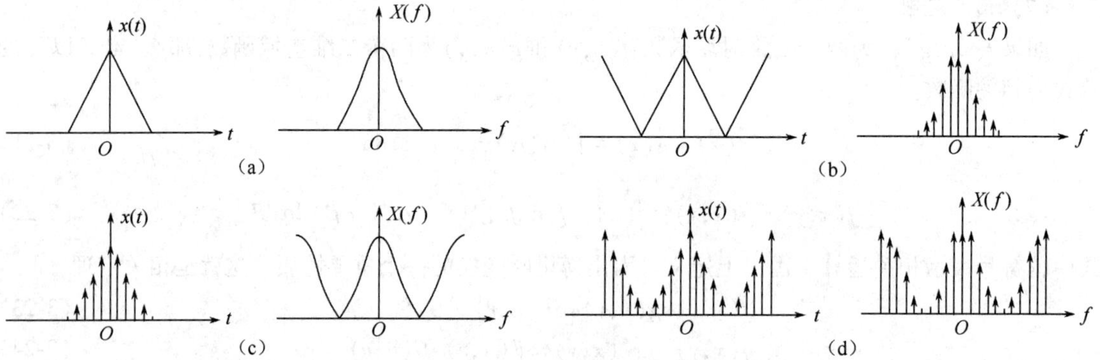

图 3-5 离散傅里叶变换的物理概念示意图

上述概念也可以用数学方式表述如下。

如果 $x(t)$ 是连续的非周期函数,其频谱 $X(f)$ 就是连续的非周期谱。由图(b)可见,对周期函数来说其傅里叶变换可写成式(3-31)和式(3-32)的形式:

$$X(m)=\frac{1}{T}\int_{-T/2}^{T/2}x(t)\mathrm{e}^{-\mathrm{j}2\pi mt}\mathrm{d}t \tag{3-31}$$

$$x(t)=\sum_{m=-\infty}^{\infty}X(m)\mathrm{e}^{\mathrm{j}2\pi mt} \tag{3-32}$$

如果 $x(t)$ 是离散函数,则其频谱就是一个周期的连续谱,可写成式(3-33)和式(3-34)的形式:

$$X(f)=\sum_{n=-\infty}^{\infty}x(n)\mathrm{e}^{-\mathrm{j}2\pi nf} \tag{3-33}$$

$$x(n)=\frac{1}{f}\int_{-f/2}^{f/2}X(f)\mathrm{e}^{\mathrm{j}2\pi nf}\mathrm{d}f \tag{3-34}$$

综合上述两种情况,如果 $x(n)$ 既是离散的,又是周期的函数,那么,它的傅里叶谱则必然是离散的、周期的谱,即

$$X(m)=\sum_{n=-\infty}^{\infty}x(n)\mathrm{e}^{-\mathrm{j}2\pi mn} \tag{3-35}$$

$$x(n)=\sum_{m=-\infty}^{\infty}X(m)\mathrm{e}^{\mathrm{j}2\pi mn} \tag{3-36}$$

由上面的讨论可以比较容易地建立起离散傅里叶变换的物理概念。正因为函数从连续函数变为离散函数，所以，也就使傅里叶变换的积分运算变为求和运算。

2. 离散傅里叶变换的性质

离散傅里叶变换有如下一些性质。

(1) 线性

如果时间序列 $x(n)$ 与 $y(n)$ 各有傅里叶变换 $X(m)$ 和 $Y(m)$，则

$$ax(n)+by(n)\Leftrightarrow aX(m)+bY(m) \tag{3-37}$$

(2) 对称性

如果 $x(n)\Leftrightarrow X(m)$，则
$$\frac{1}{N}X(n)\Leftrightarrow x(-m) \tag{3-38}$$

证明：因为 $x(n)=\frac{1}{N}\sum_{m=0}^{N-1}X(m)\cdot W^{-mn}$，这里令 $W=\mathrm{e}^{-\mathrm{j}\frac{2\pi}{N}}$，更换 m 与 n，则

$$x(m)=\frac{1}{N}\sum_{n=0}^{N-1}X(n)\cdot W^{-mn},\qquad x(-m)=\sum_{n=0}^{N-1}\frac{1}{N}X(n)\cdot W^{mn}$$

由此可知，$x(-m)$ 与 $\frac{1}{N}X(n)$ 是一对傅里叶变换关系，所以得

$$\frac{1}{N}X(n)\Leftrightarrow x(-m) \tag{3-39}$$

(3) 时间移位

如果 $x(n)\Leftrightarrow X(m)$，序列向右(或向左)移动 k 位，则

$$x(n-k)\Leftrightarrow X(m)\cdot W^{km}$$

证明：因为
$$x(n-k)=\frac{1}{N}\sum_{m=0}^{N-1}X(m)\cdot W^{-(n-k)m}=\frac{1}{N}\sum_{m=0}^{N-1}X(m)\cdot W^{-nm}\cdot W^{km}$$
$$=\frac{1}{N}\sum_{m=0}^{N-1}[X(m)\cdot W^{km}]\cdot W^{-mn}$$

则
$$x(n-k)\Leftrightarrow X(m)\cdot W^{km}$$

(4) 频率移位

如果 $x(n)\Leftrightarrow X(m)$，则
$$x(n)\cdot W^{-kn}\Leftrightarrow X(m-k) \tag{3-40}$$

证明：因为
$$X(m)=\sum_{n=0}^{N-1}x(n)\cdot W^{mn}$$

$$X(m-k)=\sum_{n=0}^{N-1}x(n)\ W^{(m-k)n}=\sum_{n=0}^{N-1}x(n)\ W^{mn}\ W^{-kn}=\sum_{n=0}^{N-1}[x(n)\ W^{-kn}]\ W^{mn}$$

则
$$x(n)\cdot W^{-kn}\Leftrightarrow X(m-k)$$

(5) 周期性

如果 $x(n)\Leftrightarrow X(m)$，则
$$x(n\pm rN)=x(n) \tag{3-41}$$

证明：
$$x(n\pm rN)=\frac{1}{N}\sum_{m=0}^{N-1}X(m)\cdot W^{(n\pm rN)\cdot m}=\frac{1}{N}\sum_{m=0}^{N-1}X(m)\cdot W^{\pm mrN}\cdot W^{mn}$$

由于 $W=\mathrm{e}^{-\mathrm{j}\frac{2\pi}{N}}$，因此 $W^{\pm mrN}=\mathrm{e}^{-\mathrm{j}\frac{2\pi}{N}mrN}=\mathrm{e}^{-\mathrm{j}2\pi mr}=1$ （r 是正整数）

代入前式中有
$$X(m)\cdot W^{\pm mrN}=X(m)$$

则
$$x(n\pm rN)=x(n)$$

(6) 偶函数

如果 $x_e(n)=x_e(-n)$,则 $$X_e(m)=\sum_{n=0}^{N-1}x_e(n)\cos\left(\frac{2\pi mn}{N}\right) \tag{3-42}$$

证明:因为 $$X(m)=\sum_{n=0}^{N-1}x_e(n)\mathrm{e}^{-\mathrm{j}\frac{2\pi}{N}mn}=\sum_{n=0}^{N-1}x_e(n)\left[\cos\left(\frac{2\pi}{N}mn\right)-\mathrm{j}\sin\left(\frac{2\pi}{N}mn\right)\right]$$
$$=\sum_{n=0}^{N-1}x_e(n)\cos\left(\frac{2\pi}{N}mn\right)-\mathrm{j}\sum_{n=0}^{N-1}x_e(n)\sin\left(\frac{2\pi}{N}mn\right)$$

由于 $x_e(n)=x_e(-n)$ 是一偶函数,$\cos\left(\frac{2\pi}{N}mn\right)$ 是偶函数,$\sin\left(\frac{2\pi}{N}mn\right)$ 是奇函数,所以上式中的虚部累加和是0。则

$$X_e(m)=\sum_{n=0}^{N-1}x_e(n)\cdot\cos\left(\frac{2\pi}{N}mn\right)$$

(7) 奇函数

如果 $x_0(n)=-x_0(-n)$,则 $$X_0(m)=-\mathrm{j}\sum_{n=0}^{N-1}x_0(n)\cdot\sin\left(\frac{2\pi}{N}mn\right) \tag{3-43}$$

证明: $$X_0(m)=\sum_{n=0}^{N-1}x_0(n)\mathrm{e}^{-\mathrm{j}\frac{2\pi}{N}mn}=\sum_{n=0}^{N-1}x_0(n)\left[\cos\left(\frac{2\pi}{N}mn\right)-\mathrm{j}\sin\left(\frac{2\pi}{N}mn\right)\right]$$
$$=\sum_{n=0}^{N-1}x_0(n)\cdot\cos\left(\frac{2\pi}{N}mn\right)-\mathrm{j}\sum_{n=0}^{N-1}x_0(n)\cdot\sin\left(\frac{2\pi}{N}mn\right)$$

由于 $x_0(n)$ 是奇函数,而 $\cos\left(\frac{2\pi}{N}mn\right)$ 是偶函数,因此,实部之和为0。则

$$X_0(m)=-\mathrm{j}\sum_{n=0}^{N-1}x_0(n)\cdot\sin\left(\frac{2\pi}{N}mn\right)$$

(8) 卷积定理

如果 $x(n)\Leftrightarrow X(m)$,$y(n)\Leftrightarrow Y(m)$,则 $$x(n)*y(n)\Leftrightarrow X(m)\cdot Y(m) \tag{3-44}$$

证明:由卷积定义可知 $$x(n)*y(n)=\sum_{h=0}^{N-1}x(h)y(n-h)$$

又设 $x(n)*y(n)$ 的离散傅里叶变换为 C,则

$$C=\sum_{n=0}^{N-1}[x(n)*y(n)]\cdot W^{mn}=\sum_{n=0}^{N-1}\left[\sum_{h=0}^{N-1}x(h)y(n-h)\right]\cdot W^{mn}$$
$$=\sum_{n=0}^{N-1}\sum_{h=0}^{N-1}x(h)y(n-h)\cdot W^{mn}=\sum_{h=0}^{N-1}x(h)\left[\sum_{n=0}^{N-1}y(n-h)\cdot W^{mn}\right]$$

由移位定理可知 $$\sum_{n=0}^{N-1}y(n-h)\cdot W^{mn}=\left[\sum_{n=0}^{N-1}y(n)\cdot W^{mn}\right]\cdot W^{mh}$$

代入上式有 $$C=\left[\sum_{h=0}^{N-1}x(h)\cdot W^{mh}\right]\left[\sum_{n=0}^{N-1}y(n)\cdot W^{mn}\right]=X(m)\cdot Y(m)$$

因此 $$x(n)*y(n)\Leftrightarrow X(m)\cdot Y(m)$$

反之 $x(n)\cdot y(n)\Leftrightarrow X(m)*Y(m)$ 也成立。

(9) 相关定理

如果 $x(n)\Leftrightarrow X(m)$,$y(n)\Leftrightarrow Y(m)$,则 $$x(n)\circ y(n)\Leftrightarrow X^*(m)\cdot Y(m) \tag{3-45}$$

证明:由相关定义有 $$x(n)\circ y(n)=\sum_{h=0}^{N-1}x(h)y(n+h)$$

设相关的傅里叶变换为 C',则

$$C'=\sum_{n=0}^{N-1}[x(n)\circ y(n)]\cdot W^{mn}=\sum_{n=0}^{N-1}\left[\sum_{h=0}^{N-1}x(h)y(n+h)\right]\cdot W^{mn}$$

$$= \sum_{h=0}^{N-1} x(h) \left[\sum_{n=0}^{N-1} y(n+h) \cdot W^{mn} \right]$$

由移位性质
$$\sum_{n=0}^{N-1} y(n+h) W^{mn} = \sum_{n=0}^{N-1} y(n) W^{mn} W^{-mh}$$

代入上式有
$$C' = \sum_{h=0}^{N-1} x(h) \cdot W^{-mh} \cdot \sum_{n=0}^{N-1} y(n) \cdot W^{mn} = X^*(m) \cdot Y(m)$$

其中
$$X(m) = \sum_{h=0}^{N-1} x(h) \cdot W^{mh}, \quad X^*(m) = \sum_{h=0}^{N-1} x(h) \cdot W^{-mh}$$

则
$$x(n) \circ y(n) \Leftrightarrow X^*(m) \cdot Y(m)$$

(10) 帕斯维尔定理

如果 $x(n) \Leftrightarrow X(m)$,则
$$\sum_{n=0}^{N-1} x^2(n) = \frac{1}{N} \sum_{m=0}^{N-1} |X(m)|^2 \tag{3-46}$$

证明:由相关定理,如果 $x(n)=y(n)$,则 $C'=|X(m)|^2$,求 C' 的离散傅里叶反变换,则

$$\frac{1}{N} \sum_{m=0}^{N-1} |X(m)|^2 \cdot W^{-nm} = \sum_{h=0}^{N-1} x(h) x(n+h)$$

令 $n=0$,则
$$\sum_{h=0}^{N-1} x^2(h) = \frac{1}{N} \sum_{m=0}^{N-1} |X(m)|^2$$

令 $h=n$,则
$$\sum_{n=0}^{N-1} x^2(n) = \frac{1}{N} \sum_{m=0}^{N-1} |X(m)|^2$$

定理得证。

3.1.4 快速傅里叶变换

随着计算机技术和数字电路的迅速发展,在信号处理中使用计算机和数字电路的趋势愈加明显。离散傅里叶变换已成为数字信号处理的重要工具。然而,它的计算量较大,运算时间长,在某种程度上却限制了它的使用范围。快速算法大大提高了运算速度,在某些应用场合已可能做到实时处理,并且开始应用于实时控制系统。快速傅里叶变换(FFT)并不是一种新的变换,它是离散傅里叶变换的一种算法。这种方法是在分析离散傅里叶变换中的多余运算的基础上,进而消除这些重复工作的思想指导下得到的,所以在运算中大大节省了工作量,达到了快速运算的目的。下面我们从基本定义入手,讨论其原理。

对于一个有限长序列 $\{x(n)\}(0 \leqslant n \leqslant N-1)$,它的傅里叶变换由下式表示:

$$X(m) = \sum_{n=0}^{N-1} x(n) e^{\frac{-j2\pi mn}{N}} \quad m = 0,1,\cdots,N-1 \tag{3-47}$$

令 $W=e^{-j\frac{2\pi}{N}}$, $W^{-1}=e^{j\frac{2\pi}{N}}$,因此,傅里叶变换对可写成下式:

$$X(m) = \sum_{n=0}^{N-1} x(n) W^{mn} \tag{3-48}$$

$$x(n) = \frac{1}{N} \sum_{m=0}^{N-1} X(m) W^{-mn} \tag{3-49}$$

将正变换式(3-48)展开可得到如下算式:

$$\begin{aligned}
X(0) &= x(0) W^{00} + x(1) W^{01} + \cdots + x(N-1) W^{0(N-1)} \\
X(1) &= x(0) W^{10} + x(1) W^{11} + \cdots + x(N-1) W^{1(N-1)} \\
X(2) &= x(0) W^{20} + x(1) W^{21} + \cdots + x(N-1) W^{2(N-1)} \\
&\cdots \\
X(N-1) &= x(0) W^{(N-1)0} + x(1) W^{(N-1)1} + \cdots + x(N-1) W^{(N-1)(N-1)}
\end{aligned} \tag{3-50}$$

上面的方程式(3-50)可以用矩阵来表示：

$$\begin{bmatrix} X(0) \\ X(1) \\ X(2) \\ \vdots \\ X(N-1) \end{bmatrix} = \begin{bmatrix} W^{00} & W^{01} & \cdots & W^{0(N-1)} \\ W^{10} & W^{11} & \cdots & W^{1(N-1)} \\ W^{20} & W^{21} & \cdots & W^{2(N-1)} \\ \vdots & \vdots & & \vdots \\ W^{(N-1)0} & W^{(N-1)1} & \cdots & W^{(N-1)(N-1)} \end{bmatrix} \cdot \begin{bmatrix} x(0) \\ x(1) \\ x(2) \\ \vdots \\ x(N-1) \end{bmatrix} \tag{3-51}$$

从上面的运算显然可以看出，要得到每一个频率分量，需进行 N 次乘法和 $N-1$ 次加法运算。要完成整个变换需要 N^2 次乘法和 $N(N-1)$ 次加法运算。当序列较长时，必然要花费大量的时间。

观察上述系数矩阵，发现 W^{mn} 是以 N 为周期的，即

$$W^{(m+LN)(n+hN)} = W^{mn} \tag{3-52}$$

例如，当 $N=8$ 时，其周期性如图 3-6 所示。由于 $W=e^{-j\frac{2\pi}{N}}=\cos\dfrac{2\pi}{N}-j\sin\dfrac{2\pi}{N}$，所以，当 $N=8$ 时，可得

$$W^N=1, W^{N/2}=-1; \quad W^{N/4}=-j, W^{3N/4}=j$$

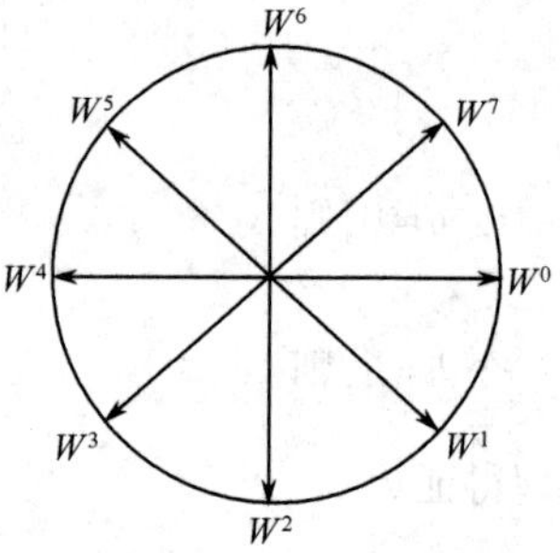

图 3-6　$N=8$ 时 W^{mn} 的周期性和对称性

可见，离散傅里叶变换中的乘法运算有许多重复内容。1965 年库利-图基提出把原始的 N 点序列依次分解成一系列短序列，然后，求出这些短序列的离散傅里叶变换，以此来减少乘法运算。例如，设

$$x_1(n)=x(2n) \quad n=0,1,\cdots,N/2-1$$
$$x_2(n)=x(2n+1) \quad n=0,1,\cdots,N/2-1$$

由此，离散傅里叶变换可写成下面的形式：

$$X(m) = \sum_{n=0}^{N-1} x(n) W_N^{mn} = \sum_{n=0}^{N/2-1} x_1(n) W_N^{mn} + \sum_{n=0}^{N/2-1} x_2(n) W_N^{mn}$$
$$= \sum_{n=0}^{N/2-1} x(2n) W_N^{m(2n)} + \sum_{n=0}^{N/2-1} x(2n+1) W_N^{m(2n+1)}$$

因为 $W_{2N}^k = W_N^{k/2}$，所以

$$X(m) = \sum_{n=0}^{N/2-1} x(2n) W_{N/2}^{mn} + \sum_{n=0}^{N/2-1} x(2n+1) W_{N/2}^{mn} \cdot W_N^m$$
$$= \sum_{n=0}^{N/2-1} x(2n) W_{N/2}^{mn} + W_N^m \sum_{n=0}^{N/2-1} x(2n+1) W_{N/2}^{mn}$$
$$= X_1(m) + W_N^m X_2(m) \tag{3-53}$$

式中，$X_1(m)$ 和 $X_2(m)$ 分别是 $x_1(n)$ 和 $x_2(n)$ 的 $N/2$ 点的傅里叶变换。由于 $X_1(m)$ 和 $X_2(m)$ 均是以 $N/2$ 为周期，所以

$$X_1\left(m+\frac{N}{2}\right)=X_1(m), \quad X_2\left(m+\frac{N}{2}\right)=X_2(m) \tag{3-54}$$

这说明当 $m \geqslant N/2$ 时，上式也是重复的。因此

$$X(m)=X_1(m)+W_N^m X_2(m) \quad m=0,1,\cdots,N-1$$

也是成立的。

由上面的分析可见，一个 N 点的离散傅里叶变换可由两个 $N/2$ 点的傅里叶变换得到，其组合规则就是式(3-53)。离散傅里叶变换的计算时间主要由乘法决定，分解后所需乘法次数大为减少。第一项 $(N/2)^2$ 次，第二项 $(N/2)^2+N$ 次，总共为 $2\times(N/2)^2+N$ 次运算即可完成，而原来却要 N^2 次运算，可见分解后的乘法计算次数减少了近一半。当 N 是 2 的整数幂时，则上式中的 $X_1(m)$ 和 $X_2(m)$ 还可以再分成两个更短的序列，因此，计算时间会更短。由此可见，利用系数矩阵 $\boldsymbol{W}_N^m$ 的周期性和分解运算，从而减少乘法运算次数是实现快速运算的关键。

快速傅里叶变换简称 FFT(Fast Fourier Transformation)。算法根据分解的特点一般有两类，一类是按时间分解，一类是按频率分解。下面介绍一下 FFT 的基本形式及运算蝶式流程图。

1. 基数 2 按时间分解的算法

这种分解方法是把序列分成奇数项和偶数项。具体算法的流程图如图 3-7 所示：图(a)输入为顺序的，运算结果是乱序的；图(b)输入为乱序的，运算结果是顺序的。上述流程图的正确性不难由公式得到的结果来验证。例如，可以由流程图(a)算得。

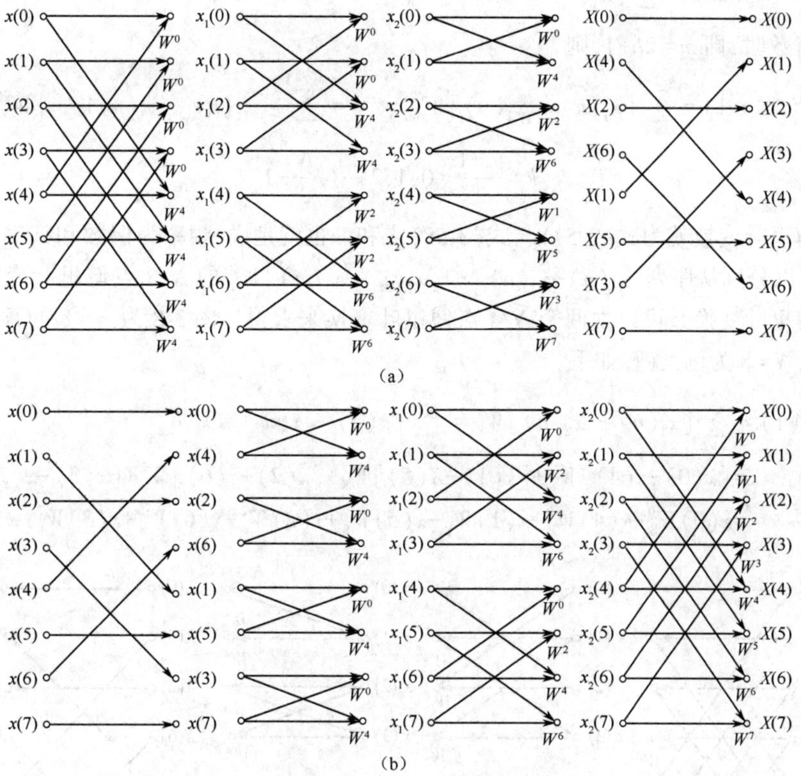

图 3-7　FFT 蝶式运算流程图(按时间分解)

$$
\begin{aligned}
X(1) &= x_2(4)+x_2(5)W^1 \\
&= x_1(4)+x_1(6)W^2+[x_1(5)+x_1(7)W^2]W^1 \\
&= x(0)+x(4)W^4+[x(2)+x(6)W^4]W^2+[x(1)+x(5)W^4]W^1+[x(3)+x(7)W^4]W^2W^1 \\
&= x(0)+x(4)W^4+x(2)W^2+x(6)W^4W^2+x(1)W^1+x(5)W^4W^1+x(3)W^2W^1+x(7)W^4W^2W^1 \\
&= x(0)+x(4)W^4+x(2)W^2+x(6)W^6+x(1)W^1+x(5)W^5+x(3)W^3+x(7)W^7
\end{aligned}
$$

由公式计算可得如下结果：　　$X(m)=\sum_{n=0}^{N-1} x(n)W_N^{mn}$

$$X(1)=x(0)+x(1)W^1+x(2)W^2+x(3)W^3+x(4)W^4+x(5)W^5+x(6)W^6+x(7)W^7$$

显然，从流程图得到的结果和利用公式得到的结果完全一致。当然，利用流程图(b)也会得到同样的结果。

2. 基数 2 按频率分解的算法

这种分解方法是直接把序列分为前 $N/2$ 点和后 $N/2$ 点两个序列，即

$$
\begin{aligned}
x_1(n) &= x(n) \quad n=0,1,2,\cdots,N/2-1 \\
x_2(n) &= x(n+N/2) \quad n=0,1,2,\cdots,N/2-1
\end{aligned}
\tag{3-55}
$$

因此，离散傅里叶变换公式可写成下式：

$$X(m)=\sum_{n=0}^{N/2-1} x(n)W_N^{mn}+\sum_{n=N/2}^{N-1} x(n)W_N^{mn}=\sum_{n=0}^{N/2-1} x_1(n)W_N^{mn}+\sum_{n=0}^{N/2-1} x_2(n)W_N^{m(n+N/2)}$$

$$= \sum_{n=0}^{N/2-1} x_1(n) W_N^{mn} + (W_N^{N/2})^m \sum_{n=0}^{N/2-1} x_2(n) W_N^{mn} = \sum_{n=0}^{N/2-1} [x_1(n) + (-1)^m x_2(n)] W_{N/2}^{mN/2} \tag{3-56}$$

式中，$W_N^{N/2}=-1$，$W_N^{mn}=W_{N/2}^{mN/2}$。m 可以分成奇数和偶数。

当 m 为偶数时，即 $m=2k$，则

$$X(2k) = \sum_{n=0}^{N/2-1} [x_1(n) + x_2(n)] W_{N/2}^{nk} \quad k = m/2 = 0,1,2,\cdots,N/2-1 \tag{3-57}$$

当 m 为奇数时，即 $m=2k+1$，则

$$X(2k+1) = \sum_{n=0}^{N/2-1} [x_1(n) - x_2(n)] W_{N/2}^{(2k+1)\cdot\frac{n}{2}} = \sum_{n=0}^{N/2-1} \{[x_1(n) - x_2(n) W_N^n]\} W_{N/2}^{nk} \tag{3-58}$$

$$k=\frac{m-1}{2}=0,1,2,\cdots,\frac{N}{2}-1$$

全部 N 点的傅里叶变换就为式(3-57)与式(3-58)之和。也就是说，频率为偶数和频率为奇数的离散傅里叶变换可以分别从序列$[x_1(n)+x_2(n)]$和$[x_1(n)-x_2(n)]W_N^n$ 的 $N/2$ 点傅里叶变换来求得。而每个 $N/2$ 点傅里叶变换又可以由两个 $N/4$ 点傅里叶变换来求得。图 3-8 为 $N=8$ 的频率分解的 FFT 流程图。仍以 $N=8$ 为例，验算如下：

$$\begin{aligned} X(1) &= \sum_{n=0}^{N/2-1} [x_1(n) - x_2(n)] W_8^n = \sum_{n=0}^{3} [x(n) - x(n+4)] W_8^n \\ &= [x(0)-x(4)]W_8^0+[x(1)-X(5)]W_8^1+[x(2)-x(6)]W_8^2+[x(3)-x(7)]W_8^3 \\ &= x(0)W_8^0-x(4)W_8^0+x(1)W_8^1-x(5)W_8^1+x(2)W_8^2-x(6)W_8^2+x(3)W_8^3-x(7)W_8^3 \end{aligned}$$

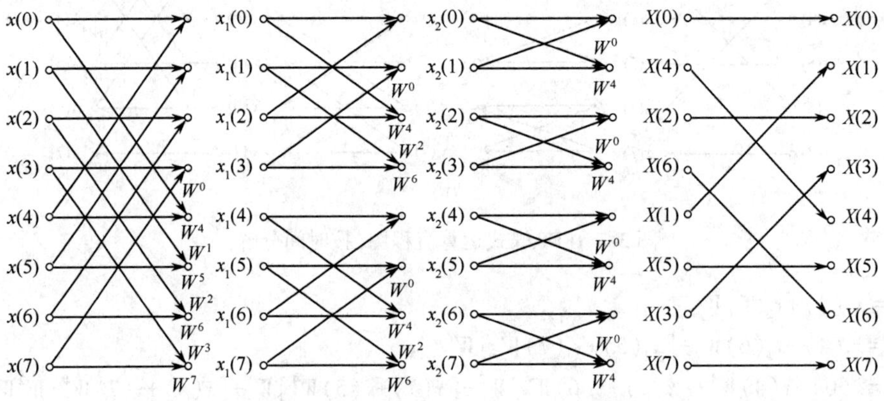

(a)

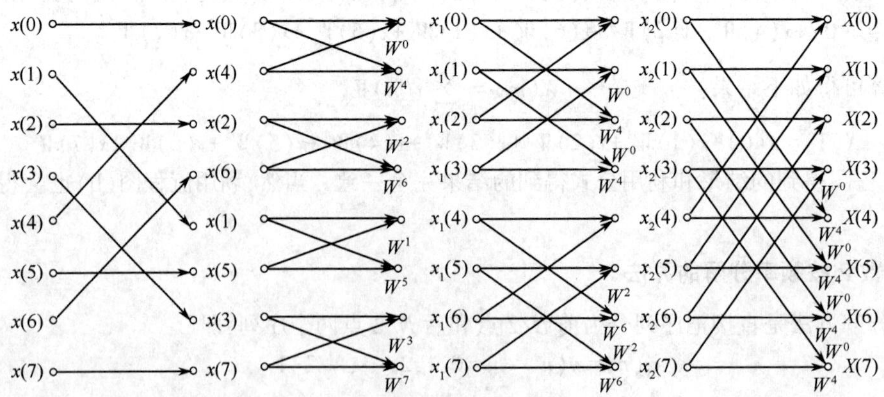

(b)

图 3-8　按频率分解 FFT 算法流程图

由流程图得到的结果如下：

$$X(1)=x(0)W^0+x(4)W^4+x(2)W^2+x(6)W^6+x(1)W^1+x(5)W^5+x(3)W^3+x(7)W^7$$

因为 $$W^4=-W^0,W^6=-W^2,W^5=-W^1,W^7=-W^3$$

所以 $$X(1)=x(0)W^0-x(4)W^0+x(1)W^1-x(5)W^1+x(2)W^2-x(6)W^2+x(3)W^3-x(7)W^3$$

显然是一致的。

整个快速傅里叶变换需要$\frac{N}{2}\log_2 N$次复数乘法和$N\log_2 N$次复数加法。当N越大时则快速算法的优越性越显著。

3.1.5 用计算机实现快速傅里叶变换

利用 FFT 蝶式流程图算法在计算机上实现快速傅里叶变换必须解决如下几个问题：迭代次数r的确定；对偶节点的计算；加权系数W_N^P的计算；重新排序问题。

1. 迭代次数 r 的确定

由蝶式流程图可见，迭代次数与N有关。r值可由下式确定：

$$r=\log_2 N \tag{3-59}$$

式中，N是变换序列的长度。对于前述基数 2 的蝶式流程图来说，N是 2 的整数次幂。例如，序列长度为 8 则要三次迭代，序列长度为 16 时就要 4 次迭代等。

2. 对偶节点的计算

以图 3-7 为例，在流程图中把标有$x_l(k)$的点称为节点。其中下标l为列数，也就是第几次迭代，例如，$x_1(k)$则说明它是第一次迭代的结果。k代表流程图中的行数，也就是序列的序号数。其中每一节点的值均是用前一节点对计算得来的。例如，$x_1(0)$和$x_1(4)$均是由$x(0)$和$x(4)$计算得来的。在蝶式流程图中，把具有相同来源的一对节点叫作对偶节点。如：$x_1(0)$和$x_1(4)$就是一对对偶节点，因为它们均来源于$x(0)$和$x(4)$。对偶节点的计算也就是求出在每次迭代中对偶节点的间隔或者节距。由流程图图 3-7 可见，第一次迭代的节距为$N/2$，第二次迭代的节距为$N/4$，第三次迭代的节距为$N/2^3$，等等。由以上分析可得到如下对偶节点的计算方法。如果某一节点为$x_l(k)$，那么，它的对偶节点为

$$x_l\left(k+\frac{N}{2^l}\right) \tag{3-60}$$

式中，l是表明第几次迭代的数字，k是序列的序号数，N是序列长度。

例，如果序列长度$N=8$，求$x_2(1)$的对偶节点。

可利用式(3-60)计算，得

$$x_l\left(k+\frac{N}{2^l}\right)=x_2\left(1+\frac{8}{2^2}\right)=x_2(3)$$

则 $$x_2(1)=x_1(1)+W_8^0x_1(3) \quad x_2(3)=x_1(1)+W_8^4x_1(3)$$

其正确性不难由流程图来验证。

3. 加权系数 W_N^P 的计算

W_N^P的计算主要是确定P值。P值可用下述方法求得。

(1) 把k值写成r位的二进制数（k是序列的序号数，r是迭代次数）。

(2) 把这个二进制数右移$r-l$位，并把左边的空位补零（结果仍为r位）。

(3) 把这个右移后的二进制数进行比特倒转。

(4) 把这比特倒转后的二进制数翻译成十进制数就得到P值。

例:求 $x_2(2)$ 的加权系数 W_8^P。

解:由 $x_2(2)$ 和 W_8^P 可知 $k=2, l=2, N=8$,则 $r=\log_2 N=\log_2 8=3$。

(1) 因为 $k=2, r=3$,所以写成二进制数为 010。

(2) $r-l=3-2=1$,把 010 左移一位得到 001。

(3) 把 001 做位序颠倒,即做比特倒转,得到 100。

(4) 把 100 译成十进制数,得到 4,所以 $P=4$,$x_2(2)$ 的加权值为 W_8^4。

结合对偶节点的计算,可以看出 W_N^P 具有下述规律:如果某一节点上的加权系数为 W_N^P,则其对偶节点的加权系数必然是 $W_N^{P+N/2}$,而且 $W_N^P=-W_N^{P+N/2}$,所以一对对偶节点可用下式计算:

$$x_l(k)=x_{l-1}(k)+W_N^P x_{l-1}\left(k+\frac{N}{2^l}\right) \tag{3-61}$$

$$x_l\left(k+\frac{N}{2^l}\right)=x_{l-1}(k)-W_N^P x_{l-1}\left(k+\frac{N}{2^l}\right) \tag{3-62}$$

4. 重新排序

由蝶式流程图图 3-7 可见,如果序列 $x(n)$ 是按顺序排列的,经过蝶式运算后,其变换序列是非顺序排列的,即是乱序的;反之,如果 $x(n)$ 是乱序的,那么,$X(m)$ 就是顺序的。因此,为了便于输出使用,最好加入重新排序程序,以便保证 $x(n)$ 与它的变换系数 $X(m)$ 的对应关系。具体排序方法如下:

(1) 将最后一次迭代结果 $x_l(k)$ 中的序号数 k 写成二进制数,即

$$x_l(k)=x_l(k_{r-1}k_{r-2}\cdots k_1k_0)$$

(2) 将 r 位的二进制数比特倒转,即

$$x_l(k_0k_1\cdots k_{r-2}k_{r-1})$$

也就是 $X(m)=X(k_0k_1\cdots k_{r-2}k_{r-1})$

(3) 求出倒置后的二进制数代表的十进制数,就可以得到与 $x(k)$ 相对应的 $X(m)$ 的序号数。

例如

$$x_3(0)\to x_3(000)\to X(000)\to X(0)$$
$$x_3(1)\to x_3(001)\to X(100)\to X(4)$$
$$x_3(2)\to x_3(010)\to X(010)\to X(2)$$
$$x_3(3)\to x_3(011)\to X(110)\to X(6)$$
$$x_3(4)\to x_3(100)\to X(001)\to X(1)$$
$$x_3(5)\to x_3(101)\to X(101)\to X(5)$$
$$x_3(6)\to x_3(110)\to X(011)\to X(3)$$
$$x_3(7)\to x_3(111)\to X(111)\to X(7)$$

由蝶式流程图图(3-7)中可见,在中间迭代中不必考虑节点值的排序问题,在迭代运算全部完成后使用比特倒转法就可以得到正确的变换系数的顺序。

解决了上述几个关键问题之后便可以设计程序。本书附录网站中给出一个 FFT 的子程序,供读者参考。

3.1.6 二维离散傅里叶变换

一幅静止的数字图像可看作是二维数据阵列。因此,数字图像处理主要是二维数据处理。二维离散傅里叶变换的定义可用下面两式表示。

正变换式为

$$F(u,v)=\sum_{x=0}^{M-1}\sum_{y=0}^{N-1}f(x,y)\exp\left[-\mathrm{j}2\pi\left(\frac{ux}{M}+\frac{vy}{N}\right)\right]$$
$$u=0,1,2,\cdots,M-1;\quad v=0,1,2,\cdots,N-1 \tag{3-63}$$

反变换式为

$$F(x,y)=\frac{1}{MN}\sum_{u=0}^{M-1}\sum_{v=0}^{N-1}F(u,v)\exp\left[\mathrm{j}2\pi\left(\frac{ux}{M}+\frac{vy}{N}\right)\right]$$

$$x=0,1,2,\cdots,M-1;\quad y=0,1,2,\cdots,N-1 \tag{3-64}$$

在图像处理中,一般总是选择方形阵列,所以通常情况下总是 $M=N$。因此,二维离散傅里叶变换多采用下面两式形式,即

$$F(u,v)=\frac{1}{N}\sum_{x=0}^{N-1}\sum_{y=0}^{N-1}f(x,y)\exp\left[-\mathrm{j}2\pi\left(\frac{(ux+vy)}{N}\right)\right]\quad u,v=0,1,2,\cdots,N-1 \tag{3-65}$$

$$f(x,y)=\frac{1}{N}\sum_{u=0}^{N-1}\sum_{v=0}^{N-1}F(u,v)\exp\left[\mathrm{j}2\pi\left(\frac{(ux+vy)}{N}\right)\right]\quad x,y=0,1,2,\cdots,N-1 \tag{3-66}$$

式中,符号 $F(u,v)$ 可称为空间频率变换。

二维离散傅里叶变换的可分离性是显而易见的。

$$F(u,v)=\frac{1}{N}\sum_{x=0}^{N-1}\exp\left[-\mathrm{j}2\pi\frac{ux}{N}\right]\times\sum_{y=0}^{N-1}f(x,y)\exp\left[-\mathrm{j}2\pi\frac{vy}{N}\right]\quad u,v=0,1,\cdots,N-1 \tag{3-67}$$

$$f(x,y)=\frac{1}{N}\sum_{u=0}^{N-1}\exp\left[\mathrm{j}2\pi\frac{ux}{N}\right]\times\sum_{v=0}^{N-1}F(u,v)\exp\left[\mathrm{j}2\pi\frac{vy}{N}\right]\quad x,y=0,1,\cdots,N-1 \tag{3-68}$$

这个性质可以使二维变换用两次一维变换实现。

除此之外,二维离散傅里叶变换还有如下性质。

平移特性,即

$$f(x,y)\exp\left[\mathrm{j}2\pi\frac{u_0x+v_0y}{N}\right]\Leftrightarrow F(u-u_0,v-v_0) \tag{3-69}$$

$$f(x-x_0,y-y_0)\Leftrightarrow F(u,v)\exp\left[-\mathrm{j}2\pi\frac{u_0x+v_0y}{N}\right] \tag{3-70}$$

周期性,即

$$\begin{aligned}F(u,v)&=F(u+N,v)=F(u,v+N)\\&=F(u+N,v+N)\end{aligned} \tag{3-71}$$

共轭对称性,即

$$F(u,v)=F^*(-u,-v) \tag{3-72}$$

此外,与连续二维傅里叶变换一样,二维离散傅里叶变换也具有线性、旋转性、相关定理、卷积定理、比例性等性质。这些性质在分析及处理图像时有重要意义。例如,要观察一个完全周期的傅里叶谱,往往把变换原点移到$(N/2,N/2)$处,这样才能看到整个谱图。而这个目的只要利用平移特性就可方便地达到,即

$$f(x,y)(-1)^{x+y}\Leftrightarrow F\left(u-\frac{N}{2},v-\frac{N}{2}\right) \tag{3-73}$$

用傅里叶变换分析处理图像信息有许多优点,应用也相当普遍。但是,它也有一些缺点,其一是傅里叶变换需要计算复数而不是实数,其二是收敛速度慢。因此,在有的场合下,傅里叶变换不一定是理想的变换方法。二维傅里叶变换的处理结果示于图 3-9 中。

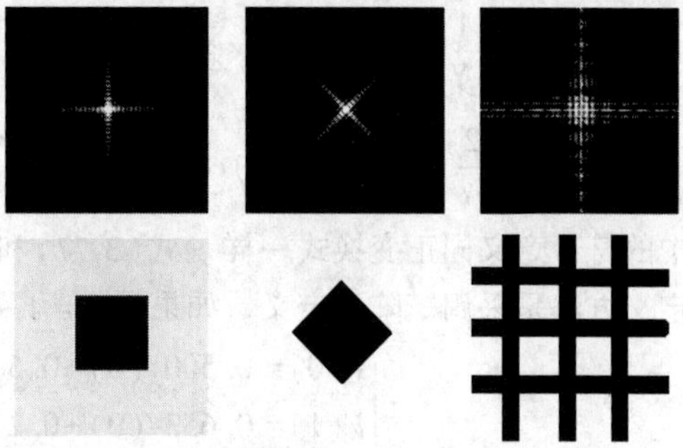

图 3-9　二维傅里叶变换的处理结果

(下一行是空间图像,上一行是其相应的幅度谱)

3.2　离散余弦变换

图像处理中常用的正交变换除了傅里叶变换外,还有其他一些有用的正交变换。其中离散余弦就是一种。离散余弦变换表示为 DCT。

3.2.1 离散余弦变换的定义

一维离散余弦变换的定义由下式表示：

$$F(0)=\frac{1}{\sqrt{N}}\sum_{x=0}^{N-1}f(x) \tag{3-74}$$

$$F(u)=\sqrt{\frac{2}{N}}\sum_{x=0}^{N-1}f(x)\cos\frac{(2x+1)u\pi}{2N} \tag{3-75}$$

式中，$F(u)$是第u个余弦变换系数，u是广义频率变量，$u=1,2,3,\cdots,N-1$；$f(x)$是时域N点序列，$x=0,1,\cdots,N-1$。

一维离散余弦反变换由下式表示：

$$f(x)=\sqrt{\frac{1}{N}}F(0)+\sqrt{\frac{2}{N}}\sum_{u=1}^{N-1}F(u)\cos\frac{(2x+1)u\pi}{2N} \tag{3-76}$$

显然，式(3-74)、式(3-75)和式(3-76)构成了一维离散余弦变换对。

二维离散余弦变换的定义由下式表示：

$$F(0,0)=\frac{1}{N}\sum_{x=0}^{N-1}\sum_{y=0}^{N-1}f(x,y)$$

$$F(0,v)=\frac{\sqrt{2}}{N}\sum_{x=0}^{N-1}\sum_{y=0}^{N-1}f(x,y)\ \cos\frac{(2y+1)v\pi}{2N}$$

$$F(u,0)=\frac{\sqrt{2}}{N}\sum_{x=0}^{N-1}\sum_{y=0}^{N-1}f(x,y)\cos\frac{(2x+1)u\pi}{2N}$$

$$F(u,v)=\frac{2}{N}\sum_{x=0}^{N-1}\sum_{y=0}^{N-1}f(x,y)\ \cos\frac{(2x+1)u\pi}{2N}\cos\frac{(2y+1)v\pi}{2N} \tag{3-77}$$

式(3-77)是正变换公式。其中$f(x,y)$是空间域二维阵列的元素，$x,y=0,1,2,\cdots,N-1$；$F(u,v)$是变换系数阵列的元素。式中表示的阵列为$N\times N$。

二维离散余弦反变换由下式表示：

$$f(x,y)=\frac{1}{N}F(0,0)+\frac{\sqrt{2}}{N}\sum_{v=1}^{N-1}F(0,v)\cos\frac{(2y+1)v\pi}{2N}+\frac{\sqrt{2}}{N}\sum_{u=1}^{N-1}F(u,0)\cos\frac{(2x+1)u\pi}{2N}+\frac{2}{N}\sum_{u=1}^{N-1}\sum_{v=1}^{N-1}F(u,v)\cos\frac{(2x+1)u\pi}{2N}\cos\frac{(2y+1)v\pi}{2N} \tag{3-78}$$

式中的符号意义同正变换式一样。式(3-77)和式(3-78)是离散余弦变换的解析式定义。更为简洁的定义方法是采用矩阵式定义。如果令$N=4$，那么由一维解析式定义可得如下展开式：

$$\begin{cases}F(0)=0.500f(0)+0.500f(1)+0.500f(2)+0.500f(3)\\F(1)=0.653f(0)+0.271f(1)-0.271f(2)-0.653f(3)\\F(2)=0.500f(0)-0.500f(1)-0.500f(2)+0.500f(3)\\F(3)=0.271f(0)-0.653f(1)+0.653f(2)-0.271f(3)\end{cases} \tag{3-79}$$

写成矩阵式

$$\begin{bmatrix}F(0)\\F(1)\\F(2)\\F(3)\end{bmatrix}=\begin{bmatrix}0.500&0.500&0.500&0.500\\0.653&0.271&-0.271&-0.653\\0.500&-0.500&-0.500&0.500\\0.271&-0.653&0.653&-0.271\end{bmatrix}\cdot\begin{bmatrix}f(0)\\f(1)\\f(2)\\f(3)\end{bmatrix} \tag{3-80}$$

若定义$\boldsymbol{A}$为变换矩阵，$\boldsymbol{F}(u)$为变换系数矩阵，$\boldsymbol{f}(x)$为时域数据矩阵，则一维离散余弦变换的矩阵定义式可写成如下形式：

$$\boldsymbol{F}(u)=\boldsymbol{A}\,\boldsymbol{f}(x) \tag{3-81}$$

同理,可得到反变换展开式

$$
\begin{cases}
f(0)=0.500F(0)+0.653F(1)+0.500F(2)+0.271F(3)\\
f(1)=0.500F(0)+0.271F(1)-0.500F(2)-0.653F(3)\\
f(2)=0.500F(0)-0.271F(1)-0.500F(2)+0.653F(3)\\
f(3)=0.500F(0)-0.653F(1)+0.500F(2)-0.271F(3)
\end{cases}
\tag{3-82}
$$

写成矩阵式

$$
\begin{bmatrix} f(0)\\ f(1)\\ f(2)\\ f(3) \end{bmatrix}=
\begin{bmatrix}
0.500 & 0.653 & 0.500 & 0.271\\
0.500 & 0.271 & -0.500 & -0.653\\
0.500 & -0.271 & -0.500 & 0.653\\
0.500 & -0.653 & 0.500 & -0.271
\end{bmatrix}
\begin{bmatrix} F(0)\\ F(1)\\ F(2)\\ F(3) \end{bmatrix}
\tag{3-83}
$$

即

$$\boldsymbol{f}(x)=\boldsymbol{A}^{\mathrm{T}}\boldsymbol{F}(u) \tag{3-84}$$

当然,二维离散余弦变换也可以写成矩阵式:

$$
\begin{aligned}
\boldsymbol{F}(u,v)&=\boldsymbol{A}\boldsymbol{f}(x,y)\boldsymbol{A}^{\mathrm{T}}\\
\boldsymbol{f}(x,y)&=\boldsymbol{A}^{\mathrm{T}}\boldsymbol{F}(u,v)\boldsymbol{A}
\end{aligned}
\tag{3-85}
$$

式中,$\boldsymbol{f}(x,y)$是空域数据阵列,$\boldsymbol{F}(u,v)$是变换系数阵列,$\boldsymbol{A}$ 是变换矩阵,$\boldsymbol{A}^{\mathrm{T}}$ 是 $\boldsymbol{A}$ 的转置。

3.2.2 离散余弦变换的正交性

由一维 DCT 的定义可知

$$F(0)=\frac{1}{\sqrt{N}}\sum_{x=0}^{N-1}f(x)$$

$$F(u)=\sqrt{\frac{2}{N}}\sum_{x=0}^{N-1}f(x)\cos\frac{(2x+1)u\pi}{2N}$$

它的基向量是

$$\left\{\sqrt{\frac{1}{N}},\ \sqrt{\frac{2}{N}}\cos\frac{(2x+1)u\pi}{2N}\right\} \tag{3-86}$$

在高等数学中,切比雪夫多项式的定义为

$$T_0(p)=\sqrt{\frac{1}{N}}$$

$$T_u(z_x)=\sqrt{\frac{2}{N}}\cos[u\ \arccos(z_x)] \tag{3-87}$$

式中,$T_u(z_x)$是 u 和 z_x 的多项式。它的第 N 个多项式为

$$T_N(z_x)=\sqrt{\frac{2}{N}}\cos[N\ \arccos(z_x)]$$

如果 $T_N(z_x)=0$,则 $z_x=\cos\dfrac{(2x+1)\pi}{2N}$,将其代入上式有

$$T_N=\sqrt{\frac{2}{N}}\cos\left\{u\ \arccos\left[\cos\frac{(2x+1)\pi}{2N}\right]\right\}=\sqrt{\frac{2}{N}}\cos\frac{(2x+1)u\pi}{2N} \tag{3-88}$$

显然,这与一维 DCT 的基向量是一致的。因为切比雪夫多项式是正交的,所以 DCT 也是正交的。另外,离散余弦变换的正交性也可以通过实例看出。如前所示,当 $N=4$ 时,

$$
\boldsymbol{A}=\begin{bmatrix}
0.500 & 0.500 & 0.500 & 0.500\\
0.653 & 0.271 & -0.271 & -0.653\\
0.500 & -0.500 & -0.500 & 0.500\\
0.271 & -0.653 & 0.653 & -0.271
\end{bmatrix}
\qquad
\boldsymbol{A}'=\begin{bmatrix}
0.500 & 0.635 & 0.500 & 0.2710\\
0.500 & 0.271 & -0.500 & -0.653\\
0.500 & -0.271 & -0.500 & 0.653\\
0.500 & -0.653 & 0.500 & -0.271
\end{bmatrix}
$$

显然

$$\boldsymbol{A}\boldsymbol{A}'=\boldsymbol{I}$$

这是满足正交条件的。从上述讨论可见,离散余弦变换是一类正交变换。

3.2.3 离散余弦变换的计算

与傅里叶变换一样,离散余弦变换自然可以由定义式出发进行计算。但这样的计算量太大,在实际应用中很不方便。所以也要寻求一种快速算法。

首先,从定义出发,进行如下推导:

$$F(u)=\sqrt{\frac{2}{N}}\sum_{x=0}^{N-1}f(x)\cos\frac{(2x+1)u\pi}{2N}$$

$$=\sqrt{\frac{2}{N}}\sum_{x=0}^{N-1}f(x)\mathrm{Re}\left\{\mathrm{e}^{-\mathrm{j}\frac{(2x+1)u\pi}{2N}}\right\}=\sqrt{\frac{2}{N}}\mathrm{Re}\left\{\sum_{x=0}^{N-1}f(x)\mathrm{e}^{-\mathrm{j}\frac{(2x+1)u\pi}{2N}}\right\} \tag{3-89}$$

式中,Re 是取其实部的意思。如果把时域数据向量做下列延拓,即

$$f_e(x)=\begin{cases}f(x) & x=0,1,2,\cdots,N-1\\ 0 & x=N,N+1,\cdots,2N-1\end{cases} \tag{3-90}$$

则 $f_e(x)$ 的离散余弦变换可写成下式:

$$F(0)=\frac{1}{\sqrt{N}}\sum_{x=0}^{2N-1}f_e(x)$$

$$F(u)=\sqrt{\frac{2}{N}}\sum_{x=0}^{2N-1}f_e(x)\cos\frac{(2x+1)u\pi}{2N}=\sqrt{\frac{2}{N}}\mathrm{Re}\left\{\sum_{x=0}^{2N-1}f_e(x)\mathrm{e}^{-\mathrm{j}\frac{(2x+1)u\pi}{2N}}\right\}$$

$$=\sqrt{\frac{2}{N}}\mathrm{Re}\left\{\mathrm{e}^{-\mathrm{j}\frac{u\pi}{2N}}\cdot\sum_{x=0}^{2N-1}f_e(x)\mathrm{e}^{-\mathrm{j}\frac{2xu\pi}{2N}}\right\} \tag{3-91}$$

由式(3-91)可知 $$\sum_{x=0}^{2N-1}f_e(x)\mathrm{e}^{-\mathrm{j}\frac{2xu\pi}{2N}}$$

是 $2N$ 点的离散傅里叶变换。所以,在进行离散余弦变换时,可以把序列长度延拓为 $2N$,然后做离散傅里叶变换,产生的结果取其实部便可得到余弦变换。

同理,在进行反变换时,首先在变换空间,把 $[F(u)]$ 进行如下延拓:

$$F_e(u)=\begin{cases}F(u) & u=0,1,2,\cdots,N-1\\ 0 & u=N,N+1,\cdots,2N-1\end{cases} \tag{3-92}$$

那么,反变换也可用式(3-93)表示:

$$f(x)=\frac{1}{\sqrt{N}}F_e(0)+\sqrt{\frac{2}{N}}\sum_{u=1}^{2N-1}F_e(u)\cos\frac{(2x+1)u\pi}{2N}$$

$$=\frac{1}{\sqrt{N}}F_e(0)+\sqrt{\frac{2}{N}}\sum_{u=1}^{2N-1}F_e(u)\mathrm{Re}\{\mathrm{e}^{\mathrm{j}\frac{(2x+1)u\pi}{2N}}\}$$

$$=\frac{1}{\sqrt{N}}F_e(0)+\sqrt{\frac{2}{N}}\sum_{u=1}^{2N-1}F_e(u)\mathrm{Re}\{\mathrm{e}^{\mathrm{j}\frac{2xu\pi}{2N}}\cdot\mathrm{e}^{\mathrm{j}\frac{u\pi}{2N}}\}$$

$$=\frac{1}{\sqrt{N}}F_e(0)+\sqrt{\frac{2}{N}}\mathrm{Re}\left\{\sum_{u=1}^{2N-1}F_e(u)\cdot\mathrm{e}^{\mathrm{j}\frac{u\pi}{2N}}\cdot\mathrm{e}^{\mathrm{j}\frac{2xu\pi}{2N}}\right\}$$

$$=\left[\frac{1}{\sqrt{N}}-\sqrt{\frac{2}{N}}\right]F_e(0)+\sqrt{\frac{2}{N}}\mathrm{Re}\left\{\sum_{u=0}^{2N-1}[F_e(u)\cdot\mathrm{e}^{\mathrm{j}\frac{u\pi}{2N}}]\mathrm{e}^{\mathrm{j}\frac{2xu\pi}{2N}}\right\} \tag{3-93}$$

由式(3-93)可见,离散余弦反变换可以从 $[F_e(u)\cdot\mathrm{e}^{\mathrm{j}\frac{u\pi}{2N}}]$ 的 $2N$ 点反傅里叶变换实现。

通过快速离散余弦变换的原理分析,则不难用计算机实现快速余弦变换。本书作者的课程网站中给出 $2N$ 点 FFT 实现快速 DCT 的程序,供读者参考。

3.3 沃尔什变换

离散傅里叶变换和余弦变换在快速算法中都要用到复数乘法,占用的时间仍然比较多。在某些应用领域中,需要更为便利、更为有效的变换方法。沃尔什变换就是其中的一种。

沃尔什函数是在 1923 年由美国数学家沃尔什(J. L. Walsh)提出来的。在沃尔什的原始论文中,给出了沃尔什函数的递推公式,这个公式是按照函数的序数由正交区间内过零点平均数来定义的。不久以后,这种规定函数序数的方法也被波兰数学家卡兹马兹(S. Kaczmarz)采用了,所以,通常将这种规定函数序数的方法称为沃尔什—卡兹马兹(Walshi-Kaczmarz)定序法。

1931 年美国数学家佩利(R. E. A. C. Paley)又给沃尔什函数提出了一个新的定义。他指出,沃尔什函数可以用有限个拉德梅克(Rademacher)函数的乘积来表示。这样得到的函数的序数与沃尔什得到的函数的序数完全不同。这种定序方法是用二进制来定序的,所以称为二进制序数或自然序数。

利用只包含+1 和-1 阵元的正交矩阵可以将沃尔什函数表示为矩阵形式。早在 1867 年,英国数学家希尔威斯特(J. J. Sylvester)已经研究过这种矩阵。后来,法国数学家哈达玛(M. Hadamard)在 1893 年将这种矩阵加以普遍化,建立了所谓哈达玛矩阵。利用克罗内克乘积算子(Kronecker Product Operator)不难把沃尔什函数表示为哈达玛矩阵形式。利用这种形式定义的沃尔什函数称为克罗内克序数。这就是沃尔什函数的第三种定序法。

由上述历史可见,沃尔什函数及其有关函数的数学基础早已奠定了。但是,这些函数在工程中得到应用却是近几十年的事情。主要原因是由于半导体器件和计算机在近几十年得到迅速发展,它们的发展为沃尔什函数的实用解决了技术手段问题,因此,也使沃尔什函数得到了进一步发展。与傅里叶变换相比,沃尔什变换的主要优点在于存储空间少和运算速度快,这一点对图像处理来说是至关重要的,特别是在大量数据需要进行实时处理时,沃尔什函数就更加显示出它的优越性。

3.3.1 正交函数的概念

一组实值的连续函数$\{S_n(t)\}=\{S_0(t),S_1(t),S_2(t),\cdots\}$,在$0\leqslant t\leqslant T$区间内,如果满足

$$\int_0^T kS_n(t)\cdot S_m(t)\,\mathrm{d}t=\begin{cases}k & m=n\\0 & m\neq n\end{cases}\tag{3-94}$$

称$\{S_n(t)\}$在区间$0\leqslant t\leqslant T$内是正交的。m,n 是正实数;k 是与 m,n 无关的非负的常数。如果$k=1$,称为归一化正交。任一组非归一化的正交函数总可以变换为归一化正交函数。

如果$f(t)$是定义在$(0,T)$区间上的实值信号,利用正交函数可表示为下式:

$$f(t)=\sum_{n=0}^{\infty}C_nS_n(t)\tag{3-95}$$

式中,C_n 是第 n 项系数。

一组完备的正交函数必然是一组闭合函数。完备的正交函数组必须满足下述两个条件:

第一,不存在这样一个函数 $x(t)$,它满足

$$0<\int_T x^2(t)\,\mathrm{d}t<\infty\tag{3-96}$$

而且也满足

$$\int_T x(t)S_n(t)\,\mathrm{d}t=0\quad n=0,1,2,\cdots\tag{3-97}$$

这个条件的意思是说,再也没有不属于$\{S_n(t)\}$的某个非零的函数 $x(t)$,它与$\{S_n(t)\}$的每一个函数正交。也就是说,所有互相正交的函数都包括在$\{S_n(t)\}$里面了。

第二，对于任何满足 $\int_T f^2(t)\,\mathrm{d}t < \infty$ 的函数，对于给定的任意微小正数 $\varepsilon>0$，总存在一个正整数 N 与有限展开式相对应：

$$\hat{f}(t) = \sum_{n=0}^{N-1} C_n S_n(t) \tag{3-98}$$

使得

$$\int_T |f(t) - \hat{f}(t)|^2 \mathrm{d}t < \varepsilon \tag{3-99}$$

这一条件的意思是，任一个能量有限的信号 $f(t)$ 总可以用有限级数来逼近它。对于给定的误差来说，总可以找到一个 N 值，使这种逼近的精确度满足要求。

完备性的必要和充分条件是在正交区间内各分量函数的平方之和存在，并且应该完全满足帕斯维尔定理。这个条件的物理意义是：一组完备的正交函数所包含的能量，无论是在时域中还是在变换域中都是相同的。完备性的重要意义在于：只有当正交函数是完备的，我们才能将一个满足一定条件的函数展开成此正交函数系的级数，否则将不能保证能量相等。

正交性、完备性、归一化的定义适用于一组函数中的所有函数。它所规定的区间可以是半无限区间 $(0,\infty)$，也可以是全无限区间 $(-\infty,\infty)$，当然也可以是有限区间 $(-T/2,+T/2)$，$(0,T)$ 等。

沃尔什函数的一个有用的特点是由有限多个沃尔什函数组成的时间受限信号在变换域中只占据有限区间。而对于圆函数来说则不然，一般来说，时间受限，其频谱区间则是无限的，反之，频域受限信号，在时间域上则是无限的。

3.3.2 拉德梅克函数

拉德梅克（Rademacher）函数集是一个不完备的正交函数集，由它可以构成完备的沃尔什函数。在这里首先介绍一下拉德梅克函数。拉德梅克函数包括 n 和 t 两个自变量，用 $R(n,t)$ 来表示拉德梅克函数。把一个正弦函数进行无限限幅就可以得到拉德梅克函数。它可用下式来表示：

$$R(n,t)=\mathrm{sgn}(\sin 2^n \pi t) \tag{3-100}$$

$$\mathrm{sgn}(x)=\begin{cases}1 & x>0\\ -1 & x<0\end{cases} \tag{3-101}$$

当 $x=0$ 时，$\mathrm{sgn}(x)$ 无定义。

由 sin 函数的周期性知道 $R(n,t)$ 也是周期性函数。由式（3-100）可见，当 $n=1$ 时，$R(n,t)$ 的周期为 1；$n=2$ 时 $R(2,t)$ 的周期为 1/2；当 $n=3$ 时，$R(3,t)$ 的周期为 $1/2^2$；一般情况下可用下式表示：

$$R(n,t)=R\left(n,t+\frac{1}{2^{n-1}}\right) \quad n=1,2,\cdots \tag{3-102}$$

拉德梅克函数的波形如图 3-10 所示。

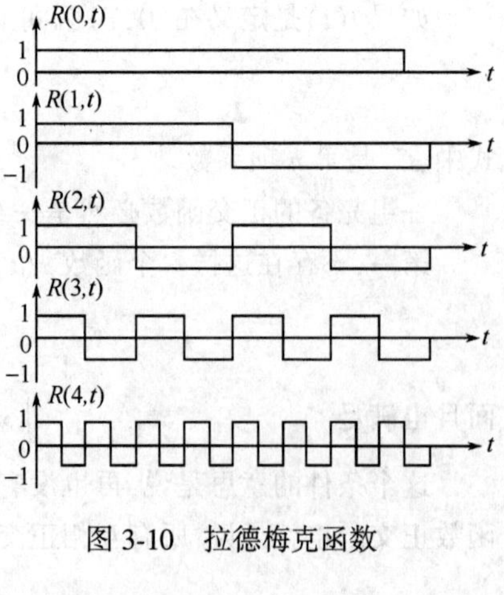

图 3-10 拉德梅克函数

由图 3-10 可见，拉德梅克函数有如下一些规律：

（1）$R(n,t)$ 的取值只有 +1 和 −1。

（2）$R(n,t)$ 是 $R(n-1,t)$ 的二倍频。因此，如果已知最高次数 $m=n$，则其他拉德梅克函数可由脉冲分频器来产生。

（3）如果已知 n，那么，$R(n,t)$ 有 2^{n-1} 个周期，其中 $0<t<1$。

（4）如果在 $t=(k+1/2)/2^N$ 处进行取样，则可得到一数据序列 $R(n,k)$。$k=0,1,2,\cdots,2^n-1$。每一取样序列将与下述矩阵相对应。这里我们取 $N=3$，$k=0,1,2,\cdots,7$。

$$
\begin{bmatrix} R(0,k) \\ R(1,k) \\ R(2,k) \\ R(3,k) \end{bmatrix} \Leftrightarrow \begin{bmatrix} 1 & 1 & 1 & 1 & 1 & 1 & 1 & 1 \\ 1 & 1 & 1 & 1 & -1 & -1 & -1 & -1 \\ 1 & 1 & -1 & -1 & 1 & 1 & -1 & -1 \\ 1 & -1 & 1 & -1 & 1 & -1 & 1 & -1 \end{bmatrix} \tag{3-103}
$$

采用上述离散矩阵形式就可以用计算机进行灵活处理。

3.3.3 沃尔什函数

沃尔什函数系是完备的正交函数系,其值也是只取+1 和−1。从排列次序来定义不外乎三种:一种是按沃尔什排列或称按列率排列来定义;第二种是按佩利排列或称自然排列来定义;第三种是按哈达玛排列来定义。还可用其他方式来定义,但沃尔什函数的定义至今尚未统一,下面分别讨论上述三种排列方法定义的沃尔什函数。

1. 按沃尔什排列的沃尔什函数

按沃尔什排列的沃尔什函数用 $\mathrm{Wal_W}(i,t)$ 来表示。函数波形如图 3-11 所示。

按沃尔什排列的沃尔什函数实际上就是按列率排列的沃尔什函数。通常把正交区间内波形变号次数的二分之一称为列率(Sequency)。如果令 i 为波形在正交区间内的变号次数,那么,按照 i 为奇数或偶数,函数 $\mathrm{Wal_w}(i,t)$ 的列率将由下式来决定:

$$
S_i = \begin{cases} 0 & i=0 \\ \dfrac{i+1}{2} & i=\mathrm{odd} \\ \dfrac{i}{2} & i=\mathrm{even} \end{cases} \tag{3-104}
$$

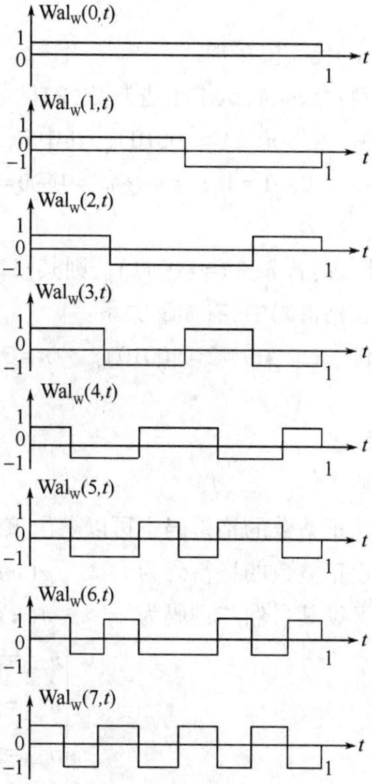

图 3-11 按沃尔什排列的沃尔什函数

按沃尔什排列的沃尔什函数可由拉德梅克函数构成,它的表达式如下:

$$
\mathrm{Wal_W}(i,t) = \prod_{k=0}^{P-1} [R(k+1,t)]^{g(i)_k} \quad g(i)_k \in \{0,1\} \tag{3-105}
$$

式中,$R(k+1,t)$ 是拉德梅克函数;$g(i)$ 是 i 的格雷码;$g(i)_k$ 是此格雷码的第 k 位数字;P 为正整数。

一个正整数可以编成自然二进码,但也可以编成格雷码。格雷码也称为反射码。格雷码的特点是:两个相邻数的格雷码只有一个码位的值不同。例如 2 的格雷码是(0011),3 的格雷码为(0010)。这两个相邻数字的格雷码只有第四个码位的值不同。在脉冲编码技术中,常常采用这种码,以便得到较好的误差特性。一个正整数的自然二进码和格雷码之间是可以互相转换的。从自然二进码转成格雷码的方法如下。

设一个十进制数的自然二进码为 $b(n) = (n_{p-1}n_{p-2}\cdots n_k\cdots n_2n_1n_0)_B$

并设 n 的格雷码为 $g(n) = (g_{p-1}g_{p-2}\cdots g_k\cdots g_2g_1g_0)_G$

其中,n_k 和 g_k 分别为自然二进码和格雷码内的码位数字,并且 $n_k, g_k \in \{0,1\}$。它们之间的关系为

$$
\begin{cases}
g_{p-1}=n_{p-1} \\
g_{p-2}=n_{p-1}\oplus n_{p-2} \\
g_{p-3}=n_{p-2}\oplus n_{p-3} \\
\cdots\cdots \\
g_k=n_{k-1}\oplus n_k \\
\cdots \\
g_1=n_2\oplus n_1 \\
g_0=n_1\oplus n_0
\end{cases}
\tag{3-106}
$$

式中，$\oplus$代表模 2 加。

例：令 $p=4$，试求十进制数(2)的格雷码。

解：因为 $n(2)=(0010)_B$，其中 $n_3=0,n_2=0,n_1=1,n_0=0$，所以 $g_3=n_3=0,g_2=n_3\oplus n_2=0\oplus 0=0,g_1=n_2\oplus n_1=0\oplus 1=1,g_0=n_1\oplus n_0=1\oplus 0=1$

其格雷码为
$$g(2)=(0011)_G$$

同理：若 $n(3)=(0011)_B$，则其格雷码为 $g(3)=(0010)_G$。

在格雷码中，有如下关系：
$$g(m)\oplus g(n)=g(m\oplus n) \tag{3-107}$$

设 $m=2=(0010)_B$， $n=3=(0011)_B$， $g(2)=(0011)_G$， $g(3)=(0010)_G$

则
$$g(2)\oplus g(3)=(0001)$$
而
$$(2)_B\oplus(3)_B=(0001)$$
所以
$$g(2)\oplus g(3)=g(2\oplus 3)$$

从正整数的格雷码也可以求出该十进制数的自然二进码。其转换方法如下。

设正整数的格雷码为 $g(n)=(g_{p-1}g_{p-2}g_{p-3}\cdots g_k\cdots g_2g_1g_0)_G$

又设其自然二进码为 $b(n)=(n_{p-1}n_{p-2}n_{p-3}\cdots n_k\cdots n_2n_1n_0)_B$

则
$$
\begin{cases}
n_{p-1}=g_{p-1} \\
n_{p-2}=g_{p-1}\oplus g_{p-2} \\
n_{p-3}=g_{p-1}\oplus g_{p-2}\oplus g_{p-3} \\
\cdots \\
n_k=g_{p-1}\oplus g_{p-2}\oplus g_{p-3}\oplus\cdots\oplus g_k \\
\cdots \\
n_2=g_{p-1}\oplus g_{p-2}\oplus g_{p-3}\oplus\cdots\oplus g_2 \\
n_1=g_{p-1}\oplus g_{p-2}\oplus g_{p-3}\oplus\cdots\oplus g_2\oplus g_1 \\
n_0=g_{p-1}\oplus g_{p-2}\oplus g_{p-3}\oplus\cdots\oplus g_2\oplus g_1\oplus g_0
\end{cases}
\tag{3-108}
$$

例：n 的格雷码为 1011，求其自然二进码表示。

解：由给定的格雷码可知$(n)_g=(1011)_G$，其中 $g_3=1,g_2=0,g_1=1,g_0=1$，所以

$$n_3=g_3=1 \quad n_2=g_3\oplus g_2=1\oplus 0=1$$
$$n_1=g_3\oplus g_2\oplus g_1=1\oplus 0\oplus 1=0 \quad n_0=g_3\oplus g_2\oplus g_1\oplus g_0=1\oplus 0\oplus 1\oplus 1=1$$

即自然二进码为$(1101)_B$。

以上便是格雷码的定义及格雷码与自然二进码之间的转换方法。下面我们再回过头来看由拉德梅克函数定义的按沃尔什排列的沃尔什函数。

例：用公式(3-105)求 $P=4$ 时的 $\mathrm{Wal_w}(5,t)$。

解：因为 $i=5$，所以 5 的自然二进码为(0101)。由前面所述的转换规则可得到格雷码为(0111)。因此，有下面的对应关系：

$$\begin{matrix}(0 & 1 & 1 & 1)\\ \uparrow & \uparrow & \uparrow & \uparrow \\ \text{第3位} & \text{第2位} & \text{第1位} & \text{第0位}\\ g(5)_3 & g(5)_2 & g(5)_1 & g(5)_0\end{matrix}$$

即
$$g(5)_0=1,g(5)_1=1,\quad g(5)_2=1,g(5)_3=0$$

代入式(3-105)得
$$\mathrm{Wal_W}(i,t)=\prod_{k=0}^{P-1}[R(k+1,t)]^{g(i)_k}$$

$$\mathrm{Wal_W}(5,t)=[R(1,t)]^1\cdot[R(2,t)]^1\cdot[R(3,t)]^1\cdot[R(4,t)]^0=R(1,t)\cdot R(2,t)\cdot R(3,t)$$

例:令 $P=4,i=9$,求 $\mathrm{Wal_W}(9,t)$。

解:因为 $i=9$,所以其格雷码为(1101),因此

$$g(9)_3=1,\quad g(9)_2=1,\quad g(9)_1=0,\quad g(9)_0=1$$

代入式(3-105)得
$$\begin{aligned}\mathrm{Wal_W}(9,t)&=[R(1,t)]^1\cdot[R(2,t)]^0\cdot[R(3,t)]^1\cdot[R(4,t)]^1\\&=R(1,t)\cdot R(3,t)\cdot R(4,t)\end{aligned}$$

模仿正、余弦函数的奇偶对称性,按沃尔什排列的沃尔什函数也可以分成 $\mathrm{cal}(i,t)$ 和 $\mathrm{sal}(i,t)$。当 i 是偶数时称为 $\mathrm{cal}(i,t)$,当 i 是奇数时称为 $\mathrm{sal}(i,t)$。例如 $P=4$ 时

$$\mathrm{cal}(0,t)=\mathrm{Wal_W}(0,t)\quad \mathrm{sal}(1,t)=\mathrm{Wal_W}(1,t)\quad \mathrm{cal}(1,t)=\mathrm{Wal_W}(2,t)\quad \mathrm{sal}(2,t)=\mathrm{Wal_W}(3,t)$$

$$\mathrm{cal}(2,t)=\mathrm{Wal_W}(4,t)\quad \mathrm{sal}(3,t)=\mathrm{Wal_W}(5,t)\quad \mathrm{cal}(3,t)=\mathrm{Wal_W}(6,t)\quad \mathrm{sal}(4,t)=\mathrm{Wal_W}(7,t)$$

即
$$\mathrm{Wal_W}(2i,t)=\mathrm{cal}(i,t)\quad(\text{偶函数})$$
$$\mathrm{Wal_W}(2i-1,t)=\mathrm{sal}(i,t)\quad(\text{奇函数})$$

按沃尔什排列的沃尔什函数也可以用三角函数来定义。在正交区间[0,1]内,$i=0,1,2,\cdots,(2^P-1)$,P 为正整数的情况下,可由下式来定义:

$$\mathrm{Wal_W}(i,t)=\prod_{k=0}^{P-1}\mathrm{sgn}[\cos i_k 2^k\pi t]\tag{3-109}$$

式中,i_k 是 i 的自然二进码的第 k 位数字,$i_k\in\{0,1\}$。

例:$P=3$ 时,求 $\mathrm{Wal_w}(3,t)$ 的三角函数表达式。

解:因为 $i=3$,所以其自然二进码为(011)。将 $i_2=0$,$i_1=1,i_0=1$,代入式(3-109)得

$$\begin{aligned}\mathrm{Wal_W}(3,t)&=\mathrm{sgn}[\cos1\times2^0\pi t]\cdot\mathrm{sgn}[\cos1\times2^1\pi t]\cdot\mathrm{sgn}[\cos0\times2^2\pi t]\\&=\mathrm{sgn}[\cos\pi t]\cdot\mathrm{sgn}[\cos2\pi t]\end{aligned}$$

当 $P=3$ 时,对前 8 个 $\mathrm{Wal_W}(i,t)$ 取样,同样可以写成矩阵式如下:

$$\boldsymbol{H}_{\mathrm{W}}(3)=\begin{bmatrix}1&1&1&1&1&1&1&1\\1&1&1&1&-1&-1&-1&-1\\1&1&-1&-1&-1&-1&1&1\\1&1&-1&-1&1&1&-1&-1\\1&-1&-1&1&1&-1&-1&1\\1&-1&-1&1&-1&1&1&-1\\1&-1&1&-1&-1&1&-1&1\\1&-1&1&-1&1&-1&1&-1\end{bmatrix}\tag{3-110}$$

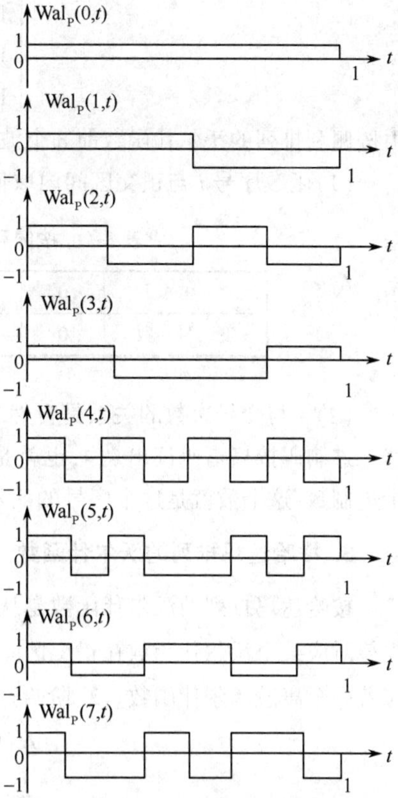

图 3-12　按佩利排列的沃尔什函数

2. 按佩利排列的沃尔什函数

用 $\mathrm{Wal_P}(i,t)$ 来表示按佩利排列的沃尔什函数,其波形如图 3-12 所示。按佩利排列的沃尔什函数也可以由拉德梅

克函数产生。其定义由式(3-111)表示：

$$\mathrm{Wal_P}(i,t)=\prod_{k=0}^{P-1}[R(k+1,t)]^{i_k} \tag{3-111}$$

式中，$R(k+1,t)$是拉德梅克函数，i_k 是将函数序号写成自然二进码的第 k 位数字，$i_k\in\{0,1\}$。即

$$(i)=(i_{n-1}i_{n-2}\cdots i_2i_1i_0)_B$$

例：$P=3$ 时，求 $\mathrm{Wal_P}(1,t)$。

解：因为 $i=1$，所以自然二进码为

$$\begin{matrix}[0 & 0 & 1]\\ \uparrow & \uparrow & \uparrow\\ \text{第2位} & \text{第1位} & \text{第0位}\end{matrix}$$

代入式(3-111)得 $\mathrm{Wal_P}(1,t)=\prod_{k=0}^{2}[R(k+1,t)]^{i_k}=[R(1,t)]^1\cdot[R(2,t)]^0\cdot[R(3,t)]^0=R(1,t)$

例：$P=3$，求 $\mathrm{Wal_p}(5,t)$。

解：因为 $i=5$，所以，二进码为(101)，代入式(3-111)，则

$$\mathrm{Wal_P}(5,t)=\prod_{k=0}^{2}[R(k+1,t)]^{i_k}=[R(1,t)]^1\cdot[R(2,t)]^0\cdot[R(3,t)0]^1=R(1,t)\cdot R(3,t)$$

当 $P=3$ 时的 8 个沃尔什函数经取样后可得

$$\boldsymbol{H}_\mathrm{P}(3)=\begin{bmatrix}1&1&1&1&1&1&1&1\\1&1&1&1&-1&-1&-1&-1\\1&1&-1&-1&1&1&-1&-1\\1&1&-1&-1&-1&-1&1&1\\1&-1&1&-1&1&-1&1&-1\\1&-1&1&-1&-1&1&-1&1\\1&-1&-1&1&1&-1&-1&1\\1&-1&-1&1&-1&1&1&-1\end{bmatrix} \tag{3-112}$$

由按佩利排列的沃尔什函数前 8 个波形可以看出有如下一些规律：

(1)函数序号 i 与正交区间内取值符号变化次数有表 3-1 所列之关系。

表 3-1 按佩利排列的沃尔什函数序号与变号次数的关系

i	0	1	2	3	4	5	6	7
变 号 数	0	1	3	2	7	6	4	5

(2) i 与变号次数的关系是自然二进码与格雷码的关系。如 $i=6=(110)_B$ 自然二进码，这个自然二进制码按格雷码读出是 4，也就是说，把十进制数 i 编成自然二进码，然后按格雷码的规律变回十进制数，这个数就是这个序号的沃尔什函数的变号次数。

3. 按哈达玛排列的沃尔什函数

按哈达玛排列的沃尔什函数是从 2^n 阶哈达玛矩阵得来的。2^n 阶哈达玛矩阵每一行的符号变化规律对应某个沃尔什函数在正交区间内符号变化的规律，也就是说，2^n 阶哈达玛矩阵的每一行就对应着一个离散沃尔什函数。2^n 阶哈达玛矩阵有如下形式：

$$\boldsymbol{H}(0)=[1] \tag{3-113}$$

$$\boldsymbol{H}(1)=\begin{bmatrix}1&1\\1&-1\end{bmatrix} \tag{3-114}$$

$$H(2)=\begin{bmatrix}1 & 1 & 1 & 1\\ 1 & -1 & 1 & -1\\ 1 & 1 & -1 & -1\\ 1 & -1 & -1 & 1\end{bmatrix} \tag{3-115}$$

$$\cdots$$

一般情况下 $$H(m)=\begin{bmatrix}H(m-1) & H(m-1)\\ H(m-1) & -H(m-1)\end{bmatrix}=H(m-1)\otimes H(1) \tag{3-116}$$

式(3-116)是哈达玛矩阵的递推关系式。利用这个关系式可以产生任意 2^n 阶哈达玛矩阵。这个关系也叫作克罗内克积(Kronecker Product)关系,或叫直积关系。

按哈达玛排列的沃尔什函数用 $\mathrm{Wal_H}(i,t)$ 来表示。它的前 8 个函数波形如图 3-13 所示。按哈达玛排列的沃尔什函数也可以写成矩阵式

$$H_{\mathrm{H}}(3)=\begin{bmatrix}1 & 1 & 1 & 1 & 1 & 1 & 1 & 1\\ 1 & -1 & 1 & -1 & 1 & -1 & 1 & -1\\ 1 & 1 & -1 & -1 & 1 & 1 & -1 & -1\\ 1 & -1 & -1 & 1 & 1 & -1 & -1 & 1\\ 1 & 1 & 1 & 1 & -1 & -1 & -1 & -1\\ 1 & -1 & 1 & -1 & -1 & 1 & -1 & 1\\ 1 & 1 & -1 & -1 & -1 & -1 & 1 & 1\\ 1 & -1 & -1 & 1 & -1 & 1 & 1 & -1\end{bmatrix} \tag{3-117}$$

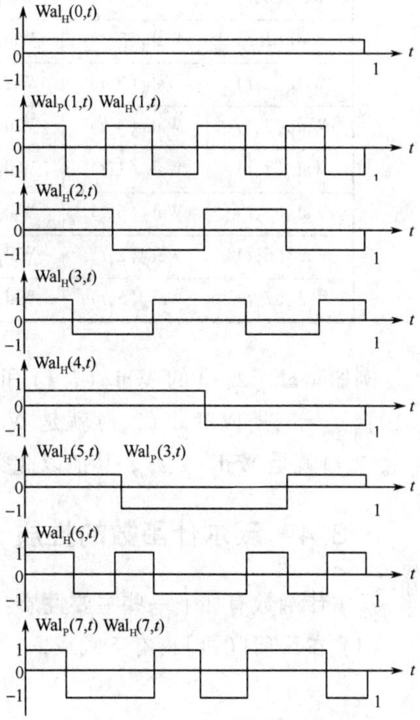

图 3-13　按哈达玛排列的沃尔什函数

按哈达玛排列的沃尔什函数有如下一些特点:

(1) 从二阶哈达玛矩阵可得到两个沃尔什函数,从四阶哈达玛矩阵可得到 4 个沃尔什函数,一般地说,2^n 阶哈达玛矩阵可得到 2^n 个沃尔什函数。

(2) 由不同阶数的哈达玛矩阵得到的沃尔什函数排列顺序是不同的。例如,从 $H_{\mathrm{H}}(4)$ 得到的沃尔什函数 $\mathrm{Wal_H}(2,t)$ 并不是从 $H_{\mathrm{H}}(8)$ 得到的 $\mathrm{Wal_H}(2,t)$,而是从 $H_{\mathrm{H}}(8)$ 得到的 $\mathrm{Wal_H}(4,t)$。

(3) 由于哈达玛矩阵的简单的递推关系,使得按哈达玛排列的沃尔什函数特别容易记忆。

按哈达玛排列的沃尔什函数也可以由拉德梅克函数产生,解析式如式(3-118)所示:

$$\mathrm{Wal_H}(i,t)=\prod_{k=0}^{P-1}[R(k+1,t)]^{\langle i_k\rangle} \tag{3-118}$$

式中,$R(k+1,t)$ 仍然是拉德梅克函数,$\langle i_k\rangle$ 是把 i 的自然二进码反写后的第 k 位数字,并且 $\langle i_k\rangle\in\{0,1\}$,也就是

$$(i)=(i_{n-1}i_{n-2}\cdots i_2i_1i_0)_{二进码}$$

反写后 $$\langle i\rangle=(i_0i_1i_2\cdots i_{n-1}i_{n-2})$$

$$\uparrow\quad\uparrow$$

…第 1 位 第 0 位

例:求 $P=3$ 时,$\mathrm{Wal_H}(6,t)$ 的波形。

第一种方法是可用比较简单的方法写出 $2^n=2^3=8$ 阶哈达玛矩阵 $H_{\mathrm{H}}(8)$,并自上而下从 0 数起至第 6 行就是 $\mathrm{Wal_H}(6,t)$。

第二种方法是应用数学解析式。因为

$$i=6=(110)_{\text{二进码}}$$

所以

$$\begin{matrix}\langle i\rangle=(0 & 1 & 1)\\ \uparrow & \uparrow & \uparrow\\ \langle i_2\rangle & \langle i_1\rangle & \langle i_0\rangle\end{matrix}$$

代入式(3-118)得 $\mathrm{Wal_H}(6,t)=[R(1,t)]^{\langle i_0\rangle}\cdot[R(2,t)]^{\langle i_1\rangle}\cdot[R(3,t)]^{\langle i_2\rangle}=R(1,t)\cdot R(2,t)$

三种定义下的沃尔什函数,尽管它们的排列顺序各不相同,但三种排序方法得到的沃尔什函数是有一定关系的。它们之间的关系如表 3-2 和图 3-14 所示。

表 3-2　三种排列的前 8 个沃尔什函数之间的关系表

$\mathrm{Wal_H}(i,t)$	$\mathrm{Wal_W}(i,t)$	$\mathrm{Wal_P}(i,t)$
$\mathrm{Wal_H}(0,t)$	$\mathrm{Wal_W}(0,t)$	$\mathrm{Wal_P}(0,t)$
$\mathrm{Wal_H}(1,t)$	$\mathrm{Wal_W}(7,t)$	$\mathrm{Wal_P}(4,t)$
$\mathrm{Wal_H}(2,t)$	$\mathrm{Wal_W}(3,t)$	$\mathrm{Wal_P}(2,t)$
$\mathrm{Wal_H}(3,t)$	$\mathrm{Wal_W}(4,t)$	$\mathrm{Wal_P}(6,t)$
$\mathrm{Wal_H}(4,t)$	$\mathrm{Wal_W}(1,t)$	$\mathrm{Wal_P}(1,t)$
$\mathrm{Wal_H}(5,t)$	$\mathrm{Wal_W}(6,t)$	$\mathrm{Wal_P}(5,t)$
$\mathrm{Wal_H}(6,t)$	$\mathrm{Wal_W}(2,t)$	$\mathrm{Wal_P}(3,t)$
$\mathrm{Wal_H}(7,t)$	$\mathrm{Wal_W}(5,t)$	$\mathrm{Wal_P}(7,t)$

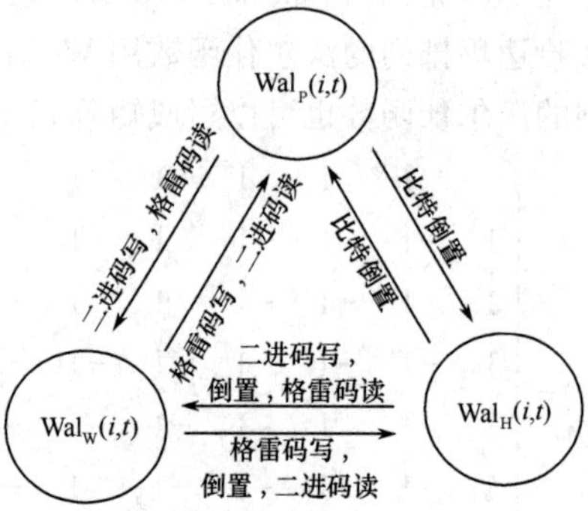

图 3-14　三种定义的沃尔什函数序号间的关系

例如 $\mathrm{Wal_P}(2,t)$ 的 $\mathrm{Wal_W}(i,t)$ 和 $\mathrm{Wal_H}(i,t)$ 间的关系如下:$2=(010)_{\text{二进码}}$,按格雷码读,即 $(010)_{\text{格雷码}}=3$,所以 $\mathrm{Wal_P}(2,t)$ 就是 $\mathrm{Wal_W}(3,t)$,(010)比特倒置后为(010),按二进码读仍为 2,则 $\mathrm{Wal_P}(2,t)$ 就是 $\mathrm{Wal_H}(2,t)$。其他以此类推。以上就是沃尔什函数三种定义之间的关系。

3.3.4　沃尔什函数的性质

沃尔什函数有如下一些主要性质:

(1) 在区间[0,1]内有下式成立:

$$\int_0^1 \mathrm{Wal}(0,t)\,\mathrm{d}t=1 \tag{3-119}$$

$$\int_0^1 \mathrm{Wal}(i,t)\,\mathrm{d}t=0 \quad i=1,2\cdots \tag{3-120}$$

$$[\mathrm{Wal}(i,t)]^2=1 \quad i=0,1,2,3\cdots \tag{3-121}$$

这说明在[0,1]区间内除了 $\mathrm{Wal}(0,t)$ 外,其他沃尔什函数取+1 和−1 的时间是相等的。

(2) 在区间[0,1]的第一小段时间内(通常称为时隙)沃尔什函数总是取+1。

(3) 沃尔什函数有如下乘法定理:

$$\mathrm{Wal}(i,t)\cdot\mathrm{Wal}(j,t)=\mathrm{Wal}(i\oplus j,t) \tag{3-122}$$

并且,该定理服从结合律

$$[\mathrm{Wal}(i,t)\cdot\mathrm{Wal}(j,t)]\cdot\mathrm{Wal}(k,t)=\mathrm{Wal}(i,t)\cdot[\mathrm{Wal}(j,t)\cdot\mathrm{Wal}(k,t)]$$
$$i,j,k=0,1,2,\cdots,(2^P-1) \tag{3-123}$$

证明:由定义式

$$\mathrm{Wal}(i,t)\cdot\mathrm{Wal}(j,t)=\prod_{k=0}^{P-1}[R(k+1,t)]^{g(i)_k}\cdot\prod_{k=0}^{P-1}[R(k+1,t)]^{g(j)_k}=\prod_{k=0}^{P-1}[R(k+1,t)]^{g(i)_k+g(j)_k}$$

但是

$$g(i)_k,g(j)_k\in\{0,1\}$$

$$[R(k+1,t)]^{1+1}=[R(k+1,t)]^{2}=1$$
$$[R(k+1,t)]^{1\oplus 1}=[R(k+1,t)]^{0}=1$$
$$[R(k+1,t)]^{1+0}=[R(k+1,t)]^{1\oplus 0}$$
$$[R(k+1,t)]^{0+1}=[R(k+1,t)]^{0\oplus 1}$$

因此
$$\mathrm{Wal}(i,t)\cdot \mathrm{Wal}(j,t)=\prod_{k=0}^{p-1}[R(k+1,t)]^{g(i)_k+g(j)_k}$$
$$=\prod_{k=0}^{p-1}[R(k+1,t)]^{g(i)_k\oplus g(j)_k}=\mathrm{Wal}(i\oplus j,t)$$

以上便是乘法定理的证明。

(4) 沃尔什函数有归一化正交性

$$\int_0^1 \mathrm{Wal}(i,t)\cdot \mathrm{Wal}(j,t)\,\mathrm{d}t=\begin{cases}0 & i\neq j\\ 1 & i=j\end{cases} \tag{3-124}$$

证明:由乘法定理有 $\int_0^1 \mathrm{Wal}(i,t)\cdot \mathrm{Wal}(j,t)\,\mathrm{d}t=\int_0^1 \mathrm{Wal}(i\oplus j,t)\,\mathrm{d}t=\int_0^1 \mathrm{Wal}(l,t)\,\mathrm{d}t$

式中 $i\oplus j=l$。由于
$$\int_0^1 \mathrm{Wal}(0,t)\,\mathrm{d}t=1$$
$$\int_0^1 \mathrm{Wal}(i,t)\,\mathrm{d}t=0 \qquad i=1,2,3,\cdots$$

所以,当 $l=0$,即 $i=j$ 时,则
$$\int_0^1 \mathrm{Wal}(i,t)\cdot \mathrm{Wal}(j,t)\,\mathrm{d}t=1$$

而当 $l\neq 0$,即 $i\neq j$ 时,则
$$\int_0^1 \mathrm{Wal}(i,t)\cdot \mathrm{Wal}(j,t)\,\mathrm{d}t=0$$

正交性得证。

(5) 沃尔什函数形成群

① 由沃尔什函数全体所组成的集合对于乘法运算而言形成一个可交换群。

② 由 2^n 个沃尔什函数{$\mathrm{Wal}(0,t),\mathrm{Wal}(1,t),\cdots,\mathrm{Wal}(2^n-1,t)$},其中 n 为正整数,所组成的子集,也形成一个可交换群,而且是上述群的一个子群。因为集合{$\mathrm{Wal}(i,t)$}满足形成群的四个公理,也就是说它满足封闭性;乘法结合律;存在一个单位元素 e,对于集合中的每一个元素 a,都可在该集合中找到一个逆元素 a^{-1},使得 $a\cdot a^{-1}=e$,而 $\mathrm{Wal}(i,t)$ 的逆元素就是其本身。除此之外,沃尔什函数群满足乘法交换律,所以是一个可交换群。

(6) $\mathrm{Wal}(2^n i,t)=\mathrm{Wal}(i,2^n t)$ (3-125)

这里 n 为整数。这个性质可证明如下:

令
$$i=\sum_{k=0}^{P-1} i_k\cdot 2^k \quad t<2^{P-1}$$

则
$$2^n i=2^n\cdot\sum_{k=0}^{P-1} i_k\cdot 2^k=\sum_{k=0}^{P-1} i_k\cdot 2^{n+k}$$

由定义
$$\mathrm{Wal}_W(i,t)=\prod_{k=0}^{P-1}\mathrm{sgn}[\cos i_k\cdot 2^k\pi t]$$

可得
$$\mathrm{Wal}_W(2^n\cdot i,t)=\prod_{k=0}^{P-1}\mathrm{sgn}[\cos i_k\cdot 2^{n+k}\pi t]$$
$$=\prod_{k=0}^{P-1}\mathrm{sgn}[\cos i_k\cdot 2^k\pi\cdot(2^n t)]=\mathrm{Wal}_W(i,2^{nt})$$

所以
$$\mathrm{Wal}(2^n\cdot i,t)=\mathrm{Wal}(i,2^n t)$$

(7) 对称性

$$\mathrm{Wal}(i,t)=\mathrm{Wal}(t,i) \tag{3-126}$$

这一性质只适用于离散沃尔什函数。

3.3.5 沃尔什变换

离散沃尔什变换可由以下两式表达：

$$W(i)=\frac{1}{N}\sum_{t=0}^{N-1}f(t)\cdot \mathrm{Wal}(i,t) \tag{3-127}$$

$$f(t)=\sum_{i=0}^{N-1}W(i)\cdot \mathrm{Wal}(i,t) \tag{3-128}$$

离散沃尔什变换解析式写成矩阵式可得到沃尔什变换矩阵式

$$\begin{bmatrix} W(0)\\ W(1)\\ \vdots\\ W(N-1)\end{bmatrix}=\frac{1}{N}[\mathrm{Wal}(N)]\begin{bmatrix} f(0)\\ f(1)\\ \vdots\\ f(N-1)\end{bmatrix} \tag{3-129}$$

$$\begin{bmatrix} f(0)\\ f(1)\\ \vdots\\ f(N-1)\end{bmatrix}=[\mathrm{Wal}(N)]\begin{bmatrix} W(0)\\ W(1)\\ \vdots\\ W(N-1)\end{bmatrix} \tag{3-130}$$

式中，$[\mathrm{Wal}(N)]$代表 N 阶沃尔什矩阵。

另外，沃尔什函数可写成如下形式：

$$\mathrm{Wal}(i,t)=(-1)^{\sum_{k=0}^{p-1}t_{p-1-k}(i_{k+1}\oplus i_k)} \tag{3-131}$$

式中，$t=(t_{p-1}t_{p-2}\cdots t_k\cdots t_2t_1t_0)_B$，$i=(i_{P-1}i_{P-2}\cdots i_k\cdots t_2t_1t_0)_B$，$N=2^P$。因此，可得到指数形式的沃尔什变换式

$$W(i)=\frac{1}{N}\sum_{t=0}^{N-1}f(t)\cdot(-1)^{\sum_{k=0}^{p-1}t_{p-1-k}(i_{k+1}\oplus i_k)} \tag{3-132}$$

$$f(t)=\sum_{i=0}^{N-1}W(i)(-1)^{\sum_{k=0}^{p-1}t_{p-1-k}(t_{k+1}\oplus t_k)} \tag{3-133}$$

以上是离散沃尔什变换的三种定义，其中矩阵式最为简洁。

3.3.6 离散沃尔什—哈达玛变换

由沃尔什函数的定义可知，按哈达玛排列的沃尔什函数与按沃尔什排列的沃尔什函数相比较只是排列顺序不同，其本质并没有什么不同。但是哈达玛矩阵具有简单的递推关系，也就是高阶矩阵可用低阶矩阵的直积得到，这就使得沃尔什—哈达玛变换有许多方便之处。因此，用得较多的是沃尔什—哈达玛变换。

离散沃尔什—哈达玛变换的定义可直接由沃尔什变换得到，只要用按哈达玛排列的沃尔什函数去代替沃尔什排列的沃尔什函数，就可以得其矩阵式如下：

$$\begin{bmatrix} W(0)\\ W(1)\\ \vdots\\ W(N-1)\end{bmatrix}=\frac{1}{N}[H(N)]\begin{bmatrix} f(0)\\ f(1)\\ \vdots\\ f(N-1)\end{bmatrix} \tag{3-134}$$

式中，$[W(0),W(1),W(2),\cdots,W(N-1)]^{\mathrm{T}}$ 是沃尔什哈达玛变换系数序列，$[f(0),f(1),f(2),\cdots f(N-1)]^{\mathrm{T}}$是时间序列，$N=2^P$，$P$ 为正整数。式(3-134)的逆变换式如下：

$$\begin{bmatrix} f(0)\\ f(1)\\ \vdots\\ f(N-1)\end{bmatrix}=[H(N)]\begin{bmatrix} W(0)\\ W(1)\\ \vdots\\ W(N-1)\end{bmatrix} \tag{3-135}$$

例:将时间序列[0,0,1,1,0,0,1,1]做沃尔什-哈达玛变换及反变换。

$$\begin{bmatrix} W(0) \\ W(1) \\ W(2) \\ W(3) \\ W(4) \\ W(5) \\ W(6) \\ W(7) \end{bmatrix} = \frac{1}{8} \begin{bmatrix} 1 & 1 & 1 & 1 & 1 & 1 & 1 & 1 \\ 1 & -1 & 1 & -1 & 1 & -1 & 1 & -1 \\ 1 & 1 & -1 & -1 & 1 & 1 & -1 & -1 \\ 1 & -1 & -1 & 1 & 1 & -1 & -1 & 1 \\ 1 & 1 & 1 & 1 & -1 & -1 & -1 & -1 \\ 1 & -1 & 1 & -1 & -1 & 1 & -1 & 1 \\ 1 & 1 & -1 & -1 & -1 & -1 & 1 & 1 \\ 1 & -1 & -1 & 1 & -1 & 1 & 1 & -1 \end{bmatrix} \begin{bmatrix} 0 \\ 0 \\ 1 \\ 1 \\ 0 \\ 0 \\ 1 \\ 1 \end{bmatrix} = \begin{bmatrix} 1/2 \\ 0 \\ -1/2 \\ 0 \\ 0 \\ 0 \\ 0 \\ 0 \end{bmatrix}$$

反变换为

$$\begin{bmatrix} f(0) \\ f(1) \\ f(2) \\ f(3) \\ f(4) \\ f(5) \\ f(6) \\ f(7) \end{bmatrix} = \begin{bmatrix} 1 & 1 & 1 & 1 & 1 & 1 & 1 & 1 \\ 1 & -1 & 1 & -1 & 1 & -1 & 1 & -1 \\ 1 & 1 & -1 & -1 & 1 & 1 & -1 & -1 \\ 1 & -1 & -1 & 1 & 1 & -1 & -1 & 1 \\ 1 & 1 & 1 & 1 & -1 & -1 & -1 & -1 \\ 1 & -1 & 1 & -1 & -1 & 1 & -1 & 1 \\ 1 & 1 & -1 & -1 & -1 & -1 & 1 & 1 \\ 1 & -1 & -1 & 1 & -1 & 1 & 1 & -1 \end{bmatrix} \begin{bmatrix} 1/2 \\ 0 \\ -1/2 \\ 0 \\ 0 \\ 0 \\ 0 \\ 0 \end{bmatrix} = \begin{bmatrix} 0 \\ 0 \\ 1 \\ 1 \\ 0 \\ 0 \\ 1 \\ 1 \end{bmatrix}$$

3.3.7 离散沃尔什变换的性质

离散沃尔什变换有许多性质。下面把主要性质列举于下。为叙述方便起见,用$\{f(t)\}$表示时间序列,用$\{W(n)\}$表示变换系数序列,以$\{f(t)\}\Leftrightarrow\{W(n)\}$表示沃尔什变换对应关系。

1. 线性

如果
$$\{f_1(t)\}\Leftrightarrow\{W_1(n)\},\quad \{f_2(t)\}\Leftrightarrow\{W_2(n)\}$$
则
$$a_1\{f_1(t)\}+a_2\{f_2(t)\}\Leftrightarrow a_1\{W_1(n)\}+a_2\{W_2(n)\} \tag{3-136}$$
其中 a_1,a_2 为常数。

2. 模 2 移位性质

将时间序列$\{f(t)\}$做 l 位模 2 移位所得到的序列,我们称为模 2 移位序列。模 2 移位是这样实现的:

设:$\{f(t)\}=\{f(0),f(1),f(2),\cdots,f(N-1)\}$是周期长度为 N 的序列。做一个新的序列
$$\{z(m)\}_l=\{z(0),z(1),z(2),\cdots,z(N-1)\} \tag{3-137}$$
式中,$z(m)=f(t\oplus l)$。此时,称$\{z(m)\}_l$是序列$\{f(t)\}$的位模 2 移位序列。

例:
$$\{f(t)\}=\{f(0),f(1),f(2),f(3),f(4),f(5),f(6),f(7)\},N=8$$
则 $\{z(m)\}_2=\{f(0\oplus2),f(1\oplus2),f(2\oplus2),f(3\oplus2),f(4\oplus2),f(5\oplus2),f(6\oplus2),f(7\oplus2)\}$

由于
$$0\oplus2=(000)\oplus(010)=(010)_{二进码}=(2)_{十进数}$$
$$1\oplus2=(001)\oplus(010)=(011)_{二进码}=(3)_{十进数}$$
$$2\oplus2=(010)\oplus(010)=(000)_{二进码}=(0)_{十进数}$$
$$3\oplus2=(011)\oplus(010)=(001)_{二进码}=(1)_{十进数}$$
$$4\oplus2=(100)\oplus(010)=(110)_{二进码}=(6)_{十进数}$$
$$5\oplus2=(101)\oplus(010)=(111)_{二进码}=(7)_{十进数}$$
$$6\oplus2=(110)\oplus(010)=(100)_{二进码}=(4)_{十进数}$$
$$7\oplus2=(111)\oplus(010)=(101)_{二进码}=(5)_{十进数}$$

所以 $\{z(m)\}_2=\{f(2),f(3),f(0),f(1),f(6),f(7),f(4),f(5)\}$

同理 $\{z(m)\}_3=\{f(3),f(2),f(1),f(0),f(7),f(6),f(5),f(4)\}$

用矩阵表示为

$$\boldsymbol{z}_1=\boldsymbol{M}_1\boldsymbol{f}$$

式中

$$\boldsymbol{f}=\boldsymbol{f}(t)^{\mathrm{T}} \quad \boldsymbol{z}_1=\boldsymbol{z}(m)_1^{\mathrm{T}}$$

$$\boldsymbol{M}_1=\begin{bmatrix}0&1&0&0&0&0&0&0\\1&0&0&0&0&0&0&0\\0&0&0&1&0&0&0&0\\0&0&1&0&0&0&0&0\\0&0&0&0&0&1&0&0\\0&0&0&0&1&0&0&0\\0&0&0&0&0&0&0&1\\0&0&0&0&0&0&1&0\end{bmatrix} \tag{3-138}$$

$$\boldsymbol{z}_2=\boldsymbol{M}_2\boldsymbol{f} \tag{3-139}$$

$$\boldsymbol{M}_2=\begin{bmatrix}0&0&1&0&0&0&0&0\\0&0&0&1&0&0&0&0\\1&0&0&0&0&0&0&0\\0&1&0&0&0&0&0&0\\0&0&0&0&0&0&1&0\\0&0&0&0&0&0&0&1\\0&0&0&0&1&0&0&0\\0&0&0&0&0&1&0&0\end{bmatrix} \tag{3-140}$$

按照模 2 和的性质,可知

$$\boldsymbol{M}^{\mathrm{T}}\boldsymbol{M}=\boldsymbol{I} \tag{3-141}$$

这里 $\boldsymbol{I}$ 是么阵。

模 2 移位性质是指下面的关系:如果 $\{f(t)\}\Leftrightarrow\{W(n)\}$,并且 $\{z(t)\}_l$ 是 $f(t)$ 的模 2 移位序列,则

$$\{z(t)\}_1\Leftrightarrow\{W_z(n)\}$$

式中,$W_z(n)=\mathrm{Wal}(n,l)\cdot W(n)$,$\mathrm{Wal}(n,l)$ 是矩阵 $[\mathrm{Wal}]_{2^P}$ 中的第 n 行第 l 列的元素;$n=0,1,2\cdots,(N-1)$;$t=0,1,2,\cdots,(N-1)$;$N=2^P$,P 是正整数。

此定理的证明如下:

令 $z(t)$ 为 $\{\boldsymbol{z}(t)\}_l$ 的元素,$\{\boldsymbol{z}(t)\}_l$ 是 $\{\boldsymbol{f}(t)\}$ 的模 2 移位序列,则

$$W_z(n)=\frac{1}{N}\sum_{t=0}^{N-1}z(t)\cdot\mathrm{Wal}(n,t)=\frac{1}{N}\sum_{t=0}^{N-1}f(t\oplus l)\cdot\mathrm{Wal}(n,t)$$

令 $r=t\oplus l$,则有 $t=r\oplus l$,并且当 t 取值由 0 到 $N-1$ 时,r 也取同样的值,只不过取值的顺序不同而已。于是可写成如下形式:

$$W_z(n)=\frac{1}{N}\sum_{r=0}^{N-1}f(r)\cdot\mathrm{Wal}(n,r\oplus l)=\frac{1}{N}\sum_{r=0}^{N-1}f(r)\cdot\mathrm{Wal}(n,r)\cdot\mathrm{Wal}(n,l)$$

$$=\mathrm{Wal}(n,l)\left[\frac{1}{N}\sum_{r=0}^{N-1}f(r)\cdot\mathrm{Wal}(n,r)\right]=\mathrm{Wal}(n,l)\left[\frac{1}{N}\sum_{t=0}^{N-1}f(t)\cdot\mathrm{Wal}(n,t)\right]=\mathrm{Wal}(n,l)\cdot W(n)$$

所以,证明 $\{z(t)\}_l\Leftrightarrow\{W_z(n)\}$。又因为 $[W_z(n)]^2=[\mathrm{Wal}(n,l)]^2\cdot[W(n)]^2=[W(n)]^2$,这说明 $[W_z(n)]^2$ 与 l 无关。也就是说,模 2 移位后的序列做沃尔什变换后,所得到的第 n 个系数的平方 $[W_z(n)]^2$ 与模 2 移位的移位位数无关。$[W_z(n)]^2$ 仍然等于 $[W(n)]^2$。因此,模 2 移位定理(或称为并元移位定理)又可表达为输入序列 $\{f(t)\}$ 模 2 移位后的功率谱是不变的。

例:设输入序列 $\{f(t)\}=\{0,0,1,1,0,0,1,1\}$,对此序列作 $l=3$ 的模 2 移位,得

$$\{z(t)\}_3=\{f(t\oplus 3)\}=\{1,1,0,0,1,1,0,0\}$$

做沃尔什变换得 $\{1/2,0,-1/2,0,0,0,0,0\}$

根据 $W_z(n)=\text{Wal}(n,l)\cdot W(n)$，可得

$$\{W_z(n)\}=\{\text{Wal}(n,l)\cdot W(n)\}=\{\text{Wal}(n,3)\cdot W(n)\}=\left\{\frac{1}{2},0,\frac{1}{2},0,0,0,0,0\right\}$$

从上面结果可知 $[W(0)]^2=(1/2)^2=1/4$，$[W(3)]^2=(-1/2)^2=1/4$，而 $[W_z(0)]^2=(1/2)^2=1/4$，$[W_z(3)]^2=(1/2)^2=1/4$。可见 n 相同时，功率也相同，也就是说功率谱是不变的。

3. 模 2 移位卷积定理(时间)

在讨论下面的定理之前，首先说明一下模 2 移位卷积与模 2 移位相关的概念。

令 $\{f_1(t)\}$ 和 $\{f_2(t)\}$ 是两个长度相同的周期性序列。用下面两式来定义两个序列的模 2 移位卷积和模 2 移位相关：

$$C_{12}(t)=\frac{1}{N}\sum_{l=0}^{N-1}f_1(l)\cdot f_2(t\ominus l)=\frac{1}{N}\sum_{l=0}^{N-1}f_1(l)\cdot f_2(t\oplus l) \tag{3-142}$$

式中，$C_{12}(t)$ 为模 2 卷积的代表符号，$\ominus$ 为模 2 减运算符，它的运算结果与模 2 加一样。模 2 移位相关的定义式如式(3-143)所示：

$$K_{12}(t)=\frac{1}{N}\sum_{l=0}^{N-1}f_1(l)\cdot f_2(t\oplus l) \tag{3-143}$$

式中，$K_{12}(t)$ 表示模 2 移位相关，$f_2(t\oplus l)$ 是 $f_2(t)$ 的模 2 移位序列。

由式(3-142)和式(3-143)可见，模 2 移位卷积和模 2 移位相关具有相同的结果，即

$$K_{12}(t)=C_{12}(t)=\frac{1}{N}\sum_{l=0}^{N-1}f_1(l)\cdot f_2(t\oplus l) \tag{3-144}$$

下面讨论模 2 移位卷积定理。

如果 $\{f_1(t)\}\Leftrightarrow\{W_1(n)\}$，$\{f_2(t)\}\Leftrightarrow\{W_2(n)\}$

则

$$\{C_{12}(t)\}\Leftrightarrow\{W_1(n)\cdot W_2(n)\} \tag{3-145}$$

如果用 $\mathscr{W}$ 代表做沃尔什变换，则

$$\begin{aligned}\mathscr{W}[C_{12}(t)]&=\frac{1}{N}\sum_{t=0}^{N-1}C_{12}(t)\cdot\text{Wal}(n,t)=\frac{1}{N}\sum_{t=0}^{N-1}\left[\frac{1}{N}\sum_{l=0}^{N-1}f_1(l)\cdot f_2(t\oplus l)\right]\cdot\text{Wal}(n,t)\\&=\frac{1}{N}\sum_{l=0}^{N-1}f_1(l)\left[\frac{1}{N}\sum_{t=0}^{N-1}f_2(t\oplus l)\cdot\text{Wal}(n,t)\right]=\frac{1}{N}\sum_{l=0}^{N-1}f_1(l)\cdot W_2(n)\cdot\text{Wal}(n,l)\\&=W_2(n)\cdot\left[\frac{1}{N}\sum_{l=0}^{N-1}f_1(l)\cdot\text{Wal}(n,t)\right]=W_2(n)\cdot W_1(n)\end{aligned}$$

所以，证明了 $\{C_{12}(t)\}\Leftrightarrow\{W_1(n)\cdot W_2(n)\}$

4. 模 2 移位列率卷积定理

模 2 移位列率卷积可表示为

$$W_1(n)*W_2(n)=\sum_{r=0}^{N-1}W_1(r)W_2(r\ominus n)=\sum_{r=0}^{N-1}W_1(r)W_2(r\oplus n) \tag{3-146}$$

依照模 2 时间卷积定理，模 2 移位列率卷积定理为：

如果 $\{f_1(t)\}\Leftrightarrow\{W_1(n)\}$，$\{f_2(t)\}\Leftrightarrow\{W_2(n)\}$，则

$$\{W_1(n)*W_2(n)\}\Leftrightarrow\{f_1(t)\cdot f_2(t)\} \tag{3-147}$$

可仿照模 2 移位时间卷积定理的证明方法进行证明。

证明:根据列率卷积的定义 $X(m)*Y(m)=\sum_{h=0}^{N-1}X(h)Y(m\ominus h)$

对其做沃尔什反变换,有 $\sum_{m=0}^{N-1}[X(m)*Y(m)]W^{-mn}=\sum_{m=0}^{N-1}\left[\frac{1}{N}\sum_{h=0}^{N-1}X(h)Y(m\ominus h)\right]W^{-mn}$

$$=\sum_{h=0}^{N-1}X(h)[\frac{1}{N}\sum_{m=0}^{N-1}Y(m\ominus h)W^{-mn}]=\sum_{h=0}^{N-1}X(h)[y(n)W^{-nh}]=\sum_{h=0}^{N-1}X(h)W^{-nh}\cdot y(n)$$

$$=x(n)\cdot y(n)$$

定理得证。

5. 模 2 移位自相关定理

从模 2 移位时间卷积(相关)定理可以得到模 2 移位自相关定理。只要把定理中的 $\{f_2(t)\}$ 和 $\{W_2(n)\}$ 换成 $\{f_1(t)\}$ 和 $\{W_1(n)\}$ 便立即可以得到模 2 移位自相关定理。

$$\{K_{11}(t)\}\Leftrightarrow\{W_1^2(n)\} \tag{3-148}$$

其证明方法也与模 2 移位时间卷积定理的证明方法一样。

从式(3-148)可以建立一个重要概念:模 2 移位自相关序列的沃尔什变换等于序列的功率谱。也就是说,模 2 移位下的自相关序列的沃尔什变换正好与序列的功率谱相符合。与傅里叶变换相比较,模 2 移位下的自相关与沃尔什谱的关系相当于线性移位下的自相关序列的离散傅里叶变换与其功率谱的关系。

6. 帕斯维尔定理

如果 $\{f_1(t)\}\Leftrightarrow\{W_1(n)\}$,则 $\frac{1}{N}\sum_{t=0}^{N-1}f_1^2(t)=\sum_{n=0}^{N-1}W_1^2(n)$ (3-149)

证明:设 $\{K_{11}(t)\}\Leftrightarrow\{W(n)\}$,则 $K_{11}(t)=\sum_{n=0}^{N-1}W(n)\cdot \mathrm{Wal}(n,t)=\sum_{n=0}^{N-1}W_1^2(n)\cdot \mathrm{Wal}(n,t)$

因为 $K_{11}(t)$ 是自相关函数,所以 $\{K_{11}(t)\}\Leftrightarrow\{W_1^2(n)\}$

又由于 $K_{11}(t)=\frac{1}{N}\sum_{l=0}^{N-1}f_1(l)\cdot f_1(t\oplus l)$

所以 $\frac{1}{N}\sum_{l=0}^{N-1}f_1(l)\cdot f_1(t\oplus l)=\sum_{n=0}^{N-1}W_1^2(n)\cdot \mathrm{Wal}(n,t)$

如果令 $t=0$,则 $\frac{1}{N}\sum_{l=0}^{N-1}f_1^2(l)=\sum_{n=0}^{N-1}W_1^2(n)$

由于 l 仅是求和运算的变量,因此将 l 换成 t,即可得

$$\frac{1}{N}\sum_{t=0}^{N-1}f_1^2(t)=\sum_{n=0}^{N-1}W_1^2(n)$$

7. 循环移位定理

把序列 $\{f(t)\}$ 循环地向左移若干位,例如移 l 位,$l=1,2,\cdots,N-1$,这样得到的序列叫循环移位序列。如果用 $\{z(t)_l\}$ 来表示循环移位序列,则

$$\{z(t)_l\}=\{f(l),f(l+1),\cdots,f(l-2),f(l-1)\}\quad l=1,2,\cdots,N-1 \tag{3-150}$$

例:有一个 $N=8$ 的序列,$\{f(t)\}=\{f(0),f(1),f(2),(f3),f(4),f(5),f(6),f(7)\}$,当 $l=5$,$l=3$ 的循环移位序列分别为

$$\{z(t)_5\}=\{f(5),f(6),f(7),f(0),f(1),f(2),f(3),f(4)\}$$

$$\{z(t)_3\}=\{f(3),f(4),f(5),(f6),f(7),f(0),f(1),f(2)\}$$

循环移位定理的内容如下:

如果$\{f(t)\}$和它的循环移位序列$\{z(t)_l\}$的沃尔什-哈达玛变换分别是$W_f(n)$和$W_z(n)$，则

$$\left.\begin{aligned}W_z^2(0)=W_f^2(0)\\ \sum_{n=2^{(r-1)}}^{2^r-1}W_z^2(n)=\sum_{n=2^{(r-1)}}^{2^r-1}W_f^2(n)\end{aligned}\right\}\tag{3-151}$$

式中，$r=1,2,\cdots,P$且$P=\log_2N$；$l=1,2,\cdots,N-1$。这个定理把序列$\{f(t)\}$的沃尔什-哈达玛变换系数$W_f(n)$与循环移位序列$\{z(t)_l\}$的沃尔什哈达玛变换系数$W_z(n)$联系了起来。即某些$W_f^2(n)$之和与$W_z^2(n)$之和是相等的。所以这个定理又称为沃尔什-哈达玛变换的循环移位不变性。下面用一个例子来说明本定理的意义。

例如，设$\{f(t)\}=\{0,0,1,1,0,0,1,1\}$，经沃尔什-哈达玛变换后的系数序列为

$$\{W_f(n)\}=\{1/2,0,-1/2,0,0,0,0,0\}$$

现将$\{f(t)\}$做$l=3$的循环移位，则

$$\{z(t)_3\}=\{1,0,0,1,1,0,0,1\}$$

此序列经沃尔什-哈达玛变换后的系数序列为

$$\{W_z(n)\}=\{1/2,0,1/2,0,0,0,0,0\}$$

从两个序列$W_f(n)$与$W_z(n)$可以看出$W_z(0)=1/2$，$W_f(0)=1/2$，所以

$$W_z^2(0)=W_f^2(0)=1/4$$

当$r=1$时，则
$$\sum_{n=2^{(r-1)}}^{2^r-1}W_z^2(n)=W_z^2(1)=0,\quad \sum_{n=2^{(r-1)}}^{2^r-1}W_f^2(n)=W_f^2(1)=0$$

所以
$$W_z^2(1)=W_f^2(1)=0$$

当$r=2$时，则
$$\sum_{n=2^{(r-1)}}^{2^r-1}W_z^2(n)=W_z^2(2)+W_z^2(3)=\frac{1}{4}$$
$$\sum_{n=2^{(r-1)}}^{2^r-1}W_f^2(n)=W_f^2(2)+W_f^2(3)=\frac{1}{4}$$

所以
$$W_z^2(2)+W_z^2(3)=W_f^2(2)+W_f^2(3)=1/4$$

当$r=3$时，则
$$\sum_{n=2^{r-1}}^{2^r-1}W_z^2(n)=W_z^2(4)+W_z^2(5)+W_z^2(6)+W_z^2(7)=0$$
$$\sum_{n=2^{r-1}}^{2^r-1}W_f^2(n)=W_f^2(4)+W_f^2(5)+W_f^2(6)+W_f^2(7)=0$$

所以
$$W_z^2(4)+W_z^2(5)+W_z^2(6)+W_z^2(7)=W_f^2(4)+W_f^2(5)+W_f^2(6)+W_f^2(7)$$

显然，这些关系符合循环移位定理。

需要特别指出的是这个定理只适用于沃尔什-哈达玛变换。此定理的更加一般性的证明，请参阅有关书籍，在此不再赘述。

3.3.8 快速沃尔什变换

离散傅里叶变换有快速算法。同样，离散沃尔什变换也有快速算法。利用快速算法，完成一次变换只须$N\log_2N$次加减法，运算速度可大大提高。当然快速算法只是一种运算方法，就变换本身来说快速变换与非快速变换是没有区别的。由于沃尔什-哈达玛变换有清晰的分解过程，而且快速沃尔什变换可由沃尔什-哈达玛变换修改得到，所以下面着重讨论沃尔什-哈达玛快速变换。

由离散沃尔什-哈达玛变换的定义可知

$$\boldsymbol{W}_{\mathrm{H}}(n)=\frac{1}{N}\boldsymbol{Hf}(t)\tag{3-152}$$

式中，$N=2^P$，P 为正整数。

这里以 8 阶沃尔什-哈达玛变换为例，讨论其分解过程及快速算法。由克罗内克积可知

$$\boldsymbol{H}_8=\boldsymbol{H}_2\otimes\boldsymbol{H}_4=\begin{bmatrix}\boldsymbol{H}_4 & \boldsymbol{H}_4\\ \boldsymbol{H}_4 & -\boldsymbol{H}_4\end{bmatrix}=\begin{bmatrix}\boldsymbol{H}_4 & 0\\ 0 & \boldsymbol{H}_4\end{bmatrix}\begin{bmatrix}\boldsymbol{I}_4 & \boldsymbol{I}_4\\ \boldsymbol{I}_4 & -\boldsymbol{I}_4\end{bmatrix}$$

$$=\begin{bmatrix}\boldsymbol{H}_2 & \boldsymbol{H}_2 & 0 & 0\\ \boldsymbol{H}_2 & -\boldsymbol{H}_2 & 0 & 0\\ 0 & 0 & \boldsymbol{H}_2 & \boldsymbol{H}_2\\ 0 & 0 & \boldsymbol{H}_2 & -\boldsymbol{H}_2\end{bmatrix}\begin{bmatrix}\boldsymbol{I}_4 & \boldsymbol{I}_4\\ \boldsymbol{I}_4 & -\boldsymbol{I}_4\end{bmatrix}$$

$$=\begin{bmatrix}\boldsymbol{H}_2 & 0 & 0 & 0\\ 0 & \boldsymbol{H}_2 & 0 & 0\\ 0 & 0 & \boldsymbol{H}_2 & 0\\ 0 & 0 & 0 & \boldsymbol{H}_2\end{bmatrix}\begin{bmatrix}\boldsymbol{I}_2 & \boldsymbol{I}_2 & 0 & 0\\ \boldsymbol{I}_2 & -\boldsymbol{I}_2 & 0 & 0\\ 0 & 0 & \boldsymbol{I}_2 & \boldsymbol{I}_2\\ 0 & 0 & \boldsymbol{I}_2 & -\boldsymbol{I}_2\end{bmatrix}\begin{bmatrix}\boldsymbol{I}_4 & \boldsymbol{I}_4\\ \boldsymbol{I}_4 & -\boldsymbol{I}_4\end{bmatrix}=\boldsymbol{G}_0\boldsymbol{G}_1\boldsymbol{G}_2 \tag{3-153}$$

其中

$$\boldsymbol{G}_0=\begin{bmatrix}\boldsymbol{H}_2 & 0 & 0 & 0\\ 0 & \boldsymbol{H}_2 & 0 & 0\\ 0 & 0 & \boldsymbol{H}_2 & 0\\ 0 & 0 & 0 & \boldsymbol{H}_2\end{bmatrix} \tag{3-154}$$

$$\boldsymbol{G}_1=\begin{bmatrix}\boldsymbol{I}_2 & \boldsymbol{I}_2 & 0 & 0\\ \boldsymbol{I}_2 & -\boldsymbol{I}_2 & 0 & 0\\ 0 & 0 & \boldsymbol{I}_2 & \boldsymbol{I}_2\\ 0 & 0 & \boldsymbol{I}_2 & -\boldsymbol{I}_2\end{bmatrix} \tag{3-155}$$

$$\boldsymbol{G}_2=\begin{bmatrix}\boldsymbol{I}_4 & \boldsymbol{I}_4\\ \boldsymbol{I}_4 & -\boldsymbol{I}_4\end{bmatrix} \tag{3-156}$$

其中，$\boldsymbol{I}_2$，$\boldsymbol{I}_4$ 均为幺阵。

由上面的分解有

$$\boldsymbol{W}_{\mathrm{H}}(n)=\frac{1}{8}\boldsymbol{G}_0\boldsymbol{G}_1\boldsymbol{G}_2\boldsymbol{f}(t) \tag{3-157}$$

令

$$\boldsymbol{f}_1(t)=\boldsymbol{G}_2\boldsymbol{f}(t)\quad \boldsymbol{f}_2(t)=\boldsymbol{G}_1\boldsymbol{f}_1(t)\quad \boldsymbol{f}_3(t)=\boldsymbol{G}_0\boldsymbol{f}_2(t)$$

则

$$\boldsymbol{W}_{\mathrm{H}}(n)=\frac{1}{8}\boldsymbol{f}_3(t)$$

下面是具体计算 $\boldsymbol{f}_1(t)$，$\boldsymbol{f}_2(t)$，$\boldsymbol{f}_3(t)$ 并画出流程图，见图 3-15(a)。

$$\boldsymbol{f}_1(t)=\boldsymbol{G}_2\boldsymbol{f}(t)$$

$$\begin{bmatrix}f_1(0)\\ f_1(1)\\ f_1(2)\\ f_1(3)\\ f_1(4)\\ f_1(5)\\ f_1(6)\\ f_1(7)\end{bmatrix}=\begin{bmatrix}1&0&0&0&1&0&0&0\\ 0&1&0&0&0&1&0&0\\ 0&0&1&0&0&0&1&0\\ 0&0&0&1&0&0&0&1\\ 1&0&0&0&-1&0&0&0\\ 0&1&0&0&0&-1&0&0\\ 0&0&1&0&0&0&-1&0\\ 0&0&0&1&0&0&0&-1\end{bmatrix}\begin{bmatrix}f(0)\\ f(1)\\ f(2)\\ f(3)\\ f(4)\\ f(5)\\ f(6)\\ f(7)\end{bmatrix}=\begin{bmatrix}f(0)+f(4)\\ f(1)+f(5)\\ f(2)+f(6)\\ f(3)+f(7)\\ f(0)-f(4)\\ f(1)-f(5)\\ f(2)-f(6)\\ f(3)-f(7)\end{bmatrix} \tag{3-158}$$

$$\boldsymbol{f}_2(t)=\boldsymbol{G}_1\boldsymbol{f}_1(t)$$

$$\begin{bmatrix} f_2(0) \\ f_2(1) \\ f_2(2) \\ f_2(3) \\ f_2(4) \\ f_2(5) \\ f_2(6) \\ f_2(7) \end{bmatrix} = \begin{bmatrix} 1 & 0 & 1 & 0 & 0 & 0 & 0 & 0 \\ 0 & 1 & 0 & 1 & 0 & 0 & 0 & 0 \\ 1 & 0 & -1 & 0 & 0 & 0 & 0 & 0 \\ 0 & 1 & 0 & -1 & 0 & 0 & 0 & 0 \\ 0 & 0 & 0 & 0 & 1 & 0 & 1 & 0 \\ 0 & 0 & 0 & 0 & 0 & 1 & 0 & 1 \\ 0 & 0 & 0 & 0 & 1 & 0 & -1 & 0 \\ 0 & 0 & 0 & 0 & 0 & 1 & 0 & -1 \end{bmatrix} \begin{bmatrix} f_1(0) \\ f_1(1) \\ f_1(2) \\ f_1(3) \\ f_1(4) \\ f_1(5) \\ f_1(6) \\ f_1(7) \end{bmatrix} = \begin{bmatrix} f_1(0)+f_1(2) \\ f_1(1)+f_1(3) \\ f_1(0)-f_1(2) \\ f_1(1)-f_1(3) \\ f_1(4)+f_1(6) \\ f_1(5)+f_1(7) \\ f_1(4)-f_1(6) \\ f_1(5)-f_1(7) \end{bmatrix} \tag{3-159}$$

$$\boldsymbol{f}_3(t)=\boldsymbol{G}_0\boldsymbol{f}_2(t)$$

$$\begin{bmatrix} f_3(0) \\ f_3(1) \\ f_3(2) \\ f_3(3) \\ f_3(4) \\ f_3(5) \\ f_3(6) \\ f_3(7) \end{bmatrix} = \begin{bmatrix} 1 & 1 & 0 & 0 & 0 & 0 & 0 & 0 \\ 1 & -1 & 0 & 0 & 0 & 0 & 0 & 0 \\ 0 & 0 & 1 & 1 & 0 & 0 & 0 & 0 \\ 0 & 0 & 1 & -1 & 0 & 0 & 0 & 0 \\ 0 & 0 & 0 & 0 & 1 & 1 & 0 & 0 \\ 0 & 0 & 0 & 0 & 1 & -1 & 0 & 0 \\ 0 & 0 & 0 & 0 & 0 & 0 & 1 & 1 \\ 0 & 0 & 0 & 0 & 0 & 0 & 1 & -1 \end{bmatrix} \begin{bmatrix} f_2(0) \\ f_2(1) \\ f_2(2) \\ f_2(3) \\ f_2(4) \\ f_2(5) \\ f_2(6) \\ f_2(7) \end{bmatrix} = \begin{bmatrix} f_2(0)+f_2(1) \\ f_2(0)-f_2(1) \\ f_2(2)+f_2(3) \\ f_2(2)-f_2(3) \\ f_2(4)+f_2(5) \\ f_2(4)-f_2(5) \\ f_2(6)+f_2(7) \\ f_2(6)-f_2(7) \end{bmatrix} \tag{3-160}$$

因为

$$\boldsymbol{H}_8=\boldsymbol{G}_0\boldsymbol{G}_1\boldsymbol{G}_2$$

而 $\boldsymbol{H}_8,\boldsymbol{G}_0,\boldsymbol{G}_1,\boldsymbol{G}_2$ 是对称矩阵,即

$$\boldsymbol{H}_8^{\mathrm{T}}=\boldsymbol{H}_8,\quad \boldsymbol{G}_0^{\mathrm{T}}=\boldsymbol{G}_0,\quad \boldsymbol{G}_1^{\mathrm{T}}=\boldsymbol{G}_1,\quad \boldsymbol{G}_2^{\mathrm{T}}=\boldsymbol{G}_2$$

所以

$$\boldsymbol{H}_8=\boldsymbol{H}_8^{\mathrm{T}}=\{\boldsymbol{G}_0\boldsymbol{G}_1\boldsymbol{G}_2\}^{\mathrm{T}}=\boldsymbol{G}_2^{\mathrm{T}}\boldsymbol{G}_1^{\mathrm{T}}\boldsymbol{G}_0^{\mathrm{T}}=\boldsymbol{G}_2\boldsymbol{G}_1\boldsymbol{G}_0$$

$$\boldsymbol{W}_{\mathrm{H}}(n)=\frac{1}{8}\boldsymbol{G}_2\boldsymbol{G}_1\boldsymbol{G}_0\boldsymbol{f}(t) \tag{3-161}$$

$$\boldsymbol{f}_1'(t)=\boldsymbol{G}_0\boldsymbol{f}(t)\quad \boldsymbol{f}_2'(t)=\boldsymbol{G}_1\boldsymbol{f}_1'(t)\quad \boldsymbol{f}_3'(t)=\boldsymbol{G}_2\boldsymbol{f}_2'(t)$$

$$\boldsymbol{W}_{\mathrm{H}}(n)=\frac{1}{8}\boldsymbol{f}_3'(t)$$

由此可得到另一种蝶形运算流程图。见图 3-15(b)。

对于一般情况,$N=2^P,P=0,1,\cdots$,则矩阵 $\boldsymbol{H}_{2^P}$ 可分解成 P 个矩阵 $\boldsymbol{G}_P$ 之乘积,即

$$\boldsymbol{H}_{2^P}=\prod_{P=0}^{P-1}\boldsymbol{G}_p=\boldsymbol{G}_0\boldsymbol{G}_1\boldsymbol{G}_2\cdots\boldsymbol{G}_{P-1}=\boldsymbol{G}_{P-1}\boldsymbol{G}_{P-2}\cdots\boldsymbol{G}_1\boldsymbol{G}_0 \tag{3-162}$$

所以,任意 2^r 阶快速沃尔什-哈达玛变换蝶式流程图不难用上述方法引申。

3.3.9 多维变换

在图像处理中广泛运用的是二维变换,因此,下面对二维沃尔什-哈达玛变换做一介绍。二维沃尔什-哈达玛变换的指数式如下:

$$W_{xy}(u,v)=\frac{1}{N_y}\frac{1}{N_x}\sum_{y=0}^{N_y-1}\sum_{x=0}^{N_x-1}f(x,y)\cdot(-1)^{\sum_{r=0}^{P_x-1}x_ru_r+\sum_{s=0}^{P_y-1}y_sv_s} \tag{3-163}$$

式中,$f(x,y)$ 代表图像的像素,x,y 是该像素在空间中的位置坐标;$W_{xy}(u,v)$ 代表变换系数;$x,u=0,1,2,\cdots,N_x-1$;$N_x=2^{P_x}$,P_x 为正整数;x_r,u_r 是 x、u 的二进码的第 r 位数字,$\{x_r,u_r\}\in\{0,1\}$;$y,v=0,1,2,\cdots,N_y-1,N_y=2^{P_y}$,$P_y$ 为正整数;y_s,v_s 为 y,v 的二进码的第 s 位数字 $\{y_s,v_s\}\in\{0,1\}$。

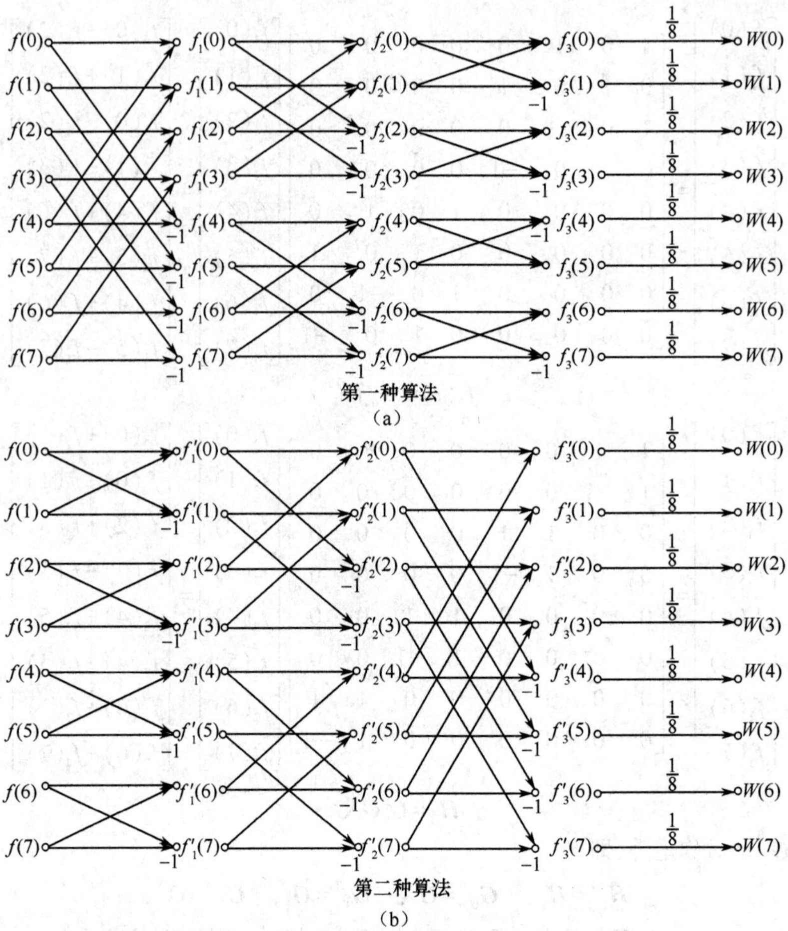

图 3-15　快速沃尔什-哈达玛变换信号流程图(两种算法)

二维沃尔什-哈达玛变换的逆变换式为

$$f(x,y)=\sum_{v=0}^{N_y-1}\sum_{u=0}^{N_x-1}W_{xy}(u,v)(-1)^{\sum_{r=0}^{P_x-1}x_ru_r+\sum_{s=0}^{P_y-1}y_sv_s} \tag{3-164}$$

式中,各参数的意义与正变式相同。

二维输入数据可写成矩阵形式

$$[f(x,y)]=\begin{bmatrix} f(0,0) & f(0,1) & \cdots & f(0,N_y-1) \\ f(1,0) & f(1,1) & \cdots & f(1,N_y-1) \\ \vdots & & & \vdots \\ f(N_x-1,0) & f(N_x-1,1) & \cdots & f(N_x-1,N_y-1) \end{bmatrix} \tag{3-165}$$

首先,按公式(3-163)求第一个求和结果,即

$$\frac{1}{N_x}\sum_{x=0}^{N_x-1}f(x,y)(-1)^{\sum_{r=0}^{P_r-1}x_ru_r}=\frac{1}{N_x}\sum_{x=0}^{N_x-1}f(x,y)(-1)^{\langle x,u\rangle}$$

$$=\frac{1}{N_x}\{f(0,y)(-1)^{\langle 0,u\rangle}+f(1,y)(-1)^{\langle 1,u\rangle}+\cdots+f(N_x-1,y)(-1)^{\langle N_x-1,u\rangle}\} \tag{3-166}$$

式(3-166)的右边显然是某一列的沃尔什-哈达玛变换。如果 $y=0$ 则为输入阵列的第一列沃尔什-哈达玛变换,$y=1$ 则为第二列,等等。如果令

$$W_x(u,y)=\frac{1}{N_x}\sum_{x=0}^{N_x-1}f(x,y)(-1)^{\langle x,u\rangle} \tag{3-167}$$

那么第一个和式所得到的变换系数可写成一个矩阵形式

$$\boldsymbol{W}_x(u,y)=\begin{bmatrix} W_x(0,0) & W_x(0,1) & \cdots & W_x(0,N_y-1) \\ W_x(1,0) & W_x(1,1) & \cdots & W_x(1,N_y-1) \\ & \vdots & & \vdots \\ W_x(N_x-1,0) & W_x(N_x-1,1) & \cdots & W_x(N_x-1,N_y-1) \end{bmatrix} \tag{3-168}$$

将上述数算完之后再看第二个求和,即

$$\begin{aligned} W_{xy}(u,v)&=\frac{1}{N_y}\sum_{y=0}^{N_y-1}W_x(u,y)(-1)^{\langle yv\rangle} \\ &=\frac{1}{N_y}\{W_x(u,0)(-1)^{\langle 0,v\rangle}+W_x(u,1)(-1)^{\langle y,v\rangle}+\cdots+W_x(u,N_y-1)(-1)^{\langle N_y-1,v\rangle}\} \end{aligned} \tag{3-169}$$

式中,
$$\langle y,u\rangle=\sum_{s=0}^{P_y-1}y_s v_s$$

式(3-169)说明,$W_{xy}(u,v)$可以从计算$[W_x(u,y)]$的每一行的沃尔什-哈达玛变换得到。其结果产生N_xN_y个系数。其矩阵表达式如式(3-170)所示

$$\boldsymbol{W}_{xy}(u,v)]=\begin{bmatrix} W_{xy}(0,0) & W_{xy}(0,1) & \cdots & W_{xy}(0,N_y-1) \\ W_{xy}(1,0) & W_{xy}(1,1) & \cdots & W_{xy}(1,N_y-1) \\ \vdots & \vdots & & \vdots \\ W_{xy}(N_x-1,0) & W_{xy}(N_x-1,1) & \cdots & W_{xy}(N_x-1,N_y-1) \end{bmatrix} \tag{3-170}$$

由上面的分析可见,二维沃尔什-哈达玛变换可用一维沃尔什-哈达玛变换来计算,其步骤如下:

(1)以$N=N_x$,对$\boldsymbol{f}(x,y)$中N_y个列中的每一列做变换,得到$\boldsymbol{W}_x(u,y)$;

(2)以$N=N_y$对$\boldsymbol{W}_x(u,y)$中N_x行的每一行做变换,即可得到二维变换系数$\boldsymbol{W}_{xy}(u,v)$。根据这一步骤,便可以利用一维快速沃尔什-哈达玛变换来完成二维沃尔什-哈达玛变换的计算。

另外一种计算方法是将二维沃尔什-哈达玛变换当作一维来计算。这种方法是将数据矩阵的各列依次顺序排列,即做矩阵拉伸操作,这样就形成由N_xN_y个元素的列矩阵。然后再按照一维沃尔什-哈达玛变换方法来计算。下面用实例说明一下两种计算方法。

例:设数据矩阵为

$$\boldsymbol{f}(x,y)=\begin{bmatrix} 1 & 1 & 3 & 1 \\ 2 & 1 & 2 & 2 \end{bmatrix}$$

求$\boldsymbol{f}(x,y)$的二维沃尔什-哈达玛变换。

首先对$\boldsymbol{f}(x,y)$的每一列做变换:

第一列 $$\boldsymbol{W}_x(x,0)=\frac{1}{2}\boldsymbol{H}_2\begin{bmatrix}1\\2\end{bmatrix}=\frac{1}{2}\begin{bmatrix}1 & 1\\1 & -1\end{bmatrix}\begin{bmatrix}1\\2\end{bmatrix}=\frac{1}{2}\begin{bmatrix}3\\-1\end{bmatrix}$$

第二列 $$\boldsymbol{W}_x(x,1)=\frac{1}{2}\begin{bmatrix}1 & 1\\1 & -1\end{bmatrix}\begin{bmatrix}1\\1\end{bmatrix}=\frac{1}{2}\begin{bmatrix}2\\0\end{bmatrix}$$

第三列 $$\boldsymbol{W}_x(x,2)=\frac{1}{2}\begin{bmatrix}1 & 1\\1 & -1\end{bmatrix}\begin{bmatrix}3\\2\end{bmatrix}=\frac{1}{2}\begin{bmatrix}5\\1\end{bmatrix}$$

第四列 $$\boldsymbol{W}_x(x,3)=\frac{1}{2}\begin{bmatrix}1 & 1\\1 & -1\end{bmatrix}\begin{bmatrix}1\\2\end{bmatrix}=\frac{1}{2}\begin{bmatrix}3\\-1\end{bmatrix}$$

所以 $$\boldsymbol{W}_x(x,v)=\frac{1}{2}\begin{bmatrix}3 & 2 & 5 & 3\\-1 & 0 & 1 & -1\end{bmatrix}$$

对 $\boldsymbol{W}_x(u,y)$ 每一行做变换：

第一行 $$\boldsymbol{W}_y(0,v)=\frac{1}{4}\times\frac{1}{2}\begin{bmatrix}1&1&1&1\\1&-1&1&-1\\1&1&-1&-1\\1&-1&-1&1\end{bmatrix}\begin{bmatrix}3\\2\\5\\3\end{bmatrix}=\frac{1}{8}\begin{bmatrix}13\\3\\-3\\-1\end{bmatrix}$$

第二行 $$\boldsymbol{W}_y(1,v)=\frac{1}{4}\times\frac{1}{2}\begin{bmatrix}1&1&1&1\\1&-1&1&-1\\1&1&-1&-1\\1&-1&-1&1\end{bmatrix}\begin{bmatrix}-1\\0\\1\\-1\end{bmatrix}=\frac{1}{8}\begin{bmatrix}-1\\1\\-1\\-3\end{bmatrix}$$

最后得到二维变换系数矩阵 $$\boldsymbol{W}_{xy}(u,v)=\frac{1}{8}\begin{bmatrix}13&3&-3&-1\\-1&1&-1&-3\end{bmatrix}$$

以上是采用第一种算法得到的结果。

第二种算法如下：

将$\boldsymbol{f}(x,y)$改写成列矩阵 $\boldsymbol{Y}$，即 $$\boldsymbol{Y}=\begin{bmatrix}1\\2\\1\\1\\3\\2\\1\\2\end{bmatrix}$$

对 $\boldsymbol{Y}$ 做一维变换 $$\begin{bmatrix}W_y(0)\\W_y(1)\\W_y(2)\\W_y(3)\\W_y(4)\\W_y(5)\\W_y(6)\\W_y(7)\end{bmatrix}=\begin{bmatrix}1&1&1&1&1&1&1&1\\1&-1&1&-1&1&-1&1&-1\\1&1&-1&-1&1&1&-1&-1\\1&-1&-1&1&1&-1&-1&1\\1&1&1&1&-1&-1&-1&-1\\1&-1&1&-1&-1&1&-1&1\\1&1&-1&-1&-1&-1&1&1\\1&-1&-1&1&-1&1&1&-1\end{bmatrix}\begin{bmatrix}1\\2\\1\\1\\3\\2\\1\\2\end{bmatrix}=\begin{bmatrix}13\\-1\\3\\1\\-3\\-1\\-1\\-3\end{bmatrix}$$

然后重排一下 $$\boldsymbol{W}_{xy}(u,v)=\frac{1}{8}\begin{bmatrix}13&3&-3&-1\\-1&1&-1&-3\end{bmatrix}$$

显然，与第一种算法得到的结果一致。

二维沃尔什—哈达玛变换的矩阵式定义如下：

$$\boldsymbol{W}_{xy}(u,v)=\frac{1}{N_xN_y}\boldsymbol{H}_{2^{P_x}}\boldsymbol{f}(x,y)\boldsymbol{H}_{2^{P_y}} \tag{3-171}$$

$$\boldsymbol{f}(x,y)=\boldsymbol{H}_{2^{P_x}}\boldsymbol{W}_{xy}(u,v)\boldsymbol{H}_{2^{P_y}} \tag{3-172}$$

式中，$\boldsymbol{H}_{2^{P_x}}$ 和 $\boldsymbol{H}_{2^{P_y}}$ 分别为 2^{P_x} 阶和 2^{P_y} 阶哈达玛矩阵。

随书网址中给出一个二维快速沃尔什—哈达玛变换运算程序供参考。

3.4 哈尔函数及哈尔变换

在图像编码及数字滤波方面得到应用的另一种归一化正交函数是哈尔(Haar)函数。它的一个重要特点是收敛均匀而迅速。

3.4.1 哈尔函数的定义

哈尔函数是完备的、归一化的正交函数。在[0,1]区间内，har(0,t)为1，har(1,t)在左半个区间内取值为1，在右半个区间内取值为-1。它的其他函数取0值和±1乘以$\sqrt{2}$的幂，即取$\pm\sqrt{2}$，±2，$\pm2\sqrt{2}$，±4等。具体定义如下：

$$\mathrm{har}(0,t)=1 \quad 0\leqslant t<1$$

$$\mathrm{har}(1,t)=\begin{cases}1 & 0\leqslant t<1/2\\ -1 & 1/2\leqslant t<1\end{cases}$$

$$\mathrm{har}(2,t)=\begin{cases}\sqrt{2} & 0\leqslant t<1/4\\ -\sqrt{2} & 1/4\leqslant t<1/2\\ 0 & 1/2\leqslant t<1\end{cases}$$

$$\mathrm{har}(3,t)=\begin{cases}0 & 0\leqslant t<1/2\\ \sqrt{2} & 1/2\leqslant t<3/4\\ -\sqrt{2} & 3/4\leqslant t<1\end{cases}$$

一般情况下

$$\mathrm{har}(2^p+n,t)=\begin{cases}\sqrt{2^p} & \dfrac{n}{2^p}\leqslant t<\dfrac{(n+1/2)}{2^p}\\ -\sqrt{2^p} & \dfrac{(n+1/2)}{2^p}\leqslant t<\dfrac{(n+1)}{2^p}\\ 0 & \text{其他}\end{cases}$$

$$p=1,2,\cdots,n=0,1,2,\cdots,2^p-1 \qquad (3\text{-}173)$$

前8个哈尔函数的波形图示于图3-16。

上述哈尔函数是定义在区间[0,1)内的，但是，我们可以以1为周期，将它延拓至整个时间轴上。

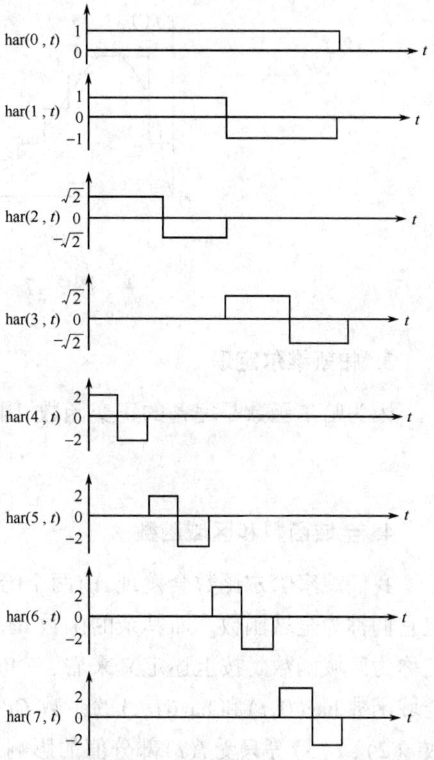

图3-16　哈尔函数波形图

3.4.2 哈尔函数的性质

1. 归一化正交性

从图3-16我们可以看出哈尔函数的正交性。例如，哈尔函数har(4,t)，har(5,t)，har(6,t)，har(7,t)在时间上是互不重叠的，因此，它们必然是正交的。另外，阶数不相同的两个哈尔函数，或者互不重叠[例如har(3,t)和har(4,t)]；或者一个哈尔函数处于另一个哈尔函数的半周之内[例如har(4,t)和har(2,t)]，这两种情况都是正交的。总的来说，哈尔函数的正交性可用下式来表示：

$$\int_0^1 \mathrm{har}(m,t)\,\mathrm{har}(l,t)\,\mathrm{d}t=\begin{cases}1 & m=l\\ 0 & m\neq l\end{cases} \qquad (3\text{-}174)$$

2. 哈尔级数

周期为1的连续函数$f(t)$可以展开成哈尔级数，即

$$f(t)=\sum_{m=0}^{\infty}c(m)\,\mathrm{har}(m,t) \qquad (3\text{-}175)$$

其中
$$c(m)=\int_0^1 f(t)\,\mathrm{har}(m,t)\,\mathrm{d}t \tag{3-176}$$
哈尔级数的收敛性比沃尔什函数要好。

图 3-17 是用有限项哈尔级数去逼近指数函数的情况。从图中可见,逼近曲线是步长相等的阶梯波。步长为 $1/2^p$,阶梯数目为 2^p,哈尔函数的最高阶为 p,由这个 p 确定了步长。从图可见,项数越多,逼近越好,这种增加项数的效果是很明显的。而在傅里叶级数和沃尔什级数中就没有这样直观、简单。

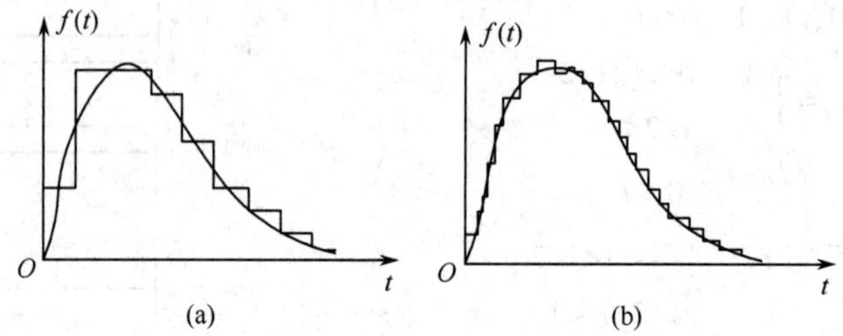

图 3-17　指数函数展开成有限哈尔函数

3. 帕斯维尔定理

因为哈尔函数是完备的正交函数,因此,帕斯维尔定理是成立的,即
$$\int_0^1 f^2(t)\,\mathrm{d}t=\sum_{m=0}^{\infty}c^2(m) \tag{3-177}$$

4. 全域函数和区域函数

我们观察哈尔函数会发现,前两个哈尔函数 $\mathrm{har}(0,t)$ 及 $\mathrm{har}(1,t)$ 在整个正交区间内都有值,因此把它们称为全域函数。而其余的函数 $\mathrm{har}(2,t)$,$\mathrm{har}(3,t)$,$\mathrm{har}(4,t)$ 等只在部分区间有值,因此,把它们称为区域函数。按上述定义来看,三角函数、沃尔什函数都是全域函数。从式(3-176)可以看出,全域函数 $\mathrm{har}(0,t)$ 和 $\mathrm{har}(1,t)$ 的系数 $C(0)$ 和 $C(1)$ 在整个正交区间内受 $f(t)$ 的影响;区域函数的系数 $c(2)$, $c(3)$ 等只受 $f(t)$ 部分值的影响。这样,如果用哈尔函数去逼近 $f(t)$,则全域函数在整个正交区间内起作用,而区域函数则在部分区域起作用。在工程应用中,如果我们希望将一个函数 $f(t)$ 的某一部分逼近得更好的话,那么,哈尔函数有独到之处。

3.4.3　哈尔变换及快速算法

把离散的哈尔函数写成矩阵形式就可得到哈尔矩阵。前 8 个哈尔函数组成的矩阵如式(3-178)所示:
$$[\mathrm{har}_8]=\begin{bmatrix}1&1&1&1&1&1&1&1\\1&1&1&1&-1&-1&-1&-1\\\sqrt{2}&\sqrt{2}&-\sqrt{2}&-\sqrt{2}&0&0&0&0\\0&0&0&0&\sqrt{2}&\sqrt{2}&-\sqrt{2}&-\sqrt{2}\\2&-2&0&0&0&0&0&0\\0&0&2&-2&0&0&0&0\\0&0&0&0&2&-2&0&0\\0&0&0&0&0&0&2&-2\end{bmatrix} \tag{3-178}$$
哈尔正变换由下式来定义:

$$\begin{bmatrix} H_a(0) \\ H_a(1) \\ \vdots \\ H_a(N-1) \end{bmatrix} = \frac{1}{N}[\text{har}_{2^p}] \begin{bmatrix} f(0) \\ f(1) \\ \vdots \\ f(N-1) \end{bmatrix} \tag{3-179}$$

式中，$[H_a(0),H_a(1),\cdots,H_a(N-1)]'$是变换系数阵列，$[f(0),f(1),\cdots,f(N-1)]'$是时间序列，$[\text{har}_{2^p}]$是 2^p 阶哈尔矩阵，p 为正整数。

其逆变换为

$$\begin{bmatrix} f(0) \\ f(1) \\ f(2) \\ \vdots \\ f(N-1) \end{bmatrix} = [\text{har}_{2^p}]^{-1} \begin{bmatrix} H_a(0) \\ H_a(1) \\ H_a(2) \\ \vdots \\ H_a(N-1) \end{bmatrix} \tag{3-180}$$

式中，$[\text{har}_{2^p}]^{-1}$是$[\text{har}_{2^p}]$的逆矩阵。由于哈尔矩阵不是对称矩阵，因此$[\text{har}_{2^p}]^{-1}$不等于$[\text{har}_{2^p}]$，所以哈尔正变换与逆变换是不相同的。

仿照沃尔什变换，利用矩阵因子分解方法也可以得到快速哈尔变换。一般来说，快速哈尔变换的流程图并不是蝶形的，但是，我们可以用重新排序的方法构成哈尔变换的蝶式运算流程图。具体做法如下：

设原时间序列为$[f(0),f(1),f(2),f(3),f(4),f(5),f(6),f(7)]$

运算之前首先重新排序。令

$$[f'(t)]=[f'(0),f'(1),f'(2),f'(3),f'(4),f'(5),f'(6),f'(7)]$$

为排序后的新序列。具体排序方法如下：

(1) 将$[f(t)]$中元素的序号写成自然二进码。

(2) 将此二进码比特倒置。

(3) 把倒置后的二进码翻成十进制数字，这个数字就是新序列的序号。

例如：$f(2)$的序号是 2，则$[2]_{十进}=[010]_{二进}$，倒置后仍是$[010]_{二进}$，所以$f'(2)\to f(2)$。

又如：$f(4)$的序号为 4，则$[4]_{十进}=[100]_{二进}$，倒置后是$[001]_{二进}=[1]_{十进}$，所以$f'(1)\to f(4)$。以此类推可求出，$f_1'(0)\to f(0)$，$f_1'(1)\to f(4)$，$f_1'(2)\to f(2)$，$f_1'(3)\to f(6)$，$f_1'(4)\to f(1)$，$f_1'(5)\to f(5)$，$f_1'(6)\to f(3)$，$f_1'(7)\to f(7)$。这样排序后，第一步运算就构成蝶式运算的方式了。以后，为使后续运算也是蝶式的形式，第二、第三步等也要重新排序。其流程图见图 3-18。

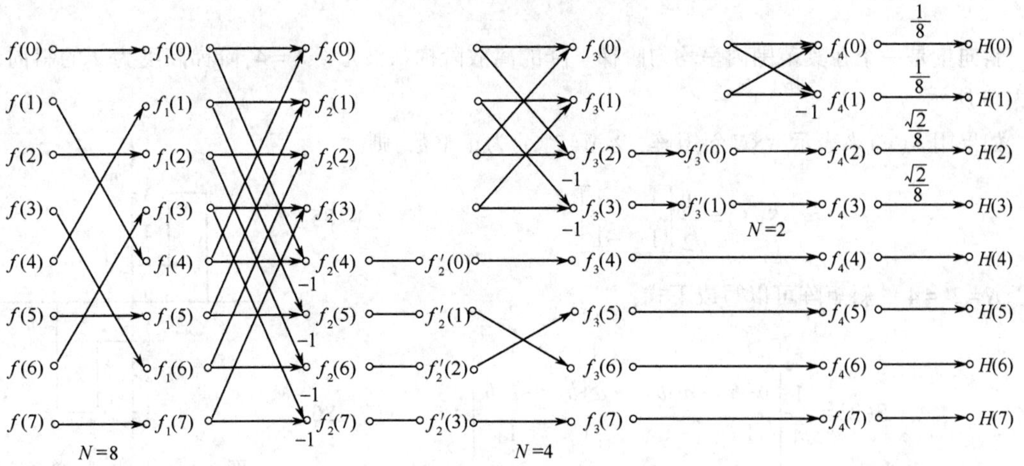

图 3-18 哈尔变换蝶式运算流程图

一般来说，用蝶式快速算法需要 $\log_2 N$ 次比特倒置、$2(N-1)$ 次加减及 N 次乘法。

另外，计算哈尔变换还有一种安德烈亚斯（Andrews）算法，这种算法不是蝶式的。用安德烈亚斯算法要 $2(N-1)$ 次加减法及 N 次乘法。有兴趣的读者可参考有关文献。

采用蝶式流程算法的目的是使哈尔变换也能用 FFT 处理机来运算。

二维哈尔变换与二维沃尔什—哈达玛变换完全相似。其中只要把哈达玛矩阵换成哈尔矩阵就可以了。它的定义可用下式表示：

$$H_a(u,v)=\frac{1}{N^2}\sum_{x=0}^{N-1}\sum_{y=0}^{N-1}f(x,y)\cdot \mathrm{har}\left(v,\frac{x}{N}\right)\cdot \mathrm{har}\left(u,\frac{y}{N}\right) \tag{3-181}$$

式中，$\boldsymbol{f}(x,y)$ 是空间域数据，$H_a(u,v)$ 是变换系数，$\mathrm{har}\left(v,\frac{x}{N}\right)$ 和 $\mathrm{har}\left(u,\frac{y}{N}\right)$ 为离散哈尔函数。其反变换式为

$$f(x,y)=\sum_{u=0}^{N-1}\sum_{v=0}^{N-1}H_a(u,v)\cdot \mathrm{har}\left(v,\frac{x}{N}\right)\cdot \mathrm{har}\left(u,\frac{y}{N}\right) \tag{3-182}$$

矩阵式定义如以下两式所示：

$$[H(u,v)]=\frac{1}{N^2}[\mathrm{har}_{2^p}][f(x,y)][\mathrm{har}_{2^p}]^{-1} \tag{3-183}$$

$$[f(x,y)]=[\mathrm{har}_{2^p}]^{-1}[H_a(u,v)][\mathrm{har}_{2^p}] \tag{3-184}$$

二维哈尔变换的计算也可按一维方法进行。需要指出的一点是，由于哈尔矩阵不是对称矩阵，因此，二维哈尔正变换与逆变换也是不同的。

3.5　斜矩阵与斜变换

在图像处理中要用到的另一种正交变换是斜变换（Slant Transform）。斜向量和斜变换的概念是由伊诺莫托（Enomoto）和夏伊巴塔（Shibata）于 1971 年提出来的。后来关于斜变换的一般定义又由普拉特（Pratt），W. K 韦尔克（Welch）和 W. H. 陈（Chen）进一步推导出来。已经证明，斜向量非常适合于表示灰度逐渐改变的图像信号。目前，斜变换已成功地应用于图像编码。

3.5.1　斜矩阵的构成

斜向量是一个在其范围内呈均匀阶梯下降的离散阶梯状波形。$N=4$，阶梯高度为 2 的斜向量如图 3-19 所示。

如果用 $\boldsymbol{S}(n)$ 来表示 $N\times N$ 斜矩阵，设 $N=2^n$，n 为正整数，则

$$\boldsymbol{S}(1)=\frac{1}{\sqrt{2}}\begin{bmatrix}1 & 1\\ 1 & -1\end{bmatrix} \tag{3-185}$$

对于 $N=2^2=4$ 的斜矩阵可以写成下式：

$$\boldsymbol{S}(2)=\frac{1}{\sqrt{4}}\begin{bmatrix}1 & 1 & 1 & 1\\ a+b & a-b & -a+b & -a-b\\ 1 & -1 & -1 & 1\\ a-b & -a-b & a+b & -a+b\end{bmatrix} \tag{3-186}$$

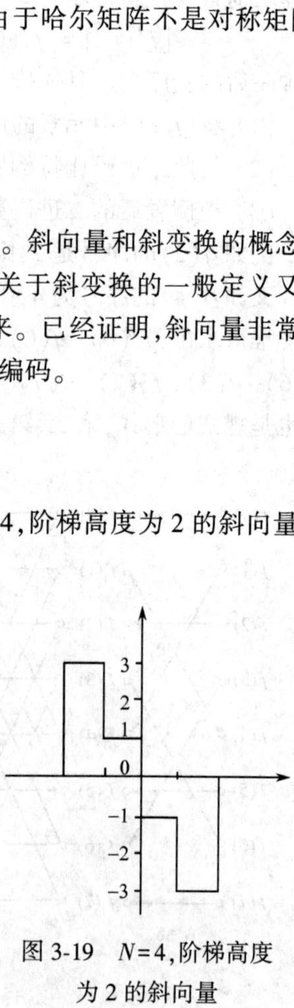

图 3-19　$N=4$，阶梯高度为 2 的斜向量

式中，a、b 应满足下列两个条件：第一，阶梯高度必须均匀；第二，$\boldsymbol{S}(2)$

必须是正交的。由上述两个条件,我们可以求出 a、b 的值。首先,由阶梯高度必须均匀的条件,可有下式成立

$$(a+b)-(a-b)=(a-b)-(-a+b)=(-a+b)-(-a-b)$$

即

$$(a+b)-(a-b)=2b$$

$$(a-b)-(-a+b)=2b$$

$$a=2b$$

则

$$\boldsymbol{S}(2)=\frac{1}{\sqrt{4}}\begin{bmatrix}1 & 1 & 1 & 1\\ 3b & b & -b & -3b\\ 1 & -1 & -1 & 1\\ b & -3b & 3b & -b\end{bmatrix} \tag{3-187}$$

其次,利用正交条件可求出 b 值。

$$\frac{1}{\sqrt{4}}[3b \quad b \quad -b \quad -3b]\cdot\frac{1}{\sqrt{4}}[3b \quad b \quad -b \quad -3b]^{\mathrm{T}}=1$$

$$\frac{1}{\sqrt{4}}[9b^2+b^2+b^2+9b^2]=1$$

$$5b^2=1,\qquad b=1/\sqrt{5}$$

因为 $a=2b$,所以 $a=2/\sqrt{5}$。这样便求得斜矩阵,即

$$\boldsymbol{S}(2)=\frac{1}{\sqrt{4}}\begin{bmatrix}1 & 1 & 1 & 1\\ 3/\sqrt{5} & 1/\sqrt{5} & -1/\sqrt{5} & -3/\sqrt{5}\\ 1 & -1 & -1 & 1\\ 1/\sqrt{5} & -3/\sqrt{5} & 3/\sqrt{5} & -1/\sqrt{5}\end{bmatrix} \tag{3-188}$$

显然,$\boldsymbol{S}(2)$也具有列率性质。$\boldsymbol{S}(2)$的列率为0,1,1,2。$\boldsymbol{S}(2)$也可以用$\boldsymbol{S}(1)$来表示。

因为

$$\boldsymbol{S}(1)=\frac{1}{\sqrt{2}}\begin{bmatrix}1 & 1\\ 1 & -1\end{bmatrix}$$

所以

$$\boldsymbol{S}(2)=\frac{1}{\sqrt{2}}\begin{bmatrix}1 & 0 & 1 & 0\\ a_4 & b_4 & -a_4 & b_4\\ 0 & 1 & 0 & -1\\ -b_4 & a_4 & b_4 & a_4\end{bmatrix}\begin{bmatrix}\boldsymbol{S}(1) & 0_2\\ 0_2 & \boldsymbol{S}(1)\end{bmatrix} \tag{3-189}$$

式中,$a_4=2/\sqrt{5}$,$b_4=1/\sqrt{5}$。

类似地有如下$\boldsymbol{S}(3)$用$\boldsymbol{S}(2)$来表示的式子,即

$$\boldsymbol{S}(3)=\frac{1}{\sqrt{8}}\begin{bmatrix}1 & 0 & 0 & 0 & 1 & 0 & 0 & 0\\ a_8 & b_8 & 0 & 0 & -a_8 & b_8 & 0 & 0\\ 0 & 0 & 1 & 0 & 0 & 0 & 1 & 0\\ 0 & 0 & 0 & 1 & 0 & 0 & 0 & 1\\ 0 & 1 & 0 & 0 & 0 & -1 & 0 & 0\\ -b_8 & a_8 & 0 & 0 & b_8 & a_8 & 0 & 0\\ 0 & 0 & 1 & 0 & 0 & 0 & -1 & 0\\ 0 & 0 & 0 & 1 & 0 & 0 & 0 & -1\end{bmatrix}\begin{bmatrix}\boldsymbol{S}(2) & 0_4\\ 0_4 & \boldsymbol{S}(2)\end{bmatrix}$$

$$
=\frac{1}{\sqrt{8}}\left[\begin{array}{cccc:cccc}
1 & 0 & 0 & 0 & 1 & 0 & 0 & 0 \\
a_8 & b_8 & 0 & 0 & -a_8 & b_8 & 0 & 0 \\
0 & 0 & 1 & 0 & 0 & 0 & 1 & 0 \\
0 & 0 & 0 & 1 & 0 & 0 & 0 & 1 \\
\hdashline
0 & 1 & 0 & 0 & 0 & -1 & 0 & 0 \\
-b_8 & a_8 & 0 & 0 & b_8 & a_8 & 0 & 0 \\
0 & 0 & 1 & 0 & 0 & 0 & -1 & 0 \\
0 & 0 & 0 & 1 & 0 & 0 & 0 & -1
\end{array}\right]
\left[\begin{array}{cccc:cccc}
1 & 1 & 1 & 1 & 0 & 0 & 0 & 0 \\
3/\sqrt{5} & 1/\sqrt{5} & -1/\sqrt{5} & -3/\sqrt{5} & 0 & 0 & 0 & 0 \\
1 & -1 & -1 & 1 & 0 & 0 & 0 & 0 \\
1/\sqrt{5} & -3/\sqrt{5} & 3/\sqrt{5} & -1/\sqrt{5} & 0 & 0 & 0 & 0 \\
\hdashline
0 & 0 & 0 & 0 & 1 & 1 & 1 & 1 \\
0 & 0 & 0 & 0 & 3/\sqrt{5} & 1/\sqrt{5} & -1/\sqrt{5} & -3/\sqrt{5} \\
0 & 0 & 0 & 0 & 1 & -1 & -1 & 1 \\
0 & 0 & 0 & 0 & 1/\sqrt{5} & -3/\sqrt{5} & 3/\sqrt{5} & -1/\sqrt{5}
\end{array}\right]
\tag{3-190}
$$

其中，a_8，b_8 是常数。由上式可见，$\boldsymbol{S}(3)$ 中的斜向量是通过对 $\boldsymbol{S}(2)$ 乘以一个比例因子而得到的。其余项是为了满足列率性及正交性而设置的。

由上面两式可把它们推广为 $N/2$ 阶斜矩阵生成 N 阶斜矩阵的公式：

$$
\boldsymbol{S}(n)=\frac{1}{\sqrt{2}}\left[\begin{array}{cccc:cccc}
\begin{matrix}1 & 0\\ a_N & b_N\end{matrix} & & & 0 & \begin{matrix}1 & 0\\ -a_N & b_N\end{matrix} & & & 0 \\
 & \boldsymbol{I}_2 & & & & \boldsymbol{I}_2 & & \\
0 & & \ddots & & 0 & & \ddots & \\
 & & & \boldsymbol{I}_2 & & & & \boldsymbol{I}_2 \\
\hdashline
\begin{matrix}0 & 1\\ -b_N & a_N\end{matrix} & & & 0 & \begin{matrix}0 & -1\\ b_N & a_N\end{matrix} & & & 0 \\
 & \boldsymbol{I}_2 & & & & -\boldsymbol{I}_2 & & \\
0 & & \ddots & & 0 & & \ddots & \\
 & & & \boldsymbol{I}_2 & & & & -\boldsymbol{I}_2
\end{array}\right]\times\begin{bmatrix}\boldsymbol{S}(n-1) & 0\\ 0 & \boldsymbol{S}(n-1)\end{bmatrix}
\tag{3-191}
$$

式中，$\boldsymbol{I}_2=\begin{bmatrix}1 & 0\\ 0 & 1\end{bmatrix}$为$(2\times2)$单位矩阵。

$$
a_2=1 \quad a_N=2b_N a_{N/2} \quad b_N=\frac{1}{(1+4a_{N/2}^2)^{1/2}} \quad N=4,8,16,\cdots,2^n \tag{3-192}
$$

例：$n=2$ 时，可得 $\quad b_4=\dfrac{1}{(1+4a_2^2)^{1/2}}=\dfrac{1}{\sqrt{5}} \quad a_4=2b_4\cdot a_2=2\times\dfrac{1}{\sqrt{5}}\times1=\dfrac{2}{\sqrt{5}}$

代入式(3-191)，则

$$
\boldsymbol{S}(2)=\frac{1}{\sqrt{2}}\begin{bmatrix}
1 & 0 & 1 & 0 \\
2/\sqrt{5} & 1/\sqrt{5} & -2/\sqrt{5} & 1/\sqrt{5} \\
0 & 1 & 0 & -1 \\
-1/\sqrt{5} & 2/\sqrt{5} & 1/\sqrt{5} & 2/\sqrt{5}
\end{bmatrix}\begin{bmatrix}\boldsymbol{S}(1) & 0\\ 0 & \boldsymbol{S}(1)\end{bmatrix}
$$

$$
=\frac{1}{\sqrt{2}}\begin{bmatrix}
1 & 0 & 1 & 0 \\
2/\sqrt{5} & 1/\sqrt{5} & -2/\sqrt{5} & 1/\sqrt{5} \\
0 & 1 & 0 & -1 \\
-1/\sqrt{5} & 2/\sqrt{5} & 1/\sqrt{5} & 2/\sqrt{5}
\end{bmatrix}\frac{1}{\sqrt{2}}\begin{bmatrix}
1 & 1 & 0 & 0 \\
1 & -1 & 0 & 0 \\
0 & 0 & 1 & 1 \\
0 & 0 & 1 & -1
\end{bmatrix}=\frac{1}{\sqrt{4}}\begin{bmatrix}
1 & 1 & 1 & 1 \\
3/\sqrt{5} & 1/\sqrt{5} & -1/\sqrt{5} & -3/\sqrt{5} \\
1 & -1 & -1 & 1 \\
1/\sqrt{5} & -3/\sqrt{5} & 3/\sqrt{5} & -1/\sqrt{5}
\end{bmatrix}
$$

显然,这样推出的结果与式(3-188)一致。

3.5.2 斜变换

用斜矩阵可定义变换的矩阵式 $\boldsymbol{D}(n)=\boldsymbol{S}(n)\boldsymbol{f}(x)$ (3-193)

式中,$\boldsymbol{S}(n)$是 $N\times N$ 斜矩阵,并且 $N=2^n$,$\boldsymbol{D}(n)$是变换系数矩阵,$\boldsymbol{f}(x)$是数据矩阵。反变换为

$$\boldsymbol{f}(x)=\boldsymbol{S}(n)^{-1}\boldsymbol{D}(n) \tag{3-194}$$

式中,$\boldsymbol{S}(n)^{-1}$是$\boldsymbol{S}(n)$的逆矩阵。

斜变换也可以用快速算法来计算,下面以 $N=4$ 的情况来说明斜变换的快速算法。

$$\boldsymbol{S}(2)=\frac{1}{\sqrt{4}}\begin{bmatrix}1 & 1 & 1 & 1\\ 3/\sqrt{5} & 1/\sqrt{5} & -1/\sqrt{5} & -3/\sqrt{5}\\ 1 & -1 & -1 & 1\\ 1/\sqrt{5} & -3/\sqrt{5} & 3/\sqrt{5} & -1/\sqrt{5}\end{bmatrix}$$

$\boldsymbol{S}(2)$可分解为 $$\boldsymbol{S}(2)=\frac{1}{\sqrt{4}}\begin{bmatrix}1 & 0 & 0 & 0\\ 0 & 3/\sqrt{5} & 0 & 0\\ 0 & 0 & 1 & 0\\ 0 & 0 & 0 & 3/\sqrt{5}\end{bmatrix}\begin{bmatrix}1 & 1 & 0 & 0\\ 0 & 0 & 1 & 1/3\\ 1 & -1 & 0 & 0\\ 0 & 0 & 1/3 & -1\end{bmatrix}\begin{bmatrix}1 & 0 & 0 & 1\\ 0 & 1 & 1 & 0\\ 1 & 0 & 0 & -1\\ 0 & 1 & -1 & 0\end{bmatrix}$$

由上面的分解,可得到图 3-20 的运算流程图。

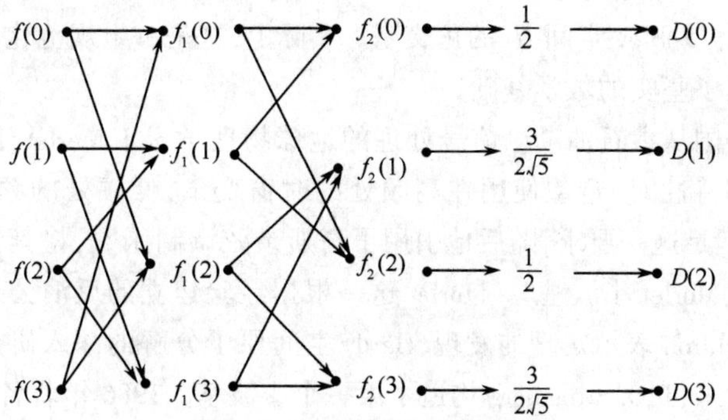

图 3-20 斜变换快速算法流程图

二维斜变换的矩阵式如下:

$$\boldsymbol{D}(u,v)=\boldsymbol{S}(n)\boldsymbol{f}(x,y)\boldsymbol{S}(n)^{-1} \tag{3-195}$$

$$\boldsymbol{f}(x,y)=\boldsymbol{S}(n)^{-1}\boldsymbol{D}(u,v)\boldsymbol{S}(n) \tag{3-196}$$

式中,$\boldsymbol{D}(u,v)$是变换系数矩阵;$\boldsymbol{f}(x,y)$ 是空间数据矩阵;$\boldsymbol{S}(n)$是斜矩阵;$\boldsymbol{S}(n)^{-1}$是 $\boldsymbol{S}(n)$的逆矩阵。

其计算方法也是采用一维计算方法。

3.6 小波变换

3.6.1 概述

小波分析是当前应用数学和工程学科中一个迅速发展的新领域,经过近 40 年的探索研究,重要的数学形式化体系已经建立,理论基础更加扎实。与 Fourier 变换、Gabor 变换相比小波变换是空间

(时间)和频率的局部变换,因而能有效地从信号中提取信息。通过伸缩和平移等运算功能可对函数或信号进行多尺度的细化分析,解决了 Fourier 变换不能解决的许多困难问题。小波变换联系了应用数学、物理学、计算机科学、信号与信息处理、图像处理、地震勘探等多个学科。数学家认为,小波分析是一个新的数学分支,它是泛函分析、Fourier 分析、样调分析、数值分析的完美结晶;信号和信息处理专家认为,小波分析是时间—尺度分析和多分辨分析的一种新技术,它在信号分析、语音合成、图像识别、计算机视觉、数据压缩、地震勘探、大气与海洋波分析等方面的研究都取得了有科学意义和应用价值的成果;有人认为,除了微分方程的求解之外,原则上能用 Fourier 分析的地方均可以用小波分析,有时甚至能得到更好的结果。

与 Fourier 变换、Gabor 变换相比,小波变换是时间(空间)频率的局部化分析,它通过伸缩平移运算对信号(函数)逐步进行多尺度细化,最终达到高频处时间细分,低频处频率细分,能自动适应时频信号分析的要求,从而可聚焦到信号的任意细节,解决了 Fourier 变换的困难问题,成为继 Fourier 变换以来在科学方法上的重大突破。有人把小波变换称为"数学显微镜"。

小波分析继承和发展了 Gabor 变换的局部化思想,基本思想来源于可变窗口的伸缩和平移。其方法的提出可追溯至 1910 年 Haar 提出的 Haar 基,其实这就是最简单的小波基。由于 Haar 基的不连续性,它没能得到广泛的应用。1936 年 Littlewood-Pley 对 Fourier 级数建立了 L-P 理论。L-P 理论在频域内有以任意尺度分析函数的能力,可以说,L-P 理论是多尺度分析的雏形。1952—1962 年,Calderon-Zygmund 建立了奇异积分算子理论与 L-P 理论的高维推广,1974 年,R. Coifman 对一维 H^p 空间给出了原子分解,1975 年,A. P. Calderon 用 Calderon 再生公式给出了抛物型空间 H^1 的原子分解,它的离散形式已接近小波展开。J. peetre 于 1976 年在使用 L-P 方法给出 Besov 空间统一刻划的同时,引出了 Besov 空间的一组基,其展开系数的大小刻画了 Besov 空间本身。1981 年 O. Stromberg 通过对 Haar 系数的修正,引入了 Soblev 空间 H^s 的正交基。实际上,这是一组规范化的正交小波基。这些都为小波分析的发展奠定了坚实的数学基础。

小波的概念是由法国从事石油勘测信号处理的地球物理学家 J. Morlet 于 1984 年提出的。他在分析地震波的时频局部特性时,希望使用在高频处的时窗变窄,低频处的频窗变窄的自适应变换。但 Fourier 变换很难能满足这一要求,随后他引用了高斯余弦调制函数,将其伸缩和平移得到一组函数系,它后来被称之为"Morlet 小波基"。Morlet 这一根据经验建立的反演公式当时并未得到数学家的认可,幸运的是 A. Caldron 表示定理的发现、Hardy 空间原子分解的深入研究已为小波变换的诞生做了理论上的准备。后来,J. O. Stromberg 构造了第一个小波基。1986 年著名的数学家 Y. Meyer 构造了一个真正的小波基,并与 S. Mallat 合作建立了构造小波基的统一方法--多尺度分析。从此,小波分析开始了蓬勃发展的阶段。值得一提的是比利时女数学家 I. Daubechies 的"Ten lectures on Wavelet"(小波十讲)一书对小波的普及应用起了重要的推动作用。

1986 年 S. Jafferd、P. G. Lemavie 和 Y. Meyer 与从事信号处理的 S. Mallat 合作指出小波正交基的构造可纳入一个统一框架,引入多分辨分析的概念,统一了前人构造的具体小波,并给出了多分辨分析的构造正交小波基的一般化方法。S. Mallat 还在 P. Brut 和 E. Adelson 的塔式分解算法启发下,提出了小波变换的快速分解与重构算法,现在称之为 Mallat 算法。该算法在小波分析中的作用相当于 FFT 在 Fourier 变换中的地位。后来,该方法成功地应用于图像的分解与重建。在用于时频分析时,希望小波具有紧支撑集,1988 年 I. Daubechies 首先构造了紧支集光滑小波。从此,小波分析理论得到了系统化。

虽然小波正交基用途广泛,但也存在着不足。其一是小波正交基的结构复杂,其次具有紧支集的小波正交基不可能具有对称性。因此,它用作滤波器时不可能有线性相位,从而产生信号重构失真。为解决此类问题又产生了所谓双正交小波基理论。在实际应用中,人们还构造了周期小波和多元小波等。近年来小波分析已深入到非线性逼近、统计信号处理等领域。由此可见,小波理论及应用正在逐步发展与完善。随着理论及算法的成熟,小波分析必将有较大的作为。

3.6.2 时-频分析

信号分析的主要目的是寻找一种简单有效的信号变换方法，以便突出信号中的重要特性，简化运算的复杂度。大家熟知的 Fourier 变换就是一种刻画函数空间，求解微分方程，进行数值计算的主要方法和有效的数学工具。它可把许多常见的微分、积分和卷积运算简化为代数运算。从物理意义上理解，一个周期振动信号可看成是具有简单频率的简谐振动的叠加。Fourier 展开正是这一物理过程的数学描述，即

$$F(\omega)=\int_{-\infty}^{+\infty} f(t)\mathrm{e}^{-\mathrm{j}\omega t}\mathrm{d}t \tag{3-197}$$

$$f(t)=\frac{1}{2\pi}\int_{-\infty}^{+\infty} F(\omega)\mathrm{e}^{\mathrm{j}\omega t}\mathrm{d}\omega \tag{3-198}$$

Fourier 变换的特点是域变换，它把时域和频域联系起来，把时域内难以显现的特征在频域中十分清楚地显现出来。频谱分析的本质就是对 $F(\omega)$ 的加工与处理。基于这一基本原理，现代谱分析已研究与发展了多种行之有效的高效、多分辨率的分析算法。

在实际过程中，时变信号是常见的，如语音信号、地震信号、雷达回波等。在这些信号的分析中，希望知道信号在突变时刻的频率成分，显然利用 Fourier 变换处理这些信号，这些非平稳的突变成分往往被 Fourier 变换的积分作用平滑掉了。由于 $|\mathrm{e}^{\pm\mathrm{j}\omega t}|=1$，因此，频谱 $F(\omega)$ 的任意一频率成分的值是由时域过程 $f(t)$ 在 $(-\infty,+\infty)$ 上的贡献决定的，而过程 $f(t)$ 在任意一时刻的状态也是由 $F(\omega)$ 在整个频域 $(-\infty,+\infty)$ 的贡献决定的。该性质可由熟知 $\delta(t)$ 函数来理解，即时域上的一个冲激脉冲在频域中具有无限伸展的均匀频谱。$f(t)$ 与 $F(\omega)$ 间的彼此的整体刻画，不能反映各自在局部区域上的特征，因此，不能用于局部分析。在实际应用中，也不乏不同的时间过程却对应着相同的频谱的例子。

3.6.3 Gabor 变换

由于 Fourier 变换存在着不能同时进行时间—频率局部分析的缺点，曾出现许多改进的方法。1946 年 D. Gabor 提出一种加窗的 Fourier 变换方法，它在非平稳信号分析中起到了很好的作用。它是一种有效的信号分析方法，而且与当今的小波变换有许多相似之处。

1. Gabor 变换的定义：

在 Fourier 变换中，把非平稳过程看成是一系列短时平稳信号的叠加，而短时性是通过时间上加窗来实现的。整个时域的覆盖由参数 τ 的平移达到。换句话说，该变换是用一个窗函数 $g(t-\tau)$ 与信号 $f(t)$ 相乘实现在 τ 附近开窗和平移，然后施以 Fourier 变换，这就是 Gabor 变换，也称短时 Fourier 变换或加窗 Fourier 变换。Gabor 变换的定义由下式给出。

对于 $f(t)\in L^2(R)$ 有

$$Gf(\omega,\tau)=\int_{-\infty}^{\infty} f(t)g(t-\tau)\cdot \mathrm{e}^{-\mathrm{j}\omega t}\mathrm{d}t \tag{3-199}$$

式中，$g(t-\tau)\mathrm{e}^{-\mathrm{j}\omega t}$ 是积分核。该变换在 τ 点附近局部测量了频率为 ω 的正弦分量的幅度。通常 $g(t)$ 选择能量集中在低频处的实偶函数；D. Gabor 采用高斯(Gauss)函数做窗口函数，相应的 Fourier 变换仍旧是 Gauss 函数，从而保证窗口 Fourier 变换在时域和频域内均有局部化功能。

令窗口函数为 $g_a(t)$，则有

$$g_a(t)=\frac{1}{2\sqrt{\pi a}}\mathrm{e}^{-t^2/4a} \tag{3-200}$$

式中，a 决定了窗口的宽度，$g_a(t)$ 的 Fourier 变换用 $G_a(\omega)$ 表示，则有

$$\begin{aligned}G_a(\omega)&=\int_{-\infty}^{\infty} g_a(t)\mathrm{e}^{-\mathrm{j}\omega t}\mathrm{d}t=\int_{-\infty}^{\infty}\frac{1}{2\sqrt{\pi a}}\mathrm{e}^{-\frac{t^2}{4a}}\mathrm{e}^{-\mathrm{j}\omega t}\mathrm{d}t\\&=\frac{1}{2\sqrt{\pi a}}\int_{-\infty}^{\infty}\mathrm{e}^{-\frac{t^2}{4a}}\mathrm{e}^{-\mathrm{j}\omega t}\mathrm{d}t=\frac{1}{2\sqrt{\pi a}}\int_{-\infty}^{\infty}\mathrm{e}^{-\left(\frac{t^2}{4a}+\mathrm{j}\omega t\right)}\mathrm{d}t\end{aligned}$$

$$= \frac{1}{2\sqrt{\pi a}} \times \sqrt{4\pi a}\ \mathrm{e}^{-a\omega^2} = \mathrm{e}^{-a\omega^2} \tag{3-201}$$

由此可得到

$$\begin{aligned}\int_{-\infty}^{\infty} Gf(\omega,\tau)\,\mathrm{d}\tau &= \int_{-\infty}^{\infty}\int_{-\infty}^{\infty} f(t)g_a(t-\tau)\mathrm{e}^{-\mathrm{j}\omega t}\mathrm{d}t\mathrm{d}\tau \\ &= \int_{-\infty}^{\infty} f(t)\mathrm{e}^{-\mathrm{j}\omega t}\int_{-\infty}^{\infty} g_a(t-\tau)\,\mathrm{d}\tau\mathrm{d}t \\ &= \int_{-\infty}^{\infty} f(t)\mathrm{e}^{-\mathrm{j}\omega t}\left(\int_{-\infty}^{\infty}\frac{1}{2\sqrt{\pi a}}\mathrm{e}^{\frac{-(t-\tau)^2}{4a}}\mathrm{d}\tau\right)\mathrm{d}t \\ &= \int_{-\infty}^{\infty} f(t)\mathrm{e}^{-\mathrm{j}\omega t}\left(\int_{-\infty}^{\infty}\frac{1}{2\sqrt{\pi a}}\mathrm{e}^{\frac{-u^2}{4a}}\mathrm{d}u\right)\mathrm{d}t \\ &= \int_{-\infty}^{\infty} f(t)\mathrm{e}^{-\mathrm{j}\omega t}\left(\frac{1}{2\sqrt{\pi a}}\sqrt{4\pi a}\right)\mathrm{d}t \\ &= \int_{-\infty}^{\infty} f(t)\mathrm{e}^{-\mathrm{j}\omega t}\mathrm{d}t = F(\omega)\end{aligned} \tag{3-202}$$

显然信号$f(t)$的 Gabor 变换按窗口宽度分解了$f(t)$的频谱$F(\omega)$，提取出它的局部信息。当τ在整个时间轴上平移时，就给出了 Fourier 的完整变换。

相应的重构公式为 $$f(t) = \frac{1}{2\pi}\int_{-\infty}^{\infty}\int_{-\infty}^{\infty} Gf(\omega,\tau)g(t-\tau)\cdot \mathrm{e}^{\mathrm{j}\omega t}\mathrm{d}\omega\mathrm{d}\tau \tag{3-203}$$

窗口 Fourier 变换是能量守恒变换，即

$$\int_{-\infty}^{\infty}|f(t)|^2\mathrm{d}t = \frac{1}{2\pi}\int_{-\infty}^{\infty}\int_{-\infty}^{\infty}|Gf(\omega,\tau)|^2\mathrm{d}\omega\mathrm{d}\tau \tag{3-204}$$

这里应注意积分核$g(t)\mathrm{e}^{-\mathrm{j}\omega t}$对所有$\omega$和$\tau$都有相同的支撑区，但周期数随$\omega$而变化。支撑区是指一个函数或信号$f(t)$的自变量$t$的定义域，当$t$在定义域内取值时$f(t)$的值域不为零，在支撑区之外信号或过程迅速下降为零。

为了研究窗口 Fourier 变换的时频局部化特性就要研究$|g_{\omega,\tau}|^2$和$|G_{\omega,\tau}|^2$的特性。这里$G_{\omega,\tau}$是$g_{\omega,\tau}$的 Fourier 变换。由于 Fourier 变换是能量守恒的，所以，有 parseval 定理存在。即

$$\int_{-\infty}^{\infty} f(t)\,\bar{g}_{\omega,\tau}(t)\,\mathrm{d}t = \frac{1}{2\pi}\int_{-\infty}^{\infty} F(\omega)\,\bar{G}_{\omega,\tau}(\omega)\,\mathrm{d}\omega \tag{3-205}$$

这里的$\bar{g}_{\omega,\tau}(t)$和$\bar{G}_{\omega,\tau}(\omega)$分别是$g_{\omega,\tau}(t)$和$G_{\omega,\tau}(\omega)$的复共轭函数，当为实数时两种表示是相等的。如果把上述函数乘积的积分运算用内积符号表示，则有

$$\langle f,y\rangle = \int_{-\infty}^{\infty} f(x)\,\bar{y}(x)\,\mathrm{d}x \quad f,y \in L^2(R) \tag{3-206}$$

式中，f和y都是在实数域的平方可积函数。

由此 $$Gf(\omega,\tau) = \langle g_{\omega,\tau}, f\rangle = \frac{1}{2\pi}\langle G_{\omega,\tau}, F(\omega)\rangle \tag{3-207}$$

当$f(x)=y(x)$时，则有 $$\langle f, f\rangle = \int_{-\infty}^{\infty}|f(x)|^2\mathrm{d}t = \|f(x)\|^2 \tag{3-208}$$

符号$\|f(x)\|$叫作$f(x)$的范数，是信号的总功率。

这一表达式的物理意义是 Fourier 变换的时域(t)和频域(ω)的一对共轭变量(ω,t)具有对易关系，从而使 Fourier 变换与加窗口的 Fourier 变换具有对称性。

如果用角频率变量ν代替时间变量t，用频域窗口函数$G(\nu,\omega)$代替时域窗口函数$g(t-\tau)$，则可得到

$$Gf(\omega,\tau) = \frac{1}{2\pi}\int_{-\infty}^{\infty} F(\nu)[\bar{G}(\nu-\omega)\mathrm{e}^{-\mathrm{j}\omega\tau}]\mathrm{e}^{-\mathrm{j}\nu\tau}\mathrm{d}\nu = \frac{1}{2\pi}\int_{-\infty}^{\infty} F(\nu)\,\bar{G}_{\omega,\tau}(\nu)\,\mathrm{e}^{\mathrm{j}\nu\tau}\mathrm{d}\nu \tag{3-209}$$

这里$G_{\omega,\tau}(\nu)$是时域窗口函数$g_{\omega,\tau}(t)$的 Fourier 变换。该式的意义在于频域中的信号$F(\nu)$通过窗口

函数 $G_{\omega,\tau}(\nu)$ 的加窗作用获得了 $F(\nu)$ 在频率 ω 附近的局部信息,即

$$F_{\omega}(\nu)=\overline{G}(\nu-\omega)\cdot F(\nu) \tag{3-210}$$

如果选用窗口函数在时域和频域均有良好的局部性质,那么,可以说 Fourier 变换给出了信号 $f(t)$ 的局部时—频分析。这样就有利于同时在频域和时域提取信号 $f(t)$ 的精确信息。

2. Heisenberg 测不准原理

由 Gabor 变换的局部时-频分析的原理,人们自然希望得到合适的时窗和频窗选择方法,以便提取精确的信息,这就涉及到窗口的选择问题。

如果我们把 $|g(t)|^2$ 和 $|G(\omega)|^2$ 看作窗口函数在时域和频域的重量分布,令 t_0 和 ω_0 分别表示时窗和频窗的"重心",σ_{g_t} 和 σ_{G_ω} 表示 $g_{\omega,\tau}(t)$ 和 $G_{\omega,\tau}(\omega)$ 的均方差,则有

$$t_0=\frac{1}{\|g(t)\|^2}\int_{-\infty}^{\infty}t|g(t)|^2\mathrm{d}t,\quad \omega_0=\frac{1}{\|G(\omega)\|^2}\int_{-\infty}^{\infty}\omega|G(\omega)|^2\mathrm{d}\omega \tag{3-211}$$

如果做归一化处理,令 $\|g(t)\|^2=\frac{1}{2\pi}\|G(\omega)\|^2=1$,则式(3-211)为

$$t_0=\int_{-\infty}^{\infty}t|g(t)|^2\mathrm{d}t,\quad \omega_0=\frac{1}{2\pi}\int_{-\infty}^{\infty}\omega|G(\omega)|^2\mathrm{d}\omega \tag{3-212}$$

$$\sigma_{g_t}^2=\frac{1}{\|g(t)\|^2}\int_{-\infty}^{\infty}(t-t_0)^2|g(t)|^2\mathrm{d}t=\int_{-\infty}^{\infty}(t-t_0)^2|g(t)|^2\mathrm{d}t$$

$$\sigma_{G_\omega}=\frac{1}{\|G(\omega)\|^2}\int_{-\infty}^{\infty}(\omega-\omega_0)^2|G(\omega)|^2\mathrm{d}\omega=\frac{1}{2\pi}\int_{-\infty}^{\infty}(\omega-\omega_0)^2|G(\omega)|^2\mathrm{d}\omega \tag{3-213}$$

这里我们把 $\sigma_{g_t}.\sigma_{G_\omega}$ 作为衡量时-频局部特性的一个标准。设 $t_0=0,\omega_0=0$ 则有

$$\sigma_{g_t}^2\cdot\sigma_{G_\omega}^2=\int_{-\infty}^{\infty}t^2|g(t)|^2\mathrm{d}t\cdot\frac{1}{2\pi}\int_{-\infty}^{\infty}\omega^2|G(\omega)|^2\mathrm{d}\omega \tag{3-214}$$

对于窗口函数,假设 $\lim\limits_{|t|\to\infty}t|g(t)|^2=0$,并且注意到 $g(t)$ 的导数 $g'(t)$ 的 Fourier 变换为$\omega G(\omega)$,所以

$$\frac{\mathrm{d}}{\mathrm{d}t}[t|g(t)|^2]=|g(t)|^2+\frac{\mathrm{d}}{\mathrm{d}(t)}|g(t)|^2=|g(t)|^2+2tg'(t)g(t)=0$$

即

$$tg(t)g'(t)=-\frac{1}{2}|g(t)|^2$$

由此

$$\begin{aligned}\sigma_{g_t}^2\cdot\sigma_{G_\omega}^2&=\int_{-\infty}^{\infty}t^2|g(t)|^2\mathrm{d}t\cdot\frac{1}{2\pi}\int_{-\infty}^{\infty}\omega^2|G(\omega)|^2\mathrm{d}\omega\\&=\left(\int_{-\infty}^{\infty}|tg(t)|^2\mathrm{d}t\right)\cdot\frac{1}{2\pi}\int_{-\infty}^{\infty}2\pi|g'(t)|^2\mathrm{d}t\geqslant\left|\int_{-\infty}^{\infty}tg(t)g'(t)\mathrm{d}t\right|^2\\&=\left|\int_{-\infty}^{\infty}-\frac{1}{2}|g(t)|^2\mathrm{d}t\right|^2=\frac{1}{4}\left(\int_{-\infty}^{\infty}|g(t)|^2\mathrm{d}t\right)^2=\frac{1}{4}\end{aligned} \tag{3-215}$$

所以

$$\sigma_{g_t}\sigma_{G_\omega}\geqslant 1/2 \tag{3-216}$$

这说明在对信号做时-频分析时,其时窗和频窗不能同时达到极小值,这就是 Heisenberg 测不准原理。式(3-216)如果用 f 代替角频率 $f=\omega/2\pi$,则

$$\sigma_{g_t}\sigma_{G_f}=\frac{1}{2\pi}\sigma_{g_t}\sigma_{G_\omega}\geqslant\frac{1}{4\pi} \tag{3-217}$$

由式(3-217)可知,无论是周期信号还是非周期信号,既可以用 $f(t)$ 来描述,也可以用 $F(\omega)$ 来描述,采用哪种方法可根据具体问题而定。但如果对时域和频域均感兴趣的话,Gabor 变换是一个有力的分析工具。但它受到 Heisenberg 测不准原理的制约。要想同时达到时间 t 与频率 ω 的最高分辨率是不可能的。

对于时-频窗口的选择应遵循如下规律：对于宽带信号，由于频率变化剧烈，为了能准确提取高频信息要有足够的时间分辨率，t_0 应选小值，可这样会造成样本点多，计算量大，难于获得快速高效算法。为了提取高频分量，时域窗口应尽量窄，频域窗口适当放宽。对于慢变的低频信号，时窗可适当加宽，而频窗应尽量缩小，保证有较高的频率分辨率和较小的测量误差。总之对多尺度信号希望时-频窗口有自适应性，自动改变 σ_{g_t} 和 σ_{G_ω} 的大小。高频情况下，频窗大，时窗小；低频情况下，频窗小，时窗大。

但 Gabor 变换的时—频窗口是固定不变的，窗口没有自适应性，不适于分析多尺度信号过程和突变过程，而且其离散形式没有正交展开，难于实现高效算法，这是 Gabor 变换的主要缺点，因此，也就限制了它的应用。

3.6.4 连续小波变换

在信号分析与处理中，为了提高算法的效率，对信号进行变换处理的积分核应属于正交基，作为信号分析的有效数学工具的标志应是可变窗口、平移功能和正交性。D. Gabor 提出的 Gabor 变换为此迈出了关键的一步，因为 Gabor 变换已具备了平移功能，只是其相当于放大倍数固定的显微镜而已。在这方面 J. Morlet 为此做出了重大贡献。

1. 小波变换的定义

设函数 $f(t)$ 具有有限能量，即 $f(t) \in L^2(R)$
则小波变换的定义如下：

$$W_f(a,b) = \int_{-\infty}^{\infty} f(t)\psi_{a,b}(t)\,\mathrm{d}t = \int_{-\infty}^{\infty} f(t)\frac{1}{\sqrt{a}}\psi\left(\frac{t-b}{a}\right)\mathrm{d}t \qquad a > 0, f(t) \in L^2(R) \qquad (3\text{-}218)$$

积分核为 $\psi_{a,b} = \frac{1}{\sqrt{a}}\psi\left(\frac{t-b}{a}\right)$ 的函数族。

式(3-218)中 a 为尺度参数，b 是定位参数，函数 $\psi_{a,b}(t)$ 称为小波。如果 $\psi_{a,b}(t)$ 是复变函数时，式(3-218)采用复共轭函数 $\overline{\psi}_{a,b}(t)$。若 $a>1$，函数 $\psi(t)$ 具有伸展作用，$a<1$ 函数具有收缩作用。而其 Fourier 变换 $\Psi(\omega)$ 则恰好相反。伸缩参数 a 对小波 $\psi(t)$ 的影响如图 3-21(a)所示。小波 $\psi_{a,b}(t)$ 随伸缩参数 a、平移参数 b 而变化，$\Psi(\omega)$ 的变化如图 3-21(b)所示。

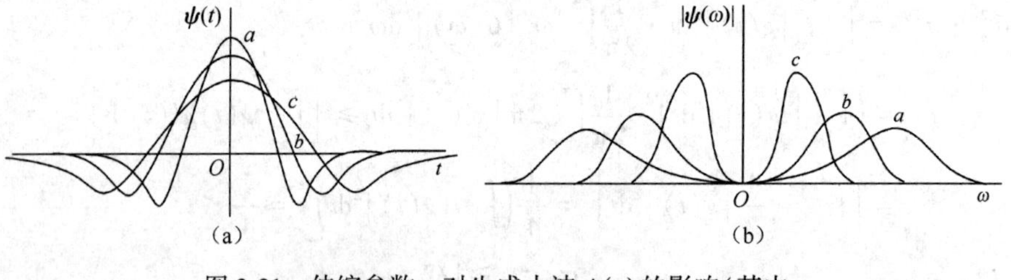

图 3-21 伸缩参数 a 对生成小波 $\psi(t)$ 的影响(其中，图(b)示出了 Fourier 变换 $\Psi(\omega)$ 相应变化的示意图)

图 3-22 中小波函数为 $\psi(t)=t\mathrm{e}^{-t^2}$。当 $a=2, b=15$ 时，$\psi_{a,b}(t)=\psi_{2,15}(t)$ 的波形 $\psi(t)$ 从原点向右移至 $t=15$ 处，且波形展宽；当 $a=0.5, b=-10$ 时，$\psi_{0.5,-10}(t)$ 则使 $\psi(t)$ 从原点向左平移至 $t=-10$ 处，且波形收缩。

随着参数 a 的减小，$\psi_{a,b}(t)$ 的支撑区也随之变窄，而 $\Psi_{a,b}(\omega)$ 的频谱随之向高频端展宽，反之亦然。这就有可能实现窗口大小自适应变化，当信号频率增高时，时窗宽度变窄，而频窗宽度增大，有利于提高时域分辨率，反之也一样。

小波 $\psi(t)$ 的选择既不是唯一的，也不是任意的。这里 $\psi(t)$ 是归一化的具有单位能量的解析函数，它应满足以下几个条件：

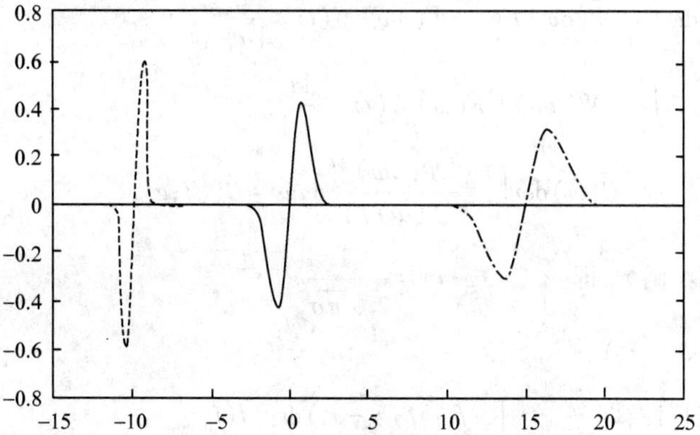

图 3-22　小波 $\psi_{ab}(t)$ 的波形随参数 a,b 变化的情形

(1) 定义域应是紧支撑的(Compact Support),换句话说,就是在一个很小的区间之外,函数为零,也就是函数应有速降特性,以便获得空间局域化。

(2) 平均值为零,即

$$\int_{-\infty}^{\infty} \psi(t)\,\mathrm{d}t = 0 \tag{3-219}$$

甚至其高阶矩也为零,即

$$\int_{-\infty}^{\infty} t^k \psi(t)\,\mathrm{d}t = 0 \quad k = 0,1,\cdots,N-1 \tag{3-220}$$

该条件也叫小波的容许条件(Admissibility Condition),即

$$C_\psi = \int_{-\infty}^{\infty} \frac{|\Psi(\omega)|^2}{\omega}\mathrm{d}\omega < \infty \tag{3-221}$$

式中,$\Psi(\omega) = \int_{-\infty}^{\infty} \psi(t)\mathrm{e}^{-\mathrm{j}\omega t}\mathrm{d}t$,$C_\psi$ 是有限值,它意味着 $\Psi(\omega)$ 连续可积,即

$$\Psi(0) = \int_{-\infty}^{\infty} \psi(t)\,\mathrm{d}t = 0 \tag{3-222}$$

由式(3-222)可以看出,小波 $\psi(t)$ 在 t 轴上取值有正有负才能保证式(3-222)积分为零。所以 $\psi(t)$ 应有振荡性。

上面两个条件可概括为:小波应是一个具有振荡性和迅速衰减的波。

对于所有的 $f(t)$,$\psi(t) \in L^2(R)$,连续小波逆变换由式(3-223)给出:

$$f(t) = \frac{1}{C_\psi}\int_{-\infty}^{\infty}\int_{-\infty}^{\infty} a^{-2} W_f(a,b)\psi_{a,b}(t)\,\mathrm{d}a\mathrm{d}b \tag{3-223}$$

逆变换公式可证明如下:

在时频分析中,一般 $a>0$。

$$\Psi_{a,b}(\omega) = \frac{1}{\sqrt{|a|}}\int_{-\infty}^{\infty} \psi\left(\frac{t-b}{a}\right)\mathrm{e}^{-\mathrm{j}\omega t}\mathrm{d}t = \mathrm{e}^{-\mathrm{j}\omega b}\sqrt{|a|}\,\Psi_{a,b}(a\omega)$$

$$W_f(a,b) = \langle f,\psi_{a,b}\rangle = \frac{1}{2\pi}\langle F,\Psi_{a,b}\rangle = \frac{1}{2\pi}\int_{-\infty}^{\infty} F(\omega)\,\overline{\Psi}_{a,b}(\omega)\,\mathrm{d}\omega = \frac{\sqrt{|a|}}{2\pi}\int_{-\infty}^{\infty} F(\omega)\mathrm{e}^{\mathrm{j}\omega b}\Psi(a\omega)\,\mathrm{d}\omega$$

由此可得

$$\int_{-\infty}^{\infty}\int_{-\infty}^{\infty} a^{-2} W_f(a,b)\,\overline{W}_g(a,b)\,\mathrm{d}a\mathrm{d}b$$

$$= \int_{-\infty}^{\infty}\int_{-\infty}^{\infty}\left\{\int_{-\infty}^{\infty}\int_{-\infty}^{\infty}\frac{|a|}{4\pi^2}F(\omega)\,\overline{G}(\omega')\,\mathrm{e}^{\mathrm{j}\omega b}\mathrm{e}^{-\mathrm{j}\omega' b}\,\overline{\Psi}(a\omega)\,\Psi(a\omega')\,\mathrm{d}\omega\mathrm{d}\omega'\right\}\frac{1}{a^2}\mathrm{d}a\mathrm{d}b$$

$$= \frac{1}{4\pi^2}\int_{-\infty}^{\infty}\mathrm{d}\omega\int_{-\infty}^{\infty}\overline{\Psi}(a\omega)F(\omega)\frac{\mathrm{d}a}{|a|}\int_{-\infty}^{\infty}\mathrm{e}^{-\mathrm{j}\omega b}\mathrm{d}b\int_{-\infty}^{\infty}\mathrm{e}^{-\mathrm{j}\omega' b}\,\overline{\Psi}(a\omega')\,\overline{G}(\omega')\,\mathrm{d}\omega'$$

$$=\frac{1}{2\pi}\int_{-\infty}^{\infty}\mathrm{d}\omega\int_{-\infty}^{\infty}\bar{\Psi}(a\omega)F(\omega)\Psi(a\omega)\bar{G}(\omega)\frac{\mathrm{d}a}{|a|}$$

$$=\frac{1}{2\pi}\int_{-\infty}^{\infty}\mathrm{d}\omega\int_{-\infty}^{\infty}|\Psi(a\omega)|^2F(\omega)\bar{G}(\omega)\frac{\mathrm{d}a}{|a|}$$

$$=\frac{1}{2\pi}\int_{-\infty}^{\infty}F(\omega)\bar{G}(\omega)\mathrm{d}\omega\int_{-\infty}^{\infty}\frac{|\Psi(a\omega)|^2}{|(a\omega)|}\mathrm{d}a\omega=C_\psi\langle f,g\rangle \tag{3-224}$$

如果 $g(t)$ 为 Gauss 函数，即
$$g(t)=\frac{1}{2\sqrt{\pi\sigma}}\mathrm{e}^{\frac{-(t-t_0)^2}{4\sigma}} \tag{3-225}$$
则当 $\sigma\to0^+$ 时，$g(t)\to\delta(t-t_0)$。

由于 $\delta(t)$ 的取样特性，即
$$\int_{-\infty}^{\infty}f(t)\delta(t-t_0)\mathrm{d}t=f(t_0)$$
这里 t_0 是任意值并可连续变化，

$$\lim_{\sigma\to0^+}\langle f,g_\sigma\rangle=\langle f,\lim_{\sigma\to0^+}g_\sigma\rangle=\langle f,\delta(\cdot-t)\rangle=f(t)$$

因此
$$\lim_{\sigma\to0^+}C_\psi\langle f,g_\sigma\rangle=C_\psi\lim_{\sigma\to0^+}\langle f,g_\sigma\rangle=C_\psi\langle f,\cdot-t\rangle=C_\psi f(t)$$

$$\lim_{\sigma\to0^+}\overline{W_g(a,b)}=\lim_{\sigma\to0^+}\overline{\langle g_\sigma,\psi_{a,b}\rangle}=\langle\delta(\cdot-t),\psi_{a,b}\rangle=\psi_{a,b}(t) \tag{3-226}$$

这里 $\delta(\cdot-t)$ 中的“·”表示任意变量。

代入式(3-224)得到
$$f(t)=\frac{1}{C_\psi}\int_{-\infty}^{\infty}\int_{-\infty}^{\infty}W_f(a,b)\psi_{a,b}(t)\frac{\mathrm{d}a\mathrm{d}b}{a^2} \tag{3-227}$$
因此，逆变换得证。该式也说明 $f(t)$ 的小波变换是能量守恒的，即有下式成立：

$$\int_{-\infty}^{\infty}|f(t)|^2\mathrm{d}t=\frac{1}{C_\psi}\int_{-\infty}^{\infty}\int_{-\infty}^{\infty}|W_f(a,b)|^2\frac{\mathrm{d}a\mathrm{d}b}{a^2} \tag{3-228}$$

2. 小波变换的时-频局部化

小波 $\psi_{ab}(t)$ 是紧支撑函数，小波变换实现时-频局域化分析的特点是与被检测信号 $f(t)$ 的频率高低密切相关。因此，了解小波变换在频域中的特性对了解小波变换 $W_f(a,b)$ 是很有用的，根据能量守恒定理，$W_f(a,b)$ 可写成

$$W_f(a,b)=\frac{1}{2\pi}\int_{-\infty}^{\infty}F(\omega)\cdot\Psi_{a,b}(\omega)\mathrm{d}\omega \tag{3-229}$$

为了解小波变换的时-频局部化特点，我们同样需了解 $|\psi_{a,b}(t)|^2$ 和 $|\Psi_{a,b}(\omega)|^2$ 的均方差 $\sigma_{\psi_{a,b}}$ 和 $\sigma_{\Psi_{a,b}}$。根据 $\Psi(0)=\int_{-\infty}^{\infty}\psi(t)\mathrm{d}t=0$，因此，对 $\psi_{a,b}(t)$ 来说，通带的中心 $\omega_{a,b}^0$ 是从离开频率轴原点 $\omega=0$ 处来计算的。其右侧波瓣的质心或一阶矩为

$$\omega_{\psi_{a,b}}^0=\frac{\int_0^\infty\omega|\Psi_{a,b}(\omega)|^2\mathrm{d}\omega}{\int_0^\infty|\Psi_{a,b}(\omega)|^2\mathrm{d}\omega}$$

定义频率域的标准差和时间域的标准差分别为

$$\sigma_{\Psi_{a,b}}=\left\{\int_0^\infty(\omega-\omega_{\psi_{a,b}}^0)^2|\Psi_{a,b}(\omega)|^2\mathrm{d}\omega\right\}^{1/2}\quad\sigma_{\psi_{a,b}}=\left\{\int_{-\infty}^{\infty}(t-t_0)^2|\psi_{a,b}(t)|^2\mathrm{d}t\right\}^{1/2} \tag{3-230}$$

同理
$$t_0=\int_{-\infty}^{\infty}t|\psi_{a,b}(t)|^2\mathrm{d}t\Big/\int_{-\infty}^{\infty}|\psi_{a,b}(t)|^2\mathrm{d}t$$

如果 $a=1,b=0$ 时容易推出
$$\sigma_{\Psi_{a,b}}=\sigma_{\Psi_{1,0}}/a,\quad\omega_{\Psi_{a,b}}^0=\omega_{\Psi_{1,0}}^0/a \tag{3-231}$$
式中，$\omega_{\Psi_{a,b}}^0$ 是小波的带通中心，第二式说明了 $\omega_{\Psi_{a,b}}^0$ 与 $\omega_{\Psi_{1,0}}^0$ 的关系。

由上述关系显见 $\omega_{\Psi_{a,b}}^0$ 随函数的伸展而变小，即带通的中心向低频分量偏移；反之，$\omega_{\Psi_{a,b}}^0$ 随 a 的减

小而变大,带通中心向高频分量偏移。在小波变换中,时间窗口的宽度与频率窗口的宽度是尺度参数 a 的函数,但其乘积($\sigma_{\psi_{a,b}}\times\sigma_{\Psi_{a,b}}$)由 Heisenberg 测不准原理限定为一常数,因此,高频分量在时域局部化分辨率提高是以频域的不确定性加大换取的。分析高频分量时,时窗变窄,频窗加宽,分析低频分量时,时窗变宽,频窗变窄,从而实现了时—频窗口的自适应变化。

从滤波的观点来看,$\psi_{a,b}(t)$ 的频谱 $\Psi_{a,b}(\omega)$ 具有带通特性,中心频率 $\omega_0=\omega^0_{\Psi_{a,b}}$,带宽$BW=2\sigma_{\Psi_{a,b}}$。

图 3-23 示出了加窗的 Fourier 分析和小波分析的时—频特性比较,由图可见,加窗的 Fourier 分析的基函数振荡个数不同,而小波分析的基函数具有常数个振荡;加窗的 Fourier 分析的时频分辨率固定,而小波分析的时频分辨率可变。

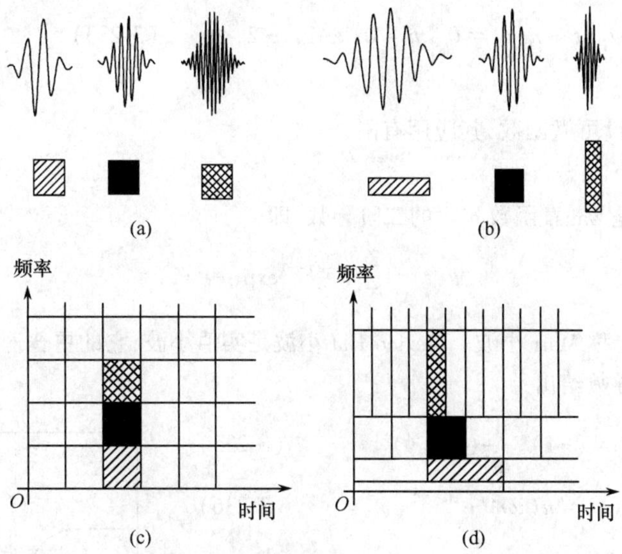

图 3-23　加窗的 Fourier 分析和小波分析的时—频特性比较

图 3-24 显示了 Gabor 变换与小波变换的滤波特性。

由图可见 Gabor 滤波是恒定带宽滤波,而小波滤波随着中心频率增加而带宽加大。

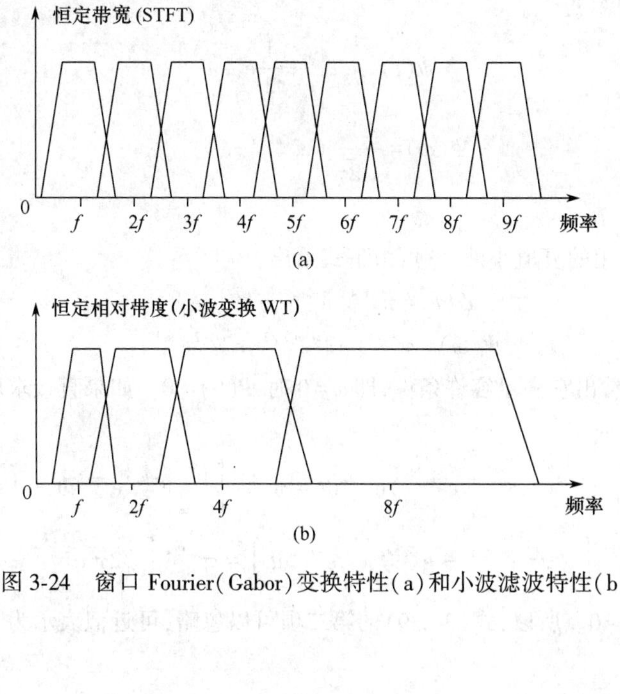

图 3-24　窗口 Fourier(Gabor)变换特性(a)和小波滤波特性(b)

3. 几种典型的一维小波

小波的选择是灵活的，凡能满足条件的函数均可作为小波函数，这里仅介绍几种具有代表性的小波以供参考。

(1) Haar 小波

$$\psi_H(t)=\begin{cases}1 & 0\leqslant t<1/2\\ -1 & 1/2\leqslant t<1\\ 0 & 其他\end{cases} \tag{3-232}$$

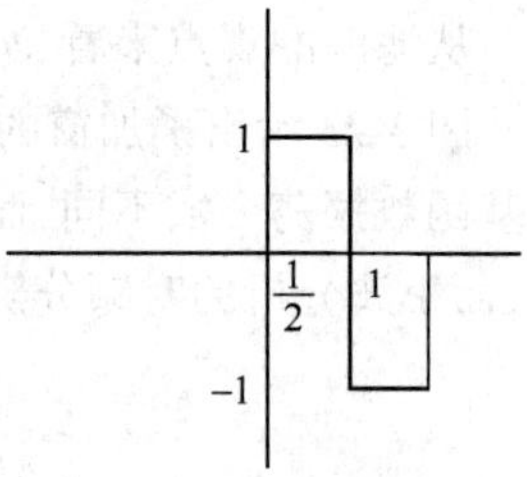

图 3-25　Haar 小波

该正交函数是由 A. Haar 于 1910 年提出的，对 t 平移时可得到

$$\int_{-\infty}^{\infty}\psi_H(t)\psi_H(t-n)\,dt=0\quad n=0,\ \pm1,\ \pm2,\cdots \tag{3-233}$$

其波形如图 3-25 所示。

Haar 小波不是连续可微函数，其应用有限。

(2) Mexico Hat 小波

Mexico Hat 小波是 Gauss 函数 $e^{-t^2/2}$ 的二阶导数，即

$$\psi(t)=\frac{2}{\sqrt{3}}\pi^{-\frac{1}{4}(1-t^2)}\exp(-t^2/2) \tag{3-234}$$

Mexico Hat 小波也称 Marr 小波。Mexico Hat 小波是实值小波，它的更普遍的形式由下式给出，即由 Gauss 分布的 n 阶导数给出

$$\psi_n(t)=(-1)^n\frac{d^n}{dt^n}(e^{-|t|^2/2}) \tag{3-235}$$

相应的谱为 $$\Psi_n(\omega)=n(i\omega)^n e^{-|\omega|^2/2} \tag{3-236}$$

其波形如图 3-26 所示。

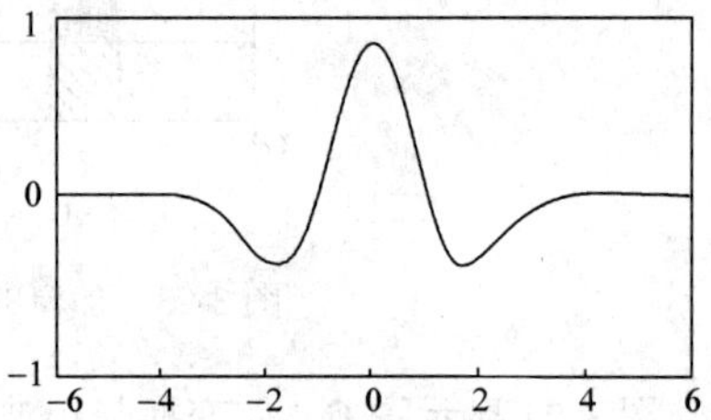

图 3-26　Mexico Hat 小波

由于其剖面轮廓与墨西哥草帽相似，故称墨西哥草帽小波。使用最为广泛的墨西哥草帽小波相当于式(3-236)中 $n=2$ 的情形，它的 n 维形式是各向同性的。

用 Gauss 分布的差形成的 DOG(Difference of Gaussians) 是 Mexico Hat 小波的良好近似。

$$\psi(t)=e^{-|t|^2/2}-\frac{1}{2}e^{-|t|^2/8} \tag{3-237}$$

$$\Psi(\omega)=\frac{1}{\sqrt{2\pi}}(e^{-|\omega|^2/2}-e^{-2|\omega|^2}) \tag{3-238}$$

(3) Morlet 小波

Morlet 小波是最常用的复值小波，它可由下式给出：

$$\psi(t)=\pi^{-1/4}[e^{-j\omega_0 t}-e^{-\omega_0^2/2}]e^{-t^2/2} \tag{3-239}$$

其 Fourier 变换为 $$\Psi(\omega)=\pi^{-1/4}[e^{-(\omega-\omega_0)^2/2}-e^{-\omega_0^2/2}e^{-\omega^2/2}] \tag{3-240}$$

由式(2-240)可以看出它满足容许条件，即 $\omega=0$ 时 $\Psi(0)=0$。如果直接求取容许条件，可进行如下运算：

$$\int_{-\infty}^{\infty}\psi(t)\,dt=\int_{-\infty}^{\infty}\pi^{-1/4}(e^{-j\omega_0 t}-e^{-\omega_0^2/2})e^{-t^2/2}dt=\pi^{-1/4}\left[\int_{-\infty}^{\infty}e^{-j\omega_0 t}e^{-t^2/2}dt-\int_{-\infty}^{\infty}e^{-\omega_0^2/2}e^{-t^2/2}dt\right]$$

$$=\pi^{-1/4}\left[\sqrt{2\pi}\,e^{-\omega_0^2/2}-e^{-\omega_0^2/2}\int_{-\infty}^{\infty}e^{-t^2/2}dt\right]=\pi^{-1/4}\left[\sqrt{2\pi}\,e^{-\omega_0^2/2}-\sqrt{2\pi}\,e^{-\omega_0^2/2}\right]=0$$

当 $\omega_0\geqslant5$ 时，$e^{-\omega_0^2/2}\approx0$。所以，式(3-239)的第二项可以忽略，可近似表示为

$$\psi(t)=\pi^{-1/4}\mathrm{e}^{-\mathrm{j}\omega_0 t}\mathrm{e}^{-t^2/2}\quad(\omega_0\geqslant 5) \tag{3-241}$$

相应的 Fourier 变换为

$$\Psi(\omega)=\pi^{-1/4}\mathrm{e}^{-(\omega-\omega_0)^2/2} \tag{3-242}$$

尺度为 a 的 Morlet 小波 $\psi_{a,0}(t)$ 的 Fourier 变换是

$$\Psi_{a,0}(\omega)=a\pi^{-1/4}\mathrm{e}^{-(\omega_0-a\omega)^2/2}=a\pi^{-1/4}\mathrm{e}^{-a^2\left(\frac{\omega_0}{a}-\omega\right)^2/2}$$

它的支撑区几乎是 $\omega>0$ 的整个区域，因为，在 $\omega<0$ 和 $\omega_0>5$ 时，$\mathrm{e}^{-(\omega_0-a\omega)^2/2}<\mathrm{e}^{-\omega_0^2/2}\approx 0$，所以，$\Psi(\omega)$ 可忽略不计。$\Psi_{a,0}(\omega)$ 的支撑区中心在 $\omega_0/2$ 处，波形宽度 $\sigma_{\Psi_{a,b}}=1/a$，并随着 a 的减小向外扩展。而小波 $\psi_{a,b}(t)$ 本身的中心在 b 处，以 $\sigma_{\psi_{a,b}}=a$ 的方式随 a 的增大向外扩展。Morlet 小波如图 3-27 所示。

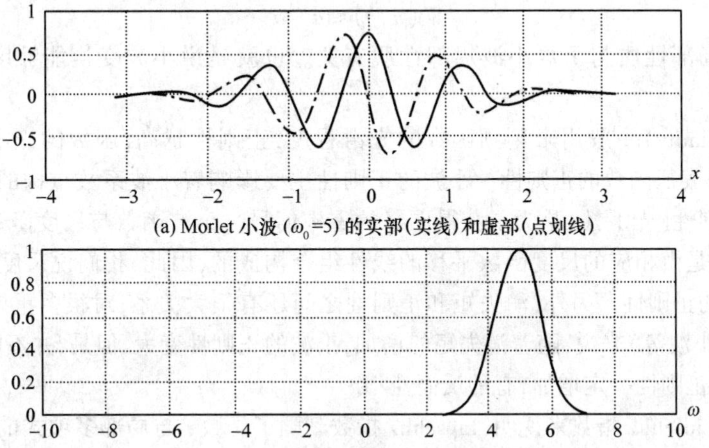

(a) Morlet 小波 (ω_0=5) 的实部(实线)和虚部(点划线)

(b) Morlet 小波的 Fourier 变换

图 3-27　Morlet 小波及其 Fourier 变换

4. 小波变换的基本性质

(1) 线性

小波变换是线性变换，即一个函数的连续小波变换等价于该函数各分量的连续小波变换。

设 $W_{f_1}(a,b)$ 为 $f_1(t)$ 的小波变换，$W_{f_2}(a,b)$ 为 $f_2(t)$ 的小波变换，则有

$$f(t)=\alpha f_1(t)+\beta f_2(t)$$

$$W_f(a,b)=\alpha W_{f_1}(a,b)+\beta W_{f_2}(a,b) \tag{3-243}$$

其中，α 和 β 是常数。

(2) 平移和伸缩的共变性

连续小波变换在任何平移之下是共变的或协变的，即若 $f(t)\leftrightarrow W_f(a,b)$ 是一对小波变换关系，则 $f(t-b_0)\leftrightarrow W_f(a,b-b_0)$ 也是小波变换关系。

小波变换对于 a_0 的任何伸缩也是共变的，即若 $f(t)\leftrightarrow W_f(a,b)$ 是一对小波变换关系，则

$$f(a_0t)\leftrightarrow\frac{1}{\sqrt{a_0}}W_f(a_0a,a_0b) \tag{3-244}$$

也是小波变换关系。

证明：$f(a_0t)$ 的小波变换为 $W_f(a,b)=\int_{-\infty}^{\infty}f(a_0t)\,\frac{1}{\sqrt{a}}\psi\left(\frac{t-b}{a}\right)\mathrm{d}t$

做变量替换 $a_0t=x$，$t=\frac{x}{a_0}$，$\mathrm{d}t=\frac{\mathrm{d}x}{a_0}$，代入上式，则有

$$W_f(a,b)=\frac{1}{\sqrt{a}}\int_{-\infty}^{\infty}f(x)\psi\left(\frac{\frac{x}{a_0}-b}{a}\right)\frac{1}{a_0}\mathrm{d}x$$

$$= \frac{1}{\sqrt{a_0}} \frac{1}{\sqrt{a_0 a}} \int_{-\infty}^{\infty} f(x) \psi\left(\frac{x - a_0 b}{a_0 a}\right) \mathrm{d}x = \frac{1}{\sqrt{a_0}} W_f(a_0 a, a_0 b)$$

该性质得证。

(3) 微分运算

$$W_{\psi_{a,b}}\left(\frac{\partial^n f(t)}{\partial t^n}\right) = (-1)^n \int_{-\infty}^{\infty} f(t) \frac{\partial^n}{\partial t^n} [\overline{\psi}_{a,b}(t)] \mathrm{d}t \tag{3-245}$$

(4) 局部正则性

如果函数在 t_0 处 n 阶连续可微,即 $f \in C^n(t_0)$,则

$$W_f(a,b) \leqslant a^{n+1} a^{\frac{1}{2}} \tag{3-246}$$

说明函数的局部性质与函数小波局部性质有关。也就是说小波变换能够度量函数的局部正则性。

正则性(Regularity)一般用来刻画函数的光滑程度,正则性越高,函数的光滑性越好。通常用 Lipschitz 指数 k 来表征函数的正则性。小波的正则性主要影响着小波系数重构的稳定性,通常对小波要求一定的正则性(光滑性)是为了获得更好的重构信号。小波函数与尺度函数具有相同的正则性,因为小波函数是由相应的尺度函数平移的线性组合构成的,因此,我们说尺度函数的正则性,也就是说小波函数的正则性。另外,消失矩和正则性之间还有很大关系,对很多重要的小波,(如样条小波、Daubechies 小波等)来说,随着消失矩的增加,小波的正则性变大,但是,并不能说随着小波消失矩的增加,小波的正则性一定增加,有的反而变小。

正则性常用 Lipschitz 指数来说明,Lipschitz 指数刻画了函数 f 与局部多项式的逼近程度,而函数与局部多项式的逼近程度又与函数的可微性相联系。如果函数在时刻 t 有奇异性,则说明函数在 t 点不可微,因而在 t 点的 Lipschitz 指数刻画了该函数的奇异性行为。当然,还可以定义函数在区间上的正则性。

例如,如果函数 f 在点 t_0 是 Lipschitz α 的,α 大于 $n(n>1)$,那么函数 f 在 t_0 点就是 n 次连续可微的,并且该函数可以用 n 次多项式来逼近。

除上述性质外,小波变换还有诸如能量守恒性、空间—尺度局部化等特性。

这些性质可参阅有关小波的论著。

3.6.5 离散小波变换

1. 离散小波的定义

在连续小波变换中,伸缩参数 a 和平移参数 b 连续取值,连续小波变换主要用于理论分析,在实际应用中离散小波变换更适于计算机处理。离散小波的定义可由下式表示:

$$\psi_{m,n}(t) = \frac{1}{\sqrt{a_0^m}} \psi\left(\frac{t - n b_0 a_0^m}{a_0^m}\right) = a_0^{-\frac{m}{2}} \psi(a_0^{-m} t - n b_0) \tag{3-247}$$

相应的离散小波变换可由下式定义:

$$\langle f, \psi_{m,n} \rangle = a_0^{-\frac{m}{2}} \int_{-\infty}^{\infty} f(t) \psi_{m,n}(t) \mathrm{d}t = a_0^{-\frac{m}{2}} \int_{-\infty}^{\infty} f(t) \psi(a_0^{-m} t - n b_0) \mathrm{d}t \tag{3-248}$$

2. 正交小波变换

连续小波可以刻画函数 $f(t)$ 的性质和变化过程,用离散小波也可以刻画 $f(t)$。按调和分析方法,把 $f(t)$ 写成级数展开形式,这就构成了 n 维空间中函数逼近问题。

在数学中,"空间"是用公理确定了元素之间的关系的集合,例如,距离空间是定义了元素间距离的集合;定义了元素范数的线性空间叫作线性赋范空间等,在离散小波变换中赋范空间和内积空间

的概念是很重要的。度量空间、赋范空间和内积空间是三种基本的抽象空间，对于离散小波变换来说，最重要的是赋范空间和内积空间。在引入极限概念的情况下，可以在更加普遍的意义下研究函数的展开和逼近问题。

在$[a,b]$上p次可积的函数空间$L^p\left\{\int_a^b [f(t)]^p \mathrm{d}t < \infty\right\}$，我们定义范数为

$$\|f(t)\|_p = \left\{\int_a^b |f(t)|^p \mathrm{d}t\right\}^{1/p} \tag{3-249}$$

对于p次可和的数列空间$l^p\left\{\sum_{n=1}^{\infty} |x_n|^p < \infty\right\}$定义范数为

$$\|x\| = \left\{\sum_{n=1}^{\infty} |x_n|^p\right\}^{1/p} \tag{3-250}$$

完备的内积空间称做 Hilbert 空间。常用的函数与数列空间的内积定义如下：

线性函数空间$L^2(a,b)$，存在 $\langle x,y\rangle = \int_a^b x(t)\,\bar{y}(t)\,\mathrm{d}t \quad x,y \in L^2(a,b)$ (3-251)

线性数列空间l^2，存在 $\langle x,y\rangle = \sum_{n=1}^{\infty} x_n \bar{y}_n \quad (x,y \in l^2)$ (3-252)

内积空间中的范数为 $\|x\| = \langle x,x\rangle^{1/2} = \left\{\sum_{n=1}^{\infty} |x_n|^2\right\}^{1/2}$ (3-253)

由离散小波的定义，如果把t也离散化，并选择$a_0=2, b_0=1$，则可得到二进小波

$$\psi_{m,n}(t) = \frac{1}{\sqrt{2^m}}\psi\left(\frac{t-n2^m}{2^m}\right) = 2^{-m/2}\psi(2^{-m}t-n) \tag{3-254}$$

设$\psi_{0,0} \equiv \psi(t)$可构造出正交小波$\psi_{m,n}(t)$，即

$$\int \psi_{m,n}(t)\psi_{m',n'}(t)\,\mathrm{d}t = \begin{cases}1 & m=m' \quad n=n' \\ 0 & \text{其他}\end{cases} \tag{3-255}$$

由二进正交小波可得到信号$f(t)$的任意精度的近似表示。即

$$f(t) = \sum_{m=-\infty}^{\infty}\sum_{n=-\infty}^{\infty}\langle f,\psi_{m,n}\rangle \psi_{m,n}(t) \tag{3-256}$$

3. 尺度函数

由尺度函数构造小波是小波变换的必经之路。尺度函数$\varphi(t)$应满足下列条件：

(1) $\int_{-\infty}^{\infty}\varphi(t)\,\mathrm{d}t = 1$，它是一个平均函数，与小波函数$\psi(t)$相比较，其傅里叶变换$\Phi(\omega)$具有低通特性，$\Psi(\omega)$具有带通特性。

(2) $\|\varphi(t)\| = 1$，即尺度函数是范数为 1 的规范化函数。

(3) $\int_{-\infty}^{\infty}\varphi_{m,n}(t)\psi_{m',n'}(t)\,\mathrm{d}t = 0$，即尺度函数对所有的小波是正交的。

(4) $\int_{-\infty}^{\infty}\varphi_{m,n}(t)\varphi_{m,n'}(t)\,\mathrm{d}t = 0$，即尺度函数对于平移是正交的，但对于伸缩$m$来说不是正交的。

(5) $\varphi(t) = \sqrt{2}\sum_{n\in Z} h_n\varphi(2t-n)$，即某一尺度上的尺度函数可以由下一尺度的线性组合得到，h_n是尺度系数。

$\varphi(t)$的 Fourier 变换为 $\Phi(\omega) = \sum_{n\in Z}\frac{h_n}{\sqrt{2}}\Phi\left(\frac{\omega}{2}\right)\mathrm{e}^{-\mathrm{j}\omega n/2} = H\left(\frac{\omega}{2}\right)\cdot\Phi\left(\frac{\omega}{2}\right)$ (3-257)

式中

$$H\left(\frac{\omega}{2}\right) = \sum_{n\in Z}\frac{h_n}{\sqrt{2}}\mathrm{e}^{-\mathrm{j}\omega n/2} \tag{3-258}$$

(6) 尺度函数与小波是有关联的。$\psi(t)$可表示如下：

$$\psi(t)=\sqrt{2}\sum_{n\in Z}g_n\varphi(2t-n) \tag{3-259}$$

式中，$\sqrt{2}$是规一化因子，g_n 是由尺度系数 h_n 导出的系数，相应的 Fourier 变换为

$$\Psi(\omega)=\sum_{n\in Z}\frac{g_n}{\sqrt{2}}\mathrm{e}^{-\mathrm{j}\omega n/2}\Phi\left(\frac{\omega}{2}\right)=G\left(\frac{\omega}{2}\right)\Phi\left(\frac{\omega}{2}\right) \tag{3-260}$$

这里

$$G\left(\frac{\omega}{2}\right)=\sum_{n\in Z}\frac{g_n}{\sqrt{2}}\mathrm{e}^{-\mathrm{j}\omega n/2}$$

这说明小波可以由尺度函数的伸缩和平移的线性组合获得，这就是构造小波正交基的途径。

从上述关系可以看出，从 $\varphi(t)$导出 $\psi(t)$的关键在于建立 h_n 和 g_n 的正交关系。

其中

$$g_n=(-1)^{1-n}\overline{h}_{1-n}\quad(n\in Z) \tag{3-261}$$

$$h_n=\sqrt{2}\langle\phi(t),\phi(2t-n)\rangle=\sqrt{2}\int_{-\infty}^{\infty}\varphi(t)\,\overline{\varphi}(2t-n)\,\mathrm{d}t \tag{3-262}$$

关于 $\varphi(t)$的求解可用 $\Phi(\omega)=\sum_{n\in Z}\frac{h_n}{\sqrt{2}}\Phi\left(\frac{\omega}{2}\right)\mathrm{e}^{-\frac{\mathrm{j}\omega n}{2}}=H\left(\frac{\omega}{2}\right)\Phi\left(\frac{\omega}{2}\right)$

反复迭代求得 $\Phi(\omega)$的极限形式

$$\Phi(\omega)=\left[\prod_{i=1}^{k}H\left(\frac{\omega}{2^i}\right)\right]\Phi\left(\frac{\omega}{2^k}\right)\approx\prod_{i=1}^{\infty}H\left(\frac{\omega}{2^i}\right)\Phi(0)=\prod_{i=1}^{\infty}H\left(\frac{\omega}{2^i}\right) \tag{3-263}$$

然后求 Fourier 逆变换

$$\varphi(t)=\frac{1}{2\pi}\int_{-\infty}^{\infty}\prod_{i=1}^{\infty}H\left(\frac{\omega}{2^i}\right)\mathrm{e}^{\mathrm{j}\omega t}\mathrm{d}\omega \tag{3-264}$$

由此可求得 $\varphi(t)$。

4. 紧支集概念

紧支集是小波变换中经常用到的数学概念，它是衡量小波性能的重要指标。函数 $f(t)$的支集或支撑区 supp$f$ 是指最大开集 E 的补集。对于开集 E，$t\in E$ 有 $f(t)=0$，因此，函数的支集就是函数定义域的闭子集，也就是说，这样一个最小的闭子集或区间$[a,b]$，使得在$[a,b]$之外，函数 $f(t)$为零。如果说函数 $f(t)$是紧支集就是指 $f(t)$的支撑区 supp$f$ 是紧支集，即supp$f\subset[a,b]$，$[a,b]$是有界闭区间。一个序列 u 是紧支撑的，就是说有有限多元素在域中为零，称它为有限支撑的，对于域 R^n 来说，u 是紧支撑的，是指支集是有界的。与紧支集概念相联系的是函数的平滑性和速降性。

(1) 平滑性

如果$\frac{\mathrm{d}^n f(t)}{\mathrm{d}t^n}$对$\forall n\in N$是连续函数，则函数 $f(t)$是平滑的。若$\frac{\mathrm{d}^n f(t)}{\mathrm{d}t^n}$对$\forall\ (0\leqslant n\leqslant d)$是连续的，则函数 $f(t)$的平滑度为 d。平滑性决定了 $\Phi(\omega)$的频率分辨率的高低。

(2) 速降性

函数 $f(t)$对于$\forall n\in N$，存在一个有限常数 $K_n>0$，使得$\forall t\in R$ 都有 $|t^n f(t)|<K_n$，则说明函数 $f(t)$有无限速降性。速降性既决定了 $\varphi(t)$构造小波 $\psi(t)$支集性质，也决定了其空间局部性的好坏与否。

通常我们希望小波是紧支撑的，因为这样的小波既具有更好的局部特性，也有利于算法的实现，可惜的是紧支撑与平滑性两者不可兼得。

5. 非正交小波变换

构造一个既具有正交性，又具有紧支集、平滑性甚至对称性的小波基函数具有很大困难。但在应用中，紧支集是保证优良的空间局部性的条件；对称性可使小波滤波特性具有线性相移特性，避免信号失真；平滑性与频率分辨率有关。这些矛盾的实质是对小波基函数正交性的要求，如果对正交性不做苛求

的话，即容许小波基函数有一定的相关性，可能会带来许多好处。由此，我们引入“框架”的概念。

如果存在两个称做框架界的常数 A 和 B，且 $0<A\leqslant B<\infty$，使得对于所有的 Hilbert 空间 H 中的函数 $f(t)$ 满足下列关系

$$A\|f\|^2 \leqslant \sum_{t=-\infty}^{\infty} |\langle f,\varphi_l\rangle|^2 \leqslant B\|f\|^2 \tag{3-265}$$

我们把 Hilbert 空间的一族函数 $\{\varphi_l\in H, l\in Z\}$ 称做框架，其中常数 $B<\infty$ 保证了变换 $f\to\{\langle f,\varphi_n\rangle\}$ 是连续的；常数 $A>0$，保证了变换是可逆的，并有连续的逆变换。这样就可以用框架 $\{\varphi_l\}$ 完全刻画函数 $f(t)$，也可完全重构 $f(t)$。一般情况框架不是正交基，它提供了对函数 $f(t)$ 的一种冗余表示。这种表示使得恢复信号 $f(t)$ 的数值计算十分稳定，而且对噪声也具有鲁棒性（Robustness）。

当 $A=B$ 时的框架称之为紧框架（Tight Frame）。此时，$f(t)$ 的简单展开式如下

$$f(t)=\frac{1}{A}\sum_{l}\langle f,\varphi_l\rangle\varphi_l(t) \tag{3-266}$$

如果 $A=B=1$，且 $\|\varphi_l\|=1$，则 $\{\varphi_l\}$ 形成规范正交基，于是可得到通常的展开式。当 $\{\psi_{m,n}\}$ 构成紧框架时，则有 $A=B=C_\psi/b_0\lg a_0$。其中 C_ψ 是容许条件，即

$$C_\psi=\int_{-\infty}^{\infty}\frac{|\Psi(\omega)|^2}{\omega}\mathrm{d}\omega<\infty \tag{3-267}$$

实际上 A 严格等于 B 很困难，只能 A 接近 B。即 $\varepsilon=B/A-1\ll 1$，这种框架叫几乎紧框架（Snug Frame），此时，展开式可由下式给出：

$$f(t)=\frac{2}{A+B}\sum_{L}\langle f,\varphi_l\rangle\varphi_l+\gamma \tag{3-268}$$

式中，γ 是误差。

下面我们讨论小波框架：

令 L 表示一种映射关系，即　　$L: f(t)\to\{\langle f,\psi_{m,n}\rangle\}$

其中

$$\psi_{m,n}=\frac{1}{\sqrt{a_0^m}}\psi\left(\frac{t-nb_0a_0^m}{a_0^m}\right)=a_0^{-\frac{m}{2}}\psi(a_0^{-m}t-nb_0) \tag{3-269}$$

如果映射满足

$$A\|f\|^2 \leqslant \sum_{m}\sum_{n\gamma}|\langle f,\psi_{m,n}\rangle|^2 \leqslant B\|f\|^2 \tag{3-270}$$

则可通过小波系数 $\{\langle f,\psi_{m,n}\rangle\}$ 刻画函数 $f(t)$。

如果 $\{\psi_{m,n}\}$ 是一个紧框架，则有

$$f(t)=\frac{1}{A}\sum_{m}\sum_{n\gamma}\langle f,\psi_{m,n}\rangle\psi_{m,n}(t) \tag{3-271}$$

如果 $\{\psi_{m,n}\}$ 是一个几乎紧框架，则

$$f(t)=\frac{2}{A+B}\sum_{m}\sum_{n}\langle f,\psi_{m,n}\rangle\psi_{m,n}+\gamma \tag{3-272}$$

只要 $\psi(t)$ 满足 $\int_{-\infty}^{\infty}\psi(t)\mathrm{d}t=0$，且为紧支集或速降的，那么适当地选择 a_0,b_0 就可构造这样的框架。

Daubechies 给出了选择 a_0 和 b_0 的关系式

$$A\leqslant\frac{\pi}{b_0\ln a_0}\int_{-\infty}^{\infty}|\Psi(\omega)|^2|\omega|^{-1}\mathrm{d}\omega\leqslant B \tag{3-273}$$

其中 a_0,b_0 的选择条件很宽。如 Mexico Hat 小波，当 $a_0=2, b_0=1$ 时，框架界 $A=3.223, B=3.596$，$B/A=1.116$。

6. 关于 Daubechies 小波

由多分辨分析得到的尺度函数 $\varphi(t)$ 与小波函数 $\psi(t)$ 的双尺度差分方程为

$$\varphi(t)=\sqrt{2}\sum_{n=0}^{2N-1}h_n\varphi(2t-n) \tag{3-274}$$

$$\psi(t)=\sqrt{2}\sum_{n=0}^{2N-1}g_n\varphi(2t-n) \tag{3-275}$$

用尺度函数 $\varphi(t)$ 构造的小波 $\psi(t)$ 可通过伸缩和平移形成正交集,而且 $\psi(t)$ 具有紧支集、平滑性、对称性是十分困难的。为此,Daubechies 提出了一种解决办法。她的思路是先由 $\varphi(t)=\sqrt{2}\sum_{n=0}^{2N-1}h_n\varphi(2t-n)$ 的 Fourier 变换

$$\Phi(2\omega)=H(\omega)\Phi(\omega)\quad H(\omega)=\sum_n h_n \mathrm{e}^{-\mathrm{j}\omega n} \tag{3-276}$$

求出 $H(\omega)$,再通过无穷乘积来定义

$$\Phi(\omega)=\prod_{j=1}^{\infty}H(2^{-j}\omega)$$

进而讨论使 $\{\varphi(t-n)\}_{n\in Z}$ 的标准正交条件,为最后构造小波创造了条件。

设 $H(\omega)=\sum_n h_n \mathrm{e}^{-\mathrm{j}n\omega}$ 是三角多项式,系数 $\{h_n\}$ 是实数,则有

$$H(\omega)=\left[\frac{1}{2}(1+\mathrm{e}^{\mathrm{j}\omega})\right]^N Q(\mathrm{e}^{-\mathrm{j}\omega}),\quad N\in Z_+ \tag{3-277}$$

式中 Q 是实系数代数多项式,因为 $\overline{Q}(\mathrm{e}^{\mathrm{j}\omega})=Q(\mathrm{e}^{\mathrm{j}\omega})$,所以 $|Q(\mathrm{e}^{-\mathrm{j}\omega})|^2=Q(\mathrm{e}^{\mathrm{j}\omega})Q(\mathrm{e}^{-\mathrm{j}\omega})$ 是 ω 的偶函数,将其表示成 $\cos\omega$ 的多项式,利用 $\frac{(1-\cos\omega)}{2}=\sin^2\left(\frac{\omega}{2}\right)$,可等价地表示为 $\sin^2\left(\frac{\omega}{2}\right)$ 的多项式,记为 $P(y)$,$y=\sin^2\left(\frac{\omega}{2}\right)$,注意到 $\left|\frac{(1+\mathrm{e}^{\mathrm{j}\omega})}{2}\right|^2=\left|\cos^2\frac{\omega}{2}\right|$,则有

$$|H(\omega)|^2=\left[\cos^2\left(\frac{\omega}{2}\right)\right]^N|Q(\mathrm{e}^{-\mathrm{j}\omega})|^2=\left[1-\sin^2\left(\frac{\omega}{2}\right)\right]^N|Q(\mathrm{e}^{-\mathrm{j}\omega})|^2=(1-y)^2P(y) \tag{3-278}$$

而
$$\begin{aligned}|H(\omega+\pi)|^2&=\left[\sin^2\left(\frac{\omega}{2}\right)\right]^N|Q[\mathrm{e}^{-\mathrm{j}(\omega+\pi)}]|^2=\left[\sin^2\left(\frac{\omega}{2}\right)\right]^N P[\sin^2(\omega+\pi)/2]\\&=y^NP\left[\cos^2\left(\frac{\omega}{2}\right)\right]=y^NP\left[1-\sin^2\left(\frac{\omega}{2}\right)\right]=y^NP(1-y)\end{aligned} \tag{3-279}$$

因此
$$|H(\omega)|^2+|H(\omega+\pi)|^2=(1-y)^NP(y)+y^NP(1-y)=1\quad P(y)\geqslant 0,y\in[0,1] \tag{3-280}$$

由 Riesz 定理,求出 $|Q(\mathrm{e}^{\mathrm{j}\omega})|^2$。Riesz 定理是说,如果 $A(\omega)=\sum_{n=0}^{N}a_n\cos n\omega$,$\{a_n\}\subset R$,则存在 $B(\omega)=\sum_{n=0}^{N}b_n\mathrm{e}^{\mathrm{j}n\omega}$,$\{b_n\}\subset R$,使得 $|B(\omega)|^2=A(\omega)$。这实质上是三角多项式与指数多项式通过 Euler 公式建立的关系。

$$|Q(\mathrm{e}^{\mathrm{j}\omega})|^2=\sum_{k=0}^{N-1}C_{N+k-1}^{k}\left(\sin^2\frac{\omega}{2}\right)^k+\left(\sin^2\frac{\omega}{2}\right)^N\cdot R\left(\frac{1}{2}-\sin^2\frac{\omega}{2}\right) \tag{3-281}$$

其中 $R(x)=-R(-x)$,$R\left(\frac{1}{2}-\sin^2\frac{\omega}{2}\right)$ 可写成 $R\left(\frac{1}{2}\cos\omega\right)$,在最简单的情况下 $R(x)=0$,式(3-281)可简化为

$$|Q(\mathrm{e}^{\mathrm{j}\omega})|^2=\sum_{k=0}^{N-1}C_{N+k-1}^{k}\sin^{2k}\frac{\omega}{2} \tag{3-282}$$

求出 $|Q(\mathrm{e}^{\mathrm{j}\omega})|$,代入下式:

$$H(\omega)=\left[\frac{1}{2}(1+\mathrm{e}^{\mathrm{j}\omega})\right]^N Q(\mathrm{e}^{-\mathrm{j}\omega})$$

就可以确定 $H(\omega)$ 及尺度系数 h_n 和小波系数 g_n。这样由 $H(\omega)$ 和 Riesz 定理给出的小波基函数称做 Danbechies 紧支集小波。对应的尺度函数和小波函数记为

$$_N\varphi(t)=\sqrt{2}\sum_{n=0}^{2N-1}h_n\varphi(2t-n) \tag{3-283}$$

$$_N\psi(t)=\sqrt{2}\sum_{n=0}^{2N-1}g_n\varphi(2t-n) \tag{3-284}$$

$$g_n=(-1)^n h_{2N-n-1}\quad n=0,1,2,\cdots,2N-1$$

7. B 样条小波分析

样条函数是一类分段光滑又在各段连接处具有一定光滑性的函数。它在数据的插值、拟合与平滑方面有很好的稳定性和收敛性,是函数逼近的有力工具。样条函数可以表示成变量 t 的多项式,在小波分析中用得最多的是 B 样条函数(Cardinal B-spline)。B 样条具有最小的支撑长度,而且有利于计算机实时处理。

这里把分段常数空间记为 S_1,分段多项式空间记为 S_m,m 是多项式的阶数。当 m 为正整数时,即 $m\in N$ 时,S_m 称为基数样条空间,这是样条小波的基本空间。

m 阶 B 样条是 Haar 尺度函数与其自身做 m 次卷积运算后所得的函数,记为 $N_m(t)$,可得到

$$N_1(t)=\begin{cases}1, & 0\leqslant t<1\\ 0, & \text{其他}\end{cases} \tag{3-285}$$

$$N_2(t)=N_1(t)*N_1(t)=\int_0^1 N_1(\tau)N_1(t-\tau)\,\mathrm{d}\tau=\begin{cases}t, & 0\leqslant t<1\\ 2-t, & 1\leqslant t<2\\ 0, & \text{其他}\end{cases} \tag{3-286}$$

$$N_3=N_2(t)*N_1(t)=\int_0^1 N_2(t-\tau)\,\mathrm{d}\tau=tN_1(t)-(2-t)N_2(t)$$

$$=\begin{cases}\frac{1}{2}t^2, & 0\leqslant t<1\\ \frac{3}{4}-\left(t-\frac{3}{2}\right)^2, & 1\leqslant t<2\\ \frac{1}{2}(t-3)^2, & 2\leqslant t<3\\ 0, & \text{其他}\end{cases} \tag{3-287}$$

即

$$N_m(t)=N_{m-1}(t)*N_1(t)=N_{m-2}(t)*N_1(t)*N_1(t)=\cdots$$
$$=N_1(t)*N_1(t)*\cdots*N_1(t) \tag{3-288}$$

其中,$N_1(t)$ 就是定义域[0,1)上为常数的特征函数 $\chi_{[0,1)}(t)$,$*$ 为卷积运算,B 样条有如下递推公式:

$$N_m(t)=\frac{t}{m-1}N_{m-1}(t)+\frac{m-t}{m-1}N_{m-1}(t-1) \tag{3-289}$$

图 3-28 示出了 $N_1(t)$,$N_2(t)$,$N_3(t)$ 的基数 B 样条波形,由图可见 $N_1(t)$ 不连续,$N_2(t)$ 连续,但一阶导数不连续,$N_3(t)$ 有连续的一阶导数,因此,它比较常用。

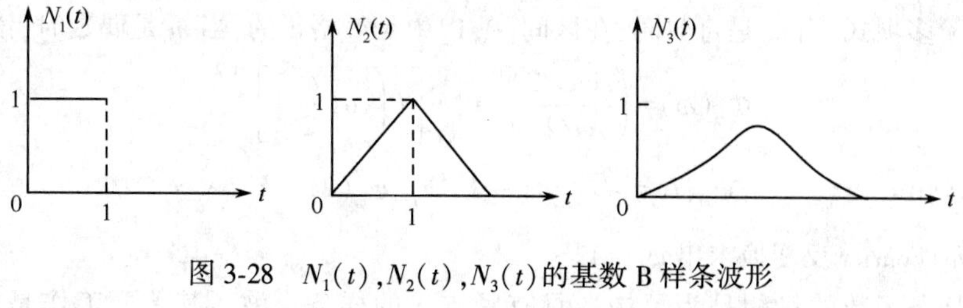

图 3-28 $N_1(t)$,$N_2(t)$,$N_3(t)$ 的基数 B 样条波形

B 样条小波的性质:①非负性;②紧支撑;③傅里叶变换;④整数节点上的和为 1;⑤微分性质;⑥差值公式;⑦对称性等。

如果基数 B 样条函数表示为对称于过原点垂直轴的形式,则相应的波形如图 3-29 所示。其数学表达式更为简洁,即

$$N_1(t)=N_1(2t+1)+N_1(2t-1)$$

$$N_2(t)=\frac{1}{2}N_2(2t+1)+N_2(2t)+\frac{1}{2}N_2(2t-1)$$

$$N_3(t)=\frac{1}{4}N_3(2t+1)+\frac{3}{4}N_3(2t)+\frac{3}{4}N_3(2t-1)+\frac{1}{4}N_3(2t-1) \tag{3-290}$$

$N_m(t)$在频域中的形式可由 Fourier 变换得到

$$N_m(\omega)=\left(\frac{1-\mathrm{e}^{-\mathrm{j}\omega}}{\mathrm{j}\omega}\right)^m \tag{3-291}$$

当 $m=1$ 时,就是 Haar 小波,当 $m=2$ 时就是 Franklin 小波。在一般情况下,$N_m(t)\in C^m$。其支撑区是$[0,m]$,其正交尺度函数表达式为

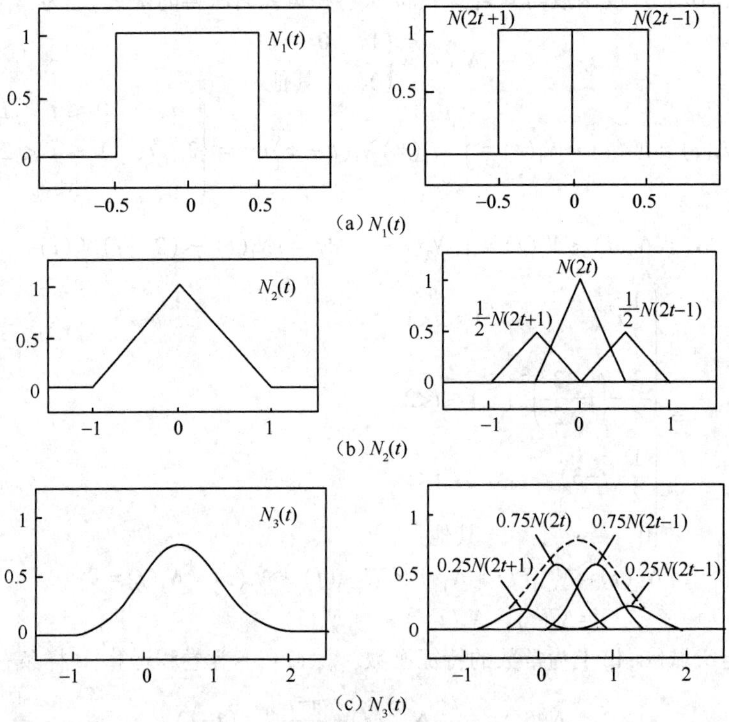

图 3-29　B 样条函数的波形

$$\Phi_m(\omega)=\left(\frac{\sin\omega/2}{\omega/2}\right)^m\left[P\left(\cos\frac{\omega}{2}\right)\right]^{-1/2} \tag{3-292}$$

这里,P 是 $2m$ 阶多项式,当 m 是奇数时,在区间$[0,1]$中是严格正的,当 m 是偶数时,该展开式为

$$\Phi_m(\omega)=\left(\frac{\sin\omega/2}{\omega/2}\right)^m\mathrm{e}^{-\mathrm{j}\omega/2}\left[P\left(\cos\frac{\omega}{2}\right)\right]^{-1/2} \tag{3-293}$$

经双尺度方程求出

$$\psi_m(t)=\sqrt{2}\sum_k(-1)^k h_{1-k}\varphi_m(2t-k) \tag{3-294}$$

又可通过 $\Phi_m(\omega)$ Fourier 反变换求出 $\varphi_m(t)$。

研究基数样条函数的目的是为了构造具有紧支撑的样条小波。其首要工作是构造尺度函数

$\varphi_m(t)$。对于基数样条函数来说,其简单的构造公式如下:

$$\Phi_m(\omega)=N_m(\omega)/\left[\sum_{k=-\infty}^{\infty}|N_m(\omega+2k\pi)|^2\right]^{1/2} \tag{3-295}$$

其中分母中的求和公式也利用下面的通用计算公式计算:

$$\sum_{k=-\infty}^{\infty}|N_m(\omega+2k\pi)|^2=\frac{-\sin^{2m}t}{(2m-1)!}\frac{\mathrm{d}^{2m-1}}{\mathrm{d}t^{2m-1}}\cot t$$

当 $m=1$ 时
$$\sum_{k=-\infty}^{\infty}|N_1(\omega+2k\pi)|^2=1$$

当 $m=2$ 时
$$\sum_{k=-\infty}^{\infty}|N_2(\omega+2k\pi)|^2=\frac{1}{3}+\frac{2}{3}\cos^2\frac{\omega}{2}$$

求得 $\Phi_m(\omega)$ 后即可构造规范正交系 $\{\varphi(t-n)\}_{n\in Z}$,对于 $m=2$,$\Phi_2(\omega)$ 则有如下解析表达式:

$$\Phi_2(\omega)=\frac{N_2(\omega)}{\left[\sum_{k=-\infty}^{\infty}|N_2(\omega+2k\pi)|^2\right]^{1/2}}=\frac{\mathrm{e}^{-\mathrm{j}\omega}\left(\sin\frac{\omega}{2}\Big/\frac{\omega}{2}\right)}{\left(\frac{1}{3}+\frac{2}{3}\cos^2\frac{\omega}{2}\right)^{1/2}} \tag{3-296}$$

然后在频域或时域中推导样条小波 $\psi_m(t)$,最简单的方法是由 $\Phi_m(\omega)=H_m\left(\frac{\omega}{2}\right)\Phi_m\left(\frac{\omega}{2}\right)$ 求出 $H_m\left(\frac{\omega}{2}\right)$,然后由下式求出 $\Psi_m(\omega)$。

$$\Psi_m(\omega)=\mathrm{e}^{-\mathrm{j}\omega/2}\overline{H\left(\frac{\omega}{2}+\pi\right)}\Phi_m\left(\frac{\omega}{2}\right) \tag{3-297}$$

此后,对其施以 Fourier 反变换就可以得到基数 B 样条小波函数 $\psi_m(t)$。

当 $m=2$ 时,则滤波函数 $H_2(\omega)$ 可由下式求得:

$$H_2(\omega)=\frac{\Phi_2(2\omega)}{\Phi_2(\omega)}=\left(\frac{1+\cos\omega}{2}\right)\left(\frac{2+\cos\omega}{1+2\cos^2\omega}\right)^{1/2} \tag{3-298}$$

$$\Psi_2(\omega)=\frac{-\frac{16\mathrm{e}^{-\mathrm{j}\omega/2}}{\omega^2}\sin^4\frac{\omega}{4}\left(1+2\sin^2\frac{\omega}{4}\right)^{1/2}}{\left[\left(\frac{1}{3}-\frac{2}{3}\sin^2\frac{\omega}{4}\right)\left(3-8\sin^2\frac{\omega}{4}+8\sin^4\frac{\omega}{4}\right)\right]^{1/2}} \tag{3-299}$$

同理,可求得 $m=3$ 的 $\Phi_3(\omega)$ 和 $\Psi_3(\omega)$。图 3-30 示出了 B 样条小波的基函数 $\varphi(t)$ 与小波函数 $\psi(t)$。图(a)是线性样条基函数,图(b)是二次样条基函数。

m 阶基数 B 样条的双尺度方程如下式所示:

$$\varphi_m(t)=\sum_{k=0}^{m}2^{-(m-1)}\binom{m}{k}N_m(2t-k) \tag{3-300}$$

具有紧支撑的基数 B 样条小波 $\psi_m(t)$ 的表达式为

$$\begin{aligned}\psi_m(t)&=2^{-(m-1)}\sum_{k=0}^{2m-2}(-1)^k N_{2m}(k+1)N_{2m}^{(m)}(2t-k)\\&=2^{-(m-1)}\sum_{k=0}^{3m-2}(-1)^k\left[\sum_{l=0}^{m}\binom{m}{l}N_{2m}(k-l+1)\right]N_m(2t-k)\end{aligned} \tag{3-301}$$

式中,$N_{2m}^{(m)}(2t-k)$ 表示 $N_{2m}(2t-k)$ 的 m 阶导数。

样条小波是框架理论的一部分,基数 B 样条小波是一个新的研究课题,在信号分析与图像压缩中可得到较好的结果。

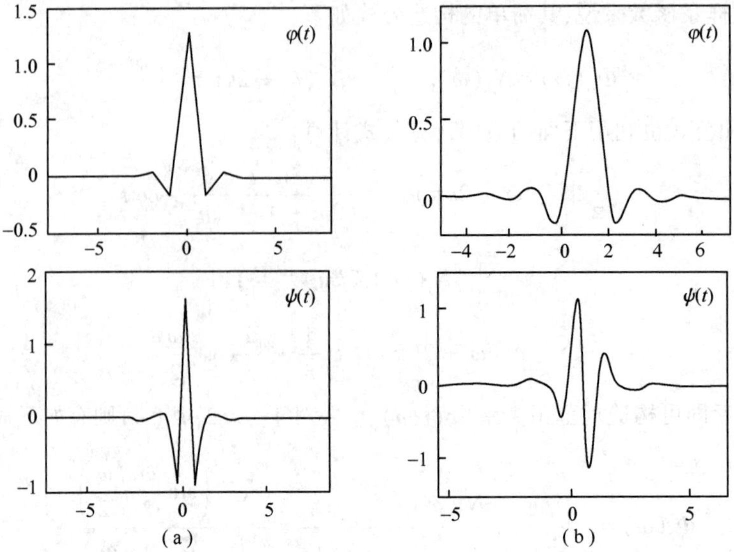

图 3-30　基数 B 样条小波的基函数 $\varphi(t)$ 与小波函数 $\psi(t)$ 波形

3.6.6　小波包

任一函数可以表示为小波展开，但小波函数 $\psi(t)$ 并不是唯一的，由于研究对象是多种多样的，究竟选择哪一种小波作为分解和重构的基函数是学者们关注的问题。因此，我们希望针对不同的处理信号能有一个选择基函数的准则。正像 Meyer 在 1990 年日本东京国际数学大会上指出的那样，小波分析固然是研究突变信号的有力工具，但在处理渐变信号时却不如 Gabor 分析，而在实际处理中两种信号总是交替出现的。因此，人们往往交替使用小波分析和窗口 Fourier 分析。正交小波包是一种建立选择"最好基"准则，并给出具体运算方法的数学工具，它对小波分析与综合应用是至关重要的。

一般来说，小波包分析包括小波基包和小波框架包，通俗地说就是从多分辨分析出发采用滤波的思路建立小波基库。在数据压缩方面，Coifman 和 Meyer 等人建立了一个广泛的函数目录库，称为小波包(Wavelet Packet)。由此构成了一个可数的无穷多正交基，该小波包将 Gabor 函数和小波函数统一为一个集，这个集通过尺度参数(频率参数)q，空间参数 k，振荡参数 n 控制零平均的局部化振荡函数，其中 k 对应中心位置，q 对应空间支撑宽度，n 对应空间振荡次数，于是通过一个"母小波"的伸缩和平移就可产生一个小波包族，对于给定的信号可选择最合适的函数来分解它，选择的准则可以是信息熵最小或其他。

小波包的基本数学模型可做如下分析：

令 $w_n(t)$ 满足双尺度方程，即

$$w_{2n}(t)=\sqrt{2}\sum_k h_k w_n(2t-k) \tag{3-302}$$

$$w_{2n+1}(t)=\sqrt{2}\sum_k g_k w_n(2t-k) \tag{3-303}$$

其中，h_k 与 g_k 间存在正交关系。

显然，$w_n(t)$ 当 $n=0$ 时就是尺度函数 $\varphi(t)$；当 $n=1$ 时就是小波函数 $\psi(t)$。

$$w_0(t)=\sqrt{2}\sum_k h_k w_0(2t-k) \tag{3-304}$$

$$w_1(t)=\sqrt{2}\sum_k g_k w_0(2t-k) \tag{3-305}$$

式中，$w_0(t)$ 为尺度函数 $\varphi(t)$，$w_1(t)$ 为小波函数 $\psi(t)$。

所以，函数集 $\{w_n(t)\}$ 可以看成是 $w_1(t)=\psi(t)$ 的推广，用来统一表征尺度函数 $\varphi(t)$ 与小波函数

$\psi(t)$。如果 $w_{2n}(t)$ 对应尺度函数方程，$w_{2n+1}(t)$ 对应小波函数方程，并引入下列符号

$$U_j^0 = V_j \quad (j \in Z) \tag{3-306}$$

$$U_j^1 = W_j \quad (j \in Z) \tag{3-307}$$

这样，Hilbert 空间的正交分解 $V_{j+1} = V_j \oplus W_j$ 可用 U_{j+1} 分解统一表示，即

$$U_{j+1}^0 = U_j^0 \oplus U_j^1 \tag{3-308}$$

这里 $\oplus$ 代表直和运算。

推广到一般情形

$$U_{j+1}^n = U_j^{2n} \oplus U_j^{2n+1} \quad (j \in Z) \tag{3-309}$$

这样，把 n 分解为 $2n$ 与 $2n+1$ 两部分，而 U_j^{2n} 和 U_j^{2n+1} 是 U_{j+1}^n 的子空间，U_j^{2n} 对应于 w_{2n}，U_j^{2n+1} 对应于 w_{2n+1}，可以用 W_{j+1}^n 记作 U_{j+1}^n，得到小波空间 W_{j+1}^n 的分解。

$$W_{j+1}^n = U_{j+1}^n = U_j^{2n} \oplus U_j^{2n+1} \quad (j \in Z) \tag{3-310}$$

由 $L^2(R) = \bigoplus_{j \in Z} W_j$ 可知，多分辨分析按不同的尺度 j 把 Hilbert 空间 $L^2(R)$ 分解为子空间 $\{W_j\}_{j \in Z}$，现在对 W_j 再按二进方式进行细分，针对式(3-310)，令 $n=1,2,\cdots;j=1,2,\cdots$，反复迭代可得到小波包如下：

$$\begin{aligned}
W_j &= U_{j-1}^2 \oplus U_{j-1}^3 \\
W_j &= U_{j-2}^4 \oplus U_{j-2}^5 \oplus U_{j-2}^6 \oplus U_{j-2}^7 \\
&\cdots \\
W_j &= U_{j-k}^{2^k} \oplus U_{j-k}^{2^k+1} \oplus \cdots \oplus U_{j-k}^{2^{k+1}-1} \\
&\cdots \\
W_j &= U_0^{2^j} \oplus U_0^{2^j+1} \oplus \cdots \oplus U_0^{2^{j+1}-1}
\end{aligned} \tag{3-311}$$

这种 W_j 空间分解的任意子空间序列表达式为

$$U_{j-k}^{2^k+m}, m=0,1,2,\cdots,2^k-1; k=1,2,\cdots; j=1,2,\cdots$$

与此相对应的是规范正交基 $\left\{ 2^{\frac{(j-k)}{2}} w_{2^k+m}(2^{j-k}t-l) : l \in Z \right\}$ (3-312)

通常把 w_n 或 $\left\{ 2^{\frac{(j-k)}{2}} w_{2^k+m}(2^{j-k}t-l) \right\}$ 叫作小波包。

显然尺度函数 $\varphi(t)$ 和小波函数 $\psi(t)$ 都是它的最简单形式。小波包与小波函数相比较它具有划分较高频率倍频程的能力，从而提高了频率的分辨率，能获得更好的频域局部化。

由上面的分析可见：

对于小波 $\psi_{j,k}(t)$ 来说，按尺度 j 的二进分频方式，在 W_j 子空间的第 j 个频带内是提取局部信息的频率窗口。

$$H_j \equiv (2^{j+1}\sigma_\Psi, 2^{j+2}\sigma_\Psi) \tag{3-313}$$

式中，σ_Ψ 是小波的均方根带宽。

对于小波包 $U_{j-k}^{2^k+m}$ 来说，是把第 j 个频带 H_j 进一步二进划分方式细致分割为 2^k 个，“子频带” $H_j^{k,m}(m=0,1,2,3,\cdots,2^k-1)$，以便获得子频带内的局部化信息，尺度为 j 时，所有子频带 $H_j^{k,m}$ 的并就是整个第 j 个频带 H_j，即式(3-314)成立：

$$\bigcup_{m=0}^{2^k-1} H_j^{k,m} = H_j \quad (k=1,2,\cdots,j) \tag{3-314}$$

这意味着把 Hilbert 空间 $L^2(R)$ 正交分解为 W 子空间和 U 子空间两部分，即

$$L^2(R) = \bigoplus_{j \in Z} W_j = \cdots \oplus W_{-2} \oplus W_{-1} \oplus W_0 \oplus U_0^2 \oplus U_0^3 \oplus \cdots \tag{3-315}$$

容易看出小波包分解比小波分解增加了 $U_0^2, U_0^3, \cdots$ 成分。由 $\psi_{j,k}(t) = 2^{\frac{j}{2}}\psi(2^j t-k)$ 说明小波基函数涉及尺度参数 j 和平移参数 k，也就是小波基函数由这两个参数来刻画，而小波包涉及三个参数，即尺度参数 j、平移参数 k 和频率参数 f，小波包基一般表示为 $2^{\frac{j}{2}}\psi_f(2^j t-k)$。

研究小波包的目的在于建立小波包基库，以便从中选择最合适的基来分解信号或逼近被分析函

数。这里便有一个选择准则问题，利用熵的概念，设 H 是 Hilbert 空间，$v\in H$，且 $\|v\|=1$，如果假设 $H=\bigoplus_i H_i$ 是空间 H 的正交直和，则有熵的定义为

$$E^2(v,\{H_i\})=-\sum\|v_i\|^2\ln n\|v_i\|^2 \tag{3-316}$$

用熵做判据的理由是正交基的可加性可以用熵的可加性度量。

假定 E 预先给定，$x=\{x_i\}$ 是可分空间 V 中的数据序列或矢量，若从小波包基库中选出某一正交基为 B，而 B_x 表示以基 B 展开 x 时的系数序列 $\langle x,B\rangle$，如果 $E(B_x)$ 是最小的，则 B 是熵值最小意义下的最优基。B 选择算法比较简单，它是一种搜索算法。搜索步骤可按下式进行：

$$A_{k-1,n}=\begin{cases}A_{k,2n}\bigoplus A_{k,2n+1}, & \text{若 } M_A<M_B\\ B_{k-1,n}, & \text{其他}\end{cases} \tag{3-317}$$

这里，$B_{k,n}$ 按二进间隔划分的标准正交基，对于某一 k 值，假如对所有的 $0\leqslant n<2^k$ 我们选取 $A_{k,n}$；对于 $0\leqslant n<2^{k-1}$ 选取 A_{k-1}，令熵 E 最小。其中，$M_B\equiv M(B^*_{k-1,n}x)$，$M_A\equiv M(A^*_{k,2n}x)+M(A_{k,2n+1}x)$ 分别表示 x 以基 $B^*_{k-1,n}$ 展开和以基 $(A^*_{k,2n},A^*_{k,2n+1})$ 展开的熵值。

该方法实际上是按二叉树的结构进行搜索的，从底层向上的路径求出最低熵值，然后确定所采用的基函数。

从信号处理的观点看，寻找最优基的过程就是寻找最少的数据来表征最大的信息。对于模式识别与图像编码来说就是高效特征提取问题。

3.6.7 二维小波

由于图像和计算机视觉信息一般是二维或多维信息，因此，小波理论向二维或多维推广是十分重要的研究课题。目前，高维小波理论还远不如一维小波理论那样完善，而且，高维紧支集小波的构造也还没有形成通用的方法，所以，我们从应用出发，主要讨论二维小波。

1. 二维连续小波

(1) 二维连续小波变换的定义

二维连续小波变换的定义为

$$\begin{aligned}\langle f,\psi_{a,b}\rangle &\equiv W_f(a,b_1,b_2)=\int_{-\infty}^{\infty}\int_{-\infty}^{\infty}f(t_1,t_2)\psi_{a,b_1,b_2}(t_1,t_2)\,\mathrm{d}t_1\mathrm{d}t_2 \quad (a>0)\\ &=\int_{-\infty}^{\infty}\int_{-\infty}^{\infty}f(t_1,t_2)\,\frac{1}{a}\psi_{a,b_1,b_2}\left(\frac{(t_1,t_2)-(b_1,b_2)}{a}\right)\mathrm{d}t_1\mathrm{d}t_2\end{aligned} \tag{3-318}$$

逆变换为
$$f(t_1,t_2)=\frac{1}{C_\psi}\int_{-\infty}^{\infty}\int_{-\infty}^{\infty}\int_{a=0}^{\infty}a^{-3}W_f(a,b_1,b_2)\psi_{a,b_1,b_2}(t_1,t_2)\,\mathrm{d}a\mathrm{d}b_1\mathrm{d}b_2 \tag{3-319}$$

(2) 二维小波的允许条件

① 紧支撑集；

② 均值为零，即 $\int_{-\infty}^{\infty}\int_{-\infty}^{\infty}\psi(t_1,t_2)\,\mathrm{d}t_1\mathrm{d}t_2=0$。

(3) 二维 Morlet 小波

在二维平面上定义矢量 $\boldsymbol{t}=(t_1,t_2)$，且 $|\boldsymbol{t}|=\sqrt{t_1^2+t_2^2}$，则 Morlet 小波定义为

$$\psi^\theta(\boldsymbol{t})=\frac{1}{\sqrt{\pi}}\mathrm{e}^{-\mathrm{j}\Omega^0 t}\mathrm{e}^{\frac{|t|^2}{2}},\ |\Omega^0|\geqslant 5 \tag{3-320}$$

其 Fourier 变换为
$$\boldsymbol{\Psi}^\theta(\boldsymbol{\Omega})=\frac{1}{\sqrt{\pi}}\mathrm{e}^{\frac{-|\boldsymbol{\Omega}-\boldsymbol{\Omega}^0|^2}{2}} \tag{3-321}$$

式中，$\boldsymbol{\Omega}=(\omega_1,\omega_2)$，$\boldsymbol{\Omega}^0=(\omega_1^0,\omega_2^0)$ 为常数；上角标 θ 代表小波的方向，即

$$\theta=\arctan\frac{\omega_2^0}{\omega_1^0} \tag{3-322}$$

2. 二维离散正交小波

由一维 $L^2(R)$ 正交小波基推广到二维 $L^2(R^2)$ 是很自然的思路，这种推广有以下三种不同的方法。

(1) 由尺度函数 $\varphi(t)$ 出发建立多分辨分析

定义二维尺度函数
$$\varphi(t_1,t_2)=\sum_{n_1,n_2}h_{n_1,n_2}\varphi(2t_1-n_1,2t_2-n_2)\quad(n_1,n_2\in Z^2) \tag{3-323}$$

则滤波函数为
$$H_0(\omega_1,\omega_2)=\frac{1}{2}\sum_{n_1,n_2}h_{n_1,n_2}\mathrm{e}^{-\mathrm{j}(n_1\omega_1+n_2\omega_2)} \tag{3-324}$$

该滤波函数应满足正交条件
$$|H_0(\omega_1,\omega_2)|^2+|H_0(\omega_1+\pi,\omega_2)|^2+|H_0(\omega_1,\omega_2+\pi)|^2+|H_0(\omega_1+\pi,\omega_2+\pi)|^2=1 \tag{3-325}$$
然后求在相应的尺度函数 $\varphi(t_1,t_2)$ 下的正交小波基。
$$\boldsymbol{\Psi}^{\lambda}(\omega_1,\omega_2)=\boldsymbol{H}_{\lambda}\left(\frac{\omega_1}{2},\frac{\omega_2}{2}\right)\boldsymbol{\Phi}\left(\frac{\omega_1}{2},\frac{\omega_2}{2}\right),(\lambda=1,2,3)$$

当 $\lambda=1,2,3$ 时，$H_{\lambda}\left(\frac{\omega_1}{2},\frac{\omega_2}{2}\right)$ 是下面的酉矩阵：
$$H_{\lambda}\left(\frac{\omega_1}{2},\frac{\omega_2}{2}\right)=\begin{bmatrix}H_0(\omega_1,\omega_2) & H_1(\omega_1,\omega_2) & H_2(\omega_1,\omega_2) & H_3(\omega_1,\omega_2)\\ H_0(\omega_1+\pi,\omega_2) & H_1(\omega_1+\pi,\omega_2) & H_2(\omega_1+\pi,\omega_2) & H_3(\omega_1+\pi,\omega_2)\\ H_0(\omega_1,\omega_2+\pi) & H_1(\omega_1,\omega_2+\pi) & H_2(\omega_1,\omega_2+\pi) & H_3(\omega_1,\omega_2+\pi)\\ H_0(\omega_1+\pi,\omega_2+\pi) & H_1(\omega_1+\pi,\omega_2+\pi) & H_2(\omega_1+\pi,\omega_2+\pi) & H_3(\omega_1+\pi,\omega_2+\pi)\end{bmatrix} \tag{3-326}$$

(2) 由一维小波 $\psi(t)$ 出发定义二维正交小波
$$\Psi_{m_1,n_1,m_2,n_2}(t_1,t_2)=\psi_{m_1,n_1}(t_1)\psi_{m_2,n_2}(t_2)\quad(m_1,m_2,n_1,n_2\in Z) \tag{3-327}$$
其中两个变量 t_1 和 t_2 各自分别伸缩变化。

(3) 由一维多分辨率分析出发

设有空间 $\boldsymbol{V}_m,m\in Z$，引入一维多分辨分析张量积⊗，即
$$\boldsymbol{V}_0=V_0\otimes V_0=\overline{\mathrm{span}\{F(t_1,t_2)=f(t_1)\gamma(t_2);f,\gamma\in V_0\}}$$
$$F\in\boldsymbol{V}_m\Leftrightarrow F(2^{-m}\cdot 2^{-m})\in\boldsymbol{V}_0 \tag{3-328}$$

$\boldsymbol{V}_m$ 应满足如下条件：
$$\cdots\boldsymbol{V}_2\subset\boldsymbol{V}_1\subset\boldsymbol{V}_0\subset\boldsymbol{V}_{-1}\subset\boldsymbol{V}_{-2}\cdots\boldsymbol{V}_{-2}$$
$$\bigcap_{m\in Z}\boldsymbol{V}_m=\{0\}\quad\overline{\bigcup_{m\in Z}\boldsymbol{V}_m}=L^2(R^2) \tag{3-329}$$

二维尺度函数可定义为
$$\boldsymbol{\Phi}_{0,n_1,n_2}(t_1,t_2)=\varphi(t_1-n_1)\varphi(t_2-n_2)\quad(n_1,n_2\in Z) \tag{3-330}$$
它是 $\boldsymbol{V}_0$ 的正交基，$\boldsymbol{V}_0$ 是由函数 $\boldsymbol{\Phi}$ 的 Z^2 平移生成的。

对于尺度 $m\neq 0$ 的情况下有
$$\begin{aligned}\boldsymbol{\Phi}_{m,n_1,n_2}(t_1,t_2)&=\varphi_{m,n_1}(t_1)\varphi_{m,n_2}(t_2)=2^{-m}\varphi(2^{-m}t_1-n_1)\varphi(2^{-m}t_2-n_2)\\&=2^{-m}\boldsymbol{\Phi}(2^{-m}t_1-n_1,2^{-m}t_2-n_2)\quad(n_1,n_2\in Z)\end{aligned} \tag{3-331}$$

由此，可生成空间 $\boldsymbol{V}_m$，如果用 $\boldsymbol{W}_m$ 表示 $\boldsymbol{V}_{m+1}$ 中 $\boldsymbol{V}_m$ 的正交补空间，则有
$$\begin{aligned}V_m=\boldsymbol{V}_{m-1}\otimes\boldsymbol{V}_{m-1}&=(V_m\oplus W_m)\otimes(V_m\oplus W_m)\\&=(V_m\otimes V_m)\oplus[(W_m\otimes V_m)\oplus(V_m\otimes W_m)\oplus\\&\quad(W_m\otimes W_m)]=\boldsymbol{V}_m\oplus\boldsymbol{W}_m\end{aligned} \tag{3-332}$$

正交补空间 $\boldsymbol{W}_m$ 由三个子空间的直和组成，其中，$(\boldsymbol{W}_m\otimes\boldsymbol{V}_m)$ 由正交基 $\psi_{m,n_1}(t_1)\varphi_{m,n_2}(t_2)$ 生成；$(\boldsymbol{V}_m\otimes\boldsymbol{W}_m)$ 由 $\varphi_{m,n_1}(t_1)\psi_{m,n_2}(t_2)$ 给出，而 $(\boldsymbol{W}_m\otimes\boldsymbol{W}_m)$ 则对应 $\psi_{m,n_1}(t_1)\psi_{m,n_2}(t_2)$。

通常可定义三个小波，即 $$\Psi^h(t_1,t_2)=\varphi(t_1)\ \psi(t_2) \tag{3-333}$$

$$\Psi^v(t_1,t_2)=\psi(t_1)\varphi\ (t_2) \tag{3-334}$$

$$\Psi^d(t_1,t_2)=\psi(t_1)\ \psi(t_2) \tag{3-335}$$

当 $\Psi^{\lambda}_{m,n}, m\in Z, n\in Z^2, \lambda=\{h,v,d\}$ 时，是 $\bigoplus\limits_{m\in Z} W_m=L^2(R^2)$ 的规范正交基，当 m 固定时是 $\boldsymbol{W}_m$ 的规范正交基。

二维离散正交小波主要解决二维多分辨分析问题。如一个二维函数 $f(t_1,t_2)\in L^2(R^2)$，当分辨率为 m 时，函数 $f(t_1,t_2)$ 的二维小波离散化逼近可以通过空间 V_m 中的内积运算得到，即

$$\begin{aligned} P^D_m f &= \{\langle f,\Phi_{m,n_1,n_2}\rangle,\quad (n_1,n_2)\in Z^2\} \\ &= \{\langle f,\varphi_{m,n_1}\varphi_{m,n_2}\rangle\quad (n_1,n_2)\in Z^2\} \end{aligned} \tag{3-336}$$

函数的离散化细化逼近可通过 $f(t_1,t_2)$ 与 V_m 补空间 W_m 的规范化正交基向量的内积得到，即

$$\begin{aligned} Q^{D_1}_m f &= \{\langle f,\Psi^h_{m,n_1,n_2}\rangle,(n_1,n_2)\in Z^2\} \\ &= \{\langle f,\Psi^1_{m,n_1,n_2}\rangle,(n_1,n_2)\in Z^2\} \end{aligned} \tag{3-337}$$

$$\begin{aligned} Q^{D_2}_m f &= \{\langle f,\Psi^v_{m,n_1n_2}\rangle,(n_1,n_2)\in Z^2\} \\ &= \{\langle f,\Psi^2_{m,n_1n_2}\rangle,(n_1,n_2)\in Z^2\} \end{aligned} \tag{3-338}$$

$$\begin{aligned} Q^{D_3}_m f &= \{\langle f,\Psi^d_{m,n_1n_2}\rangle,(n_1,n_2)\in Z^2\} \\ &= \{\langle f,\Psi^3_{m,n_1n_2}\rangle,(n_1,n_2)\in Z^2\} \end{aligned} \tag{3-339}$$

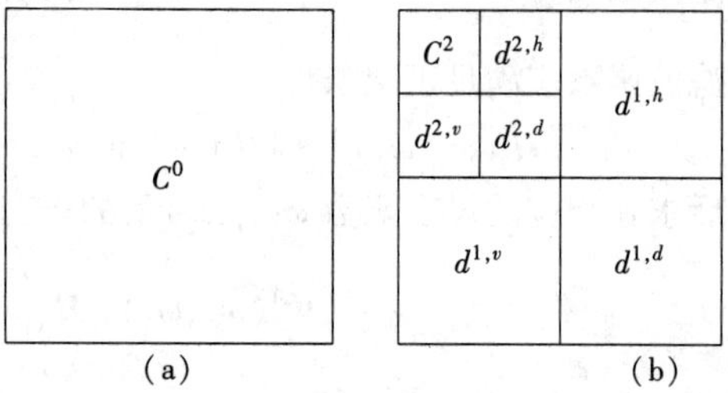

图 3-31 二维离散小波逼近函数 $f(t_1,t_2)$ 原理图

这种逼近过程如图 3-31 所示。该图表示原始数据经两层分解得到图(b)。

第一层分解 $d^{1,\lambda}$ 精确地对应于小波系数 $\langle C,\Psi^{\lambda}_{1,n}\rangle_{(n_1,n_2)\in Z^2}$，其中

$$C=\sum_{n_1,n_2} C^0_{n_1,n_2}\Phi_{0,n_1,n_2}$$

这里把 C^0 看成是原始图像数据，由 $N\times N$ 矩阵组成，第一层分解后的每个子矩阵 $d^{1,\lambda}$ 为 $\frac{N}{2}\times\frac{N}{2}$，第二层为 $\frac{N}{4}\times\frac{N}{4}$ 等。在广义的情形下，可以把 C^0 看成是一幅图像采样后的二维离散数据，在小波级数展开中，$f(t_1,t_2)$ 到 V_m 上的投影 $P_m f$ 是 $f(t_1,t_2)$ 的一个逼近，它给出了图像的轮廓，$f(t_1,t_2)$ 到 W_m 上的投影 $Q_m f$ 是 $P_m f$ 到 $P_{m-1}f$ 的细节补充。因此，二维小波基中

$$\{\Psi^h_{m,n_1,n_2}\}_{(n_1,n_2)\in Z^2}=\{\varphi_{m,n_1}(t_1)\psi_{m,n_2}(t_2)\}_{(n_1,n_2)\in Z^2} \tag{3-340}$$

反映图像水平方向的信息；

$$\{\Psi^\nu_{m,n_1,n_2}\}_{(n_1,n_2)\in Z^2}=\{\psi_{m,n_1}(t_1)\varphi_{m,n_2}(t_2)\}_{(n_1,n_2)\in Z^2} \tag{3-341}$$

反映图像垂直方向的信息；

$$\{\Psi^d_{m,n_1,n_2}\}_{(n_1,n_2)\in Z^2}=\{\psi_{m,n_1}(t_1)\psi_{m,n_2}(t_2)\}_{(n_1,n_2)\in Z^2} \tag{3-342}$$

反映图像对角线方向的信息。

对于二维图像信号，可以用分别在水平和垂直方向进行滤波的方法实现二维小波多分辨率分解，见图 3-32。其中：

(1) LL_1 子带是由两个方向利用低通小波滤波器卷积后产生的小波系数，它是图像的近似表示。

(2) HL_1 子带是在行方向利用低通小波滤波器卷积后，再用高通小波滤波器在列方向卷积而产生的小波系数，它表示图像的水平方向特性。(水平子带)

(3) LH_1 子带是在行方向利用高通小波滤波器卷积后，再用低通小波滤波器在列方向卷积而产生的小波系数，它表示图像的垂直方向特性。(垂直子带)

(4) HH_1 子带是由两个方向利用高通小波滤波器卷积后产生的小波系数，它表示图像的对角边缘特性。(对角子带)

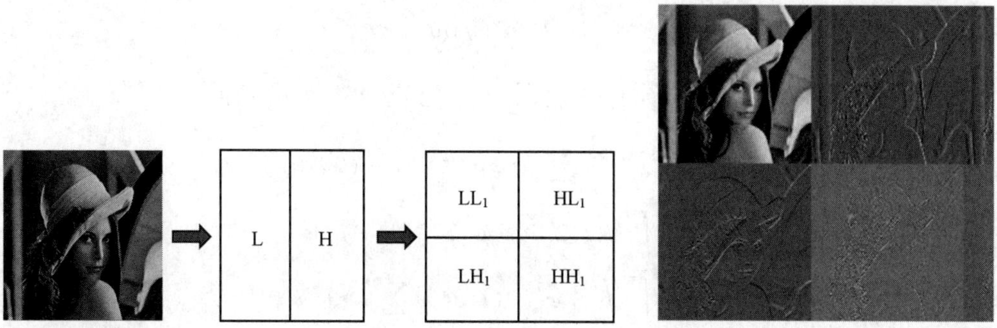

图 3-32　二维图像小波分解示意图

3.6.8 Mallat 算法

1988 年 Mallat 受到塔式算法的启发，在多分辨分析的指导下建立了 Mallat 算法，它的作用可与 FFT 在 Fourier 变换中的作用相提并论。具体算法可描述如下。

设 V_0 是给定的多分辨分析尺度空间，尺度因子 $m=0$，相应的尺度函数为

$$\begin{aligned}\varphi_{m,n}(t)&=2^{-\frac{m}{2}}\varphi(2^{-m}t-n)=2^{-\frac{m}{2}}\sqrt{2}\sum_k h_k\varphi(2^{-m+1}t-2n-k)\\&=\sum_k h_k\varphi_{m-1,2n+k}(t)=\sum_k h_{k-2n}\varphi_{m-1,k}(t)\end{aligned}\tag{3-343}$$

小波函数为

$$\begin{aligned}\psi_{m,n}(t)&=2^{-\frac{m}{2}}\psi(2^{-m}t-n)=2^{-\frac{m}{2}}\sqrt{2}\sum_k g_k\varphi(2^{-m+1}t-2n-k)\\&=\sum_k g_k\varphi_{m-1,2n+k}(t)=\sum_k g_{k-2n}\varphi_{m-1,k}(t)\end{aligned}\tag{3-344}$$

由 $V_0=V_1\oplus W_1$，若 $f(t)\in V_0$，则正交小波分解为

$$P_{m-1}f(t)=P_mf(t)+Q_mf(t)\tag{3-345}$$

当 $m=1$ 时，则

$$P_0f(t)=P_1f(t)+Q_1f(t)\tag{3-346}$$

令

$$f^0=P_0f(t),\ f^1=P_1f(t),\ d^1=Q_1f(t)=f^0-f^1$$

当尺度因子 $m=1$ 转到 $m=2$ 时，相应于 $f^0\to f^1$，需补充细节信息 d^1，则 $f^0=f^1+d^1$，类似地则有 $f^{m-1}=f^m+d^m$。

由 $f^0=f^1+d^1$ 可得

$$\begin{aligned}f(t)&=\sum_n a_n^0\varphi(t-n)=2^{-\frac{1}{2}}\left[\sum_n a_n^1\varphi(2^{-1}t-n)+\sum_n b_n^1\psi(2^{-1}t-n)\right]\\&=\sum_n a_n^1\sum_k h_k\varphi(t-2n-k)+\sum_n b_n^1\sum_k g_k\varphi(t-2n-k)\\&=\sum_n a_n^1\sum_j h_{j-2n}\varphi(t-j)+\sum_n b_n^1\sum_j g_{j-2n}\varphi(t-j)\\&=\left(\sum_n a_n^1\sum_j h_{j-2n}+\sum_n b_n^1\sum_j g_{j-2n}\right)\varphi(t-j)\end{aligned}\tag{3-347}$$

为建立 $\varphi(t-n)$ 与 $\varphi(t-j)$ 的系数之间的关系，代换角标，n 用 k 代之，j 用 n 代之，则有

$$\begin{aligned}f(t)&=\left(\sum_k\sum_n a_k^1h_{n-2k}+\sum_k\sum_n b_k^1g_{n-2k}\right)\varphi(t-n)\\&=\sum_n\left(\sum_k a_k^1h_{n-2k}+\sum_k b_k^1g_{n-2k}\right)\varphi(t-n)\end{aligned}\tag{3-348}$$

由此可得

$$a_n^0=\sum_k a_k^1h_{n-2k}+\sum_k b_k^1g_{n-2k}\tag{3-349}$$

由此推广至系数表达的一般式

$$a_n^{m-1}=a_n^m+b_n^m=\sum_k a_k^mh_{n-2k}+\sum_k b_k^mg_{n-2k}\tag{3-350}$$

该式就是由小波系数 a_n^m 和 b_n^m 重构函数 $f(t)$ 的正交展开式系数 a_n^{m-1} 的公式。

函数 $f(t)$ 的小波展开系数 $\langle f,\varphi_{m,n}\rangle$ 与 $\langle f,\psi_{m,n}\rangle$ 用双尺度差分公式表示可按下式计算

$$\langle f,\varphi_{m,n}\rangle=\int_{-\infty}^{\infty}f(t)\,\overline{\varphi_{m,n}}(t)\,\mathrm{d}t$$

$$
\begin{aligned}
&= \int_{-\infty}^{\infty} f(t) \cdot 2^{-\frac{m}{2}} \bar{\varphi}(2^{-m}t - n)\,\mathrm{d}t \\
&= \int_{-\infty}^{\infty} f(t) \cdot 2^{-\frac{m}{2}} \cdot \sqrt{2} \sum_k \bar{h}_k \bar{\varphi}(2 \cdot 2^{-m}t - 2n - k)\,\mathrm{d}t \\
&= \int_{-\infty}^{\infty} f(t) \cdot 2^{-\frac{m-1}{2}} \sum_k \bar{h}_k \bar{\varphi}[2^{-(m-1)}t - (2n + k)]\,\mathrm{d}t \\
&= \sum_j \bar{h}_{j-2n} \int_{-\infty}^{\infty} f(t) 2^{\frac{-(m-1)}{2}} \bar{\varphi}[2^{-(m-1)}t - j]\,\mathrm{d}t \\
&= \sum_j \bar{h}_{j-2n} \int_{-\infty}^{\infty} f(t) \bar{\varphi}_{m-1,j}(t)\,\mathrm{d}t = \sum_j \bar{h}_{j-2n} \langle f, \varphi_{m-1,j} \rangle \\
&= \sum_k \bar{h}_{k-2n} \langle f, \varphi_{m-1,k} \rangle (\text{用 } k \text{ 代 } j) \qquad (3\text{-}351)
\end{aligned}
$$

同理，有
$$\langle f, \psi_{m,n} \rangle = \sum_k \bar{g}_{k-2n} \langle f, \varphi_{m-1,k} \rangle \qquad (3\text{-}352)$$

计算步骤可按下列方法进行：

由$\langle f,\varphi_{0,n}\rangle$计算$\langle f,\varphi_{1,n}\rangle$和$\langle f,\psi_{1,n}\rangle$，再由$\langle f,\varphi_{1,n}\rangle$计算$\langle f,\varphi_{2,n}\rangle$和$\langle f,\psi_{2,n}\rangle$，直至尺度到$m$为止。由式(3-351)和式(3-352)得出$m-1$时$a_n^1$和$b_n^1$的值为

$$a_n^1 = \sum_k \bar{h}_{k-2n} \langle f, \varphi_{0,k} \rangle = \sum_k \bar{h}_{k-2n} a_k^0 \quad b_n^1 = \sum_k \bar{g}_{k-2n} \langle f, \varphi_{0,k} \rangle = \sum_k \bar{h}_{k-2n} a_k^0$$

由上述计算可知，Mallat 算法本质上不需要知道尺度函数$\varphi(t)$和小波函数$\psi(t)$的具体结构，只由系数就可以实现$f(t)$的分解与重构，因此，称为快速小波变换。

上述的分析从信息处理的观点来看，可认为是一种滤波运算。我们不妨对比一下：

一个线性系统$h(t)$对信号$f(t)$的滤波处理可做如下数学描述：

$$y(t) = h(t) * f(t) = \int_{-\infty}^{\infty} h(t) f(t - \tau)\,\mathrm{d}\tau \qquad (3\text{-}353)$$

如果在频域计算则显然有
$$Y(\omega) = H(\omega) \cdot F(\omega) \qquad (3\text{-}354)$$

离散化处理，即$y_n = h_n * f_n = \sum\limits_k h_{n-k} f_k$。比较$a_n^1 = \sum\limits_k \bar{h}_{k-2n} a_k^0$及$b_n^1 = \sum\limits_k \bar{g}_{k-2n} a_k^0$，可把它们看成是$a_k^0$与$\bar{h}_{n-2k}$及$\bar{g}_{n-2k}$的卷积运算，其差别只是对$\sum\limits_k h_{n-k} f_k$而言是所有的$k$值做卷积，即所谓的“全滤波”。而$\sum\limits_k \bar{h}_{n-2k} a_k^0$、$\sum\limits_k \bar{g}_{N-2k} b_k^0$则是$2n$对所有可能的$k$值做卷积，缺少了$n$的奇数$(2n+1)$部分，即所谓的“半滤波”。比较$\sum\limits_k h_{n-k} f_k$与$\sum\limits_k b_k^1 g_{n-2k}$，它们都是离散卷积，也就是滤波处理。其区别只是$n$对$k$的偶数序列$(2k)$做卷积运算，造成$a_k^1$、$b_k^1$的取值个数比$h_{n-2k}$、$g_{n-2k}$多一倍，因而称之为“倍滤波”。令

$$H = \left(\sum_k h_{n-2k} \right)_n \quad G = \left(\sum_k g_{n-2k} \right)_n \qquad (3\text{-}355)$$

$$H^* = \left(\sum_k \bar{h}_{k-2n} \right)_n \quad G^* = \left(\sum_k \bar{g}_{k-2n} \right)_n \qquad (3\text{-}356)$$

则可把滤波处理表示成简洁的形式，即

$$
\begin{aligned}
a^1 &= H^* a^0, b_1 = G^* a^0 \\
a^0 &= Ha^1 + Gb^1 = HH^* a^0 + GG^* a^0 \\
&= (HH^* + GG^*) a^0 \qquad (3\text{-}357)
\end{aligned}
$$

由此，由a^2，b^1完全重构a^0的条件是

$$HH^* + GG^* = I$$

其等价形式为
$$\sum_k h_{n-2k} \bar{h}_{n-2k} + \sum_n g_{n-2k} \bar{g}_{n-2k} = \delta_{j,k} \qquad (3\text{-}358)$$

或
$$\sum_k h_{n-2k} \bar{h}_{n-2k} = \delta_{0,n} \qquad \forall n \qquad (3\text{-}359)$$

H和G是一对共轭正交滤波器组(Conjugate Quadrature Filters)。

Mallat 算法可用图 3-33 来描述。

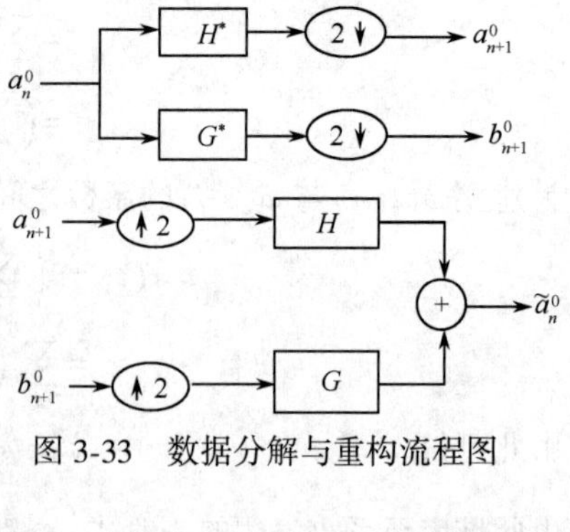

图 3-33 数据分解与重构流程图

图 3-34 是利用小波对心电图压缩及解压缩的图形。图 3-35 是利用小波进行图像压缩的例子。

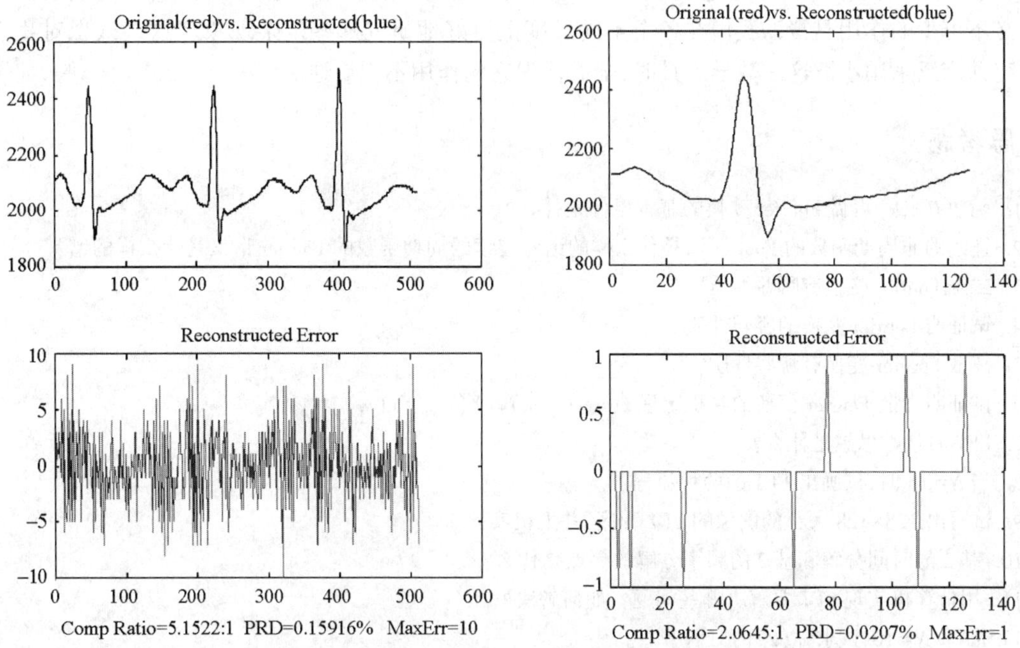

（a）压缩后并解压缩图形　　　　（b）原图形

图 3-34　利用小波对心电图压缩及解压缩的图形

（a）原图像　　　　（b）压缩后并解压缩图像

图 3-35　图像小波变换压缩实例

上面我们仅对小波理论做了简要的分析，近年来小波理论及应用的研究热情始终有增无减，这促进了小波理论的发展，使其应用越来越广泛，但是正像 Daubechies 所说的那样，小波本身是一种工具，“它的应用重要的是了解你所研究的问题”。小波理论的奠基人 Meyer 也说过：“小波很时髦，因而引起人们的好奇和兴奋。令人惊奇的是，作为传统的 Fourier 分析的替代物，小波几乎在 20 世纪 80 年代开始同时出现在如下多种多样的领域中：语言分析与合成，无线电信号编码，视网膜系统（Retinian System）所进行的信息抽取过程，完全发展的湍流分析，量子理论中的重正化函数，空间内插理论等，可是，如同那些号称使人们能够了解一切的‘大综合’一样，这种多学科的自诩性只能使人们不愉快罢了。小波是否将很快与“突变理论（Catastroph Theory）或分形理论（Fractal）一起加入那些无所不包系统的‘百货商店’中，在我看来，‘小波’的情况稍微有点不一样，因为它们并不构成一种理论而只是一种崭新的科学工具，其实，它们一点也没有用来解释新事物，当 M. Farge 使用它们来分析湍流模拟结果时，它们起的作用差不多与我阅读‘Apologide Raimond Sebond’时所戴的眼镜一样。

在目前我的年龄所需要的这副眼镜,如果我并不了解 Montaige 的那些思想,我并不会因而放弃不使用它,或者如果我很喜欢那些思想,我也不会因而赞美这副眼镜。对于小波也是一样,它们的恰如其分又必不可少的作用是帮助我们在各个不同尺度上更好地研究那些复杂现象。”这些认识对我们深入研究并广泛采用小波这一数学工具时,全面认识它的作用不无启迪。

思考题

1. 函数 $f(x,y)$ 可做 Fourier 变换的基本条件是什么?
2. 连续的非周期函数的 Fourier 谱是什么样的谱?连续的周期函数的 Fourier 谱又是什么样的谱?
3. 二维 Fourier 变换有哪些性质?
4. 试证明 Fourier 变换的旋转性质。
5. 离散 Fourier 变换有哪些性质?
6. 试证明离散 Fourier 变换的卷积定理 $x(n)\cdot y(n)\Leftrightarrow X(m)*Y(m)$。
7. FFT 的基本思想是什么?
8. 当 $N=16$ 时,试画出 FFT 的两种流程图。
9. 试写出 128×128 大小的图像的 FFT 程序,并上机实验。
10. 基 2 的时间分解和基 2 的频率分解的要点是什么?
11. 用计算机实现 FFT 要解决哪些问题?如何解决?
12. 如果 $N=16$,试求 $x_3(2)$ 的对偶节点。
13. 如果 $N=16$,试求 $x_2(9)$ 的对偶节点。
14. 试求 $N=16$,$x_2(4)$ 的加权系数 W_{16}^{P}。
15. 试求 $N=16$,$x_2(8)$ 的加权系数 W_{16}^{P}。
16. 如何实现离散余弦变换的快速算法?
17. 试写出利用 FFT 实现的离散余弦变换的程序,并上机实验。
18. 沃尔什函数是如何定义的?它们之间的关系是什么?
19. 如何用 Rademacher 函数来构造三种沃尔什函数?
20. 如果 $p=4$,试求 $\mathrm{Wal_w}(9,t)$ 的 Rademacher 函数表达式。
21. 如果 $p=4$,试求 $\mathrm{Wal_p}(9,t)$ 的 Rademacher 函数表达式。
22. 如果 $p=4$,试求 $\mathrm{Wal_h}(9,t)$ 的 Rademacher 函数表达式。
23. 如果 $\mathrm{Wal_w}(5,t)$ 已知,试求与其相对应的 $\mathrm{Wal_p}(i,t)$ 及 $\mathrm{Wal_H}(i,t)$。
24. 离散沃尔什变换有哪些性质?
25. 何为模 2 移位序列?它是如何构造的?
26. 试证明模 2 移位列率卷积定理。
27. 何为循环移位序列?它是如何构造的?
28. 快速沃尔什变换的基本思想是什么?
29. 当 $N=16$ 时,试画出快速沃尔什变换的两种流程图。
30. 何为全域函数及区域函数?
31. 如何由 $N/2$ 阶斜矩阵构造 N 阶斜矩阵?
32. Gabor 变换是如何定义的?它是如何产生的?
33. 什么是 Heisenberg 测不准原理?它总结了传统信号分析的什么限制?
34. Gabor 变换的特点是什么?
35. 小波变换是如何定义的?小波函数是唯一的吗?
36. 一个小波函数应满足哪些容许性条件?
37. 何为 Haar 小波?何为 Morlet 小波?何为 Mexico Hat 小波?
38. 试述小波变换的基本性质。

39. 离散小波是如何定义的？
40. 什么是尺度函数？它对小波构造有何意义？
41. 试述紧支集的概念。
42. 试述框架的概念。
43. Daubechies 小波的精髓是什么？
44. 如何构造 B 样条小波？
45. 什么是小波包？它对小波分析有何意义？
46. 建立小波包库的常用准则是什么？试述它的本质含义。
47. 试述二维连续小波变换的定义。
48. 二维连续小波的容许性条件是什么？
49. 什么是 Mallet 算法？它的意义何在？
50. 如何实现 Mallet 算法？

第 4 章　图像增强

图像增强是数字图像处理的基本内容之一。

图像增强是指按特定的需要突出一幅图像中的某些信息,同时,削弱或去除某些不需要的信息的处理方法。其主要目的是使处理后的图像对某种特定的应用来说,比原始图像更适用。因此,这类处理是为了某种应用目的而去改善图像质量的。处理的结果使图像更适合于人的视觉特性或机器的识别系统。应该明确的是增强处理并不能增强原始图像的信息,其结果只能增强对某种信息的辨别能力,而这种处理有可能损失一些其他信息。

图像增强技术主要包括直方图修改处理、图像平滑化处理、图像尖锐化处理,以及彩色处理技术等。在实用中可以采用单一方法处理,也可以采用几种方法联合处理,以便达到预期的增强效果。

图像增强技术基本上可分成两大类:一类是频域处理法,另一类是空域处理法。

频域处理法的基础是卷积定理。它采用修改图像傅里叶变换的方法实现对图像的增强处理。由卷积定理可知,如果原始图像是 $f(x,y)$,处理后的图像是 $g(x,y)$,而 $h(x,y)$ 是处理系统的冲激响应,那么,处理过程可由下式表示:

$$g(x,y)=h(x,y)*f(x,y) \tag{4-1}$$

式中,$*$ 代表卷积。如果 $G(u,v)$,$H(u,v)$,$F(u,v)$ 分别是 $g(x,y)$,$h(x,y)$,$f(x,y)$ 的傅里叶变换,那么,上面的卷积关系可表示为变换域的乘积关系,即

$$G(u,v)=H(u,v)\cdot F(u,v) \tag{4-2}$$

式中,$H(u,v)$ 为传递函数。

在增强问题中,$f(x,y)$ 是给定的原始数据,经傅里叶变换后可得到 $F(u,v)$。选择合适的 $H(u,v)$,使得由式

$$g(x,y)=\mathscr{F}^{-1}[H(u,v)\cdot F(u,v)] \tag{4-3}$$

得到的 $g(x,y)$ 比 $f(x,y)$ 在某些特性方面更加鲜明、突出,因而更加易于识别、解译。例如,可以强调图像中的低频分量使图像得到平滑,也可以强调图像中的高频分量使图像的边缘得到增强等。以上就是频域处理法的基本原理。

空域处理法是直接对图像中的像素进行处理,基本上是以灰度映射变换为基础的。所用的映射变换取决于增强的目的。例如,增加图像的对比度,改善图像的灰度层次等处理均属空域法处理。

应该特别提及的是增强后的图像质量好坏主要靠人的视觉来评定,而视觉评定是一种高度的主观处理。因此,为了一种特定的用途而采用的一种特定的处理方法,得到一幅特定的图像,对其质量的评价方法和准则也是特定的,所以,很难对各种处理定出一个通用的标准。由此可知,图像增强没有通用理论。

4.1　用直方图修改技术进行图像增强

灰度级的直方图描述了一幅图像的概貌,用修改直方图的方法增强图像是实用而有效的处理方法之一。

4.1.1　直方图

什么是灰度级的直方图呢?简单地说,灰度级的直方图就是反映一幅图像中的灰度级与出现这

种灰度的概率之间关系的图形。

设变量 r 代表图像中像素灰度级。在图像中,像素的灰度级可作归一化处理,这样,r 的值将限定在下述范围之内:

$$0 \leqslant r \leqslant 1 \tag{4-4}$$

在灰度级中,$r=0$ 代表黑,$r=1$ 代表白。对于一幅给定的图像来说,每一个像素取得[0,1]区间内的灰度级是随机的,也就是说 r 是一个随机变量。假定对每一瞬间它们是连续的随机变量,那么,就可以用概率密度函数 $p_r(r)$ 来表示原始图像的灰度分布。如果用直角坐标系的横轴代表灰度级 r,用纵轴代表灰度级的概率密度 $p_r(r)$,这样就可以针对一幅图像在这个坐标系中作出一条曲线来。这条曲线在概率论中就是分布密度曲线,如图 4-1 所示。

从图像灰度级的分布可以看出一幅图像的灰度分布特性。例如,从图 4-1 中的(a)和(b)两个灰度密度分布中可以看出:图(a)的大多数像素灰度值取在较暗的区域,所以这幅图像肯定较暗,一般在摄影过程中曝光过强就会造成这种结果;而图(b)的像素灰度值集中在亮区,因此,图(b)的图像特性将偏亮,一般在摄影中曝光不足将导致这种结果。当然,从两幅图像的灰度分布来看图像的质量均不理想。

为了有利于数字图像处理,必须引入离散形式。在离散形式下,用 r_k 代表离散灰度级,用 $P_r(r_k)$ 代替 $p_r(r)$,并且有下式成立:

$$P_r(r_k)=n_k/n \qquad (0 \leqslant r_k \leqslant 1) \qquad k=0,1,2,\cdots,l-1 \tag{4-5}$$

式中,n_k 为图像中出现 r_k 这种灰度的像素数,n 是图像中像素总数,而 n_k/n 就是概率论中所说的频数,这里可近似代表概率 $P_r(r_k)$,l 是灰度级总数。在直角坐标系中做出 r_k 与 $P_r(r_k)$ 的关系图形,这个图形称为灰度级的直方图。如图 4-2 所示。

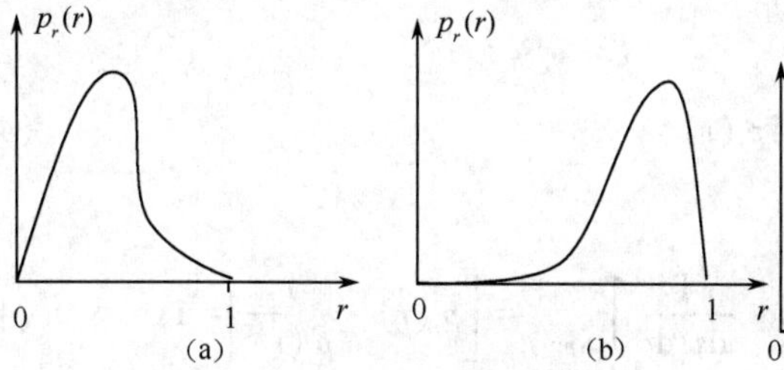

图 4-1　图像灰度分布概率密度曲线

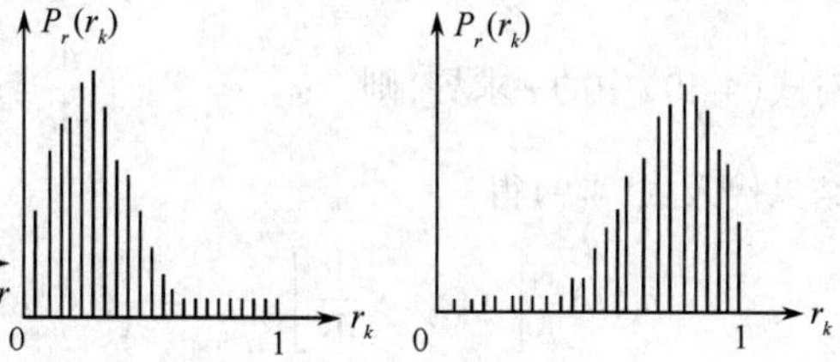

图 4-2　灰度级的直方图

4.1.2　直方图修改技术的基础

如前所述,一幅给定的图像的灰度级分布在 $0 \leqslant r \leqslant 1$ 范围内。可以对[0, 1]区间内的任一个 r 值进行如下变换:

$$s=T(r) \tag{4-6}$$

也就是说,通过上述变换,每个原始图像的像素灰度值 r 都对应产生一个 s 值。变换函数 $T(r)$ 应满足下列条件:

(1) 在 $0 \leqslant r \leqslant 1$ 区间内,$T(r)$ 单值单调增加;

(2) 对于 $0 \leqslant r \leqslant 1$,有 $0 \leqslant T(r) \leqslant 1$。

这里的第一个条件保证了图像的灰度级从白到黑的次序不变。第二个条件则保证了映射变换后的像素灰度值在允许的范围内。满足这两个条件的变换函数的一个例子如图 4-3 所示。

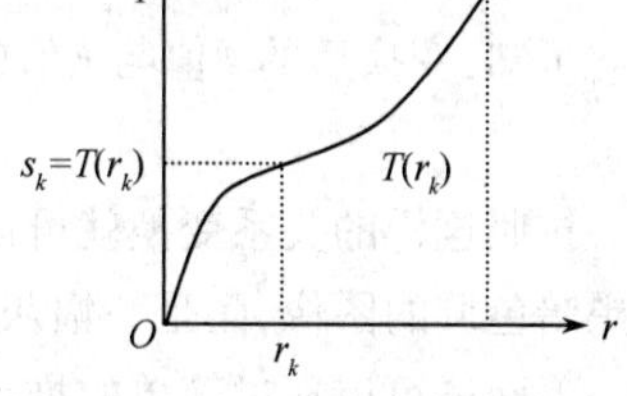

图 4-3　一种灰度变换函数

从 s 到 r 的反变换可用式(4-7)表示

$$r=T^{-1}(s) \tag{4-7}$$

由概率论理论可知，如果已知随机变量 ξ 的概率密度为 $p_r(r)$，而随机变量 η 是 ξ 的函数，即 $\eta=T(\xi)$，η 的概率密度为 $p_s(s)$，所以，可以由 $p_r(r)$ 求出 $p_s(s)$。

因为 $s=T(r)$ 是单调增加的，由数学分析可知，它的反函数 $r=T^{-1}(s)$ 也是单调函数。在这种情况下，如图 4-4 所示，$\eta<s$ 且仅当 $\xi<r$ 时发生，所以可以求得随机变量 η 的分布函数为

$$F_\eta(s)=P(\eta<s)=P[\xi<r]=\int_{-\infty}^{r}P_r(x)\,\mathrm{d}x \tag{4-8}$$

对式(4-8)两边求导，即可得到随机变量 η 的分布密度函数 $p_s(s)$ 为

$$p_s(s)=p_r(r)\cdot\frac{\mathrm{d}}{\mathrm{d}s}[T^{-1}(s)]=\left[p_r(r)\cdot\frac{\mathrm{d}r}{\mathrm{d}s}\right]_{r=T^{-1}(s)} \tag{4-9}$$

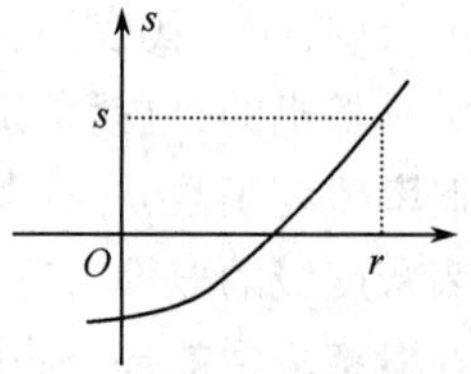

图 4-4　r 和 s 的变换函数关系

由式(4-9)可见，通过变换函数 $T(r)$ 可以控制图像灰度级的概率密度函数，从而改变图像的灰度层次。这就是直方图修改技术的基础。

4.1.3　直方图均衡化处理

直方图均衡化处理是以累积分布函数变换法为基础的直方图修正法。假定变换函数为

$$s=T(r)=\int_0^r p_r(\omega)\,\mathrm{d}\omega \tag{4-10}$$

式中，ω 是积分变量，而 $\int_0^r p_r(\omega)\,\mathrm{d}\omega$ 就是 r 的累积分布函数(CDF)。这里，累积分布函数是 r 的函数，并且单调地从 0 增加到 1，所以这个变换函数满足关于 $T(r)$ 在 $0\leqslant r\leqslant 1$ 内单值单调增加，在 $0\leqslant r\leqslant 1$ 内有 $0\leqslant T(r)\leqslant 1$ 的两个条件。

对式(4-10)中的 r 求导，则

$$\frac{\mathrm{d}s}{\mathrm{d}r}=p_r(r) \tag{4-11}$$

再把结果代入式(4-9)得

$$p_s(s)=\left[p_r(r)\cdot\frac{\mathrm{d}r}{\mathrm{d}s}\right]_{r=T^{-1}(s)}=\left[p_r(r)\cdot\frac{1}{\mathrm{d}s/\mathrm{d}r}\right]_{r=T^{-1}(s)}=\left[p_r(r)\cdot\frac{1}{p_r(r)}\right]=1 \tag{4-12}$$

由上面的推导可见，在变换后的变量 s 的定义域内的概率密度是均匀分布的。由此可见，用 r 的累积分布函数作为变换函数可产生一幅灰度级分布具有均匀概率密度的图像。其结果扩展了像素取值的动态范围。

例如，在图 4-5 中，图(a)是原始图像的概率密度函数。从图中可知，这幅图像的灰度集中在较暗的区域，这相当于一幅曝光过强的照片。由图(a)可知，原始图像的概率密度函数为

$$p_r(r)=\begin{cases}-2r+2 & 0\leqslant r\leqslant 1\\ 0 & r\ \text{为其他值}\end{cases}$$

用累积分布函数原理求变换函数

$$s=T(r)=\int_0^r p_r(\omega)\,\mathrm{d}\omega=\int_0^r(-2\omega+2)\,\mathrm{d}\omega=-r^2+2r$$

由此可知，变换后的 s 值与 r 值的关系为

$$s=-r^2+2r=T(r)$$

按照这样的关系变换就可以得到一幅改善了质量的新图像。这幅图像的灰度层次将不再是呈现黑暗色调的图像，而是一幅灰度层次较为适中的，比原始图像清晰、明快得多的图像。

下面还可以通过简单的推证，证明变换后的灰度级概率密度是均匀分布的。

因为

$$s=T(r)=-r^2+2r$$

所以 $$r=T^{-1}(r)=1\pm\sqrt{1-s}$$

由于 r 取值在[0, 1]区间内,所以

$$r=1-\sqrt{1-s}$$

$$\frac{\mathrm{d}r}{\mathrm{d}s}=\frac{\mathrm{d}}{\mathrm{d}s}[1-\sqrt{1-s}]=\frac{1}{2\sqrt{1-s}}$$

而 $$p_r(r)=-2r+2=-2(1-\sqrt{1-s})+2=2\sqrt{1-s}$$

因此 $$p_s(s)=\left[p_r(r)\cdot\frac{\mathrm{d}r}{\mathrm{d}s}\right]_{r=T^{-1}(s)}=\left[2\sqrt{1-s}\cdot\frac{1}{2\sqrt{1-s}}\right]=1$$

这个简单的证明说明在希望的灰度级范围内,其概率密度呈均匀分布。

图 4-5(b)和(c)分别为变换函数和变换后的均匀的概率密度函数。

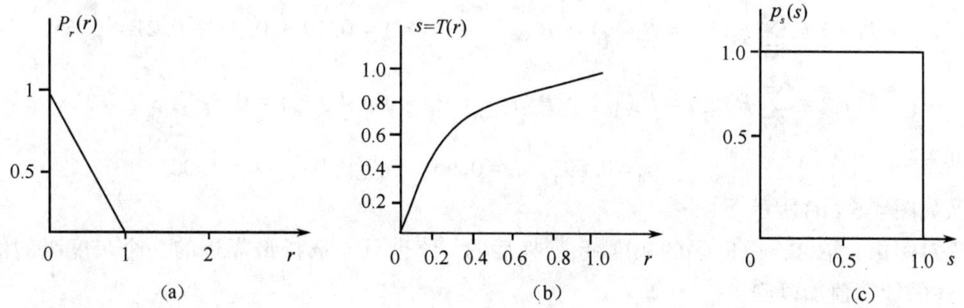

图 4-5 均匀密度变换法

上面的修正方法是以连续随机变量为基础进行讨论的。正如前面谈到的那样,为了对图像进行数字处理,必须引入离散形式的公式。当灰度级是离散值的时候,可用频数近似代替概率值,即

$$P_r(r_k)=n_k/n \quad (0\leqslant r_k\leqslant 1;\quad k=0,1,\cdots,l-1) \tag{4-13}$$

式中,l 是灰度级的总数目,$P_r(r_k)$是取第 k 级灰度值的概率,n_k 是在图像中出现第 k 级灰度的次数,n 是图像中像素总数。通常把为得到均匀直方图的图像增强技术叫作直方图均衡化处理或直方图线性化处理。

式(4-10)的离散形式为

$$s_k = T(r_k) = \sum_{j=0}^{k}\frac{n_j}{n} = \sum_{j=0}^{k}P_r(r_j)$$
$$(0\leqslant r_j\leqslant 1;\quad k=0,1,\cdots,l-1) \tag{4-14}$$

其反变换式为 $$r_k=T^{-1}(s_k) \tag{4-15}$$

例如,假定有一幅像素数为 64×64,灰度级为 8 级的图像,其灰度级分布见表 4-1,对其进行均衡化处理。其灰度级直方图如图 4-6 所示。

表 4-1 64 像素×64 像素大小的图像灰度分布表

r_k	n_k	$P_r(r_k)=n_k/n$	r_k	n_k	$P_r(r_k)=n_k/n$
$r_0=0$	790	0. 19	$r_4=4/7$	329	0. 08
$r_1=1/7$	1023	0. 25	$r_5=5/7$	245	0. 06
$r_2=2/7$	850	0. 21	$r_6=6/7$	122	0. 03
$r_3=3/7$	656	0. 16	$r_7=1$	81	0. 02

处理过程如下:

由式(4-14)可得到变换函数

$$s_0 = T(r_0) = \sum_{j=0}^{0}P_r(r_j) = P_r(r_0) = 0.19$$

$$s_1 = T(r_1) = \sum_{j=0}^{1}P_r(r_j) = P_r(r_0) + P_r(r_1) = 0.44$$

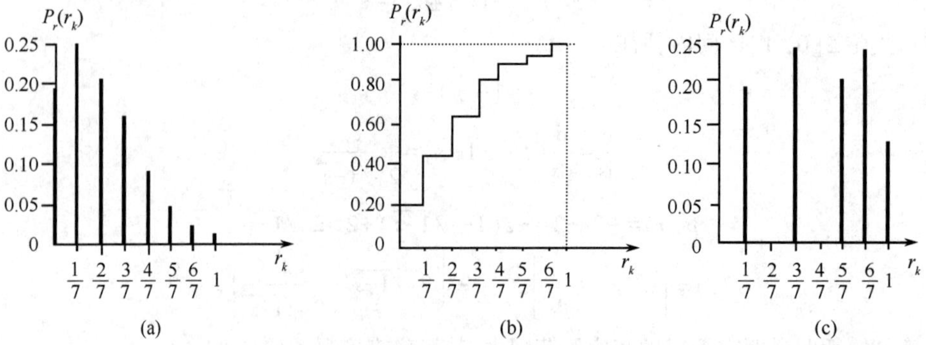

图 4-6　灰度级直方图

$$s_2 = T(r_2) = \sum_{j=0}^{2} P_r(r_j) = P_r(r_0) + P_r(r_1) + P_r(r_2) = 0.19 + 0.25 + 0.21 = 0.65$$

$$s_3 = T(r_3) = \sum_{j=0}^{3} P_r(r_j) = P_r(r_0) + P_r(r_1) + P_r(r_2) + P_r(r_3) = 0.81$$

以此类推

$$s_4 = 0.89,\quad s_5 = 0.95,\quad s_6 = 0.98,\quad s_7 = 1.00$$

变换函数如图 4-6 (b)所示。

这里对图像只取 8 个等间隔的灰度级,变换后的 s 值也只能选择最靠近的一个灰度级的值。因此,对上述的计算值加以修正。

$$s_0 \approx 1/7,\quad s_1 \approx 3/7,\quad s_2 \approx 5/7,\quad s_3 \approx 6/7,\quad s_4 = 6/7,\quad s_5 \approx 1,\quad s_6 \approx 1,\quad s_7 \approx 1$$

由上述数值可见,新图像将只有 5 个不同的灰度级别,可以重新定义一个符号。

$$s'_0 = 1/7,\quad s'_1 = 3/7,\quad s'_2 = 5/7,\quad s'_3 = 6/7,\quad s'_4 = 1$$

因为 $r_0 = 0$ 经变换得 $s_0 = 1/7$,所以有 790 个像素取 s_0 这个灰度值,r_1 映射到 $s_1 = 3/7$,所以有 1023 个像素取 $s_1 = 3/7$ 这一灰度值,以此类推,有 850 个像素取 $s_2 = 5/7$ 这一灰度值。但是,因为 r_3 和 r_4 均映射到 $s_3 = 6/7$ 这一灰度级,所以有 656+329 = 985 个像素取这个值。同样,有 245+122+81 = 448 个像素取 $s_4 = 1$ 这个新灰度值。用 $n = 4096$ 来除上述这些 n_k 值便可得到新的直方图。新直方图如图 4-6(c)所示。

由上面的例子可见,利用累积分布函数作为灰度变换函数,经变换后得到的新灰度的直方图虽然不是很平坦,但毕竟比原始图像的直方图平坦得多,而且其动态范围也大大地扩展了。因此,这种方法对于对比度较弱的图像进行处理是很有效的。

由以上例子可见,直方图均衡化处理的步骤如下:

(1) 对给定的待处理图像统计其直方图,求出 $P_r(r_k)$;

(2) 根据统计出的直方图采用累积分布函数做变换,

$$S_k = T(r_k) = \sum_{j=0}^{k} P_r(r_j)$$

求变换后的新灰度;

(3) 用新灰度代替旧灰度,求出 $P_s(s)$,这一步是近似过程,应根据处理目的尽量做到合理,同时把灰度值相等或近似地合并到一起。

以上便是直方图均衡化处理的基本步骤。

因为直方图是近似的概率密度函数,所以用离散灰度级进行变换时很少能得到完全平坦的结果。另外,从上例中可以看出变换后的灰度级减少了,这种现象叫作“简并”现象。由于简并现象的存在,处理后的灰度级总要减少。这是像素灰度有限的必然结果。由于上述原因,数字图像的直方图均衡只是近似的。

那么如何减少简并现象呢？产生简并现象的根源是利用变换公式 $s_k = \sum_{j=0}^{k} P_r(r_j)$ 求新灰度时，所得到的 s_k 往往不是系统硬件允许的灰度值，这时就要采用舍入的方法求近似值，以便用与它最接近的允许灰度来代替它。在舍入的过程中，一些相邻的 s_k 值变成了相同的 s_k 值，这就发生了简并现象，于是也就造成了一些灰度层次的损失。减少简并现象的简单方法是增加像素的比特数。例如，通常用 8bit 来代表一个像素，而现在用 12bit 来表示一个像素，这样就可减少简并现象发生的机会，从而减少灰度层次的损失。另外，采用灰度间隔放大理论的直方图修正法也可以减少简并现象。这种灰度间隔放大可以按照眼睛的对比度灵敏度特性和成像系统的动态范围进行放大。一般实现方法采用如下几步：

(1) 统计原始图像的直方图；

(2) 根据给定的成像系统的最大动态范围和原始图像的灰度级来确定处理后的灰度级间隔；

(3) 根据求得的步长来求变换后的新灰度；

(4) 用处理后的新灰度代替处理前的灰度。

以上两种方法都可以提高直方图均衡化处理的质量，大大减少由于简并现象而带来的灰度级丢失。

4.1.4 直方图规定化处理

直方图均衡化处理方法是行之有效的增强方法之一，但是，由于它的变换函数采用的是累积分布函数，因此，正如前面所证明的那样，它只能产生近似均匀的直方图这样一种结果。这样就必然会限制它的效能。也就是说，在不同的情况下，并不是总需要具有均匀直方图的图像，有时需要具有特定的直方图的图像，以便能够对图像中的某些灰度级加以增强。直方图规定化方法就是针对上述思想提出来的一种直方图修正增强方法。下面仍然从研究连续灰度级的概率密度函数入手来讨论直方图规定化的基本思想。

假设 $p_r(r)$ 是原始图像灰度分布的概率密度函数，$p_z(z)$ 是希望得到的图像的概率密度函数。如何建立 $p_r(r)$ 和 $p_z(z)$ 之间的联系是直方图规定化处理的关键。

首先对原始图像进行直方图均衡化处理，即

$$s = T(r) = \int_0^r p_r(\omega)\,\mathrm{d}\omega \tag{4-16}$$

假定已经得到了所希望的图像，并且规定它的概率密度函数是 $p_z(z)$。对这幅图像也做均衡化处理，即

$$u = G(z) = \int_0^z p_z(\omega)\,\mathrm{d}\omega \tag{4-17}$$

因为对于两幅图像（注意，这两幅图像只是灰度分布概率密度不同）同样做了均衡化处理，所以 $p_s(s)$ 和 $p_u(u)$ 具有同样的均匀密度。其中式(4-17)的逆过程为

$$z = G^{-1}(u) \tag{4-18}$$

这样，如果用从原始图像中得到的均匀灰度级 s 来代替逆过程中的 u，其结果灰度级将是所要求的概率密度函数 $p_z(z)$ 的灰度级。

$$z = G^{-1}(u) \approx G^{-1}(s) \tag{4-19}$$

根据以上思路，可以总结出直接直方图规定化增强处理的步骤如下：

(1) 用直方图均衡化方法将原始图像做均衡化处理；

(2) 规定希望的灰度概率密度函数 $p_z(z)$，并用式(4-17)做均衡化处理，求得变换函数 $G(z)$；

(3) 将逆变换函数 $z = G^{-1}(s)$ 用到步骤(1)中所得到的灰度级。即

$$z = G^{-1}(u),\quad z \approx G^{-1}(s),\quad z \approx G^{-1}[T(r)]$$

这样，就实现了 r 与 z 的映射关系。

以上三步是原始图像的另一种直方图修改的处理方法。在这种处理方法中得到的新图像的灰度级具有事先规定的概率密度函数 $p_z(z)$。

直方图规定化方法中包括两个变换函数，这就是 $T(r)$ 和 $G^{-1}(s)$。这两个函数可以简单地组成一个函数关系。利用这个函数关系可以从原始图像产生希望的灰度分布。

将 $s=T(r)=\int_0^r p_r(\omega)\mathrm{d}\omega$ 代入式(4-19)，可得

$$z=G^{-1}[T(r)] \tag{4-20}$$

式(4-20)就是用 r 来表示 z 的公式。很显然，当 $G^{-1}[T(r)]=T(r)$ 时，这个式子就简化为直方图均衡化方法了。

这种方法在连续变量的情况下涉及求反变换函数的解析式的问题，一般情况下较为困难。但是由于数字处理是处理离散变量，因此，可用近似的方法绕过这个问题，从而较简单地克服了这个困难。

下面通过例子来说明处理过程。例如，这里仍用 64×64 像素的图像，其灰度级仍然是 8 级。其直方图如图 4-7(a)所示，图(b)是规定的直方图，图(c)为变换函数，图(d)为处理后的结果直方图。原始直方图和规定的直方图的数值分别列于表 4-2 和表 4-3 中，经过直方图均衡化处理后的直方图数值列于表 4-4 中。

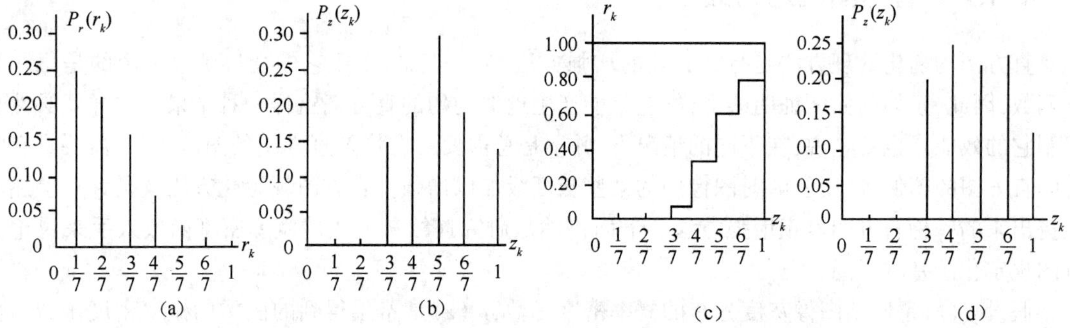

图 4-7　直方图均衡化处理方法

表 4-2　原始直方图数据

r_k	n_k	$P_r(r_k)=n_k/n$
$r_0=0$	790	0.19
$r_1=1/7$	1023	0.25
$r_2=2/7$	850	0.21
$r_3=3/7$	656	0.16
$r_4=4/7$	329	0.08
$r_5=5/7$	245	0.06
$r_6=6/7$	122	0.03
$r_7=1$	81	0.02

表 4-3　规定的直方图数据

z_k	$P_z(z_k)$
$z_0=0$	0.00
$z_1=1/7$	0.00
$z_2=2/7$	0.00
$z_3=3/7$	0.15
$z_4=4/7$	0.20
$z_5=5/7$	0.30
$z_6=6/7$	0.20
$z_7=1$	0.15

表 4-4　均衡化处理后的直方图数据

$r_j \to s_k$	n_k	$P_s(s_k)$
$r_1 \to s_0=1/7$	790	0.19
$r_1 \to s_1=3/7$	1023	0.25
$r_2 \to s_2=5/7$	850	0.21
$r_3, r_4 \to s_3=6/7$	985	0.24
$r_5, r_6, r_7 \to s_4=1$	448	0.11

计算步骤如下：

(1) 对原始图像进行直方图均衡化映射处理的数值列于表 4-4 的 n_k 栏内。

(2) 利用式(4-14)计算变换函数

$$u_k=G(z_k)=\sum_{j=0}^{k}P_z(z_j)$$

$$u_0=G(z_0)=\sum_{j=0}^{0}P_z(z_j)=P_z(z_0)=0.00$$

$$u_1 = G(z_1) = \sum_{j=0}^{1} P_z(z_j) = P_z(z_0) + P_z(z_1) = 0.00$$

$$u_2 = G(z_2) = \sum_{j=0}^{2} P_z(z_j) = P_z(z_0) + P_z(z_1) + P_z(z_2) = 0.00$$

$$u_3 = G(z_3) = \sum_{j=0}^{3} P_z(z_j) = P_z(z_0) + P_z(z_1) + P_z(z_2) + P_z(z_3) = 0.15$$

以此类推求得　$u_4 = G(z_4) = 0.35$，　$u_5 = G(z_5) = 0.65$，　$u_6 = G(z_6) = 0.85$，　$u_7 = G(z_7) = 1$

(3) 用直方图均衡化中的 s_k 进行 G 的反变换求 z_k

$$z_k \approx G^{-1}(s_k)$$

这一步实际上是近似过程。也就是找出 s_k 与 $G(z_k)$的最接近的值。例如，$s_0 = 1/7 \approx 0.14$，与它最接近的是 $G(z_3) = 0.15$，所以可写成 $G^{-1}(0.15) = z_3$。用这种方法可得到下列变换值。

$$s_0 = 1/7 \rightarrow z_3 = 3/7, s_1 = 3/7 \rightarrow z_4 = 4/7, s_2 = 5/7 \rightarrow z_5 = 5/7, s_3 = 6/7 \rightarrow z_6 = 6/7, s_4 = 1 \rightarrow z_7 = 1$$

(4) 用 $z = G^{-1}[T(r)]$找出 r 与 z 的映射关系

$$r_0 = 0 \rightarrow z_3 = 3/7, r_1 = 1/7 \rightarrow z_4 = 4/7, r_2 = 2/7 \rightarrow z_5 = 5/7, r_3 = 3/7 \rightarrow z_6 = 6/7, r_4 = 4/7 \rightarrow z_6 = 6/7,$$
$$r_5 = 5/7 \rightarrow z_7 = 1, r_6 = 6/7 \rightarrow z_7 = 1, r_7 = 1 \rightarrow z_7 = 1$$

(5) 根据这样的映射重新分配像素，并用 $n = 4096$ 去除，可得到最后的直方图。

由图 4-7 可见，结果直方图与希望的形状并不完全吻合，与直方图均衡化的情况一样，这种误差是多次近似造成的。结果直方图数据见表 4-5。只有在连续的情况下，求得准确的反变换函数才能得到准确的结果。在灰度级减少时，规定的和最后得到的直方图之间的误差趋向于增加。但是，实际处理效果表明，尽管是一种近似的直方图也可以得到较明显的增强效果。

实际上，从 s 到 z 的反变换有时不是单值的。当在规定的直方图中没有填满灰度级或在 $G^{-1}(s)$ 取最接近的可能的灰度级的过程中，就会产生这种情况，如图 4-8 所示。从图中可见，$s = 3/7$既可以映射成 $z = 3/7$，也可以映射成 4/7。处理这种情况的方法一般是指定一个灰度级，使这个灰度级尽可能与给定的灰度级相配合。

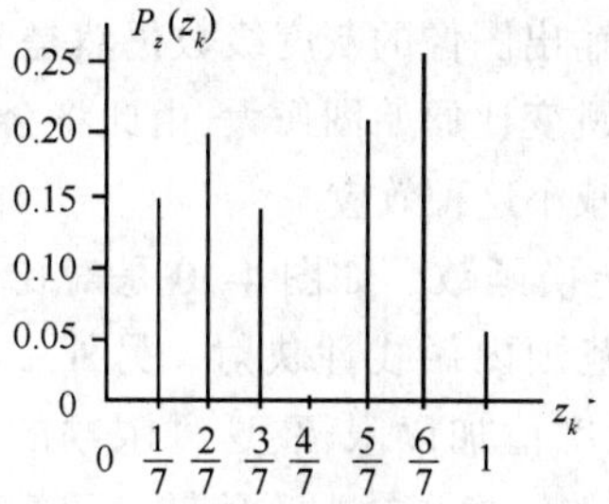

(a) 规定的直方图

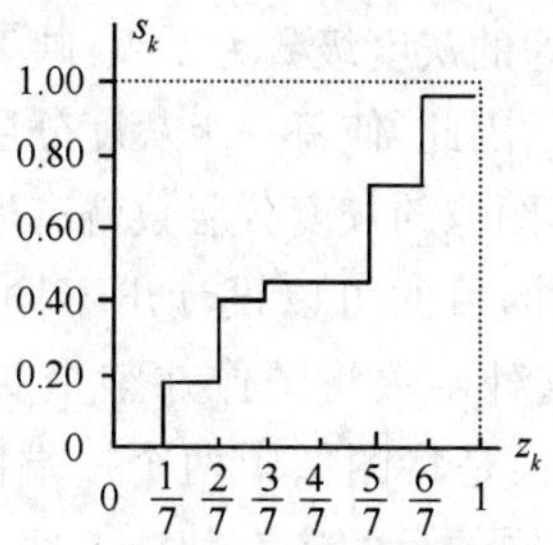

(b) 原始变换函数

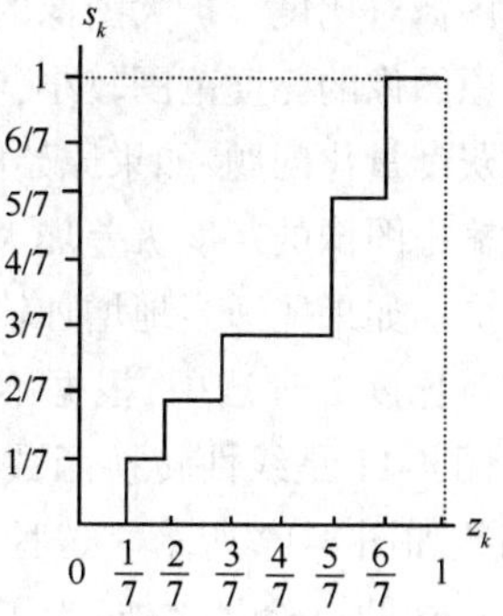

(c) 舍入函数

图 4-8　一种非单值变换情况

利用直方图规定化方法进行图像增强的主要困难在于如何构成有意义的直方图。一般有两种方法，一种是给定一个规定的概率密度函数，如高斯、瑞利等函数。一些常用的直方图修正转换函数列于表 4-6 中。另一种方法是规定一个任意可控制的直方图，其形状可由一些直线所组成，得到希望的形状后，将这个函数数字化。这种方法如图 4-9 所示。首先，在[0, 1]区间内任何地方选一点 m，并且 h 点是非负值。直方图由直线段构成，其形状受 m, h, θ_l, θ_r这 4 个参量的控制，其中 θ_l 与 θ_r 是

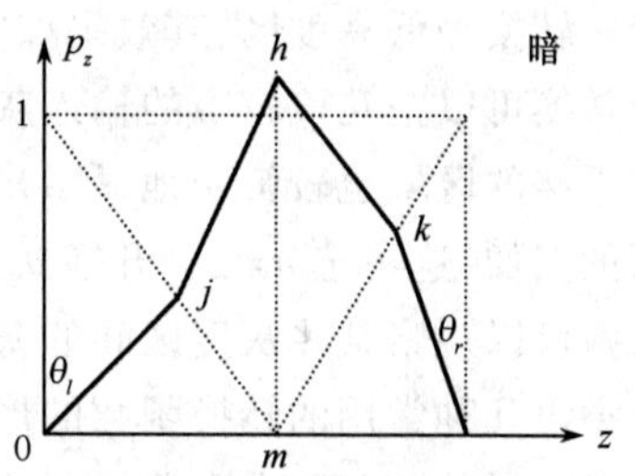

图 4-9　直方图参量规定化方法

与垂线的夹角，夹角的值从0°~90°变化。随着 θ_l 的变化，转折点 j 沿着(0,1)和(m,0)两点的连线移动，同理 θ_r 变化，点 k 将沿着(1,1)和(m,0)的连线移动。这样，由这几条直线组成的折线可在 m,h,θ_l,θ_r 的控制下组成多种直方图。例如，当 $m=0.5,h=1.0,\theta_l=\theta_r=0$ 时就可得到一个均匀直方图。这样得到的直方图经数字化后即可作为规定的直方图使用。这种方法可以联机应用，使技术人员操纵4个参量，改变直方图的形状，并且连续地观察输出，同时控制增强处理，使之适合于预期的目的。

表 4-5　结果直方图数据

z_k	n_k	$P_k(z_k)$
$z_0=0$	0	0.00
$z_1=1/7$	0	0.00
$z_2=2/7$	0	0.00
$z_3=3/7$	790	0.19
$z_4=4/7$	1023	0.25
$z_5=5/7$	850	0.21
$z_6=6/7$	985	0.24
$z_7=1$	448	0.11

表 4-6　直方图修正转换函数

规定的概率密度模型		转换函数
均匀	$p_z(z)=\dfrac{1}{r_{\max}-r_{\min}}$ $r_{\min}\leqslant r\leqslant r_{\max}$	$r=[r_{\max}-r_{\min}]p_r(r)+r_{\min}$
指数	$p_z(z)=a\exp\{-a(r-r_{\min})\}$ $r\geqslant r_{\min}$	$r=r_{\min}-\dfrac{1}{a}\ln[1-p_r(r)]$
瑞利	$p_z(z)=\dfrac{r-r_{\min}}{a^2}\exp\left\{-\dfrac{(r-r_{\min})^2}{2a^2}\right\}$ $r\geqslant r_{\min}$	$r=r_{\min}+\left[2a^2\ln\left(\dfrac{1}{1-p_r(r)}\right)\right]^{\frac{1}{2}}$
双曲线(立方根)	$p_z(z)=\dfrac{1}{3}\dfrac{r^{2/3}}{r_{\max}^{1/3}-r_{\min}^{1/3}}$	$r=[(r_{\max}^{1/3}-r_{\min}^{1/3})p_r(r)+r_{\min}^{1/3}]^3$
双曲线(对数)	$p_z(z)=\dfrac{1}{r[\ln r_{\max}-\ln r_{\min}]}$	$r=r_{\min}\left[\dfrac{r_{\max}}{r_{\min}}\right]p_r(r)$

4.1.5　图像对比度处理

由于图像的亮度范围不足或非线性会使图像的对比度不甚理想，可用像素幅值重新分配的方法来改善图像对比度。扩大图像的亮度范围可以用线性映射的方法，这种方法如图4-10所示。由图可以看出原图像的亮度范围较小，经映射后的图像亮度范围展宽了。在这种转换中，设计转换函数应考虑到灰度量化问题，如果原始图像的灰度级数为 k 级，映射后输出图像的灰度级数仍然是 k 级，这样由于输出图像的灰度级差加大了，因此，使每一级灰度分层的跳变比原始图像大，由此将会产生伪轮廓效应。如果能适当地增加输出图像的灰度分层数就有可能减小这种效应。

在对比度处理法中，根据不同的目的可以设计出不同的转换函数。如图4-10是对比度转换函数。图4-11是线性转换函数，这种函数将图像在整个灰度范围内做线性映射。另外一种映射转换函数如图4-12所示。这种转换是将图像中两个极端的灰度值加以限幅，这种限幅的比例也是可以选择的。除此之外，为了不同的目的还有其他一些类型的转换函数。这些转换函数的形式如图4-13(a)、(b)、(c)所示。灰度变换的效果如图4-14(a)、(b) 所示，其中图(a)是原图像，图(b)是处理后的图像。灰度反转的转换函数是把图像的低亮度区域转到较高的亮度区，而高亮度区转换为低亮度区，其效果如图4-15所示，其中图(a)是原图像，图(b)是处理后的图像。锯齿形转换可以把几段较窄的输入灰度区间都扩展到整个输出灰度范围内，这种处理可以把灰度变化较平缓的区域也较鲜明地显示出来。其效果如图4-16所示，其中图(a)是原图像，图(b)是处理后的图像，这里选 $n=2$。开窗式转换的目的是只对部分输入灰度区间进行转换，通过窗口位置的选择可以观察某些灰度区间的灰度分布，并且对这一区域的灰度进行映射变换。当然，图4-13只是举出几种常用的转换函数的形状。根据不同的需要还可以设计出更多的转换函数，其基本原理都是一样的，只不过处理效果不同罢了。经开窗式转换函数处理的图像效果如图4-17所示，图(a)是原图像；图(b)是处理后的图像。

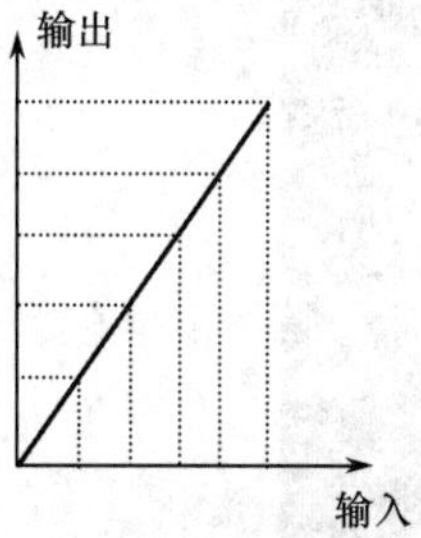

图 4-10　数字图像对比度增强

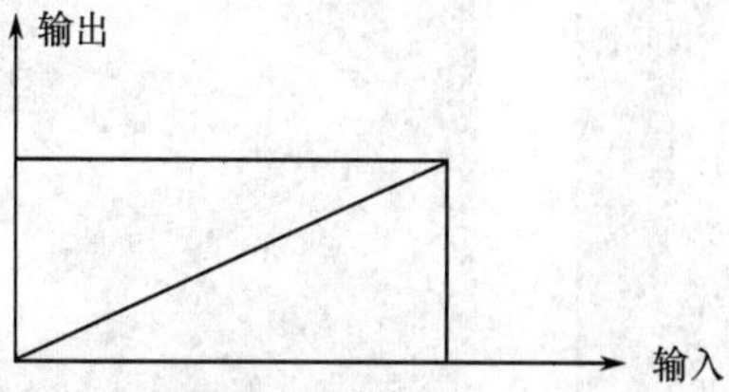

图 4-11　图像灰度的线性转换函数

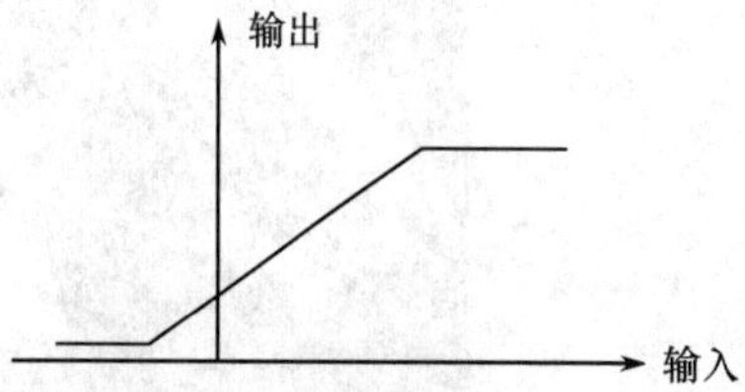

图 4-12　限幅的映射转换函数

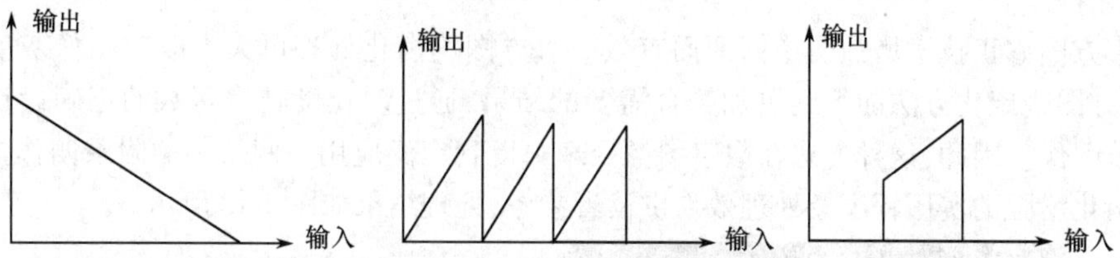

(a)　(b)　(c)

图 4-13　其他一些转换函数

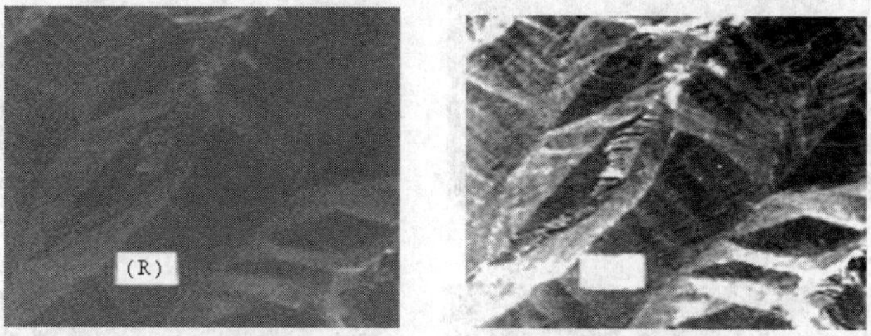

(a)原始图像　(b)处理后图像

图 4-14　灰度变换处理效果

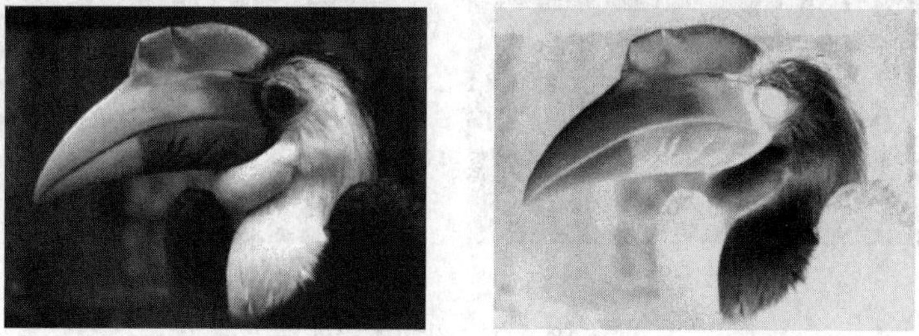

(a)原始图像　(b)处理后图像

图 4-15　灰度反转处理效果

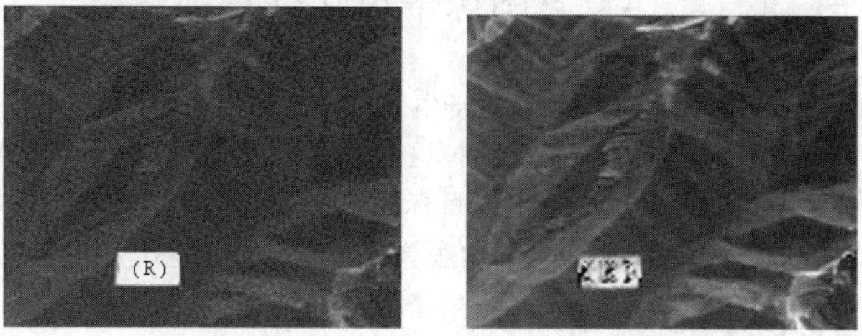

(a)原始图像　(b)处理后图像

图 4-16　锯齿形转换函数处理效果($n=2$)

(a)原始图像　　　　(b)处理后图像

图 4-17　经开窗式转换函数处理的效果

利用直方图修正技术增强图像简便而有效。直方图均衡化处理可大大改善图像灰度的动态范围,利用直方图规定化方法能得到更加符合需要的结果,通过对比度转换函数的正确设计可以方便灵活地改善图像。因此,这种方法在数字图像处理中得到广泛应用。网站中的附录四作为实例给出直方图均衡化增强的实用程序及处理效果供读者参考,处理结果如图 4-18 所示。

(a)原始图像　　　　(b)均衡化处理后的图像

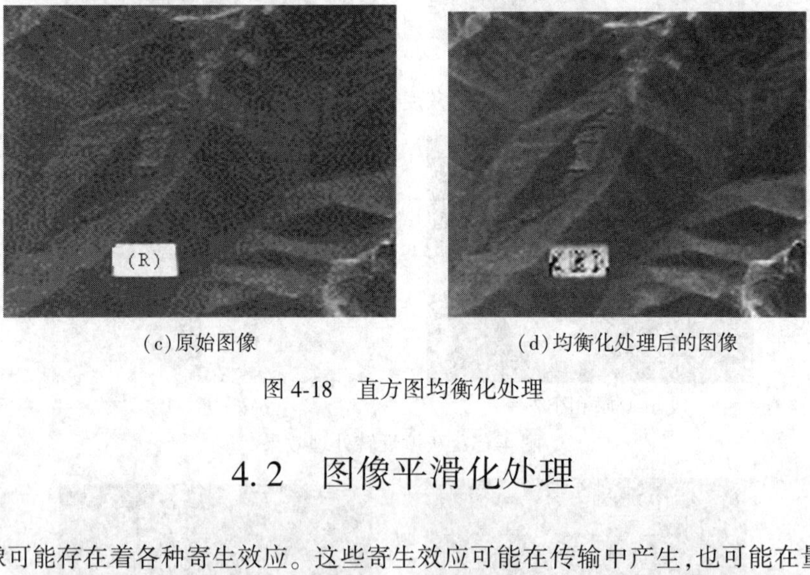

(c)原始图像　　　　(d)均衡化处理后的图像

图 4-18　直方图均衡化处理

4.2　图像平滑化处理

一幅图像可能存在着各种寄生效应。这些寄生效应可能在传输中产生,也可能在量化等处理过程中产生。一个较好的平滑方法应该是既能消掉这些寄生效应又不使图像的边缘轮廓和线条变模糊。这就是研究图像平滑化处理要追求的主要目标。图像平滑化处理方法有空域法和频域法两大类,主要有邻域平均法、低通滤波法、多图像平均法等。本节将对这些方法作一些讨论。

4.2.1　邻域平均法

邻域平均法是简单的空域处理方法。这种方法的基本思想是用几幅像素灰度的平均值来代替每个像素的灰度。假定有一幅 $N\times N$ 个像素的图像 $f(x,y)$，平滑处理后得到一幅图像 $g(x,y)$。$g(x,y)$ 由下式决定：

$$g(x,y)=\frac{1}{M}\sum_{(m,n)\in S}f(m,n) \tag{4-21}$$

式中，$x,y=0,1,2,\cdots,N-1$；S 是 (x,y) 点邻域中点的坐标的集合，但其中不包括 (x,y) 点；M 是集合内像素点的总数。式(4-21)说明，平滑化的图像 $g(x,y)$ 中的每个像素的灰度值均由包含在 (x,y) 的预定邻域中的 $f(x,y)$ 的几个像素的灰度值的平均值来决定。例如，可以以 (x,y) 点为中心，取单位距离构成一个邻域，其中点的坐标集合为

$$S=\{(x,y+1),(x,y-1),(x+1,y),(x-1,y)\}$$

图 4-19 给出了两种从图像阵列中选取邻域的方法。图(a)的方法是一个点的邻域定义为以该点为中心的一个圆的内部或边界上的点的集合。图中像素间的距离为 Δx，选取 Δx 为半径作圆，那么，点 R 的灰度值就是圆周上四个像素灰度值的平均值。图(b)是选 $\sqrt{2}\Delta x$ 为半径的情况下构成的点 R 的邻域，选择在圆的边界上的点和在圆内的点为 S 的集合。

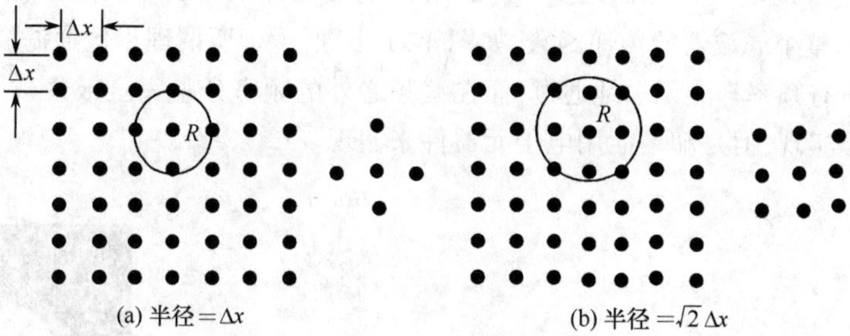

图 4-19　在数字图像中选取邻域的方法

处理结果表明，上述选择邻域的方法对抑制噪声是有效的，但是随着邻域的加大，图像的模糊程度也愈加严重。为克服这一缺点，可以采用阈值法减少由于邻域平均所产生的模糊效应。其基本方法由下式决定：

$$g(x,y)=\begin{cases}\dfrac{1}{M}\sum\limits_{(m,n)\in S}f(m,n), & 若\left|f(x,y)-\dfrac{1}{M}\sum\limits_{(m,n)\in S}f(m,n)\right|>T\\ f(x,y), & 其他\end{cases} \tag{4-22}$$

式中，T 就是规定的非负的阈值。这个表达式的物理概念是：当一些点和它的邻域内点的灰度的平均值的差不超过规定的阈值 T 时，就仍然保留其原灰度值不变，如果大于阈值 T 时就用它们的平均值来代替该点的灰度值。这样就可以大大减小模糊的程度。

4.2.2　低通滤波法

这种方法是一种频域处理法。在分析图像信号的频率特性时，一幅图像的边缘、跳跃部分以及颗粒噪声代表图像信号的高频分量，而大面积的背景区则代表图像信号的低频分量。用滤波的方法滤除其高频部分就能去掉噪声，使图像得到平滑。

由卷积定理可知

$$G(u,v)=H(u,v)\cdot F(u,v) \tag{4-23}$$

其中 $F(u,v)$ 是含有噪声的图像的傅里叶变换，$G(u,v)$ 是平滑处理后的图像的傅里叶变换，$H(u,v)$ 是传递函数。选择传递函数 $H(u,v)$，利用 $H(u,v)$ 使 $F(u,v)$ 的高频分量得到衰减，得到 $G(u,v)$ 后再经傅里叶反变换就可以得到所希望的平滑图像 $g(x,y)$ 了。根据前面的分析，显然 $H(u,v)$ 应该具有低通滤波特性，所以这种方法叫低通滤波法平滑化处理。低通滤波法平滑化处理流程如图 4-20 所示。

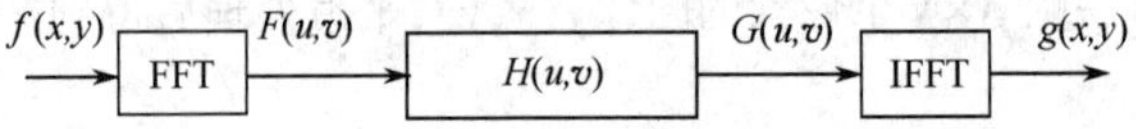

图 4-20　线性滤波器处理框图

常用的低通滤波器有如下几种：

1. 理想低通滤波器

一个理想的二维低通滤波器的传递函数由下式表示：

$$H(u,v)=\begin{cases}1 & D(u,v)\leqslant D_0\\ 0 & D(u,v)>D_0\end{cases} \tag{4-24}$$

式中，D_0 是一个规定的非负的量，称为理想低通滤波器的截止频率或简称为截频。$D(u,v)$ 是从频率域的原点到 (u,v) 点的距离，即

$$D(u,v)=[u^2+v^2]^{\frac{1}{2}} \tag{4-25}$$

$H(u,v)$ 对 u,v 来说是一幅三维图形。$H(u,v)$ 的剖面图如图 4-21(a)所示。将剖面图绕纵轴旋转 360°就可以得到整个滤波器的传递函数，如图 4-21(b)所示。所谓理想低通滤波器是指以截频 D_0 为半径的圆内的所有频率都能无损地通过，而在截频之外的频率分量完全被衰减。理想低通滤波器可以用计算机模拟实现，但是却不能用电子元器件来实现。

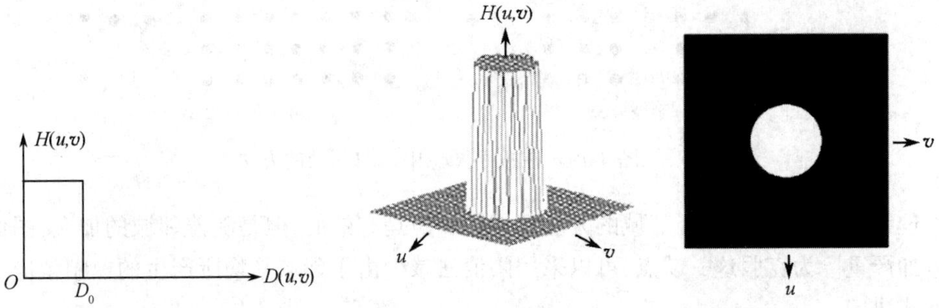

(a) 理想低通滤波器传递函数的剖面图　　(b) 理想低通滤波器传递函数立体图及俯视图

图 4-21　理想低通滤波器传递函数特性图示

理想低通滤波器平滑处理的概念是清晰的，但在处理过程中会产生较严重的模糊和振铃现象。这种现象正是由于傅里叶变换的性质决定的。因为滤波过程是由式(4-23)描述的，由卷积定理可知在空域中则是一种卷积关系，即

$$g(x,y)=h(x,y)*f(x,y) \tag{4-26}$$

式中，$g(x,y)$，$h(x,y)$，$f(x,y)$ 分别是 $G(u,v)$，$H(u,v)$，$F(u,v)$ 的傅里叶反变换。既然 $H(u,v)$ 是理想的矩形特性，那么它的反变换 $h(x,y)$ 的特性必然会产生无限的振铃特性。经与 $f(x,y)$ 卷积后则给 $g(x,y)$ 带来模糊和振铃现象，D_0 越小这种现象越严重，当然，其平滑效果也就较差。这是理想低通滤波器不可克服的弱点。

2. 布特沃斯(Butterworth)低通滤波器

一个 n 阶布特沃斯低通滤波器的传递函数由下式表示：

$$H(u,v)=\frac{1}{1+\left[\dfrac{D(u,v)}{D_0}\right]^{2n}} \tag{4-27}$$

式中，D_0 为截止频率，$D(u,v)$ 的值由下式决定：

$$D(u,v)=[u^2+v^2]^{1/2} \tag{4-28}$$

布特沃斯低通滤波器又称最大平坦滤波器。它与理想低通滤波器不同,它的通带与阻带之间没有明显的不连续性。也就是说,在通带和阻带之间有一个平滑的过渡带。通常把 $H(u,v)$ 下降到某一值的那一点定为截止频率 D_0。在式(4-27)中是把 $H(u,v)$ 下降到原来值的 1/2 时的 $D(u,v)$ 定为截频点 D_0。一般情况下常常采用下降到 $H(u,v)$ 最大值的 $1/\sqrt{2}$ 那一点为截止频率点,该点也常称为半功率点。这样,式(4-27)可修改成式(4-29)的形式:

$$H(u,v)=\frac{1}{1+[\sqrt{2}-1]\left[\frac{D(u,v)}{D_0}\right]^{2n}} \tag{4-29}$$

布特沃斯低通滤波器 $H(u,v)$ 的特性如图 4-22 所示。与理想低通滤波器的处理结果相比,经布特沃斯滤波器处理过的图像模糊程度会大大减小。因为它的 $H(u,v)$ 不是陡峭的截止特性,它的尾部会包含有大量的高频成分。另外,经布特沃斯低通滤波器处理的图像将不会有振铃现象,这是由于在滤波器的通带和阻带之间有一平滑过渡的缘故。另外,由于图像信号本身的特性,在卷积过程中的折叠误差也可以忽略掉。由上述可知布特沃斯低通滤波器的处理结果比理想低通滤波器要好。

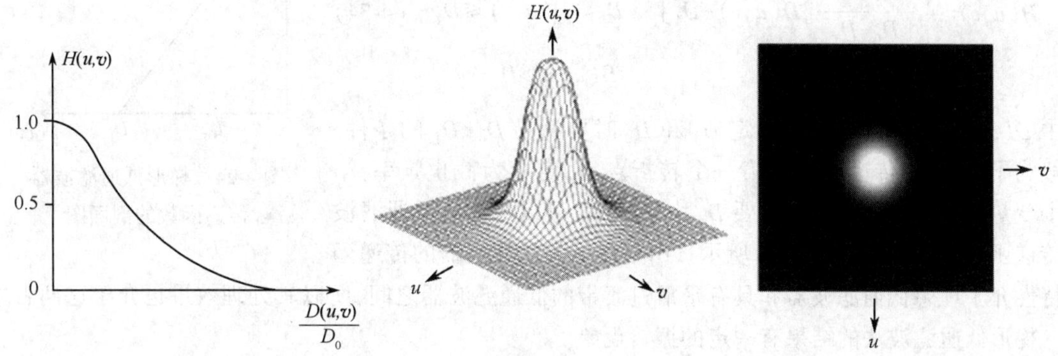

(a)布特沃斯低通滤波器传递函数剖面图　　(b)传递函数立体图及俯视图

图 4-22　布特沃斯低通滤波器传递函数特性图示

3. 指数低通滤波器

在图像处理中常用的另一种平滑滤波器是指数低通滤波器。它的传递函数由下式表示:

$$H(u,v)=\exp\left\{-\left[\frac{D(u,v)}{D_0}\right]^n\right\} \tag{4-30}$$

式中,D_0 为截频,$D(u,v)$ 由下式决定:

$$D(u,v)=[u^2+v^2]^{1/2} \tag{4-31}$$

式中的 n 是决定衰减率的系数。从式(4-30)可见,如果 $D(u,v)=D_0$,则

$$H(u,v)=1/\mathrm{e} \tag{4-32}$$

如果仍然把截止频率定在 $H(u,v)$ 最大值的 $1/\sqrt{2}$ 处,那么,式(4-30)可修改为

$$H(u,v)=\exp\left[\ln\frac{1}{\sqrt{2}}\frac{D(u,v)}{D_0}\right]^n=\exp\left\{-0.347\left[\frac{D(u,v)}{D_0}\right]^n\right\} \tag{4-33}$$

指数低通滤波器传递函数的剖面图如图 4-23 所示。由于指数低通滤波器有更快的衰减率,所以,经指数低通滤波器处理的图像比布特沃斯低通滤波器处理的图像稍模糊一些。由于指数低通滤波器的传递函数也有较平滑的过渡带,所以图像中也没有振铃现象。

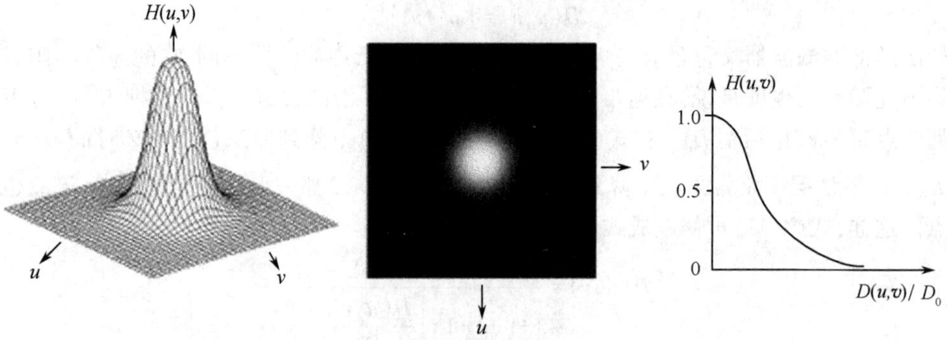

图 4-23　指数低通滤波器传递函数的立体图、俯视图及剖面图

4. 梯形低通滤波器

梯形低通滤波器传递函数的形状介于理想低通滤波器和具有平滑过渡带的低通滤波器之间。它的传递函数由下式表示：

$$H(u,v)=\begin{cases}1 & D(u,v)<D_0\\ \dfrac{1}{[D_0-D_1]}[D(u,v)-D_1] & D_0\leqslant D(u,v)\leqslant D_1\\ 0 & D(u,v)>D_1\end{cases}\quad(4\text{-}34)$$

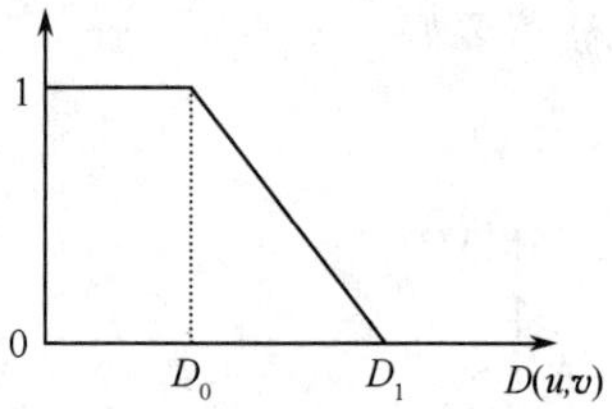

图 4-24　梯形低通滤波器传递函数的剖面图

其中 $D(u,v)=[u^2+v^2]^{\frac{1}{2}}$，在规定 D_0 和 D_1 时要满足 $D_0<D_1$ 的条件。一般为了方便，把传递函数的第一个转折点 D_0 定义为截止频率；第二个变量 D_1 可以任意选取，只要 D_1 大于 D_0 就可以。梯形低通滤波器传递函数的剖面图如图 4-24 所示。由于梯形低通滤波器的传递函数特性介于理想低通滤波器和具有平滑过渡带的低通滤波器之间，所以其处理效果也介于这两者中间。梯形低通滤波法的结果有一定的振铃现象。

用低通滤波器进行平滑处理可以使噪声伪轮廓等寄生效应减低到不明显的程度，但是由于低通滤波器对噪声等寄生成分滤除的同时，对有用的高频成分也有滤除作用，因此，这种去噪的美化处理是以牺牲清晰度为代价而换取的。

4.2.3　多图像平均法

如果一幅图像包含有加性噪声，这些噪声对于每个坐标点是不相关的，并且其平均值为零，在这种情况下就可能采用多图像平均法来达到去掉噪声的目的。

设 $g(x,y)$ 为有噪声图像，$n(x,y)$ 为噪声，$f(x,y)$ 为原始图像，$g(x,y)$ 可用下式表示：

$$g(x,y)=f(x,y)+n(x,y)\tag{4-35}$$

多图像平均法是把一系列有噪声的图像 $\{g_j(x,y)\}$ 叠加起来，然后再取平均值以达到平滑的目的。具体做法如下：

取 M 幅内容相同但含有不同噪声的图像，将它们叠加起来，然后进行平均计算，如下式所示：

$$\bar{g}(x,y)=\frac{1}{M}\sum_{j=1}^{M}g_j(x,y)\tag{4-36}$$

由此得出

$$E\{\bar{g}(x,y)\}=f(x,y)\tag{4-37}$$

$$\sigma^2_{\bar{g}(x,y)}=\frac{1}{M}\sigma^2_{n(x,y)}\tag{4-38}$$

式中，$E\{\bar{g}(x,y)\}$ 是 $\bar{g}(x,y)$ 的数学期望，$\sigma^2_{\bar{g}(x,y)}$ 和 $\sigma^2_{n(x,y)}$ 是 $\bar{g}(x,y)$ 和 $n(x,y)$ 在 (x,y) 坐标上的方差。

在平均图像中任一点的均方差可由下式得到：

$$\sigma_{\bar{g}(x,y)}=\frac{1}{\sqrt{M}}\sigma_{n(x,y)} \tag{4-39}$$

由式(4-38)、式(4-39)可见，M 增加则像素值的方差就减小，这说明由于平均的结果使得由噪声造成的像素灰度值的偏差变小。从式(4-37)中可以看出，当作平均处理的含噪声图像数目增加时，其统计平均值就越接近原始无噪声图像。这种方法在实际应用中的最大困难在于把多幅图像配准起来，以便使相应的像素能正确地对应排列。

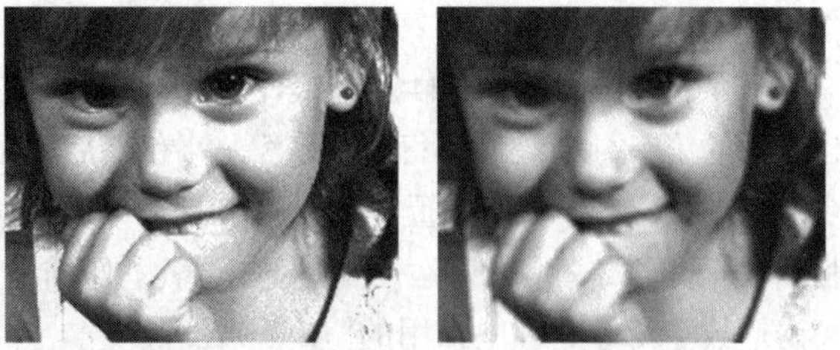

(a)原始图像　　(b)处理后图像

图 4-25　图像平滑处理效果

图 4-25 示出了图像平滑处理的效果，其中图(a)是待处理图像，图(b)是处理后的图像。

4.3　图像尖锐化处理

图像尖锐化处理主要用于增强图像的边缘及灰度跳变部分。通常所讲的勾边增强方法就是图像尖锐化处理。与图像平滑化处理一样，图像尖锐化处理同样也有空域和频域两种处理方法。

4.3.1　微分尖锐化处理

在图像平滑化处理中，主要的空域处理法是采用邻域平均法，这种方法类似于积分过程，积分的结果使图像的边缘变得模糊了。积分既然使图像细节变模糊，那么，微分就会产生相反的效应。因此，微分法是图像尖锐化处理方法之一。

微分尖锐化的处理方法最常用的是梯度法。由场论理论知道，数量场的梯度是这样定义的：

设一数量场 u，$u=u(x,y,z)$，把大小是在某一点方向导数的最大值，方向是取得方向导数最大值的方向的矢量叫数量场的梯度。即

$$\mathrm{grad}(u)=\frac{\partial u}{\partial x}\boldsymbol{i}+\frac{\partial u}{\partial y}\boldsymbol{j}+\frac{\partial u}{\partial z}\boldsymbol{k} \tag{4-40}$$

由这个定义出发，如果给定一个函数 $f(x,y)$，在坐标 (x,y) 上的梯度可定义为一个矢量，即

$$\mathrm{grad}[f(x,y)]=\begin{bmatrix}\dfrac{\partial f}{\partial x}\\[2mm]\dfrac{\partial f}{\partial y}\end{bmatrix} \tag{4-41}$$

由梯度的定义可知它有两个特点：

(1) 矢量 $\mathrm{grad}[f(x,y)]$ 是指向 $f(x,y)$ 最大增加率的方向；

(2) 如果用 $G[f(x,y)]$ 来表示 $\mathrm{grad}[f(x,y)]$ 的幅度，那么

$$G[f(x,y)]=\max\{\mathrm{grad}[f(x,y)]\}=\left[\left(\frac{\partial f}{\partial x}\right)^2+\left(\frac{\partial f}{\partial y}\right)^2\right]^{1/2} \tag{4-42}$$

这就是说 $G[f(x,y)]$ 等于在 $\mathrm{grad}[f(x,y)]$ 的方向上每单位距离 $f(x,y)$ 的最大增加率。显然，式(4-42)是一个标量函数，并且 $G[f(x,y)]$ 永远是正值。由于我们经常用到的是式(4-42)，因此，在后续讨论中将笼统地称“梯度的模”为梯度。

在数字图像处理中，仍然要采用离散形式，为此，用差分运算代替微分运算。式(4-42)可用下面的差分公式来近似：

$$G[f(x,y)]\approx\{[f(x,y)-f(x+1,y)]^2+[f(x,y)-f(x,y+1)]^2\}^{1/2} \tag{4-43}$$

在用计算机计算梯度时，通常用绝对值运算代替式(4-43)，所以，有式(4-44)所示的近似公式：

$$G[f(x,y)] \approx |f(x,y)-f(x+1,y)| + |f(x,y)-f(x,y+1)| \tag{4-44}$$

图 4-26 示出了式(4-44)中像素间的关系。应该注意到，对一幅 $N \times N$ 个像素的图像计算梯度时，对图像的第一行和最后一行，以及第一列和最后一列不能用式(4-44)来求解，解决方法是对这个区域的像素在 $x=N$、$y=N$ 时重复前一行和前一列的梯度值。或者在计算之前，将原始图像进行扩展处理，即用重复第一行和最后一行，并重复第一列和最后一列的方法加以扩展，然后再施以梯度运算。这就是数字图像处理中常用的“填充”处理。

关于梯度处理的另一种方法是所谓的罗伯特梯度(Robert Gradient)法。这是一种交叉差分法。其近似计算值如下式：

$$G[f(x,y)] \approx \left\{ [f(x,y)-f(x+1,y+1)]^2+[f(x+1,y)-f(x,y+1)]^2 \right\}^{1/2} \tag{4-45}$$

用绝对值近似计算式如下：

$$G[f(x,y)] \approx |f(x,y)-f(x+1,y+1)| + |f(x+1,y)-f(x,y+1)| \tag{4-46}$$

式(4-45)和式(4-46)中像素间的关系如图 4-27 所示。

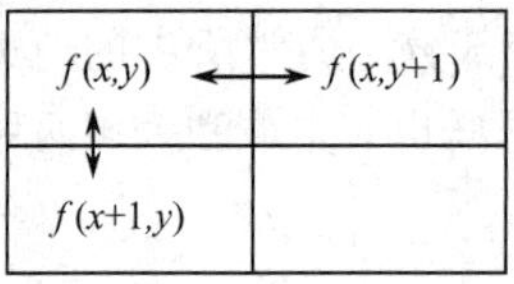

图 4-26　计算二维梯度的一种方法

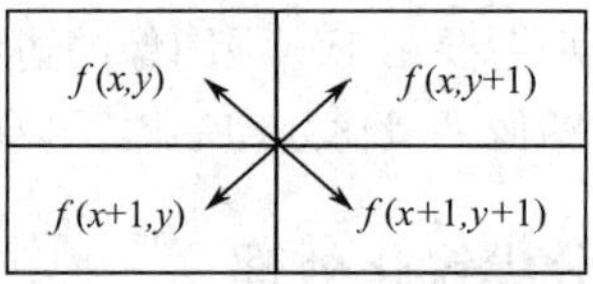

图 4-27　罗伯特梯度法

上述算法可以用 3×3 模板来表示，如图 4-28 所示。

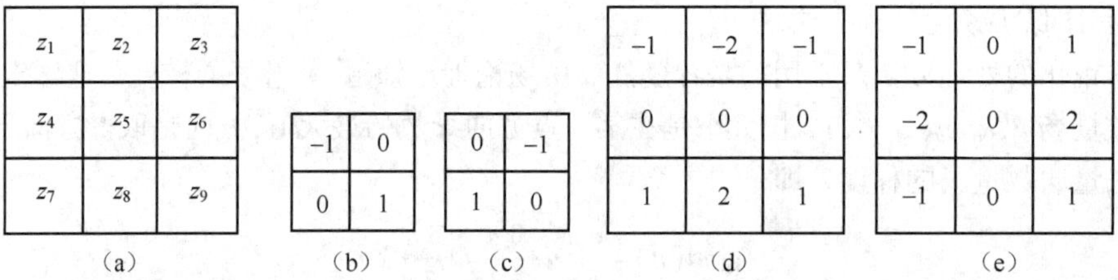

图 4-28　(a)图像中的一个 3×3 区域，其中 z 是灰度值；(b)~(c)罗伯特交叉梯度算子；(d)~(e)Sobel 算子

由上面的公式可见，梯度的近似值都和相邻像素的灰度差成正比。这正像所希望的那样，在一幅图像中，边缘区梯度值较大，平滑区梯度值较小，对于灰度级为常数的区域梯度值为零。这种性质正如图 4-29 所示。图(a)是一幅二值图像，图(b)为计算梯度后的图像。由于梯度运算的结果，使得图像中不变的白区变为零灰度值，黑区仍为零灰度值，只留下了灰度值急剧变化的边沿处的点。

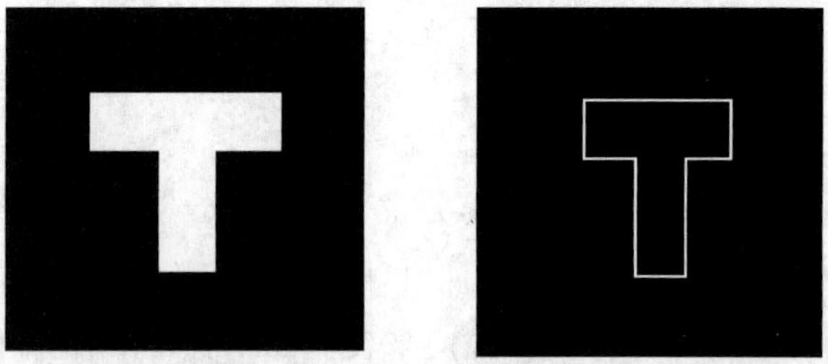

(a) 二值图像　　(b) 计算梯度后的图像

图 4-29　二值图像及计算梯度后的图像

当选定了近似梯度计算方法后，可以有多种方法产生梯度图像 $g(x,y)$。最简单的方法是让坐标 (x,y) 处的值等于该点的梯度，即

$$g(x,y)=G[f(x,y)] \tag{4-47}$$

这个简单方法的缺点是使 $f(x,y)$ 中所有平滑区域在 $g(x,y)$ 中变成暗区，因为平滑区内各点梯度很小。为克服这一缺点可采用阈值法(或叫门限法)。其方法由下式表示

$$g(x,y)=\begin{cases} G[f(x,y)], & \text{若 } G[f(x,y)]\geqslant T \\ f(x,y), & \text{其他} \end{cases} \tag{4-48}$$

也就是说,事先设定一个非负的门限值 T,当梯度值大于或等于 T 时,则这一点就取其梯度值作为灰度值,如果梯度值小于 T 时则仍保留原 $f(x,y)$ 值。这样,通过合理地选择 T 值,就有可能既不破坏平滑区域的灰度值又能有效地强调了图像的边缘。

基于上述思路的另一种做法是给边缘处的像素值规定一个特定的灰度级 L_G,即

$$g(x,y)=\begin{cases} L_G, & \text{若 } G[f(x,y)]\geqslant T \\ f(x,y), & \text{其他} \end{cases} \tag{4-49}$$

这种处理会使图像边缘的增强效果更加明显。

当只研究图像边缘灰度级变化时,要求不受背景的影响,则用下式来构成梯度图像:

$$g(x,y)=\begin{cases} G[f(x,y)], & \text{若 } G[f(x,y)]\geqslant T \\ L_B, & \text{其他} \end{cases} \tag{4-50}$$

式中,L_B 是规定的背景灰度值。

另外,如果只对边缘的位置感兴趣,则可采用下式的规定产生图像:

$$g(x,y)=\begin{cases} L_G, & \text{若 } G[f(x,y)]\geqslant T \\ L_B, & \text{其他} \end{cases} \tag{4-51}$$

计算方法框图如图 4-30 所示。

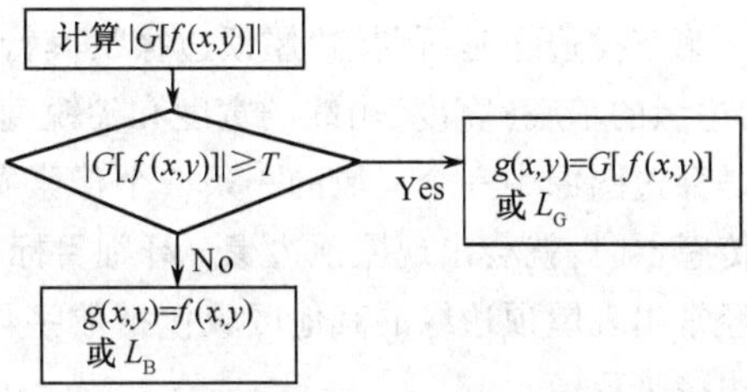

图 4-30 梯度法尖锐化处理计算框图

图 4-31 示出了图像尖锐化处理的典型例子,图(a)是原图像,图(b)是 Soble 算子处理的结果,图(c)是拉普拉斯算子处理结果,图(d)是各向异性处理结果。

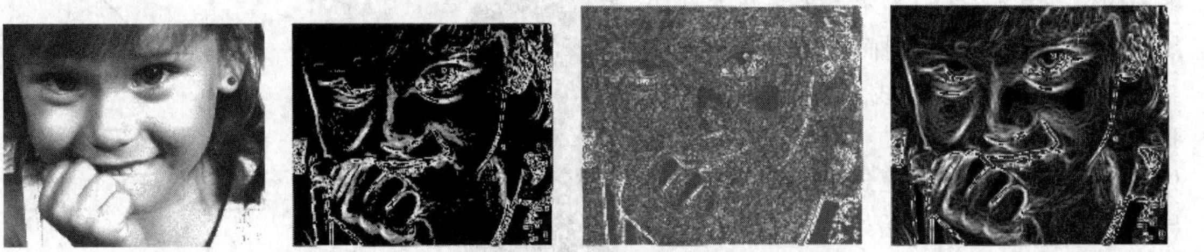

(a) (b) (c) (d)

图 4-31 图像尖锐化处理的例子

4.3.2 边缘模型

边缘检测除了可以锐化图像,增强图像的清晰度,其另一个重要处理目的是分割图像中的目标,然后提取目标的特征,从而为目标识别做准备。因此,边缘检测是图像处理中的重要处理方法。

边缘检测是根据灰度突变来分割图像的一种常用方法。边缘可根据图像的灰度剖面来建模或分类,一种是阶跃(或称为台阶)边缘,它是指在一个像素距离上的两个灰度级之间出现一个理想的过渡。图 4-32(a)显示了一个垂直阶跃边缘的一部分及通过该边缘的一条水平剖面线;图(b)是边缘的斜坡模型;图(c)是边缘的屋顶模型。一般在实体建模领域,由计算机生成的图像中才会出现理想的阶跃边缘。这些清晰、理想的边缘可出现在一个像素的距离上,不需要额外处理(如平滑)。在算法开发中,常将数字阶跃边缘用于边缘模型。例如,坎尼边缘检测算法最初就是用一个阶跃边缘模型来推导的。

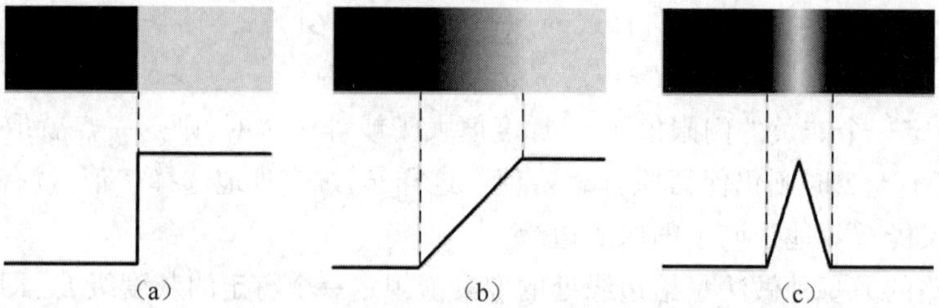

图 4-32　边缘模型，(a)阶跃(或台阶)模型，(b)斜坡模型和(c)屋顶边缘模型及它们的灰度剖面

实际工作中，数字图像都存在模糊且带有噪声的边缘，模糊的程度主要取决于聚焦机制(如光学成像情形中的镜头)中的限制，而噪声水平主要取决于成像系统的电子元件。在这些情况下，边缘被建模为一个更接近灰度斜坡的剖面，如图 4-32(b)中的边缘。斜坡的斜度与边缘的模糊程度成反比。在这一模型中，沿剖面不再有一个"边缘点"。相反，斜坡边缘点可以是斜坡中包含的任何点，并且边缘的线段是一组这样的点连接起来的。

第三类边缘是所谓的"屋顶边缘"，其特性如图 4-35(c)所示。屋顶边缘是通过一个局域线的模型，边缘的基底(宽度)由线的宽度和尖锐度决定。极限情形下，当基底的宽度为一个像素时，屋顶边缘是穿过图像中一个局域的一条一个像素宽的线。例如，在距离成像中，当纤细的目标比背景更接近传感器时，就会出现屋顶边缘。纤细目标看起来更亮，因此产生了类似于图 4-32(c)中的模型。其中经常出现屋顶边缘的其他区域包括数字化线条图和卫星图像，在这些图像中，纤细的特征可由这类边缘来建模。

包含所有这三类边缘的图像很常见。尽管模糊和噪声会导致边缘偏离理想形状，但具有适当尖锐度且噪声适中的图像中的边缘，确实存在类似于图 4-32 中边缘模型的特性。

图 4-33(a)显示了从图 4-33(b)中提取的线段图像。图 4-33(b)显示了水平灰度剖面线，图中还显示了灰度剖面线的一阶导数和二阶导数。沿灰度剖面线从左到右移动时，我们发现在斜坡的开始处和斜坡上的各个点处，一阶导数为正，而在恒定灰度区域的一阶导数为零。在斜坡的开始处，二阶导数为正；在斜坡的结束处，二阶导数为负；在斜坡上的各个点处，二阶导数为零；在恒定灰度区域的各个点处，二阶导数为零。当从亮过渡到暗的边缘时，其导数的符号正好相反。零灰度轴和二阶导数极值间的连线的交点，称为该二阶导数的零交叉点或过零点。

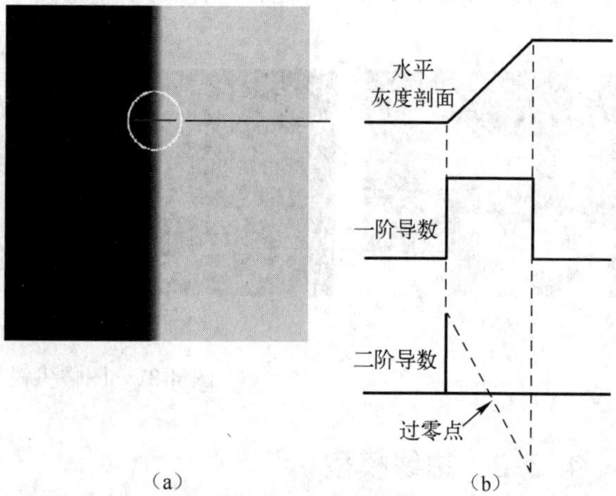

图 4-33　(a)一个理想斜坡边缘分隔的两个恒定灰度区域；(b)斜坡边缘的示意图，显示了水平灰度剖面线及其一阶导数和二阶导数

由这些讨论可以得出结论：一阶导数的幅度可用于检测图像中的某个点处是否存在边缘。类似地，二阶导数的符号可用于确定一个边缘像素是位于边缘的暗侧还是位于边缘的亮侧。边缘的二阶导数的两个附加性质是：(1)对图像中的每个边缘，二阶导数生成两个值；(2)二阶导数的过零点可用于确定粗边缘的中心位置。某些边缘模型在进入和离开斜坡的地方用来平滑过渡。然而，使用这些模型得到的结论与使用理想斜坡得到的结论相同，并且后者可以简化理论公式。最后，尽管迄今为止我们的注意力一直限制在一维水平剖面，但类似的结论适用于图像中任何方向的边缘。在任何希望的点处，我们简单地定义剖面垂直于边缘方向，并用与垂直边缘相同的方法来解释结果。

4.3.3 零交叉边缘检测

Marr 和 Hildreth 提出的拉普拉斯边缘检测算子$\nabla^2 G$被誉为最佳边缘检测器之一。在 Marr 的视觉理论中,拉普拉斯高斯算子$\nabla^2 G$扮演着相当重要的角色。该算子的特点是利用高斯滤波器对图像进行平滑。二维高斯滤波器的响应函数为

$$G(x,y)=\frac{1}{2\pi\sigma^2}\mathrm{e}^{-\frac{x^2+y^2}{2\sigma^2}} \tag{4-52}$$

设$I(x,y)$为灰度图像函数,由线性系统中卷积和微分的可交换性,得

$$\nabla^2\{G(x,y)*I(x,y)\}=\{\nabla^2 G(x,y)\}*I(x,y) \tag{4-53}$$

即,对图像的高斯平滑滤波与拉普拉斯微分运算可结合成一个卷积算子如下:

$$\begin{aligned}\nabla^2 G(x,y)&=\frac{1}{2\pi\sigma^4}\left(\frac{x^2+y^2}{\sigma^2}-2\right)\mathrm{e}^{-\frac{x^2+y^2}{2\sigma^2}}\\&=A^2\left(\frac{x^2}{\sigma^2}-1\right)\mathrm{e}^{-\frac{x^2}{2\sigma^2}}\mathrm{e}^{-\frac{y^2}{2\sigma^2}}+A^2\left(\frac{y^2}{\sigma^2}-1\right)\mathrm{e}^{-\frac{x^2}{2\sigma^2}}\mathrm{e}^{-\frac{y^2}{2\sigma^2}}\\&=K_1(x)K_2(y)+K_1(y)K_2(x)\end{aligned} \tag{4-54}$$

式中

$$A=\frac{1}{\sqrt{2\pi\sigma^2}},\quad K_1(x)=A\left(\frac{x^2}{\sigma^2}-1\right)\mathrm{e}^{-\frac{x^2}{2\sigma^2}},\quad K_2(x)=A\mathrm{e}^{-\frac{y^2}{2\sigma^2}} \tag{4-55}$$

用上述算子卷积图像,通过判断符号的变化所确定出零交叉点的位置,该点就是边缘点。此方法又称 LOG 算法(Laplacian of Gaussian algorithm),利用$\nabla^2 G$的可分解性,对图像的二维卷积可简化为两个一维卷积:

$$\begin{aligned}\nabla^2 G*I(x,y)&=\sum_{i=-W}^{W}\sum_{j=-W}^{W}I(x-j,y-i)[K_1(i)K_2(j)+K_2(i)K_1(j)]\\&=\sum_{j=-W}^{W}\left\{\left[\sum_{i=-W}^{W}I(x-j,y-i)K_2(i)\right]K_1(j)+\left[\sum_{i=-W}^{W}I(x-j,y-i)K_1(i)\right]K_2(j)\right\}\\&=\sum_{j=-W}^{W}[C(x-j,y)K_1(j)+D(x-j,y)K_2(j)]\end{aligned}$$

其中

$$\left.\begin{aligned}C(x-j,y)&=\sum_{i=-W}^{W}I(x-j,y-i)K_2(i)\\D(x-j,y)&=\sum_{i=-W}^{W}I(x-j,y-i)K_1(i)\end{aligned}\right\} \tag{4-56}$$

也可以使用高斯差分(DoG)来代替 LoG 函数,即

$$D_{\mathrm{G}}(x,y)=\frac{1}{2\pi\sigma_1^2}\mathrm{e}^{\frac{x^2+y^2}{2\sigma_1^2}}-\frac{1}{2\pi\sigma_2^2}\mathrm{e}^{\frac{x^2+y^2}{2\sigma_2^2}} \tag{4-57}$$

Marr-Hildreth 边缘检测算法总结如下:

(1) 用一个 $n\times n$ 高斯低通核对输入图像进行滤波。

(2) 计算图像的拉普拉斯变换,例如,使用 3×3 核。

(3) 找到所得图像的过零点。

在滤波后的图像$g(x,y)$中的任意像素p处,寻找过零点的一种方法是,使用以p为中心的一个 3×3 邻域。p处的过零点意味着它至少有两个相对相邻像素的符号不同。有 4 种要测试的情况:左/右、上/下和两个对角。将$g(x,y)$的值与一个阈值比较,如果不仅相对邻域的符号不同,而且它们的差值的绝对值还必须超过这个阈值,那么我们就认为p是一个过零点。

计算过零点是 Marr-Hildreth 边缘检测方法的关键特点,因为它的实现简单,并且通常能够给出

较好的结果。如果在某个特殊应用中使用这一方法找到的过零点位置的精度不足,可以使用由 Huertasand Medioni[1986]提出的技术,这种技术可采用亚像素精度来寻找过零点。

用 Soble 算子和零交叉边缘提取对图像处理结果如图 4-34 和图 4-35 所示。

Lena 原始图像　　用 Soble 算子处理后的图像

图 4-34　Soble 算子处理结果

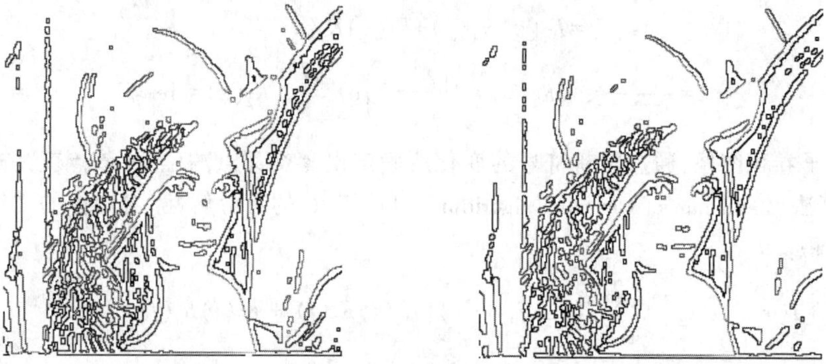

用零交叉算子处理后的图像 尺度空间常用为 1.414　　用零交叉算子处理后的图像 尺度空间常用为 1.35

图 4-35　零交叉边缘提取处理结果

这里我们再讨论一下 DoG 算子和 LoG 算子。

1. DoG 算子的边缘检测

前边的讨论曾提到 DoG 算子可以用来近似 LoG 算子的处理,而 LoG(Laplacian of Gaussain)算子的基础是 Laplacian 算子。Laplacian 算子、LoG 算子、DoG 算子均属于二阶微分算子。

拉普拉斯算子是最简单的各向同性微分算子,具有旋转不变性。一个二维图像函数的拉普拉斯变换是各向同性的二阶导数,为方便起见,我们重写如下

$$\nabla^2 f(x,y)=\frac{\partial^2 f}{\partial x^2}+\frac{\partial^2 f}{\partial y^2}$$

在图像中,将该方程表示为离散形式:

一维情况
$$\frac{\partial f}{\partial x}=[f(x+1)-f(x)]-[f(x)-f(x-1)] \tag{4-58}$$

$$\frac{\partial f}{\partial y}=[f(y+1)-f(y)]-[f(y)-f(y-1)] \tag{4-59}$$

二维情况
$$\nabla^2 f(x,y)=[f(x+1,y)+f(x-1,y)+f(x,y+1)+f(x,y-1)]-4f(x,y) \tag{4-60}$$

这是数学解析式的拉普拉斯算子,也可以将其表达为模板的形式:

正像前边讨论的那样,基于二阶微分的拉普拉斯算子是检测像素值发生突然变化的点或线,因此该算子可用二次微分正峰和负峰之间的过零点来确定边缘点,它对孤立点更为敏感,因此,特别适用于突出图像中的孤立点、孤立线或线端点为目的的场合。同梯度算子一样,拉普拉斯算子也会增强图像中的噪声,有时用拉普拉斯算子进行边缘检测时,可将图像先进行平滑处理。

0	1	0
1	−4	1
0	1	0

1	1	1
1	−8	1
1	1	1

0	−1	0
−1	4	−1
0	−1	0

−1	1	−1
1	8	−1
−1	1	−1

图 4-36　拉普拉斯运算模板及其各种扩展模板

由于拉普拉斯是一种微分算子,它的应用可增强图像中灰度突变的区域,减弱灰度的缓慢变化区域。因此,锐化处理可选择拉普拉斯算子对图像进行处理,产生描述灰度突变的图像,再将拉普拉斯图像与原始图像叠加而产生锐化图像。具体的拉普拉斯锐化的基本方法可以由下式表示

$$g(x,y)=\begin{cases} f(x,y)-\nabla^2 f(x,y) & \text{如果拉普拉斯模板中心系数为负} \\ f(x,y)+\nabla^2 f(x,y) & \text{如果拉普拉斯模板中心系数为正} \end{cases} \tag{4-61}$$

这种简单的锐化方法既可以产生拉普拉斯锐化处理的效果,同时又能保留背景信息,将原始图像叠加到拉普拉斯变换的处理结果中去,可以使图像中的各灰度值得到保留,使灰度突变处的对比度得到增强,最终结果是在保留图像背景的前提下,突显出图像中的细节信息。

在处理结果中我们发现 Laplacian 算子进行边缘检测并没有像 Sobel 或 Prewitt 那样的平滑过程,所以它会对噪声产生较大的响应,并且无法分别得到水平方向、垂直方向或者其他固定方向的边缘。但是它只有一个卷积核,所以计算成本会更低,代码实现起来很简单,处理时构造卷积核,并与输入图像进行卷积即可。

2. LoG(Laplacian of Gaussain)高斯拉普拉斯算子

拉普拉斯边缘检测算子没有对图像做平滑处理,所以对噪声很敏感。因此可以先对图像进行高斯平滑处理,然后再与 Laplacian 算子进行卷积。这就是前边提到的高斯拉普拉斯算子(LoG)。

为方便起见重写高斯函数如下

$$G(x,y)=\frac{1}{2\pi\sigma^2}\mathrm{e}^{-\frac{x^2+y^2}{2\sigma^2}} \tag{4-62}$$

LoG 算子的表达式如下:

$$\mathrm{LoG}=\nabla G_\sigma(x,y)=\frac{\partial^2 G_\sigma(x,y)}{\partial x^2}+\frac{\partial^2 G_\sigma(x,y)}{\partial y^2}=\frac{x^2+y^2-2\sigma^2}{\sigma^4}\mathrm{e}^{-(x^2+y^2)/2\sigma^2} \tag{4-63}$$

为了更加直观地理解 LoG 算子,图 4-37 分别给出了高斯函数、高斯函数一阶导数、高斯函数二阶导数的图像形式。

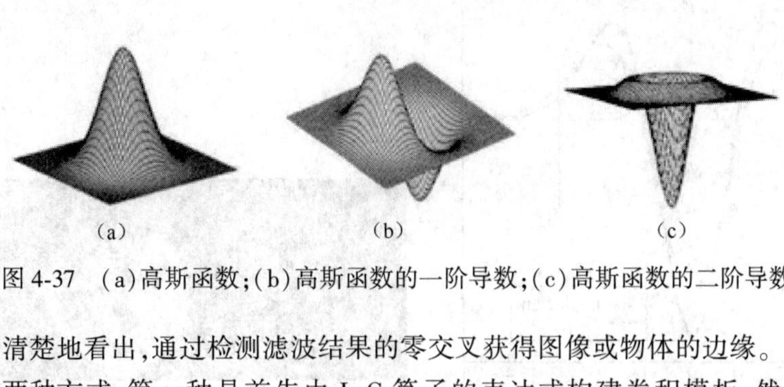

(a)　(b)　(c)

图 4-37　(a)高斯函数;(b)高斯函数的一阶导数;(c)高斯函数的二阶导数

从图像可以清楚地看出,通过检测滤波结果的零交叉获得图像或物体的边缘。

具体实现有两种方式,第一种是首先由 LoG 算子的表达式构建卷积模板,然后对图像进行卷积,即

$$g(x,y)=[\nabla^2 G(x,y)*f(x,y)] \tag{4-64}$$

通常所用的卷积模板是3×3或5×5的模板。然而直接构造卷积模板的计算量较大,效率较低,所以一般采用第二种方式,如前边的章节所述,卷积是线性操作,那么还可以写成如下形式

$$g(x,y)=g(x,y)=\nabla^2[G(x,y)*f(x,y)] \tag{4-65}$$

该式表示可以先用高斯平滑图像,最后再求其结果的拉普拉斯变换。

该算法的特点是由于先进行了高斯滤波,因而可以在一定程度上克服噪声的影响。它的局限性有两个方面:(1)可能产生假边缘(false edges);(2)对一些曲线边缘(curved edges)的定位误差较大。

尽管该算法存在以上不足,但对未来图像特征研究起到了积极作用。尤其对图像先进行高斯滤波(噪声平滑)再进行图像梯度计算的思想,被稍后讨论的尺度不变特征变换(SIFT)等算法所引用。

3. 高斯差分(DOG)算子

DOG和LOG的关系正像Marr and Hildreth[1980]指出的那样,可使用DOG来近似LoG算子,即:

$$\mathrm{DoG}=G_{\sigma_1}-G_{\sigma_2}=\frac{1}{2\pi}\left[\frac{1}{\sigma_1^2}e^{-\frac{(x^2+y^2)}{2\sigma_1^2}}-\frac{1}{\sigma_2^2}e^{-\frac{(x^2+y^2)}{2\sigma_2^2}}\right] \tag{4-66}$$

二维高斯函数对σ的偏导为 $$\frac{\partial\,\mathrm{Gauss}(x,y,\sigma)}{\partial\sigma}=\frac{1}{2\pi\sigma^3}\left(\frac{x^2+y^2}{\sigma^2}-2\right)e^{-\frac{x^2+y^2}{\sigma^2}} \tag{4-67}$$

$$\mathrm{LoG}=\nabla G_\sigma(x,y)=\frac{\partial^2 G_\sigma(x,y)}{\partial x^2}+\frac{\partial^2 G_\sigma(x,y)}{\partial y^2}=\frac{1}{2\pi\sigma^2}\cdot\frac{x^2+y^2-2\sigma^2}{\sigma^4}e^{-(x^2+y^2)/2\sigma^2} \tag{4-68}$$

显然DOG和LOG关系为 $$\frac{\partial\,\mathrm{Gauss}(x,y,\sigma)}{\partial\sigma}=\sigma\nabla^2(\mathrm{gauss}(x,y,\sigma)) \tag{4-69}$$

根据一阶导数的定义可得

$$\frac{\partial\,\mathrm{Gauss}(x,y,\sigma)}{\partial\sigma}=\lim_{k\to1}\frac{\mathrm{Gauss}(x,y,k\sigma)-\mathrm{Gauss}(x,y,\sigma)}{k\sigma-\sigma}\approx\frac{\mathrm{Gauss}(x,y,k\sigma)-\mathrm{Gauss}(x,y,\sigma)}{k\sigma-\sigma} \tag{4-70}$$

根据上述两个公式,显然可以得到LoG的近似

$$\sigma\nabla^2(\mathrm{Gauss}(x,y,\sigma))=\frac{\mathrm{Gauss}(x,y,k\sigma)-\mathrm{Gauss}(x,y,\sigma)}{k\sigma-\sigma} \tag{4-71}$$

$$\mathrm{LoG}=\nabla^2\mathrm{Gauss}(x,y,\sigma)\approx\frac{\mathrm{Gauss}(x,y,k\sigma)-\mathrm{Gauss}(x,y,\sigma)}{k\sigma^2-\sigma^2} \tag{4-72}$$

即 $$\mathrm{Gauss}(x,y,k\sigma)-\mathrm{Gauss}(x,y,\sigma)\approx(k-1)\sigma^2\nabla^2(\mathrm{Gauss}(x,y,\sigma)) \tag{4-73}$$

其中$k-1$是一个常数,不影响边缘检测,LoG算子和DoG算子的函数波形对比如图4-38所示,由于高斯差分的计算更加简单,因此可用DoG算子近似替代LoG算子的优势更大。

具体实现可用两个不同标准差的高斯核平滑图像,然后将结果相减,最后采用阈值分割即可得到边缘检测结果。基本检测效果如图4-39所示。

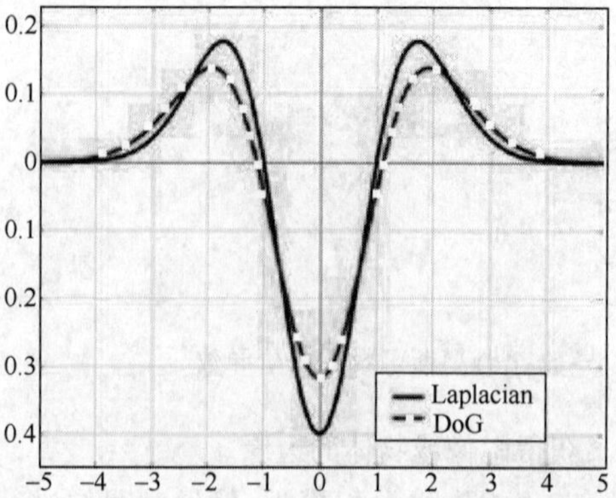

图4-38 LoG算子和DoG算子的函数波形对比

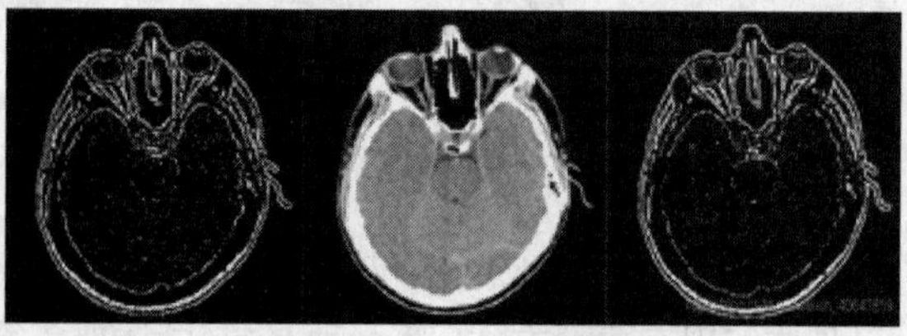

图4-39 DoG算子的检测效果

4.3.4 Canny 算子

坎尼(Canny)算子是1986年John Canny在IEEE上发表的“A Computational Approach to Edge Detection”这篇文章中提出的。文章中还给出了边缘检测的三条准则,即Canny准则(Canny's Criteria)。并在此基础上提出了一个实用算法。

Canny准则的目的就在于:在对信号和滤波器做出一定假设的条件下利用数值计算方法求出最优滤波器并对各种滤波器的性能进行比较。

1. 边缘检测的Canny准则

坎尼(Canny)算子是一阶算子,其方法的实质是用一个准高斯函数做平滑运算,然后用带方向的一阶微分算子来定位导数最大值,它可用高斯函数的梯度来近似,在理论上很接近4个指数函数线性组合形成的边缘算子。

根据边缘检测的有效性和定位的可靠性,Canny研究了最优边缘检测器所需的特性,推导出最优边缘检测器的数学表达式。对于各种类型的边缘,Canny边缘检测算子的最优形式是不同的。

边缘检测或边缘增强算子有三个共同要求,即

(1) 优良的信噪比,即对边缘的错误检测率要尽可能低。也就是说将非边缘点判别为边缘点及将边缘点判为非边缘点的概率要低。

(2) 优良的定位性能,即检测出的边缘位置要尽可能在实际边缘的中心。

(3) 对同一边缘仅有唯一响应,即单个边缘产生多个响应的概率要低,并且虚假边缘响应应得到最大抑制。

Canny算子的三条准则的数学形式可分析与表述如下:

假定滤波器的有限冲击响应为 $h(x)$,$x\in[-W,W]$,设要检测边缘的曲线为 $G(x)$,并且假设它的边缘就在 $x=0$ 处,噪声为 $n(x)$。

(1) 优良的信噪比

优良的信噪比是指将非边缘点判别为边缘点及将边缘点判为非边缘点的概率降到最低。由于这两个概率都随着信噪比提高而单调下降,所以第一个准则就等价于求 $h(x)$,使得检测后的图像在边缘点的信噪比最大化。

经过 $h(x)$ 滤波后,边缘点处的图像信号的响应可用卷积积分表示

$$H_G=\int_{-W}^{W}G(-x)h(x)\,\mathrm{d}x \tag{4-74}$$

因为滤波器为有限冲激响应,并且噪声是功率谱为常数的白噪声,那么利用帕斯伐尔公式,可得到滤波器对噪声 $n(x)$ 的均方根响应为

$$H_{\mathrm{n}}=\left[n_0^2\int_{-W}^{+W}h^2(x)\,\mathrm{d}x\right]^{1/2} \tag{4-75}$$

这里的 n_0^2 是单位长度上均方噪声的振幅。

于是,Canny第一个准则的数学表达式就是

$$\mathrm{SNR}(f)=H_{\mathrm{G}}/H_{\mathrm{n}}=\left|\int_{-W}^{W}G(-x)h(x)\,\mathrm{d}x\right|\Big/\left[n_0^2\int_{-W}^{+W}h^2(x)\,\mathrm{d}x\right]^{1/2} \tag{4-76}$$

(2) 定位准则

设检测出的边缘位置在 x_0 处(实际的边缘在 $x=0$ 处),符合下述条件我们确定为边缘点:

① 对算子响应的局部极大点标志为边缘点,即算子响应的一阶导数在边缘点应为零;

② $H_{\mathrm{n}}(x)$ 表示滤波器单独对噪声的响应;

③ $H_{\mathrm{G}}(x)$ 是滤波器单独对边缘的响应;

④ 假设滤波器总的响应在 $x=x_0$ 处有一个局部极大值,则有:

a. $H_G(x)+H_n(x)$ 在 x_0 处取得最大值,所以有 $H'_n(x_0)+H'_G(x_0)=0$;

b. $H_G(x)$ 在 $x=0$ 处取得最大值,所以 $H'_G(0)=0$;

c. 于是就有

$$H'_G(x_0)=H'_G(0)+H''_G(0)x_0+O(x_0^2)\approx H''_G(0)x_0$$

即

$$H''_G(0)x_0=-H'_n(x_0)$$

这里的 $O(x_0^2)$ 表示关于 $H'_G(x_0)$ 的 Taylor 展开可忽略的高阶量。从而

$$E(x_0^2)=E\{[H''_n(x_0)]^2\}/[H''_G(0)]^2=n_0^2\int_{-W}^{+W}h'^2(x)\mathrm{d}x\Big/\left[\int_{-W}^{+W}G''(-x)h'(x)\mathrm{d}x\right]^2 \tag{4-77}$$

这里,$E(x)$ 是 x 的数学期望。因为 x_0 越小定位越精确,所以定位准则的数学表达式定义为

$$\mathrm{Loc}(h)=\left|\int_{-W}^{+W}G'(-x)h'(x)\mathrm{d}x\right|\Big/\left[n_0^2\int_{-W}^{+W}h'^2(x)\mathrm{d}x\right]^{1/2} \tag{4-78}$$

则我们的目标是求一个函数,使得下面这个式子达到最大值:

$$J(h)=\frac{\int_{-W}^{W}G(-x)h(x)\mathrm{d}x}{\left[n_0^2\int_{-W}^{+W}h^2(x)\mathrm{d}x\right]^{1/2}}\frac{\left|\int_{-W}^{+W}G'(-x)h'(x)\mathrm{d}x\right|}{n_0^2\int_{-W}^{+W}h'^2(x)\mathrm{d}x} \tag{4-79}$$

(3) 第三准则

在理想情况下,我们用滤波器对噪声响应的两个峰值间的距离来近似滤波器对一个边缘点响应的长度。因为输出信号中相邻两个极大值点的距离是相邻两个零交叉点距离的 2 倍,而 Rice 给出了高斯噪声在函数 g 滤波后输出信号中相邻两个零交叉点的距离

$$x_{\mathrm{ave}}=\pi\left(\frac{-R(0)}{R''(0)}\right)^{1/2} \tag{4-80}$$

其中

$$R(0)=\int_{-\infty}^{+\infty}g^2(x)\mathrm{d}x,R''(0)=\int_{-\infty}^{+\infty}g'^2(x)\mathrm{d}x$$

所以噪声在 $h(x)$ 滤波后两个相邻极大值点的距离为

$$x_{\mathrm{ave}}=\pi\cdot\left(\int_{-\infty}^{+\infty}h'^2(x)\mathrm{d}x\Big/\int_{-\infty}^{+\infty}h''^2(x)\mathrm{d}x\right)^{1/2}\triangleq kW$$

这里 W 是滤波器 $h(x)$ 的半宽度。所以在 $2W$ 长的区域里出现最大值个数的期望为

$$N_n=\frac{2W}{x_{\max}}=\frac{2W}{kW}=\frac{2}{k}$$

显然,只要固定了 k,就固定了 $2W$ 长区域中出现最大值的个数。这就是第三个准则。

注意到,如果 $h(x)$ 满足这个准则,那么由

$$R''(0)=\int_{-\infty}^{+\infty}g'^2(x)\mathrm{d}x$$

式 $h_w=h(x/w)$ 也满足这个准则。假设 W 与 w 成比例,也就是说对于给定的 k,第三个准则的结果与 $h(x)$ 的空间尺度无关。

有了这三个准则的数学表达式,寻找最优滤波器的问题就转化为泛函的约束优化问题了。

2. Canny 算子的计算实现

Canny 将他总结出的三个判据用数学的形式表示出来,然后采用最优化数值方法,得到给定边缘类型的最佳边缘检测模板。对于二维图像,需要使用若干方向的模板分别对图像进行卷积处理,再取最可能的边缘方向。对于阶跃型的边缘,Canny 推出的最优边缘检测器的形状与高斯函数的一阶导数类似,而根据二维高斯函数的圆对称性和可分解性,可以很容易地计算高斯函数在任意方向上的方向导数与图像的卷积。根据 Canny 的定义,中心边缘点为算子 G_n,设二维高斯函数

$$G(x,y)=\frac{1}{2\pi\sigma^2}\exp\left(-\frac{x^2+y^2}{2\sigma^2}\right)$$

在某一方向上 $\boldsymbol{n}$ 的一阶方向导数为

$$G_n=\frac{\partial G}{\partial n}=\boldsymbol{n}\nabla G$$

式中，$\boldsymbol{n}=\begin{bmatrix}\cos\theta\\ \sin\theta\end{bmatrix}$是方向矢量，$\nabla G=\begin{bmatrix}\partial G/\partial x\\ \partial G/\partial y\end{bmatrix}$是梯度矢量与图像$f(x,y)$的卷积在边缘梯度方向上的区域中的最大值。这样，就可以在每一点的梯度方向上判断此点强度是否为其最大值来确定该点是否为边缘点。

将图像$f(x,y)$与 G_n 做卷积，同时改变 $\boldsymbol{n}$ 的方向，$G_n*f(x,y)$取得最大值时的 $\boldsymbol{n}$ 就是正交于检测边缘的方向。由

$$\frac{\partial[G_n*f(x,y)]}{\partial n}=\frac{\partial\left[\left(\cos\theta\cdot\frac{\partial G}{\partial x}\right)*f(x,y)+\left(\sin\theta\cdot\frac{\partial G}{\partial y}\right)*f(x,y)\right]}{\partial\theta}=0 \tag{4-81}$$

得

$$\tan\theta=\frac{\frac{\partial G}{\partial y}*f(x,y)}{\frac{\partial G}{\partial x}*f(x,y)}$$

$$\cos\theta=\frac{\frac{\partial G}{\partial x}*f(x,y)}{|\nabla G*f(x,y)|},\quad \sin\theta=\frac{\frac{\partial G}{\partial y}*f(x,y)}{|\nabla G*f(x,y)|} \tag{4-82}$$

因此，对应于极值的方向 $\boldsymbol{n}$ 有

$$\boldsymbol{n}=\frac{\nabla G*f(x,y)}{|\nabla G*f(x,y)|} \tag{4-83}$$

在该方向上 $G_n*f(x,y)$有最大输出响应，此时

$$|G_n*I|=\left|\cos\theta\frac{\partial G}{\partial x}*f(x,y)+\sin\theta\frac{\partial G}{\partial x}*f(x,y)\right|=|\nabla G*f(x,y)| \tag{4-84}$$

二维最优阶跃边缘算子是以卷积 $G_n*f(x,y)$为基础，边缘强度由$|G_n*I|=|\nabla G*f(x,y)|$决定，而边缘方向为$\boldsymbol{n}=\nabla G*f(x,y)/|\nabla G*f(x,y)|$。

可以使用分解的方法来提高速度，即把∇G的二维滤波卷积模板分解为两个一维的行列滤波器：

$$\frac{\partial G}{\partial x}=kx\exp\left(-\frac{x^2}{2\sigma^2}\right)\exp\left(-\frac{y^2}{2\sigma^2}\right)=h_1(x)h_2(y) \tag{4-85}$$

$$\frac{\partial G}{\partial y}=ky\exp\left(-\frac{y^2}{2\sigma^2}\right)\exp\left(-\frac{x^2}{2\sigma^2}\right)=h_1(y)h_2(x) \tag{4-86}$$

其中

$$h_1(x)=\sqrt{k}x\exp\left(-\frac{x^2}{2\sigma^2}\right),\quad h_1(y)=\sqrt{k}y\exp\left(-\frac{y^2}{2\sigma^2}\right)$$

$$h_2(x)=\sqrt{k}\exp\left(-\frac{x^2}{2\sigma^2}\right),\quad h_2(y)=\sqrt{k}\exp\left(-\frac{y^2}{2\sigma^2}\right)$$

将上面的$\frac{\partial G}{\partial x}$与$\frac{\partial G}{\partial y}$分别与图像$f(x,y)$卷积，得到输出

$$E_x=\frac{\partial G}{\partial x}*f(x,y),\quad E_y=\frac{\partial G}{\partial y}*f(x,y) \tag{4-87}$$

令

$$M(x,y)=\sqrt{E_x^2(x,y)+E_y^2(x,y)},\qquad \alpha(x,y)=\arctan\left[\frac{E_y(x,y)}{E_x(x,y)}\right]$$

其中,$M(x,y)$反映了图像在点(x,y)处的边缘强度,$\alpha(x,y)$是图像在点(x,y)的法向矢量(正交于边缘方向)。

根据 Canny 的定义,中心边缘点是算子 G_n 与图像$f(x,y)$的卷积在边缘梯度方向上的最大值,这样就可以在每一个点的梯度方向上判断此点强度是否为其邻域的最大值来确定该点是否为边缘点。当一个像素满足以下三个条件时,则被认为是图像的边缘点:

(1) 该点的边缘强度大于沿该点梯度方向的两个相邻像素点的边缘强度;

(2) 与该点梯度方向上相邻两点的方向差小于 45°;

(3) 以该点为中心的 3×3 邻域中的边缘强度极大值小于某个阈值。

此外,如果(1)和(2)条件同时被满足,那么在梯度方向上的两相邻像素就从候选边缘点中取消,条件(3)相当于用区域梯度最大值组成的阈值图像与边缘点进行匹配,这一过程消除了许多虚假的边缘点。

3. Canny 边缘检测算法

(1) 双阈值技术

Canny 还提出一种对噪声估计的实用方法。假设边缘信号较大值的响应比较少,而噪声较小值的响应很多,那么阈值就可以通过滤波后的图像的累计统计直方图得到。

但是,仅仅有一个阈值并不充分,由于噪声影响边缘信号响应只有差不多一半大于这个阈值,由此造成了斑纹现象(Steaking),也就是说边缘是断的。如果把这个阈值降低,往往会出现错误的"边缘"。为了解决这个问题,Canny 提出了一种双阈值方法。前面利用累计统计直方图得到一个高阈值 T_1,然后再取一个低阈值 T_2。如果图像信号的响应大于高阈值,那么它一定是边缘;如果低于低阈值,那么它一定不是边缘;如果在低阈值和高阈值之间,就看它的 8 个邻接像素有没有大于高阈值的边缘。所以,应用 Canny 算子提取边缘时,首先将图像通过高斯卷积进行平滑,接着对这个有着很高的一阶导数的平滑过的图像在其高光区域应用一个简单的二维一阶导数算子(有点类似 Robert 交叉算子)。边缘在梯度数量图像中呈现屋脊状,随后算子沿着这些屋脊的最大值开始进行边缘的追踪,并将不在屋脊最大值的像素设为 0 值,这样就可以输出一条很细的边缘线,这就是非最大值抑制。边缘追踪的过程采用了滞后策略,由 T_1 和 T_2 两个阈值($T_1>T_2$)控制,从屋脊大于 T_1 的点开始追踪,随后沿着两个方向继续进行追踪,直到某个点的高度值小于 T_2 停止。这一滞后有助于保证噪声边缘不被掺杂到多重边缘片断中去。

(2) 多尺度技术

滤波器的尺度选择一直是边缘检测的一大难题。所谓滤波器的尺度在离散情况下就是指模板宽度 W。如果 W 越大,则检测出的边缘的效果就越好,噪声的影响越小,但是定位就变得越不准确。

因此,就提出了尺度空间的概念,也就是利用多个尺度进行边缘检测。这是因为:

① 在现实世界中的任何度量都是在一定尺度下进行的;

② 尺度的大小会影响到度量结果,我们这里的模板宽度 W 就是如此;

③ 信息包含在不同尺度中,因此,要很好地求出边缘就需要在多个尺度下进行检测;

④ 小的"孔径"并不一定就比大的尺度提供更多的信息。

而在连续滤波器中,尺度指的是不同滤波器的一些参数。这些参数决定了它们当$|x|\to+\infty$时的衰减速度,比如说高斯函数的参数等。用多个不同尺度的滤波器检测边缘的时候,对同一边缘来说检测出的边缘的位置是不同的,这时就选择尺度最小的滤波器的结果。因为理论分析表明尺度小的时候得到的滤波器定位比较好。具体实现时可以这样做:先用最小的滤波器去检测边缘并把边缘标记出来,然后估计一下一个较大的滤波器检测到的这个边缘的位置(把检测结果和高斯函数做平滑)。然后用一个较大的滤波器和原来的图像做卷积,如果在刚才预测的地方检测到边缘了,那么只

有它的振幅远远大于低尺度滤波器时才接受这个边缘。

在此基础上，Canny 设计了一个边缘检测算法。

① 首先用 2D 高斯滤波模板进行卷积以消除噪声。

② 利用导数算子（比如 Prewitt 算子、Soble 算子）找到图像灰度沿着两个方向的偏导数（G_x, G_y），并求出梯度的大小：$|G| = \sqrt{G_x^2+G_y^2}$。

③ 利用步骤②的结果计算出梯度的方向 $\theta = \arctan\left(\frac{G_x}{G_y}\right)$。

④ 一旦知道了边缘的方向，我们就可以把边缘梯度的方向大致地分为四种，即水平、竖直、45°方向、135°方向。也就是把 0～180°分为 5 个部分：0～22.5°以及 157.5°～180°记为水平方向；22.5°～67.5°记为 45°方向；67.5°～112.5°记为竖直方向；112.5°～157.5°记为 135°方向。需要记住的是：这些方向是梯度的方向，也就是可能的边缘方向的正交方向。通过梯度的方向，我们就可以找到这个像素梯度方向的邻接像素。

⑤ 非最大值抑制：遍历图像，若某个像素的灰度值与其梯度方向上前后两个像素的灰度值相比不是最大的，那么这个像素值置为 0，即不是边缘。

⑥ 使用累计直方图计算两个阈值。凡是大于高阈值的一定是边缘；凡是小于低阈值的一定不是边缘；如果检测结果大于低阈值但又小于高阈值，那就要看这个像素的邻接像素中有没有超过高阈值的边缘像素：如果有的话那么它就是边缘，否则它就不是边缘。

⑦ 还可以利用多尺度综合技术做得更好。

4. Canny 连续准则存在的问题

Canny 准则是一个连续准则，也就是说是在假设图像和滤波器都是一个连续函数的情形下给出的。但实际上数字图像是离散的，滤波器也应该是离散的。在实际中就需要把连续的滤波器离散化以选择合适的模板。这就产生了问题：多大宽度的模板最合适？在连续域所谓最优的滤波器在离散的数字图像上还是不是最优的？

第一，这种连续准则虽然可以比较很多滤波器的性能，但是对一些离散滤波器它是无法使用的，比如说 Soble 等滤波器。

第二，Torre 和 Poggio 证明了数字图像的导数是一个病态问题。所以直接从连续域中分析然后再把连续滤波器离散化这样得到的滤波器从理论上不够恰当。

第三，连续域和离散域之间一个很大的区别在于离散域中有频谱重叠现象（Spectrum Overlapping）。这也导致了离散域和连续域的性质有很多不同。因此，这些问题还需要进行深入研究，以便使坎尼（Canny）算子边缘提取算法更加完善。Canny 算子的处理结果如图 4-40 所示。

4.3.5 Prewitt 算子

1970 年，Prewitt 提出了一个边缘检测算子，即

$$\begin{aligned} P_x &= \{f(x+1,y-1)+f(x+1,y)+f(x+1,y+1)\} - \\ &\quad \{f(x-1,y-1)+f(x-1,y)+f(x-1,y+1)\} \\ P_y &= \{f(x-1,y+1)+f(x,y+1)+f(x+1,y+1)\} - \\ &\quad \{f(x-1,y-1)+f(x,y-1)+f(x+1,y-1)\} \end{aligned} \tag{4-88}$$

这就是 Prewitt 算子。两个卷积形成了该算子，图像中的每个像素都用这两个核做卷积，一个核对垂直边缘响应最大，另一个对水平边缘响应最大。两个卷积的最大值作为该点的输出值。Prewitt 算子使用两个有向算子（一个是水平的，一个是垂直的，一般称为模板，见图 4-41）

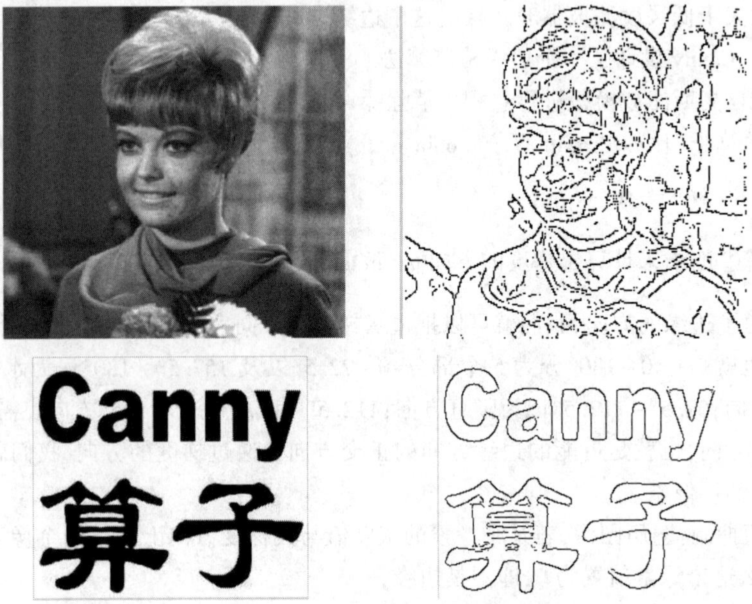

图 4-40　Canny 算子的处理结果

-1	-1	-1
0	0	0
1	1	1

-1	0	1
-1	0	1
-1	0	1

图 4-41　Prewitt 算子模板

即
$$\boldsymbol{P}_{\mathrm{V}}=\begin{bmatrix}-1 & -1 & -1\\ 0 & 0 & 0\\ 1 & 1 & 1\end{bmatrix},\quad \boldsymbol{P}_{\mathrm{H}}=\begin{bmatrix}-1 & 0 & 1\\ -1 & 0 & 1\\ -1 & 0 & 1\end{bmatrix}$$

如果我们用 Prewitt 算子检测图像 M 的边缘的话，我们可以先分别用水平算子和垂直算子对图像进行卷积，得到的是两个矩阵，在不考虑边界的情形下也是和原图像同样大小的 M_1、M_2，它们分别表示图像 M 中相同位置处的两个偏导数。然后把 M_1、M_2 对应位置的两个数平方后相加得到一个新的矩阵 $\boldsymbol{G}$，$\boldsymbol{G}$ 表示 M 中各个像素的灰度的梯度值（一个逼近）。然后就可以通过阈值处理得到边缘图像。总的过程是

$$E=[(M*\boldsymbol{P}_{\mathrm{V}})^2+(M*\boldsymbol{P}_{\mathrm{H}})^2]>\mathrm{Thresh}^2 \tag{4-89}$$

式中，Thresh 是一个非负的阈值。

我们可以这样解释这些模板：

假设图像的灰度满足关系：
$$M_{x,y}=\alpha x+\beta y+\gamma \tag{4-90}$$
则梯度是(α,β)。

显然，当前 3×3 邻域内像素值为

$$\begin{bmatrix}-\alpha-\beta+\gamma & -\alpha+\gamma & -\alpha+\beta+\gamma\\ -\beta+\gamma & \gamma & \beta+\gamma\\ \alpha-\beta+\gamma & \alpha+\gamma & \alpha+\beta+\gamma\end{bmatrix}$$

定义垂直算子和水平算子形式为

$$\begin{bmatrix}-a & -b & -a\\ 0 & 0 & 0\\ a & b & a\end{bmatrix},\begin{bmatrix}-a & 0 & a\\ -b & 0 & b\\ -a & 0 & a\end{bmatrix}$$

之所以这样定义是为了满足对称性和电路设计的需要。

利用这两个模板对当前像素进行卷积,得到的方向导数为

$$g_x=2\beta(2a+b),\quad g_y=2\alpha(2a+b) \tag{4-91}$$

因此当前像素处的梯度的大小为

$$G=2(2a+b)\sqrt{\alpha^2+\beta^2} \tag{4-92}$$

显然要得到 Prewitt 算子,令:$2(2a+b)=1$ 即可。

如果我们取 $a=b=1/6$,则得到的模板就是 1/6 乘 Prewitt 算子。

4.3.6 经典的 Kirsch 算子

1971 年,R. Kirsch 提出了一种边缘检测的新方法:它使用了 8 个模板来确定梯度和梯度的方向,这是一种最佳匹配的边缘检测。用 $M_1 \sim M_7$ 分别与图像的各对应元素相乘,计算该结果的最大值作为中央像素的边缘强度。8 个卷积核形成了 Kirsch 算子,图像的每个像素都用这 8 个模板进行卷积,每个模板都对某个特定边缘方向做出最大响应,所有 8 个方向的最大值作为该点的输出值。最大响应模板的序号构成了边缘方向的编码。

假设,原来的 3×3 子图像如下

$$\begin{bmatrix} a_3 & a_2 & a_1 \\ a_4 & (i,j) & a_0 \\ a_5 & a_6 & a_7 \end{bmatrix} \tag{4-93}$$

则边缘的梯度大小为 $$m(i,j)=\max\{1,\max\{|5s_k-3t_k|:k=0,1,\cdots,7\}\} \tag{4-94}$$

其中

$$\begin{aligned} s_k&=a_k+a_{k+1}+a_{k+2} \\ t_k&=a_{k+3}+a_{k+4}+\cdots+a_{k+7} \end{aligned} \tag{4-95}$$

上面的下标如果超过 7 就用 8 去除取余数。

注意到 $k=0,1,\cdots,7$,其实就是使用了 8 个模板,即

$$\begin{bmatrix} +5 & +5 & +5 \\ -3 & 0 & -3 \\ -3 & -3 & -3 \end{bmatrix},\begin{bmatrix} -3 & +5 & +5 \\ -3 & 0 & +5 \\ -3 & -3 & -3 \end{bmatrix},\begin{bmatrix} -3 & -3 & +5 \\ -3 & 0 & +5 \\ -3 & -3 & +5 \end{bmatrix},\begin{bmatrix} -3 & -3 & -3 \\ -3 & 0 & +5 \\ -3 & +5 & +5 \end{bmatrix}$$

$$\begin{bmatrix} -3 & -3 & -3 \\ -3 & 0 & -3 \\ +5 & +5 & +5 \end{bmatrix},\begin{bmatrix} -3 & -3 & -3 \\ +5 & 0 & -3 \\ +5 & +5 & -3 \end{bmatrix},\begin{bmatrix} +5 & -3 & -3 \\ +5 & 0 & -3 \\ +5 & -3 & -3 \end{bmatrix},\begin{bmatrix} +5 & +5 & -3 \\ +5 & 0 & -3 \\ -3 & -3 & -3 \end{bmatrix}$$

在进行边缘提取时,将上述模板分别与图像中的一个 3×3 区域相乘,选取输出值最大的模板。然后,把这一最大输出值作为中央像素点上的边缘强度,把取得最大值的边缘模板 M_k 的方向 k(k 的取值如图 4-44 所示)作为其边缘方向。假设图像中一点 $P(i,j)$ 及其八邻域的灰度如图 4-45 所示,并设 q_k($k=0,1,\cdots,7$)为图像经过 Kirsch 算子第 k 个模板处理后得到的 k 方向上的边缘强度,则 $P(i,j)$ 的边缘强度为 $S(i,j)=\max\{q_k\}$($k=0,1,\cdots,7$),而相应的边缘方向 $D(i,j)=\{k|q_k$ 为最大值$\}$。

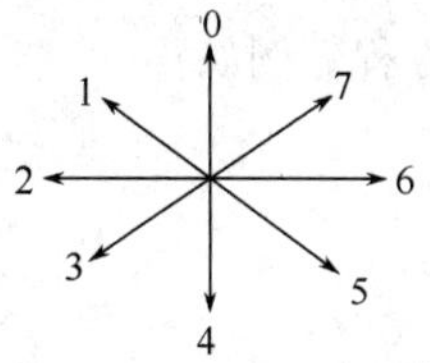

图 4-44 边缘方向

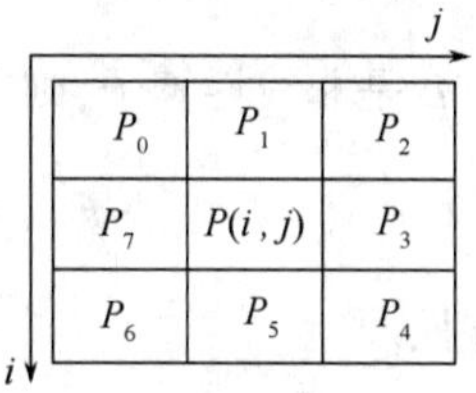

图 4-45 $p(i,j)$ 及其八邻域的灰度

该算法处理所需的运算量可以这样估计,首先,分析图中的任一点 A 的计算量。计算 A 点的灰度值所需运行的加法运算次数为 $PA=7\times8=56$(次),乘法运算次数为 $MA=2\times8=16$(次)。由此,处理一幅 $N\times N$ 个像素的图像所需的运算量为:加法运算次数为 $56N^2$ 次,乘法运算次数为 $16N^2$ 次。

4.3.7 基于偏微分方程的边缘检测方法

偏微分方程方法主要是数学方法在空间域内图像处理中的应用。使用空间域内像素点灰度值的一阶或二阶微分方程表征图像中的区域边界等边缘特征。偏微分方程具有各向异性扩散性能,在不同图像特征区域内扩散性能不同,因此通过方程迭代处理图像可以在保持边缘特征的同时较好地重建平滑特征区域。

近几年来,最初来自于物理学和力学的变分和偏微分方程(Variation and Partial Differential Equations (PDE))方法在图像处理和计算机视觉中开辟了一个新的领域,基于偏微分方程图像处理得到广泛重视并取得很大成功。它的基本思想是在一个偏微分方程模型中进化一幅图像、一条曲线或一个曲面,通过求解这个偏微分方程得到期望的结果。在边缘检测和图像分割应用中,活动轮廓模型和水平集方法具有优异性能。

1. 基本概念

这里,我们简单温习一下有关偏微分方程的概念,这对进一步讨论其在图像处理中的应用是有必要的。

函数 $u(x,y)$ 的偏微分方程(Partial Differential Equation)是函数 u 与其偏导数的一个数学关系式。

$$F\left(x,y,u,\frac{\partial u}{\partial x},\frac{\partial u}{\partial y},\frac{\partial^2 u}{\partial x^2},\frac{\partial^2 u}{\partial y^2},\frac{\partial^2 u}{\partial x\partial y},\cdots\right)=0 \tag{4-96}$$

式中,F 是函数,x,y 是自变量,u 是应变量。偏微分方程的阶次是方程中最高偏导数次数。

一阶偏微分方程

$$F\left(x,y,u,\frac{\partial u}{\partial x},\frac{\partial u}{\partial y}\right)=0 \tag{4-97}$$

如

$$x\frac{\partial u}{\partial x}+y\frac{\partial u}{\partial y}=0,\quad x\frac{\partial u}{\partial x}+y\frac{\partial u}{\partial y}=x^2+y^2,\quad \left(\frac{\partial u}{\partial x}\right)^2+\left(\frac{\partial u}{\partial y}\right)^2=1$$

都是一阶偏微分方程。

二阶偏微分方程

$$F\left(x,y,u,\frac{\partial u}{\partial x},\frac{\partial u}{\partial y},\frac{\partial^2 u}{\partial x^2},\frac{\partial^2 u}{\partial y^2},\frac{\partial^2}{\partial x\partial y}\right)=0 \tag{4-98}$$

如$\frac{\partial^2 u}{\partial x^2}+\frac{\partial^2 u}{\partial y^2}=0$ 是二阶偏微分方程;$\frac{\partial u}{\partial t}+u\frac{\partial u}{\partial x}+\frac{\partial^3 u}{\partial x^3}=0$ 是三阶偏微分方程;等等。

当然,方程也可以写成算子的形式,如:

$$L_x u(x)=f(x) \tag{4-99}$$

满足下式关系称为线性算子:

$$L_x(au+bv)=aL_x u+bL_x v \tag{4-100}$$

若 L_x 是线性算子,偏微分方程就是线性的。如果式(4-96)中 $f(x)\equiv0$ 就是齐次偏微分方程,否则就是非齐次偏微分方程。

如果式(4-99)中的算子 L_x 是非线性算子,则方程就是非线性方程。例如:

$$F\left(x,y,u,\frac{\partial u}{\partial x},\frac{\partial u}{\partial y}\right)=0 \tag{4-101}$$

是一阶非线性偏微分方程;

$$F\left(x,y,u,\frac{\partial u}{\partial x},\frac{\partial u}{\partial y},\frac{\partial^2 u}{\partial x^2},\frac{\partial^2 u}{\partial y^2},\frac{\partial^2}{\partial x\partial y}\right)=0 \tag{4-102}$$

是二阶非线性偏微分方程。写成算子形式：

$$L_x u(x)=f(x) \tag{4-103}$$

L_x是非线性算子，偏微分方程就是非线性的。

2. 经典的线性偏微分方程

经典的偏微分方程有很多，如以下几种我们比较熟悉的。

(1) 波动方程：

$$\frac{\partial^2 u}{\partial t^2}-c^2\nabla^2 u=0$$

$$\nabla^2=\frac{\partial^2}{\partial x^2}+\frac{\partial^2}{\partial y^2}+\frac{\partial^2}{\partial z^2} \tag{4-104}$$

波动方程主要描述波的扩散，如弦的振动、薄膜的振动、声学及电信号在电缆中的传播等。

(2) 热扩散方程：

$$\frac{\partial u}{\partial t}-k\nabla^2 u=0 \tag{4-105}$$

其中：k 是导热系数。该方程描述量子流动，在生物学中描述生长和扩散过程，也可以描述漩涡面产生的漩涡扩散。

(3) 拉普拉斯方程：

$$\nabla^2 u=0 \tag{4-106}$$

该方程用来描述无源静电场的电位，引力场，弹性薄膜的平移，流体速度场，稳态热传导的温度分布等。

(4) 泊松方程：

$$\nabla^2 u=f(x,y,z) \tag{4-107}$$

该方程是非齐次拉普拉斯方程，表示有源或漏（如场效应管）的情况下拉普拉斯方程描述的现象。

(5) Helmholtz 方程：

$$\nabla^2 u+\lambda u=0 \tag{4-108}$$

式中 λ 是常数，该方程在声学中表示声音辐射场。

(6) 电报方程：

$$\frac{\partial^2 u}{\partial t^2}+a\frac{\partial u}{\partial t}+b=\frac{\partial^2 u}{\partial x^2} \tag{4-109}$$

式中 a,b 是常数，该方程描述电信号在电缆中传播的规律，也可以描述血液在动脉中的压力波传播。

由此可见，偏微分方程在描述自然现象和建模方面有广泛的应用。

3. 关于初始条件与边界条件

在多数情况下，偏微分方程的通解含有任意函数，有一定的不确定性，因此，一般的偏微分方程的实际应用意义不大，这时必须附加初始条件或边界条件才能得到特定解。

初始条件或边界条件一般是由特定的问题提出的，如 Cauchy 初始条件。最常见的边界条件有三类：Dirichlet 条件、Neumann 条件和 Robin 条件。在区域 A 的边界∂A 上每个点给定 u 值，求区域 A 中的方程 $L_x u(x)=0$ 的解，称为 Dirichlet 边界条件；在区域 A 的边界∂A 上每个点给定法向导数$\frac{\partial u}{\partial n}$的值，对应的问题称为 Neumann 边界值问题；在边界∂A 上每个点给定$\left(\frac{\partial u}{\partial n}+au\right)$的值，对应的问题称为 Robin 边界值问题。

4. 偏微分方程的数值解法

图像内容比较复杂，用偏微分方程处理图像，很难得到解析解，一般都用数值解法。

常用的数值解法有有限差分法、有限元法和边界元法。当然，最普遍的是有限差分法。数值解法的主要问题是算法的收敛性和准确性。

有限差分法的基本思路是，将连续的偏微分方程转化为离散代数方程，将微分用差分代替。如：

$$\frac{\partial v}{\partial t}(x,t)=\lim_{\Delta t\to 0}\frac{v(x,t+\Delta t)-v(x,t)}{\Delta t} \tag{4-110}$$

$$\frac{\partial v}{\partial t}=\mu\frac{\partial^2 v}{\partial x^2},\qquad x\in(0,1)\quad t>0 \tag{4-111}$$

$$\frac{\partial v}{\partial t}\approx\frac{u_k^{n+1}-u_k^n}{\Delta t} \tag{4-112}$$

$$\frac{\partial^2 u}{\partial x^2}\approx\frac{u_{k+1}^n-2u_k^n+u_{k-1}^n}{\Delta t} \tag{4-113}$$

可写成

$$\frac{u_k^{n+1}-u_k^n}{\Delta t}=\mu\frac{u_{k+1}^n-2u_k^n+u_{k-1}^n}{\Delta x^2} \tag{4-114}$$

5. 边缘检测的活动轮廓模型(蛇模型)

在边缘提取和检测中,基于偏微分方程方法的代表性算法是活动轮廓模型(Active Contour Model),也称蛇(Snake)模型。该模型是Kass等人在1987年第一届ICCV会议上提出的,后来经进一步整理发表在IJCV杂志上。蛇模型最早用于图像分割中,现在已成功应用于边缘提取、目标跟踪、图像分割等领域,特别是在医学图像分割中取得了显著的效果。

(1) 曲线参数表示的基本概念

在 xy 平面上,由坐标定义的参数曲线可由下式来表示

$$(x,y)=(g(s),h(s)) \tag{4-115}$$

其中 $g(s)$ 和 $h(s)$ 是参数 s 的函数,则

$$x=g(s),\quad y=h(s) \tag{4-116}$$

称为参数方程。例如,以 xy 平面原点为中心、半径为 r 的圆的方程在笛卡儿坐标下的表示为

$$x^2+y^2=r^2 \tag{4-117}$$

我们用参数形式写出该方程,令

$$x=r\cos(s),\quad y=r\sin(s),\quad 0\geqslant s\geqslant 2\pi$$

$$x^2+y^2=r^2\cos^2(s)+r^2\sin^2(s)=r^2 \tag{4-118}$$

显然,式(4-117)和式(4-118)两种表述是等同的。

但是,在这些方程的解释方式上有一些重要区别。一个区别是,参数曲线可以可视化为一个点的轨迹,由其参数的值和范围定义。例如,在参数方程中,当 $s=0$ 时,点在坐标 $(r,0)$ 处。随着 s 的增加,点沿着逆时针方向跟踪一个圆,当 $s=2\pi$ 时完成这个圆的跟踪。利用这个简单的移动点的概念,我们可以通过指定参数 s 的范围,在任意象限中画出任意长度的圆的片段。如果使用圆的笛卡儿方程,这种简单性和通用性是不存在的。随着曲线的复杂性的增加,笛卡儿坐标下的表示变得更成问题。这是计算机图形系统使用参数表示来绘制曲线的主要原因之一。参数方程具有简化数学概念的表示、简化轮廓演化过程中导数和法向的计算等优点。二维情形下的点 (x,y) 可以表示为向量形式

$$\boldsymbol{c}=\begin{bmatrix}x\\y\end{bmatrix} \tag{4-119}$$

在笛卡儿坐标系中,用向量表示圆的方程是

$$\boldsymbol{c}=\begin{bmatrix}x\\y\end{bmatrix}=\begin{bmatrix}x\\\pm\sqrt{r^2-x^2}\end{bmatrix}\qquad -r\geqslant x\geqslant +r \tag{4-120}$$

这是一个累赘的记法。相反,参数形式的圆方程可以写成向量

$$\boldsymbol{c}(s)=\begin{bmatrix}r\cos(s)\\r\sin(s)\end{bmatrix}\qquad 0\geqslant s\geqslant 2\pi \tag{4-121}$$

显然,该表示既简单又明了。

(2) 蛇模型的基本原理

蛇模型的基本思想是在图像中找出一条参数化的轮廓曲线,在该曲线处内能和势能的加权总和达到极小值。内能由轮廓曲线的特征来确定,它反映轮廓曲线的张力或光滑度,势能由图像的特征决定,在图像的边缘处达到局部极小值,吸引曲线移动到显著的特征处。对轮廓总能量的极小化也相当于对轮廓施加了内力和外力,其中内力保持轮廓曲线的弹性并防止曲线过于弯曲,外力吸引曲线朝着感兴趣的目标移动。

Kass 等人[1988])提出的 Snake 经典模型将 Snake 表示为参数化曲线 c(它通常是封闭的),为方便起见,其参数 s 归一化为 $s\in[0,1]$范围内:

$$\boldsymbol{c}(s)=\begin{bmatrix}x(s)\\y(s)\end{bmatrix}\qquad 0\leqslant s\leqslant 1 \tag{4-122}$$

如前所述,下面的推导将 Snake 与一种能量 $E(c)$联系在一起,$E(c)$由内能和外能组成:

$$E(\boldsymbol{c})=E_{\text{internal}}+E_{\text{external}} \tag{4-123}$$

其思想是以这样的方式指定这些能量项,即 $c(s)$的最终位置(对应于分割轮廓)将产生最小的总能量。

我们可把 Snake 想象成橡皮筋,直观地说,在凸面区域外伸展的橡皮筋在松开时会“反弹”到该区域的边界。因此,式(4-123)中的内能应尽量减小橡皮筋的弹性,使其向边界“收缩”。我们从基本力学中知道,弹性能与一阶导数的平方成正比。例如,不可压缩物体沿拉伸(或压缩)力方向的一阶导数为零。在这里的讨论中,不可拉伸的曲线上的一点不能沿着 s 移动,这意味着曲线上有一个零的一阶导数。因此,当最大限度地抑制拉伸时,可以将其写成下式的形式

$$E_{\text{elastic}}=\frac{1}{2}\int_0^1\alpha\left\|\frac{\partial\boldsymbol{c}(s)}{\partial s}\right\|^2\mathrm{d}s=\frac{1}{2}\int_0^1\alpha\|\boldsymbol{c}'(s)\|^2\mathrm{d}s \tag{4-124}$$

式中,$\frac{\partial\boldsymbol{c}(s)}{\partial s}$表示关于 s 的一阶导数,$\left\|\frac{\partial\boldsymbol{c}(s)}{\partial s}\right\|$是参数向量的范数。$\alpha$ 是控制轮廓线弹性能的常数,E_{elastic}是曲线的总平均弹性能。这里 c 只是 s 的函数,当存在第二个变量时,我们使用偏导数来表示。

除了弹性,我们希望轮廓表现出“刚性”。根据力学原理,控制刚性的一种方法是通过弯曲能与二阶导数平方成正比的最简单的形式。因此,当最大限度地减小弯曲时,可以将其写成如下形式:

$$E_{\text{beding}}=\frac{1}{2}\int_0^1\beta\left\|\frac{\partial^2\boldsymbol{c}(s)}{\partial s^2}\right\|^2\mathrm{d}s \tag{4-125}$$

其中,β 控制曲线的弯曲,积分表示总弯曲能量。弯曲阻力可以看作在曲线中引入了一种平滑度的度量。

Snake 的内能被定义为弹性能和弯曲能之和:

$$E_{\text{internal}}=\frac{1}{2}\int_0^1\left[\alpha\left\|\frac{\partial\boldsymbol{c}(s)}{\partial s}\right\|^2+\beta\left\|\frac{\partial^2\boldsymbol{c}(s)}{\partial s^2}\right\|^2\right]\mathrm{d}s \tag{4-126}$$

这种能量与 Snake 本身有关。式(4-123)中的外部能量是从被分割的图像中得到的,并被表述成迫使 Snake 到达分割中感兴趣的区域,如直线或边缘。设 $E_{\text{image}}(c(s))$表示基于图像的外部能量函数作用于 Snake。来自式(4-123)的外部能量定义为:

$$E_{\text{external}}=\int_0^1E_{\text{image}}(\boldsymbol{c}(s))\mathrm{d}s \tag{4-127}$$

和以前一样,其中,积分表示外部总平均能量。在计算出能量最小化的条件后,我们将研究 E_{image}的具体公式。

结合式(4-126)和式(4-127)给出 snake 的总能量:

$$E(\boldsymbol{c}(s))=\frac{\alpha}{2}\int_0^1\left\|\frac{\partial\boldsymbol{c}(s)}{\partial s}\right\|^2\mathrm{d}s+\frac{\beta}{2}\left\|\frac{\partial^2\boldsymbol{c}(s)}{\partial s^2}\right\|^2\mathrm{d}s+\int_0^1E_{\text{image}}(\boldsymbol{c}(s))\mathrm{d}s \tag{4-128}$$

下一个目标是相对于 c 最小化 $E(c)$，其思想是产生最小能量的曲线将对应于一个合适的轮廓。首先，我们就一般函数 F 而言把式(4-128)写成下式：

$$E(c(s))=\int_0^1 F\left(s,c(s),\frac{\partial \boldsymbol{c}(s)}{\partial s},\frac{\partial^2 \boldsymbol{c}(s)}{\partial s^2}\right)\mathrm{d}s \tag{4-129}$$

E 的最小值(极值)必须满足下式：

$$\frac{\partial}{\partial s}\left(\frac{\partial F}{\partial \frac{\partial \boldsymbol{c}(s)}{\partial s}}\right)-\frac{\partial^2}{\partial s^2}\left(\frac{\partial F}{\partial \frac{\partial^2 \boldsymbol{c}(s)}{\partial s^2}}\right)-\frac{\partial F}{\partial c}=0 \tag{4-130}$$

其中，很容易理解，c 是 s 的函数。这个表达式是来自变分演算中著名的欧拉-拉格朗日方程。式(4-130)是一个通用的结果。我们通过指定 F 来使其具体化。比较式(4-128)和式(4-129)，在这种情况下：

$$F=\frac{\alpha}{2}\left\|\frac{\partial \boldsymbol{c}(s)}{\partial s}\right\|^2+\frac{\beta}{2}\left\|\frac{\partial^2 \boldsymbol{c}(s)}{\partial s^2}\right\|^2+E_{\text{image}}(\boldsymbol{c}(s)) \tag{4-131}$$

因为这些都是同一个自变量的函数，可以将上式简化：

$$F=\frac{\alpha}{2}\|\boldsymbol{c}'\|^2+\frac{\beta}{2}\|\boldsymbol{c}''\|^2+E_{\text{image}}(\boldsymbol{c}) \tag{4-132}$$

其中，$\boldsymbol{c}'=\frac{\partial \boldsymbol{c}(s)}{\partial s}$，$\boldsymbol{c}''=\frac{\partial^2 \boldsymbol{c}(s)}{\partial s^2}$。当然，导数是相对于 s 的。

通过计算式(4-130)中的导数，得到了最小能量的表达式。首先，注意向量的范数是标量，并回顾标量函数相对于向量的导数是一个向量，其元素是函数相对于向量中每个变量的导数。例如，式(4-132)中的$\frac{\partial F}{\partial \boldsymbol{c}'}$(注意，这里 $\boldsymbol{c}'=\frac{\partial \boldsymbol{c}(s)}{\partial s}$，$\boldsymbol{c}''=\frac{\partial^2 \boldsymbol{c}(s)}{\partial s^2}$)项如下：

$$\begin{aligned}\left(\frac{\partial F}{\partial \boldsymbol{c}'}\right)&=\frac{\partial}{\partial \boldsymbol{c}'}\left(\frac{\alpha}{2}\|\boldsymbol{c}'\|^2+\frac{\beta}{2}\|\boldsymbol{c}''\|^2+E_{\text{image}}(\boldsymbol{c})\right)=\frac{\partial}{\partial \boldsymbol{c}'}\left(\frac{\alpha}{2}\|\boldsymbol{c}'\|^2\right)=\frac{\alpha}{2}\frac{\partial}{\partial \boldsymbol{c}'}(\|\boldsymbol{c}'\|^2)\\&=\frac{\alpha}{2}\frac{\partial}{\partial \boldsymbol{c}'}(x'^2+y'^2)=\frac{\alpha}{2}\begin{bmatrix}\frac{\partial}{\partial x'}(x'^2+y'^2)\\ \frac{\partial}{\partial y'}(x'^2+y'^2)\end{bmatrix}=\alpha\begin{bmatrix}x'\\ y'\end{bmatrix}=\alpha\boldsymbol{c}'\end{aligned} \tag{4-133}$$

然后，式(4-130)中最左边的一项变成：

$$\frac{\partial}{\partial s}\left(\frac{\partial F}{\partial \boldsymbol{c}'}\right)=\frac{\partial}{\partial s}(\alpha\boldsymbol{c}')=\alpha\boldsymbol{c}'' \tag{4-134}$$

类似地

$$\frac{\partial^2}{\partial s^2}\left(\frac{\partial F}{\partial \boldsymbol{c}''}\right)=\beta c'''' \tag{4-135}$$

和

$$\frac{\partial F}{\partial \boldsymbol{c}}=\frac{\partial E_{\text{image}}}{\partial \boldsymbol{c}} \tag{4-136}$$

合并前面的结果，得到满足式(4-130)的公式：

$$\alpha\boldsymbol{c}''-\beta\boldsymbol{c}''''-\frac{\partial E_{\text{image}}}{\partial \boldsymbol{c}}=0 \tag{4-137}$$

我们将$\frac{\partial E_{\text{image}}}{\partial \boldsymbol{c}}$项看作 E_{image} 的梯度，它是向量。

$$\frac{\partial E_{\text{image}}}{\partial \boldsymbol{c}}=\begin{bmatrix}\frac{\partial E_{\text{image}}}{\partial x}\\ \frac{\partial E_{\text{image}}}{\partial y}\end{bmatrix}=\nabla E_{\text{image}} \tag{4-138}$$

这样就可以把式(4-137)写为

$$\alpha c''-\beta c''''-\nabla E_{\text{image}}=0 \tag{4-139}$$

我们从基本物理学中知道，能量的空间导数是一种力。当力作用在物体上时，力的符号是负的，在这种情况下，物体就是 Snake。因此

$$\nabla E_{\text{image}}=-F \tag{4-140}$$

不失一般性，我们用黑体来表示作用在 Snake 上力的一个向量。我们遵循惯例，不使用黑体来写∇E_{image}，但请记住，它也是一个向量，从式(4-138)中的定义可以看出这一点。把式(4-140) 代入式(4-139)得到：

$$\alpha c''-\beta c''''+F=0 \tag{4-141}$$

重新引入自变量 s，我们将上式写成

$$\alpha c''(s)-\beta c''''(s)+F(\boldsymbol{c}(s))=0 \tag{4-142}$$

其中，$F(\boldsymbol{c}(s))$项是包含沿着 Snake 曲线 c 点处的力的二维向量。这个公式表明，找到 Snake 轮廓的过程可以解释为平衡内(弹性和弯曲)力与外力的过程。

式(4-142)是寻找最优分割轮廓必须解决的基本 Snake 公式。但是，这个公式不能解析求解，因为在计算力之前，必须知道 $\boldsymbol{c}$(这是我们正在寻找的)。因此，我们必须求助于数值方法来找到一个解决办法。

(3) Snake 公式的迭代求解

要使 Snake 动态化，需要添加时间变量 t，这样就将 Snake 公式重新定义为

$$\frac{\partial \boldsymbol{c}(s,t)}{\partial t}=\alpha \boldsymbol{c}''(s,t)-\beta \boldsymbol{c}''''(s,t)+\boldsymbol{F}(\boldsymbol{c}(s,t)) \tag{4-143}$$

在平衡状态下(即 Snake 到达极限)，$\frac{\partial \boldsymbol{c}}{\partial t}$项消失，式(4-143)降至式(4-142)。

为了迭代求解这个公式，我们需要将参数 s 和 t 离散化。并令

$$s(k)=k/K \qquad k=0,1,2,\cdots,K-1 \tag{4-144}$$

它代表沿轮廓线的总共 K 个点。假设轮廓线是封闭的，它遵循：$s(K)=s(0)$，$s(K_1)=s(1)$，以此类推。因为 $\boldsymbol{F}(\boldsymbol{c}(s,t))$依赖于 $\boldsymbol{c}(s,t)$，并因为

$$\boldsymbol{c}(s)=\begin{bmatrix} x(s) \\ y(s) \end{bmatrix} \qquad 0\leqslant s\leqslant 1 \tag{4-145}$$

的关系，它也依赖于 $\boldsymbol{x}(s,t)$ 和 $\boldsymbol{y}(s,t)$。如前所述，$\boldsymbol{F}$ 是二维向量，它是沿 x 轴和 y 轴的分量，分别用 F_x 和 F_y 表示

$$\boldsymbol{F}(\boldsymbol{c}(s,t))=\boldsymbol{F}(x(s,t),y(s,t))=\begin{bmatrix} F_x(x(s,t),y(s,t)) \\ F_y(x(s,t),y(s,t)) \end{bmatrix} \tag{4-146}$$

接下来，我们将向量$\partial c(s,t)/\partial t$ 表示为它的两个分量。由 $\boldsymbol{c}=\begin{bmatrix} x \\ y \end{bmatrix}$：

$$\frac{\partial \boldsymbol{c}(s,t)}{\partial t}=\begin{bmatrix} \dfrac{\partial \boldsymbol{x}(s,t)}{\partial t} \\ \dfrac{\partial \boldsymbol{y}(s,t)}{\partial t} \end{bmatrix} \tag{4-147}$$

遵循式(4-144)，以及小撇号是关于 s 的导数这一事实，即：

$$\frac{\partial \boldsymbol{x}(s,t)}{\partial t}=\alpha\frac{\partial^2 \boldsymbol{x}(s,t)}{\partial s^2}-\beta\frac{\partial^4 \boldsymbol{x}(s,t)}{\partial s^4}+F_x(x(s,t),y(s,t)) \tag{4-148}$$

$$\frac{\partial \boldsymbol{y}(s,t)}{\partial t}=\alpha\frac{\partial^2 \boldsymbol{y}(s,t)}{\partial s^2}-\beta\frac{\partial^4 \boldsymbol{y}(s,t)}{\partial s^4}+F_y(x(s,t),y(s,t)) \tag{4-149}$$

如前边讨论的那样，我们用有限差分近似二阶导数(这里的双小撇号表示关于 k 的二阶导数)。

$$\frac{\partial^2 \boldsymbol{x}(\boldsymbol{s},\boldsymbol{t})}{\partial s^2}=x''(k,t)=x(k+1.\ t)-2x(k,t)+x(k-1,t) \tag{4-150}$$

$$\frac{\partial^2 \boldsymbol{y}(\boldsymbol{s},\boldsymbol{t})}{\partial s^2}=y''(k,t)=y(k+1.\ t)-2y(k,t)+y(k-1,t) \tag{4-151}$$

注意,这里 k 是 s 的离散近似。

类似地,有

$$\frac{\partial^4 \boldsymbol{x}(\boldsymbol{s},\boldsymbol{t})}{\partial s^4}=x''''(k,t)=x(k+2,t)-4x(k+1,t)+6x(k+1,t)-4x(k-1,t)+x(k-2,t)$$

$$\frac{\partial^4 \boldsymbol{y}(\boldsymbol{s},\boldsymbol{t})}{\partial s^4}=y''''(k,t)=y(k+2,t)-4y(k+1,t)+6y(k+1,t)-4y(k-1,t)+y(k-2,t) \tag{4-152}$$

式(4-151)和式(4-152)中的导数是对 $k=0,1,2,\cdots,K-1$ 计算的。

整个 Snake 的 x 和 y 坐标可以写成两个向量:

$$\boldsymbol{x}(t)=\begin{bmatrix} x(0,t) \\ x(1,t) \\ \vdots \\ x(K-2,t) \\ x(K-1,t) \end{bmatrix} \tag{4-153}$$

和

$$\boldsymbol{y}(t)=\begin{bmatrix} y(0,t) \\ y(1,t) \\ \vdots \\ y(K-2,t) \\ y(K-1,t) \end{bmatrix} \tag{4-154}$$

利用这个向量公式,我们可以同时处理 Snake 中的所有点,从而从公式中消除参数 k。

例如,我们可以用式(4-150)和式(4-151)写出最上面的一行,如:

$$\frac{\partial^2 \boldsymbol{x}(\boldsymbol{s},\boldsymbol{t})}{\partial s^2}=\begin{bmatrix} \dfrac{\partial^2 \boldsymbol{x}(0,t)}{\partial s^2} \\ \dfrac{\partial^2 x(1,t)}{\partial s^2} \\ \vdots \\ \dfrac{\partial^2 \boldsymbol{x}(K-1,t)}{\partial s^2} \end{bmatrix}=\begin{bmatrix} -2 & 1 & 0 & 0 & \cdots & 0 & 0 \\ 1 & -2 & 1 & 0 & \cdots & 0 & 0 \\ 0 & 1 & -2 & 1 & \cdots & 0 & 0 \\ \vdots & \vdots & \vdots & \vdots & \ddots & \vdots & \vdots \\ 0 & 0 & 0 & 0 & \cdots & -2 & 1 \\ 0 & 0 & 0 & 0 & \cdots & 1 & -2 \\ 1 & 0 & 0 & 0 & \cdots & 0 & 1 \end{bmatrix}\begin{bmatrix} x(0,t) \\ x(1,t) \\ x(2,t) \\ \vdots \\ x(K-3,t) \\ x(K-2,t) \\ x(K-1,t) \end{bmatrix} \tag{4-155}$$

或者

$$\frac{\partial^2 \boldsymbol{x}(\boldsymbol{s},\boldsymbol{t})}{\partial s^2}=\boldsymbol{D}_2\boldsymbol{x}(t) \tag{4-156}$$

其中,当计算第一点和最后一点的导数时,我们利用了 Snake 是一个封闭的轮廓线的性质,而 $\boldsymbol{D}_2$ 是式(4-155)中的 $K\times K$ 矩阵。

类似地

$$\frac{\partial^4 \boldsymbol{x}(\boldsymbol{s},\boldsymbol{t})}{\partial s^4}=\begin{bmatrix} \dfrac{\partial^4 x(0,t)}{\partial s^2} \\ \dfrac{\partial^4 x(1,t)}{\partial s^2} \\ \vdots \\ \dfrac{\partial^4 x(K-1,t)}{\partial s^2} \end{bmatrix}=\begin{bmatrix} 6 & -4 & 1 & 0 & \cdots & 0 & 1 & -4 \\ -4 & 6 & -4 & 1 & \cdots & 0 & 0 & 1 \\ 1 & -4 & 6 & -4 & \cdots & 0 & 0 & 0 \\ \vdots & \vdots & \vdots & \vdots & \ddots & \vdots & \vdots & \vdots \\ 0 & 0 & 0 & 0 & \cdots & 6 & -4 & 1 \\ 1 & 0 & 0 & 0 & \cdots & -4 & 6 & -4 \\ -4 & 1 & 0 & 0 & \cdots & 1 & -4 & 6 \end{bmatrix}\begin{bmatrix} x(0,t) \\ x(1,t) \\ x(2,t) \\ \vdots \\ x(K-3,t) \\ x(K-2,t) \\ x(K-1,t) \end{bmatrix} \tag{4-157}$$

或者
$$\frac{\partial^4 \boldsymbol{x}(s,t)}{\partial s^4}=\boldsymbol{D}_4\boldsymbol{x}(t) \tag{4-158}$$

其中$\boldsymbol{D}_4$是式(4-157)中的$K\times K$矩阵。在$\boldsymbol{D}_2$和$\boldsymbol{D}_4$中,只有三对角和五对角有非零值,这是一个独立于K值的属性。具有这种简单结构的矩阵称为循环对角矩阵。这类矩阵具有非常理想的计算性质,特别是在反演方面。

根据前面的结果,可以把式(4-48)和式(4-149)写为:

$$\frac{\partial \boldsymbol{x}(t)}{\partial t}=\alpha\boldsymbol{D}_2\boldsymbol{x}(t)-\beta\boldsymbol{D}_4\boldsymbol{x}(t)+\boldsymbol{F}_x(\boldsymbol{x}(t),\boldsymbol{y}(t))$$
$$\frac{\partial y(t)}{\partial t}=\alpha\boldsymbol{D}_2\boldsymbol{y}(t)-\beta\boldsymbol{D}_4\boldsymbol{y}(t)+\boldsymbol{F}_y(\boldsymbol{x}(t),\boldsymbol{y}(t)) \tag{4-159}$$

其中,$\boldsymbol{F}_x$和$\boldsymbol{F}_y$现在是向量,分别包含对t的特定值作用于 Snake 的所有x和y分量。我们可以通过定义进一步简化这些表达。

$$\boldsymbol{D}=\alpha\boldsymbol{D}_2-\beta\boldsymbol{D}_4 \tag{4-160}$$

式(4-159)变成
$$\frac{\partial \boldsymbol{x}(t)}{\partial t}=\boldsymbol{Dx}(t)+\boldsymbol{F}_x(\boldsymbol{x}(t),\boldsymbol{y}(t))$$
$$\frac{\partial \boldsymbol{y}(t)}{\partial t}=\boldsymbol{Dy}(t)+\boldsymbol{F}_y(\boldsymbol{x}(t),\boldsymbol{y}(t)) \tag{4-161}$$

在得到迭代解之前,我们必须做的最后一件事是时间参数离散化。通过反向有限差分近似来做到这一点:

$$\frac{\partial \boldsymbol{x}(t)}{\partial t}=\frac{\boldsymbol{x}(t)-\boldsymbol{x}(t-1)}{\Delta t}$$
$$\frac{\partial \boldsymbol{y}(t)}{\partial t}=\frac{\boldsymbol{y}(t)-\boldsymbol{y}(t-1)}{\Delta t} \tag{4-162}$$

其中,Δt 是选择的时间增量,而t现在被视为离散变量。如果我们做出(合理的)假设,力在时间间隔Δt中保持不变,就可以把式(4-162) 写为:

$$\frac{\boldsymbol{x}(t)-\boldsymbol{x}(t-1)}{\Delta t}=\boldsymbol{Dx}(t)+\boldsymbol{F}_x(\boldsymbol{x}(t),\boldsymbol{y}(t))$$
$$\frac{y(t)-y(t-1)}{\Delta t}=\boldsymbol{Dy}(t)+\boldsymbol{F}_y(\boldsymbol{x}(t),\boldsymbol{y}(t)) \tag{4-163}$$

对$\boldsymbol{x}(t)$和$\boldsymbol{y}(t)$求解这个方程,可得到 Snake 公式的迭代解:

$$\boldsymbol{x}(t)=[\boldsymbol{I}-\Delta tD]^{-1}[\boldsymbol{x}(t-1)+\Delta t\boldsymbol{F}_x(\boldsymbol{x}(t-1),\boldsymbol{y}(t-1))]$$
$$\boldsymbol{y}(t)=[\boldsymbol{I}-\Delta tD]^{-1}[\boldsymbol{y}(t-1)+\Delta t\boldsymbol{F}_y(\boldsymbol{x}(t-1),\boldsymbol{y}(t-1))] \tag{4-164}$$

其中$\boldsymbol{I}$是$K\times K$恒等矩阵。用Δt常数乘以公式中的所有导数和内力及外力项,因此,对内力和外力的选择影响很小。通过让$\Delta t=1$并将外力分量乘以一个常数γ,得到了一个更有选择性的公式。这允许由α和β控制内力,用γ控制外力。式(4-164)变成

$$\boldsymbol{x}(t)=[\boldsymbol{I}-D]^{-1}[\boldsymbol{x}(t-1)+\gamma\boldsymbol{F}_x(\boldsymbol{x}(t-1),\boldsymbol{y}(t-1))]$$
$$\boldsymbol{y}(t)=[\boldsymbol{I}-D]^{-1}[\boldsymbol{y}(t-1)+\gamma\boldsymbol{F}_y(\boldsymbol{x}(t-1),\boldsymbol{y}(t-1))] \tag{4-165}$$

$[\boldsymbol{I}-D]^{-1}$不依赖于k或t,因此它只对α和β的固定值计算一次。让这项表示为一个常数矩阵,

$$\boldsymbol{A}=[\boldsymbol{I}-D]^{-1} \tag{4-166}$$

则
$$\boldsymbol{x}(t)=\boldsymbol{A}[\boldsymbol{x}(t-1)+\gamma\boldsymbol{F}_x(\boldsymbol{x}(t-1),\boldsymbol{y}(t-1))]$$
$$\boldsymbol{y}(t)=\boldsymbol{A}[\boldsymbol{y}(t-1)+\gamma\boldsymbol{F}_y(\boldsymbol{x}(t-1),\boldsymbol{y}(t-1))] \tag{4-167}$$

可以看出,这个公式中的所有向量都是K维的。矩阵$\boldsymbol{A}$的大小为$K\times K$。

这两个公式构成了 Snake 公式的迭代形式。正如所看到的那样,我们已经找到了把 Snake 的问

题简化为求解两个简单的迭代公式是一个非常简单的任务,特别是在面向矩阵的语言编程中,比如 MATLAB,实现很简单。该方法是指定初始 Snake 的坐标 $\boldsymbol{x}(0)$ 和 $\boldsymbol{y}(0)$,然后对 $t=1,2,\cdots$ 迭代求解该公式。在 t 的任意值下,$\boldsymbol{x}(t)$ 和 $\boldsymbol{y}(t)$ 是包含该迭代步骤中 Snake 的所有坐标的向量,而 $\boldsymbol{x}(t-1)$ 和 $\boldsymbol{y}(t-1)$ 是包含前一步坐标的向量。类似地,$\boldsymbol{F}_x(\boldsymbol{x}(t-1),\boldsymbol{y}(t-1))$ 和 $\boldsymbol{F}_y(\boldsymbol{x}(t-1),\boldsymbol{y}(t-1))$ 是包含在步骤 $t-1$ 处作用于 Snake 的所有点的力的 x 和 y 分量的向量。理论上,当 $\boldsymbol{c}$ 停止变化时,也就是说,当 $\boldsymbol{c}(t)=\boldsymbol{c}(t-1)$ 时,Snake 就会收敛。在实践中,我们还必须考虑到噪声等因素的变化。衡量变化的最简单的方法之一是计算差分的向量范数 $\|\boldsymbol{c}(t)-\boldsymbol{c}(t-1)\|$,如果范数小于预定的阈值,则 Snake 已经收敛。在我们解决公式(4-167)之前,剩下的就是指定外力的形式。

(4) 基于图像梯度大小的外力

在边缘提取中,外力应将 Snake 轮廓推向感兴趣的特征,例如边缘,这与图像中区域的边界相关联。图像梯度的大小是计算图像中每个点灰度变化的首选工具。由于梯度值在边缘处较大,基于梯度的 Snake 外力往往会将 Snake 推向区域边界,这正是我们所希望的。假设我们将外部(图像)能量定义为我们要分割的 $M\times N$ 图像 $f(x,y)$ 的梯度平方幅度的负值:

$$E_{\text{image}}(x,y)=-\|\nabla f(x,y)\|^2=-\left[\left(\frac{\partial f(x,y)}{\partial x}\right)^2+\left(\frac{\partial f(x,y)}{\partial y}\right)^2\right] \tag{4-168}$$

对于 $x=0,1,2,\cdots;M-1,y=0,1,2,\cdots,N-1$。当计算 x 和 y 的所有值时,$E_{\text{image}}(x,y)$ 是整个图像的能量。这与能量函数 $E_{\text{image}}(c)$ 相反,它是在任何特定时间都限制在沿 Snake 轮廓 c 的点上来自 $E_{\text{image}}(x,y)$ 的值。在这个公式中,$E_{\text{image}}(x,y)$ 只不过是输入图像的边缘图。

根据 $\nabla E_{\text{image}}=-F$(见式 4-140),通过计算该函数梯度的负值得到与 $E_{\text{image}}(x,y)$ 对应的力:

$$F(x,y)=-\nabla E_{\text{image}}(x,y)=\nabla[\|\nabla f(x,y)\|^2] \tag{4-169}$$

对于 $x=0,1,2,\cdots;M-1,y=0,1,2,\cdots,N-1$。注意,当对 x 和 y 的所有值进行求值时,$F(x,y)$ 是整个图像的作用力。这与力函数 $F(c)$ 相反,它是 $F(x,y)$ 在任何特定时刻限制在 Snake 轮廓 c 点上的值。

在 $f(x,y)$ 中,梯度点是灰度最大变化率方向上的点。我们感兴趣的是这种最大的变化率发生在边缘附近的图像。我们希望作用在 Snake 上的力指向这样的变化方向,而力在式(4-169)中正是这样做的。如果式(4-168)没有负号,$F(x,y)$ 在边缘附近的力分量将指向与最大变化率相反的方向,从而使 Snake 远离而不是朝向边缘。

很明显,在这里计算两个梯度。首先,通过计算图像梯度的幅度平方,得到 $E_{\text{image}}(x,y)$。因此,$E_{\text{image}}(x,y)$ 是一个 $M\times N$ 阵列,每个元素都是一个标量,它等于输入图像 f 在特定点的梯度的幅度平方。为了得到 $F(x,y)$,我们计算 $E_{\text{image}}(x,y)$ 的梯度。但是梯度是二维向量,所以 $F(x,y)$ 的每个元素都是向量。因此,$F(x,y)$ 是维数为 $M\times N\times 2$ 的向量图像(即向量场),它有助于在编程中把 F 看成两个阵列,$F_x(x,y)$ 和 $F_y(x,y)$,每个阵列的维数都是 $M\times N$。这两个阵列分别包含力的向量的所有 x 和 y 分量。

由于 $E_{\text{image}}(x,y)$ 和 $F(x,y)$ 是在全部图像坐标上得到的,所以它们对给定的图像只计算一次。用于式(4-167)的 $\boldsymbol{F}_x$ 和 $\boldsymbol{F}_y$ 值在特定的时间步长从 $F_x(x,y)$ 和 $F_y(x,y)$ 中提取,这是 $F(x,y)$ 的两个分量阵列,它是以 c 中包含的特定时间步长的 Snake 坐标值为基础的。但是,$F_x(x,y)$ 和 $F_y(x,y)$ 的坐标是整数,而迭代时 Snake 的坐标通常不是整数。因此,为了在非整数坐标下求 $\boldsymbol{F}_x$ 和 $\boldsymbol{F}_y$ 的值,我们从 $F_x(x,y)$ 和 $F_y(x,y)$ 的值中进行插值。

如有需要,力的分量可按下列方式归一化:

$$\begin{aligned}F_x(x,y)&=F_x(x,y)/(\|\boldsymbol{F}(x,y)+\varepsilon\|)\\F_y(x,y)&=F_y(x,y)/(\|\boldsymbol{F}(x,y)+\varepsilon\|)\end{aligned} \tag{4-170}$$

其中

$$\|\boldsymbol{F}(x,y)\|=[F_x(x,y)^2+F_y(x,y)^2]^{1/2} \tag{4-171}$$

是向量范数,ε 是防止除以零的小常数。这种规一化有助于参数 γ 的选择,特别是在试验其他 Snake 变量时。因为 $\|\boldsymbol{F}(x,y)\|$ 是 x 和 y 的函数,在式(4-170)中采用逐元素除法,意思是在 (x,y) 处对应值之间采用逐像素除法。

与边缘相关的力的分量是局部的,因为它们受梯度的影响,而梯度仅在灰度不连续处最强。如果初始 Snake 被指定得离包含边缘像素的区域太远,通常情况下,力不足以将 Snake 移动到所需的方向。一种有帮助的方法是用它来计算力之前通过平滑边缘图来“分散”边缘的影响,也就是在计算边缘之前对图像进行平滑处理,它可以减少噪声。

图 4-46 显示了蛇模型边缘检测的演化过程。

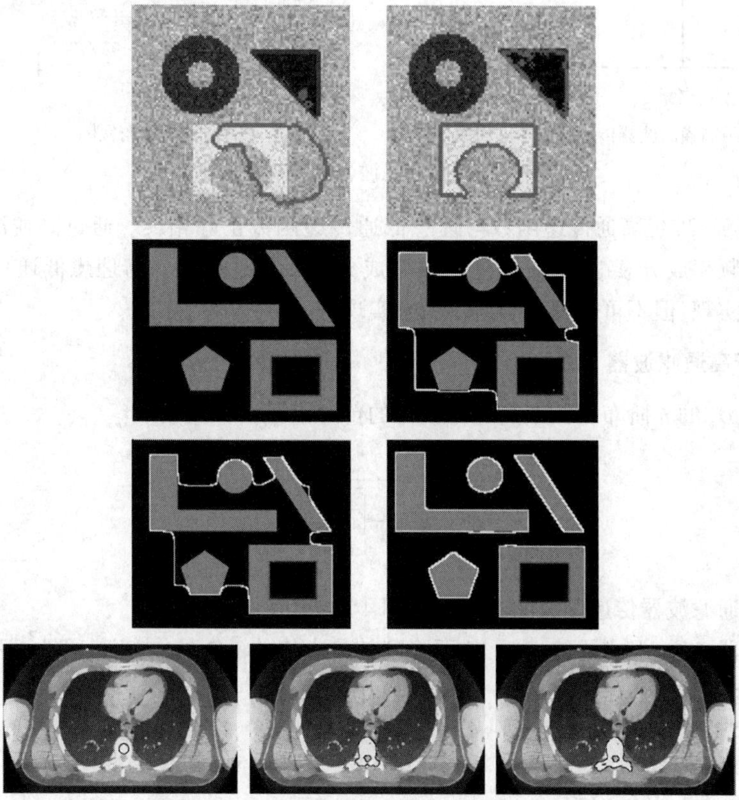

图 4-46　蛇模型边缘检测演化过程示意图

蛇模型可分为参数式蛇模型和几何式蛇模型两大类。参数式蛇模型采用参数形式显式地表示曲线。由于参数式蛇模型无法自适应地控制曲线拓扑结构的变化,因此又出现了基于几何曲线演化理论,这是用水平集隐式地表示曲线的模型,称为几何式蛇模型。有兴趣的读者可参考相关文献。

4.3.8　高通滤波法

因为图像中的边缘及急剧变化部分与高频分量有关,所以当利用高通滤波器衰减图像信号中的低频分量时就会相对地强调其高频分量,从而加强了图像中的边缘及急剧变化部分,达到图像尖锐化的目的。与低通滤波器相对应,常用的高通滤波器有理想高通滤波器、布特沃斯高通滤波器、指数高通滤波器和梯形高通滤波器等。这里只讨论径向对称的零相移滤波器。

1. 理想高通滤波器

一个理想的二维高通滤波器的传递函数由下式表示:

$$H(u,v)=\begin{cases}0 & D(u,v)\leqslant D_0\\ 1 & D(u,v)>D_0\end{cases} \tag{4-172}$$

式中，D_0 是截止频率，$D(u,v)$ 是从频率域平面原点到 (u,v) 点的距离，$D(u,v)$ 仍然由下式决定：

$$D(u,v)=[u^2+v^2]^{1/2} \tag{4-173}$$

理想高通滤波器传递函数的示意图如图 4-47 所示。

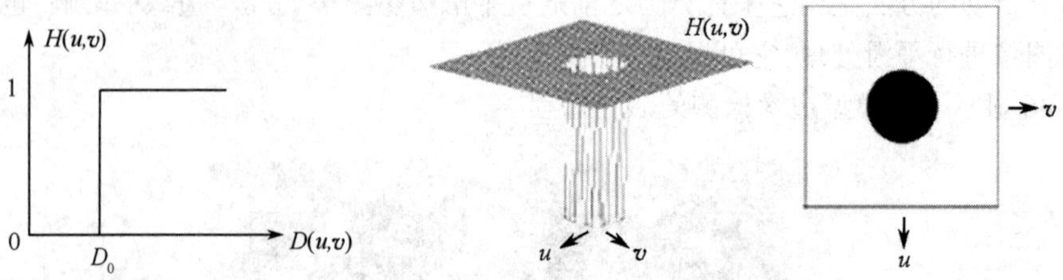

(a) 理想高通滤波器传递函数的剖面图　　(b) 立体图及俯视图

图 4-47　理想高通滤波器的传递函数示意图

由图 4-47 可见，理想高通传递函数与理想低通传递函数正好相反。通过高通滤波正好把以 D_0 为半径的圆内的频率成分衰减掉，对圆外的频率成分则无损地通过。与理想低通一样，理想高通可以用计算机模拟实现，但不可能用电子元器件来实现。

2. 布特沃斯高通滤波器

截止频率为 D_0 的 n 阶布特沃斯高通滤波器的传递函数由下式表示：

$$H(u,v)=\frac{1}{1+\left[\dfrac{D_0}{D(u,v)}\right]^{2n}} \tag{4-174}$$

式中，$D(u,v)=[u^2+v^2]^{1/2}$。

布特沃斯高通滤波器传递函数的示意图如图 4-48 所示。

与低通滤波器一样，上式是使 $H(u,v)$ 下降到其最大值的 1/2 处的 $D(u,v)$ 为截频点 D_0。一般情况下，高通滤波器的截频选择在使 $H(u,v)$ 下降到其最大值的 $1/\sqrt{2}$ 处，满足这一条件的传递函数可修改成下式：

$$H(u,v)=\frac{1}{1+[\sqrt{2}-1]\left[\dfrac{D_0}{D(u,v)}\right]^{2n}}=\frac{1}{1+0.414\left[\dfrac{D_0}{D(u,v)}\right]^{2n}} \tag{4-175}$$

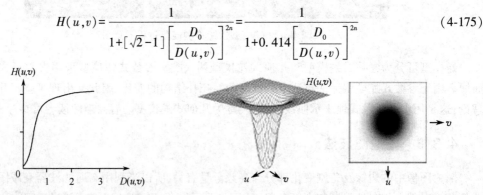

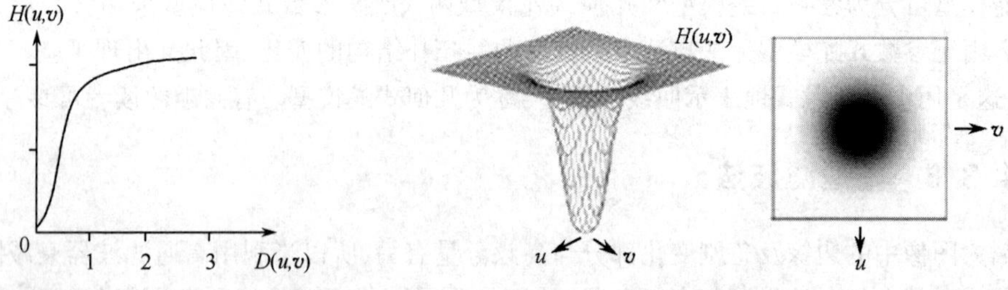

(a) 布特沃斯高通滤波器传递函数的剖面图 ($n=1$)　　(b) 立体图及俯视图

图 4-48　布特沃斯高通滤波器传递函数示意图

3. 指数高通滤波器

截频为 D_0 的指数高通滤波器的传递函数由下式表示

$$H(u,v)=\mathrm{e}^{-\left[\frac{D_0}{D(u,v)}\right]^n} \tag{4-176}$$

式中，D_0 为截频，$D(u,v)=[u^2+v^2]^{1/2}$，参数 n 控制着 $H(u,v)$ 的增长率。指数高通滤波器的传递函数示意图如图 4-49 所示。

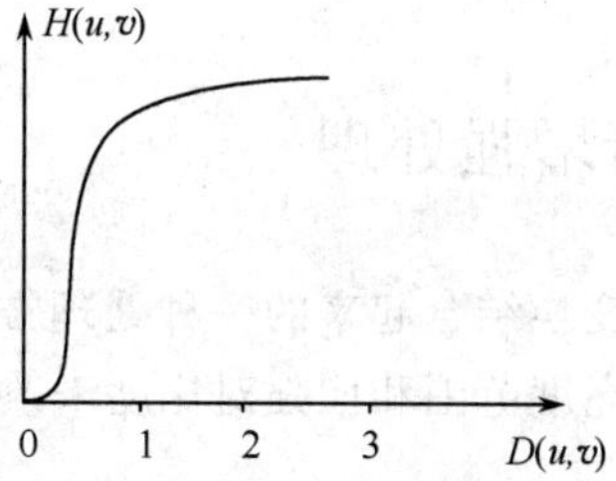

（a）指数高通滤波器传递函数径向剖面图

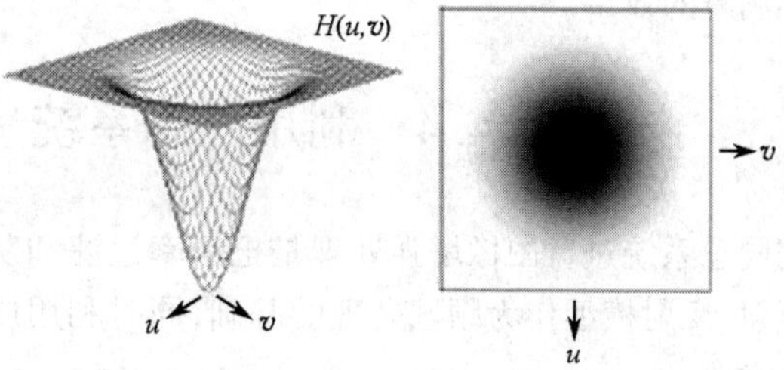

（b）立体图及俯视图

图 4-49　指数高通滤波器传递函数示意图

由式(4-176)可知，当 $D(u,v)=D_0$ 时，$H(u,v)=1/e$。如果仍然把截止频率定在 $H(u,v)$ 最大值的 $1/\sqrt{2}$ 时，则其传递函数可修改为下面的形式：

$$H(u,v)=e^{\left[\ln\frac{1}{\sqrt{2}}\right]\left[\frac{D_0}{D(u,v)}\right]^n}=e^{-0.347\left[\frac{D_0}{D(u,v)}\right]^n} \tag{4-177}$$

4. 梯形高通滤波器

梯形高通滤波器的传递函数用下式表示：

$$H(u,v)=\begin{cases}0 & D(u,v)<D_1\\ \dfrac{[D(u,v)-D_1]}{[D_0-D_1]} & D_1\leqslant D(u,v)\leqslant D_0\\ 1 & D(u,v)>D_0\end{cases} \tag{4-178}$$

同样，式中 $D(u,v)=[u^2+v^2]^{1/2}$。D_0 和 D_1 为规定值，并且$D_0>D_1$，定义截频为 D_0，D_1 是任选的，只要满足$D_0>D_1$就可以了。梯形高通滤波器的传递函数径向剖面图如图 4-50 所示。

在图像尖锐化处理中也可以采用空域离散卷积的方法，这种方法与高通滤波相比有类似的效果。这种方法是首先确定模板，然后做卷积处理。式(4-179)、式(4-180)和式(4-181)列出了几种模板，式中的冲激响应阵列是高通形式的：

$$h=\begin{vmatrix}0 & -1 & 0\\ -1 & 5 & -1\\ 0 & -1 & 0\end{vmatrix} \tag{4-179}$$

$$h=\begin{vmatrix}-1 & -1 & -1\\ -1 & 9 & -1\\ -1 & -1 & -1\end{vmatrix} \tag{4-180}$$

$$h=\begin{vmatrix}1 & -2 & 1\\ -2 & 5 & -2\\ 1 & -2 & 1\end{vmatrix} \tag{4-181}$$

图 4-50　梯形高通滤波器传递函数径向剖面图

另外，用于边缘增强处理的另一种方法是统计差值法。这种方法是将图像中的每一像素值除以测量的统计均方差 $\sigma(x,y)$，即

$$g(x,y)=\frac{f(x,y)}{\sigma(x,y)} \tag{4-182}$$

其中方差由下式表示：$$\sigma^2(x,y)=\sum_x\sum_y[f(x,y)-\bar{f}(x,y)]^2 \qquad x,y\in N(x,y) \tag{4-183}$$

式中，$\sigma^2(x,y)$是在(x,y)点某一邻域$N(x,y)$内计算的。$\bar{f}(x,y)$是原始图像在(x,y)点上的平均值。

以上介绍的是图像尖锐化处理的几种方法。值得注意的是在尖锐化处理过程中，图像的边缘细节得到了加强，但图像中的噪声也同时被加重了，所以在实际处理中往往采用几种方法处理以便能得到更加满意的效果。

4.4 利用同态系统进行增强处理

利用同态系统进行图像增强处理是把频率过滤和灰度变换结合起来的一种处理方法。它是把图像的照射、反射模型作为频域处理的基础，同时利用压缩亮度范围和增强对比度来改善图像的一种处理技术。

一幅图像$f(x,y)$可以用它的照射分量$i(x,y)$及反射分量$r(x,y)$来表示，即

$$f(x,y)=i(x,y)\cdot r(x,y) \tag{4-184}$$

因为傅里叶变换是线性变换，所以对于式(4-184)中具有相乘关系的两个分量无法分开，也就是说

$$\mathscr{F}\{f(x,y)\}\neq\mathscr{F}\{i(x,y)\}\cdot\mathscr{F}\{r(x,y)\}$$

式中，$\mathscr{F}$代表傅里叶变换。如果首先把式(4-184)的两边取对数就可以把式中的乘性关系变成加性关系，而后再加以进一步处理，即

$$z(x,y)=\ln f(x,y)=\ln i(x,y)+\ln r(x,y) \tag{4-185}$$

此后，对式(4-185)进行傅里叶变换，得

$$\mathscr{F}\{z(x,y)\}=\mathscr{F}\{\ln f(x,y)\}=\mathscr{F}\{\ln i(x,y)\}+\mathscr{F}\{\ln r(x,y)\} \tag{4-186}$$

令 $$Z(u,v)=\mathscr{F}\{z(x,y)\}\quad I(u,v)=\mathscr{F}\{\ln i(x,y)\}\quad R(u,v)=\mathscr{F}\{\ln r(x,y)\} \tag{4-187}$$

则 $$Z(u,v)=I(u,v)+R(u,v)$$

如果用一个传递函数为$H(u,v)$的滤波器来处理$Z(u,v)$，那么，如前面所讨论的那样，则

$$S(u,v)=H(u,v)\cdot Z(u,v)=H(u,v)\cdot I(u,v)+H(u,v)\cdot R(u,v) \tag{4-188}$$

处理后，将式(4-188)再施以傅里叶反变换，则

$$s(x,y)=\mathscr{F}^{-1}\{S(u,v)\}=\mathscr{F}^{-1}\{H(u,v)\cdot I(u,v)\}+\mathscr{F}^{-1}\{H(u,v)\cdot R(u,v)\} \tag{4-189}$$

令 $$i'(x,y)=\mathscr{F}^{-1}\{H(u,v)\cdot I(u,v)\}\quad r'(x,y)=\mathscr{F}^{-1}\{H(u,v)\cdot R(u,v)\}$$

式(4-189)可写成 $$s(x,y)=i'(x,y)+r'(x,y) \tag{4-190}$$

因为$z(x,y)$是$f(x,y)$的对数，为了得到所要求的增强图像$g(x,y)$还要进行一次相反的运算，即

$$\begin{aligned}g(x,y)&=\exp\{s(x,y)\}=\exp\{i'(x,y)+r'(x,y)\}\\&=\exp\{i'(x,y)\}\cdot\exp\{r'(x,y)\}\end{aligned} \tag{4-191}$$

令 $$i_0(x,y)=\exp\{i'(x,y)\}\quad r_0(x,y)=\exp\{r'(x,y)\}$$

则 $$g(x,y)=i_0(x,y)\cdot r_0(x,y) \tag{4-192}$$

式中，$i_0(x,y)$是处理后的照射分量，$r_0(x,y)$是处理后的反射分量。

一幅图像的照射分量通常用慢变化来表征，而反射分量则倾向急剧变化。这个特征使人们有可能把一幅图像取对数后的傅里叶变换的低频分量和照射分量联系起来，而把反射分量与高频分量联系起来。这样的近似虽然有些粗糙，但是却可以收到有效的增强效果。

用同态滤波方法进行增强处理的流程框图如图4-51所示。

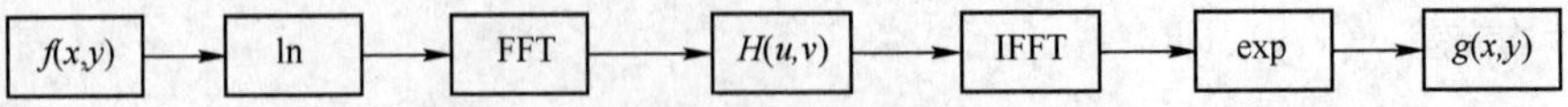

图4-51　同态滤波法增强处理流程框图

一般情况下，照明决定了图像中像素灰度的动态范围，而对比度是图像中某些内容反射特性的

函数。用同态滤波器可以理想地控制这些分量。适当地选择滤波器传递函数将会对傅里叶变换中的低频分量和高频分量产生不同的响应。处理结果会使像素灰度的动态范围或图像对比度得到增强。

当处理一幅由于照射光不均匀而产生黑斑暗影时(摄像机常常会有这种缺陷),想要去掉这些暗影又不失去图像的某些细节,则这种处理是很有效的。同态处理的例子如图 4-52 所示。

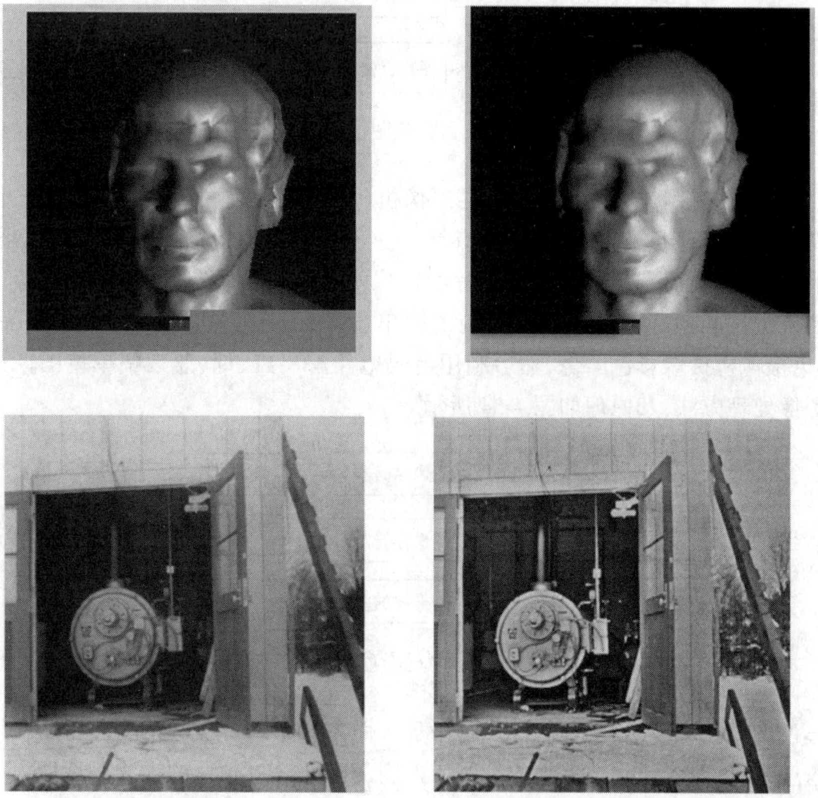

（a）原始图像　　（b）处理后图像

图 4-52　同态处理的例子

4.5　彩色图像处理

前面几节讨论的都是对单色图像的处理技术。为了更有效地增强图像,在数字图像处理中广泛应用了彩色处理技术。

在图像处理中色彩的运用主要出于以下两个因素:首先,在自动图像分析中色彩是一个有力的描绘子,它通常可使从一个场景中识别和抽取目标的处理得到简化;第二,人们对图像进行分析时,人眼能区别的灰度层次大约只有二十几种,但却能够识别成千上万种色彩。

彩色图像处理被划分为三个主要领域,即:全彩色(或真彩色)、假彩色和伪彩色处理。在全彩色处理中,被处理的图像一般从全彩色传感器中获得,例如彩色摄像机或彩色扫描仪;假彩色处理是一种尽量逼近真实彩色的人工彩色处理技术;伪彩色处理的问题是分配彩色给某种灰度(强度或强度范围),以增强辨识能力。这种 20 世纪 80 年代取得重大进步的图像处理技术由于彩色传感器和彩色图像处理硬件的成熟而使得彩色图像处理技术得到广泛应用。

一般情况下,把能真实反映自然物体本来颜色的图像叫真彩色图像。例如,由彩色摄像机摄制,并由彩色监视器复原的彩色图像就近于真彩色。在计算机图像处理系统中进行真彩色图像处理的方法如图 4-53 所示。

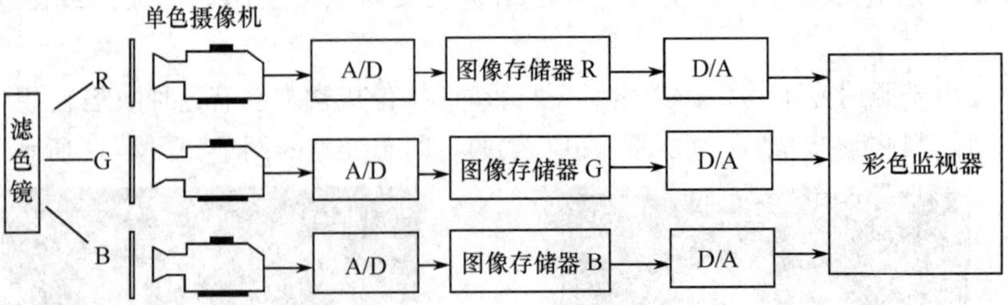

图 4-53　真彩色图像处理框图

在处理过程中，首先用加有红色滤色片的摄像机（黑白摄像机）摄取彩色图像，图像信号经数字化送入一块图像存储板存起来，第二步用带有绿色滤色片的摄像机摄取图像，图像信号经数字化送入第二块图像存储板，最后用带有蓝色滤色片的摄像机摄取图像，图像数据存储在第三块图像存储板内。三幅图像数据准备好后就可以在系统的输出设备——彩色监视器上合成一幅真彩色图像。另外，利用彩色摄像机摄取彩色图像，然后利用解码电路解出红、绿、蓝三幅单色图像进行处理也是常用的彩色图像处理方法，其原理如图 4-54 所示。

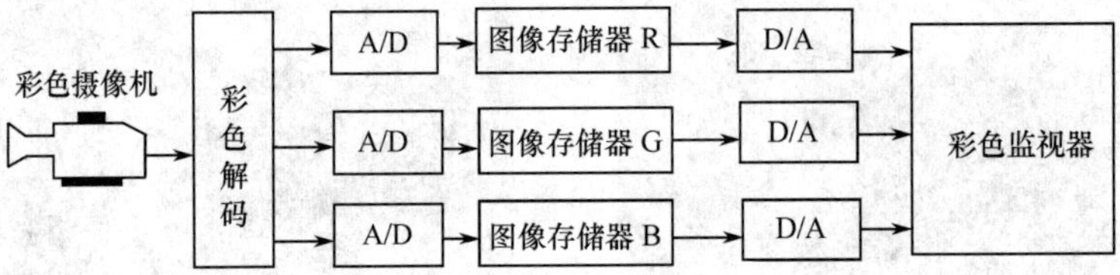

图 4-54　另一种真彩色图像处理框图

关于假彩色图像处理与伪彩色图像处理这两个术语在有些文献中并没有加以严格区分。但从图像处理的角度来看，两者还是有差别的。例如人们常常把没有颜色的人物照片用人工着色的方法彩色化，并且其主要目的在于使其颜色尽量接近于真实色彩，这种技术笔者认为应归入假彩色技术。W. K 普拉特提出的假彩色概念是这样的，将一幅由三基色描绘的彩色原图像或具有同一内容的一套多光谱图像，逐像素映射到由三激励值所确定的色度空间上去，这种映射可以是线性的也可以是非线性的。

伪彩色技术早期在遥感图片处理中已有应用，采用的方法是光学方法。这种方法固然有几何失真小的优点，但其处理速度是极慢的，而且处理一幅照片需较复杂的洗印技术，这样有时会限制它的应用范围。一般情况下人为设计的各个目标物的颜色是不同的。如蓝色的天空可以映射为红色，绿色的草地也可以映射为蓝色等。其主要目的在于使处理后的图像中的某些内容更加醒目，当然彩色的设计与人的视觉心理特性有很大关系。伪彩色技术也可以应用于线性彩色坐标变换，它可以由原图像基色转变为另一组新基色。

伪彩色数字图像处理是计算机处理方法。它可以实时处理，而且其精度可以做得很高。在处理结果需要保留时，可有多种方法制作硬拷贝。为什么伪彩色处理可以达到增强的效果呢？这主要是由于人眼对彩色的分辨能力远远大于对黑白灰度的分辨能力。对于一般的观察者来说，通常只能分辨十几级灰度。就是经过专门训练的人员（如 X 光透视医生）也只能分辨几十级灰度。而对于彩色来说，人的眼睛可分辨出上千种彩色的色调和强度。因此，在一幅黑白图像中检测不到的信息，经伪彩色增强后可较容易地被检测出来。

伪彩色处理也是一种彩色映射过程。主要目的是增强观察者对图像信息的检测能力。它的主要方法是将二维数据阵列转化到色平面上。这种映射可由式（4-193）来表示：

$$
\left.\begin{aligned}
R(x,y) &= \wp_R\{f(x,y)\} \\
G(x,y) &= \wp_G\{f(x,y)\} \\
B(x,y) &= \wp_B\{f(x,y)\}
\end{aligned}\right\} \qquad (4\text{-}193)
$$

式中，$R(x,y)$，$G(x,y)$，$B(x,y)$ 是彩色显示三激励值，$\wp_R$，$\wp_G$，$\wp_B$ 是映射算子，它们可以是线性的也可以是非线性的。

通过以上映射关系就可以确定出三维色空间的轨迹。这种映射关系如图 4-55 所示。当在色度空间里给定了一条伪彩色轨迹后还要选择数据面上变量和轨迹上距离增量之间的标度关系，一般将轨迹长度分为相等的增量距离。

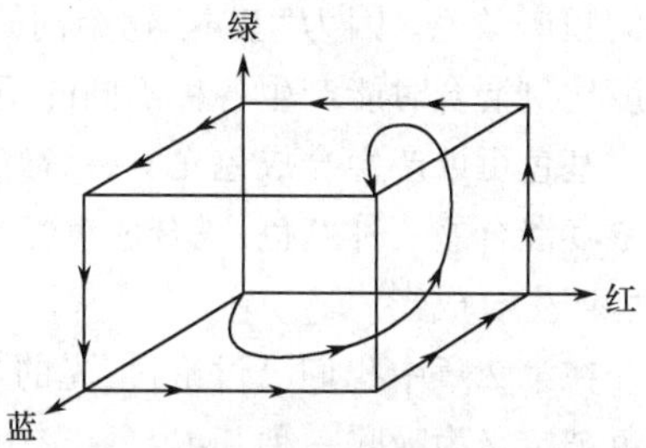

图 4-55　伪彩色映射轨迹

4.5.1 关于颜色的基本理论

尽管在获得色彩时人脑所进行的处理是一个仍未被完全理解的生理心理现象，但颜色的物理特性在实验和理论的基础上可完全地表达出来。

1666 年，牛顿发现，当一束太阳光穿过一个玻璃棱镜时，光束的边缘并不是白色的，而是一个连续的光谱，一端是紫色，另一端是红色。这条彩色光谱可分为 6 个域：紫色、蓝色、绿色、黄色、橙色和红色。当用全彩色法观看时，彩带中并没有那种截然的颜色界限，而是每种彩条都平滑地变成另外一种，如图 4-56 所示。

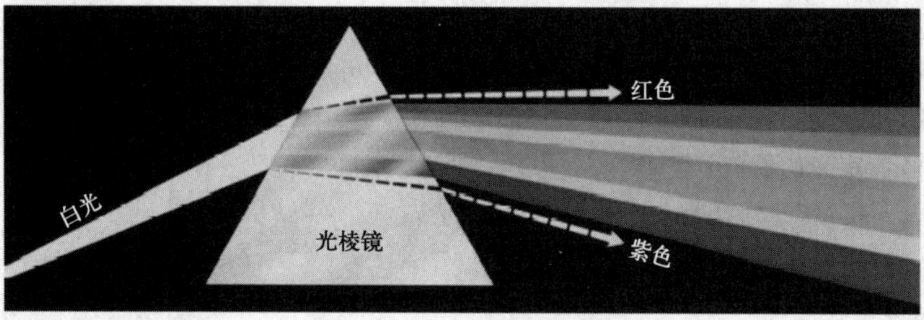

图 4-56　棱镜把太阳光分为连续光谱

人们从一个物体上获得颜色的感觉取决于这个物体的反射光的自然特性。也就是说，可见光由电磁能谱中相对狭长的频带组成。如果物体的反射光在所有可见光波长中的成分相对平衡时，物体显示出白色。如果物体只反射有限的可见频谱范围内的某些光波时，物体则显示不同的颜色。例如，物体反射光的波长主要是从 500~570nm，而吸收多数其他波长的能量时，物体则显示绿色。

光的特点是颜色科学的中心。如果光线没有颜色，它唯一的属性就是它的强度或灰度。无色光通常就是我们在黑白电视机中所看到的画面，而且它已成为图像处理中所讨论的主要对象。因此，灰度一词指的是强度的数量度量，即从黑到灰最后到白。

有色光的电磁能谱范围大约为 400~700nm。有三个基本参数可用来描述可见光源的特性，即：辐射、灰度和亮度。如第 2 章所述，辐射是通过光源的能量总和，它通常用瓦特(W)衡量，灰度用流明(lm)来衡量，是观察者从光源获得的能量的度量。例如，从工作于红外线区的光谱中发射的光线可能有很大的能量，但观察者几乎感觉不到它，因为它的灰度几乎是零。亮度是一个客观标志，它是无色光强度概念的表征，而且是描述颜色概念的关键因素。

由于人眼的结构，所有颜色都被看作是三种所谓的基色，即：红、绿、蓝的不同组合。为了标准化，如第 2 章所述，CIE 在 1931 年给这三种基色规定了以下特定的波长值，即蓝为 435.8nm，绿为 546.1nm，红为 700nm。但从某种意义上来说，没有哪种单一的颜色可被看成为红、绿、蓝。这样为了标准化而规定三种特定颜色的波长，并不意味着这三种固定的单一波长的红、绿、蓝三基色能产生所有的频谱颜色。因为“基本”这个词的使用有可能使人们错误地认为这三种标准的基色当以不同的强度比例混合时能产生各种不同的颜色。

基色可以产生合成色光——紫红色(红加蓝)、蓝绿色(绿加蓝)和黄色(红加绿)。以一种合适的浓度混合这三种基色,或合成色光与它的补色混合可产生白光。它说明了这三种基色和它们的组合可产生合成光。

在第 2 章中我们已讨论过,光的基色和颜料或着色剂的基色之间是有区别的。颜料或着色剂的基色被定义为吸收一种基本有色光并反射另两种光。因此,颜料的基色是紫红色、蓝绿色和黄色,合成色是红色、绿色和蓝色。三种颜料基色的适当组合或一种合成色与它的补色的组合可产生黑色。

彩色电视机发出的光的颜色是采用相加混色原理。许多彩色电视显像管的内部结构由大量的荧光点组合构成。红、绿、蓝三色点一般呈三角形或一字形按组排列。当显像时,一组中的每个点都产生一种基色。如发红光的像素点的强度由显像管的电子枪来调整,其强度正比于“红色脉冲”的能量。每组中的绿色和蓝色像素点也以同样的方式来调整,显示在电视接收机上。这种效果就是来自每个像素点的三基色被加到一起并由眼中的锥状体接收,我们就感觉到了一幅全彩色图像。每秒钟刷新 25(或 30)帧就会产生连续图像。

通常用来区别一种颜色与另一种颜色的特征量有亮度、色度和饱和度。亮度用来表征颜色强度概念,色度是一种与波长有关的属性,这样色度表征了观察者所获得的主导颜色的感觉。当我们说一个物体是红色、橘黄或黄色时,也就确定了它的色度。与色度相比较饱和度是在颜色中掺杂白色光的数量多少的度量。纯谱颜色是完全饱和的。如紫色(红和白)和淡紫色(紫和白)这样的颜色是不饱和的。饱和的程度与添加白光的数量成比例。

色度和饱和度合在一起被称为彩色。因此,一种颜色可能是以它的亮度和彩色为特征,用来形成任何一种特定颜色的红、绿、蓝被称为三原色值,并相应地用 X,Y,Z 表示。一种颜色可以由它的三原色系数来确定,定义如下:

$$x=\frac{X}{X+Y+Z},\quad y=\frac{Y}{X+Y+Z},\quad z=\frac{Z}{X+Y+Z} \tag{4-194}$$

显然,有如下关系:

$$x+y+z=1 \tag{4-195}$$

一种表征颜色的途径是我们已经介绍过的色度图见图 4-57,它以一种 x(红)和 y(绿)的函数表示颜色组成。对任意 x 和 y 的值,相应的 z(蓝)的值可从公式(4-196)中获得,即

$$z=1-(x+y) \tag{4-196}$$

例如,某颜色有大约 62%的绿色和 25%的红色,那么,由公式(4-196)可知,蓝色的组成大约有 13%。

各种谱色的位置(从紫色的 380nm 到红色的 780nm)标示在舌形色度图的边缘上,这些是纯谱色。任何不在边缘上而在中间的点都代表一些谱色的混合色。定位在图的边缘上的任意一点是完全饱和的。当一点越离开边缘点接近等能量点时,加入的白光就越多,它就越不饱和。等能量点的饱和度为零。

色度图对于颜色混合是非常有用的。因为图中连接任意两点的直线部分定义了所有不同颜色的变化,这种变化可以通过另外合并这两种

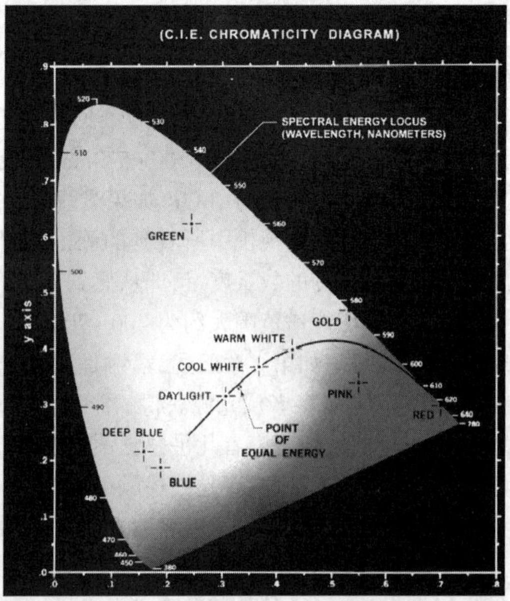

图 4-57 *CIE* 色度图

颜色来获得。例如,一条从红点画到绿点的直线,如果红光比绿光多,代表新颜色的点将在该连线上,但它离红点比离绿点要近。同样,一条从等能量点画到图的边缘上任意点的直线将定义一个特定的谱色。

4.5.2 颜色模型

按通常的方式,彩色模型化的目的是按某种标准利用基色表示颜色。实质上,一种颜色模型是用一个 3D 坐标系统及这个系统中的一个子空间来表示。在这个系统中每种颜色都由一个单点表示。

通常使用的多数彩色模型或者是面向硬件设备(例如彩色监视器或打印机),或者是面向应用的。在实际中,通常使用的与硬件有关的模型有 RGB 模型,这种模型用在彩色监视器和彩色摄像机等领域。CMY 模型用在彩色打印机上。YIQ 模型用于彩色电视广播。在第三种模型中,Y 相对于亮度,而 I 和 Q 是被称为两个色差分量。常用的面向应用的模型是 HSI 模型或 HSV 模型。

下面我们将介绍这三种模型的基本特性,并且讨论它们的不同点和在数字图像处理中的应用。尽管 CMY 模型用于打印,而不是用于实际的图像处理,我们在这里也介绍一下,因为它在获得硬件拷贝输出上很重要。

1. RGB 彩色模型

在 RGB 模型中,每种颜色的主要光谱中都有红、绿、蓝的成分。这种模型基于 Cartesian(笛卡儿)坐标系统。颜色子空间如图 4-58 的立方体所示,在图中,R、G、B 值在三个顶角上,蓝、绿色、紫、红色和黄色在另三个顶角上,黑色在原点,白色在离原点最远的角上。在这个模型中,灰度级沿着黑白两点的连线从黑延伸到白,其他各种颜色由位于立方体内或立方体上的点来表示,同时由原点延伸的矢量决定。为了方便,假定所有的颜色值都已被标准化,图 4-58 中的立方体就是单位立方体。也就是,所有 R、G、B 的值都被假定在[0,1]范围内。

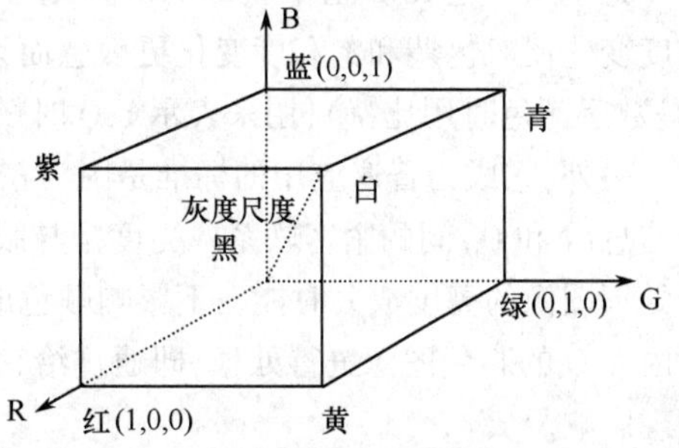

图 4-58 R、G、B 彩色矩形

RGB 彩色模型中的图像由三个独立的图像平面构成,每个平面代表一种原色。当输入 RGB 监视器时,这三幅图像在屏幕上组合产生了彩色图像。这样,当图像本身用三原色平面描述时,在图像处理中运用 RGB 模型就很有意义。相应地,大多数用来获取数字图像的彩色摄像机都使用 RGB 格式。目前,在图像处理、彩色图像获取或显示中只使用这种重要模型。

RGB 模型应用的一个例子是航天和卫星多光谱图像数据的处理。图像是由工作于不同光谱范围的图像传感器获得的。例如,一帧 LANDSAT 陆地卫星图像由四幅数字图像组成。每幅图像有相同的场景,但通过不同的光谱范围或窗口获得,两个窗口在可见光谱范围内,大致对应于绿和红,另两个窗口在光谱的红外线部分。这样每幅图像平面都有物理意义。

如果对人脸的彩色图像进行增强处理,部分图像隐藏在阴影中,直方图均衡是处理这类问题的理想工具。如果应用 RGB 模型,因为存在三种图像(红、绿、蓝),而直方图均衡仅根据强度值处理,很显然,如果把每幅图像单独地进行直方图均衡,所有可能隐藏在阴影中的图像部分都将被增强。然而,所有三种图像的强度将不同地改变颜色性能(如色调),显示在 RGB 监视器上时就不再是自然和谐的了。因此,RGB 模型对于这类处理就不太合适。

2. CMY 彩色模型

如前所述,蓝绿色(青)、红紫色(紫)和黄色都是光的合成色(或二次色)。例如,当用白光照蓝绿色的表面时没有红光从这个表面反射出来。也就是说，蓝绿色从反射的白光中除去红光，这白光本身由等量的红绿蓝光组成。

多数在纸上堆积颜色的设备，如彩色打印机、复印机，要求 CMY 数据输入或进行一次 RGB 到 CMY 的变换。这一变换可以用一简单的变换式表示：

$$\begin{bmatrix} C \\ M \\ Y \end{bmatrix} = \begin{bmatrix} 1 \\ 1 \\ 1 \end{bmatrix} - \begin{bmatrix} R \\ G \\ B \end{bmatrix} \tag{4-197}$$

这里，假定所有的颜色值都已被归一化到[0,1]范围内。式(4-197)表明从一个纯蓝绿色表面反射的光线中不包括红色(即 $C=1-R$)。类似地，纯红紫色不反射绿色，纯黄色不反射蓝色。式(4-197)揭示了 RGB 值可以很容易地用 1 减 CMY 单个值的方法获得。如前描述，CMY 模型在图像处理中用在产生硬拷贝输出上，因此，从 CMY 到 RGB 的反变换操作通常没有实际意义。

3. YIQ 彩色模型

YIQ 彩色模型用于彩色电视广播。为了有效传输并与黑白电视兼容，YIQ 是一个 RGB 的编码。实际上，YIQ 系统中的 Y 分量提供了黑白电视机要求的所有影像信息。RGB 到 YIQ 的变换定义为

$$\begin{bmatrix} Y \\ I \\ Q \end{bmatrix} = \begin{bmatrix} 0.299 & 0.587 & 0.114 \\ 0.596 & -0.275 & -0.321 \\ 0.212 & -0.523 & 0.311 \end{bmatrix} \begin{bmatrix} R \\ G \\ B \end{bmatrix} \tag{4-198}$$

为了从一组 *RGB* 值中获得 *YIQ* 值，我们可简单地进行矩阵变换。YIQ 模型利用人的视觉系统对亮度变化比对色调和饱和度变化更敏感而设计的。这样，YIQ 标准中用来表示 Y 时给予较大的带宽(是数字颜色时用比特)，用来表示 I、Q 时赋予较小的带宽。

另外，它成为普遍应用的标准是因为在图像处理中 YIQ 模型的主要优点是去掉了亮度(Y)和颜色信息(I 和 Q)间的紧密联系。亮度是与眼中获得的光的总量成比例的。去除这种联系的重要性在于处理图像的亮度成分时能在不影响颜色成分的情况下进行。例如，我们可以采用直方图均衡技术对由 YIQ 的彩色图像进行处理，即通过给它的 Y 成分进行直方图均衡处理，图像中相关的颜色不受处理影响。

4. HSI 彩色模型

回想一下前节中讨论的色调是描述纯色(纯黄、橘黄或红)的颜色属性。而饱和度提供了由白光冲淡纯色程度的度量。HSI 颜色模型的重要性在于两方面：第一，去掉了强度成分(I)在图像中与颜色信息的联系；第二，色调和饱和度成分与人们获得颜色的方式密切相关。这些特征使 HSI 模型成为一个理想的研究图像处理运算法则的工具，这个法则是基于人的视觉系统的一些颜色感觉特性的。

很多实用系统都用到 HSI 模型，如：自动判断水果和蔬菜的成熟度的图像处理系统，用颜色样本匹配或检测彩色产品品质的图像处理系统等。在这些相似的应用中，关键是把系统操作建立在颜色特性上，人们用这些特性完成特定的任务。

从 RGB 到 HSI 的变换公式比以前的模型更复杂，我们花时间推得这些公式是为了给读者一个颜色处理的更深的理解。

5. 由 RGB 到 HSI 的转换

如前面所讨论的，RGB 模型的定义与单位立方体图有关。然而，HSI 模型的颜色分量(色调(Hue)和饱和度(Saturation)的定义与图 4-59(a)所示的彩色三角形有关。在图 4-59(a)中，我们注意到，颜色点 P 的色调 H 是该向量与红色轴的夹角。因此，当 $H=0°$ 时，为红色，$H=60°$ 时，为黄色等。色点 P 的饱和度 S 是指一种颜色被白光稀释的程度，它与 P 点到三角形中心的距离成正比。P 点距

三角形中心越远,这种颜色的饱和度越大。

HSI 模型中亮度的测量与垂直于三角形并通过其中心的直线有关。沿着位于三角形下方的直线,亮度逐渐由暗到黑,相反,在三角形上方,亮度逐渐由明亮变到白。

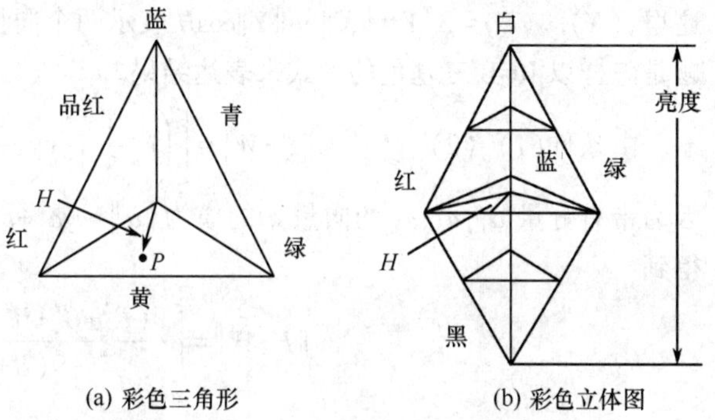

图 4-59 HSI 彩色三角形与 HSI 彩色立体图

在三维色空间中将色调、饱和度、亮度结合起来,就产生了如图 4-59(b)所示的三面的、类似金字塔的结构。这个结构表面上的任意一点代表一种完全饱和的颜色。这种颜色的色调由它与红色轴的夹角决定,亮度由该点与黑色点的垂直距离决定(与黑色点的距离越远,亮度越强)。类似的结论也适用于结构内的点,唯一不同的是,随着它们逐渐接近纵轴,颜色的饱和度逐渐降低。

HSI 模型的颜色定义与归一化的红、绿、蓝值有关。这些值由 RGB 的三基色给出:

$$r=\frac{R}{R+G+B},\quad g=\frac{G}{R+G+B},\quad b=\frac{B}{R+G+B} \tag{4-199}$$

和过去一样,在此我们假定 R、G、B 已被归一化,其值在[0,1]之间。式(4-199)说明 r、g、b 的值也在[0,1]之间,而且

$$r+g+b=1 \tag{4-200}$$

我们注意到,尽管 R、G、B 可同时为 1,但归一化变量必须满足式(4-200)。事实上,式(4-200)是包含 HSI 三角形的平面的等式。

对任意三个[0,1]范围内的 R、G、B 颜色分量,HSI 模型的亮度 I 可定义为

$$I=(R+G+B)/3 \tag{4-201}$$

上式得出一个[0,1]范围内的值。

接下来,要得到色调 H 和饱和度 S。要得到 H 值需要有如图 4-60(a)、(b)、(c)所示的 HSI 三角形的几何构造,从中我们可以注意到以下条件:

(1) 点 W 有坐标(1/3,1/3,1/3)。

(2) 一个任意颜色点 P 有坐标(r,g,b)。

(3) $\boldsymbol{W}$ 表示由原点引向点 W 的向量,与此相似,$\boldsymbol{P}_{\mathrm{R}}$ 和 $\boldsymbol{P}$ 分别表示由原点引向点 P_{R} 和 P 的向量。

(4) 直线 $P_iQ_i(i=R、G、B)$ 在 W 点相交。

(5) 使 $r_0=R/I, g_0=G/I, b_0=B/I$,其中 I 由式(4-201)给出。从图 4-60(a)中可看出,$P_{\mathrm{R}}Q_{\mathrm{R}}$ 是点(r_0,g_0,b_0)的轨迹。因为在 $P_{\mathrm{R}}Q_{\mathrm{R}}$ 线上,$g_0=b_0$。与此类似,在 $P_{\mathrm{B}}Q_{\mathrm{B}}$ 上,$r_0=g_0$,在 $P_{\mathrm{G}}Q_{\mathrm{G}}$ 上,$r_0=b_0$。

(6) 在三角形 $P_{\mathrm{R}}Q_{\mathrm{R}}P_{\mathrm{G}}$ 所围的平面区域内的任意点有 $g_0\geqslant b_0$。在三角形 $P_{\mathrm{R}}Q_{\mathrm{R}}P_{\mathrm{B}}$ 所围的平面区域内的任意点有 $b_0\geqslant g_0$。因此,线段 $P_{\mathrm{R}}Q_{\mathrm{R}}$ 划分了 $g_0>b_0$ 区域和 $g_0<b_0$ 区域。类似地,$P_{\mathrm{G}}Q_{\mathrm{G}}$ 划分了 $b_0>r_0$ 区域和 $b_0<r_0$ 区域,$P_{\mathrm{B}}Q_{\mathrm{B}}$ 划分了 $g_0>r_0$区域和 $g_0<r_0$区域。

(7) $i=R$、G 或 B 时,$|WQ_i|/|P_iQ_i|=1/3$,$|WP_i|/|P_iQ_i|=2/3$ 。在此,|arg|代表幅度的模。

(8) 定义 RG 部分是 $WP_{\mathrm{R}}P_{\mathrm{G}}$ 所围区域,GB 部分是 $WP_{\mathrm{G}}P_{\mathrm{B}}$ 所围区域,BR 部分是 $WP_{\mathrm{B}}P_{\mathrm{G}}$ 所围区域。

参考图 4.60(a),任意颜色的色调可用线段 $Q_{\mathrm{R}}P_{\mathrm{R}}$ 和 WP 的夹角来定义,或用向量形式[图 4-60(c)],由向量$(\boldsymbol{P}_z-\boldsymbol{W})$和$(\boldsymbol{P}-\boldsymbol{W})$的夹角来定义。例如,像前面提到过的,$H=0°$代表红,$H=120°$代表绿,等等。尽管角度 H 的测量可相对于任何通过 W 的直线,然而以红色轴为基准测量色调是一个约定。总的来说,在 $0°\leqslant H\leqslant 180°$时,有下式成立

$$(\boldsymbol{P}-\boldsymbol{W})\cdot(\boldsymbol{P}_{\mathrm{R}}-\boldsymbol{W})=\|\boldsymbol{P}-\boldsymbol{W}\|\cdot\|\boldsymbol{P}_{\mathrm{R}}-\boldsymbol{W}\|\cdot\cos H \tag{4-202}$$

这里，$(\boldsymbol{X})\cdot(\boldsymbol{Y})=\boldsymbol{X}^{\mathrm{T}}\boldsymbol{Y}=\|\boldsymbol{X}\|\cdot\|\boldsymbol{Y}\|\cos H$ 表示两个向量的点积或内积，两竖代表向量的模。现在的问题是怎样以 RGB 三基色的形式来表达结果。

由条件(1)、(2)
$$\|\boldsymbol{P}-\boldsymbol{W}\|=\left[\left(r-\frac{1}{3}\right)^2+\left(g-\frac{1}{3}\right)^2+\left(b-\frac{1}{3}\right)^2\right]^{1/2} \tag{4-203}$$

因为带有分量 a_1,a_2,a_3 的向量 $\boldsymbol{a}$ 的模为 $\|\boldsymbol{a}\|=[a_1^2+a_2^2+a_3^2]^{1/2}$。将式(4-199)代入式(4-203)，化简后得到
$$\|\boldsymbol{P}-\boldsymbol{W}\|=\left[\frac{9(R^2+G^2+B^2)-3(R+G+B)^2}{9(R+G+B)^2}\right]^{1/2} \tag{4-204}$$

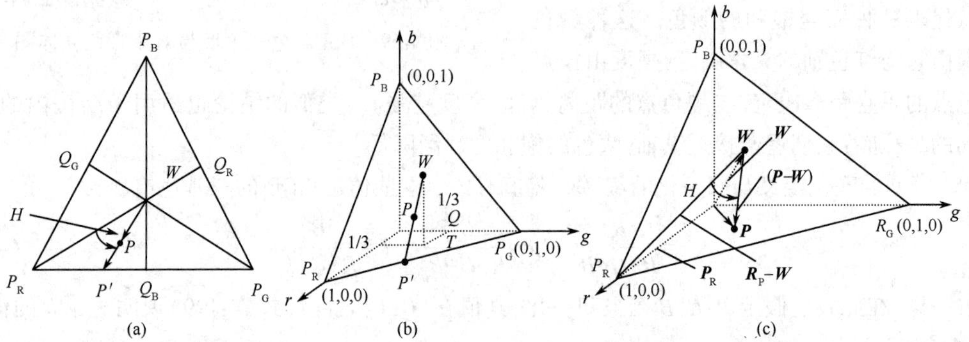

图 4-60　HSI 彩色三角形对色调及色饱和度描述的详图

当向量 $\boldsymbol{P}_{\mathrm{R}}$ 和 $\boldsymbol{W}$ 分别由原点指向点(1,0,0)和点(1/3,1/3,1/3)时
$$\|\boldsymbol{P}_{\mathrm{R}}-\boldsymbol{W}\|=(2/3)^{1/2} \tag{4-205}$$

应记住，对向量 $\boldsymbol{a}$ 和 $\boldsymbol{b}$ 有　$\boldsymbol{a}\cdot\boldsymbol{b}=\boldsymbol{a}^{\mathrm{T}}\boldsymbol{b}=a_1b_1+a_2b_2+a_3b_3$

因此
$$(\boldsymbol{P}-\boldsymbol{W})(\boldsymbol{P}_{\mathrm{R}}-\boldsymbol{W})=\frac{2}{3}\left(r-\frac{1}{3}\right)-\frac{1}{3}\left(g-\frac{1}{3}\right)+\frac{1}{3}\left(b-\frac{1}{3}\right)=\frac{2R-G-B}{3(R+G+B)} \tag{4-206}$$

由式(4-202)得
$$H=\arccos\left[\frac{(\boldsymbol{P}-\boldsymbol{W})\cdot(\boldsymbol{P}_{\mathrm{R}}-\boldsymbol{W})}{\|\boldsymbol{P}-\boldsymbol{W}\|\cdot\|\boldsymbol{P}_{\mathrm{R}}-\boldsymbol{W}\|}\right] \tag{4-207}$$

将式(4-204)～式(4-206)代入式(4-207)中，化简得 R、G、B 形式的 H 的表达式
$$H=\arccos\left\{\frac{\frac{1}{2}[(R-G)+(R-B)]}{[(R-G)^2+(R-B)(G-B)]^{1/2}}\right\} \tag{4-208}$$

式(4-208)得到在 $0°\leqslant H\leqslant 180°$ 之间的 H 值。当 $b_0>g_0$ 时，H 将大于 180°。因此，我们令 $H=360°-H$。有时，色调表达式通过运用三角恒等式
$$\arccos(x)=90°-\arctan\left(\frac{x}{\sqrt{1-x^2}}\right)$$
以正切形式表示。然而，式(4-208)不仅看起来更简单，而且在硬件实现方面也更优越。

下一步我们要求出以 RGB 三基色的值表示的饱和度 S 的表达式。要完成这一任务需再次用到图 4-60(a)和图 4-60(b)，因为颜色的饱和度是颜色被稀释的程度。由图 4-60(a)，色点 P 的饱和度 S 由比例 $|WP|/|WP'|$ 给出。延长直线 WP 与最近的三角形相交可得到 P' 点。

参考图 4-60(b)，令点 T 为 W 在 rg 平面上的投影，WT 平行于 b 轴，令 Q 为 P 在 WT 上的投影，PQ 平行于 rg 平面，那么
$$S=\frac{|WP|}{|WP'|}=\frac{|WQ|}{|WT|}=\frac{|WT|-|QT|}{|WT|} \tag{4-209}$$

这里，等式的第二步是根据相似三角形得出的。

因为 $|WT|=1/3$，$|QT|=b$，所以

$$S=3(1/3-b)=1-3b=1-b_0 \tag{4-210}$$

最后一步可根据式(4-200)和条件(5)导出。我们也注意到，在 RG 部分，$b_0=\min(r_0,g_0,b_0)$。事实上，类似的理由可说明关系式

$$S=1-\min(r_0,g_0,b_0)=1-\frac{3}{(R+G+B)}[\min(R,G,B)] \tag{4-211}$$

对 HSI 三角形内的任意点都是普遍适用的。

为了由[0,1]范围的 RGB 值得到同样在[0,1]范围内的 HSI 值，上述结论得出了以下几个表达式：

$$I=1/3(R+G+B) \tag{4-212}$$

$$S=1-\frac{3}{R+G+B}[\min(R,G,B)] \tag{4-213}$$

$$H=\arccos\left\{\frac{\frac{1}{2}[(R-G)+(R-B)]}{[(R-G)^2+(R-B)(G-B)]^{1/2}}\right\} \tag{4-214}$$

如前面所述，当 $(B/I)>(G/I)$ 时，令 $H=360°-H$。为了将色调归一化至[0,1]范围内，令 $H=H/360°$。最后，如果 $S=0$，由式(4-203)可知，$|WP|$ 必须为 0。这意味着 W 和 P 已经变为了同一点，这使定义 H 无意义。因此，当饱和度为 0 时，色调无定义。同样，由式(4-207)，当 $I=0$ 时，饱和度无定义。

6. 由 HSI 到 RGB 的转换

已知[0,1]之间的 HSI 值，现在我们想得到同样范围内的相应的 RGB 值。分析取决于条件(8)中定义的哪一部分包含给定的 H 值。我们以令 $H=360°(H)$ 开始，这使色调恢复到[0,360°]的范围。

在 RG 部分($0°<H\leqslant120°$)，由式(4-212)

$$b=1/3(1-S) \tag{4-215}$$

接下来，注意到在图 4-60(a)中，r 值是 P 在红色轴上的投影，从而我们可以得到 r 值。考虑图 4-61所示三角形 $P_RO\,Q_R$，这里，O 是 rgb 坐标系的原点，三角形的斜边是图 4-60(a)中的线段 P_RQ_R，并且，连接 OP_R 的直线是包含 r 值的红色轴，虚线是三角形 $P_RO\,Q_R$ 和包含点 P 的平面的交线，这条虚线垂直于红色轴。这两个条件意味着这个平面也包含 r 值。此外，P_RQ_R 与此平面的交点包含点 P 在 P_RQ_R 上的投影。由图 4-60(a)可知，该点为 $|WP|\cos H$。由相似三角形的定义可得

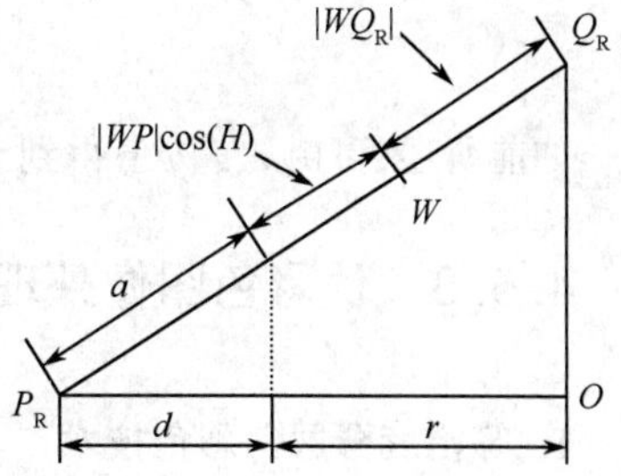

图 4-61　$P_RO\,Q_R$ 三角形

$$\frac{|P_RQ_R|}{|P_RO|}=\frac{a}{d} \tag{4-216}$$

由于 $|P_RO|=1$，$d=1-r$，并且 $a=|P_RQ_R|-(|WP|\cos H+|WQ_R|)$，将这些结果代入式(4-216)并化简得

$$r=\frac{|WQ_R|}{|P_RQ_R|}+\frac{|WP|}{|P_RQ_R|}\cos H=\frac{1}{3}+\frac{|WP|}{|P_RQ_R|}\cos H \tag{4-217}$$

此处，我们使用了由图 4-60(a)所得的 $|P_RQ_R|=3|WQ_R|$。上式唯一未知的是 $|WP|$。由式(4-209)可知，$|WP|=S|WP'|$。在图 4-60(a)中，线段 P_RQ_R 和 WQ_B 在 W 点相交所得的角为 60°，

因此，$|WQ_B|=|WP'|\cos(60°-H)$ 或 $|WP'|=|WQ_B|/\cos(60°-H)$。注意到 $|WQ_B| = |WQ_R|$，将此结果代入式(4-217)可得

$$r=\frac{1}{3}+\frac{S|WQ_R|\cos H}{|P_RQ_R|\cos(60°-H)}=\frac{1}{3}\left[1+\frac{S\cos H}{\cos(60°-H)}\right] \tag{4-218}$$

这里，我们又用了 $|P_RQ_R|=3|WQ_R|$。最后由 $r+g+b=1$ 可知 $g=1-(r+b)$，因此，当 $0°<H\leqslant 120°$ 时，结论为

$$b=\frac{1}{3}(1-S) \tag{4-219}$$

$$r=\frac{1}{3}\left[1+\frac{S\cos H}{\cos(60°-H)}\right] \tag{4-220}$$

$$g=1-(r+b) \tag{4-221}$$

由 $r+g+b=1$ 的定义可知，上面得到的颜色分量是归一化了的。由式(4-199)，我们可以恢复 RGB 分量 $R=3I_r$，$G=3I_g$，$B=3I_b$。

在 GB 部分($120°<H\leqslant 240°$)，类似的推导可得出

$$H=H-120° \tag{4-222}$$

$$r=1/3(1-S) \tag{4-223}$$

$$g=\frac{1}{3}\left[1+\frac{S\cos H}{\cos(60°-H)}\right] \tag{4-224}$$

$$b=1-(r+g) \tag{4-225}$$

根据前面的方法，可由 r、g、b 值得到 R、G、B 值。

在 BR 部分($240°<H\leqslant 360°$)

$$H=H-240° \tag{4-226}$$

$$g=1/3(1-S) \tag{4-227}$$

$$b=\frac{1}{3}\left[1+\frac{S\cos H}{\cos(60°-H)}\right] \tag{4-228}$$

$$r=1-(g+b) \tag{4-229}$$

如前所述，可由 r、g、b 值得到 R、G、B 值。

4.5.3 伪彩色图像处理

1. 等密度分层伪彩色技术

等密度分层伪彩色处理是应用较多的一种方法。这种处理可以用专用硬件来实现，也可以用查表的方法来实现。密度分层是一个沿用术语，它最初来源于照相技术，因为一幅照片的浓淡层次是由照相底片上银粒的沉积度决定的，所以照片的反差(相当于电视画面的对比度)直接与密度有关。在图像处理技术中更为常用的术语是灰度一词，因此密度分层就是灰度分层。

在这一节中，我们将研究几种根据黑白图像的灰度级为之分配颜色的方法。

2. 灰度分割(Itensity Slicing)

灰度分割和颜色编码是伪彩色图像处理的最简单的例子之一。如果一幅图像可被看作一个二维亮度函数，这种方法可理解为用一些平行于图像坐标平面的平面，每一平面在与函数相交处分割函数。图 4-62 展示了一个用平面 $f(x,y)=I_j$，将函数分割为两部分的例子。

如果在图 4-62 所示平面两侧分配不同颜色，那么，灰度级在平面以上的所有像素将用一种颜色编码，而灰度级在平面以下的所有像素将用另一种颜色编码，灰度级恰好位于平面上的像素，可选择

这两种颜色的任意一种分配给这些像素。结果是一个两色图像。将切割平面沿灰度级坐标上下移动可控制图像的外观。

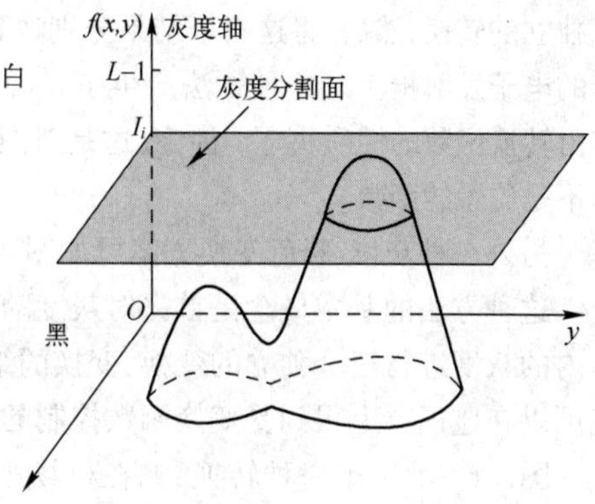

图 4-62　密度分层技术示意图

多分层过程也类似图 4-62 所示的原理。具体过程可作如下解释，可作若干个平行于 xy 坐标面的平面，那么每个平面将与函数 $f(x,y)$ 相交，这种方法就把 $f(x,y)$ 表示的连续灰度分成若干级别，分层数可根据需要的精度加以任意设置。例如，在所定的灰度级 $L_1,L_2,\cdots,L_M$ 处定义 M 个平面，这些平面是等间距的，这 M 个平面把灰度分成 $M+1$ 个区域，区域级别为 $L_1,L_2,L_3,\cdots,L_M$，令 L_1 代表黑色$[f(x,y)=0]$，L_M 代表白色$[f(x,y)=L_M]$。那么，设 $0<M<L$，这样就完成了等密度分层。然后，可根据下面的关系式分配颜色：

$$f(x,y)=C_k \qquad \text{如果} f(x,y)\in R_k \tag{4-230}$$

这里，C_k 是与切割平面定义的第 k 个区间 R_k 相关的颜色。

分层过程也可由图 4-63 所示的电路来实现。首先通过分压器得到一组均匀间隔的基准电压，这个基准电压送入比较器作为比较标准。图像电信号加到比较器的另一端。当信号的幅度超过比较器的基准电压时，比较器的输出端便输出一个脉冲。这样，不同的比较器的输出脉冲便代表一个不同的灰度层次，达到灰度分割的目的。

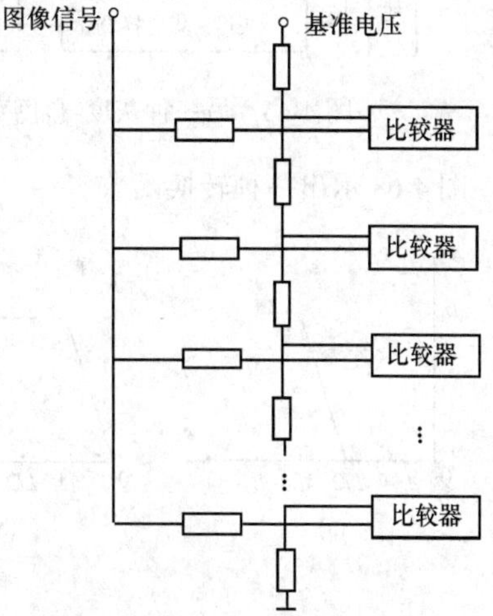

图 4-63　等密度分层电路原理

灰度-彩色变换的任务是给不同的灰度级赋予不同的颜色。它既可以结合软件用计算机来实现，也可以用硬件来实时实现。最后彩色显示都是将彩色编码送到彩色监视器的 RGB 电路上合成一幅彩色图像。

一种实时硬件编码方案如下，首先可以把灰度分割器做成 16 级分层，当然，这 16 级分层既可对整个图像信号的灰度范围进行处理，也可以先进行灰度窗口处理，然后对灰度整个动态范围内的某一局部范围进行 16 级分层。通过编码器可以得到四位码，将这 4 位码分别加到监视器中的红、绿、蓝、亮度四个通道中即可得到 16 种不同的色调。彩色编码原理框图如图 4-64 所示。

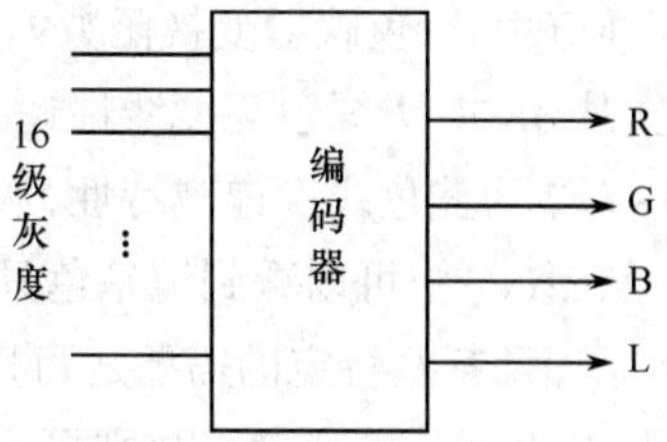

图 4-64　硬件彩色编码原理

编码电路可以用门电路实现。

颜色与码的对应关系完全可以由人为控制来改变。如：1111→白色；1110→深蓝色；1101→青色；1100→绿色；1011→深绿色；1010→浅绿色；1001→黄色；1000→浅黄色；0111→咖啡色；0110→黄绿色；0101→浅咖啡色；0100→红色；0011→粉红色；0010→品红色；0001→紫色；0000→黑色；

当然，还可以控制加到三支电子发射枪上的信号的大小，各种色调的饱和度还可以连续调整，这样，彩色的变化就会相当丰富了。

3. 灰度级转换为彩色

另外几种转换方法比上一节讨论的分割技术更为普遍，因而也能更好地实现伪彩色的增强效果。其中特别吸引人的一种方法如图 4-65 所示。这种方法的基本思想是对输入像素的灰度级进行三个相互独立的转换，然后，将这三个结果分别送到彩色监视器的红、绿、蓝的电子发射枪上。这种方法产生了一幅彩色图像，它的颜色内容由转换函数的性质决定。注意，这是对图像的灰度级值的转换，而不是位置的函数。

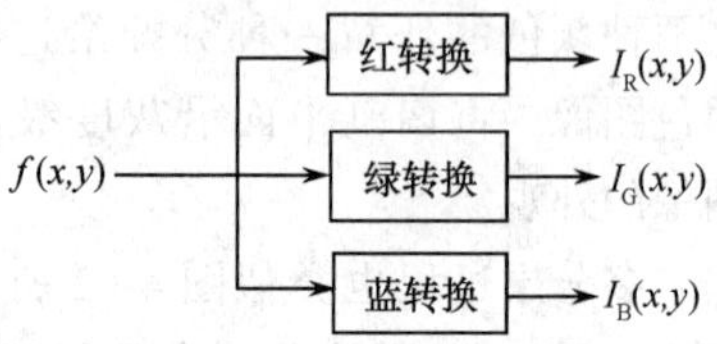

图 4-65　伪彩色图像处理框图

另外一种灰度-彩色变换方案可如图 4-66 所示。

这种方法的基本概念是首先对灰度动态范围开窗，然后对窗口内的灰度进行三个独立的变换，变换的结果分别加到彩色监视器的 R、G、B 三个控制通道去，这样就可以在监视器上得到受变换函数控制的彩色合成图像。

图 4-67 示出了一种转换，如在机场中的安全检查 x 光监测仪，左边显示的是正常物体，右边显示的可能是塑胶炸药，当选择正确的分割点时，有可能两种物品用不同的颜色区分出来。

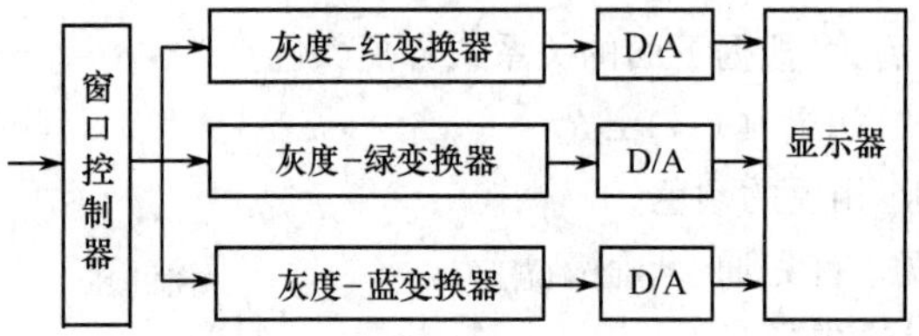

图 4-66　另一种灰度-彩色变换方案

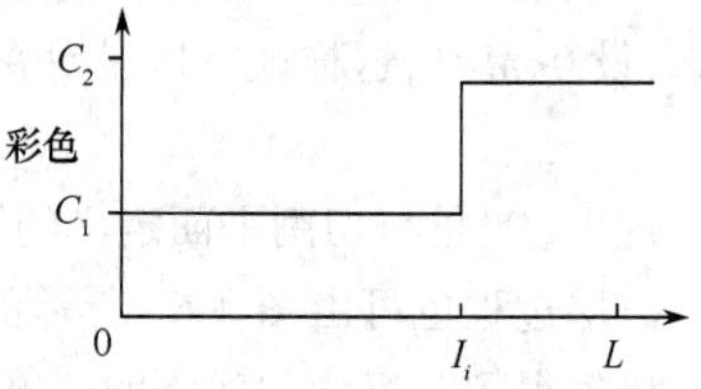

图 4-67　两种颜色的显示方法

图 4-68 示出一种转换函数。

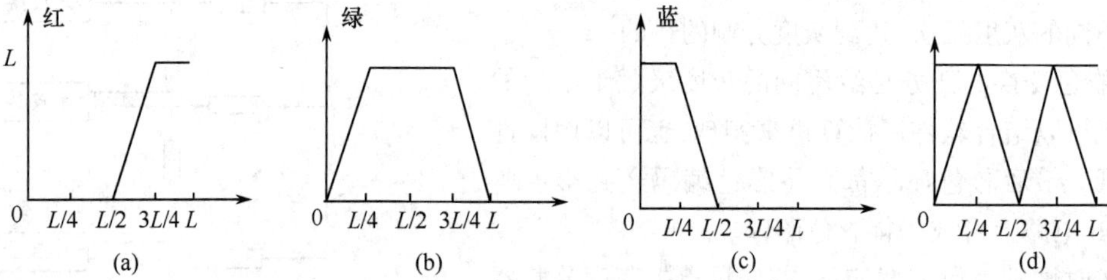

图 4-68　一组彩色变换函数

图 4-68 中的(a)是灰度-红色变换函数，在这个函数中将低于 $L/2$ 的所有灰度映射成最暗的红色，在 $L/2 \sim 3L/4$ 之间的灰度映射为线性增加饱和度的红色，在 $3L/4 \sim L$ 之间的灰度映射为最亮的红色。同样道理，绿色映射变换函数如图(b)所示，从 $0 \sim L/4$ 绿色亮度线性增加，从 $L/4 \sim 3L/4$ 是最亮的绿色，从 $3L/4 \sim L$ 绿色亮度线性递减。蓝色映射变换函数如图(c)所示，从 $0 \sim L/4$ 为最亮的蓝色，从 $L/4 \sim L/2$ 为蓝色线性递减特性，从 $L/2 \sim$ L 映射为最暗的蓝色。三种变换函数的合成特性如图(d)所示。从图(d)中可以看到纯基色只在 0、$L/2$ 和 L 处出现，其他灰度将会合成多种不同的颜色。根据以上原理及某些特定的需要还可以设计出更多的变换函数。上述变换函数比较适合医学图像处理，而图 4-69 所示的变换函数则更适合遥感图片处理。

4. 一种滤波处理

上面介绍的是灰度-彩色变换方法。在实际应用中，根据需要也可以针对图像中的不同频率成分加以彩色增强，以便更有利于抽取频率信息。这就是基于频域运算的编码方案，其原理如图 4-70 所示。这一方案与前面讨论过的基本滤波处理相同，一幅图像的傅里叶变换改为用三个独立的滤波函数以产生三幅图像，以便送入彩色监视器的红、绿、蓝三个输入端。作为一个例子，下列步骤得到红色通道的图像。用一个特定的滤波函数改变输入图像的傅里叶变换，然后，再用傅里叶反变换得到处理后的图像。这些处理步骤在图像被送入监视器的红色通道之前可加入一些附加的如直方图均衡

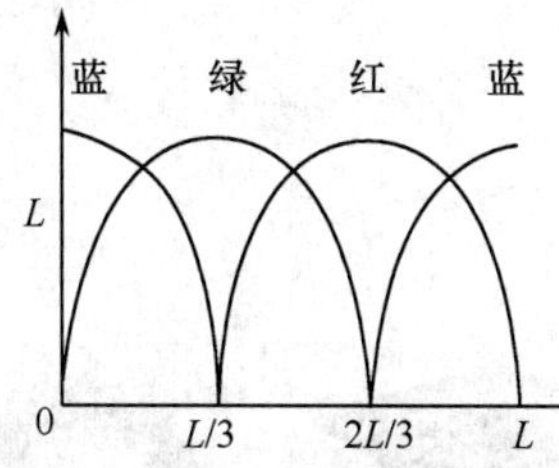

图 4-69　另一种灰度—彩色变换函数

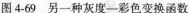

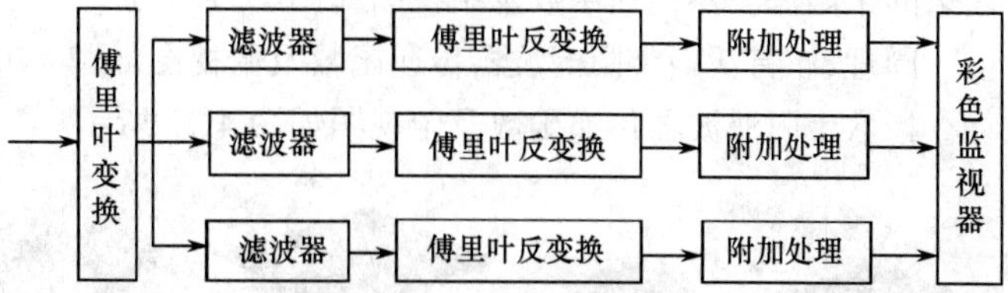

图 4-70　频率-彩色变换模型

化等处理。类似的处理也可以用于图 4-70 的另外两个通道。这一彩色处理技术的目的是针对基于频率内容的彩色编码范畴。一个典型的滤波处理是使用低通、带通和高通滤波器以得到三个范围的频率分量。带阻和带通滤波器是已经讨论过的低通和高通滤波器概念的延伸。对于产生一个以(u_0,v_0)为原点，以环形邻域为抑制或衰减频率滤波器的简单处理是对前边讨论过的高通滤波器进行坐标变换。对于理想滤波器其程序如下：一种理想的带阻滤波器（IBRF）抑制以(u_0,v_0)为圆心，以D_0为半径的邻域内的所有频率。其传递函数由下式给出：

$$H(u,v)=\begin{cases}0 & D(u,v)\geqslant D_0\\ 1 & D(u,v)<D_0\end{cases} \tag{4-231}$$

式中

$$D(u,v)=\left[(u-u_0)^2+(v-v_0)^2\right]^{1/2} \tag{4-232}$$

我们注意到式(4-231)与前边讨论的滤波器是相同的，但距离函数$D(u,v)$是以点(u_0,v_0)计算而不是以原点。由于傅里叶变换的对称性，为了得到有意义的结果，非原点的带阻滤波器必须以对称的方式进行。在理想滤波器的情况下，式(4-231)变成下式：

$$H(u,v)=\begin{cases}0 & D_1(u,v)\leqslant D_0 \quad 或 \quad D_2\leqslant D_0\\ 1 & 其他\end{cases} \tag{4-233}$$

这里

$$D_1(u,v)=\left[(u-u_0)^2+(v-v_0)^2\right]^{1/2} \tag{4-234}$$

$$D_2(u,v)=\left[(u+u_0)^2+(v+v_0)^2\right]^{1/2} \tag{4-235}$$

这一过程可扩展至四个或更多的区域。在前边讨论过的布特沃斯滤波器可根据我们谈到的理想滤波器技术直接推出带阻滤波器。上边讨论的滤波器是关于远离傅里叶变换原点的一些点。为了移动以原点为中心的频带，可以考虑类似于前边讨论过的低通和高通滤波器那样的滤波器。对于理想的滤波器和布特沃斯滤波器可遵循如下步骤：

一个径向对称的理想带阻滤波器关于原点的频带移动由下式给出：

$$H(u,v)=\begin{cases}1 & D(u,v)<D_0-\dfrac{W}{2}\\ 0 & D_0-\dfrac{W}{2}\leqslant D(u,v)\leqslant D_0+\dfrac{W}{2}\\ 1 & D(u,v)>D_0+\dfrac{W}{2}\end{cases} \tag{4-236}$$

这里W是带宽，D_0是中心点。如果是一个径向对称的滤波器，该滤波器可完全由一个横截面来确定。例如，一个n阶的径向对称的布特沃斯带阻滤波器有如下的传递函数：

$$H(u,v)=\frac{1}{1+\left[\dfrac{D(u,v)W}{D^2(u,v)-D_0^2}\right]^{2n}} \tag{4-237}$$

这里W是带宽，D_0是中心点。带通滤波器通过指定带宽内的频率，而衰减或阻止所有其他频率。因此，它们恰好是带阻滤波器的对立面。这样，如果$H_R(u,v)$是带阻滤波器的传递函数，则相应的带通滤波器的传递函数可简单地用“倒转”的方法得到，即

$$H(u,v)=-[H_R(u,v)-1] \tag{4-238}$$

理想的带阻滤波器传递函数及俯视图如图 4-71 所示。

同理,布特沃斯带阻滤波器传递函数及俯视图如图 4-72 所示。

指数带阻滤波器传递函数及俯视图如图 4-73 所示。

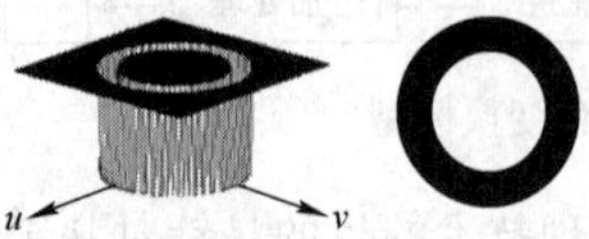

图 4-71　理想的带阻滤波器传递函数及俯视图

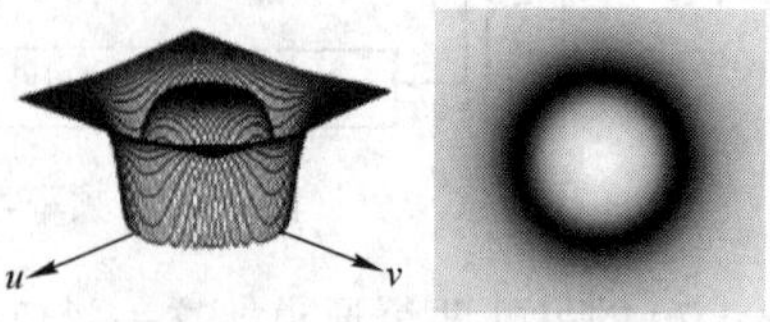

图 4-72　布特沃斯带阻滤波器传递函数及俯视图

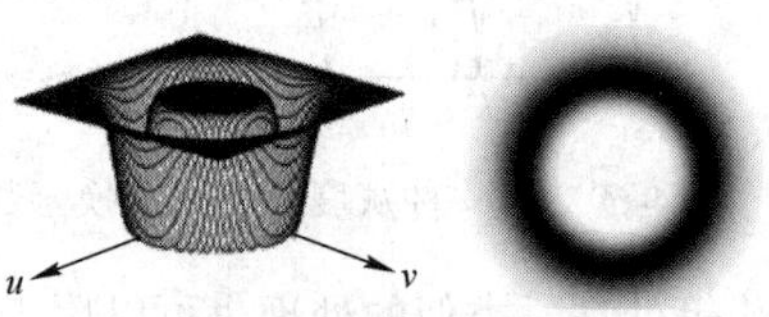

图 4-73　指数带阻滤波器传递函数及俯视图

伪彩色增强处理的计算机程序、设计原理,可参见随书附带网站。

程序利用 VC6.0 实现了灰度图像的 16 灰度级伪彩色显示。输入图像可以是任意大小、任意灰度级的图像,它被自动转换为 16 灰度级。灰度值和使用彩色的对应关系是:{0,1,2,3,4,5,6,7,8,9,10,11,12,13,14,15}→{黑、深蓝、深绿、深红、深灰、品红、浅蓝、棕色、浅绿、浅红、浅灰、浅蓝绿、黄色、白色、深蓝绿、浅紫}。其基本功能包括:

(1) 打开一灰度图像文件,显示该文件,并得到其宽度 ImageWidth 和高度 ImageHeight。

(2) 读取图像数据,将灰度值存入二维数组 Img[i][j]中。

(3) 求出最大灰度值 maxGray,并将原图像灰度转换成 16 级灰度,即:对任意一点(i,j),计算其新的灰度值 colorIndex = 16.0 * Img[i][j]/maxGray

(4) 根据新的灰度值查表确定其对应的颜色值。

(5) 显示彩色图像。

图 4-74、图 4-75 和图 4-76 列出几个假彩色、真彩色和伪彩色的处理结果,以给读者一个清晰的概念。

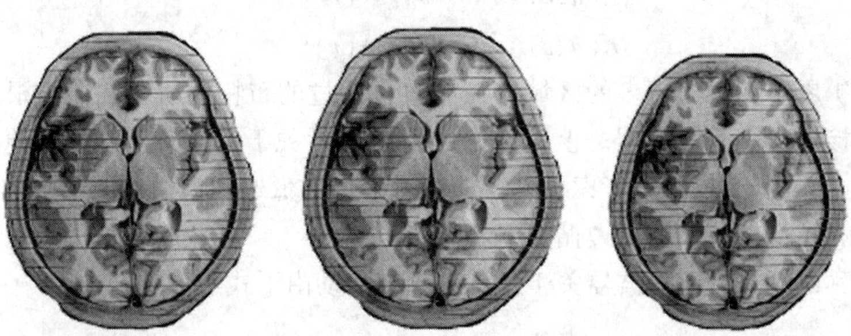

(a)　(b)　(c)

图 4-74　假彩色图像处理, (a) 单色图像,(b) 参考图像,(c) 假彩色处理后图像

(a)　(b)

图 4-75　真彩色图像处理 , (a) 原始图像,(b) 采用 HIS 模型进行增强处理后的图像

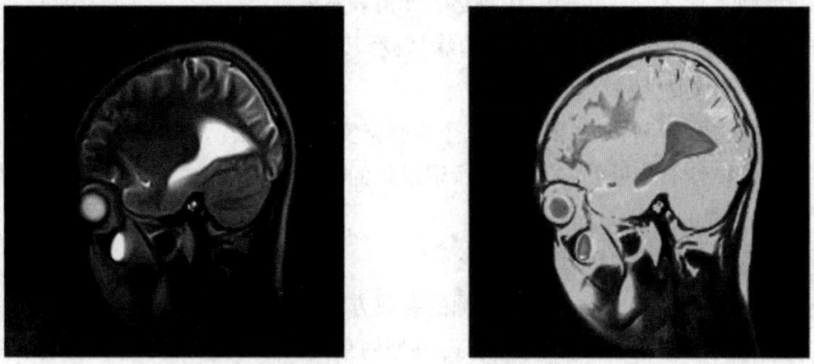

图 4-76　伪彩色图像处理，(a) 原图像，(b) 伪彩色增强后的图像。

思考题

1. 图像增强的目的是什么?

2. 什么是直方图?

3. 直方图修改的技术基础是什么? 它的数学基础又是什么?

4. 在直方图修改技术中采用的变换函数的基本要求是什么?

5. 直方图均衡化处理采用何种变换函数?

6. 直方图均衡化处理的结果是什么? 证明一下你的结论。

7. 假定有 64×64 大小的图像,灰度为 16 级,概率分布如下表,试用直方图均衡化方法处理之,并画出处理前后的直方图。

r	n_k	$P_r(r_k)$	r	n_k	$P_r(r_k)$	r	n_k	$P_r(r_k)$
$r_0=0$	800	0.195	$r_6=6/15$	200	0.049	$r_{12}=12/15$	80	0.019
$r_1=1/15$	650	0.160	$r_7=7/15$	170	0.041	$r_{13}=13/15$	70	0.017
$r_2=2/15$	600	0.147	$r_8=8/15$	150	0.037	$r_{14}=14/15$	50	0.012
$r_3=3/15$	430	0.106	$r_9=9/15$	130	0.031	$r_{15}=1$	30	0.007
$r_4=4/15$	300	0.073	$r_{10}=10/15$	110	0.027			
$r_5=5/15$	230	0.056	$r_{11}=11/15$	96	0.023			

8. 如果有如图 4-77 所示直方图的图像,它是否可用直方图均衡化方法处理? 如果可以,其结果如何? 如果不可以,采用什么方法可以解决该问题?

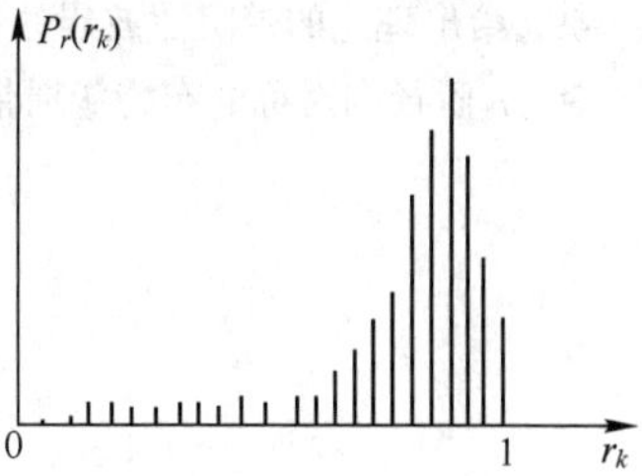

图 4-77　偏亮的图像直方图

9. 直方图均衡化处理的主要步骤是什么?

10. 什么是“简并”现象? 如何克服简并现象?

11. 直方图规定化处理的技术难点是什么? 如何解决?

12. 试写一段直方图均衡化处理的程序。

13. 在邻域平均法处理中如何选取邻域?

14. 低通滤波法中通常有几种滤波器? 它们的特点是什么?

15. 多图像平均法为何能去掉噪声,从数学的角度解释一下其基本原理,使用它的主要难点是什么?

16. 图像尖锐化处理有几种方法?

17. 梯度法是图像尖锐化的空间域处理方法之一,对连续函数来说就是求其导数,对数字信号还成立吗? 为什么?

18. 在用模板进行图像处理时如何解决边缘像素的处理问题?

19. 边缘有几种类型? 解释一下其物理形态。

20. 解释一下零交叉边缘检测的物理意义及数学概念,它的优点是什么?

21. Canny 方法的准则是什么？这些准则在数学上如何表示？

22. 在 Canny 方法中，符合什么条件才认为是边缘，解释其原因。

23. 什么是 Canny 边缘检测的双阈值算法？

24. Canny 设计了一个边缘检测算法，需要哪几个步骤来实现该算法？

25. Canny 连续准则存在什么问题？在连续域所谓最优的滤波器在离散的数字图像上还是不是最优的？

26. 以原点为中心的椭圆的参数方程是什么？

27. 以(x,y)点为中心的椭圆的参数方程是什么？

28. $x=\cos s$ 和 $y=\sin s$ 是以原点为中心的单位圆的参数方程。参数方程 $x=s\cos s$ 和 $y=s\sin s$ 代表什么？

29. 证明梯度矢量$\nabla f(x,y)$给出了函数f在点(x,y)处的最陡（最大）上升方向，且倾斜率为$\|\nabla f(x,y)\|$，这是梯度矢量在(x,y)处的范数。

30. 给出一个一般的（参数化的）方程，它能在图像平面的任意位置产生一条圆形 Snake 边缘，并且包含 K 个等距点。解决方案必须是离散的，并且指出变量的特定范围，Snake 边缘必须是闭合的。

31. 给出一个一般的（参数化）方程，它能够在图像平面的任意位置生成椭圆 Snake，并且包含 K 个等距点。解决方案必须是离散的，并且指出变量的特定范围。Snake 的边缘必须闭合。

32. 何为同态处理？试述其基本原理。

33. 什么样的图像缺陷用同态处理比较有效？在信号处理中可推广到处理什么关系的信号？

34. 彩色图像的获取方法有几种？

35. 在图像处理中有哪几种彩色模型？它们的应用对象是什么？

36. 何为 RGB 模型？

37. 何为 CMY 模型？

38. 何为 YIQ 模型？

39. 何为 HIS 模型？

40. 如何由 RGB 模型转换为 HIS 模型？

41. 如何由 HSI 模型转换为 RGB 模型？

42. 如何由 RGB 模型转换为 YIQ 模型？

43. 如何由 YIQ 模型转换为 RGB 模型？

44. 如何由 RGB 模型转换为 CMY 模型？

45. 如何由 CMY 模型转换为 RGB 模型？

46. 什么叫谱色？什么叫非谱色？它们在色度图上如何表示？

47. 什么是伪彩色增强处理？它的主要目的是什么？

48. 如何实现图像中频率成分的可视化？

49. 给出理想的带阻滤波器的传递函数。

50. n 阶径向对称的布特沃斯带阻滤波器传递函数表达式是什么？

第 5 章　图 像 编 码

图像编码是图像处理科学的经典课题,它经历了理论探索、试验研究和实用化等几个阶段,如今已得到广泛的应用。

模拟图像信号在传输及处理中需要高精度宽带技术,这给设计制造和设备维护带来许多困难,使其进一步发展受到限制。模拟图像信号在传输过程中极易受到各种噪声的干扰,而且模拟图像信号一旦受到污染则很难完全恢复。另外,在模拟领域中,要进行人与机器(计算机或智能机),机器与机器之间的信息交换及对图像进行如压缩、增强、恢复、特征提取和识别等一系列处理都是比较困难的。所以无论从完成图像通信与数据通信网的结合方面来看,还是从对图像信号进行各种处理的角度来看,图像信号数字化都是首当其冲的重要问题。图像数字化有很多优点:第一,数字图像传输和记忆性能好,受系统特性变化影响小,抗干扰能力强,图像质量与记忆次数无关,远距离传输质量劣化小;第二,易于组织图像、语音及其他数据的综合传输和交换,为多媒体技术奠定了基础;第三,有可能借助于计算机进行高质量的图像处理,如压缩、增强、恢复、识别、加密等处理;第四,数字电路故障少,待调元件少,易于制造、保养和维修,生产和维护成本低。由于上述的种种优点,图像的数字化一直受到广泛关注。因此,图像编码是图像处理学中的经典的研究课题。本章将对图像编码进行较为详细的讨论。

5.1　图像编码分类

编码是把模拟制信号转换为数字制信号的一种技术。图像编码技术不仅是应用线性脉冲编码调制法(线性 PCM),而且更主要的是利用图像信号的统计特性及视觉对图像的生理学和心理学特性,对图像进行信源编码。

在信息论中将数字通信过程概括为图 5-1 所示的形式。

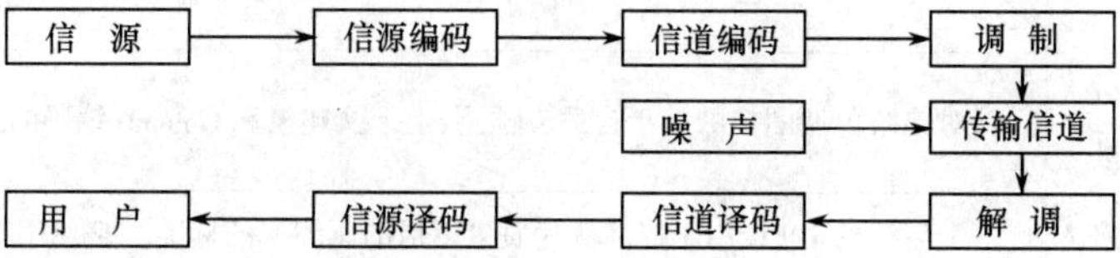

图 5-1　数字通信系统模型

图 5-1 所示的模型是一个数字通信系统模型。在这样一个模型中有二次编、译码,即信源编码、信源译码和信道编码、信道译码。信源编码的主要任务是解决有效性问题,也就是对信源实现压缩处理,使处理后的信号更适宜数字通信系统。解决有效性问题就是在编码过程中尽量提高编码效率,也就是力求用最少的数码传递最大的信息量。这实质上就是压缩频带的问题。信道编码的任务是解决可靠性问题。也就是尽量使处理过的信号在传输过程中不出错或少出错,即使出了错也要有能力尽量纠正错误。这是信道编码所应完成的任务。因此,在信道编码中往往引进用作误差控制的数码,以实现自动检错和纠错。因此,两次编、译码承担着不同的任务。图像编码研究的主要是压缩数码率,即高效编码问题。

编码是信息处理科学中的经典研究课题,就图像编码而言,已有近 70 多年的历史。近年来,

M. Kunt 提出第一代、第二代编码的概念。Kunt 把 1948 年至 1988 年这 40 年中研究的以去除冗余为基础的编码方法称为第一代编码，如 PCM、DPCM、ΔM、亚取样编码法，变换域的 DFT、DCT、Walsh-Hadamard 变换编码等方法，以及以此为基础的混合编码法均属于经典的第一代编码法。而第二代编码方法多是 20 世纪 80 年代以后提出的新的编码方法，如金字塔编码法、Fractal 编码法、基于神经元网络的编码方法、小波变换编码法、模型基编码法等。现代编码法的特点是：

① 充分考虑人的视觉特性；

② 恰当地考虑对图像信号的分解与表述；

③ 采用图像的合成与识别方案压缩数据率。

这种分法尽管并没得到图像编码界全体同仁的广泛认可，但笔者认为对了解图像编码发展进程是有益的。

图像编码这一经典的研究课题经 70 多年的研究已有多种成熟的方法得到应用，特别是所谓的第一代编码更是如此。随着多媒体技术的发展已有若干编码标准由国际标准化组织（ISO）、国际电工委员会（IEC）和国际电信联盟［ITU-T，以前称为国际电报电话咨询委员会（CCITT）］批准的国际标准。还包含两个视频压缩标准，即由电影和电视工程师协会（SMPTE）批准的 VC-1 和由中国原信息产业部（MII）批准的 AVS。图像的国际压缩标准见表 5-1，国际视频压缩标准见表 5-2。

表 5-1　国际压缩标准

	编码方法	国际组织	应用对象
二值静止图像	CCITT 3 组	ITU-T	为在电话线上传输二值文件的传真（FAX）设计的方法。支持一维和二维行程编码及霍夫曼编码
	CCITT4 组	ITU-T	CCITT3 组标准的一个简化和精简版本，仅支持二维行程编码
	JBIG 或 JBIG1	ISO/IEC/ ITU-T	联合二级图像专家组标准，用于对二值图像进行渐进、无损压缩。连续色调图像高达 6 比特/像素，可以在位平面的基础上编码。使用感算术编码，并且可以通过附加压缩数据逐渐增强图像的初始低分辨率版本
	JBIG2	ISO/IEC/ ITU-T	遵循 JBIG1 的，针对桌面、互联网和 FAX 应用的二值图像的标准。所使用的压缩方法是基于内容的，基于字典的方法，用于文本和半色调区域，而霍夫曼或算术编码用于其他图像内容。它可以是有损的或无损的
连续色调静止图像	JPEG	ISO/IEC/ ITU-T	针对图片质量的图像的联合图片专家组标准。其有损基准编码系统（最常见）在图像块、霍夫曼和行程编码上使用量化离散余弦变换（DCT）。它是在互联网上压缩图像的最普遍的方法之一
	JPEG-LS	ISO/IEC/ ITU-T	针对连续色调图像的基于自适应预测、上下文建模和 Golomb 编码的无损到接近无损的标准
	JPEG-2000	ISO/IEC/ ITU-T	一个后续的 JPEG 用于提高图片质量图像的压缩率的标准。它使用算术编码和量化离散小波变换（DWT）。压缩可以是有损的或无损的

表 5-2　国际视频压缩标准

DV	IEC	数字视频。一种适合家庭和半专业视频制作应用和设备的视频标准，如电子新闻采集和摄录机。使用与 JPEG 相似的基于 DCT 的方法，对帧进行独立压缩并进行简单的编辑
H. 261	ITU-T	针对 ISDN（综合业务数字网络）线路的双向视频会议标准。它支持非隔行 352×288 和 176×144 分辨率图像，分别称为 CIF（通用中间格式）和 QCIF（四分之一 CIF）。使用类似于 JPEG 的基于 DCT 的压缩方法，用帧对帧的预测差分来减少时间冗余。使用基于块技术的帧间的运动补偿
H. 262	ITU-T	同下面的 MPEG-2
H. 263	ITU-T	为普通电话调制解调器设计的增强型 H. 261（即 28. 8KB/s），附加分辨率：SQCIF（次四分之一 CIF 128×96），4 CIF（704×576）和 16 CIF（1408×512）

H. 264	ITU-T	H. 261-H. 263 的一个扩展,用于视频会议、流媒体和电视。它支持帧内预测差分、可变块大小整数变换(而不是 DCT)和上下文自适应算术编码
H. 265 MPEG-H HEVC	ISO/IEC ITU-T	高效视频编码(HVEC)。H. 264 的扩展,包括对宏块大小高达 64×64 的支持和附加帧内预测模式,这两种模式多用在 4K 视频应用程序中
MPEG-1	ISO/IEC	针对 CD-ROM 应用的非隔行扫描视频的速率高达 1. 5Mb/s 的运动图像专家组标准。它类似于 H. 261,但帧预测可基于前一帧、下一帧或两者的内插。几乎所有的计算机和 DVD 播放器都支持该标准
MPEG-2	ISO/IEC	针对 DVD 所设计的传输速率高达 15Mb/s 的 MPEG-1 的一个扩展。支持隔行扫描视频和 HDTV。它是目前为止最为成功的视频标准
MPEG-4	ISO/IET	MPEG-2 的一个扩展,它支持可变块大小和帧内预测差分
MPEG-4AVC	ISO/IET	MPEG-4 的第 10 部分,即先进视频编码(AVC)。与上面的 H. 264 相同

图像编码属于信源编码的范畴。对它的方法进行归类并不统一,从不同的角度来看问题就会有不同的分类方法。按图像形式可分为图像的编码和非图像的编码。从光度特征出发可分为单色图像编码、彩色图像编码和多光谱图像编码。从灰度层次上可以分为二值图像编码和多灰度图像编码。按照信号处理形式可分为模拟图像编码和数字图像编码。从处理维数出发可以分为行内编码、帧内编码和帧间编码。从上面的介绍可见,图像编码的分类并没有统一的标准,同时也可以看到图像编码的方案也是多种多样的。图像编码是属于信源编码的范畴,从信源编码的角度来分类,图像编码大致可分为匹配编码、变换编码和识别编码。从压缩的角度来分,也可大致分为熵压缩编码和无失真编码。

另外,如果从目前已有的实用方案的角度来分类,可以分为三大类,即预测编码、变换编码及统计编码。而这些方法既适用于静止图像编码,也适用于电视信号编码。就具体编码方法而言可简略地概括在图 5-2 中。

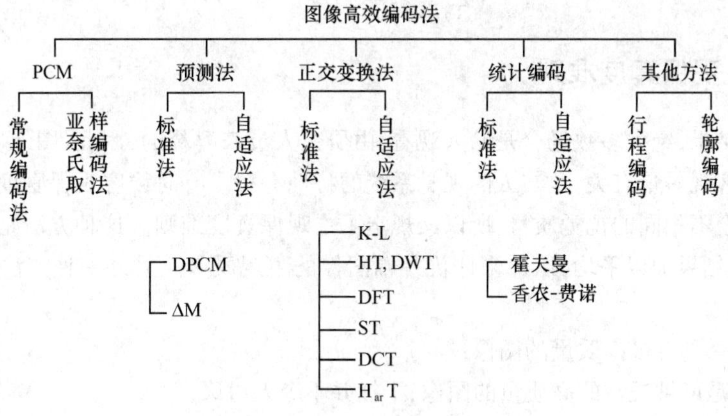

图 5-2　图像高效编码分类

最后需要着重提及的是,上述各种具体方案并不是孤立、单一地使用,往往是各种方法混合、交叉地使用,以达到更高的编码效率,在 ITU-T 的建议标准中这一点尤为突出。

5.2　图像编码中的保真度准则

图像信号在编码和传输过程中会产生误差,尤其是在熵压缩编码中,产生的误差应在允许的范围之内。在这种情况下,保真度准则可以用来衡量编码方法或系统质量的优劣。通常,这种衡量的尺度可分为客观保真度准则和主观保真度准则。

5.2.1 客观保真度准则

通常使用的客观保真度准则有输入图像和输出图像的均方根误差;输入图像和输出图像的均方根信噪比两种。输入图像和输出图像的均方根误差是这样定义的:设输入图像由 $N\times N$ 个像素组成,令其为 $f(x,y)$,其中 $x,y=0,1,2,\cdots,N-1$。这样一幅图像经过压缩编码处理后,送至受信端,再经译码处理,重建原始图像。这里令重建图像为 $g(x,y)$。它同样包含 $N\times N$ 个像素,并且 $x,y=0,1,2,\cdots,N-1$。对于在 $0,1,2,\cdots,N-1$ 范围内 x,y 的任意值,输入像素和对应的输出图像之间的误差可用下式表示:

$$e(x,y)=g(x,y)-f(x,y) \tag{5-1}$$

而包含 $N\times N$ 像素的图像的均方误差为

$$\bar{e}^2=\frac{1}{N^2}\sum_{x=0}^{N-1}\sum_{y=0}^{N-1}e^2(x,y)=\frac{1}{N^2}\sum_{x=0}^{N-1}\sum_{y=0}^{N-1}[g(x,y)-f(x,y)]^2 \tag{5-2}$$

由式(5-2)可得到均方根误差为

$$e_{\mathrm{rms}}=[\bar{e}^2]^{\frac{1}{2}} \tag{5-3}$$

如果把输入、输出图像间的误差看作噪声,那么,重建图像 $g(x,y)$ 可由下式表示:

$$g(x,y)=f(x,y)+e(x,y) \tag{5-4}$$

在这种情况下,另一个客观保真度准则——重建图像的均方信噪比如下式表示:

$$\left(\frac{S}{N}\right)_{\mathrm{ms}}=\frac{\sum\limits_{x=0}^{N-1}\sum\limits_{y=0}^{N-1}g^2(x,y)}{\sum\limits_{x=0}^{N-1}\sum\limits_{y=0}^{N-1}e^2(x,y)}=\frac{\sum\limits_{x=0}^{N-1}\sum\limits_{y=0}^{N-1}g^2(x,y)}{\sum\limits_{x=0}^{N-1}\sum\limits_{y=0}^{N-1}[g(x,y)-f(x,y)]^2} \tag{5-5}$$

均方根信噪比为

$$\left(\frac{S}{N}\right)_{\mathrm{rms}}=\left\{\frac{\sum\limits_{x=0}^{N-1}\sum\limits_{y=0}^{N-1}g^2(x,y)}{\sum\limits_{x=0}^{N-1}\sum\limits_{y=0}^{N-1}[g(x,y)-f(x,y)]^2}\right\}^{1/2} \tag{5-6}$$

5.2.2 主观保真度准则

图像处理的结果,绝大多数场合是给人观看,由研究人员来解释的;因此,图像质量的好坏与否,既与图像本身的客观质量有关,也与人的视觉系统的特性有关。有时候客观保真度完全一样的两幅图像可能会有完全不相同的视觉质量,所以又规定了主观保真度准则。这种方法是把图像显示给观察者,然后把评价结果加以平均,以此来评价一幅图像的主观质量。另外一种方法是规定一种绝对尺度,例如:

① 优秀的——具有极高质量的图像;

② 好的——是可供观赏的高质量的图像,干扰并不令人讨厌;

③ 可通过的——图像质量可以接受,干扰不讨厌;

④ 边缘的——图像质量较低,希望能加以改善,干扰有些讨厌;

⑤ 劣等的——图像质量很差,尚能观看,干扰显著地令人讨厌;

⑥ 不能用——图像质量非常之差,无法观看。

另外,常用的还有两种准则,即妨害准则和品质准则。

妨害准则分为5级:① 没有妨害感觉;② 有妨害,但不讨厌;③ 能感到妨害,但没有干扰;④ 妨害严重,并有明显干扰;⑤ 不能接收信息。

品质准则分为7级:① 非常好;② 好;③ 稍好;④ 普通;⑤ 稍差;⑥ 恶劣;⑦ 非常恶劣。

除此之外,还可以采用成对比较法,也就是同时出示两幅图像,让观察者表示更喜欢哪一幅图像,借此排出图像质量的等级。也有采用随机抽取法来评定图像质量的,这种方法是把数量相等的原始图像和经编、译码后的图像混杂在一起,然后让观察者挑出他认为质量差的图像。质量较差的图像可定义为处理过的图像,然后统计错挑的概率,显然错挑概率越大说明图像经处理后的劣化越小。总之,主观保真度评价方法的准则可不同,但其基本原理都一样,当然,对观察者的视觉条件应有一定的要求。

5.3　PCM 编码

脉冲编码调制(Pulse Coding Modulation,PCM)是将模拟图像信号变为数字信号的基本手段。图像信号的 PCM 编码与语音信号 PCM 编码相比并没有原则上的区别。但是,图像信号(特别是电视信号)占用频带宽,要求响应速度快,因此,电路设计与实现上有较大的难度。

5.3.1　PCM 编码的基本原理

图像信号 PCM 编、译码原理方框图如图 5-3 所示。图像信号 PCM 编码由前置低通滤波器、取样保持电路、量化器、编码器组成。前置低通滤波器的作用有两个,其一是为满足取样定理的带限要求,减小折叠误差,其二是对杂散噪声也有一定的抑制作用。取样保持电路将完成把时间上连续的模拟信号进行时间离散化的任务。取样周期由奈奎斯特(Nyquist)定理限定。

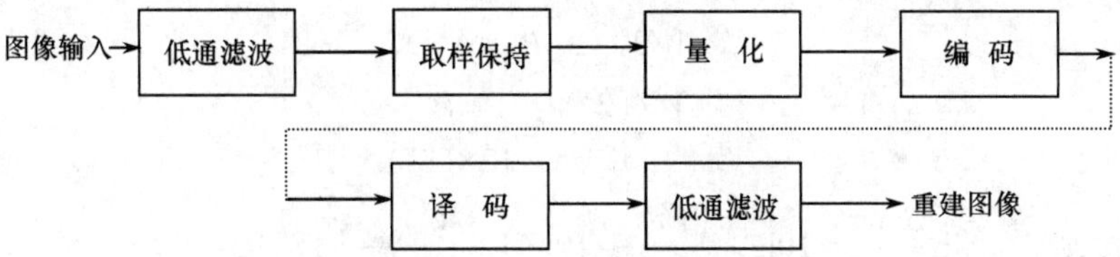

图 5-3　图像信号 PCM 编、译码原理方框图

量化器的任务是把模拟信号的幅值离散化。经取样与量化处理后就可产生多值数字信号。编码的任务是把多值的数字信号变成二进制数字的多比特信号,以便传输或进行后续处理。译码器的原理比较简单,它包括一个译码电路和一个低通滤波器。译码器把数字信号恢复为模拟信号,这个模拟信号就是在接收端重建的图像信号,此处,滤波器的作用是平滑与内插,以恢复更加柔和的图像质量。

5.3.2　PCM 编码的量化噪声

量化是对时间离散的模拟信号进行幅度离散化的过程,这个过程是去零取整的过程。量化后的样值与原信号相比大部分是近似关系。这样,把连续的数值限制在固定的台阶式的变化之下必然会带来畸变。这种畸变在接收端是无法克服的,只能使其尽量减小。由量化带来的噪声可分为量化噪声和过载噪声。以正弦波输入为例,输入幅度较大和输入幅度较小时的量化噪声如图 5-4 所示。其中图(a)是输入信号超过编码范围时形成量化噪声和过载噪声的情况,图(b)是信号未超过编码范围,只有量化噪声的情况。在 PCM 编码中,量化噪声主要取决于码的位数,码位数越多(即量化阶数多),量化噪声的功率越小。一个量化阶的电压可由下式表示:

$$\Delta = V/2^n \tag{5-7}$$

式中,V 为输入信号电压;n 为样值用二进制数表示的比特数。

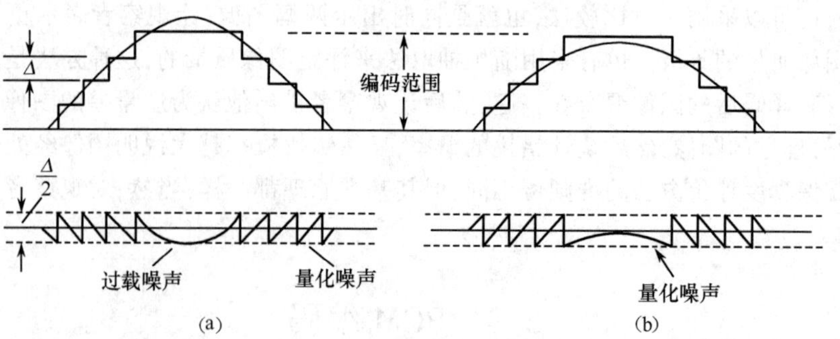

图 5-4　量化噪声与过载噪声的形成

如果在整个输入幅度内量化阶是一个常数，就称为均匀量化，否则就是非均匀量化。线性 PCM 编码中均采用均匀量化法。在均匀量化中，设量化阶为 Δ，量化噪声在 $-\Delta/2\sim+\Delta/2$ 内可看成是均匀分布的，因此，其功率可由下式表示：

$$P_Q=\int_{-\Delta/2}^{+\Delta/2}\frac{1}{\Delta}x^2\mathrm{d}x=\frac{\Delta^2}{12} \tag{5-8}$$

对于过载噪声，当量化特性输入过载点为 V 时，由下式表示：

$$N_S=\int_{-\infty}^{-V}(x+V)^2p(x)\mathrm{d}x+\int_{V}^{\infty}(x-V)^2p(x)\mathrm{d}x \tag{5-9}$$

式中，N_S 为过载噪声；x 是输入信号值；$p(x)$ 为输入幅度的概率密度。如果用信噪比作为客观保真度准则，可推得 PCM 编码在均匀量化下的量化信噪比如下：

因为 $\Delta=V/2^n \qquad P_Q=\Delta^2/12$

所以

$$P_Q=\frac{V^2/(2^n)^2}{12}=\frac{V^2}{12\times(2^n)^2} \tag{5-10}$$

由信噪比的概念，则

$$\left(\frac{S}{N}\right)_{\mathrm{dB}}=10\lg\frac{V^2}{P_Q}=10\lg\frac{V^2}{\dfrac{V^2}{12\times(2^n)^2}}$$

$$=10\lg[12\times(2^n)^2]=20\lg\sqrt{12}+20\lg2^n\approx(11+6n) \tag{5-11}$$

由式(5-11)可见，每增加 1 位码可得到 6dB 的信噪比增益。

值得注意的是，量化噪声不同于其他噪声，它的显著特点是仅在有信号输入时才出现，所以它是数字化中特有的噪声。一般情况下，直接测量比较困难。

5.3.3　编码器、译码器

编码器的任务是把一个多值的数字量用多比特的二进制量来表示。如果量化器输出 M 个值，那么，对应于 M 个值中的任何一个值编码器将给定一个二进制码字。这个码字将由 m 个二进制数组成。通常情况下 $M=2^m$。编码器的输入与输出关系是一一对应的，其过程是可逆的，因此不会引入任何误差。

表 5-3　$M=8$ 的自然二进制码和格雷码

输　入	自然二进制码			格　雷　码		
m_1	0	0	0	0	0	0
m_2	0	0	1	0	0	1
m_3	0	1	0	0	1	1
m_4	0	1	1	0	1	0
m_5	1	0	0	1	1	0
m_6	1	0	1	1	1	1
m_7	1	1	0	1	0	1
m_8	1	1	1	1	0	0

线性 PCM 编码一般采用等长码，也就是说每一个码字都有相同的比特数。其中用得最为普遍的是自然二进制码，也有用格雷码的。以 $M=8$ 为例的自然二进制码和格雷码列入表 5-3 中。

对于常规编码来说，减少量化分层数就可以

降低比特率。但是,量化分层数的最小值应能满足图像质量的要求。当主观评定图像质量时,为了防止伪轮廓效应,量化分层数必须足够大。实践证明,对于线性 PCM 编码,黑白图像要 6~7bit,相当于分层数为 64~128 层,彩色复合编码要 8bit,即 256 个量化分层,这样恢复的图像才能与原模拟图像相比拟。如果码位不够,就会出现明显的伪轮廓。图 5-5 所示是女孩头像的编译码结果。其中图(a) 是原像,图(b) 是 1bit 编译码处理的图像,图(c) 是 2bit 编译码处理的图像,图(d) 是 3bit 编译码处理的图像,图(e) 是 4bit 编译码处理的图像,图(f) 是 6bit 编译码处理的图像。从图像上可见,随着比特数的降低,伪轮廓愈加明显。

图 5-5　编码位数对画面质量的影响

译码器通常采用电流相加式译码网,原理图如图 5-6 所示。在这种方案中,每一位用一个独立的电流源,可以通过分别调整每一位的恒流源来补偿网络误差,因此,这种电路对电阻网的精度要求可适当放宽。这种方案的另一个优点是开关的接触电阻不会影响节点上的电压,因此,对开关电路的要求不高。电流相加式译码网由三部分组成,这三部分是 T 形电阻网、电子开关、恒流源。总输出电压由下式表示:

$$V_o = \sum_{i=0}^{n} a_i \cdot 2^i \cdot E_o \qquad (5\text{-}12)$$

式中,a_i 等于 1 或 0,当第 i 位开关闭合时则为 1,否则为 0;E_o 是开关闭合时的输出电压,

$$E_o = \frac{2}{3} RI \left(\frac{1}{2}\right)^n \qquad (5\text{-}13)$$

I 是恒流源输出电流。译码电路的一种电原理图如图 5-7 所示。

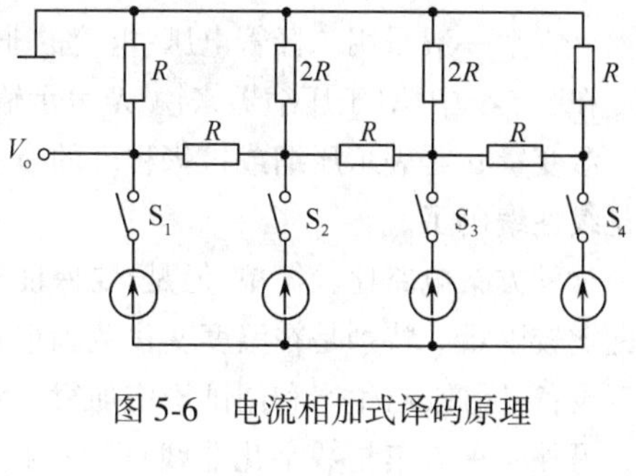

图 5-6　电流相加式译码原理

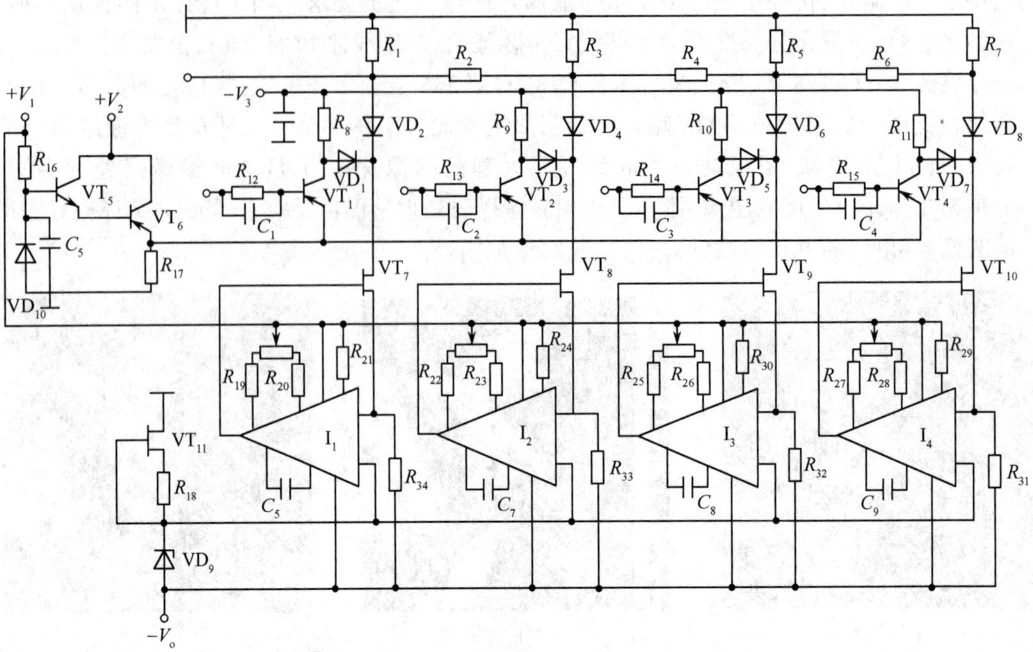

图 5-7 译码电路电原理图

5.3.4 非线性 PCM 编码

在线性 PCM 编码中,量化阶是均匀的。这样,在小信号输入的情况下信噪比较低,在大信号输入的情况下信噪比较高。为了改善小信号在量化过程中的信噪比,采用一种瞬时压缩扩张技术。这种技术实际上是降低大信号时的信噪比同时提高小信号时的信噪比,其结果是在不增加数码率的情况下,使信号在整个动态范围内有较均衡的信噪比。

瞬时压扩技术基本上有两种方案。一种是如图 5-8 所示的方案。在这种方案中,首先将取样后的 PAM 信号进行非线性压缩,然后对压缩后的 PAM 信号进行线性编码。在接收端,首先进行线性译码,然后再送入瞬时扩张器进行非线性扩张,恢复原来的 PAM 信号。

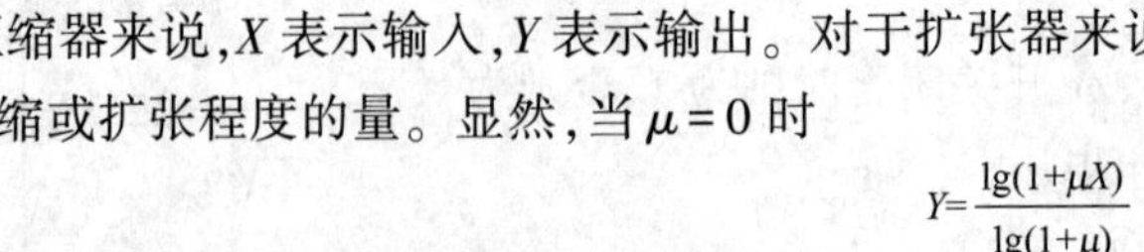

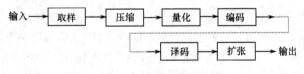

图 5-8 一种非线性压扩方案

该方案一般采用二极管电压、电流的非线性特性来实现。通常采用图 5-9 所示的修正的对数特性。在图 5-9 中,对于压缩器来说,X 表示输入,Y 表示输出。对于扩张器来说,Y 表示输入,X 表示输出。参变量 μ 是表示压缩或扩张程度的量。显然,当 $\mu=0$ 时就是线性编码了。

这种方案电路比较简单,但是,要保证压缩与扩张特性的匹配比较困难。特别是在温度变化范围很宽的情况下必须有恒温设备,因此,给生产和调试均增加很大麻烦。

另外一种方案是数字化非线性压扩技术,其原理框图如图 5-10 所示。这种方案是把编码与压缩,译码与扩张都分别在编码和译码中一次完成。数字式非线性编码的压扩特性有

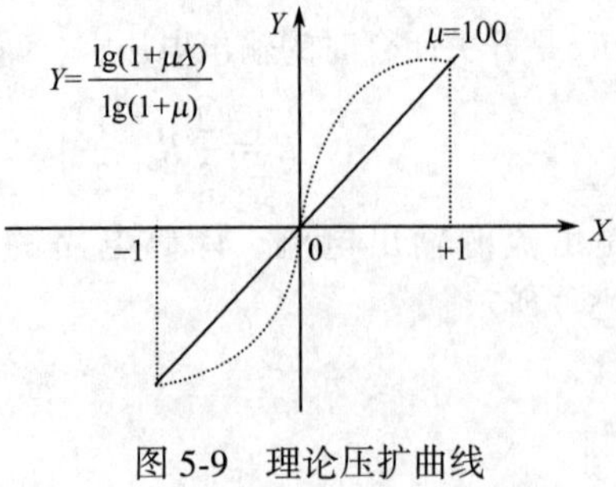

图 5-9 理论压扩曲线

μ 特性、A 特性，等等。根据 CCITT 1970 年的建议，通常采用 13 折线（$A=87.6$）的压扩特性。13 折线压扩特性如图 5-11 所示。各折线的斜率列于表 5-4 中。由图 5-11 中可见，各段折线的斜率是不一样的，4~8 段的小信号区的信噪比都得到了改善。图中的 $u_{入}$ 表示压缩器的输入，$u_{出}$ 表示压缩器的输出，V 为过载点电压。图 5-11 只画出了信号在正半周时的情况，负半周时也一样。由于正半周的 7、8 两段和负半周的 7、8 两段斜率都一样，所以在整个特性中这四段连成一条直线。因此，总共有 13 条直线段，简称 13 折线。

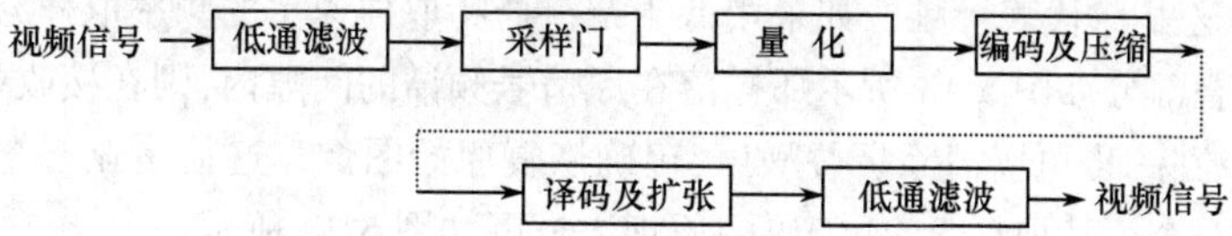

图 5-10　数字化非线性压扩技术框图

如果令 $x=u_{入}/V$，$y=u_{出}/V$，上述 13 折线可用下式近似表示：

$$y=\frac{Ax}{1+\ln A}\qquad 0<x\leqslant\frac{1}{A}\qquad (5\text{-}14)$$

$$y=\frac{1+\ln Ax}{1+\ln A}\qquad \frac{1}{A}<x\leqslant 1\qquad (5\text{-}15)$$

表 5-4　各种线段斜率表

折线段	1	2	3	4	5	6	7	8
斜率	1/4	1/2	1	2	4	8	16	16

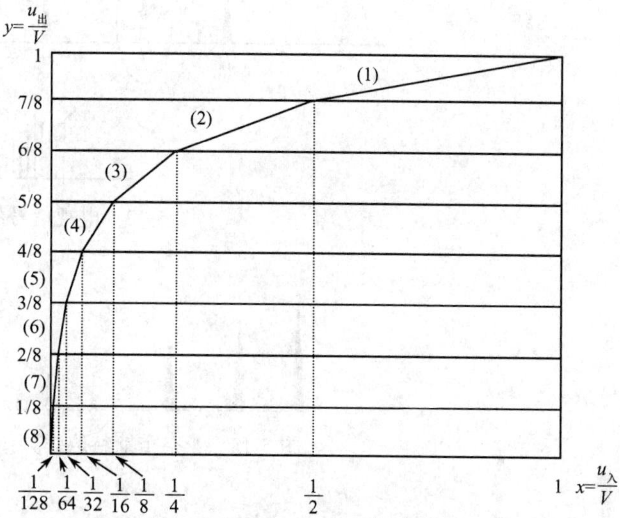

图 5-11　13 折线压扩特性（信号为正时的 8 段）

式中，A 是一常数，不同的 A 值可决定一条不同的曲线。在原点处的斜率由下式表示：

$$\frac{dy}{dx}=\frac{A}{1+\ln A}\qquad (5\text{-}16)$$

当原点处的斜率为 16 时，则

$$\frac{dy}{dx}=\frac{A}{1+\ln A}=16$$

由此可求得 $A=87.6$。图 5-11 所示的折线就是 $A=87.6$ 的 13 折线的压缩特性。

总的来说，如果采用第一种方案，当 $\mu=100$ 时，在输入信号最小情况下信噪比可提高 26dB；当采用第二种方案时，在 $A=87.6$ 的情况下，最小信号输入时的信噪比改善大约 24dB。可见，两种方案的效果基本相似，在小信号输入情况下，信噪比的改善是很显著的。数字化非线性压扩技术的电路实现比第一种方案要复杂。但随着数字集成电路的发展，电路制作方面的障碍已不复存在。它能较容易地实现压扩特性的匹配，而且比较稳定可靠，不用恒温设备，在生产中也可以保证编、译码的精度，调试与维护也较简单，因此，这种方案用得越来越广泛。

5.3.5　亚奈奎斯特取样 PCM 编码

线性 PCM 编码是最基本的数字化手段，数字化处理时取样速率必须满足奈奎斯特取样定理的要求，否则，会产生混叠误差而不能在接收端恢复原图像信息。取样定理可由下式表示：

$$f_s\geqslant f\times 2\qquad (5\text{-}17)$$

式中，f 是模拟信号的频带宽度，f_s 是取样速率。PCM 编码的速率由下式表示：

$$R=2f_sn\qquad (5\text{-}18)$$

式中，n 是每样值的比特数。从式(5-18)可见，降低 R 的方法有两个，其一是降低 n 值，其二是降低取样速率。非线性 PCM 方法实质上是用非线性措施尽量减小 n 值。也就是说在尽可能减小 n 值的情况下，尽量改善画面的质量。鉴于对画面灰度层次的要求，非线性 PCM 编码对 R 的减小是有限的。

能否用降低取样率的方法来减小 R 呢？如果能解决混叠误差问题，那么，这种设想也是可行的。经分析，电视信号的频谱如图 5-12 所示。由图可见，电视图像信号的能量不是均匀连续地分布在整个带宽范围内，而是集中在以行频的各次谐波为中心的一束束谱线内。其最高谐波次数为 $352f_h$（以 5.5MHz 带宽计）。这里 f_h 代表行频。如果用低于奈奎斯特取样速率的频率取样，必然会产生折叠噪声。如果能够使折叠部分如图 5-13 所示那样落在原信号频谱的间隙内，则在接收端再采用梳状滤波器将这些折叠噪声滤除，也可以消除折叠噪声，正确恢复原始图像。这就是亚奈奎斯特取样 PCM 编码的基本原理。亚奈奎斯特取样 PCM 编码的原理方框图如图 5-14 所示。

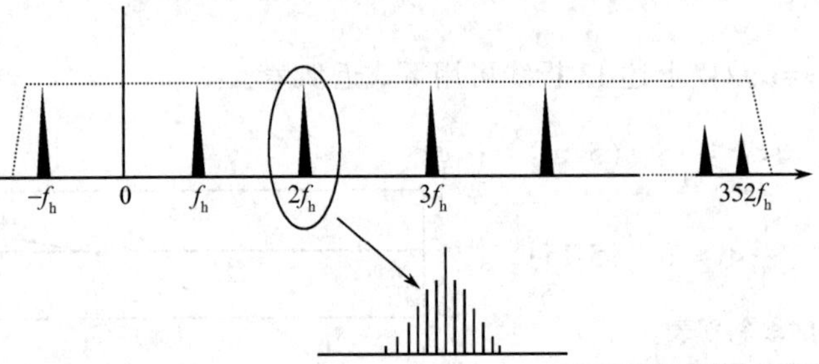

图 5-12　电视信号的频谱

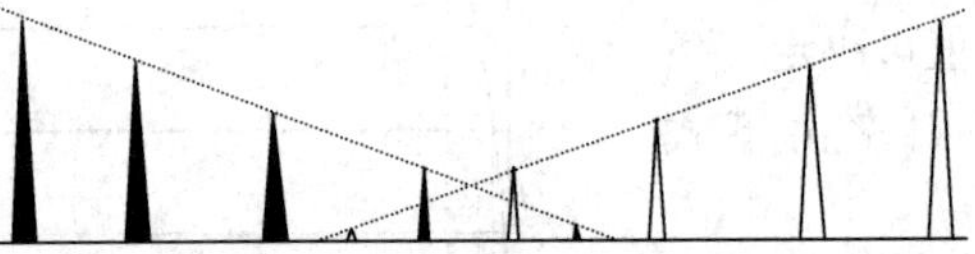

图 5-13　亚奈奎斯特取样频谱折叠部分的设置

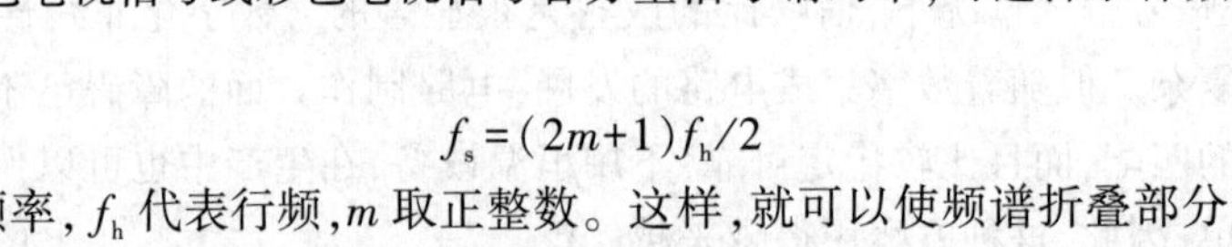

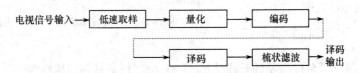

图 5-14　亚奈奎斯特取样 PCM 编码原理方框图

这种方案在单色电视信号或彩色电视信号各分量信号编码中，可选择取样频率等于半行频的奇数倍，即

$$f_s=(2m+1)f_h/2 \tag{5-19}$$

式中，f_s 代表取样频率，f_h 代表行频，m 取正整数。这样，就可以使频谱折叠部分落入原信号频谱的间隙内。采用这种方案，大约可节省 30%的数码率。

如果直接对复合彩色电视信号编码，由于在频谱中含有接近单纯正弦波的彩色副载波，它的量化噪声与取样频率关系密切，如果落入图像频带内会产生辉度和色度的拍频干扰。为了使拍频落入带外，应将取样频率选为 3 倍或 4 倍的彩色副载波频率，这种情况下，称作常规 PCM 编码的设计。如果选 2 倍的副载波频率为取样频率，则也属于低速取样范畴。J. P. 罗塞尔曾对 NTSC 制彩色电视信号进行亚奈奎斯特取样 PCM 编码实验。这套系统是在 CRS 技术中心研制的。NTSC 制彩色电视信号的频谱是这样分布的：亮度信号的频谱能量基本集中在行频 f_h 上，色度信号的频谱能量集中在半行频的奇次谐波上，即在 $(n+1/2)f_h$ 上，而且色度和亮度谱束交错相间。为了采用亚奈奎斯特取样

PCM 编码法,采取如下取样速率:

$$f_s=2f_{SC}+f_h/4 \quad 或者 \quad f_s=2f_{SC}-f_h/4 \tag{5-20}$$

式中,f_{SC}是 NTSC 彩色副载波频率,f_h 是行扫描频率,f_s 是取样频率。在译码输出端所使用的梳状滤波器频率在f_S-f_v 和 f_v 之间,这样可滤除混叠噪声。f_v 是 NTSC 制视频信号带宽。这种系统的梳状滤波器设计是很关键的。在这个系统中采用的是横向梳状滤波器。当取样频率为 $2f_{SC}+f_h/4$ 时,基带亮度信号 Y_B 和色度信号 C_B,以及混叠分量 Y_A 和 C_A 的主要谱线如图 5-15所示。显然,混叠分量 C_A、Y_A 是从$f_h/2$ 的频率间隔分开的,因此,梳状滤波器在 $f_h/2$ 频率间隔中有最大响应或最小响应。把视频信号与另一时间序列 TV 行合并起来,就可构成梳状滤波器。在对 NTSC 彩色电视信号的亚奈奎斯特编码中可采用如下滤波算法:将电视信号第 l 行加到第$(l-2)$行;将电视信号第 l 行加到第$(l+2)$行(这两种算法的频率响应如图 5-16 所示);将电视信号第 l 行加到第$\frac{1}{2}[(l-2)+(l+2)]$行。这三种算法的所有行都取自一场。利用两行 TV 的梳状滤波器原理框图如图 5-17 所示,图中(a)为低频不延迟,(b)为低频延迟两行扫描线。

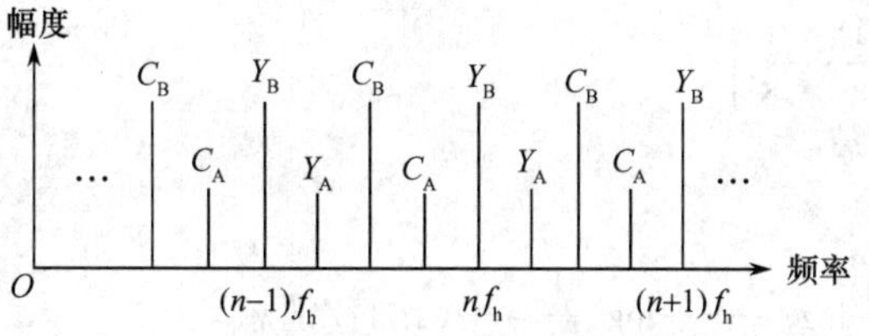

图 5-15　主要谱线

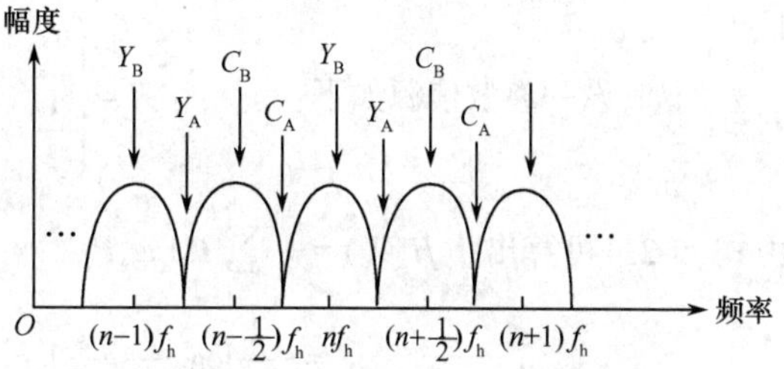

图 5-16　两种算法的梳状滤波器频率响应

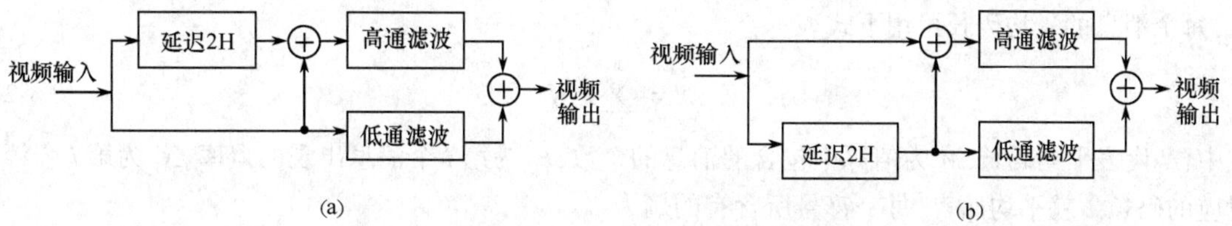

图 5-17　利用两行 TV 的梳状滤波器原理框图

另外,对彩色电视信号进行 PCM 编码时,可采用分量编码法。因为对 R,G,B 三个信号进行数字化时,并不需要用相同的精度去量化它们。这三个分量对外加噪声敏感程度并不一样。例如,显示亮度恒定的情况下,它们的噪声门限如下:蓝色图像为 36dB,红色图像为 41dB,绿色图像为 43dB。对正常图像来讲,三个彩色分量的噪声灵敏度的差别就更大。在蓝色信号中,噪声能见度比红色小 10dB,比绿色小 20dB。为了对全带宽信号量化而不产生明显误差,蓝色信号需 4bit,红色信号需 5bit,绿色信号需 6bit。显然,考虑到这些因素,在分量编码中也有减少数码率的潜力。

5.4　统计编码

高效编码的主要方法是尽可能去除信源中的冗余成分,从而以最少的数码率传递最大的信息量。冗余度存在于像素间的相关性及像素值出现概率的不均等性之中。对于有记忆性信源来说首先要去除像素间的相关性,从而达到压缩数码率的目的。对于无记忆性信源来说,像素间没有相关性,可以利用像素灰度值出现概率的不均等性,采用某种编码方法,也可以达到压缩数码率的目的。这种根据像素灰度值出现概率的分布特性而进行的压缩编码称为统计编码。

5.4.1 编码效率与冗余度

为了确定一个衡量编码方法优劣的准则，首先讨论一下编码效率与冗余度的问题。设某个无记忆信源共有 M 个消息，记做$\{u_1,u_2,u_3,\cdots,u_M\}$。其中消息 $u_i(i=1,2,3,\cdots,M)$ 各自出现的概率分别为 $P_1,P_2,P_3,\cdots,P_M$。可把这个信源用下式表示：

$$\boldsymbol{X}=\begin{Bmatrix} u_1 & u_2 & u_3 & \cdots & u_M \\ P_1 & P_2 & P_3 & \cdots & P_M \end{Bmatrix} \tag{5-21}$$

根据该信源的消息集合，在字母集 $A=\{a_1,a_2,a_3,\cdots,a_n\}$ 中选取 a_i 进行编码。一般情况下取二元字母集 $A\in\{1,\ 0\}$。通常，这一离散信源中的各个消息出现的概率并不相等。根据信息论中熵的定义，可计算出该信源的熵如下式：

$$H(\boldsymbol{X})=-\sum_{i=1}^{M}P_i\log_a P_i \tag{5-22}$$

式中，$H(\boldsymbol{X})$ 代表熵，P_i 代表第 i 个消息出现的概率。

例如，设一离散信源如下：

$$\boldsymbol{X}=\begin{Bmatrix} u_1 & u_2 & u_3 & u_4 \\ \dfrac{1}{2} & \dfrac{1}{4} & \dfrac{1}{8} & \dfrac{1}{8} \end{Bmatrix} \tag{5-23}$$

由式(5-23)可算出

$$\begin{aligned} H(\boldsymbol{X}) &= -\sum_{i=1}^{4}P_i\log_2 P_i \\ &= -\frac{1}{2}\log_2\frac{1}{2}-\frac{1}{4}\log_2\frac{1}{4}-\frac{1}{8}\log_2\frac{1}{8}-\frac{1}{8}\log_2\frac{1}{8}=\frac{7}{4}(\text{比特/消息}) \end{aligned}$$

设对应于每个消息的码字由 N_i 个符号组成。也就是说每个消息所对应的码字长度各为 N_i。那么，每个消息的平均码长可用下式表示：

$$\overline{N}=\sum_{i=1}^{M}P_iN_i \tag{5-24}$$

式中，$\overline{N}$ 代表平均码长，M 为信源中包含的消息的个数，P_i 为第 i 个消息出现的概率，N_i 为第 i 个消息对应的码长。就平均而言，每个符号所含有的熵为

$$S=H(\boldsymbol{X})/\overline{N} \tag{5-25}$$

编码符号是在字母集 A 中选取的。如果编码后形成一个新的等概率的无记忆信源，字母数为 n，那么，它的最大熵应为 $\log_a n$ 比特/符号，因此，这是极限值。如果 $H(\boldsymbol{X})/\overline{N}=\log_a n$，则可认为编码效率已达到 100%，若 $H(\boldsymbol{X})/\overline{N}<\log_a n$，则可认为编码效率较低。

由上述概念，编码效率为

$$\eta=\frac{H(\boldsymbol{X})}{\overline{N}\log_a n} \tag{5-26}$$

式中，η 代表编码效率，$H(\boldsymbol{X})$ 为信源的熵，$\overline{N}$ 为平均码长，n 为字母集合中的字母数。

如果以比特(bit)为单位，$\log_a n$ 的底为 2，根据上述定义，则

$$\frac{H(\boldsymbol{X})}{\overline{N}}=\log_2 n,\quad \eta=100\%;\quad \frac{H(\boldsymbol{X})}{\overline{N}}<\log_2 n,\quad \eta<100\%$$

显然，如果 $\eta\neq100\%$，就说明还有冗余度。因此，冗余度为

$$R_{\mathrm{d}}=1-\eta=\frac{\overline{N}\log_2 n-H(\boldsymbol{X})}{\overline{N}\log_2 n} \tag{5-27}$$

统计编码要研究的问题就在于设法减小 $\overline{N}$，使 η 尽量趋近于 1，R_{d} 趋近于 0。显然 $\overline{N}$ 值有一个理论最低限，当 $\eta=1$ 时，$\overline{N}$ 的最低限就是 $H(\boldsymbol{X})/\log_2 n$。可以根据这一准则来衡量编码方法的优劣。下面举例加以说明。

例：一个信源 $\boldsymbol{X}$ 和一个字母集合 A 如下：

$$\boldsymbol{X}=\begin{Bmatrix} u_1 & u_2 & u_3 & u_4 \\ \dfrac{1}{2} & \dfrac{1}{4} & \dfrac{1}{8} & \dfrac{1}{8} \end{Bmatrix},\quad A=\{0,1,2,3\}$$

可求得信源 $\boldsymbol{X}$ 的熵

$$H(\boldsymbol{X})=\frac{7}{4}(\text{比特/消息})$$

平均码长

$$\overline{N}=1\times\left(\frac{1}{2}+\frac{1}{4}+\frac{1}{8}+\frac{1}{8}\right)=1$$

所以

$$\eta=\frac{7/4}{1\times\log_2 4}=\frac{7}{8}$$

$$R_{\mathrm{d}}=1-\eta=1-7/8=1/8(\text{比特})$$

显然，编码后还有 1/8 比特的冗余度，没有达到 $\overline{N}$ 的最低限。

如果取 $A=\{0,1\}$，$n=2$，那么可以编成如下等长码：

$$u_1=00\qquad u_2=01\qquad u_3=10\qquad u_4=11$$

此时

$$\overline{N}=2\times\left(\frac{1}{2}+\frac{1}{4}+\frac{1}{8}+\frac{1}{8}\right)=2,\quad \eta=\frac{7/4}{2\times\log_2 2}=\frac{7}{8},\quad R_{\mathrm{d}}=1-\frac{7}{8}=\frac{1}{8}(\text{比特})$$

同样有 1/8 比特的冗余度。

上面的例子中的两种编码方法，其特点是码字长度均相等，这种码叫作等长码。显然此例中的两种等长码均没有达到最低限。怎样才能使信源编码达到最低限呢？再看下面例子的编码方法。仍选$A=\{0,1\}$，$n=2$，作为编码字符集。在这种编码中，不用等长码，而是采用下面的原则来编码，即 P_i 大的消息编短码，P_i 小的消息编长码。

例如

$$u_1:0$$
$$u_2:10$$
$$u_3:110$$
$$u_4:111$$

可计算

$$\overline{N}=1\times\frac{1}{2}+2\times\frac{1}{4}+3\times\frac{1}{8}+3\times\frac{1}{8}=\frac{7}{4},\quad \eta=\frac{7/4}{7/4\times\log_2 2}=1,\quad R_{\mathrm{d}}=0$$

由此可见，这种编码法的码字平均长度达到了最低限。这说明用变长编码法可达到较高的效率。采用这种编码方法，信源中的消息与码字是一一对应的，因而译码时也是准确无误的。在编、译码过程中并不损失任何信息。它是一种信息保持编码法。

5.4.2 三种常用的统计编码法

变长编码是统计编码中最为主要的一种方法。变长编码的目标就是使平均码长达到最低限，也就是使 $\overline{N}$ 最优，但是，这种最优必须在一定的限制下进行。编码的基本限制就是码字要有单义性和非续长性。

单义代码是指任意一个有限长的码字序列只能被分割成一个一个的码字，而任何其他分割方法都会产生一些不属于码字集合中的码字。符合这个条件的代码就叫单义代码。

非续长代码是指任意一个码字都不是其他码字的续长。换句话说，就是码字集合中的任意一个码字都不是由其中一个码字在后面添上一些码元构成的。很容易看出非续长代码一定是单义的，但是，单义代码却不一定是非续长的。

例如，在表 5-5 中列出了 4 种代码，对码 Ⅰ 来说，如果在收端收到 0 就无法判断是 u_1 还是 u_2，因此，在收端不能正确译码，显然码 Ⅰ 缺乏单义可译性。对码 Ⅱ 来说，也有重要缺陷。例如，发端送

u_1u_1 这样一个序列，其码字将是 00，但是在收端既可判为 u_1u_1，也可以判为 u_3，所以这种码也缺乏单义可译性。而且，可以看出 u_3 的代码 00 是在 u_1 的代码 0 后面又加上一个 0 得到的，因此，又是可续长的。显然，码Ⅱ也不能使用。再看一下码Ⅲ，码Ⅲ是既具备单义可译性又是非续长的码，它是可用的。码Ⅳ也具有单义可译性，但是缺乏非续长性。例如，当收到 0 时，不能立刻判断它是 u_1，必须等第二个码字出现，如果第二个码字是 0 则可以判断第一个码是 u_1，当第二个码字是 1 时，又无法判断了，还必须等待下一个码字出现时才有可能判断，所以，续长码是无法及时译码的。

从上面的例子可知，使 $\overline{N}$ 最短的码只是在单义可译性和非续长性的约束下才有意义。至于变长码的存在定理及 $\overline{N}$ 的最低限是否存在等问题，在信息论中都有详细的定理加以证明及讨论，在此不加赘述了。

表 5-5　4 种代码表

信源	概率	码Ⅰ	码Ⅱ	码Ⅲ	码Ⅳ
u_1	1/2	0	0	0	0
u_2	1/4	0	1	1 0	0 1
u_3	1/8	1	0 0	1 1 0	0 1 1
u_4	1/8	1 0	1 1	1 1 1	0 1 1 1

最常用的变长编码方法是霍夫曼（Huffman）码和香农-费诺（Shannon-Fano）码。下面详细地讨论一下这两种码的构成方法。

1. 霍夫曼码

霍夫曼变长编码法能得到一组最优的变长码。设原始信源有 M 个消息，即

$$\boldsymbol{X}=\begin{Bmatrix} u_1 & u_2 & u_3 & \cdots & u_M \\ P_1 & P_2 & P_3 & \cdots & P_M \end{Bmatrix} \tag{5-28}$$

可用下述步骤编出霍夫曼码。

第一步：把信源 $\boldsymbol{X}$ 中的消息按出现的概率从大到小的顺序排列，即 $P_1 \geqslant P_2 \geqslant P_3 \geqslant \cdots \geqslant P_M$。

第二步：把最后两个出现概率最小的消息合并成一个消息，从而使信源的消息数减少一个，并同时再次将信源中的消息的概率从大到小排列一次，得

$$\boldsymbol{X}_1=\begin{Bmatrix} u_1' & u_2' & u_3' & \cdots & u_{M-1}' \\ P_1' & P_2' & P_3' & \cdots & P_{M-1}' \end{Bmatrix} \tag{5-29}$$

第三步：重复上述步骤，直到信源最后为 $\boldsymbol{X}^0$ 形式为止。这里 $\boldsymbol{X}^0$ 有如下形式：

$$\boldsymbol{X}^0=\begin{Bmatrix} u_1^0 & u_2^0 \\ P_1^0 & P_2^0 \end{Bmatrix} \tag{5-30}$$

第四步：将被合并的消息分别赋以 1 和 0 或 0 和 1。对最后的 $\boldsymbol{X}^0$ 也对 u_1^0 和 u_2^0 对应地赋以 1 和 0 或 0 和 1。

通过上述步骤就可以构成最优变长码（霍夫曼码）。下面举例说明具体构成方法。

例：求下述信源的霍夫曼码。

$$\boldsymbol{X}=\begin{Bmatrix} u_1 & u_2 & u_3 & u_4 & u_5 & u_6 \\ 0.25 & 0.25 & 0.20 & 0.15 & 0.10 & 0.05 \end{Bmatrix}$$

由上述步骤，做一个新的信源

$$\boldsymbol{X}'=\begin{Bmatrix} u_1' & u_2' & u_3' & u_4' & u_5' \\ 0.25 & 0.25 & 0.20 & 0.15 & 0.15 \end{Bmatrix}$$

这样可给 u_5 赋 0，u_6 赋 1，其中 $u_5'=(u_5+u_6)$。$\boldsymbol{X}'$ 中消息的概率大小顺序正好符合从大到小的规律，故不必重排。再做新的信源

$$\boldsymbol{X}''=\begin{Bmatrix} u_1'' & u_2'' & u_3'' & u_4'' \\ 0.25 & 0.25 & 0.20 & 0.30 \end{Bmatrix}$$

重排得 $$X''=\begin{Bmatrix} u_4'' & u_1'' & u_2'' & u_3'' \\ 0.30 & 0.25 & 0.25 & 0.20 \end{Bmatrix}$$

将 u_4' 赋 0，u_5' 赋 1。将 u_3'' 和 u_4'' 合并构成新的信源

$$X'''=\begin{Bmatrix} u_1''' & u_2''' & u_3''' \\ 0.30 & 0.25 & 0.45 \end{Bmatrix}$$

重排得 $$X'''=\begin{Bmatrix} u_3''' & u_1''' & u_2''' \\ 0.45 & 0.30 & 0.25 \end{Bmatrix}$$

将 u_3'' 赋 0，u_4'' 赋 1。最后得

$$X^0=\begin{Bmatrix} u_1^0 & u_2^0 \\ 0.45 & 0.55 \end{Bmatrix}$$

重排得 $$X^0=\begin{Bmatrix} u_2^0 & u_1^0 \\ 0.55 & 0.45 \end{Bmatrix}$$

u_2''' 赋 0，u_3''' 赋 1。最后 u_2^0 赋 0，u_1^0 赋 1。编码结果可总结于表 5-6 中。编码图如图 5-18 所示。

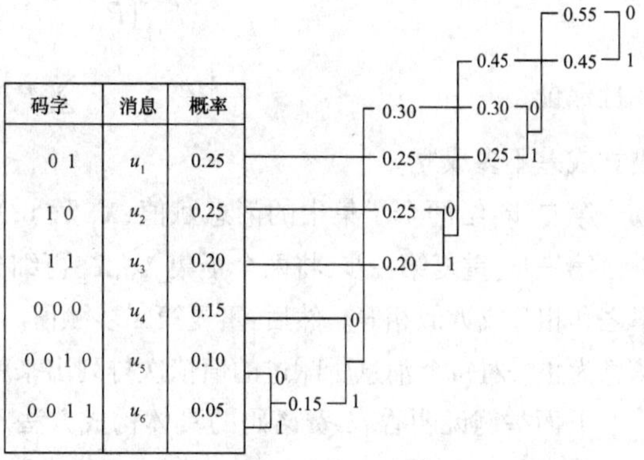

图 5-18 信源 X 的霍夫曼编码图

如对合并的消息赋以 1,0 值，则会得到如表 5-7 所示的另外一组码。

表 5-6 信源 X 的霍夫曼编码表

码 字	消 息	概 率
0 1	u_1	0.25
1 0	u_2	0.25
1 1	u_3	0.20
0 0 0	u_4	0.15
0 0 1 0	u_5	0.10
0 0 1 1	u_6	0.05

表 5-7 信源 X 的另一组霍夫曼编码表

码 字	消 息	概 率
1 0	u_1	0.25
0 1	u_2	0.25
0 0	u_3	0.20
1 1 1	u_4	0.15
1 1 0 1	u_5	0.10
1 1 0 0	u_6	0.05

下面计算一下信源的熵、平均码长、效率及冗余度。

$$H(X)=-\sum_{i=1}^{6}P_i\log_2 P_i=-0.25\log_2 0.25-0.25\log_2 0.25-0.20\log_2 0.20-$$
$$0.15\log_2 0.15-0.10\log_2 0.10-0.05\log_2 0.05=2.42$$

$$\overline{N}=2\times0.25+2\times0.25+2\times0.20+3\times0.15+4\times0.10+4\times0.05=2.45$$

$$\eta=\frac{H(X)}{\overline{N}\log_2 n}=\frac{2.42}{2.45\log_2 2}=0.98=98\%$$

$$R_d=1-\eta=1-98\%=2\%$$

所以，对于信源 X 的霍夫曼码的编码效率为 98%，尚有 2%的冗余度。

2. 香农-费诺码

另外一种常用的变长编码是香农-费诺码。这种码有时也可以得到最优编码性能。它的编码准则要符合非续长条件，在码字中 1 和 0 是独立的，而且是（或差不多是）等概率的。这样的准则一方面可保证无须用间隔来区分码字，同时又保证每传输 1 位码就有 1bit 的信息量。

香农-费诺码的编码程序可由下述几个步骤来完成。

第一步：设信源 X 有非递增的概率分布

$$X=\begin{Bmatrix} u_1 & u_2 & u_3 & \cdots & u_M \\ P_1 & P_2 & P_3 & \cdots & P_M \end{Bmatrix} \tag{5-31}$$

其中 $P_1\geqslant P_2\geqslant P_3\geqslant\cdots\geqslant P_M$。把 X 分成两个子集合，得

$$X_1=\begin{Bmatrix} u_1 & u_2 & u_3 & \cdots & u_k \\ P_1 & P_2 & P_3 & \cdots & P_k \end{Bmatrix} \tag{5-32}$$

$$X_2=\begin{Bmatrix} u_{k+1} & u_{k+2} & u_{k+3} & \cdots & u_M \\ P_{k+1} & P_{k+2} & P_{k+3} & \cdots & P_M \end{Bmatrix} \tag{5-33}$$

并且保证

$$\sum_{i=1}^{k} P_i \approx \sum_{i=k+1}^{M} P_i \tag{5-34}$$

成立或差不多成立。

第二步:给两个子集中的消息赋值,X_1 赋 1,X_2 赋 0,或给 X_1 赋 0,X_2 赋 1。

第三步:重复第一步,将两个子集 X_1,X_2 再细分为两个子集,并且也同样使两个小子集里消息的概率之和相等或近似相等。然后,重复第二步赋值。以这样的步骤重复下去,直到每个子集内只包含一个消息为止。对每个消息所赋过的值依次排列出来就可以构成香农-费诺码。

下面举例说明香农-费诺码的具体构成方法。

例:设有信源 $X=\begin{Bmatrix} u_1 & u_2 & u_3 & u_4 & u_5 & u_6 & u_7 & u_8 \\ 1/4 & 1/4 & 1/8 & 1/8 & 1/16 & 1/16 & 1/16 & 1/16 \end{Bmatrix}$

其编码流程图如图 5-19 所示,编码表如表 5-8 所示。如果对各子集赋以另外一种值,即 1,0,那么,同样会得到另一种编码结果,其编码表如表 5-9 所示。

码字	消息	概率				
0 0	u_1	1/4	0	0		
0 1	u_2	1/4		1		
1 0 0	u_3	1/8	1	0	0	
1 0 1	u_4	1/8			1	
1 1 0 0	u_5	1/16		1	0	0
1 1 0 1	u_6	1/16				1
1 1 1 0	u_7	1/16			1	0
1 1 1 1	u_8	1/16				1

图 5-19　香农-费诺码编码流程图

表 5-8　香农-费诺码编码表

消息	概率	码　字
u_1	1/4	0 0
u_2	1/4	0 1
u_3	1/8	1 0 0
u_4	1/8	1 0 1
u_5	1/16	1 1 0 0
u_6	1/16	1 1 0 1
u_7	1/16	1 1 1 0
u_8	1/16	1 1 1 1

表 5-9　另一种香农-费诺码编码表

消息	概率	码　字
u_1	1/4	1 1
u_2	1/4	1 0
u_3	1/8	0 1 1
u_4	1/8	0 1 0
u_5	1/16	0 0 1 1
u_6	1/16	0 0 1 0
u_7	1/16	0 0 0 1
u_8	1/16	0 0 0 0

下面计算一下香农-费诺码的平均码长、效率及冗余度。信源的熵为

$$H(X)=-\frac{1}{4}\log_2\frac{1}{4}-\frac{1}{4}\log_2\frac{1}{4}-\frac{1}{8}\log_2\frac{1}{8}-\frac{1}{8}\log_2\frac{1}{8}-\frac{1}{16}\log_2\frac{1}{16}-\frac{1}{16}\log_2\frac{1}{16}-\frac{1}{16}\log_2\frac{1}{16}-\frac{1}{16}\log_2\frac{1}{16}=2\frac{3}{4}\text{(比特/消息)}$$

平均码长

$$\overline{N}=\sum_{i=1}^{8} P_i N_i=\frac{1}{4}\times2+\frac{1}{4}\times2+\frac{1}{8}\times3+\frac{1}{8}\times3+\frac{1}{16}\times4+\frac{1}{16}\times4+\frac{1}{16}\times4+\frac{1}{16}\times4=2\frac{3}{4}$$

显然,$\eta=1$,$R_d=0$。效率已达到 100%。这一结果并不奇怪,对于香农-费诺码来说,如果满足

$$P(u_i)=2^{-N_i} \tag{5-35}$$

且

$$\sum_{i=1}^{M} 2^{-N_i}=1 \tag{5-36}$$

就会使编码效率达到 100%。式(5-35)中的 $P(u_i)$ 为消息 u_i 出现的概率,N_i 是码字的长度。如果不满足上述条件就不会有 100%的效率,如下例中图 5-20 所示。

例:设有一信源 $X = \left\{ \begin{array}{ccccccccc} u_1 & u_2 & u_3 & u_4 & u_5 & u_6 & u_7 & u_8 & u_9 \\ 0.49 & 0.14 & 0.14 & 0.07 & 0.07 & 0.04 & 0.02 & 0.02 & 0.01 \end{array} \right\}$

编码流程及形成的码字如图5-20所示。可以计算出

$$H(X) = 2.313, \quad \overline{N} = 2.33, \quad \eta = 0.993, \quad R_d = 0.007$$

由此例可见,由于信源不满足式(5-35)和式(5-36)的条件,编码效率不能达到100%。然而从结果上看,它仍然是一种相当好的编码。

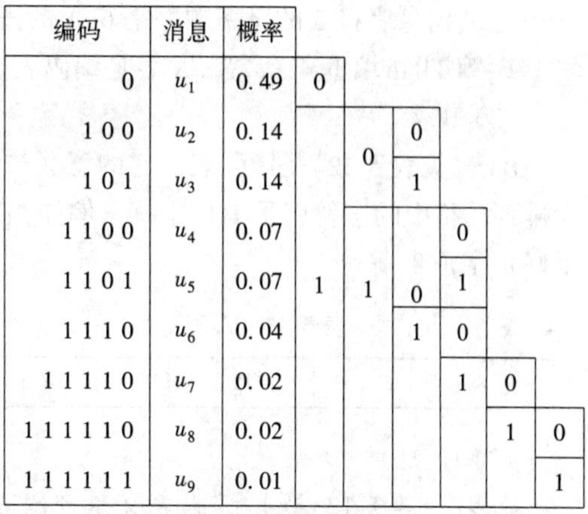

3. 霍夫曼-香农-费诺码

我们把霍夫曼-香农-费诺码简称 HSF 码。这种码兼有霍夫曼码和香农-费诺码的特点,即具有最小冗余度及有数值序列的特点。也就是说,从概率大到概率小的码字来看它的数值大小是递增的(这指的是将二进制码字翻译成十进制数的值)。这一特点正好被利用来减少翻译表的大小,缩短编、译码的时间。这样 HSF 码就兼有两种码的优点。HSF 码的编码方法将用下面的例子加以说明。

编码	消息	概率						
0	u_1	0.49	0					
1 0 0	u_2	0.14			0			
1 0 1	u_3	0.14		0	1			
1 1 0 0	u_4	0.07				0		
1 1 0 1	u_5	0.07	1	1	0	1		
1 1 1 0	u_6	0.04				1	0	
1 1 1 1 0	u_7	0.02				1	0	
1 1 1 1 1 0	u_8	0.02					1	0
1 1 1 1 1 1	u_9	0.01					1	1

图 5-20　编码流程图

例:设有一个信源

$$X = \left\{ \begin{array}{cccccccccccc} 2 & 9 & 4 & 0 & A & 8 & 3 & 7 & 1 & 5 & B & 6 \\ 0.226 & 0.165 & 0.135 & 0.120 & 0.079 & 0.063 & 0.054 & 0.041 & 0.038 & 0.034 & 0.030 & 0.015 \end{array} \right\}$$

这个信源共有 12 个消息(或字符),它们出现的概率不等。首先编成霍夫曼码

$$X_H = \{10,000,010,011,0010,1101,1111,00110,00111,11100,11101\}$$

由编码可见,码字长度分别为 2,3,4,5,因此,可以定义一个编码索引 I。

$$I = W_1 W_2 W_3 W_4 W_5 \tag{5-37}$$

其中 W_i 代表字长为 i 的码字的个数。在这个例子中,字长为 1 的码字没有,所以 $W_1 = 0$,字长为 2 的码字有一个,所以 $W_2 = 1$。以此类推,可得

$$I = 01344$$

根据 I 可以构造 HSF 码,也就是用 SF 码的构码方法编码,但它的字长和个数要受 I 的约束。显然,HSF 码的平均码长 $\overline{N}$ 与霍夫曼一样。如果用编码树来表示,则 HSF 码的编码树如图5-21所示。编码表示于表5-10中(为清楚起见,把霍夫曼码和 HSF 码均列在表5-10中,以便对照比较)。从表中可见,霍夫曼码没有数值序列特性,而 HSF 码的数值是从 $0 \sim (2^k - 1)$ 递增的,其中 k 是最后一个码字的码位数。表中把 HSF 码及其数值列于第5、第6列。依照 HSF 码的特性可以构造出较短的翻译表,从而可以减少编、译码的时间。

表 5-10　HSF 编码表

消息字符	概率	概率顺序	霍夫曼码	HSF 码	HSF 码值
2	0.226	0	1 0	0 0	0
9	0.165	1	0 0 0	0 1 0	2
4	0.135	2	0 1 0	0 1 1	3
0	0.120	3	0 1 1	1 0 0	4
A	0.079	4	0 0 1 0	1 0 1 0	10
8	0.063	5	1 1 0 0	1 0 1 1	11
3	0.054	6	1 1 0 1	1 1 0 0	12
7	0.041	7	1 1 1 1	1 1 0 1	13
1	0.038	8	0 0 1 1 0	1 1 1 0 0	28
5	0.034	9	0 0 1 1 1	1 1 1 0 1	29
B	0.030	10	1 1 1 0 0	1 1 1 1 0	30
6	0.015	11	1 1 1 0 1	1 1 1 1 1	31

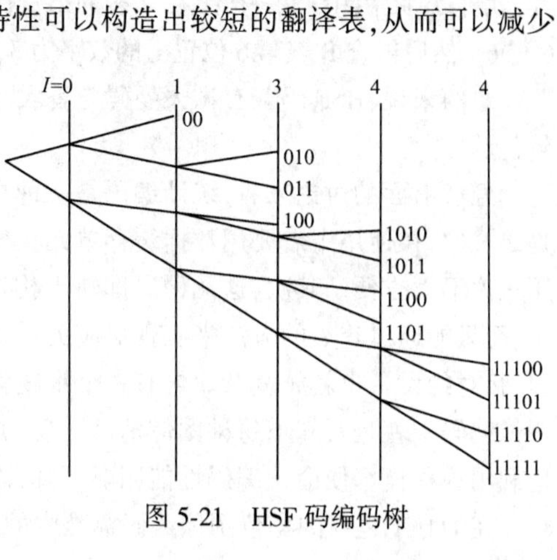

图 5-21　HSF 码编码树

建立 HSF 翻译表,有如下三个。

(1) A 表

A 表(见表 5-11)是这样建立的,表的顺序从左到右按消息字符的值从小到大自然顺序放置。每个位置中的数字则是此字符出现的概率的顺序数(概率是从大到小排列)。例如,消息字符 0 的概率顺序是 3,消息字符 3 的概率顺序是 6,A 的概率顺序是 4,等等。分别在 A 表的第 1 格填上 3,第 4 格填上 6,第 11 格填上 4,等等。A 表是编码表。

(2) B 表

B 表(见表 5-12)是译码表。它的意义与 A 表正好相反。表中位置顺序是消息概率顺序从小到大排列。格中的字符就是消息字符。例如,消息概率序数为 0 的正好是字符 2,消息概率序数为 5 的正好是字符 8,等等。

表 5-11 A 表

3	8	0	6	2	9	11	7	5	1	4	10

表 5-12 B 表

2	9	4	0	A	8	3	7	1	5	B	6

(3) C 表

表 5-13 C 表

极限值	基值	范围值
0 0 (0)	0	0
1 0 0 (4)	1	3
1 1 0 1 (13)	6	7
1 1 1 1 1 (31)	20	11

C 表(见表 5-13)既是编码表又是译码表。表中共有三列。第一列是极限值,它指明每一组相同字长的码字中的最大数值,括弧中指的是对应的十进制数值。第二列是基值,每一组相同字长的码字中有一个基值,如字长为 2 的这一组码里基值为 0,字长 4 的这一组码里基值为 6,等等。这一组里的码字的值(即表 5-11 中的 HSF 码值)减去这一基值就会得到消息序列的概率顺序值。而基值与范围值相加就正好等于极限值。第三列是范围值,它与每组码字中的最大概率顺序一致。例如,在 5 位字长的一组码字中概率顺序最大数是 11,则范围值为 11。在 4 位字长一组中概率顺序最大数是 7,则范围数值为 7,等等。

根据以上三个表就可以进行 HSF 编码了。例如,当信源送出消息字符 8 时,由 A 表,在第 8 位置上查出其概率顺序为 5。于是,将它与范围值逐次比较,发现它小于 7,这样就可确定它在 C 表第三行内,其字长为 4,基值为 6,把 5 与 6 相加便得 11,把 11 翻译成二进制码就是 1011。这就是消息字符 8 的 HSF 码。这种编码方法快速简便。

译码同样比较简单。假定某个比特序列是 110000011…。第一步将头两个比特(11)(3)与第一个极限值(00)(0)相比,发现(11)>(00),则再比较头三个比特(110)(6),它与第二个极限值比较发现(110)>(100),则再比较头 4 个比特(1100)(12),(1100)与第三个极限值比较,发现(1100)<(1101),这样,就可以判断 1100 这一码字在 C 表的第三行。因此,字长为 4,基值为 6,于是用 1100 的数值减去基值 6 得 6。然后再查 B 表第 6 位置上的数字为 3,这就是要译出的消息字符 3。

总的来说,HSF 码兼有霍夫曼码与香农-费诺码的优点,因此,在码字长度及编、译码速度上均比较优越。

经过上面的讨论来看,统计编码是一种高效编码法。但是,它也有一些缺点,首先是它的码字不是等长的,在使用中需要用数据缓存单元收集可变比特率的代码,并以较慢的平均速率传输,这对使用来说不太方便。其次,这几种码都缺乏构造性,也就是说它们都不能用数学方法建立一一对应关系,而只能通过查表的方法来实现对应关系。如果消息数目太多,表就会很大,所需要的存储器也越多,相对的设备也就越复杂。再有一个难题就是在编码过程中应知道每种消息可能出现的概率。在图像编码中就是要知道每种图像消息出现的概率。实际上这种概率很难估计或测量,如果不能恰当地利用这种概率便会使编码性能明显下降,因此,目前使用的方法大多需要进一步改进。

在 ITU-T 建议的彩色图像编码标准中的编码表可在华信教育资源网中查找。

5.4.3 算术编码

算术编码(Arithmetic Coding)的概念最早由 J. Rissaner 在 1976 年以后人先出的编码形式引入,1979 年他和 G. G. Langdom 一起将其系统化。由于省去了乘法,因此,处理起来比较简单。1981 年又将其推广用于二值图像编码。对于二元平稳马尔可夫信源,效率可高于 95%。在国际编码标准中,JPEG、JBIG(Joint Bi-level Image Experts Group)都有算术编码的应用。

与霍夫曼码不同,算术编码是一种非分组编码方法,又称非块码。正因为算术编码不是分组编码,因此,其译码也是一个字符一个字符地进行。算术编码是另一种能趋近于熵极限的编码方法。算术编码法与霍夫曼编码法一样,也是对出现概率大的采用短码,出现概率小的编以长码,但是,其编码原理与霍夫曼编码不同,它也不一定非使用整数码。

1. 算术编码的基本原理

算术编码的基本原理可用下面的例子加以说明。

设:有一 4 符号的信源,其分别为 a_1,a_2,a_3,a_4,其概率如表 5-14 和图 5-22 所示。

表 5-14 符号信源 a_1,a_2,a_3,a_4 的概率

符　号	a_1	a_2	a_3	a_4
概率(十进制数)	1/8	1/4	1/2	1/8
概率(二进制数)	0.001	0.01	0.1	0.001
累积概率	0	0.001	0.011	0.111

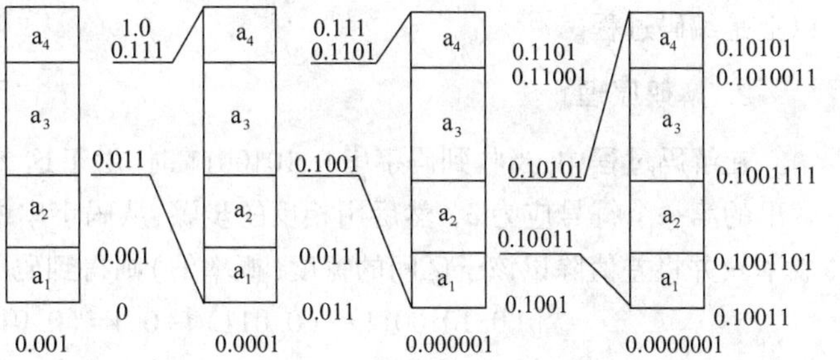

图 5-22 算术编码图示

图中符号出现的概率表示在概率区间之中,区间宽度表示概率值大小,图中子区间的边界值实际上是从下到上符号的累积概率,在算术编码中常用二进制小数来表示概率。其中 a_1,a_2,a_3,a_4 的概率值列在表 5-14 中。

这里请注意二进制数的计算规律:

① 逢二进一;

② 二进制数的表示:$(1101.101)=1\times2^3+1\times2^2+0\times2^1+1\times2^0+1\times2^{-1}+0\times2^{-2}+1\times2^{-3}$

③ 二进制数乘以 2,小数点向右移一位;二进制数除以 2,小数点向左移一位。

例如:　　$(110.101)\times(10)=1101.01$,　$(110.101)\div(10)=11.0101$

在算术编码中,每个符号对应的概率区间都是半开区间,即:该区间包括下端点,而不包括上端点。如:a_1 对应[0,0.001),a_2 对应[0.001,0.011)等。

现在以符号序列 $a_3a_3a_2a_4$ 为例解释一下编码过程。

有如下几点概念请特别注意:

① 算术编码产生的码字实际上是一个二进制小数的指针,该指针指向所编码符号对应的概率区间。

② 按照上述原则,序列的第一个符号是 a_3,我们就用第 3 个子区间的指针来代表这个符号。

③ 从原理上讲,指针指向区间[0.011,0.111]内的任何部位都可以代表 a_3;但为方便起见,通常规定指向区间的下端点。因此,得码字 0.011。

④ 后续符号的编码将在前面符号编码指向的子区间进行。

将[0.011,0.111]再按符号的概率值划分成 4 份,其概率关系一样。第二个符号仍然是 a_3,指针指向 a_3 区间的下端,0.1001,也就是码字为 0.1001,然后 a_3 所对应的子区间再被划分为 4 份,概率关系一样。

第三个符号为 a_2，指针指向 a_2 区间的下端，即 0.10011，余下以此类推。

上述递归过程，可将算术编码的基本原理总结如下。

(1) *初始状态*

编码原点(指针所指之处) $C_0=0$

区间宽度为 $A_0=1.0$

(2) *新编码点 C_1=原编码点 C_0+原区间×P_i*

新区间 A_1=原区间 $A_0\times p_i$

其中 p_i 为所编符号 a_i 对应的概率，P_i 为 a_i 的累积概率。

因此，对 $a_3a_3a_2a_4$ 的编码过程如下。

第一个符号 a_3：　$C_0=0+1\times0.011=0.011$　$A_0=1\times0.1=0.1$

第二个符号 a_3：　$C_1=0.011+0.1\times0.011=0.1001$　$A_1=0.1\times0.1=0.01$

第三个符号 a_2：　$C_2=0.1001+0.01\times0.001=0.10011$　$A_2=0.01\times0.01=0.0001$

第四个符号 a_4：　$C_3=0.10011+0.0001\times0.111=0.1010011$　$A_3=0.0001\times0.001=0.0000001$

以上是编码过程。

2. 解码原理

在解码过程中，当收到码字串 0.1010011 时，由于这个码字串指向子区间[0.011,0.111]，因此，解出的第一个符号应为 a_3，然后用相反的步骤，从码字串中减去已解符号子区间下端点的数值(累积概率)，并将差值除以该子区间的宽度(概率值)则得到码字串，即

$$[(0.1010011)-(0.011)]\div0.1=(0.0100011)\div0.1=0.100011$$

如图 5-22 所示，该字串仍然落在[0.011,0.111]区间内，因此，解出的第二个字符为 a_3；

第三个字符：　$(0.100011-0.011)\div0.1=0.001011\div0.1=0.01011$

字符落在[0.001,0.011]之间，因此是 a_2；

第四个字符：　$(0.01011-0.001)\div0.01=0.00111\div0.01=0.111$

字符落在[0.111,1.0]之间，因此是 a_4；

以上就是解码过程。

在算术编码中，值得注意的问题是进位问题。在霍夫曼码中没有这类问题。

在上述的例子中，编完第 3 个符号之后得到的码字是 0.10011，对第四个符号编码时前 3 位 0.100 就变成 0.101 了(a_2 0.10011，a_4 0.1010011)。

这就是相加过程中的进位引起的。

解码过程是：　(收到的码字串-已解符号子区间的下端点)÷(字符概率)

3. 二进制算术编码

输入字符只有两种情况时称之为二进制。在二进制算术编码的两个字符中，出现概率大的称为 MPS(More Probable Symbol)，出现概率小的称为 LPS(Less Probable Symbol)。如果 LPS 出现的概率为 Q，则 MPS 出现的概率为 $1-Q$。

对于两个符号构成的序列的编码与前边介绍的算术编码原理是一样的，也是不断地划分概率子区间的过程。如果规定编码指针指向子区间的底部，则编码规则如下。

对于 MPS 来说：　$C=C,\quad A=A(1-Q)=A-AQ$

对于 LPS 来说：　$C=C+A(1-Q)=C+A-AQ,\quad A=AQ$

在实现上述算法时，有如下几点需要注意：

① 在概率子区间不断划分的过程中，区间宽度不断变小，因此，表示 A 的数字的位数将会越来

越多；

② 在完成上述运算的过程中，用到乘法运算，因此，算法开销较大；

③ 当已编好的码字串中连续出现多个 1 时，如果后续编码过程中在最后一位上加 1，将连续改变前面已编好的码字，产生连续多个 0，直到出现 1 为止，这就是进位问题。

为了有效地实现算术编码，在过去的研究中，已提出若干办法解决以上问题，从而出现了不同的二进制编码器。

5.5 预测编码

预测编码法是一种设备简单、质量较佳的高效编码法。预测编码方法主要有两种。一种是 ΔM（Delta Modulation，也称 DM）编码法，另一种是 DPCM（Differential Pulse Code Modulation）编码法。本节主要介绍这两种方法的原理及其在图像编码中的应用。

5.5.1 预测编码的基本原理

预测编码的基本原理如图 5-23 所示。假设有一个平均值为零、均方根值为 σ 的平稳信号 $X(t)$ 在时刻 $t_1, t_2, \cdots, t_n$ 被取样，而且其相应的样值为 $x_1, x_2, x_3, \cdots, x_n$。在图 5-23（a）的编码原理图中，$x_i$ 是下一个样值。根据前面出现的 n 个样值，可以得到 x_i 的预测值 $\hat{x}_i$。

$$\hat{x}_i = \alpha_1 x_1 + \alpha_2 x_2 + \alpha_3 x_3 + \cdots + \alpha_n x_n \tag{5-38}$$

式中，$x_1, x_2, x_3, \cdots, x_n$ 是 x_i 的前 n 个样值。$\alpha_1, \alpha_2, \alpha_3, \cdots, \alpha_n$ 是预测参数。设 e_i 为 x_i 与 $\hat{x}_i$ 之间的误差值，则

$$e_i = x_i - \hat{x}_i \tag{5-39}$$

预测编码就是要对误差 e_i 进行编码，而不是对样值直接编码。那么，对误差编码果真可以压缩数据率吗？下面先定性地分析一下其可能性。

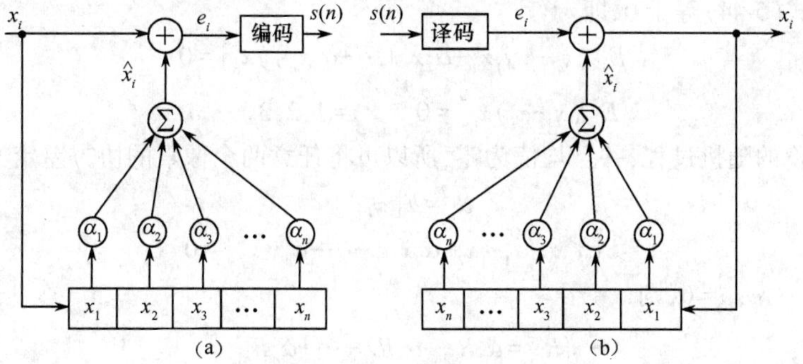

图 5-23　预测编码原理图

假如直接对样值 x 编码，那么正如前面谈到的那样，代码平均长度有一个下限 $\overline{N}_{\min}$，这个下限就是信源的熵 $H(X)$，即

$$\overline{N}_{\min} = H(\boldsymbol{X}) = -\sum_i P(i)\log P(i) \tag{5-40}$$

同样道理，如果对误差信号进行编码，那么，它也应该有一个下限，设为 $H(E)$。显然，预测编码可以压缩数码率的条件是

$$H(\boldsymbol{E}) < H(\boldsymbol{X}) \tag{5-41}$$

熵是概率分布的函数，分布越均匀熵越大。熵值大，则其平均码长的下限必然会加大，码率就会增高。反之，分布越集中熵值越小，而其平均码长的下限就会越短，码率就会降低。如果预测比较准确，那么误差就会集中于不大的数值内，从而使 $H(\boldsymbol{E})$ 小于 $H(\boldsymbol{X})$。图像信号中样值的高度相关性，

使得相邻样值之间的差别总是十分微小的,所以其差值分布十分集中。预测前后的概率分布情况如图 5-24 所示。

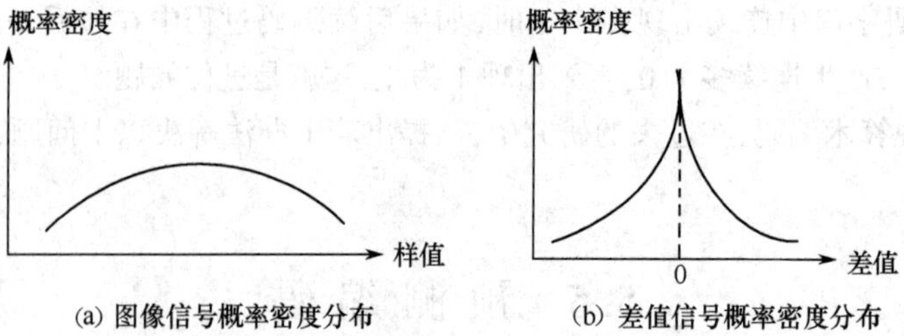

图 5-24　预测前后的概率密度分布示意图

由第 2 章关于图像信号性质的讨论中可知,帧内像素相关系数为 0.85 左右,帧间相关系数为 0.95 左右。由此可见,图像像素间的相关性是很大的,其压缩潜力也是很大的。由上面的定性分析可知,预测编码是可以压缩码率的。

一般情况下,使用线性预测器,预测值与前面的 n 个已出现样值的关系如式(5-38)所示。线性预测的关键一步在于预测系数 α_i 的求解。预测误差信号是一个随机变量,它的均方误差为 σ_i^2。

$$\sigma_i^2=E[(x_i-\hat{x}_i)^2] \tag{5-42}$$

这里 $E[\ ]$表示数学期望。通常把均方误差最小的预测称为最佳预测。通过最小均方误差准则可求解预测系数,即

$$\frac{\partial E[(x_i-\hat{x}_i)^2]}{\partial \alpha_j}=0 \qquad j=1,2,3,\cdots,n \tag{5-43}$$

将式(5-38)代入,则

$$\begin{aligned}\frac{\partial E[(x_i-\hat{x}_i)^2]}{\partial \alpha_j}&=\frac{\partial E[(x_i-(\alpha_1x_1+\alpha_2x_2+\cdots+\alpha_nx_n))^2]}{\partial \alpha_j}\\&=-2E[(x_i-(\alpha_1x_1+\alpha_2x_2+\cdots+\alpha_nx_n))x_j]\end{aligned} \tag{5-44}$$

为求极小值可令式(5-44)等于 0,即

$$E[(x_i-(\alpha_1x_1+\alpha_2x_2+\cdots+\alpha_nx_n))x_j]=0$$

或

$$E[(x_i-\hat{x}_i)x_j]=0 \qquad j=1,2,3,\cdots,n \tag{5-45}$$

因为信号 X 是平稳的随机过程,并且均值为零,所以可将任意两个像素的协方差定义为 R_{ij}:

$$R_{ij}=E[x_ix_j] \tag{5-46}$$

展开式(5-45)得

$$E[x_ix_j-\alpha_1x_1x_j-\alpha_2x_2x_j-\cdots-a_nx_nx_j]=0$$

令式中 $j=1,2,3,\cdots,n$, $i=0$,则

$$\begin{cases}R_{01}=\alpha_1R_{11}+\alpha_2R_{22}+\cdots+\alpha_nR_{n1}\\R_{02}=\alpha_1R_{12}+\alpha_2R_{22}+\cdots+\alpha_nR_{n2}\\\qquad\vdots\\R_{0n}=\alpha_1R_{1n}+\alpha_2R_{2n}+\cdots+\alpha_nR_{nn}\end{cases} \tag{5-47}$$

这是一个 n 阶线性联立方程组,当协方差 R_{ij}都已知时,那么各个预测参数 α_i 是可以解出来的。

另外,由上面的讨论可知,如果 $\hat{x}_i$ 是 x_i 的最佳线性估计值,则

$$E[(x_i-\hat{x}_i)x_j]=0 \qquad j=1,2,3,\cdots,n$$

而其均方误差为

$$\begin{aligned}\sigma_i^2&=E[(x_i-\hat{x}_i)^2]=E[(x_i-\hat{x}_i)(x_i-\hat{x}_i)]\\&=E[(x_i-\hat{x}_i)x_i-(x_i-\hat{x}_i)\hat{x}_i]=E[(x_i-\hat{x}_i)x_i]-E[(x_i-\hat{x}_i)\hat{x}_i]\\&=E[(x_i-\hat{x}_i)x_i]-E[(x_i-\hat{x}_i)(\alpha_1x_1+\alpha_2x_2+\cdots+\alpha_nx_n)]\end{aligned}$$

$$=E[(x_i-\hat{x}_i)x_i]-E[\alpha_1(x_i-\hat{x}_i)x_1]-E[\alpha_2(x_i-\hat{x}_i)x_2]-\cdots-E[\alpha_n(x_i-\hat{x}_i)x_n]$$

$$=E[(x_i-\hat{x}_i)x_i]$$

由此可得

$$\sigma_i^2=E[(x_i-\hat{x}_i)x_i] \tag{5-48}$$

当 $i=0$ 时，则

$$\sigma_0^2=E[x_0^2-x_0\hat{x}_0] \tag{5-49}$$

将

$$\hat{x}_0=\alpha_1x_1+\alpha_2x_2+\cdots+\alpha_nx_n$$

代入式(5-49)，并引入协方差的定义，则

$$\sigma_0^2=R_{00}-(\alpha_1R_{01}+\alpha_2R_{02}+\cdots+\alpha_nR_{0n}) \tag{5-50}$$

式中，R_{00} 是原序列 X 的方差。由式(5-50)可见，误差序列的方差 σ_0^2 比原序列的方差确实要小。如果在形成估计时所用的取样值 n 无限制时，那么误差取样序列总可以是完全不相关的。如果取样序列是 r 阶马尔可夫序列，则在形成 x_i 的最佳估计中，只需采用 r 个取样值，而且得出的误差取样序列也会是不相关的。由于解除了样值间的相关性，也就解除了存在于相关性中的多余度。

对于图像编码，特别是电视信号编码，如果利用同一行的前 r 个样值进行预测，称之为一维预测。如果同时利用前面几行的样值预测就称之为二维预测。电视图像一般是一帧一帧连续发送的，那么可以利用前面若干帧进行预测，这时就是三维预测了。

对于电视信号来说，可以认为它是一阶马尔可夫过程，这时只采用前值预测法便可以了。其误差值为

$$e_i=x_i-\hat{x}_i=x_i-\alpha_1x_{i-1} \tag{5-51}$$

此时，电视信号取样序列的自相关函数近于指数形式，即 $e^{-\alpha t}$ 的形式。

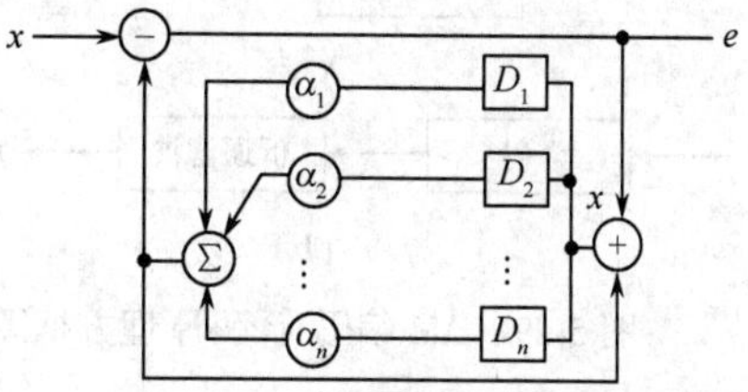

图 5-25　线性预测原理框图

线性预测的原理框图如图 5-25 所示，在图中，输入信号为 x，x 的最佳估计为 $\hat{x}$；$D_1, D_2, \cdots, D_n$ 为延迟单元；$\alpha_1, \alpha_2, \cdots, \alpha_n$ 为预测系数。如果采用前值预测，则

$$\hat{x}=\alpha_1x_1 \tag{5-52}$$

前值预测原理框图如图 5-26 所示。

如果如图 5-27 所示利用前一行的 x_2 及本行的前一个样值 x_1 来预测 x_0，则预测器原理框图如图 5-28所示。

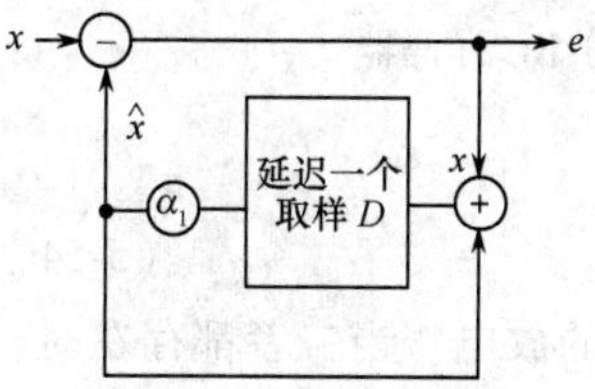

图 5-26　前值预测原理框图

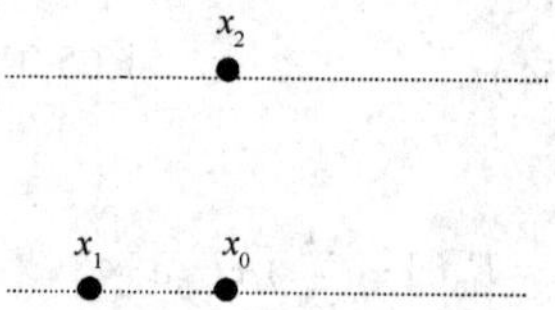
图 5-27　利用前一行样值 x_2 及本行前一个样值 x_1 预测 x_0 的示意图

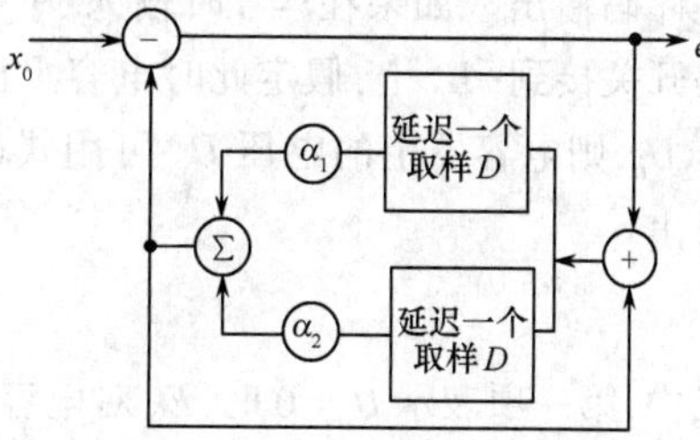

图 5-28　利用前一行样值 x_2 及本行前一个样值 x_1 预测 x_0 的原理框图

以上便是预测编码的基本原理。目前，应用和实验研制的预测编码方法主要有两大类。一类是增量调制(ΔM)编码，另一类就是差分脉冲编码调制(DPCM)编码。两类编码法中又都有各自的各种自适应方案。下面将较详细地介绍这两类预测编码法。

5.5.2　ΔM(DM)编码

1. ΔM 编码的基本原理

ΔM 编码、译码原理方框图如图 5-29 所示，其中图(a)为编码原理框图，图(b)为译码原理框图。

ΔM 编码器包括比较器(即⊖)、本地译码器和脉冲形成器(即:定时判决)三个部分。收端译码器比较简单,它只有一个与编码器中的本地译码一样的译码器及一个视频带宽的低通滤波器。

ΔM 编码器实际上就是 1bit 编码的预测编码器。它用 1 位码字来表示 $e(t)$,即

$$e(t)=f(t)-\hat{f}(t) \tag{5-53}$$

式中,$f(t)$为输入视频信号,$\hat{f}(t)$是$f(t)$的预测值。当差值 $e(t)$为一个正的增量时用“1”码来表示,当差值 $e(t)$为一个负的增量时用“0”码来表示。在收端,当译码器收到“1”时,信号则产生一个正跳变,收到“0”时则信号电压产生一个负的跳变,由此即可实现译码。

根据上述原理,首先讨论一下译码电路。一般来说,译码器应具有下述三个功能:

① 收到“1”时,产生一个正斜变电压,当连续收到“1”时,则连续上升;

② 收到“0”时,产生一个负斜变电压,当连续收到“0”时,则连续下降;

③ 正、负斜率相等,且具有记忆功能。

上述功能如图 5-30 所示。

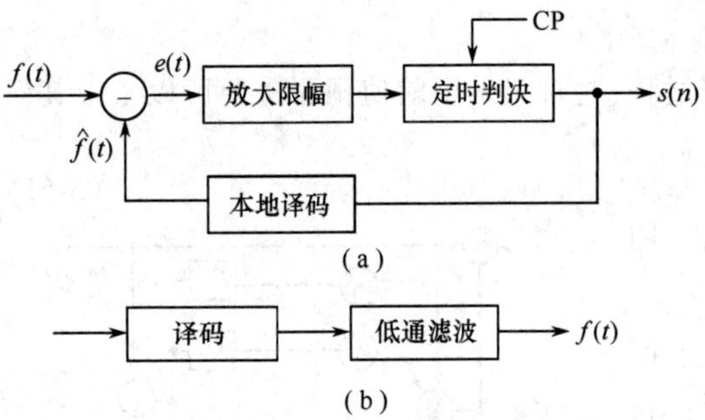

图 5-29　ΔM 编码、译码原理方框图

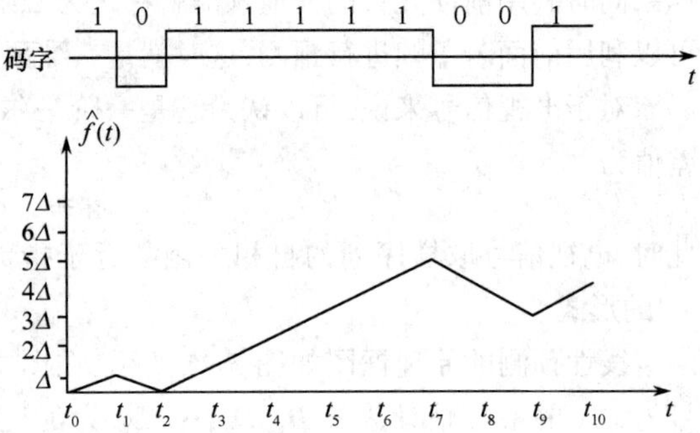

图 5-30　译码原理

最普通的译码器就是一个 RC 积分电路,如图 5-31 所示。当输入“1”时,开关接$+E_0$;输入“0”时,开关接$-E_0$。电容的两端就是译码输出。如果在$t=0$时输入“1”,也就是开关接到$+E_0$上,假定此时电容上已有电压 U_0,则电容器上的电压 U_C 可用式(5-54)求出:

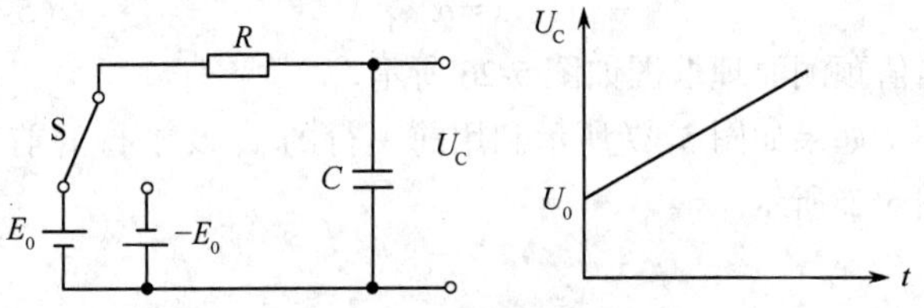

图 5-31　单积分 RC 译码器

$$U_C=E_0(1-e^{-\frac{t}{RC}})+U_0e^{-\frac{t}{RC}} \tag{5-54}$$

式中,第一项表示 $U_0=0$ 时,E_0 对电容 C 的充电,第二项表示 $E_0=0$ 时 U_0 的放电。当二者都存在时,U_C 是它们的和。因为

$$e^{-\frac{t}{RC}}=1-\frac{t}{RC}+\frac{1}{2}\left(\frac{t}{RC}\right)^2-\frac{1}{2\times3}\left(\frac{t}{RC}\right)^3+\cdots \tag{5-55}$$

这里 t 是一个码元的长度,而 t 远小于 RC,所以式(5-55)可近似为式(5-56)的形式:

$$e^{-\frac{t}{RC}}\approx1-\frac{t}{RC} \tag{5-56}$$

这样,在收到“1”时,电容器上的电压为

$$U_C=E_0\left(1-1+\frac{t}{RC}\right)+U_0\left(1-\frac{t}{RC}\right)=(E_0-U_0)\frac{t}{RC}+U_0 \tag{5-57}$$

式中,U_0 可看作先前各码元在电容器上建立的电压的代数和。一般情况下,U_0 是远小于 E_0 的,所

以，电容器上的电压 U_C 可近似为

$$U_C \approx E_0 \frac{t}{RC}+U_0 \tag{5-58}$$

如果连续收到 n 个“1”，则电容器上的电压为

$$U_C = E_0 \frac{nt}{RC}+U_0 \tag{5-59}$$

只要 nt 远小于 RC，则电容器上的电压会一直随时间线性增长，保证在收到连“1”码时，每次上升同样一个量化级，上升的斜率就是 $E_0 \frac{t}{RC}$。另外，电容器能够保持电荷，因而具有记忆作用。由式(5-58)知道，收到“1”时电压会上升一个量化阶，当收到“0”时，相当于图 5-31 中开关接到 $-E_0$，此时会使电容上的电压下降一个量化阶，所以，简单的 RC 电路就能实现增量调制编码的译码。

下面讨论编码器的工作原理。假定“1”码的电压值为 $+E_0$，“0”码的电压值为 $-E_0$。编码原理如图 5-32 所示。

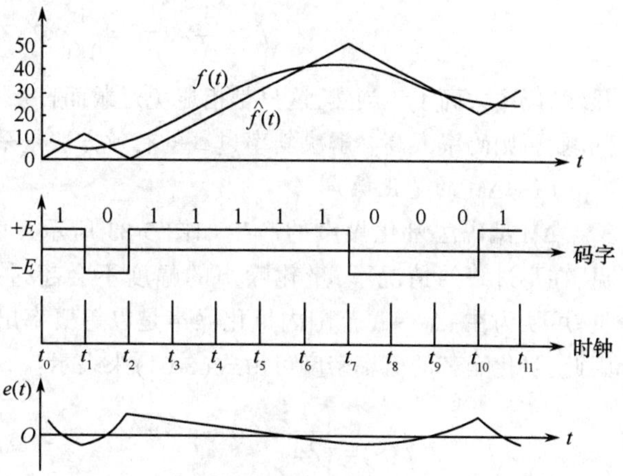

图 5-32　ΔM 编码原理

图像信号 $f(t)$ 送入相减器，输出码经本地译码后产生的预测值 $\hat{f}(t)$ 也送至相减器。相减器的输出就是图像信号 $f(t)$ 与其预测值 $\hat{f}(t)$ 之差 $e(t)$，即

$$e(t)=f(t)-\hat{f}(t)$$

误差信号 $e(t)$ 送入脉冲形成器以控制脉冲形成。脉冲形成器一般由放大限幅和双稳判决电路组成。脉冲形成器的输出就是所需要的数码。码率由取样脉冲决定。当取样脉冲到来时刻 $e(t)>0$ 则发“1”，当 $e(t)<0$ 则发“0”。发“0”还是发“1”完全由 $e(t)$ 的极性来控制，与 $e(t)$ 的大小无关。为了提高控制灵敏度，在电路中还加有放大限幅电路。图 5-32 说明了编码过程。在 $t=t_0$ 时，输入一模拟信号 $f(t)$，在此时刻 $f(t_0)>\hat{f}(t_0)$，也就是 $e(t)>0$，则脉冲形成电路输出“1”。从 t_0 开始本地译码器将输出正斜变电压，使 $\hat{f}(t)$ 上升，以便跟踪 $f(t)$。由于 $f(t)$ 变化缓慢，$\hat{f}(t)$ 上升较快，所以在 t_1 时刻 $f(t)-\hat{f}(t)<0$，因此，在第二个时钟脉冲到来时便输出码“0”。以此类推，在 $t_2, t_3, \cdots, t_n$ 等时刻码字的产生原理相同。图 5-32 中分别画出了编出的码流、时钟及误差信号的示意波形。显而易见，$\hat{f}(t)$ 对 $f(t)$ 的跟踪越好，则误差信号 $e(t)$ 越小。这就是 ΔM 编、译码的基本原理。

2. ΔM 编码的基本特性

ΔM 编码性能主要由斜率过载特性、量化噪声及量化信噪比等来衡量。

(1) 斜率过载特性

由 ΔM 的编码原理可知，$\hat{f}(t)$ 应很好地跟踪 $f(t)$，跟踪得越好，误差 $e(t)$ 越小。当 ΔM 编码器出现连“1”或连“0”码时，就说明输入模拟信号 $f(t)$ 有较大的斜率。当判决时钟脉冲的频率及跳变量化台阶确定后，$f(t)$ 的最大变化斜率就应满足下式：

$$\left|\frac{\mathrm{d}f(t)}{\mathrm{d}t}\right|_{\max} \leqslant \frac{\Delta}{T_s} \tag{5-60}$$

式中，Δ 代表量化阶，T_s 是取样脉冲周期。

如果输入的是正弦信号，即

$$f(t)=A\sin\omega_c t \tag{5-61}$$

式中,A 是信号 $f(t)$ 的振幅,ω_c 是正弦波的角频率。当 $t=0$ 时

$$\left|\frac{\mathrm{d}f(t)}{\mathrm{d}t}\right|_{\max}=A\omega_c \tag{5-62}$$

在这种情况下,不过载条件为

$$A\leqslant\frac{\Delta}{2\pi}\left(\frac{f_s}{f_c}\right) \tag{5-63}$$

式中,f_s 是取样脉冲频率,f_c 是正弦波的频率。一般来说,为了满足不过载条件,ΔM 的取样率要比 PCM 高得多。例如,视频信号的带宽 $f_c=6.5\text{MHz}$,如果采用 PCM 编码 $f_s=2\times f_c=13\text{MHz}$。当每取样值编 8 位码时,码率可达 104Mb/s。当采用 ΔM 编码时,如果正弦信号峰值 $A=1\text{V}$,量化阶为 $\Delta=0.1\text{V}$,由式(5-63)可求得不过载时的 f_s 为

$$f_s\geqslant\frac{A}{\Delta}\times2\pi f_c=\frac{1}{0.1}\times2\times3.14\times6.5=408\text{Mb/s}$$

显然,码率太高了。当然,这只是指避免过载而言。一般情况下,不能单靠提高 f_s 的办法来解决过载问题,否则码率太高。解决斜率过载的有效方法是采用自适应增量编码法,即 ADM 编码法。

(2) ΔM 的量化噪声

ΔM 编码法量化噪声的产生如图 5-33 所示。由图可见,在不过载的情况下,量化噪声的幅度不会超过 ±Δ,而且,可认为在 −Δ ~ +Δ 范围内量化噪声是以等概率出现的。因此,量化噪声的概率密度可由式(5-64)来表示:

$$p(e)=\begin{cases}\dfrac{1}{2\Delta} & -\Delta\leqslant e\leqslant+\Delta\\ 0 & 其他\end{cases} \tag{5-64}$$

量化噪声的功率为 $$N_q=\int_{-\Delta}^{+\Delta}e^2p(e)\,\mathrm{d}e=\frac{\Delta^2}{3} \tag{5-65}$$

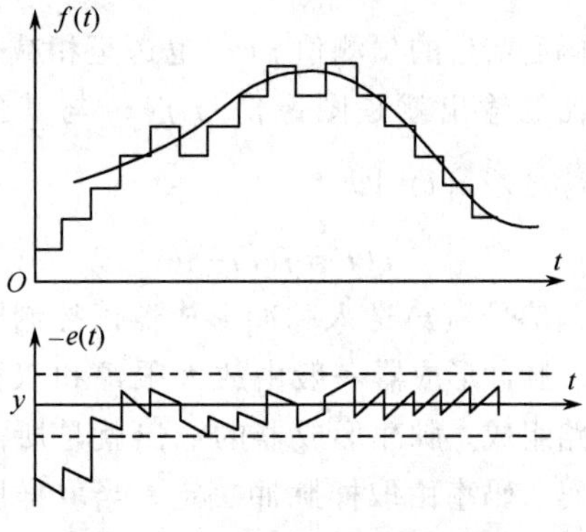

图 5-33　ΔM 编码的量化噪声

由式(5-65)得到的 N_q 是指在编码器中由比较判决带来的量化噪声功率。它的频谱很宽,并且它的频谱可以近似地认为是均匀分布的,也就是其频谱从低频到高频的分布是一样的。在这样的前提下,可容易地求出它的功率谱密度,即

$$\sigma_N=\frac{\Delta^2}{3f_s} \tag{5-66}$$

在译码时,由于有一个截止频率为 f_m 的低通滤波器,所以,它将抑制一部分量化噪声。此时,在译码输出端,量化噪声的平均功率由式(5-67)表示,其中 N_q 就是 ΔM 编码器的量化噪声:

$$\overline{N}_q=\frac{\Delta^2}{3}\,\frac{f_m}{f_s} \tag{5-67}$$

(3) ΔM 的量化信噪比

一般量化噪声的大小并不能完全说明一幅图像质量的好坏。与语音信号编码一样,信号幅度(或功率)与噪声幅度(或功率)的比值才能较全面地说明一幅图像质量受噪声影响的程度。正弦信号的平均功率可由式(5-68)求得:

$$S=A^2/2 \tag{5-68}$$

在保证不过载的情况下,$$A\leqslant\frac{\Delta}{2\pi}\,\frac{f_s}{f_c} \tag{5-69}$$

因此 $$S=\frac{\left(\dfrac{\Delta}{2\pi}\,\dfrac{f_s}{f_c}\right)^2}{2}=\frac{\Delta^2}{8\pi^2}\left(\frac{f_s}{f_c}\right)^2 \tag{5-70}$$

由此，可以求得 ΔM 的量化信噪比为

$$\frac{S}{N_q}=\frac{3}{8\pi^2}\frac{f_s^3}{f_c^2 f_m} \tag{5-71}$$

式中，f_s 是取样频率，f_c 是视频信号的最高频率，f_m 是低通滤波器的截止频率。由此可见，在滤波器的截止频率和视频信号的带宽都确定的情况下，ΔM 编码器的量化信噪比与取样频率的三次方成正比。

如果把式(5-71)表示的量化信噪比用分贝来表示，可得到

$$\begin{aligned}\left(\frac{S}{N_q}\right)_{dB} &= 10\log_{10}0.04\frac{f_s^3}{f_c^2 f_m}=10\log_{10}0.04f_s^3-10\log_{10}f_c^2-10\log_{10}f_m \\ &= -14+30\log_{10}f_s-20\log_{10}f_c-10\log_{10}f_m\end{aligned} \tag{5-72}$$

由式(5-72)可以看到：ΔM 的量化信噪比随着 f_s 的增加以每倍频 9dB 的速度增加；随着低通滤波器截止频率 f_m 的提高以每倍频 3dB 的速度下降；随着视频信号带宽 f_c 的增加以每倍频 6dB 的速度下降。

3. 介绍一种 ADM 系统

解决过载问题的有效方法是利用自适应技术。斜率过载的主要原因在于在常规编码中量化阶是固定的，因此，当信号变化过快时，预测值 $\hat{f}(t)$ 很难跟踪 $f(t)$ 的变化，这时就会产生较大的误差。自适应增量调制编码方案的基本思想是根据信号的变化速度相应地改变量化阶梯的大小。这种改变可由系统自动地加以控制。如果比较器连续输出同种极性的误差信号(或者连续出现相同的码字)，则说明输入信号变化剧烈。反之，如果比较器输出极性交替变化的误差信号，则说明信号变化缓慢。由此可见，可以用误差信号的极性去控制量化阶梯的长度。变化剧烈的信号出现时，加大阶梯步长，以便更好地跟踪输入信号的变化，避免斜率过载。反之，如果出现交变极性的误差信号(或者说交替出现“0”“1”码型)，说明信号变化缓慢，因此，可以利用误差信号极性或者码型的变化去控制量化阶梯的长度。变化剧烈则增加阶梯长度，以便更好地跟踪输入信号的变化，避免斜率过载。变化缓慢则减小步长，以便减小量化噪声。这样，就可以用不太复杂的技术既减小码率，又可以得到较好质量的编码图像。

目前，所应用的自适应增量调制器大致有三种系统。第一种是用前三个输出电平的极性使阶梯步长与信号变化相匹配。根据前三个输出电平极性可有 8 种可能的组合，与其相匹配使用±1，±2，±4 几个阶梯尺寸。第二种方法叫作“桑(sang)”增量调制系统。它的基本原理是使用前一样值的阶梯步长，形成当前样值的阶梯步长。第三种是 N. S. 杰伊亚特(N. S. Jayant)提出的带有 1 比特存储器的自适应增量调制器。它有一个存入前一输出比特极性的存储器，样值的阶梯步长是变化的。除此之外，还有自适应改变取样速率的 ADM 系统。

图 5-34 是一种自适应增量调制编、译码器原理框图。本方案的编码器和译码器分别如图(a)和(b)所示，实际上就是在基本 DM 方案上加上一个自适应环路构成的。这个自适应环路由三个 D 触发器构成一个移位寄存器及一个逻辑器组成。它利用三个输出电平的极性使步长与信号变化相匹配。这三个电平有八种可能的组合，使用 1，2，2，3 的阶梯步长比自适应地改变量化阶。其中最小步长的优值由式(5-73)表示：

$$\Delta_{min}=0.26\sigma_1\frac{2f_c}{f_s}\ln\left(\frac{f_s}{f_c}\right) \tag{5-73}$$

式中，σ_1 是输入信号的最小标准偏差，f_c 是视频信号的带宽，f_s 是取样钟频。

这个方案的关键部分是自适应逻辑控制部分。这部分主要包括移位寄存器和逻辑控制电路。移位寄存器的电路如图 5-35 所示。它是由三个 D 触发器 D_0，D_1，D_2 组成。图中将触发器 D_2 的 Q 端定为 A_2，D_1 的 Q 端定为 A_1，D_0 的 Q 端定为 A_0。这样，由 $A_2A_1A_0$ 的码元组合信息就可以指出输入信号是处于急剧变化状态还是处于平缓变化状态。例如，当出现连码状态，即 $A_2A_1A_0$ 为 111 或 000 时，

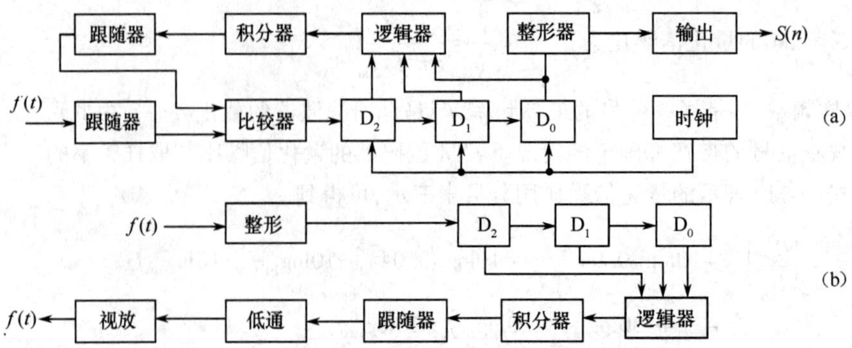

图 5-34　一种自适应增量调制编、译码器原理框图

就说明输入信号处于急剧变化状态，此时，阶梯步长应加大，以保证良好的跟踪。如果码元组合为 101 或 010 时，则说明信号处于平缓变化状态，阶梯步长应减小，以保证小的量化噪声。由于 $A_2A_1A_0$ 共有八种组合，每种组合为一个状态，共有八种状态。组合与状态的对应关系如表 5-15 所示。

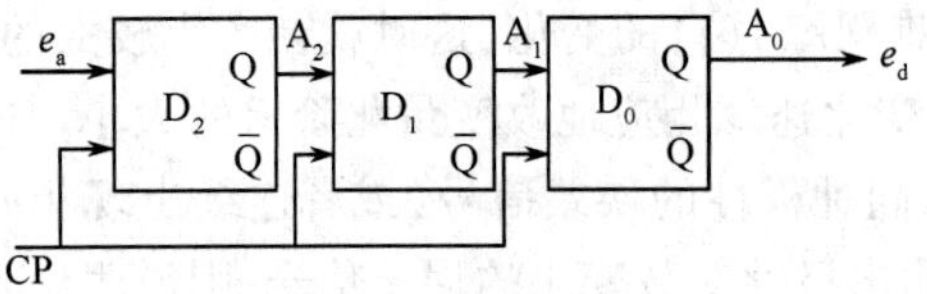

图 5-35　移位寄存器电路

表 5-15　状态真值表

状　态	3	2′	2	1	−1	−2	−2′	−3
A_2,A_1,A_0	111	110	100	101	010	011	001	000

上述逻辑的状态转移图如图 5-36 所示。从状态转移表中的对应关系不难理解状态转移图。逻辑设计必须遵循如下原则：

① 对于同一码元序列状态转移的通路应该一致；

② 如果码元序列出现 0、1 交替码，即 1010…，最后应稳定在最小阶梯步长状态；

③ 当模拟输入任意大小的阶跃信号时，应能尽量匀称地跟踪，然后稳定在最小阶梯步长状态，以免产生过冲；

④ 信噪比性能良好。

例如，当状态处在状态转移图的②处时，此时码元序列为 1101010001，与此相对应的通路只有一条，即如图 5-37 所示。另外，当码元序列为 101010…时，无论从哪里开始都会稳定在+1 和−1 的状态上。

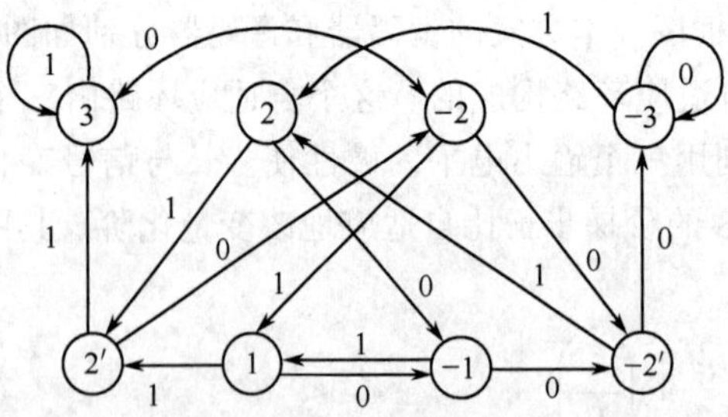

图 5-36　状态转移图

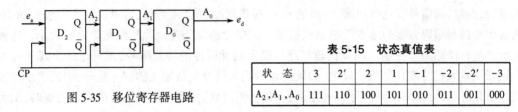

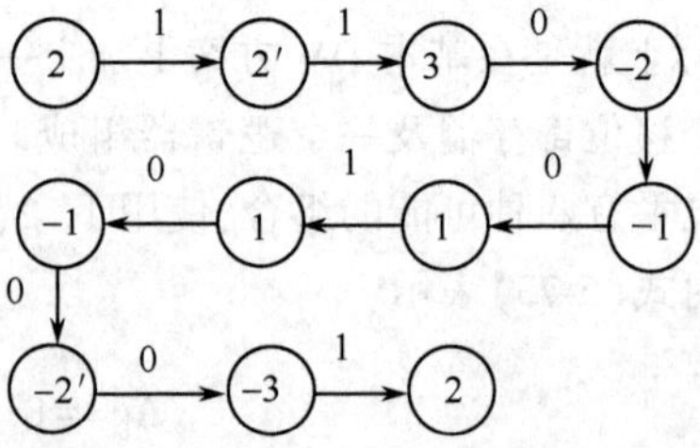

图 5-37　对应于码元序列的唯一通路

以上便是 ADM 的自适应逻辑设计。ADM 逻辑控制器和积分器电路原理如图 5-38 所示。译码器逻辑关系与编码器相同。这一全电视信号编码器最小阶梯步长为 0.07V，步长比例关系为 1，2，2，3，取样频率 f_s = 32MHz，视频输入信号幅度为 1V，视频带宽 f_c = 4.5MHz，信噪比可达 29.7dB。当最小步长采用 0.035V 时，信噪比可达到 35dB。

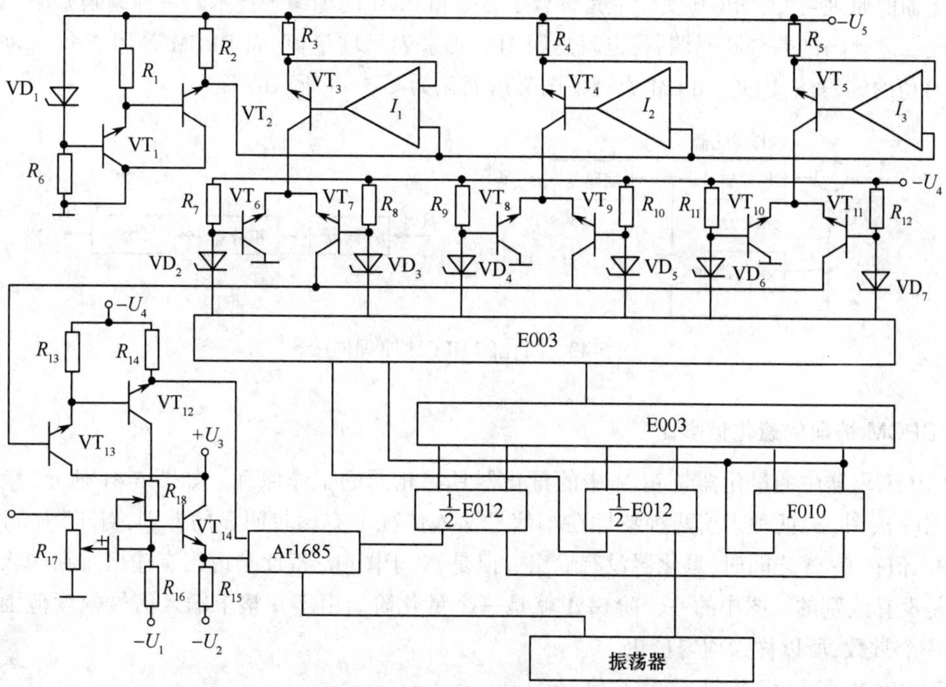

图 5-38　ADM 逻辑控制器和积分器电路原理图

5.5.3　DPCM 编码

预测编码的另一种有用的形式是 DPCM（Differential Pulse Code Modulation）编码。这实际上是 ΔM 和 PCM 两种技术相结合的编码方法。

1. DPCM 编码的基本原理

在卡特勒的专利中提出利用积分器根据一行前样本值预测现样本值，并且把现样本值与其估计值的差值进行量化和编码，这就是 DPCM 的基本设计思想。DPCM 编、译码器的原理如图 5-39所示。图中（a）是编码器原理框图。它由取样器、比较器（即⊖）、量化器（即取样量化器）、预测器、编码器五部分组成。输入信号经采样后将样值 $f(t)$ 送入比较器，使得 $f(t)$ 与预测值 $\hat{f}(t)$ 相减得出误差信号，即 $e(t)=f(t)-\hat{f}(t)$。然后，将 $e(t)$ 送入量化器量化为 M 个电平之一（$M=2^N$），量化后的样值再送入 PCM 编码器中编码，以便传输。另外一路是将 $e(t)$ 送入相加器，在这里 $e(t)$ 与 $\hat{f}(t)$ 相加后再送入预测器，以便预测下一个样值。译码器的原理框图如图（b）所示。译码器收到码字后首先经 PCM 译码，得到 $e(t)$ 后再送入相加器与预测值 $\hat{f}(t)$ 相加得到 $f(t)$。另外，$f(t)$ 又送到预测器以便预测下一个样值。

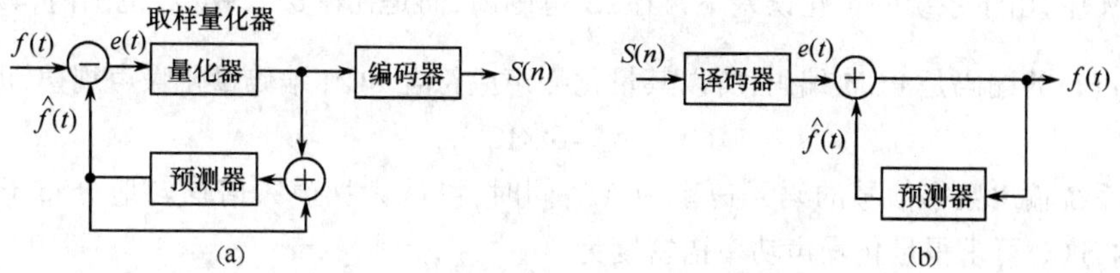

图 5-39　DPCM 编、译码器原理框图

由上面的原理可知，DPCM 实际上是综合了 ΔM 和 PCM 两种编码技术的一种编码方法，ΔM 实际上是 1 位二进制码的差分脉码调制，也就是用 1bit 码来表示增量值，而 DPCM 是用 N 位二进制码来表示 $e(t)$ 值的编码法，因此，DPCM 原理框图又可简化为图 5-40 所示的形式。

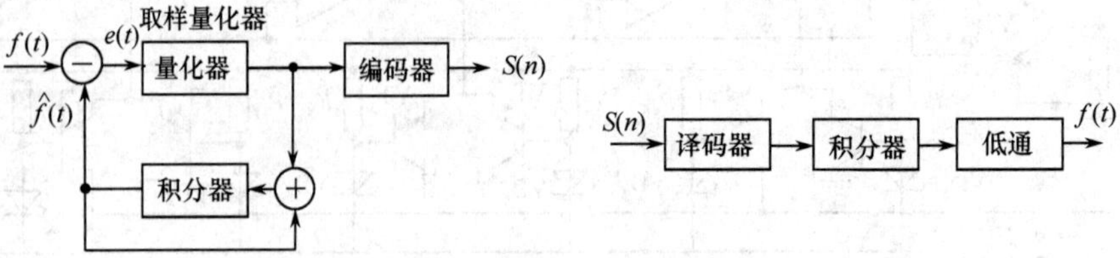

图 5-40　简化的 DPCM 原理框图

2. DPCM 编码的量化信噪比

DPCM 编码器中的量化器与 PCM 中的量化器具有相同的工作原理。如图 5-41 所示，量化器的特性有图(a)、图(b)两种。这两种特性在小信号输入情况下有比较明显的差别，对于图(a)特性来说，当输入值在 0~Δ 之间时，量化器没有输出。但是，对于图(b)特性来说则有输出。在输入信号幅度大时是没有区别的。图中的一个阶梯 Δ 就是一个量化阶。由于在整个输入信号幅度范围内量化阶 Δ 是一个常数，所以称为均匀量化。

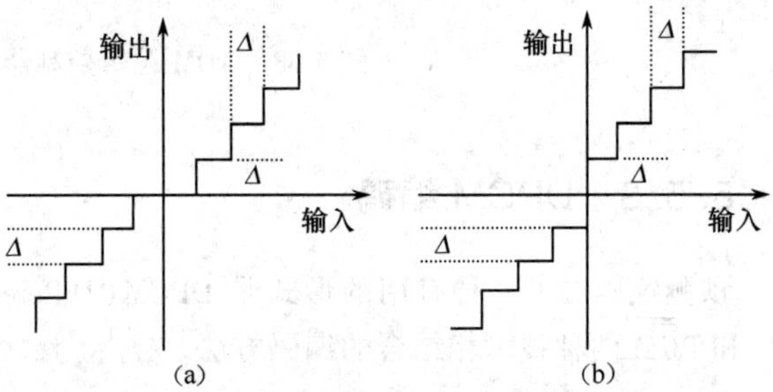

图 5-41　两种均匀量化的输入/输出特性

由于 DPCM 编码仍然是对误差信号编码，所以其不过载条件仍然要满足下式：

$$A \leqslant \frac{\Delta}{2\pi} \frac{f_s}{f_c}$$

在临界状态下

$$A = \frac{\Delta f_s}{2\pi f_c} \tag{5-74}$$

系统最大信号功率输出为

$$S = \frac{\Delta^2 f_s^2}{8\pi^2 f_c^2} \tag{5-75}$$

但是，由于误差的范围是(+Δ,−Δ)，在 DPCM 系统中，误差又被量化为 M 个电平，则

$$\Delta = \left(\frac{M-1}{2}\right)\delta \tag{5-76}$$

式中，δ 是 DPCM 量化阶。将式(5-76)代入式(5-75)，则

$$S = \frac{\left(\frac{M-1}{2}\right)^2 \delta^2 f_s^2}{8\pi^2 f_c^2} = \frac{(M-1)^2 \delta^2 f_s^2}{32\pi^2 f_c^2} \tag{5-77}$$

这是在临界不过载条件下的最大输出功率公式。其中 M 是量化级数，δ 是 DPCM 量化阶，f_s 是取样频率，f_c 是视频信号频带宽度。

在 DPCM 中，由于系统的量化误差不再在±Δ 范围内，而是在$(-\delta/2,+\delta/2)$范围内，其中$\delta = \frac{2\Delta}{M-1}$。

由于对 $e(t)$ 的编码是 PCM 编码，所以其量化噪声应符合 PCM 编码量化噪声规律，即

$$N_q' = \delta^2/12 \tag{5-78}$$

如果 DPCM 系统输出数字信号的码元速率为 Nf_s，同时，可认为噪声频谱均匀地分布于频带宽度为 Nf_s 的范围内，这时可求得量化噪声功率谱密度为

$$p(f) = \frac{\delta^2}{12Nf_s} \tag{5-79}$$

式中,N 是编码比特数,f_s 为取样频率,δ 为量化阶。在译码时,考虑到低通滤波器的作用,则噪声功率为

$$N_q = p(f)\, f_m = \frac{\delta^2}{12Nf_s} f_m \tag{5-80}$$

因此,可求得 DPCM 编码的量化信噪比为

$$\left(\frac{S}{N_q}\right) = \frac{\dfrac{(M-1)^2\delta^2 f_s^2}{32\pi^2 f_c^2}}{\dfrac{\delta^2}{12Nf_s} f_m} = \frac{3N(M-1)^2 f_s^3}{8\pi^2 f_c^2 f_m} \tag{5-81}$$

式中,S 代表信号功率,N_q 代表噪声功率,f_m 是低通滤波器的截止频率,N 是编码的比特数,其他符号的意义同前。式(5-81)便是 DPCM 编码的信噪比性能。与 ΔM 编码的性能做一比较,如前所述,ΔM 的量化信噪比为

$$\left(\frac{S}{N_q}\right) = \frac{3}{8\pi^2} \frac{f_s^3}{f_c^2 f_m}$$

而 DPCM 的量化信噪比为

$$\left(\frac{S}{N_q}\right) = \frac{3N(M-1)^2}{8\pi^2} \frac{f_s^3}{f_c^2 f_m}$$

显然在 f_s 相同的情况下

$$\frac{3N(M-1)^2}{8\pi^2} \gg \frac{3}{8\pi^2}$$

这说明 DPCM 的性能远优于 ΔM。在 $N=1$,$M=2$ 的情况下,DPCM 就变成 ΔM 编码法了,其量化信噪比自然也就等于 ΔM 的量化信噪比。与 ΔM 编码方法一样,在 DPCM 编码中为了适应非平稳信号的特性,常采用可变量化器。这也是一种自适应方式。目前,DPCM 编码的自适应方案设计中,有两种途径可循,一是采用可变参数预测器,其参数随着信号的变化而变化,这样可产生一个平稳的差分信号;另一种是采用固定预测器,而采用一个可变的量化器去适应所得到的非平稳的差分信号。除此之外,使用可变的取样速率,而预测器和量化器都是固定的也应属于自适应的范畴。据文献报道,采用自适应技术较采用非自适应技术编码可使图像信噪比提高 10dB。

另外,曾经提出一种自适应改变编码方式的技术,如双模式预测编码。这种方法联合使用 ΔM 和 DPCM 编码技术。当视频信号变化缓慢时采用 ΔM 编码法,而变化较快时采用 DPCM 编码法。据称,对于单色、单帧图像,每像素 1. 5bit 就会有较好的图像质量。当然,相应的设备也就比较复杂了。

3. 一种用于可视电话的 DPCM 编码装置

可视电话的视频带宽一般较电视频带宽度窄,大约为 1MHz 左右。图 5-42 是一种用于可视电话的 DPCM 视频信号编、译码器原理框图。图中(a)为编码器;(b)为译码器。

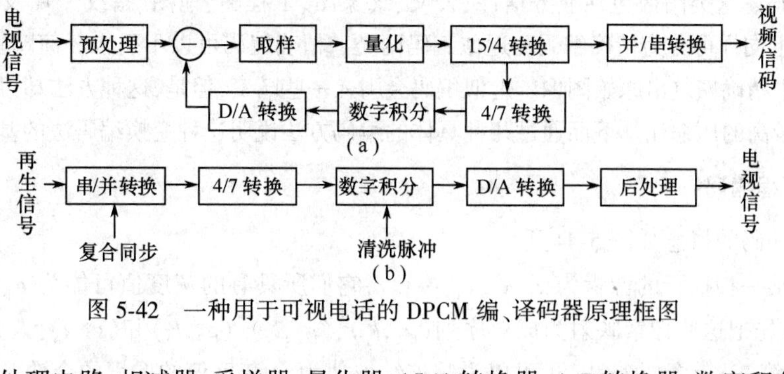

图 5-42　一种用于可视电话的 DPCM 编、译码器原理框图

编码器由预处理电路、相减器、采样器、量化器、15/4 转换器、4/7 转换器、数字积分器、D/A 转换器及并/串转换器等部分组成。在编码过程中,首先将全电视信号送入预处理器,预处理的目的在于

滤除高频信号、限制带宽以及削去同步头,并且将信号放大到所需要的幅度。经预处理的视频信号和预测器送来的预测信号在相减器中相减,误差信号送往编码器。编码器由采样器、量化器及编码器组成,采样时钟由采样脉冲发生器提供。量化器将误差信号经时间离散化后的样值分为16层不同的电平值,这些量化后的样值送入编码器编成四位并行码。并行码分两路送出,一路送入并/串转换电路,以便把四位并行码变成便于传输的串行码。另一路送入预测器。预测器由4/7转换电路、数字积分器及D/A转换器组成。4/7转换电路把4位并行码变成七位码,以便于数字运算。数字积分器是并行进位的加法器。在这里,第 n 个误差值与第 $n-1$ 个预测值相加以便产生新的预测值。相加后的数字信号送入D/A转换器变为模拟信号。这个模拟信号送入相减器与送来的视频信号相减以便产生新的差值。

收端译码器由串/并转换器、4/7转换器、数字积分器、D/A转换器及后处理器组成。串/并转换器把收到的串行码变为并行码,然后把并行码送入4/7转换器,变换后送入数字积分器,以便产生数字式恢复值,这个数字信号经D/A转换恢复为模拟视频信号。实际上译码中由4/7转换器、数字积分器、D/A转换器组成的预测器与编码器中的预测器基本一样。为了防止信道误码在数字积分器中的积累,可加入清洗脉冲,以便在行同步期间清除寄存器。后处理器主要完成滤波及叠加同步头的作用。这样就恢复了完整的全电视信号送入电视机显示。

5.6 变换编码

图像编码中另一类有效的方法是变换编码。变换编码的通用模型如图5-43所示。

图5-43 图像变换编码通用模型

变换编码主要由映射变换、量化及编码3部分操作组成。映射变换是把图像中的各个像素从一种空间变换到另一种空间,然后针对变换后的信号再进行量化与编码操作。在接收端,首先对接收到的信号进行译码,然后再进行反变换以恢复原始图像。映射变换的关键在于能够产生一系列更加有效的系数,对这些系数进行编码所需的总比特数比对原始图像进行编码所需要的总比特数要少得多,因此,使数据率得以压缩。

映射变换的方法很多。广义地讲,前面讨论的预测编码法也可以称为预测变换。它是将信号样值的绝对值映射为相对样元的差值,只是根据实用技术上的习惯,没有把它归入变换编码的范畴罢了。图像变换编码基本可分为两大类,一类是某些特殊的映射变换编码法,另一类就是函数变换编码法。

5.6.1 几种特殊的映射变换编码法

特殊映射变换编码法包括诸如行程编码、轮廓编码等一些变换编码方法。它们特别适用于所谓二值图像的编码。这类图像包括业务信件、公文、气象图、工程图、地图、指纹卡片及新闻报纸等。当然在编码技术上同样可分为精确编码和近似编码两类。精确编码可以不引入任何畸变,在接收端可以从编码比特流中精确恢复出原始图像。近似编码会引入一些畸变,但是,这种方法却可以在保证可用性的前提下获得较高的压缩比。下面通过几种具体的编码方法说明这种变换编码法的基本概念。

1. 一维行程编码

一维行程编码的概念如图5-44所示。

假如沿着某一扫描行的像素为 $x_1, x_2, x_3, \cdots, x_N$,它们所具有的灰度值可能为 g_1, g_2, g_3, g_4。在编码之前,可以首先把这些像素映射为成对序列 (g_1, l_1),(g_2, l_2),(g_3, l_3) 和 (g_4, l_4)。其中 g_i 表示某一灰度值,l_i 表示第 i 次运行的行程,也可以说是连续取值为 g_i 灰度值的像素的个数。经过这样映射变换后就可以对 (g_i, l_i) 编码,而不必对像素直接编码。由于有些图像如前面提到的二值图像,连续取同一灰度级的像素很多,对映射后的序列进行编码会大大压缩比特率。例如,图 5-44所示的例子可映射成表 5-16 所示的序列对。在这个例子中有 8 级灰度,24 个像素。如果对 x_i 编码,总的比特数至少要 24×3=72bit。如果对表 5-16 的序列对编码,灰度值用 3 位码,行程长度用 4 位码,每对参数用 7 位码,共 4 对,总比特数只要 28bit 就够了。可见压缩率是很可观的。

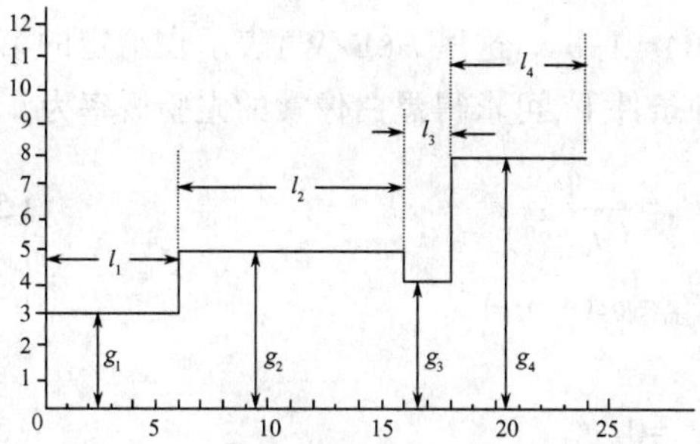

图 5-44　一维行程编码

表 5-16　序列对

i	g_i	l_i
1	3	6
2	5	10
3	4	2
4	8	6

行程编码可分为行程终点编码和行程长度编码。如果行程终点的位置由扫描行的开始点算起,并且由到达行程终点的像素计数来确定,就称为行程终点编码。如果行程终点位置由这一终点与前一终点的相对距离确定,就称为行程长度编码。

对于二值图像来说,采用行程长度编码,甚至不需要传送灰度信息。假定某一扫描线含有 3 个白色像素,其后是 2 个黑色像素,接着又是 10 个白色像素。这样,在行程长度编码中,只传送行程长度 3、2 和 10 就可以了。每个行程长度告诉沿扫描线的下一个边界点的相对位置。

行程长度编码的比特率可做如下估计。行程长度编码的消息集合含有行程长度 $1,2,\cdots,N$。这里 N 是一条扫描线中的像素数目。如果测得行程长度的概率为 $P_1,P_2,\cdots,P_N$,且用统计编码法,则每个行程的比特率 B 应满足式(5-82),即

$$H\leqslant B\leqslant H+1 \tag{5-82}$$

式中,H 是行程长度的熵

$$H=-\sum_{i=1}^{N}P_i\log_2 P_i \tag{5-83}$$

如果令 v 为平均行程长度

$$v=\sum_{i=1}^{N}iP_i \tag{5-84}$$

则每个像素的比特率应满足

$$\frac{H}{v}\leqslant b\leqslant\frac{H}{v}+\frac{1}{v} \tag{5-85}$$

这就是采用行程长度编码可能得到的比特率的估计。如果把黑白行程长度分开编码,有可能进一步降低行程长度编码的比特率。可以把消息集合分成两个子集,一个含有白色行程长度,另一个含有黑色行程长度。若对每个子集用统计编码法,则每个像素的比特率满足

$$h_{\mathrm{WB}}\leqslant b\leqslant h_{\mathrm{WB}}+\left(\frac{P_{\mathrm{W}}}{v_{\mathrm{W}}}+\frac{P_{\mathrm{B}}}{v_{\mathrm{B}}}\right) \tag{5-86}$$

而

$$h_{\mathrm{WB}}=P_{\mathrm{W}}\frac{H_{\mathrm{W}}}{v_{\mathrm{W}}}+P_{\mathrm{B}}\frac{H_{\mathrm{B}}}{v_{\mathrm{B}}} \tag{5-87}$$

上式中,P_{W} 为白色像素概率,P_{B} 为黑色像素概率,并且 $P_{\mathrm{W}}+P_{\mathrm{B}}=1$;如果 H_{W} 为白色行程长度的熵

$$H_{\mathrm{W}}=-\sum_{i=1}^{N}P_{\mathrm{W}i}\log_2 P_{\mathrm{W}i} \tag{5-88}$$

H_{B} 为黑色行程的熵

$$H_{\mathrm{B}}=-\sum_{i=1}^{N}P_{\mathrm{B}i}\log_2 P_{\mathrm{B}i} \tag{5-89}$$

式中,$P_{\mathrm{W}i}$是白色行程的概率,$P_{\mathrm{B}i}$为黑色行程的概率。v_{W} 为平均白色行程长度

$$v_{\mathrm{W}}=\sum_{i=1}^{N}iP_{\mathrm{W}i} \tag{5-90}$$

v_B 为平均黑色行程长度

$$v_B = \sum_{i=1}^{N} iP_{Bi} \tag{5-91}$$

如果对黑、白色行程长度分别用统计编码法,有可能使 $h_{WB} \leqslant H/v$。

与其他统计编码的难点一样,行程长度的概率是很难测量的。如果采用一阶马尔可夫模型,那么仅测量平均行程长度就能较好地估计出比特率。作为一阶马尔可夫信源的图像特征是转移概率,即 $P(B/W)=q_0$,$P(W/W)=1-q_0$,$P(W/B)=q_1$,$P(B/B)=1-q_1$。这里 $P(B/W)$ 表示在给定的第 k 个像素是白色时,第 $(k+1)$ 个像素是黑色的概率。在这种条件下,可求得黑白像素的先验概率为

$$P_W = \frac{q_1}{(q_0+q_1)}, \qquad P_B = \frac{q_0}{(q_0+q_1)} \tag{5-92}$$

黑白色行程长度概率为

$$P_{Wi} = q_0(1-q_0)^{i-1}, \qquad P_{Bi} = q_1(1-q_1)^{i-1} \tag{5-93}$$

黑白色行程的平均长度为

$$v_W = 1/q_0, \qquad v_B = 1/q_1 \tag{5-94}$$

这样就可估计出一阶马尔可夫模型下的每个像素的比特率。根据 T. S. Huang 的报告,对气象图和印刷品进行行程长度编码,算得每像素的熵最大值为 0.37bit,最小值为 0.28bit。

2. 二维行程编码

二维行程编码也称预测微分量化器(Predictive Differential Quantizer),简称 PDQ。其基本算法如图 5-45 所示。

PDQ 的基本算法是将图像元素阵列变换为整数对 Δ' 和 Δ'' 的序列。这里 Δ' 和 Δ'' 的意义如图 5-45 所示。Δ' 是相邻扫描行上行程的开始点之间的差。图中 Δ' 是 A 点和 B 点的差。Δ'' 是这相邻行行程的差。对应于 A 起始点的行程为 l_1,对应于 B 起点的行程为 l_2,因此,$\Delta''=l_2-l_1$。另外,对于图中的暗面积还要有一个"开始"和"消失"的标记。这样就把一幅图像的像素阵列按相继扫描行变换为 Δ'、Δ''、开始、消失 4 个参量的序列,然后便可对这 4 个参量来编码。PDQ 法利用了扫描线间的相关性,因此,它有更大的压缩潜力。另外一种方法叫作双重增量编码(Double Delta Coding),简称 DDC。它是对 Δ' 和 Δ''' 进行编码而不是对 Δ' 和 Δ'' 编码。Δ''' 是前一扫描行的暗区后边界与相继扫描行暗区后边界的差。实验证明,这种方法的压缩比比 PDQ 法更高。

当在图像中有少数大的暗区时二维行程编码更有效,对于有许多小暗区的图像来说,一维行程编码更有效。

3. 等值线编码

一幅数字图像可看成是含有两个变量的二元函数。这两个变量就是像素在空间的位置,而函数值就是该像素的灰度值。对数字图像来说灰度值是一个离散的有限的数量。这样,可以把函数想像为许多台阶,台阶的高度就是灰度级。暗的灰度对应低的台阶,亮的灰度对应高的台阶。具有同一灰度级的像素就构成了一个"平台"。这样,对所有的平台的高度、位置和形状的了解,也就等于对图像的了解。这就是等值线编码的基本原理。等值线编码的关键是确定等值线,确定等值线的三点要素为:确定等值线的灰度级;确定一个起始点(IP);为了跟踪等值线的外部边缘而应遵循的移动方向,也就是确定指向符序列。这样,等值线编码法就有两种算法,一种是跟踪等值线的 T 算法,另一种是确定起始点的 IP 算法。其中,IP 算法可以给所有的等值线定位,但不能有一条等值线被定位两次。T 算法可以对与起始点的灰度值相同的元素集合的外边界跟踪,而且最终总是返回起始点。

(1) T 算法

T 算法是决定跟踪方向的算法。它规定永远向左转,也就是当从一个元素移出而进入另一个元素时,相对于进入方向总是向最左看。这一规则使得自起始点开始,所有落在等值线外边而又邻近等值线的任何一个元素,不会与等值线上的元素有相同的灰度级。其基本方法如图 5-46所示。向最

左看的规则称为 LML 规则。

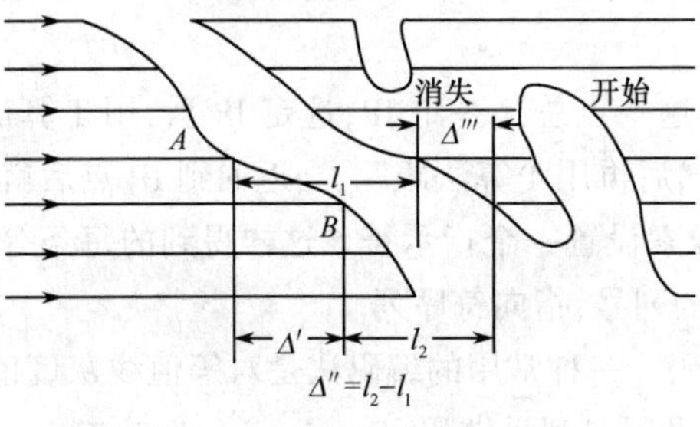

图 5-45　PDQ 算法说明

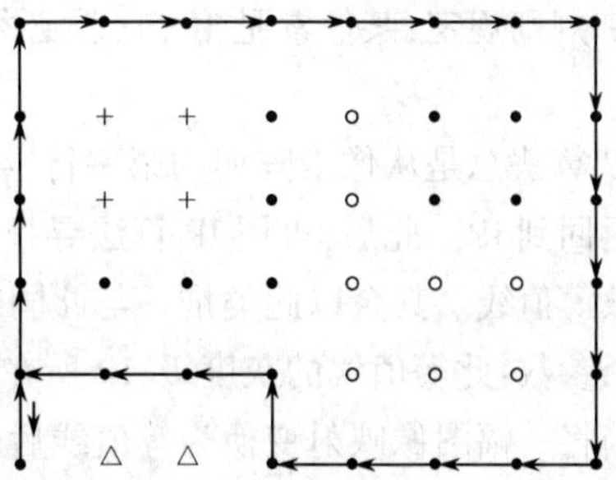

图 5-46　具有四级灰度阵列的 1 号等值线

LML 规则规定,相对于进入方向在某个像素处观察与其相邻的左边的像素,如果该像素与所在像素的灰度值相同,就移向这个像素。如果不相同,就再观察上面的像素。如果上面的像素与所在像素的灰度值相同,就移向上面的像素。如果仍然不同,就向右看,如果右边的像素灰度值与所在像素相同,就移向右边的像素。如果仍然不相同,就观察下边的相邻像素,下边的像素如果与所在像素的灰度值相同就移向下边的像素。否则,就没有一个像素与所在像素的灰度值相同,那么这个点就是一个孤立点。以上方法就是 LML 规则的具体运算方法。

T 算法除了有上述 LML 规则外,还要将 4 个指示符之一分配给二维阵列中的每个像素。这 4 个指示符分别是 D、A、R 和 I。当二维数据阵列存入存储器时,将指示符 I 分配给每个像素。当从一个像素移到另一个像素时,将按着 IA 规则对每个像素以 D、A 或 R 指示符中的一个来代替原来的指示符。IA 规则如图 5-47 所示。

分配给每一等值线像素的指示符取决于移入和移出该像素的方向。有某些像素被通过两次,当第二次通过这个像素时,首先根据图 5-47 来决定这次通过的指示符,然后,再根据图 5-48决定最后分配给该像素的指示符。这里,起始点是例外的,它的指示符总保留为 I。利用 IA 规则可定出图 5-46 所示等值线上像素的指示符。其结果如图 5-49 所示。

移入元素方向 \ 移出元素方向	↑或→	↓或←
↑或←	A	R
↓或→	A	D

图 5-47　对移入/移出像素各种方向可能组合所设置的指示符

指示符配置（第一次通过,第二次通过）			
	(D,A)	(D,R)	(A,R)
	(A,D)	(R,D)	(R,A)
	(R,R)	(D,D)	(A,A)
最终指示符配置	R	D	A

图 5-48　对第一次通过和第二次通过所决定的每对指示符的最终配置

通过上述规则,在等值线上的所有像素都被赋予了一个指示符,而不在等值线上的像素以及起始点都将保留指示符 I。以上便是 T 算法的内容。

(2) IP 算法

IP 算法是寻找起始点的算法。为了寻找起始点,该算法规定从左上角开始(即从第一行第一列开始),由左至右,直至第一行终点为止,此后,从左至右扫描第二行、第三行,直至扫完整个阵列。

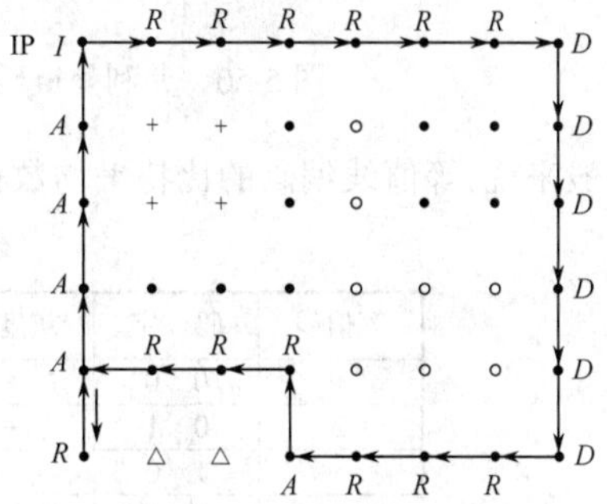

图 5-49　指示符的分配

寻找 IP 点时还要做一个比较点表(CPL)。此表的构成规则如下:在开始时此表为空的,当扫描一行时,分别检验每一个像素的指示符。如果指示符是 A,就把该像素的灰度值加到此表的后面;如果指示符是 D,就删去最后项目的值;如果指示符是 I 或 R,则保持此表不变。对于每一行来说,删去的数目等于加上的数目,故在每一行终点比较点表是空的。

IP 规则规定,某像素是 IP,它就必须满足两个要求:指示符是 I;灰度值不等于 CPL 最后项目的值。

IP 算法总是从像素阵列的第一行,第一列开始,这一点总是一个 IP,选定 IP 后,用 T 算法跟踪,直至返回到 IP。此后,再用 IP 算法寻找第二个 IP,然后再用 T 算法跟踪,当返回到 IP 点后就可得到第二条等值线。其余以此类推。与此同时,给每个像素设置一个指示符。这样得到的每条等值线包括四个参数:此等值线的灰度级;IP 所在的行号;IP 的列号;指向符序列。

当将一幅图像映射变换为等值线后就可进行编码。一种常用的编码法是对等值线灰度值、IP 的行号、列号三个参量用自然二进制码编码,对指向符采用弗利曼链码(Freeman's Chain Code)。此码规则示于图 5-50。弗利曼链码规定,向上移动为 00,向右移动为 01,向下移动为 10,向左移动为 11。

对于译码来说,至关重要的是要知道旧等值线已终止,新等值线开始的时刻。因为所有的等值线必定返回和终止于起始点,所以,只要注意左右方向以及上下方向指示符的累加数目就行了。如果左右方向指向符的累加数目为 0,上下方向指示符的累加数目也是 0,那么下面的数据一定属于新的等值线。

等值线编码方法实例见表 5-17,这个表是针对图 5-46 的结果。图 5-51 为图 5-46 的 4 个 IP 点及其等值线。

等值线号　　{00,01,10,11}

IP 值　　{00,01,10,11}

IP 行　　{000,001,001,101}

IP 列　　{000,001,100,011}

IP 后第一个元素的方向　{01,01,10,01}

IP 后第二个元素的方向　{01,10,10,11}

⋮

(后边还有 44bit)

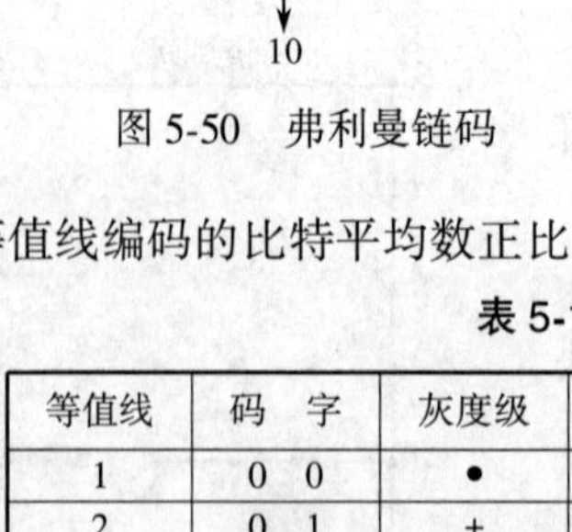

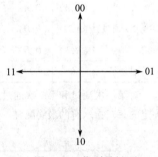

图 5-50　弗利曼链码

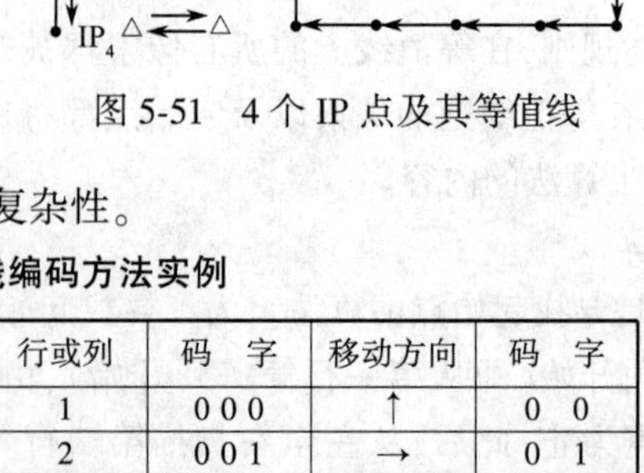

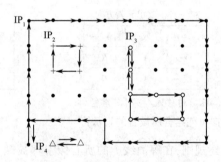

图 5-51　4 个 IP 点及其等值线

一般来说,等值线编码的比特平均数正比于图像的复杂性。

表 5-17　等值线编码方法实例

等值线	码　字	灰度级	码　字	行或列	码　字	移动方向	码　字
1	0 0	•	0 0	1	0 0 0	↑	0 0
2	0 1	+	0 1	2	0 0 1	→	0 1
3	1 0	∘	1 0	3	0 1 0	↓	1 0
4	1 1	Δ	1 1	4	0 1 1	←	1 1
				5	1 0 0		
				6	1 0 1		
				7	1 1 0		
				8	1 1 1		

5.6.2 正交变换编码

变换编码中另一类方法是正交变换编码法(也称函数变换编码法)。这种方法的基本原理是通过正交函数变换把图像从空间域转换为能量比较集中的变换域,然后对变换系数进行编码,从而达到缩减比特率的目的。

1. 正交变换编码的基本概念

正交变换编码的原理框图如图5-52所示。编码器由预处理、正交变换、量化与编码4部分组成,译码器由译码、反变换及后处理3部分组成。在编码操作中,模拟图像信号首先送入预处理器,将模拟信号变为数字信号。然后把数字信号分块进行正交变换,通过正交变换就使空间域信号变换到变换域。然后对变换系数进行量化和编码。在信道中传输或在存储器中存储的是这些变换系数的码字。这就是编码端的处理过程。在译码端,首先将收到的码字进行译码,然后进行反变换以使变换系数恢复为空间域样值,最后经过处理使数字信号变为模拟信号以供显示。

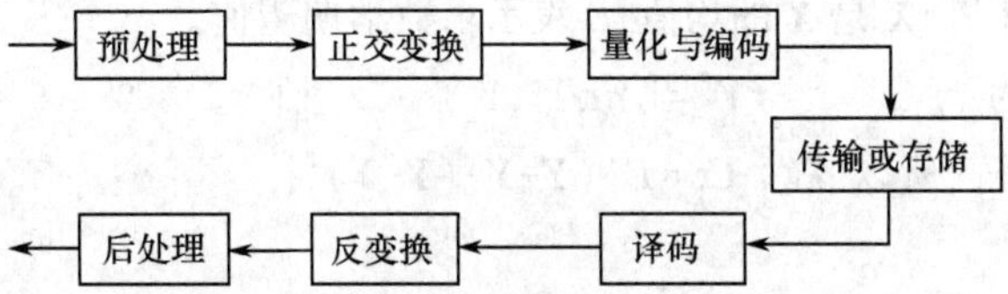

图5-52 正交变换编码原理框图

正交变换编码之所以能够压缩数据率,主要是它有如下一些性质:

① 正交变换具有熵保持性质。这说明通过正交变换并不丢失信息,因此,可以用传输变换系数来达到传送信息的目的。

② 正交变换有能量保持性质。这就是第3章提到的各种正交变换的帕斯维尔能量保持性质。它的意义在于:只有当有限离散空间域能量全部转移到某个有限离散变换域后,有限个空间取样才能完全由有限个变换系数对基础矢量加权来恢复。

③ 能量重新分配与集中。这个性质使我们有可能采用熵压缩法来压缩数据率。也就是在质量允许的情况下,可舍弃一些能量较小的系数,或者对能量大的谱点分配较多的比特,对能量较小的谱点分配较少的比特,从而使数据率有较大的压缩。

④ 去相关特性。正交变换可以使高度相关的空间样值变为相关性很弱的变换系数。换句话说,正交变换有可能使相关的空间域转变为不相关的变换域。这样就使存在于相关性之中的多余度得以去除。

综上所述,由于正交变换的结果,相关图像的空间域可能变为能量保持、集中且为不相关的变换域。如果用变换系数来代替空间样值编码传送时,只需对变换系数中能量比较集中的部分加以编码,这样就能使数字图像传输或存储时所需的码率得到压缩。

2. 变换编码的数学模型分析

由正交变换编码的基本概念不难看出,编码过程主要是在变换域上进行的。在这个基础上可以建立以下变换编码的数学模型。

设图像信源为向量 $\boldsymbol{X}$ $\quad \boldsymbol{X}^{\mathrm{T}}=[X_0,X_1,X_2,\cdots,X_{N-1}]$ (5-95)

变换后输出向量 $\boldsymbol{Y}$ $\quad \boldsymbol{Y}^{\mathrm{T}}=[Y_0,Y_1,Y_2,\cdots,Y_{N-1}]$ (5-96)

取正交变换为 $\boldsymbol{T}$,那么 $\boldsymbol{X}$ 与 $\boldsymbol{Y}$ 之间的关系为 $\quad \boldsymbol{Y}=\boldsymbol{T}\boldsymbol{X}$ (5-97)

由于 $\boldsymbol{T}$ 是正交矩阵,所以 $\quad \boldsymbol{T}\boldsymbol{T}^{\mathrm{T}}=\boldsymbol{I}=\boldsymbol{T}^{-1}\boldsymbol{T}$ (5-98)

这里 $\boldsymbol{I}$ 为单位矩阵,$\boldsymbol{T}^{\mathrm{T}}$ 是 $\boldsymbol{T}$ 的转置,$\boldsymbol{T}^{-1}$ 是 $\boldsymbol{T}$ 的逆。反之也有

$$\boldsymbol{X}=\boldsymbol{T}^{-1}\boldsymbol{Y} \tag{5-99}$$

也就是说在编码端利用变换得到 $\boldsymbol{Y}$,在译码端可用反变换来恢复 $\boldsymbol{X}$。

如果在传输或存储中只保留 M 个分量,$M<N$,则可由 $\boldsymbol{Y}$ 的近似值 $\overset{0}{\boldsymbol{Y}}$ 来恢复 $\boldsymbol{X}$。

$$\overset{0}{\boldsymbol{Y}}{}^{\mathrm{T}}=[Y_0,Y_1,Y_2,\cdots,Y_{M-1}] \quad \overset{0}{\boldsymbol{X}}=\boldsymbol{T}^{-1}\overset{0}{\boldsymbol{Y}} \tag{5-100}$$

当然,$\overset{0}{\boldsymbol{X}}$ 是 $\boldsymbol{X}$ 的近似值。但是只要选取得当,仍可保证失真在允许的范围内。

显然,关键问题在于选取什么样的正交变换 $\boldsymbol{T}$,才能既得到最大的压缩率,又不造成严重的失真。因此,有必要研究一下由正交变换得到的 $\boldsymbol{Y}$ 的统计特性。$\boldsymbol{Y}$ 的统计特性中最为重要的是协方差矩阵。下面讨论一下正交变换后得到的 $\boldsymbol{Y}$ 的协方差矩阵采用何种形式。

设图像信号为一个 N 维向量 $\quad \boldsymbol{X}^{\mathrm{T}}=[X_0,X_1,X_2,\cdots,X_{N-1}] \qquad (5\text{-}101)$

当然,$\boldsymbol{X}$ 的统计特性可以测得。

$\boldsymbol{X}$ 的协方差矩阵 $\quad \boldsymbol{C}_X=E\{(\boldsymbol{X}-\overline{\boldsymbol{X}})(\boldsymbol{X}-\overline{\boldsymbol{X}})^{\mathrm{T}}\} \qquad (5\text{-}102)$

式中,$\boldsymbol{C}_X$ 是 $\boldsymbol{X}$ 的协方差矩阵,$\overline{\boldsymbol{X}}$ 是 $\boldsymbol{X}$ 的均值,E 表示求数学期望值。

又设变换系数向量为 $\quad \boldsymbol{Y}^{\mathrm{T}}=[Y_0,Y_1,Y_2,\cdots,Y_{N-1}] \qquad (5\text{-}103)$

$\boldsymbol{C}_Y$ 为 $\boldsymbol{Y}$ 的协方差矩阵,所以 $\quad \boldsymbol{C}_Y=E\{(\boldsymbol{Y}-\overline{\boldsymbol{Y}})(\boldsymbol{Y}-\overline{\boldsymbol{Y}})^{\mathrm{T}}\} \qquad (5\text{-}104)$

式中,$\overline{\boldsymbol{Y}}$ 是 $\boldsymbol{Y}$ 的均值。

由正交变换的定义,有

$$\boldsymbol{Y}=\boldsymbol{T}\boldsymbol{X} \quad \boldsymbol{X}=\boldsymbol{T}^{\mathrm{T}}\boldsymbol{Y}$$

因此

$$\begin{aligned}\boldsymbol{C}_Y&=E\{(\boldsymbol{Y}-\overline{\boldsymbol{Y}})(\boldsymbol{Y}-\overline{\boldsymbol{Y}})^{\mathrm{T}}\}=E\{(\boldsymbol{T}\boldsymbol{X}-\boldsymbol{T}\overline{\boldsymbol{X}})(\boldsymbol{T}\boldsymbol{X}-\boldsymbol{T}\overline{\boldsymbol{X}})^{\mathrm{T}}\}\\&=E\{\boldsymbol{T}(\boldsymbol{X}-\overline{\boldsymbol{X}})(\boldsymbol{X}-\overline{\boldsymbol{X}})^{\mathrm{T}}\boldsymbol{T}^{\mathrm{T}}\}=\boldsymbol{T}E\{(\boldsymbol{X}-\overline{\boldsymbol{X}})(\boldsymbol{X}-\overline{\boldsymbol{X}})^{\mathrm{T}}\}\boldsymbol{T}^{\mathrm{T}}=\boldsymbol{T}\boldsymbol{C}_X\boldsymbol{T}^{\mathrm{T}}\end{aligned}$$

即

$$\boldsymbol{C}_Y=\boldsymbol{T}\boldsymbol{C}_X\boldsymbol{T}^{\mathrm{T}} \tag{5-105}$$

式(5-105)说明,变换系数的协方差矩阵可以通过空间域图像的协方差矩阵的二维变换得到。由此可以得出结论:变换系数的协方差矩阵决定于变换矩阵 $\boldsymbol{T}$ 和空间域图像的协方差矩阵 $\boldsymbol{C}_X$。而 $\boldsymbol{C}_X$ 是图像本身所固有的,因此,关键在于寻求合适的 $\boldsymbol{T}$。

如果 $\boldsymbol{C}_Y$ 是一个对角形矩阵,那就说明系数间的相关性完全解除了。也就是说解除了包含在相关性中的冗余度,为无失真压缩编码打下了基础。另外,还希望对角形矩阵中元素的能量尽量集中,以便使舍去若干系数后造成的误差不至于太大,这样,就为熵压缩编码提供了条件。综上所述,变换编码要解决的关键问题是合理地寻求变换矩阵 $\boldsymbol{T}$。

3. 最佳变换问题

在研究各种变换矩阵 $\boldsymbol{T}$ 的过程中,自然要比较它们的优劣,因此,就有一个比较准则问题。下面讨论最佳变换问题。

(1) 最佳变换应满足的条件

最佳变换应满足两个条件:① 能使变换系数之间的相关性全部解除;② 能使变换系数的方差高度集中。

显然,第一个条件希望变换系数的协方差矩阵为对角形矩阵;第二个条件希望对角形矩阵中对角线上的元素能量主要集中在前 M 项上,这样就可以保证在去掉 $N-M$ 项后的截尾误差尽量小。

(2) 最佳的准则

常用的准则仍然是均方误差准则。均方误差由下式表示:

$$\bar{e}^2=\frac{1}{N^2}\sum_{x=0}^{N-1}\sum_{y=0}^{N-1}e^2(x,y)=\frac{1}{N^2}\sum_{x=0}^{N-1}\sum_{y=0}^{N-1}[g(x,y)-f(x,y)]^2 \tag{5-106}$$

式中，$f(x,y)$ 代表原始图像，$g(x,y)$ 为经编、译码后的恢复图像。均方误差准则就是要使 $\bar{e}^2$ 最小。$\bar{e}^2$ 最小的变换就是最佳变换。

(3) 均方误差准则下的最佳统计变换

均方误差准则下的最佳统计变换也称 K-L 变换(Karhunen Loeve Transform)。

设 $\boldsymbol{T}$ 是一正交变换矩阵
$$\boldsymbol{T}^{\mathrm{T}}=[\boldsymbol{\phi}_1 \quad \boldsymbol{\phi}_2 \quad \cdots \quad \boldsymbol{\phi}_N] \tag{5-107}$$
这是一个 $N\times N$ 矩阵，其中 $\boldsymbol{\phi}_i$ 是一个 N 维向量。这个矩阵是正交的，因此
$$\boldsymbol{\phi}_i^{\mathrm{T}}\boldsymbol{\phi}_j=\begin{cases}1 & i=j\\ 0 & i\neq j\end{cases} \tag{5-108}$$
显然
$$\boldsymbol{T}^{\mathrm{T}}\boldsymbol{T}=\boldsymbol{I}$$
另外，设有一数据向量
$$\boldsymbol{X}^{\mathrm{T}}=[X_1 \quad X_2 \quad \cdots \quad X_N]$$
经正交变换后
$$\boldsymbol{X}=\boldsymbol{T}^{\mathrm{T}}\boldsymbol{Y} \tag{5-109}$$
这里
$$\boldsymbol{Y}^{\mathrm{T}}=[Y_1 \quad Y_2 \quad \cdots \quad Y_N]$$
而
$$\boldsymbol{X}=\boldsymbol{T}^{\mathrm{T}}\boldsymbol{Y}=[\boldsymbol{\phi}_1 \quad \boldsymbol{\phi}_2 \quad \cdots \quad \boldsymbol{\phi}_N]\boldsymbol{Y} \tag{5-110}$$
于是
$$\boldsymbol{X}=Y_1\boldsymbol{\phi}_1+Y_2\boldsymbol{\phi}_2+\cdots+Y_N\boldsymbol{\phi}_N=\sum_{i=1}^{N}Y_i\boldsymbol{\phi}_i \tag{5-111}$$
为了压缩数据，在恢复 $\boldsymbol{X}$ 时不取完整的 N 个 $\boldsymbol{Y}$ 分量，而是仅取 M 个分量，其中 $M<N$。这样，其中 M 个分量构成一个子集，即
$$[Y_1 \quad Y_2 \quad \cdots \quad Y_M]$$
用这 M 个分量去估计 $\boldsymbol{X}$，其余的用常量 b_i 来代替。于是可得到
$$\overset{0}{\boldsymbol{X}}=\sum_{i=1}^{M}Y_i\boldsymbol{\phi}_i+\sum_{i=M+1}^{N}b_i\boldsymbol{\phi}_i \tag{5-112}$$
这里 $\overset{0}{\boldsymbol{X}}$ 是 $\boldsymbol{X}$ 的估计。$\boldsymbol{X}$ 的值与 $\overset{0}{\boldsymbol{X}}$ 的误差为
$$\Delta\boldsymbol{X}=\boldsymbol{X}-\overset{0}{\boldsymbol{X}}=\boldsymbol{X}-\sum_{i=1}^{M}Y_i\boldsymbol{\phi}_i-\sum_{i=M+1}^{N}b_i\boldsymbol{\phi}_i=\sum_{i=M+1}^{N}(Y_i-b_i)\boldsymbol{\phi}_i \tag{5-113}$$
设 ε 为均方误差，则
$$\varepsilon=E\{|\Delta\boldsymbol{X}|^2\}=E\{(\Delta\boldsymbol{X})^{\mathrm{T}}(\Delta\boldsymbol{X})\} \tag{5-114}$$
将式(5-113)代入得
$$\varepsilon=E\Big\{\sum_{i=M+1}^{N}\sum_{j=M+1}^{N}(Y_i-b_i)(Y_j-b_j)\boldsymbol{\phi}_i^{\mathrm{T}}\boldsymbol{\phi}_j\Big\}$$
由上述的正交条件可简化为
$$\varepsilon=\sum_{i=M+1}^{N}E\{(Y_i-b_i)^2\} \tag{5-115}$$
根据最小均方误差准则，要使 ε 最小就要正确选取 b_i 及 $\boldsymbol{\phi}_i$。为了求得最佳的 b_i 和 $\boldsymbol{\phi}_i$，可分两步来求：

第一步把 ε 对 b_i 求导并令其等于零，即
$$\frac{\partial\varepsilon}{\partial b_i}=\frac{\partial}{\partial b_i}E\{(Y_i-b_i)^2\}=-2[E\{Y_i\}-b_i]=0 \tag{5-116}$$
$$b_i=E\{Y_i\}$$
又因为
$$Y_i=\boldsymbol{\phi}_i^{\mathrm{T}}\boldsymbol{X}$$
所以
$$b_i=\boldsymbol{\phi}_i^{\mathrm{T}}\boldsymbol{E}\{\boldsymbol{X}\}=\boldsymbol{\phi}_i^{\mathrm{T}}\overline{\boldsymbol{X}} \tag{5-117}$$
式中 $\overline{\boldsymbol{X}}=\boldsymbol{E}\{\boldsymbol{X}\}$。将 $Y_i=\boldsymbol{\phi}_i^{\mathrm{T}}\boldsymbol{X}$，$b_i=\boldsymbol{\phi}_i^{\mathrm{T}}\boldsymbol{X}$ 代入 ε，则
$$\varepsilon=\sum_{i=M+1}^{N}E\{(Y_i-b_i)(Y_i-b_i)^{\mathrm{T}}\}=\sum_{i=M+1}^{N}\boldsymbol{\phi}^{\mathrm{T}}E\{(\boldsymbol{X}-\overline{\boldsymbol{X}})(\boldsymbol{X}-\overline{\boldsymbol{X}})^{\mathrm{T}}\}\boldsymbol{\phi}_i \tag{5-118}$$
因为
$$E\{(\boldsymbol{X}-\overline{\boldsymbol{X}})(\boldsymbol{X}-\overline{\boldsymbol{X}})^{\mathrm{T}}\}=\boldsymbol{C}_X$$
所以
$$\varepsilon=\sum_{i=M+1}^{N}\boldsymbol{\phi}_i^{\mathrm{T}}\boldsymbol{C}_X\boldsymbol{\phi}_i \tag{5-119}$$

第二步求最佳化的 $\boldsymbol{\phi}_i$。为了求得最佳的 $\boldsymbol{\phi}_i$,不仅要找出 $\boldsymbol{\phi}_i$ 使 ε 最小,而且还要满足 $\boldsymbol{\phi}_i^{\mathrm{T}}\boldsymbol{\phi}=1$ 的条件。因此,可用求条件极值的拉格朗日乘数法法则。根据拉格朗日乘数法,在求 $\boldsymbol{\phi}_i$ 的条件极值时做一个新的函数 $\hat{\varepsilon}$。

$$\hat{\varepsilon}=\varepsilon-\sum_{i=M+1}^{N}\beta_i[\boldsymbol{\phi}_i^{\mathrm{T}}\boldsymbol{\phi}_i-1]=\sum_{i=M+1}^{N}\{\boldsymbol{\phi}_i^{\mathrm{T}}\boldsymbol{C}_X\boldsymbol{\phi}_i-\beta_i[\boldsymbol{\phi}_i^{\mathrm{T}}\boldsymbol{\phi}_i-1]\}\tag{5-120}$$

对 $\boldsymbol{\phi}_i$ 求导,并注意到

$$\frac{\partial}{\partial\boldsymbol{\phi}_i}[\boldsymbol{\phi}_i^{\mathrm{T}},\boldsymbol{C}_X\boldsymbol{\phi}_i]=2\boldsymbol{C}_X\boldsymbol{\phi}_i\tag{5-121}$$

$$\frac{\partial}{\partial\boldsymbol{\phi}_i}[\boldsymbol{\phi}_i^{\mathrm{T}}\boldsymbol{\phi}_i]=2\boldsymbol{\phi}_i\tag{5-122}$$

所以

$$\frac{\partial\hat{\varepsilon}}{\partial\boldsymbol{\phi}_i}=2\boldsymbol{C}_X\boldsymbol{\phi}_i-2\beta_i\boldsymbol{\phi}_i=0\tag{5-123}$$

即

$$\boldsymbol{C}_X\boldsymbol{\phi}_i=\beta_i\boldsymbol{\phi}_i\tag{5-124}$$

由线性代数理论可知

$$\beta_i\boldsymbol{\phi}_i-\boldsymbol{C}_X\boldsymbol{\phi}_i=0$$

$$(\beta_i\boldsymbol{E}-\boldsymbol{C}_X)\boldsymbol{\phi}_i=0\tag{5-125}$$

显然,β_i 就是 $\boldsymbol{C}_X$ 的特征根,$\boldsymbol{\phi}_i$ 就是 $\boldsymbol{C}_X$ 的特征向量。如 $\boldsymbol{C}_X$ 是对称矩阵,就可找到一个变换 $\boldsymbol{T}$,使 $\boldsymbol{C}_Y$ 成为对角形矩阵。

在关于图像的统计特性的讨论中曾提到,如果图像信源是一阶马尔可夫模型,那么 $\boldsymbol{C}_X$ 将是一个 Toeplitz 矩阵,即

$$\boldsymbol{C}_X=\sigma_X^2\begin{bmatrix}1 & \rho & \rho^2 & \cdots & \rho^{N-1}\\ \rho & 1 & \rho & \cdots & \rho^{N-2}\\ \vdots & \vdots & \vdots & & \vdots\\ \rho^{N-1} & \rho^{N-2} & \rho^{N-3} & \cdots & 1\end{bmatrix}\tag{5-126}$$

这是一个对称矩阵。因此,通过正交变换可以使 $\boldsymbol{C}_Y$ 成为对角形矩阵。也就是说可以找到一个变换矩阵 $\boldsymbol{T}$ 而得到最佳变换结果。这就是 K-L 变换的核心。

(4) 最佳变换的实现方法

由上面的分析可见,K-L 变换中的变换矩阵 $\boldsymbol{T}$ 不是一个固定的矩阵,它必须由信源来确定。当给定一信源时,可用如下几个步骤求得 $\boldsymbol{T}$:

① 给定一幅图像后,首先要统计其协方差矩阵 $\boldsymbol{C}_X$;

② 由 $\boldsymbol{C}_X$ 求 $\boldsymbol{\lambda}$ 矩阵,即$[\boldsymbol{\lambda E}-\boldsymbol{C}_X]$,并且由 $|\boldsymbol{\lambda E}-\boldsymbol{C}_X|=0$ 求得其特征根,进而求得每一个特征根所对应的特征向量;

③ 由特征向量求出变换矩阵 $\boldsymbol{T}$;

④ 用求得的 $\boldsymbol{T}$ 对图像数据进行正交变换。

经过上面四步运算就可以保证在变换后使 $\boldsymbol{C}_Y=\boldsymbol{T}\boldsymbol{C}_X\boldsymbol{T}^{\mathrm{T}}$ 是一个对角形矩阵。这个 $\boldsymbol{T}$ 就是 K-L 变换中的变换矩阵。

通过上面的讨论不难看出,图像不同,$\boldsymbol{C}_X$ 就不同,因此 $\boldsymbol{T}$ 也就不同。为了得到最佳变换,每传送一幅图像就要重复上述四个步骤,找出 $\boldsymbol{T}$ 后再进行正交变换操作,所以运算相当烦琐,而且没有快速算法。此外,K-L 变换在数学推导上总能实现,但用硬件实现就不那么容易了。因此,K-L 变换的实用性受到很大限制,一般多用来作为变换性能的评价标准。当然,寻求 K-L 变换的简洁算法也是许多人研究的课题。

下面举一个简单的例子说明 K-L 变换的具体实现方法。

例:已知某信源的协方差矩阵为 $\boldsymbol{C}_X$,求最佳变换矩阵 $\boldsymbol{T}$。

$$C_X=\begin{bmatrix}1&1&0\\1&1&0\\0&0&1\end{bmatrix}$$

写出 $\boldsymbol{\lambda}$ 矩阵

$$[\boldsymbol{\lambda E}-\boldsymbol{C}_X]=\begin{bmatrix}\lambda-1&-1&0\\-1&\lambda-1&0\\0&0&\lambda-1\end{bmatrix}$$

$$f(\lambda)=\begin{vmatrix}\lambda-1&-1&0\\-1&\lambda-1&0\\0&0&\lambda-1\end{vmatrix}=(\lambda-1)^3-(\lambda-1)=0$$

求得

$$\lambda_1=2,\lambda_2=1,\lambda_3=0$$

再求 $\lambda_1=2,\lambda_2=1,\lambda_3=0$ 的特征向量：

$$(\lambda_1\boldsymbol{E}-\boldsymbol{C}_X)\boldsymbol{X}=0$$

$$\begin{bmatrix}1&-1&0\\-1&1&0\\0&0&1\end{bmatrix}\begin{bmatrix}X_1\\X_2\\X_3\end{bmatrix}=0,\quad 即\quad \begin{cases}X_1-X_2=0\\-X_1+X_2=0\\X_3=0\end{cases}$$

所以其基础解系为(1 1 0)。

归一化后为 $(1/\sqrt{2}\quad 1/\sqrt{2}\quad 0)$

同理 $\lambda_2=1$ 时的特征向量为 $(0\quad 0\quad 1)$

$\lambda_3=0$ 时特征向量为 $(1/\sqrt{2}\quad -1/\sqrt{2}\quad 0)$

由上面的结果可求得 $\boldsymbol{T}=\begin{bmatrix}1/\sqrt{2}&1/\sqrt{2}&0\\0&0&1\\1/\sqrt{2}&-1/\sqrt{2}&0\end{bmatrix}$，$\boldsymbol{T}^{\mathrm{T}}=\begin{bmatrix}1/\sqrt{2}&0&1/\sqrt{2}\\1/\sqrt{2}&0&-1/\sqrt{2}\\0&1&0\end{bmatrix}$

$\boldsymbol{T}$ 便是 K-L 变换的变换矩阵。

4. 准最佳变换

最佳变换的性能固然好，但实现起来却不容易。因此，在实践中更加受到重视的是一些所谓的准最佳变换。什么是准最佳变换呢？最佳变换的核心在于经变换后能使 $\boldsymbol{C}_Y$ 成为对角形矩阵形式。如果能找到某些固定的变换矩阵 $\boldsymbol{T}$，使变换后的 $\boldsymbol{C}_Y$ 接近于对角形矩阵，那也是比较理想的了。

在线性代数理论中知道，任何矩阵都可以相似于一个约旦形矩阵，这个约旦形矩阵就是准对角形矩阵，其形状如式(5-127)所示。

$$\begin{bmatrix}\lambda_0&&&&&\\0&\lambda_1&&&&0\\\vdots&1&\lambda_2&&&\\\vdots&&\vdots&\ddots&&\\\vdots&&\ddots&&\lambda_{N-2}&\\0&0&\cdots&&1&\lambda_{N-1}\end{bmatrix}\tag{5-127}$$

其主对角线上是特征值，在次对角线上仅有若干个 1，这也就比较理想了。从相似变换理论可知，总可以找到一个非奇异矩阵 $\boldsymbol{T}$，使得

$$\boldsymbol{T}^{\mathrm{T}}\boldsymbol{AT}=\boldsymbol{B}\tag{5-128}$$

而且这个 $\boldsymbol{T}$ 并不是唯一的。

在第 3 章讨论过的五种正交变换都具有 $\boldsymbol{T}$ 的性质。这五种正交变换就是常用的准最佳变换。

尽管它们的性能比 K-L 变换稍差，但是，由于它们的变换矩阵 $\boldsymbol{T}$ 是固定的，这给工程实现带来了极大的方便。因此，首先付诸于实用的是这些准最佳变换法。

5. 各种准最佳变换的性能比较

从运算量大小以及压缩效果这两个方面来比较各种正交变换，其性能比较如表 5-18 所示。

表 5-18　各种正交变换性能比较

	正交变换类型	运算量	对视频图像实时处理的难易程度
劣 ↑	K-L	求 $\boldsymbol{C}_X$ 及其特征值，特征矢量。矩阵运算要 N^2 次实数加法和 N^2 次实数乘法	极难做到
	DFT	$N\log_2 N$ 次复数乘法及 $N\log_2 N$ 次复数加法	较复杂
	FDCT	$\frac{3N}{2}\log_2(N-1)+2$ 次实数加法及 $N\log_2 N-\frac{3N}{2}+4$ 次实数乘法	采用高速 CMOS/SOS 大规模集成电路，能做到实时处理
	ST	当 $N=4$ 时，共需 8 次加或减及 6 次乘法	可能实时
	DWHT	$N\log_2 N$ 次实数加或减	可利用一般高速 TTL，ECL 数字集成电路做到实时
优	HT	$2(N-1)$ 次实数加或减	与 DWHT 相同

表中列举了一维 N 点各种正交变换所需的运算次数。从下至上的顺序代表了从运算量大小或硬件设备量的角度来看的优劣次序。而其压缩效果与表中的箭头方向正好相反。从表中可见，K-L 变换的运算量最大，极难做到用硬件来实现，而沃尔什-哈达玛变换运算量最小，用一般高速 TTL、ECL 数字集成电路就可以做到实时变换。但是其压缩效果较差。假如图像信号为马尔可夫模型，那么各种正交变换在变换域能量集中优劣情况见图 5-53。

K-L→DCT→ST→DFT→ DWHT / HTK

优————————————→劣

图 5-53　正交变换在变换域能量集中优劣情况

6. 编码

变换为压缩数据创造了条件，压缩数据还要靠编码来实现。通常所用的编码方法有两种，一种是区域编码法，另一种是门限编码法。

(1) 区域编码法

这种方法的关键在于选出能量集中的区域。例如，正交变换后变换域中的能量多半集中在低频率(或列率)空间上，在编码过程中就可以选取这一区域的系数进行编码传送，而其他区域的系数可以舍弃不用。在译码端可以对舍弃的系数进行补零处理。这样由于保持了大部分图像能量，在恢复图像中带来的质量劣化并不显著。

在区域编码中，区域抽样和区域编码的均方误差均与方块尺度有关。图 5-54 示出了图像变换区域抽样的均方误差与方块尺度的关系。图 5-55 则示出了图像区域编码均方误差与方块尺度的关系。区域编码的显著缺点是一旦选定了某个区域就固定不变了，有时图像中的能量也会在其他区域集中较大的数值，舍掉它们会造成图像质量较大的损失。

(2) 门限编码

这种采样方法不同于区域编码法，它不是选择固定的区域，而是事先设定一个门限值 T。如果系数超过 T 值，就保留下来并且进行编码传送；如果系数值小于 T 值，就舍弃不用。这种方法有一定的自适应能力。它可以得到较区域编码为好的图像质量。但是，这种方法也有一定的缺点，那就是超过门限值的系数的位置是随机的。因此，在编码中除对系数值编码外，还要有位置码。这两种码同时传送才能在接收端正确恢复图像。所以，其压缩比有时会有所下降。一种简单实用的位置编码技术是对有效样本之间的无效样本数目编码。这种行程长度编码可以按下述方案设计：

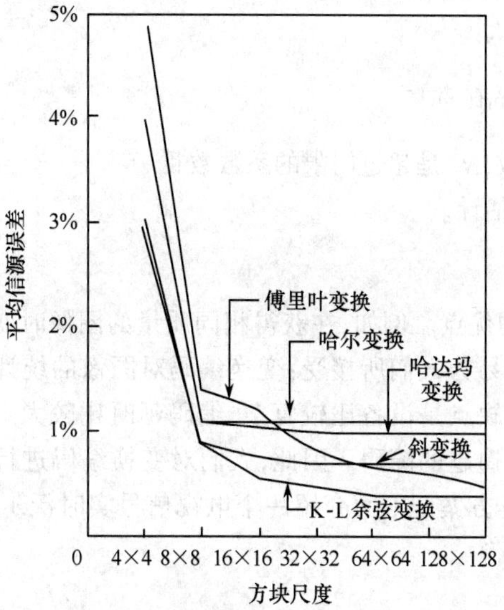

图 5-54 图像变换区域抽样的均方误差与方块尺度的关系

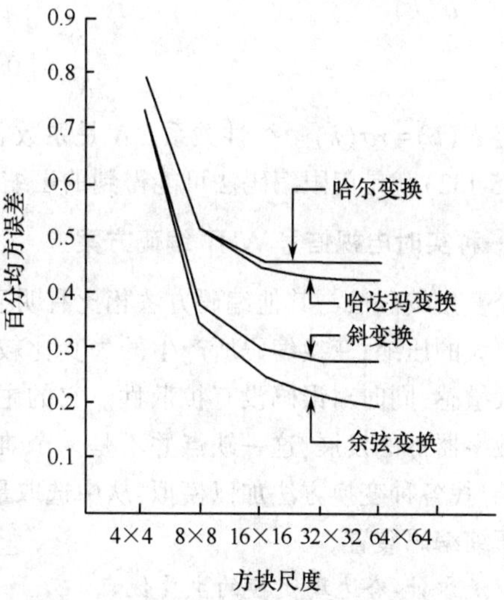

图 5-55 图像区域编码均方误差与方块尺度的关系

① 对每一行的第一个样值不管其幅值如何都编码，并且把全 0 或全 1 的位置码字附加到这一行程幅度内，作为行同步码。

② 第二个行程长度码字的幅度是下一有效样值的编码幅度，而位置代码是由前一有效样值起进行二进制计数的无效样值数。

③ 如果在扫描样值的最大行程长度以后没有出现新的有效样值，那么位置和幅度代码比特都取为 1，以表示这是最大行程长度。

在这个方案中包含有行同步码组，它的优点是不再需要对行数编码，同时可以避免信道误差扩散超出一行。

对于系数值的编码可用变长码，也可用等长码。

利用门限编码法可能得到的压缩比可做如下估计。设 WHT 的变换系数值服从正态分布，即

$$p[F(k)]=\frac{1}{\sqrt{2\pi\sigma^2(k)}}\exp\left(-\frac{F^2(k)}{2\sigma^2(k)}\right) \tag{5-129}$$

$p[F(k)]$ 为系数值分布密度，$\sigma^2(k)$ 为其方差，$F(k)$ 是变换系数的幅值。设门限值为 $F_T(k)$，那么超过门限 $F_T(k)$ 的概率为

$$\begin{aligned}
p(k) &= \int_{F_T(k)}^{\infty} p[F(k)]\mathrm{d}F(k) = \int_0^{\infty} p[F(k)]\mathrm{d}F(k) - \int_0^{F_T(k)} p[F(k)]\mathrm{d}F(k) \\
&= \int_0^{\infty} \frac{1}{\sqrt{2\pi\sigma^2(k)}}\exp\left(-\frac{F^2(k)}{2\sigma^2(k)}\right)\mathrm{d}F(k) - \int_0^{F_T(k)} \frac{1}{\sqrt{2\pi\sigma^2(k)}}\exp\left(-\frac{F^2(k)}{2\sigma^2(k)}\right)\mathrm{d}F(k) \\
&= 0.5 - \frac{1}{\sqrt{2\pi}}\int_0^{F_T(k)} \mathrm{e}^{-\frac{F^2(k)}{2\sigma^2(k)}} \cdot \frac{1}{\sigma(k)}\mathrm{d}F(k) = 0.5 - \frac{1}{\sqrt{2\pi}}\int_0^{F_T(k)} \mathrm{e}^{-\frac{\left[\frac{F(k)}{\sigma(k)}\right]^2}{2}}\mathrm{d}\left[\frac{F(k)}{\sigma(k)}\right] \\
&= 0.5 - \mathrm{erf}\left(\frac{F(k)}{\sigma(k)}\right)
\end{aligned}$$

其中，误差函数

$$\mathrm{erf}(y) = \frac{1}{\sqrt{2\pi}}\int_0^x \mathrm{e}^{-\frac{y^2}{2}}\mathrm{d}y \tag{5-130}$$

$$N_T = \sum_{K=0}^{N-1}\left[0.5 - \mathrm{erf}\left(\frac{F(k)}{\sigma(k)}\right)\right] \tag{5-131}$$

如果令$\frac{F_T(k)}{\sigma(k)}=r$,那么可能的压缩比为

$$\frac{N}{N_T}=[0.5-\mathrm{erf}(r)]^{-1} \tag{5-132}$$

其中假定 $F_r(k)=r\sigma(k)$呈线性关系。N 是系数总数,N_T 是超过门限的系数数目。

式(5-132)就是门限编码法可能得到的压缩比估计。

7. 一种实时电视信号 WHT 编码方案

正交变换编码法与其他编码方法相比有明显的优点。例如,在获得相同质量的图像时变换编码能得到更大的压缩;变换编码所产生的失真比较容易为人们所接受;变换编码对图像的统计特性的变化不太敏感,同时对误码没有扩散性。它的主要缺点是设备比较复杂,编码延时比较大。但是随着高速数字器件的发展,这一缺点并不是一个难以逾越的障碍。因此,人们对变换编码进行了广泛的研究,寻找各种变换方法加以模拟,从中选取最佳方案。下面介绍一个电视信号实时沃尔什-哈达玛变换压缩编码装置。

(1) 沃尔什-哈达玛变换的主要优点

沃尔什-哈达玛变换的原理及性质已在第3章中做了较详细讨论。沃尔什-哈达玛变换除了具有一般正交变换所具有的优点,即能量保持、熵保持、去相关、能量重新分布和集中外,还有一些其他的优点:

① 变换算子是由+1和-1组成的哈达玛矩阵,这个矩阵很容易由递推关系得到 2^N 阶矩阵。

② 它是一实对称矩阵,因此,在运算中只有实数运算而没有复数运算。同时,正、反变换均用同一矩阵形式,这就可以用相同的电路来实现正、反变换,给电路设计带来很大的方便。

③ WHT 对实时处理十分有利。实时处理的关键是速度,它必须在预定的时间内完成处理任务,否则就会造成极大的混乱。由于 WHT 只有加减运算,没有乘除运算,这样其运算速度非常快。用快速算法只要 $N\log_2 N$ 次加减法就可完成一次变换。数字电视信号是一个连续不断的高速实时序列,用一维变换装置来处理高速序列必须在 N 个取样间隔内算出变换系数。这样才能有条不紊地处理源源涌入的数据流。因此,运算速度决定着能否进行实时处理。在这一点上,WHT 较之其他变换有很大优点。

④ WHT 的硬件设备量较其他变换为小,这也是它的一个突出优点。

(2) 实时 WHT 的硬件设计

通常 WHT 的硬件可根据快速算法流程图采用存储器来设计。这种方案需要能高速写入和读出的存储器,对于电视信号进行实时变换的要求就更高。因此,这里没有采用这种方案,而是采用流水作业的方案用小规模电路来实现实时变换的。

这个装置采用4阶 WHT,其运算过程如下(用十进制数运算说明)。

设输入信号序列为$[f(X)]$,且

$$[f(X)]=[X_1 \quad X_2 \quad X_3 \quad X_4]$$

$$[\boldsymbol{F}]=\frac{1}{4}[X_1 \quad X_2 \quad X_3 \quad X_4]\begin{bmatrix}1 & 1 & 1 & 1\\ 1 & -1 & 1 & -1\\ 1 & 1 & -1 & -1\\ 1 & -1 & -1 & 1\end{bmatrix}$$

$$=\frac{1}{4}[(X_1+X_2+X_3+X_4) \quad (X_1-X_2+X_3-X_4) \quad (X_1+X_2-X_3-X_4) \quad (X_1-X_2-X_3+X_4)]$$

$$=[Y_1\ Y_2\ Y_3\ Y_4]$$

所以

$$Y_1=\frac{1}{4}(X_1+X_2+X_3+X_4),\quad Y_2=\frac{1}{4}(X_1-X_2+X_3-X_4)$$

$$Y_3=\frac{1}{4}(X_1+X_2-X_3-X_4),\quad Y_4=\frac{1}{4}(X_1-X_2-X_3+X_4)$$

反变换为 $[f(X)]=[Y_1\ Y_2\ Y_3\ Y_4]\begin{bmatrix}1 & 1 & 1 & 1\\ 1 & -1 & 1 & -1\\ 1 & 1 & -1 & -1\\ 1 & -1 & -1 & 1\end{bmatrix}$

$$=[(Y_1+Y_2+Y_3+Y_4)\quad (Y_1-Y_2+Y_3-Y_4)\quad (Y_1+Y_2-Y_3-Y_4)\quad (Y_1-Y_2-Y_3+Y_4)]$$

$$=[X_1\quad X_2\quad X_3\quad X_4]$$

即

$$X_1=Y_1+Y_2+Y_3+Y_4,\quad X_2=Y_1-Y_2+Y_3-Y_4$$

$$X_3=Y_1+Y_2-Y_3-Y_4,\quad X_4=Y_1-Y_2-Y_3+Y_4$$

根据上面的运算过程可直接设计出 WHT 的流水作业硬件。其原理框图如图 5-56所示。图 5-56的原理框图可由如下等效电路来说明:第一级运算等效电路如图 5-57 所示,第二级运算等效电路如图 5-58 所示。图 5-57 中 T 是移位寄存器,由它得到步进延时。如果输入信号依次是 $X_1, X_2, X_3, \cdots$,那么其运算流程时序图如图 5-59所示。由流程时序图可见,第一级运算得到一个 $[u]$ 序列。$[u]$ 序列送至第二级运算就可以得到变换系数序列。第二级运算流程时序图示于图 5-60。

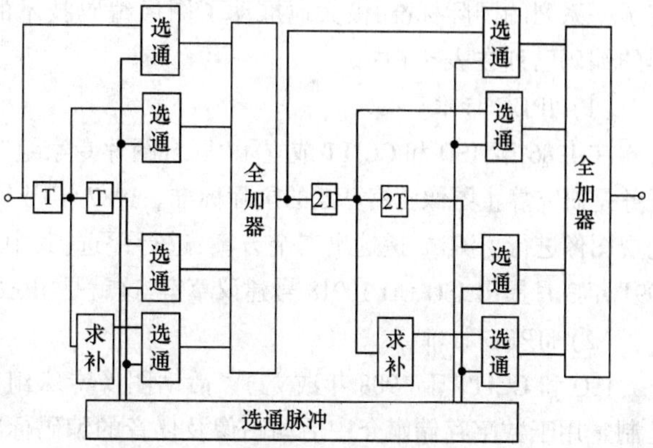

图 5-56 WHT 原理框图

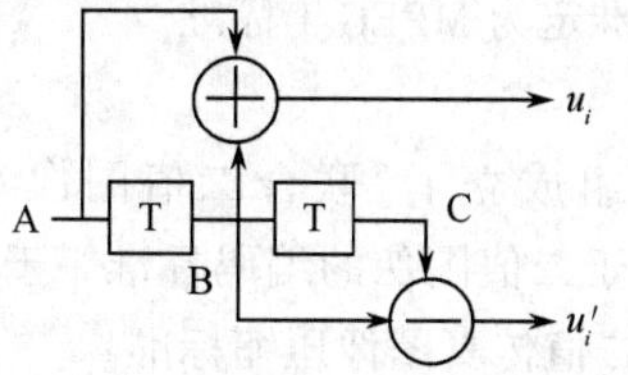

图 5-57 第一级运算等效电路

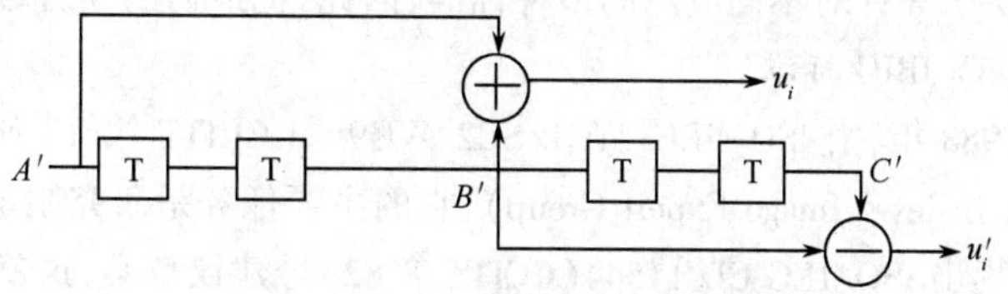

图 5-58 第二级运算等效电路

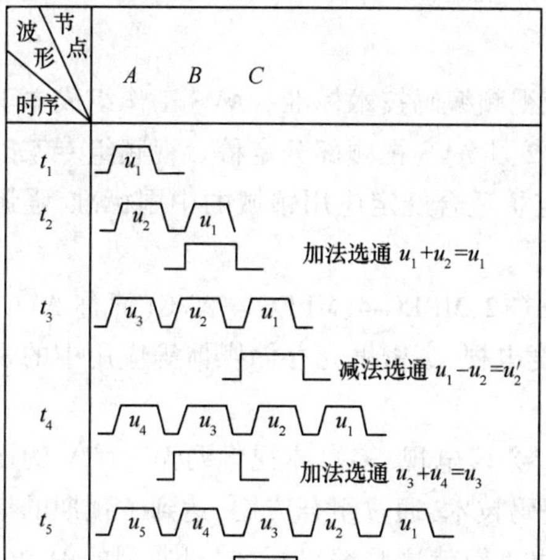

图 5-59 第一级运算流程时序图

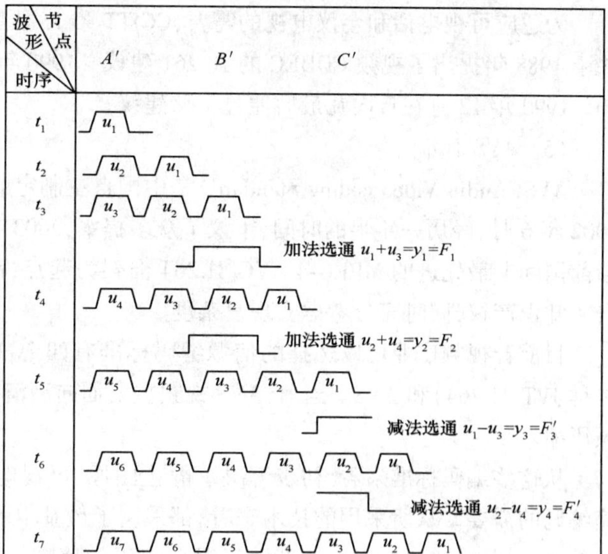

图 5-60 第二级运算流程时序图

5.7 图像编码的国际标准

随着计算机网络及非话通信业务的迅速发展,图像通信已越来越受到全世界科技工作者的关注。以往的非标准的工作状态极大地制约了图像处理技术的发展与应用。因此,CCITT(现为ITU-T)、ISO、IEC等国际组织积极致力于图像处理的标准化工作。特别是图像编码,由于它涉及多媒体、HDTV、数字电视、可视电话、会议电视等图像传输方面的广泛应用,所以,相关的国际组织成功地制定了一系列的国际标准,极大地推动了图像编码技术的发展与应用。目前,图像编码的标准和非标准的编码已列在表5-1中。

(1) JPEG标准

在1986年,ISO和CCITT成立了"联合图片专家组"(Joint Photographic Expert Group),他们的主要任务是研究静止图像压缩算法的国际标准。1987年用Y:U:V=4:2:2,每像素16bit,宽高比为4:3的电视图像进行了测试,遴选出三个方案,进行评选,其中,8×8的DCT方案得分最高,经细致的工作,于1991年3月提出ISO CD 10918号建议草案,这就是JPEG标准。

(2) MPEG标准

ISO和CCITT于1988年成立了"活动图像专家组"(Moving Picture Expert Group)。该组的任务是制定用于数字存储媒介中活动图像及伴音的编码标准。于1991年11月提出了1.5Mb/s的编码方案。1992年通过了ISO 11172号建议,这就是MPEG标准,后来的发展又出现了MPEG-2、MPEG-4、MPEG-7等针对不同应用的多种标准,因此,把最初的MPEG标准定为MPEG-1标准。

(3) JBIG标准

1988年,由ISO-IEC/JTC1/SC2/WG9和CCITT第13研究组成立了"联合二值图像专家组"(Joint Bi-level Image Expert Group),它的主要任务是研究制定用于二值图像的编码标准。于1991年10月提出ISO/IEC CD 11544(CCITT T.82)号建议草案,这就是二值传真图像压缩标准。

(4) H.261标准

为适应可视电话和会议电视的需要,CCITT第15研究组承担了视频的编解码标准的研究工作,并于1988年提出了视频CODEC的H.261建议。1990年通过了P×64kb/s的编码方案,其中P=1~30。1990年12月在日内瓦最后通过了该建议。

(5) AVS标准

AVS(Audio Video coding Standard)是中国自主制定的音视频编码技术标准。AVS工作组成立于2002年6月,经历一年半的时间,审议了众多提案,2003年12月AVS视频部分定稿。视频组专家以当前国际上最先进的MPEG-4 AVC/H.264框架为起点,制定了适合既定应用领域的中国标准,强调自主知识产权,同时充分考虑实现复杂度。

目前音视频产业可以选择的信源编码标准有四个:MPEG-2、MPEG-4、MPEG-4 AVC(简称AVC,也称JVT、H.264)和AVS。当前,AVS视频主要面向高清晰度电视、高密度光存储媒体等应用中的视频压缩。

从这些编码标准来看,初步解决了静止图像、可视电话/会议电视、多媒体视频乃至HDTV的压缩编码的需要。从所采用的技术来看,都采用了最基本的编码技术,通过组合应用,达到了预期的编码效果。因此,这些编码方法都属于混合编码的范畴。下边我们就这些编码标准,对典型的H.261标准采用的具体技术和编码原理进行一些简单的介绍,以便供从事该项工作的技术人员参考。

5.7.1 H.261编码标准

现在我们分析一下H.261编码方案,以说明前面介绍的编码方法的联合应用,其他编码标准的结构大同小异，只是针对不同的目的略有差异。

1. 编码方案的提出

可视电话和会议电视由于其实用性受到人们的广泛注意。目前，它在非话业务中占有重要地位。

早在 1984 年 CCITT 的第 15 研究组专门研究可视电话的编码问题。提出了一个 H.120 建议。针对 625 行/帧，50 场/秒，在 PCM 一次群上传图像信号。1988 年提出了一个传输速率为 5 级的标准，$P\times384$kb/s（$P=1,2,3,4,5$）。384kb/s 在 ISDN 中称为 H_0 通道，后来由于 384kb/s 起点偏高，跨度也大，灵活性受到影响，因此，在 1990 年提出了 $P\times64$kb/s（$P=1,2,3,\cdots,30$）的标准，这就是在 1990 年 12 月批准的 H.261 建议。用于可视电话时 $P=2$，速率只有 128kb/s，当用于会议电视时，建议 $P\geqslant6$，速率 384kb/s，最高可达 2048kb/s。

2. H.261 的图像格式

图像的纵横像素数是图像的基本格式。为了使现行的各种电视制式（PAL、NTSC、SECAM）方便地转换为电视会议和可视电话的图像形式，H.261 标准采用通用的中等格式，即 CIF（Common Intermediate Format）格式或通用的 1/4 中等格式，即 QCIF（Quarter Common Intermediate Format）格式。

由于彩色电视是采用相加混色原理实现的，所以，彩色电视信号遵循三基色原理，即所有颜色都可以由红、绿、蓝三基色混合得到。这就是著名的 Grassman 定律。相加混色的规律符合 $Y=0.30R+0.59G+0.11B$（相加混色）的公式。

通常，彩色信号编码不针对 R、G、B 三原色，而是针对 Y 亮度，U、V 色差信号进行处理。三原色与亮度、色差的关系为

$$U=B-Y \qquad V=R-Y \tag{5-133}$$

或针对色调 H（Hue）、饱和度 S（Saturation）、亮度 I（Intensity）。在 H.261 标准中规定：对于 Y 分量为横向 352 像素，纵向 288 像素。对于色度分量 U 和 V 分别为横向 176 像素，纵向 144 像素。图像尺寸纵横比 4∶3，与普通电视一样。由此，可由图像尺寸的纵横像素数推出

$$\text{像素纵横比}=\frac{3}{288}:\frac{4}{352}=11:12 \tag{5-134}$$

近于方形，如图 5-61 所示。

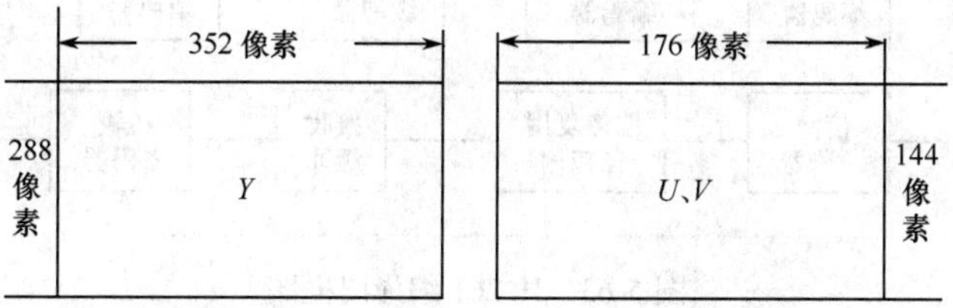

图 5-61　CIF 的 Y 分量格式及 CIF 的 U、V 分量格式

由图 5-61 可见，Y 和 U、V 像素的面积相同，但像素数并不相同，所以，色度分量的清晰度低于 Y 分量。由于人的视觉特性，这一差别并不影响视觉清晰度。此外，考虑到当前的电视制式分别是 625 行/帧、25 帧和 525 行/帧、30 帧，都是隔行扫描，1 帧等于 2 场，故两种制式的场扫描行数为 625/2 和 525/2，288 是从这两种扫描行数转换来的，即取两种扫描行的平均值：

$$\left(\frac{625}{2}+\frac{525}{2}\right)\Big/2=287.5\approx288 \tag{5-135}$$

这样，便于实现 CIF 格式与两种制式的相互转换，同时，也符合两制式均衡负担的国际原则。由于编码是以 8×8 像素块作为基本单元，所以纵横像素数都应是 8 的整数倍，即

$$352/8=44,\quad 288/8=36,\quad 176/8=22,\quad 144/8=18 \tag{5-136}$$

所以,亮度分量 Y 的 8×8 块数为 1584 块,色度分量 U、V 为 396 块,亮度分量是色度分量的 4 倍,故 4 个亮度分量块和两个色度分量块共 6 块组成同一个分区,形成宏块 MB,以便于编码,Y、U、V 分量见图 5-62。

在可视电话中,由于 $P=1$ 或 $P=2$,最高比特率就是 128kb/s,CIF 的像素太多,所以取一半,即 QCIF(Quarter Common Intermediate Format),该格式为:Y 分量横向 176 像素,纵向为 144 像素。色度分量为横向 88 像素,纵向 72 像素。QCIF 是可视电话的最低要求,可视电话均应达到这一要求。而 CIF 规格则是可选的。

在 H. 261 标准中,Y、U、V 的建立应符合 CCIR-601(国际无线电咨询委员会)文件的要求,其计算公式为

$$\begin{bmatrix} Y \\ U-128 \\ V-128 \end{bmatrix} = \begin{bmatrix} \frac{77}{256} & \frac{150}{256} & \frac{29}{256} \\ \frac{-44}{256} & \frac{-87}{256} & \frac{131}{256} \\ \frac{131}{256} & \frac{-110}{256} & \frac{-21}{256} \end{bmatrix} \begin{bmatrix} R \\ G \\ B \end{bmatrix} \tag{5-137}$$

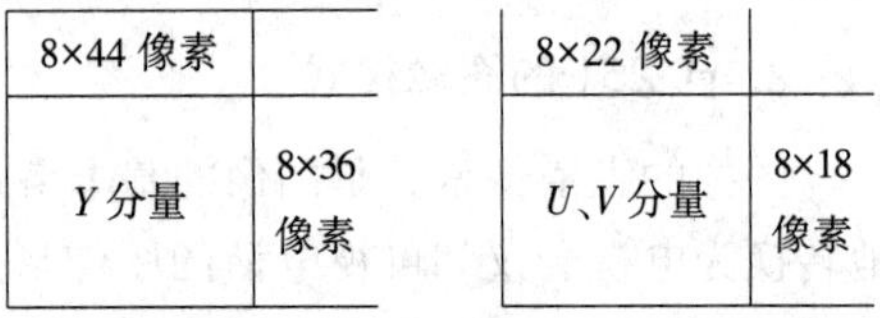

图 5-62　Y 分量与 U、V 分量

式中,分母取 256 是因为 R、G、B 信号是 8 位量化,有 256 个电平,色度信号减 128 是把零电平上移 128,即总电平的一半,主要是色度信号经常有正有负,这里先上移,以后在离散余弦变换(DCT)前和亮度信号 Y 一起下移,色度信号恢复原来电平,对降低码率有利。按 CCIR-601 的规定,量化后的色度信号峰峰值为 224 电平,最低电平为 16,最高电平为 240,亮度最高电平为 220,最低电平为 16。通常可视电话一般 10 帧/秒,会议电视 25 帧/秒。

3. 图像信号的编解码

在 H. 261 标准中,图像信号编译码框图如图 5-63 所示。

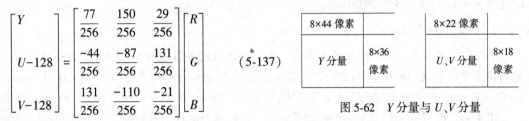

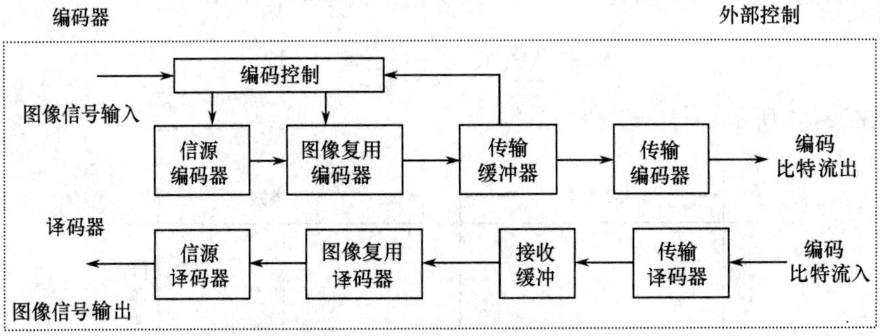

图 5-63　H. 261 编译码框图

图像的信号输入/输出指的是 CIF 或 QCIF 格式的数字信号,如果是 NTSC、PAL 或 SECAM 信号应先解成 R、G、B 信号经模数转换,再变换为 Y、U、V 亮度及色度信号,然后再转换为 CIF 或 QCIF 格式和帧频 30Hz 的信号,经帧存储器缓冲后进入图 5-63 的输入端。左端输出仍是 CIF 或 QCIF 格式、帧频 30Hz 的信号,经相反的变换,还原成视频复合信号,则比特流可进入 ISDN 网或其他信道。

信源编码器的作用主要是压缩,采用 DCT 变换后把系数量化,之后输入到图像复用编码器。图像复用编码器的功能是把每帧图像数据编排成 4 个层次的数据结构,同时对交流 DCT 系数进行可变长度编码(VLC),对直流 DCT 系数进行固定长度编码(FLC)。编码位流送入传输缓冲器。传输缓冲器的存储量是按比特率 P×64kb/s 加上固定富余量后确定的。由于图像内容变更使输出比特率变更,可以在缓冲器中得到反映。由此,传给上方编码控制 CC 方框,由 CC 控制信源编码中量化器的步

长,同时把步长辅助数据送到图像复用编码中的相应层次,以供解码用。这样就可以自动控制比特率的高低,以便适应图像变更的内容,充分发挥既定的比特率 $P\times64$kb/s 的传输能力,即尽可能保持比特率满负载。

传输编码器主要功能是插入 BCH 正向纠错码,以便传输终端的解码器能检测和纠正错误码字。H.261 中规定要用 BCH 纠错码,在解码中可任选。另外传输编码中还要插入同步码,以便解码器正确解码。

图 5-63 中的编码控制器,除控制量化步长外,还控制编码模式,即控制编码应是帧间编码还是帧内编码。这一操作在信源编码中进行。图中的外部控制有两个功能,即

① CIF 和 QCIF 的格式选择。

② 允许每 2 帧图像之间有 0~3 帧图像不传输。这主要是电视电话的帧间相关性强,不传输的图像可由已传输的图像计算得到。这属于帧间编码。

4. 信源编码

(1) 信源编码方框图

信源编码的框图如图 5-64 所示。

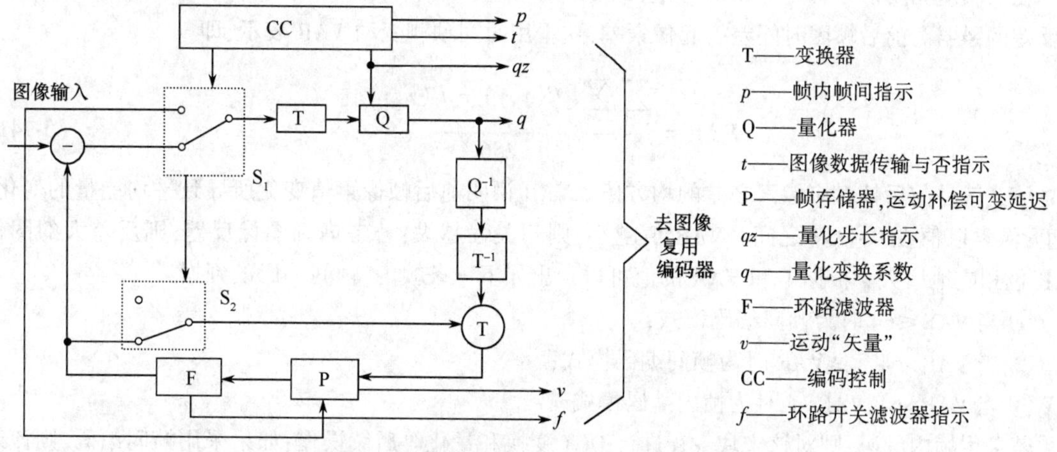

图 5-64 信源编码框图

图 5-64 中,图像输入是以宏块 MB 为单位输入的,MB 中包含亮度 Y 的 4 个 8×8 像素块,色度 U、V 的各一个 8×8 块,共 6 个 8×8 块。

(2) 帧内帧间编码

可视电话帧频是 30 帧/秒,由于帧间的强相关性,所以允许每两帧传送图像之间可以有 3 帧图像不传输。每次场景更换后,第 1 帧一定要传输,所以对第 1 帧做帧内编码,所传输的叫作帧内帧 I(Intraframe)(如图 5-65 所示)。

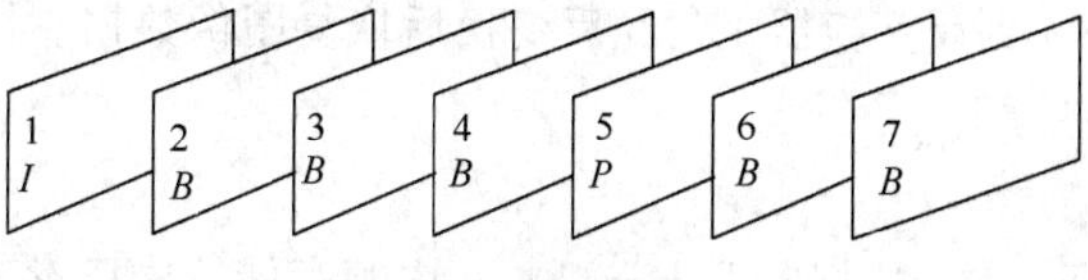

图 5-65 帧间编码

第 5 帧为预测帧,用 P 表示,它是由第 1 帧和第 5 帧本身经预测编码得到的。P 帧也可以作为下一个 P 帧预测编码的基础。B 帧称为双向内插帧,它由相邻的 I、P 或 P、P 帧计算得到。因此,I 帧和 P 帧是产生全部 B 帧的基础。通常每 12 帧或 15 帧传输一帧 I 帧,每 3 帧或 4 帧传输一帧 P 帧。换场景后第 1 帧为 I 帧。计算公式如下:

第 2 帧(*B*) $$B=\frac{3}{4}I+\frac{1}{4}P \tag{5-138}$$

第 3 帧(*B*) $$B=\frac{1}{2}(I+P) \tag{5-139}$$

以此类推,可计算出其他 *B* 帧。这种形成 *P* 帧和 *B* 帧的方法均称为帧间编码。

图 5-64 中的开关 S_1,S_2 由 CC 控制,用于帧内帧间编码选择。向下为帧间编码,向上为帧内编码。为了自动决定输入的宏块 MB 采用帧内、还是帧间编码,这里确定了一个判决条件。该条件可采用如下方法得到。首先将前帧图像存在帧存储器,后一帧图像来临时,比较前后图像的相关性,如果相关性较弱,则采用帧内编码方法,如果相关性强则采用帧间编码,该判据用于宏块 MB。设前帧宏块的亮度信号像素值为 $P(x,y)$,后帧图像宏块的亮度像素值为 $C(x,y)$,前帧宏块亮度信号方差为 V,则

$$V=\frac{\sum_{y=1}^{16}\sum_{x=1}^{16}P(x,y)^2}{256}-\left[\frac{\sum_{y=1}^{16}\sum_{x=1}^{16}P(x,y)}{256}\right]^2 \tag{5-140}$$

在宏块内亮度信号有 4 个 8×8 方块(或 16×16 方块),共有 256 个像素,V 实际上是反映前帧图像反差的强弱。前后帧因时间差引起像素差,这里用时间预测变动 VAR 表示,即

$$\mathrm{VAR}=\frac{\sum_{y=1}^{16}\sum_{x=1}^{16}[C(x,y)-P(x,y)]^2}{256} \tag{5-141}$$

该式就是前后帧对应像素之差的均方值。VAR 说明前后帧像素值变化所导致平均能量的变化。这里,像素取值在 0~255 之间。VAR 值越小,则相关性越大;若考虑到图像反差,则反差大的图像 VAR 也相应地增大。根据 V 和 VAR 的值可以定出如下三条帧内、帧间编码的判据:

① 当 VAR≤64 时为帧间编码模式;

② 当 VAR>64,V≥VAR 时为帧间编码模式;

③ 当 VAR>64,VAR>V 时为帧内编码模式。

若采用帧内编码,则对该宏块 MB 进行 DCT 变换和量化等后续操作;如果采用帧间编码,则该宏块属于 *P* 帧,要进行运动估计等编码;若采取不传,则该宏块属于 *B* 帧。上述判据是编码程序的一部分。应该说明的是该判据不属于 H. 261 标准,因此,也可以采用其他判据。

1) 帧内模式

当编码器选择帧内模式时,开关 S_1、S_2 打到上方,输入宏块 MB 数据,MB 经开关输入 DCT 方框 *T*(数据经过下移处理)经 8×8 数据变换,DCT 输出变换系数,并送入量化器 Q。一个量化器对应一个量化步长,该量化步长由缓冲存储器根据存储余量状态告知 CC,再由 CC 传到量化器 Q 及反量化器 Q^{-1}。经量化后的数据,一路从信源编码器输出,进入图像复用编码器;另一路进入反馈环路中的反量化器 Q^{-1},经反量化器输入到反变换器 T^{-1},经反变换后恢复图像数据。再经加法器进入方框 *P* 中的帧存储器,直到全帧存完为止。

2) 帧间模式

当采用帧间模式时,开关 S_1、S_2 打向下方,这时,*P* 内帧存储器中已存有前帧图像数据。当后帧的宏块到来时将做如下工作:

① 由 *P* 中的模式判据公式决定所采取的模式,如果判据公式决定应采取帧间模式,则进入第二步,否则按帧内模式进行。

② 根据运动估计公式,在后帧 MB 所对应的前帧 MB 的±15 个像素范围内搜索最匹配的亮度块,即 4 个 8×8 亮度数据块,找到最佳前帧匹配数据块后,即可得到运动矢量的两个坐标分量 *H* 和 *V*,*H*、

V 可送到图像复用编码器去供编码输出。

③ 由运动矢量确定的前帧 4 个 8×8 亮度数据块和两个 8×8 色度数据块从 P 的帧存储器中逐块输出数据 $P(x+H,y+V)$，每块数据通过环路滤波器乘上滤波系数后计做 $P_y(x+H,y+V)$，之后，再分两路。一路向上到减法器，与后帧数据块 $Y(x,y)$ 相减得到差值，宏块数据差值记为：

$$\Delta \mathrm{MB}_{xy}=Y(x,y)-P_{\mathrm{F}}(x+H,y+V)$$

这就是宏块预测误差。该宏块数据经过开关 S_1 进入离散余弦变换（DCT）和量化器，输出后分两路。一路到图像复用编码器；另一路进入反馈回路，经过反量化，反离散余弦变换（DCT），进入加法器。由环路滤波器输出的另一路数据 $P_{\mathrm{F}}(x+H,y+V)$ 经过开关 S_2 与预测误差 $Y(x,y)-P_{\mathrm{F}}(x+H,y+V)$ 在加法器中相加，得到后帧数据 $Y(x,y)$ 存在帧存储器中，直到帧存储器存完，再开始下一帧的操作。在编码框图中 P 有可变延迟功能，这主要是运动估计运算时间不等，加之环形滤波器也有延迟，在前帧和后帧相减时及与预测帧相加时，均需对准时间，因此需要可变延迟功能。

综上所述，信源编码器有如下几种信号：帧内、帧间系数；帧内、帧间模式选择信号；帧内、帧间宏块量化步长；图像数据传输与否信号；帧间模式宏块运动矢量；是否使用环路滤波器指示信号。综观 H. 261 标准建议，可以看出它给研制人员留有很大余地，可结合实用加以发挥。

3）变换（DCT）

在该标准中采用性能较好的离散余弦变换（DCT）。以 8×8 像块为基本单元，每像素 8 位量化 0~255 电平，再下移 128，亮度与色度信号一样处理。但色度信号已上移 128，故在此又恢复原样。原因是色度信号经常有正有负，而亮度信号均为正。平移后数据处在零电平附近，这样可以降低传输比特率。平移后的数据可进行离散余弦变换（DCT），即

$$F(u,v)=\frac{1}{4}C(u)C(v)\sum_{u=0}^{7}\sum_{v=0}^{7}f(x,y)\cdot\cos\frac{\pi(2X+1)u}{16}\cdot\cos\frac{\pi(2Y+1)v}{16}\quad u,v=0,1,\cdots,7 \tag{5-142}$$

$$f(x,y)=\frac{1}{4}\sum_{u=0}^{7}\sum_{v=0}^{7}C(u)C(v)F(u,v)\cdot\cos\frac{\pi(2X+1)u}{16}\cdot\cos\frac{\pi(2Y+1)v}{16}\quad x,y=0,1,\cdots,7 \tag{5-143}$$

$$C(u)C(v)=\begin{cases}1/\sqrt{2} & 当\ u,v=0\\ 1 & 当\ u,v\neq 0\end{cases}$$

在空域中排列顺序为：左上角为像素在 x,y 坐标的原点，x 从左到右为 0~7，y 从上到下为 0~7。

在频域 u,v 坐标系中，左上角为直流系数，右下角为 u 和 v 两个方向的最高空间频率系数。左上方系数的平方代表低频能量，右下方系数值的平方代表图像的高频能量（见图 5-66）。

4）量化

H. 261 标准的量化公式为

$$Q(u,v)=取整数\left(\frac{F(u,v)}{2q}S\right) \tag{5-144}$$

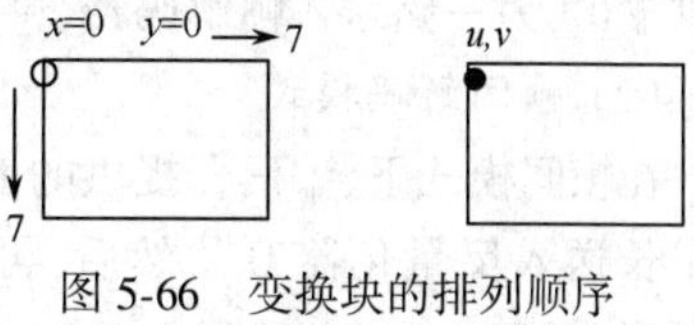

图 5-66　变换块的排列顺序

式中，DCT 系数 $F(u,v)$ 取绝对值，S 表示正负号，$S=0$ 表示正，$S=1$ 表示负。q 为量化步长，取 1~31，乘 2 后为 2~62。因为有很多 $F(u,v)$ 值较小，因此，$Q(u,v)$ 计算后有很多值为零，从而使比特率降低。对每宏块 MB 有 6 个 8×8 块，量化步长都一样，q 是由缓冲器存储余量决定，余量大，q 取值低，输出 $Q(u,v)$ 值提高，同时比特率增加。若余量小，则 q 取值高，使输出 $Q(u,v)$ 值降低，产生许多零值，使传输比特率降低。量化中的取整过程，采取四舍五入的方法实现。

Q^{-1} 是反量化。由下式决定：

$$F'(u,v)=2qQ(u,v) \tag{5-145}$$

该值是 $F(u,v)$ 的近似值。

5. 运动补偿

在 H. 261 标准中,采用了运动补偿技术。在帧间编码中,需要传输前后帧宏块 MB 的差值,即运动矢量 MV,其表达式为

$$\mathrm{MV}(H,V)=\min_{h,v}\sum_{y=1}^{16}\sum_{x=1}^{16}\left|Y(x,y)-P(x+h,y+v)\right| \tag{5-146}$$

式中,min 表示搜索最小值。h,v 表示水平和垂直方向搜索像素数,对于前帧亮度信号最大搜索范围为-15~+15 像素,后帧亮度信号的 MB 有 16×16 个像素,相应的色度块只有 8×8 个像素,所得到的运动矢量坐标除以 2。上式中的 $M_V(H,V)$ 除了表示所找到的最小差值外,式中 H,V 表示前帧中匹配宏块 MB 的位置。这些操作称为运动估计,运动估计的目的是找到运动矢量。通过运动估计在前帧中找到匹配宏块 MB 后,需要传输前后帧匹配宏块间像素差值矩阵,即

$$\Delta \mathrm{MB}_{xy}=Y(x,y)-P(x+H,y+V) \tag{5-147}$$

式中,$\Delta \mathrm{MB}_{xy}$ 中的 x 指水平方向的 16 个像素的差值,y 指垂直方向的 16 个像素的差值。如果原来像素灰度值为-128~127,相减后成为-255~255,除了亮度差值外,还有色度 U、V 的 64 个差值。按上述方法求得的宏块差值就是预测误差。每一宏块的预测误差再经过 DCT、量化、编码后加以传送。由此可见,帧间编码对 P 帧编码的基本过程就是运动矢量的寻找,预测误差的计算,变换及编码。这一过程称为运动补偿。运动补偿技术的运用,不仅可降低码率,而且可大大改善图像质量。

6. 环路滤波器

环路滤波器是一低通滤波器,其功能是消除高频噪声。通常,环路滤波器接在运动补偿环路内,用以消除边缘赝像。环路滤波器的参数也不属于 H. 261 的标准,因此,它可以根据需要而更改。

5. 7. 2　H. 261 解码原理

H. 261 的解码原理框图如图 5-67 所示。

其解码可分为帧内模式和帧间模式。

(1) 帧内解码模式

在帧内模式下,编码器传来的宏块 MB 量化 DCT 系数送入反量化器 Q^{-1},同时,送入该宏块的量化步长 q,按照基本公式(5-144)可得到 DCT 系数 $F'(u,v)$,经反 DCT 变换后得到像素值 $f'(x,y)$。当帧内解码时,开关 S 处在上方,加法器分两路输出图像数据,一路供输出,另一路送入帧解码器,供帧间解码用。

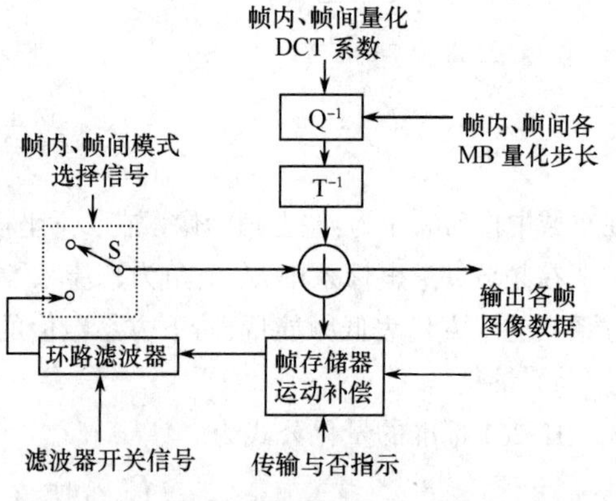

图 5-67　H. 261 的解码原理框图

(2) 帧间解码模式

在帧间模式下,编码器提供的 DCT 预测误差和量化步长送入反量化器 Q^{-1},然后,再经 DCT 反变换得到预测误差 $Y(x,y)-P(x+H,y+V)$,这时,与 MB 相对应大运动矢量坐标 H 和 V 送入帧存储器,将前帧匹配信号从帧存储器取出送入环路滤波器,乘上滤波系数得到 $P_F(x+H,y+V)$。在帧间模式下,开关 S 倒向下方,则信号经开关送入加法器,与预测误差相加后得到 $Y(x,y)$。加法器输出分两路,一路输出,另一路进入帧存储器,此时存储的是 P 帧备用,它是下一 P 帧的前帧。

5. 7. 3　H. 261 的图像复用编码

为传输的需要,在 CCITT 建议的算法中,将 CIF 和 QCIF 划分成层次结构,即图像层、块组层(GOB)、宏块层(MB)和块层(B),共四个层次。

块组层(GOB)包含 33 个宏块(MB),横向 11 块,纵向三行,如图 5-68 所示。

一个宏块(MB)由 4 个 8×8 亮度块(Y),2 个色度块(U,V)组成,因此,MB 有 6 个数据块,如图 5-69 所示。

1	2	3	4	5	6	7	8	9	10	11
12	13	14	15	16	17	18	19	20	21	22
23	24	25	26	27	28	29	30	31	32	33

图 5-68　GOB 中宏块的顺序

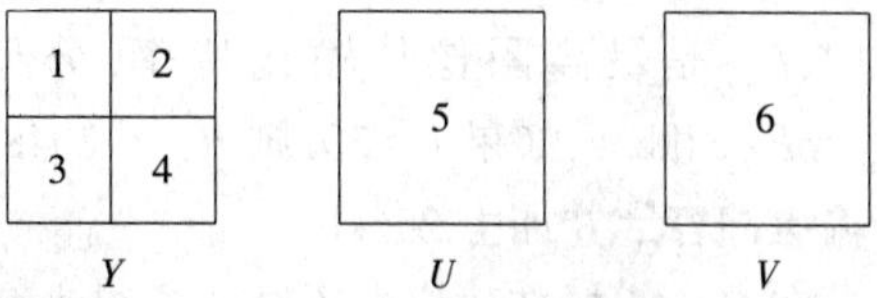

图 5-69　宏块 MB 数据顺序

数据块包含 8×8 个像素,这是亮度和色度信号的基本编码单元。

按 CIF 格式的设计,一帧 CIF 图像有 12 个 GOB,等于 12×33 个宏块,等于 936×6 个数据块,共有 2376 个数据块(B),其中 1584 个亮度块(Y),396 个 U 块,396 个 V 块,共有 152064 个像素。一帧图像的 GOB 排列如图 5-70 所示。对于 CIF 格式有 12 个块组,一幅 QCIF 图像由 3 个块组组成。

图像复用编码把以上层次的数据按一定的方式连接起来,构成一帧数据流。数据流的安排如图 5-71 所示。

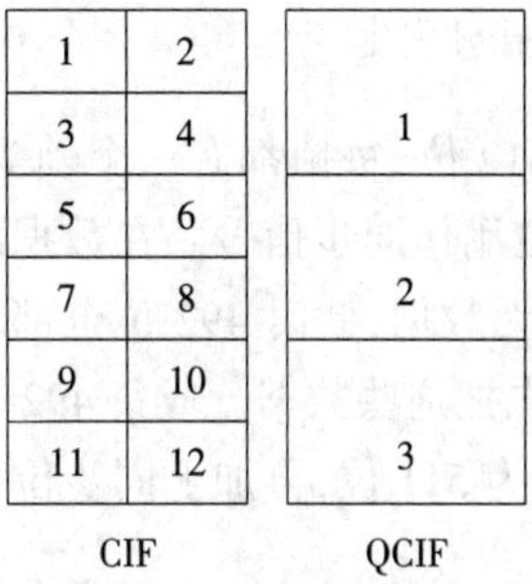

图 5-70　一帧图像的 GOB 排列

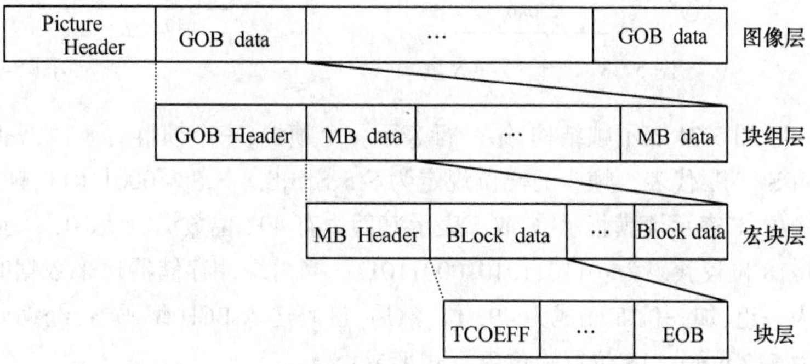

图 5-71　图像复用编码的数据流安排

图像流由帧首和数据组成,帧首有 20 位的图像起始码、帧计数码、帧类型码等其他格式、时间参数(帧数)等信息;图像头块组层,由块组头和宏块组成。它包含 16 位 GOB 起始码、块组编号码、块组量化步长、备用插入信息码等 33 块宏块;宏块层包含块首(宏块头)信息,即变长地址码。

宏块类型变长码,指明帧内帧间有无运动参数,有无循环滤波器,不需要传的 DCT 系数等信息;最后是数据块 B,它包括块头和数据块。变换系数遵循 TCOEFF 安排,每块 8×8 个数据,左上角为直流系数,其他是交流系数。由于视觉对低频信号较为敏感,并且高频系数零值较多,所以,采用之字形扫描方法,如图 5-72 所示。

1	2	6	7	15	16	28	29
3	5	8	14	17	27	30	43
4	9	13	18	26	31	42	44
10	12	19	25	32	41	45	54
11	20	24	33	40	46	53	55
21	23	34	39	47	52	56	61
22	35	38	48	51	57	60	62
36	37	49	50	58	59	63	64

图 5-72　之字形扫描顺序

在 H. 261 中提供了 TCOEFF 编码表,帧间编码的第一个系数是直流系数。帧内编码中直流系数先用步长 8 量化,再用 8 位固定长度编码,关于帧内编码 H. 261 标准也提供了编码表。数据块编码结束时,用结束符 EOB 标示。

5.7.4　传输缓冲器与传输编码

在 H. 261 编码标准中设置缓冲器的目的是协调编码输出的比特率和传输网的比特率。当编码输出的比特率过高时,缓冲器用于存储,同时令编码器提高量化步长,从而降低比特率。当编码器输出比特率过低时,缓冲器将控制编码器降低量化步长,从而提高比特率。所以,必须确定缓冲器的容量。这里 HRD 与编码器应有统一的时钟,相同的图像格式,缓冲器容量为

$$B=4R_{max}/30 \tag{5-148}$$

式中,R_{max}是最高图像传输比特率,分母中的 30 是帧频,如果采用 PAL 制式则选 25。因此,$R_{max}=P\times64\text{kb/s}$,如果 $P=30$,则 $R_{max}=2048\text{kb/s}$。编码器中的存储量与 HRD 一样,即如图 5-73所示的传输缓冲容量 B 加上 256kb。

在 H. 261 标准建议中还设计了纠错编码,该方案使用 BCH 码。这是一种循环冗余校验码,它是线性码的子集,码长为 511 位,其中信息码元 493 位,校验码元 18 位,如图 5-74 所示。

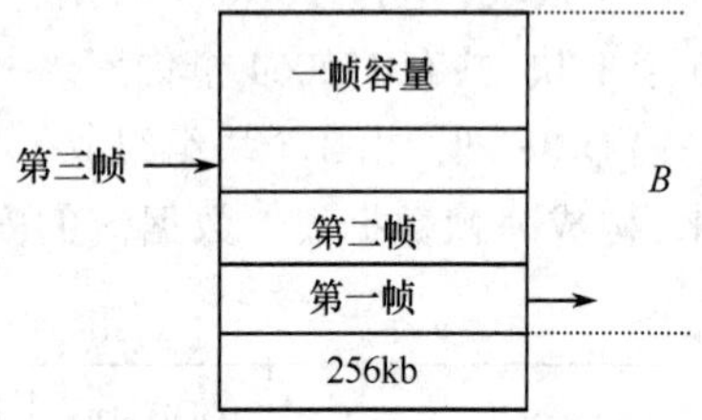

图 5-73 传输缓冲容量

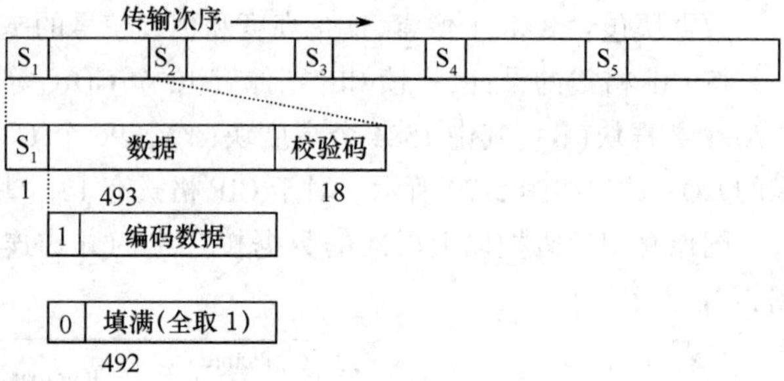

图 5-74 纠错帧安排

图 5-74 表示帧结构,第一行表示一个帧群,一个帧群有 8 帧,一帧有 512 位,每帧都有一个帧头,由 $S_1\cdots S_8$ 代表。帧头的码位规定为 $S_1S_2S_3S_4S_5S_6S_7S_8=00011011$,帧头码位用作同步信号。在数据结构中,F 表示填满指示,F 取 1 表示其后边有 492 位数据,F 取 0,表示后边无数据,此时 492 位全部取 1,18 位校验码为:011011010100011011。当由缓冲存储器送来数据时,首先把这些数据分成每 492 位为一组,加一位 F 码成为 493 位,然后,该码送入 BCH 编码器,经编码后成为 511 位,再加上同步位成为 512 位码。18 位校验位由下式形成:

$$g(x)=(x^9+x^4+1)(x^9+x^6+x^4+x^3+1)$$

及数据多项式

$$f(x)=v_0+v_1x+v_2x^2+\cdots+v_{492}x^{492}$$

式中,$v_i=0$ 或 1,$i=1,2,\cdots,493$。

这里 BCH 码的码长 n,信息码元 k 和纠错能力之间符合如下关系:

$$n=2^m-1,\ n=k\leqslant mt$$

式中,m 为大于 3 的正整数,由于 $n-k=18\leqslant 9t$,因此 $t=2$。这表明可纠正 2 位码误差。也就是说,如果出现 2 位码误差,BCH 码可加以纠正,如大于 2 位码误差就会出现误码。

以上就是 CCITT H. 261 编码标准的基本原理,若读者需要更详细的标准内容可参考标准手册。

思考题

1. 试说明数字通信的基本模型,并给出各个模块的主要功能。
2. 信源编码的目的是什么?信道编码的目的又是什么?
3. 按 M. Kunt 的提法,什么是第一代编码?什么是第二代编码?第二代编码的特点是什么?
4. 图像编码的保真度准则是什么?
5. 试着查找一些文献,说明近年来在图像编码质量评价中主、客观评价一致性的研究进展。
6. 试画出 PCM 图像编码的原理框图,如何提高 PCM 编码的量化信噪比?
7. PCM 的信噪比与什么因素有关?给出其定量概念。
8. 什么是非线性 PCM 编码?它有什么优点?
9. 亚奈奎斯特取样编码的基本思想是什么,在视频编码中是如何考虑的?
10. 试分析另一种非线性 PCM 的基本设计思想,非线性 PCM 编码的宗旨是什么?

11. 试述两种压扩特性及其对小信号的信噪比性能的改善。

12. 试推导离散信源的熵,并以此推导连续信源的熵。

13. 离散信源的熵和连续信源的熵在含义上有什么差异?

14. 试述编码效率和冗余度的概念及如何计算编码效率和冗余度。

15. 编码的基本要求是什么? 试述其含义。

16. 何为匹配编码? 其基本思想是什么?

17. 为什么说匹配编码缺乏构造性? 在技术实现上如何解决这一问题?

18. 信源 $X=\begin{Bmatrix} u_1 & u_2 & u_3 & u_4 & u_5 & u_6 & u_7 & u_8 \\ P_1 & P_2 & P_3 & P_4 & P_5 & P_6 & P_7 & P_8 \end{Bmatrix}$

其中,$P_1=0.20$,$P_2=0.09$,$P_3=0.11$,$P_4=0.13$,$P_5=0.07$,$P_6=0.12$,$P_7=0.08$,$P_8=0.20$。

① 试将该信源编为 Huffamn 码,并计算信源的熵、平均码长、编码效率及冗余度。

② 将该信源编成 Shannon-Fano 码并计算信源的熵、平均码长、编码效率和冗余度。

19. 试述霍夫曼-香农-费诺编码原理

20. 试解释算术编码的基本原理,它与霍夫曼编码有什么本质不同?

21. 算术编码如何解码?

22. 定性地解释预测编码的压缩机理。

23. 最佳的提法需要哪两个基本原则才能具有普适性? 试加以说明。

24. 什么是最佳预测? 解释其基本原理,并给出其数学理论表述。

25. 什么是线性预测器? 线性预测器的设计关键在哪里?

26. 从均方误差的角度分析一下预测对解除相关性的作用。

27. 试述 DM 编、解码的基本原理,画出方框图并分析其基本性能。

28. 什么是斜率过载? 如何解决 DM 中的斜率过载问题?

29. DM 解码电路非常简单,这是它的优点,给出其基本原理及数学分析。

30. 试述 DPCM 的编码原理,画出原理方框图,分析其性能,同时,与 DM 做一比较。

31. 什么是一维行程编码? 说明其基本原理。

32. 给出行程编码的比特率估计。

33. 什么是二维行程编码? 给出其基本原理。

34. 试说明等值线编码的基本原理。

35. 正交变换有哪些性质可供编码利用?

36. 说明变换编码的基本概念。

37. 给出变换编码的数学模型分析,并总结其关键问题是什么?

38. 什么是最佳变换? 给出其数学分析。

39. 最佳变换的优缺点是什么?

40. 最佳变换在数学上是如何实现的? 给出一个小例子加以说明。

41. 什么是准最佳变换? 其变换矩阵有什么特点?

42. 图像编码的国际标准中为什么选择 DCT 变换实现压缩编码?

43. 变换编码是通过什么方法压缩码率的?

44. 在变换编码中,变换块的大小是如何选择的? 为什么?

45. 何为区域编码? 何为门限编码? 它们各有什么优缺点?

46. 试画出 WHT 变换编码的原理框图。

47. 图像编码有哪些主要的国际标准? 其基本应用对象是什么?

48. 试述国际标准 H. 261 中的 CIF 格式和 QCIF 格式的含义?

49. 试说明 H. 261 中的 I、B、P 帧的含义。

50. 试述 H. 261 的数据流安排。

第 6 章 图像复原

图像复原是图像处理的另一重要课题。它的主要目的是改善给定的图像质量。当给定了一幅退化了的或者受噪声污染了的图像后,利用退化现象的某种先验知识来重建或恢复原有图像是图像复原处理的基本过程。可能的退化包括光学系统中的衍射,传感器非线性畸变,光学系统的像差,摄影胶片的非线性,大气湍流的扰动效应,图像运动造成的模糊及几何畸变等。噪声干扰可以由电子成像系统传感器、信号传输过程或者胶片颗粒性造成。各种退化图像的复原都可归结为一种过程,具体地说就是把退化模型化,并且采用相反的过程进行处理,以便恢复出原图像。本章将主要讨论一些基本的图像复原技术。

6.1 退化模型

图像恢复处理的关键问题在于建立退化模型。在第 2 章已提到在用数学方法描述图像时,它的最普遍的数学表达式为

$$I=f(x,y,z,\lambda,t)$$

这样一个表达式可以代表一幅活动的、彩色的立体图像。当研究的是静止的、单色的、平面的图像时,则其数学表达式就简化为

$$I=f(x,y)$$

基于这样的数学表达式,可建立如图 6-1 所示的退化模型。由图 6-1 的模型可见,一幅纯净的图像 $f(x,y)$ 是由于通过了一个系统 H 及加入外来加性噪声 $n(x,y)$ 而使其退化为一幅图像 $g(x,y)$ 的。

图像复原可以看成是一个估计过程。如果已经给出了退化图像 $g(x,y)$ 并估计出系统参数 H,从而可近似地恢复 $f(x,y)$。这里,$n(x,y)$ 是一种统计性质的噪声。当然,为了对处理结果做出某种最佳的估计,一般应首先明确一个质量标准。

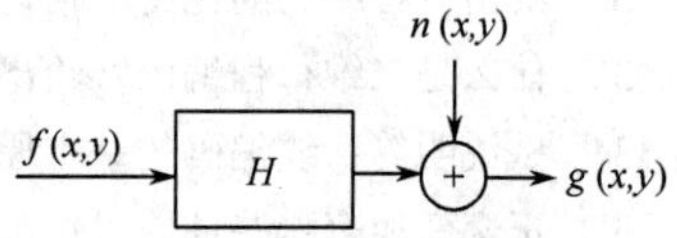

图 6-1 图像退化模型

6.1.1 系统 H 的基本定义

根据图像的退化模型及复原的基本过程可见,复原处理的关键在于对系统 H 的基本了解。就一般而言,系统是某些元件或部件以某种方式构造而成的整体。系统本身所具有的某些特性就构成了通过系统的输入信号与输出信号的某种联系。

系统的分类方法有很多。例如,系统可分为线性系统和非线性系统;时变系统和非时变系统;集中参数系统和分布参数系统;连续系统和离散系统,等等。

线性系统就是具有均匀性和相加性的系统。对于图 6-1 所示的系统来说,可表示成下式

$$g(x,y)=H[f(x,y)]+n(x,y) \tag{6-1}$$

如果暂不考虑加性噪声 $n(x,y)$ 的影响,而令 $n(x,y)=0$ 时,则

$$g(x,y)=H[f(x,y)] \tag{6-2}$$

如果输入信号为 $f_1(x,y)$,$f_2(x,y)$,对应的输出信号为 $g_1(x,y)$,$g_2(x,y)$,通过系统后有下式成立

$$\begin{aligned}H[k_1f_1(x,y)+k_2f_2(x,y)]&=H[k_1f_1(x,y)]+H[k_2f_2(x,y)]\\&=k_1g_1(x,y)+k_2g_2(x,y)\end{aligned} \tag{6-3}$$

那么,系统 H 是一个线性系统。式中 k_1,k_2 为一常数。如果 $k_1=k_2=1$,则

$$H[f_1(x,y)+f_2(x,y)]=H[f_1(x,y)]+H[f_2(x,y)]=g_1(x,y)+g_2(x,y) \tag{6-4}$$

式(6-3)及式(6-4)说明,如果 H 为线性系统,那么,两个输入之和的响应等于两个响应之和。显然,线性系统的特性为求解多个激励情况下的输出响应带来很大方便。

如果一个系统的参数不随时间变化,即称为时不变系统或非时变系统。否则,就称该系统为时变系统。与此概念相对应,对于二维函数来说,如果

$$H[f(x-\alpha,y-\beta)]=g(x-\alpha,y-\beta) \tag{6-5}$$

H 是空间不变系统(或称为位置不变系统),式中的 α 和 β 分别是空间位置的位移量。这说明了图像中任一点通过该系统的响应只取决于在该点的输入值,而与该点的位置无关。

由上述基本定义可见,如果系统 H 有式(6-3)和式(6-5)的关系,那么,系统就是线性的和空间位置不变的系统。在图像复原处理中,尽管非线性和空间变化的系统模型更具普遍性和准确性,但是它却给处理工作带来巨大的困难,它常常没有解或者很难用计算机来处理。因此,在图像复原处理中,往往用线性和空间不变性的系统模型加以近似。这种近似的优点是使线性系统理论中的许多方法可直接用来解决图像复原问题,所以图像复原处理特别是数字图像复原处理主要采用线性的、空间不变的复原技术。

6.1.2 连续函数退化模型

在线性系统理论中,曾定义了单位冲激信号 $\delta(t)$。它是一个振幅在原点之外所有时刻为零,在原点处振幅为无限大、宽度无限小,面积为 1 的窄脉冲。其时域表达式为

$$\begin{cases}\int_{-\infty}^{\infty}\delta(t)\,\mathrm{d}t=1 & t=0\\ \delta(t)=0 & t\neq 0\end{cases} \tag{6-6}$$

如果冲激信号 $\delta(t)$ 有一个 t_0 时刻的延迟,那么

$$\begin{cases}\int_{-\infty}^{\infty}\delta(t-t_0)\,\mathrm{d}t=1 & t=t_0\\ \delta(t-t_0)=0 & t\neq t_0\end{cases} \tag{6-7}$$

冲激信号的一个重要特性是取样特性。由于 $\delta(t)$ 除了 $t=0$ 外,其他值均为零,所以有

$$\int_{-\infty}^{\infty}\delta(t)f(t)\,\mathrm{d}t=\int_{-\infty}^{\infty}\delta(t)f(0)\,\mathrm{d}t=f(0)\int_{-\infty}^{\infty}\delta(t)\,\mathrm{d}t=f(0) \tag{6-8}$$

同理,当 $t=t_0$ 时,有

$$\int_{-\infty}^{\infty}\delta(t-t_0)f(t)\,\mathrm{d}t=\int_{-\infty}^{\infty}\delta(t-t_0)f(t_0)\,\mathrm{d}t=f(t_0)\int_{-\infty}^{\infty}\delta(t-t_0)\,\mathrm{d}t=f(t_0) \tag{6-9}$$

冲激函数的另外一个取样公式就是卷积取样,即

$$\int_{-\infty}^{\infty}f(x-t)\delta(t)\,\mathrm{d}t=f(x) \tag{6-10}$$

上述的一维时域冲激函数 $\delta(t)$ 不难推广到二维空间域中。如果推广至二维空间,那么可定义 $\delta(x,y)$ 为冲激函数。$\delta(x-\alpha,y-\beta)$ 就是有延迟的冲激函数。显然,可以把 $f(x,y)$ 写成如下形式

$$f(x,y)=\iint_{-\infty}^{\infty}f(\alpha,\beta)\delta(x-\alpha,y-\beta)\,\mathrm{d}\alpha\mathrm{d}\beta \tag{6-11}$$

根据 $g(x,y)=H[f(x,y)]+n(x,y)$ 的关系,如果令 $n(x,y)=0$,则有下式成立

$$g(x,y)=H[f(x,y)]=H\left[\iint_{-\infty}^{\infty}f(\alpha,\beta)\delta(x-\alpha,y-\beta)\,\mathrm{d}\alpha\mathrm{d}\beta\right]$$

由于 H 是线性算子,所以

$$g(x,y)=H\cdot[f(x,y)]=H\cdot\left[\iint_{-\infty}^{\infty}f(\alpha,\beta)\delta(x-\alpha,y-\beta)\mathrm{d}\alpha\mathrm{d}\beta\right]$$
$$=\iint_{-\infty}^{\infty}H\cdot[f(\alpha,\beta)\delta(x-\alpha,y-\beta)]\mathrm{d}\alpha\mathrm{d}\beta=\iint_{-\infty}^{\infty}f(\alpha,\beta)H\cdot\delta(x-\alpha,y-\beta)\mathrm{d}\alpha\mathrm{d}\beta \tag{6-12}$$

令
$$h(x,\alpha,y,\beta)=H\cdot\delta(x-\alpha,y-\beta)$$

则
$$g(x,y)=\iint_{-\infty}^{\infty}f(\alpha,\beta)h(x,\alpha,y,\beta)\mathrm{d}\alpha\mathrm{d}\beta \tag{6-13}$$

式中，$h(x,\alpha,y,\beta)$就是系统H的冲激响应。也就是说$h(x,\alpha,y,\beta)$是系统H对坐标为α,β处的冲激函数$\delta(x-\alpha,y-\beta)$的响应。在光学中，冲激为一光点，所以$h(x,\alpha,y,\beta)$又称为点扩散函数(PSF)。

式(6-13)就是线性系统理论中非常重要的费雷德霍姆(Fredholm)积分。式(6-13)指出，如果系统H对冲激函数的响应为已知，则对任意输入$f(\alpha,\beta)$的响应可用式(6-13)求得。换句话说，线性系统H完全可由其冲激响应来表征。

在空间位置不变的情况下有 $H\cdot\delta(x-\alpha,y-\beta)=h(x-\alpha,y-\beta)$ (6-14)

在这种情况下，显然 $g(x,y)=\iint_{-\infty}^{\infty}f(\alpha,\beta)h(x-\alpha,y-\beta)\mathrm{d}\alpha\mathrm{d}\beta$ (6-15)

这说明，系统H加入输入信号的响应就是系统输入信号与冲激响应的卷积积分。

在有加性噪声的情况下，前述的线性退化模型可表示为

$$g(x,y)=\iint_{-\infty}^{\infty}f(\alpha,\beta)h(x-\alpha,y-\beta)\mathrm{d}\alpha\mathrm{d}\beta+n(x,y) \tag{6-16}$$

当然，在上述情况中，都假设噪声与图像中的位置无关。

式(6-16)就是我们主要研究的连续函数的退化模型。

6.1.3 离散的退化模型

连续函数的退化模型是由输入函数$f(\alpha,\beta)$和点扩散函数相乘后再积分来表示的。如果把$f(\alpha,\beta)$和$h(x-\alpha,y-\beta)$进行均匀取样后就可引申出离散的退化模型。为了研究离散的退化模型，不妨用一维函数来说明基本概念，然后再推广至二维情况。

假设有两个函数$f(x)$和$h(x)$，它们被均匀取样后分别形成A维和B维的阵列。在这种情况下，$f(x)$变成在$x=0,1,2,\cdots,A-1$范围内的离散变量，$h(x)$变成在$x=0,1,2,\cdots,B-1$范围内的离散变量。由此，连续函数退化模型中的连续卷积关系就演变为离散卷积关系。

如果$f(x)$，$h(x)$都是具有周期为N的序列，那么，它们的时域离散卷积可定义为

$$g(x)=\sum_{m}f(m)h(x-m) \tag{6-17}$$

显然，$g(x)$也是具有周期N的序列。周期卷积可用常规卷积法计算也可用卷积定理进行快速卷积计算。

如果$f(x)$和$h(x)$均不具备周期性，则可以用延拓的方法使其成为周期函数。为了避免折叠误差，可以令周期$M\geqslant A+B-1$，使$f(x)$，$h(x)$分别延拓为下列离散阵列的元素

$$f_e(x)=\begin{cases}f(x) & 0\leqslant x\leqslant A-1\\0 & A-1<x\leqslant M-1\end{cases};\quad h_e(x)=\begin{cases}h(x) & 0\leqslant x\leqslant B-1\\0 & B-1<x\leqslant M-1\end{cases} \tag{6-18}$$

这样延拓后，可得到一个离散卷积退化模型，即

$$g_e(x)=\sum_{m=0}^{M-1}f_e(m)h_e(x-m) \tag{6-19}$$

式中，$x=0,1,2,\cdots,M-1$。显然，$g_e(x)$的周期也是M。经过这样的延拓处理，一个非周期的卷积问题就变成了周期卷积问题了。因此也就可以用快速卷积法进行运算了。

如果用矩阵来表示上述离散退化模型,可写成如下形式

$$\boldsymbol{g}=\boldsymbol{H}\boldsymbol{f} \tag{6-20}$$

这里 $\boldsymbol{g}$、$\boldsymbol{H}$、$\boldsymbol{f}$ 分别代表矩阵或向量,其中

$$\boldsymbol{f}^{\mathrm{T}}=[f_{\mathrm{e}}(0)\quad f_{\mathrm{e}}(1)\quad \cdots\quad f_{\mathrm{e}}(M-1)] \tag{6-21}$$

$$\boldsymbol{g}^{\mathrm{T}}=[g_{\mathrm{e}}(0)\quad g_{\mathrm{e}}(1)\quad \cdots\quad g_{\mathrm{e}}(M-1)] \tag{6-22}$$

$\boldsymbol{H}$ 是 $M\times M$ 阶矩阵,即

$$\boldsymbol{H}=\begin{bmatrix} h_{\mathrm{e}}(0) & h_{\mathrm{e}}(-1) & h_{\mathrm{e}}(-2) & \cdots & h_{\mathrm{e}}(-M+1) \\ h_{\mathrm{e}}(1) & h_{\mathrm{e}}(0) & h_{\mathrm{e}}(-1) & \cdots & h_{\mathrm{e}}(-M+2) \\ h_{\mathrm{e}}(2) & h_{\mathrm{e}}(1) & h_{\mathrm{e}}(0) & \cdots & h_{\mathrm{e}}(-M+3) \\ \vdots & \vdots & \vdots & & \vdots \\ h_{\mathrm{e}}(M-1) & h_{\mathrm{e}}(M-2) & h_{\mathrm{e}}(M-3) & \cdots & h_{\mathrm{e}}(0) \end{bmatrix} \tag{6-23}$$

由于 $h_{\mathrm{e}}(x)$ 具有周期性,所以 $h_{\mathrm{e}}(x)=h_{\mathrm{e}}(M+x)$,利用这一性质,式(6-23)又可以写成如下形式

$$\boldsymbol{H}=\begin{bmatrix} h_{\mathrm{e}}(0) & h_{\mathrm{e}}(M-1) & h_{\mathrm{e}}(M-2) & \cdots & h_{\mathrm{e}}(1) \\ h_{\mathrm{e}}(1) & h_{\mathrm{e}}(0) & h_{\mathrm{e}}(M-1) & \cdots & h_{\mathrm{e}}(2) \\ h_{\mathrm{e}}(2) & h_{\mathrm{e}}(1) & h_{\mathrm{e}}(0) & \cdots & h_{\mathrm{e}}(3) \\ \vdots & \vdots & \vdots & & \vdots \\ h_{\mathrm{e}}(M-1) & h_{\mathrm{e}}(M-2) & h_{\mathrm{e}}(M-3) & \cdots & h_{\mathrm{e}}(0) \end{bmatrix} \tag{6-24}$$

由于 $h_{\mathrm{e}}(x)$ 的周期性,使得 $\boldsymbol{H}$ 成为一个循环矩阵。

上述基本模型不难推广至二维情况。如果给出 $A\times B$ 大小的数字图像以及 $C\times D$ 大小的点扩散函数,可首先作大小为 $M\times N$ 的周期延拓,即

$$f_{\mathrm{e}}(x,y)=\begin{cases} f(x,y) & 0\leqslant x\leqslant A-1 \\ & 0\leqslant y\leqslant B-1 \\ 0 & A<x\leqslant M-1 \\ & B<y\leqslant N-1 \end{cases} \tag{6-25}$$

$$h_{\mathrm{e}}(x,y)=\begin{cases} h(x,y) & 0\leqslant x\leqslant C-1 \\ & 0\leqslant y\leqslant D-1 \\ 0 & C<x\leqslant M-1 \\ & D<y\leqslant N-1 \end{cases} \tag{6-26}$$

这样延拓后 $f_{\mathrm{e}}(x,y)$ 和 $h_{\mathrm{e}}(x,y)$ 分别成为二维周期函数。它们在 x 和 y 方向上的周期分别为 M 和 N。由此得到二维退化模型为一个二维卷积形式,即

$$g_{\mathrm{e}}(x,y)=\sum_{m=0}^{M-1}\sum_{n=0}^{N-1}f_{\mathrm{e}}(m,n)h_{\mathrm{e}}(x-m,y-n) \tag{6-27}$$

式中,$x=0,1,2,\cdots,M-1$;$y=0,1,2,\cdots,N-1$,卷积函数 $g_{\mathrm{e}}(x,y)$ 也为周期函数,其周期与 $f_{\mathrm{e}}(x,y)$ 和 $h_{\mathrm{e}}(x,y)$ 一样。为避免重叠,同样要按下式规则延拓

$$M\geqslant A+C-1,N\geqslant B+D-1 \tag{6-28}$$

式(6-27)的模型同样可用矩阵来表示

$$\boldsymbol{g}=\boldsymbol{H}\boldsymbol{f} \tag{6-29}$$

式中,$\boldsymbol{g}$、$\boldsymbol{f}$ 代表 MN 维列向量。这些列向量是由 $M\times N$ 维的函数矩阵 $\boldsymbol{f}_{\mathrm{e}}(x,y)$、$\boldsymbol{g}_{\mathrm{e}}(x,y)$ 的各行堆积而成的。例如,$\boldsymbol{f}$ 的第一组 N 个元素是 $\boldsymbol{f}_{\mathrm{e}}(x,y)$ 的第一行元素;第二组 N 个元素是由 $\boldsymbol{f}_{\mathrm{e}}(x,y)$ 的第二行元素得到的,以此类推。因此,式(6-29)中的 $\boldsymbol{g}$ 和 $\boldsymbol{f}$ 是 MN 维向量,即 $\boldsymbol{g}$、$\boldsymbol{f}$ 为 $(MN)\times 1$ 维向量。而 $\boldsymbol{H}$ 为 $MN\times MN$ 维矩阵,即

$$
\boldsymbol{H}=\begin{bmatrix} \boldsymbol{H}_0 & \boldsymbol{H}_{M-1} & \boldsymbol{H}_{M-2} & \cdots & \boldsymbol{H}_1 \\ \boldsymbol{H}_1 & \boldsymbol{H}_0 & \boldsymbol{H}_{M-1} & \cdots & \boldsymbol{H}_2 \\ \boldsymbol{H}_2 & \boldsymbol{H}_1 & \boldsymbol{H}_0 & \cdots & \boldsymbol{H}_3 \\ \vdots & \vdots & \vdots & & \vdots \\ \boldsymbol{H}_{M-1} & \boldsymbol{H}_{M-2} & \boldsymbol{H}_{M-3} & \cdots & \boldsymbol{H}_0 \end{bmatrix} \tag{6-30}
$$

每个部分 $\boldsymbol{H}_j$ 是由延拓函数 $h_e(x,y)$ 的 j 行构成的，构成方法如下式

$$
\boldsymbol{H}_j=\begin{bmatrix} h_e(j,0) & h_e(j,N-1) & h_e(j,N-2) & \cdots & h_e(j,1) \\ h_e(j,1) & h_e(j,0) & h_e(j,N-1) & \cdots & h_e(j,2) \\ h_e(j,2) & h_e(j,1) & h_e(j,0) & \cdots & h_e(j,3) \\ \vdots & \vdots & \vdots & & \vdots \\ h_e(j,N-1) & h_e(j,N-2) & h_e(j,N-3) & \cdots & h_e(j,0) \end{bmatrix} \tag{6-31}
$$

这里 $\boldsymbol{H}_j$ 是一个循环矩阵，$\boldsymbol{H}$ 的分块 $\boldsymbol{H}_j$ 的下标也是循环方式标注。因此，$\boldsymbol{H}$ 是一个分块循环矩阵。

一个更加完善的退化模型应加上噪声项。所以离散退化模型的完整形式为

$$
g_e(x,y)=\sum_{m=0}^{M-1}\sum_{n=0}^{N-1} f_e(m,n)h_e(x-m,y-n)+n_e(x,y) \tag{6-32}
$$

其矩阵形式为

$$
\boldsymbol{g}=\boldsymbol{Hf}+\boldsymbol{n} \tag{6-33}
$$

式中，$\boldsymbol{n}$ 也是 MN 维列向量。

上述离散退化模型都是在线性的空间不变的前提下推出的。目的是在给定了 $g(x,y)$ 并且知道 $h(x,y)$ 和 $n(x,y)$ 的情况下，估计出理想的原始图像 $f(x,y)$。但是，要想从式(6-33)得到 $f(x,y)$，对于实用大小的图像来说，处理工作是十分艰巨的。例如，对于一般精度的图像来说，$M=N=512$，此时 $\boldsymbol{H}$ 的大小为

$$
MN\times MN=(512)^2\times(512)^2=262144\times262144
$$

因此，要直接得到 $\boldsymbol{f}$，则需要求解 262144 个联立方程组。其计算量之浩大是不难想象的。为了解决这样的问题，必须研究一些简化算法，由于 $\boldsymbol{H}$ 的循环性质，使得简化运算得以实现。

6.2 复原的代数方法

图像复原的主要目的是当给定退化的图像 $\boldsymbol{g}$ 及 $\boldsymbol{H}$ 和 $\boldsymbol{n}$ 的某种了解或假设，估计出原始图像 $\boldsymbol{f}$。如果退化模型就是式(6-33)的形式，就可以用线性代数中的理论解决图像复原问题。

代数复原方法的中心是寻找一个估计 $\hat{\boldsymbol{f}}$，它使事先确定的某种准则下使估计误差为最小。

6.2.1 非约束复原法

由式(6-33)的退化模型可知，其噪声项为

$$
\boldsymbol{n}=\boldsymbol{g}-\boldsymbol{Hf} \tag{6-34}
$$

在并不了解 $\boldsymbol{n}$ 的情况下，希望找到一个 $\hat{\boldsymbol{f}}$，使得 $\boldsymbol{H}\hat{\boldsymbol{f}}$ 在最小二乘方意义上来说近似于 $\boldsymbol{g}$。也就是说，希望找到一个 $\hat{\boldsymbol{f}}$，使

$$
\|\boldsymbol{n}\|^2=\|\boldsymbol{g}-\boldsymbol{H}\hat{\boldsymbol{f}}\|^2 \tag{6-35}
$$

为最小。由定义可知

$$
\|\boldsymbol{n}\|^2=\boldsymbol{n}^{\mathrm{T}}\cdot\boldsymbol{n} \tag{6-36}
$$

$$
\|\boldsymbol{g}-\boldsymbol{H}\hat{\boldsymbol{f}}\|^2=(\boldsymbol{g}-\boldsymbol{H}\hat{\boldsymbol{f}})^{\mathrm{T}}(\boldsymbol{g}-\boldsymbol{H}\hat{\boldsymbol{f}}) \tag{6-37}
$$

求 $\|\boldsymbol{n}\|^2$ 最小等效于求 $\|\boldsymbol{g}-\boldsymbol{H}\hat{\boldsymbol{f}}\|^2$ 最小，即

$$J(\hat{f}) = \| g - H\hat{f} \|^2 \tag{6-38}$$

实际上是求 $J(\hat{f})$ 的极小值问题，这里选择 $\hat{f}$ 除了要求 $J(\hat{f})$ 为最小外，不受任何其他条件约束，因此称为非约束复原。求式(6-38)的极小值方法就是用一般的求极值的方法。把 $J(\hat{f})$ 对 $\hat{f}$ 微分，并使结果为零，即

$$\frac{\partial J(\hat{f})}{\partial \hat{f}} = -2H^{\mathrm{T}}(g - H\hat{f}) = 0 \tag{6-39}$$

$$H^{\mathrm{T}}H\hat{f} = H^{\mathrm{T}}g$$

$$\hat{f} = (H^{\mathrm{T}}H)^{-1}H^{\mathrm{T}}g \tag{6-40}$$

令 $M=N$，因此，H 为一方阵，并且设 H^{-1} 存在，则可求得 $\hat{f}$，即

$$\hat{f} = H^{-1}(H^{\mathrm{T}})^{-1}H^{\mathrm{T}}g = H^{-1}g \tag{6-41}$$

6.2.2 约束复原法

在最小二乘方复原处理中，为了在数学上更容易处理，常常附加某种约束条件。例如，可以令 Q 为 f 的线性算子，那么，最小二乘方复原问题可看成是使形式为 $\| Q\hat{f} \|^2$ 的函数，服从约束条件 $\| g - H\hat{f} \|^2 = \| n \|^2$ 的最小化问题。而这种有附加条件的极值问题可用拉格朗日乘数法来处理。其处理方法如下：

寻找一个 $\hat{f}$，使下述准则函数为最小

$$J(\hat{f}) = \| Q\hat{f} \|^2 + \lambda(\| g - H\hat{f} \|^2 - \| n \|^2) \tag{6-42}$$

式中，λ 为一常数，是拉格朗日乘数。加上约束条件后，就可以按一般求极小值的方法进行求解。将式(6-42)对 $\hat{f}$ 微分，并使结果为零，则有

$$\frac{\partial J(\hat{f})}{\partial \hat{f}} = 2Q^{\mathrm{T}}Q\hat{f} - 2\lambda H^{\mathrm{T}}(g - H\hat{f}) = 0 \tag{6-43}$$

求解 $\hat{f}$

$$Q^{\mathrm{T}}Q\hat{f} + \lambda H^{\mathrm{T}}H\hat{f} - \lambda H^{\mathrm{T}}g = 0$$

$$\frac{1}{\lambda}Q^{\mathrm{T}}Q\hat{f} + H^{\mathrm{T}}H\hat{f} = H^{\mathrm{T}}g$$

$$\hat{f} = \left(H^{\mathrm{T}}H + \frac{1}{\lambda}Q^{\mathrm{T}}Q\right)^{-1}H^{\mathrm{T}}g \tag{6-44}$$

式(6-41)及式(6-44)是代数复原方法的基础。

6.3 逆 滤 波

6.3.1 逆滤波的基本原理

逆滤波复原法也称反向滤波法。基本原理如下：

如果退化图像为 $g(x,y)$，原始图像为 $f(x,y)$，在不考虑噪声的情况下，其退化模型为

$$g(x,y) = \iint_{-\infty}^{\infty} f(\alpha,\beta)h(x-\alpha, y-\beta)\,\mathrm{d}\alpha\,\mathrm{d}\beta \tag{6-45}$$

这就是一卷积表达式。由傅里叶变换的卷积定理可知有下式成立

$$G(u,v)=H(u,v)F(u,v) \tag{6-46}$$

式中，$G(u,v)$，$H(u,v)$，$F(u,v)$分别是退化图像$g(x,y)$，点扩散函数$h(x,y)$，原始图像$f(x,y)$的傅里叶变换。由式(6-46)，可得

$$F(u,v)=\frac{G(u,v)}{H(u,v)} \tag{6-47}$$

$$f(x,y)=\mathscr{F}^{-1}[F(u,v)]=\mathscr{F}^{-1}\left[\frac{G(u,v)}{H(u,v)}\right] \tag{6-48}$$

这意味着，如果已知退化图像的傅里叶变换和“滤波”传递函数，则可以求得原始图像的傅里叶变换，经反傅里叶变换就可求得原始图像$f(x,y)$。这里$G(u,v)$除以$H(u,v)$起到了反向滤波的作用。这就是逆滤波复原法的基本原理。

在有噪声的情况下，逆滤波原理可写成如下形式

$$G(u,v)=H(u,v)F(u,v)+N(u,v) \tag{6-49}$$

$$F(u,v)=\frac{G(u,v)}{H(u,v)}-\frac{N(u,v)}{H(u,v)} \tag{6-50}$$

式中，$N(u,v)$是噪声$n(u,v)$的傅里叶变换。

利用式(6-47)和式(6-50)进行复原处理时可能会发生下列情况，即在u,v平面上有些点或区域会产生$H(u,v)=0$或$H(u,v)$非常小的情况，在这种情况下，即使没有噪声，也无法精确恢复$f(x,y)$。另外，在有噪声存在时，在$H(u,v)$域内，$H(u,v)$的值可能比$N(u,v)$的值小得多，因此由式(6-50)得到的噪声项可能会非常大，这样也会使$f(x,y)$不能正确恢复。

一般来说，逆滤波法不能正确地估计$H(u,v)$的零点，因此必须采用一个折中的方法加以解决。实际上，逆滤波不是用$1/H(u,v)$，而是采用另外一个关于u,v的函数$M(u,v)$。它的处理原理如图6-2所示。在没有零点并且也不存在噪声的情况下有

$$M(u,v)=1/H(u,v)$$

图6-2的模型包括了退化和恢复运算。退化和恢复总的传递函数可用$H(u,v)$，$M(u,v)$来表示。此时有

$$\hat{F}(u,v)=[H(u,v)M(u,v)]F(u,v) \tag{6-51}$$

式中，$\hat{F}(u,v)$是$\hat{f}(x,y)$的傅里叶变换。$H(u,v)$叫作输入传递函数，$M(u,v)$叫作处理传递函数，$H(u,v)M(u,v)$叫作输出传递函数。

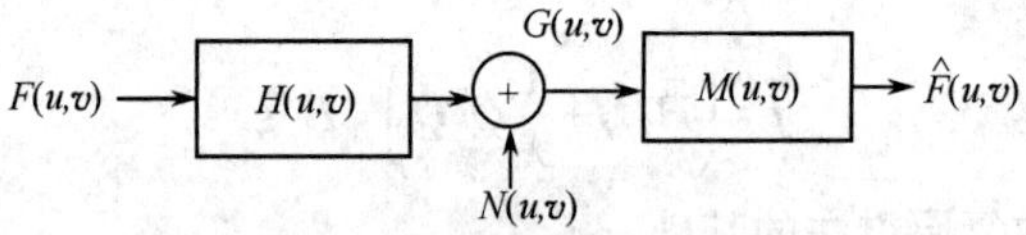

图6-2 实际的逆滤波处理框图

在一般情况下，$H(u,v)$的幅度随着离u,v平面原点的距离的增加而迅速下降，而噪声项$N(u,v)$的幅度变化是比较平缓的。在远离u,v平面的原点时$N(u,v)/H(u,v)$的值就会变得很大，而对于大多数图像来说$F(u,v)$却变小，在这种情况下，噪声反而占优势，自然无法满意地恢复出原始图像。这一规律说明，应用逆滤波时仅在原点邻域内采用$1/H(u,v)$方能奏效。换句话说，应使$M(u,v)$在下述范围内来选择

$$M(u,v)=\begin{cases}\dfrac{1}{H(u,v)} & u^2+v^2\leqslant\omega_0^2\\ 1 & u^2+v^2>\omega_0^2\end{cases} \tag{6-52}$$

ω_0的选择应该将$H(u,v)$的零点排除在此邻域之外。

6.3.2 去除由均匀直线运动引起的模糊

1. 模糊模型

在获取图像时,由于景物和摄像机之间的相对运动,往往造成图像的模糊。其中由均匀直线运动所造成的模糊图像的恢复问题更具有一般性和普遍意义。因为变速的、非直线的运动在某些条件下可以看成是均匀的、直线运动的合成结果。

假设图像$f(x,y)$有一个平面运动,令$x_0(t)$和$y_0(t)$分别为在x和y方向上运动的变化分量。t表示运动的时间。记录介质的总曝光量是在快门打开到关闭这段时间的积分。则模糊后的图像为

$$g(x,y)=\int_0^T f[x-x_0(t),y-y_0(t)]\mathrm{d}t \tag{6-53}$$

式中,$g(x,y)$为模糊后的图像。式(6-53)就是由目标物或摄像机相对运动造成图像模糊的模型。

2. 图像的恢复

令$G(u,v)$为模糊图像$g(x,y)$的傅里叶变换,对式(6-53)两边取傅里叶变换,得

$$\begin{aligned}G(u,v)&=\iint_{-\infty}^{\infty} g(x,y)\exp[-\mathrm{j}2\pi(ux+vy)]\mathrm{d}x\mathrm{d}y\\&=\iint_{-\infty}^{\infty}\left\{\int_0^T f[x-x_0(t)y-y_0(t)]\mathrm{d}t\right\}\cdot\exp[-\mathrm{j}2\pi(ux+vy)]\mathrm{d}x\mathrm{d}y\end{aligned} \tag{6-54}$$

变换式(6-54)的积分次序,则有

$$G(u,v)=\int_0^T\left[\iint_{-\infty}^{\infty} f[x-x_0(t),y-y_0(t)]\cdot\exp[-\mathrm{j}2\pi(ux+vy)]\mathrm{d}x\mathrm{d}y\right]\mathrm{d}t \tag{6-55}$$

由傅里叶变换的移位性质得到

$$\begin{aligned}G(u,v)&=\int_0^T F(u,v)\exp[-\mathrm{j}2\pi(ux_0(t)+vy_0(t))]\mathrm{d}t\\&=F(u,v)\int_0^T\exp[-\mathrm{j}2\pi(ux_0(t)+vy_0(t))]\mathrm{d}t\end{aligned} \tag{6-56}$$

如果令

$$H(u,v)=\int_0^T\exp[-\mathrm{j}2\pi(ux_0(t)+vy_0(t))]\mathrm{d}t \tag{6-57}$$

则可得到

$$G(u,v)=H(u,v)F(u,v) \tag{6-58}$$

这是已知的退化模型的傅里叶变换式。若$x(t)$,$y(t)$的性质已知,传递函数可直接由式(6-57)求出,因此,$f(x,y)$可以恢复出来。

如果模糊图像是由景物在x方向上作均匀直线运动造成的,则模糊后图像任意点的值为

$$g(x,y)=\int_0^T f[x-x_0(t),y]\mathrm{d}t \tag{6-59}$$

式中,$x_0(t)$是景物在x方向上的运动分量。若图像总的位移量为a,总的运动时间为T,则运动的速率为$x_0(t)=\dfrac{at}{T}$。由于只考虑在x方向的运动,所以$y_0(t)=0$。于是式(6-57)变为下式

$$H(u,v)=\int_0^T\exp[-\mathrm{j}2\pi ux_0(t)]\mathrm{d}t=\int_0^T\exp\left[-\mathrm{j}2\pi u\frac{at}{T}\right]\mathrm{d}t=\frac{T}{\pi ua}\sin(\pi ua)\mathrm{e}^{-\mathrm{j}\pi ua} \tag{6-60}$$

由式(6-60)可见,当$u=n/a$(n为整数)时$H(u,v)=0$。在这些点上无法用逆滤波法恢复原图像。

当在区间$0\leqslant x\leqslant L$之外,$f(x,y)$为零或已知时,有可能避免式(6-60)引出的问题,并且可以根据在这一区间内对$g(x,y)$的了解重建图像。

当只考虑x方向时,y是时不变的,所以可以暂时忽略掉y,式(6-53)可写为

$$g(x)=\int_0^T f[x-x_0(t)]\mathrm{d}t=\int_0^T f\left(x-\frac{at}{T}\right)\mathrm{d}t \qquad 0\leqslant x\leqslant L \tag{6-61}$$

令 $\tau=x-\dfrac{at}{T}$,代入式(6-61)有 $$g(x)=\int_{x-a}^{x}f(\tau)\mathrm{d}\tau \qquad 0\leqslant x\leqslant L \tag{6-62}$$

对式(6-62)微分有 $$g'(x)=f(x)-f(x-a) \qquad 0\leqslant x\leqslant L$$
$$f(x)=g'(x)+f(x-a) \tag{6-63}$$

下面设置 n 个中间变量,以便推出一种递推解法。

设 $L=Ka$,K 为一整数,L 是 x 的取值范围,a 是图像内景物移动的总距离。则
$$x=z+ma \tag{6-64}$$
z 的取值在$[0,a]$之间,m 是 x/a 的整数部分。显然,当 $x=L$ 时,则有 $z=a$,$m=K-1$。
将式(6-64)代入式(6-63),则得
$$f(z+ma)=g'(z+ma)+f[z+(m-1)a] \tag{6-65}$$

设 $\phi(z)$ 为曝光期间在 $0\leqslant z<a$ 范围内移动的景物部分,即
$$\phi(z)=f(z-a) \qquad 0\leqslant z<a \tag{6-66}$$
通过 $\phi(z)$,用递推解法求解式(6-65),即

当 $m=0$ 时 $$f(z)=g'(z)+f(z-a)=g'(z)+\phi(z)$$

当 $m=1$ 时 $$f(z+a)=g'(z+a)+f(z)=g'(z+a)+g'(z)+\phi(z)$$

当 $m=2$ 时 $$f(z+2a)=g'(z+2a)+f(z+a)=g'(z+2a)+g'(z+a)+g'(z)+\phi(z)$$

以此类推,如果继续这一过程,将得到如下结果
$$f(z+ma)=\sum_{k=0}^{m}g'(x+ka)+\phi(z) \tag{6-67}$$

由于 $x=z+ma$,因此,式(6-67)可表示为
$$f(x)=\sum_{k=0}^{m}g'(x-ka)+\phi(x-ma) \qquad 0\leqslant x\leqslant Z \tag{6-68}$$
对于式(6-68)来说,$g(x)$是已知的劣化图像,要求得 $f(x)$ 则只需估计出 $\phi(x)$。

直接由模糊图像估算 $\phi(x)$ 的方法可如下进行。当 x 从 0 变到 Z,m 取 $1,2,\cdots,K-1$ 的整数。ϕ 的自变量为$(x-ma)$,此变量总是在 $0\leqslant x-ma<a$ 范围内变化。要计算 $f(x)$ 值,而 x 值从 0 变到 L,m 将取 K 个值,所以 ϕ 将重复 K 次。令
$$\hat{f}(x)=\sum_{k=0}^{m}g'(x-ka) \tag{6-69}$$
则 $$\phi(x-ma)=f(x)-\hat{f}(x) \tag{6-70}$$
做一次变量置换,则得 $$\phi(x)=f(x+ma)-\hat{f}(x+ma) \tag{6-71}$$
如果在 $ma\leqslant x<(m+1)a$ 时,对上式两边进行计算,并且把 $m=0,1,2,\cdots,K-1$ 时的结果加起来,则
$$\sum_{m=0}^{K-1}\phi(x)=\sum_{m=0}^{K-1}f(x+ma)-\sum_{m=0}^{K-1}\hat{f}(x+ma) \tag{6-72}$$
由式(6-72)可见,左边当 m 从 0 变到 $K-1$ 时,$\phi(x)$ 均取相同的值[$\phi(x)$ 与 m 无关],所以在求和过程中只是 $\phi(x)$ 重复了 K 次,因此有
$$K\phi(x)=\sum_{m=0}^{K-1}f(x+ma)-\sum_{m=0}^{K-1}\hat{f}(x+ma) \tag{6-73}$$
将式(6-73)中的 m 换成 k,则 $$K\phi(x)=\sum_{k=0}^{K-1}f(x+ka)-\sum_{k=0}^{K-1}\hat{f}(x+ka) \tag{6-74}$$
两边同除以 K,则 $$\phi(x)=\frac{1}{K}\sum_{k=0}^{K-1}f(x+ka)-\frac{1}{K}\sum_{k=0}^{K-1}\hat{f}(x+ka) \tag{6-75}$$
式(6-75)中的第一项虽然是未知的,但是当 K 很大时,它趋于 $f(x)$ 的平均值,因此可以把第一项求和式看作一个常量 A,所以上式可近似于式(6-76),即

$$\phi(x) \approx A - \frac{1}{K}\sum_{k=0}^{K-1}\hat{f}(x+ka) \qquad 0 \leqslant x < a \tag{6-76}$$

或者

$$\phi(x-ma) \approx A - \frac{1}{K}\sum_{k=0}^{K-1}\hat{f}[x+(k-m)a] \qquad 0 \leqslant x < L \tag{6-77}$$

又因为

$$\hat{f}(x) = \sum_{k=0}^{m} g'(x-ka)$$

代入式(6-77),有

$$\phi(x-ma) \approx A - \frac{1}{K}\sum_{m=0}^{K-1}\sum_{k=0}^{m} g'(x-ma)$$

$$\approx A - \frac{1}{K}K\,mg'(x-ma) \approx A - mg'(x-ma) \tag{6-78}$$

最后得到

$$f(x) \approx A - mg'(x-ma) + \sum_{k=0}^{m} g'(x-ka) \qquad 0 \leqslant x \leqslant L \tag{6-79}$$

再引入去掉了的变量 y,则

$$f(x,y) \approx A - mg'[(x-ma),y] + \sum_{k=0}^{m} g'[(x-ka),y] \qquad 0 \leqslant x,y \leqslant L \tag{6-80}$$

这就是去除由 x 方向上均匀运动造成的图像模糊的表达式。

由上面的讨论可总结如下:

① 由水平方向均匀直线运动造成的图像模糊的模型及恢复的近似公式用以下两式表示

$$g(x,y) = \int_0^T f\left[\left(x - \frac{at}{T}\right),y\right]\mathrm{d}t \tag{6-81}$$

$$f(x,y) \approx A - mg'[(x-ma),y] + \sum_{k=0}^{m} g'[(x-ka),y] \qquad 0 \leqslant x,y \leqslant L \tag{6-82}$$

式中,a 为总位移量,T 为总运动时间。

在计算机处理中,多用离散形式的公式,所以式(6-81)及式(6-82)的离散公式如下

$$g(x,y) = \sum_{t=0}^{T-1} f\left[x - \frac{at}{T},y\right]\cdot\Delta x \tag{6-83}$$

$$\begin{aligned} f(x,y) \approx{} & A-m\{[g[(x-ma),y]-g[(x-ma-1),y]]/\Delta x\} + \\ & \sum_{k=0}^{m}\{[g[(x-ka),y]-g[(x-ka-1),y]]/\Delta x\} \qquad 0 \leqslant x,y \leqslant L \end{aligned} \tag{6-84}$$

② 由垂直方向均匀直线运动造成的图像模糊模型及恢复的近公式用以下两式表示

$$g(x,y) = \sum_{t=0}^{T-1} f\left(x,y - \frac{bt}{T}\right)\cdot\Delta y \tag{6-85}$$

$$\begin{aligned} f(x,y) \approx{} & A-m\{[g[x,(y-mb)]-g[x,(y-mb-1)]]/\Delta y\} + \\ & \sum_{k=0}^{m}\{[g[x,(y-kb)]-g[x,(y-kb-1)]]/\Delta y\} \end{aligned} \tag{6-86}$$

上述模糊图像的恢复处理结果如图 6-3 所示。图(a)是原始图像,图(b)是模糊图像,图(c)是恢复后的图像。该处理的程序列在随书附带网址附录七中,供读者参考。

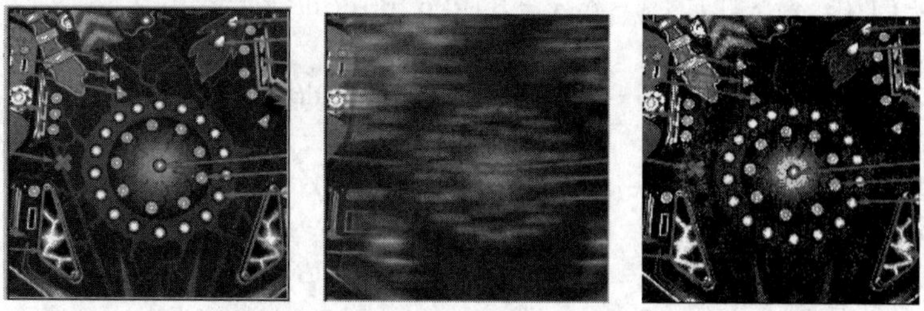

(a) (b) (c)

图 6-3 模糊图像及其复原处理结果

6.4　最小二乘方滤波

最小二乘方滤波也就是维纳滤波。它是使原始图像 $f(x,y)$ 及其恢复图像 $\hat{f}(x,y)$ 之间的均方误差最小的复原方法。

6.4.1　最小二乘方滤波的原理

设原始图像、相应的退化图像和噪声分别为 $f(x,y)$、$g(x,y)$ 和 $n(x,y)$。显然

$$g(x,y)=\iint h(x-\alpha,y-\beta)f(\alpha,\beta)\,\mathrm{d}\alpha\mathrm{d}\beta+n(x,y) \tag{6-87}$$

式中，$g(x,y)$、$f(x,y)$ 和 $n(x,y)$ 分别为随机像场。式中噪声随机像场是不能精确知道的，但假定它的统计特性是已知的。因此，在给定了 $g(x,y)$ 时，仍然不能精确地求解 $f(x,y)$。

在此，只能找出 $f(x,y)$ 的一个估计值 $\hat{f}(x,y)$，使得均方误差最小，即

$$e^2=E\{[f(x,y)-\hat{f}(x,y)]^2\} \tag{6-88}$$

式中 $\hat{f}(x,y)$ 就是给定 $g(x,y)$ 时 $f(x,y)$ 的最小二乘方估计。

为了便于数学处理，假定 $\hat{f}(x,y)$ 是 $g(x,y)$ 灰度级的线性函数，则

$$\hat{f}(x,y)=\iint m(x,y,\alpha,\beta)g(\alpha,\beta)\,\mathrm{d}\alpha\mathrm{d}\beta \tag{6-89}$$

这里 $m(x,y,\alpha,\beta)$ 是在计算 (x,y) 处的 $\hat{f}(x,y)$ 时给予退化图像在 (α,β) 点的灰度级的权重。如果随机像场是均匀的，则加权函数只与 $(x-\alpha,y-\beta)$ 有关，所以

$$\hat{f}(x,y)=\iint m(x-\alpha,y-\beta)g(\alpha,\beta)\,\mathrm{d}\alpha\mathrm{d}\beta \tag{6-90}$$

将式(6-90)代入式(6-88)，则

$$e^2=E\left\{\left[f(x,y)-\iint m(x-\alpha,y-\beta)g(\alpha,\beta)\,\mathrm{d}\alpha\mathrm{d}\beta\right]^2\right\} \tag{6-91}$$

显然，需要寻求使 e^2 最小的点扩散函数 $m(x,y)$。

可以证明，对于 xy 平面上所有满足下式的位置向量 (x,y) 和 (α',β') 都满足下式

$$E\left\{\left[f(x,y)-\iint m(x-\alpha,y-\beta)g(\alpha,\beta)\,\mathrm{d}\alpha\mathrm{d}\beta\right]\times g(\alpha',\beta')\right\}=0 \tag{6-92}$$

的函数将使式(6-91)最小。

设 $m(x,y)$ 是一个满足式(6-92)的函数。任选一个其他函数 $m'(x,y)$，其均方误差为

$$e'^2=E\left\{\left[f(x,y)-\iint m'(x-\alpha,y-\beta)g(\alpha,\beta)\,\mathrm{d}\alpha\mathrm{d}\beta\right]^2\right\} \tag{6-93}$$

现在可证明当 $m'(x,y)=m(x,y)$ 时，式(6-93)最小。将式(6-93)改写为

$$\begin{aligned}
e'^2&=E\left\{\left[f(x,y)-\iint m'(x-\alpha,y-\beta)g(\alpha,\beta)\,\mathrm{d}\alpha\mathrm{d}\beta\right]^2\right\}\\
&=E\left\{\left[f(x,y)-\iint m(x-\alpha,y-\beta)g(\alpha,\beta)\,\mathrm{d}\alpha\mathrm{d}\beta\right]+\right.\\
&\qquad\left.\iint[m(x-\alpha,y-\beta)-m'(x-\alpha,y-\beta)]g(\alpha,\beta)\,\mathrm{d}\alpha\mathrm{d}\beta\right\}^2\\
&=E\left\{\left[f(x,y)-\iint m(x-\alpha,y-\beta)g(\alpha,\beta)\,\mathrm{d}\alpha\mathrm{d}\beta\right]^2\right\}+\\
&\qquad E\left\{\iint[m(x-\alpha,y-\beta)-m'(x-\alpha,y-\beta)]g(\alpha,\beta)\,\mathrm{d}\alpha\mathrm{d}\beta\right\}^2+
\end{aligned}$$

$$2E\left\{\left[f(x,y)-\iint m(x-\alpha,y-\beta)g(\alpha,\beta)\mathrm{d}\alpha\mathrm{d}\beta\right]\times\right.$$
$$\left.\left[\iint[m(x-\alpha,y-\beta)-m'(x-\alpha,y-\beta)]g(\alpha,\beta)\mathrm{d}\alpha\mathrm{d}\beta\right]\right\} \tag{6-94}$$

由式(6-94)可见,第一项就是e^2,第二项总是大于零的项,所以,可写为

$$e'^2=e^2+\text{正数}+2E\left\{\left[f(x,y)-\iint m(x-\alpha,y-\beta)g(\alpha,\beta)\mathrm{d}\alpha\mathrm{d}\beta\right]\times\right.$$
$$\left.\iint[m(x-\alpha,y-\beta)-m'(x-\alpha,y-\beta)g(\alpha,\beta)\mathrm{d}\alpha\mathrm{d}\beta]\right\} \tag{6-95}$$

式(6-95)是两项之积,且都包含有(α,β)的积分。把后一个积分变量改为(α',β')并互换积分与求期望的次序,则有

$$e'^2=e^2+\text{正数}+\iint E\left\{\left[f(x,y)-\iint m(x-\alpha,y-\beta)g(\alpha,\beta)\mathrm{d}\alpha\mathrm{d}\beta\right]\times\right.$$
$$\left.g(\alpha',\beta')\right\}[m(x-\alpha',y-\beta')-m'(x-\alpha',y-\beta')]\mathrm{d}\alpha'\mathrm{d}\beta' \tag{6-96}$$

显然,式(6-96)中第三项满足式(6-92),因而第三项为零,式(6-96)变为

$$e'^2=e^2+\text{正数} \tag{6-97}$$

由此可见$e'^2\geqslant e^2$。换句话说,任意$m(x,y)$的均方误差总是至少和满足式(6-92)的$m(x,y)$所产生的均方误差一样大。于是一个满足式(6-92)的$m(x,y)$将使式(6-91)有最小的可能值。

式(6-92)对于xy平面中每个(x,y)和(α',β')可以写成如下形式

$$\iint m(x-\alpha,y-\beta)E\{g(\alpha,\beta)g(\alpha',\beta')\}\mathrm{d}\alpha\mathrm{d}\beta=E\{f(x,y)g(\alpha',\beta')\} \tag{6-98}$$

利用随机像场自相关函数和互相关函数的定义,对于xy平面中所有位置向量(x,y)和(α',β')可写成如下形式

$$\iint m(x-\alpha,y-\beta)R_{gg}(\alpha,\beta,\alpha',\beta')\mathrm{d}\alpha\mathrm{d}\beta=R_{fg}(x,y,\alpha',\beta') \tag{6-99}$$

如果随机像场是均匀的,则其自相关函数$R_{gg}(\alpha,\beta,\alpha',\beta')$和互相关函数$R_{fg}(x,y,\alpha',\beta')$可表达为$R_{gg}(\alpha-\alpha',\beta-\beta')$和$R_{fg}(x-\alpha',y-\beta')$。所以,式(6-99)可写成下式

$$\iint m(x-\alpha,y-\beta)R_{gg}(\alpha-\alpha',\beta-\beta')\mathrm{d}\alpha\mathrm{d}\beta=R_{fg}(x-\alpha',y-\beta') \tag{6-100}$$

为了得到一个大家习惯的标准形式,对式(6-100)中的变量做一下代换;令$\alpha-\alpha'=t_1,\beta-\beta'=t_2,x-\alpha=\tau_1,y-\beta=\tau_2$,则有$x-\alpha=\tau_1-t_1,y-\beta=\tau_2-t_2$,因此,式(6-100)可写成下式

$$\iint m(\tau_1-t_1,\tau_2-t_2)R_{gg}(t_1,t_2)\mathrm{d}t_1\mathrm{d}t_2=R_{fg}(\tau_1,\tau_2)$$

再令$t_1=x,t_2=y,\tau_1=\alpha,\tau_2=\beta$,则得到

$$\iint_{-\infty}^{\infty}m(\alpha-x,\beta-y)R_{gg}(x,y)\mathrm{d}x\mathrm{d}y=R_{fg}(\alpha,\beta)\quad -\infty<\alpha<+\infty,-\infty<\beta<+\infty \tag{6-101}$$

由式(6-101)可知,$m(x,y)$是恢复滤波的点扩散函数,它的傅里叶变换$M(u,v)$是传递函数。对式(6-101)两边进行傅里叶变换,则有

$$M(u,v)S_{gg}(u,v)=S_{fg}(u,v) \tag{6-102}$$

式中,$S_{gg}(u,v)$是退化图像$g(x,y)$的谱密度,$S_{fg}(u,v)$是退化图像与原始图像的互谱密度。由式(6-102)可见,求解最小二乘方滤波器的传递函数$M(u,v)$需要退化图像和原始图像之间的互相关统计学知识。

如果图像$f(x,y)$和噪声$n(x,y)$不相关,并且$f(x,y)$或$n(x,y)$有零均值,则

$$E\{f(x,y)n(x,y)\}=E\{f(x,y)\}E\{n(x,y)\}=0 \tag{6-103}$$

在这种情况下,滤波器的形式比较简单。对这种情况有

$$R_{fg}(x,y,\alpha',\beta') = E\{f(x,y)g(\alpha',\beta')\} = \iint h(\alpha'-\alpha,\beta'-\beta)E\{f(x,y)f(\alpha,\beta)\}\,\mathrm{d}\alpha\mathrm{d}\beta \tag{6-104}$$

考虑到随机像场的均匀性和自相关函数定义，得到

$$R_{fg}(x-\alpha',y-\beta') = \iint h(\alpha-\alpha',\beta-\beta')R_{ff}(x-\alpha,y-\beta)\,\mathrm{d}\alpha\mathrm{d}\beta \tag{6-105}$$

使用与得到式(6-101)所用的相类似的一系列变量代换，则可最后得到

$$R_{fg}(x,y) = \iint_{-\infty}^{\infty} h(\alpha-x,\beta-y)R_{ff}(\alpha,\beta)\,\mathrm{d}\alpha\mathrm{d}\beta \tag{6-106}$$

式(6-106)是两个确定性函数的互相关。对两边进行傅里叶变换，得

$$S_{fg}(u,v)=H^*(u,v)S_{ff}(u,v) \tag{6-107}$$

在式(6-103)成立时

$$S_{gg}(u,v)=S_{ff}(u,v)\,|H(u,v)|^2+S_{nn}(u,v) \tag{6-108}$$

式中，$S_{nn}(u,v)$是噪声的谱密度。由此可得

$$\begin{aligned}M(u,v)&=\frac{H^*(u,v)S_{ff}(u,v)}{S_{ff}(u,v)\,|H(u,v)|^2+S_{nn}(u,v)}\\&=\frac{1}{H(u,v)}\,\frac{|H(u,v)|^2}{|H(u,v)|^2+[S_{nn}(u,v)/S_{ff}(u,v)]}\end{aligned} \tag{6-109}$$

由式(6-109)可见，当$S_{nn}=0$时，就是理想的逆滤波器。

通常可认为噪声是白噪声，即$S_{nn}(u,v)=$常数。若$S_{ff}(u,v)$在uv平面中下降比$S_{nn}(u,v)$快得多，这个假设就可认为是正确的。

如果有关的随机过程的统计性质不知道，也可用下式近似表示式(6-109)

$$M(u,v)=\frac{1}{H(u,v)}\frac{|H(u,v)|^2}{|H(u,v)|^2+\Gamma} \tag{6-110}$$

式中，Γ是噪声对信号的功率密度比，它近似为一个适当的常数。这就是最小二乘方滤波器的传递函数。

6.4.2 用于图像复原的几种最小二乘方滤波器

除了上述的线性最小二乘方滤波器外，目前用于图像复原的还有几种变形的最小二乘方滤波器(或称为变形的维纳滤波器)。

1. 图像功率频谱滤波器

如果用$H_R(u,v)$表示滤波器的传递函数，则图像功率频谱滤波器的传递函数有如下形式

$$H_R(u,v)=\left[\frac{W_{\hat{F}I}(u,v)}{|H_D(u,v)|^2W_{\hat{F}I}(u,v)+W_N(u,v)}\right]^{\frac{1}{2}} \tag{6-111}$$

式中，$H_D(u,v)$是图像退化的传递函数。$W_{\hat{F}I}(u,v)$代表滤波器输出功率频谱，且

$$W_{\hat{F}I}(u,v)=|H_D(u,v)|^2W_{FO}(u,v) \tag{6-112}$$

式中，$W_{FO}(u,v)$代表观测的功率频谱。它与理想图像的功率频谱的关系是

$$W_{FO}(u,v)=|H_D(u,v)|^2\cdot W_{FI}(u,v)+W_N(u,v) \tag{6-113}$$

式中，$W_N(u,v)$是噪声功率频谱。由此可见，重建图像的功率频谱和理想图像的功率频谱相同，即

$$W_{\hat{F}I}(u,v)=W_{FI}(u,v) \tag{6-114}$$

2. 几何平均滤波器

几何平均滤波器的传递函数由下式表示

$$H_R(u,v)=[H_D(u,v)]^{-S}\left[\frac{H_D^*(u,v)W_{FI}(u,v)}{|H_D(u,v)|^2W_{FI}(u,v)+W_N(u,v)}\right]^{1-S} \tag{6-115}$$

式中，S 是一个设计参数，且 $0\leqslant S\leqslant 1$。如果 $S=1/2$，$H_D(u,v)=H^*(u,v)$，则几何平均滤波器与图像功率频谱滤波器相同。

3. 约束最小平方滤波器的传递函数

约束最小平方滤波器的传递函数如下

$$H_R(u,v)=\frac{H_D^*(u,v)}{|H_D(u,v)|^2+r|L(u,v)|^2} \tag{6-116}$$

式中，r 是一个设计常数，$L(u,v)$ 是一个设计频率变量。如果 $r=1$，而且使 $|L(u,v)|^2$ 等于频谱信噪功率比，那么，约束最小平方滤波器便成为标准的维纳滤波器了。

6.5 约束去卷积

最小二乘方恢复滤波器或维纳滤波器是在这样的假设下推导的，即原始图像和噪声都是平稳随机像场，并且它们的功率谱已知。如果没有这方面的先验知识而只知道噪声的方差的情况下，则可采用约束去卷积的方法来复原。

在一维情况下，退化模型仍然是如下形式

$$g(x)=\int_0^x h(x-a)f(a)\mathrm{d}a+n(x) \tag{6-117}$$

式中，$g(x)$ 是退化信号，$f(x)$ 是原始信号，$h(x)$ 是系统冲激响应，$n(x)$ 是噪声项。式(6-117)的离散形式为

$$g(p)=\sum_{i=0}^{p}h(p-i)f(i)+n(p) \tag{6-118}$$

式中，$p=0,1,2,\cdots,M+J-2$。这里假定 $f(i)$ 序列中有 M 个元素，$h(i)$ 中有 J 个元素，$g(p)$ 中有 $M+J-1$ 个元素。式(6-118)可写成矩阵形式。

$$\boldsymbol{g}=\boldsymbol{Hf}+\boldsymbol{n} \tag{6-119}$$

式中，$\boldsymbol{g},\boldsymbol{f},\boldsymbol{n}$ 分别是由 $g(p)$，$f(i)$，$n(p)$ 组成的向量，而 $\boldsymbol{H}$ 是一个矩阵，它的第 (p,i) 个元素是

$$H(p,i)=\begin{cases}h(p-i) & 0\leqslant p-i\leqslant J-1\\ 0 & \text{其他}\end{cases} \tag{6-120}$$

此处 $p=0,1,2,\cdots,M+J-2$；$i=0,1,2,\cdots,M-1$。例如，若 $M=3$，$J=2$，则矩阵 $\boldsymbol{H}$ 取下面的形式

$$\boldsymbol{H}=\begin{bmatrix}h(0) & 0 & 0\\ h(1) & h(0) & 0\\ 0 & h(1) & h(0)\\ 0 & 0 & h(1)\end{bmatrix}$$

在此假定

$$e^2=\sum_{p=0}^{M+J-2}n^2(p) \tag{6-121}$$

为一个已知的常数。要解决的恢复问题是在给定 $\boldsymbol{g}$，$\boldsymbol{H}$ 和 e^2 的情况下寻求一个 $\boldsymbol{f}$，使得

$$[\boldsymbol{g}-\boldsymbol{Hf}]^{\mathrm{T}}[\boldsymbol{g}-\boldsymbol{Hf}]=e^2 \tag{6-122}$$

满足式(6-122)的 $\boldsymbol{f}$ 可能很多，所以必须用某种其他的约束条件来选择其中最佳的 $\boldsymbol{f}$。这样一个约束条件必须具有某种先验的合理性。例如，可以用二阶导数最小作为约束条件。

$f(i)$ 在 i 点的二阶导数，它可近似地用下式表示

$$\frac{d^2f(i)}{di^2}\approx f(i+1)-2f(i)+f(i-1)$$

因此,选择最佳解的标准可以表达为使式(6-123)最小,即

$$\sum_{i=0}^{M}[f(i+1)-2f(i)+f(i-1)]^2 \tag{6-123}$$

如果用矩阵式表示,则式(6-123)可表达为使 $\boldsymbol{f}^{\mathrm{T}}\boldsymbol{C}^{\mathrm{T}}\boldsymbol{C}\boldsymbol{f}$ 最小。这里的 $\boldsymbol{C}$ 是下面的矩阵

$$\boldsymbol{C}=\begin{bmatrix} 1 & & & & & & 0 \\ -2 & 1 & & & & & \\ 1 & -2 & 1 & & & & \\ & 1 & -2 & & & & \\ & & 1 & & & & \\ & & & \ddots & & & \\ & & & & 1 & & \\ & & & & -2 & 1 & \\ & 0 & & & 1 & -2 & 1 \\ & & & & & 1 & -2 \\ & & & & & & 1 \end{bmatrix} \tag{6-124}$$

上述问题很自然地归入前述的约束复原方法。采用拉格朗日乘数法就可求得最小值解。

令 λ 为拉格朗日乘数,则有

$$\frac{\partial}{\partial \boldsymbol{f}(i)}\{\lambda(\boldsymbol{g}-\boldsymbol{H}\boldsymbol{f})^{\mathrm{T}}(\boldsymbol{g}-\boldsymbol{H}\boldsymbol{f})+\boldsymbol{f}^{\mathrm{T}}\boldsymbol{C}^{\mathrm{T}}\boldsymbol{C}\boldsymbol{f}\}=0 \quad i=0,1,\cdots,M-1$$

也就是

$$\lambda(\boldsymbol{H}^{\mathrm{T}}\boldsymbol{H}\boldsymbol{f}-\boldsymbol{H}^{\mathrm{T}}\boldsymbol{g})+\boldsymbol{C}^{\mathrm{T}}\boldsymbol{C}\boldsymbol{f}=0$$

可解出

$$\boldsymbol{f}=\left(\boldsymbol{H}^{\mathrm{T}}\boldsymbol{H}+\frac{1}{\lambda}\boldsymbol{C}^{\mathrm{T}}\boldsymbol{C}\right)^{-1}\boldsymbol{H}^{\mathrm{T}}\boldsymbol{g} \tag{6-125}$$

式中 $1/\lambda$ 可用迭代法确定如下:

选一个 $1/\lambda$ 值,用式(6-125)计算 $\boldsymbol{f}$,同时计算 $(\boldsymbol{H}\boldsymbol{f}-\boldsymbol{g})^{\mathrm{T}}(\boldsymbol{H}\boldsymbol{f}-\boldsymbol{g})$ 值。如果 $1/\lambda$ 正确,则此式等于 e^2;如果其值大于 e^2,就减小 $1/\lambda$;如果小于 e^2,就增大 $1/\lambda$,直到合适为止。约束去卷积方法应用于图像复原处理将是针对二维情况的,即

$$g(x,y)=\sum_{m=0}^{M-1}\sum_{n=0}^{N-1}h(x-m,y-n)f(m,n)+n(x,y) \tag{6-126}$$

这里假定理想的原始图像矩阵 $\boldsymbol{f}$ 大小是 $M\times N$,点扩散函数矩阵 $\boldsymbol{H}$ 的大小为 $J\times K$。于是退化图像矩阵 $\boldsymbol{g}$ 和噪声矩阵 $\boldsymbol{n}$ 的大小为 $(M+J-1)\times(N+K-1)$。

二维情况下的约束方程为

$$\sum_{x=0}^{M+J-2}\sum_{y=0}^{N+K-2}n^2(x,y)=e^2 \tag{6-127}$$

相应的准则是使下式最小

$$\sum_{m}\sum_{n}[f(m-1,n)+f(m,n-1)+f(m+1,n)+f(m,n+1)-4f(m,n)]^2 \tag{6-128}$$

由此可知,对于二维情况,恢复问题是在式(6-127)的约束下找到一个使式(6-128)为最小的式(6-126)的解 $\boldsymbol{f}$。

为了把问题归结到前面已讨论过的处理方法上,首先把上述公式表示为矩阵形式。其步骤如下:

第一,选择 $A\geqslant M+J-1$,$B\geqslant N+K-1$。形成新的延拓矩阵 $\boldsymbol{f}_e$,$\boldsymbol{h}_e$,$\boldsymbol{g}_e$,$\boldsymbol{n}_e$ 和 $\boldsymbol{l}_e$ 为

$$\boldsymbol{f}_e(x,y)=\begin{cases} f(x,y) & \begin{cases}0\leqslant x\leqslant M-1\\ 0\leqslant y\leqslant N-1\end{cases}\\ 0 & \begin{cases}M\leqslant x\leqslant A-1\\ N\leqslant y\leqslant B-1\end{cases}\end{cases}\qquad \boldsymbol{h}_e(x,y)=\begin{cases} h(x,y) & \begin{cases}0\leqslant x\leqslant J-1\\ 0\leqslant y\leqslant K-1\end{cases}\\ 0 & \begin{cases}J\leqslant x\leqslant A-1\\ K\leqslant y\leqslant B-1\end{cases}\end{cases}$$

$$\boldsymbol{g}_e(x,y)=\begin{cases} g(x,y) & \begin{cases}0\leqslant x\leqslant (M+J-2)\\ 0\leqslant y\leqslant (N+K-2)\end{cases}\\ 0 & \begin{cases}(M+J-1)\leqslant x\leqslant (A-1)\\ (N+K-1)\leqslant y\leqslant (B-1)\end{cases}\end{cases}$$

$$\boldsymbol{n}_e(x,y)=\begin{cases} n(x,y) & \begin{cases}0\leqslant x\leqslant (M+J-2)\\ 0\leqslant y\leqslant (N+K-2)\end{cases}\\ 0 & \begin{cases}(M+J-1)\leqslant x\leqslant (A-1)\\ (N+K-1)\leqslant y\leqslant (B-1)\end{cases}\end{cases}\qquad \boldsymbol{l}_e(x,y)=\begin{cases} l(x,y) & \begin{cases}0\leqslant x\leqslant 2\\ 0\leqslant y\leqslant 2\end{cases}\\ 0 & \begin{cases}3\leqslant x\leqslant (A-1)\\ 3\leqslant y\leqslant (B-1)\end{cases}\end{cases}$$

第二，将$\boldsymbol{f}_e$，$\boldsymbol{g}_e$，$\boldsymbol{n}_e$，依次排列建立相应的列向量，其长度为AB。建立的方法是使矩阵的第一行变成相应向量的第一段，第二行变成第二段，以此类推（即所谓的矩阵拉伸操作）。例如

$$\boldsymbol{f}_e=\begin{bmatrix} f_{e0}\\ \vdots\\ f_{e1}\\ \vdots\\ f_{e2}\\ \vdots\\ f_e(A-1)\end{bmatrix} \tag{6-129}$$

其中段f_{ei}是将矩阵$\boldsymbol{f}_e$的第i行转置而形成的。用同样的方法可建立向量$\boldsymbol{g}_e$和$\boldsymbol{n}_e$。

第三，建立$AB\times AB$矩阵$\boldsymbol{H}$，$\boldsymbol{H}$是由A^2块组成，每块大小是$B\times B$，于是有

$$\boldsymbol{H}=\begin{bmatrix} \boldsymbol{H}_0 & \boldsymbol{H}_{A-1} & \boldsymbol{H}_{A-2} & \cdots & \boldsymbol{H}_1\\ \boldsymbol{H}_1 & \boldsymbol{H}_0 & \boldsymbol{H}_{A-1} & \cdots & \boldsymbol{H}_2\\ \boldsymbol{H}_2 & \boldsymbol{H}_1 & \boldsymbol{H}_0 & \cdots & \boldsymbol{H}_3\\ \vdots & \vdots & \vdots & & \vdots\\ \boldsymbol{H}_{A-1} & \boldsymbol{H}_{A-2} & \boldsymbol{H}_{A-3} & \cdots & \boldsymbol{H}_0\end{bmatrix} \tag{6-130}$$

其中每个$\boldsymbol{H}_i$是这样建立的

$$\boldsymbol{H}_i=\begin{bmatrix} h_e(i,0) & h_e(i,B-1) & h_e(i,B-2) & \cdots & h_e(i,1)\\ h_e(i,1) & h_e(i,0) & h_e(i,B-1) & \cdots & h_e(i,2)\\ h_e(i,2) & h_e(i,1) & h_e(i,0) & \cdots & h_e(i,3)\\ \vdots & \vdots & \vdots & & \vdots\\ h_e(i,B-1) & h_e(i,B-2) & h_e(i,B-3) & \cdots & h_e(i,0)\end{bmatrix} \tag{6-131}$$

同样方法从矩阵$\boldsymbol{l}_e$可建立$AB\times AB$矩阵$\boldsymbol{L}$。

按照上面定义的向量$\boldsymbol{f}_e$、$\boldsymbol{g}_e$、$\boldsymbol{n}_e$和矩阵$\boldsymbol{H}$及$\boldsymbol{L}$，可将式（6-126）、式（6-127）和式（6-128）表示为

$$\boldsymbol{g}_e=\boldsymbol{H}\boldsymbol{f}_e+\boldsymbol{n}_e \tag{6-132}$$

$$(\boldsymbol{g}_e-\boldsymbol{H}\boldsymbol{f}_e)^{\mathrm{T}}(\boldsymbol{g}_e-\boldsymbol{H}\boldsymbol{f}_e)=e^2 \tag{6-133}$$

并且使

$$\boldsymbol{f}_e^{\mathrm{T}}\boldsymbol{L}^{\mathrm{T}}\boldsymbol{L}\boldsymbol{f}_e \tag{6-134}$$

为最小。

这样的恢复问题就是要找一个使式（6-134）最小的式（6-132）的解$\boldsymbol{f}_e$，并且同时满足式（6-133）给

出的约束条件。

由前面的讨论,这一解可直接由下式得出

$$\boldsymbol{f}_e=\left(\boldsymbol{H}^{\mathrm{T}}\boldsymbol{H}+\frac{1}{\lambda}\boldsymbol{L}^{\mathrm{T}}\boldsymbol{L}\right)^{-1}\boldsymbol{H}^{\mathrm{T}}\boldsymbol{g}_e \tag{6-135}$$

这里 $A\geqslant M+2J-2, B\geqslant N+2K-2$。

直接求解式(6-135)比较困难。可以用傅里叶变换的方法在变换域中计算式(6-135)。由于矩阵 $\boldsymbol{H}$ 和 $\boldsymbol{L}$ 是分块循环矩阵,所以二维傅里叶变换可把分块循环矩阵变成对角形矩阵。

设 $\boldsymbol{W}$ 为一个 $AB\times AB$ 矩阵,它由 A^2 块组成,每块大小为 $B\times B$。$\boldsymbol{W}$ 的第(m,n)块记为 $\boldsymbol{W}_{mn}$ 并表示如下

$$\boldsymbol{W}_{mn}=\exp\left(\mathrm{j}\frac{2\pi}{A}mn\right)\boldsymbol{W} \qquad m,n=0,1,2,\cdots,A-1 \tag{6-136}$$

式中,$\boldsymbol{W}$ 是 $B\times B$ 矩阵,其第(i,k)元由下式表示

$$W(i,k)=\exp\left(\mathrm{j}\frac{2\pi}{B}ik\right) \qquad i,k=0,1,2,\cdots,B-1 \tag{6-137}$$

矩阵 $\boldsymbol{W}$ 的逆矩阵 $\boldsymbol{W}^{-1}$也由 A^2 块组成,每块大小也是 $B\times B$。如果用 $\boldsymbol{W}_{mn}^{-1}$表示矩阵 $\boldsymbol{W}^{-1}$的第(m,n)块,则有

$$\boldsymbol{W}_{mn}^{-1}=\frac{1}{A}\exp\left(-\mathrm{j}\frac{2\pi}{A}mn\right)\boldsymbol{W}^{-1} \qquad m,n=0,1,2,\cdots,A-1 \tag{6-138}$$

式中,$\boldsymbol{W}^{-1}$是 $B\times B$ 矩阵,其第(i,k)个元素由下式表示

$$W^{-1}(i,k)=\frac{1}{B}\exp\left(-\mathrm{j}\frac{2\pi}{B}ik\right) \qquad i,k=0,1,2,\cdots,B-1 \tag{6-139}$$

令$[\boldsymbol{F}_e]$,$[\boldsymbol{H}_e]$,$[\boldsymbol{G}_e]$,$[\boldsymbol{L}_e]$,分别是$\boldsymbol{f}_e,\boldsymbol{H}_e,\boldsymbol{g}_e,\boldsymbol{L}_e$ 的二维离散傅里叶变换。其向量仍然由形成$\boldsymbol{f}_e$ 那样的方法形成,则有

$$[\boldsymbol{F}_e]=\boldsymbol{W}^{-1}\boldsymbol{f}_e,\quad [\boldsymbol{G}_e]=\boldsymbol{W}^{-1}\boldsymbol{g}_e,\quad \boldsymbol{H}=\boldsymbol{W}\boldsymbol{D}_h\boldsymbol{W}^{-1},\quad \boldsymbol{H}^{\mathrm{T}}=\boldsymbol{W}\boldsymbol{D}_h^*\boldsymbol{W}^{-1},\quad \boldsymbol{L}=\boldsymbol{W}\boldsymbol{D}_l\boldsymbol{W}^{-1},\quad \boldsymbol{L}^{\mathrm{T}}=\boldsymbol{W}\boldsymbol{D}_l^*\boldsymbol{W}^{-1}, \tag{6-140}$$

式中 $\boldsymbol{D}_h$ 和 $\boldsymbol{D}_l$ 是 $AB\times AB$ 对角形矩阵。对角形矩阵的元由下式表示

$$D_h(k,k)=ABH_e([k/A],k \bmod B)$$
$$D_l(k,k)=ABL_e([k/A],k \bmod B) \quad k=0,1,2,\cdots,AB-1 \tag{6-141}$$

式中$[k/A]$表示小于 k/A 的最大整数,$k \bmod B$ 是 k 除以 B 所得的余数。矩阵 $\boldsymbol{H}_e$ 和 $\boldsymbol{L}_e$ 前面已有定义。$\boldsymbol{H}_e(u,v)$和 $\boldsymbol{L}_e(u,v)$分别是 $\boldsymbol{H}_e$ 和 $\boldsymbol{L}_e$ 的二维离散傅里叶变换。

把式(6-140)中的后四个关系式代入式(6-135),利用式(6-140)前两式及向量二维离散傅里叶变换的关系可得到

$$F_e(u,v)=\frac{1}{AB}\frac{H_e^*(u,v)G_e(u,v)}{|H_e(u,v)|^2+\dfrac{1}{\lambda}|L_e(u,v)|^2} \quad u=0,1,2,\cdots,A-1;v=0,1,2,\cdots,B-1, \tag{6-142}$$

在复原过程中所用的滤波器传递函数为

$$M(u,v)=\frac{1}{H_e(u,v)}\frac{|H_e(u,v)|^2}{AB\left(|H_e(u,v)|^2+\dfrac{1}{\lambda}|L_e(u,v)|^2\right)} \quad u=0,1,2,\cdots,A-1;\quad v=0,1,2,\cdots,B-1, \tag{6-143}$$

这个公式有点类似于维纳滤波器,但是两者之间有重大区别。维纳滤波器是对一族图像在平均意义上的最好复原,而这一公式只对一幅图像给出最佳复原。另外,推导维纳滤波器的基本假定的随机像场是均匀的并且谱密度为已知,而此处滤波器没有作这样的假设而只是确定了一个最佳准则。

6.6 中值滤波

对受到噪声污染的退化图像的复原可以采用线性滤波方法来处理,在许多情况下是很有效的。但是多数线性滤波具有低通特性,在去除噪声的同时也使图像的边缘变得模糊了。中值滤波方法在某些条件下可以做到既去除噪声又保护了图像边缘的较满意的复原。中值滤波是一种去除噪声的非线性处理方法。它是由图基(Turky)在1971年提出的。开始,中值滤波用于时间序列分析,后来被用于图像处理,在去噪复原中得到了较好的效果。

6.6.1 中值滤波的基本原理

中值滤波的基本原理是把数字图像或数字序列中一点的值用该点的一个邻域中各点值的中值代替。中值的定义如下:

一组数 $x_1, x_2, x_3, \cdots, x_n$, 把各数按数值的大小顺序排列为

$$x_{i1} \leqslant x_{i2} \leqslant x_{i3} \leqslant \cdots \leqslant x_{in}$$

$$y = \mathrm{Med}(x_1, x_2, x_3, \cdots, x_n) = \begin{cases} x_{i\left(\frac{n+1}{2}\right)} & n\text{ 为奇数} \\ \frac{1}{2}\left[x_{i\left(\frac{n}{2}\right)} + x_{i\left(\frac{n}{2}+1\right)}\right] & n\text{ 为偶数} \end{cases} \tag{6-144}$$

y 称为序列 $x_1, x_2, x_3, \cdots, x_n$ 的中值。例如有一序列为(80, 90, 200, 110, 120),这个序列的中值为110。

把一个点的特定长度或形状的邻域称作窗口。在一维情况下,中值滤波器是一个含有奇数个像素的滑动窗口。窗口正中间那个像素的值用窗口内各像素值的中值代替。

设输入序列为$\{x_i, i \in I\}$,I 为自然数集合或子集,窗口长度为 n。则滤波器输出为

$$x_i = \mathrm{Med}\{x_i\} = \mathrm{Med}[x_{i-u}, \cdots, x_i, \cdots, x_{i+u}] \tag{6-145}$$

式中,$i \in I, u = \dfrac{(n-1)}{2}$。

例如,有一输入序列 $\{x_i\} = \{0\ 0\ 0\ 8\ 0\ 0\ 2\ 3\ 2\ 0\ 2\ 3\ 2\ 0\ 3\ 5\ 3\ 0\ 3\ 5\ 3\ 0\ 0\ 2\ 3\ 4\ 5\ 5\ 5\ 5\ 0\ 0\ 0\}$ 在此序列中前面的8是脉冲噪声,中间一段是一种寄生振荡,后面是希望保留的斜坡和跳变。在此采用长度为3的窗口,得到的结果为

$$\{y_i\} = \{0\ 0\ 0\ 0\ 0\ 0\ 2\ 2\ 2\ 2\ 2\ 2\ 2\ 2\ 3\ 3\ 3\ 3\ 3\ 3\ 3\ 0\ 0\ 2\ 3\ 4\ 5\ 5\ 5\ 5\ 0\ 0\ 0\}$$

显然,经中值滤波后,脉冲噪声8被滤除了,振荡被平滑掉了,斜坡和阶跃部分被保存了下来。

中值滤波的运算方法可以在有限程度上进行分析。例如常数 K 与序列 $f(i)$ 相乘的中值有如下关系

$$\mathrm{Med}\{Kf(i)\} = K\mathrm{Med}\{f(i)\} \tag{6-146}$$

而常数 K 与序列 $f(i)$ 相加的中值有如下关系

$$\mathrm{Med}\{K+f(i)\} = K+\mathrm{Med}\{f(i)\} \tag{6-147}$$

对几种基本信号进行中值滤波的例子如图6-4所示。图(a)是阶跃信号,经中值滤波后仍然保持了阶跃部分;图(b)的原始信号是斜坡,滤波后也保持了其形状;图(c)的原始信号是单脉冲信号,经滤波后消去了这个脉冲;图(d)的原始信号是双脉冲,经中值滤波后也被消去了;图(e)的原始信号是三个脉冲,滤波后对其没有影响;图(f)的原始信号是三角形,滤波后虽然有少许变形,但基

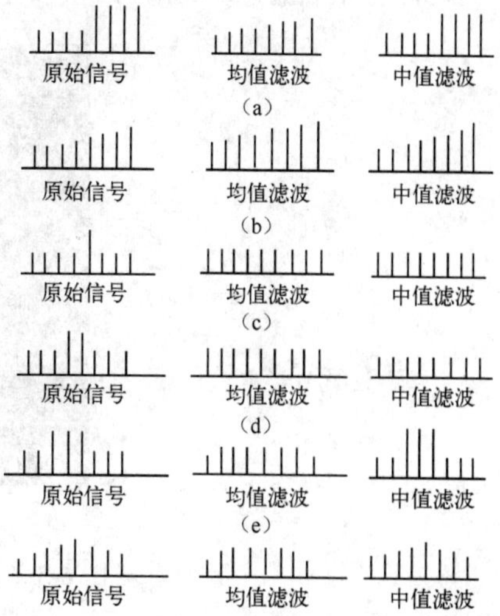

图6-4 几种基本信号中值滤波结果举例

本保持了原来的形状。

中值滤波的概念很容易推广到二维，此时可以利用某种形式的二维窗口。设$\{x_{ij},(i,j)\in I^2\}$表示数字图像各点的灰度值，滤波窗口为A的二维中值滤波可定义为

$$y_{ij}=\underset{A}{\mathrm{Med}}\{x_{ij}\}=\mathrm{Med}\{x_{(i+r),(j+s)},\ (r,s)\in A,(i,j)\in I^2\} \tag{6-148}$$

二维中值滤波的窗口可以取方形，也可以取近似圆形或十字形。

图 6-5 是二维中值滤波的实例。其中图(a)是原始图像，图(b)是混有高斯白噪声的图像，图(c)是 3×3 窗口中值滤波结果图像，图(d)是 3×3 窗口均值滤波结果图像，图(e)是加有椒盐噪声的图像，图(f)是 5×5 窗口中值滤波结果图像，图(g)是采用 5×5 窗口均值滤波结果图像。

(a) 原始图像

(b) 混有高斯白噪声的图像

(c) 3×3 窗口中值滤波结果图像

(d) 3×3 窗口均值滤波结果图像

(e) 加有椒盐噪声的图像

(f) 5×5 窗口中值滤波结果图像

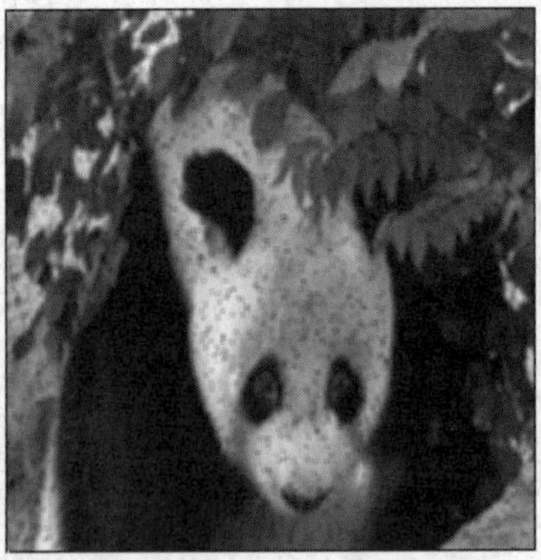
(g) 5×5 窗口均值滤波结果图像

图 6-5　二维中值滤波及均值滤波实例

6.6.2 加权的中值滤波

以上讨论中的中值滤波,窗口内各点对输出的作用是相同的。如果希望强调中间点或距中间点最近的几个点的作用,可以采用加权中值滤波法。加权中值滤波的基本原理是改变窗口中变量的个数,可以使一个以上的变量等于同一点的值,然后对扩张后的数字集求中值。以窗口为 3 的一维加权中值滤波为例,表示如下

$$y_i = \text{Weighted\_Med}(x_{i-1}, x_i, x_{i+1}) = \text{Med}(x_{i-1}, x_{i-1}, x_i, x_i, x_i, x_{i+1}, x_{i+1}) \tag{6-149}$$

由式(6-149)可见,在窗口内,中间点取奇数,两边点取对称数,也就是位于窗口中间的像素重复两次,位于窗口边缘的两个像素重复一次,形成新的序列,然后对新的序列再施以常规中值滤波处理。

二维加权中值滤波与一维情况类似。如果适当地选取窗口内各点的权重,加权中值滤波比简单中值滤波能更好地从受噪声污染的图像中恢复出阶跃边缘以及其他细节。二维加权中值滤波以 3×3 窗口为例,表示如下:

原始窗口为

$$\begin{matrix} x_{i-1,j-1} & x_{i-1,j} & x_{i-1,j+1} \\ x_{i,j-1} & x_{i,j} & x_{i,j+1} \\ x_{i+1,j-1} & x_{i+1,j} & x_{i+1,j+1} \end{matrix}$$

加权后的中值滤波为

$$\begin{aligned} y_{ij} &= \text{Weighted\_Med}(x_{i-1,j-1}, x_{i-1,j}, x_{i-1,j+1}, x_{i,j-1}, x_{i,j}, x_{i,j+1}, x_{i+1,j-1}, x_{i+1,j}, x_{i+1,j+1}) \\ &= \text{Med}(x_{i-1,j-1}, x_{i-1,j}, x_{i-1,j}, x_{i-1,j+1}, x_{i,j-1}, x_{i,j-1}, x_{i,j}, x_{i,j}, x_{i,j}, x_{i,j+1}, x_{i,j+1}, x_{i+1,j-1}, x_{i+1,j}, x_{i+1,j}, x_{i+1,j+1}) \end{aligned} \tag{6-150}$$

即中间的点取三个(重复两次),上、下、左、右的点各取两个(重复一次),对角线上的点取一个(不重复)。

加权中值滤波与普通中值滤波有时会有不同的效果。例如,对于普通中值滤波有 $y = \text{Med}(1\ 1\ 1\ 1\ 5\ 5\ 1\ 5\ 5) = 1$(注意,这里取窗口为9);而加权后的中值滤波为 $y = \text{Med}(1\ 1\ 1\ 1\ 1\ 5\ 5\ 5\ 5\ 1\ 5\ 5\ 5) = 5$(这里取窗口为 13)。加权中值滤波保持了方块角上的点的值。

中值滤波可有效地去除脉冲型噪声,而且对图像的边缘有较好的保护。但是它也有其固有的缺陷,如果使用不当,会损失许多图像细节。如图 6-6 所示采用 3×3 窗口对图(a)所示的原始图像滤波。滤波结果如图(b)所示,其结果不但削去了方块的 4 个角,而且把中间的小方块也滤掉了。因此,中值滤波在选择窗口时要考虑其形状及等效带宽,以避免滤波处理造成的信息损失。图 6-7是中值滤波的另一实例。图(a)是一条细线条图像,经 3×3 窗口滤波后,图像中的细线条完全滤掉了,如图(b)所示。以上两例可以直观地看到,中值滤波对图像中的细节处理很不理想,所以,中值滤波对所谓的椒盐噪声(Pepper Salt Noise)的滤除非常有效,但是它对点、线等细节较多的图像却不太适用。

1	1	1	1	1	1	1	1	1	1
1	1	1	1	1	1	1	1	1	1
1	1	5	5	5	5	5	5	1	1
1	1	5	5	8	8	5	5	1	1
1	1	5	5	8	8	5	5	1	1
1	1	5	5	5	5	5	5	1	1
1	1	5	5	5	5	5	5	1	1
1	1	1	1	1	1	1	1	1	1
1	1	1	1	1	1	1	1	1	1

(a)

1	1	1	1	1	1	1	1	1	1
1	1	1	1	1	1	1	1	1	1
1	1	1	5	5	5	5	1	1	1
1	1	5	5	5	5	5	5	1	1
1	1	5	5	5	5	5	5	1	1
1	1	5	5	5	5	5	5	1	1
1	1	1	5	5	5	5	1	1	1
1	1	1	1	1	1	1	1	1	1
1	1	1	1	1	1	1	1	1	1

(b)

图 6-6 中值滤波的实例一

0	0	1	0	0
0	0	1	0	0
0	0	1	0	0
0	0	1	0	0
0	0	1	0	0

(a)

0	0	0	0	0
0	0	0	0	0
0	0	0	0	0
0	0	0	0	0
0	0	0	0	0

(b)

图 6-7 中值滤波的实例二

本章给出一个中值滤波的计算机程序(见随书附带网址中附录六),以供读者参考。

在图 6-4 中,为了比较中值滤波的效果,也给出了均值滤波的处理结果。均值滤波的滤波过程也是使一个窗口在图像(或序列)上滑动,窗中心位置的值用窗内各点值的平均值来代替。以二维均值滤波为例,它的定义如下:

设 $\{x_{ij}\}$ 表示数字图像各像素的灰度值,A 为一个 3×3 的窗口,则二维均值滤波的定义为

$$\begin{aligned} y_{ij} &= \text{Mean}\{x_{ij}\} \\ &= \frac{1}{9}\{x_{i-1,j-1}+x_{i-1,j}+x_{i-1,j+1}+x_{i,j-1}+x_{i,j}+x_{i,j+1}+x_{i+1,j-1}+x_{i+1,j}+x_{i+1,j+1}\} \end{aligned} \tag{6-151}$$

一般均值滤波的边缘保护特性不如中值滤波。在随书附带网址中,附录八是一个二维均值滤波的程序,以便于读者参照比较。

6.7 几种其他空间复原技术

前边讨论了几种基本的代数图像复原技术。除此之外,尚有一些其他的空间图像复原方法,本节将对这些方法作一些简要的讨论。

6.7.1 几何畸变校正

在图像的获取或显示过程中往往会产生几何失真。例如,成像系统有一定的几何非线性。这主要是由于视像管摄像机及阴极射线管显示器的扫描偏转系统有一定的非线性,因此会造成如图 6-8 所示的枕形失真或桶形失真。图(a)为原始图像,图(b)和图(c)为失真图像。除此之外还有由于斜视角度获得的图像的透视失真。另外,由卫星摄取的地球表面的图像往往覆盖较大的面积,由于地球表面呈球形,这样摄取的平面图像也将会有较大的几何失真。对于这些图像必须加以校正,以免影响分析精度。

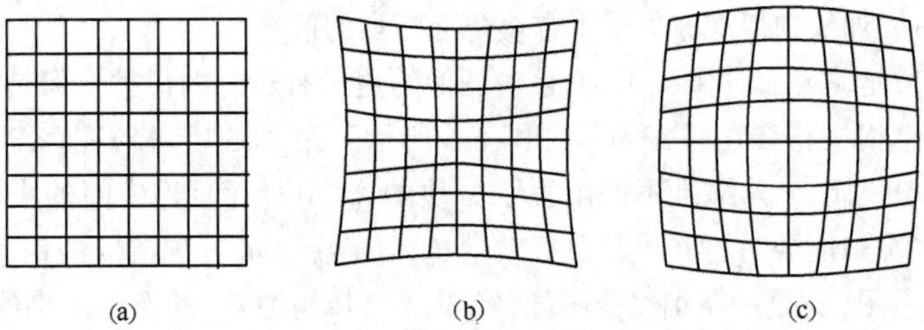

图 6-8　几何畸变

由成像系统引起的几何畸变的校正有两种方法。一种是预畸变法,这种方法是采用与畸变相反的非线性扫描偏转法,用来抵消预计的图像畸变;另一种是所谓的后验校正方法。这种方法是用多项式曲线在水平和垂直方向去拟合每一畸变的网线,然后求得反变化的校正函数。用这个校正函数即可校正畸变的图像。图像的空间几何畸变及其校正过程如图 6-9 所示。

任意几何失真都可由非失真坐标系 (x,y) 变换到失真坐标系 (x',y') 的方程来定义。方程的一般形式为

$$\begin{cases} x' = h_1(x,y) \\ y' = h_2(x,y) \end{cases} \tag{6-152}$$

在透视畸变的情况下,变换是线性的,即

$$\begin{cases} x' = ax+by+c \\ y' = dx+ey+f \end{cases} \tag{6-153}$$

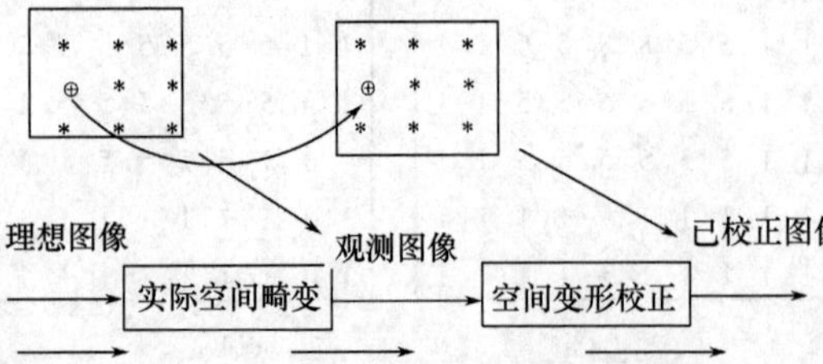

图 6-9　空间几何畸变及校正的概念

设$f(x,y)$是无失真的原始图像，$g(x',y')$是$f(x,y)$畸变的结果，这一失真的过程是已知的并且用函数h_1和h_2定义。于是有

$$g(x',y')=f(x,y) \tag{6-154}$$

这说明在图像中本来应该出现在像素(x,y)上的灰度值由于失真，实际上却出现在(x',y')上了。这种失真的复原问题实际上是映射变换问题。在给定了$g(x',y')$，$h_1(x,y)$，$h_2(x,y)$的情况下，其复原处理可按如下方法进行：

① 对于$f(x,y)$中的每一点(x_0,y_0)，找出在$g(x',y')$中相应的位置$(\alpha,\beta)=[h_1(x_0,y_0),h_2(x_0,y_0)]$。由于$\alpha$和$\beta$不一定是整数，所以通常$(\alpha,\beta)$不会与$g(x',y')$中的任何点重合。

② 找出$g(x',y')$中与(α,β)最靠近的点(x_1',y_1')，并且令$f(x_0,y_0)=g(x_1',y_1')$，也就是把$g(x_1',y_1')$点的灰度值赋予$f(x_0,y_0)$。如此逐点做下去，直到整个图像，则几何畸变得到校正。

③ 如果不采用②中的灰度值的代换方法也可以采用内插法。这种方法是假定(α,β)点找到后，在$g(x',y')$中找出包围着(α,β)的4个邻近的数字点，(x_1',y_1')，(x_{1+1}',y_1')，(x_1',y_{1+1}')，(x_{1+1}',y_{1+1}')并且有

$$\begin{cases} x_1'\leqslant\alpha\leqslant x_{1+1}' \\ y_1'\leqslant\beta\leqslant y_{1+1}' \end{cases} \tag{6-155}$$

$f(x,y)$中点(x_0,y_0)的灰度值由$g(x',y')$中4个点的灰度值的某种内插法来确定。

在以上方法的几何校正处理中，如果(α,β)处在图像$g(x',y')$之外，则不能确定其灰度值，而且校正后的图像多半不能保持其原来的矩形形状。

以上讨论的是g,h_1,h_2都知道的情况下几何畸变的校正方法。如果只知道g，而h_1和h_2都不知道，但是若有类似规则的网格之类的图案可供参考利用，那么就有可能通过测量g中的网格点的位置来决定失真变换的近似值。

例如，如果给出了3个邻近网格点构成的小三角形，其在规则网格中的理想坐标为(r_1,s_1)，(r_2,s_2)，(r_3,s_3)，并设这些点在g中的位置分别为(u_1,v_1)，(u_2,v_2)，(u_3,v_3)。由线性变换关系

$$\begin{cases} x'=ax+by+c \\ y'=dx+ey+f \end{cases}$$

可认为把3个点映射到它们失真后的图像的位置，由此，可构成如下6个方程。

$$\begin{cases} u_1=ar_1+bs_1+c \\ v_1=dr_1+es_1+f \\ u_2=ar_2+bs_2+c \\ v_2=dr_2+es_2+f \\ u_3=ar_3+bs_3+c \\ v_3=dr_3+es_3+f \end{cases} \tag{6-156}$$

解这6个方程可求得a,b,c,d,e,f。这种变换可用来校正g中被这三点连线包围的三角形部分的失真。由此对每三个一组的网格点重复进行，即可实现全部图像的几何校正。

6.7.2 盲目图像复原

多数图像复原技术都是以图像退化的某种先验知识为基础的，也就是假定系统的脉冲响应是已知的。但是，在许多情况下难以确定退化的点扩散函数。在这种情况下，必须从观察图像中以某种方式抽出退化信息，从而找出图像复原方法。这种方法就是所谓的盲目图像复原。对具有加性噪声的模糊图像做盲目图像复原的方法有两种，就是直接测量法和间接估计法。

直接测量法盲目图像复原通常要测量图像的模糊脉冲响应和噪声功率谱或协方差函数。在所观察的景物中，往往点光源能直接指示出冲激响应。另外，图像边缘是否陡峭也能用来推测模糊冲

激响应。在背景亮度相对恒定的区域内测量图像的协方差可以估计出观测图像的噪声协方差函数。

间接估计法盲目图像复原类似于多图像平均法处理。例如,在电视系统中,观测到的第 i 帧图像为

$$g_i(x,y)=f_i(x,y)+n_i(x,y) \tag{6-157}$$

式中,$f_i(x,y)$是原始图像,$g_i(x,y)$是含有噪声的图像,$n_i(x,y)$是加性噪声。如果原始图像在 M 帧观测图像内保持恒定,对 M 帧观测图像求和,得到下式之关系

$$f_i(x,y)=\frac{1}{M}\sum_{i=1}^{M}g_i(x,y)-\frac{1}{M}\sum_{i=1}^{M}n_i(x,y) \tag{6-158}$$

当 M 很大时,式(6-158)右边的噪声项的值趋向于它的数学期望值 $E\{n(x,y)\}$。在一般情况下,白色高斯噪声在所有(x,y)上的数学期望等于零,因此,合理的估计量是

$$\hat{f}_i(x,y)=\frac{1}{M}\sum_{i=1}^{M}g_i(x,y) \tag{6-159}$$

盲目图像复原的间接估计法也可以利用时间上平均的概念去掉图像中的退化。如果有一成像系统,其中相继帧含有相对平稳的目标退化,这种退化是由于每帧有不同的线性位移不变冲激响应 $h_i(x,y)$引起的。例如,大气湍流对远距离物体摄影就会产生这种图像退化。只要物体在帧间没有很大移动并每帧取短时间曝光,那么第 i 帧的退化图像可表示为

$$g_i(x,y)=f_i(x,y)*h_i(x,y) \tag{6-160}$$

式中,$f_i(x,y)$是原始图像,$g_i(x,y)$是退化图像,$h_i(x,y)$是点扩散函数,$*$代表卷积。式中,$i=1,2,3,\cdots,M$。图像退化过程在变换域的表示为

$$G_i(u,v)=F_i(u,v)H_i(u,v) \tag{6-161}$$

利用同态处理方法把原始图像的频谱和退化传递函数分开,则可得到

$$\ln[G_i(u,v)]=\ln[F_i(u,v)]+\ln[H_i(u,v)] \tag{6-162}$$

如果帧间退化冲激响应是不相关的,则可得到下面的和式

$$\sum_{i=1}^{M}\ln[G_i(u,v)]=M\ln[F_i(u,v)]+\sum_{i=1}^{M}\ln[H_i(u,v)] \tag{6-163}$$

当 M 很大时,传递函数的对数和接近于一恒定值,即

$$K_H(u,v)=\lim_{M\to\infty}\sum_{i=1}^{M}\ln[H_i(u,v)] \tag{6-164}$$

因此,图像的估计量为

$$\hat{F}_i(u,v)]=\exp\left\{\frac{K_H(u,v)}{M}\right\}\prod_{i=1}^{M}[G_i(u,v)]^{\frac{1}{M}} \tag{6-165}$$

对式(6-165)取傅里叶反变换就可得到空域估计,即$\hat{f}(x,y)$。

在上面分析中,并没考虑加性噪声分量。如果考虑加性噪声分量,则无法进行式(6-162)的分离处理,后边的推导也就不成立了。对于这样的问题,可以对观测到的每帧图像先进行滤波处理,去掉噪声,然后在图像没有噪声的假设下再进行上述处理。

6.7.3 递归图像复原技术

递归图像复原技术是将递归估计技术用于图像复原处理的一种方法。递归估计技术是 1960 年左右发展起来的。最初多用于时域信号递归滤波处理,这就是卡尔曼滤波技术。近年来已把这种技术直接用于图像复原处理中。

1. 广义马尔可夫序列与卡尔曼滤波

设有两个随机变量序列:$s_1,s_2,s_3,\cdots,s_n$ 和 $x_1,x_2,x_3,\cdots,x_n$。第一个序列称为信号序列,第二个称为数据样本序列。把 $\boldsymbol{x}_n$ 写为

$$\boldsymbol{x}_n=\boldsymbol{s}_n+\boldsymbol{v}_n \tag{6-166}$$

式中，$\boldsymbol{v}_n$ 是噪声。可以用数据 $x_1,x_2,x_3,\cdots,x_n$ 的线性组合来估计 $\boldsymbol{s}_n$，即

$$\hat{\boldsymbol{s}}_n=\alpha_1^n x_1+\alpha_2^n x_2+\cdots+\alpha_n^n x_n \tag{6-167}$$

由正交性原理，当差值 $\boldsymbol{s}_n-\hat{\boldsymbol{s}}_n$ 对各个数据样本 x_i 为正交时，所解出的各个系数 α_i^n 可使均方误差最小，即

$$E\{(\boldsymbol{s}_n-\hat{\boldsymbol{s}}_n)\boldsymbol{x}_i\}=0 \qquad i=1,2,\cdots,m \tag{6-168}$$

使

$$E\{[\boldsymbol{s}_n-\hat{\boldsymbol{s}}_n]^2\}=\min \tag{6-169}$$

式中，E 代表数学期望。

如果数学期望 $E\{\boldsymbol{s}_n\boldsymbol{x}_i\}$ 和 $E\{\boldsymbol{x}_k\boldsymbol{x}_i\}$ 已知，则由上面的方程式组可解出未知系数 α_i^n。这时，所得到的均方估计误差为

$$e_n=E\{(\boldsymbol{s}_n-\hat{\boldsymbol{s}}_n)^2\}=E\{(\boldsymbol{s}_n-\hat{\boldsymbol{s}}_n)\boldsymbol{s}_n\} \tag{6-170}$$

由此可见，为了估计 $\boldsymbol{s}_{n+1}$，就需要确定一组 $n+1$ 个新的系数 α_i^{n+1}。

如果一个随机变量序列 $\boldsymbol{s}_n$，用它前边的所有的随机变量：$\boldsymbol{s}_{n-1},\boldsymbol{s}_{n-2},\cdots$ 对它所做的线性均方估计与仅用 $\boldsymbol{s}_{n-1}$ 时的估计相同，则这个随机变量序列 $\boldsymbol{s}_n$ 就叫作广义马尔可夫序列。

从矢量投影的观点来看，相当于在 $\boldsymbol{s}_{n-1},\boldsymbol{s}_{n-2},\cdots$ 空间内，$\boldsymbol{s}_n$ 的投影只与 $\boldsymbol{s}_{n-1}$ 有关。由相关函数的概念

$$\boldsymbol{R}_{ik}=E\{\boldsymbol{s}_i\boldsymbol{s}_k\} \tag{6-171}$$

及

$$\hat{\boldsymbol{s}}_n=A_n\boldsymbol{s}_{n-1} \tag{6-172}$$

则有

$$E\{(\boldsymbol{s}_n-A_n\boldsymbol{s}_{n-1})\boldsymbol{s}_{n-1}\}=0$$

$$A_n=\frac{R_{n-1,n}}{R_{n-1,n-1}} \tag{6-173}$$

设信号 $\boldsymbol{s}_n$ 是广义马尔可夫序列，噪声 $\boldsymbol{v}_n$ 由正交的随机变量组成，并对 $\boldsymbol{s}_i$ 也是正交的，则有下列各式成立

$$\boldsymbol{x}_i=\boldsymbol{s}_i+\boldsymbol{v}_i \tag{6-174}$$

$$E\{\boldsymbol{v}_i^2\}=\boldsymbol{\sigma}_i^2 \tag{6-175}$$

$$E\{\boldsymbol{s}_i,\boldsymbol{v}_n\}=0 \qquad i,n=1,2,\cdots \tag{6-176}$$

因此，可写出

$$E\{\boldsymbol{s}_i,\boldsymbol{x}_n\}=E\{\boldsymbol{s}_i,\boldsymbol{s}_n\}=R_{in} \tag{6-177}$$

$$E\{\boldsymbol{x}_i,\boldsymbol{x}_n\}=\begin{cases}R_{ii}+\sigma_i^2 & i=n\\ R_{in} & i\neq n\end{cases} \tag{6-178}$$

广义马尔可夫序列递推滤波的原理如下：

用 $x_n,x_{n-1},\cdots,x_1$ 对 $\boldsymbol{s}_n$ 的线性估计 $\hat{\boldsymbol{s}}_n$ 用下式表示

$$\hat{\boldsymbol{s}}_n=\alpha_n\hat{\boldsymbol{s}}_{n-1}+\beta_n\boldsymbol{x}_n \tag{6-179}$$

式中，$\hat{\boldsymbol{s}}_{n-1}$ 是对 $\boldsymbol{s}_{n-1}$ 的估计，α_n 和 β_n 是两个待定的常数。

问题的要点是，因为 $\hat{\boldsymbol{s}}_n$ 是用 $x_n,x_{n-1},\cdots,x_1$ 对 $\boldsymbol{s}_n$ 的估计，所以必有以下两式成立

$$E\{(\boldsymbol{s}_n-\hat{\boldsymbol{s}}_n)\boldsymbol{x}_n\}=0 \tag{6-180}$$

$$E\{(\boldsymbol{s}_n-\hat{\boldsymbol{s}}_n)\boldsymbol{x}_i\}=0 \qquad i=1,2,\cdots,n-1 \tag{6-181}$$

显然式(6-179)能成立的充分条件是能够找到满足式(6-180)和式(6-181)的 α_n 和 β_n。

由式(6-173)的 A_n 可知，$\boldsymbol{s}_n-A_n\boldsymbol{s}_{n-1}$ 与 $s_{n-1},\cdots,s_1$ 正交，并且 $\boldsymbol{s}_i$ 与 $\boldsymbol{v}_n$ 也正交，所以

$$E\{(\boldsymbol{s}_n-A_n\hat{\boldsymbol{s}}_{n-1})\boldsymbol{v}_i\}=0 \qquad i=1,2,\cdots,n-1 \tag{6-182}$$

将 $\boldsymbol{s}_n-\hat{\boldsymbol{s}}_n$ 写为如下形式

$$\boldsymbol{s}_n-\hat{\boldsymbol{s}}_n=\boldsymbol{s}_n-\alpha_n\hat{\boldsymbol{s}}_{n-1}-\beta_n\boldsymbol{x}_n=\boldsymbol{s}_n-\alpha_n\boldsymbol{s}_{n-1}-\beta_n\boldsymbol{s}_n+\alpha_n(\boldsymbol{s}_{n-1}-\hat{\boldsymbol{s}}_{n-1})-\beta_n\boldsymbol{v}_n \tag{6-183}$$

因为$\hat{\boldsymbol{s}}_{n-1}$是$\boldsymbol{s}_{n-1}$的估计,所以$(\boldsymbol{s}_{n-1}-\hat{\boldsymbol{s}}_{n-1})$对 $x_{n-1},\cdots,x_1$ 正交。并且 $\boldsymbol{v}_n$ 与 $x_{n-1},\cdots,x_1$ 也正交。为了使式(6-181)成立,则必须有下式成立

$$E\{[\boldsymbol{s}_n(1-\beta_n)-\alpha_n\boldsymbol{s}_{n-1}]\boldsymbol{x}_i\}=0 \qquad i=1,2,\cdots,n-1 \tag{6-184}$$

由式(6-182)可知,只要使

$$\frac{\alpha_n}{1-\beta_n}=A_n=\frac{R_{n-1,n}}{R_{n-1,n-1}} \tag{6-185}$$

成立,则式(6-182)可成立,由此,式(6-181)得以成立。问题是如何确定 α_n 和 β_n。因为

$$E\{(\boldsymbol{s}_n-\hat{\boldsymbol{s}}_{n-1})x_n\}=E\{(\boldsymbol{s}_n-\alpha_n\hat{\boldsymbol{s}}_{n-1}-\beta_n\boldsymbol{x}_n)\boldsymbol{x}_n\}=E\{\boldsymbol{x}_n\boldsymbol{s}_n-\alpha_n\boldsymbol{x}_n\hat{\boldsymbol{s}}_{n-1}-\beta_n\boldsymbol{x}_n\boldsymbol{x}_n\}=0$$

由式(6-177)和式(6-178)得到

$$R_{nn}=\alpha_nE\{\boldsymbol{x}_n\hat{\boldsymbol{s}}_{n-1}\}+\beta_n(R_{nn}+\sigma_n^2) \tag{6-186}$$

$$E\{\boldsymbol{x}_n\hat{\boldsymbol{s}}_{n-1}\}=E\{(\boldsymbol{s}_n+\boldsymbol{v}_n)\hat{\boldsymbol{s}}_{n-1}\}=E\{\boldsymbol{s}_n\hat{\boldsymbol{s}}_{n-1}\} \tag{6-187}$$

其均方估计误差为

$$\boldsymbol{e}_n=E\{(\boldsymbol{s}_n-\alpha_n\hat{\boldsymbol{s}}_{n-1}-\beta_n\boldsymbol{x}_n)\boldsymbol{s}_n\}=R_{nn}-\alpha_nE\{\boldsymbol{s}_n\hat{\boldsymbol{s}}_{n-1}\}-\beta_nR_{nn}=\beta_n\sigma_n^2$$

又由

$$E\{(\boldsymbol{s}_n-A_n\boldsymbol{s}_{n-1})\hat{\boldsymbol{s}}_{n-1}\}=E\{\boldsymbol{s}_n\hat{\boldsymbol{s}}_{n-1}\}-A_nE\{\boldsymbol{s}_{n-1}\hat{\boldsymbol{s}}_{n-1}\}=0$$

$$\boldsymbol{e}_{n-1}=E\{(\boldsymbol{s}_{n-1}-\hat{\boldsymbol{s}}_{n-1})\boldsymbol{s}_{n-1}\}=R_{n-1,n-1}-E\{\boldsymbol{s}_{n-1}\hat{\boldsymbol{s}}_{n-1}\}$$

可写出

$$E\{\boldsymbol{s}_n\hat{\boldsymbol{s}}_{n-1}\}=A_n(R_{n-1,n-1}-e_{n-1}) \tag{6-188}$$

于是得到

$$R_{nn}=\alpha_nA_n(R_{n-1,n-1}-e_{n-1})+\beta_n(R_{nn}+\sigma_n^2)$$

$$\beta_n=\frac{e_n}{\sigma_n^2}, \qquad \alpha_n=A_n\left(1-\frac{e_n}{\sigma_n^2}\right) \tag{6-189}$$

最后解得

$$e_n=\frac{R_{nn}-A_n^2R_{n-1,n-1}+A_n^2e_{n-1}}{R_{nn}-A_n^2R_{n-1,n-1}+A_n^2e_{n-1}+\sigma_n^2}\sigma_n^2 \tag{6-190}$$

由上面分析可见,卡尔曼滤波的计算步骤可归结为:在 R_{ik} 与 σ_i^2 已知时,在第 $n-1$ 步中已计算出$\hat{\boldsymbol{s}}_{n-1}$与 e_{n-1},则可定下 e_n,由此算出常数 α_n 和 β_n,最后可得到 $\boldsymbol{s}_n$ 的估计$\hat{\boldsymbol{s}}_n$,从而完成第 u 步计算。

2. 一维递归图像复原处理

在图像复原处理中,如果用一维卡尔曼滤波复原图像,首先必须用扫描的方式将二维平面信息转化为一维形式。这时观察到的图像为如下形式

$$s(t)=s_1(t)+n(t) \tag{6-191}$$

式中,$s_1(t)$是理想图像,$n(t)$是加性噪声,$s(t)$是观测图像(或称数据样本)。由卡尔曼滤波原理,$s_1(t)$的第 k 个样本的递归估计量由下式得到

$$\hat{s}_1(k)=\alpha_k\hat{s}_1(k-1)+\beta_ks(k) \tag{6-192}$$

这里$\hat{s}_1(k)$是理想图像 $s(k)$在时刻 k 的估计,$\hat{s}_1(k-1)$是理想图像在时刻$(k-1)$的估计,$s(k)$是新的观测值,α_k,β_k 则是系数。根据这一递归公式就可以在均方误差最小的准则下由含噪图像中恢复出原始图像。

以上是图像复原的卡尔曼滤波法的标量处理。另外,还可以采用矢量处理法。在这种方法中,同时扫描图像的几行,估计器的设计步骤与标量处理法相同。

3. 二维递归图像复原处理

图像复原的二维递归估计方法是由哈比比提出来的。直观地看,这种技术可以得到比标量处理及矢量处理更好的结果,因为二维处理可以利用图像相邻行的相关性,而在一维处理中却没有利用这一点。

哈比比提出的二维递归估计法是建立在这样的基础之上的,就是有一大类随机像场的自相关函数呈指数型,即可由下式来表示

$$R(\tau_1,\tau_2)=\sigma_s^2\exp\{-\alpha_1|\tau_1|-\alpha_2|\tau_2|\} \tag{6-193}$$

式中，τ_1 和 τ_2 是水平和垂直方向上的增量，α_1，α_2 是与图像有关的系数。具有这种自相关函数的离散随机场可用下面的平稳自回归源来表示

$$x(k+1,l+1)=\rho_1 x(k+1,l)+\rho_2 x(k,l+1)-\rho_1\rho_2 x(k,l)+\sqrt{(1-\rho_1^2)(1-\rho_2^2)}\ u(k,l) \tag{6-194}$$

式中，ρ_1 和 ρ_2 分别是水平和垂直方向上相邻点的相关系数，$u(k,l)$ 是和图像元素有相同方差的不相关的随机场。正如式(6-194)所描述的那样，$x(k,l)$ 是一个自回归场，这个场中的每一点都可以用其相邻近的点来观测，其均方误差由下式表示

$$e^2=(1-\rho_1^2)(1-\rho_2^2)E\{u^2(k,l)\}=(1-\rho_1^2)(1-\rho_2^2)\sigma_s^2 \tag{6-195}$$

这里 e^2 是 $x(k,l)$ 随机性的度量，σ_s^2 是 $x(k,l)$ 和 $u(k,l)$ 的公共方差。

对离散随机像场 $x(k,l)$ 的估计可用递推线性滤波(二维卡尔曼滤波)得到。假设图像是被白噪声污染了的，而且信号和噪声的均值及方差都已知的情况下，与随机场和观测有关的动态模型为

$$x(k+1,l+1)=\rho_1 x(k+1,l)+\rho_2 x(k,l+1)-\rho_1\rho_2 x(k,l)+\sqrt{(1-\rho_1^2)(1-\rho_2^2)}\ u(k,l) \tag{6-196}$$

$$y(k,l)=Cx(k,l)+Dv(k,l) \tag{6-197}$$

这里 $y(k,l)$ 是退化信号，$v(k,l)$ 是加性噪声，并且 $k=1,2,\cdots,M;l=1,2,\cdots,N$；$C$ 和 D 是已知参数。

式(6-196)表示，一个随机场 $x(k,l)$ 可以由一组不相关的随机变量 $u(k,l)$ 产生。如果 $u(k,l)$ 是可观测的，用上述模型和一组初始值就可以产生 $x(k,l)$。然而，在实践中仅能观测到含噪信号 $y(k,l)$，也就是 $y(k,l)$ 被输入到递归滤波器中去。因为递归滤波器的输出应该有与原始图像相同的相关模型，所以其输出有

$$\hat{x}(k+1,l+1)=F_1(k,l)\hat{x}(k+1,l)+F_2(k,l)\hat{x}(k,l+1)+F_3(k,l)\hat{x}(k,l)+F(k,l)y(k,l) \tag{6-198}$$

这里 $\hat{x}(k,l)$ 是 $x(k,l)$ 的一个估计。显然，式(6-198)是由三个 $x(k,l)$ 以前的估值及一个含噪的观测值形成的。式中初始值 $\hat{x}(1,l)$、$\hat{x}(k,1)$，$k=1,2,\cdots,M;l=1,2,\cdots,N$，是已知的。

对于 $x(k+1,l+1)$ 的最优线性估计 $\hat{x}(k+1,l+1)$ 的一个必要条件是在每一点的估计误差对所有的先前遇到的数据点正交，即

$$E\{[x(k+1,l+1)-\hat{x}(k+1,l+1)]y(i,j)\}=0 \quad (i,j)\in R(k+1,l+1) \tag{6-199}$$

这里 $R(k+1,l+1)$ 代表参数空间中左边和上边的一组点。把式(6-196)和式(6-198)代入式(6-199)中，得到

$$E\{[\rho_1-F_1(k,l)]x(k+1,l)+[\rho_2-F_2(k,l)]x(k,l+1)-[\rho_1\rho_2+CF(k,l)-F_3(k,l)]x(k,l)+\sqrt{(1-\rho_1^2)(1-\rho_2^2)}u(k,l)-DF(k,l)v(k,l)y(i,j)\}=0 \tag{6-200}$$

因为 $E\{v(k,l)y(i,j)\}=0 \quad E\{u(k,l)y(i,j)\}=0$

对所有的 (i,j) 将有 $F_1(k,l)=\rho_1,\quad F_2(k,l)=\rho_2,\quad F_3(k,l)=[\rho_1\rho_2+CF(k,l)]$ (6-201)

将式(6-201)代入式(6-198)有

$$\hat{x}(k+1,l+1)=\rho_1\hat{x}(k+1,l)+\rho_2\hat{x}(k,l+1)-[\rho_1\rho_2+CF(k,l)]\hat{x}(k,l)+F(k,l)y(k,l) \tag{6-202}$$

式中，参数 ρ_1，ρ_2，C 为已知，剩下的问题是确定 $F(k,l)$。

令

$$\tilde{x}(k,l)=x(k,l)-\hat{x}(k,l) \tag{6-203}$$

$$\tilde{y}(k,l)=y(k,l)-\hat{y}(k,l) \tag{6-204}$$

则有

$$E\{\tilde{x}(k+1,l+1)y(i,j)\}=0 \tag{6-205}$$

由于 $(i,j)\in R(k,l)$，令式(6-205)中的 $(i,j)=(k,l)$，并将式(6-203)和式(6-204)代入式(6-205)，利用式(6-196)、式(6-197)和式(6-198)可得到

$$F(k,l)=\frac{C[\rho_1 P_{10}(k,l)+\rho_2 P_{01}(k,l)-\rho_1\rho_2 P_{00}(k,l)]}{C^2P_{00}(k,l)+\sigma_N^2D^2} \tag{6-206}$$

$$P_{ij}(k,l)=E\{\tilde{x}(k,l)\tilde{x}(k+i,l+j)\} \tag{6-207}$$

σ_N^2 是噪声的方差。$P_{ij}(k,l)$可由如下关系得到

$$P_{i+1,j+1}(k,l)=\rho_1 P_{i+1,j}(k,l)+\rho_2 P_{i,j+1}(k,l)-[\rho_1\rho_2+CF(k+i,l+j)]P_{i,j}(k,l) \tag{6-208}$$

在式(6-206)中求 $F(k,l)$所必需的 $P_{10}(k,l)$,$P_{01}(k,l)$,$P_{00}(k,l)$,在式(6-208)中可用 $P_{ij}(k,l)$的先前点来确定。

由式(6-198)定义的二维递归估计只限于对指数自相关函数描述的图像做复原处理。

以上我们讨论了递归复原技术的基本概念和方法。它们是对加性白噪声污染了的图像进行递归线性估计。应该看到,二维统计递归滤波理论还处在开始阶段,还需解决某些理论上的问题。现在只是对特定的问题做特定的解决,尚没有一般的通用的模型。

在本章介绍的图像复原处理中,应注意到所有的模型都以减小某种误差为准则,对视觉标准来说它未必是最佳的。总之,在这个领域中还有很多工作要做。

6.7.4 数字图像修复技术

图像修复是一项古老的技艺,最早可以追溯到欧洲文艺复兴时期。当时为了恢复中世纪美术作品中的破损部分,同时又要保持作品整体风格和效果,人们便开始通过人工填补术对作品中一些裂痕或划痕进行修复,以达到恢复作品原貌的目的。随着计算机技术的出现和发展,数字图像修复被 Benalmio 引入到图像修复领域。需要指出的是图像修复技术不同于一般常用图像复原处理,数字图像修复技术多半是一种交互技术,也就是需要用户指出图像的受损或待修复区域,修复工作可以由计算机自动完成,而且好的修复模型和算法应该使修复后的图像在视觉上感受不到有修复的痕迹。数字图像修复的基本原理是利用图像中的现有信息去填充指定区域的缺损或待修复数据的一种技术。这样的修复技术已经被广泛地用于各个领域,包括修复古字画等受损文物,修补有划痕和裂痕的照片,移除图像中的目标物,对照片的艺术处理等。目前,图像修复技术主要有两类:基于偏微分方程的修复模型(也称非纹理修复模型)和基于纹理合成的修复模型(或称纹理修复模型)。基于偏微分方程的修复模型是较早提出的修复模型,由 M.Benalmio 提出的基于偏微分方程的修复方法是一种模拟专业修复人员的修复法,因此 Benalmio 是数字图像修复技术的开拓者。此后,由 Chan 和 Shell 提出的整体变分模型及基于曲率驱动扩散的修复模型,也为研究数字图像修复算法开辟了新思路。基于纹理合成的数字图像修复模型是另一种有效的修复方法,特别是对于破损区域或待修复区域较大的纹理图像,该方法通常可取得较好的修复效果。这类模型主要涉及合成采样、特征匹配和约束合成等技术。由于 Markov 随机场模型描述纹理固有的局部相关特性和稳定特性较好,近些年来成为广泛采用的纹理合成模型,与此同时,块拼接技术由于具有合成速度和合成质量上的优势,也受到了极大关注,并不断地发展和改进。

1. 图像修复技术的应用

图像修复技术的应用包括如下几个方面:

(1) 修复受损的美术作品、旧照片、影像资料等。某些具有极高收藏价值的美术作品、老照片以及一些历史影像资料,由于保存条件或者人为等原因,使其出现破损和划痕,对这些资料的修复具有十分重要的意义。图 6-10 是对美术作品的修复的例子;图 6-11 是对旧照片修复的例子。

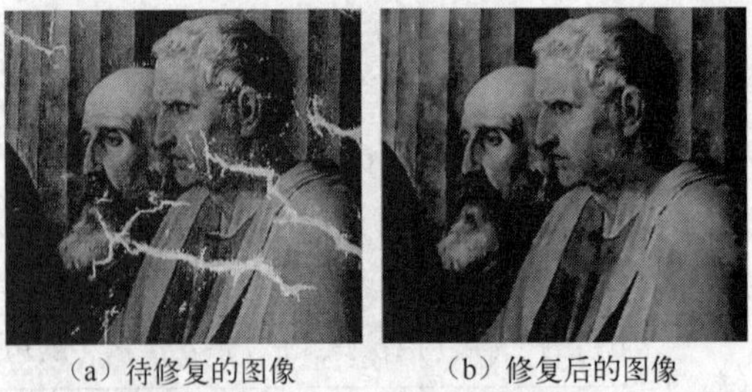

(a) 待修复的图像　　(b) 修复后的图像

图 6-10　美术作品的修复例子

（a）原始的有缺陷照片　（b）修复后的效果　（c）待修复的有缺陷图像　（d）修复后的图像

图 6-11　旧照片修复例子

（2）去除图像中的掩盖物。某些电影画面或者图像上加入了过多的文字，影响了我们对画面和图片的欣赏，可以用图像修复技术将其去除，如图 6-12 所示。

（a）待修复的图像　（b）修复后的图像

图 6-12　去除图像中覆盖的文字

（3）图像特效处理中移除某些对象。由于某些原因，需要我们移除图像中的某个特定的目标，也可以使用修复技术来完成，如图 6-13所示。

（4）图像丢失的还原。图像在传输过程中由于受到某些因素的影响，所得到的图像可能会出现数据丢失的现象，也可以用图像修复技术来还原图像。如图 6-14(a)所示，图像中的一部分数据丢失了，图(b)是修复后的图像。

（a）原始图像　（b）希望移除的区域　（c）移除后的效果

图 6-13　移除某些对象的例子

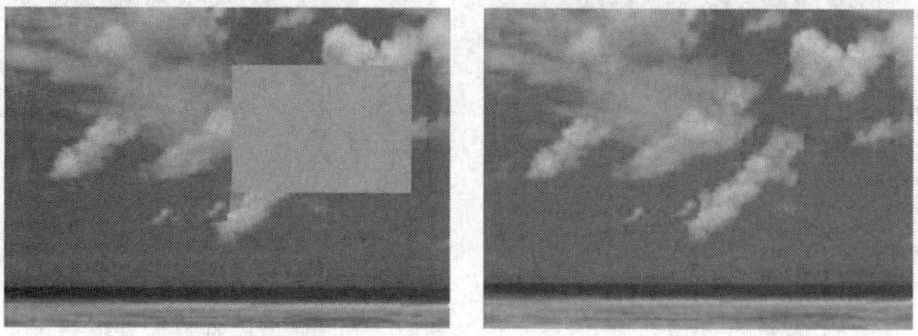

（a）绿色方块的数据丢失了　（b）修复后的图像

图 6-14　图像数据丢失的修复图例

图 6-15 是照片去除眼镜的例子。在人脸识别中，化妆会对识别率有很大的影响，去除照片上的眼镜是排除化妆对人脸识别影响的有用技术。(a)是戴眼镜的照片，(b)是利用修复技术摘掉眼镜的效果。

（5）图像放大。当图像被放大时，就会在图像上出现许多锯齿状缺陷，我们也可以采用修复技术来去除图像中的锯齿，进而提高图像的分辨率。例子见图 6-16。

图像修复的应用不胜枚举,这也是图像修复技术受到广泛重视的原因。我们在本书把这种技术归为图像复原领域的一个分支加以研究是必要的。

2. 数字图像修复理论基础

数字图像修复模型的建立过程基本上都来自 Helmholtz 最佳猜测原理,该原理的意思是,在给定传感数据的情况下,人们所感受到的一切都是基于现实世界的状态而做出的最佳猜测。Helmholtz 最佳猜测原理被广泛地应用于计算机和人类视觉领域,它与图像修复中所使用的贝叶斯理论有着密切的联系。最佳猜测原理如果用统计的方法研究问题,它就和贝叶斯(Bayesian)理论对现实世界的分析类似。在确定性方法论中,最佳猜测原理通过最优化能量泛函来实现。因此,它的难点在于提出感觉上有意义的能量泛函。根据这一思路,图像修复就是利用受到污染或破损的图像f_0来恢复干净的和接近原始图像f。根据最佳猜测原理,就是求贝叶斯(Bayesian)最大后验概率,也就是求使 $P(f/f_0)$ 最大的 f。由贝叶斯公式:

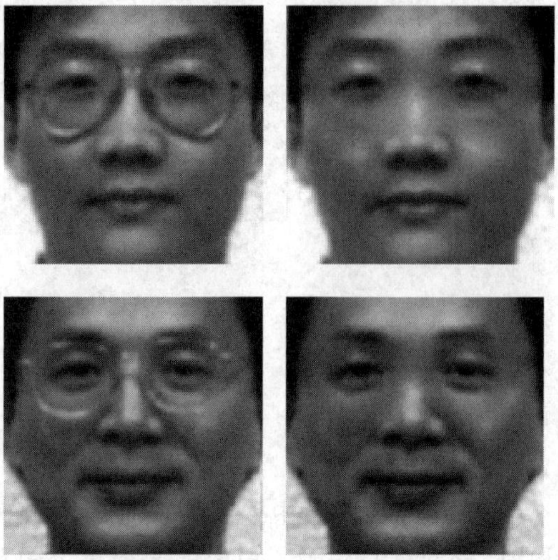

(a) 带眼镜的人脸　　(b) 摘除眼镜的效果

图 6-15　照片去除眼镜的例子

$$P(f/f_0)=\frac{P(f)}{P(f_0)}\cdot P(f_0/f) \tag{6-209}$$

如果给定了图像f_0,则 $P(f_0)$ 已知,我们可暂时将 $1/P(f_0)$ 看成固定的常数,设为 c,此时有:

$$P(f/f_0)=c\cdot P(f)\cdot P(f_0/f) \tag{6-210}$$

从式(6-210)我们看到,对图像f的估计依赖于两个条件:即观测到的图像f_0和f的联系,以及基于最佳猜测而建立的图像先验概率。这两个条件分别对应于修复中的两个物理模型:一个是数据模型,即 $P(f_0/f)$,它告诉我们观测的图像f_0是如何从f得到的;另一个是先验模型,即 $P(f)$,它是实际的真实图像。

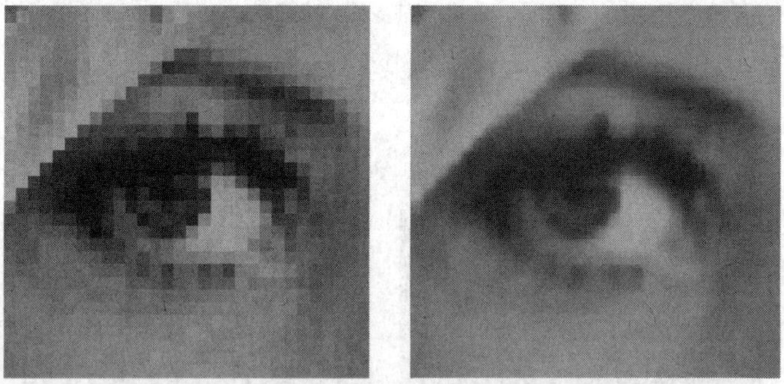

(a) 双线性插值结果　　(b) 偏微分方程模型处理结果

图 6-16　图像用不同插值放大结果例子

在大多数的图像修复问题中,修复区域经常会丢失图像的几何信息,如边缘。为了能够重建这类信息,修复模型就应该利用图像的几何信息。然而,大多数传统的概率模型都很难做到这一点。不过,由于在图像处理中的一些能量模型是由几何信息驱动的,因此,根据 Gibbs 规则可以建立概率公式与能量之间的联系。Gibbs 规则可由下式给出:

$$\text{probability}(f)=\frac{1}{z}\exp[-\beta E(f)] \tag{6-211}$$

其中,$E(f)$是f的能量,β是热力学温度的倒数,z是分布函数,因此贝叶斯公式以能量或变分形式表示为下式:

$$E(f/f_0)=E[f]+E[f_0/f]+\text{const} \tag{6-212}$$

对上式求能量最小,可先舍弃常数 const,$E[f]$和$E[f_0/f]$分别等价于概率公式中的先验模型和数据模型。在图像修复问题中,数据模型的建立一般比较简单,可以根据引入的不同噪声建立不同的模型,而图像一般常用的都是加性高斯白噪声。因此一个有效的贝叶斯/变分修复模型主要依赖于一个好的先验图像模型$E[f]$。一般可以有下面几种方法建立先验概率模型,如 Marko-Gibbs 随机场理论、基于学习的滤波和熵理论、Mumford—Gidas 建立的随机化模型的公理化方法、几何模型方法等。

Tony Chan 等人在 2002 年提出了低层次图像修复应当遵循三个原则:

(1) 局部性:修复的图像完全由修复区域附近的信息确定。

(2) 能够连接断裂的边缘:人眼对边缘十分敏感,因此边缘是物体识别的重要信息。

(3) 对噪声具有鲁棒性:在噪声低于一定程度时,人类视觉能够从含有噪声的图像中提取出原始图像,并将它们的结构延伸到修复区域。

目前,图像修复方法主要由基于偏微分方程的模型和方法及基于纹理合成的模型和方法。

基于偏微分方程(Partial Differential Equations,PDE)的数字图像修复模型是较先提出的一类修复模型。M.Benalmio 等提出的基于偏微分方程的修复方法是一种模拟专业人员手工修复图像的修复方法。该方法主要是通过将修补区域周围的有效信息沿着等照度线的方向迭代到修复区域内,从而产生修补信息来完成对图像的修复。它能够处理不同结构和背景的区域,并且自动化程度比较高。

基于纹理合成的图像修复方法是另一种有效的修复方法,特别是对于修复区域较大的纹理图像具有很好的效果。Eferos 和 Leung 在 1999 年提出了基于单个像素点合成的非参数采样的方法。该方法首次在纹理合成中采用 Markov 随机场(Markov Random Field,MRF)模型。其概率模型是以纹理的空间局域性为基础的;也就是对于一个给定的像素点p,它的灰度值分布概率只与它所在的空间邻域有关,而与图像的其他部分无关。后来的研究者在此基础上进行了改进,产生了多种快速纹理合成算法,它们对绝大多数的自然纹理合成都能取得很好的效果。

基于偏微分方程的图像修复模型就是将图像修复过程转化为一系列的偏微分方程或能量泛函模型,从而通过数值迭代和智能优化的方法来处理图像。该处理过程对图像的边缘信息和非边缘信息都有较好的效果。其优点表现在:

(1) 能够在连续域中分析图像,从而简化了问题。

(2) 可以直接处理图像中的几何特征,如梯度、切线、曲率和水平集等。

(3) 可以有效模拟具有视觉意义的动态过程,如各向同性扩散、各向异性扩散,以及信息的传输机制等。

(4) 可以采取成熟的数值计算方法加以优化,如模拟退火、遗传算法等。

基于偏微分方程的修复模型一般可以分为两类,一类是依赖图像微观修复机制的微观仿真系统(扩散过程),如 BSCB 模型和曲率驱动扩散(CDD)模型等。这是一类模仿专业修复人员手工修复破损图像的模型,主要是利用图像微观部分的几何信息,如曲率、梯度等,并使用一些规则来控制图像的等照度线的扩散方向,使它们按照一定的要求扩散到破损区域,从而完成修复。该扩散过程可以利用扩散方程来描述。扩散方程作用于图像时具有一定的物理意义,我们可以将图像看作特殊小球的密度函数,扩散方程作用于图像时会产生一个流场(flux field),修复区域外的图像可以看作一个小球的固定源泉。偏微分方程修复图像的物理过程可以解释为:在流场作用下的小球通过边缘切线流到区域里面,最终达到平衡。

另一类是变分模型,如整体变分(TV)模型、弹性(Elastic)修复模型等。这类修复模型主要把修复问题归纳成一个求解能量泛函最小值的问题，一般公式为：

$$\operatorname{argMin}\{E[f(x,y)]\} \tag{6-213}$$

其中，$f(x,y)$表示图像函数，$E[f(x,y)]$代表一幅图像的能量。令$F(f)$代表$E(f)$的Euler微分，通过式(6-213)得到极小值的必要条件是：

$$F(f)=0 \tag{6-214}$$

一般可以用梯度下降方法来求解：
$$\frac{\partial F}{\partial t}=-F[f(x,y,t)] \tag{6-215}$$

其中，t是引入的一个时间维度，它表示图像的演化过程。但是求解类似于式(6-215)的方程是一个相当复杂的过程。一般采用数值求解方法，此时需要考虑算法的收敛性、复杂度等。例如，式(6-214)一般是非线性方程，很难直接求解，通常可以用梯度下降法或共轭梯度法，变成式(6-213)的形式，然后进行迭代求解。

梯度下降法(gradient descent)是一种最优化算法，常在机器学习和人工智能中用来递归性地逼近最小偏差模型。求解无约束优化问题时，梯度下降(Gradient Descent)是最常采用的方法之一，另一种常用的方法是最小二乘法。在求解损失函数的最小值时，可以通过梯度下降法来一步步地迭代求解，得到最小化的损失函数和模型参数值。

3. 基于偏微分方程的图像修复模型

图像修复是一个主观的过程，这同其他的艺术工作不同。由于图像修复的这个特性，使得图像修复没有一个确定的方法来解决修复问题，但是潜在的方法却是有一定共性的规则，这就是：

(1) 图像的整体决定了如何填充图像中的缺损部分，修复的目的就是恢复图像的完整性；

(2) 修复区域周围完好区域的结构必须延伸到修复区域中，以实现修复区域与完好区域边缘处的连续性；

(3) 修复区域内不同的区域是通过边界线来划分的，各个修复区域的灰度或颜色是根据相对应修复区域边界的灰度或颜色来填充的；

(4) 关于纹理这类细节部分也必须添加进去。

因此在建模的过程中，期望能够模仿手工修复的机制建立更加可靠的修复模型。

非纹理修复的常用模型有如下几种：

(1) BSCB 模型

这是由 Bertalmio、Saprio、Caselles 和 Ballester 于 2001 年提出的基于偏微分方程的图像修复模型，简称 BSCB 模型。该模型就是模拟手工修复的步骤，同时反复进行前述的(2)和(3)的要求，以一种平滑的方式，通过延伸边界区域的等照度线进入修复区域内，从而完成破损图像的修复。

具体算法可这样描述：

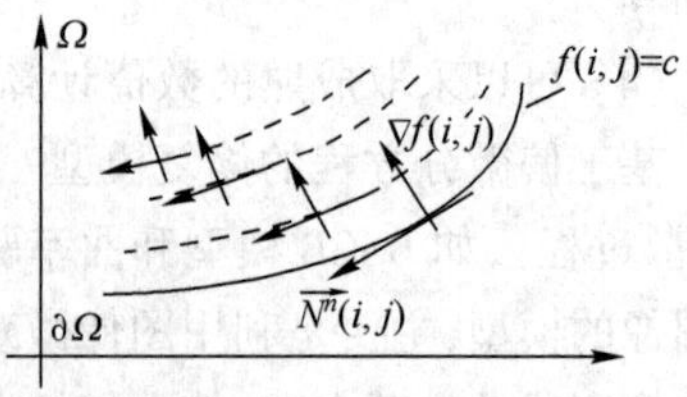

图 6-17 沿修复区域边界有向曲线的切线方向

如图 6-17 所示，Ω表示需要被修复的区域，$\partial\Omega$表示修复区域的边界。直观来看，BSCB 模型将按照等照度线方向延长到达修复区域边界$\partial\Omega$的等照度线，同时保持其与边界的交角，并继续以这种方式逐渐从边界$\partial\Omega$向待修复区域Ω的内部延伸。所谓等照度线就是灰度值在同一等级上的一系列点的轨迹所组成的线，在同一等照度线上所有的点均满足$f(i,j)=c$，c为一个常量，它是某一确定的灰度值。如果$\nabla f(i,j)$表示图像的离散梯度，即图像灰度变化最大的方向，也就是等照度线的法线方向，那么垂直于该梯度方向的方向$\nabla f^{\perp}(i,j)$就可以表示为等照度线的方向$\overrightarrow{N^n}(i,j)$，即$\overrightarrow{N^n}(i,j)=\nabla f^{\perp}(i,j)$。同时，由于$\nabla f^{\perp}(i,j)$的模和$\nabla f(i,j)$一样，因此将等照度线的方向归一化为$\overrightarrow{N^n}(i,j)/|\overrightarrow{N^n}(i,j)|$，以及模$|\nabla f(i,j)|$。

设待修复图像为$f_0(i,j)$，它满足以下条件：

$f_0(i,j):[0,M]\times[0,M]\to R\times R$，且$[0,M]\times[0,M]\subset N\times N$，这是一个离散的二维灰度图像。根据手工修复技术的描述，选择迭代算法。数字图像修复过程就是建立一个图像函数$f(i,j,n)$，该函数的描述如下：

$f(i,j,n):[0,M]\times[0,M]\times N\to R\times R$，使$f(i,j,0)=f_0(i,j)$，并且$\lim\limits_{n\to\infty} f(i,j,n)=f_R(i,j)$

$f_R(i,j)$就是被修复后的图像。则这种形式的任何通用算法都可以写成如下的形式：

$$f^{n+1}(i,j)=f^n(i,j)+\Delta t f_t^n(i,j),\ \forall(i,j)\in\Omega \tag{6-216}$$

这里，n表示修复的次数，(i,j)是像素坐标，Δt表示迭代的步长，$f_t^n(i,j)$表示图像$f^n(i,j)$的修正，方程只作用于修复Ω内的区域。随着n的增大，可以获得效果更好的图像，当然也增加了算法的时间。当n增大到一定程度，随着n的增大，$f^n(i,j)$不再有明显的变化，即$c\approx f^n(i,j)$，此时算法停止。一般可以设定一个门限ε，当迭代后的$f^{n+1}(i,j)$与$f^n(i,j)$的差值小于ε的时候，迭代停止。根据手工修复技术，延续到达修复区域Ω边界$\partial\Omega$的等照度线，即对应潜在的修复规则(2)，也就是需要平滑的将区域Ω外的信息延伸到Ω内，即对应潜在的修复规则(2)和(3)。因此设$L^n(i,j)$表示延伸的信息，已知$\overrightarrow{N^n}(i,j)$为延伸的方向，则有：

$$f_t^n(i,j)=\overrightarrow{\delta L^n}(i,j)\cdot\overrightarrow{N^n}(i,j) \tag{6-217}$$

其中，$\overrightarrow{\delta L^n}(i,j)$是$L^n(i,j)$变化的度量。这一方程表示图像信息$L^n(i,j)$沿着$\overrightarrow{N^n}(i,j)$方向的变化。当迭代稳定时，由$f^{n+1}(i,j)\approx f^n(i,j)$及式(6-216)和式(6-217)可以得到：

$$\overrightarrow{\delta L^n}(i,j)\cdot\overrightarrow{N^n}(i,j)=0 \tag{6-218}$$

这就是说信息L已经沿着方向$\overrightarrow{N^n}(i,j)$延伸了。

为了能使图像的有效信息平滑延伸，BSCB模型将$L^n(i,j)$作为图像的平滑算子，一般取拉普拉斯算子，即：

$$L^n(i,j)=f_{xx}^n(i,j)+f_{yy}^n(i,j) \tag{6-219}$$

实验证明这一简单的选择可以获得令人满意的效果。

根据以上的详细描述，可以总结具体的BSCB图像修复模型为：

$$f^{n+1}(i,j)=f^n(i,j)+\Delta t f_t^n(i,j),\ \forall(i,j)\in\Omega \tag{6-220}$$

其中

$$f_t^n(i,j)=\left(\overrightarrow{\delta L^n}(i,j)\cdot\frac{\overrightarrow{N^n}(i,j,n)}{|\overrightarrow{N^n}(i,j)|}\right)\cdot|\nabla f^n(i,j)|$$

$$\overrightarrow{\delta L^n}(i,j)=[L^n(i+1,j)-L^n(i-1,j),L^n(i,j+1)-L^n(i,j-1)]$$

$$L^n(i,j)=f_{xx}^n(i,j)+f_{yy}^n(i,j)$$

为了确保方向场的正确演化，应该将图像修复过程与扩散过程交叉进行。也就是说，在图像修复过程中，每进行若干步的修复，就应进行几次反复扩散，扩散就是为了避免曲线交叉。为了在修复过程中达到不损失清晰度的目的，BSCB模型采用了各向异性扩散，各向异性扩散既能够保持边缘的光滑性，也可保证对噪声的鲁棒性。这里采用的各向异性扩散方程为：

$$\frac{\partial f}{\partial t}(x,y,t)=g_\varepsilon(x,y)k(x,y,t)\,|\nabla f(x,y,t)|,\ \forall(x,y)\in\Omega^\varepsilon \tag{6-221}$$

其中，Ω^ε是Ω以ε为半径扩展的圆形区域，k是等照度曲线的欧几里得曲率，$g_\varepsilon(x,y)$是Ω^ε上的平滑函数，同时满足：

$$\begin{cases} g_\varepsilon(x,y)=0 & (x,y)\in\partial\Omega^\varepsilon \\ g_\varepsilon(x,y)=1 & (x,y)\in\Omega \end{cases} \tag{6-222}$$

在对破损图像进行修复之前，预先对该图像进行一次各向异性的光滑扩散，目的是为了消除噪声对整个修复过程的影响，此后再进入修复和扩散的交替循环。基于以上步骤的图像修复过程，可以达到令人满意的修复效果(见图 6-18)。

(2) 整体变分(Total Variation, TV)模型

BSCB 模型模仿实际修复过程是基于 PDE 方法的数字图像修复模型,该图像修复方法在去除文字、恢复旧照片、去除图像遮挡物等方面有广泛的应用,同时也为数字图像修复技术开辟了一个新的研究方向,BSCB 模型的提出在数字图像修复领域有着非常重要的地位。然而,BSCB 模型虽然具有较好的修复效果,但它是建立在对修复过程中的扩散和传输机制定性理解的基础之上的,因此,如果对它进行严格的数学分析比较困难。

(a) 待修复图像　　(b) 修复后图像

图 6-18　待修复图像和修复后的结果

TV 模型最早由 Rudin 等人提出作为衡量图像函数总体变分的最优尺度。它是一种基于最小化原则的数字图像修复模型。由于能量函数的解是利用变分原理来转化的,因此该模型又被称为整体变分(Total Variation,TV)模型。2002 年,Chan 等人提出了一种基于整体变分的图像修复算法,它利用求函数极值的变分方法来求解。

变分法是数学分析的一个分支,其主要的研究内容就是求泛函的极值,是微分学中处理函数极值方法的扩展。变分学在自然科学和工程技术方面都有广泛的应用,特别是在探讨"最佳方案"、"最优设计"方面的作用尤为突出。

① 泛函的定义

将具备某种性质的函数的集合记作 M,对于集合 $Q=Q(f)$ 中的任何函数 $f(x)\in M$,变量 Q 都有唯一确定的值与它对应,那么就将变量 Q 叫作依赖于函数 $f(x)$ 的泛函,也称为定义于集合 M 上的泛函。记为 $Q=Q[f(x)]$。这里一元函数 $f(x)$ 也可以换成多元函数,如 $Q=Q[f(x,y)]$。可以看出,函数是变量和变量的关系,而泛函是变量与函数的关系。泛函是一种广义的函数。对于泛函 $Q=Q[f(x)]$ 而言,如果当 $f(x)$ 的变分 δf 充分小时,Q 的改变量可以任意小,那么就称泛函 $Q[f(x)]$ 是连续的。如果泛函 $Q[f(x)]$ 与 $f(x)$ 的关系是线性的,也就是说,Q 满足下列条件:

$$Q[Cf(x)]=CQ[f(x)],C \text{ 是任意常数} \tag{6-223}$$

$$Q[f_1(x)+f_2(x)]=Q[f_1(x)]+Q[f_2(x)] \tag{6-224}$$

那么就称 $Q[f(x)]$ 为线性泛函。

② 函数 $f(x)$ 的变分

对于泛函 $Q[f(x)]$,$f(x)$ 是集合 M 中的任何元素。如果由 $f(x_0)$ 变成 $f(x_1)$,则 $f(x_1)-f(x_0)$ 叫作 $f(x)$ 在 $f(x_0)$ 上的变分,记作:

$$\delta f=f(x_1)-f(x_0) \tag{6-225}$$

一般常用 $\delta f=\bar{f}(x)-f(x)$ 表示 $f(x)$ 上的变分。

③ 泛函的变分

对于泛函 $Q[f(x)]$,给 $f(x)$ 一个增量 δf,则泛函 Q 可得增量 ΔQ:

$$\Delta Q=Q[f(x)+\delta f]-Q[f(x)] \tag{6-226}$$

如果 ΔQ 可以表示为:

$$\Delta Q=T[f(x),\delta f]+\beta[f(x),\delta f] \tag{6-227}$$

这里,$T[f(x),\delta f]$ 对 δf 而言(当 $f(x)$ 给定时)是线性范式,而且 $\dfrac{\beta[f(x),\delta f]}{max|\delta f|}\to 0$,若 $f(x)$ 固定,$max|\delta f|\to 0$,那么,$T[f(x),\delta f]$ 称为泛函的变分,记作 δQ。

④ 泛函的极值

如果泛函 $Q[f(x)]$ 在任何一条与 $f=f(x_0)$ 接近的曲线上的值不大(或不小)于 $Q[f_0(x)]$,即如果 $\delta Q=Q[f(x)]-Q[f_0(x)]\leqslant 0$(或$\geqslant 0$)时,则称泛函 $Q[f(x)]$ 在曲线 $f=f(x_0)$ 上达到极大值(或极小值),而且在 $Q[f_0(x)]$ 上有 $\delta Q=0$。

⑤ 泛函变分的欧拉方程解法

在对泛函变分求解的方法中,一般常用的是欧拉方程。

● 对于泛函: $$Q[f(x)]=\int_a^b F[x,f(x),f'(x)]\mathrm{d}x$$

取极值,且满足固定边界条件:$f(a)=f_a$,$f(b)=f_b$,欧拉方程为:

$$F_f=\frac{\mathrm{d}}{\mathrm{d}x}F_{f'}=0 \tag{6-228}$$

● 含有多个函数的泛函: $$Q[f_1(x),f_2(x)]=\int_a^b F[x_1,f_1(x),f'_1(x),f_2(x),f'_2(x)]\mathrm{d}x \tag{6-229}$$

取极值,且满足固定边界条件:$f_1(a)=f_{1a}$;$f_1(b)=f_{1b}$,$f_2(a)=f_{2a}$,$f_2(b)=f_{2b}$,则欧拉方程为:

$$\begin{cases} F_{f_1}-\dfrac{\mathrm{d}}{\mathrm{d}x}F_{f'_1}=0 \\ F_{f_2}-\dfrac{\mathrm{d}}{\mathrm{d}x}F_{f'_2}=0 \end{cases} \tag{6-230}$$

拓展为一般形式,如果有 n 个函数的泛函

$$Q[f_1(x),\cdots,f_n(x)]=\int_a^b F[x,f_1(x),\cdots,f_n(x),f'_1(x),\cdots,f'_n(x)]\mathrm{d}x \tag{6-231}$$

欧拉方程为: $$F_{f_i}-\frac{\mathrm{d}}{\mathrm{d}x}F_{f'_i}=0,\quad i=1,\cdots,n \tag{6-232}$$

● 含有高阶导数的泛函: $$Q[f(x)]=\int_a^b F[x,f(x),f'(x),f''(x)]\mathrm{d}x \tag{6-233}$$

取极值,且满足固定边界条件:$f(a)=f_a$,$f(b)=f_b$,$f'(a)=f'_a$,$f'(b)=f'_b$,则欧拉方程为:

$$F_f-\frac{\mathrm{d}}{\mathrm{d}x}F_{f'}+\frac{\mathrm{d}^2}{\mathrm{d}x^2}F_{f''}=0 \tag{6-234}$$

● 含有多元函数的泛函: $$Q[z(x,y)]=\iint_D F\left[x,y,z(x,y),\frac{\partial z}{\partial x},\frac{\partial z}{\partial y}\right]\mathrm{d}x\mathrm{d}y \tag{6-235}$$

其中,$z(x,y)\in c^2$,$(x,y)\in D$,取极值,且在区域 D 的边界线 l 上取极值函数 $z=z(x,y)$,欧拉方程为:

$$F_z-\frac{\partial}{\partial x}F_{z_x}-\frac{\partial}{\partial y}F_{z_y}=0\quad\left(z_x=\frac{\partial z}{\partial x},z_y=\frac{\partial z}{\partial y}\right) \tag{6-236}$$

结合以上变分法的知识,就可以利用 TV 模型对图像进行修复。

TV 模型采用函数极值的变分方法来求解。它是一种较好的各向异性扩散方法,能够在修复图像的同时去噪,也较好地保持了边缘。

假设 f_0 为待修复图像,f 为修复后的图像,则我们用 TV 模型来定义图像的能量函数为:

$$E[f]=\int_D|\nabla f|\mathrm{d}x\mathrm{d}y+\frac{\lambda}{2}\int_E|f-f_0|^2\mathrm{d}x\mathrm{d}y \tag{6-237}$$

其中,λ 为拉格朗日乘数,D 为图像的缺损区域,E 为缺损区域周围的完好信息,如图 6-19 所示。

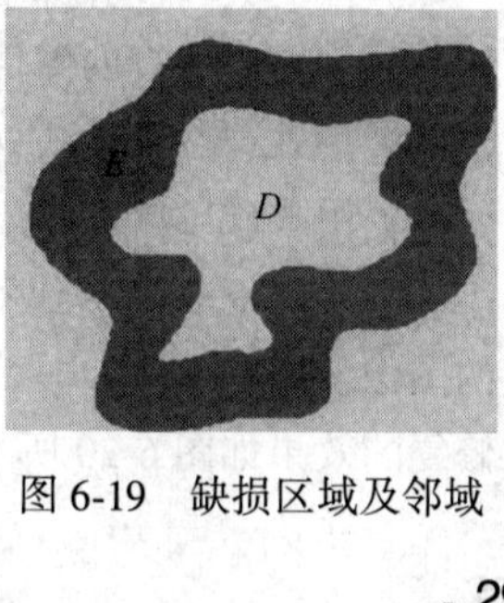

图 6-19　缺损区域及邻域

为了使式(6-237)中的 $E[f]$ 能量达到最小化,我们可以采用欧拉方程的极值条件来得到。

TV 模型的方程如下： $$-\nabla\left(\frac{\nabla f}{|\nabla f|}\right)+\lambda_e(f-f_0)=0 \tag{6-238}$$

其中 $$\lambda_e=\begin{cases}\lambda(i,j)\in E\\0(i,j)\in D\end{cases}$$ 这里(i,j)是像素的坐标

我们采用梯度下降方法来求解(6-238)这个方程

$$\frac{\partial f}{\partial t}=\nabla\left(\frac{\nabla f}{|\nabla f|}\right)+\lambda_e(f-f_0)\quad (i,j)\in E\cup D \tag{6-239}$$

在修复过程中，为了防止在图像的平坦区域内$|\nabla f|\approx 0$的情况，我们将$|\nabla f|$正则化为：

$$|\nabla f|_a=\sqrt{|\nabla f|^2+\alpha^2} \tag{6-240}$$

令 $g(|\nabla f|_a)=\frac{1}{|\nabla f|_a}$来表示扩散程度，则式(6-239)可以改成：

$$\frac{\partial f}{\partial t}=\nabla(g(|\nabla f|_a)\nabla f)+\lambda_e(f-f_0) \tag{6-241}$$

其中$\nabla(g(|\nabla f|_a)\nabla f)=\nabla(g(|\nabla f|_a)\nabla f)+\nabla(g(|\nabla f|_a)\nabla^2 f)=\frac{\partial g\partial f}{\partial x\partial x}+\frac{\partial g\partial f}{\partial y\partial y}+g\nabla^2 f$

$$\frac{\partial g\partial f}{\partial x\partial x}=\frac{1}{2h^2}[(g_{(i+1,j)}-g_{(i,j)})\times(f_{(i+1,j)}-f_{(i,j)})+(g_{(i-1,j)}-g_{(i,j)})\times(f_{(i-1,j)}-f_{(i,j)})]$$

$$\frac{\partial g\partial f}{\partial y\partial y}=\frac{1}{2h^2}[(g_{(i,j+1)}-g_{(i,j)})\times(f_{(i,j+1)}-f_{(i,j)})+(g_{(i,j-1)}-g_{(i,j)})\times(f_{(i,j-1)}-f_{(i,j)})]$$

$$\nabla^2 f_{(i,j)}=\frac{1}{h^2}[f_{(i+1,j)}+f_{(i-1,j)}+f_{(i,j+1)}+f_{(i,j-1)}-4f_{(i,j)}]$$

上式中，h 表示像素之间的距离，我们把该式用点(i,j)的四个邻域组成集合 A 来表示，此时，$A=\{(i-1,j),(i+1,j),(i,j-1),(i,j+1)\}$，整理后得：

$$\phi=\sum_{P\in A}\frac{g_P+g_{(i,j)}}{2h^2}(f_P-f_{(i,j)}) \tag{6-242}$$

$$\frac{\partial f}{\partial t}=\phi+\lambda_e(f-f_0) \tag{6-243}$$

将式(6-242)和式(6-243)离散化成可以迭代的方程：

$$\frac{f^{n+1}_{(i,j)}-f^n_{(i,j)}}{t}=\phi^n+\lambda_e(f^0_{(i,j)}-f^n_{(i,j)})$$

$$=\sum_{P\in A}\frac{g^n_P+g^n_{(i,j)}}{2h^2}(f^n_P-f^n_{(i,j)})+\lambda_e(f^0_{(i,j)}-f^n_{(i,j)}) \tag{6-244}$$

TV 模型相对于 BSCB 模型来说，计算量大大减少了，提高了运行的速度，而且在修复的同时也能去噪，但是修复时所用的信息都在缺损区域周围的环状区域 E 内，修复的整体效果有时得不到很好的保证。

该算法的具体步骤如下：

(a) 读入待修复的图像以及其掩模图像；

(b) 用式(6-241)、式(6-242)和式(6-243)计算出 ϕ^n的值；

(c) 用式(6-244)计算出$f^{n+1}_{(i,j)}$；同时更新图像的掩模；

(d) 判断 n 是否达到预定的值，或者计算$f^{n+1}-f^n$的值是否小于给定的阈值，如果是就输出修复后的图像，否则就转入步骤(b)继续迭代。按照上述步骤，反复迭代就可以得到最终的修复结果。图像修复的效果如图 6-20 所示。

(3) CDD (curvature driven diffusions)模型

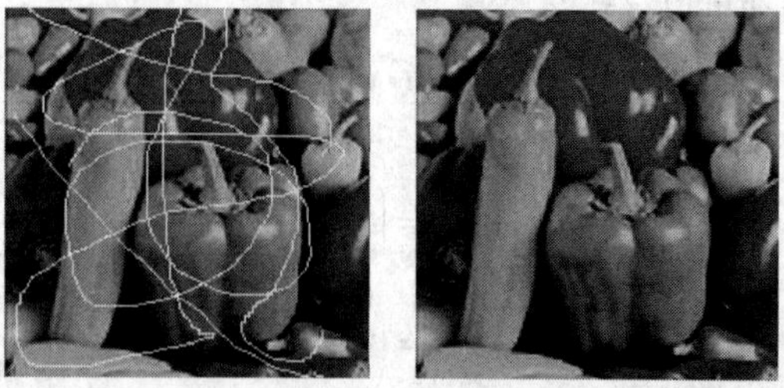

图 6-20　TV 图像修复效果

CDD 修复模型是基于曲率驱动扩散的一种偏微分方程模型,是由整体变分修复模型的基础上产生的。曲率驱动扩散模型在处理曲线区域的连接上没有 BSCB 模型的预测修复效果好,但是在对边缘周围平坦区域的处理上可得到比 BSCB 模型更好的效果,并且 CDD 模型修复开销要比 BSCB 模型少。我们可以把 CDD 模型看作一种特殊的 TV 模型。在 TV 模型中,扩散程度定义为 $g=\frac{1}{\nabla f}$,它的大小依赖于各个点的梯度。在 CDD 模型中,我们可以用曲率来调节扩散的程度,即 $g=\frac{d(k)}{|\nabla f|}$,

$$d(k)=\begin{cases}0 & k=0\\ \infty & k=\infty\\ k^p & p\geqslant 1, k\text{ 为其他值}\end{cases} \tag{6-245}$$

$$k=\nabla\left(\frac{\nabla f}{|\nabla f|}\right)$$

其中 k 表示曲率。根据上面的公式,TV 模型可改为如下形式:

$$\frac{\mathrm{d}f}{\mathrm{d}t}=\nabla\left(\frac{D(|k|)}{|\nabla f|}\nabla f\right)+\lambda_e(f-f_0) \tag{6-246}$$

其中,$D(|k|)=\begin{cases}1 & f\in E\\ d(|k|) & f\in D\end{cases}$; $\lambda_e=\begin{cases}\lambda & f\in E\\ 0 & f\in D\end{cases}$

同样,D 表示图像的缺损区域,E 表示缺损区域周边的完好区域。由式(6-246)可以看出,CDD 模型去噪采用的是 TV 模型的方法,在修复的时候用到的方程为:

$$\frac{\mathrm{d}f}{\mathrm{d}t}=\nabla\left(\frac{d(|k|)}{|\nabla f|}\nabla f\right) \tag{6-247}$$

令 $g=\frac{d(|k|)}{|\nabla f|}\nabla f$,则有

$$\frac{\mathrm{d}f}{\mathrm{d}t}=\nabla g=g_x+g_y$$

采用半点中心差分来求解,则式(6-247)可写为:

$$\frac{\mathrm{d}f}{\mathrm{d}t}=\frac{g_x\left(i+\frac{1}{2},j\right)-g_x\left(i-\frac{1}{2},j\right)}{h}+\frac{g_y\left(i,j+\frac{1}{2}\right)-g_y\left(i,j-\frac{1}{2}\right)}{h} \tag{6-248}$$

其中

$$g_x\left(i+\frac{1}{2},j\right)=\frac{\mathrm{d}(|k|)}{\left|\nabla f\left(i+\frac{1}{2},j\right)\right|}f_x\left(i+\frac{1}{2},j\right) \tag{6-249}$$

$$g_y\left(i,j+\frac{1}{2}\right)=\frac{\mathrm{d}(|k|)}{\left|\nabla f\left(i,j+\frac{1}{2}\right)\right|}f_y\left(i,j+\frac{1}{2}\right) \tag{6-250}$$

$$f_x\left(i+\frac{1}{2},j\right)=\frac{f(i+1,j)-f(i,j)}{h} \tag{6-251}$$

$$f_y\left(i+\frac{1}{2},j\right)=\frac{f(i+1,j+1)+f(i,j+1)-f(i+1,j-1)-f(i,j-1)}{4h} \tag{6-252}$$

$$\nabla f\left(i+\frac{1}{2},j\right)=\left(\frac{f(i+1,j)-f(i,j)}{h},\frac{f(i+1,j+1)+f(i,j+1)-f(i+1,j-1)-f(i,j-1)}{4h}\right) \tag{6-253}$$

同理可以得到：

$$\nabla f\left(i-\frac{1}{2},j\right)=\left(\frac{f(i,j)-f(i-1,j)}{h},\frac{f(i,j+1)+f(i-1,j+1)-f(i,j-1)-f(i-1,j-1)}{4h}\right) \tag{6-254}$$

$$\nabla f\left(i,j+\frac{1}{2}\right)=\left(\frac{f(i+1,j+1)+f(i+1,j)-f(i-1,j)-f(i-1,j+1)}{4h},\frac{f(i,j+1)+f(i,j)}{h}\right) \tag{6-255}$$

$$\nabla f\left(i,j-\frac{1}{2}\right)=\left(\frac{f(i+1,j)+f(i+1,j-1)-f(i-1,j)-f(i-1,j-1)}{4h},\frac{f(i,j)+f(i,j-1)}{h}\right) \tag{6-256}$$

$$k=\nabla\left(\frac{\nabla f}{|\nabla f|}\right)=\frac{\partial}{\partial x}\left(\frac{f_x}{|\nabla f|}\right)+\frac{\partial}{\partial y}\left(\frac{f_y}{|\nabla f|}\right) \tag{6-257}$$

$$k\left(i+\frac{1}{2},j\right)=\frac{\partial}{\partial x}\left(\frac{f_x\left(i+\frac{1}{2},j\right)}{\left|f\left(i+\frac{1}{2},j\right)\right|}\right)+\frac{\partial}{\partial y}\left(\frac{f_y\left(i+\frac{1}{2},j\right)}{\left|f\left(i+\frac{1}{2},j\right)\right|}\right) \tag{6-258}$$

$$h\frac{\partial}{\partial x}\left(\frac{f_x\left(i+\frac{1}{2},j\right)}{\left|f\left(i+\frac{1}{2},j\right)\right|}\right)=\left(\frac{f_x(i+1,j)}{|f(i+1,j)|}\right)-\left(\frac{f_x(i,j)}{|f(i,j)|}\right) \tag{6-259}$$

$$2h\frac{\partial}{\partial y}\left(\frac{f_y\left(i+\frac{1}{2},j\right)}{\left|f\left(i+\frac{1}{2},j\right)\right|}\right)=\left(\frac{f_y\left(i+\frac{1}{2},j+1\right)}{\left|f\left(i+\frac{1}{2},j+1\right)\right|}\right)-\left(\frac{f_y\left(i+\frac{1}{2},j-1\right)}{\left|f\left(i+\frac{1}{2},j-1\right)\right|}\right) \tag{6-260}$$

$$f_x(i+1,j)=\frac{f(i+2,j)-f(i,j)}{2h} \tag{6-261}$$

$$f_y(i+1,j)=\frac{f(i+1,j+1)-f(i+1,j-1)}{2h} \tag{6-262}$$

$$f_x(i,j)=\frac{f(i+1,j)-f(i-1,j)}{2h} \tag{6-263}$$

$$f_y(i,j)=\frac{f(i,j+1)-f(i,j-1)}{2h} \tag{6-264}$$

$$f_y\left(i+\frac{1}{2},j+1\right)=\frac{f(i,j+2)+f(i+1,j+2)-f(i,j)-f(i+1,j)}{4h} \tag{6-265}$$

$$f_x\left(i+\frac{1}{2},j+1\right)=\frac{f(i+2,j+1)+f(i+1,j+1)-f(i-1,j+1)-f(i,j+1)}{4h} \tag{6-266}$$

$$f_y\left(i+\frac{1}{2},j-1\right)=\frac{f(i+1,j)+f(i,j)-f(i+1,j-2)-f(i,j-2)}{4h} \tag{6-267}$$

$$f_x\left(i+\frac{1}{2},j-1\right)=\frac{f(i+2,j-1)+f(i+1,j-1)-f(i-1,j-1)-f(i,j-1)}{4h} \tag{6-268}$$

同样道理，我们也可以得到 $k\left(i-\frac{1}{2},j\right)$、$k(i,j+1/2)$、$k(i,j-1/2)$ 的值。把式(6-249)、式(6-250)离散化为迭代方程，得：

$$\frac{f_{(i,j)}^{n+1}-f_{(i,j)}^{n}}{t}=\frac{g_x^n\left(i+\frac{1}{2},j\right)-g_x^n\left(i-\frac{1}{2},j\right)}{h}+\frac{g_y^n\left(i,j+\frac{1}{2}\right)-g_y^n\left(i,j-\frac{1}{2}\right)}{h} \tag{6-269}$$

CDD 模型引入了曲率来调节扩散程度，对于比较细长的线段有较好的修复效果。CDD 算法的具体步骤如下：

(a) 读入待修复的图像以及其掩模;

(b) 用式(6-249)~式(6-253)计算出 g_x^n 和 g_y^n;

(c) 用式(6-249)~式(6-268)计算出 k 的值;

(d) 用式(6-269)计算出 f^{n+1} 的值,同时更新图像的掩模;

(e) 判断 n 是否达到预定的值,或者计算 $f^{n+1}-f^n$ 的值是否小于给定的阈值,如果是就输出修复后的图像,否则就转入步骤(b)继续迭代。按照上述步骤,反复迭代就可以得到最终的修复结果。CDD 模型修复照片划痕的结果如图 6-21 所示。

图 6-21　CDD 模型修复照片划痕的结果

4. 基于纹理的修复方法

纹理修复方法是一种宏观的分析方法,采用图像内部块与块之间相似程度来完成修复工作。

(1) 基于样本的修复方法

该方法是在图像的缺损区域内首先选择一个待修复的块,然后在它的邻域内搜索最佳匹配块,将最佳匹配块复制到待修复块中,从而完成修复工作(见图 6-22)。

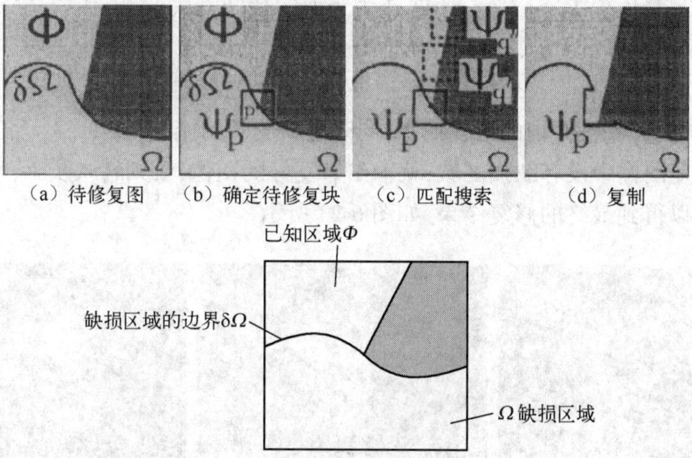

图 6-22　基于样本的修复过程

图 6-22 所示的修复过程,主要包括三个步骤:一是在缺损的图像中确定一个待修复块;二是在图像的已知区域中搜索最佳匹配块;三是将最佳匹配块的信息复制到待修复块中。为了确保合成纹理的边缘不产生明显的模糊或跳跃性,研究者们提出了许多相关的处理方法。

通常采用优先级的大小来确定当前的待修复块,各个待修复块的优先级主要取决于两个因素:一是缺损区域边界上点的等照度线的强度;二是待修复块内已知像素的数量。

假设,Ω 为图像的缺损区域,$\delta\Omega$ 为缺损区域的边界,Φ 表示图像的已知区域,Ψ_p 是一个以 p 为中心的待修复块,且 $p \in \delta\Omega$,则其优先级定义为:

$$P_{(p)} = C_{(p)} D_{(p)} \tag{6-270}$$

其中,$C_{(p)}$ 表示置信度,$D_{(p)}$ 表示数量项,则:

$$C_{(p)} = \frac{\sum\limits_{q \in \Psi_p \cap \Phi} C_{(q)}}{|\Psi_p|}, \quad C_{(p)} = \begin{cases} 0 & \forall p \in \Omega \\ 1 & \forall p \in \Phi \end{cases} \tag{6-271}$$

其中,$|\Psi_p|$ 表示 Ψ_p 的面积。由上述可知,$C_{(p)}$ 的值越大,表示 Ψ_p 内的已知像素越多,它就应该越早被填充。

$$D_{(p)}=\frac{|\nabla^{\perp}f_p n_p|}{a},\quad \nabla^{\perp}f_p=\frac{(-f_y(p)f_x(p))}{\sqrt{f_{x(p)}^2+f_{y(p)}^2}} \tag{6-272}$$

其中，$\nabla^{\perp}f_p$表示等照度线方向；a 表示归一化因子；n_p表示边界 $\delta\Omega$ 上 p 点的法向量，其计算方法如下：在 Ψ_p中，取出 p 点邻域中所有的缺损像素 $q\in\Psi_p\cap\Phi$，计算所有的 q 点到 p 点的单位向量，$\boldsymbol{v}=(x_q-x_p, y_q-y_p)$（$x$, y 表示像素的坐标），然后计算所有 v 的平均值作为 p 点的法向量 $\boldsymbol{n}_p=(n_x,n_y)$。

由上述可知，当等照度线方向与边界法向量一致时，$D(p)$取得最大值。为了使边缘上的非纹理信息能够沿着等照度线方向传播，修复的时候会优先处理这种情况。这样，我们就可以确定具有最高优先级的待修复块 Ψ_p，然后从 Ψ_p的邻域中搜素其最佳匹配块，即：

$$d(\Psi_q,\Psi_p)=\sum(\Psi_q(m)-\Psi_p(m))^2 \tag{6-273}$$

其中，m 是 Ψ_q和 Ψ_p内的对应像素。

通过计算可以找到 $d(\Psi_q,\Psi_p)$的最小值，则 Ψ_q就是 Ψ_p的最佳匹配块。最后用 Ψ_q内的像素来填充对应的 Ψ_p内的缺损像素。该算法的具体步骤如下：

(a) 读入待修复的图像及其掩模；

(b) 确定图像缺损区域的边界 $\delta\Omega$，用式(6-270)～式(6-272)计算出边界 $\delta\Omega$ 上所有点的优先级 P；

(c) 在 P 中找出最大值 $P_{max}=P_{(p)}$，把 Ψ_p作为当前的待修复块；

(d) 在 Ψ_p的邻域内，用式(6-273)计算出所有的 d 值；

(e) 在 d 中找出最小值 $d_{min}=d(\Psi_q,\Psi_p)$，把 Ψ_q作为 Ψ_p的最佳匹配块；

(f) 用 Ψ_q内的像素填充 Ψ_p内的缺损像素，同时更新图像的掩模；

(g) 如果待修复图像中没有缺损区域，就输出修复好的图像，否则转入步骤(b)继续迭代。

反复迭代就可以得到最终的修复结果，如图 6-23 所示。

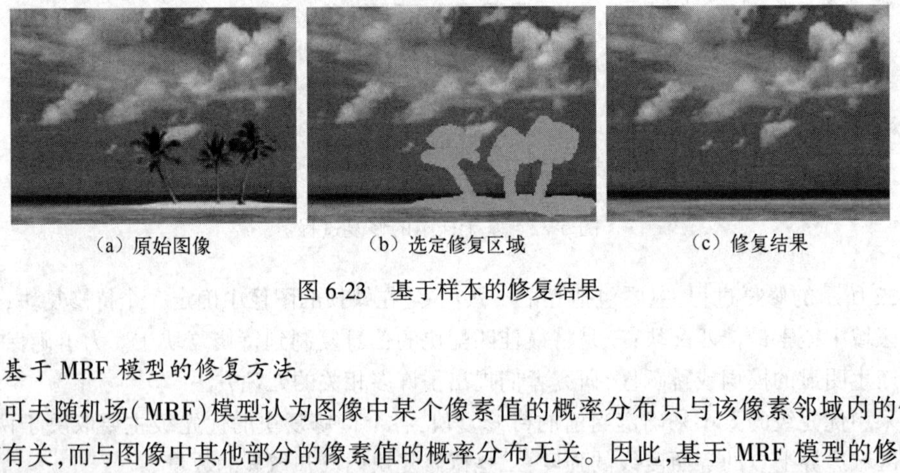

（a）原始图像　（b）选定修复区域　（c）修复结果

图 6-23　基于样本的修复结果

(2) *基于 MRF 模型的修复方法*

马尔可夫随机场（MRF）模型认为图像中某个像素值的概率分布只与该像素邻域内的像素值的概率分布有关，而与图像中其他部分的像素值的概率分布无关。因此，基于 MRF 模型的修复方法就是在缺损图像当前待修复像素的邻域内，搜索最佳匹配邻域，用得到的匹配像素值来填充待修复像素的值，从而完成修复工作。

假设，Ω 为图像的缺损区域，$\delta\Omega$ 为缺损区域的边界，Φ 表示图像的已知区域。为了区分图像中的已知像素和缺损像素，我们把待修复图像表示为：

$$f_p=\begin{cases}0 & p\in\Omega\\ 1 & p\in\Phi\end{cases} \tag{6-274}$$

其中，p 表示像素点。如果 p 为当前的待修复像素点，那么以 p 为中心开一个 $s\times s$ 的窗口，则这个窗口就是一个缺损块 Ψ_p。接下来，我们需要从缺损块周围的已知区域中建立一个样本块集合，而每个样

本块的大小也是 $s×s$。p 的邻域可以是正方形的、L 形的或其他任何形状的，这里以 3×3 模板为例来说明 p 的邻域，图 6-24(a)表示正方形有 8 个像素点的邻域；图(b)表示正方形有 4 个像素点的 L 邻域。

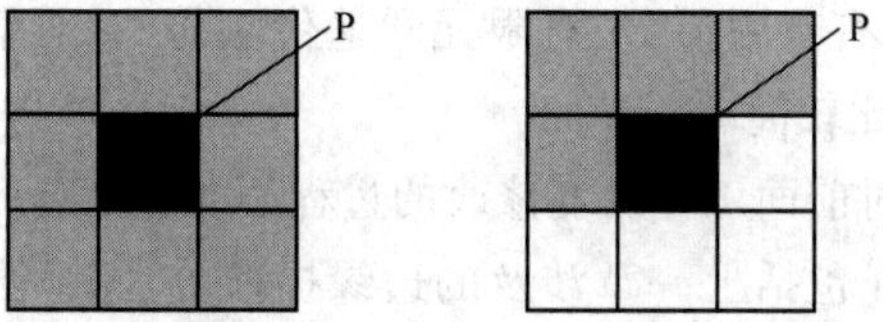

(a)　(b)

图 6-24　邻域的两种形状

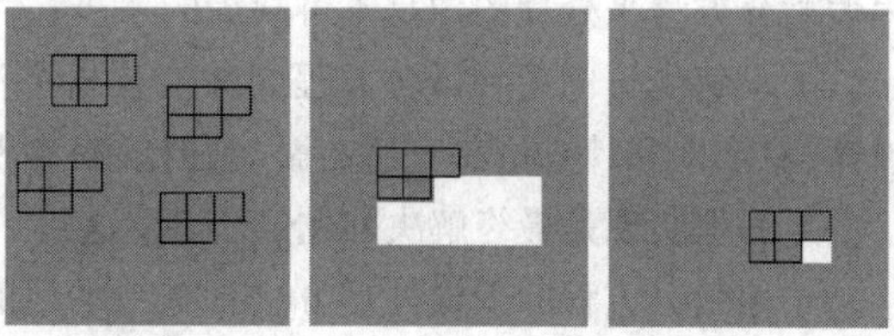

(a)　(b)　(c)

图 6-25　MRF 模型的修复顺序

假设缺损块为 N_1，在其周围的已知区域内建立 N_1 的样本块集合，计算出 N_1 的邻域与每个样本块的邻域之间的欧几里得距离 d，即在灰度图像中

$$d(N_1,N_2)=\sum f_{p1}\sqrt{(g_{p_1}-g_{p_2})^2}\quad p_1\in N_1,p_2\in N_2 \tag{6-275}$$

其中，p_1 和 p_2 是对应的像素点，g_{p_1}、g_{p_2} 表示灰度值函数；如果修复的是彩色图像，则

$$d(N_1,N_2)=\sum f_{p_2}\sqrt{(R_{p_1}-R_{p_2})^2+(G_{p_1}-G_{p_2})^2+(B_{p_1}-B_{p_2})^2} \tag{6-276}$$

$p_1\in N_1,p_2\in N_2$，p_1 和 p_2 是对应的像素点；R、G、B 分别表示 N_1 和 N_2 中的红、兰、绿三个分量值函数。

从计算结果中找出所有使 d 取得最小值的样本块，组成一个候选块集合。然后，从候选快中随机选择一个匹配块的匹配邻域，匹配邻域就决定了匹配的像素点。最后，用匹配的像素点来合成 p 的值。按照上述过程修复下一个缺损的像素点，修复的顺序是从左到右，从上到下进行的，如图 6-25 所示。

由上述过程可以看出，基于 MRF 模型的修复方法是，直接从样本块集合中搜索匹配块邻域中的匹配像素来完成修复工作，这种方法更适应纯纹理图像，它能较好地保持纹理的细节。算法的具体步骤如下：

(a) 读入待修复的图像及其掩模；

(b) 在待修复图像中，按照从左到右、从上到下的顺序，搜索待修复像素点 p，确定缺损块 Ψ_p 及其大小($s×s$)；

(c) 在 Ψ_p 周围的已知区域内建立样本块集合；

(d) 用式(6-274)~式(6-276)计算出 L 值，并找出使 L 最小的匹配块，组成候选块集合；

(e) 从候选块集合中，任意选择一个匹配块邻域的最佳像素点来填充待合成的像素点，同时更新图像的掩模；

(f) 如果待修复图像中没有缺损区域，就输出修复好的图像，否则转入步骤(b)继续迭代。按照上述步骤，反复迭代就可以得到最终的修复结果(见图 6-26)。

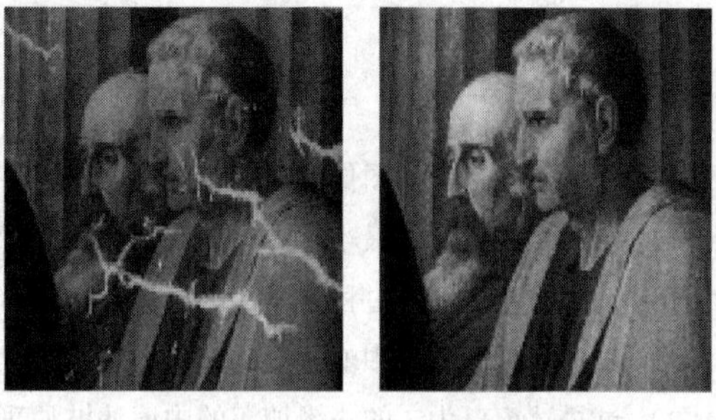

图 6-26　基于 MRF 的修复结果

由前边的介绍，我们看到，作为图像处理的一个新的有效工具，基于变分和偏微分方程的图像处理的基本步骤如下：

(a) 在图像处理中，不同的应用问题有不同的特点和专业知识，分析实际问题的背景是首要一步；

(b) 在数学上建立变分模型或偏微分方程模型是非常关键的一步,它影响着整个处理过程的成败和有效性,因此,对相关数学知识的铺垫是十分必要的;

(c) 对模型进行理论分析,主要包括模型的适定性分析(解的存在性、唯一性和稳定性),这对利用偏微分方程来处理图像是不可缺少的一步;

(d) 求解变分问题和微分方程的数值分析方法主要有有限差分、有限元和迭代法等,它对解的收敛性、稳定性和计算量有直接的影响,但编程实现相对比较简单;

(e) 编程实现是最终解决问题的步骤,这是一个要对前面工作反复修改的过程。

基于偏微分方程的图像处理方法具有一系列的优势(包括上一章涉及的边缘提取方法)。数学上丰富的偏微分方程理论和数值计算方法为图像处理的理论分析和算法实现提供了极大的帮助,同时可以借鉴数学中变分和偏微分方程理论,并将物理学和流体力学中的一些思想用在图像处理领域,从而开拓新的处理理论和技术。

思考题

1. 试述图像退化的基本模型,并画出框图。

2. 什么是线性、空间不变的系统?在数学上如何表达?

3. 试刻画出连续退化模型,何为点扩散函数?

4. $\delta(t)$函数是什么样的函数?它的重要性质是什么?给出数学描述。

5. 试写出图像的离散退化模型。

6. 写出弗雷德霍姆(fredholm)积分形式。

7. 时域离散卷积是如何定义的?

8. 如果序列不具备周期性,在技术上如何处理?

9. 如果$f(x)$和$h(x)$的长度分别为A和B,且不具备周期性,如何延拓使其成为周期性序列,且不会产生混叠效应?

10. 复原的代数方法的核心思想是什么?

11. 什么是约束复原?什么是非约束复员?在什么条件下进行选择?

12. 逆滤波复原的基本原理是什么?它的主要难点是什么?如何克服?

13. 试总结一下由水平均匀运动引起的模糊复原的具体处理步骤,如果是垂直匀速运动引起的模糊如何处理?

14. 试描述最小二乘方复原方法?

15. 试证明,对于$x\,y$平面上所有的位置向量(x,y)和(α',β')都满足下式

$$E\left\{\left[f(x,y)-\iint m(x-\alpha,y-\beta)g(\alpha,\beta)\mathrm{d}\alpha\mathrm{d}\beta\right]\times g(\alpha'\beta')\right\}=0$$

的函数将使

$$e^2=E\left\{\left[f(x,y)-\iint m(x-\alpha,y-\beta)g(\alpha,\beta)\mathrm{d}\alpha\mathrm{d}\beta\right]^2\right\}\text{ 最小。}$$

16. 如果不知道原始图像的功率谱,而只知道噪声的方差,采用何种方法复原图像为好?试述其原理。

17. 给出几种变形的最小二乘方滤波器(或称为变形的维纳滤波器)的表达式。

18. 约束去卷积复原过程中所用的滤波器传递函数与维纳滤波器的最大区别是什么?

19. 试述一维和二维中值滤波的基本原理。

20. 试描述窗口为3的一维加权的中值滤波原理及窗口为3×3的二维加权的中值滤波原理。

21. 试述均值滤波的基本原理。

22. 试对下图进行3×3的中值滤波处理,并写出处理结果。

1	1	7	1	8	1	7	1	1
1	1	1	1	5	1	1	1	1
1	1	1	5	5	5	1	1	7
7	1	1	5	5	5	1	1	1
1	1	1	5	5	5	1	8	1
1	8	1	1	5	1	1	1	1
1	8	1	1	5	1	1	8	1
1	1	1	1	5	1	1	1	1
1	1	7	1	8	1	7	1	1

23. 对上图进行 3×3 的均值滤波,并比较均值滤波与中值滤波的差异。
24. 试述空间几何畸变及校正的基本概念。
25. 什么是盲目图像复原,它有几种方法?
26. 试述递归复原的基本原理。
27. 试述卡尔曼滤波的计算步骤。
28. 图像数字修复有哪些应用?
29. 数字图像修复的理论基础来自于什么原理?
30. Tony Chan 等人提出的低层次图像修复应当遵循的三个原则是什么?
31. 基于偏微分方程的图像修复模型的优点是什么?
32. 试述 TV 模型的具体算法步骤。
33. 试述 CDD 算法的具体步骤。
34. 试述基于样本的修复方法的具体步骤。
35. 试述马尔可夫随机场(MRF)模型修复的步骤。
36. 总结一下基于变分和偏微分方程的图像处理的基本框架和步骤。

第7章 图像重建

7.1 概 述

图像处理中一个重要研究分支是物体图像的重建,它被广泛应用于检测和观察中。前边介绍的图像增强、图像编码、图像复原等处理是从图像到图像的处理方法,而图像重建是从数据到图像的处理。这种重建方法一般是根据物体的一些横截面部分的投影而实现的。在一些应用中,某个物体的内部结构图像的检测只能通过这种重建才不会有任何物理上的损伤。由于这种无损检测技术的显著优点,因此,它的适用面非常广泛,并在各个不同的应用领域中都显示出独特的重要性。例如:医疗放射学、核医学、电子显微、无线和雷达天文学、光显微和全息成像学及理论视觉等等领域都多有应用。

在三维重建中的数据获取形式有三种:①透射模式(x射线等)、②发射模式(核磁共振等)、③反射模式(光电子、雷达、超声波等),其基本原理如图7-1所示。

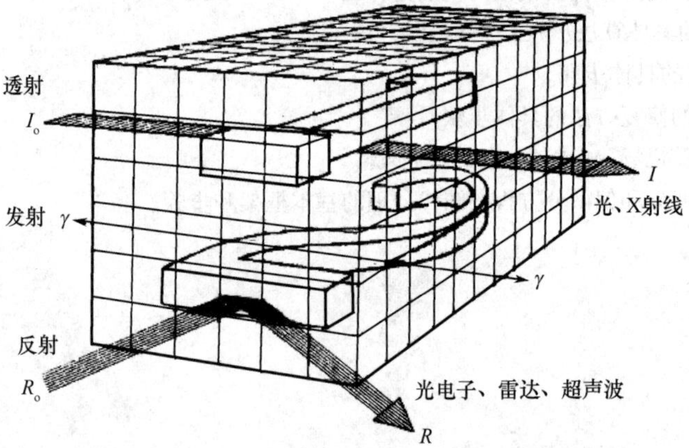

图7-1 图像重建的透射、反射、发射三种模式示意图

假设,两个嵌在内部的物体只能从外边观察,那么,采用什么检测手段才能达到这样的目的呢?当然,将物体切开是一种显而易见的解决方法。然而,在许多情况下这样做是不实际的,例如,医疗检查,天文观察,工业中的无损检测,光传导中的测量等一些应用都不能采用这种破坏性方法。在目前的技术条件下,上述应用中的每一种情况,利用一些特殊的检测方法确定内部物体的特征,无论是在理论上还是在应用上都是有可能的。图7-1中示出了三种检测数据获取模式,即透射模式、发射模式和反射模式。透射模式建立于能量通过物体后有一部分能量会被吸收的基础之上,透射模式经常用在X射线、电子射线及光线和热辐射的情况下,这些都遵循一定的吸收法则。发射也可用来确定物体的位置,并且这种方法已经广泛用于正电子检测,它是通过在相反的方向分解散射的两束伽马射线来实现的。这两束射线的度越时间可用来确定物体的位置。能量反射也可用来测定物体的表面特性,例如,光线、电子束、激光或作为能量源的超声波等都可以用来进行这种测定。这三种模式是无损检测中常用的数据获取方法。这一章我们集中研究三维重建问题,正像绪论中谈到的那样,图像重建处理经多年研究已取得巨大进展,也产生了许多有效的算法,如:代数法、迭代法、傅里叶反投影法、卷积反投影法等,其中以卷积反投影法运用最为广泛,因为它的运算量小、速度快。近年来,由于与计算机图形学相结合,把多个二维图像合成三维图像,并加以光照模型和各种渲染技术,已能

生成各种具有强烈真实感及纯净的高质量三维人造图像。这些方法融入了三维图形的主要算法，如:线框法、表面法、实体法、彩色分域法，等等。此外，三维重建技术也是当今颇为热门的虚拟现实和科学计算可视化技术的基础。

7.2 傅里叶变换重建

傅里叶变换是最简单的重建方法。一个三维(或二维)物体，它的二维(或一维)投影的傅里叶变换恰与此物体的傅里叶变换的主体部分相等，而傅里叶变换重建方法也正是以此为基础的。通过将投影进行旋转和部分傅里叶变换可以首先构造整个傅里叶变换的平面，然后只需再通过傅里叶反变换就可以得到重建后的物体。

1974 年由 Shepp 和 Logan 开发的傅里叶变换重建的原理如下:

令 $f(x,y)$ 代表图像函数，则此二维函数的傅里叶变换为

$$F(u,v) = \int_{-\infty}^{\infty}\int_{-\infty}^{\infty} f(x,y)\exp[-\mathrm{j}2\pi(ux+vy)]\,\mathrm{d}x\mathrm{d}y \tag{7-1}$$

而图像在 x 轴上的投影为

$$g_y(x) = \int_{-\infty}^{+\infty} f(x,y)\,\mathrm{d}y \tag{7-2}$$

投影的一维傅里叶变换为

$$G_y(u) = \int_{-\infty}^{+\infty} g_y(x)\exp(-2\mathrm{j}\pi ux)\,\mathrm{d}x = \int_{-\infty}^{\infty}\int_{-\infty}^{+\infty} f(x,y)\exp(-2\mathrm{j}\pi ux)\,\mathrm{d}x\mathrm{d}y \tag{7-3}$$

由此式可见，它恰与二维傅里叶变换的一个特定值的表达式一致。即

$$F(u,0) = \int_{-\infty}^{\infty}\int_{-\infty}^{\infty} f(x,y)\exp(-\mathrm{j}2\pi ux)\,\mathrm{d}x\mathrm{d}y \tag{7-4}$$

现在假设将函数投影到一条经过旋转的直线上，该直线的旋转角度为 θ。如图 7-2 所示。

首先，定义旋转坐标为

$$s = x\cos\theta + y\sin\theta, \quad t = -x\sin\theta + y\cos\theta \tag{7-5}$$

而将函数投影的直线选为 x 轴。投影点通过对距离 t 轴为 s_1 处的一平行线进行函数积分，因此，该投影可表示为

$$g(s_1,\theta) = \int_{s_1} f(x,y)\,\mathrm{d}t \tag{7-6}$$

这里，积分路径沿着直线 $s_1 = x\cos\theta + y\sin\theta$ 进行。此投影的一维傅里叶变换为

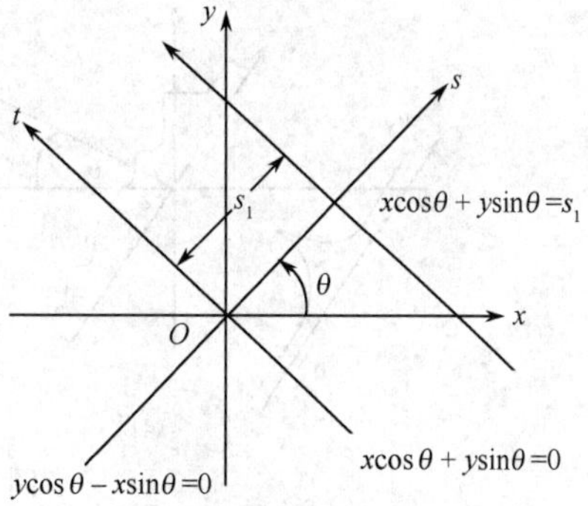

图 7-2 投影几何关系

$$G(r,\theta) = \int_{-\infty}^{+\infty} g(s_1,\theta)\exp(-\mathrm{j}2\pi rs_1)\,\mathrm{d}s_1 \tag{7-7}$$

展开后为

$$G(r,\theta) = \int_{-\infty}^{\infty}\int_{-\infty}^{\infty} f(x,y)\exp[-\mathrm{j}2\pi r(x\cos\theta + y\sin\theta)]\,\mathrm{d}x\mathrm{d}y \tag{7-8}$$

为使展开式与投影的二维傅里叶变换相等，把指数项做某种代换得到

$$u = r\cos\theta, \qquad v = r\sin\theta \tag{7-9}$$

因而，若点 (u,v) 在一条 θ 角一定而距原点距离为 r 的直线上，投影变换将与二维变换中的一直线有相同的傅里叶变换，即 $F(u,v) = G(r,\theta)$。显然，若投影变换 $G(r,\theta)$ 中的所有 r 及 θ 值都是已知的，则图像的二维变换也是可以确定的。为得到图像函数，我们须进行反变换运算，即

$$f(x,y) = \int_{-\infty}^{\infty}\int_{-\infty}^{\infty} F(u,v)\exp[\mathrm{j}2\pi(ux+vy)]\,\mathrm{d}u\mathrm{d}v \tag{7-10}$$

这就是重建技术的基础。

这些结论很容易推广到三维情形中。令 $f(x_1,x_2,x_3)$ 表示一物体,这里 f 可为实数或复数。它的三维傅里叶变换由下式给出

$$F(u_1,u_2,u_3)=\int_{-\infty}^{\infty}\int_{-\infty}^{\infty}\int_{-\infty}^{\infty}f(x_1,x_2,x_3)\exp[-2\pi j(u_1x_1+u_2x_2+u_3x_3)]dx_1dx_2dx_3 \tag{7-11}$$

而变换的核心部分是

$$F(u_1,u_2,0)=\int_{-\infty}^{\infty}\int_{-\infty}^{\infty}\left[\int_{-\infty}^{\infty}f(x_1,x_2,x_3)dx_3\right]\exp[-2\pi j(u_1x_1+u_2x_2)]dx_1dx_2 \tag{7-12}$$

通过定义,纵剖面或在 x_1,x_2 面上的投影为

$$f_3(x_1,x_2)=\int_{-\infty}^{+\infty}f(x_1,x_2,x_3)dx_3 \tag{7-13}$$

注意到 $f_3(x_1,x_2)$ 的二维傅里叶变换正好等于上述三维变换的核心部分。这也说明如果 $f(x,y)$ 的投影在 x_1,x_2 平面上旋转了 θ 角度,相应的傅里叶变换部分正好也将在变换域内的 u_1,u_2 平面内转过 θ 度。这样,投影可以采用不同的方向角 θ 插入到三维变换域中。建立一个傅里叶变换空间需要很多的投影,最后,通过傅里叶反变换重建图像 $f(x_1,x_2,x_3)$。既然在三维空间中的任意平面都可以被重建,那么,一个二维图像 $f(x_1,x_2)$ 的重建也不失一般性。所以,我们可重写二维投影方程,定出 θ 及投影平面 ρ,即

$$g(\rho,\theta)=\int_s f(x,y)ds \tag{7-14}$$

这里 ds 是光线几何路径中的微分长度。而傅里叶变换的结论由下面给出:

$$F(R,\theta)=\int_{-\infty}^{\infty}g(\rho,\theta)\exp(-j2\pi R\rho)d\rho \tag{7-15}$$

和

$$f(x,y)=\iint_{-\infty}^{\infty}F(u,v)\exp[j2\pi(ux+vy)]dudv \tag{7-16}$$

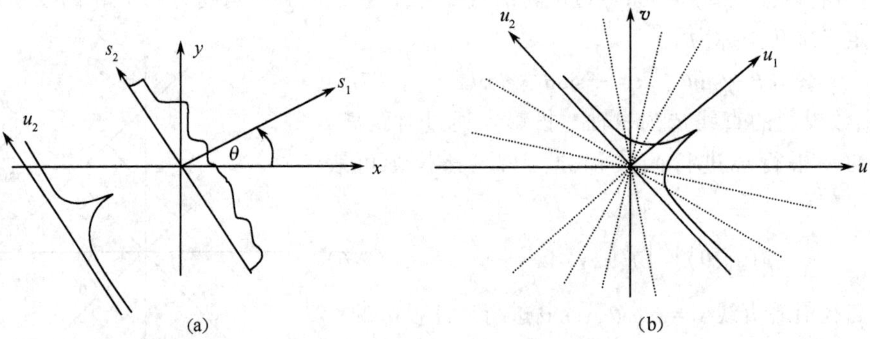

图 7-3 傅里叶变换的几何原理

如图 7-3 所示,图(a)是投影数据,图(b)是傅里叶变换的组合。若已知无数的投影,从极坐标 $F(R,\theta)$ 中计算得到的投影变换来推出在矩形平面 $F(u,v)$ 中的傅里叶变换并不困难。但是,若只有有限个投影是有效的,则可能需要在变换中插入一些数据。另外需要注意的是,虽然只需一维傅里叶变换的投影数据就可构成变换空间,但图像重建则需要二维反变换。由此,我们得出一个推论,即:三维图像不能在得到部分投影数据过程中局部地重建,而必须延迟到所有投影数据都获得之后才能重建。

7.3 卷积法重建

在讨论卷积法重建之前,先看一下在图 7-4 所示的极坐标中的傅里叶反变换表达式。图(a)是空间域,图(b)是变换域。其中笛卡儿坐标和极坐标的关系如下

$$x=r\cos\alpha,\quad u=R\cos\beta=-R\sin\theta$$

$$y=r\sin\alpha,\quad v=R\sin\beta=R\cos\theta \tag{7-17}$$

$$f(r,\alpha)=\int_0^{2\pi}\int_{-\infty}^{\infty}F(R,\theta)R\cdot\exp[\mathrm{j}2\pi Rr\sin(\alpha-\theta)]\mathrm{d}R\mathrm{d}\theta \tag{7-18}$$

由对称共轭特性可得到

$$f(r,\alpha)=\int_{-\frac{\pi}{2}}^{\frac{\pi}{2}}\int_{-\infty}^{\infty}|R|F(R,\theta)\exp[\mathrm{j}2\pi Rr\sin(\alpha-\theta)]\mathrm{d}R\mathrm{d}\theta \tag{7-19}$$

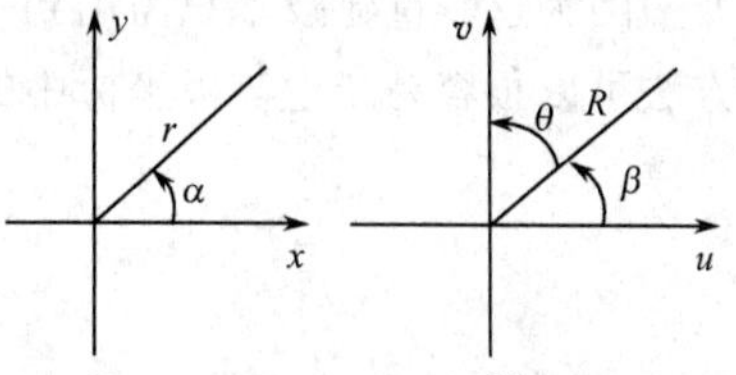

图 7-4　傅里叶变换的极坐标表示

令

$$|R|\equiv R\,\mathrm{sgn}(R)\equiv-\mathrm{j}2\pi R[\mathrm{j}\pi\,\mathrm{sgn}(R)]/2\pi^2$$

这里，sgn$R$ 是符号函数：

$$\mathrm{sgn}\ R=\begin{cases}1 & R>0\\ 0 & R=0\quad z=r\sin(\alpha-\theta)\\ -1 & R<0\end{cases} \tag{7-20}$$

则

$$f(r,\alpha)=\frac{1}{2\pi^2}\int_{-\frac{\pi}{2}}^{\frac{\pi}{2}}\int_{-\infty}^{\infty}[\mathrm{j}\pi\,\mathrm{sgn}(R)](-\mathrm{j}2\pi R)F(R,\theta)\exp(\mathrm{j}2\pi Rz)\mathrm{d}R\mathrm{d}\theta \tag{7-21}$$

也可写成

$$f(r,\alpha)=\frac{1}{2\pi^2}\int_{-\pi/2}^{\pi/2}\left[\frac{\partial g(z,\theta)}{\partial z}\right]*\left(\frac{1}{z}\right)\mathrm{d}\theta \tag{7-22}$$

此处，$*$ 号代表卷积运算。此卷积表达式还可直接写成如下形式

$$f(r,\alpha)=\frac{1}{2\pi^2}\int_{-\pi/2}^{\pi/2}\int_{-\infty}^{\infty}\left[\frac{\partial g(\rho,\theta)/\partial\rho}{r\sin(\alpha-\theta)-\rho}\right]\mathrm{d}\theta \tag{7-23}$$

这里，过 ρ 的积分可以解释为 Hilbert 在 $r=\sin(\alpha-\theta)$ 对 $g(\rho,\theta)$ 求偏导的变换式。这种解释的重要性在于：若取样值个数为有限的，则积分值为有限的，也就是收敛的。应注意到，前面所写的含有 $|R|$ 的积分表达式(7-19)不总是收敛的。

另外，这样求导也可推出一种很简便的图像重建方法。假定将投影数据 $g(\rho,\theta)$ 都存放于一等量矩形空间内，这种存放数据的方式称为 Layergram。对于一恒定 θ 值，我们可线性地滤出该投影数据，即可在频域内用 Rho 滤波器乘以 $|R|$ 得出，也可以在空间域内通过一个滤波器冲激响应应用 Rho 频率滤波器的反变换的投影数据卷积得出，表达式为

$$h_\theta(\rho)=\int_{-A/2}^{A/2}|R|\exp(\mathrm{j}2\pi R\rho)\mathrm{d}R \tag{7-24}$$

此处，积分上下限 A 是无限的，但在实际中一定为有限值。

这一处理就是所谓的 Rho filtered layergram 方法。为得到最终的重建图像，只需将 Rho filtered layergram 对 θ 在一特定 $\rho=r\cos(\alpha-\theta)$ 值做积分运算，即

$$f(r,\alpha)=\int_0^{\pi}g'[r\cos(\alpha-\theta),\theta]\mathrm{d}\theta \tag{7-25}$$

此处

$$g'(\rho,\theta)=g(\rho,\theta)*h_\theta(\rho)$$

这个处理过程如图 7-5 所示。图(a)是投影数据卷积，图(b)是对于卷积的 Rho 滤波。

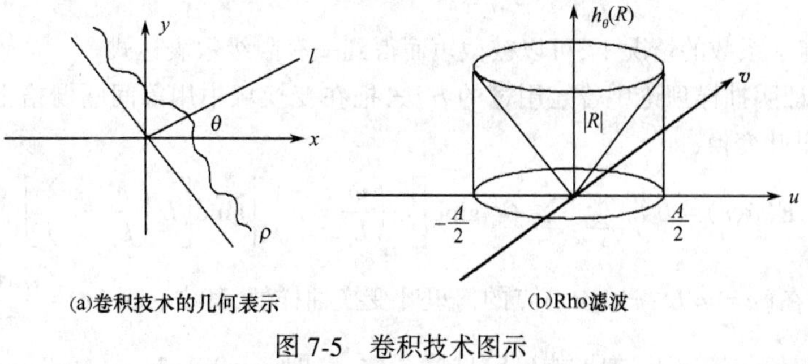

(a)卷积技术的几何表示　　(b)Rho滤波

图 7-5　卷积技术图示

因为这一重建技术只需用到一维滤波和积分，因而在重建处理中具有极大的吸引力。另外，该方法可以很容易产生与极坐标中的图像 $f(r,\alpha)$ 相对应的直角坐标值。

7.4 代数重建方法

下面我们讨论重建公式的数字计算。由于数字传感器的动态范围不断增大，重建运算都用计算机来实现。基本映射公式的数值计算需要如下几个步骤来实现。基本投影公式为

$$g(\rho,\theta)=\int_s f(x,y)\,\mathrm{d}s \tag{7-26}$$

首先，映射数据 ρ,θ 的取值必须为离散的。如

$$g(\rho_m,\theta_n)\qquad m=1,2,\cdots,M;n=1,2,\cdots,N \tag{7-27}$$

其次，可以直接使用积分式

$$f(x,y)=\iint a(r,s)H(x,y,r,s)\,\mathrm{d}r\mathrm{d}s \tag{7-28}$$

如果积分是进行数字化计算，可以用求和来表示函数估值 $\hat{f}(x,y)$，即

$$\hat{f}(x,y)=\sum_{k=0}^{K-1}\sum_{l=0}^{L-1}a_{kl}H_{kl}(x,y) \tag{7-29}$$

此处，系数 a_{kl} 及激励函数 $H_{kl}(x,y)$ 由重建选定的方法来决定。

其估值应同时满足投影方程，即

$$g(\rho,\theta)=\int_s \hat{f}(x,y)\,\mathrm{d}s=\int_s f(x,y)\,\mathrm{d}s \tag{7-30}$$

或

$$g(\rho,\theta)=\sum_{k=0}^{K-1}\sum_{l=0}^{L-1}a_{kl}\int_s H_{kl}(x,y)\,\mathrm{d}s \tag{7-31}$$

系数 a_{kl} 需选择一定的值才可以满足上述条件。当然，由于变量取值是有限的，这种条件并不总能得到满足。最后，我们希望仅通过一系列离散的点来得到估计图像。

$$\hat{f}(x_i,y_j)\qquad i=1,2,\cdots,I;\qquad j=1,2,\cdots,J \tag{7-32}$$

此外，当进行此估值时应将量化效应考虑进去。当得到一组矩阵式后，则可以在某些特定条件下得到预期的估计。为了说明这些数字化重建中遇到的问题及解决方案，我们再讨论一下傅里叶变换的方法。

对于大多数重建问题，一个合理的假设是待重建的图像是空间有限的，即 $f(x,y)$ 在定义的矩形范围外 $\left(|x|\leqslant\frac{1}{2}L_x,|y|\leqslant\frac{1}{2}L_y\right)$ 均为零。在这样的假设下，直接应用抽样理论，首先可以推出 $f(x,y)$ 的周期延拓函数 $f_p(x,y)$，它在感兴趣的矩形周期内与 $f(x,y)$ 等效，并且在平面内周期性地重复。由于 $f_p(x,y)$ 具有周期性，我们可以将它写成二维傅里叶级数形式，即

$$f_p(x,y)=\sum_{m=-\infty}^{\infty}\sum_{n=-\infty}^{\infty}G_{mn}\exp[\mathrm{j}2\pi(mx/L_x+ny/L_y)] \tag{7-33}$$

这里傅里叶级数系数为

$$G_{mn}=\frac{1}{L_xL_y}\int_{-L_x/2}^{L_x/2}\int_{-L_y/2}^{L_y/2}f(x,y)\exp[-\mathrm{j}2\pi(mx/L_x+ny/L_y)]\,\mathrm{d}x\mathrm{d}y \tag{7-34}$$

此级数在预先确定了系数的情况下，可以被截短而得到一有限级数表达式。

现在，利用在证明抽样理论中曾经用过的方法，把在变换域中用等间隔栅格上函数插值的方法表示 $f(x,y)$ 的傅里叶变换，即

$$F(u,v)=L_xL_y\sum_{m=-\infty}^{\infty}\sum_{n=-\infty}^{\infty}G_{mn}\operatorname{sinc}\left[L_x\left(\frac{m}{L_x}-u\right)\right]\operatorname{sinc}\left[L_y\left(\frac{n}{L_y}-v\right)\right] \tag{7-35}$$

这里系数 G_{mn} 等于在 $(u=m/L_x,v=n/L_y)$ 点的傅里叶变换抽样值，其中，$\operatorname{sinc}(x)=\dfrac{\sin\pi x}{\pi x}$。

在 m、n 取有限值的情况下，如果能确定这些系数，也即 $m=0,1,2,\cdots,M-1;n=0,1,2,\cdots,N-1$，

则可以用有限傅里叶级数表达式来计算 $f(x,y)$ 在感兴趣范围内任意点的值。这样，当给出傅里叶变换在极坐标中计算出的投影点后，我们需要确定系数 G_{mn}。

$F(u,v)$ 表示成极坐标形式，有 $u_i=R_i\cos\theta_i,\quad i=1,2,\cdots,I;\quad v_j=R_j\sin\theta_j,\quad j=1,2,\cdots,J$ (7-36)

现在可以写出用等值向量形式表示的有限插入公式，即

$$\boldsymbol{F}=\boldsymbol{W}\boldsymbol{G} \tag{7-37}$$

此处 $\boldsymbol{F}$ 是一个有 IJ 个元素的列向量，$\boldsymbol{G}$ 是有 MN 个元素的列向量。则 $\boldsymbol{W}$ 是 $IJ\times MN$ 阶的加权矩阵。到现在为止，该问题已简化为与线性恢复相同形式的问题了。这样，可以写出最小均方解。即

$$\boldsymbol{G}=(\boldsymbol{W}^{\mathrm{T}}\boldsymbol{W})^{-1}\boldsymbol{W}^{\mathrm{T}}\boldsymbol{F} \tag{7-38}$$

此方程可能并不易于计算。转置矩阵的阶数有待确定，这一阶数等于频域的点数。例如，要确定变换域内一个 80×80 栅格上的点，若直接解决该问题，需要转置一个 6400×6400 的矩阵。由此，我们得出结论：傅里叶变换法的数字计算可以说是一种级数展开法。

另外一种数字法是基于 $f(x,y)$ 是带限函数这一假设的基础上的方法，也就是

$$F(u,v)=0,\quad \text{如果}\ |u|\geqslant 1/2l_x,\ |v|\geqslant 1/2l_y \tag{7-39}$$

在这种情况下，$f(x,y)$ 可以用基函数内插的方法来表示。

$$f(x,y)=\sum_{m=-\infty}^{\infty}\sum_{n=-\infty}^{\infty}f(ml_x,nl_y)\,\mathrm{sinc}\left(\frac{x-ml_x}{l_x}\right)\mathrm{sinc}\left(\frac{y-nl_y}{l_y}\right) \tag{7-40}$$

式(7-40)的截短形式可以提供一种估算 $\hat{f}(x,y)$ 的方法。即

$$\hat{f}(x,y)=\sum_{m=0}^{M-1}\sum_{n=0}^{N-1}f(ml_x,nl_y)\,\mathrm{sinc}\left(\frac{x-ml_x}{l_x}\right)\mathrm{sinc}\left(\frac{x-ml_y}{l_y}\right) \tag{7-41}$$

沿直线上的积分为 $\hat{g}(\rho,\theta)=\sum_{m=0}^{M-1}\sum_{n=0}^{N-1}f(ml_x,nl_y)\int_s\mathrm{sinc}\left(\frac{x-ml_x}{l_x}\right)\mathrm{sinc}\left(\frac{y-nl_y}{l_y}\right)\mathrm{d}s$ (7-42)

为了估算沿直线的积分，设直线方程 $y=ax+b$ (7-43)

通过定义

$$x'=x-ml_x,\quad y'=y-nl_y \tag{7-44}$$

可以方便地在任何一个取样点重新定位原点。

对于一个给定的 ρ 和 θ，直线方程为 $y'=a'x+b'$ (7-45)

这里

$$a'=\tan\theta,\qquad b'=\rho\sec\theta+ml_x\tan\theta-nl_y$$

$$W_{mn}(\rho,\theta)=\int_{-\infty}^{+\infty}\mathrm{sinc}\left(\frac{x-ml_x}{l_x}\right)\mathrm{sinc}\left(\frac{x-nl_y}{l_y}\right)(1+a^2)^{1/2}\mathrm{d}x \tag{7-46}$$

式中 $\mathrm{sinc}(x)=\dfrac{\sin\pi x}{\pi x}$。

对这个表达式进一步求值，得到加权函数如下

$$W_{mn}(\rho,\theta)=\begin{cases}(1+a^2)^{1/2}l_x\,\mathrm{sinc}[(\rho c+ml_xa-nl_y)/l_y], & 0\leqslant|a|\leqslant l_y/l_x\\(1+a^2)^{1/2}(l_y/|a|)\,\mathrm{sinc}[(\rho c+ml_x-nl_y)/l_xa], & l_y/l_x<|a|<\infty\\l_y\,\mathrm{sinc}[(\rho+ml_x)/l_x], & |a|=\infty\end{cases} \tag{7-47}$$

这里，$a=\tan\theta$，$c=\sec\theta$。所以，我们得到了一系列代数表达式

$$g(\rho,\theta)=\sum_{m=0}^{M-1}\sum_{n=0}^{N-1}W_{mn}(\rho,\theta)f(ml_x,nl_y) \tag{7-48}$$

式中，已知投影值及加权函数是一组离散值，并且从中可以确定离散点的图像值。实际上，加权函数必须通过一有限宽的射线来计算，因而，这会使过程稍复杂一些。

下面说明级数方法中的最后部分，假定图像由一个矩阵表示，如图 7-6 所示，并且每一元素内的函数具有一致的取值，比如说 $\hat{f}(ml_x,nl_y)$，则任意点 (x,y) 的函数可表示为

$$\hat{f}(x,y)=\sum_{m=0}^{M-1}\sum_{n=0}^{N-1}\hat{f}(ml_x,nl_y)\,\mathrm{rect}\left(\frac{x-ml_x}{l_x}\right)\mathrm{rect}\left(\frac{y-nl_y}{l_y}\right) \tag{7-49}$$

$\mathrm{rect}(x)=\begin{cases}1 & |x|\leqslant 1/2\\ 0 & |x|>1/2\end{cases}$，是矩形函数。

在模拟方式中，此函数可以沿一射线路径来积分，这个积分宽度可能是在有限的情况下来确定一系列加权函数 $W'_{mn}(\rho,\theta)$，以推导线性系统公式，即

$$g(\rho,\theta)=\sum_{m=0}^{M-1}\sum_{n=0}^{N-1}\hat{f}(ml_x,nl_y)W'_{mn}(\rho,\theta) \tag{7-50}$$

重建方程的数字解决方法可以使我们得到一线性方程，从而解决确定该图像的问题，对于这样一个已成熟的问题，这里不再详述，仅简单提几点。

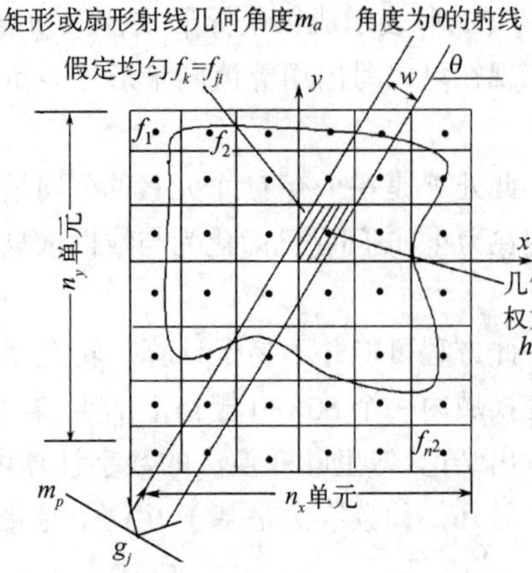

图 7-6　代数重建几何原理

首先，由于任意角度投影值的总和等于图像函数的积分，即

$$\int g(\rho,\theta)\,\mathrm{d}\rho=\iint f(x,y)\,\mathrm{d}x\mathrm{d}y \tag{7-51}$$

由此，可以很容易地在系统中引入相关方程式。这样，就产生了一个单一系统方程。

其次，这也使引用如下一些客观标准成为可能。如最小均方误差，以及这组可行性方案中的一些先验约束因素。

最后，我们可以使用直接、迭代或直接-迭代混合算法来使问题近似成为一系列线性方程表示。这样一来，近似算法就变得很容易了。

7.5　重建的优化问题

图像重建中的问题也可以通过选择一个合理的准则函数来解决。此函数用来衡量真实图像与重建图像之间的差异，并且开发一种使此准则函数最小的解决方案。Kaskyap 和 Mittal 于 1975 年巧妙地将重建问题转变成最小化（函数）问题，目前已有多种基于该准则的代数解决方案，下面介绍其原理。

首先引入向量符号来表示重建投影。令 $\boldsymbol{f}$ 代表图像向量，此向量通过将图像行向量 $\boldsymbol{f}_i$ 堆成一列向量而形成，即

$$\boldsymbol{f}=(\boldsymbol{f}_1,\boldsymbol{f}_2,\cdots,\boldsymbol{f}_n)^{\mathrm{T}} \tag{7-52}$$

如图 7-6 所示，向量的大小为 n^2。

其次，考虑到投影射线是以相对于水平角度 θ_k 入射的，如图 7-7 所示。还应注意到 P 个这样的投影，其角度分别为 $\theta_1,\theta_2,\cdots,\theta_p$，令 $\boldsymbol{g}_k$ 是角度为 θ_k 时投影的向量值，显然，可以认为它由 n 个分量组成

$$\boldsymbol{g}_k=(g_{k,1},g_{k,2},g_{k,3},\cdots,g_{k,n})^{\mathrm{T}} \tag{7-53}$$

将各角度的投影向量纵向排列，可得到 pn 个分量组成的向量 $\boldsymbol{g}$，即

$$\boldsymbol{g}=(\boldsymbol{g}_1,\boldsymbol{g}_2,\cdots,\boldsymbol{g}_p)^{\mathrm{T}} \tag{7-54}$$

如果投影值假定为下述图像值的线性组合，则

$$g_{k,l}=\sum_{j\in D_{(k+1)n+l}}\boldsymbol{f}_j\quad(k=1,2,\cdots,p;l=1,2,\cdots,n) \tag{7-55}$$

式中，集合 D_j 由投影 $\boldsymbol{g}_j$ 组合的所有元素组成。如图 7-6 所示。注意到某个几何加权也能够计算出来。它是与射线宽度 w 和图 7-6 中所示的元素 f_{ij} 的图形单元的交集部分有关。为了简便起见，可不

这样做。比较合适的方法是，如果一条入射角为 θ_k 的射线落在 f_{ij} 单元内任一点，则总有一个元素可以用来组成投影值 g_{ij}。在这种假设下，有如下所述的过程来得到元素的集合 D_j。

首先，在图像元素 f_{ij} 取一单元 (i,j)，此单元也可以称为单元 k，此处

$$k=(n-1)i+j \tag{7-56}$$

且令元素的中心为 $(i-\frac{1}{2},j-\frac{1}{2})$。

现在令 PQ 为图像主对角线 AB 的投影线，此时 OR 轴与水平轴夹角为 θ_k。如图 7-7 所示，则 PQ 长度为

$$\overline{PQ}=n\sqrt{2}\cos(45°-\theta_k) \tag{7-57}$$

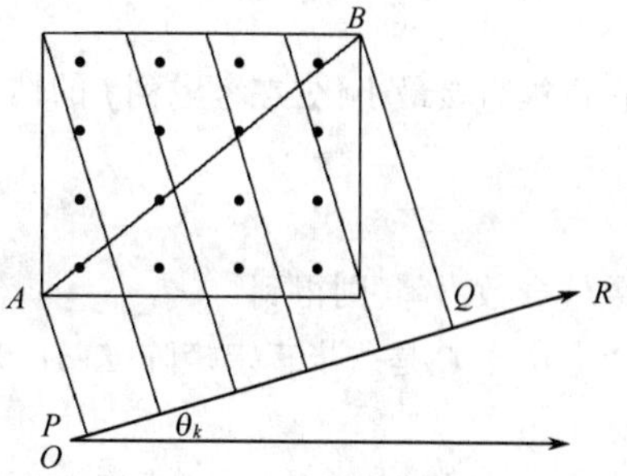

图 7-7　角度为 θ_k 的投影元素的赋值

将此长度平均分为 n 等份，$P_{k,1},P_{k,2},\cdots,P_{k,n}$，如图 7-7所示。将一元素分配给集合 D 的原则是：若单元 (i,j) 的中心投影落在相应的增量范围内，则认为此单元是投影的一部分。单元 (i,j) 在 OR 上的中心投影为

$$P_{ij}=\left[\left(i-\frac{1}{2}\right)^2+\left(j-\frac{1}{2}\right)^2\right]\cos(q_{ij}-\theta_k) \tag{7-58}$$

这里

$$q_{ij}=\arctan\left[\left(j-\frac{1}{2}\right)\Big/\left(i-\frac{1}{2}\right)\right] \tag{7-59}$$

如果单元 (i,j) 的投影 P_{ij} 满足条件

$$(l-1)\sqrt{2}\cos(45°-\theta_k)\leqslant P_{ij}\leqslant l\sqrt{2}\cos(45°-\theta_k) \tag{7-60}$$

则对一给定的 l 值，可以认为此点在集合 $D_{(K-1)N+l}$ 内。实质上，对于每个投影过程来说，每一图像元素的中心都被投影了，而上述条件则用以确定图像元素是否被投影了。

以下讨论数学过程中存在的问题。投影方程的集合可以写成

$$\boldsymbol{g}=\boldsymbol{Bf} \tag{7-61}$$

这里 $\boldsymbol{B}$ 是一个大小为 pn、有 n^2 个元素的二元矩阵，即

$$B_{ij}=\begin{cases}1 & j\in D_j\\0 & 其他\end{cases} \tag{7-62}$$

而且此方程的解是：当且仅当 $p=n$ 时，有唯一解；当 $p<n$ 时，无解；当 $p>n$ 时，有多个解。现在图像重建问题已经简化为解线性方程组的问题了。下一个要考虑的问题是准则函数的选择。

第一个准则 $J_1(\boldsymbol{f})$ 与局部是否平坦或在一个局部有一个元素与其邻点间的强度是否有差别有关。这时 $J_1(\boldsymbol{f})$ 叫作非均匀函数，其表达式如下

$$J_1(\boldsymbol{f})=\frac{1}{2}\boldsymbol{f}^{\mathrm{T}}\boldsymbol{Cf} \tag{7-63}$$

式中，$\boldsymbol{C}$ 是 8 邻域平滑矩阵。矩阵 $\boldsymbol{C}$ 是结构半正定的。注意到 $J_1(\boldsymbol{f})\geqslant 0$，对于均匀图像 $J_1(\boldsymbol{f})=0$。因此，需要使用约束条件来解决最小化问题。这可能会使不确定系统得不到唯一解。所以，考虑准则函数 $J_2(\boldsymbol{f})$ 为

$$J_2(\boldsymbol{f})=\frac{1}{2}\boldsymbol{f}^{\mathrm{T}}\boldsymbol{f}+\alpha J_1(\boldsymbol{f}) \tag{7-64}$$

$J_2(\boldsymbol{f})$ 的第一项与图像的能量有关，也与样本方差 σ^2 有关。由于

$$\sigma^2=E((\boldsymbol{f}-\boldsymbol{\mu})'(\boldsymbol{f}-\boldsymbol{\mu}))=E(\boldsymbol{f}'\boldsymbol{f})-\boldsymbol{\mu}'\boldsymbol{\mu} \tag{7-65}$$

此处 $\boldsymbol{\mu}=E(\boldsymbol{f})$，常量 α 可用实验方法来确定，可以获得最好的重建图像的那一个值便是常量 α。

现在，图像重建的问题就可归结为最小化 $J_2(\boldsymbol{f})=\frac{1}{2}\boldsymbol{f}^{\mathrm{T}}\boldsymbol{f}+\alpha\,\frac{1}{2}\boldsymbol{f}^{\mathrm{T}}\boldsymbol{Cf}$ 的问题了，这是由前述约束条

件 $\boldsymbol{g}=\boldsymbol{Bf}$ 推导出来的。而有约束的最小化问题可以通过引入一个 np 的拉格朗日(Lagrange)乘数向量"$\boldsymbol{\lambda}$"加以解决。我们引入一新的准则函数

$$J_3(\boldsymbol{f},\boldsymbol{\lambda})=J_2(\boldsymbol{f})+\boldsymbol{\lambda}^{\mathrm{T}}(\boldsymbol{Bf}-\boldsymbol{g}) \tag{7-66}$$

它可被直接最小化,在考虑到 $\boldsymbol{f}$ 的情况下,为了最小化 $J_3(\boldsymbol{f})$,我们来计算偏导数

$$\frac{\partial J_3}{\partial \boldsymbol{f}}=\boldsymbol{f}+\alpha\boldsymbol{Cf}+\boldsymbol{B}^{\mathrm{T}}\lambda \tag{7-67}$$

令偏导数为零,则得到

$$(\boldsymbol{I}+\alpha\boldsymbol{C})\boldsymbol{f}=-\boldsymbol{B}^{\mathrm{T}}\boldsymbol{\lambda} \tag{7-68}$$

由于 $\boldsymbol{C}$ 是一半正定矩阵,$\boldsymbol{I}+\alpha\boldsymbol{C}$ 是一非奇矩阵,因此,我们可以解出 $\boldsymbol{f}$ 为

$$\boldsymbol{f}=-(\boldsymbol{I}+\alpha\boldsymbol{C})^{-1}\boldsymbol{B}^{\mathrm{T}}\lambda \tag{7-69}$$

式中,$\boldsymbol{\lambda}$ 的值可以通过上式乘以 $\boldsymbol{B}$ 加以确定,即

$$\boldsymbol{Bf}=-\boldsymbol{B}(\boldsymbol{I}+\alpha\boldsymbol{C})^{-1}\boldsymbol{B}^{\mathrm{T}}\lambda \tag{7-70}$$

这个结果与约束条件

$$\boldsymbol{g}=\boldsymbol{Bf}=-\boldsymbol{B}(\boldsymbol{I}+\alpha\boldsymbol{C})^{-1}\boldsymbol{B}^{\mathrm{T}}\lambda \tag{7-71}$$

相同。如果 $p<n$ 时,$\boldsymbol{B}$ 可能是非奇异的,就可能得到一个假答案。如

$$\boldsymbol{\lambda}=-[\boldsymbol{B}(\boldsymbol{I}+\alpha\boldsymbol{C})^{-1}\boldsymbol{B}^{\mathrm{T}}]^{\#}\boldsymbol{g} \tag{7-72}$$

式中,#表示伪逆,(注:伪逆矩阵是逆矩阵的广义形式。由于奇异矩阵或非方阵不存在逆矩阵,但在 MATLAB 里可以用函数 pinv(A)求其伪逆矩阵。基本语法为 X=pinv(A),X=pinv(A,tolo),其中 tolo 为误差,pinv 为 pseudo-inverse 的缩写。函数返回一个与 A 的转置矩阵 A′同型的矩阵 X,并且满足:AXA=A,XAX=X。此时,称矩阵 X 为矩阵 A 的伪逆,也称为广义逆矩阵。)对于重建图像 $\boldsymbol{f}$ 可以写成

$$\boldsymbol{f}=\boldsymbol{Fg} \tag{7-73}$$

这里

$$\boldsymbol{F}=(\boldsymbol{I}+\alpha\boldsymbol{C})^{-1}\boldsymbol{B}^{\mathrm{T}}[\boldsymbol{B}(\boldsymbol{I}+\alpha\boldsymbol{C})^{-1}\boldsymbol{B}^{\mathrm{T}}]^{\#} \tag{7-74}$$

注意到矩阵 $\boldsymbol{F}$ 仅与下列因素有关:参数 α,图像几何结构以及约束条件。所以 $\boldsymbol{F}$ 可以预先计算出来。

因为矩阵尺寸很大,并且需要采用逆矩阵的方法计算,就计算方法来说,最优化重建方法并非是最简便的一种。Kashyap and Mittal 在 1975 年曾提出了几种实用性很强的迭代方案。当然,最优化方案的可取之处在于其公式化的解。

7.6　图像重建中的滤波器设计

为说明滤波器设计中的问题,我们先复习最简单的解决方案即卷积算法的步骤,即

(1) 收集投影数据 $g(\rho,\theta)$,并将数据存放于一矩形空间,即所谓的 layergram。

(2) 对于一固定 θ 值,从 ρ 方向线性地过滤 layergram,即用 $|R|$ 的逆变换对数据卷积

$$h_\theta(\rho)=\int_{-A/2}^{A/2}|R|\exp(\mathrm{j}2\pi R\rho)\,\mathrm{d}R \tag{7-75}$$

(3) 对于一特定 ρ 值,通过 Rho 滤波,对 layergram 以 θ 为积分变量进行积分,计算出反投影。即

$$\rho=r\cos(\alpha-\theta)$$

$$f(x,y)=f(\alpha,r)=\int_0^{\pi}g'[r\cos(\alpha-\theta),\theta]\,\mathrm{d}\theta \tag{7-76}$$

这里,$g'(\rho,\theta)=g(\rho,\theta)*h_\theta(\rho)$。

所以,图像重建主要包括三个步骤。第一步,数据采集。大体说就是用一矩形或扇形等几何形状的抽样线束,将投影数据收集并存放于 layergram 中;第二步,滤波。滤波对重建图像的质量至关重要;第三步,反向投影。这是一个积分过程,此过程需要对每一个图像元素进行计算,因此,计算量很大。

图像重建的精确性在很大程度上依赖于滤波器 $h_\theta(\rho)$，目前已有一些性能良好的滤波器，它们都很接近 $|R|$ 的响应，但不是实际的而是理论上的理想响应。$|R|$ 滤波器的空间响应不是实际中的理想滤波器的响应，其原因在于它对无限的 A 不收敛，而事实上 A 一定为有限的，且对一有限 A 会产生吉布斯(Gibbs)现象，此外，噪声的影响没有考虑进去。

几种滤波器的设计如下：

由 Ramachandran 和 Lakshiminarayanan (1971)定义的滤波器空间脉冲响应表达式如下

$$h_1(0)=\pi/2a^2$$

$$h_1(ka)=\begin{cases}-2/\pi k^2a^2 & k\text{ 为奇数}\\ 0 & k\text{ 为偶数}\end{cases} \tag{7-77}$$

这个滤波器当 $ka\leqslant\rho\leqslant(k+1)a$ 和 $\rho_k=ka$ 时用线性内插方法

$$h(\rho)=h(ka)+\left[\frac{(\rho-\rho_k)}{a}\right]\{h[(k+1)a]-h[ka]\} \tag{7-78}$$

这个滤波器的频率响应为 $$H(\omega)=|\omega|\operatorname{sinc}^2\left(\frac{1}{2}\omega a\right)\qquad |\omega|\leqslant\pi/a \tag{7-79}$$

这里 $\operatorname{sinc}^2\left(\frac{1}{2}\omega a\right)$ 项来自于取样间的线性内插的结果。

Shapp 和 Logan(1974)用相同的线性内插改进了上面滤波器函数，即

$$h(ka)=-\frac{4}{\pi a^2(4k^2-1)}\qquad k=0,\pm1,\pm2,\cdots \tag{7-80}$$

其相应的频率响应为 $$H(\omega)=\left|\frac{2}{a}\sin\frac{\omega a}{2}\right|\operatorname{sinc}^2\left(\frac{\omega a}{2}\right) \tag{7-81}$$

为解决噪声的问题，Shapp 和 Logan 提出了一种噪声平滑滤波器，即

$$\bar{h}(\rho_k)=0.4h(\rho_k)+0.3h(\rho_k+a)+0.3h(\rho_k-a) \tag{7-82}$$

滤波器的频率响应为 $$\bar{H}(\omega)=0.4H(\omega)+0.6H(\omega)\cos\omega a \tag{7-83}$$

Reed-Kwoh 等人(1977)介绍过的通用的滤波器组包括以前的滤波器，并可根据期望的滤波器特性调整设计参数。通常的 Reed-Kwoh 滤波器频率响应没有形式上的线性内插，即：

$$H(\omega)=\begin{cases}a^{-1}|\omega|\exp(-\xi|\omega|^p) & |\omega|\leqslant\pi/a\\ a^{-1}|2\pi/a-\omega|\exp(-\xi|2\pi/a-\omega|^p) & \pi/a<|\omega|\leqslant2\pi/a\end{cases} \tag{7-84}$$

式中，ξ 被称为抑制因子，它可以决定截止频率；p 是一个滚降参数，它决定滤波器的尖锐性。由于滤波器的数字特性，$H(\omega)$ 被认为具有周期为 $2\pi/a$ 的周期性。线性内插通过因子 $\operatorname{sinc}^2\left(\frac{1}{2}\omega a\right)$ 来修改滤波器。

对于 $p=1$ 的情况，Reed-Kwoh 滤波器的冲激响应如下

$$h(0)=(\pi\xi^2)^{-1}[1-\exp(-\beta\xi)(\beta\xi+1)] \tag{7-85}$$

并且 $$h(ka)=[\pi C_1^2(k)]^{-1}\{(-1)^{k+1}[\beta\xi C_1(k)+C_2(k)\exp(-\beta\xi)+C_2(k)]\} \tag{7-86}$$

对于 $k=\pm1,\pm2,\cdots$ 有 $\beta=\pi/a$，$C_1(k)=\xi^2+a^2k^2$，$C_2(k)=\xi^2-a^2k^2$

当 $p>1$，可用数字方式来得到冲激响应。

图 7-8 给出了几种滤波器频响特性的比较。

图 7-9 给出了滤波器对于模拟图像重建的作用，图(a)为透视图，图(b)是沿中心线的剖视图。两种滤波器的重建效果如图 7-10 所示。加入随机噪声后的进一步结果如图 7-11 所示。图 7-8 中，1. Ramachandran 和 Lakshminarayanan 滤波器(用 $\xi=0$ 产生的滤波器)；2. 用 $p=2,\xi=1.0\times10^{-6}$ 产生的滤波器；3. Ship 和 Logan 滤波器；4. 用 $p=2,\xi=3.5\times10^{-6}$ 产生的滤波器；5. 用 $p=2,\xi=3.0\times10^{-5}$ 产生

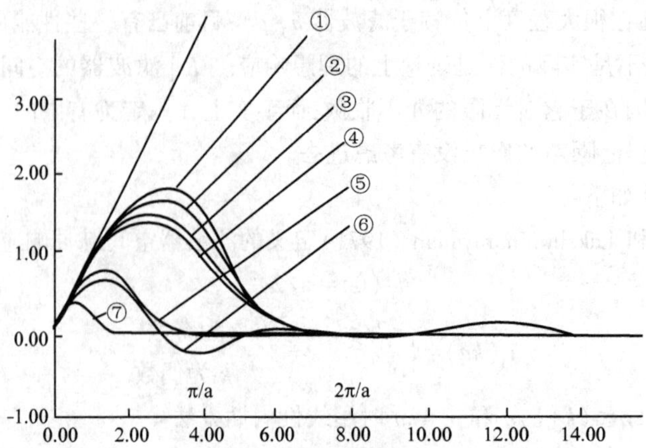

图 7-8　几种滤波器的响应

的滤波器;6. 平滑后的 Ship 和 Logan 滤波器;7. 用 $p=2,\xi=9.6\times10^{-6}$产生的滤波器(结果来自 Kwoh,见 Hall 的数字图像处理一书)

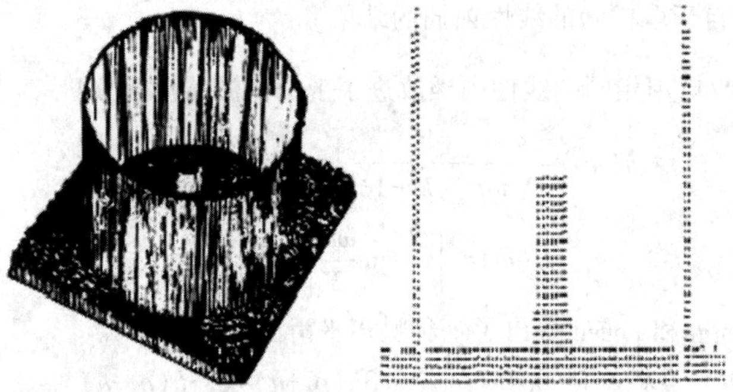

(a)　　　(b)

图 7-9　滤波器对仿真的作用

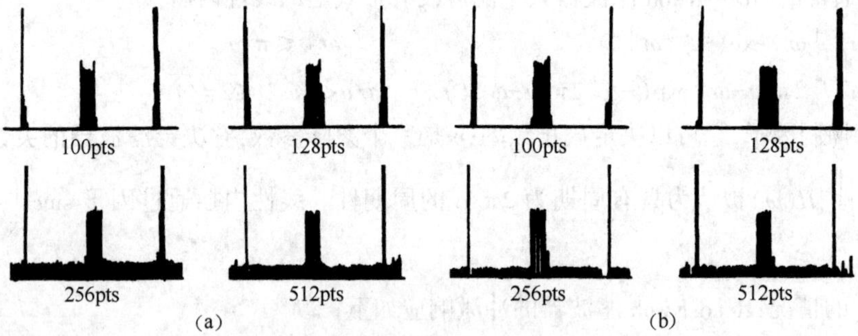

(a)　　　(b)

图 7-10　滤波效果

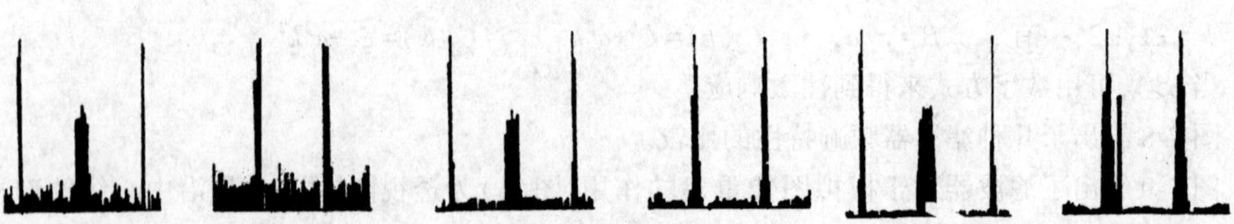

(a)　　　(b)　　　(c)

图 7-11　带有噪声的重建效果

7.7 重建图像的显示

图像重建的目的是对目标进行测量和观察,因此,重建图像中大量信息的直观显示是图像重建的任务之一。在有些应用中,如 X 光 CT 图像的应用尤为重要。因为,我们得到的由一系列切片重建的三维矩阵中包含着大量瞬时信息,这些信息有的已超出了人的视觉范围,因此,人只能观察某些物体的表面特性。早期,常用的三维实体显示装置是用时间序列来描述第三维的信息,即用二维显示方法显示三维附加信息。采用这种方法的主要问题是单个切片的总信息不能在一幅图像中显示,而是需要一个图像的序列。这种显示方法的直观性还是有缺陷的。

7.7.1 重建图像显示应考虑的问题

在重建图像的显示中,首先要考虑图像的数据密度。如果一幅图像是 $N\times N$ 的矩阵,每一个像素包含 2^M 种可能的灰度,图像的总比特数为

$$T=N^2M \tag{7-87}$$

可能显示的图像数 L 为:

$$L=2^T \tag{7-88}$$

例如,如果 $N=160$,$M=10$,则 $T=327680$,$L\approx10^{100}$。这样一来,每幅图像像素包含的最大信息为

$$H=\log_2 2^M=M \tag{7-89}$$

所以,具有 1024 级灰度的图像每像素可包含 10 比特的信息量。由于像素之间的相关性,实际的信息量将比这一最大信息量小得多。我们可以用计算每一像素的水平直方图的方法估计在一幅图像中的一阶熵,即

$$H=-\sum_{i=1}^{2M}P_i\log_2 P_i \tag{7-90}$$

此外,我们还要考虑到分辨率 N 和每像素比特数之间并不是线性关系,然而,某些心理视觉资料表明,对于相同的图像质量,N 与 M 之间的关系必须加以修正。同时,在重建图像的显示方法中必须考虑人的视觉系统对灰度范围和精确度的限制。尽管定量描述有些困难,但实验表明,在最好的观察条件下,人类仅能分辨几十种灰度、几千种不同的颜色和几秒的弧度,而大多数情况下视觉条件都难于达到最佳条件,因此,人眼能分辨的灰度级和颜色都是有限的。

就现代技术而言,在重建图像的显示中,可得到的空间分辨率比人眼的分辨率大得多。所以,在重建图像显示中可采用开窗的方法选择灰度区域来改善观察效果。

7.7.2 单色显示

三维重建图像的单色显示有如下几种装置:用飞点扫描、CRT、平板显示器、机械微光图像密度计或用打印机输出硬拷贝等。实际应用中阴极射线管(CRT)及液晶等平板显示器是典型的输出设备。在图像显示中的线性、量化、开窗口和增强(如平滑、锐化、高通滤波)处理是提高显示质量的必要技术。

线性处理是首先考虑的预处理技术。给定一幅数字重建图像,数据和显示器灰度间具有非线性特性,为了获得数据与灰度之间的线性关系,必须考虑视觉条件和人的视觉系统。图 7-12 示出了两种通常的观察条件,一种是直接从 CRT(阴极摄像管)得到观察图像,另一种是从摄影照片中得到观察图像。由于 CRT 和胶片的非线性线特性,同样的数字图像在两种条件下显示的灰度是非线性的。此外,如果把人的视觉系统特性也考虑在内的话,数字图像与实际感觉的灰度也是非线性的。这就说明如果没有校正步骤在两种观察条件下都不可能得到最佳图像质量。

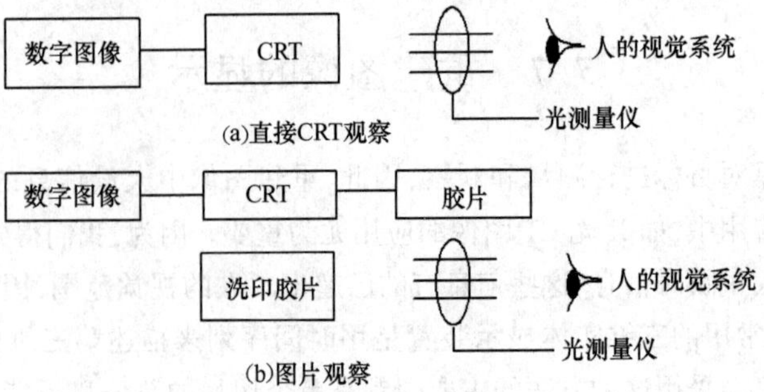

图 7-12　两种观察条件

在图 7-12(a)中 CRT 的观察条件下,一给定点的发光强度 I 与电压 U 的关系可近似表示为

$$I=U^{\gamma} \tag{7-91}$$

这里 γ 与对比度有关。这一关系类似于照相胶片的“gamma”特性。如果电压值与图像数 N 成比例的话,则

$$U=kN \tag{7-92}$$

那么,发光强度与图像数 N 成指数关系,即

$$I=(kN)^{\gamma} \tag{7-93}$$

另一方面,如果图像用负幂律来校正,则图像可用 N' 表示

$$N'=N^{\gamma^{-1}} \tag{7-94}$$

于是,在发光强度和图像之间就可以得到一个线性关系

$$I=(kN')^{\gamma}=(kN^{\gamma^{-1}})^{\gamma}=k^{\gamma}N \tag{7-95}$$

对于一个给定的 CRT,γ 的值很容易测得。并且可用查表的方式来反校正。

由于胶片的非线性,观察图片的情况就更为复杂。

众所周知,一般都用黑白反转的底片印制照片,它是由一覆盖细微银粒的感光乳剂的底片制成的。这样,随着底片吸收反射光强的变化,控制感光乳剂银粒的沉积数量而形成图像。银粒密度动态范围在 50∶1 到 100∶1 范围内。当一幅照片把图像信息传递给观察者时,观察者对照明光度的细微变化并不敏感,这个现象是由视觉系统的适应能力引起的。对光学图像复制特性的研究表明,尽管绝对亮度影响感知质量,但在任何给定的复制环境下其对物理限制的质量标准很大程度上依赖于它对相对亮度比例的复制能力,这个事实在直观上是令人满意的。应注意的是像素亮度比是场景反射的一个特性,该反射相对于一个均匀亮度的绝对强度是不变的。

把黑白乳剂曝露在光线下就产生了一个用它的光学密度 D 来描述的亮度吸收层,其中 D 定义为对入射光传送比例的对数。当其他参数固定时,光学密度和曝光强度 I 的理论关系式可表示为

$$D=\gamma_1\log(It) \tag{7-96}$$

式中,t 为曝光时间。这个公式就是在摄影界很有名的 Hurter-Driffield 或 D-log$E$ 曲线。实际上,照相器材的动态范围并不遵循这个理想化规律。参数 γ_1 描述了对应于原始负片的正片乳剂的对比度,反之亦然。因为没曝光的乳剂和它的基片并不是完全透明的,所以,在式(7-96)中加入了一个修正值 D_0,上式就变为

$$D=D_0+\gamma_1\log(It) \tag{7-97}$$

来自照片的反射光 I 和入射光 I_0 的关系式为

$$I=I_0 10^{-D}(It) \qquad \text{或者} \qquad D=-\lg I/I_0 \tag{7-98}$$

式中,I_0 为入射光。

由 CRT 产生的光强的数量关系为

$$I=N^{\gamma_1} \tag{7-99}$$

当用该光强来使照相胶片曝光时，产生的密度 D 为

$$D=\gamma_2 \lg It=\gamma_2 \lg N^{\gamma_1} t \tag{7-100}$$

如果强度为 I_R 的光是从亮度为 I_0 的光由密度为 D 的胶片反射出来的，则

$$D=\lg(I_R/I_0) \tag{7-101}$$

同样可得到强度值 $$I_R=I_0 N^{\gamma_1\gamma_2} \tag{7-102}$$

这样，就得到了一个由 CRT 的 gamma 值所确定的反射光强与胶片光强的关系式，如果

$$N'=N^{(\gamma_1\gamma_2)^{-1}} \tag{7-103}$$

那么 $$I_R=I_0[N^{(\gamma_1\gamma_2)^{-1}}]^{\gamma_1\gamma_2} \text{或者 } I_R=I_0 N \tag{7-104}$$

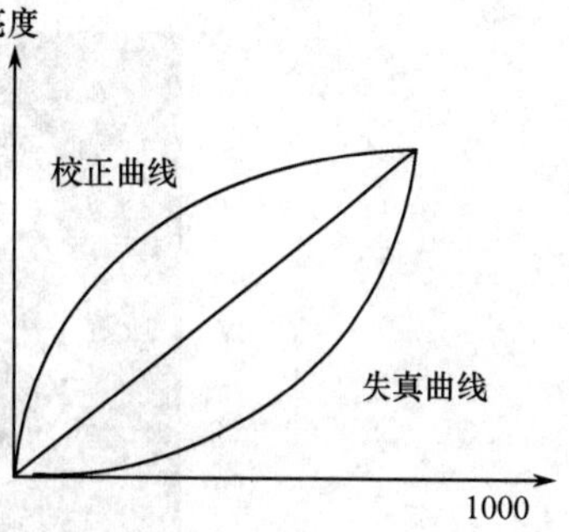

图 7-13 CRT 补偿及胶片"gamma"校正

所以，只要得到胶片的"gamma"值 γ_2，就可以对 CRT 和照片进行校正了。整个失真曲线和补偿曲线如图 7-13 所示。

在重建图像显示中，窗口技术的采用也是很重要的。在重建图像中量化的级数可以做到 0.1%（1000 级），但是图像观察装置只允许观察 50 级，这时，就必须采用窗口技术去观察图像。为使用方便，有必要考虑使用交互窗口——利用人机交互的方法改变窗口位置，以便观察不同灰度范围的图像。正如图 7-14所示的那样，直方图是在各个灰度级上像素数的积累值。图中大部分的像素值都是聚集在中心区域。窗口中心和宽度可以从原始的 1000 级量化级的计算机断层图像（CT）的直方图得到。由图可见，大部分有用信息都集中在稍高于中心区域的地方。例如，如果在峰值两边延伸大约 20 级灰度的宽度，这样，一个中心为 20，整个宽度为 40 的窗口区域就被选出，用以描述原始计算机断层图，其结果如图 7-15（a）所示。

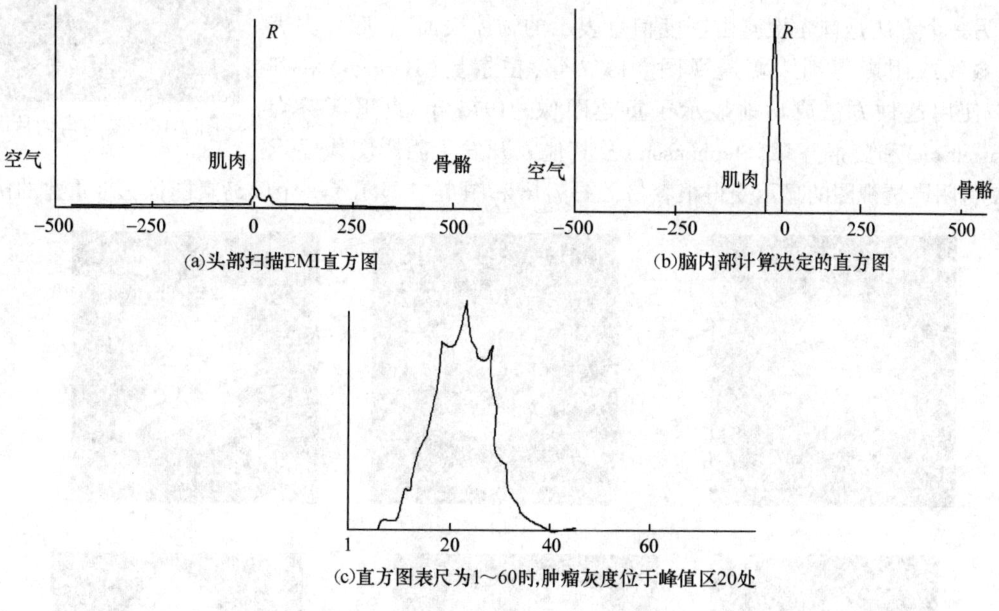

图 7-14 直方图观察灰度范围的图像

为了验证选取的窗口是否合适，以下的方法经实验证明非常有效。即在用直方图法选出窗口的中心和宽度后，原始的计算机断层摄影图就被重新量化和显示。

在结合点上，可疑的对象和鉴定出来的肿瘤区域就会被标识出来。一个交互式游标就移到这个可疑处并读出其灰度值。根据相邻像素灰度值的不同可以得到新宽度的另一个值。新窗口中心和宽度的灰度值为 20。图 7-15（b）显示一幅重新量化的图像。总而言之，直方图法和交互式修改使重建图像（特别是在低对比度时）能更好的显示出来。

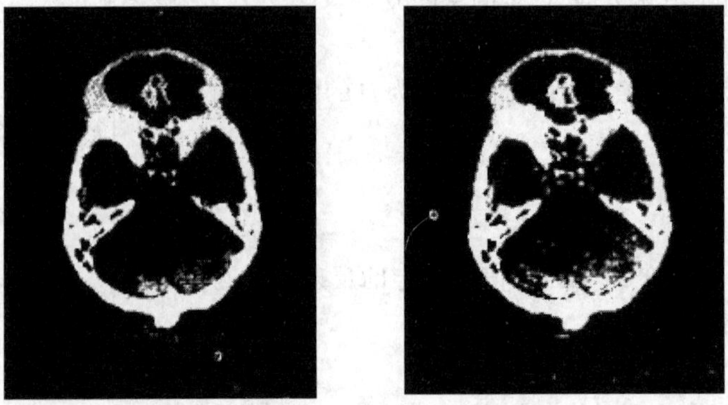

(a) 中心为20,宽度为40的效果　　(b) 中心为20,宽度为20的显示效果

图7-15　开窗法显示效果

7.7.3　重建对象的显示

重建信息的显示本身就是一个复杂的问题。近年来,经科技工作者的不懈努力已有多种方法可供选择。其中最基本的方法是显示密度信息和表面信息。在大多数应用中,由重建算法所得到的密度信息可以直接在收集了投影数据的几何薄片上显示。第三维信息可以用一组二维图像简单描述显示出来。

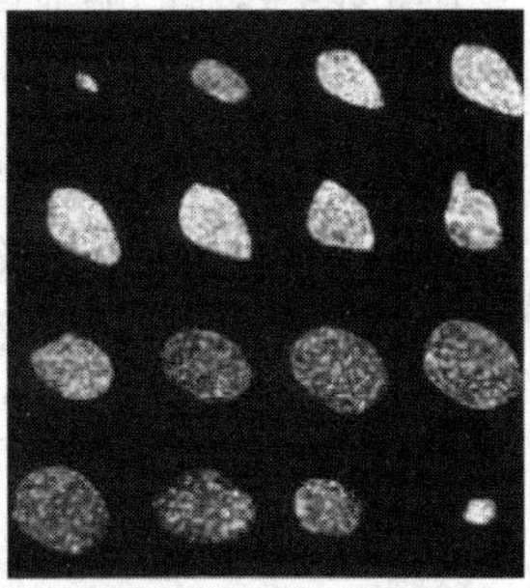

图7-16　胰岛素切片图

由于薄片的厚度通常远大于图像元素的宽度,如果直接显示该图像必然会产生一幅模糊的图像。1975年格林(Glenn)开发了一种独特的解决矢量平面问题的方法,该方法第一步是去模糊,第二步再显示矢量断面图像。

另一个方法是首先检测由密度信息表示的物体表面,然后移去表面隐藏线或阴影得到一幅透视图。1977年,霍尔曼(Herman)和刘(Liu)使用这种方法成功地显示了重建图像。1976年,克里斯芬森(Christenson)和史蒂芬森(Stephenson)及其他人开发了阴影图像显示法,使得阴影透视图的显示变得很容易。图7-16和图7-17显示了一个胰岛素图像三维重建的例子。

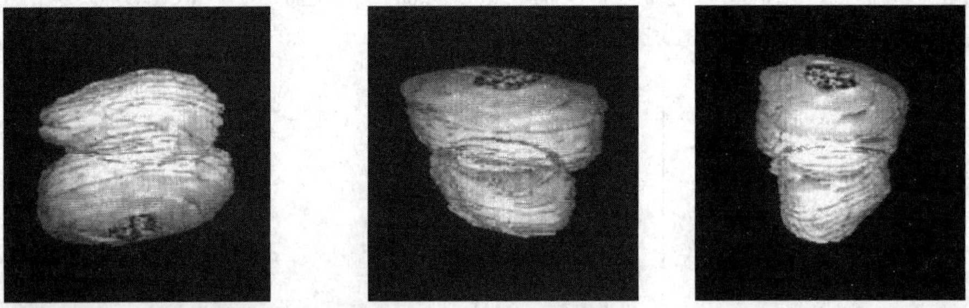

(a)　　(b)　　(c)

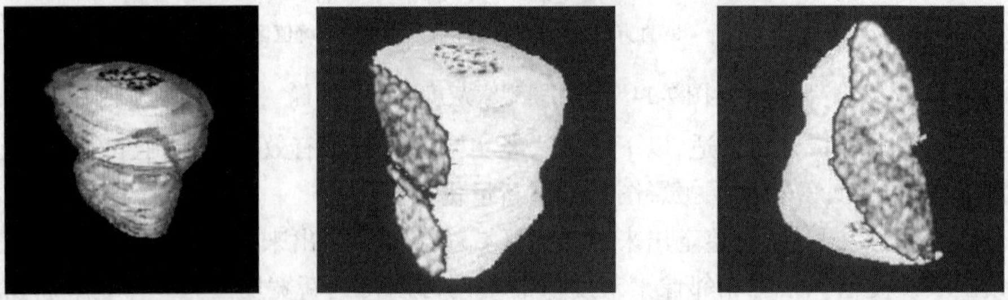

(d)　　(e)　　(f)

图7-17　(a)由切片重建的胰岛素图像,(b)、(c)、(d)为不同方向观察的图像,(e)、(f)为胰岛素立体图经剖切后的图像

1. 真实感显示

近年来,计算机图形学的发展极大地促进了图像三维重建技术的发展。图像三维重建技术与计算机图形学的结合使得重建的三维图像极具真实感。真实感显示的关键技术是浓淡层次和光照模型的运用。

浓淡层次和光照特性的显示是对真实世界的一种逼近处理,通常情况下逼真性越强,所采用的光照模型越复杂,计算量也就越大。因此,在实际应用中要兼顾考虑效果与开销。

三维重建中的光照模型有两个主要成分,即重建物体的表面特性与照明特性。表面特性又包括物体的表面反射特性和透明特性。反射特性确定照射到物体表面的光有多少被反射,当物体表面对不同波长的光具有不同的反射系数时,就会出现不同的颜色。透明性确定有多少光线从物体中透射过去,对于透明物体,其颜色由透射光决定。照明特性在浓淡处理中与物体表面特性有同等的重要性。如果照明光源是来自各个方向的均匀光,该种光源称之为漫反射光。如果光源是点光源,物体表面会出现高光效应。除此之外,在照明效果中还会出现光线被遮挡的阴影效应。

在一般情况下,光照模型包括局部光照模型和整体光照模型。局部光照模型只考虑光源的漫反射和镜面反射,而整体光照模型要考虑物体间的相互影响,光在物体间的多重吸收,以及反射和透射。较为著名的局部光照模型有 Torrance 和 Sparrow 于 1967 年提出的 Torrance-Sparrow 光照模型,Bui Tuong Phong 于 1973 年提出的 Phong 光照模型,Cook 和 Torrance 于 1981 年提出的 Cook Torrance 光照模型等。目前,实用的整体光照模型有 Whitted 光照模型、Hall 光照模型、双向光线跟踪和分布式光线跟踪等。

2. 简单的光照模型

光线照射到物体表面时,它可以被吸收、反射或透射。被吸收的光能转化为热能,而被反射或透射的光能才能使物体可见并呈现颜色。反射光决定于光的成分、光源的几何性质及物体表面的方向和表面的性质。反射光分为漫反射光和镜面反射光。漫反射光是光穿过物体表面被吸收后重新发射出来的光,它均匀地分布在各个方向,因此,观察者的观察位置是无关紧要的。镜面反射光由物体的外表面反射所产生。

Lambert 余弦定律总结了点光源照射在完全漫反射体上光的反射定律,根据这一定律,一个完全的漫反射体上反射出来的光强度同入射光与物体表面法线间夹角的余弦成正比。即

$$I = I_1 K_d \cos\theta \qquad 0<\theta<\pi/2 \tag{7-105}$$

式中,I 为反射光的强度,I_1 为从一点光源发出的入射光的光强,K_d 为漫反射系数($0<K_d<1$),θ 为指向光源方向 L 与表面法向量 $\boldsymbol{n}$ 之间的夹角。如图 7-18 所示。

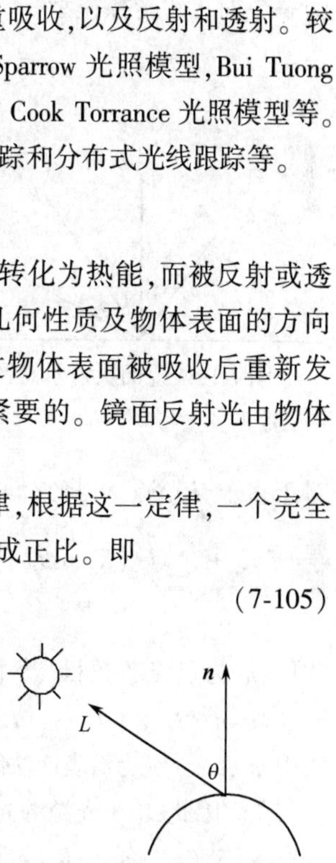

图 7-18　漫反射示意图

当 $\theta>\pi/2$ 时,光源位于物体后面,式(7-105)无意义。漫反射系数 K_d 取决于物体表面材料。反射光强是光波长的函数,在简单光照模型中,通常假定与光波长无关。根据 Lambert 漫反射光照模型绘制的物体表面显得比较暗淡,在实际环境中,物体还会受到从周围景物散射光的影响,这是一种亮度均匀的光线,它由光线经过多个面多重反射形成的。通常在应用中,把它作为一种常数漫反射项与 Lambert 漫反射分量相加处理。此外,为了反映出物体离光源的远近,还须加入距离修正因子,这样一来,可得到一个简单的光照模型,即

$$I = I_a K_a + I_1 K_d \cos\theta / R^2 \tag{7-106}$$

式中,I_a 为入射光的环境光线强度,K_a 为环境的漫反射系数,$0<K_a<1$,R 为物体表面上的一点到光源的距离。

对于平行投影来说,光源在无穷远处,R 无穷大;而对于透射投影,由于视点较靠近物体,$1/R^2$ 就可能出现很大的值,为了使 $1/R^2$ 处于一个较合适的范围而又简化运算,可用 $r+k$ 来替换 R^2,这里 k 为常数,r 是实体表面上的一点 $P(x,y,z)$ 到点光源(x_0,y_0,z_0)的距离。

$$r=\sqrt{(x-x_0)^2+(y-y_0)^2+(z-z_0)^2} \tag{7-107}$$

由此,可得到一个改进的光照模型

$$I=I_a \times K_a+I_1 \times K_d\cos\theta/(r+k) \tag{7-108}$$

如果物体是带有颜色的,可用该光照模型对红、绿、蓝三基色分别计算。

在任何有光泽的表面都会有镜面反射,其光强决定于入射光的角度、入射光的波长及表面材料的反射性质。镜面反射可用菲涅耳公式描述

$$I=I_aK_a+I_1[K_d\cos\theta+w(\theta,\lambda)\cos^n\alpha]/(r+k) \tag{7-109}$$

式中,$w(\theta,\lambda)$为反射率曲线,它是入射角θ和光波长λ的函数,n为幂次,用以模拟反射光的空间分布。α为视线与反射光线间的夹角。镜面反射示意图见图 7-19。图 7-20 给出了不同n值的$\cos^n\alpha$曲线($-\pi/2<\alpha<\pi/2$)。n越大,表示物体表面越光滑,其分布特性为会聚型的。相反,n较小表示物体表面粗糙,其分布特性为扩散型的。图 7-21 给出了随入射角变化的几种材料的镜面反射系数。式(7-109)中函数$w(\theta,\lambda)$较为复杂,在实际使用中,常常根据美学观点或实验数据用一常数K_s来代替,从而得到一个简化的光照模型。

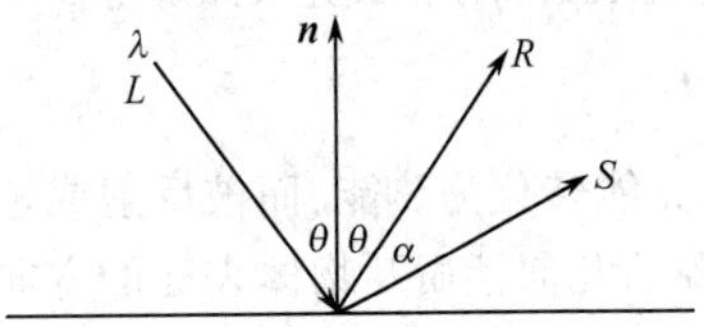

图 7-19 镜面反射示意图

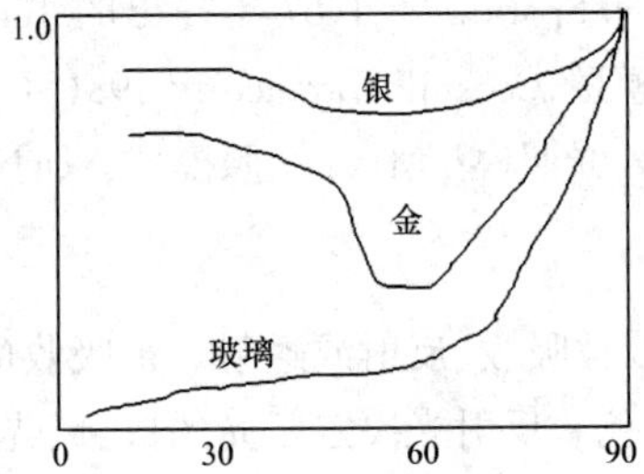

图 7-20 反射率曲线

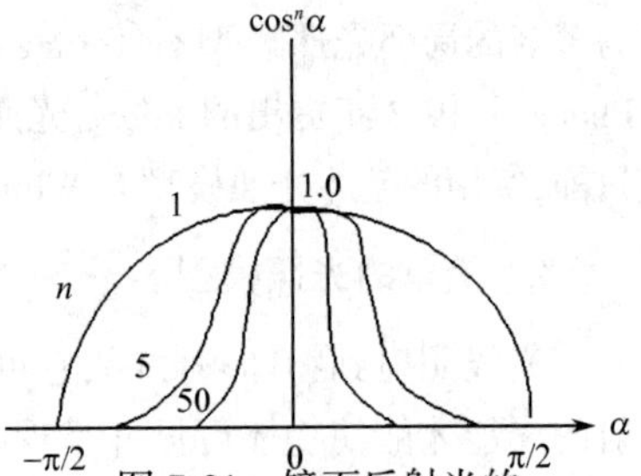

图 7-21 镜面反射光的近似空间分布函数

$$I=I_aK_a+I_1(K_d\cos\theta+K_s\cos^n\alpha)/(r+k) \tag{7-110}$$

对于多个点光源,可将它们的效果线性叠加,即

$$I=I_aK_a+\sum_{j=1}^{m}I_{1,j}(K_d\cos\theta_j+w(\theta,\lambda)\cos^n\alpha_j)/(r_j+k) \tag{7-111}$$

式中,m为点光源数目,其中

$$\cos\theta=\boldsymbol{n}\cdot\boldsymbol{L}/(|\boldsymbol{n}|\cdot|\boldsymbol{L}|)=\boldsymbol{e}_n\cdot\boldsymbol{e}_L \tag{7-112}$$

式中,$\boldsymbol{e}_n$,$\boldsymbol{e}_L$分别为沿表面法线和光源入射方向的单位矢量。因此,单个光源的光照模型的矢量形式为

$$\boldsymbol{I}=\boldsymbol{I}_1(\boldsymbol{K}_d(\boldsymbol{e}_n\cdot\boldsymbol{e}_L)+\boldsymbol{K}_s(\boldsymbol{e}_R\cdot\boldsymbol{e}_s)^n+\boldsymbol{I}_a\boldsymbol{K}_a \tag{7-113}$$

由于高速处理器对除法运算比较费时,而上式要做开方和除法运算,因此,开销较大,为了克服这一缺点,对上述模型可做如下修正,其条件是把点光源视为在z轴无穷远处的透视投影,设实体所有顶点的Z分量的最小值为Z_{min},则当观察点位于z轴正向时,$Z-Z_{min}$的变化趋势与$1/(r+k)$的变化趋势是一致的。这样,利用相空间中的深度信息来修正光强,可得到实际使用的光照模型,即

表 7-1 常见材料的反射率

材料类型	总反射率	规则反射率	漫反射率	灯具吸收率
镜面银	95%	90%	5%	5%
抛光氧化镜面铝(纯度99.99%)	90%	80%	10%	10%
抛光氧化镜面铝(纯度99.85%)	90%	70%	20%	10%
抛光并氧化的粗粒锤化铝(纯度99.85%)	85%	60%	25%	15%
抛光并氧化的亚光微度光滑铝(纯度99.85%)	85%	40%	45%	15%
亮白色的上光金属片	80%	40%	40%	20%
漫白色的上光金属片	80%	10%	70%	20%
抛光氧化的细粒锤化铝	70%	20%	50%	30%
抛光并氧化的粉刷铝	70%	20%	50%	30%
抛光并氧化的中度光滑铝	70%	20%	50%	30%
抛光并氧化的铝(纯度99.5%)	60%	10%	50%	40%
涂亚白色的金属片	60%	5%	55%	40%
光亮铬	65%			35%
抛光不锈钢	55%~65%			35%~45%

$$\boldsymbol{I}=K_r(Z-Z_{min})[\boldsymbol{K}_d(\boldsymbol{e}_n\cdot\boldsymbol{e}_L)+\boldsymbol{K}_s(\boldsymbol{e}_R\cdot\boldsymbol{e}_s)^n]+\boldsymbol{I}_a\boldsymbol{K}_a \tag{7-114}$$

式中,K_r是常数比例因子,以保证计算出的浓淡值限定在显示灰度范围内。常见材料的反射率如表 7-1

所示。

3. 曲面法向量的计算

重建图像表面法线的方向代表了表面的局部弯曲性,因此,它决定了镜面反射的方向。如果已知重建物体表面的解析表达式,表面法线可直接计算出来。但是,在一般情况下,仅知道多边形的近似表示,所以,对每一个多边形小片根据其所在的平面方程的系数决定该小片的法线,并取其外法线方向。通过这样的方法可用多边形的顶点或棱边信息近似求得该顶点的法线。如果每一个多边形的平面方程已知,则多边形顶点的法线取包围该顶点的各多边形的法线的平均值。如图 7-22所示。

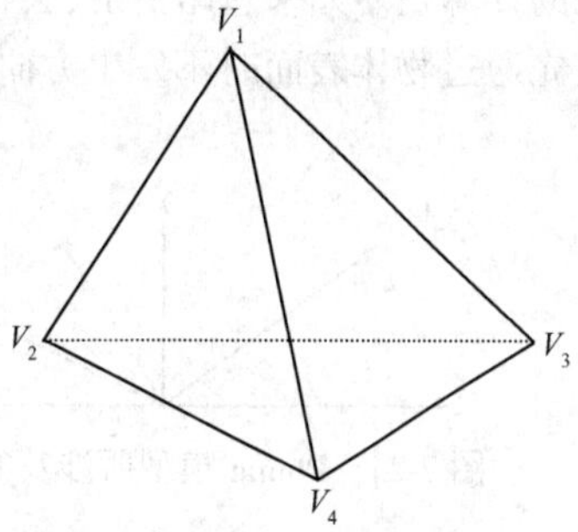

图 7-22　顶点法矢量的近似值

顶点 V_2 的近似法线方向为

$$\boldsymbol{n}_1=(a_1+a_2+a_3)i+(b_1+b_2+b_3)j+(c_1+c_2+c_3)k \quad (7\text{-}115)$$

式中,$(a_1,a_2,a_3,)$,(b_1,b_2,b_3),(c_1,c_2,c_3)是包围 V_1 的三个三角形$\triangle(V_1,V_4,V_2)$;$\triangle(V_1,V_3,V_4)$;$\triangle(V_1,V_2,V_3)$的平面方程系数。如果各多边形的平面方程未知,顶点处的法线可取交于此顶点的各棱边的平均值。如图 7-22 所示,顶点 V_1 处的近似法线取为

$$\boldsymbol{n}_1=\overrightarrow{V_1V_2}\times\overrightarrow{V_1V_4}+\overrightarrow{V_1V_4}\times\overrightarrow{V_1V_3}+\overrightarrow{V_1V_3}\times\overrightarrow{V_1V_2} \quad (7\text{-}116)$$

这里,由于只求法线方向,所以,在式(7-115)和式(7-116)中没有将各矢量之和除以包围该点的多边形的个数。

4. 明暗处理算法

在图像重建处理中,光滑表面常用多边形予以近似表示,由于平面上所有点的法向量相同,不同的平面块之间存在着不同的法向量跳跃,从而引起不连续的光亮度跳跃。这样一来,必然会出现相邻的明暗度差别,从而导致 Mach (马赫)效应。为消除亮度的不连续性,1971 年,Gourand 提出了亮度插值明暗处理法,使这种亮度的不连续性有所改善。Gourand 明暗处理法是首先求出各面顶点处的法向量(即求包围该点的各平面的法向量的平均值),同时计算其浓淡值。多边形面内的浓淡值通过对顶点的浓淡值进行双线性内插求得。如图 7-23 所示的多边形,扫描线与其边界交于 L 和 R,L 处的浓淡值是 A、B 处浓淡值的线性插值。R 处的浓淡值是 C、D 处浓淡值的线性插值。即

$$I_L=I_A+(1-\mu)I_B \quad (7\text{-}117)$$

$$I_R=I_D+(1-\upsilon)I_C \quad (7\text{-}118)$$

$$I_P=I_L+(1-\tau)I_R \quad (7\text{-}119)$$

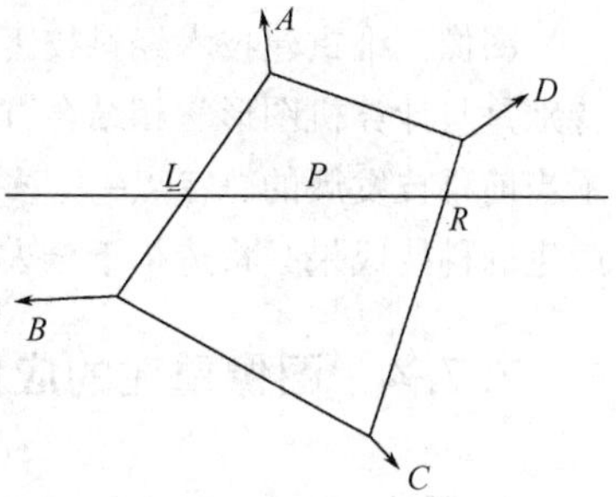

图 7-23　Gourand 法处理示意图

式中,$I_A,I_B,I_C,I_D,I_L,I_R,I_P$ 分别为图 7-23 中对应各点的光强度值。μ,υ,τ 分别为下列值

$$\mu=\frac{BL}{AB},\upsilon=\frac{CR}{DC},\tau=\frac{RP}{LR} \quad (7\text{-}120)$$

Gourand 法处理方法简单,但它无法模拟高光效果,只适用于简单的漫反射。另一种有效的明暗处理方法是 Phong 法(法向量插值明暗法)。该方法是先计算多边形各顶点处的法向量,再用双线性插值的方法求得每个像素处的法向量,最后对每个像素所得到的法向量用 Phong 光照模型求出明暗值。即

$$I=K_aI_a+K_dI_d\cos\theta+K_sI_l\cos^n\alpha \quad (7\text{-}121)$$

式中,最后一项用于模拟镜面反射光,以便能再现高光效果。由于插值是基于描述物体表面朝向的法向量,所以,Phong 方法可较好地在局部范围内模拟表面的弯曲性,可得到较好的曲面的绘制结果,镜面反射模拟高光的效果显得更加真实。在具体计算中,一般不用 $\cos\alpha$,而使用点积$N\cdot H$。其中 N

是物体表面法向量，H 是 L 和 E 的平均向量再单位化处理，即 $H=(L+E)/|L+E|$。Phong 模型所涉及的几何向量如图 7-24 所示。

当物体是透明的时候，不但会有反射光，而且还有透射光。所以，会透过物体看到后面的东西。一般来说，光通过不同的介质表面时，会发生折射，也就是会改变传播方向。为了模拟折射，需要较大的计算量。如果忽略折射，会得到一种最简单的生成透明物体的方法。因为忽略了折射效应，所以光通过物体表面时不发生方向的改变。如图 7-25 所示。

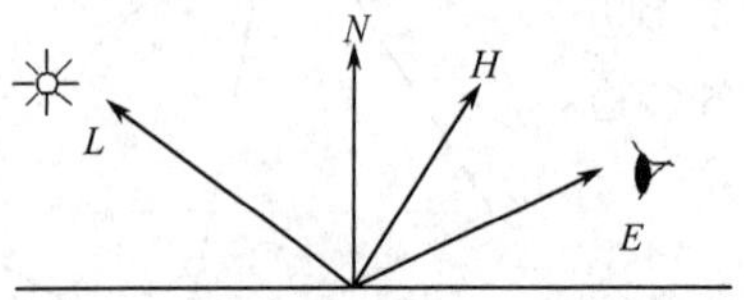

图 7-24　Phong 模型所涉及的几何向量

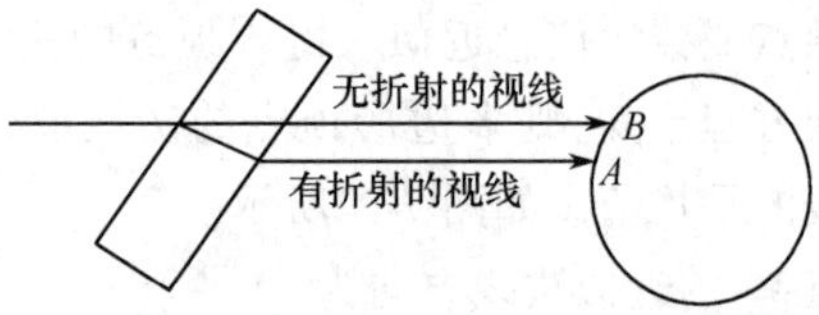

图 7-25　有折射与无折射的视线差别

图 7-25 中如果考虑折射，则 A 点可见，如果不考虑折射，则 B 点可见。一般的隐面消除算法均适用于模拟不考虑折射的透明的情况。例如，当利用扫描线算法生成物体图形时，假设视线交于一个透明的物体表面后再交于另一物体表面，在两个交点的明暗度分别是 I_1 和 I_2，则可以把综合光强表示为两个明暗度的加权和，即

$$I=KI_1+(1-K)I_2 \tag{7-122}$$

式中，K 是第一个物体的透明度，$0\leqslant K\leqslant 1$，在极端情况下，$K=0$。第一个物体表面完全透明，因此，对后面的物体完全没有影响。而当 $K=1$ 时，物体是不透明的，则后面的物体被遮挡，对当前像素的明暗度不产生影响。

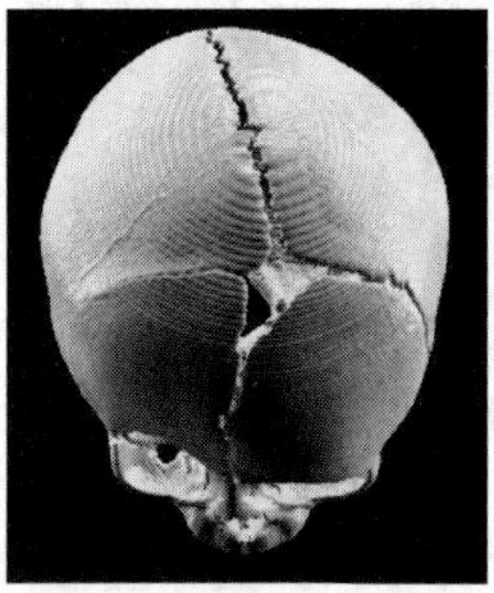
图 7-26　具有真实感的医学三维图像显示

上面介绍的是在三维重建中为增加真实感而采用的光照效果的模拟，如果只考虑光照效果，在有些情况下显得还是不够逼真，因为自然界的物体大都有各种特有的纹理。为使重建物体更加逼真，纹理映射处理也是十分必要的。该技术包括纹理映射算法、纹理反走样处理等相关技术，经纹理映射处理后，重建物体的真实感将大大加强。图 7-26 显示了具有真实感的医学图像关于纹理映射处理的原理及算法在计算机图形学中都有详细的论述，这里就不再赘述。

图像三维重建技术经科技工作者的辛勤工作，有了突飞猛进的发展，在许多领域都有重要应用。特别是与计算机图形学相结合，产生了许多新的算法，重建图像的真实感有了质的提高。这正体现了当前科技发展的总特点——多个学科、多种技术互相融合、渗透、移植、借鉴、综合的优势，由此而产生的科技成果必将造福于全人类。

7.7.4　图像重建的应用及 CT 的基本原理

1. 概述

图像重建技术在许多科学领域得到广泛应用，其中最为显著的是医学方面的应用。根据原始数据获取方法及重建原理的不同可分为如下几种。

(1) *放射断层重建成像*(Emission Computed Tomography，ECT)

ECT 是在物体中注入放射性物质，然后，从物体外部检测通过物体后放射出来的能量，由于物体内部不同的物质或人体不同的组织对放射能量有不同的吸收或衰减，由此可获取不同的数据，用这些数据就可以重建出所需要的图像，从而达到检测物体内部的分布情况或人体内部病变的目的。

(2) 透射断层重建成像(Transmission Computed Tomography,TCT)

TCT 是射线源的射线穿过物体或人体组织,然后由接收器接收经过物体或人体组织吸收后的剩余射线,由于不同的物质或组织对射线的吸收不同,所以,剩余的射线反映了物体内部的状况和人体内部的不同组织,通过这些数据再重建图像,从而发现物体内部缺欠或人体内部病变。

(3) 反射断层重建成像(Reflection Computed Tomography,RCT)

RCT 常用于雷达系统。雷达图像通常是由物体反射的回波产生的。

(4) 核磁共振重建成像(Magnetic Resonance Imaging,MRI)

MRI 是由于具有奇数个质子或中子的原子核包含有一定磁动量或旋量的质子,如果把它们放在磁场中,它们就会像陀螺在重力场中一样运动。在一般情况下,质子在磁场中任意排列,当有适当强度和频率的共振场作用于物体时,质子吸收能量并转向与磁场相交的方向。如果此时把共振磁场去掉,则质子吸收的能量释放并被检测器收集,根据检测的信号就可以确定质子的密度。通过控制共振磁场的强度,可检测到一条直线上的信号,从而通过该信号数据可重建出物体图像。

以上是图像重建的几种方法,这些方法有的是人们所熟悉的在医学中广泛应用的方法。下面就医学应用介绍一些基本图像重建的原理。

在 1968—1972 年英国的 EMI 公司的 G. N. Hounsfeld 研制了头部 CT,发明了计算机断层摄影术。这是图像处理技术对医学领域的杰出贡献。它第一次用 X 光来作为信息收集源,把 X 光学成像应用于临床诊断。在该技术中,用横向运动技术,开发了一种计算机断层摄影术——CTAT或 CAT 的技术。近年来,计算机断层摄影术更广泛的应用于核医学来描述正电子发射的同位素图像。我们把这一技术称为放射计算机摄影术(ECT)。

计算机断层摄影术是随着著名的针对脑部的 X 射线扫描系统的引入而开始发展起来的一种技术。这个系统是由英格兰 EMI 有限公司(Hounsfield)于 1971 年开发出来的。接下来,Terpogossian 和飞利浦(Philips)把计算机断层摄影术的原理应用到核医学图像处理。在核医学图像处理中,他们对断层摄影系统在用正电子发射使同位素衰减方面的应用作了进一步的发展,1975 年,Budinger 又把计算机断层摄影术的原理应用到腹部图像重建中。

图 7-27 显示了 X 光系统的基本装置。在传统的辐射学中,从三维物体中得到的信息可用二维的形式叠加在胶片上。通常,诊断中收集到的信息需要增强处理,以提高对比度。计算机断层摄影术是指图像数据是从物体横断面上直接截取。在这一横断面上,一个虚构的图像矩阵是由事前规定了尺寸的方形元素组成的。在 X 光脑部成像系统中,元素的大小为 1~3mm^2。通常,为了使图像能包含目标物,图像矩阵应足够大。在脑部的检测中,典型的大小是 148 个元素,约有 25cm。

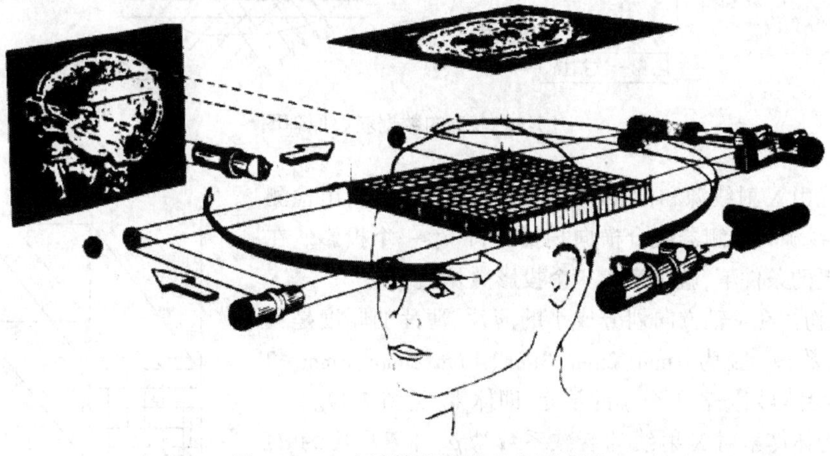

图 7-27　X 光计算机断层系统原理图

为了收集数据并重建图像，该装置把收集X光构成的检测器排成一行，装置的X光具有一个像素宽度并高度平行。扫描动作的初始，横切运动是一个线性的运动，其中每148行（每行包含148个以上的元素）分成一块。这样，在这一横切过程中，148（或更多）个离散点数据被输入计算机。一个横切过程完成后，整个X光检测器的几何位置就要旋转到一个新的位置（假设每次增加值定为1°），于是，下一个线性的横切扫描运动又重新开始。经过180°角的投影全部完成后，得到的数据为148×180，即26640个离散的投影图数据就被输入到计算机内。根据需要控制图像的数据密度是X光计算机断层摄影技术的一个重要功能。人体组织对EMI扫描器X光的吸收系数是不同的，变化范围大约在百分之几，这取决于人体的不同组织如：脂肪、肌肉或其他组织。但是，辐射的统计数量必须满足要求，一般每一个数据点应包含4000~50000计数，这一数量的数据由X光检测器收集。

2. 计算机断层成像原理

计算机断层是一种将物体的每一片层完全隔离出来进行观察的无损检测技术。它通过透射测量检测得到数据。对于医学应用来说，X射线经过物体时会发生衰减，不同的物质衰减是不一样的。通过透射得到物体图像最直接的方法是X射线沿y轴经衰减直接在胶片上成像，这与X光透视的原理是一样的，当然，这样会造成图像的混叠。CT原理如图7-27所示，CT是把物体在y轴方向划分成小的薄片，每个薄片再划分为小的单元，我们称之为体素。在断层扫描时，生成大量的数据，根据该数据再计算出每个体素的衰减系数，然后把这些衰减系数按一定的函数关系显示在屏幕上，这样，就产生了断层图像。实际上，这里计算的特性是组织的衰减系数μ，对于人体来说，大部分软组织是水，但仍有足够的差异，以产生不同的衰减系数。这样既可以给出一幅解剖横截面图像，也包括一些定量信息。

关于衰减系数μ的单位通常是用H表示——豪斯费尔德（Hounsfield）。

一个豪斯费尔德等于水的衰减系数的0.1%，标度上选择H(水)=0。在一般情况下有

$$H=\frac{\mu(\text{组织})-\mu(\text{水})}{\mu(\text{水})}\times 1000$$

$$\text{空气}:H=-1000\quad \text{骨骼}:H\approx+1000 \tag{7-123}$$

计算机断层成像数据获取原理如图7-28所示。

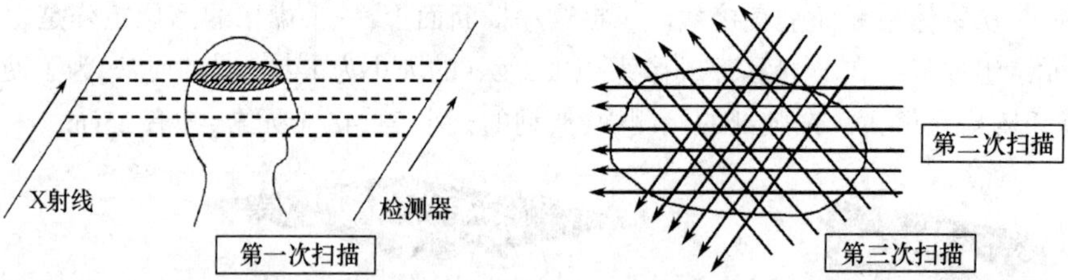

图7-28　CT的数据获取原理图

扫描系统由X射线源和检器组成，X射线穿透物体，由检测器检测，X射线源和检测器组合横向扫描，可产生一个投影。在旋转角度变更的条件下，就可产生一个投影数据组。

CT是把物体在y轴方向划分成小的薄片，薄片的厚度是一个重要的参数，一般为1mm、2mm、3mm、4mm、5mm、8mm和10mm，每个薄片再划分若干个小的单元，即体素，见图7-29。

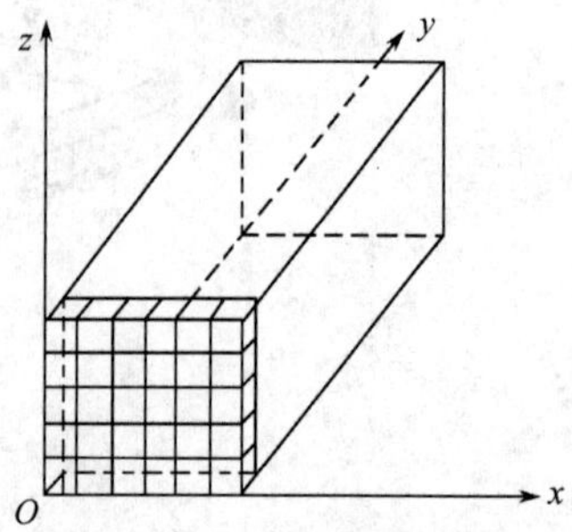

图7-29　投影和断层扫描原理图

设某一物体体素对X射线的衰减系数为μ，体素厚度为d，ϕ_0和ϕ为穿透物体前后的X射线的辐射强度。则衰减定律如下

$$\phi=\phi_0 e^{-\mu d} \tag{7-124}$$

$$\mu=\frac{1}{d}\ln\frac{\phi_0}{\phi} \tag{7-125}$$

假如一条直线上有 N 个体素,对于第一个体素的衰减为

$$\phi_1=\phi_0 e^{-\mu_1 d} \tag{7-126}$$

第二个体素的衰减为 $\phi_2=\phi_1 e^{-\mu_2 d}=\phi_0 e^{-\mu_1 d}\cdot e^{-\mu_2 d}=\phi_0 e^{-(\mu_1+\mu_2)d}$ (7-127)

对于第 N 个体素的衰减有 $\phi_n=\phi_0 e^{-(\mu_1+\mu_2+\cdots+\mu_n)d}$ (7-128)

显然

$$\mu_1+\mu_2+\cdots+\mu_n=\frac{1}{d}\ln\frac{\phi_0}{\phi_n} \tag{7-129}$$

即

$$\sum_{i=1}^{n}\mu_i=\frac{1}{d}\ln\frac{\phi_0}{\phi_n} \tag{7-130}$$

一般情况探测器只能测到 ϕ_n,而不能测到 $\phi_1,\phi_2,\cdots,\phi_n$,因此,不能直接记录各个体素的衰减系数,但是,我们可以用数学方法求解衰减系数。

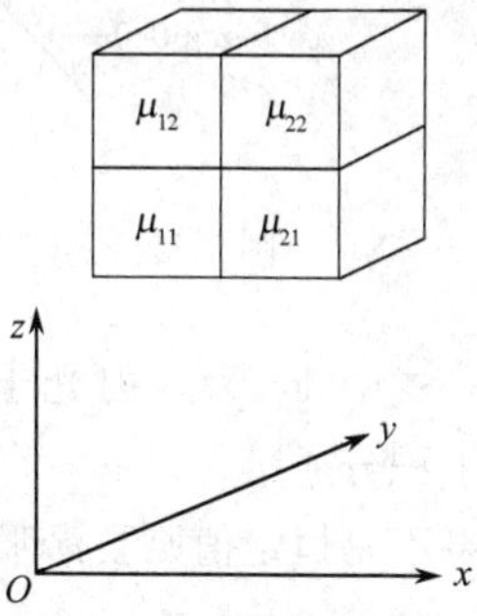

图 7-30 求解衰减系数的数学方法示意图

假如,如图 7-30 所示的某断层有 2×2 个体素,相应的衰减系数为 $\mu_{11},\mu_{12},\mu_{21},\mu_{22}$,分别从 x 和 z 方向投影,测得的衰减系数为 A,B,C,D,即

$$\mu_{11}+\mu_{12}=A\quad \mu_{21}+\mu_{22}=B\quad \mu_{11}+\mu_{21}=C\quad \mu_{12}+\mu_{22}=D \tag{7-131}$$

从而,可以解出 $\mu_{11},\mu_{12},\mu_{21},\mu_{22}$ 的值来。我们用一定的函数关系在屏幕上显示出来就可以得到相应的断层图像。如果图像的分辨率为 512×512,则图像有 262144 个独立阵元,需要解 262144 元的方程组,计算出 μ 值,重建出图像。

图 7-31 示出了重建的头部 CT 图像的一个实例。

3. 断层成像的算法

(1) 关于坐标系

为了从理论上分析重建算法,我们先定义几个坐标系。

① x-y 坐标系。

② x_r-y_r 坐标系,它相对于 x-y 坐标系逆时针旋转了一个角度,如图 7-32 所示。

其中

$$x_r=x\cos\theta+y\sin\theta \tag{7-132}$$

$$y_r=-x\sin\theta+y\cos\theta$$

$$x_{r1}=x\cos\theta$$

$$x_{r2}=y\sin\theta$$

注:

$$x_r=x_{r1}+x_{r2}=x\cos\theta+y\sin\theta \tag{7-133}$$

$$y_{r1}=y\cos\theta$$

$$y_{r2}=x\sin\theta$$

$$y_r=y_{r1}-y_{r2}=y\cos\theta-x\sin\theta=-x\sin\theta+y\cos\theta$$

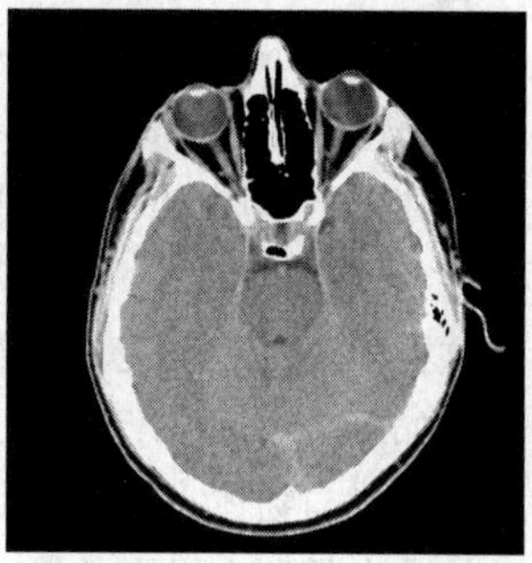
图 7-31 重建的头部 CT 图像实例

③ 极坐标。

极坐标如图 7-33 所示。其中

$$r_r=r,\quad \alpha_r=\alpha-\theta,\quad x=r\cos\alpha,\quad y=r\sin\alpha,\quad x_r=\gamma_r\cos(\alpha-\theta),\quad y_r=\gamma_r\sin(\alpha-\theta) \tag{7-134}$$

(2) 雷登(Radon)变换

令 $f(x,y)$ 是介质的衰减系数。如果衰减系数在介质中为恒定的,即 $f(x,y)=\mu$,并且 X 射线传输的距离为 x,则如前边所述的那样,射线衰减规律将遵循比尔定律(Beer's law),即

$$\phi=\phi_0\exp(-\mu x) \tag{7-135}$$

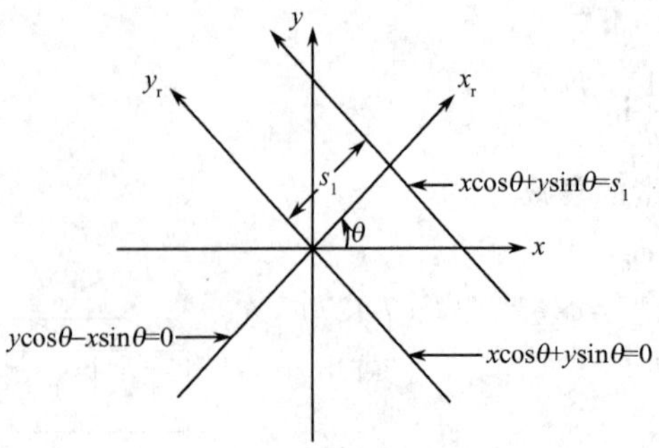

图 7-32　x-y 坐标及其旋转 θ 角度的坐标

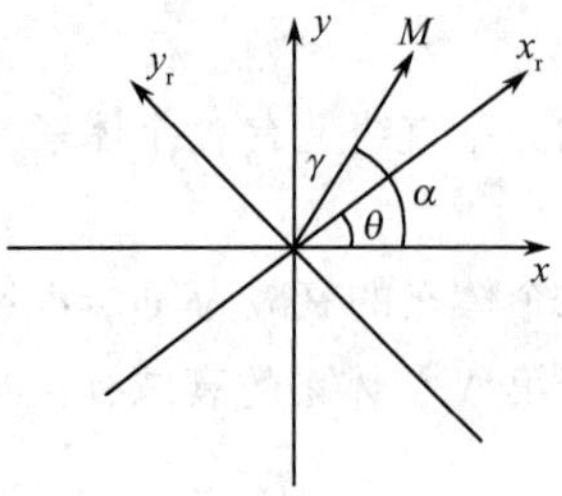

图 7-33　极坐标

式中，ϕ_0 为入射光子积分通量，ϕ 为透射的光子积分通量。

如果不是恒定值则要沿吸收路径做积分。即

$$\phi = \phi_0 \exp[-\int_L f(x,y)\,\mathrm{d}L] \tag{7-136}$$

式中，L 为 X 射线源与检测器的直线路径，其原理如图 7-34 所示。

为得到一个透射量的数组，可做如下处理：

即 $$\phi_\theta(x_r) = \phi_0 \exp[-\int_L f(x,y)\,\mathrm{d}y_r] \tag{7-137}$$

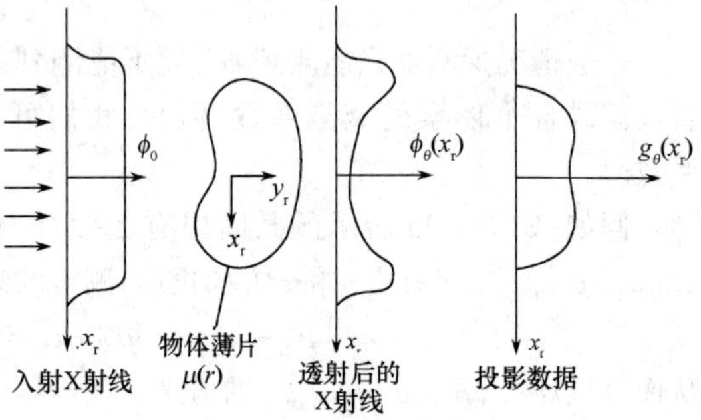

图 7-34　积分通量为 ϕ_0 的 X 射线穿过物体后衰减为 $\phi_\theta(x_r)$ 的示意图

做线性处理，即两边取对数

$$g_\theta(x_r) = -\ln\left(\frac{\phi_\theta(x_r)}{\phi_0}\right) = \int_L f(x,y)\,\mathrm{d}y_r \tag{7-138}$$

这里 $g_\theta(x_r)$ 就称雷登变换（Radon Transformation）或称为 $f(x,y)$ 的投影。

由此可见物体片层重建的任务就是求 $g_\theta(x_r)$ 的逆。

我们可把 $g_\theta(x_r)$ 看成是在给定的投影在 θ 之下关于 x_r 的一维连续函数。

为了清楚起见，我们先看一下物体从 xy 空间到投影数据空间 $x_r \to \theta$ 空间的关系。有如下结论：

① 在 Radon 空间中，每一点代表通过物体的一个线积分；

② 物体空间与 Radon 空间的等效关系可以由两个空间点的映射关系来阐述；

③ 物体空间中的一点 M[或 (r,α)]其 x_r 值由下式给出

$$x_r = r\cos(\alpha-\theta) \tag{7-139}$$

这在 Radon 空间是一个圆方程。该方程由原点及 $x_r=r, \theta=\alpha$ 为端点的圆的直径唯一地确定。这些结论如图 7-35 所示。所以，以 x_r 和 θ 作为笛卡儿坐标来对投影数据进行映射，同样可以得到投影空间中各点与物体空间中线积分路径之间的一一对应关系。这里只考虑 $0<\theta<\pi$ 内的 θ 值。通过物体的给定点的所有投影的轨迹由 $x_r=r\cos(\alpha-\theta)$ 给出。

这是一条余弦曲线，如图 3-36(b)所示，这样物体点的矢径 r 与方位角 α 可以被直接编码，这一投影数据的特殊形式称为正弦图（sinogram）格式。

数据组 $g_\theta(x_r)$ 有如下一些性质：

① 它是有界的，$f(x,y)$ 与 $g_\theta(x_r)$ 同属于一个最小的支集圆；

② 存在对称性，实际上，X 射线源与检测器互换不影响检测器的透射测量值，即

$$g_\theta(x_r) = g_{\theta+\pi}(-x_r)$$

③ 投影数据有一个附加约束，即

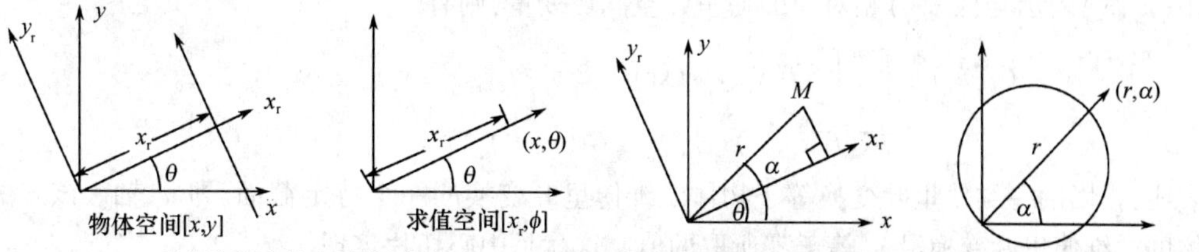

(a)积分路径l变换为雷登空间的点　　(b)通过M点的所有投影的轨迹是圆心在$(r/2,\alpha)$,直径为r的圆

图 7-35　物体空间与雷登空间的映射

$$\int_{-\infty}^{\infty} g_{\theta}(x_{\mathrm{r}})\,\mathrm{d}x_{\mathrm{r}} = w = 常数 \tag{7-140}$$

实际上

$$\int_{-\infty}^{\infty} g_{\theta}(x_{\mathrm{r}})\,\mathrm{d}x_{\mathrm{r}} = \int_{-\infty}^{\infty}\int_{-\infty}^{\infty} f(x,y)\,\mathrm{d}y_{\mathrm{r}}\mathrm{d}x_{\mathrm{r}} \tag{7-141}$$

此式右边是物体对整个空间的二维积分,其值显然与坐标取向无关。

④ 物体构造的复杂性和所需的投影数目之间存在一定关系。如图 7-37 所示。

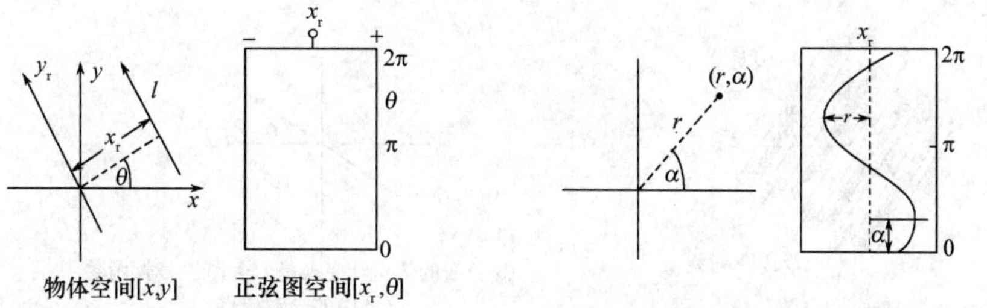

(a)投影数据点映射到正弦图空间中的[x_r,θ]　　(b)通过(r,α)的所有线积分的轨迹是幅值为r,相角为α的余弦波

图 7-36　物体空间与正弦图空间的映射

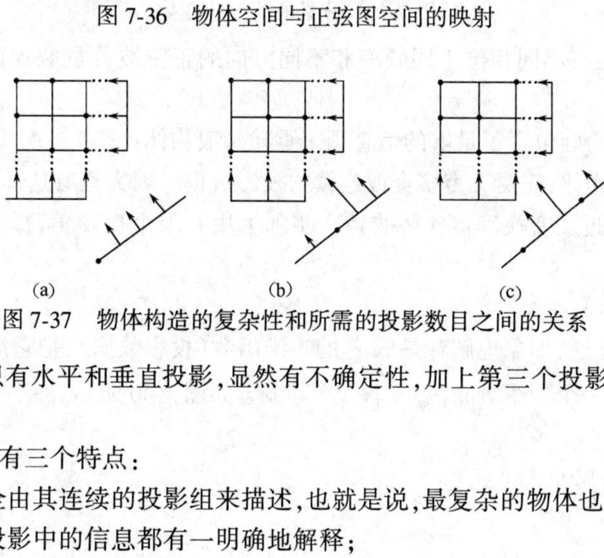

图 7-37　物体构造的复杂性和所需的投影数目之间的关系

图 7-37 说明如果只有水平和垂直投影,显然有不确定性,加上第三个投影就可以消除这种不确定性了。

物体和投影的关系有三个特点:

① 任何物体可完全由其连续的投影组来描述,也就是说,最复杂的物体也可以由其投影来重建;

② 蕴含在每一个投影中的信息都有一明确地解释;

③ 由第②特点提供的解释导出了求解 $g_{\theta}(x_{\mathrm{r}}) = \int_{L} f(x,y)\,\mathrm{d}y_{\mathrm{r}}$ 的各种等价的解析方法。

(3) 投影定理(中心切片定理)

考虑通过角度 θ 穿过物体的投影表达式为

$$g_{\theta}(x_{\mathrm{r}}) = \int_{-\infty}^{\infty} f(x_{\mathrm{r}},y_{\mathrm{r}})\,\mathrm{d}y_{\mathrm{r}} \tag{7-142}$$

$g_{\theta}(x_{\mathrm{r}})$的一维傅里叶变换由下式给出

$$G_{\theta}(u_{\mathrm{r}}) = \int_{-\infty}^{\infty} g_{\theta}(x_{\mathrm{r}})\exp(-2\pi \mathrm{j} u_{\mathrm{r}} x_{\mathrm{r}})\,\mathrm{d}x_{\mathrm{r}} = \int_{\infty}^{\infty}\int_{-\infty}^{\infty} f(x_{\mathrm{r}},y_{\mathrm{r}})\exp(-2\pi \mathrm{j} u_{r} x_{r})\,\mathrm{d}x_{r}\mathrm{d}y_{r} \tag{7-143}$$

如果用(u_r,v_r)表示与(x_r,y_r)相对应的傅里叶空间域变量，则有

$$G_\theta(u_r)=\int_{-\infty}^{\infty}\int_{-\infty}^{\infty}f(x_r,y_r)\exp[-2\pi j(u_r x_r+v_r y_r)]\cdot dx_r dy_r\Big|_{v_r=0}$$
$$=\mathscr{F}[f(x_r,y_r)]\Big|_{v_r=0}=G_\theta(u_r,0) \tag{7-144}$$

上式表明，投影的一维傅里叶变换等于物体二维傅里叶变换的一个特定截面，即u_r轴。该式的右边是物体的二维傅里叶变换沿v_r等于零所取的值。这就是中心切片定理。

为了进一步说明上述定理，考虑一个有界物体，通过对它的所有二维空间频率分量的线性叠加总能合成这一物体。

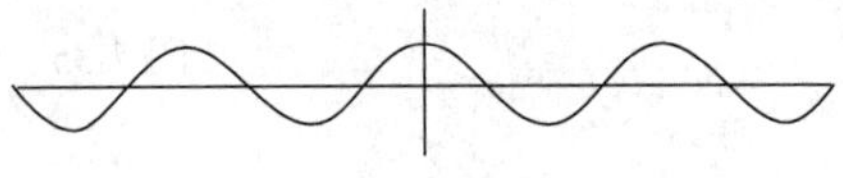

图 7-38　余弦分量

现在考虑一个余弦分量，如图 7-38 所示。

仅当投影方向平行于波脊时，投影才不等零。在这个特定方向下，整个余弦分量被投影到x_r轴上，分量的傅里叶变换如图 7-39 所示。

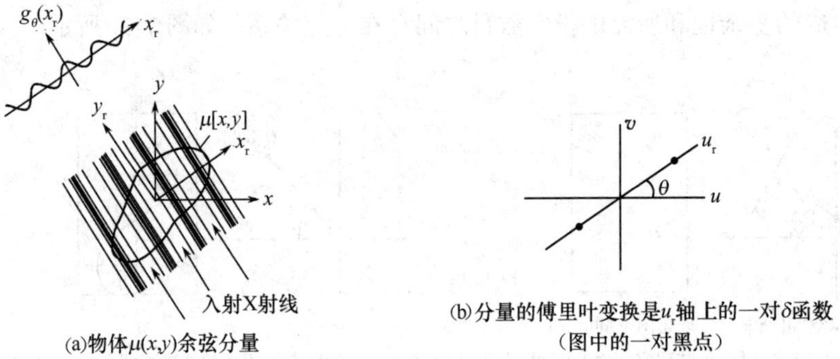

图 7-39　分量的傅里叶变换

原物体是由许多具有不同相位不同频率和不同方向的正弦波分量叠加而成的。由这一定理得出两个结论。

① 在这些投影中的确包含了足够的信息用来重建一般物体；

② 为了重建这一物体，需要无穷多个或连续的投影数据。因为只有这样才能完全确定傅里叶空间的物体分布，从而通过反变换确定实际物体。实际上用有限个投影角，每个投影以有限样本就可以得到满意的重建。

(4) 反投影与累加图像

反投影是指投影之逆，形象地解释是取x_r的一维函数（投影数据），把它沿y_r方向向整个空间均匀地抹一次，由此产生一个二维分布$K_\theta(x_r,y_r)$。其概念如图 7-40 所示。

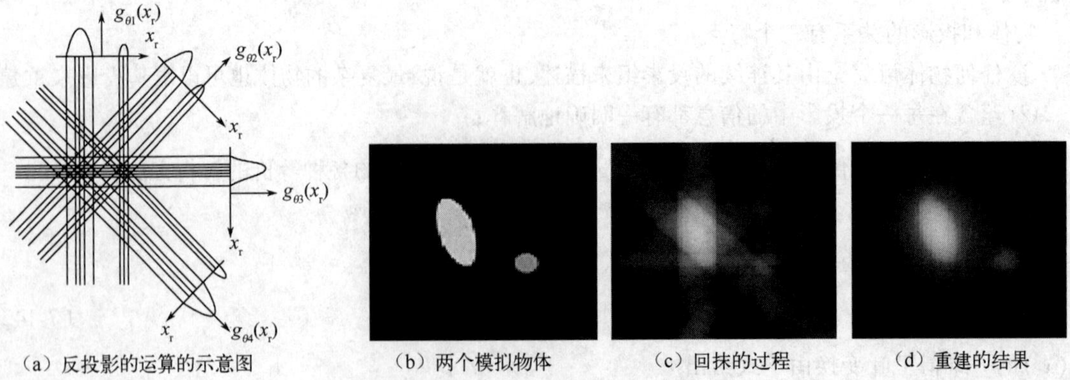

图 7-40　反投影操作的示意图及实际效果

用数学表示，一维投影 $g_\theta(x_r)$ 的反投影由下式给出

$$K_\theta(x_r, y_r) = g_\theta(x_r) \tag{7-145}$$

极坐标下

$$K_\theta(r, \alpha) = g_\theta[r\cos(\alpha - \theta)] \tag{7-146}$$

把许多反投影加以组合就会产生一个新的二维图像，称为累加图像。如果我们取相应于不同角度 θ_i 的一组物体投影的一系列离散的反投影，则累加图像就是各个反投影的算数和。

离散情况为

$$b_\alpha(r, \alpha) = \sum_i K_{\theta_i}(x_r, y_r) = \sum_i g_{\theta_i}(x_r) = \sum_i g_{\theta_i}[r\cos(\alpha - \theta)] \tag{7-147}$$

在连续情况下为

$$b(r, \alpha) = \frac{1}{\pi}\int_0^\pi K_\theta(x_r, y_r)\,\mathrm{d}\theta = \frac{1}{\pi}\int_0^\pi g_\theta(x_r)\,\mathrm{d}\theta = \frac{1}{\pi}\int_0^\pi g_\theta[r\cos(\alpha - \theta)]\,\mathrm{d}\theta \tag{7-148}$$

对 θ 的积分区间在 $0 \sim \pi$ 之间就可获得全部信息。$b(r, \alpha)$ 就是反投影图像，称其为“层图”（Layergram）。

从图 7-40 可以看出，反投影就是把一维的投影数据均匀地回抹到二维空间。从重建结果可以看出，物体是两个不同尺寸的黑的圆形图像(a)或图(b)、(c)、(d)的白色椭圆。

(5) Radon 反变换

由中心切片定理

$$G_\theta(u_r) = \int_{-\infty}^{\infty}\int_{-\infty}^{\infty} f(x_r, y_r)\exp[-2\pi \mathrm{j}(u_r x_r + v_r y_r)] \cdot \mathrm{d}x_r\mathrm{d}y_r \Big|_{v_r=0}$$

$$= G_\theta(u_r, 0) \tag{7-149}$$

写成极坐标形式为

$$G_\theta(u_r) = M(\rho, \alpha_\rho)\Big|_{\rho=+u_r, \alpha_\rho=\theta}, \quad u_r \geqslant 0, 0<\theta \leqslant \pi \tag{7-150}$$

$$G_\theta(u_r) = M(\rho, \alpha_\rho)\Big|_{\rho=-u_r, \alpha_\rho=\theta+\pi}, \quad u_r \leqslant 0, \pi<\theta \leqslant 2\pi \tag{7-151}$$

傅里叶空间中的一点 M 可用极坐标(ρ, α_ρ)来表示，也可以用坐标(u_r, θ)表示（见图 7-41）。这里写成两部分是必要的。因为傅里叶空间的极坐标定义区间为 $\rho \geqslant 0, 0<\alpha_\rho \leqslant 2\pi$；而数据采集坐标 θ 和 u_r 的定义在 $-\infty < u_r < \infty$，$0 \leqslant \theta \leqslant \pi$。

用极坐标表示傅里叶反变换为

$$m(r, \alpha) = \int_0^{2\pi}\mathrm{d}\alpha_\rho\int_0^\infty \rho M(\rho, \alpha_\rho) \cdot \exp[2\pi \mathrm{j}\rho r\cos(\alpha_r)]\,\mathrm{d}\rho \tag{7-152}$$

为了把物体函数用它的投影 $g_\theta(x_r)$ 清楚的表示出来，我们把上式分成两部分，即

$$m(r, \alpha) = I_1 + I_2$$

$$I_1 = \int_0^\pi \mathrm{d}\alpha_\rho\int_0^\infty \rho M(\rho, \alpha_\rho)\exp[2\pi \mathrm{j}\rho r\cos(\alpha_\rho)]\,\mathrm{d}\rho \tag{7-153}$$

$$I_2 = \int_\pi^{2\pi} \mathrm{d}\alpha_\rho\int_0^\infty \rho M(\rho, \alpha_\rho)\exp[2\pi \mathrm{j}\rho r\cos(\alpha_\rho)]\,\mathrm{d}\rho \tag{7-154}$$

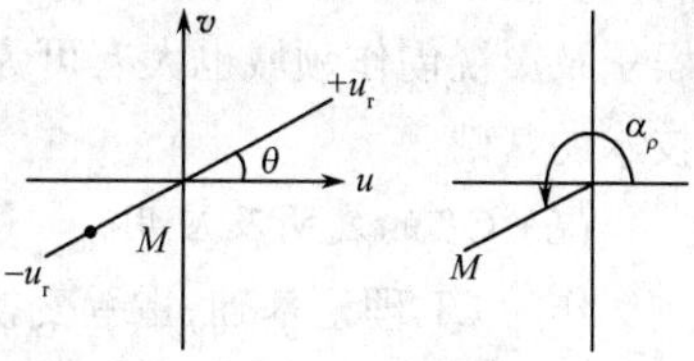

图 7-41　傅里叶空间中的一点 M 可用极坐标(ρ, α_ρ)来表示

由于 $\rho = u_r, \theta = \alpha_\rho$，则

$$I_1 = \int_0^\pi \mathrm{d}\theta\int_0^\infty u_r M(u_r, \theta)\exp[2\pi \mathrm{j}u_r r\cos(\theta - \alpha)]\,\mathrm{d}u_r \tag{7-155}$$

利用投影定理

$$I_1 = \int_0^\pi \mathrm{d}\theta\int_0^\infty u_r G_\theta(u_r)\exp(\mathrm{j}2\pi u_r x_r)\,\mathrm{d}u_r \tag{7-156}$$

此式中利用了 $x_r = r\cos(\alpha - \theta)$。再利用 $-u_r = \rho, \theta = \alpha_\rho - \pi$

则

$$I_2 = -\int_0^\pi \mathrm{d}\theta\int_{-\infty}^0 u_r G_\theta(u_r)\exp(2\pi \mathrm{j}u_r x_r)\,\mathrm{d}u_r \tag{7-157}$$

合并式(7-156)和式(7-157)得

$$m(r, \alpha) = \int_0^\pi \mathrm{d}\theta\int_{-\infty}^\infty |u_r| G_\theta(u_r)\exp(2\pi \mathrm{j}u_r x_r)\,\mathrm{d}u_r \tag{7-158}$$

这一式子可理解为 $|u_r| \cdot G_\theta(u_r)$ 的一维傅里叶反变换。该式也可以写成下列形式

$$m(r, \alpha) = \frac{1}{2\pi \mathrm{j}}\int_0^\pi \mathrm{d}\theta\left[\frac{\partial}{\partial x_r}\int_{-\infty}^\infty \mathrm{sgn}(u_r) \cdot G_\theta(u_r)\exp(2\pi \mathrm{j}u_r x_r)\right]\mathrm{d}u_r \tag{7-159}$$

式中

$$\operatorname{sgn}(u_{\mathrm{r}})=\begin{cases}+1, u_{\mathrm{r}}>0\\0, \quad u_{\mathrm{r}}=0\\-1, u_{\mathrm{r}}<0\end{cases} \tag{7-160}$$

这里 $|u_{\mathrm{r}}|=u_{\mathrm{r}}\operatorname{sgn}(u_{\mathrm{r}})$,应用卷积定理有

$$m(r,\alpha)=\frac{1}{2\pi^2}\int_0^{\pi}\mathrm{d}\theta\left\{\frac{\partial}{\partial x_\theta}\left[g_\theta(x_{\mathrm{r}})*\mathscr{P}\left(\frac{1}{x_{\mathrm{r}}}\right)\right]\right\}\Bigg|_{x_{\mathrm{r}}=r\cos(\alpha-\theta)} \tag{7-161}$$

式中 $\mathscr{P}$ 代表柯西主值。

这种结果中利用了傅里叶变换的对偶性,即

$$\mathscr{F}[\operatorname{sgn}(x)]=\frac{1}{(\pi \mathrm{j} u)}$$

$$\mathscr{F}\left(\frac{1}{\pi \mathrm{j} u}\right)=\operatorname{sgn}(-u)=-\operatorname{sgn}(u) \tag{7-162}$$

即

$$\mathscr{F}^{-1}[\operatorname{sgn}(u)]=-\frac{1}{\pi \mathrm{j} x}$$

这个结论中,右边就是柯西主值。

由卷积的定义,容易证明

$$\frac{\partial}{\partial x}[f(x)*g(x)]=f'(x)*g(x)$$

$$f'(x)=\frac{\partial f(x)}{\partial x} \tag{7-163}$$

因此式(7-158)可写为

$$m(r,\alpha)=\frac{1}{2\pi}\int_0^{\pi}\mathrm{d}\theta\mathscr{P}\int_{-\infty}^{\infty}\frac{\partial g_\theta(x_{\mathrm{r}}')/\partial x_{\mathrm{r}}'}{r\cos(\alpha-\theta)-x_{\mathrm{r}}'} \tag{7-164}$$

这就是 Randon 反变换的一种方式。这是图像重建的一个重要理论。这仅仅是图像重建的一种医学应用,正像在本书绪论中讲到的那样,三维重建算法发展很快,而且由于与计算机图形学相结合,把多个二维图像合成三维图像,并加以光照模型和各种渲染技术,能生成各种具有强烈真实感及纯净的高质量图像。该技术的应用不仅在医学诊断、工业无损检测、科学研究上有重要应用,而且在文化娱乐及影视创作领域也大有可为。同时,三维重建技术也是当今颇为热门的虚拟现实和科学可视化技术的基础。

(6) CT 的发明及应用

作为 CT 理论基础,雷登变换是约翰·雷登(Johnn Radon)提出的,他是出生在维也纳的数学家,他在 1917 年导出了一种沿平行射线投影二维物体的方法,这是他在线积分方面工作的一部分(就是现在的 Radon 变换)。后来,塔夫茨大学的物理学者埃兰·M·考玛克(Allan M. Cormack)重新发现了这些概念,并把它们应用到 CT 上。考玛克在 1963 年和 1964 年发表了他的最初发现,并且说明了如何从不同角度得到的 X 射线图像重建人体横截面图像。他给出了重建所需要的数学公式,并且构建了一个用于展示其概念的实际 CT 原型。与此同时,伦敦 EMI 公司的电气工程师高德弗里·N·豪斯菲尔德(Godfrey N. Hounsfield)及其同事也独立给出了类似的解决方法,并建立了第一台医学 CT 机。由于他们对医学断层技术的贡献,考玛克和豪斯菲尔德共同获得了 1979 年的诺贝尔医学奖。X 射线计算机断层成像的目的是通过 X 射线从多个不同的方向对物体进行 X 射线扫描,得到物体内部结构的三维表示。想象一下传统的胸部 X 光片,它是用 X 射线感光板来拍摄的,然后用锥形的 X 光束"照射"物体(或人体)。X 射线板将产生一幅图像,图像的灰度在一点上与入射到该点上的 X 射线能量成正比。这就是我们熟知的二维投影,这是多类物质对 X 射线吸收的叠加效果。计算机断层扫描试图通过在身体中生成切片来获取人体内部信息,一个三维描述可以用堆叠这些切片来得到。CT 实现要经济得多,因为获得高分辨率切片所需的检测器数量要比生成相同分辨率的完整二维投影所需的检测器数目少得多。计算负担和 X 射线剂量也较少。图 7-42 是伦琴教授及其得到的

手部透视照片。图 7-43 是 CT 技术的发明者。

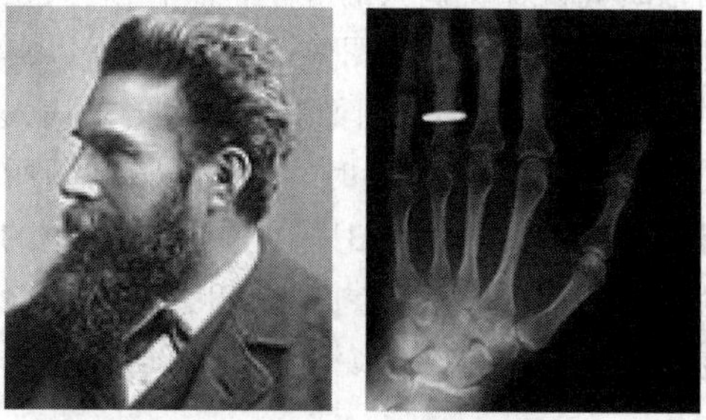

图 7-42　发现 X 射线的伦琴教授及其妻子的手部透视照片

图 7-43　发明 CT 技术的埃兰 · M · 考玛克教授和高德弗里 · N · 豪斯菲尔德工程师

第一代(G1)CT 扫描装置采用“铅笔”型 X 射线束和单个检测器,如图 7-44(a)所示。对于一个给定的旋转角度,射线源和检测器对沿着所示的线性方向递增式地平移。投影由测量每个平移处检测器的输出产生。完成线性平移之后,旋转射线源和检测器组合,并重复该过程得到不同角度上的另一个投影。该过程在 0 °到 180 °内对所有的角度重复,生成一组完整的投影数据,由此得到一幅最终的切片图像(通过三维物体的一个切片)。一组横截面图像(切片)是通过递增地移动被摄体而产生的经过射线源/检测器平面。通过计算,将这些图像叠加在一起可以生成身体某一段的三维体。医学成像的第一代扫描仪不久就不再生产了,但由于它们的几何学原理作为介绍 CT 成像的基础还是比较容易理解的,所以,在阐述 CT 原理时还是常常用到。

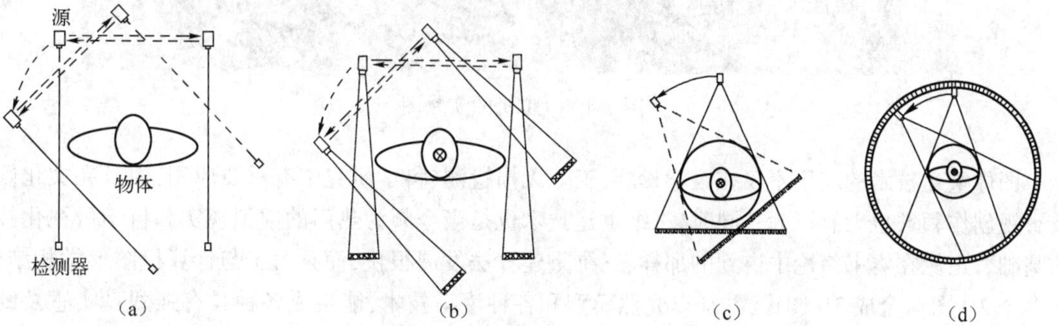

图 7-44　第四代 CT 扫描器。带箭头的点划直线表示递增线性运动。虚线箭头弧表示增量旋转。物体顶部的十字标记表示垂直于纸面的线性运动。图(a)和图(b)中的双箭头表示射线源/检测器单元被平移后又回到了其原始位置

第二代(G2)CT 扫描器[见图 7-44(b)]与第一代扫描器的工作原理相同,但所用射线束是扇形的。这就允许使用多个检测器,因而,射线源和检测器对的平移较少。

第三代(G3)扫描器较前两代 CT 在几何原理上有较大的改进。如图 7-44(c)所示,G3 扫描器使用足够长的一族检测器(约有 1000 个独立的检测器)来覆盖一个更宽射线束的整个视野。因此,每个角度的增量都会产生一个完整的投影,从而消除了如 G1 和 G2 扫描器那样对射线源和检测器对平移的需求。

第四代(G4)扫描器更进一步。它使用一个圆环检测器族(约有 5000 个独立的检测器),扫描器仅仅是射线源旋转。G3 和 G4 扫描器的主要优点是速度快,主要缺点是造价高和较大的 X 射线散射,它需要比 G1 和 G2 扫描器更高的剂量才能达到与前几代可比拟的信噪比特性。

新的扫描模式已经开始使用。例如,第五代(G5)CT 扫描器是电子束计算机断层(EBCT)扫描器,它取消了所有的机械运动,而改为以电磁方式来控制电子束。通过触发环绕病人的钨极板,电子

束产生 X 射线，然后 X 射线被整形为通过病人的扇形射线束，并激发如 G4 扫描器那样的检测器环。获得 CT 图像的传统方法是在生成一幅图像所需的扫描时间内保持病人的静止。然后，病人在垂直于成像平面上用机动工作台递增移动位置时停止扫描，然后获得下一幅图像，重复该过程以覆盖身体的指定部分所需的增量为止。虽然不到 1 秒就可得到一幅图像，但在图像获取期间要求病人摒住呼吸（如腹部和胸部扫描）。完成 30 幅图像的采集过程可能需要几分钟时间。解决该问题所用的一种方法是螺旋 CT，有时也称为第六代（G6）CT。在该方法中，G3 和 G4 扫描器使用一种所谓的滑动环，它取消了射线源-检测器和处理单元之间所需要的电气和信号电缆连接。然后，射线源-检测器对连续旋转 360°，同时病人在垂直于扫描的方向恒速移动。结果得到连续的螺旋运动的数值，这些数据经处理后就可得到各幅切片图像。

第七代（G7）扫描器（也称为多切片 CT 扫描器）即将问世，这种扫描器组合使用“密集的”扇形射线束和平行检测器族，同时收集物体（或人体）CT 数据，即三维横截“板”，而不是每个 X 射线脉冲产生单个横截面图像。除了有效地增加了细节，这种方法的优点是它使用的 X 射线管更经济，因此降低了成本和潜在地降低了射线剂量。图 7-45 是 CT 机的实物图。

图 7-45　CT 机的实物图

图像重建技术的应用不仅在医学诊断、工业无损检测、科学研究中有重要应用，而且在文化娱乐及影视创作领域也大有可为。同时，三维重建技术也是当今颇为热门的虚拟现实和科学可视化技术的基础。正像在本书绪论中讲到的那样，三维重建算法发展很快，而且由于与计算机图形学相结合，把多个 2D 图像合成 3D 图像，并加以光照模型和各种渲染技术，能生成各种具有强烈真实感及纯净的高质量图像。

思考题

1. 图像重建中数据的获取模型有哪几种？
2. 详细推导笛卡儿坐标下旋转一个角度的新坐标下的数学关系。
3. 假设将函数投影到一条经过旋转的直线上，该直线的旋转角度为 θ，投影点通过对距离 t 轴为 s_1 处的一条平行线进行函数积分如何表示？
4. 笛卡儿坐标和极坐标有什么关系？写出极坐标下的傅里叶变换形式。
5. 画出 Rho 滤波器传递函数的三维示意图。
6. 试述傅里叶重建法的基本原理。
7. 试述卷积法图像重建的基本原理。
8. 试述代数法重建的基本原理。
9. 重建优化问题有什么意义？
10. 图像重建中滤波器的作用如何？试用传统的滤拨器处理之，并观察其效果。
11. 试述重建图像显示中 γ 校正的意义。

12. 有几种光照模型,试述其原理及作用。
13. CT 断层成像的基本原理是什么?
14. 试述雷登变换的基本原理。
15. 证明单位冲激函数 $\delta(x,y)$ 的雷登变换是 $\rho\theta$ 平面中通过原点的一条垂直线。
16. 证明冲激 $\delta(x-x_0,y-y_0)$ 的雷登变换是在 $\rho\theta$ 平面中的一条正弦曲线。
17. 证明雷登变换是一个线性算子。
18. 证明雷登变换的平移性质:$f(x-x_0,y-y_0)$ 的雷登变换是 $g(\rho-x_0\cos\theta-y_0\sin\theta,\theta)$。
19. 雷登变换的卷积性质:证明两个函数的卷积的雷登变换等于两个函数的雷登变换的卷积。
20. 证明高斯形状的 $f(x,y)=A\exp(-x^2-y^2)$ 的 Radon 变换由 $g(\rho,\theta)=A\sqrt{\pi}\exp(-\rho^2)$ 给出。
21. 用实例说明物体构造的复杂性和所需的投影数目之间存在一定关系。
22. 物体和投影的关系有哪些特点?
23. 试述反投影与累加图的物理概念。
24. 试述 CT 的发展历程。
25. 从伦琴教授发现 X 光的经历中,我们应该向他学习怎样的科学精神?
26. 从 CT 技术获诺贝尔奖的实例我们得到了哪些启示?

第8章　图像分析

对图像进行增强、复原、编码等处理时，输入的是图像，所要求输出的是一幅近似于输入的图像，这是此类处理的一个特点。图像处理的另一个主要分支是图像分析或景物分析。这类处理的输入仍然是图像，但是所要求的输出是已知图像或景物的描述。这类处理基本上用于自身图像分析和模式识别一类的领域。例如，染色体的分类、排列，血球的分类、计数，航空照片的地貌分类及机器人的识别系统等。描述一般是针对图像或景物中的特定区域或目标。为了描述，首先要进行分割，有些分割运算可直接用于整个图像，而有些分割算法只适用于已被局部分割的图像。例如，分割染色体的处理，可先用设置门限的方法把染色体和背景分割开来，然后可采用尺寸大小、形状等准则进一步将其分割成单个染色体。

值得注意的一点是，没有唯一的、标准的分割方法，因此，也就没有规定成功分割的准则。本章只讨论一些最基本的分割、描述方法。

8.1　分　　割

分割的目的是把图像空间分成一些有意义的区域。例如一幅航空照片，可以分割成工业区、住宅区、湖泊、森林等。可以以逐个像素为基础去研究图像分割，也可以利用在规定领域中的某些图像信息去分割。分割的依据可建立在相似性和非连续性两个基本概念之上。

8.1.1　灰度阈值法分割

最常用的图像分割方法是把图像灰度分成不同的等级，然后用设置灰度门限的方法确定有意义的区域或欲分割的物体之边界。

假定一幅图像具有图 8-1 所示的直方图。由直方图可以知道图像 $f(x,y)$ 的大部分像素灰度值较低，其余像素较均匀地分布在其他灰度级上。由此可以推断这幅图像是由有灰度级的物体叠加在一个暗背景上形成的。可以设一个阈值 T，把直方图分成两个部分，如图 8-1 所示。T 的选择要遵循如下原则：B_1 应尽可能包含与背景相关联的灰度级，而 B_2 则应包含物体的所有灰度级。

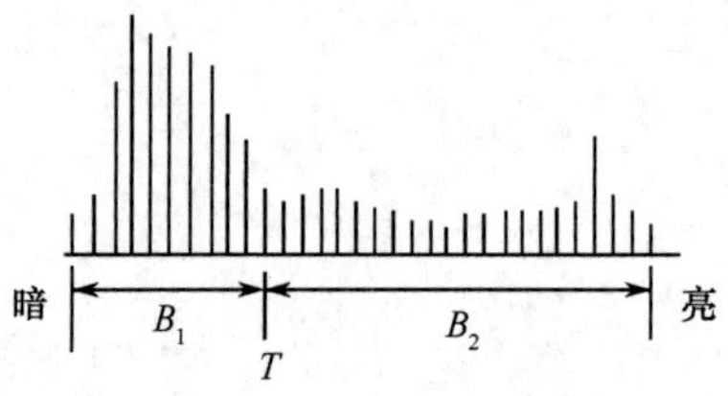

图 8-1　图像 $f(x,y)$ 的直方图

当扫描这幅图像时，从 B_1 到 B_2 之间的灰度变化就指示出有边界存在。当然，为了找出水平方向和垂直方向上的边界，要进行两次扫描。也就是说，首先确定一个门限 T，然后执行下列步骤：

第一，对 $f(x,y)$ 的每一行进行检测，产生的图像的灰度将遵循如下规则

$$f_1(x,y)=\begin{cases} L_E & f(x,y)\text{ 和 }f(x,y-1)\text{ 处在不同的灰度级上} \\ L_B & \text{其他} \end{cases} \tag{8-1}$$

式中，L_E 是指定的边缘灰度级，L_B 是背景灰度级。

第二，对 $f(x,y)$ 的每一列进行检测，产生的图像的灰度将遵循下述规则

$$f_2(x,y)=\begin{cases} L_E & f(x,y)\text{ 和 }f(x-1,y)\text{ 灰度处在不同的灰度级上} \\ L_B & \text{其他} \end{cases} \tag{8-2}$$

为了得到边缘图像,可采用下述方法处理:

$$f(x,y)=\begin{cases}L_E & f_1(x,y)\text{或}f_2(x,y)\text{中的任何一个等于}L_E\\ L_B & \text{其他}\end{cases} \tag{8-3}$$

上述方法是以某像素到下一个像素间灰度的变化为基础的。这种方法也可以推广到多灰度级阈值方法中。由于确定了更多的灰度级阈值,可以提高边缘抽取的能力,其关键问题是如何选择阈值。

一种方法是把图像变成二值图像。例如,图像$f(x,y)$的灰度级范围是(z_l,z_h),设T是z_l和z_h之间的一个数,那么$f_t(x,y)$可由式(8-4)表示

$$f_t(x,y)=\begin{cases}1 & \text{若}f(x,y)\geqslant T\\ 0 & \text{若}f(x,y)<T\end{cases} \tag{8-4}$$

另一方法是把规定的灰度级范围变换为1,而把范围以外的灰度级变换为0,例如

$$f_u(x,y)=\begin{cases}1 & \text{若}f(x,y)\leqslant u\\ 0 & \text{若}f(x,y)>u\end{cases} \tag{8-5}$$

$$f_{u,v}(x,y)=\begin{cases}1 & \text{若}u\leqslant f(x,y)\leqslant v\\ 0 & \text{其余}\end{cases} \tag{8-6}$$

另外,还有一种所谓半阈值法,这种方法是将灰度级低于某一阈值的像素灰度变换为0,而其余的灰度级不变,仍保留原来的灰度值。总之,设置灰度级阈值的方法不仅可以提取物体,也可以提取目标物的轮廓。这些方法都是以图像直方图为基础去设置阈值的。

那么,在分割中如何设置最佳阈值呢?假设一幅图像是由背景和物体组成。其中,物体像素的灰度级具有正态概率密度$p(z)$,其均值为μ,方差为σ^2;而背景像素的灰度级也具有正态概率密度$q(z)$,其均值为υ,方差为τ^2。物体占图像总面积的比为θ,背景占总面积的比为$1-\theta$,所以这幅图像总的灰度级概率密度为

$$\theta p(z)+(1-\theta)q(z) \tag{8-7}$$

假设对图像设置一阈值t,并且把小于t的全部点称为目标物体点,而把大于等于t的所有点称为背景点。那么,把背景点错归为物体点的概率为$Q_1(t)$,把物体点错归为背景点的概率为$Q_2(t)$,则有

$$Q_1(t)=\int_{-\infty}^{t}q(z)\,\mathrm{d}z \tag{8-8}$$

$$Q_2(t)=\int_{t}^{\infty}p(z)\,\mathrm{d}z=1-p(t) \tag{8-9}$$

总的错分概率为 $$\theta Q_2(t)+(1-\theta)Q_1(t)=\theta[1-p(t)]+(1-\theta)Q_1(t) \tag{8-10}$$

要求得式(8-10)的最小阈值,可将此式对t微分,并令其结果为0,则得到

$$(1-\theta)q(t)=\theta p(t) \tag{8-11}$$

因为 $$p(t)=\frac{1}{\sqrt{2\pi}\sigma}\exp\left[\frac{-(t-\mu)^2}{2\sigma^2}\right] \tag{8-12}$$

$$q(t)=\frac{1}{\sqrt{2\pi}\tau}\exp\left[\frac{-(t-\upsilon)^2}{2\tau^2}\right] \tag{8-13}$$

代入式(8-11),并取对数 $$\ln\sigma+\ln(1-\theta)-\frac{(t-\upsilon)^2}{2\tau^2}=\ln\tau+\ln\theta-\frac{(t-\mu)^2}{2\sigma^2} \tag{8-14}$$

或者 $$\tau^2(t-\mu)^2-\sigma^2(t-\upsilon)^2=2\sigma^2\tau^2\ln\frac{\tau\theta}{\sigma(1-\theta)} \tag{8-15}$$

由这个二次方程可以求解出t值。如果$\theta=1/2$,$\tau=\sigma$,那么

$$t=(\mu+\upsilon)/2 \tag{8-16}$$

这一结果可以证明如下：

如果知道图像点的 θ 部分是物体点，那么可以设一个分位数 θ，即设置一个阈值 t，使像点的一部分 θ 具有小于 t 的灰度级，因此，有

$$\int_{-\infty}^{t} [\theta p(z) + (1-\theta) q(z)] \mathrm{d}z = \theta \tag{8-17}$$

在 $\theta=1/2$ 和 $\tau=\sigma$ 的情况下，密度函数

$$\mathrm{d}z=\frac{1}{\sqrt{2\pi}\sigma}\exp\left[\frac{-(z-\mu)^2}{2\sigma^2}\right]+\exp\left[\frac{-(z-\upsilon)^2}{2\sigma^2}\right]$$

在点 $z=(\mu+\upsilon)/2$ 周围是对称的，即对任何 ω 有

$$\mathrm{d}\left(\frac{\mu+\upsilon}{2}+\omega\right)=\mathrm{d}\left(\frac{\mu+\upsilon}{2}-\omega\right) \tag{8-18}$$

因此，$\frac{\mu+\upsilon}{2}$是 $\mathrm{d}(z)$ 的中位数。将 $\theta p(z)+(1-\theta)q(z)$ 对 z 微分，并令其结果为零，可找出该式的极大值和极小值，即

$$\theta\tau^3\exp\left[\frac{-(z-\mu)^2}{2\sigma^2}\right](z-\mu)+(1-\theta)\sigma^3\exp\left[\frac{-(z-\upsilon)^2}{2\tau^2}\right](z-\upsilon)=0 \tag{8-19}$$

在特殊情况下，式(8-19)可简化为式(8-20)的形式

$$\exp\left[\frac{-(z-\mu)^2}{2\sigma^2}\right](z-\mu)+\exp\left[\frac{-(z-\upsilon)^2}{2\sigma^2}\right](z-\upsilon)=0 \tag{8-20}$$

此式在 $z=(\mu+\upsilon)/2$ 处有一个根。这个根是对应的极大值还是极小值需验证 $\mathrm{d}(z)$ 的导数。在忽略共同的正的常数因子的情况下，它的一阶导数为

$$\mathrm{d}'(z)=-(z-\mu)\exp\left[\frac{-(z-\mu)^2}{2\sigma^2}\right]-(z-\upsilon)\exp\left[\frac{-(z-\upsilon)^2}{2\sigma^2}\right] \tag{8-21}$$

对于 $z<\mu$，式(8-21)两项均为正，$z>\upsilon$，这两项都为负，因此当 $z<\mu$ 时，$\mathrm{d}(z)$ 严格递增，而$z>\upsilon$时，$\mathrm{d}(z)$ 严格递减。另外

$$\mathrm{d}''(z)=\left[\frac{(z-\mu)^2}{\sigma^2}-1\right]\exp\left[\frac{-(z-\mu)^2}{2\sigma^2}\right]+\left[\frac{(z-\upsilon)^2}{\sigma^2}-1\right]\exp\left[\frac{-(z-\upsilon)^2}{2\sigma^2}\right] \tag{8-22}$$

同样，略去共同的正的常数因子，当 $z=\frac{(\mu+\upsilon)}{2}$时，此式取值为

$$2\left[\frac{(\upsilon-\mu)^2}{4\sigma^2}-1\right]\exp\left[\frac{-(\upsilon-\mu)^2}{8\sigma^2}\right] \tag{8-23}$$

这样，如果$(\upsilon-\mu)^2>4\sigma^2$，则 $\mathrm{d}''\left(\frac{\mu+\upsilon}{2}\right)$为正。那么 $\mathrm{d}(z)$ 在 $z=(\mu+\upsilon)/2$ 处有极小值，并且由于 $z<\mu$ 时，$\mathrm{d}(z)$ 递增，$z>\upsilon$ 时，$\mathrm{d}(z)$ 递减，则在 μ 和$(\mu+\upsilon)/2$ 之间及在$(\mu+\upsilon)/2$ 和 υ 之间它还必须有极大值。若 $\upsilon-\mu>2\sigma$，阈值$(\mu+\upsilon)/2$ 对应于 $\mathrm{d}(z)$ 的两峰间的一个极小值。以上便是在 $\theta=\frac{1}{2}$，$\tau=\sigma$ 的情况下，对 $t=(\mu+\upsilon)/2$ 的简单分析。当然，即使概率密度函数 $p(z)$ 和 $q(z)$ 不是正态分布，方程$(1-\theta)q(t)=\theta p(t)$仍可用来确定最小误差阈值 t，只要 p 和 q 是已知函数，就可以用数值解法来对 t 求解。

对于复杂图像，在许多情况下对整幅图像用单一阈值不能给出良好的分割结果。例如，图像是在光亮背景上的暗物体，但由于照射光的不均匀，虽然物体与背景始终有反差，但在图像的某一部分物体和背景两者都比另一部分亮。因此，在图像的一部分能把物体和背景精确地分开的阈值，对另一部分来说，可能把太多的背景也当作物体分割下来了。克服这一缺点有如下一些方法：如果已知在图像上的位置函数描述不均匀照射，就可以设法利用灰度级校正技术进行校正，然后采用单一阈

值来分割;另一种方法是把图像分成小块,并对每一块设置局部阈值。但是,如果某块图像只含物体或只含背景,那么对这块图像就找不到阈值。这时,可以由附近的像块求得的局部阈值用内插法给此像块指定一个阈值。

在确定阈值时,如果阈值定得过高,偶然出现的物体点就会被认做背景。如果阈值定得过低,则会发生相反的情况。克服的方法是使用两个阈值。例如,$t_1<t_2$,把灰度值超过 t_2 的像素分类为核心物体点,而灰度值超过 t_1 的像素仅当它们紧靠核心物体点时才算做是物体点。t_2 的选择要使每个物体有一些像素灰度级高于 t_2,而背景不含有这样的像素。同时,应选择 t_1 使每个物体像素点具有高于 t_1 的灰度级。如果只使用 t_2,则物体总是分割得不完整;如果只使用 t_1,则会有许多背景像素被错分为物体像素。但是,如果同时使用 t_1 和 t_2 就能把背景与物体很好地分割开来。当然,如果物体与背景的对比是鲜明的,就不必使用这种方法。

此外,如果存在一个阈值 t_2,使得每个物体的像素灰度级高于 t_2,而背景不包含这种像素,可对图像设置阈值 t_2,然后检查高于阈值像素的邻域,目的是寻找一个局部阈值,以便在每个类似邻域中把物体和背景分开。如果这些物体相当小,并且不太靠近在一起时,这种方法比较适用。所使用的邻域应足够大,以保证它们既包含物体像素,也包含背景像素,这样就可以使邻域的直方图是双峰的。

有时需要寻找一幅图像的局部最大点,即提取比附近像素有较高的某种局部性质值的像素。一般来讲,也要求这些点具有高于一个低阈值 t_1 的值,一旦超过 t_1,不管它的绝对值大小如何,一切相对的最大值都被采纳。因此,可把寻找局部最大值看作为局部设置阈值的极端情况。在对图像进行匹配运算或检测界线时可采用这种方法。

8.1.2 样板匹配

在数字图像处理中,样板是为了检测某些不变区域特性而设计的阵列。样板可根据检测目的不同分为点样板、线样板、梯度样板、正交样板等。

点样板的例子如图 8-2 所示。下面用一幅具有恒定强度背景的图像来讨论。这幅图像包含了一些强度与背景不同且互相隔开的小块(点),假设小块之间的距离大于$[(\Delta x)^2+(\Delta y)^2]^{\frac{1}{2}}$,这里 Δx、Δy 分别是在 x 和 y 方向的取样距离,用点样板的检测步骤如下:

−1	−1	−1
−1	8	−1
−1	−1	−1

图 8-2 点样板

样板中心(标号为 8)沿着图像从一个像素移到另一个像素,在每一个位置上,把处在样板内的图像的每一点的值乘以样板的相应方格中指示的数字,然后把结果相加。如果在样板区域内所有图像的像素有同样的值,则其和为零。另外,如果样板中心位于一个小块的点上,则其和不为零。如果小块在偏离样板中心的位置上,其和也不为零,但其响应幅度比起这个小块位于样板中心的情况时要小一些,这时,可以采用阈值法清除这类较弱的响应,如果其幅度值超过阈值,就意味着小块被检测出来了;如果幅度值低于阈值则忽略掉。

例如,设 $w_1, w_2, \cdots, w_9$ 代表 3×3 模板的权,并使 $x_1, x_2, \cdots, x_9$ 为模板内各像素的灰度值。从上述方法来看,应求两个矢量的积,即

$$\boldsymbol{W}^{\mathrm{T}}\boldsymbol{X} = w_1x_1 + w_2x_2 + \cdots + w_9x_9 = \sum_{n=1}^{9} w_nx_n \tag{8-24}$$

式中

$$\boldsymbol{W}=\begin{bmatrix} w_1 \\ w_2 \\ \vdots \\ w_9 \end{bmatrix}, \quad \boldsymbol{X}=\begin{bmatrix} x_1 \\ x_2 \\ \vdots \\ x_9 \end{bmatrix} \tag{8-25}$$

设置一阈值 T,如果

$$\boldsymbol{W}^{\mathrm{T}}\boldsymbol{X}>T \tag{8-26}$$

我们认为小块已检测出来了。这个步骤可很容易地推广到 $n×n$ 大小的样板,不过此时要处理 n^2

维矢量。

线检测样板如图 8-3 所示。其中,样板(a)沿一幅图像移动,它将对水平取向的线(一个像素宽度)有最强的响应。样板(b)对 45°方向的那些线具有最好响应;样板(c)对垂直线有最大响应;样板(d)则对−45°方向的那些线有最好的响应。

设 $\boldsymbol{W}_1,\boldsymbol{W}_2,\boldsymbol{W}_3,\boldsymbol{W}_4$ 是图 8-3 中 4 个样板的权值组成的九维矢量。与点样板的操作步骤一样,在图像中的任意一点上,线样板的各个响应为 $\boldsymbol{W}_i^{\mathrm{T}}\boldsymbol{X}$,这里 $i=1,2,3,4$。此处 $\boldsymbol{X}$ 是线样板面积内 9 个像素形成的矢量。给定一个特定的 $\boldsymbol{X}$,希望能确定在所讨论的区域与 4 个线样板中的哪一个有最相近的匹配。如果第 i 个样板响应最大,则可以断定 $\boldsymbol{X}$ 和第 i 个样板最相近。换言之,如果对所有的 j 值,除 $j=i$ 外,有

(a)

−1	−1	−1
2	2	2
−1	−1	−1

(b)

−1	−1	2
−1	2	−1
2	−1	−1

(c)

−1	2	−1
−1	2	−1
−1	2	−1

(d)

2	−1	−1
−1	2	−1
−1	−1	2

图 8-3　线检测样板

$$\boldsymbol{W}_i^{\mathrm{T}}\boldsymbol{X}>\boldsymbol{W}_j^{\mathrm{T}}\boldsymbol{X} \tag{8-27}$$

可以说 $\boldsymbol{X}$ 和第 i 个样板最相近。如果 $\boldsymbol{W}_i^{\mathrm{T}}\boldsymbol{X}>\boldsymbol{W}_j^{\mathrm{T}}\boldsymbol{X}$,$j=2$、3、4,可以断定 $\boldsymbol{X}$ 代表的区域有水平线的性质。

对于边缘检测来说也同样遵循上述原理。通常采用的方法是执行某种形式的二维导数。类似于离散梯度计算,考虑 3×3 大小的模板,如图 8-4 所示。

a	b	c
d	e	f
g	h	i

图 8-4　3×3 样板

考虑 3×3 的图像区域,G_x 及 G_y 分别用下式表示

$$G_x=(g+2h+i)-(a+2b+c) \tag{8-28}$$

$$G_y=(c+2f+i)-(a+2d+g) \tag{8-29}$$

在 e 点的梯度为

$$G=[G_x^2+G_y^2]^{\frac{1}{2}} \tag{8-30}$$

采用绝对值的一种定义为

$$G=|G_x|+|G_y| \tag{8-31}$$

梯度模板如图 8-5 所示。

把图 8-5 的区域与式(8-28)比较,可以看出 G_x 为第一行和第三行的差,其中最靠近 e 的元素(b 和 h)的加权等于角偶上权值的两倍,因此,G_x 代表在 x 方向上导数的估值。式(8-29)至式(8-31)可用图 8-5 中两个样板来实现。

边缘检测也可以表示成矢量,其形式与线样板检测相同。如果 $\boldsymbol{X}$ 代表所讨论的图像区域,则

$$\boldsymbol{G}_x=\boldsymbol{W}_1^{\mathrm{T}}\boldsymbol{X} \tag{8-32}$$

$$\boldsymbol{G}_y=\boldsymbol{W}_2^{\mathrm{T}}\boldsymbol{X} \tag{8-33}$$

这里 $\boldsymbol{W}_1,\boldsymbol{W}_2$ 是图 8-5 中的两个样板矢量。$\boldsymbol{W}_1^{\mathrm{T}},\boldsymbol{W}_2^{\mathrm{T}}$ 分别代表它们的转置。这样,梯度公式(8-30)和式(8-31)变为式(8-34)和式(8-35)的形式。

$$\boldsymbol{G}=[(\boldsymbol{W}_1^{\mathrm{T}}\boldsymbol{X})^2+(\boldsymbol{W}_2^{\mathrm{T}}\boldsymbol{X})^2]^{\frac{1}{2}} \tag{8-34}$$

或

$$\boldsymbol{G}=|\boldsymbol{W}_1^{\mathrm{T}}\boldsymbol{X}|+|\boldsymbol{W}_2^{\mathrm{T}}\boldsymbol{X}| \tag{8-35}$$

检测点、线和边缘的矢量公式可应用于 1977 年费雷和陈提出的一种检测技术。他们提出的检测方法是这样实现的,假定有两个只有 3 个元素的样板,此时,则有两个矢量 $\boldsymbol{W}_1$ 和 $\boldsymbol{W}_2$,它们都是三维的。又假定 $\boldsymbol{W}_1$ 和 $\boldsymbol{W}_2$ 都是正交的和归一化的,因此,它们都有单位幅值。$\boldsymbol{W}_1^{\mathrm{T}}\boldsymbol{X}$ 和 $\boldsymbol{W}_2^{\mathrm{T}}\boldsymbol{X}$ 项分别等于在相应矢量 $\boldsymbol{W}_1$ 和 $\boldsymbol{W}_2$ 上 X 的投影。对于 $\boldsymbol{W}_1$ 来说。

$$\boldsymbol{W}_1^{\mathrm{T}}\boldsymbol{X}=|\boldsymbol{W}_1||\boldsymbol{X}|\cos\theta \tag{8-36}$$

这里 θ 是两个矢量间的夹角。因为 $|\boldsymbol{W}_1|=1$,因此有

$$|\boldsymbol{X}|\cos\theta=\boldsymbol{W}_1^{\mathrm{T}}\boldsymbol{X} \tag{8-37}$$

这就是 $\boldsymbol{X}$ 在 $\boldsymbol{W}_1$ 上的投影,这种情况如图 8-6 所示。对 $\boldsymbol{W}_2$ 来说,亦然。

现在假设有 3 个正交的单位矢量 $\boldsymbol{W}_1$、$\boldsymbol{W}_2$、$\boldsymbol{W}_3$ 分别与 3 个样板相对应，那么乘积 $\boldsymbol{W}_1^{\mathrm{T}}\boldsymbol{X}$、$\boldsymbol{W}_2^{\mathrm{T}}\boldsymbol{X}$、$\boldsymbol{W}_3^{\mathrm{T}}\boldsymbol{X}$ 代表 $\boldsymbol{X}$ 在 3 个矢量 $\boldsymbol{W}_1$、$\boldsymbol{W}_2$、$\boldsymbol{W}_3$ 上的投影。其几何关系如图 8-7 所示。

1	2	1
0	0	0
−1	−2	−1

1	0	−1
2	0	−2
1	0	−1

图 8-5　梯度样板

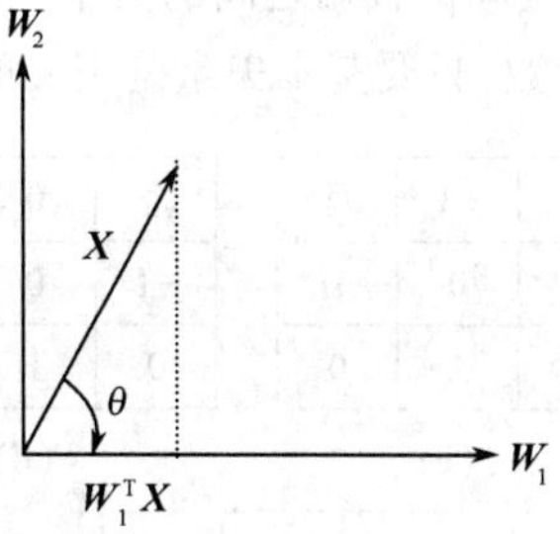

图 8-6　$\boldsymbol{X}$ 向单位矢量 $\boldsymbol{W}_1$ 的投影

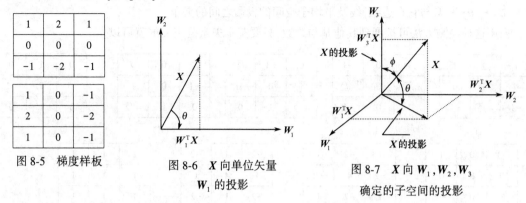

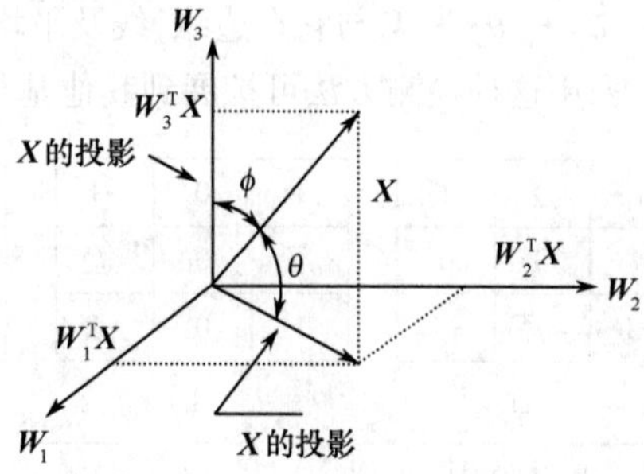

图 8-7　$\boldsymbol{X}$ 向 $\boldsymbol{W}_1,\boldsymbol{W}_2,\boldsymbol{W}_3$ 确定的子空间的投影

假定样板 1 和 2 是检测线的，而样板 3 是检测点的，$\boldsymbol{X}$ 代表的这个区域是更像一条线呢还是更像一个点呢？为了回答这一问题，把 $\boldsymbol{X}$ 投影到 $\boldsymbol{W}_1$、$\boldsymbol{W}_2$、$\boldsymbol{W}_3$ 的子空间上去，$\boldsymbol{X}$ 和子空间的夹角可以说明 $\boldsymbol{X}$ 更接近于线还是更接近于点。这可以从图 8-7 的几何关系上看出来。$\boldsymbol{X}$ 在由 $\boldsymbol{W}_1$ 和 $\boldsymbol{W}_2$ 所确定的平面上投影的幅度可由式(8-34)表示，而 $\boldsymbol{X}$ 的幅度由下式表示

$$|\boldsymbol{X}| = [(\boldsymbol{W}_1^{\mathrm{T}}\boldsymbol{X})^2 + (\boldsymbol{W}_2^{\mathrm{T}}\boldsymbol{X})^2 + (\boldsymbol{W}_3^{\mathrm{T}}\boldsymbol{X})^2]^{\frac{1}{2}} \tag{8-38}$$

$\boldsymbol{X}$ 和其投影间的夹角为

$$\theta = \arccos\left\{\frac{[(\boldsymbol{W}_1^{\mathrm{T}}\boldsymbol{X})^2 + (\boldsymbol{W}_2^{\mathrm{T}}\boldsymbol{X})^2]^{\frac{1}{2}}}{[(\boldsymbol{W}_1^{\mathrm{T}}\boldsymbol{X})^2 + (\boldsymbol{W}_2^{\mathrm{T}}\boldsymbol{X})^2 + (\boldsymbol{W}_3^{\mathrm{T}}\boldsymbol{X})^2]^{\frac{1}{2}}}\right\} = \arccos\left\{\frac{\left[\sum_{i=1}^{2}(\boldsymbol{W}_i^{\mathrm{T}}\boldsymbol{X})^2\right]^{\frac{1}{2}}}{\left[\sum_{j=1}^{3}(\boldsymbol{W}_j^{\mathrm{T}}\boldsymbol{X})^2\right]^{\frac{1}{2}}}\right\}$$

$$= \arccos\left\{\frac{1}{|\boldsymbol{X}|}\left[\sum_{i=1}^{2}(\boldsymbol{W}_i^{\mathrm{T}}\boldsymbol{X})^2\right]^{\frac{1}{2}}\right\} \tag{8-39}$$

同理，向 $\boldsymbol{W}_3$ 子空间上投影的夹角可由下式表示

$$\phi = \arccos\left\{\frac{1}{|\boldsymbol{X}|}\left[\sum_{i=3}^{3}(\boldsymbol{W}_i^{\mathrm{T}}\boldsymbol{X})^2\right]^{\frac{1}{2}}\right\} = \arccos\left\{\frac{1}{|\boldsymbol{X}|}|\boldsymbol{W}_3^{\mathrm{T}}\boldsymbol{X}|\right\} \tag{8-40}$$

那么，如果 $\theta<\phi$，就说明 $\boldsymbol{X}$ 所代表的区域更接近于线特性而不是点特性。

如果考虑 3×3 的模板，则矢量就成为九维的，但前边讨论的概念仍然适用。这里，需要 9 个九维正交矢量形成一个完整的基。这 9 个模板如图 8-8 所示。其中前四块模板(a)、(b)、(c)、(d)适合于边缘检测；(e)、(f)、(g)、(h)四块模板适合于检测线；最后一块模板(i)则正比于一幅图像中模板所在区域的像素平均值。

如果由 $\boldsymbol{X}$ 代表的 3×3 区域，并假定矢量 $\boldsymbol{W}_i$，$i=1,2,3,\cdots,9$ 是归一化的，从前边的讨论有

$$p_e = \left[\sum_{i=1}^{4}(\boldsymbol{W}_i^{\mathrm{T}}\boldsymbol{X})^2\right]^{\frac{1}{2}} \tag{8-41}$$

$$p_l = \left[\sum_{i=5}^{8}(\boldsymbol{W}_i^{\mathrm{T}}\boldsymbol{X})^2\right]^{\frac{1}{2}} \tag{8-42}$$

$$p_a = |(\boldsymbol{W}_9^{\mathrm{T}}\boldsymbol{X})| \tag{8-43}$$

式中，p_e，p_l，p_a 分别是 $\boldsymbol{X}$ 向边缘、线和平均子空间投影的幅度。同样道理，有

$$\theta_e = \arccos\left\{\frac{1}{|\boldsymbol{X}|}\left[\sum_{i=1}^{4}(\boldsymbol{W}_i^{\mathrm{T}}\boldsymbol{X})^2\right]^{\frac{1}{2}}\right\} \tag{8-44}$$

$$\theta_l = \arccos\left\{\frac{1}{|\boldsymbol{X}|}\left[\sum_{i=5}^{8}(\boldsymbol{W}_i^{\mathrm{T}}\boldsymbol{X})^2\right]^{\frac{1}{2}}\right\} \tag{8-45}$$

$$\theta_a = \arccos\left\{\frac{1}{|\boldsymbol{X}|}\ |\boldsymbol{W}_9^{\mathrm{T}}\boldsymbol{X}|\right\} \tag{8-46}$$

式中，$\theta_e,\theta_i,\theta_a$ 为 $\boldsymbol{X}$ 与它在边缘、线及平均子空间的投影之间的夹角。

采用这种检测方法可扩展到其他基与维数，只要基本矢量是正交的就可以。

1	$\sqrt{2}$	1
0	0	0
-1	$-\sqrt{2}$	-1

(a)

1	0	-1
$\sqrt{2}$	0	$-\sqrt{2}$
1	0	-1

(b)

0	-1	$\sqrt{2}$
1	0	-1
$-\sqrt{2}$	1	0

(c)

$\sqrt{2}$	0	0
-1	0	1
0	1	$-\sqrt{2}$

(d)

0	1	0
-1	0	-1
0	1	0

(e)

-1	0	1
0	0	0
1	0	-1

(f)

1	-2	1
-2	4	-2
1	-2	1

(g)

-2	1	-2
1	4	1
-2	1	-2

(h)

1	1	1
1	1	1
1	1	1

(i)

图 8-8　正交模板

8.1.3　区域生长

分割的目的是要把一幅图像划分成一些区域，对于这个问题的最直接的方法是把一幅图像分成满足某种判据的区域，也就是说，把点组成区域。为了实现分组，首先要确定区域的数目，其次要确定一个区域与其他区域相区别的特征，最后还要产生有意义分割的相似性判据。

分割区域的一种方法称区域生长或区域生成。假设区域的数目以及在每个区域中单个点的位置已知，则可推导一种算法。从一个已知点开始，加上与已知点相似的邻近点形成一个区域。这个相似性准则可以是灰度级、彩色、组织、梯度或其他特性。相似性的测度可以由所确定的阈值来判定。它的方法是从满足检测准则的点开始，在各个方向上生长区域。当其邻近点满足检测准则就并入小块区域中，当新的点被合并后再用新的区域重复这一过程，直到没有可接受的邻近点时，生成过程终止。

图 8-9 示出了一个简单的例子。这个例子的相似性准则是邻近点的灰度级与物体的平均灰度级的差小于 2。图中被接受的点和起始点均用一短线标出，其中图(a)是输入图像；图(b)是第一步接受的邻近点；图(c)是第二步接受的邻近点；图(d)是从 6 开始生成的结果。

5	5	8	6
4	8	$\underline{9}$	7
2	2	8	3
3	3	3	3

(a)

5	5	$\underline{8}$	6
4	$\underline{8}$	$\underline{9}$	7
2	2	$\underline{8}$	3
3	3	3	3

(b)

5	5	$\underline{8}$	6
4	$\underline{8}$	$\underline{9}$	$\underline{7}$
2	2	$\underline{8}$	3
3	3	3	3

(c)

5	5	8	$\underline{6}$
4	8	9	$\underline{7}$
2	2	8	$\underline{3}$
3	3	3	3

(d)

图 8-9　区域生长简例

当生成任意物体时，接受准则可以结构为基础，而不是以灰度级或对比度为基础。为了把候选的小群点包含在物体中，可以检测这些小群点，而不是检测单个点，如果它们的结构与物体的结构充分并且足够相似时就接受它们。另外，还可以使用界线检测对生成建立“势垒”，如果在“势垒”的近邻点和物体之间有界线，则不能把这些邻近点接受为物体中的点。

8.1.4　区域聚合

区域聚合可直接用于图像分割。它要求聚合中的各个点必须在平面上相邻接而且特性相似。区域聚合的步骤是首先检查图像的测度集，以确定在测度空间中聚合的位置和数目，然后把这些聚合的定义用于图像，以得到区域聚合。一般区域聚合技术可以说明如下：

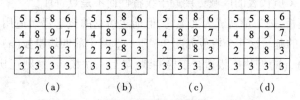

首先可以在图片上定义某个等价关系。例如，最简单的等价关系可定义为 $p(i,j)=p(k,l)$。也就是说，如果 $p(i,j)=p(k,l)$，就说明 $p(i,j)$ 与 $p(k,l)$ 等价。任何在点的格子上的等价关系又可划分为等价类。例如 $p(i,j)$ 的取值范围为 0~63，就可以产生 64 个等价类的模板。如果关系满足，则它的值等于 1，否则为 0。模板的图像是两两不相交的，那么 64 个模板就会充满整个格子。这些等价的类又可以进一步分为最大连接的子集，把这个叫作连接分量。连接性可以用点 (i,j) 的邻点来定义。如 4 连接邻点，8 连接邻点，等等。4 连接邻点是 4 个非对角线上的 4 个邻点，8 连接邻点则是环绕的 8 个邻点。如 R 是属于格子的子集，在 R 中存在一个点序列，第一个点是 p_1，最后一个点是 p_2，属于格子的子集 R 的两个点 p_1 和 p_2 是被连接起来的，这样，相继的各点是 4 连接相邻的。通过这样的连接关系可以定义一个属于 R 的子集，这个子集形成一个区域。在这个区域中，任何点都与 R 有关。利用等价模板可分成最大的连接区域。然后，这些最大的连接区域又可以像搭积木一样形成有意义的分割。

1970 年布赖斯和芬尼玛提出一种分割方法。这个方法如图 8-10 所示。图中(a)是具有灰度级的 3×3 的 $\boldsymbol{G}$ 阵列，图(b)是对 $\boldsymbol{S}$ 的分割结果。其中图像格子为 $\boldsymbol{G}$，它是大格子 $\boldsymbol{S}$ 的子格子。$\boldsymbol{G}$ 为 $n\times m$ 的格子，$\boldsymbol{S}$ 是 $(2n+1)\times(2m+1)$ 的大格子。在大格子中，$\boldsymbol{G}(i,j)$ 点位于 $\boldsymbol{S}$ 的 $(2i+1,2j+1)$ 点上。$\boldsymbol{G}$ 中的点与 $\boldsymbol{S}$ 中的点相对应，其中每一下标都是奇数，其余的点用来代表区域的边界。以这种形式表现的区域，产生一种寻找最大连接区域的方法。$\boldsymbol{G}$ 中的点与它上边和右边的点相比较，灰度级相同就合并，灰度级不同就插入边界线。把图像中的每个点都考虑了之后，整个图像就被分割成区域了。在这个例子中，由于采用了 4 连接等价关系，因此，由图 8-10 可见，在对角线方向上的等灰度级产生了隔开的区域。

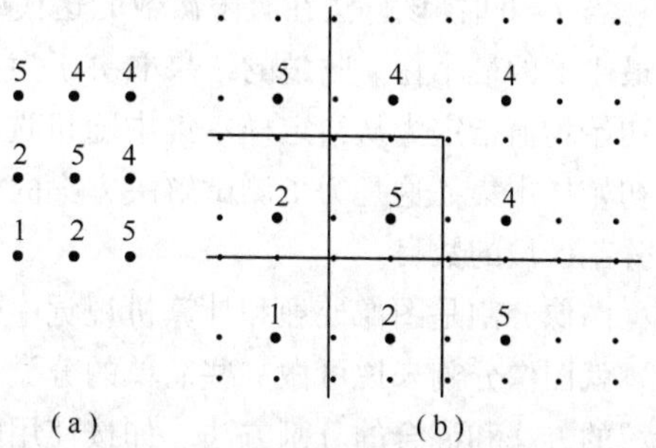

图 8-10　布赖斯和芬尼玛分割方法

8.1.5　基于聚类的分割方法

聚类方法的基本思想是将观察集 Q 划分为一个特定数目 k 的聚类。在 k-均值聚类中，每个观察值都被分配给具有最近均值的聚类(因此方法得名)，而每个均值被称为其聚类的原型。k-均值算法是一种迭代过程，它不断地细化均值，直到收敛。

令 $\{z_1,z_2,\cdots,z_n\}$ 是观测集(样本)向量。这些向量具有如下形式：

$$\boldsymbol{Z}=\begin{bmatrix} z_1 \\ z_2 \\ \vdots \\ z_n \end{bmatrix} \tag{8-47}$$

在图像分割中，向量 $\boldsymbol{Z}$ 的每个分量表示一个数字像素属性。例如，如果分割基于灰度级的灰度，则 $\boldsymbol{Z}=z$ 是表示像素灰度的标量。如果我们分割 RGB 彩色图像，$\boldsymbol{Z}$ 通常是一个三维向量，其每个分量都是三个主彩色图像中的一个像素的强度。k-均值聚类的目的是将观测集 Q 划分为 $k(k\leqslant Q)$ 个不相交的聚类集 $C=\{C_1,C,\cdots,C_k\}$，以便满足以下最优性准则

$$\arg\min_{C}\left(\sum_{i=1}^{k}\sum_{z\in C_i}\|\boldsymbol{z}-\boldsymbol{m}_i\|^2\right) \tag{8-48}$$

其中 $\boldsymbol{m}_i$ 是集合 C_i 中样本的平均向量(或质心)，$\|\arg\|$ 是向量的范数。通常使用欧几里得范数，因此，$\|\boldsymbol{z}-\boldsymbol{m}_i\|$ 项是从 C_i 中的样本到均值 $\boldsymbol{m}_i$ 的欧几里得距离。换句话说，这个公式表示我们感兴趣的是找出 $C=\{C_1,C,\cdots,C_k\}$ 的集合，使得从集合中的每个点到该集合的平均值的距离之和最小。

但是，求出这个极小值是一个 NP 难问题，对此很难得到实际的解决方案。因此，多年来有人提

出了一些启发式方法，试图找到尽可能小的近似。我们一般认为是基于欧氏距离的“标准”k-均值算法。给定一个集合$\{z_1,z_2,\cdots,z_n\}$的观测向量和指定的k值，可采用的算法如下：

① 初始化算法：指定一组初始均值$\boldsymbol{m}_i(1), i=1,2,\cdots,k$。

② 将样本分配给聚类：将每个样本分配给均值最接近的聚类集（样本只分配给一个聚类）。

③ 更新聚类中心（均值）：
$$\boldsymbol{m}_i=\frac{1}{|c_i|}\sum_{z\in c_i} z \qquad i=1,2,3,\cdots,k \tag{8-49}$$

其中，$|C_i|$是聚类集C_i的取样数。

④ 完成后的测试：计算当前和前面步骤中平均向量之间差异的欧几里得范数。计算残差E，作为k范数之和。如果$E\leqslant T$，其中T为指定的非负阈值，则停止。否则，回到第二步。

当$T=0$时，该算法在有限次数的迭代中收敛到局部极小。它不能保证产生式(8-48)所需的全局最小值的最小化。收敛的结果取决于为$\boldsymbol{m}_i$选择的初始值。在数据分析中经常使用的一种方法是将初始均值指定为从给定样本集中随机选取的k个样本，并多次运行该算法，每次使用一个新的随机初始样本集。这是为了测试解决方案的“稳定性”。在图像分割中，重要的问题是选择k值，这决定了分割区域的数目。

图像分割是图像处理和计算机视觉中的重要研究课题，经多年研究已出现了很多有效的分割算法。就图像分割来说可做一些简单的分类，按所使用的图像特征来分，可分为基于边界的分割、基于区域的方法和混合的分割方法。如按使用的数学工具和模型分割可分为：

a. 基于聚类的方法，如 Mean-Shift 方法；

b. 基于统计的方法，如 Markov 随机场方法；

c. 基于数学形态学的方法，如分水岭算法；

d. 基于偏微分方程的方法，如基于水平集的方法，几何式蛇模型方法；

e. 基于 Graph cut 的方法等。

图像分割是图像分析的关键问题，因此得到了广大科技工作者的重视，本章介绍的分割方法只是最基础的分割方法，更深入的方法读者可根据以上的分类参考相关的文献。特别是基于偏微分方程的分割方法有其独到之处，希望大家关注该领域的研究。

8.2 描　　绘

当一幅图像被分割或确定之后，通常希望用一系列符号或某种规则来具体地描述该图像的特征，以便在进一步的识别、分析或分类中有利于区分不同性质的图像。同时，也可以减少图像区域中的原始数据量。一般把表征图像特征的一系列符号叫作描绘子。对这些描绘子的基本要求是它们对图像的大小、旋转、平移等变化不敏感。也就是说，只要图像内容不变，仅仅产生几何变化，描绘图像的描绘子将是唯一的。

8.2.1 区域描绘

1. 傅里叶描绘子

当一个区域边界上的点已被确定时，可以从这些点中提取信息。这些信息就可以用来鉴别不同区域的形状。假如一个区域上有M个点可利用，可以把这个区域看作是在复平面内，纵坐标为虚轴，横坐标为实轴。如图 8-11 所示。

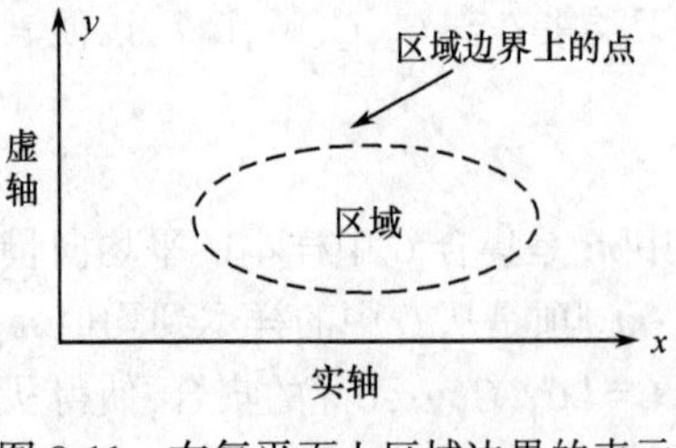

图 8-11　在复平面上区域边界的表示

在边界上要分析的每一个点的坐标(x,y)可以用一复数来表示,即 $x+jy$。从边界上任一点开始,沿此边界跟踪一周就可以得到一个复数序列。这个复数序列叫作傅里叶描绘子(FD)。

因为 DFT 是可逆的线性变换,因此,在这个过程中没有信息的增益或损失。对于形状的这种频域表示进行简单的处理就可以避免对于位置、大小及方向的依赖性。当给定了任意的 FD,用若干步骤可以使之归一化,从而不必考虑其原始形状的大小、位置及方向。

关于归一化问题可直接从 DFT 的性质中得出结论。例如,要改变轮廓大小,只要把 FD 分量乘一个常数就行了。由于傅里叶变换是线性的,它的反变换也会被乘以同样的常数。又如,把轮廓旋转一个角度,只要把每一个坐标乘以 $\exp(j\theta)$ 就可以使其旋转 θ 角。由 DFT 的性质,在空域旋转了 θ 角度,那么在频域中也会旋转 θ 角度。关于轮廓起始点的移动,由 DFT 的周期性可以看到,在空域中有限的数字序列实际上代表周期函数的一个周期。DFT 的系数就是这个周期函数的傅里叶表示式的系数。当轮廓的起点在空域中移动时,就相当于在频域中把第 k 次频率系数乘以 $\exp(jkT)$,这里 T 是周期的一部分,这部分即为起始点移动的部分。实际上这就是傅里叶变换的平移性质所导致的结果。当 T 从 $0\sim2\pi$ 变化时,则起点将把整个轮廓点经历一次。

给定一任意轮廓的 FD 后,归一化就可以执行一系列步骤,使轮廓有一个标准的大小、方向和起点。

在实际执行上还要考虑到如下一些问题:其一,如果取样不均匀将会给问题带来困难,因此,在理论上采用均匀间隔取样;其次是 FFT 的算法要求阵列长度为 2 的整数次幂,这样在采用 FFT 之前,应调整表达式的长度。为做到这一点,首先计算出轮廓的周长,然后用所希望的长度(当然应是 2 的整数次幂)去除,然后从一个起始点去追踪,所希望的 2 的幂次可以是大于序列长度的最小的 2 的幂次。

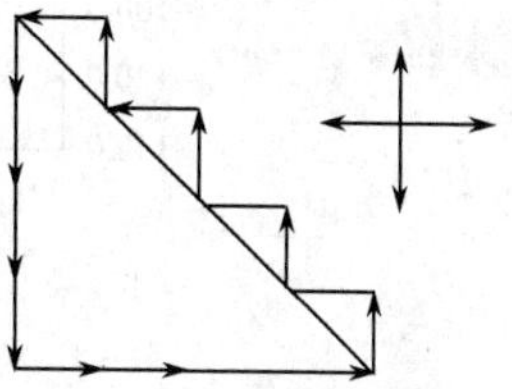

图 8-12　4 方向追迹

实际上,输入到形状分析运算中的将是从取样图片中取出的轮廓。这个轮廓的周长近似等于轮廓的实际周长。如果原始图像的取样密度足够高的话,那么序列将是轮廓的很好的近似。例如,图 8-12 所示的等边直角三角形,如果用 4 个取向的链码来追迹则会比较粗糙,如果用 8 个取向的链码来追迹,就可得到精确得多的结果。由图 8-12 可见,追迹后的轮廓长度是直角边长度的 4 倍。如图 8-13 所示,用 8 个方向来追迹,其结果更接近实际轮廓的长度。

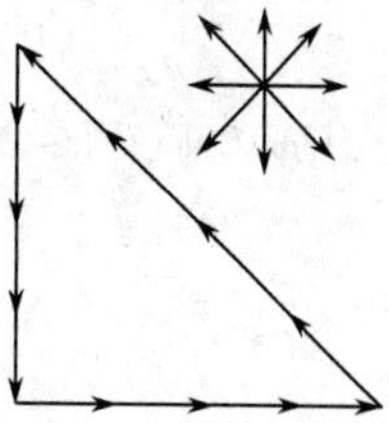

图 8-13　8 方向追迹

在归一化中,为了克服噪声和量化误差带来的扰动,应选择最大幅度系数作为归一化系数。

图 8-14 是飞机侧影的描绘结果。这些结果是用如下方法得到的:计算边界的 NFD(应用 512 点);保留最低频率的 32 个点而把其他的点置 0;求修改了的 512 阵列的傅里叶反变换,得到原始数据的近似。由图 8-14 所看到的结果,用最低的 32 个分量中的信息足以区别这些飞机的外形。

2. 矩描绘子

采用傅里叶描绘子是以边界上的集合点(可用的)为基础的。有时,一个区域以内部点的形式给出,那么,可用另外一种描绘子来描述。它对于图像的平移、旋转和大小变化都是恒定的,这就是矩描绘子。

设 $f(x,y)$ 是一个二维函数,可用式(8-50)来表示 $(p+q)$ 阶矩

$$m_{pq}=\int_{-\infty}^{\infty}\int_{-\infty}^{\infty}x^p y^q f(x,y)\,\mathrm{d}x\mathrm{d}y \tag{8-50}$$

式中,$p,q=0,1,2,\cdots$。

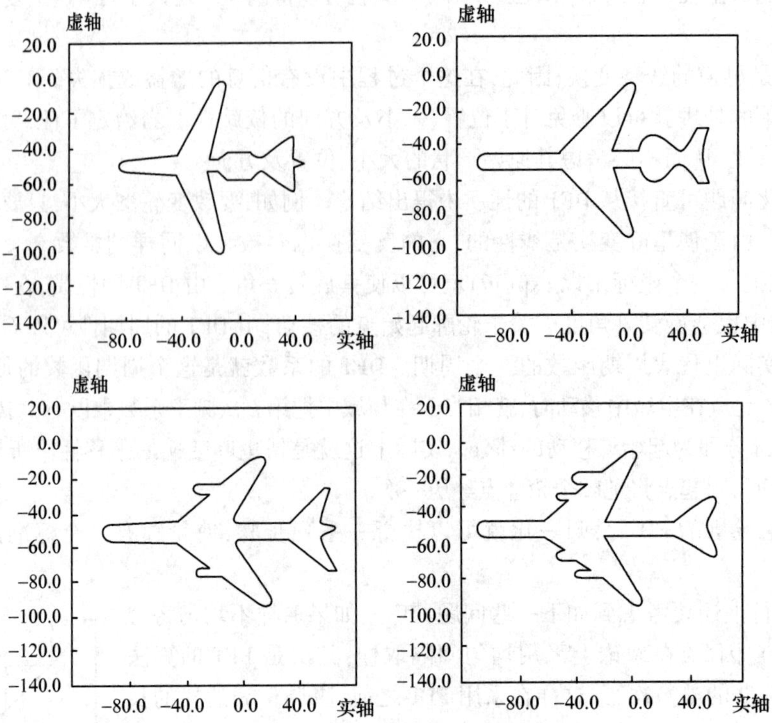

图 8-14　采用傅里叶描绘子得到的飞机外形

中心矩为
$$\mu_{pq}=\int_{-\infty}^{\infty}\int_{-\infty}^{\infty}(x-\bar{x})^{p}(y-\bar{y})^{q}f(x,y)\,\mathrm{d}x\mathrm{d}y \tag{8-51}$$
式中，$\bar{x}=m_{10}/m_{00}$，$\bar{y}=m_{01}/m_{00}$，对于数字图像来说，式(8-51)可表示为
$$\mu_{pq}=\sum_{x}\sum_{y}(x-\bar{x})^{p}(y-\bar{y})^{q}f(x,y) \tag{8-52}$$

m_{00}，m_{10}，m_{01}定义如下
$$m_{00}=\int_{-\infty}^{\infty}\int_{-\infty}^{\infty}f(x,y)\,\mathrm{d}x\mathrm{d}y \tag{8-53}$$
$$m_{10}=\int_{-\infty}^{\infty}\int_{-\infty}^{\infty}xf(x,y)\,\mathrm{d}x\mathrm{d}y \tag{8-54}$$
$$m_{01}=\int_{-\infty}^{\infty}\int_{-\infty}^{\infty}yf(x,y)\,\mathrm{d}x\mathrm{d}y \tag{8-55}$$

如果所给图像$f(x,y)$在每一点(x,y)处的灰度级看成在(x,y)点的“质量”，那么就可以定义$f(x,y)$的重心点$(\bar{x},\bar{y})$，其中
$$\bar{x}=\iint_{-\infty}^{\infty}xf(x,y)\,\mathrm{d}x\mathrm{d}y\Big/\iint_{-\infty}^{\infty}f(x,y)\,\mathrm{d}x\mathrm{d}y \tag{8-56}$$
$$\bar{y}=\iint_{-\infty}^{\infty}yf(x,y)\,\mathrm{d}x\mathrm{d}y\Big/\iint_{-\infty}^{\infty}f(x,y)\,\mathrm{d}x\mathrm{d}y \tag{8-57}$$
因此有
$$\bar{x}=m_{10}/m_{00},\bar{y}=m_{01}/m_{00} \tag{8-58}$$
由上边各式可得到三阶中心矩如下
$$\mu_{10}=\sum_{x}\sum_{y}(x-\bar{x})^{1}(y-\bar{y})^{0}f(x,y)=m_{10}-\frac{m_{10}}{m_{00}}(m_{00})=0 \tag{8-59}$$
$$\mu_{11}=\sum_{x}\sum_{y}(x-\bar{x})^{1}(y-\bar{y})^{1}f(x,y)=m_{11}-\frac{m_{10}m_{01}}{m_{00}} \tag{8-60}$$

$$\mu_{20}=\sum_x\sum_y(x-\bar{x})^2(y-\bar{y})^0f(x,y)=m_{20}-\frac{2m_{10}^2}{m_{00}}+\frac{m_{10}^2}{m_{00}}=m_{20}-\frac{m_{10}^2}{m_{00}} \tag{8-61}$$

$$\mu_{02}=\sum_x\sum_y(x-\bar{x})^0(y-\bar{y})^2f(x,y)=m_{02}-\frac{m_{01}}{m_{00}} \tag{8-62}$$

$$\mu_{30}=\sum_x\sum_y(x-\bar{x})^3(y-\bar{y})^0f(x,y)=m_{30}-3\bar{x}m_{20}+2\bar{x}^2m_{10} \tag{8-63}$$

$$\mu_{12}=\sum_x\sum_y(x-\bar{x})^1(y-\bar{y})^2f(x,y)=m_{12}-2\bar{y}m_{11}-\bar{x}m_{02}+2\bar{y}^2m_{10} \tag{8-64}$$

$$\mu_{21}=\sum_x\sum_y(x-\bar{x})^2(y-\bar{y})^1f(x,y)=m_{21}-2\bar{x}m_{11}-\bar{y}m_{20}+2\bar{x}^2m_{01} \tag{8-65}$$

$$\mu_{03}=\sum_x\sum_y(x-\bar{x})^0(y-\bar{y})^3f(x,y)=m_{03}-3\bar{y}m_{02}+2\bar{y}^2m_{01} \tag{8-66}$$

概括起来有如下一些结果：

$$\begin{aligned}
&\mu_{00}=m_{00},\quad \mu_{01}=0,\quad \mu_{10}=0\\
&\mu_{20}=m_{20}-\bar{x}m_{10},\mu_{02}=m_{02}-\bar{y}m_{01}\\
&\mu_{11}=m_{11}-\bar{y}m_{10}\\
&\mu_{30}=m_{30}-3\bar{x}m_{20}+2\bar{x}^2m_{10}\\
&\mu_{12}=m_{12}-2\bar{y}m_{11}-\bar{x}m_{02}+2\bar{y}^2m_{10}\\
&\mu_{21}=m_{21}-2\bar{x}m_{11}-\bar{y}m_{20}+2\bar{x}^2m_{01}\\
&\mu_{03}=m_{03}-3\bar{y}m_{02}+2\bar{y}^2m_{01}
\end{aligned} \tag{8-67}$$

定义归一化中心矩为

$$\eta_{pq}=\mu_{pq}/\mu_{00}^{\gamma} \tag{8-68}$$

$$\gamma=\frac{p+q}{2}+1 \tag{8-69}$$

利用第二阶和第三阶矩可导出 7 个不变矩组：

$$\begin{aligned}
&\phi_1=\eta_{20}+\eta_{02}\\
&\phi_2=(\eta_{20}-\eta_{02})^2+4\eta_{11}^2\\
&\phi_3=(\eta_{30}-3\eta_{12})^2+(3\eta_{21}-\eta_{03})^2\\
&\phi_4=(\eta_{30}+\eta_{12})^2+(\eta_{21}+\eta_{03})^2\\
&\phi_5=(\eta_{30}-3\eta_{12})(\eta_{30}+\eta_{12})[(\eta_{30}+\eta_{12})^2-3(\eta_{21}+3\eta_{03})^2]+\\
&\qquad(3\eta_{21}-\eta_{03})(\eta_{21}+\eta_{03})[3(\eta_{30}+\eta_{12})^2-(\eta_{21}+\eta_{03})^2]\\
&\phi_6=(\eta_{20}-\eta_{02})[(\eta_{30}+\eta_{12})^2-(\eta_{12}+\eta_{03})^2]+4\eta_{11}(\eta_{30}+\eta_{12})(\eta_{21}+\eta_{03})\\
&\phi_7=(3\eta_{12}-\eta_{30})(\eta_{30}+\eta_{12})[(\eta_{30}+\eta_{12})^2-3(\eta_{21}+\eta_{03})^2]+\\
&\qquad(3\eta_{21}-\eta_{03})(\eta_{21}+\eta_{03})[3(\eta_{30}+\eta_{12})^2-(\eta_{12}+\eta_{03})^2]
\end{aligned} \tag{8-70}$$

Hu[1962]已经证明了这个矩组对于平移、旋转和大小比例变化都是不变的，因此用它们可以描绘一幅给定的图像，如图 8-15 所示。

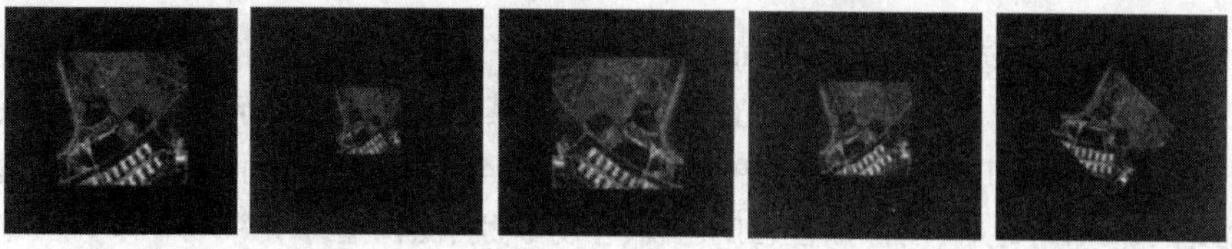

图 8-15　说明矩组不变性质的图像(图像是一幅体育场的鸟瞰图)

图像产生几何变化时,7 个不变矩组的数据如表 8-1 所示。表中数据说明,尽管图像发生了大小及旋转的变化,但是,ϕ 的值可以说基本不变。

表 8-1　7 个不变矩组的数据

不变量	原值	一半尺寸	映像	旋转 2°	旋转 45°
$\phi1$	6.249	6.226	6.919	6.253	6.318
$\phi2$	17.180	16.954	19.955	17.270	16.803
$\phi3$	22.655	23.531	26.689	22.836	19.724
$\phi4$	22.919	24.236	26.901	23.130	20.437
$\phi5$	45.749	48.349	53.724	46.136	40.525
$\phi6$	31.830	32.916	37.134	32.068	29.315
$\phi7$	45.569	48.343	53.590	46.017	40.470

3. 拓扑描绘子

拓扑学是研究图形性质的理论。拓扑特性可用于描绘图像平面区域。有些图形只要不撕裂或粘连,其拓扑性质并不受形变的影响。图 8-16 是带有两个孔的图形,如果把区域中孔洞数作为拓扑描绘子,显然这个性质不受伸长或旋转变换的影响,但是,如果撕裂或折叠时孔洞数就要变化了。

区域描绘的另一种有用的拓扑特性是连接部分的个数。一个集合的连接部分就是它的最大子集,在这个子集中的任何两点都可以用一条完全在子集中的曲线加以连接。图 8-17 所示的图形就有 3 个连接部分。

如果一幅图像的孔洞数为 H,连接部分为 C,则欧拉数的定义如式(8-71)所示。欧拉数

$$E=C-H \tag{8-71}$$

也是拓扑特性之一。如图 8-18(a)所示图形有一个连接部分和一个孔,所以它的欧拉数为 0;而图 8-18(b)有一个连接部分和两个孔,所以它的欧拉数为-1。

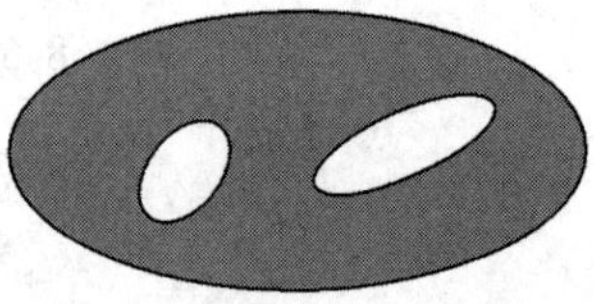

图 8-16　带有两个孔的区域

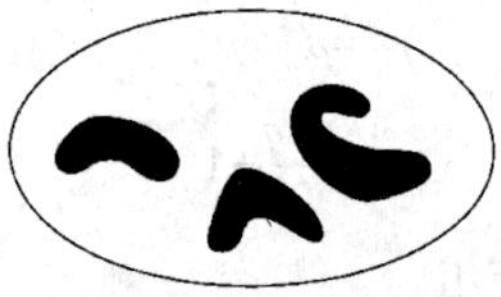

图 8-17　有 3 个连接部分的区域

(a)　(b)

图 8-18　具有欧拉数为 0 和-1 的图形

由直线表示的区域,按照欧拉数有一个简单的解释。如图 8-19 所示的多角网络,把这样的网络内部区域分成面和孔。如果设顶点数为 W,边缘数为 Q,面数为 F,将得到下列关系,这个关系称为欧拉公式。

$$W-Q+F=C-H \tag{8-72}$$

即

$$W-Q+F=C-H=E$$

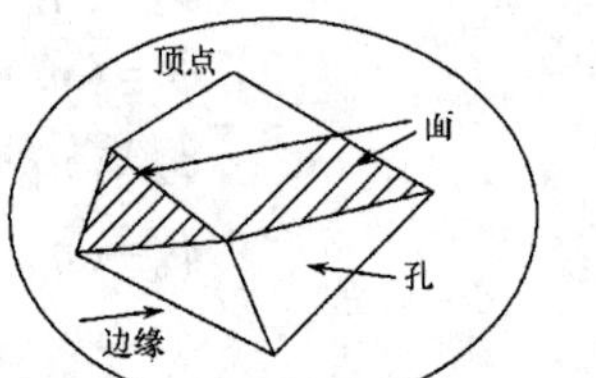

图 8-19　包含多角网络的区域

在图 8-19 的多角网络中,有 7 个顶点、11 条边、2 个面、1 个连接区、3 个孔。因此,由式(8-72)可得到:$7-11+2=1-3=-2$。

拓扑的概念通常在图像中确定特征区域很有用。

8.2.2　SIFT 方法

尺度不变特征变换(Scale-Invariant Feature Transform,SIFT)是一种用来检测与描述图像中局部性特征的方法,该算法在空间尺度中寻找极值点,并提取出其位置、尺度、旋转不变量,从而提取图像特征和描述图像。该算法由 David Lowe 在 1999 年提出,2004 年完善总结而成。它的应用范围包括物体识别、机器地图感知与导航、图像拟合、3D 建模、手势识别、图像追踪等领域。该算法申请了专利,专利拥有者为英属哥伦比亚大学。

局部图像特征的描述与检测是模式识别的必要环节,SIFT 特征是以物体上的一些局部表观的兴

趣点为基础的,而与图像的大小和旋转无关。对于光照、噪声、视角改变的容忍度也相当高。基于这些特性,在数据量庞大的特征数据库中,可获得较高的识别率。SIFT 特征描述对于部分物体遮蔽的检测率也很高,有时只需要 3 个以上的 SIFT 物体特征就足以计算出位置与方位。在现今的计算机硬件速度和小型的特征数据库条件下,识别速度可接近实时运算。同时,SIFT 特征的信息量大,适合在海量数据库中快速准确匹配。

SIFT 算法的特点有:

(1) SIFT 特征是图像的局部特征,其对旋转、尺度缩放、亮度变化保持不变性;

(2) SIFT 特征在应对视角变化、仿射变换、噪声方面也具有较好的稳定性;

(3) 特征描述表达的信息量高,有比较大的区分度,能够在大量的特征数据中有更准确的匹配;

(4) SIFT 提取特征点数目多,不容易产生提取不到特征点的情况;

(5) SIFT 速度相对较快,优化后的 SIFT,可以达到实时级的要求;

(6) 可扩展性高,SIFT 最后提出的是特征向量,可以很方便地与其他形式的特征向量进行联合。

目标的自身状态、场景所处的环境和成像器材的成像特性等因素会影响图像配准和目标识别跟踪的性能。而 SIFT 算法在一定程度上可解决如下问题:①目标的旋转、缩放、平移;②图像仿射或投影变换;③光照影响;④目标遮挡;⑤复杂场景;⑥噪声干扰等。

SIFT 算法的实质是在不同的尺度空间上查找关键点(特征点),并计算出关键点的方向。SIFT 所查找到的关键点是一些十分突出、不会因光照、仿射变换和噪声等因素而变化的点,如角点、边缘点、暗区的亮点及亮区的暗点等。

Lowe 将 SIFT 算法分解为如下四步:

(1) 尺度空间极值检测:搜索所有尺度上的图像位置。通过高斯微分函数来识别潜在的对于尺度和旋转不变的关键点;

(2) 关键点定位:在每个候选的位置上,通过一个拟合精细的模型来确定位置和尺度。关键点的选择依据它们的稳定程度;

(3) 方向确定:基于图像局部的梯度方向分配给每个关键点位置一个或多个方向。所有后续对图像数据的操作都相对于关键点的方向、尺度和位置进行变换,提取的特征对于这些变换具有不变性。

(4) 关键点描述:在每个关键点周围的邻域内,在选定的尺度上测量图像局部梯度,这些梯度被变换成一种表示,这种表示允许比较大的局部形状变形和光照变化。

SIFT 算法的实现步骤如下。

1. 高斯滤波

SIFT 算法是在不同的尺度空间上查找关键点的,而尺度空间的获取需要使用高斯滤波来实现,Lindeberg 等人已证明高斯卷积核是实现尺度变换的唯一变换核,并且是唯一的线性核。

(1) 二维高斯函数

高斯滤波器是一种图像滤波器,它使用正态分布(高斯函数)设计滤波模板,并使用该模板与原图像做卷积运算,达到平滑图像的目的。

N 维空间正态分布方程为:

$$G(r)=\frac{1}{\sqrt{2\pi\sigma^2}^N}e^{-r^2(2\sigma^2)} \tag{8-73}$$

其中,σ 是正态分布的标准差,σ 值越大,图像越平滑(模糊);r 为平滑半径,是指模板元素到模板中心的距离。例如,二维模板大小为 $m \times n$,则模板上的元素(x,y)对应的高斯函数为:

$$G(x,y)=\frac{1}{2\pi\sigma^2}e^{\frac{(x-m/2)^2+(y-n/2)^2}{2\sigma^2}} \tag{8-74}$$

在二维空间中,这个公式生成的曲面等高线是从中心开始呈正态分布的同心圆,如图 8-20 所示。分布不为零的像素组成的卷积矩阵与原始图像做变换，每个像素的值都是周围相邻像素值的加权平均。原始像素的值有最大的高斯分布值，所以有最大的权重，相邻像素随着距离原始像素越来越远，其权重也越来越小。这样进行平滑处理比其他的均衡平滑滤波器更好地保留了边缘效果。

从理论上来讲，图像中每点的分布都不为零，也就是说每个像素的计算都需要包含整幅图像。实际应用中，在计算高斯函数的离散近似时，在大概 3σ 距离之外的像素都可以忽略而对后续处理不会产生较大的影响。通常，图像处理程序只需要计算 $(6\sigma+1)\times(6\sigma+1)$ 的矩阵就可以保证相关像素的影响。

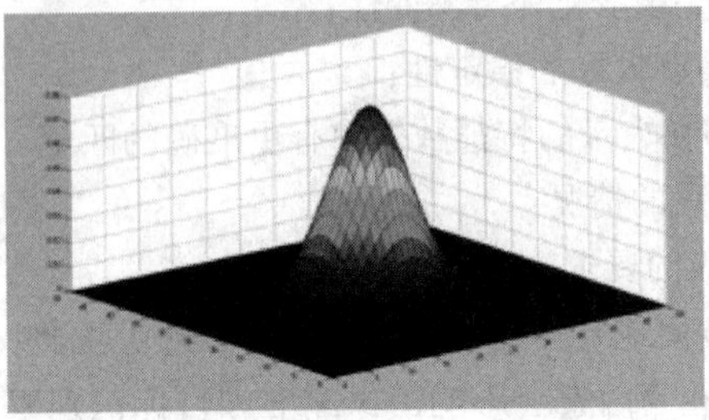

图 8-20　二维高斯曲面

表 8-2　5×5 的高斯模板

6.58573e-006	0.000424781	0.00170354	0.000424781	6.58573e-006
0.000424781	0.0273984	0.109878	0.0273984	0.000424781
0.00170354	0.109878	0.440655	0.109878	0.00170354
0.000424781	0.0273984	0.109878	0.0273984	0.000424781
6.58573e-006	0.000424781	0.00170354	0.000424781	6.58573e-006

(2) 图像的二维高斯平滑

根据 σ 的值，计算出大小为 $(6\sigma+1)\times(6\sigma+1)$ 高斯模板矩阵，使用式(8-74)计算高斯模板矩阵的值，而后与原图像做卷积，即可获得原图像的平滑（高斯模糊）图像。为了确保模板矩阵中的元素在[0,1]之间，需将模板矩阵归一化。5×5 的高斯模板如表 8-2 所示。

5×5 的高斯模板卷积计算的示意图如图 8-21 所示。高斯模板是中心对称的。

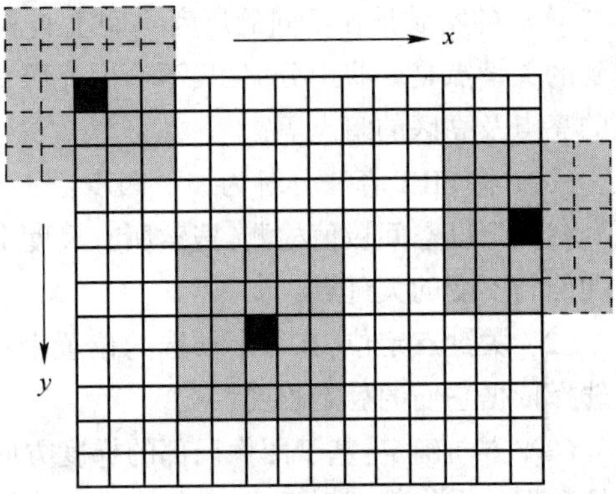

图 8-21　5×5 的高斯模板卷积计算的示意图

(3) 可分离的高斯平滑

如图 8-22 所示，使用二维的高斯模板达到了平滑图像的目的，但是会因模板矩阵的关系而造成边缘图像损失（图 8-22(b)和(c)），σ 越大，损失越多，这种损失会造成黑边效应（图 8-22(d)）。更重要的是当 σ 变大时，高斯模板（高斯核）和卷积运算量将大幅度提高。根据高斯函数的可分离性，可对二维高斯平滑函数进行改进。

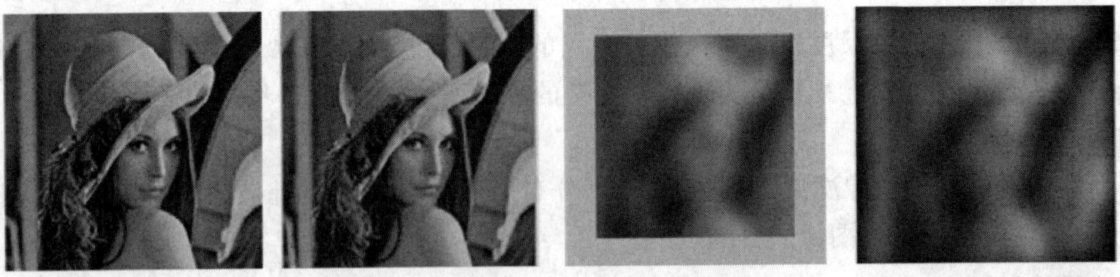

(a) 原图　(b) σ=0.6　(c) σ=10.0　(d) σ=10.0(边缘处理)

图 8-22　不同 σ 值的二维高斯平滑的效果

高斯函数的可分离性是指使用二维矩阵变换得到的效果也可以通过在水平方向进行一维高斯变换加上垂直方向的一维高斯变换得到。从计算的角度来看，这是一个很有用的特性，因为这样只需要 $O(n\times M\times N)+O(m\times M\times N)$ 次计算，而二维不分离的矩阵计算则需要 $O(n\times m\times M\times N)$ 次计算，其中，m，n 为高斯矩阵的维数，N，M 为二维图像的维数。

另外,两次一维的高斯卷积将消除二维高斯矩阵所产生的边缘效应,如图 8-23 所示, 对用模板矩阵超出边界的部分——虚线框,将不做卷积计算。如图 8-23 中 x 方向的第一个模板是 1×5 的,将退化成 1×3 的,只在图像之内的部分做卷积。可分离的高斯卷积效果图如图 8-24 所示。

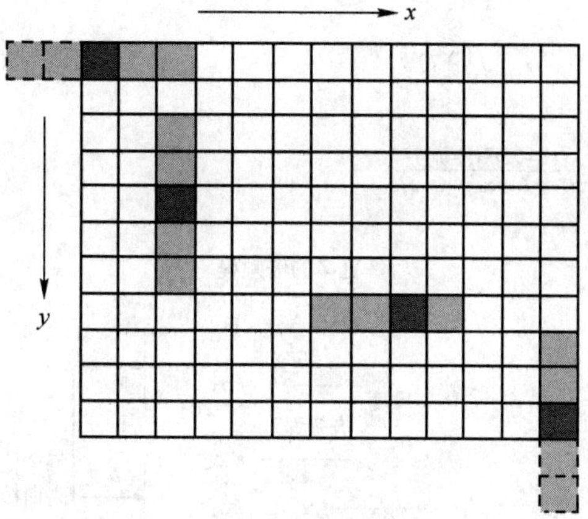

图 8-23　可分离的高斯卷积示意图

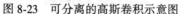

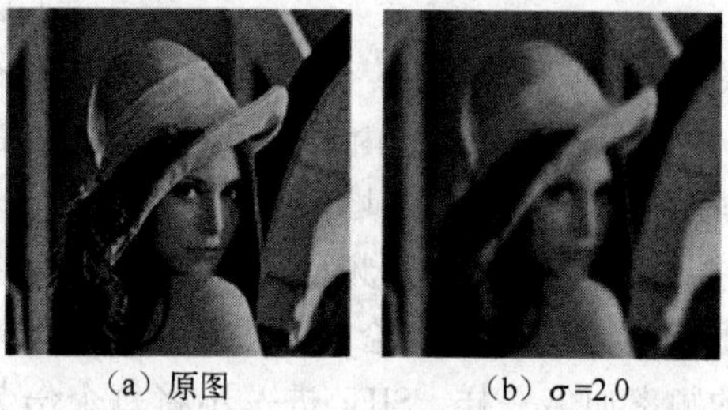

图 8-24　可分离的高斯卷积效果图(σ=2.0)

2. 尺度空间极值检测

尺度空间使用高斯金字塔表示。Tony Lindeberg 指出尺度规范化的 LoG(Laplacion of Gaussian)算子具有真正的尺度不变性,Lowe 使用高斯差分金字塔近似 LoG 算子,可在尺度空间检测稳定的关键点。

(1) *尺度空间理论*

尺度空间(scale space)思想最早是由 Iijima 于 1962 年提出的,后经 witkin 和 Koenderink 等人的推广逐渐得到关注,在计算机视觉邻域使用比较广泛。

尺度空间理论的基本思想是:在图像信息处理模型中引入一个被视为尺度的参数,通过连续变化尺度参数获得多尺度下的尺度空间表示序列,对这些序列进行尺度空间主轮廓的提取,并以该主轮廓作为一种特征向量,实现边缘、角点检测和不同分辨率上的特征提取等。

尺度空间方法将传统的单尺度图像信息处理技术纳入尺度不断变化的动态分析框架中,更容易获取图像的本质特征。尺度空间中各尺度图像的模糊程度逐渐变大,能够模拟人在距离目标由近到远时目标在视网膜上的形成过程。

尺度空间满足视觉不变性。该不变性的视觉解释是,我们用眼睛观察物体,一方面当物体所处背景的光照条件变化时,视网膜感知图像的亮度水平和对比度是不同的。因此要求尺度空间算子对图像的分析不受图像的灰度水平和对比度变化的影响,即满足灰度不变性和对比度不变性。另一方面,相对于某一固定坐标系,当观察者和物体之间的相对位置变化时,视网膜所感知的图像的位置、大小、角度和形状是不同的,因此要求尺度空间算子对图像的位置、大小、角度以及仿射变换无关,即满足平移不变性、尺度不变性、欧几里得不变性以及仿射不变性。

(2) *尺度空间的表示*

SIFT 算法的第一阶段是寻找对尺度变化不变的图像位置。这是通过在所有可能的尺度上搜索稳定的特征来实现的,它使用一个前边所述称为尺度空间的函数,这是一种适合于以一致的方式处理不同尺度上的图像结构的多尺度表示。其想法是要有一种公式来处理这样一个事实,即无约束场景中的对象将以不同的方式出现,这取决于捕获图像的比例。由于这些尺度可能事先不知道,一个合理的方法是与所有相关的尺度同时工作。尺度空间将图像表示为平滑图像的一个参数族,目的是模拟当图像的尺度减小时所发生的细节损失。控制平滑程度的参数称为尺度参数。

在 SIFT 算法中，高斯核用于平滑处理，尺度参数是标准差。在 Lindberg[1994]的工作基础上说明了使用高斯核的原因，他证明了满足一系列重要约束的唯一平滑核，如线性和位移不变性等，是高斯低通核。基于此，灰度图像 $f(x,y)$ 的尺度空间 $L(x,y,\sigma)$ 由 $f(x,y)$ 与变尺度高斯核 $G(x,y,\sigma)$ 的卷积产生：

$$L(x,y.\sigma)=G(x,y.\sigma)*f(x,y) \tag{8-75}$$

其中，* 表示卷积运算，其中，尺度由参数 σ 控制，而

$$G(x,y,\sigma)=\frac{1}{2\pi\sigma^2}e^{\frac{(x-m/2)^2+(y-n/2)^2}{2\sigma^2}} \tag{8-76}$$

输入图像 $f(x,y)$ 依次与具有标准差 $\sigma,k\sigma,k^2\sigma,k^3\sigma,\cdots$ 的高斯核卷积生成由常量因子 k 分隔的高斯滤波（平滑）图像的"堆"，如图 8-25 所示。SIFT 将尺度空间细分为倍频程，每个倍频程对应于 σ 的倍频，就像音乐理论中的八度对应于声音信号的频率加倍一样。SIFT 进一步将每个倍频程细分成间隔为 s 的整数，因此间隔 1 由 2 幅图像组成，间隔 2 由 3 幅图像组成，以此类推。因此，在产生与倍频程对应的图像的高斯核中使用的值是 $k^s\sigma=2\sigma$，这意味着 $k=2^{1/s}$。例如，对于 $s=2,k=\sqrt{2}$，并且输入图像连续地使用 σ、$(\sqrt{2})\sigma$ 和 $(\sqrt{2})^2\sigma$ 的标准差来平滑，从而使用标准差 $(\sqrt{2})^2\sigma=2\sigma$ 的高斯核对序列中的第三幅图像（即 $s=2$ 的倍频程图像）进行滤波。式(8-76)与式(8-74)相同，m,n 表示高斯模板的维度（由 $(6\sigma+1)\times(6\sigma+1)$ 确定）。(x,y) 代表图像的像素位置。σ 是尺度空间因子，σ 值越小表示图像被平滑的越少，相应的尺度也就越小。大尺度对应于图像的概貌特征，小尺度对应于图像的细节特征。

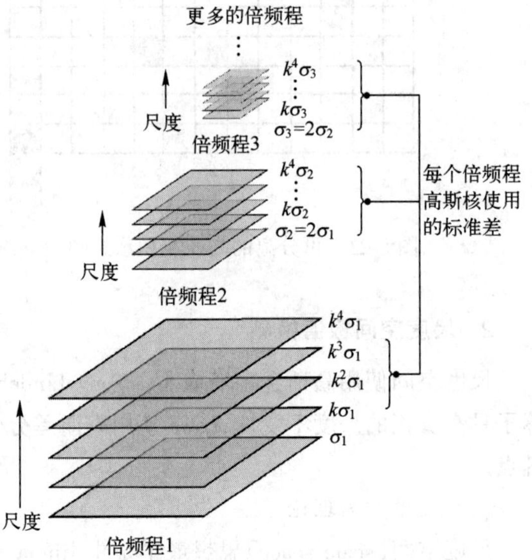

图 8-25　尺度空间及高斯金字塔的构建

图 8-25 中的尺度空间显示了三个倍频程。采用高斯核进行平滑，空间参数为 σ。在一个倍频程中生成的平滑图像的数目是 $s+1$。然而，在尺度空间中平滑的图像被用来计算高斯的差，为了覆盖一个全倍频程，这意味着需要超过该倍频程图像的另外两幅图像，总共提供 $s+3$ 幅图像。由于倍频程图像总是堆栈中的第 $(s+1)$ 幅图像（从底部计数），因此该图像是 $s+3$ 图像扩展序列中来自顶部的第三幅图像。图 8-25 中的每个倍频程包含 5 幅图像，在这种情况下，$s=2$。

第二倍频程中的第一幅图像是通过对原始图像进行下采样（通过每隔一行和每隔一列采样一次），然后，用第一倍频程中使用过的标准差的 2 倍（即 $\sigma_2=2\sigma_1$）的内核将其平滑。使用 σ_2 对该倍频程中的后续图像进行平滑处理，其值与第一倍频程中的 k 值序列相同。对于随后的倍频程，重复同样的步骤，即新倍频程的第一幅图像由以下步骤构成：(1) 对原始图像进行足够的下采样，以得到前一个倍频程中图像大小的一半的图像；(2) 用新的标准差（即前一个倍频程标准差的两倍）平滑下采样图像。新倍频程中的其余图像是通过用新的标准差乘以与以前的 k 值相同序列平滑后下采样图像来获得的。

当 $k=\sqrt{2}$ 时，我们可以获得新倍频程的第一幅图像，而不必平滑下采样图像。这是因为，对于 k 的这个值，用于平滑每个倍频程的第一幅图像的核与用于从前一个倍频程的顶部平滑第三幅图像的核是相同的。因此，新倍频程的第一幅图像可以通过将前一倍频程的第三幅图像直接用下采样获得。来自任何倍频程顶部的第三幅图像称为倍频程图像，因为用于平滑它的标准差是用于平滑该倍

频程中的第一幅图像的标准差的两倍(即 $k^2=2$)。

(3) 高斯金字塔的构建

尺度空间在实现时使用高斯金字塔表示,高斯金字塔的构建分为两部分:

① 对图像做不同尺度的高斯平滑;

② 对图像做下采样(隔点采样)。

图像的金字塔模型是指将原始图像不断降采样,得到一系列大小不一的图像,由大到小,从下到上构成塔状的模型。原图像为金子塔的第一层,每次下采样所得到的新图像为金字塔的一层(每层一张图像——像有的文献那样,我们称为倍频程图像),每个金字塔共 n 层。金字塔的层数根据图像的原始大小和塔顶图像的大小共同决定,其计算公式如下:

$$n=\log_2\{\min(M,N)\}-t \qquad t\in[0,\log_2\{\min(M,N)\}] \tag{8-77}$$

其中 M,N 为原图像的大小,t 为塔顶图像的最小维数的对数值。例如,对于大小为 512×512 的图像,金字塔上各层图像的大小如表 8-3 所示,当塔顶图像为 4×4 时,$n=7$;当塔顶图像为 2×2 时,$n=8$。

表 8-3 512×512 的图像金字塔顶层图像的大小与层数的关系

图像尺寸	512×512	256×256	128×128	64×64	16×16	8×8	4×4	2×2	1×1
金字塔层数	1	2	3	4	5	6	7	8	9

为了让尺度体现连续性,高斯金字塔在简单下采样的基础上加上了高斯滤波。如图 8-26 所示,将图像金字塔每层的图像使用不同参数做高斯平滑,使得金字塔的每层含有多幅高斯平滑图像,将金字塔每层多幅图像合称为一组(倍频程)(Octave),金字塔每层只有一组图像,组数和金字塔层数相等,使用式(8-77)计算,每组含有多幅(也叫层 Interval)图像。另外,下采样时,高斯金字塔上一组图像的初始图像(底层图像)是由前一组图像的倒数第三张图像隔点采样得到的。

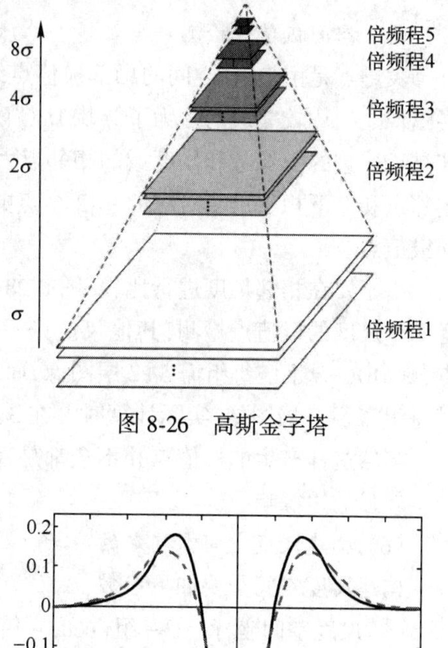

图 8-26 高斯金字塔

(4) 高斯差分金字塔

2002 年 Mikolajczyk 在详细的实验比较中发现尺度归一化的高斯拉普拉斯函数 $\sigma^2\nabla^2 G$ 的极大值和极小值同其他的特征提取函数一样,例如:梯度,Hessian 或 Harris 角特征比较,能够产生最稳定的图像特征。而 Lindeberg 早在 1994 年就发现了高斯差分函数(Difference of Gaussian,简称 DoG 算子,该算子的详细理论可参见本书第四章内容)与尺度归一化的高斯拉普拉斯函数 $\sigma^2\nabla^2 G$ 非常近似。其中 $D(x,y,\sigma)$ 和 $\sigma^2\nabla^2 G$ 的关系可以推导如下:

$$\frac{\partial G}{\partial \sigma}=\sigma\nabla^2 G \tag{8-78}$$

利用差分近似代替微分,则有:

$$\sigma\nabla^2 G=\frac{\partial G}{\partial \sigma}\approx\frac{G(x,y,k\sigma)}{k\sigma-\sigma} \tag{8-79}$$

因此有 $$G(x,y,k\sigma)-G(x,y,\sigma)\approx(k-1)\sigma^2\nabla^2 G \tag{8-80}$$

其中 $k-1$ 是常数,并不影响极值点位置的求取。

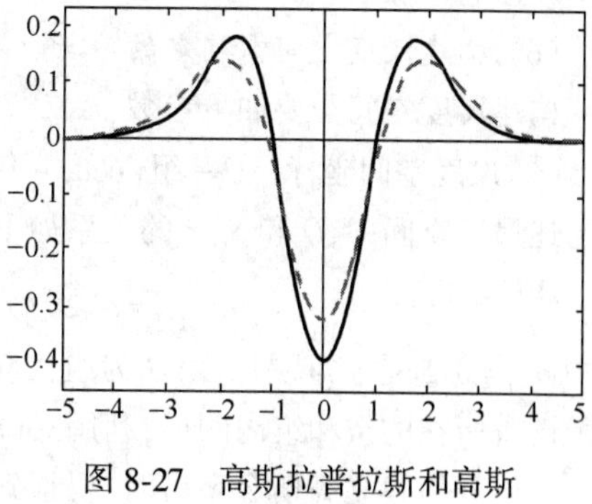

图 8-27 高斯拉普拉斯和高斯差分的比较

如图 8-27 所示,虚线表示的是高斯差分算子,而实线表示的是高斯拉普拉斯算子。Lowe 使用更

高效的高斯差分算子代替拉普拉斯算子进行极值检测,如下:

$$D(x,y,\sigma)=(G(x,y.k\sigma)-G(x,y,\sigma))*f(x,y)=L(x,y.k\sigma)-L(x,y,\sigma) \tag{8-81}$$

在实际计算时,使用高斯金字塔每组中相邻上下两层图像相减,得到高斯差分图像,进行极值检测,如图 8-28 所示。

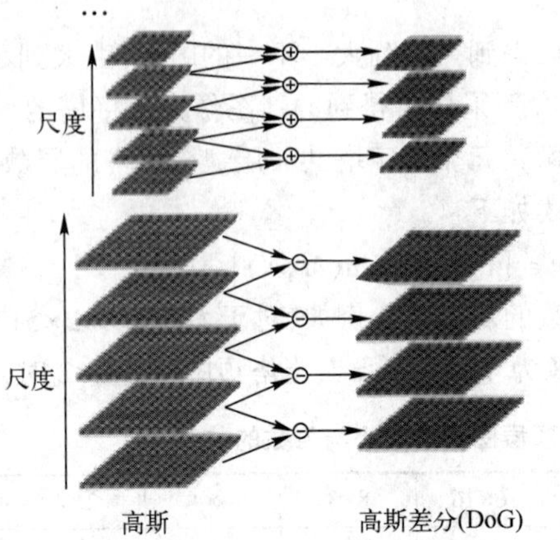

图 8-28　高斯差分金字塔

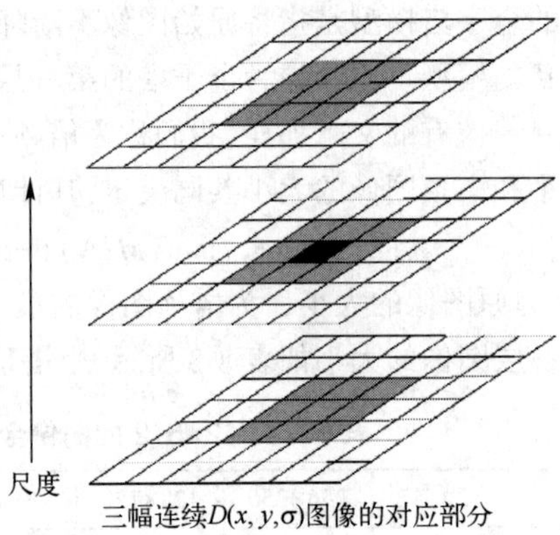

图 8-29　DoG 空间极值点检测

(5) 空间极值点检测

关键点是由 DOG 空间的局部极值点组成的,关键点的初步检测是通过同一组内各 DoG 相邻两层图像之间比较完成的。为了寻找 DoG 函数的极值点,每一个像素点要和它所有的相邻点比较,看其是否比它的图像域和尺度域的相邻点大或者小。如图 8-29 所示,中间的检测点和它同尺度的 8 个相邻点和上下相邻尺度对应的 9×2 个点共 26 个点比较,以确保在尺度空间和二维图像空间都检测到极值点。

由于要在相邻尺度进行比较,图 8-28 右侧每组含 4 层的高斯差分金子塔,只能在中间两层中进行两个尺度的极值点检测,其他尺度则只能在不同组中进行。为了在每组中检测 S 个尺度的极值点,则 DOG 金字塔每组需 S+2 层图像,而 DOG 金字塔由高斯金字塔相邻两层相减得到,则高斯金字塔每组需 S+3 层图像,实际计算时 S 在 3 到 5 之间。

当然这样产生的极值点并不全都是稳定的特征点,因为某些极值点响应较弱,而且 DOG 算子会产生较强的边缘响应。

(6) 构建尺度空间需确定的参数

构建尺度空间需要如下参数:

σ—尺度空间坐标　O—组(octave-倍频程)数　S—组内层数

在上述尺度空间中,O 和 S、σ 的关系如下:

$$\sigma_{\mathrm{oct}(S)}=\sigma_0 2^{o+\frac{s}{S}} \quad o\in[0,\cdots,O-1],S\in[0,\cdots,S+2] \tag{8-82}$$

其中 $\sigma_{-1}=0.5$ 是基准层尺度,O 为组倍频程的索引,S 为组内层的索引。关键点的尺度坐标 σ 就是按关键点所在的组和组内的层,利用式(8-82)计算而来的。

在最开始建立高斯金字塔时,要预先平滑输入图像来作为第 0 个组的第 0 层的图像,这时相当于丢弃了最高的空域采样率。因此通常的做法是先将图像的尺度扩大一倍来生成第-1 组。我们假定初始输入图像为了去除混淆现象,已经对其进行 $\sigma_{-1}=0.5$ 的高斯平滑,如果输入图像的尺寸用双线性插值扩大一倍,那么相当于 $\sigma_{-1}=1.0$。

取式(8-81)中的 k 为组内总层数的倒数,即

$$k=2^{1/s} \tag{8-83}$$

$$\sigma(s)=\sqrt{(k^{S}\sigma_0)^2-(k^{S-1}\sigma_0)^2} \tag{8-84}$$

其中σ_0为初始尺度,Lowe 的文章中取$\sigma_0=1.6, s=3$, s为组内的层索引,不同组相同层的组内尺度坐标$\sigma(s)$相同。组内下一层图像由前一层图像按$\sigma(s)$进行高斯平滑得到。式(8-84)用于一次生成组内不同尺度的高斯图像,而在计算组内某一层图像的尺度时,直接使用如下公式进行计算:

$$\sigma_{\mathrm{oct}(S)}=\sigma_0 2^{\frac{s}{S}} \quad S\in[0,\cdots,S+2] \tag{8-85}$$

该组内尺度在方向分配和特征描述时确定采样窗口的大小。

由上面的讨论,式(8-81)可记为下式

$$\begin{aligned} D(x,y,\sigma)&=(G(x,y.\sigma(s+1))-G(x,y,\sigma(s)))*f(x,y)\\ &=L(x,y.\sigma(s+1))-L(x,y,\sigma(s)) \end{aligned} \tag{8-86}$$

DOG 金字塔的示意图见图 8-28,由图可见每一组在层数上,DOG 金字塔比高斯金字塔少一层。后续 SIFT 特征点的提取都是在 DOG 金字塔上进行的。

3. 关键点定位

以上方法检测到的极值点是离散空间的极值点,以下通过拟合三维二次函数来精确确定关键点的位置和尺度,同时去除低对比度的关键点和不稳定的边缘响应点(因为 DoG 算子会产生较强的边缘响应),以增强匹配稳定性、提高抗噪声能力。

(1) 关键点的精确定位

离散空间的极值点并不是真正的极值点,图 8-30 显示了二维函数离散空间得到的极值点与连续空间极值点的差别。利用已知的离散空间点通过插值得到连续空间极值点的方法叫子像素插值(Sub-pixel Interpolation)。

为了提高关键点的稳定性,需要对尺度空间 DoG 函数进行曲线拟合。利用 DoG 函数在尺度空间的 Taylor 展开式(拟合函数)为:

$$D(X)=D+\frac{\partial D^{\mathrm{T}}}{\partial X}X+\frac{1}{2}X^{\mathrm{T}}\frac{\partial^2 D}{\partial X^2}X \tag{8-87}$$

其中,$X=(x,y,\sigma)^{\mathrm{T}}$。求导并让公式等于零,可以得到极值点的偏移量为:

$$\hat{X}=-\frac{\partial^2 D^{-1}}{\partial X^2}\frac{\partial D}{\partial X} \tag{8-88}$$

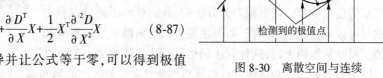

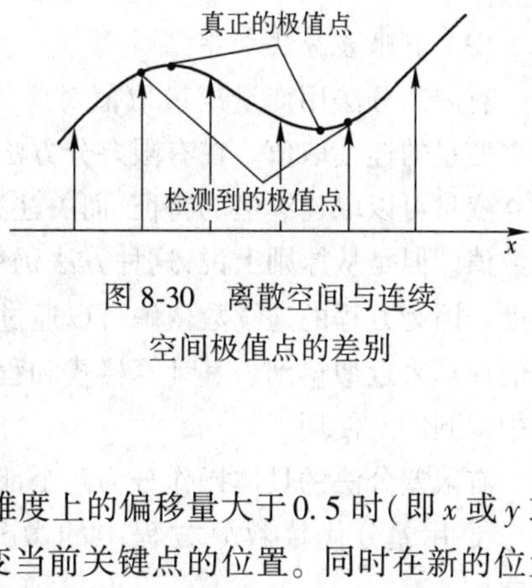

图 8-30　离散空间与连续空间极值点的差别

其中,$\hat{X}=(x,y,\sigma)^{\mathrm{T}}$代表相对插值中心的偏移量,当它在任一维度上的偏移量大于 0.5 时(即x或y或σ),意味着插值中心已经偏移到它的邻近点上,所以必须改变当前关键点的位置。同时在新的位置上反复插值直到收敛;也有可能超出所设定的迭代次数或者超出图像边界的范围,此时这样的点应该删除,在 Lowe 的算法中进行了 5 次迭代。另外,$|D(x)|$过小的点易受噪声的干扰而变得不稳定,所以将$|D(x)|$小于某个经验值(Lowe 的论文中使用 0.03,Rob Hess 等人实现时使用 0.04)的极值点删除。同时,在此过程中获取特征点的精确位置(原位置加上拟合的偏移量)以及尺度($\sigma(o,s)$和$\sigma_{\mathrm{oct}(S)}$【$\sigma_{\mathrm{oct}(S)}$的含义见式(8-82)】

(2) 消除边缘响应

一个定义不好的高斯差分算子的极值在横跨边缘的地方有较大的主曲率,而在垂直边缘的方向有较小的主曲率。

DOG 算子会产生较强的边缘响应,需要剔除不稳定的边缘响应点。获取特征点处的 Hessian 矩阵,主曲率通过一个 2×2 的 Hessian 矩阵 $\boldsymbol{H}$ 求出:

$$\boldsymbol{H}=\begin{bmatrix} D_{xx} & D_{xy} \\ D_{xy} & D_{yy} \end{bmatrix} \tag{8-89}$$

$\boldsymbol{H}$ 的特征值 α 和 β 代表 x 和 y 方向的梯度。

$$\begin{aligned} \mathrm{Tr}(\boldsymbol{H}) &= D_{xx}+D_{yy}=\alpha+\beta \\ \mathrm{Det}(\boldsymbol{H}) &= D_{xx}D_{yy}-(D_{xy})^2=\alpha\beta \end{aligned} \tag{8-90}$$

Tr 表示矩阵 $\boldsymbol{H}$ 对角线元素之和,Det($\boldsymbol{H}$)表示矩阵 $\boldsymbol{H}$ 的行列式。假设 α 为较大的特征值,而 β 为较小的特征值,令 $\alpha=r\beta$,则

$$\frac{Tr(\boldsymbol{H})^2}{Det(\boldsymbol{H})}=\frac{(\alpha+\beta)^2}{\alpha\beta}=\frac{(r\beta+\beta)^2}{r\beta^2}=\frac{(r+1)^2}{r} \tag{8-91}$$

导数由采样点相邻差估计得到。

D 的主曲率和 $\boldsymbol{H}$ 的特征值成正比,令 α 为最大特征值,β 为最小特征值,则 $\frac{(r+1)^2}{r}$ 的值在两个特征值相等时最小,随着 r 的增大而增大。r 值越大,说明两个特征值的比值越大,即在某一个方向的梯度值越大,在另一个方向的梯度值越小,而边缘恰恰就是这种情况。为了剔除边缘响应点,需要让该比值小于一定的阈值。因此,为了检测主曲率是否在某阈值 r 下,只需检测

$$\frac{\mathrm{Tr}(\boldsymbol{H})^2}{\mathrm{Det}(\boldsymbol{H})}<\frac{(r+1)^2}{r} \tag{8-92}$$

式(8-92)成立时将关键点保留,反之剔除。

在 Lowe 的文章中,取 $r=10$。图 8-31 是用本节讨论的方法在建筑物图像中检测到的 SIFT 关键点。该图保留了满足式(8-92)的关键点。

图 8-31　保留满足式(8-92)的关键点

(3) 有限差分法求导

有限差分法用变量离散取值对应的函数值来近似微分方程中独立变量的连续取值。在有限差分方法中,我们放弃了微分方程中独立变量可以取连续值的特征,而关注独立变量离散取值后对应的函数值。但是从原则上说,这种方法仍然可以达到任意满意的计算精度。因为方程的连续数值解可以通过减小独立变量离散取值的间隔,或者通过离散点上的函数值插值计算来近似得到。其计算格式和程序的设计都比较直观和简单,因而,该方法在信号与信息处理中得到广泛使用。

有限差分法的具体操作分为两个部分:

① 用差分代替微分方程中的微分,将连续变化的变量离散化,从而得到差分方程的数学形式;

② 求解差分方程(组)。

一个函数在 x 点的一阶和二阶微商,可以近似地用它所邻近的两点的函数值的差分来表示。如对一个单变量函数 $f(x)$,x 为定义在区间$[a,b]$上的连续变量,以步长 $h=\Delta x$ 将区间$[a,b]$离散化,会得到一系列节点:

$$x_1=a,\quad x_2=x_1+h,\quad \cdots,\quad x_{n+1}=x_n+1=b$$

然后,求出 $f(x)$ 在这些点的近似值。显然步长 h 越小,近似解的精度就越高。与节点 x_i 相邻的节点有 x_i-h 和 x_i+h,所以在节点 x_i 处可构造如下形式的差值:

$f(x_i+h)-f(x_i)$　　节点的一阶前向差分

$f(x_i)-f(x_i-h)$　　节点的一阶后向差分

$f(x_i+h)-f(x_i-h)$　　节点的一阶中心差分

这里使用中心差分法利用泰勒展开式求解所使用的导数,其推导如下:

函数 $f(x)$ 在 x_i 处的泰勒展开式为:

$$f(x)=f(x_i)+f'(x_i)(x-x_i)+\frac{f''(x_i)}{2!}(x-x_i)^2+\cdots+\frac{f^{(n)}(x_i)}{n!}(x-x_i)^n \tag{8-93}$$

则

$$f(x_i-h)=f(x_i)+f'(x_i)((x_i-h)-x_i)+\frac{f''(x_i)}{2!}((x_i-h)-x_i)^2+\cdots \tag{8-94}$$

$$f(x_i+h)=f(x_i)+f'(x_i)((x_i+h)-x_i)+\frac{f''(x_i)}{2!}((x_i+h)-x_i)^2+\cdots \tag{8-95}$$

忽略平方之后的项,联立式(8-94)、式(8-95),解方程组得:

$$f'(x_i)=\left(\frac{\partial f}{\partial x}\right)_{x_i}\approx\frac{f(x_i+h)-f(x_i-h)}{2h} \tag{8-96}$$

$$f''(x_i)=\left(\frac{\partial^2 f}{\partial x^2}\right)_{x_i}\approx\frac{f(x_i+h)+f(x_i-h)-2f(x_i)}{h^2} \tag{8-97}$$

二元函数的泰勒展开式如下:

$$\begin{aligned}f(x+\Delta x,y+\Delta y)=&f(x.y)+\Delta x\frac{\partial f(x,y)}{\partial x}+\Delta y\frac{\partial f(x,y)}{\partial y}+\\&\frac{1}{2!}\left[(\Delta x)^2\frac{\partial^2 f(x,y)}{\partial x^2}+2\Delta x\Delta y\frac{\partial^2 f(x,y)}{\partial x\partial y}+(\Delta y)^2\frac{\partial^2 f(x,y)}{\partial y^2}\right]+\\&\frac{1}{3!}\left[(\Delta x)^3\frac{\partial^3 f(x,y)}{\partial x^3}+3(\Delta x)^2\Delta y\frac{\partial^3 f(x,y)}{\partial x^2\partial y}+3\Delta x(\Delta y)^2\frac{\partial^3 f(x,y)}{\partial x\partial y^2}+(\Delta y)^3\frac{\partial^3 f(x,y)}{\partial y^3}\right]+\cdots\end{aligned}$$

将 $f(x_i+h,y_i+h)$, $f(x_i-h,y_i-h)$, $f(x_i+h,y_i-h)$, $f(x_i-h,y_i+h)$ 展开后忽略次要项,联立解方程组得二维混合偏导如下

$$\begin{aligned}\frac{\partial^2 f(x_i,y_i)}{\partial x\partial y}\approx&\frac{1}{4h^2}[f(x_i+h,y_i+h)+f(x_i-h,y_i-h)-\\&f(x_i+h,y_i-h)-f(x_i-h,y_i+h)]\end{aligned} \tag{8-98}$$

上面我们推导了导数计算。同理,利用多元泰勒展开式,可得到任意偏导的近似差分表示。

在图像处理中,取 $h=1$,在图 8-32 所示的图像中,像素 0 为中点的导数公式如下:

				12				
			8	4	5			
		11	3	0	1	9		
			7	2	6			
				10				

图 8-32　图像中像素 0 与它的邻域

$$\left(\frac{\partial f}{\partial x}\right)_0=\frac{f_1-f_3}{2h},\quad\left(\frac{\partial f}{\partial y}\right)_0=\frac{f_2-f_4}{2h}$$

$$\left(\frac{\partial^2 f}{\partial x^2}\right)_0=\frac{f_1+f_3-2f_0}{h^2},\quad\left(\frac{\partial^2 f}{\partial y^2}\right)_0=\frac{f_2+f_4-2f_0}{h^2}$$

$$\left(\frac{\partial^2 f}{\partial x\partial y}\right)_0=\frac{(f_8+f_6)-((f_5+f_7)}{4h^2}$$

$$\left(\frac{\partial^4 f}{\partial x^4}\right)_0=\frac{[6f_0-4(f_1+f_3)+(f_9+f_{11})]}{h^4},\quad\left(\frac{\partial^4 f}{\partial y^4}\right)_0=\frac{[6f_0-4(f_2+f_4)+(f_{10}+f_{12})]}{h^4}$$

$$\left(\frac{\partial^4 f}{\partial x^2\partial y^2}\right)_0=\frac{[4f_0-2(f_1+f_2+f_3+f_4)+(f_5+f_6+f_7+f_8)]}{h^4}$$

(4) 三阶矩阵求逆公式

高阶矩阵的求逆算法主要有归一法和消元法两种,三阶矩阵求逆公式如下:

若矩阵
$$A=\begin{bmatrix} a_{00} & a_{01} & a_{02} \\ a_{10} & a_{11} & a_{12} \\ a_{20} & a_{21} & a_{22} \end{bmatrix} \tag{8-99}$$

可逆,即
$$|A|=a_{00}a_{11}a_{22}+a_{01}a_{12}a_{20}+a_{02}a_{10}a_{21}-a_{00}a_{12}a_{21}-a_{01}a_{10}a_{22}-a_{02}a_{11}a_{20}\neq 0$$

则
$$A^{-1}=\frac{1}{|A|}\begin{bmatrix} a_{11}a_{22}-a_{21}a_{12} & -(a_{01}a_{22}-a_{21}a_{02}) & a_{01}a_{12}-a_{02}a_{11} \\ a_{12}a_{20}-a_{22}a_{10} & -(a_{02}a_{20}-a_{22}a_{00}) & a_{02}a_{10}-a_{00}a_{12} \\ a_{10}a_{21}-a_{20}a_{11} & -(a_{00}a_{21}-a_{20}a_{01}) & a_{00}a_{11}-a_{01}a_{10} \end{bmatrix} \tag{8-100}$$

4. 关键点方向分配

为了使描述符具有旋转不变性,需要利用图像的局部特征给每一个关键点分配一个基准方向。一般使用图像梯度的方法求取局部结构的稳定方向。对于在 DOG 金字塔中检测出的关键点,采集其所在高斯金字塔图像 3σ 邻域窗口内像素的梯度和方向分布特征,其梯度的模值和方向如下:

$$m(x,y)=\sqrt{(L(x+1,y)-L(x-1,y))^2+(L(x,y+1)-L(x,y-1))^2} \tag{8-101}$$

$$\theta(x,y)=\arctan\left(\frac{(L(x,y+1)-L(x-1,y))}{L(x+1,y)-L(x-1,y)}\right) \tag{8-102}$$

L 为关键点所在的尺度空间值,按 Lowe 的建议,梯度的模值 $m(x,y)$ 按 $\sigma=1.5\sigma_{oct}$ 的高斯分布而成,按尺度采样的 3σ 原则,邻域窗口半径为 $3\times1.5\sigma_{oct}$。

在完成关键点的梯度计算后,使用直方图统计邻域内像素的梯度和方向。梯度直方图将 0~360°的方向范围分为 36 个容器(bins),其中每容器 10°。如图 8-33 所示,直方图的峰值方向代表了关键点的主方向(为简化,图中只画了八个方向的直方图)。

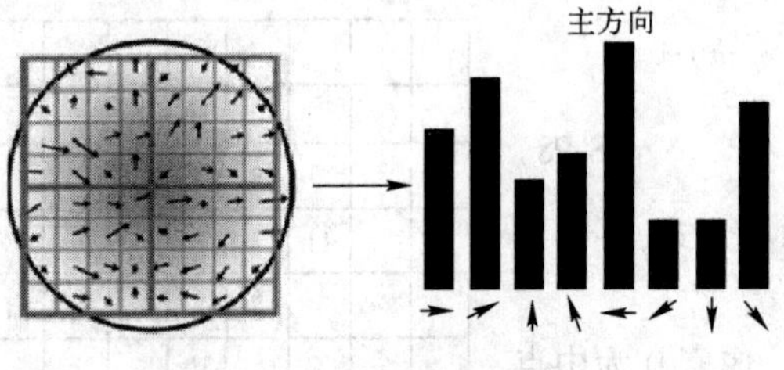

图 8-33 关键点方向直方图

图 8-34 SIFT 特征

方向直方图的峰值则代表了该特征点处邻域梯度的方向,其中以直方图中最大值作为该关键点的主方向。为了增强匹配的鲁棒性,只保留峰值大于主方向峰值 80%的方向作为该关键点的辅方向。因此,对于同一梯度值的多个峰值的关键点位置,在相同位置和尺度将会有多个关键点被创建,但方向不同。仅有 15%的关键点被赋予多个方向,但可以明显提高关键点匹配的稳定性。实际编程实现中,就是把该关键点复制成多份关键点,并将方向值分别赋给这些复制后的关键点,而且离散的梯度方向直方图要进行插值拟合处理,以求得更精确的方向角度值,检测结果如图 8-34 所示。

至此,检测出的含有位置、尺度和方向的关键点即是该图像的 SIFT 特征点。

5. 关键点特征描述

通过以上步骤,对于每一个关键点拥有三个信息:位置、尺度及方向。接下来就是为每个关键点建立一个描述符,用一组向量将这个关键点描述出来,使其不随各种变化而改变,比如光照变化、视角变化等。这个描述子不但包括关键点,也包含关键点周围对其有贡献的像素点,并且描述符应该有较高的独特性,以便于提高特征点正确匹配的概率。

SIFT 描述子是关键点邻域高斯图像梯度统计结果的一种表示。通过对关键点周围图像区域分块,计算块内梯度直方图,生成具有独特性的向量,这个向量是该区域图像信息的一种抽象,具有唯一性。

Lowe 建议描述子用在关键点尺度空间内 4×4 的窗口中计算的 8 个方向的梯度信息,共 4×4×8=128 维向量表征。其步骤如下:

(1) 确定计算描述子所需的图像区域。特征描述子与特征点所在的尺度有关,因此,对梯度的求取应在特征点对应的高斯图像上进行。将关键点附近的邻域划分为 $d\times d$(Lowe 建议 $d=4$)个子区域,每个子区域作为一个种子点,每个种子点有 8 个方向。每个子区域的大小与关键点方向分配相同,即每个区域有个 $3\sigma_{oct}$ 子像素,为每个子区域分配边长为 $3\sigma_{oct}$ 的矩形区域进行采样(子像素实际用边长为 $\sqrt{3\sigma_{oct}}$ 的矩形区域就可包含,但由式(8-82),$3\sigma_{oct}\leqslant 6\sigma$,为了简化,计算取其边长为 $3\sigma_{oct}$,并且采样点宜多不宜少。考虑到实际计算时,需要采用双线性插值,所需图像窗口边长为 $3\sigma_{oct}\times(d+1)$。考虑到旋转因素(以方便下一步将坐标轴旋转到关键点的方向),如图 8-35 所示,实际计算所需的图像区域半径为:

$$\text{radius}=\frac{3\sigma_{oct}\times\sqrt{2}\times(d+1)}{2} \tag{8-103}$$

计算结果四舍五入取整。

(2) 将坐标轴旋转为关键点的方向,以确保旋转不变性,如 8-36 所示。

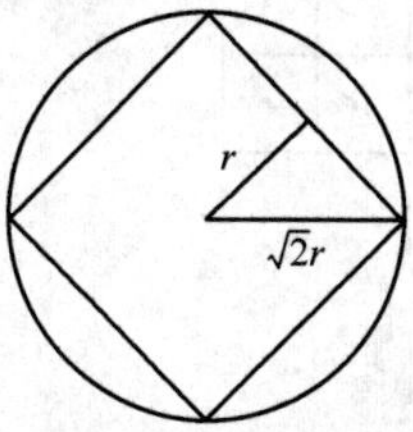

图 8-35　旋转引起的邻域半径变化

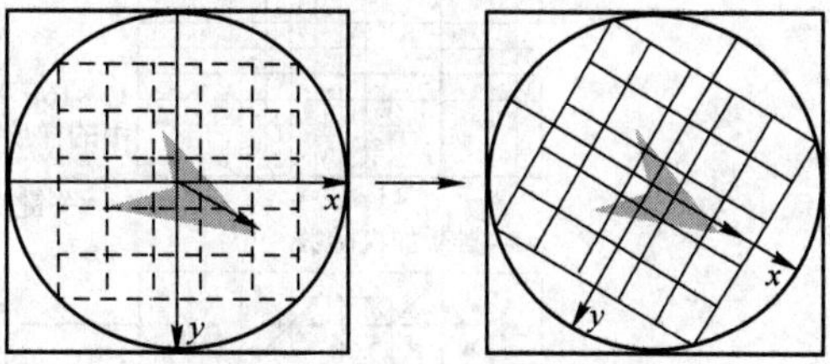

图 8-36　坐标轴旋转

旋转后邻域内采样点的新坐标为:

$$\begin{bmatrix}x'\\y'\end{bmatrix}=\begin{bmatrix}\cos\theta & -\sin\theta\\ \sin\theta & \cos\theta\end{bmatrix}\begin{bmatrix}x\\y\end{bmatrix}\quad x,y\in[-\text{radius},\text{radius}] \tag{8-104}$$

(3) 将邻域内的采样点分配到对应的子区域内,将子区域内的梯度值分配到 8 个方向上,计算其权值。

旋转后的采样点坐标在半径为 radius 的圆内被分配到 $d\times d$ 的子区域,计算影响子区域的采样点的梯度和方向,并分配到 8 个方向上。

旋转后的采样点 (x',y') 落在子区域的下标为

$$\begin{bmatrix}x''\\y''\end{bmatrix}=\frac{1}{3\sigma_{oct}}\begin{bmatrix}x'\\y'\end{bmatrix}+\frac{d}{2} \tag{8-105}$$

Lowe 建议子区域的像素的梯度大小按 $\sigma=0.5d$ 的高斯加权计算,即

$$w=m(a+x,b+y)*\mathrm{e}^{-\frac{(x')^2+(y')^2}{2\times(0.5d)^2}} \tag{8-106}$$

其中 a,b 为关键点在高斯金字塔图像中的位置坐标。

(4) 插值计算每个种子点 8 个方向的梯度。

由于要为一个关键点周围的每个点计算梯度,所以要为每个关键点处理 $(16)^2$ 个梯度方向。每个 4×4 子区域中有 16 个方向。为简化下一步的解释,图中右上方的子区域已被放大;下一步是将 4×4 子区域中的所有梯度方向量化为 8 个相隔 45°的方向,而不是将方向值作为一个完整的计数分配给

它最接近的容器。SIFT 执行插值,根据从该值到每个容器中心的距离,按比例在所有容器中分配直方图记录。这是通过将容器的每个输入乘以权重 $1-d$ 实现的,其中 d 是从这个值到容器中心的最短距离,以直方图间隔为单位来度量,因此,最大的可能距离是 1。例如,第一个容器的中心位于 $45°/2 = 22.5°$,下一个中心位于 $22.5°+45° = 67.5°$,以此类推。假设某个特殊方向值是 22.5°,从这个值到第一个直方图容器中心的距离是 0,因此我们将在直方图中为该容器分配一个完整的记录(即计数为 1)。到下一个中心的距离将大于 0,所以我们将一个完整的记录的一部分[即 $1×(1-d)$]赋给这个容器。所有的容器都是如此。采用这种方法,为每个容器得到一个计数的比例分数,从而避免了"边界"效应,这一"边界"效应是描述子在方向上的微小变化会从一个容器分配给另一个容器导致的效应。

图 8-37 将直方图的 8 个方向显示为一个小向量簇,其中每个向量的长度等于其对应容器的值。计算了 16 个直方图,即围绕一个关键点的 16×16 区域的每个 4×4 子区域各 1 个。于是,图中左下方的一个描述子由一个 4×4 阵列组成,每个阵列包含 8 个方向值。在 SIFT 中,这个描述子数据被组织为一个 128 维的向量。

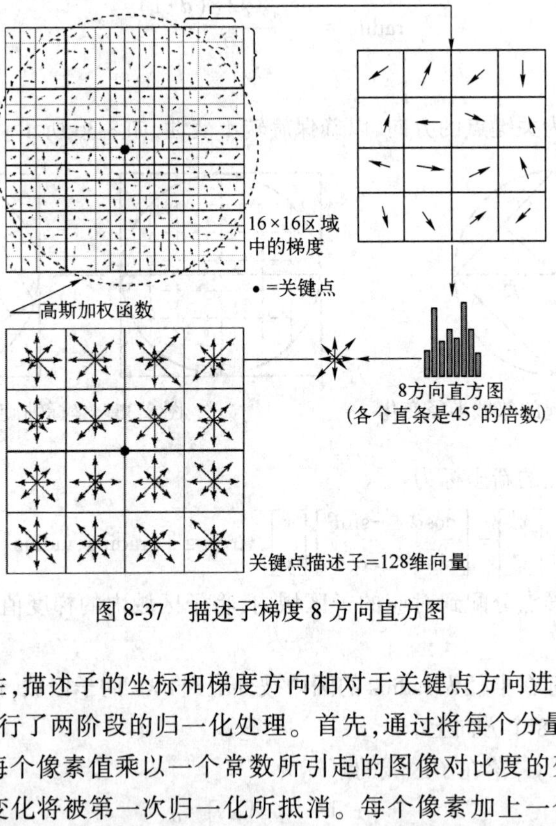

图 8-37　描述子梯度 8 方向直方图

为了实现方向不变性,描述子的坐标和梯度方向相对于关键点方向进行了旋转。为了降低光照的影响,对特征向量进行了两阶段的归一化处理。首先,通过将每个分量除以向量范数,把向量归一化为单位长度。由每个像素值乘以一个常数所引起的图像对比度的变化将以相同的常数乘以梯度,因此,对比度的变化将被第一次归一化所抵消。每个像素加上一个常量导致的亮度变化不会影响梯度值,因为梯度值是根据像素差值计算的。因此,描述子对光照的仿射变化是不变的。然而,也可能发生摄像机饱和等导致的非线性光照变化。这类变化会导致某些梯度的相对幅度的较大变化,但它们几乎不会影响梯度方向。SIFT 通过对归一化特征向量进行阈值处理,降低了较大梯度幅度的影响,使所有分量都小于实验确定的值 0.2。阈值处理后,特征向量被重新归一化为单位长度。

SIFT 算法总结于下:

① 构建尺度空间。这一步需要规定的参数是 σ,s(k 是由 s 计算出来的)和倍频程数。建议 $\sigma = 1.6$,$s = 2$ 和 3 个倍频程。

② 得到初始关键点。在尺度空间中根据平滑后的图像计算高斯差 $D(x,y,\sigma)$，在每幅 $D(x,y,\sigma)$ 图像中查找极值。这些极值就是初始关键点。

③ 改进关键点位置的精度。通过泰勒展开对 $D(x,y,\sigma)$ 的值进行内插运算。

④ 删除不合适的关键点。剔除低对比度和/或定位差的关键点。

⑤ 计算关键点方向。该步基于直方图的步骤得到。

⑥ 计算关键点描述子。计算每个关键点的特征(描述子)向量。图 8-38 是按上述步骤得到的结果。

图 8-38　关键点及其方向

6. SIFT 的不足

SIFT 在图像的不变特征提取方面拥有无与伦比的优势,但并不完美,仍然存在以下缺点:①实时性不高;②有时特征点较少;③对边缘光滑的目标无法准确提取特征点。

近年来不断有人对其进行改进,其中最著名的有 SURF 和 CSIFT。有兴趣的读者可参考相关文献。

8.2.3　关系描绘

如果图像已经被分割为区域或部分,则图像描绘的下一步任务就是如何把这些元素组织成为有意义的关系结构。结构描绘一般是以文法概念为基础的。例如,从一幅图像中已分割出图 8-39 所示的阶梯形结构,要用某种方法来描绘它,首先要定义一些基本元素,然后再定义一个重写规则就可以描绘出此阶梯形结构。图中(a)是阶梯结构;(b)是基本元素;(c)是编码结构。

在描绘过程中规定基本元素为 a 和 b,重写规则如下:

$$S \to aA,\quad A \to bS,\quad A \to b$$

这里 S 和 A 是变量,元素 a 和 b 是常量。第一个规则说明 S 可以用基本元素 a 和变量 A 来代替,变量 A 可以用 b 和 S 来代替,也可以用 b 来代替。如果用 bS 来代替 A,则可以重复第一个规则的步骤。如果用 b 来代替,则步骤终止。这里假定都用 S 为起始点,第一个元素后面总是 b。由上例可见只需三条重写规则就可以产生无穷多的相似结构。

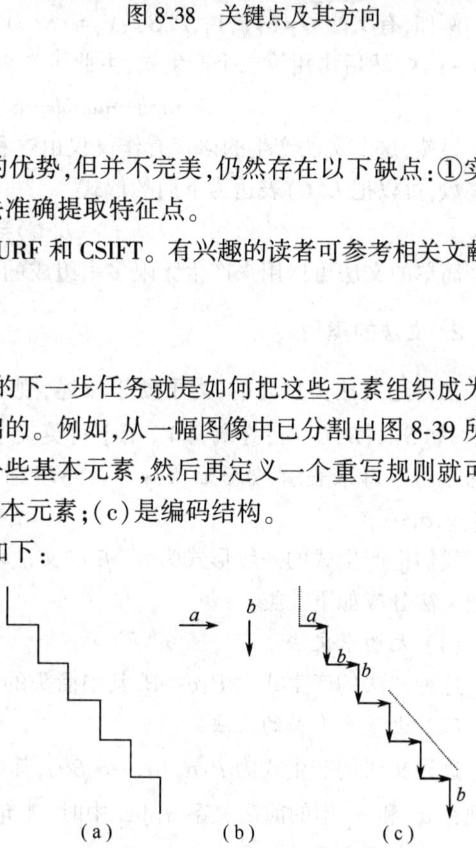

图 8-39　阶梯形结构之描绘

1. 串文法和语言

图 8-39 说明的编码结构是由符号的连接串组成的。这种符号串可以引用形式语言的概念来处理。形式语言起源于 1950 年。诺姆、乔姆斯基用数学模型研究了文法,其目的是研究一种计算机文法,然后用这个文法去研究自然语言,以便计算机在翻译和解答问题的过程中解释自然语言。关于形式语言的研究和应用已渗透到编译设计、计算机语言、自动机理论及模式识别和图像处理领域中了。

首先,介绍一些最基本的定义:

定义 V 为任何有限的符号集合;在 V 范围内的一个句子、一串字符或字都是由集合中的符号组成的任何有限长度的串。例如,给定 $V=\{0,1\}$,则 $\{0,1,00,01,11,000,001,\cdots\}$ 都是有效的句子。定义没有符号的句子为空句子，用 λ 来代表。用 V^* 代表由 V 中的符号组成的所有句子集合，其中包括空句子。V^+代表$(V^*-\lambda)$的句子集合。

例如，字母 $V=\{a,b\}$，$V^*=\{\lambda,a,b,ab,aa,ba,\cdots\}$，$V^+=\{a,b,ab,aa,ba,\cdots\}$。语言是在字母范围内句子的任意集合。

形式语言理论主要研究文法及其性质。串文法（或叫简单文法）是四元的，即

$$G=(V_N,V_T,P,S)$$

式中，V_N 为非终端符集合（变量）；V_T 为终端符的集合（常量）；P 为产生式或重写规则集合；S 为起始符或根符号。假定 S 属于集合 V_N，并且 V_N 和 V_T 是不相交的集合，字母 V 是 V_N 和 V_T 的合集。

由形式串文法 G 产生的语言记作 $L(G)$，这个语言就代表了一个模式。由字符产生的语言 $L(G)$ 满足两个条件：每一串只由终端符组成；每一串都由 S 开始并用由 P 决定的产生式来生成。

例如，有文法 $G=(V_N,V_T,P,S)$，$V_N=\{S\}$，$V_T=\{a,b\}$，$P=\{S\to aSb,S\to ab\}$，如果把第一个产生式用 $m-1$ 次，然后再用第二个产生式，由此可产生下列语言

$$S\to aSb\to aaSbb\to a^3Sb^3\to\cdots\to a^{m-1}Sb^{m-1}\to a^mb^m$$

显然，这个文法产生的语言看作仅仅由这种形式的串组成，特定的串长取决于 m。m 可以是任意整数，可以把 $L(G)$表达为下面的形式

$$L(G)=\{a^mb^m\mid_{m\geq 1}\}$$

这个简单的文法可以用来产生无限多串组成的语言。

2. 文法的类型

在讨论文法类型之前，为了便于叙述，规定所使用的符号如下：非终端符 V_N 用大写英文字母表示，如 $S,A,B,C,\cdots$；终端符 V_T 用小写英文字母表示，如 $a,b,c,\cdots$；终端字符串用英文字母表后边的小写字母来表示，如 $v,\omega,x,y,\cdots$；终端和非终端的混合字符串用小写的希腊字母来表示，如 $\alpha,\beta,\gamma,\delta,\cdots$。

我们把产生式的一般形式为 $\alpha\to\beta$ 的文法叫作短语结构文法，一般根据加于产生式的约束条件而把文法分成如下几类：

(1) 无约束文法

这种文法的产生式为 $P:\alpha\to\beta$，其中箭头的左右端可以是任意形式的链。

(2) 上下文有关的文法

这种文法的产生式为 $P:\alpha_1A\alpha_2\to\alpha_1\beta\alpha_2$，其中 $A\in V_N$，$\alpha_1,\alpha_2,\beta\in V^*$，$\beta\neq\lambda$，这种文法规定只有当 A 出现在 α_1 和 α_2 串的前后关系 $\alpha_1A\alpha_2$ 中时，才允许用串 β 来代替非终端符 A。

(3) 上下文无关的文法

此文法的产生式为 $P:A\to\beta$，其中 $A\in V_N$，$\beta\in V^*$。这个文法并不考虑出现 A 的上下文就可以用串 β 去代替 A 变量。

(4) 正则文法

这种文法也称为有限状态文法。它的产生式为 $P:A\to aB$ 或 $A\to a$，这里 $A,B\in V_N$，$a\in V_T$，A、B、a 均是单个符号。还可以选择另外一种产生式，即 $P:A\to Ba$ 和 $A\to a$。当然两种产生式中只能选一种，而不可同时选用。

上述四类文法有时依次称为 0 型，1 型，2 型和 3 型文法。由它们产生的语言分别称为 0 类型语言，1 类型语言，2 类型语言及 3 类型语言。由上述分类可以看出，所有的正则文法都是上下文无关的，所有上下文无关的文法都是上下文有关的，所有上下文有关的文法都是无约束的。对上述四类文法下面分别举例说明。

例 1:无约束文法

$$G=(V_N,V_T,P,S)\quad V_N=\{A,B,S\}\quad V_T=\{a,b,c\}$$

$$P:① S\rightarrow aAbc\quad ② Ab\rightarrow bA\quad ③ Ac\rightarrow Bbcc\quad ④ bB\rightarrow Bb\quad ⑤ aB\rightarrow aaA\quad ⑥ aB\rightarrow a$$

$$S\xrightarrow{①}aAbc\xrightarrow{②}abAc\xrightarrow{③}abBbcc\xrightarrow{④}aBbbcc\xrightarrow{⑤}aaAbbcc\xrightarrow{②}aabAbcc\xrightarrow{②}aabbAcc\xrightarrow{③}a^2b^2Bbccc\xrightarrow{④}$$

$$a^2b\,Bbbccc\xrightarrow{④}a^2Bbbbccc\xrightarrow{⑥}a^2b^3c^3$$

所以有 $$L(G)=(a^nb^{n+1}c^{n+1}\mid_{n>0})$$

例 2:上下文有关的文法 $G=\{V_N,V_T,P,S\}\quad V_N=\{A,B,S\}\quad V_T=\{a,b,c\}$

$$P:①S\rightarrow abc\quad ②S\rightarrow aAbc\quad ③Ab\rightarrow bA\quad ④Ac\rightarrow Bbcc\quad ⑤bB\rightarrow Bb\quad ⑥aB\rightarrow aaA\quad ⑦aB\rightarrow aa$$

$$S\xrightarrow{②}aAbc\xrightarrow{③}abAc\xrightarrow{④}abBbcc\xrightarrow{⑤}aBbbcc\xrightarrow{⑦}aabbcc\longrightarrow a^2b^2c^2$$

所以有 $$L(G)=(a^nb^nc^n\mid_{n\geqslant 1})$$

例 3:上下文无关的文法 $G=(V_N,V_T,P,S)\quad V_N=\{S\}\quad V_T=\{a,b,c\}$

$$P:①S\rightarrow ab\quad ②S\rightarrow aSb$$

$$S\xrightarrow{②}aSb\xrightarrow{②}aaSbb\xrightarrow{①}aaabbb\longrightarrow a^3b^3$$

所以有 $$L(G)=(a^nb^n\mid_{n\geqslant 1})$$

例 4:正则文法 $G=(V_N,V_T,P,S)\quad V_N=\{S\}\quad V_T=\{a,b\}$

$$P:①S\rightarrow a\quad ②S\rightarrow b\quad ③S\rightarrow aS\quad ④S\rightarrow bS$$

$$S\xrightarrow{③}aS\xrightarrow{③}aaS\xrightarrow{③}aaaS\xrightarrow{①}a^4$$

$$S\xrightarrow{④}bS\xrightarrow{④}bbS\xrightarrow{②}b^3$$

$$S\xrightarrow{③}aS\xrightarrow{④}abS\longrightarrow\cdots\longrightarrow a^nb^m$$

所以有 $$L(G)=(a^nb^n\mid_{m,n>0})$$

3. 位置算子的运用

前述的字符串是一维结构,而图像是二维结构,因此,在用字符串来描绘图像时就需要建立一种相应的方法,把二维的位置关系缩减为一维形式。

串文法在图像描绘中大多数是以从物体中抽取的连接线段为基础的。这种方法如图 8-40 所示。这是用有特定方向和长度的线段把结果编码。

另一种方法如图 8-41 所示。利用有向线段并用已定义的一些运算来描绘图像的某些部分。图中(a)是用有向线段来表示某些区域,图(b)是定义的某些运算。下面用一个具体例子来说明这些概念。

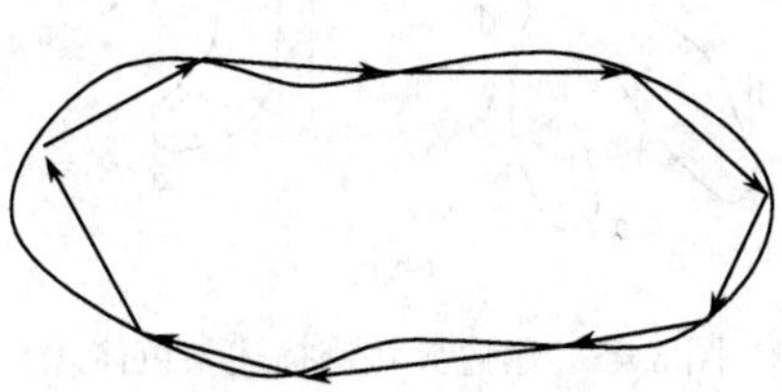

图 8-40 用有方向的线段描绘区域边界

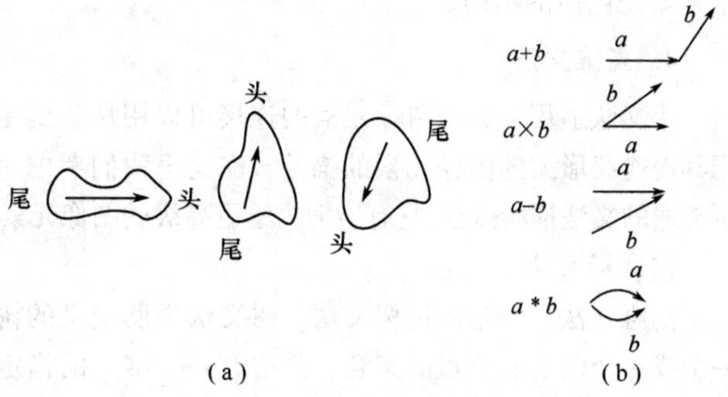

(a) (b)

图 8-41 另一种描绘方法

例 1:图片描绘语言

$$G=(V_N,V_T,P,S)$$
$$V_N=\{S,A_1,A_2,A_3,A_4,A_5\}$$
$$V_T=\{a\nearrow,b\searrow,c\rightarrow,d\downarrow\}$$

P:①$S\rightarrow d+A_1$　②$A_1\rightarrow c+A_2$　③$A_2\rightarrow \sim d*A_3$　④$A_3\rightarrow a+A_4$　⑤$A_4\rightarrow b*A_5$　⑥$A_5\rightarrow c$

这里($\sim d$)表示与基本单元 d 方向相反的像元,而 a,b,c,d 的方向如 V_T 中所定义的那样。应用产生式产生一个像元 d,其后,跟随一个尚未定义的变量 A_1。但是,A_1 分量所表示的结构的尾在这点上将和 d 的头相连,这是由规定的算法“+”所决定的。变量 A_1 又可分解为 $c+A_2$,当然 A_2 尚未定义。同样 A_2 又可分解为 $\sim d*A_3$。应用前三条产生式得到的结果如图 8-42(a)~(c)所示。算子“*”定义为尾到尾、头到头的连接方式。使用全部产生式所得到的最后结果示于图 8-42(f)中。这种 PDL 文法只能产生一个结构。如果在产生式的规则中引递归规则(变量有代替自己的能力),则这种文法所产生的结构可扩展到各种结果。

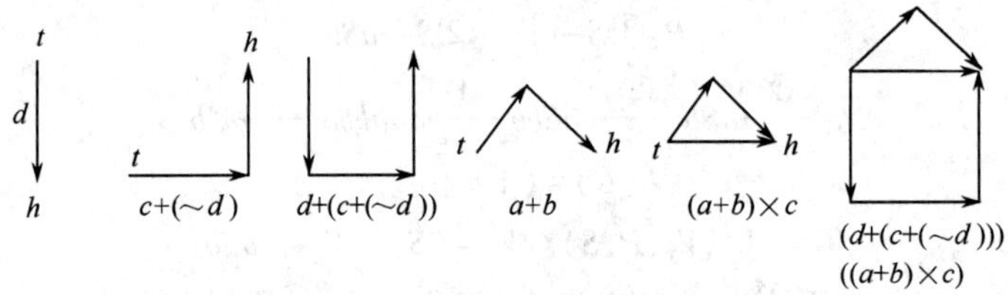

(a)　(b)　(c)　(d)　(e)　(f)

图 8-42　PDL 结构组成步骤

例 2:利用例 1 的条件,定义下列产生式规则:

①$S\rightarrow d+A_1$　②$A_1\rightarrow c+A_1$　③$A_1\rightarrow \sim d\times A_2$　④$A_2\rightarrow a+A_2$　⑤$A_2\rightarrow b\times A_2$　⑥$A_2\rightarrow c$

如果顺次应用这些产生式就会产生图 8-42 中(f)的结果。

例 3:染色体特征的描绘

描绘染色体的文法所用的基本像元如图 8-43(a)所示。这些基本像元是对染色体沿边界顺时针方向循迹而检测出来的。典型的半中期和末期染色体的形状如图 8-43(b)所示,描绘文法如下:

$$G=(V_N,V_T,P,S)\quad V_T=\{a,b,c,d,e\}\quad V_N=\{S,T,A,B,C,D,E,F\}$$

P:(1)$S\rightarrow C\cdot C$　(2)$T\rightarrow A\cdot C$　(3)$C\rightarrow B\cdot C$　(4)$C\rightarrow C\cdot B$　(5)$C\rightarrow F\cdot D$　(6)$C\rightarrow E\cdot F$
(7)$E\rightarrow F\cdot c$　(8)$D\rightarrow c\cdot F$　(9)$A\rightarrow b\cdot A$　(10)$A\rightarrow A\cdot b$　(11)$A\rightarrow e$　(12)$B\rightarrow b\cdot B$
(13)$B\rightarrow B\cdot b$　(14)$B\rightarrow b$　(15)$B\rightarrow d$　(16)$F\rightarrow b\cdot F$　(17)$F\rightarrow F\cdot b$　(18)$F\rightarrow a$

其中算子“·”用来描绘在按顺时针方向追迹边界时在产生式中各项的可连接性。在这个文法中,S 和 T 均为起始符,S 可产生相应于半中期染色体的结构,T 可以产生相应于末期染色体的结构。

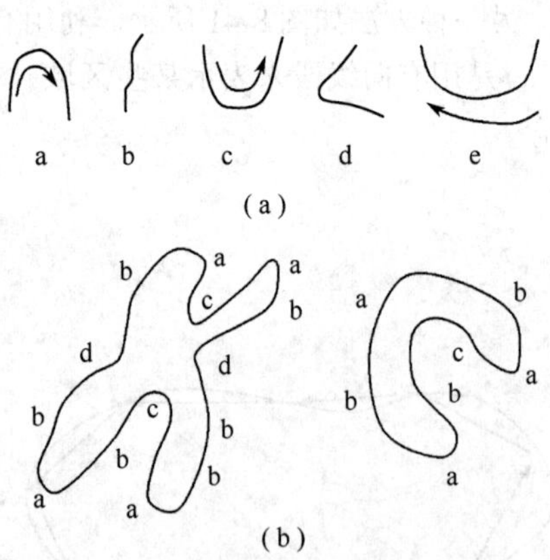

图 8-43　用边界轨迹描述染色体

4. 高维文法

串文法适用于那些图像元素的连接可以用从头到尾或用其他连续形式的图像元素的描绘。在这里我们考虑一种更普遍的文法描绘途径,它有能力描绘更高级的图像元素。

(1) 树文法

高维文法之一是所谓树文法。树文法中所定义的树是一个或一个以上的节点的集合。其中有一个唯一的指定的节点为根;剩下的节点划分为 m 个不相交的集合,这些集合为 $T_1,T_2,\cdots,T_m$,把 T_m 叫作 T 的子树;树尖是树的根干部节点的集合,取从左到右的次序。图 8-44是一树图,其中 \$ 是根(root),x,y 为树尖。

一般来讲,在树图中有两类重要信息。一是关于节点的信息;另一个便是节点与其邻点的有关信息。在存储时,节点是用一组字描述并存储的,而节点与邻点的有关信息是以对其邻点的指示符的集合的形式存储。第一类信息用于识别模式的像元,第二类信息定义像元和其他子结构间的物理关系。例如,把图 8-45 所示的关系用图 8-45(b)所示的树来表示。图 8-45(b)中,\$ 表示根,在 \$ 中包含着 a 和 c 两部分,因此,从根放射出两个分支。第二级,a 中包含 b,c 中包含 d 和 e,在 e 中又包含 f。这样就构成了一个树图,其中 b,d,f 是树的叶子。

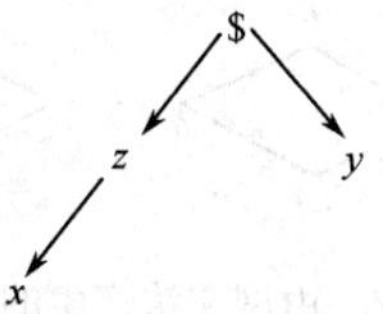

图 8-44　树图

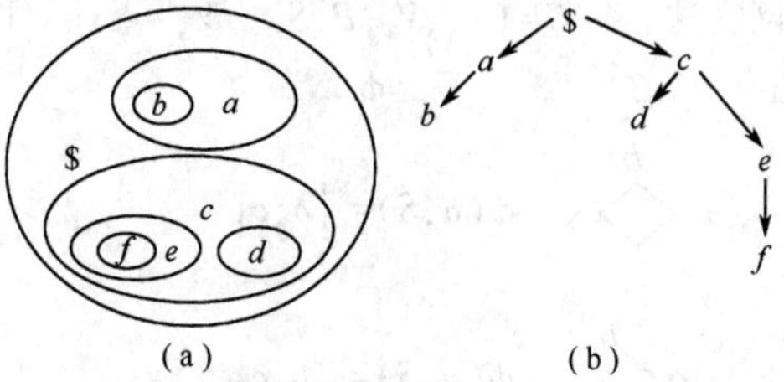

图 8-45　用树来表示简单的组合区域

树文法为五元式,即

$$G=(V_N,V_T,P,r,S)$$

式中,V_N 为非终端符;V_T 为终端符;S 为起始符;P 为产生式集合;r 为秩函数,它指出一个节点直接下降的数目。

例:利用树文法把图 8-46(a)的电路结构表示成树的形式。这个树图是把 LC 网络的最左边的节点定义为根。其树文法如下(电路中的 L 用 l,C 用 c 表示)。

$$G=(V_N,V_T,P,r,S)\quad V_N=\{S,A\}\quad V_T=\{e,g,l,c,\$\}$$

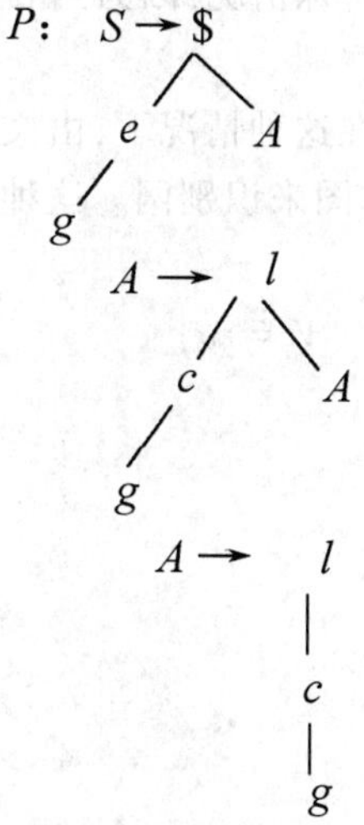

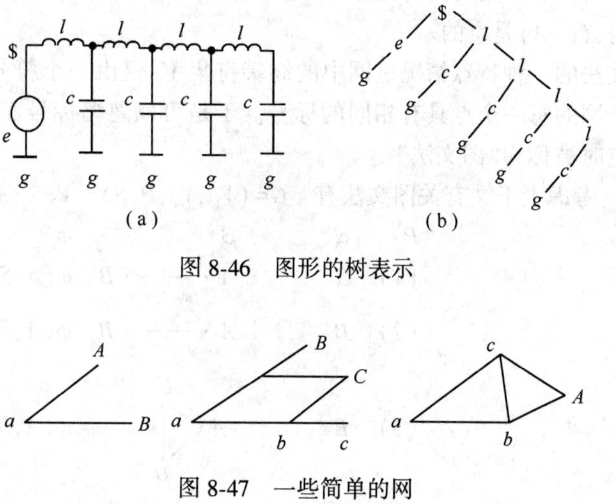

图 8-46　图形的树表示

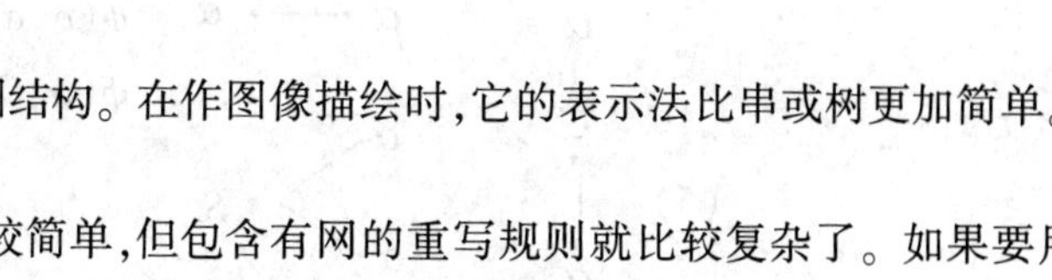

图 8-47　一些简单的网

在这种情况下,秩函数 $r(e)=1$,$r(g)=0$,$r(l)=\{2,1\}$,$r(c)=1$,$r(\$)=\{2,1\}$,利用三条产生式并利用 A 定义的递归性就能产生无限数量的结构。

(2) 网文法

网是把节点加以标号的无指向图结构。在作图像描绘时,它的表示法比串或树更加简单。图 8-47 示出了一些简单的网。

短语结构串文法的重写规则比较简单,但包含有网的重写规则就比较复杂了。如果要用另外一个子网 β 代替 ω 网中的子网 α 就需要规定如何把 β 嵌入 ω 以代替 α。为此,要规定嵌入规则。但是,如果想要能够在任何包含 α 作为子网的网中用 β 代替 α 就要使嵌入规则的定义和主网 ω 无关。

设 V 是标记的集合,N_α 和 N_β 分别是 α 和 β 网的节点的集合。可定义一个三重网的重写规则(α,β,ϕ),其中 ϕ 是映射函数,这个函数规定了嵌入 β 代替 α 的规则,即规定如何把 β 的节点连接到被移走的

子网 α 的每一个节点的邻点处。$N_\alpha \times N_\beta$ 是指集合 N_α 和 N_β 的笛卡儿乘积，也就是取序集对 (n,m) 以便使 n 是 N_β 中的元素，m 是 N_α 中的元素。ϕ 是序集对 $N_\beta \times N_\alpha$ 的函数，其宗量取 (n,m) 的形式，此处的 n 在 N_β 中，m 在 N_α 中。$\phi(n,m)$ 的值规定了允许把 n 连接到 m 的邻点上。例如，$\phi(B,A)=\{C,D\}$ 的意思是把 β 中的节点 B 连接到节点 A 的邻点上，A 在 α 中。它们的标记或者是 C，或者是 D。

网文法定义为四元式，即 $G=(V_N,V_T,P,S)$

式中，V_N 为非终端词汇；V_T 为终端词汇；P 为网的产生式规则的集合；S 为起始符号。一般来讲，S 在 V_N 内，词汇 V 是 V_N 和 V_T 的合集。

例如，网文法 $G=(V_N,V_T,P,S)$ $V_N=\{S\}$ $V_T=\{a,b,c\}$

P: α β ϕ

(1) S 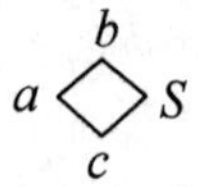 $\phi(a,S)=\{b,c\}$

(2) S 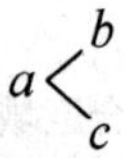 $\phi(a,S)=\{b,c\}$

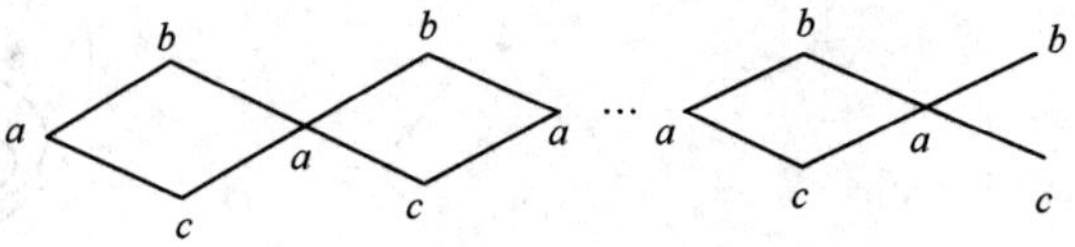

图 8-48 由网文法产生的结构

这里用 ϕ 说明的嵌入指出，把 β 的节点 α 连接到 S 的标号为 b 和 c 的邻点上，α 可用 β 来重写。但是，这个规则不能应用于第一次产生式执行的情况，因为一个单点网的起始没有邻接点。在这样的情况下，可以理解为第一次运用产生式时 ϕ 为零。这种网文法可以产生图 8-48 所示的结构。

前面定义的网文法类似于无约束串文法。如果对产生式加以限制，就可以定义出约束型网文法。

如果存在一个 α 的非终端点 A，使得 $(\alpha-\beta)$ 是 β 的一个子网，网的重写规则 (α,β,ϕ) 叫作上下文有关的。在这种情况下，重写的只是 α 的一个单点，而不考虑 α 如何复杂。如果 α 包含一个单点，把 (α,β,ϕ) 叫作上下文无关的，应注意的是这只是上下文有关规则的一个特殊情况，因为当 α 包含一个单点时，$(\alpha-A)$ 是空的。

网文法的一种特殊情况是网中的终端符集 V_T 仅由一个符号组成。在这种情况下，由文法产生的每一个网的每一个点具有相同的标号。于是可以忽略标号而以其基本图来识别网。这种类型的网文法有时被称为“图文法”。

例 1：考虑上下文有关图文法有 $G=(V_N,V_T,P,S)$ $V_N=\{A,B,C,S\}$ $V_T=\{a\}$

P: α β ϕ

(1) S $A\cdot$——$\cdot B$ $\phi(A,S)=\{\alpha\}$

(2) B $A\cdot$——$\cdot B$ $\phi(A,B)=\{A,\alpha\}$

(3) B 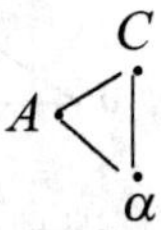 $\phi(A,B)=\{A,\alpha\}$

(4)  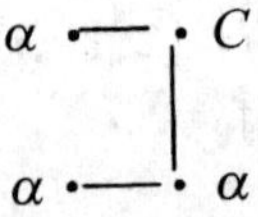 $\phi(\alpha,C)=\{A,\alpha\}$ $\phi(\alpha,\alpha)=\{A,\alpha\}$

(5) 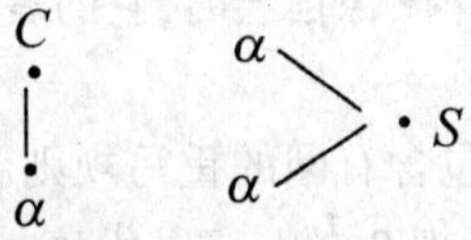 $\phi(\alpha,C)=\{A,\alpha\}$ $\phi(\alpha,\alpha)=\{A,\alpha\}$

(6) $A\,|\,B\,|\,C$ α 正则

这个文法产生的图形结构包含有任何数量的串联和并联部分。并联的分段至少被一个串联节隔开，并且所有的结构的起始端和终端至少有一个这样的节。两个简单的结果如图 8-49 所示。

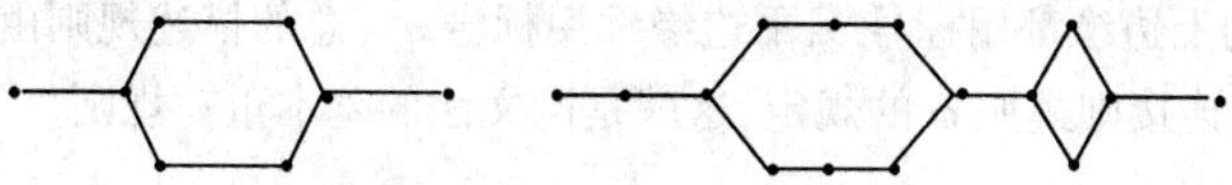

图 8-49　图文法推导结果

例 2：下面的网文法产生一些简单的几何图形。

$$G=(V_N,V_T,P,S)\quad V_N=\{S,A,B\}\quad V_T=\{a,b,c\}$$

P：　α　　β　　ϕ

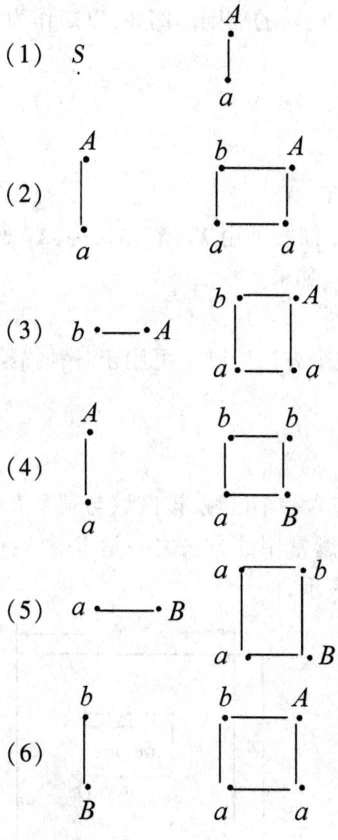

(1) 正则

(2) $\phi(b,A)=\{b,a\}$　$\phi(a,a)=$ 正则

(3) $\phi(a,A)=\{b,a\}$　$\phi(b,b)=$ 正则

(4) $\phi(b,A)=\{b,a\}$　$\phi(a,a)=$ 正则

(5) $\phi(b,B)=\{b,a\}$　$\phi(a,a)=$ 正则

(6) $\phi(a,B)=\{b,a\}$　$\phi(b,b)=$ 正则

(7) B　b　正则

(8) B　a　正则

根据上述规则可做出如下推导：

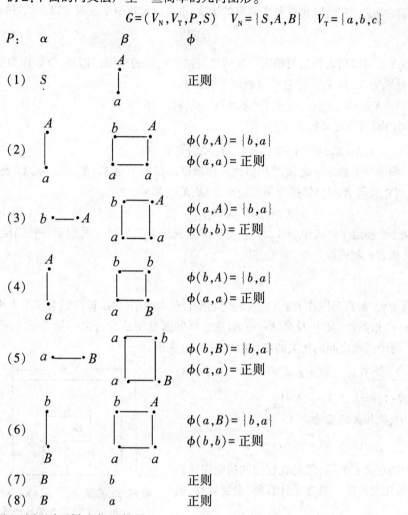

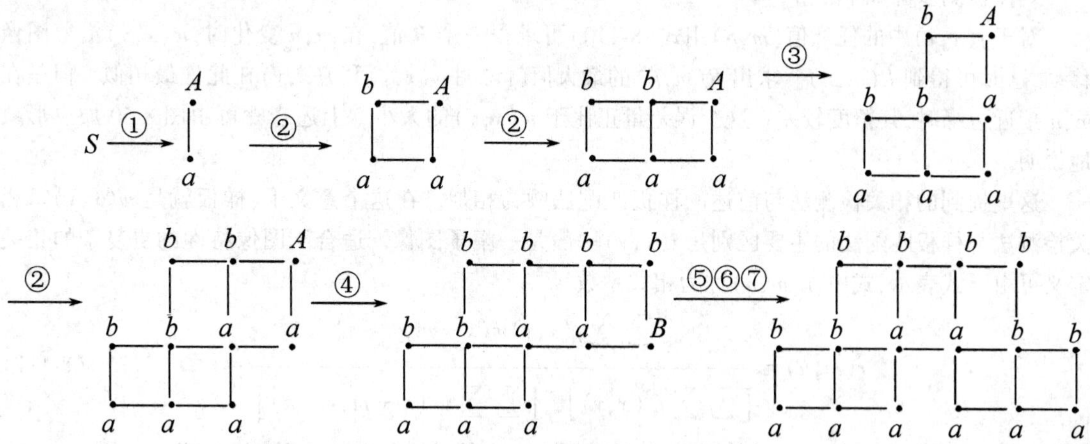

在上述推导中,结构的上边缘都用标号 b,下边缘都用标号 a。总的描述规则由(α,β,ϕ)来规定,也就是用 β 代替 α,节点的连接则遵照 ϕ 的规定,这就是网文法的基本重写规则。

8.2.4 相似性描绘

图像描绘的另一种途径可借助于与已知描绘子的相似程度来进行,这种方法可以在任何复杂的程度上建立相应的相似性测度。它可以比较两个简单的像素,也可以比较两个或两个以上的景物。

1. 距离测度

前面研究过的某些方法可以用来作为两幅图像区域之间进行比较的准则。例如,以矩作为描绘子,假如两个区域的矩分别为 $\boldsymbol{X}_1$ 和 $\boldsymbol{X}_2$。把它们写成向量式如下

$$\boldsymbol{X}_1=\{x_1,x_2,x_3,\cdots,x_n\} \quad \boldsymbol{X}_2=\{x_1',x_2',x_3',\cdots,x_n'\} \tag{8-107}$$

此时,$\boldsymbol{X}_1$ 和 $\boldsymbol{X}_2$ 之间的距离可定义如下

$$D(\boldsymbol{X}_1,\boldsymbol{X}_2)=|\boldsymbol{X}_1-\boldsymbol{X}_2|=\sqrt{(\boldsymbol{X}_1-\boldsymbol{X}_2)^{\mathrm{T}}(\boldsymbol{X}_1-\boldsymbol{X}_2)} \tag{8-108}$$

采用距离这一测度可以测量两个描绘子之间的相似性。如果已知描绘子用 $\boldsymbol{X}_1,\boldsymbol{X}_2,\boldsymbol{X}_3,\cdots,\boldsymbol{X}_L$ 表示,未知描绘子用 $\boldsymbol{X}$ 表示,可以计算 $\boldsymbol{X}$ 与已知描绘子的距离 $D(\boldsymbol{X},\boldsymbol{X}_i)$,如果

$$D(\boldsymbol{X},\boldsymbol{X}_i)<D(\boldsymbol{X},\boldsymbol{X}_j) \tag{8-109}$$

就可以判定 $\boldsymbol{X}$ 更接近第 i 个描绘子。式中 $j=1,2,3,\cdots,L$,并且这个方法原则上可用于各种描绘子,只要它们能够用一矢量来表示就可以。

2. 相关性

当给定一幅大小为 $M\times N$ 的数字图像 $f(x,y)$,要确定它是否包含一个区域,该区域与某个大小为 $J\times K$ 中的某个区域 $w(x,y)$ 相类似,其中 $J<M,K<N$。解决这样问题常用的方法之一是求 $w(x,y)$ 和 $f(x,y)$ 之间的相关性。两个函数之间的相关的定义由式(8-110)表示。

$$R(m,n)=\sum_x\sum_y f(x,y)w(x+m,y+n) \tag{8-110}$$

式中,$m=0,1,2,3,\cdots,M-1$;$n=1,2,3,\cdots,N-1$。

注意,在有的文献中,把相关定义为下式

$$R(m,n)=\sum_x\sum_y f(x,y)w(x-m,y-n)$$

该式与严格的相关的定义有差别,但是在相似性描绘中计算上要方便一些,特别是采用傅里叶变换方法计算时,会更容易,但对描绘结果没有区别。

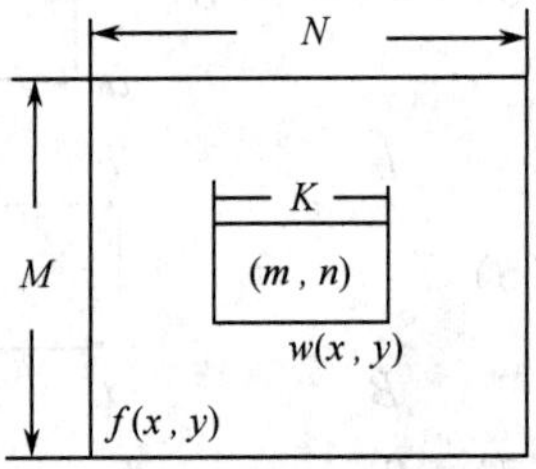

图 8-50 在给定点 (m,n) 上求 $f(x,y)$ 和 $w(x,y)$ 的相关性步骤

具体检测步骤如下:

对于 $f(x,y)$ 中的任意值 (m,n) 用式(8-110)可求得一个 R 值,在 m,n 变化时,$w(x,y)$ 沿着图像移动,这时可得到 $R(m,n)$。求出 $R(m,n)$ 的最大值就说明 $w(x,y)$ 和 $f(x,y)$ 在此处最相似。但是在 m,n 接近边缘时,其精度较差。这个误差量正比于 $w(x,y)$ 的大小。上述步骤可由图 8-50 加以形象地说明。

这里提到的相关检测法与前述的样板匹配法颇为相似。在这个意义下,样板就是 $w(x,y)$。相关检测法与样板匹配法的主要区别是 $f(x,y)$ 一般是一幅子图像。适合于图像特性的更复杂的相关定义可由下式表示,式中,$r(m,n)$ 称为相关系数。

$$r(m,n)=\frac{\sum\limits_x\sum\limits_y f(x,y)w(x+m,y+n)}{\left[\sum\limits_x\sum\limits_y f^2(x,y)\right]^{\frac{1}{2}}\left[\sum\limits_x\sum\limits_y w^2(x+m,y+n)\right]^{\frac{1}{2}}} \tag{8-111}$$

注意,上述定义是关于相关的通常意义上的定义,有的书籍和文献采用如下定义:

$$r(m,n)=\frac{\sum_{x}\sum_{y}f(x,y)w(x-m,y-n)}{\left[\sum_{x}\sum_{y}f^{2}(x,y)\right]^{\frac{1}{2}}\left[\sum_{x}\sum_{y}w^{2}(x-m,y-n)\right]^{\frac{1}{2}}}$$

在处理效果上是一样的,但在计算上会比较方便。式中引入了归一化因子。归一化因子的计算是在 $w(x,y)$ 被划定的整个面积上进行的,因此,它是作为位移函数而变化的。显然 $r(m,n)\leqslant 1$。

相关性的计算可通过 FFT 算法在频域进行,这样比直接在空域计算更有效。

3. 结构相似性

一般来讲,结构相似性的描绘比起距离测度与相关性更难于公式化,因此,应用起来也就有更高的难度。可以用作相似测度的典型的结构描绘子是线段的长度、线段之间的角度、亮度特性、区域的面积、在一幅图像中一个区域相对于另外一个区域的位置,等等。例如,对一幅图像可用出现于图像中的物体及这些物体间的关系来描述图像,用于描述的一部分性质可能是下列的一种或几种。

(1) 亮度:黑、灰、白、亮、暗、均匀、有阴影,等等;

(2) 颜色:红、橙、黄、绿、青,等等;

(3) 结构:平滑、粒状、斑驳的、有条纹的,等等;

(4) 大小:长度、面积、体积、高度、宽度、深度、大小、高、矮、宽、窄,等等;

(5) 取向:水平、垂直、倾斜;

(6) 形状:实心的、中空的、密集的、参差不齐的、伸长的,等等;

上述的几种只反映了一个侧面,但是,就是这些,如果要从一幅图像中将它们抽取出来也是相当难办的。

基于结构分量之间关系的相似性测度,可以用某些文法将其公式化。假定有两类物体,可以分别用两种文法 G_1 和 G_2 来产生它们。给定一个特定的物体,如果它能用 G_1 来产生而不能用 G_2 来产生,那么可以说这个物体更接近第一类。如果用两种文法都能产生,就不能分辨给定的物体了。所以,这种方法可以把文法近似于给定结构的紧密程度作为相似性的测度。

8.2.5 霍夫变换

霍夫变换是一种线描述方法。它可以将笛卡儿坐标空间的线变换为极坐标空间中的点。图 8-51是 x,y 坐标系中的一条直线。如果用 ρ 代表直线距原点的法线距离,θ 为该法线与 x 轴的夹角,则可用如下参数方程来表示该直线。这一直线的霍夫变换是

$$\rho=x\cos\theta+y\sin\theta \tag{8-112}$$

在极坐标域中便是如图 8-51 所示的一个点,如图 8-51(b)所示。由图 8-51(c)、(d)、(e)、(f)所示,在 (x,y) 坐标系中通过公共点的一簇直线,映射到 (ρ,θ) 坐标系中便是一个点集。在 (x,y) 坐标系中共线的点映射到 (ρ,θ) 坐标系便成为共点的一簇曲线。由此可见,霍夫变换使不同坐标系中的线和点建立了一种对应关系。

综上所述,可总结霍夫变换的几点性质如下:

(1) (x,y) 域中的一点对应于变换域 (ρ,θ) 中的一条正弦曲线。

(2) 变换域中的一点对应于 (x,y) 域中的一条直线。

(3) (x,y) 域中一条直线上的 n 个点对应于变换域中经过一个公共点的 n 条曲线。这条性质可证明如下:

证明:设 (x,y) 平面中的 n 个点 (x_1,y_1),(x_2,y_2),(x_3,y_3),…,(x_n,y_n) 共一条直线,则有

$$y_i=ax_i+b \qquad i=1,2,3,\cdots,n$$

由 Hough 变换的定义可知,变换域的曲线为

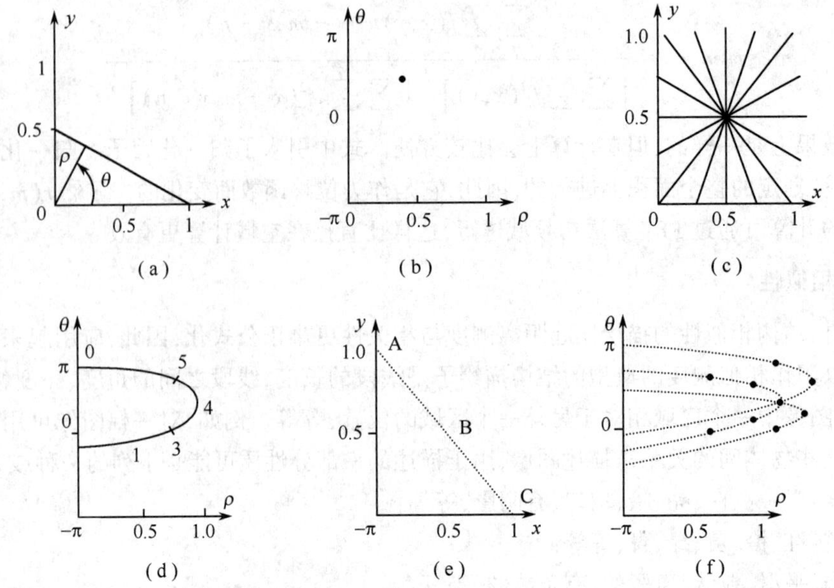

图 8-51 霍夫变换的原理

$$\rho_i = x_i\cos\theta_i + y_i\sin\theta_i$$

将 $y_i = ax_i + b$ 代入上式，有

$$\rho_i = x_i\cos\theta_i + y_i\sin\theta_i = x_i\cos\theta_i + (ax_i + b)\sin\theta_i = x_i(\cos\theta_i + a\sin\theta_i) + b\sin\theta_i$$

由此可知，无论 x_i 为何值，曲线都将通过 $\cos\theta_i + a\sin\theta_i = 0$ 这一点，也就是 $\left\{\theta = -\arctan\dfrac{1}{a}, \rho = b\sin\left(-\arctan\dfrac{1}{a}\right)\right\}$ 这一点。

(4) 变换域中一条曲线上的 n 点对应于 (x,y) 域中过一公共点的 n 条直线。这条性质可证明如下：

证明：假设变换域中有 n 点 $(\rho_1,\theta_1),(\rho_2,\theta_2),(\rho_3,\theta_3),\cdots,(\rho_n,\theta_n)$ 在同一曲线上，则有：

$$\rho_i = a\cos\theta_i + b\sin\theta_i \qquad i = 1,2,3,\cdots,n$$

对应于 (x,y) 域的直线，有

$$y_i = -x_i\cot\theta_i + \frac{1}{\sin\theta_i}\cdot\rho = -x_i\cot\theta_i + \frac{1}{\sin\theta_i}(a\cos\theta_i + b\sin\theta_i) = (-x_i + a)\cot\theta_i + b$$

由此可见，不管 θ_i 为何值，直线都经过 $\{x_i = a, y_i = b\}$ 这一点。

霍夫变换可用如下方法实现：

在 (x,y) 域中的每一离散数据点变换为 (ρ,θ) 域中的曲线。将 θ 和 ρ 分成许多小段，每一个 θ 小段和每一 ρ 小段构成一个小单元 $(\Delta\rho,\Delta\theta)$。对应于每一个小单元可设一累加器。在 (x,y) 域中可能落在直线上的每一点对应变换域中的一条曲线 $\rho = x_i\cos\theta + y_i\sin\theta$。分别使 θ 等于 $0,\Delta\theta,2\Delta\theta,3\Delta\theta,\cdots$，便可求出相应的 ρ 值，并分别计算落在各小单元中的次数，待全部 (x,y) 域内数据点变换完后，可对小单元进行检测，这样，落入次数较多的单元，说明此点为较多曲线的公共点，而这些曲线对应的 (x,y) 平面上的点可以认为是共线的。检测出 (x,y) 平面上 n 点后，将曲线交点坐标 (ρ_0,θ_0) 代入 $\rho_0 = x\cos\theta_0 + y\sin\theta_0$。便可得到逼近 n 点的直线方程。

在这种实现中，变换域小单元 $(\Delta\rho,\Delta\theta)$ 的大小直接影响 (x,y) 域中逼近直线的精度。霍夫变换的另一个实用弱点是未考虑点的相邻性，有时得到的最佳逼近直线可能会由于邻近的点的影响而产生扭曲。

作为霍夫变换的推广,可看到如下一些结果。例如,有一曲线方程为

$$Ax^2+By^2=C \tag{8-113}$$

显然,在椭圆上的每一点都满足式(8-113)。在此式中 x,y 是变量,A,B,C 是系数。如果把式(8-113)写成式(8-114)的形式,即

$$x^2A+y^2B=C \tag{8-114}$$

这里,把 A,B,C 看成变量,把 x^2,y^2 看成系数,那么,在(x,y)域中的任何一点将对应于变换域中的一个曲面。(x,y)域中椭圆上的 n 点将对应于变换域中 n 个有共同交点的 n 个曲面。这一推广可用于圆的检测。

8.3 纹理分析

对纹理图像很难下一个确切的定义。类似于布纹、草地、砖砌地面等重复性结构的图像称为纹理图像。一般来说纹理图像中灰度分布具有某种周期性,即使灰度变化是随机的,它也具有一定的统计特性。J. K. 霍金斯认为纹理的标志有三个要素:一是某种局部的序列性,在该序列更大的区域内不断重复;二是序列是由基本部分非随机排列组成的;三是各部分大致都是均匀的统一体,纹理区域内任何地方都有大致相同的结构尺寸。当然,这些也只是从感觉上看来是合理的,并不能得出定量的纹理测度。正因如此,对纹理特征的研究方法也是多种多样的,所提出的纹理特征参数效果如何也有待于进一步探讨。

8.3.1 纹理特征

纹理图像在很大范围内没有重大细节变化,在这些区域内图像往往显示出重复性结构。纹理可分为人工纹理和天然纹理。人工纹理是由自然背景上的符号排列组成,这些符号可以是线条、点、字母、数字等。自然纹理是具有重复排列现象的自然景象,如砖墙、种子、森林、草地之类的照片。人工纹理往往是有规则的,而自然纹理往往是无规则的。自然纹理和人工纹理的例子如图 8-52 所示。

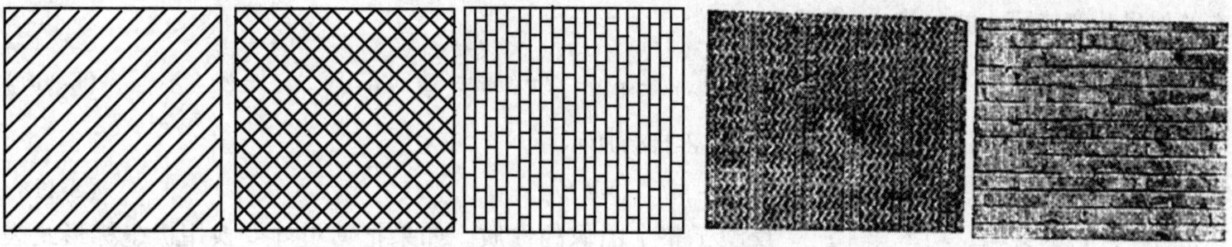

(a)　　　　　　　　　　(b)

图 8-52　人工纹理与自然纹理

图 8-52 中图(a)是人工纹理图例,图(b)是自然纹理图例。归纳起来,对纹理有两种看法,一是凭人们的直观印象,二是凭图像本身的结构。从直观印象出发包含有心理学因素,这样就会产生多种不同的统计纹理特性。从这一观点出发,纹理分析应该采用统计方法。从图像结构观点出发,则认为纹理是结构,根据这一观点,纹理分析应该采用句法结构方法。

描述图像特性的参数有很多种,对于纹理图像来说有必要知道各个像素及其邻近像素的灰度分布情况。了解邻近像素灰度值变化情况的最简单方法是取一阶微分、二阶微分值的平均值与方差,如果要考虑纹理的方向性特征,则可考查 θ 方向与 $\theta+\dfrac{\pi}{2}$ 方向差分的平均值与方差。

另外一种方法是检查小区域内的灰度直方图。例如,取小区域为 $n\times n(n=3\sim7)$ 做这 n^2 个像素

的灰度直方图。然后检查各个小区域直方图的相似性。具有相似直方图的小区域同属于某一个大区域,而直方图不同的小区域分属不同的区域。检测灰度直方图相似性可以采用克尔玛哥诺夫-斯米诺夫检测法。这种方法先求两个灰度直方图的分布函数 $F_1(x)$ 和 $F_2(x)$,对所有的灰度值求分布函数的差,从中找出最大差值 $\max_x |F_2(x)-F_1(x)|$。若最大差值小于某一门限值,则认为这两个灰度直方图是相似的,具有相同的灰度分布,否则认为是不同的灰度直方图。

8.3.2 用空间自相关函数做纹理测度

纹理常用它的粗糙性来描述。例如,在相同的观看条件下毛料织物要比丝织品粗糙。粗糙性的大小与局部结构的空间重复周期有关,周期大的是纹理粗,周期小的是纹理细。这种感觉上的粗糙与否不足以作为定量的纹理测度,但至少可以用来说明纹理测度变化的倾向。即小数值的纹理测度表示细纹理,大数值测度表示粗纹理。

用空间自相关函数作为纹理测度的方法如下:设图像为 $f(m,n)$,自相关函数可定义为式(8-115)

$$C(\varepsilon,\eta,j,k)=\frac{\sum_{m=j-w}^{j+w}\sum_{n=k-w}^{k+w}f(m,n)f(m-\varepsilon,n-\eta)}{\sum_{m=j-w}^{j+w}\sum_{n=k-w}^{k+w}[f(m,n)]^2} \tag{8-115}$$

它是对 $(2w+1)\times(2w+1)$ 窗口内的每一像点 (j,k) 与偏离值为 $\varepsilon,\eta=0,\pm1,\pm2,\cdots,\pm T$ 的像素之间的相关值作计算。一般粗纹理区对给定偏离 (ε,η) 时的相关性要比细纹理区高,因而纹理粗糙性应与自相关函数扩展成正比。自相关函数扩展的一种测度是二阶矩,即

$$T(j,k)=\sum_{\varepsilon=-T}^{j}\sum_{\eta=-T}^{k}\varepsilon^2\eta^2C(\varepsilon,\eta,j,k) \tag{8-116}$$

纹理粗糙性越大则 T 就越大,因此,可以方便地用 T 作为度量粗糙性的一种参数。

8.3.3 傅里叶功率谱法

计算纹理要选择窗口,仅一个点是无纹理可言的,所以纹理是二维的。设纹理图像为 $f(x,y)$,则它的傅里叶变换可由式(8-117)表示

$$F(u,v)=\iint_{-\infty}^{\infty}f(x,y)\exp\{-\mathrm{j}2\pi(ux+vy)\}\,\mathrm{d}x\mathrm{d}y \tag{8-117}$$

二维傅里叶变换的功率谱的定义如式(8-118)所示

$$|F|^2=FF^* \tag{8-118}$$

式中,F^* 为 F 的共轭。功率谱 $|F|^2$ 反映了整个图像的性质。如果把傅里叶变换用极坐标形式表示,则有 $F(r,\theta)$ 的形式。如图 8-53(a)所示,考虑到距原点为 r 的圆上的能量为

$$\Phi_r=\int_0^{2\pi}[F(r,\theta)]^2\mathrm{d}\theta \tag{8-119}$$

由此,可得到能量随半径 r 的变化曲线如图 8-53(b)所示。对实际纹理图像的研究表明,在纹理较粗的情况下,能量多集中在离原点近的范围内,如曲线 A 那样,而在纹理较细的情况下,能量分散在离原点较远的范围内,如曲线 B 所示。由此可总结出如下分析规律:如果 r 较小,Φ_r 很大;r 很大时,Φ_r 反而较小,则说明纹理是粗糙的;反之,如果 r 变化对 Φ_r 的影响不是很大时,则说明纹理是比较细的。

另外,如图 8-53(a)所示,研究某个 θ 角方向上的小扇形区域内的能量。这个能量随角度变化的规律可由式(8-120)求出

$$\Phi_\theta=\int_0^{\infty}|F(r,\theta)|^2\mathrm{d}r \tag{8-120}$$

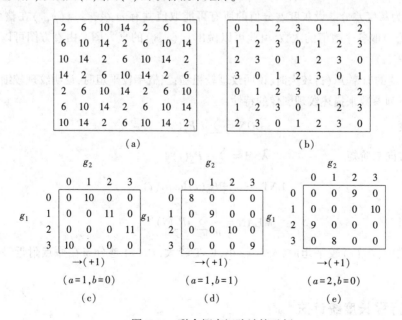

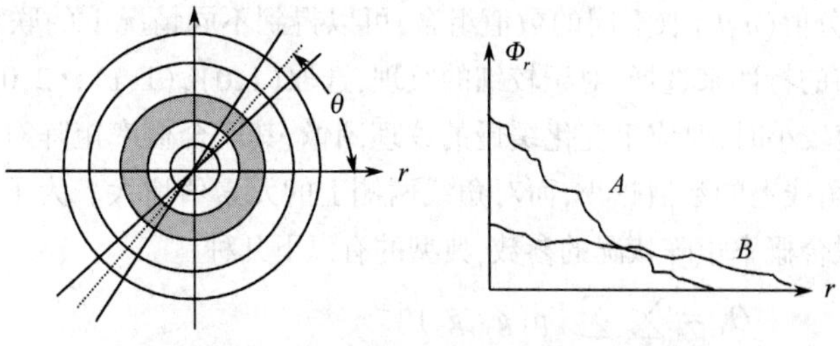

(a)　　　　　　　　　　　　(b)

图 8-53　纹理图像的功率谱分析

当某一纹理图像沿 θ 方向的线、边缘等大量存在时,在频率域内沿 $\theta+\frac{\pi}{2}$,即与 θ 角方向成直角的方向上能量集中出现。如果纹理不表现出方向性,则功率谱也不呈现方向性。因此 $|F|^2$ 值可以反映纹理的方向性。

8.3.4　联合概率矩阵法

联合概率矩阵法是对图像所有像素进行统计调查,以便描述其灰度分布的一种方法。

取图像中任意一点 (x,y) 及偏离它的另一点 $(x+a,y+b)$,设该点对的灰度值为 (g_1,g_2)。令点 (x,y) 在整个画面上移动,会得到各种 (g_1,g_2) 值,设灰度值的级数为 k,则 g_1 与 g_2 的组合共有 k^2 种。对于整个画面,统计出每一种 (g_1,g_2) 值出现的次数,然后排列成一个方阵,再用 (g_1,g_2) 出现的总次数将它们归一化为出现的概率 $p(g_1,g_2)$,称这样的方阵为联合概率矩阵。

图 8-54 为一个示意的简单例子。图 8-54(a)为原图像,灰度级为 16 级,为使联合概率矩阵简单些,首先将灰度级数减为 4 级,其中令矩阵(a)中的 2 对应 0,6 对应 1,10 对应 2,14 对应 3。这样,图 8-54(a)变为图 8-54(b)的形式。g_1,g_2 分别取值为 0,1,2,3,由此,将 (g_1,g_2) 各种组合出现的次数排列起来,就可得到图 8-54(c)~(e)所示的联合概率矩阵。

以图 8-54(c)为例,其产生过程如下:初始情况,(x,y) 为 (0,0) 时,g_1 为 0,经 $a=1,b=0$ 移位后,g_2 为 1,所以 (g_1,g_2) 为 (0,1)。在图(b)中,共有 10 处这种组合。同理,(g_1,g_2) 为 (1,2) 的组合有 11 处,其他以此类推,形成图(d)、图(e)的联合概率矩阵。

2	6	10	14	2	6	10
6	10	14	2	6	10	14
10	14	2	6	10	14	2
14	2	6	10	14	2	6
2	6	10	14	2	6	10
6	10	14	2	6	10	14
10	14	2	6	10	14	2

(a)

0	1	2	3	0	1	2
1	2	3	0	1	2	3
2	3	0	1	2	3	0
3	0	1	2	3	0	1
0	1	2	3	0	1	2
1	2	3	0	1	2	3
2	3	0	1	2	3	0

(b)

g_1 \ g_2	0	1	2	3
0	0	10	0	0
1	0	0	11	0
2	0	0	0	11
3	10	0	0	0

→(+1)

($a=1,b=0$)

(c)

g_1 \ g_2	0	1	2	3
0	8	0	0	0
1	0	9	0	0
2	0	0	10	0
3	0	0	0	9

→(+1)

($a=1,b=1$)

(d)

g_1 \ g_2	0	1	2	3
0	0	0	9	0
1	0	0	0	10
2	9	0	0	0
3	0	8	0	0

→(+1)

($a=2,b=0$)

(e)

图 8-54　联合概率矩阵计算示例

由此可见,距离差分值(a,b)取不同的数值组合,可以得到不同情况下的联合概率矩阵。a,b 的取值要根据纹理周期分布的特性来选择,对于较细的纹理,选取(1,0),(1,1),(2,0)等这样小的差分值是有必要的。当 a,b 取值较小时,对应于变化缓慢的纹理图像,其联合概率矩阵对角线上的数值较大,而纹理的变化越快,则对角线上的数值越小,而对角线两侧上的元素值增大。为了能描述纹理的状况,有必要选取能综合表现联合概率矩阵状况的参数,典型的有以下几种

$$Q_1 = \sum_{g_1} \sum_{g_2} [p(g_1,g_2)]^2 \tag{8-121}$$

$$Q_2 = \sum_k k^2 \left[\sum_{g_1} \sum_{g_2} p(g_1,g_2) \right] \tag{8-122}$$

$$k = |g_1 - g_2|$$

$$Q_3 = \frac{\sum_{g_1} \sum_{g_2} g_1 g_2 p(g_1,g_2) - \mu_x \mu_y}{\sigma_x \sigma_y} \tag{8-123}$$

$$Q_4 = -\sum_{g_1} \sum_{g_2} p(g_1,g_2) \log p(g_1,g_2) \tag{8-124}$$

其中

$$\mu_x = \sum_{g_1} g_1 \sum_{g_2} p(g_1,g_2) \tag{8-125}$$

$$\mu_y = \sum_{g_2} g_2 \sum_{g_1} p(g_1,g_2) \tag{8-126}$$

$$\sigma_x^2 = \sum_{g_1} (g_1 - \mu_x)^2 \sum_{g_2} p(g_1,g_2) \tag{8-127}$$

$$\sigma_y^2 = \sum_{g_2} (g_2 - \mu_y)^2 \sum_{g_1} p(g_1,g_2) \tag{8-128}$$

这些参数代表着哪一种图像特性并不是直观的,但是,这些参数用来描述纹理特性还是相当有效的。

8.3.5 灰度差分统计法

设(x,y)为图像中的一点,该点与和它只有微小距离的点$(x+\Delta x,y+\Delta y)$的灰度差值为

$$g_\Delta(x,y) = g(x,y) - g(x+\Delta x, y+\Delta y) \tag{8-129}$$

$g_\Delta(x,y)$称为灰度差分。设灰度差分值的所有可能取值共有 m 级,令点(x,y)在整个画面上移动,统计出 $g_\Delta(x,y)$取各个数值的次数,由此可以做出 $g_\Delta(x,y)$的直方图。由直方图可以知道 $g_\Delta(x,y)$取值的概率 $P_\Delta(i)$。

当取较小 i 值的概率 $P_\Delta(i)$较大时,说明纹理较粗糙;当概率较平坦时,说明纹理较细。

一般采用下列参数来描述纹理图像的特性:

(1) 对比度
$$\text{CON} = \sum_i i^2 P_\Delta(i) \tag{8-130}$$

(2) 角度方向二阶矩
$$\text{ASM} = \sum_i [P_\Delta(i)]^2 \tag{8-131}$$

(3) 熵
$$\text{ENT} = -\sum_i P_\Delta(i) \log p_\Delta(i) \tag{8-132}$$

(4) 平均值
$$\text{MEAN} = \frac{1}{m} \sum_i i P_\Delta(i) \tag{8-133}$$

在上述各式中,$P_\Delta(i)$较平坦时,ASM 较小,ENT 较大,$P_\Delta(i)$越分布在原点附近,则 MEAN 值越小。

8.3.6 行程长度统计法

设点(x,y)的灰度值为 g,与其相邻的点的灰度值可能也为 g。统计出从任一点出发沿 θ 方向上

连续 n 个点都具有灰度值 g 这种情况发生的概率,记为 $P(g,n)$。在某一方向上具有相同灰度值的像素个数称为行程长度(Run length)。由 $P(g,n)$ 可以引出一些能够较好地描述纹理图像变化特性的参数。

(1) 长行程加重法
$$LRE=\sum_{g,n} n^2 P(g,n) / \sum_{g,n} P(g,n) \tag{8-134}$$

(2) 灰度值分布
$$GLD=\sum_{g}\left[\sum_{n} P(g,n)\right]^2 / \sum_{g,n} P(g,n) \tag{8-135}$$

(3) 行程长度分布
$$RLD=\sum_{g}\left[\sum_{n} P(g,n)\right] / \sum_{g,n} P(g,n) \tag{8-136}$$

(4) 行程比
$$RPG=\sum_{g,n} P(g,n) / N^2 \tag{8-137}$$

式中,N^2 为像素总数。

8.3.7 其他几种方法

除前述的几种纹理统计分析法外,还有一些其他方法。如线性预测系数法,这种方法是将某点 (i,j) 的灰度 g_{ij} 由相邻接的 8 个点的灰度值来预测,g_{ij} 的预测值为 $\hat{g}_{ij}$。

$$\hat{g}_{ij}=a_1 g_{i-1,j-1}+a_2 g_{i-1,j}+a_3 g_{i-1,j+1}+a_4 g_{i,j-1}+a_5 g_{i,j+1}+a_6 g_{i+1,j-1}+a_7 g_{i+1,j}+a_8 g_{i+1,j+1} \tag{8-138}$$

可以选择系数 $a_1,a_2,a_3,\cdots,a_8$,使 g_{ij} 值与预测值 $\hat{g}_{ij}$ 的差为最小。对于不同的纹理可得到不同的系数矢量 $\boldsymbol{A}$,$\boldsymbol{A}=\{a_1,a_2,a_3,\cdots,a_8\}$。由此,可用不同矢量间的距离来区别不同的纹理。

还有一种像素点组合的方法。这种方法是先确定检查纹理特性所需要的像素组合,这种组合出现的灰度模式为 X,然后,对各种纹理模式 $w_1,w_2,w_3,\cdots,w_n$,去检查这种像素组合灰度模式 X 出现的概率 $P(X/w_1),P(X/w_2),\cdots,P(X/w_n)$。从这些概率中找出最大者,则可以认为所检查的纹理图像的纹理属于概率值最大的那一类纹理模式。

8.3.8 纹理的句法结构分析法

在纹理的句法结构分析中把纹理定义为结构基元按某种规则重复分布所构成的模式。为了分析纹理结构,首先要描述结构基元的分布规则,一般可做如下两项工作:①从输入图像中提取结构基元并描述其特征;②描述结构基元的分布规则。具体做法是首先把一张纹理图片分成许多窗口,也就是形成子纹理。最小的小块,就是最基本的子纹理,即基元。纹理基元可以是一个像素,也可以是 4 个或 9 个灰度比较一致的像素集合。纹理的表达可以是多层次的,如图 8-55(a)所示。它可以从像素或小块纹理一层一层向上拼合。当然,基元的排列可有不同的规则,如图 8-55(b)所示,第一级纹理排列为甲乙甲,第二级排列为乙甲乙,等等,其中甲、乙代表基元或子纹理。这样就组成一个多层的树状结构,可用树状文法产生一定的纹理并用句法加以描述。纹理的树状安排可有多种方法。第一种方法如图 8-55(c)所示,树根安排在中间,树枝向两边伸出,每个树枝有一定的长度。当窗口中像点数为奇数时用这种排列比较方便,此时,每个分枝长度相同。第二种方法如图 8-55(d)所示,树根安排在一侧,分枝都向另一侧伸展。这种排列对奇数像点和偶树数像点都适用。

纹理判别可用如下办法:

首先把纹理图像分成固定尺寸的窗口,用树状文法说明属于同纹理图像的窗口,识别树状结构可以用树状自动机,因此,对每一个纹理文法可建立一个“结构保存的误差修正树状自动机”。该自动机不仅可以接收每个纹理图像中的树,而且能用最小距离判据,辨识类似的有噪声的树。以后,可以对一个分割成窗口的输入图像进行分类。

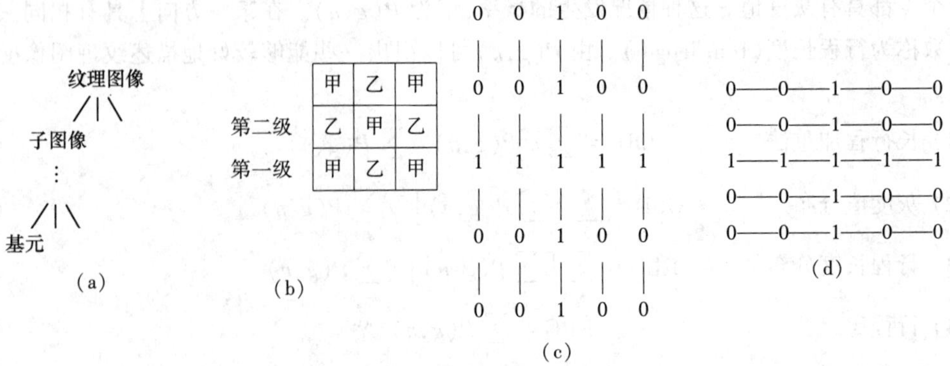

图 8-55　纹理的树状描述及排列

8.4　形状分析的细线化

形状是图形分析中常遇到的概念。形状分析中的重要环节是细线化及骨骼化。

图形中的线条一般都有一定的宽度,在直接处理这样的图形会有一些麻烦。在提取线的分枝、弯曲等特征时,线的宽度也会带来不便。为此,有必要从这样的线条中找出位于中央部位的宽度大致为一个像素的中心线来。提取中心线的结果如图 8-56 所示。求中心线的方法之一是线条图形的

```
0000000000000000000000000000000000000000
0000000000000000000000000000000000000000
0000000000000000000000000000000001100000
000000000000000000000000000000011XX00000
00000000001111110000000000111111XX100000
0000000000111111100000000011111XX1100000
000000000111111110000000001111XX11000000
00000000011111111001111001111XX111000000
0000000111111111111111111111XX1110000000
000001111111111111111111111XX11110000000
00000111111111111111111111XX111100000000
00000111111XXXXXXXXXXXX111X1111000000000
0000011111XX1111111111XXXXX1111000000000
0000011111X111111111111111X1111000000000
000001111XX111111111111111XX110000000000
000001111X11111111101111111X110000000000
00000111XX11111100000111111XX11000000000
00000111X1110000000000001111111100000000
0000011XX1100000000000000011111100000000
0000011X11000000000000000001111100000000
0000011X11000000000000000001110000000000
0000011X11000000000000000000000000000000
0000011XX1110000000000000000000000000000
00000111X1111000000011000000000000000000
00000111XX111000011111111000000000000000
000001111X1111111111111X1000000000000000
000001111XX11111111111XX1100000000000000
0000011111XXXXXXXXXX1XX11100000000000000
000001111XX11111111XXX111100000000000000
000001111X1111111111XXX11110000000000000
000001111X1110000111X1XX1110000000000000
00000111XX111000011XX11X1110000000000000
000001111111000011XX111XX100000000000000
00000111111100011XX11111X110000000000000
0000011111000011XX100011X111000000000000
0000000111000011X11000111111000000000000
0000000000000001X00000111111000000000000
0000000000000011X00000011111000000000000
0000000000000000000000000000000000000000
0000000000000000000000000000000000000000
```

图 8-56　细化处理的例子(X 为中心线)

细线化处理。细线化的基本方法是针对图形边缘上的点,首先观察其相邻点的状况,在不破坏图形连接性的情况下,逐渐消去位于边缘的这些点。例如,可以用图 8-57 所示的模板。这个模板可以旋转 90°,180°,270°使用。如果在图形的边缘处有符合该模板的部分,则把中心点的 1 强制变为 0。用这样的方法即可消去边缘的点,实现细线化。用这种方法进行细线化,一般要按从上至下,从左至右,从下至上,从右至左的顺序对图形反复处理多次之后才能逐步得到宽度近似为一个像素的中心线。

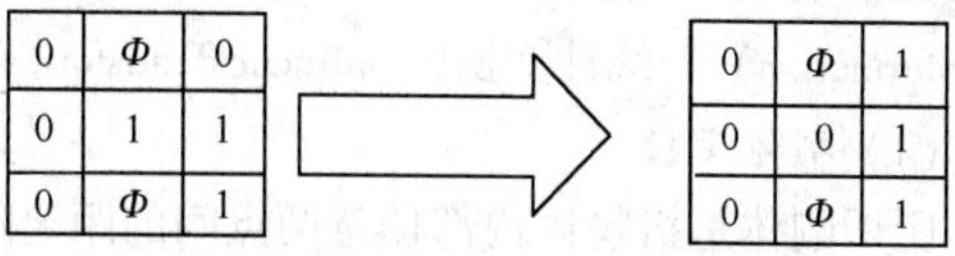

图 8-57　细化处理模板(ϕ 表示 0 或 1)

这种细化方法要准备多种细化模板,操作较为麻烦。另一种简单的细化方法如图 8-58 所示。第一步,将左边用 L 标志的边界像素去掉,只要它们不是孤点而且也不破坏八连通性的都可以去掉。第二步,如果与左边的条件一样,可用同样的方法把右边的用 R 标志的边缘像素去掉。然后,同样是只要不是孤点而且去除后不破坏八连通性的顶部点(以 T 标志)和底部点(以 B 标志)都去掉。这样对边缘点进行反复处理即可实现细线化。

无论用哪种细化法都会存在一些困难问题,即边缘存在毛刺或凸起时,细化的结果会在这些突起处形成分枝线。

当然,关于细化也可以用下一章将要讲到的数学形态学方法来实现。

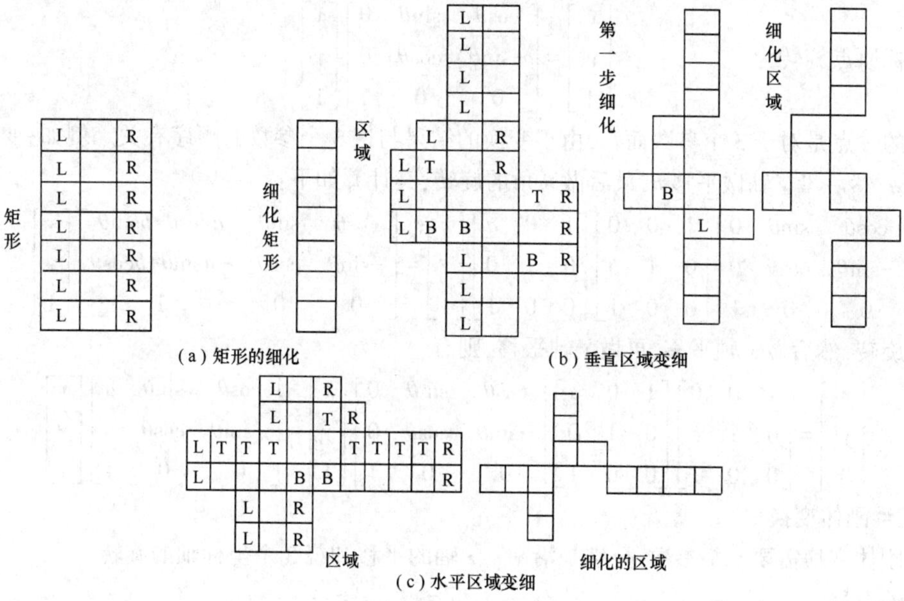

图 8-58　细化算法

8.5　图像配准

在图像增强、图像恢复或图像分析中,经常涉及多幅图像的对准的预处理问题,这就是图像处理中的图像配准(Image Registration)。

1. 图像配准中的映射变换

一般意义上的两幅图像 $f_1(x,y)$ 和 $f_2(x,y)$ 的配准问题就是寻找一个映射变换,使 $f_1(x,y)$ 上的每一像素在 $f_2(x,y)$ 上都有唯一的像素与之对应。这种变换就要用到一系列的数学变换工具。通常所用的几何变换有刚体变换(Rigid Transformation)、仿射变换(Affine Transformation)、透视变换(Perspective Transformation)、非线性变换(Nonlinear Transformation)等。

(1) 刚体变换

所谓刚体是指物体内部任意两点间的距离保持不变的物体。刚体变换可分解为平移与旋转。

① 二维刚体变换

在二维坐标系内,刚体变换涉及 3 个变换参数,即水平平移,垂直平移和旋转。

对于水平平移有
$$x'=x+a \tag{8-139}$$

对于垂直平移有
$$y'=y+b \tag{8-140}$$

绕坐标原点的旋转为
$$\begin{aligned} x'&=x\cos\theta+y\sin\theta \\ y'&=-x\sin\theta+y\cos\theta \end{aligned} \tag{8-141}$$

式中,a,b,θ 是刚体变换参数。上述变换如果用矩阵表示则有:

沿 x 轴平移
$$\begin{bmatrix} x' \\ y' \\ 1 \end{bmatrix}=\begin{bmatrix} 1 & 0 & a \\ 0 & 1 & 0 \\ 0 & 0 & 1 \end{bmatrix}\begin{bmatrix} x \\ y \\ 1 \end{bmatrix} \tag{8-142}$$

沿 y 轴平移
$$\begin{bmatrix} x' \\ y' \\ 1 \end{bmatrix}=\begin{bmatrix} 1 & 0 & 0 \\ 0 & 1 & b \\ 0 & 0 & 1 \end{bmatrix}\begin{bmatrix} x \\ y \\ 1 \end{bmatrix} \tag{8-143}$$

绕坐标原点旋转为
$$\begin{bmatrix} x' \\ y' \\ 1 \end{bmatrix}=\begin{bmatrix} \cos\theta & \sin\theta & 0 \\ -\sin\theta & \cos\theta & 0 \\ 0 & 0 & 1 \end{bmatrix}\begin{bmatrix} x \\ y \\ 1 \end{bmatrix} \tag{8-144}$$

应该注意的一点是对于 3 个参数而言,由于变换的结果与这 3 个参数的顺序有关。例如,变换先沿 x 轴做平移 a,然后沿 y 轴做平移 b,最后做 θ 角的旋转,其计算如下:

$$\begin{bmatrix} x' \\ y' \\ 1 \end{bmatrix}=\begin{bmatrix} \cos\theta & \sin\theta & 0 \\ -\sin\theta & \cos\theta & 0 \\ 0 & 0 & 1 \end{bmatrix}\begin{bmatrix} 1 & 0 & 0 \\ 0 & 1 & b \\ 0 & 0 & 1 \end{bmatrix}\begin{bmatrix} 1 & 0 & a \\ 0 & 1 & 0 \\ 0 & 0 & 1 \end{bmatrix}\begin{bmatrix} x \\ y \\ 1 \end{bmatrix}=\begin{bmatrix} \cos\theta & \sin\theta & a\cos\theta+b\sin\theta \\ -\sin\theta & \cos\theta & -a\sin\theta+b\cos\theta \\ 0 & 0 & 1 \end{bmatrix}\begin{bmatrix} x \\ y \\ 1 \end{bmatrix} \tag{8-145}$$

如果先做旋转,然后做 x 轴平移,再做 y 轴平移,则有

$$\begin{bmatrix} x' \\ y' \\ 1 \end{bmatrix}=\begin{bmatrix} 1 & 0 & 0 \\ 0 & 1 & b \\ 0 & 0 & 1 \end{bmatrix}\begin{bmatrix} 1 & 0 & a \\ 0 & 1 & 0 \\ 0 & 0 & 1 \end{bmatrix}\begin{bmatrix} \cos\theta & \sin\theta & 0 \\ -\sin\theta & \cos\theta & 0 \\ 0 & 0 & 1 \end{bmatrix}\begin{bmatrix} x \\ y \\ 1 \end{bmatrix}=\begin{bmatrix} \cos\theta & \sin\theta & a \\ -\sin\theta & \cos\theta & b \\ 0 & 0 & 1 \end{bmatrix}\begin{bmatrix} x \\ y \\ 1 \end{bmatrix} \tag{8-146}$$

② 三维刚体变换

三维刚体变换需要 6 个参数,分别是沿 x、y、z 轴的平移和绕 3 个坐标轴的旋转。

沿 x 轴平移 $$x'=x+a,\quad y'=y,\quad z'=z \tag{8-147}$$

沿 y 轴平移 $$x'=x,\quad y'=y+b,\quad z'=z \tag{8-148}$$

沿 z 轴平移 $$x'=x,\quad y'=y,\quad z'=z+c \tag{8-149}$$

绕 x 轴旋转 $$x'=x,\quad y'=y\cos\theta+z\sin\theta,\quad z'=-y\sin\theta+z\cos\theta \tag{8-150}$$

绕 y 轴旋转 $$x'=x\cos\phi-z\sin\phi,\quad y'=y,\quad z'=x\sin\phi+z\cos\phi \tag{8-151}$$

绕 z 轴旋转 $$x'=x\cos\omega+y\sin\omega,\quad y'=-x\sin\omega+y\cos\omega,\quad z'=z \tag{8-152}$$

这里,a,b,c 和 θ,ϕ,ω 为刚体变换参数。变换的矩阵形式为

沿 x 轴平移
$$\begin{bmatrix} x' \\ y' \\ z' \\ 1 \end{bmatrix}=\begin{bmatrix} 1 & 0 & 0 & a \\ 0 & 1 & 0 & 0 \\ 0 & 0 & 1 & 0 \\ 0 & 0 & 0 & 1 \end{bmatrix}\begin{bmatrix} x \\ y \\ z \\ 1 \end{bmatrix} \tag{8-153}$$

沿 y 轴平移

$$\begin{bmatrix}x'\\y'\\z'\\1\end{bmatrix}=\begin{bmatrix}1&0&0&0\\0&1&0&b\\0&0&1&0\\0&0&0&1\end{bmatrix}\begin{bmatrix}x\\y\\z\\1\end{bmatrix} \tag{8-154}$$

沿 z 轴平移

$$\begin{bmatrix}x'\\y'\\z'\\1\end{bmatrix}=\begin{bmatrix}1&0&0&0\\0&1&0&0\\0&0&1&c\\0&0&0&1\end{bmatrix}\begin{bmatrix}x\\y\\z\\1\end{bmatrix} \tag{8-155}$$

绕 x 轴旋转

$$\begin{bmatrix}x'\\y'\\z'\\1\end{bmatrix}=\begin{bmatrix}1&0&0&0\\0&\cos\theta&\sin\theta&0\\0&-\sin\theta&\cos\theta&0\\0&0&0&1\end{bmatrix}\begin{bmatrix}x\\y\\z\\1\end{bmatrix} \tag{8-156}$$

绕 y 轴旋转

$$\begin{bmatrix}x'\\y'\\z'\\1\end{bmatrix}=\begin{bmatrix}\cos\phi&0&-\sin\phi&0\\0&1&0&0\\\sin\phi&0&\cos\phi&0\\0&0&0&1\end{bmatrix}\begin{bmatrix}x\\y\\z\\1\end{bmatrix} \tag{8-157}$$

绕 z 轴旋转

$$\begin{bmatrix}x'\\y'\\z'\\1\end{bmatrix}=\begin{bmatrix}\cos\omega&\sin\omega&0&0\\-\sin\omega&\cos\omega&0&0\\0&0&1&0\\0&0&0&1\end{bmatrix}\begin{bmatrix}x\\y\\z\\1\end{bmatrix} \tag{8-158}$$

与二维刚体变换一样,旋转与平移的顺序会影响变换的结果,绕不同轴旋转的顺序不一样也会得到不同的结果。例如,先平移,后旋转,以及先旋转,后平移,共有 12 种不同的组合顺序。如先旋转,后平移,有如下结果:

$$\begin{bmatrix}x'\\y'\\z'\\1\end{bmatrix}=\begin{bmatrix}1&0&0&a\\0&1&0&b\\0&0&1&c\\0&0&0&1\end{bmatrix}\begin{bmatrix}\cos\omega&\sin\omega&0&0\\-\sin\omega&\cos\omega&0&0\\0&0&1&0\\0&0&0&1\end{bmatrix}\begin{bmatrix}\cos\phi&0&-\sin\phi&0\\0&1&0&0\\\sin\phi&0&\cos\phi&0\\0&0&0&1\end{bmatrix}\begin{bmatrix}1&0&0&0\\0&\cos\theta&\sin\theta&0\\0&-\sin\theta&\cos\theta&0\\0&0&0&1\end{bmatrix}\begin{bmatrix}x\\y\\z\\1\end{bmatrix}$$

$$=\begin{bmatrix}\cos\omega\cos\phi&\sin\omega\cos\theta+\cos\omega\sin\phi\sin\theta&\sin\omega\sin\theta-\cos\omega\sin\phi\cos\theta&a\\-\sin\omega\cos\phi&\cos\omega\cos\theta-\sin\omega\sin\phi\sin\theta&\cos\omega\sin\theta+\sin\omega\sin\phi\cos\theta&b\\\sin\phi&-\cos\phi\sin\theta&\cos\phi\cos\theta&c\\0&0&0&1\end{bmatrix}\begin{bmatrix}x\\y\\z\\1\end{bmatrix}$$

同样的参数,但用另一种顺序,则会得到不同的结果

$$\begin{bmatrix}x'\\y'\\z'\\1\end{bmatrix}=\begin{bmatrix}1&0&0&0\\0&\cos\theta&\sin\theta&0\\0&-\sin\theta&\cos\theta&0\\0&0&0&1\end{bmatrix}\begin{bmatrix}\cos\phi&0&-\sin\phi&0\\0&1&0&0\\\sin\phi&0&\cos\phi&0\\0&0&0&1\end{bmatrix}\begin{bmatrix}\cos\omega&\sin\omega&0&0\\-\sin\omega&\cos\omega&0&0\\0&0&1&0\\0&0&0&1\end{bmatrix}\begin{bmatrix}1&0&0&a\\0&1&0&b\\0&0&1&c\\0&0&0&1\end{bmatrix}\begin{bmatrix}x\\y\\z\\1\end{bmatrix}$$

$$=\begin{bmatrix}\cos\phi\cos\omega&\cos\phi\sin\omega&\sin\phi&0\\\sin\theta\sin\phi\cos\omega-\cos\theta\sin\omega&\sin\theta\sin\phi\sin\omega+\cos\theta\cos\omega&\sin\theta\cos\phi&0\\\cos\theta\sin\phi\cos\omega+\sin\theta\sin\omega&\cos\theta\sin\phi\sin\omega-\sin\theta\cos\omega&\cos\theta\cos\phi&0\\0&0&0&1\end{bmatrix}\begin{bmatrix}1&0&0&a\\0&1&0&b\\0&0&1&c\\0&0&0&1\end{bmatrix}\begin{bmatrix}x\\y\\z\\1\end{bmatrix} \tag{8-159}$$

(2) 仿射变换

一般的二维仿射变换有 6 个参数,三维仿射变换有 12 个参数。

二维仿射变换：
$$\begin{bmatrix} x' \\ y' \\ 1 \end{bmatrix} = \begin{bmatrix} a_{11} & a_{12} & a_{13} \\ a_{21} & a_{22} & a_{23} \\ 0 & 0 & 1 \end{bmatrix} \begin{bmatrix} x \\ y \\ 1 \end{bmatrix} \tag{8-160}$$

三维仿射变换：
$$\begin{bmatrix} x' \\ y' \\ z' \\ 1 \end{bmatrix} = \begin{bmatrix} a_{11} & a_{12} & a_{13} & a_{14} \\ a_{21} & a_{22} & a_{23} & a_{24} \\ a_{31} & a_{32} & a_{33} & a_{34} \\ 0 & 0 & 0 & 1 \end{bmatrix} \begin{bmatrix} x \\ y \\ z \\ 1 \end{bmatrix} \tag{8-161}$$

仿射变换是非均匀的尺度变换，一般情况下，仿射变换把直线映射为直线，并保持平行性。

(3) 投影变换

一般的刚体变换都是保持平行性的变换，投影变换是更一般的非刚体变换。特别是透视变换，经变换后，平行的直线有可能相交。

在齐次坐标系下，投影变换的形式如下
$$\begin{bmatrix} x_1' \\ x_2' \\ x_3' \\ x_4' \end{bmatrix} = \begin{bmatrix} a_{11} & a_{12} & a_{13} & t_1 \\ a_{21} & a_{22} & a_{23} & t_2 \\ a_{31} & a_{32} & a_{33} & t_3 \\ a_{41} & a_{42} & a_{43} & \alpha \end{bmatrix} \begin{bmatrix} x_1 \\ x_2 \\ x_3 \\ 1 \end{bmatrix} \tag{8-162}$$

(4) 非线性空间变换

在图像获取过程中会产生各种非线性畸变，这些畸变可以用各种非线性变换加以校正，以实现正确的图像配准。这些空间变换包括如下一些简单的模型。

① 二阶多项式模型

二阶多项式空间变换的公式如下：
$$\begin{aligned} x' &= a_{00}+a_{01}x+a_{02}y+a_{03}z+a_{04}x^2+a_{05}xy+a_{06}xz+a_{07}y^2+a_{08}yz+a_{09}z^2 \\ y' &= a_{10}+a_{11}x+a_{12}y+a_{13}z+a_{14}x^2+a_{15}xy+a_{16}xz+a_{17}y^2+a_{18}yz+a_{19}z^2 \\ z' &= a_{20}+a_{21}x+a_{22}y+a_{23}z+a_{24}x^2+a_{25}xy+a_{26}xz+a_{27}y^2+a_{28}yz+a_{29}z^2 \end{aligned} \tag{8-163}$$

② 薄板样条函数变换

薄板样条函数可以表示为仿射变换与径向基函数的线性组合，表达式如下：
$$f(X) = AX + B + \sum_{i=1}^{n} W_i U(P_i - X) \tag{8-164}$$

其中，X 是坐标向量，A 与 B 定义一个仿射变换，U 是径向基函数，在二维图像配准中。
$$U(r) = r^2 \log r^2, \quad r = \sqrt{x^2+y^2} \tag{8-165}$$

在三维情况下
$$U(r) = |r|, \quad r = \sqrt{x^2+y^2+z^2} \tag{8-166}$$

③ B 样条变换

基于三次 B 样条变换的形式为
$$f(x,y,z) = \sum_{l=0}^{3}\sum_{m=0}^{3}\sum_{n=0}^{3} \theta_l(u)\theta_m(v)\theta_n(w)\phi_{i+l,j+m,k+n} \tag{8-167}$$

式中，(x,y,z) 为空间坐标，$\phi_{i,j,k}$ 为控制网格点坐标，(u,v,w) 为空间坐标 (x,y,z) 相对于控制网格点的坐标，θ 为三次 B 样条函数，即
$$\theta_0(s) = \frac{(1-s)^3}{6} \quad \theta_1(s) = \frac{3s^3-6s^2+4}{6} \quad \theta_2(s) = \frac{-3s^3+3s^2+3s+1}{6} \quad \theta_3(s) = \frac{s^3}{6} \tag{8-168}$$

2. 主要配准方法

(1) 基于特征点的配准方法

基于特征点的配准方法是最基本的方法，它又可以分为全局配准和局部配准两种方法。这种配

准方法通常分为以下三步：

① 提取图像的特征点；

② 将两幅图像的特征点进行对应；

③ 根据对应的特征点确定空间变换。

在这种方法中，控制点的数量、位置的选择及控制点的匹配精度至关重要。它直接影响配准的精确度。因为在这种方法中完成控制点的匹配后，其他工作仅仅是插值或逼近的工作。基于特征点的配准方法运算量较小，比较灵活，但配准精度不高。

控制点可分为外部控制点和内部控制点。外部控制点可以在图像获取时人为地设置一些标记物，这些标记物一般与图像本身无关。这种方法快速、简单、不需要复杂的优化处理，而且精度较高。

内部控制点的选取一般依赖图像本身，这种方法的控制点既可以人为确定，也可以通过计算机程序自动确定。这些点一般是图像中的拐点、灰度的极值点、轮廓上曲率的极值点、两个线性结构的交点或封闭区域的质心等。

全局配准方法（Global Method）是用一组控制点产生一个整体最优的变换函数，变换函数的参数可以通过拟合或插值方法来确定。在拟合方法中，匹配点通过变换应尽可能接近目标点。插值方法通常用于控制点较少的情况，这时可得到精确度较高的配准。拟合和插值方法多采用多项式模型。

局部配准方法（Local Method）中所用的变换函数不止一个。因此只有距离较近的点对应的变换函数才精确有效。这种方法一般应用于全局配准失效的情况下。配准的方法一般常用分段插值。分段可以降低多项式的阶数。样条法是常用的技术之一。

应该注意的是局部配准有时也利用全局方法计算参数，以提高效率。

（2）基于表面的配准方法

基于表面的配准方法一般通过以下两步来实现：

① 提取两幅图像中对应的曲线或曲面；

② 根据这些曲线或曲面确定几何变换。

一般变换可用刚体变换，也可以是非线性变换。这种方法的最大缺点是匹配精度受限于分割精度。

基于刚体模型的方法是较常用的方法，一般有 Pelizzari 和 Chen 提出的“头帽法”（Head-Hat Method）。该方法是从一幅图像中提出的点集叫作“帽子”，从另一幅图像轮廓中提取的表面模型叫作“头”，用刚体变换将“帽子”上的点集变换到“头”上去。这里关键是匹配搜索问题，许多学者对其进行了改进。该方法有广泛的应用前景。

迭代最近点法是 Besl 和 Mckay 提出的方法。该算法是较常用的方法，它把一般非线性最小化问题归结为基于点的迭代配准问题。该方法把几何形状如点、线、面、实体等定义为“数据”，而将另一幅图像的实体定义为“模块”，然后，搜索各数据点在“模块”上的最近点。

基于表面的配准方法还有基于形变模型的方法。这种方法主要采用弹性形变的方式对分割后的曲线或曲面进行处理。可形变曲线一般称为 Snakes（蛇）和 Activecontoues（活动轮廓）。该方法首先从一幅图像中提取模板模型，然后，或者模板产生形变去匹配另一幅图像中分割出来的几何结构，或者是把模板曲线变换到另一幅图像中某一区域的边缘。

（3）基于像素的配准方法

这种方法是直接利用图像中的像素进行配准。该方法有两类，一类是利用图像的统计信息，另一类是直接利用图像的全部信息。

利用图像统计信息的典型方法是矩和主轴法。该方法计算两幅图像像素的质心和主轴，通过平移和旋转使两幅图像的质心和主轴对齐，从而达到配准的目的。这种方法对数据缺失较为敏感，匹配精度也较差，多用于粗配准。

利用图像中所有灰度信息的配准方法是目前研究的热点之一。常用的方法有,互相关法,基于傅里叶域的互相关法和相位相关法,灰度比的方差最小化法,段内的灰度值方差最小化法,差分图像直方图熵最小化法,直方图聚类和直方图离差最小化法,直方图互信息的最大化法,差分图像中零交叉的最大化法,绝对图像灰度差分和均方图像灰度差分的最小化法等。这里我们不详细介绍了,读者感兴趣可参阅有关书籍。

思考题

1. 试设计一个具有双峰直方图特性图像的最佳分割点的程序。

2. 如果图像背景和目标灰度分布均有正态分布特性,其均值分别为μ和ν,而且图像与背景面积相等,证明最佳阈值点为$(\mu+\nu)/2$。

3. 如果图像灰度由于照明原因引起不均匀,如何求得最佳分割效果,试述几种可能的解决方案。

4. 如何设计检测线和点的模板,举例说明。

5. 试述区域生长分割算法的基本原理。

6. 基于欧氏距离的“标准”k-均值算法要通过哪几步计算?

7. 对描绘子的基本要求是什么?有哪几种常用的描绘子?

8. SIFT 算法有哪些特点?

9. 尺度空间理论的基本思想是什么?

10. 查找文献,总结一下 Lindberg[1994]的工作,文献如何说明了使用高斯核的原因,他证明了满足一系列重要约束的唯一平滑核,如线性和移位不变性等是高斯低通核。

11. 高斯滤波使用正态分布(高斯函数)计算滤波模板,并使用该模板与原图像做卷积运算,达到平滑图像的目的。二维模板大小为$m\times n$,则模板上的元素(x,y)对应的高斯函数为:

$$G(x,y)=\frac{1}{2\pi\sigma^2}e^{\frac{(x-m/2)^2+(y-n/2)^2}{2\sigma^2}}$$

σ是正态分布的标准差,σ值越大,图像越平滑(模糊)。

在实际应用中,在计算高斯函数的离散近似时,为什么在大概3σ距离之外的像素都可以忽略,通常选多少就可保证这种效果?

12. 参考 SIFT 算法,假设输入图像是一个大小为$M\times M(M=2^n)$的方格,并令每个倍频程中的区间数为$s=2$。计算:

(a) 每个倍频程中将有多少幅平滑后的图像?

(b) 在无法再对图像按 2 下取样之前,可生成多少个倍频程?

13. 做一个实验,先用一个平滑图像的核对图像进行平滑,然后对平滑后的图像进行按 2 下取样,与先对图像按 2 下取样,然后对取样后的图像用同一个核平滑,得到的结果一样吗?下取样是指每隔一行和一列取样一次,卷积是线性过程。

14. 二维高斯函数的可分离性指的是什么?这在计算上的可利用性是什么?在具体实现上怎么做?

15. 构建尺度空间需要哪些参数?它们之间是什么关系?

16. SIFT 算法有哪些不足?

17. 什么是形式语言?它有什么用途?

18. 试述文法类型及其之间的关系。

19. 试用图片描绘语言描绘图 8-59。

20. 试用树文法描绘图 8-60 的电路。

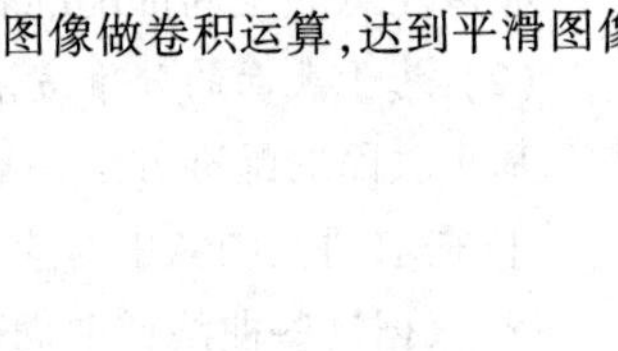

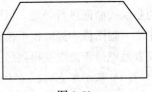

图 8-59

21. Hough 变换检测线的主要弱点是什么?如何克服之?

22. 纹理的定义是什么?如何描述纹理?

23. 傅里叶功率谱法描绘纹理的基本原理及其判断规律是什么?

24. 试述用自相关函数做纹理测度的基本原理。

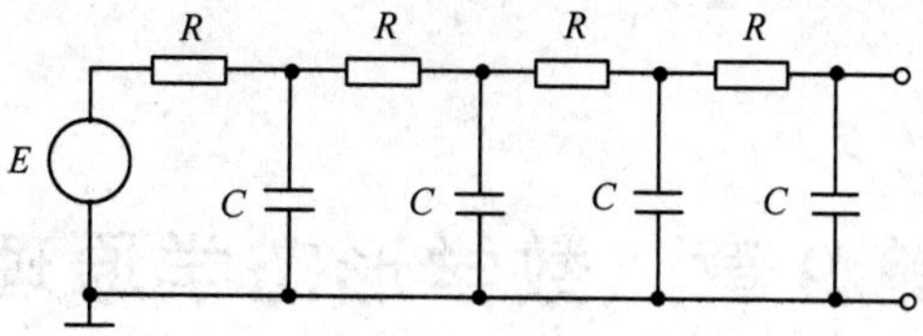

图 8-60

25. 纹理图像见图 8-61，试求其联合概率矩阵。
26. 什么是刚体？
27. 图像配准中主要的映射变换有哪些？
28. 主要的配准方法有哪些？其主要思想是什么？

0	1	2	0	1	2
1	2	0	1	2	0
2	0	1	2	0	1
0	1	2	0	1	2
1	2	0	1	2	0
2	0	1	2	0	1

图 8-61

第9章　数学形态学原理

9.1　数学形态学的发展

“数学形态学(Mathematical Morphology)”是一种应用于图像处理和模式识别领域的新方法。形态学是生物学的一个分支,常用它来处理动物和植物的形状和结构。“数学形态学”的历史可追溯到19世纪的Eular. steiner. Crofton和20世纪的Minkowski。1964年,法国学者J. Serra对铁矿石的岩相进行了定量分析,以预测铁矿石的可轧性。几乎在同时,G. Matheron研究了多孔介质的几何结构、渗透性及两者的关系,他们的研究成果直接导致“数学形态学”雏形的形成。随后,J. Serra和G. Matheron在法国共同建立了枫丹白露(Fontainebleau)数学形态学研究中心。在以后几年的研究中,他们逐步建立并进一步完善了“数学形态学”的理论体系,此后,又研究了基于数学形态学的图像处理系统。

“数学形态学”是一门建立在严格的数学理论基础上的科学。G. Matheron于1973年出版的《Ensembles aleatoireset geometric integrate》一书严谨而详尽地论证了随机集论和积分几何,为数学形态学奠定了理论基础。1982年,J. Serra出版的专著《Image Analysis and Mathematical Morphology》是数学形态学发展的里程碑,它表明数学形态学在理论上已趋于完备,在实际应用中不断深入。此后,经过科学工作者的不断努力,J. Serra主编的《Image Analysis and Mathematical Morphology》第2卷,第3卷相继出版,1986年,CVGIP(Computer Vision Graphics and Image Processing)发表了数学形态学专辑,从而使得数学形态学的研究呈现了新的景象。同时,枫丹白露研究中心的学者们又相继提出了基于数学形态学方法的纹理分析模型系列,从而使数学形态学的研究前景更加光明。

随着数学形态学逻辑基础的发展,其应用开始向边缘学科和工业技术方面发展。数学形态学的应用领域已不限于传统的微生物学和材料学领域,20世纪80年代初又出现了几种新的应用领域,如工业控制、放射医学、运动场景分析等。数学形态学在我国的应用研究发展也很快,目前,已研制出一些以数学形态学为基础的实用图像处理系统,如中国科学院生物物理研究所和计算机技术研究所负责,由软件研究所、电子研究所和自动化所参加研究的癌细胞自动识别系统等。

数学形态学是一门综合了多学科知识的交叉科学,其理论基础颇为艰深,但其基本观念却比较简单。它体现了逻辑推理与数学演绎的严谨性,又要求具备与实践密切相关的实验技术与计算技术。它涉及微分几何、积分几何、测度论、泛函分析和随机过程等许多数学理论,其中积分几何和随机集论是其赖以生存的基石。总之,数学形态学是建立在严格的数学理论基础上而又密切联系实际的科学。

用于描述数学形态学的语言是集合论,因此,它可以提供一个统一而强大的工具来处理图像处理中所遇到的问题。利用数学形态学对物体几何结构的分析过程就是主客体相互逼近的过程。利用数学形态学的几个基本概念和运算,将结构元灵活地组合、分解,应用形态变换序列达到分析的目的。

利用数学形态学进行图像分析的基本步骤有如下几步:

① 提出所要描述的物体几何结构模式,即提取物体的几何结构特征;

② 根据该模式选择相应的结构元,结构元应该简单而对模式具有最强的表现力;

③ 用选定的结构元对图像进行击中与击不中(HMT)变换,便可得到比原始图像显著地突出物体特征信息的图像。如果赋予相应的变量,则可得到该结构模式的定量描述;

④ 经过形态变换后的图像突出了我们所需要的信息，此时，就可以方便地提取信息。

数学形态学方法比其他空域或频域图像处理和分析方法具有一些明显的优势。如在图像恢复处理中，基于数学形态学的形态滤波器可借助于先验的几何特征信息利用形态学算子有效地滤除噪声，又可以保留图像中的原有信息；另外，数学形态学算法宜于用并行处理方法有效地实现，而且硬件实现容易；基于数学形态学的边缘信息提取优于基于微分运算的边缘提取算法，它不像微分算法对噪声那样敏感，同时，提取的边缘也比较光滑；利用数学形态学方法提取的图像骨架连续性较好，断点少。

数学形态学的核心运算是击中与击不中变换（HMT），在定义了 HMT 及其基本运算膨胀（Dilation）和腐蚀（Erosion）后，再从积分几何和体视学移植一些概念和理论，根据图像分析的各种要求，构造出统一的、相同的或变化很小的结构元进行各种形态变换。在形态算法设计中，结构元的选择十分重要，其形状、尺寸的选择是能否有效地提取信息的关键。一般情况下，结构元的选择遵循如下几个原则进行：

① 结构元必须在几何上比原图像简单，且有界。当选择性质相同或相似的结构元时，以选择极限情况为益；

② 结构元的凸性非常重要，对非凸子集，由于连接两点的线段大部分位于集合的外面，故用非凸子集作为结构元将得不到什么信息。

总之，数学形态学的基本思想和基本研究方法具有一些特殊性，掌握和运用好这些特性是取得良好结果的关键。

9.2 数学形态学的基本概念和运算

在数学意义上，我们用形态学来处理一些图像，用以描述某些区域的形状如边界曲线、骨架结构和凸形外壳等。另外，我们也用形态学技术来进行预测和快速处理，如形态过滤，形态细化，形态修饰等。而这些处理都是基于一些基本运算实现的。

用于描述数学形态学的语言是集合论。数学形态学最初是建立在集合论基础上的代数系统。它提出了一套独特的变换和概念用于描述图像的基本特征。这些数学工具是建立在积分几何和随机集论的基础之上的。这决定了它可以得到几何常数的测量和反映图像的体视性质。

集合代表图像中物体的形状，例如，在二值图像中所有黑色像素点的集合就是对这幅图像的完整描述。在二值图像中，当前集合指二维整形空间的成员，集合中的每个元素都是一个二维变量，用 (x,y) 表示。按规则代表图像中的一个黑色像素点。灰度数字图像可以用三维集合来表示。在这种情况下，集合中每个元素的前两个变量用来表示像素点的坐标，第三个变量代表离散的灰度值。在更高维数的空间集合中可以包括其他的图像属性，如颜色和时间等。

形态运算的质量取决于所选取的结构元和形态变换。结构元的选择要根据具体情况来确定，而形态运算的选择必须满足一些基本约束条件。这些约束条件形成了图像定量分析的原则。

9.2.1 数学形态学定量分析原则

(1) 平移兼容性

设待分析图像为 X，Φ 表示某种图像变换或运算，$\Phi(X)$ 表示 X 经变换或运算后的新图像。设 $\boldsymbol{h}$ 为一矢量，X_h 表示将图像 X 平移一个位移矢量后的结果，那么，平移兼容性原则可表示为

$$\Phi(X_h)=[\Phi(X)]_h \tag{9-1}$$

此式说明图像 X 先平移然后变换的结果与图像先变换后平移的结果是一样的。

(2) 尺度变换兼容性

设缩放因子 λ 是一个正的实常数，λX 表示对图像 X 所做的相似变换，则尺度变换兼容性原则可表示如下

$$\lambda\Phi\left(\frac{1}{\lambda}X\right)=\Phi_{\lambda}(X) \tag{9-2}$$

如果设图像运算 Φ 为结构元 B 对 X 的腐蚀($X\ominus B$)，则 Φ_{λ} 为结构元 λB 对 X 的腐蚀，则式(9-2)可具体化为

$$\lambda\left(\frac{1}{\lambda}X\ominus B\right)=X\ominus\lambda B \tag{9-3}$$

(3) 局部知识原理

如果 Z 是一个图形("闭集")，则相对于 Z 存在另一个闭集 Z'，使得对于图形 X 有式(9-4)成立

$$(\Phi(X\cap Z))\cap Z'=\Phi(X)\cap Z' \tag{9-4}$$

在物理上，可以将 Z 理解为一个"掩模"。在实际中，观察某一个对象时，每次只能观察一个局部，即某一掩模覆盖的部分 $X\cap Z$。该原则要求对每种确定的变换或运算 Φ，当掩模 Z 选定以后，都能找到一个相应的模板 Z'，使得通过 Z'所观察到的局部性质，即$(\Phi(X\cap Z))\cap Z'$与整体性质 $\Phi(X)\cap Z'$相一致。

(4) 半连续原理

在研究一幅图像时，常采用逐步逼近的方法，即对图像 X 的研究往往需要通过一系列图像 X_1，X_2，…，X_n…的研究实现，其中诸个 X_n 逐步逼近 X。半连续原理要求各种图像变换后应满足这样的性质：对真实图像 X 的处理结果应包含在对一系列图像 X_n 的处理结果内。

(5) 形态运算的基本性质

除了一些特殊情况外，数学形态学处理一般都是不可逆的。实际上，对图像进行重构的思想在该情况下是不恰当的。任何形态处理的目的都是通过变换去除不感兴趣的信息，保留感兴趣的信息。在形态运算中的几个关键性质如下：

递增性 $$X\subset Y\Rightarrow\Psi(X)\subset\Psi(Y),\ \forall X,Y\in\wp(E) \tag{9-5}$$

反扩展性 $$\Psi(X)\subset X,\qquad \forall X\in\wp(E) \tag{9-6}$$

幂等性 $$\Psi[\Psi(X)]=\Psi(X),\quad \forall X\in\wp(E) \tag{9-7}$$

式中，Ψ 表示形态变换，$\wp(E)$表示欧几里得(Euclidean)空间 E 的幂集。

9.2.2 数学形态学的基本定义及基本算法

集合论是数学形态学的基础，在这里我们首先对集合论的一些基本概念做一总结性的介绍。对于形态处理的讨论，我们将从两个最基本的模加处理和模减处理开始。它们是以后大多数形态处理的基础。

1. 基本定义

(1) 集合

具有某种性质的确定的有区别的事物的全体。如果某种事物不存在，称为空集。集合常用大写字母 $A,B,C,\cdots$表示，空集用$\varnothing$表示。

设 E 为一自由空间，$\wp(E)$是由集合空间 E 所构成的幂集，集合 $X,B\in\wp(E)$，则集合 X 和 B 之间的关系只能有以下三种形式：

① 集合 B 包含于 X(表示为 $B\subset X$)；

② 集合 B 击中 X(表示为 $B\Uparrow X$)，即 $B\cap X\neq\varnothing$；

③ 集合 B 相离于 X（表示为 $B\subset X^c$），即 $B\cap X=\varnothing$；

三种形式的物理意义如图 9-1 所示。

（2）元素

构成集合的每一个事物称之为元素，元素常用小写字母 $a,b,c,\cdots$ 表示，应注意的是任何事物都不是空集的元素。

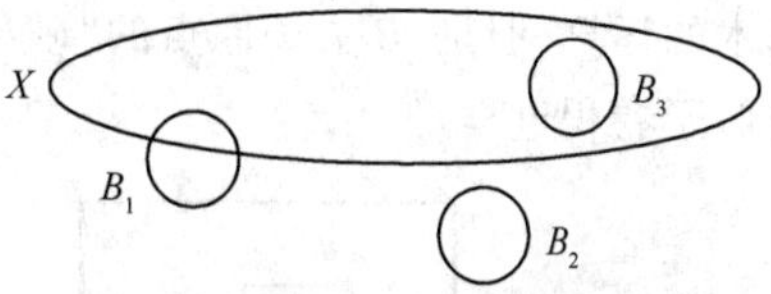

图 9-1　B_1 击中 X，B_2 相离于 X，B_3 包含于 X

（3）平移转换

设 A 和 B 是两个二维集合，A 和 B 中的元素分别是

$$a=(a_1,a_2),\quad b=(b_1,b_2)$$

定义 $x=(x_1,x_2)$，对集合 A 的平移转换为

$$(A)_x=\{c\mid c=a+x, for\quad a\in A\} \tag{9-8}$$

（4）子集

当且仅当集合 A 的所有元素都属于 B 时，称 A 为 B 的子集。

（5）补集

定义集合 A 的补集为

$$A^c=\{x\mid x\notin A\} \tag{9-9}$$

（6）差集

定义集合 A 和 B 的差集为 $A-B$

$$A-B=\{x\mid x\in A, x\notin B\}=A\cap B^c \tag{9-10}$$

（7）映像

定义集合 B 的映像为 $\hat{B}$

$$\hat{B}=\{x\mid x=-b, for\ b\in B\} \tag{9-11}$$

（8）并集

由 A 和 B 的所有元素组成的集合称为 A 和 B 的并集。

$$C=A\cup B \tag{9-12}$$

式中，C 为 A 和 B 的并集。

（9）交集

由 A 和 B 的公共元素组成的集合称为 A 和 B 的交集。

$$D=A\cap B \tag{9-13}$$

式中，D 为 A 和 B 的交集。

图 9-2 解释了刚才几个定义，图中的黑点为集合的原点。图 9-2(a) 显示集合 A；图 9-2(b) 表示 A 被 $x=(x_1,x_2)$ 平移，注意平移是在 A 的每个元素上加上 $x=(x_1,x_2)$。图 9-2(c) 表示集合 B；图 9-2(d) 显示了 B 关于原点的反转。最后，图 9-2(e) 显示了集合 A 及其补集，图 9-2(f) 显示了图 9-2(e) 的集合 A 与图 9-2(f) 中的集合 B 的差。

前四幅图的黑点表示了每个集合的起点。

2. 膨胀

A,B 为 Z^2 中的集合，$\varnothing$为空集，A 被 B 的膨胀，记为 $A\oplus B$，$\oplus$为膨胀算子，膨胀的定义为

$$A\oplus B=\{x\mid(\hat{B})_x\cap A\neq\varnothing\} \tag{9-14}$$

式(9-14)表明的膨胀过程是 B 首先做关于原点的映射，然后平移 x。A 被 B 的膨胀是 $\hat{B}$ 被所有 x 平移后与 A 至少有一个非零公共元素。根据这个解释，式(9-14)可以重写如下：

$$A\oplus B=\{x\mid[(\hat{B})_x\cap A]\subseteq A\} \tag{9-15}$$

同在其形态处理中一样，集合 B 在膨胀操作中通常被称为结构元。

式(9-14)不是现在形态学文献中膨胀的唯一定义。然而,前面这个定义有一个明显的优势,因为,当结构元 B 被看作卷积模板时有更加直观的概念。尽管膨胀是基于集合的运算,而卷积是基于算术的运算,但是,B 关于原点的"映射"及而后连续的平移使它可以滑过集合(图像)A 的基本过程类似于卷积过程。

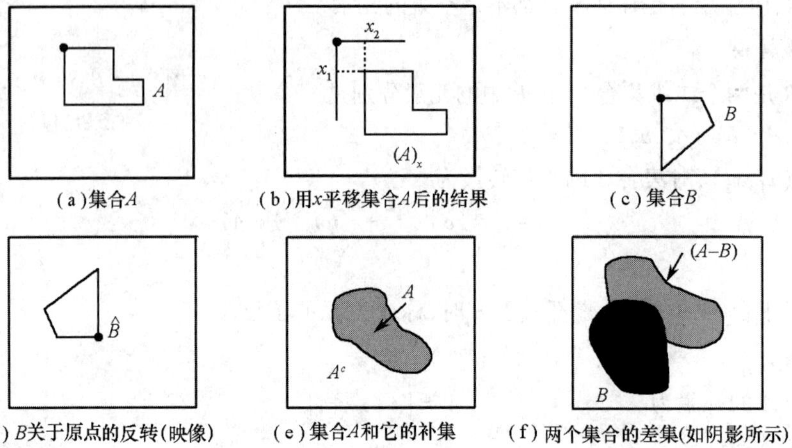

图 9-2　几个基本定义的物理意义

图 9-3(a)表示一个简单的集合,图 9-3(b)表示一个结构元及其"映射"。在该图情况下,因为结构元 B 关于原点对称,所以,结构元 B 及其映射 $\hat{B}$ 相同。图 9-3(c)中的虚线表示作为参考的原始集合,实线示出若 $\hat{B}$ 的原点平移至 x 点超过此界限,则 $\hat{B}$ 与 A 的交集为空。这样,实线内的所有点构成了 A 被 B 的膨胀。图 9-3(d)表示预先设计的一个结构元,其目的是为了得到一个垂直膨胀比水平膨胀大的结果。图 9-3(e)显示为用该结构元膨胀后得到的结果。

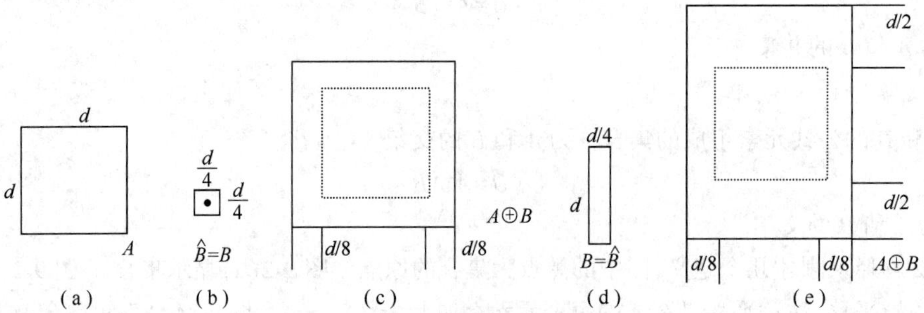

图 9-3　膨胀操作的例子

3. 腐蚀

A,B 为 Z^2 中的集合,A 被 B 腐蚀,记为 $A\ominus B$,其定义为

$$A\ominus B=\{x \mid (B)_x\subseteq A\} \tag{9-16}$$

也就是说 A 被 B 腐蚀的结果为所有使 B 被 x 平移后包含于 A 的点 x 的集合。与膨胀一样,式(9-16)也可以用相关的概念加以理解。

图 9-4 表示了类似于图 9-3 的一个过程。像以前一样,集合 A 在图 9-4(c)用虚线表示作为参考。实线表示若 B 的原点平移至 x 点超过此界限,则 A 不能完全包含 B。这样,在这个实线边界内的点构成了 A 被 B 的腐蚀。图 9-4(d)画出了伸长的结构元,图 9-4(e)显示了 A 被该结构元腐蚀的结果。注意原来的集合被腐蚀成一条线了。

膨胀和腐蚀是关于集合补和反转的对偶。也就是

$$(A\ominus B)^c = A^c \oplus \hat{B} \tag{9-17}$$

关于式(9-17)的正确性可证明如下:

从腐蚀的定义可知 $(A\ominus B)^c = \{x \mid (B)_x \subseteq A\}^c$

如果集合$(B)_x$包含于集合A,那么$(B)_x \cap A^c = \varnothing$,在这种情况下,上式变为

$$(A\ominus B)^c = \{x \mid (B)_x \cap A^c = \varnothing\}^c$$

但是满足$(B)_x \cap A^c = \varnothing$的集合$x$的补集是使$(B)_x \cap A^c \neq \varnothing$的$x$集合。这样

$$(A\ominus B)^c = \{x \mid (B)_x \cap A^c \neq \varnothing\} = A^c \oplus \hat{B}$$

命题得证。

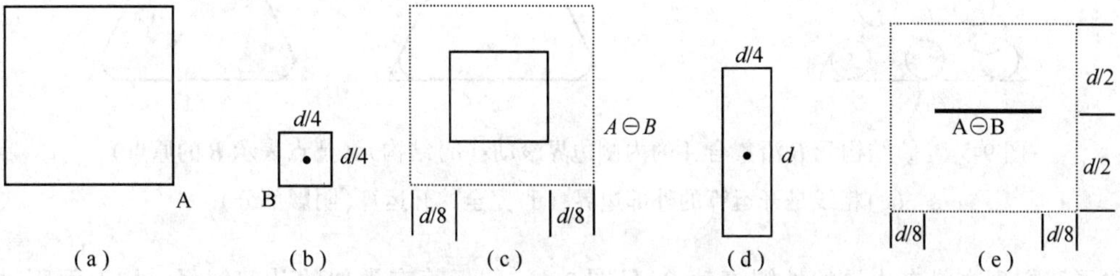

图 9-4 腐蚀操作的例子

膨胀和腐蚀运算的一些性质对设计形态学算法进行图像处理和分析是非常有用的,下面列出几个较重要的性质:

① 交换性 $$A\oplus B = B\oplus A \tag{9-18}$$

② 结合性 $$A\oplus(B\oplus C) = (A\oplus B)\oplus C \tag{9-19}$$

③ 递增性 $$A\subseteq B \Rightarrow A\oplus C \subseteq B\oplus C \tag{9-20}$$

$$A\subseteq B \Rightarrow A\ominus C \subseteq B\ominus C$$

④ 分配性 $$(A\cup B)\oplus C = (A\oplus C)\cup(B\oplus C) \tag{9-21}$$

$$A\oplus(B\cup C) = (A\oplus B)\cup(A\oplus C) \tag{9-22}$$

$$A\ominus(B\cup C) = (A\ominus B)\cap(A\ominus C) \tag{9-23}$$

$$(B\cap C)\ominus A = (B\ominus A)\cap(C\ominus A) \tag{9-24}$$

这些性质的重要性是显而易见的,如分配性,如果用一个复杂的结构元对图像进行膨胀运算,则可以把这个复杂结构元分解为几个简单的结构元的并集,然后,用几个简单的结构元对图像分别进行膨胀运算,最后将结果再做并集运算,这样一来就可以大大简化运算的复杂性。

4. 开运算(Opening)和闭运算(Closing)

如前边所见,膨胀扩大图像,腐蚀收缩图像。另两个重要的形态运算是开运算和闭运算。开运算一般能平滑图像的轮廓,削弱狭窄的部分,去掉细的突出。闭运算也是平滑图像的轮廓,与开运算相反,它一般熔合窄的缺口和细长的弯口,去掉小洞,填补轮廓上的缝隙。

设A是原始图像,B是结构元图像,则集合A被结构元B做开运算,记为$A\circ B$,其定义为

$$A\circ B = (A\ominus B)\oplus B \tag{9-25}$$

换句话说,A被B开运算就是A被B腐蚀后的结果再被B膨胀。

设 A 是原始图像,B 是结构元图像,集合 A 被结构元 B 做闭运算,记为 $A \cdot B$,其定义为

$$A \cdot B=(A \oplus B) \ominus B \tag{9-26}$$

换句话说,A 被 B 做闭运算就是 A 被 B 膨胀后的结果再被 B 腐蚀。

开运算有一个简单的几何解释(见图 9-5)。假设我们把结构元 B 视为一个(扁平的)"转球"。然后,$A \circ B$ 的边界由 B 中的点建立:当 B 在 A 的边界内侧滚动时,B 所能到达的 A 的边界的最远点。开运算的这种几何拟合特性导致了一个集合论公式,该公式表明 B 对 A 的开运算是通过拟合到 A 的 B 的所有平移的并集得到的。也就是说,开运算可以表示为一个拟合处理:

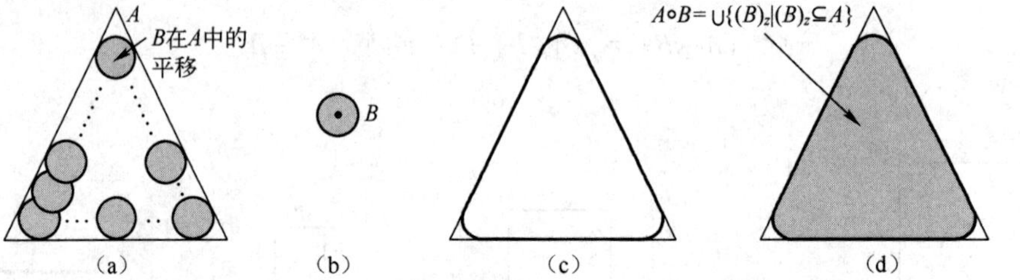

图 9-5 (a)结构元 B 沿集合 A 的内侧边界滚动;(b)结构元(黑点表示 B 的原点);(c)粗线是开运算的外部边界;(d)完全的开运算(阴影部分)

除了我们现在是在边界的外侧滚动 B(见图 9-6),闭运算有类似的几何解释。如下面所讨论的那样,开运算和闭运算彼此对偶,所以闭运算在边界外侧滚动球体是意料之中的事情。从几何上讲,当且仅当对包含 z 的 $(B)_z$ 进行的任何平移都有 $(B)_z \cap A \neq \varnothing$ 时,点 z 才是 $A \cdot B$ 的一个元素。图 9-6 说明了闭运算这一基本的几何性质。

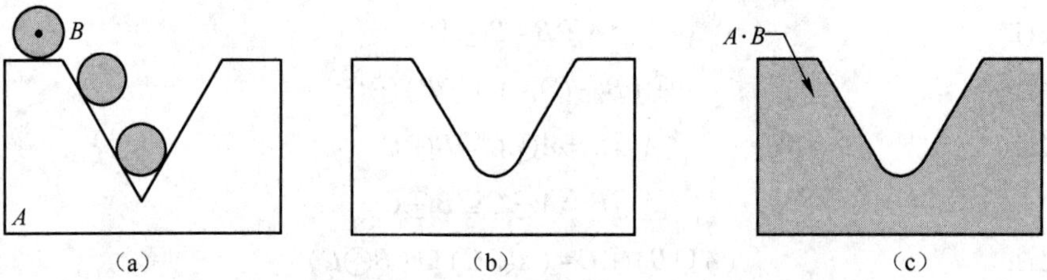

图 9-6 (a)结构元 B 沿集合 A 的外侧边界滚动;(b)粗线是闭操作的外部边界;(c)完全的闭操作(阴影部分)

图 9-7 解释了集合 A 被一个圆盘形结构元做开运算和闭运算的情况。图 9-7(a)是集合,图 9-7(b)示出了在腐蚀过程中圆盘结构元的各个位置,当完成这一过程时,形成分开的两个图形示于图 9-7(c)。注意,A 的两个主要部分之间的桥梁被去掉了。"桥"的宽度小于结构元的直径;也就是结构元不能完全包含于集合 A 的这一部分,这样就违反了式(9-16)的条件。由于同样的原因 A 的最右边的部分也被切除掉了。图 9-7(d)画出了对腐蚀的结果进行膨胀的过程,而图 9-7(e)示出了开运算的最后结果。同样地,图 9-7(f)~图 9-7(i)示出了用同样的结构元对 A 做闭运算的结果。结果是去掉了 A 的左边对于 B 来说较小的弯。注意,用一个圆形的结构元对集合 A 做开运算和闭运算均使 A 的一些部分平滑了。

A 被 B 的开运算就是 B 在 A 内的平移[保证 $(B)_x \subseteq A$]所得到的集合的并集。这样开运算可以被描述为拟合过程,即

$$A \circ B=\cup\{(B)_x \mid (B)_x \subseteq A\} \tag{9-27}$$

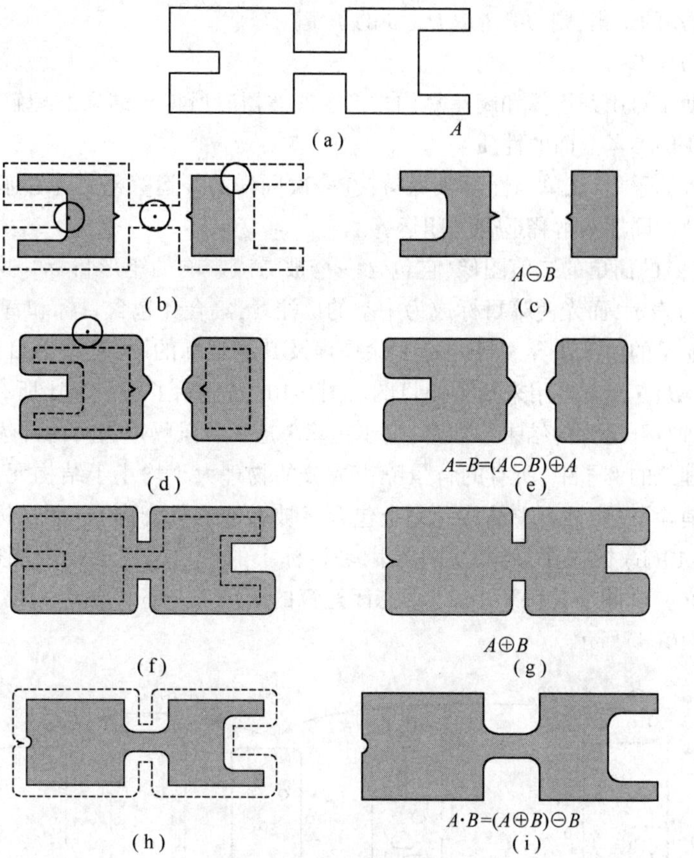

图 9-7　开运算和闭运算的图示

图 9-8 解释了这个概念；为了多样性，这里我们用了一个非圆形的结构元。

闭运算也有类似的几何解释。再次用滚动球的例子，只不过我们在边界外边滚动该球(开运算和闭运算是对偶的，所以让小球在外面滚动是合理的)。有了这种解释，图 9-7(i)就很容易由图 9-7(a)得到。注意，所有的朝内的突出角均被圆滑了，而朝外的则保持不变。集合 A 的最左边的凹入被大幅度减弱了。几何上，点 Z 为 $A\cdot B$ 的一个元素，当且仅当包含 Z 的 $(B)_x$ 与 A 的交集非空，即 $(B)_x\cap A\neq\varnothing$。图 9-9 解释了这一性质。

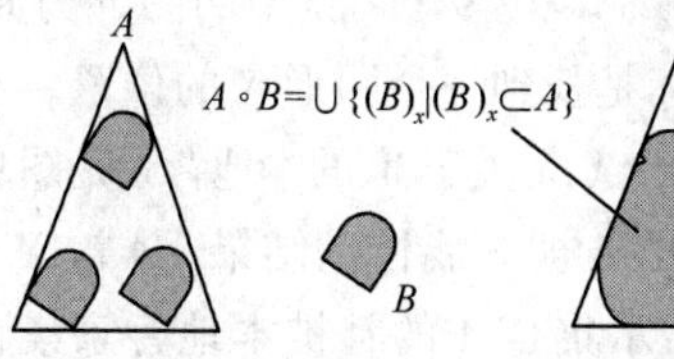

图 9-8　开运算的几何拟合特性

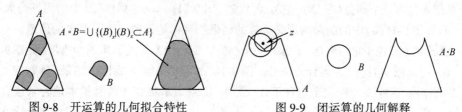

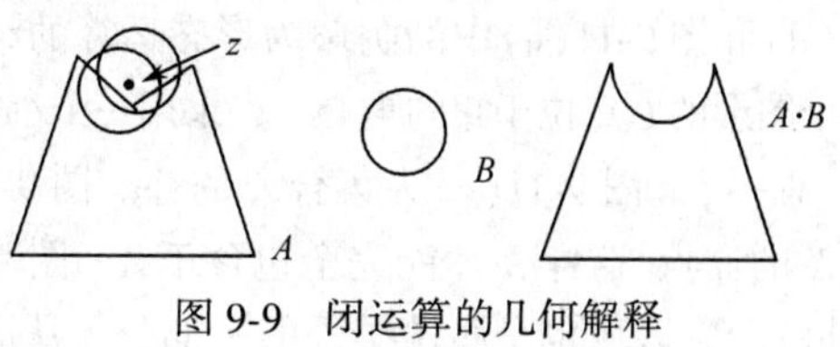

图 9-9　闭运算的几何解释

像膨胀和腐蚀一样，开运算和闭运算是关于集合补和反转的对偶。也就是

$$(A\cdot B)^c=(A^c\circ\hat{B})\tag{9-28}$$

开运算有下列性质：

① $A\circ B$ 是集合 A 的子集(子图)；

② 如果 C 是 D 的子集，则 $C\circ B$ 是 $D\circ B$ 的子集；

③ $(A\circ B)\circ B=A\circ B$。

同样，闭运算有下列性质：

① A 是集合 $A\cdot B$ 的子集(子图)；

② 如果 C 是 D 的子集，则 $C\cdot B$ 是 $D\cdot B$ 的子集；

③ $(A\cdot B)\cdot B=A\cdot B$。

这些性质有助于对用开运算和闭运算构成形态滤波器时所得到结果的理解。例如，用开运算构造一个滤波器。我们参考上面的性质：

①结果是输入的子集；②单调性会被保持；③多次同样的开运算对结果没有影响。最后一条性质有时称为幂等性。同样的解释适合于闭运算。

考虑图 9-10(a)的简单的二值图像，它包含一个被噪声影响的矩形目标。这里噪声用在亮背景上的暗元素(阴影)表示，而光使暗目标成为中空的。注意，集合 A 包含目标和背景噪声，而目标中的噪声构成了背景显示的内部边界。目的是去除噪声及其对目标的影响，并对目标的影响越小越好。形态"滤波器"$(A\circ B)\cdot B$ 可以用来达到此目的。图 9-10(c)显示了用一个比所有噪声成分都大的圆盘形结构元对 A 进行开运算的结果。注意，这步运算考虑了背景噪声但对内部边界没有影响。

因为在这个理想的例子中，所有的背景噪声成分的物理大小均小于结构元，背景噪声在开运算的腐蚀过程中被消除了(腐蚀要求结构元完全包含于被腐蚀的集合内)。而目标内的噪声成分的大小却变大了[图 9-10(b)]，这在意料之中，原因是目标中的空白事实上是内部边界，在腐蚀中会变大。最后，图 9-10(e)和图 9-10(c)示出了形态闭运算的结果。内部的边界在闭运算后的膨胀运算中被消除了，如图 9-10(d)所示。

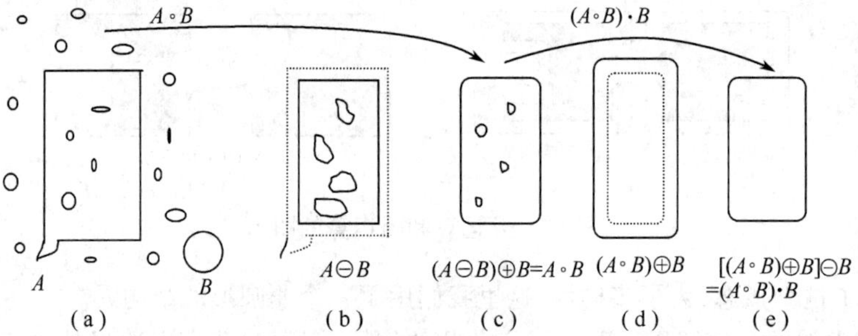

图 9-10 形态学滤波

5. 击中(Hit)击不中(Miss)变换(HMT)

形态学中击中(Hit)击不中(Miss)变换是形状检测的基本工具。我们通过图 9-11 引入这个概念。图中集合 A 包含三个部分(子集)，记为 X,Y,Z。图 9-11(a)~图 9-11(c)中的图形为原始集合，而图 9-11(d)和图 9-11(e)中的阴影为形态运算的结果。目标是找到一个图形 X 的位置。

让每个图形的原点位于它的重心。如果用一个小窗口 W 包含 X，X 关于 W 的本地背景是图 9-11(b)中的集合差$(W-X)$。图 9-11(c)为集合 A 的补。图 9-11(d)示出 A 被 X 腐蚀的结果。A 被 X 的腐蚀在 X 中只有 X 的原点，这样 X 才能完全包含于 A。图 9-11(e)表示集合 A 的补被本地背景集合$(W-X)$的腐蚀；外围阴影区域也是腐蚀结果的一部分。从图 9-11(d)和图 9-11(e)，可以看出集合 X 在集合 A 中的位置是 A 被 X 的腐蚀和 A^c 被$(W-X)$的腐蚀的交集，如图 9-11(f)所示。这个交集正是我们所要找的。换句话说，如果 B 记为由 X 和其背景构成的集合，B 在 A 中的匹配，记为 $A\circledast B$，则

$$A\circledast B=(A\ominus X)\cap[A^c\ominus(W-X)] \tag{9-29}$$

可以这样来概括这种表示法，让 $B=(B_1,B_2)$，其中 B_1 是由和目标相关的 B 的元素形成的集合，而 B_2 是由和相应的背景相关的 B 的元素集合。根据前面的讨论，$B_1=X$，$B_2=(W-X)$。用这种表示法，式(9-29)变为

$$A\circledast B=(A\ominus B_1)\cap(A^c\ominus B_2) \tag{9-30}$$

用集合差的定义及膨胀和腐蚀的对偶关系，也可以把式(9-30)写为

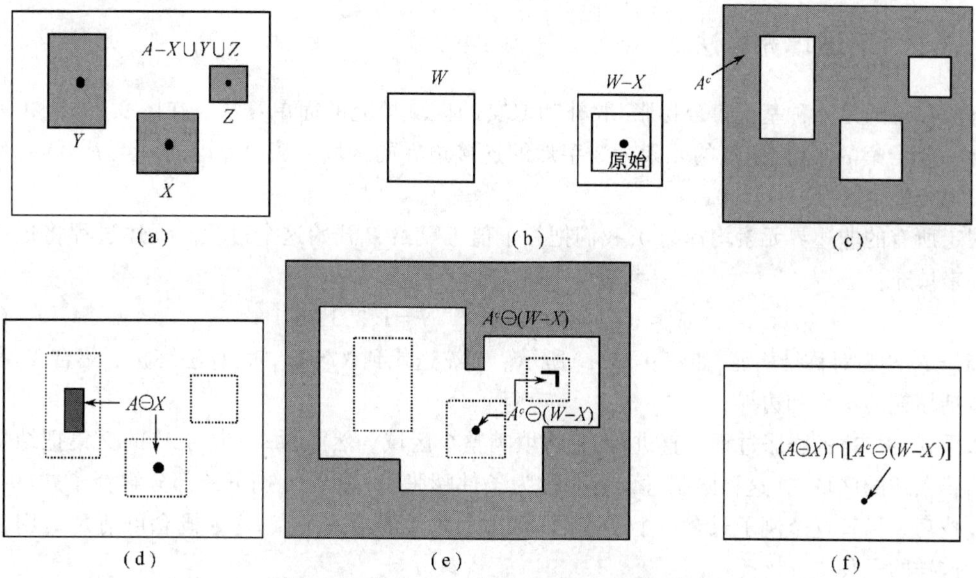

图 9-11　击中(Hit)击不中(Miss)变换图例

$$A \circledast B = (A \ominus B_1) - (A \oplus \hat{B}_2) \tag{9-31}$$

这样,集合 $A \circledast B$ 包括所有的点,同时,B_1 在 A 中找到了一个匹配“击中”,B_2 在 A^c 中找到了匹配“击中”。

9.3　一些基本形态学算法

在前面讨论的背景知识基础之上,我们可以探讨形态学的一些实际应用。当处理二值图像时,形态学的主要应用是提取表示和描述图像形状的有用成分。特别是用形态学方法提取某一区域的边界线、连接成分、骨骼、凸壳的算法是十分有效的。此外,区域填充、细化、加粗、裁剪等处理方法也经常与上述算法相结合在预处理和后处理中使用。

为概念清楚起见,这些算法的讨论大部分采用的是二值图像,即只有黑和白两级灰度,1 表示黑,0 表示白。

9.3.1　边缘提取算法

集合 A 的边界记为 $\beta(A)$,可以通过下述算法提取边缘:设 B 是一个合适的结构元,首先,令 A 被 B 腐蚀,然后求集合 A 和它的腐蚀的差。如式(9-32)所示

$$\beta(A) = A - (A \ominus B) \tag{9-32}$$

图 9-12 解释了边缘提取的过程。它显示了一个简单的二值图像,一个结构元和用式(9-32)得出的结果。图 9-12(b)中的结构元是最常用的一种,但它绝不是唯一的。如果采用一个 5×5 全“1”的结构元,可得到 2~3 个像素宽的边缘。应注意的是,当集合 B 的原点处在集合的边界时,结构元的一部分位于集合之外。这种条件下,通常的处理是约定集合边界外的值为 0。

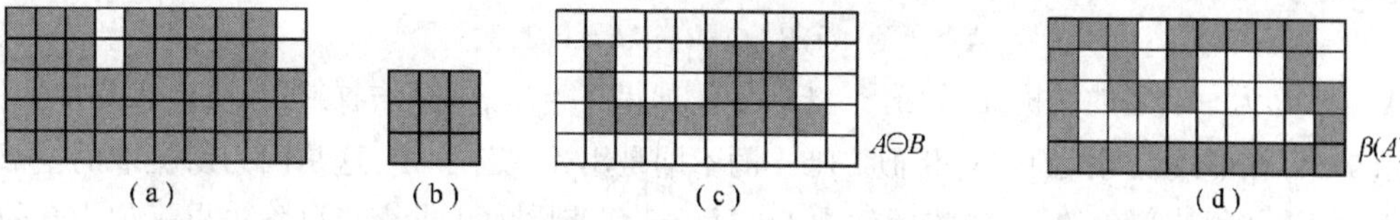

图 9-12　边缘提取算法示意图:(a)集合 A,(b)结构元 B,(c)B 对 A 的腐蚀,(d)由 A 与其腐蚀间的集合的差给出的边界

9.3.2 区域填充算法

下面讨论的是一种基于集合膨胀、取补和取交的区域填充的简单算法。在图 9-13 中,A 表示一个包含一个子集的集合,子集的元素为 8 字形的连接边界的区域。从边界内的一点 P 开始,目标是用 1 去填充整个区域。

假定所有的非边界元素均标为 0,我们把一个值 1 赋给 P 开始这个过程。下述过程将把这个区域用 1 来填充:

$$X_k=(X_{k-1}\oplus B)\cap A^c \qquad k=1,2,3,\cdots \tag{9-33}$$

式中,$X_0=P$,B 为对称结构元,如图 9-13(c)所示。当 k 迭代到 $X_k=X_{k-1}$ 时,算法终止。集合 X_k 和 A 的并集包括填充的集合和边界。

如果式(9-33)的膨胀过程一直进行,它将填满整个区域。然而,每一步与 A^c 的交集把结果限制在我们感兴趣的区域内(这种限制过程有时称为条件膨胀)。图 9-13 剩下的部分解释了式(9-33)的进一步技巧。尽管这个例子只有一个子集,只要每个边界内给一个点,这个概念可清楚地用在任何有限个这样的子集中。

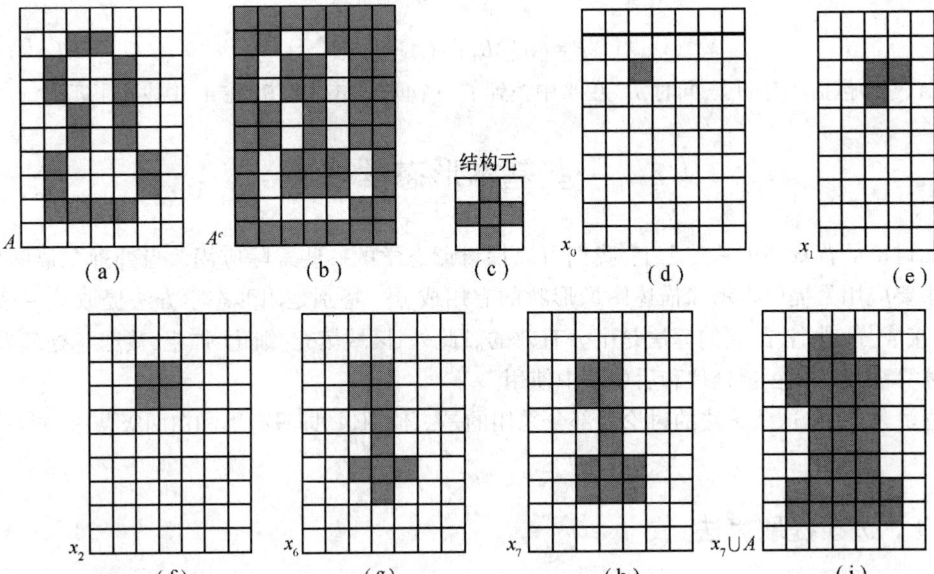

图 9-13 区域填充算法:(a)集合 A,(b)A 的补集,(c)结构元 B,(d)边界内的初始点,(e)~(h)填充的步骤,(i)最终结果[(a)和(h)的并集]

9.3.3 连接部分提取算法

在实际应用中,从二值图像中提取连接部分是许多自动图像分析应用所关注的问题。Y 表示一个包含于集合 A 连接部分,假设 Y 内的一个点 P 已知。那么下述迭代表达式可得到 Y 中的所有元素:

$$X_k=(X_{k-1}\oplus B)\cap A \qquad k=1,2,3,\cdots \tag{9-34}$$

式中,$X_0=P$,B 为一合适的结构元,如图 9-14 所示。如果 $X_k=X_{k-1}$ 则算法收敛,并使 $Y=X_k$。

式(9-34)在形式上与式(9-33)相似。唯一的不同是用 A 代替了 A^c,这是因为所提取的全部元素(也就是,相连接组成部分的元素)均标记为 1。每一迭代步骤和 A 求交集可除去以标记为 0 的元素为中心做膨胀。图 9-14 解释了式(9-34)的操作技巧。这里,结构元的形状是 8 连接的,与区域填充算法一样,以上讨论的结果可以应用于任何有限的包含在集合 A 中的连接部分。

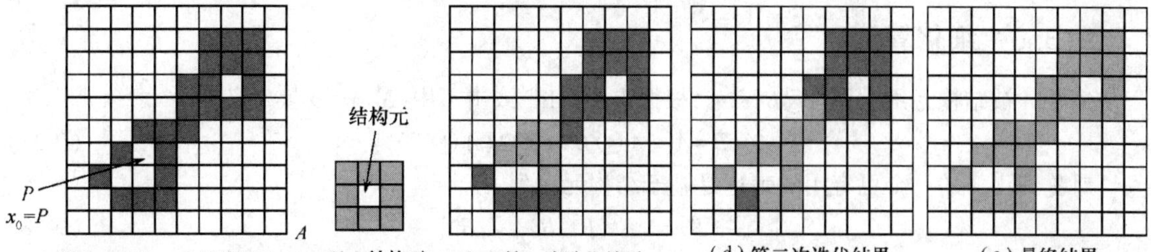

(a)集合 A 包含一个连接部分 Y 和初始点 P　(b)结构元　(c)第一次迭代结果　(d)第二次迭代结果　(e)最终结果

图 9-14　连接部分提取算法

9.3.4　凸壳算法

集合的凸壳是一个有用的图像描述工具。在此,我们提出一种获得集合 A 凸壳 C(A) 的简单形态学算法。设 B^i, $i=1,2,3,4$,代表 4 个结构元。这个处理过程由下述公式实现

$$X_k^i=(X_{k-1}^i \circledast B^i)\cup A \qquad i=1,2,3,4 \qquad k=1,2,3,\cdots \tag{9-35}$$

式中,$X_0^i=A$。现在,令 $D^i=X_{\text{conv}}^i$,下标"conv"表示当 $X_k^i=X_{k-1}^i$ 时收敛。那么,A 的凸壳为

$$C(A)=\bigcup_{i=1}^{4} D^i \tag{9-36}$$

换句话说,这个过程包括对 A 和 B^1 重复使用击中(Hit)或击不中(Miss)变换;当没有进一步的变化发生时,求 A 和结果 D^1 并集。对 B^2 重复此过程直到没有进一步的变化为止。4 个结果 D 的并构成了 A 的凸壳。

图 9-15 解释了式(9-35)和式(9-36)的过程。图 9-15(a)示出了为提取凸壳的结构元(每个结构元的原点位于它的中心)。图 9-15(b)给出了要提取凸壳的集合 A,从 $X_0^1=A$ 开始,重复式(9-35)四步后得到的结果如图 9-15(c)所示。然后令 $X_0^2=A$ 再次利用式(9-35)得到的结果示于图 9-15(d)(注意只用两步就收敛了)。下两个结果用同样的方法得到。最后,把图 9-15(c),(d),(e)和(f)中的集合求并的结果就是所求的凸壳。每个结构元对结果的贡献在图 9-15(h)的合成集合中用不同的加重来表示。

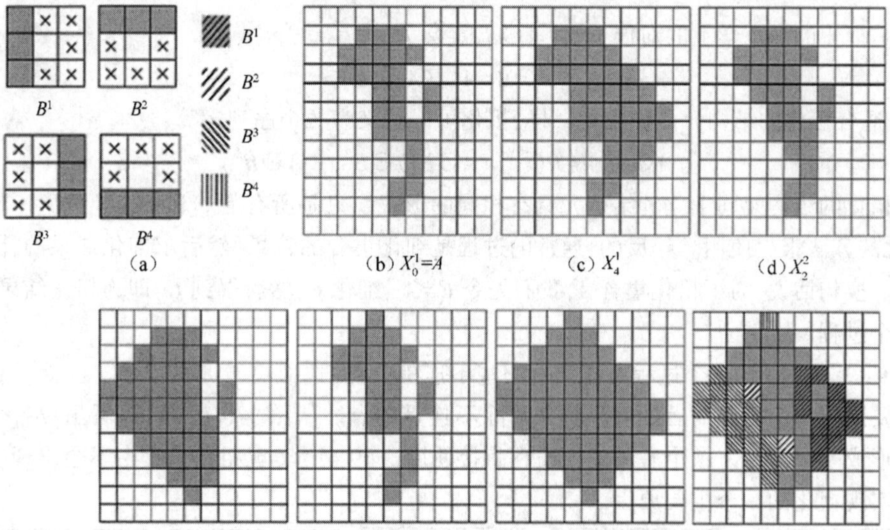

(a)　(b) $X_0^1=A$　(c) X_4^1　(d) X_2^2　(e) X_8^3　(f) X_2^4　(g) C(A)　(h)

图 9-15　凸壳算法示例

9.3.5 细化算法

集合 A 被结构元细化用 $A\otimes B$ 表示，根据击中(Hit)或击不中(Miss)变换定义

$$A\otimes B=A-(A\circledast B)=A\cap(A\circledast B)^c \tag{9-37}$$

对称细化 A 的一个更有用的表达是基于结构元序列

$$\{B\}=\{B^1,B^2,B^3,\cdots,B^n\} \tag{9-38}$$

式中，B^i 是 B^{i-1} 的旋转。根据这个概念，我们现定义被一个结构元序列的细化为

$$A\otimes\{B\}=((\cdots((A\otimes B^1)\otimes B^2)\cdots)\otimes B^n) \tag{9-39}$$

换句话说，这个过程是用 B^1 细化 A，然后用 B^2 细化前一步细化的结果等，直到 A 被 B^n 细化。整个过程重复进行到没有进一步的变化发生为止。

图 9-16(a)是一组用于细化的结构元，图 9-16(b)为用上述方法细化的集合 A。图 9-16(c)示出了用 B^1 细化 A 得到的结果，图 9-16(d)~图 9-16(k)为用其他结构元细化的结果。当第二次通过 B^4 时收敛。图 9-16(l)示出了细化的结果。

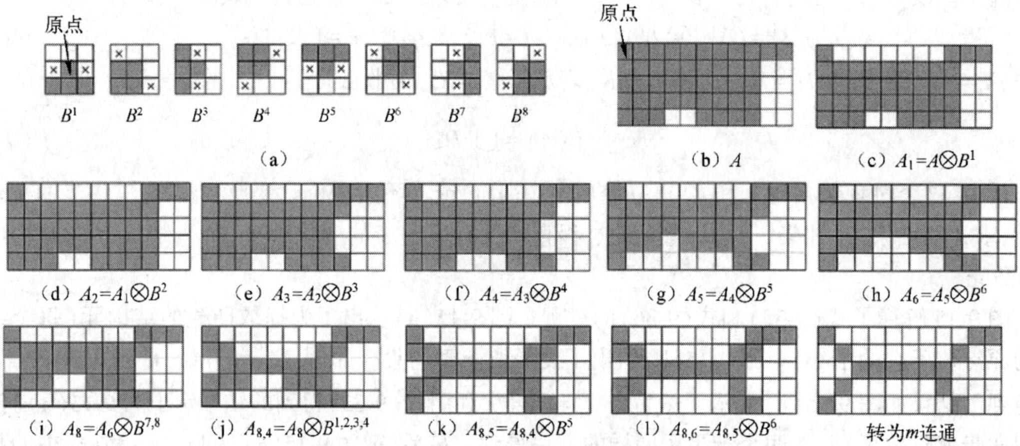

图 9-16 细化处理

9.3.6 粗化运算

粗化是细化的形态学上的对偶，记为 $A\odot B$，定义为

$$A\odot B=A\cup(A\circledast B) \tag{9-40}$$

式中，B 是适合粗化的结构元。像细化一样，粗化可以定义为一个序列运算：

$$A\odot\{B\}=((\cdots((A\odot B^1)\odot B^2)\cdots)\odot B^n) \tag{9-41}$$

用来粗化的结构元同细化的结构元具有相同的形式。只是所有的 0 和 1 交换位置。然而，在实际中，粗化的算法很少使用。相反的，通常的过程是细化集合的背景，然后求细化结果的补而达到粗化的结果。换句话说，为了粗化集合 A，我们先令 $C=A^c$，细化 C，然后得到 C^c 即为粗化结果。图 9-17 解释了这个过程。

如图 9-17(d)所示，这个过程可能产生一些不连贯的点，这取决于 A 的性质。因此，用这种方法粗化通常要进行一个简单的后处理步骤来清除不连贯的点。从图 9-17(c)可以看出，细化的背景为粗化过程形成一个边界。这个有用的性质在直接使用式(9-41)实现粗化过程中不会出现，这是用背景细化来实现粗化的一个主要原因。

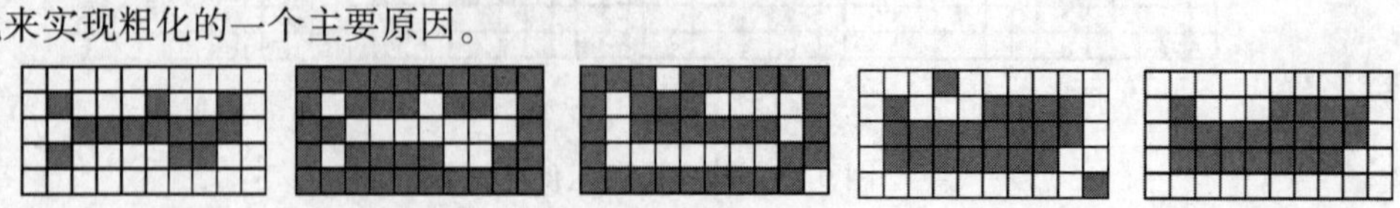

图 9-17 粗化处理

9.3.7 骨骼化算法

利用形态学方法提取一个区域的骨骼可以用腐蚀和开运算表示。也就是,A 的骨骼记为 $S(A)$,骨骼化可以表示如下

$$S(A)=\bigcup_{k=0}^{K} S_k(A) \tag{9-42}$$

和

$$S(A)=\bigcup_{k=0}^{K} \{(A\ominus kB)-[(A\ominus kB)\circ B]\} \tag{9-43}$$

式中,B 是结构元,$(A\ominus kB)$ 表示对 A 连续腐蚀 k 次;也就是

$$A\ominus kB=((\cdots(A\ominus B)\ominus B)\ominus\cdots)\ominus B)$$

共执行 k 次,K 是 A 被腐蚀为空集以前的最后一次迭代的步骤。即

$$K=\max\{k \mid (A\ominus kB)\neq\varnothing\} \tag{9-44}$$

式(9-42)和式(9-43)明确表明集合 A 的骨骼 $S(A)$ 可以由骨骼子集 $S_k(A)$ 的并得到,以上公式同样表明 A 可以通过式(9-44)从这些子集中重构。

$$A=\bigcup_{k=0}^{K} (S_k(A)\oplus kB) \tag{9-45}$$

式中$(S_k(A)\oplus kB)$表明参数 k 是对子集 $S_k(A)$ 连续膨胀 k 次。正如前面所述,它相当于

$$(S_k(A)\oplus kB)=((\cdots(S_k(A)\oplus B)\oplus B\cdots)\oplus B) \tag{9-46}$$

图 9-18 的解释说明了以上讨论的概念。第一列显示了原始集合(顶部)和通过结构元 B 两次腐蚀的图形。由于再多一次对 A 的腐蚀将产生空集,所以选取 $K=2$。第二列显示了第一列通过 B 的开运算而得到的图形。以上结果可以通过以前讨论过的开运算拟合性质加以解释。第三列仅仅显示出第一列与第二列的差别。第四列包含两个部分骨骼及最后的结果(第四列的底部)。最后的骨骼不但比所要求的更粗,而且相比之下更重要,它是不连续的。形态学给出了就特定图形侵蚀和空缺的描述。通常,骨骼必须最大限度的细化、相连、最小限度的腐蚀。第五列显示了 $S_0(A)$、$S_1(A)\oplus B$ 及 $(S_2(A)\oplus 2B)=S_2(A)\oplus B)\oplus B$。最后一列显示了图像 A 的重构。由式(9-44)可知,A 就是第五列中膨胀骨骼子集的"并"。

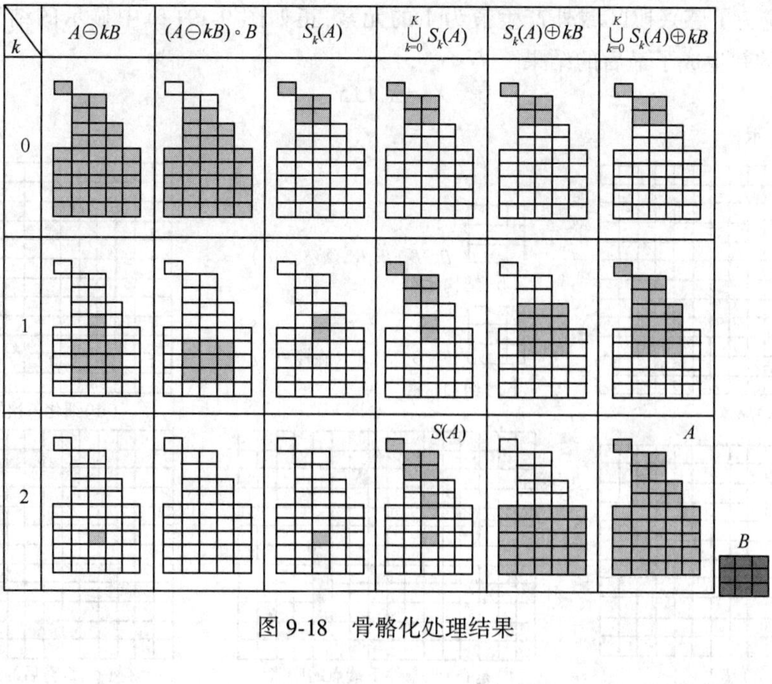

图 9-18 骨骼化处理结果

9.3.8 裁剪

由于图形细化和骨骼化运算法有可能残留需要在后续处理中去除的寄生成分,因而裁剪方法成为对图形细化、骨骼化运算的必要补充。下面讨论裁剪问题,我们将运用已成熟的理论来阐明如何通过融合现今已有的技术来解决这样的问题。

分析每个待识别字符的骨骼形状是自动识别手写字符的一种常见处理方法。由于对组成字符的笔画的不均匀腐蚀,字符的骨架常常带有“毛刺”(一种寄生成分)。这里将提出一种解决这种问题的形态学方法。首先我们假设寄生成分“毛刺”的长度不超过 3 个像素。

图 9-19(a)显示了手写字符“a”的骨骼。在字符最左边部分的寄生成分是一种典型的待去除成分。去除的方法是基于不断减少该字符的终点,对寄生成分加以抑制。当然不可否认,这样也不可避免地会消去(或减少)被处理字符其余必要的骨架,但是默认的结构信息是最多不超过 3 个像素的假设前提下,即最多减少 3 个像素的字符结构信息的前提下。对于一个输入集合 A,通过一系列用于检测字符端点的结构元的细化处理,达到我们所希望的结果。即

$$X_1 = A \otimes \{B\} \tag{9-47}$$

式(9-47)中$\{B\}$表示在图 9-19(b)和图 9-19(c)中的结构元序列。结构元的序列包含两个不同的结构,每一个结构将对全部八个元素做 90°的旋转,图 9-19(b)中的“×”表示一个“不用考虑”的情况,在某种意义上,不管该位置上的值是 0 还是 1 都毫无关系。许多图形学文献记载的结果都是基于类似于图 9-19(b)中运用单一结构的基础之上的,不过不同的是,在第一列中多了“不用考虑”的状态而已。这样的处理是不完善的。例如,这个元素将标识图 9-19(a)位于第八排,第四列作为最后一点的点,如果减去该元素将破坏这一笔的连接性。

连续对 A 运用式(9-47)三次将生成图 9-19(d)中的集合 X_1。下一步将是把字符“恢复”到最初的形状,同时将寄生的成分去除。这首先需要建立包含图 9-19(e)所有边缘信息的集合 X_2

$$X_2 = \bigcup_{k=1}^{8} (X_1 \circledast B^k) \tag{9-48}$$

式(9-48)中 B^k 是和前面一样的端点检测因子,下一步对边缘进行三次膨胀处理,集合 A 作为消减因子

$$X_3 = (X_2 \oplus H) \cap A \tag{9-49}$$

式(9-49)中 H 是一个值为 1 的 3×3 的结构元,类似局域填充和连接成分提取的情况,这一类条件膨胀处理有效地避免了感兴趣区域外产生值为 1 的元素,正如图 9-19(f)中显示的结果证实的那样。最后,X_3 和 X_1 的并生成了最后的结果

$$X_4 = X_1 \cup X_3 \tag{9-50}$$

如图 9-19(g)所示。

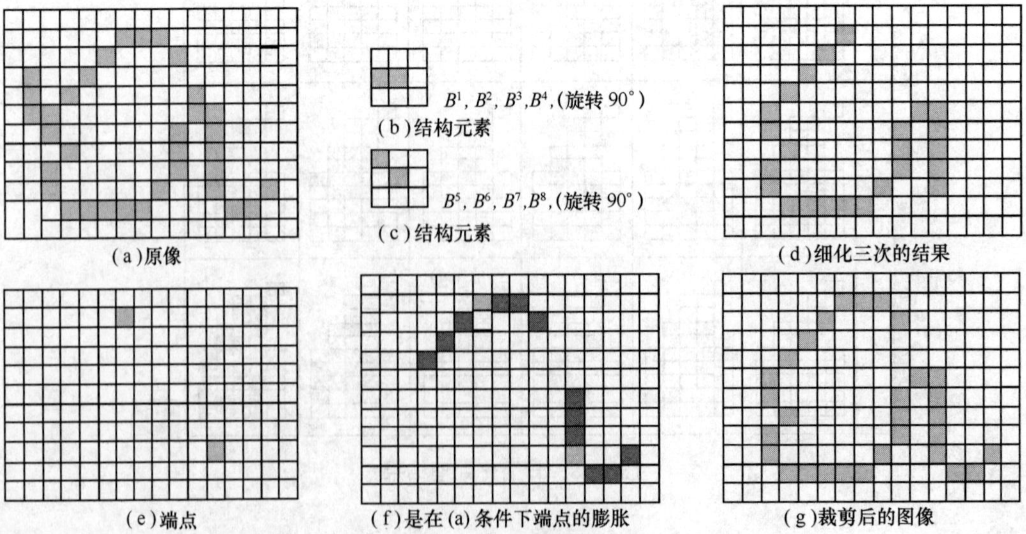

图 9-19 裁剪的例子

图 9-19 中(a)是原像,(b)和(c)是结构元,(d)是细化三次的结果,(e)是端点,(f)是在(a)的条件下端点的膨胀,(g)是裁剪后的图像。

在更复杂的情况下,使用式(9-49)有时可以捡拾一些寄生分支的"尖端"。如果分支端点离骨骼较近时,这种情况便会发生。尽管可以通过式(9-47)消除它们,但是由于它们是 A 中的有效点,所以在膨胀处理中会再次捡回这些点。(如果这些寄生元素相对于有效笔画较短时,这种情况是很少发生的)。如果寄生元素处在非连接区域,那么,检测和减少寄生元素才会变得容易一些。

在这一点上一种自然而然的想法就是必须有一种方法来解决这个问题。例如,我们可以通过运用式(9-47),仅仅对被删除点进行跟踪和对所有的留下的端点进行再连接。这样的选择是正确的,它的优点是使用简单的形态结构来解决所有的问题。在实际情况中,它的优点在于不必再写新的算法,我们所作的仅仅是简单地把形态函数组合到算子序列中就可以了。

表 9-1 总结了前边讨论的数学形态学算法及其结果,图 9-20 示出了所使用的基本结构元。

表 9-1 形态学结论和特性的总结

操作	等式	评述
平移	$(A)_x=\{c \mid c=a+x, a\in A\}$	把 A 的原点平移到 x 点
映射	$\hat{A}=\{x \mid x=-b, b\in A\}$	相对于原点映射集合 A 的所有元素
补集	$A^c=\{x \mid x\notin A\}$	所有不属于 A 的点集
差集	$A-B=\{x \mid x\in A, x\notin B\}=A\cap B$	属于 A 但不属于 B 的点集
膨胀	$A\oplus B=\{x \mid (\hat{B})_x\cap A\neq\varnothing)$	"扩展"A 的边界
腐蚀	$A\ominus B=\{x \mid (B)_x\subseteq A\}$	"收缩"A 的边界
开	$A\circ B=(A\ominus B)\oplus B$	平滑轮廓,切除狭区,去除小的孤岛及突刺
闭	$A\cdot B=(A\oplus B)\ominus B$	平滑轮廓,连接小狭区和细长的沟渠并去除小洞
击中和击不中变换	$A\circledast B=(A\ominus B_1)\cap(A^c\ominus B_2)=(A\ominus B_1)-(A\oplus\hat{B}_2)$	在一个点集上,B_1 在 A 中,B_2 在 A^c 中同时找到了匹配点
边缘提取	$\beta(A)=A-(A\ominus B)$	提取集合 A 的边界上的点集
区域填充	$X_k=(X_{k-1}\oplus B)\cap A^c$; $X_0=p$ $k=1,2,3,\cdots$	给定 A 的一个区域中的一点 p,填充这个区域
连接的部分	$X_k=(X_{k-1}\oplus B)\cap A$; $X_0=p$ $k=1,2,3,\cdots$	给定 A 中一个连接的部分 Y 中的一点 p,提取 Y
凸壳	$X_k^i=(X_{k-1}^i\circledast B^i)\cup A; i=1,2,3,4$ $k=1,2,3,\cdots$ $X_0^i=A$ $D^i=X_{\text{conv}}^i$ $C(A)=\bigcup_{k=1}^{4}D^i$	寻找集合 A 的凸壳 $C(A)$,其中"conv"在 $X_k^i=X_{k-1}^i$ 的意义上表示收敛
细化	$A\otimes B=A-(A\circledast B)=A\cap(A\circledast B)^c$ $A\circledast\{B\}=((\cdots((A\otimes B^1)\otimes B^2)\cdots)\otimes B^n)$ $\{B\}=\{B^1,B^2,B^3,\cdots,B^n\}$	细化集合 A。前两个等式给出了细化的基本定义。后两个等式表示用一系列结构元素进行的细化
粗化	$A\odot B=A\cup(A\circledast B)$ $A\odot\{B\}=((\cdots((A\odot B^1)\odot B^2)\cdots)\odot B^n)$	粗化集合 A(参阅以前关于结构元序列的部分)。把细化中的 0 和 1 调换来使用即可粗化
骨骼	$S(A)=\bigcup_{k=0}^{K}S_k(A)$ $S_k(A)=\bigcup_{k=0}^{K}\{(A\ominus kB)-[(A\ominus kB)\circ B]\}$ $A=\bigcup_{k=0}^{K}(S_k(A)\oplus kB)$	找到集合 A 的骨骼 $S(A)$。最后一个公式表明 A 可由它的骨骼子集 $S_k(A)$ 重构。在所有等式中,K 是迭代步骤的次数,超过 K 次集合 A 被腐蚀为空集。符号$(A\ominus kB)$表示连续腐蚀 k 次的迭代
裁剪	$X_1=A\otimes\{B\}$ $X_2=\bigcup_{k=1}^{K}(X_1\circledast B^k)$ $X_3=(X_2\oplus H)\cap A$ $X_4=X_1\cup X_3$	X_4 是裁剪集合 A 后的结果。必须指定使用第一个公式得到 X_1 的次数。H 表示元素都为 1 的结构元

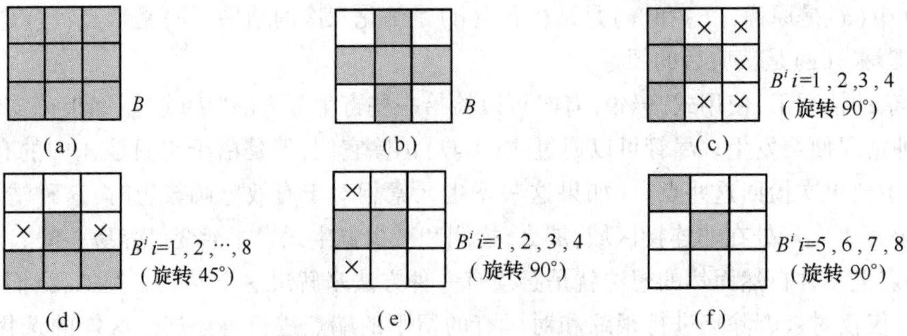

图 9-20　基本形态学结构元

(说明：图中每种元素的原点是它本身的中心，×表示不用考虑的元素)

9.4　灰度图像的形态学处理

前面针对二值图像的形态学处理的基本运算做了系统地介绍，这些基本算法可方便地推广至灰度图像的处理。这一节我们将讨论对灰度图像的基本处理，即膨胀、腐蚀、开运算、闭运算。由此建立一些基本的灰度形态运算法则。与前边相同，这一节的重点是运用灰度形态学提取描述和表示图像的有用成分。特别是，我们将通过形态学梯度算子开发一种边缘提取和基于纹理的区域分割算法。同时，我们将讨论在预处理及后处理步骤中非常有用的平滑及增强处理算法。

与前面二值图像形态学处理理论不同的是在以下的讨论中我们将处理数字图像函数而不是集合。设$f(x,y)$是输入图像，$b(x,y)$是结构元，它可被看作是一个子图像函数。如果Z表示实整数的集合，同时假设(x,y)是来自$Z\times Z$的整数，f和b是对坐标为(x,y)像素灰度值的函数(来自实数集 R 的实数)。如果灰度也是整数，则Z可由整数 R 所代替。

9.4.1　膨胀

函数b对函数f进行灰度膨胀可定义$f\oplus b$，运算式如下：

$$(f\oplus b)(s,t)=\max\{f(s-x,t-y)+b(x,y)\mid(s-x),(t-y)\in D_f;(x,y)\in D_b\}\tag{9-51}$$

式中，D_f和D_b分别是函数f和b的定义域，和前面一样，b是形态处理的结构元，不过在这里的b是一个函数而不是一个集合。

位移参数$(s-x)$和$(t-y)$必须包含在函数f的定义域内，此时，它模仿二值膨胀运算定义。在这里，两个集合必须至少有一个元素相交叠。还可以注意到，式(9-51)类似于二维卷积公式，同时，在这里用“最大”代替卷积求和，并以“相加”代替相乘。

下面我们将用一维函数来解释式(9-51)中的运算原理。对于仅有一个变量的函数，式(9-51)可以简化为

$$(f\oplus b)(s)=\max\{f(s-x)+b(x)\mid(s-x)\in D_f;x\in D_b\}\tag{9-52}$$

在卷积中，$f(-x)$仅是$f(x)$关于x轴原点的映射，正像卷积运算那样，相对于正的s，函数$f(s-x)$将向右移，对于$-s$，函数$f(s-x)$将向左移。其条件是$(s-x)$必须在f的定义域内，x的值必须在b的定义域内。这意味着f和b将相互覆盖，即b应包含在f内。这和二值图像膨胀定义要求的情形是类似的，即两个集合至少应有一个元素是相互覆盖的。最后，与二值图像的情况不同，不是结构元b而是f平移。式(9-51)可以使b代替f写成平移的形式。然而，如果D_b比D_f小(这是实际中常见的)，式(9-51)所给出的形式就可在索引项中加以简化，并可以获得同样的结果。就概念而言，在f上滑动

b 和在 b 上滑动 f 是没有区别的。

膨胀是可以交换的,因而 f 和 b 相互交换的方法运用于式(9-51)可以用来计算 $b \oplus f$,结果都是一样的,而且 b 是平移函数。相反,腐蚀是不可交换的,因而,这种函数也是不可互换的。膨胀的例子可参见图 9-21。

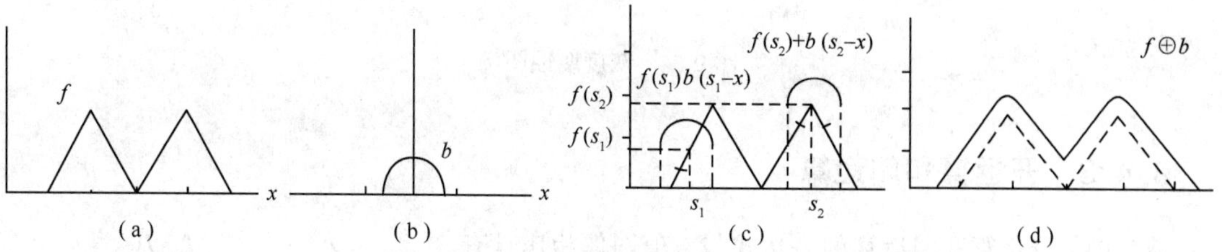

图 9-21　灰度膨胀图例

由于膨胀操作是由结构元形状定义的邻域中选择 $f+b$ 的最大值,因而通常对灰度图像的膨胀处理方法可得到以下两种结果:

(1) 如果所有的结构元都为正,则输出图像将趋向比输入图像亮;

(2) 黑色细节的减少或去除取决于在膨胀操作中结构元相关的值和形状。

9.4.2 腐蚀

灰度图像的腐蚀定义为 $f \ominus b$,其运算公式为

$$(f \ominus b)(s,t) = \min\{f(s+x,t+y) - b(x,y) \mid (s+x),(t+y) \in D_f;(x,y) \in D_b\} \tag{9-53}$$

式中,D_f 和 D_b 分别是 f 和 b 的定义域。平移参数$(s+x)$和$(t+y)$必须包含在 f 的定义域内,与二元腐蚀的定义类似,所有的结构元将完全包含在被腐蚀的集合内。还应注意到式(9-53)的形式与二维相关公式相似,只是用“最小”取代求和,用减法代替乘积。

如果只有一个变量时,我们可以用一维的腐蚀来说明式(9-53)的原理。此时,表达式可简化为

$$(f \ominus b)(s) = \min\{f(s+x) - b(x) \mid (s+x) \in D_f;(x) \in D_b\} \tag{9-54}$$

在相关情况下,当 s 为正时,函数 $f(s+x)$ 将向右平移,当 s 为负时,函数 $f(s+x)$ 将移向左边,同时,要求 $(s+x) \in D_f, x \in D_b$ 意味着 b 将包含在 f 的范围内。这一点同二值图像腐蚀定义的情况相似,所有的结构元将完全包含在被腐蚀的集合内。

不同于二值图像腐蚀定义,操作中是 f 在平移,而不是结构元 b 在平移。式(9-53)可以把 b 写成平移函数,由于 f 在 b 上滑动同 b 在 f 上滑动在概念上是一致的。图 9-22 展示了通过图 9-22(b)的结构元腐蚀图 9-22(a)函数的结果。

正如式(9-53)所示,腐蚀是在结构元定义的领域内选择$(f-b)$的最小值,因而,通常对灰度图像的腐蚀处理可得到两种结果:(1)如果所有的结构元都为正,则输出图像将趋向比输入图像暗;(2)在比结构元还小的区域中的明亮细节经腐蚀处理后其效果将减弱。减弱的程度取决于环绕亮度区域的灰度值及结构元自身的形状和幅值。

与求补、映射相关的膨胀和腐蚀是有互补性的,即

$$(f \ominus b)^c(x,y) = (f \oplus \hat{b})(x,y) \tag{9-55}$$

式中,$f^c = -f(x,y)$;$\hat{b} = (-x,-y)$。

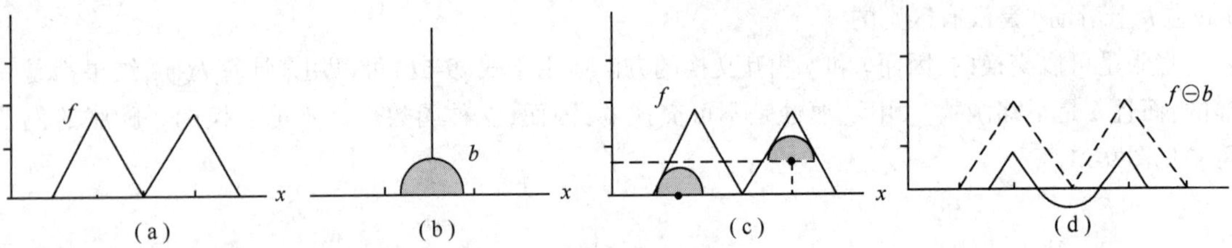

图 9-22　灰度腐蚀图例

9.4.3　开运算和闭运算

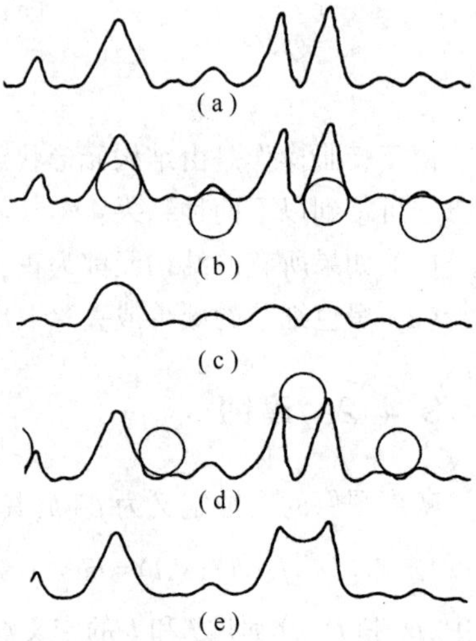

图 9-23　开运算和闭运算的解释图例

灰度图像开运算和闭运算的表达式与二值图像相比具有相同的形式。结构元 b 对图像 f 做开运算处理，可定义为 $f\circ b$，即

$$f\circ b=(f\ominus b)\oplus b \tag{9-56}$$

如果是二值图像的情况，则开运算是 b 对 f 的简单的腐蚀操作，接下来对腐蚀的结果再进行膨胀操作。类似的，b 对 f 的闭运算，定义为 $f\cdot b$，即

$$f\cdot b=(f\oplus b)\ominus b \tag{9-57}$$

灰度图像开运算和闭运算对于求补和映射也是对偶的，即

$$(f\cdot b)^c=f^c\circ\hat{b} \tag{9-58}$$

和

$$(f\circ b)^c=f^c\cdot\hat{b} \tag{9-59}$$

由于 $f^c=-f(x,y)$，式(9-58) 也可以写为 $-(f\cdot b)=(-f\circ b)$。图像的开和闭运算有一个简单的几何解释。

假设有一个三维的图像函数 $f(x,y)$（如一个地貌地图），x 和 y 是空间坐标轴，第三坐标轴是亮度坐标轴（即：f 的值）。在重现中，图像作为一个平面显示，其中的任意点 (x,y) 是 f 在该点坐标值。假设我们想用球形结构元 b 对 f 做开运算，这时可将 b 看作“滚动的球”。b 对 f 的开运算处理在几何上可解释为让“滚动球”沿 f 的下沿滚动，经“滚动”处理，所有的比“小球”直径小的峰都磨平了。图 9-23 解释了这一概念。图 9-23(a) 为解释简单，把灰度图像简化为连续函数剖面线。9-23(b) 显示了“滚动球”在不同的位置上滚动，9-23(c) 显示了沿函数剖面线，结构元 b 对 f 开运算处理的结果。所有小于球体直径的波峰值，尖锐度都减小了。在实际运用中，开运算处理常用于去除较小的亮点（相对结构元而言），同时保留所有的灰度和较大的亮区特征不变。腐蚀操作去除较小的亮细节，同时使图像变暗。如果再施以膨胀处理将增加图像的亮度而不再引入已去除的部分。

图 9-23(d) 显示了结构元 b 对 f 的闭操作处理。此时，小球（结构元）在函数剖面上沿滚动，图 9-23(e) 给出了处理结果，只要波峰的最窄部分超过小球的直径则波峰保留原来的形状。在实际运用中，闭运算处理常用于去除图像中较小的暗点（较结构元而言），同时保留原来较大的亮度特征。最初的膨胀运算去除较小暗细节，同时也使图像增亮。随后的腐蚀运算将图像调暗而不重新引入已去除的部分。

开运算处理满足以下的性质：

① $(f\circ b)\dashv f$；

② 如果 $f_1\dashv f_2$，则 $(f_1\circ b)\dashv(f_2\circ b)$；

③ $(f\circ b)\circ b=f\circ b$。

表达式 $u \dashv v$ 表示 u 是 v 的子集，而且在 u 的定义域内对于任意 (x,y) 都有 $u(x,y) \leqslant v(x,y)$。

类似的，闭运算处理满足以下的性质：

① $f \dashv (f \cdot b)$；

② 如果 $f_1 \dashv f_2$，则 $(f_1 \cdot b) \dashv (f_2 \cdot b)$；

③ $(f \cdot b) \cdot b = f \cdot b$。

这些表达式的使用类似于对应的二值表达式。正如在二值情况下那样，对开运算处理和闭运算处理性质②和性质③被分别称做单调增加和等幂。

9.4.4 灰度形态学的应用

根据前边讨论的灰度形态学的基本运算，下边介绍一些简单的形态学实用处理算法，这些处理都是针对灰度图像进行的。

(1) 形态学图像平滑

一种获得平滑的方法是将图像先进行闭运算处理然后再进行开运算处理，处理结果将去除或消减亮斑和暗斑。

(2) 形态学图像梯度

除了前面对去除亮点和暗斑处理外，膨胀和腐蚀处理常用于计算图像的形态梯度，梯度用 g 表示，则

$$g = (f \oplus b) - (f \ominus b) \tag{9-60}$$

经过形态学梯度处理，使输入图像灰度变化更加尖锐，与利用像 Sobel 算子这样的一类处理方法所获得的梯度图像相反，运用对称结构元获得的形态学梯度将较少受边缘方向的影响，这一优点的获得是以运算量显著增加为代价的。处理结果见图 9-24。

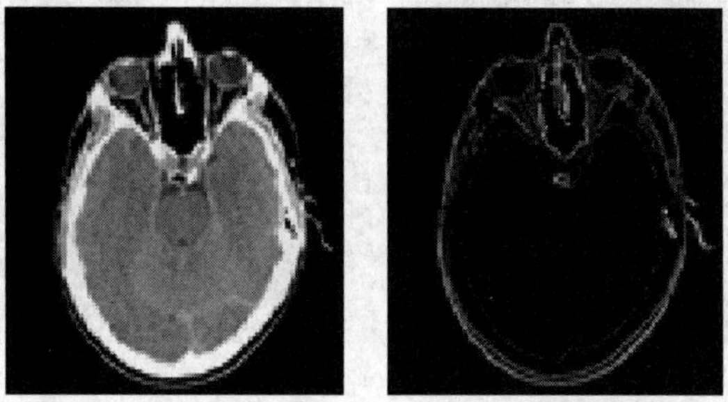

（a）原图像　　（b）形态学梯度图像

图 9-24　形态学梯度处理的结果

(3) 顶帽(Top-hat)变换

所谓的图像形态 Top-hat 变换用 h 来表示，其定义为

$$h = f - (f \circ b) \tag{9-61}$$

式中，f 为输入图像，b 为结构元函数。这一变换的最初命名是由于用平顶圆柱和平行六面体作为结构元函数，因此，得名 Top-hat(高帽)变换，它常被用于阴影的细节增强处理。

(4) 底帽(bottom-hat)变换

f 的底帽变换定义为 f 的闭操作减去 f：

$$b = (f \cdot b) - f \tag{9-62}$$

这些变换的主要应用之一是，用一个结构元通过开操作或闭操作从一幅图像中删除目标，而不是拟合被删除的目标。然后，差操作得到一幅仅保留已删除分量的图像。顶帽变换用于暗背景上的

亮目标,而底帽变换则用于相反的情况。由于这一原因,当涉及这两个变换时,常常分别称为白顶帽变换和黑底帽变换。顶帽变换的一个重要用途是校正不均匀光照的影响。适当(均匀)的光照在从背景中提取目标的处理中扮演核心的角色。这个过程是自动图像分析中的基础,并且经常与阈值结合使用。

(5) 纹理分割

图 9-25(a)是一幅包含两个纹理区的图像。目的是分割出两个纹理区并提取两个区域的边界。由于闭运算可去除图像中的暗细节,在这种特殊情况下,依次使用较大的结构元对输入图像进行闭运算处理。当结构元的尺寸与小圆的尺寸相当时,它们将从图像中被去除,在原来的位置仅留下小圆曾经占有的区域的亮的背景。处理到这种状态,仅留下右边大圆区域和左边背景区域。然后,采用相对于大圆间的间隙来说较大的结构元做开运算处理,将去除圆间的亮的区域,同时仅留下右边包含大圆的暗区域,这样,处理的结果将产生一个右边为暗,左边为亮的区域。用一个简单的门限就可以检测出两个区域。

(6) 粒状处理

粒状处理和其他处理一样,是决定一幅图像分散颗粒尺寸大小的处理。图 9-26(a)显示了包含三种不同尺寸的亮颗粒图像。这些颗粒不但重叠,而且混乱到无法检测单一个体的程度。由于与背景相比颗粒较亮,形态学处理将可以用来决定大小的分布。首先对原始图像用不断增大尺寸的结构元进行开运算处理。经过不同的结构元的开处理后,原始图像和开运算处理后图像的差异可以被算出,处理最后,这些区别将先被归一化并做出颗粒分布的直方图。这一方法是基于这样的观点:对特殊尺寸的开运算处理将对包含最小尺寸颗粒的输入图像最有效。因此,通过计算输入图像和输出图像的差异将可获得对这些颗粒的相对数量的测量。图 9-26(b)显示了这种情况的结果。直方图表明了输入图像中最多的三种颗粒分布。

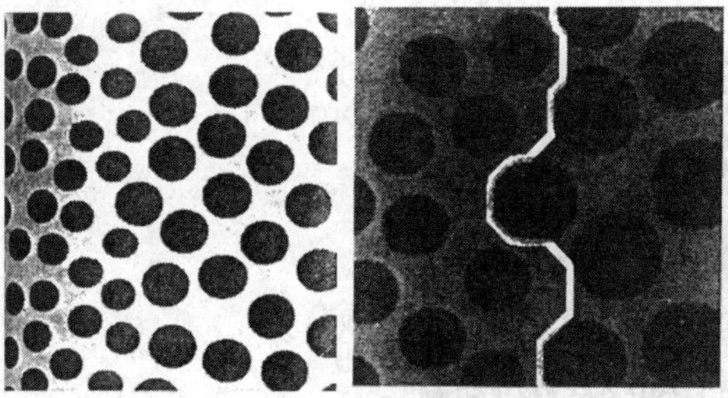

(a) (b)

图 9-25 纹理分割

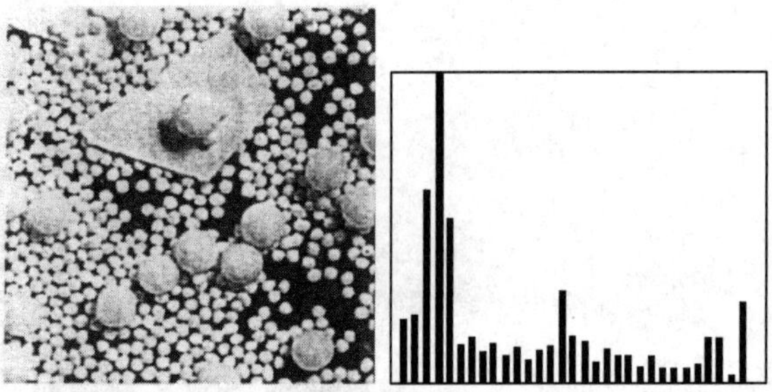

(a) (b)

图 9-26 颗粒图像处理

图 9-27 示出了数学形态学基本处理的结果。同时,在随书所附网址附录八中给出了数学形态学的基本处理程序,供读者参考。

(7) 灰度图像的形态学重建

灰度级形态学重建基本上按照针对二值图像所介绍的相同方法来定义。令 f 和 g 分别代表标记图像和模板图像。假设 f 和 g 是大小相同的灰度级图像,且 $f \leqslant g$。其意思是,f 在图像中任一点的灰度比在该点 g 的灰度小。f 关于 g 的大小为 1 的测地膨胀定义为

$$D_g^{(1)}(f)=(f \oplus b) \wedge g \tag{9-63}$$

式中,$\wedge$ 代表逐点最小算子,b 是合适的结构元。我们看到,大小为 1 的测地膨胀是先计算 b 对 f 的膨胀,然后选择在每个 (x, y) 点处该结果和 g 间的最小者。如果 b 是一个平坦结构元,则膨胀由式(9-64)给出,否则膨胀由式(9-65)给出。

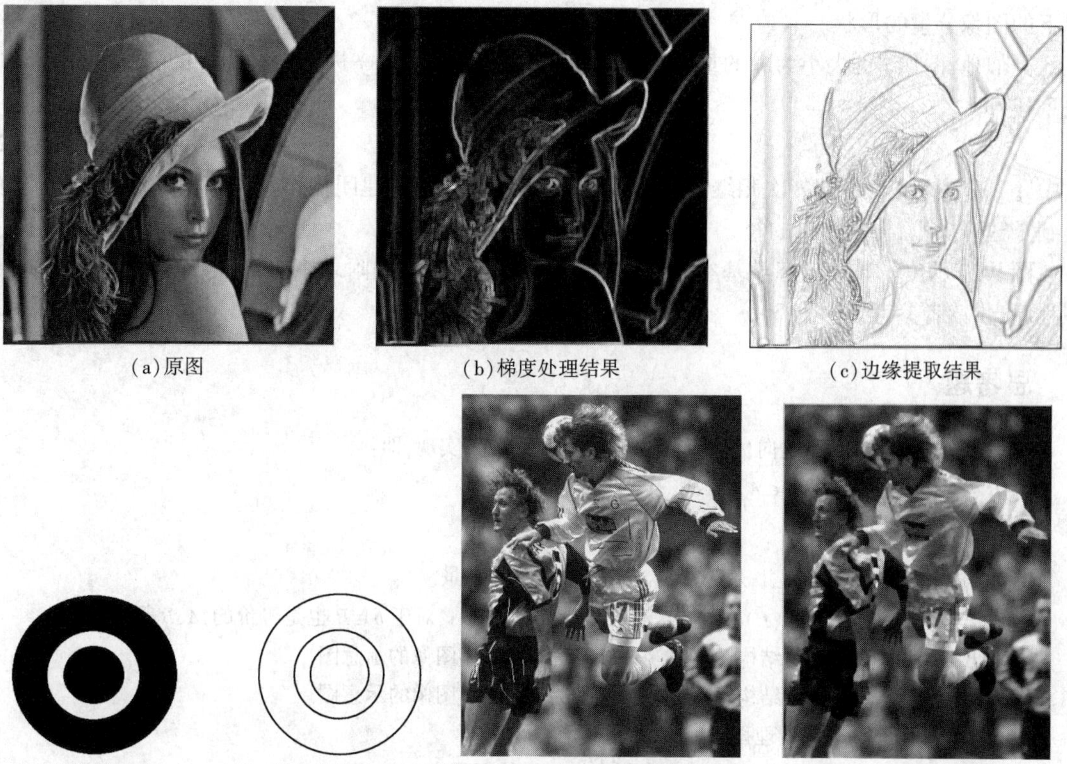

(a)原图　(b)梯度处理结果　(c)边缘提取结果

(d)原二值图像　(e)二值边缘提取处理结果　(f)原图像　(g)平滑处理结果

图 9-27　形态学处理效果

$$[f\oplus b](x,y)=\max_{(s,t)\in b}\{f(x-s,y-t)\} \tag{9-64}$$

$$[f\oplus b_N](x,y)=\max_{(s,t)\in b_N}\{f(x-s,y-t)+b_N(s,t)\} \tag{9-65}$$

f 关于 g 的大小为 n 的测地膨胀定义为

$$D_g^{(n)}(f)=D_g^{(1)}[D_g^{(n-1)}(f)] \tag{9-66}$$

并有 $D_g^{(0)}(f)=f$。

类似地,f 关于 g 的大小为 1 的测地腐蚀定义为

$$E_g^{(1)}(f)=(f\ominus b)\vee g \tag{9-67}$$

式中,$\vee$ 表示逐点最大算子。f 关于 g 的大小为 n 的测地腐蚀定义为

$$E_g^{(n)}(f)=E_g^{(1)}[E_g^{(n-1)}(f)] \tag{9-68}$$

并有 $E_g^{(0)}(f)=f$。

灰度级标记图像 f 对灰度级模板图像 g 的膨胀形态学重建,定义为 f 关于 g 的测地膨胀反复迭代,直至达到稳定;即

$$R_g^D(f)=D_g^{(k)}(f) \tag{9-69}$$

且 k 应使 $D_g^{(k)}(f)=D_g^{(k+1)}(f)$。$f$ 对 g 的腐蚀的形态学重建用 $R_g^E(f)$ 来表示,类似地定义为

$$R_g^E(f)=E_g^{(k)}(f) \tag{9-70}$$

且 k 应使 $E_g^{(k)}(f)=E_g^{(k+1)}(f)$。

如二值情况那样,灰度级图像重建的开操作首先腐蚀输入图像,并用它作为标记图像,使用图像自身作为模版。图像 f 的大小为 n 的重建开操作可做如下定义,先对 f 进行大小为 n 的腐蚀,再膨胀;即

$$O_R^{(n)}(f)=R_f^D[(f\ominus nb)] \tag{9-71}$$

式中,$f\ominus nb$ 表示 b 对 f 的 n 次相继腐蚀(注意,f 自身被用作模版)。重建开操作的目的是保护腐蚀后

留下的图像分量的形状。

类似地，图像 f 的大小为 n 的重建闭操作可做如下定义，先对 f 进行大小为 n 的膨胀，再由 f 的腐蚀重建；即

$$C_R^{(n)}(f) = R_f^E[(f \oplus nb)] \tag{9-72}$$

式中，$f \oplus nb$ 表示 b 对 f 的 n 次相继膨胀。因为对偶性，图像的重建闭操作可以用图像的求补得到，先得到重建开操作，再求结果的补。

图 9-27 示出了数学形态学基本处理的结果。同时，在本书的附录中给出了数学形态学的基本处理程序，供读者参考。

思考题

1\. 如果把膨胀和腐蚀通过向量来运算，则膨胀可用下式来实现，即：

$A \oplus B = \{x \mid x = a + b \quad \text{对于 } a \in A, b \in B\}$

试证明该式与

$A \oplus B = \{x \mid [(\hat{B})_x \cap A] \neq \varnothing\}$ 是等价的。式中 A，B 都是向量。

2\. 试证明腐蚀 $A \ominus B = \{x \mid (B)_x \subseteq A\}$ 与 $A \ominus B = \{x \mid (x+b) \in A$，对于 $b \in B$ 也是等价的，A，B 都是向量。

3\. 划出半径为 $r/8$ 的圆形结构元膨胀一个半径为 r 的圆形图像的示意图。

4\. 划出半径为 $r/8$ 的圆形结构元腐蚀一个半径为 r 的圆形图像的示意图。

5\. 设计一个形态学平滑处理程序。（利用开、闭运算）

6\. 利用公式 $g = (f \oplus b) - (f \ominus b)$ 设计一个形态学梯度处理程序。

7\. 设计一个 Top-hat 变换程序，观察图像处理结果。

8\. 结构元 B 对集合 A 的腐蚀是 A 的一个子集，B 的原点位于 B 内。给出 $A \ominus B$ 全部位于或部分位于 A 的外部的一个例子。

9\. 令 B 是包含单个 1 值的点的结构元，A 是一个前景像素集合。

(a) 用 B 腐蚀 A 后结果如何？(b) 用 B 膨胀 A 后结果如何？

10\. 假设有一个计算腐蚀的“黑盒”函数，这个函数会自动地填充输入的图像，形成一个宽度可能最细的边界，边界是否最细取决于结构元的大小(例如，对于一个 3×3 的结构元，边界的宽度为 1 像素)。给出一个回答该问题的实验。

11\. A 和 B 是不同半径的圆盘，用结构元 B 膨胀集合 A 后的结果是 B 的原点位置的一个集合，其中 A 至少包含 B 的一个(前景)元素。给出 A 被 B 膨胀后完全在 A 之外的一个例子。

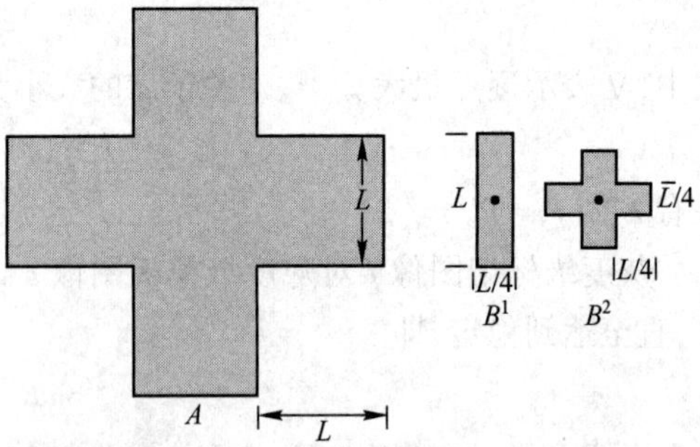

图 9-28

12\. 令 A 表示图 9-28 中阴影的集合，并参考所示的结构元(黑点表示原点)，画出如下运算的结果：(a) $(A \ominus B^1) \oplus B^2$；(b) $(A \ominus B^2) \oplus B^1$；(c) $(A \oplus B^1) \oplus B^2$。

13\. 腐蚀的另一个定义是 $A \ominus B = \{w \in Z^2 \mid w + b \in A, b \in B\}$，证明这一定义等效于定义 $A \ominus B = \{z \mid (B)_z \subseteq A\}$。

14\. 证明腐蚀定义 $A \ominus B = \{w \in Z^2 \mid w + b \in A, b \in B\}$ 给出的腐蚀定义也等效于腐蚀的另一个定义：

$$A \ominus B = \bigcap_{b \in B} (A)_{-b}$$

15\. 膨胀的另一个定义是

$$A \oplus B = \{w \in Z^2 \mid w = a + b, \text{对于某些 } a \in A \text{ 和 } b \in B\}$$

证明这一定义与下式等效 $A \oplus B = \{z \mid (\hat{B})_z \cap A \neq \varnothing\}$。

16. 给出下列计算的所有中间步骤。

(a) 使用值为 1 的 3×3 结构元获得图 9-29 的开运算。手动执行所有运算。

(b) 对于闭运算，重做(a)。

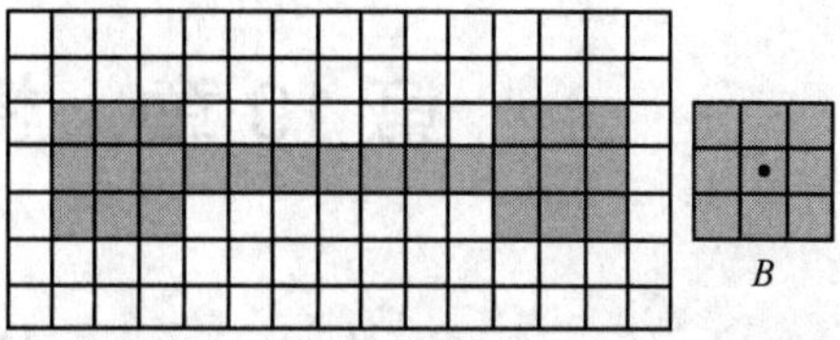

图 9-29

17. A 是一个值为 1、大小为 M×N 的实心矩形，1 个像素宽的边界的值为 0，m 和 n 是奇整数。讨论每种情况下的结果。

(a) 用值为 1、大小为 $m\times n$ 的结构元对 A 进行开运算。

(b) 用值为 1、大小为 $m\times n$ 的结构元对 A 进行闭运算。

18. 证明下列对偶公式成立：(a) $(A\circ B)^c=A^c\cdot\hat{B}$；(b) $(A\cdot B)^c=A^c\circ\hat{B}$

19. 证明如下表述成立：

(a) $A\circ B$ 是 A 的一个子集。可以假设式 $A\circ B=\cup\{(B)_z \mid (B)_z\in A\}$ 成立。

(b) 若 C 是 D 的一个子集，则 $C\circ B$ 是 $D\circ B$ 的一个子集。

(c) $(A\circ B)\circ B=A\circ B$。

20. 证明如下表述或表达式成立：

(a) A 是 $A\cdot B$ 的一个子集。

(b) 若 C 是 D 的一个子集，则 $C\cdot B$ 是 $D\cdot B$ 的一个子集。

(c) $(A\cdot B)\cdot B=A\cdot B$。

图 9-30

21. 参考图 9-30 所示的图像和图像右下方的结构元。画出经如下的顺序操作后集合 C,D,E 和 F 是什么：$C=A\ominus B$；$D=C\oplus B$；$E=D\oplus B$；$F=E\ominus B$。集合 A 由所有的前景像素组成(白色)，但结构元 B 除外，可以假设结构元大到足以包含图像中的任意随机元素。注意，上面的操作顺序是首先 B 对 A 进行开操作，随后 B 对结果进行闭操作。

22. 画出使用图 9-31 的结构元对图像应用击中-击不中变换的结果。

图像　结构元

图 9-31

23. (a) 反复进行图像膨胀操作的限制作用是什么？假设不使用通常的(一个点)结构元素。

(b) 保持(a)中得到答案，开始的最小集合是什么？

24. (a) 反复进行图像腐蚀操作的限制作用是什么？假设不使用通常(一个点)的结构元素。

(b) 保持(a)中得到答案，开始的最小集合是什么？

25. 证明表达式 $(A\cdot B)^c=(A^c\circ\hat{B})$ 的正确性。

26. 将式 $\beta(A)=A-(A\ominus B)$ 写为 A 的膨胀而非腐蚀方式。[提示：首先研究关于集合差值的定义，然后考虑腐蚀与膨胀的对偶关系。]

27. 给出一个基于膨胀重建的能够提取二值图像中所有孔洞的表达式。

28. 一幅灰度图像 $f(x,y)$ 掺杂有彼此不重叠的噪声尖峰信号。这些噪声信号可以模拟为小的、半径为 $R_{\min}\leqslant r\leqslant R_{\max}$，幅度为 $A_{\min}\leqslant a\leqslant A_{\max}$ 的平面圆盘。

(a) 开发一种形态学滤波的图像去噪方法；

(b) 重复(a)，但现在假设最多有四个相互接触和重叠的峰值噪声，噪声表现为 2 乘 2 的峰值阵列或 4 乘 1 的峰值阵列。

第 10 章　模式识别的理论和方法

10.1　概　　述

模式识别是随着计算机的发展而兴起的一门新的技术科学。它诞生于 20 世纪 20 年代,随着计算机的出现和发展,自 20 世纪 50 年代末期及 60 年代发展为一门学科以来,至今已得到了迅速的发展和广泛的应用。谈到模式识别,对我们每个人来说,每时每刻都在进行着。例如,医生看病,要了解许多情况,最后判断患了什么病,这是一个识别过程;读书、看报也是识别过程,不会识别就看不懂。用计算机进行模式识别就是研究让计算机处理哪些信息和怎样处理这些信息。因此,它是信息处理中的又一个研究领域。例如,根据气象观测数据或气象卫星拍照的照片如何准确地预报天气;根据石油勘探的人工地震波如何提供存油的岩层结构;从遥感图片中如何区别出农作物、湖泊、森林、导弹基地等;在高能物理实验中怎样识别粒子经迹;在医疗诊断中如何从 X 光片中发现病灶;如何根据信函上的邮政编码自动分拣信件;在繁华的交通中心根据车辆的流量如何决定开放红灯或绿灯等诸如此类的问题都是模式识别研究的课题。这些课题看上去五花八门,名目繁多,但总起来看主要是研究分类问题。模式识别研究的对象基本上可概括为两类:一是有直觉形象的,如图片、相片、图案、文字等,二是无直觉形象而只有数据或信号波形,如语言、声音、心电脉冲、地震波等。但对模式识别来说,无论是数据、信号还是平面图像和物体,都是除掉它们的物理内容找出它们的共性,把具有同一共性的归为一类,有另一种共性者则归为另一类。例如,10 个阿拉伯数字分为 10 类;26 个英文字母分成 26 类;白血球有 5 种就分为 5 类;肺部 X 光片可分为异常和正常两类等。

模式识别研究的目的是构造自动处理某些信息的机器系统,以代替人完成分类和辨识的任务。特别是有直觉形象的一类图像识别问题,同人或其他动物的感知活动尤其同人脑的智力活动联系密切。因此,根据人的大脑识别的机理,在工程上用计算机模拟,从而研究识别方法是有现实意义的。尽管这种模拟同人的意识和思维活动有本质的差别,但可从人类识别图像的过程及认识规律中得到启发,在某些环节上得到借鉴,从而采用现代技术解决实际问题这是十分有益的。在具有视觉形象的图像识别中,许多方法和概念就是从人类认识图像的过程中直接移植过来的。人类在现实生活中要区别各种现象、物体及声音,一般总是首先抓住它们的特征进行比较、分析、判断,从而将它们分类或识别。特别是数理统计和模糊数学的发展,总结了人们的认识逻辑,从而也使图像识别有了理论基础。

一个图像识别系统可分为三个主要部分:(1) 图像信息的获取;(2) 信息的加工和处理,抽取特征;(3) 判断或分类。其框图如图(10-1)所示。

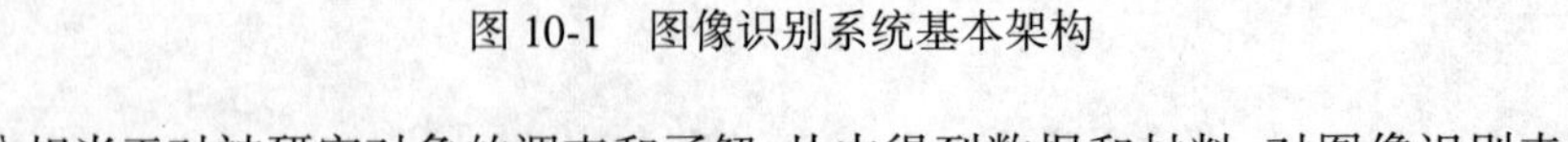

图 10-1　图像识别系统基本架构

第一部分相当于对被研究对象的调查和了解,从中得到数据和材料;对图像识别来说,就是把图像、底片、文字、图形等用光电扫描设备变换为电信号,而对语音来说就可用话筒等设备把声音变成电信号以备后续处理。第二部分相当于人们把调查了解到的数据材料进行加工、整理、分析、归纳,以去伪存真,去粗取精,抽出能反映事物本质的东西。当然,抽取什么特征,保留多少特征与采用何种判决有很大关系。第三部分是判决和分类,这相当于人们从感性认识上升到理性认识而做出结论的过程。第三部分与抽取特征的方式密切相关。它的复杂程度依赖于特征的抽取方式。例如,相似度、相关性、最小距离等。

模式识别的主要方法可分为两大类,这就是统计学方法和语言学方法。前一种方法是建立在被研究对象的统计知识基础之上的,也就是对图像进行大量的统计分析,抽出图像中本质的特征而进行识别。这是一种数学方法,它是受数学中的决策理论的启发而产生的识别方法。在这种方法中很大的精力用在抽取图像特征方面,也就是把图像大量的原始信息减缩为少数特征,然后再提取这些特征,把它作为识别的依据。另外一种是语言学法或句法结构识别法。它是立足于分析图像结构。把一个图像看成语言构造。例如,一个英文句子,它是词和短语组成的并按一定的语法表达出来,其中最基本元素是单词。与此类似,图像是由一些直线、斜线、点、弯曲线及环等组成。剖析这些基本元素,观察它们是以什么规则构成图像,这就是结构分析的课题。这些基本元素相当于句子中的单词,那些直线、曲线的组合相当于短语,它们全体如何构成图像就相当于语法规则。此时,图像识别就相当于检查图像所代表的某一类句型是否符合事先规定的语法,如果语法正确就识别出结果。由此可见,这种方法主要是利用了图像结构上的关系,这和统计学方法不同。

从上述两类方法看来,第一种方法没有利用图像本身的结构关系,第二类方法没有考虑图像在环境中受噪声的干扰。如果两者结合起来考虑可能会有新的识别方法,目前这方面的研究还不多。除此之外,基于模糊数学的发展,目前正在发展一种模糊识别法。这种方法较多地考虑了人的逻辑思维方法,方法较为独特,这种方法的研究得到了人们的关注。

模糊识别的应用较广,大致可有如下几个方面:

(1) 字符识别(Character recognition);

(2) 医学诊断(Medical diagnosis);

(3) 遥感(Remote Sensing);

(4) 人脸和指纹鉴别(Identification of human faces and fingerprints);

(5) 污染(Pollution);

(6) 自动检查和自动化(Automatic inspection and Automation);

(7) 可靠性(Reliability);

(8) 社会经济(Socio-economics);

(9) 语音识别和理解(Speech understanding and recognition);

(10) 考古(Archaeology)等等。

目前世界上已有一些较为完善的图像识别系统。这些系统无论从识别分析的功能来讲还是从处理速度上来说都较初期有很大的发展。例如,美国的 OLPARS(联机图像分析识别系统)能识别数字、字母及分析识别航空照片。英国新产品 QUANTIMET 720 高速多功能图像分析系统可以观察由光学和显微镜获得的图像、照片、底片、电影、幻灯片及 X 光照片。能对图像进行各种测量及单独实时测量特征,数据由微计算机处理。日本的 OCR-ASPET/71 型识别系统能识别多种字体,每分钟可识别 2000 字。英国的 IBM 1287 光学文字阅读机能识别 10 个阿拉伯数字,在邮局推广应用,误识率为 0.4%,拒识率为 1.4%。日本 NEC 公司研制的邮区编码信函分拣机能识别印刷体数字、字母、速度达 30000 件/小时。在医学中也有较多应用,如一种 5 类白血球分类器可做到 95%的正确分类,每分钟 100 个细胞。另外还有染色体自动分类,医学管理等方面也多有应用。

随着计算机技术的发展,模式识别的理论和方法得到了进一步发展,特别是图像识别领域近年来得到蓬勃发展。在某种意义上来说,图像识别已发展成为人同机器,以及自然科学和社会科学基础理论同技术应用之间的接口。特别是近年来人工智能技术的发展其核心内容都离不开模式识别。目前,不仅研究单一功能的识别系统,而且在研制多功能的综合识别系统。如北京交通大学信息科学研究所会同清华大学、上海交通大学研究的"超级智能视听信息处理系统"就是一种多信息融合的处理系统,它的目的是利用多信息的融合技术,在模式识别中互相补充、互相借鉴,从而克服过去单一识别所面临的难以克服的困难,试图在模式识别领域有较大的突破。同时,该系统在当今颇为热门的通过自然手段进行人机交互的领域也进行了有益的尝试。近年来国际上在这一领域给予了极大的重视,微软、Intel、IBM 等大公司纷纷提出研究计划,所谓的“Multimodel”研究已形成了新的研究热点。与此同时,对有关图像进行识别的图像处理软件及新算法也受到极大的重视,特别是基于人工神经元网络的深度学习方法受到了极大的关注,并取得了令人刮目相看的成绩;同时遗传算法等优化方法在模式识别研究中已取得了可喜的结果。现在,研制高性能、多用途的图像分析识别系统仍然是有待我们努力解决的课题。随着生产与科学技术的发展,模式识别技术将引起极大的关注,必将在我国的信息化建设中发挥更大作用。

10.2 统计模式识别法

统计模式识别的过程如图 10-2 所示。这是计算机识别的基本过程。数字化的任务是把图像信号变成计算机能够接受的数字信号。预处理的目的是去除干扰、噪声及差异,将原始信号变成适合于进行特征抽取的形式,然后,对经过预处理的信号进行特征抽取。最后进行判决分类,得到识别结果。为了进行分类,必须有图像样本。对样本图像进行特征选择及学习是识别处理中所必要的分析工作。

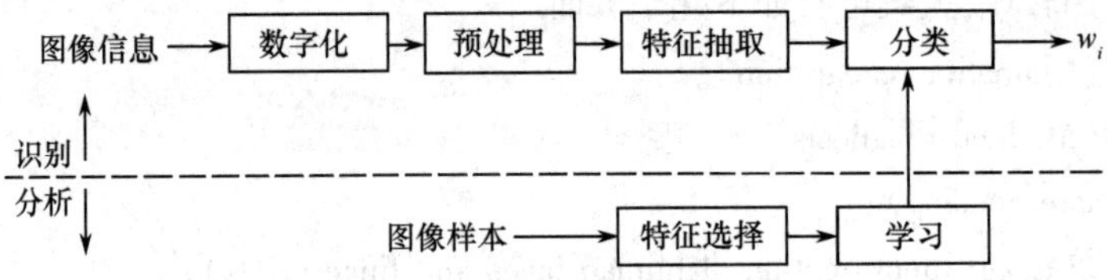

图 10-2 统计模式识别法框图

10.2.1 决策理论方法

正如图 10-2 的框图所示,统计模式识别方法最终归结为分类问题。统计决策理论是统计模式识别问题的基本理论。假如已抽取出 N 个特征,而图像可分为 m 类,那么就可以根据 N 个特征进行分类,从而决定未知图像属于 m 类中的哪一类。一般把识别模式看成是对 N 维空间中的向量进行分类处理,即

$$\boldsymbol{X}^{\mathrm{T}}=[x_1 \quad x_2 \quad x_3 \quad \cdots \quad x_N] \tag{10-1}$$

模式类别为 $\omega_1,\omega_2,\omega_3,\cdots,\omega_m$。识别就是要判断 $\boldsymbol{X}$ 是否属于 ω_i,以及 x_j 属于 ω_i 中的哪一类。在这个过程中主要解决两个问题:一是如何抽取特征,要求特征数 N 尽可能小而且对分类判断有效;二是假设已有了代表模式的向量,如何决定它属于哪一类,这就需要判别函数。例如,模式有 $\omega_1,\omega_2,\omega_3,\cdots,\omega_m$ 共 m 个类别,则应有 $D_1(\boldsymbol{X}),D_2(\boldsymbol{X}),D_3(\boldsymbol{X}),\cdots,D_m(\boldsymbol{X})$,共 m 个判别函数。如果 $\boldsymbol{X}$ 属于第 i 类,则有:

$$D_i(\boldsymbol{X})>D_j(\boldsymbol{X}) \quad j=1,2,3,\cdots,m \quad j\neq i \tag{10-2}$$

在两类的分界线上,则有

$$D_i(\boldsymbol{X})=D_j(\boldsymbol{X}) \tag{10-3}$$

在分界线上 $\boldsymbol{X}$ 既属于第 i 类,也属于第 j 类,因此这种判别失效。为了进行识别就必须重新考虑其他特征,再进行判别。问题的关键是找到合适的判别函数。

1. 常用的决策规则

(1) 基于最小错误率的贝叶斯决策

在图像识别中，我们总希望尽量减少分类错误，利用贝叶斯(Bayes)公式能够得到错误率最小的分类规则，这就是基于最小错误率的贝叶斯决策。

为解决两类事务 $\boldsymbol{X}$ 的分类问题，设模式类别为 ω_1 和 ω_2，其中类别状态是一个随机变量，状态的概率是可以估计的。状态 ω_1 的概率为 $P(\omega_1)$，状态 ω_2 的概率为 $P(\omega_2)$。显然，$P(\omega_1)+P(\omega_2)=1$。

设：$p(\boldsymbol{X}/\omega_1)$ 为 ω_1 状态下观察 $\boldsymbol{X}$ 类的条件概率密度；

$p(\boldsymbol{X}/\omega_2)$ 为 ω_2 状态下观察 $\boldsymbol{X}$ 类的条件概率密度；

利用贝叶斯公式有

$$P(\omega_i/\boldsymbol{X})=\frac{p(\boldsymbol{X}/\omega_i)P(\omega_i)}{\sum_{j=1}^{2}p(\boldsymbol{X}/\omega_j)P(\omega_j)} \tag{10-4}$$

得到的条件概率 $P(\omega_i/\boldsymbol{X})$ 称为状态的后验概率。贝叶斯公式实质上是通过观察 x，把状态的先验概率 $P(\omega_i)$ 转化为状态的后验概率 $P(\omega_i/\boldsymbol{X})$。这样基于最小错误率的贝叶斯决策规则为：

如果 $P(\omega_1/\boldsymbol{X})>P(\omega_2/\boldsymbol{X})$，则把 $\boldsymbol{X}$ 归类为 ω_1；

如果 $P(\omega_1/\boldsymbol{X})<P(\omega_2/\boldsymbol{X})$，则把 $\boldsymbol{X}$ 归类为 ω_2。

上面的规则也可以写成下式形式：

$$P(\omega_i/\boldsymbol{X})=\max_{j=1,2}P(\omega_j/\boldsymbol{X})，则\ \boldsymbol{X}\in\omega_i。 \tag{10-5}$$

(2) 基于最小风险的贝叶斯决策

最小风险的贝叶斯决策是考虑各种错误造成损失而提出的决策规则。

设：① 观察到的 $\boldsymbol{X}$ 是 n 维随机向量

$$\boldsymbol{X}=[x_1,x_2,\cdots,x_n]^{\mathrm{T}} \tag{10-6}$$

② 状态空间 $\boldsymbol{\Omega}$ 由 c 个自然状态组成

$$\boldsymbol{\Omega}=\{\omega_1,\omega_2,\cdots,\omega_c\} \tag{10-7}$$

③ 决策空间由 a 个决策 α_i，$i=1,2,\cdots,a$ 组成。

④ 损失函数为 $\lambda(\alpha_i,\omega_j)$；$i=1,2,\cdots,a$；$j=1,2,\cdots,c$。它表示当真实状态为 ω_i，而所采取的决策为 α_j 时所带来的损失。

已知先验概率 $P(\omega_j)$ 及类条件概率密度 $p(\boldsymbol{X}/\omega_j)$，这里 $j=1,2,\cdots,c$。

后验概率为

$$P(\omega_j/\boldsymbol{X})=\frac{p(\boldsymbol{X}/\omega_j)P(\omega_j)}{p(\boldsymbol{X})}$$

$$p(\boldsymbol{X})=\sum_{i=1}^{c}p(\boldsymbol{X}/\omega_i)P(\omega_i) \tag{10-8}$$

这里引入了“损失”的概念，就必须考虑所采取的决策是否能使损失最小。对于给定的 $\boldsymbol{X}$，如果采用决策 α_i，λ 可以在 $\lambda(\alpha_i,\omega_j)$；$i=1,2,\cdots,a$；$j=1,2,\cdots,c$ 中任选一个，在这种情况下，条件期望损失 $R(\alpha_i/\boldsymbol{X})$ 为

$$R(\alpha_i/\boldsymbol{X})=E[\lambda(\alpha_i,\omega_j)]=\sum_{j=1}^{c}\lambda(\alpha_i,\omega_j)P(\omega_j/\boldsymbol{X}),i=1,2,\cdots,a \tag{10-9}$$

这里条件期望损失 $R(\alpha_i/\boldsymbol{X})$ 也称为条件风险。

由于 $\boldsymbol{X}$ 是观察值，采取不同的决策 α_i 时，条件风险的大小也不同，因此，采用的决策与 $\boldsymbol{X}$ 有关，这样决策 α_i 可以看成是 $\boldsymbol{X}$ 的函数，即，$\alpha(\boldsymbol{X})$，因此，可定义期望风险为

$$R=\int R[\alpha(\boldsymbol{X})/\boldsymbol{X}]p(\boldsymbol{X})\mathrm{d}\boldsymbol{X} \tag{10-10}$$

这里 R 是采取 $\alpha(\boldsymbol{X})$ 的平均风险，$R(\alpha_i/\boldsymbol{X})$ 是对某一 $\boldsymbol{X}$ 的取值采取决策 α_i 所带来的风险。因此，最小风险贝叶斯决策为

$$R(\alpha_k/\boldsymbol{X})=\min_{i=1,2,\cdots,a}R(\alpha_i/\boldsymbol{X})，则\ \alpha=\alpha_k。 \tag{10-11}$$

2. 线性判别函数

线性判别函数是应用较广的一种判别函数。所谓线性判别函数是指判别函数是图像所有特征量的线性组合,即

$$D_i(\boldsymbol{X}) = \sum_{k=1}^{N} w_{ik}x_k + w_{i0} \tag{10-12}$$

式中,$D_i(\boldsymbol{X})$代表第 i 个判别函数;w_{ik}是系数或权;w_{i0}为常数项或称为阈值。在两类之间的判决界处有式(10-13)的形式。

$$D_i(\boldsymbol{X}) - D_j(\boldsymbol{X}) = 0 \tag{10-13}$$

该方程在二维空间中是直线,在三维空间中是平面,在 N 度空间中则是超平面。

$D_i(\boldsymbol{X}) - D_j(\boldsymbol{X})$可以写成下式形式

$$D_i(\boldsymbol{X}) - D_j(\boldsymbol{X}) = \sum_{k=1}^{N} (w_{ik} - w_{jk})x_k + (w_{i0} - w_{j0}) \tag{10-14}$$

其判决过程可如下进行:如果 $D_i(\boldsymbol{X}) > D_j(\boldsymbol{X})$ 或 $D_i(\boldsymbol{X}) - D_j(\boldsymbol{X}) > 0$,则 $x \in \omega_i$;如果 $D_i(\boldsymbol{X}) < D_j(\boldsymbol{X})$ 或 $D_i(\boldsymbol{X}) - D_j(\boldsymbol{X}) < 0$,则 $x \in \omega_j$。

用线性判别函数进行分类的是线性分类器。任何 m 类问题都可以分解为$(m-1)$个 2 类识别问题。方法是先把模式空间分为 1 类和其他类,如此进行下去即可。因此,最简单和最基本的是两类线性分类器。

分离两类的判决界由 $D_1 - D_2 = 0$ 表示。对于任何特定的输入模式必须判定 D_1 大还是 D_2 大。若考虑某个函数 $D = D_1 - D_2$,对于 1 类模式 D 为正,对于 2 类模式 D 为负。于是,只要处理与 D 相应的一组权的输入模式并判断输出符号即可进行分类。执行这种运算的分类器的原理框图如图 10-3 所示。

在线性分类器中要找到合适的系数,以便使分类尽可能不出差错,唯一的办法就是试验法。例如,先设所有的系数为 1,送进每一个模式,如果分类有错就调整系数,这个过程就叫作线性分类器的训练或学习。例如,我们把 N 个特征 $\boldsymbol{X}$ 和 1 放在一起叫作 $\boldsymbol{Y}$,$N+1$ 个系数为W,即

$$\boldsymbol{Y}^{\mathrm{T}} = [x_1 \quad x_2 \quad x_3 \quad \cdots \quad x_N \quad 1], \quad \boldsymbol{W}^{\mathrm{T}} = [w_1 \quad w_2 \quad \cdots \quad w_N \quad w_{N+1}] \tag{10-15}$$

考虑分别属于两个不同模式类,$m=2$,此时,有两个训练集 T_1 和 T_2。两个训练集合是线性可分的,这意味着存在一个加权向量 W,使得

$$\begin{cases} \boldsymbol{Y}^{\mathrm{T}}\boldsymbol{W} > 0 & \boldsymbol{Y} \in T_1 \\ \boldsymbol{Y}^{\mathrm{T}}\boldsymbol{W} < 0 & \boldsymbol{Y} \in T_2 \end{cases} \tag{10-16}$$

式中,$\boldsymbol{Y}^{\mathrm{T}}$ 是 $\boldsymbol{Y}$ 的转置。

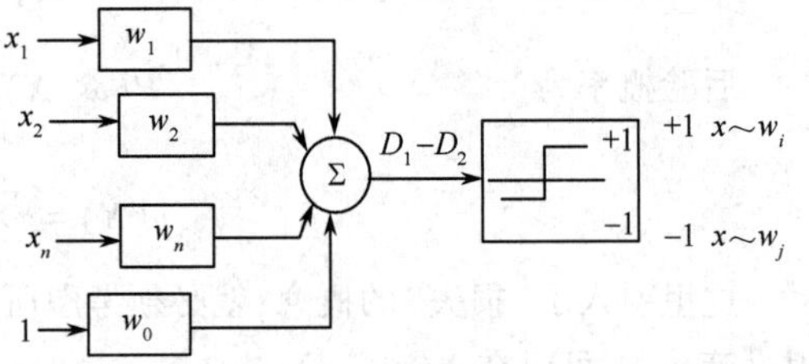

图 10-3　两类线性分类器

如果分类器的输出不能满足式(10-16)的条件,可以通过"误差校正"的训练步骤对系数加以调整。例如,如果第一类模式 $\boldsymbol{Y}^{\mathrm{T}}\boldsymbol{W}$ 不大于零,则说明系数不够大,可用加大系数的方法进行误差修正。具体修正方法如下

对于任一个 $\boldsymbol{Y} \in T_1$,若 $\boldsymbol{Y}^{\mathrm{T}}\boldsymbol{W} \leqslant 0$,则使

$$\boldsymbol{W} = \boldsymbol{W} + \alpha\boldsymbol{Y} \tag{10-17}$$

对于任一个 $\boldsymbol{Y} \in T_2$,若 $\boldsymbol{Y}^{\mathrm{T}}\boldsymbol{W} > 0$,则使

$$\boldsymbol{W} = \boldsymbol{W} - \alpha\boldsymbol{Y} \tag{10-18}$$

通常使用的误差修正方法有固定增量规则、绝对修正规则及部分修正规则。固定增量规则是选择 α 为一个固定的非负数。绝对修正规则是取 α 为一个最小整数,它可使 $\boldsymbol{Y}^{\mathrm{T}}\boldsymbol{W}$ 的值刚好大于零,即

$$\alpha = \text{大于}\frac{|\boldsymbol{Y}^{\mathrm{T}}\boldsymbol{W}|}{\boldsymbol{Y}^{\mathrm{T}}\boldsymbol{Y}}\text{的最小整数} \tag{10-19}$$

部分修正规则可取 α 为下式所决定的值

$$\alpha=\lambda\frac{|\boldsymbol{Y}^{\mathrm{T}}\boldsymbol{W}|}{\boldsymbol{Y}^{\mathrm{T}}\boldsymbol{Y}}\quad 0<\lambda\leqslant 2 \tag{10-20}$$

3. Fisher 线性判别

Fisher 线性判别起源于 1936 年 R. A. Fisher 的研究工作。在统计模式识别方法中,遇到的主要问题之一就是维数问题。在低维中可行的方法在高维上往往行不通。因此,降低维数是识别的关键问题。

考虑把一个 d 维空间样本投影到一条直线上,形成一维空间,在数学上并非难事。但是,在原有的 d 维空间中紧凑可分的集群,当投影到一维时,有可能使几类样本混在一起而无法识别。因此,如何找到最好的,易于分类的投影线就是 Fisher 法要解决的基本问题。

设有一个集合 $\mathbf{R}$ 包含 N 个 d 维样本 $\boldsymbol{x}_1,\boldsymbol{x}_2,\cdots,\boldsymbol{x}_N$,其中 N_1 个属于 ω_1 类的样本子集为 $\mathbf{R}_1$,属于 ω_2 的 N_2 个样本为 $\mathbf{R}_2$。对 $\boldsymbol{x}_N$ 的分量作线性组合有

$$y_n=\boldsymbol{W}^{\mathrm{T}}\boldsymbol{x}_n\quad n=1,2,\cdots,N_i \tag{10-21}$$

由此可得到 N 个一维样本 y_n 组成的集合。从几何上看,如果 $\|\boldsymbol{W}\|=1$,则每个 y_n 就是相对应的 $\boldsymbol{x}_n$ 到方向为 $\boldsymbol{W}$ 直线上的投影。这里 $\boldsymbol{W}$ 方向的选择是很重要的,它将影响投影后的可分离程度,进而影响识别结果。

设:① 在 d 维 X 空间,各类样本的均值向量为 $\boldsymbol{m}_i$,且

$$\boldsymbol{m}_i=\frac{1}{N_i}\sum_{x\in\mathbf{R}_i}\boldsymbol{x}\quad i=1,2 \tag{10-22}$$

样本类内离散度矩阵为 $\boldsymbol{S}_i$,总类内离散度矩阵为 $\boldsymbol{S}_W$,且

$$\boldsymbol{S}_i=\sum_{x\in\mathbf{R}_i}(\boldsymbol{x}-\boldsymbol{m}_i)(\boldsymbol{x}-\boldsymbol{m}_i)^{\mathrm{T}}\quad i=1,2$$

$$\boldsymbol{S}_W=S_1+S_2 \tag{10-23}$$

样本类间离散度 $\boldsymbol{S}_b$

$$\boldsymbol{S}_b=(\boldsymbol{m}_1-\boldsymbol{m}_2)(\boldsymbol{m}_1-\boldsymbol{m}_2)^{\mathrm{T}} \tag{10-24}$$

② 在一维 Y 空间,各类样本均值为 $\widetilde{\boldsymbol{m}}_i$

$$\widetilde{\boldsymbol{m}}_i=\frac{1}{N_i}\sum_{y\in\boldsymbol{R}_i}\boldsymbol{y}\quad i=1,2 \tag{10-25}$$

样本类内离散度矩阵为 $\widetilde{\boldsymbol{S}}_i^2$,总类内离散度矩阵为 $\widetilde{\boldsymbol{S}}_W$

$$\widetilde{\boldsymbol{S}}_i^2=\sum_{y\in\mathbf{R}_i}(y-\widetilde{m}_i)^2\quad i=1,2$$

$$\widetilde{\boldsymbol{S}}_W=\widetilde{S}_1^2+\widetilde{S}_2^2 \tag{10-26}$$

我们希望投影后在一维 Y 空间中各类样本都能分得开,也就是两类均值之差($\widetilde{m}_1-\widetilde{m}_2$)越大越好,而且希望类内散度越小越好。因此,定义 Fisher 准则为

$$\boldsymbol{J}_F(\boldsymbol{W})=\frac{(\widetilde{m}_1-\widetilde{m}_2)^2}{\widetilde{S}_1^2+\widetilde{S}_2^2} \tag{10-27}$$

显然,应选择 $\boldsymbol{J}_F(\boldsymbol{W})$ 尽可能大的 $\boldsymbol{W}$ 作为投影方向。

由于

$$(\widetilde{\boldsymbol{m}}_1-\widetilde{\boldsymbol{m}}_2)^2=\boldsymbol{W}^{\mathrm{T}}\boldsymbol{S}_b\boldsymbol{W} \tag{10-28}$$

$$(\widetilde{S}_1^2+\widetilde{S}_2^2)=\boldsymbol{W}^{\mathrm{T}}\boldsymbol{S}_W\boldsymbol{W} \tag{10-29}$$

所以

$$\boldsymbol{J}_F(\boldsymbol{W})=\frac{\boldsymbol{W}^{\mathrm{T}}\boldsymbol{S}_b\boldsymbol{W}}{\boldsymbol{W}^{\mathrm{T}}\boldsymbol{S}_W\boldsymbol{W}} \tag{10-30}$$

为了求取使 $\boldsymbol{J}_F(\boldsymbol{W})$ 取极大值的 $\boldsymbol{W}^*$,采用 Lagrange 乘数法求解,令分母为非零常数,即 $\boldsymbol{W}^{\mathrm{T}}\boldsymbol{S}_W\boldsymbol{W}=\boldsymbol{c}\neq 0$。

定义 Lagrange 函数为 $$L(\boldsymbol{W},\lambda)=\boldsymbol{W}^{\mathrm{T}}\boldsymbol{S}_b\boldsymbol{W}-\lambda(\boldsymbol{W}^{\mathrm{T}}\boldsymbol{S}_W\boldsymbol{W}-\boldsymbol{c}) \tag{10-31}$$
λ 为 Lagrange 乘数。上式对 $\boldsymbol{W}$ 求导,则

$$\frac{\partial L(\boldsymbol{W},\lambda)}{\partial \boldsymbol{W}}=\boldsymbol{S}_b\boldsymbol{W}-\lambda\boldsymbol{S}_W\boldsymbol{W}$$

令:

$$\boldsymbol{S}_b\boldsymbol{W}^*-\lambda\boldsymbol{S}_W\boldsymbol{W}^*=0$$

$\boldsymbol{W}^*$ 是 $\boldsymbol{J}_F(\boldsymbol{W})$ 的极值解。左乘 $\boldsymbol{S}_W^{-1}$,得到

$$\boldsymbol{S}_W^{-1}\boldsymbol{S}_b\boldsymbol{W}^*=\lambda\boldsymbol{W}^*$$

由 $\boldsymbol{S}_b$ 的定义,$\boldsymbol{S}_b\boldsymbol{W}^*=(\boldsymbol{m}_1-\boldsymbol{m}_2)(\boldsymbol{m}_1-\boldsymbol{m}_2)^{\mathrm{T}}\boldsymbol{W}^*=(\boldsymbol{m}_1-\boldsymbol{m}_2)R$

$$R=(\boldsymbol{m}_1-\boldsymbol{m}_2)^{\mathrm{T}}\boldsymbol{W}^*$$

因此,$\lambda\boldsymbol{W}^*=\boldsymbol{S}_W^{-1}(\boldsymbol{m}_1-\boldsymbol{m}_2)R$,忽略比例因子,有

$$\boldsymbol{W}^*=\boldsymbol{S}_W^{-1}(\boldsymbol{m}_1-\boldsymbol{m}_2) \tag{10-32}$$

$\boldsymbol{W}^*$ 就是使 Fisher 准则函数 $J_F(\boldsymbol{W})$ 取得极大值的解,也就是 $\boldsymbol{d}$ 维 $\boldsymbol{X}$ 空间到一维 $\boldsymbol{Y}$ 空间的最好投影方向。由此也就把 d 维分类问题转化为一维分类问题了。

4. 最小距离分类器

线性分类器中重要的一类是用输入模式与特征空间中作为模板的点之间的距离作为分类的准则。假设有 m 类,给出 m 个参考向量 $\boldsymbol{R}_1,\boldsymbol{R}_2,\boldsymbol{R}_3,\cdots,\boldsymbol{R}_m$,$\boldsymbol{R}_i$ 与模式类 ω_i 相联系。对于 $\boldsymbol{R}_i$ 的最小距离分类就是把输入的新模式 $\boldsymbol{X}$ 分为 ω_i 类,其分类准则就是 $\boldsymbol{X}$ 与参考模式原型 $\boldsymbol{R}_1,\boldsymbol{R}_2,\boldsymbol{R}_3,\cdots,\boldsymbol{R}_m$ 之间的距离,与哪一个最近就属于哪一类。$\boldsymbol{X}$ 与 $\boldsymbol{R}_i$ 之间的距离可表示为

$$|\boldsymbol{X}-\boldsymbol{R}_i|=\sqrt{(\boldsymbol{X}-\boldsymbol{R}_i)^{\mathrm{T}}(\boldsymbol{X}-\boldsymbol{R}_i)} \tag{10-33}$$

其中 $(\boldsymbol{X}-\boldsymbol{R}_i)^{\mathrm{T}}$ 是 $(\boldsymbol{X}-\boldsymbol{R}_i)$ 的转置。由式(10-33)得

$$\begin{aligned}|\boldsymbol{X}-\boldsymbol{R}_i|^2&=(\boldsymbol{X}-\boldsymbol{R}_i)^{\mathrm{T}}(\boldsymbol{X}-\boldsymbol{R}_i)=\boldsymbol{X}^{\mathrm{T}}\boldsymbol{X}-\boldsymbol{X}^{\mathrm{T}}\boldsymbol{R}_i-\boldsymbol{R}_i^{\mathrm{T}}\boldsymbol{X}+\boldsymbol{R}_i^{\mathrm{T}}\boldsymbol{R}_i\\&=\boldsymbol{X}^{\mathrm{T}}\boldsymbol{X}-(\boldsymbol{X}^{\mathrm{T}}\boldsymbol{R}_i+\boldsymbol{R}_i^{\mathrm{T}}\boldsymbol{X}-\boldsymbol{R}_i^{\mathrm{T}}\boldsymbol{R}_i)\end{aligned}$$

由此可设定最小距离判别函数 $D_i(\boldsymbol{X})$ 为

$$D_i(\boldsymbol{X})=\boldsymbol{X}^{\mathrm{T}}\boldsymbol{R}_i+\boldsymbol{R}_i^{\mathrm{T}}\boldsymbol{X}-\boldsymbol{R}_i^{\mathrm{T}}\boldsymbol{R}_i \quad i=1,2,3,\cdots,m \tag{10-34}$$

由上面的判别函数可知,在分类中,如果 $\boldsymbol{X}\in\omega_i$,则 $d(\boldsymbol{X},\boldsymbol{R}_i)=\min$。由式(10-34)可见 $D_i(\boldsymbol{X})$ 是一个线性函数,因此,最小距离分类器也是一个线性分类器。在最小距离分类中,在决策边界上的点与相邻两类都是等距离的,这种方法就难于解决,此时必须寻找新的特征,重新分类。

这种分类还可以用决策区域来表示。例如,有二类问题 ω_1,ω_2,其模板分别为 $\boldsymbol{R}_1,\boldsymbol{R}_2$,当距离 $d(\boldsymbol{X},\boldsymbol{R}_1)<d(\boldsymbol{X},\boldsymbol{R}_2)$ 或者

$$\left[\sum_{i=1}^{n}(\boldsymbol{X}_i-\boldsymbol{R}_1)^2\right]^{\frac{1}{2}}<\left[\sum_{i=1}^{n}(\boldsymbol{X}_i-\boldsymbol{R}_2)^2\right]^{\frac{1}{2}}$$

则 $\boldsymbol{X}\in\omega_1$,并可用决策区域表示,如图 10-4 所示。将模板 $\boldsymbol{R}_1,\boldsymbol{R}_2$ 作连线,再作平分线,平分线左边为 $\boldsymbol{R}_1$ 区域,平分线右边为 $\boldsymbol{R}_2$ 区域,$\boldsymbol{R}_1,\boldsymbol{R}_2$ 为决策区域,中间为决策面。在这种分类中,两类情况界面为线,决策区为两平面。对于三类情况,界面为超平面,决策区为半空间。

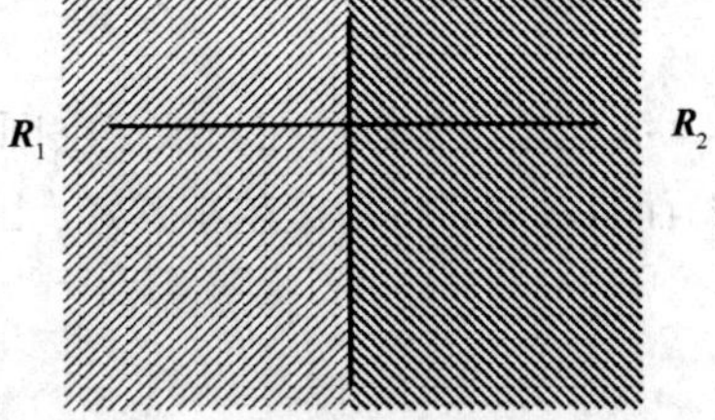

图 10-4 二类问题决策区域

5. 最近邻域分类法

最近邻域分类法是图像识别中应用较多的一种方法。在最小距离分类法中,取一个最标准的向量作为代表。将这类问题稍微扩张一下,一类不能只取一个代表,把最小距离的概念从一个点和一个点间的距离扩充到一个点和一组点之间的距离。这就是最近邻域分类法的基本思路。设 $\boldsymbol{R}_1,\boldsymbol{R}_2,\boldsymbol{R}_3,\cdots,\boldsymbol{R}_m$ 分别是与类 $\omega_1,\omega_2,\omega_3,\cdots,\omega_m$ 相对应的参考向量的 m 个集合,在 $\boldsymbol{R}_i$ 中的向量为 $\boldsymbol{R}_i^k$,即 $\boldsymbol{R}_i^k$

$\in \boldsymbol{R}_i, i=1,2,\cdots,l$,也就是

$$\boldsymbol{R}_i=\{\boldsymbol{R}_i^1\boldsymbol{R}_i^2\cdots\boldsymbol{R}_i^l\} \tag{10-35}$$

输入特征向量 $\boldsymbol{X}$ 与 $\boldsymbol{R}_i$ 之间的距离用下式表示

$$d(\boldsymbol{X},\boldsymbol{R}_i)=\min_{k=1,2,\cdots,l}|\boldsymbol{X}-\boldsymbol{R}_i^k| \tag{10-36}$$

也就是说,$\boldsymbol{X}$ 和 $\boldsymbol{R}_i$ 之间的距离是 $\boldsymbol{X}$ 和 $\boldsymbol{R}_i$ 中每一个向量的距离中的最小者。如果 $\boldsymbol{X}$ 与 $\boldsymbol{R}_i^k$ 之间的距离由式(10-34)确定,则其判别函数为

$$D_i(X)=\min_{k=1,2,\cdots,l}\{\boldsymbol{X}^{\mathrm{T}}\boldsymbol{R}_i^k+(\boldsymbol{R}_i^k)^{\mathrm{T}}\boldsymbol{X}-(\boldsymbol{R}_i^k)^{\mathrm{T}}\boldsymbol{R}_i^k\} \quad i=1,2,\cdots,m \tag{10-37}$$

设

$$D_i^k(\boldsymbol{X})=\boldsymbol{X}^{\mathrm{T}}\boldsymbol{R}_i^k+(\boldsymbol{R}_i^k)^{\mathrm{T}}\boldsymbol{X}-(\boldsymbol{R}_i^k)^{\mathrm{T}}\boldsymbol{R}_i^k \tag{10-38}$$

则

$$D_i(\boldsymbol{X})=\min_{k=1,2,\cdots,l}\{D_i^k(\boldsymbol{X})\}, \quad i=1,2,\cdots,m \tag{10-39}$$

其中 $D_i^k(\boldsymbol{X})$ 是特征的线性组合,决策边界将是分段线性的。例如,如图 10-5 所示,有一个两类判别问题,ω_1 类的代表为 $\boldsymbol{R}_1^1$、$\boldsymbol{R}_1^2$,ω_2 类的代表为 $\boldsymbol{R}_2^1$、$\boldsymbol{R}_2^2$、$\boldsymbol{R}_2^3$。如果有一个模式送入识别系统,首先要计算它与每个点的距离,然后找最短距离。这种方法的概念简单,分段线性边界可以代表很复杂的曲线,也可能本来是非线性边界,现在可用分段线性来近似代替。

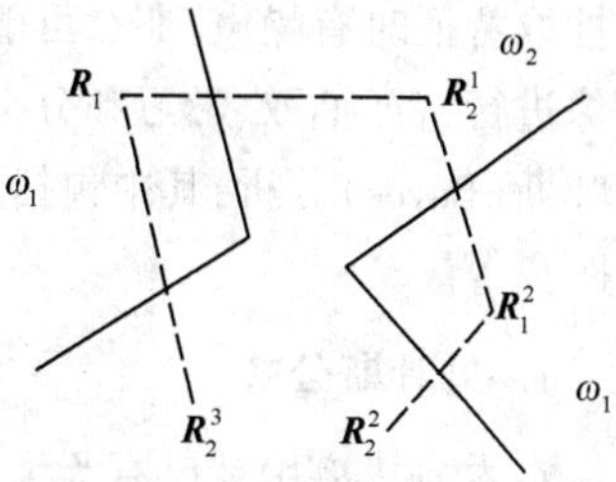

图 10-5　二类最近邻域分类

6. 非线性判别函数

线性判别函数很简单,但也有缺点。它对于较复杂的分类往往不能胜任。也就是说,很多图像识别问题并不是线性可分的,在较复杂的分类问题中就要提高判别函数的次数,因此根据问题的复杂性,可将判别函数从线性推广到非线性。非线性判别函数可写成下式形式

$$\begin{aligned} D(X) &= w_0 + w_1x_1 + w_2x_2 + \cdots + w_Nx_N + w_{12}x_1x_2 + w_{13}x_1x_3 + \cdots + w_{1N}x_1x_N + \\ &\quad w_{11}x_1^2 + w_{22}x_2^2 + \cdots + w_{NN}x_N^2 \\ &= w_0 + \sum_{k=1}^{N} w_{kk}x_k^2 + \sum_{k=1}^{N} w_kx_k + \sum_{k=1}^{N}\sum_{l=2}^{N} w_{kl}x_kx_l \end{aligned} \tag{10-40}$$

式(10-40)是一个二次型判别函数。通常二次型判别函数的决策边界是一个超二次曲面。

分段线性判别函数是一种特殊的非线性判别函数,它所确定的决策面是由若干超平面段组成。由于其基本组成仍然是超平面,与一般的超曲面相比仍然很简单。又由于它是由多个超平面组成的,它可以逼近各种形状的超曲面,具有很强的适应能力。一般情况下,分段线性判别函数比一般线性判别函数错误率要小,但又比非线性判别函数简单。

一般情况,如果对 ω_i 类再取 l_i 个代表点,也就是把属于 ω_i 类的样本区域 $\boldsymbol{R}_i$ 再分为 l_i 个子区域,即 $\boldsymbol{R}_i=\{\boldsymbol{R}_i^1,\boldsymbol{R}_i^2,\cdots,\boldsymbol{R}_i^{l_i}\}$,这里 $\boldsymbol{R}_i^l$ 表示第 i 类的第 l 子区域。用 $\boldsymbol{m}_i^l$ 表示该子区域中样本的均值向量,并以它作为该子区域的代表点,可定义判别函数如下:

$$D_i(\boldsymbol{X})=\min_{l=1,2,\cdots,l_i}\|\boldsymbol{X}-\boldsymbol{m}_i^l\| \tag{10-41}$$

如果

$$D_j(\boldsymbol{X})=\min_{i=1,2,\cdots,c}D_i(\boldsymbol{X})$$

则 $\boldsymbol{X}$ 归到 ω_j 类,这样的分类器也叫分段线性分类器。

现在我们把每一类别分为若干个子类,也就是

$$\omega_i=\{\omega_i^1,\omega_i^2,\cdots,\omega_i^{l_i}\} \tag{10-42}$$

对每一类定义一个线性判别函数,即

$$D_i(\boldsymbol{X})=(\boldsymbol{W}_i^l)^{\mathrm{T}}\boldsymbol{X}+w_{i0}^l \qquad l=1,2,\cdots,l_i;i=1,2,\cdots,c \tag{10-43}$$

式中,$\boldsymbol{W}_i^l$ 和 w_{i0}^l 分别是子类 w_i^l 的权向量及阈值。ω_i 类的线性判别函数为

$$D_i(\boldsymbol{X})=\max_{l=1,2,\cdots,c}D_i^l(\boldsymbol{X}) \tag{10-44}$$

对于 c 类问题可以定义 c 个判别函数，$D_i(\boldsymbol{X}), i=1,2,\cdots,c$。决策规则为

$$D_j(\boldsymbol{X})=\max_i D_i(\boldsymbol{X}),\text{则判决 } \boldsymbol{X}\in\omega_j \tag{10-45}$$

由上面所述，对于任意样本向量 $\boldsymbol{X}$，一定有某个子类的判别函数比其他各子类的判别函数值大。如果具有最大值的判别函数 $D_i^n(\boldsymbol{X})$，则把子类 $\boldsymbol{X}$ 归到子类 ω_i^n 所属的类。这样的决策面就是分段线性的，其决策面方程由各子类的判别函数确定。

10.2.2 统计分类法

前边谈到的分类方法是在没有噪声干扰的情况下进行的，此时测得的特征确能代表模式。如果在抽取特征时有噪声，那么可能抽取的特征代表不了模式，这时就要用统计分类法。用统计方法对图像进行特征抽取、学习和分类是研究图像识别的主要方法之一，而统计方法的最基本内容之一是贝叶斯(Bayes)分析，其中包括贝叶斯决策方法、贝叶斯分类器、贝叶斯估计理论、贝叶斯学习、贝叶斯距离等。

1. 贝叶斯公式

在古典概率中就已有为大家所熟悉的贝叶斯定理，这里再次写出如下：

$$P(B_i \mid A)=\frac{P(B_i)P(A \mid B_i)}{\sum_{j=1}^{n} P(B_j)P(A \mid B_j)} \tag{10-46}$$

式中，$B_1,B_2,\cdots,B_n$ 是 n 个互不相容的事件，$P(B_i)$ 是事件 B_i 的先验概率，$P(A \mid B_i)$ 是 A 在 B_i 已发生条件下的条件概率。贝叶斯定理说明在给定了随机事件 $B_1,B_2,\cdots,B_n$ 的各先验概率 $P(B_i)$ 及条件概率 $P(A \mid B_i)$ 时，可计算出事件 A 出现时事件 B_i 出现的后验概率 $P(B_i \mid A)$。

贝叶斯公式常用于分类问题和参数估值问题中。假如设 X 表示事物的状态或特征的随机变量，它可以代表图像的灰度或形状等；设 ω_i 代表事物类别的离散随机变量。对事物(比如是图像的亮度或形状)进行分类就可以用如下公式

$$P(\omega_i \mid X)=\frac{P(X \mid \omega_i)P(\omega_i)}{\sum_i P(X \mid \omega_i)P(\omega_i)} \tag{10-47}$$

式中，$P(\omega_i)$ 称为 ω_i 的先验概率，它表示事件属于 ω_i 的预先粗略了解；$P(X \mid \omega_i)$ 表示事件属于 ω_i 类而具有 X 状态的条件概率；$P(\omega_i \mid X)$ 叫作 X 条件下 ω_i 的后验概率，它表示对事件 X 的状态作观察后判断属于 ω_i 类的可能性。由式(10-47)可见，只要类别的先验概率及 X 的条件概率已知，就可以得到类别的后验概率。再加上最小误差概率或最小风险法则，就可以进行统计判决分类。

在参数估值问题中，贝叶斯公式中的两个变量常常为连续随机变量，如果写作变量 X 及参数 θ，则有如下之公式形式

$$p(\theta / X)=\frac{p(X \mid \theta)p(\theta)}{\int p(X \mid \theta)p(\theta)\,\mathrm{d}\theta} \tag{10-48}$$

通过式(10-48)，由参数的先验分布 $p(\theta)$ 及预先设定的条件分布 $p(X \mid \theta)$，即可求得参数的后验分布 $p(\theta \mid X)$。贝叶斯公式是参数估值的有力工具。

2. 贝叶斯分类法

假设有两类，每类用两种统计参数代表，即

$$\begin{aligned}&\omega_1:\ P(\omega_1),p(\boldsymbol{X} \mid \omega_1)\\&\omega_2:\ P(\omega_2),p(\boldsymbol{X} \mid \omega_2)\end{aligned} \tag{10-49}$$

其中，$P(\omega_1),P(\omega_2)$ 是先验概率，$p(\boldsymbol{X} \mid \omega_1),p(\boldsymbol{X} \mid \omega_2)$ 是条件概率密度函数。在噪声的不确定性的

影响下,每个模式已不能用一个向量来表示,因此,只能得到某一类模式的概率分布。

采用贝叶斯规则,结果是

$$\left.\begin{array}{l}\text{如果}\quad P(\omega_1)p(\boldsymbol{X}\mid\omega_1)>P(\omega_2)p(\boldsymbol{X}\mid\omega_2),\text{则有}\quad \boldsymbol{X}\in\omega_1\\ \text{如果}\quad P(\omega_1)p(\boldsymbol{X}\mid\omega_1)<P(\omega_2)p(\boldsymbol{X}\mid\omega_2),\text{则有}\quad \boldsymbol{X}\in\omega_2\end{array}\right\}\tag{10-50}$$

显然,$P(\omega_i)p(\boldsymbol{X}\mid\omega_i)$在这里起到了判别函数的作用。

在应用中,为方便起见,常取$P(\omega_i)p(\boldsymbol{X}\mid\omega_i)$的对数形式,即

$$\log P(\omega_1)p(\boldsymbol{X}\mid\omega_1)\leqslant\log P(\omega_2)p(\boldsymbol{X}\mid\omega_2)\tag{10-51}$$

也就是

$$\left.\begin{array}{ll}\log\dfrac{p(\boldsymbol{X}\mid\omega_1)}{p(\boldsymbol{X}\mid\omega_2)}>\log\dfrac{P(\omega_2)}{P(\omega_1)} & X\in\omega_1\\ \log\dfrac{p(\boldsymbol{X}\mid\omega_1)}{p(\boldsymbol{X}\mid\omega_2)}<\log\dfrac{P(\omega_2)}{P(\omega_1)} & X\in\omega_2\end{array}\right\}\tag{10-52}$$

在两类问题中,分界面为

$$\log P(\omega_1)p(\boldsymbol{X}\mid\omega_1)-\log P(\omega_2)p(\boldsymbol{X}\mid\omega_2)=0\tag{10-53}$$

或者

$$\log\frac{P(\omega_1)p(\boldsymbol{X}\mid\omega_1)}{P(\omega_2)p(\boldsymbol{X}\mid\omega_2)}=0\tag{10-54}$$

假如一个模式遵循正态分布,它的均值为$\boldsymbol{M}_i$,协方差矩阵是$\boldsymbol{K}_i$,设$m=2$,可得到其决策分界面如下。

因为$p(\boldsymbol{X}\mid\omega_i)$是正态分布,所以

$$p(\boldsymbol{X}\mid\omega_i)=(2\pi)^{-N/2}\,|\boldsymbol{K}_i|^{-1/2}\exp\left[-\frac{1}{2}(\boldsymbol{X}-\boldsymbol{M}_i)^{\mathrm{T}}\cdot\boldsymbol{K}^{-1}(\boldsymbol{X}-\boldsymbol{M}_i)\right]\tag{10-55}$$

当$i=1,2$时,按贝叶斯规则,如果

$$\log\frac{p(\boldsymbol{X}\mid\omega_1)}{p(\boldsymbol{X}\mid\omega_2)}>\log\frac{P(\omega_2)}{P(\omega_1)},\text{则}\ \boldsymbol{X}\in\omega_1\tag{10-56}$$

由式(10-55)和式(10-56)可得到

$$-\frac{1}{2}\log\frac{|\boldsymbol{K}_1|}{|\boldsymbol{K}_2|}-\frac{1}{2}[(\boldsymbol{X}-\boldsymbol{M}_1)^{\mathrm{T}}\boldsymbol{K}_1^{-1}(\boldsymbol{X}-\boldsymbol{M}_1)]+\frac{1}{2}[(\boldsymbol{X}-\boldsymbol{M}_2)^{\mathrm{T}}\boldsymbol{K}^{-1}(\boldsymbol{X}-\boldsymbol{M}_2)]>\log\frac{P(\omega_2)}{P(\omega_1)}\tag{10-57}$$

这时,两类间的决策边界是二次的。

如果两个协方差矩阵相同,即$\boldsymbol{K}_1=\boldsymbol{K}_2=\boldsymbol{K}$,则

$$\boldsymbol{X}^{\mathrm{T}}\boldsymbol{K}^{-1}(\boldsymbol{M}_1-\boldsymbol{M}_2)+\frac{1}{2}(\boldsymbol{M}_1+\boldsymbol{M}_2)^{\mathrm{T}}\boldsymbol{K}^{-1}(\boldsymbol{M}_1-\boldsymbol{M}_2)>\log\frac{P(\omega_2)}{P(\omega_1)}$$

则有

$$\boldsymbol{X}\in\omega_1$$

$$\boldsymbol{X}^{\mathrm{T}}\boldsymbol{K}^{-1}(\boldsymbol{M}_1-\boldsymbol{M}_2)+\frac{1}{2}(\boldsymbol{M}_1+\boldsymbol{M}_2)^{\mathrm{T}}\boldsymbol{K}^{-1}(\boldsymbol{M}_1-\boldsymbol{M}_2)<\log\frac{P(\omega_2)}{P(\omega_1)}$$

则有

$$\boldsymbol{X}\in\omega_2\tag{10-58}$$

在这种情况下,决策边界成为线性的。所以,求两类分类问题时,如果每类都是正态分布,但有不同的协方差矩阵,分界是二次函数,如果N很大,求$\boldsymbol{K}^{-1}$相当麻烦。

除了上述方法外,也可以用最小风险来求其类别。

考虑$x_1,x_2,x_3,\cdots,x_N$是随机变量,对于每一类模式ω_i,$i=1,2,\cdots,m$,其$p(\boldsymbol{X}\mid\omega_i)$及$\omega_i$出现的概率$P(\omega_i)$都是已知的。以$p(\boldsymbol{X}\mid\omega_i)$及$P(\omega_i)$为基础,一个分类器成功的条件是要在误识概率最小的条件下来完成分类任务。我们可定义一个决策函数$d(x)$,其中$d(x)=d_i$表示假设$\boldsymbol{X}=\omega_i$被接受。如果输入模式实际是来自ω_i,而做出的决策是d_j,则可用$L(\omega_i,d_j)$表示分类器引起的损失。条件风险为

$$r(\omega_i,d)=\int L(\omega_i,d)p(\boldsymbol{X}\mid\omega_i)\,\mathrm{d}X \tag{10-59}$$

对于给定的先验概率集 $P=\{P(\omega_1),P(\omega_2),P(\omega_3),\cdots,P(\omega_m)\}$,平均风险为

$$R(P,d)=\sum_{i=1}^{m}P(\omega_i)r(\omega_i,d) \tag{10-60}$$

把式(10-59)代入式(10-60)并且令

$$r_x(p,d)=\frac{\sum_{i=1}^{m}L(\omega_i,d)P(\omega_i)p(\boldsymbol{X}\mid\omega_i)}{P(\boldsymbol{X})} \tag{10-61}$$

则
$$R(P,d)=\int P(\boldsymbol{X})r_x(P,d)\,\mathrm{d}\boldsymbol{X} \tag{10-62}$$

$r_x(P,d)$ 定义为对于给定的特征向量 $\boldsymbol{X}$ 决策为 d 的后验条件平均风险。

问题在于选择适当的决策 $d_i,i=1,2,\cdots,m$,以使平均风险 $R(P,d)$ 取极小,或者使条件平均风险 $r(\omega_i,d)$ 的极大值取极小。这种使平均风险取极小的最优决策规则称为贝叶斯规则。

如果 d^* 是在使平均损失极小意义上的最优决策,则

$$r_x(P,d^*)\leqslant r_x(P,d) \tag{10-63}$$

即
$$\sum_{i=1}^{m}L(\omega_i,d^*)P(\omega_i)p(\boldsymbol{X}\mid\omega_i)\leqslant\sum_{i=1}^{m}L(\omega_i,d)P(\omega_i)p(\boldsymbol{X}\mid\omega_i) \tag{10-64}$$

对于(0,1)损失函数为
$$L(\omega_i,d_j)=\begin{cases}0 & i=j\\ 1 & i\neq j\end{cases} \tag{10-65}$$

平均风险实际上也就是误识的概率。在这种情形下,贝叶斯规则是 $d^*=d_i$,则 $\boldsymbol{X}\in\omega_i$,即

$$P(\omega_i)p(\boldsymbol{X}\mid\omega_i)\geqslant P(\omega_j)p(\boldsymbol{X}\mid\omega_j),\text{对所有的}\ j=1,2,\cdots,m \tag{10-66}$$

3. 贝叶斯分类器

多类贝叶斯分类器如图 10-6 所示。其中 $p(\boldsymbol{X}\mid\omega_i)$ 与 $P(\omega_i)$ 的乘积就是第 i 类判别函数 $D_i(\boldsymbol{X})$。如果 $D_i(\boldsymbol{X})>D_j(\boldsymbol{X})$,对于一切 $i\neq j$ 的情况下,则分类器就把给定的一个特征量归于 ω_i 类。

二类贝叶斯分类器如图 10-7 所示。在这类范畴的问题中,有时不制定两个判别函数 $D_1(\boldsymbol{X})$ 和 $D_2(\boldsymbol{X})$,而是定义一个判别函数

$$D(\boldsymbol{X})=D_1(\boldsymbol{X})-D_2(\boldsymbol{X}) \tag{10-67}$$

若 $D(X)>0$,则决策 ω_1,否则决策 ω_2。

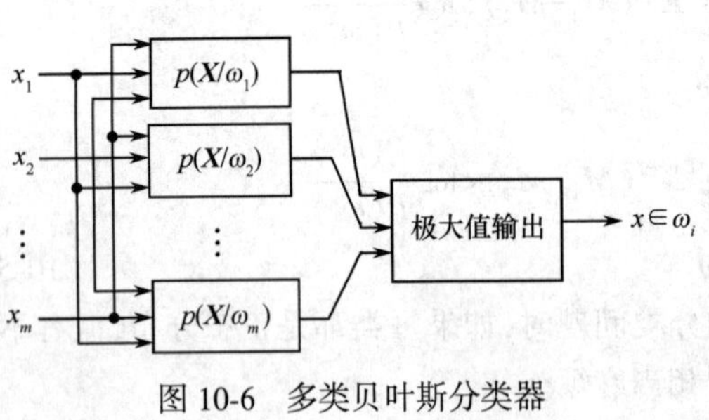

图 10-6 多类贝叶斯分类器

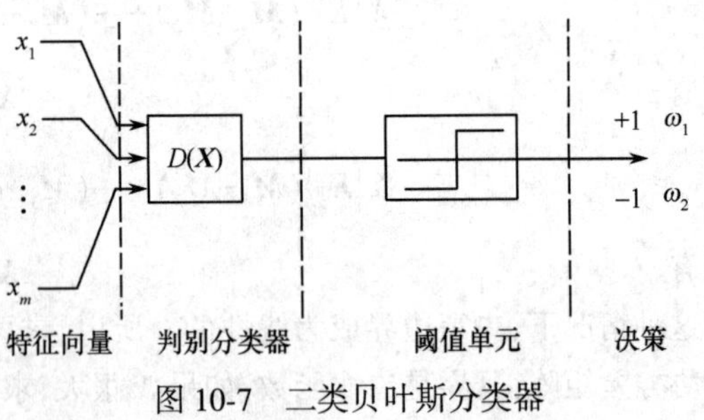

图 10-7 二类贝叶斯分类器

10.2.3 特征的抽取与选择

在模式识别中,确定判据是重要的。但是问题的另一面,即如何抽取特征也是相当重要的。如果特征找不正确,分类就不可能准确。这如医生看病,如果只注意病人穿什么衣服,头发的长短,就不会正确诊断。当然,特征是很多的,如果把所有的特征不分主次全都罗列出来,N 会很大,这也会

给正确判断带来麻烦。例如,如图 10-8 所示。有两类模式,用两个特征 x_1,x_2 来表达。在 x_1 上的投影为 ab、cd,在 x_2 上的投影为 ef、gh。那么,由图可见,ac 这一段肯定是属于 ω_1 的,bd 肯定是属于的 ω_2,但是 cb 段就难以分出属于哪一类。一种设想是把坐标轴作一个旋转,变成 y_1,y_2,此时不再去测量 x_1,x_2,而是去测量 y_1,y_2。如图 10-9 所示。由图可见,这时检测 y_1 当然也分不清,可是检测 y_2 就可以分得很清。这说明当作一变换后,y_2 是一个很好的特征。

特征提取的方法是很多的。从一个模式中提取什么特征,将因不同的模式而异,并且与识别的目的、方法等有直接关系。常用的方法有离散直角坐标系中的弗里曼链码法。它可以方便地描述在离散直角坐标系中的曲线。图 10-10(a)是在 8 邻接定义下的弗里曼链码。位于坐标系内的任意一条曲线便可用一个数字序列来表示。图 10-10(b)表示出了一条曲线,若从 a 点出发可编出其链码如下:1 0 0 1 2 3 1 1 0 7 7 7 6 4 5 4 2 1。

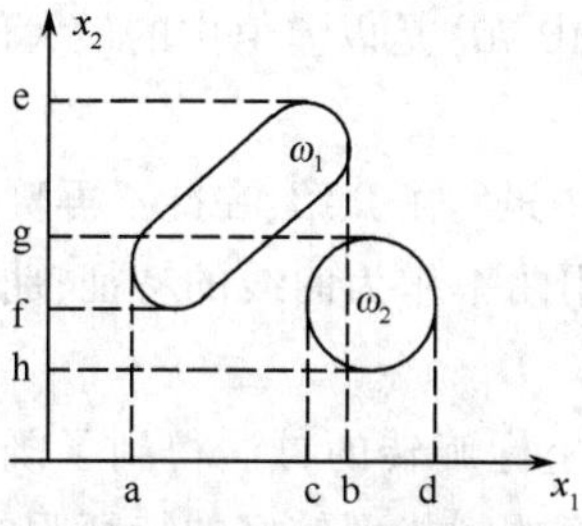

图 10-8　两类模式特征抽取之一

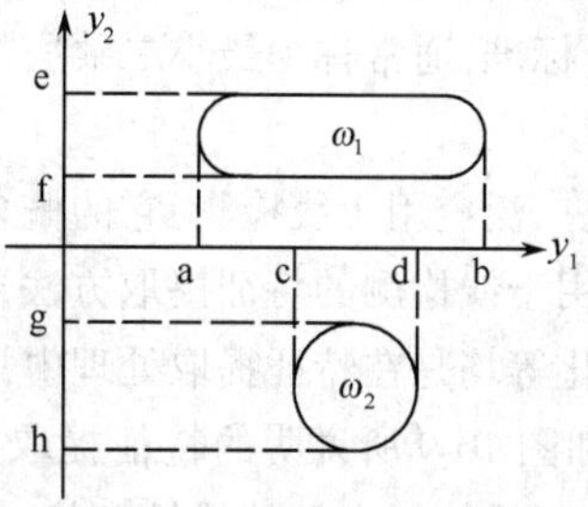

图 10-9　两类模式特征抽取之二

在提取边缘细条的过程中,会出现断线,因此,断线的接续是特征提取中的一个处理步骤。最基本的方法是利用膨胀和收缩技术。所谓膨胀是以二值图像内为 1 的像素为中心,强制性的把与其 4 邻接或 8 邻接的相邻像素都变成 1。如图 10-11 所示。

收缩方法是把值为 0 的像素作为中心,强制性地把与其 4 邻接或 8 邻接的相邻像素变成 0。这样连续膨胀 n 次,再连续收缩 n 次,就可以把断线长度为 $2n$ 以内的线接续起来。

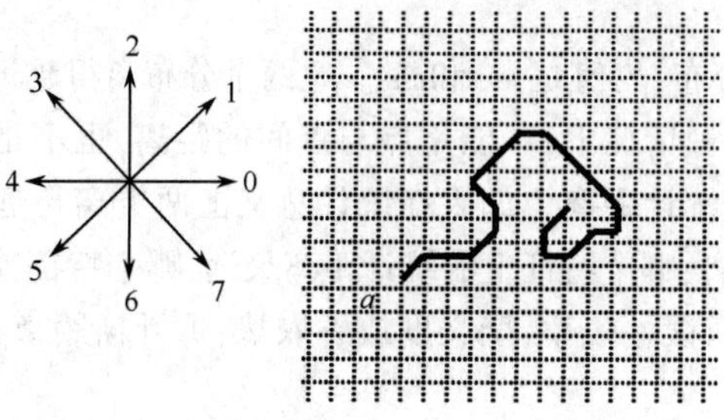

(a)　(b)

图 10-10　8 邻接弗里曼链码的定义及其编码示例

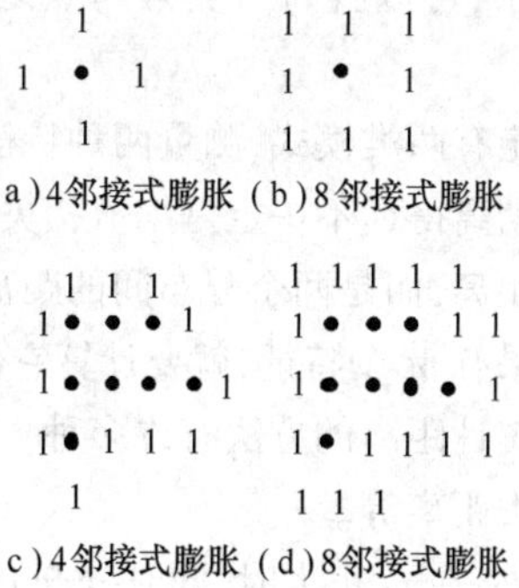

(c)4邻接式膨胀 (d)8邻接式膨胀

图 10-11　膨胀操作

接续断线的另一种方法是山脊线寻迹法。具体做法是使用某种方法已找出直到点(x,y)为止的一段山脊线,接着判断点$(x+1,y+1)$,$(x+2,y+2)$等点是否也位于该山脊线的延长线上。判断的标准就是看这些点的微分值是否足够大,这些点周围的灰度变化斜率最大的方向是与线的延长线方向垂直。这些点与周围延长线方向成直角方向上的点相比灰度值是否为极大值等。这种方法碰到折点及分枝点比较难于判断。

在特征提取中,关于线的检测及表达方法有最小二乘法曲线拟合法,霍夫变换法等。在进行线提取时,往往不是简单地用一些直线段把检测出来的点连接起来就行了,而是希望用某个数学方程式所描述的曲线去逼近检测出来的点列。这种用数学方程式去近似图像中各种线条的方法称为曲线拟合。

最简单的曲线拟合是用直线方程去近似所给出的点列,这种方程有 $y=g(x)$ 之形式。在拟合处理中自然需要一定的标准去评价该方程与点列的近似程度,常用的评价标准是观察直线方程所代表的直线与点列之间的距离大小。对距离大小有不同的定义,常用的有

$$d=\sum_{i=0}^{M}|y_i-g(x_i)| \tag{10-68}$$

$$d=\sum_{i=0}^{M}|y_i-g(x_i)|^2 \tag{10-69}$$

$$d=\max_i|y_i-g(x_i)| \tag{10-70}$$

式(10-68)是以直线方程与各点之差绝对值的和为最小作为评价标准;式(10-69)是以差的平方和最小作为评价标准,通常称为最小二乘法判决函数;式(10-70)是以差值中的最大值是否小于某一标准进行评价。

霍夫变换也广泛应用于线检测,它的概念已在第 8 章中进行了介绍,在此不再赘述。

除此之外,用于线检测的特征提取方法还有很多,如用曲率作为曲线的特征,曲线分割,距离变换、骨骼化及细化等均是在特征提取处理中常用的方法。

在图 10-8 和图 10-9 所说明的特征提取的例子中,用坐标旋转的方法得到了既少又好的特征。空间坐标的旋转就是特征空间的线性变换。空间怎样变换才能找到较好的特征呢？其普遍的方法是把每一类的协方差矩阵变成对角形矩阵,在变换后的矩阵中取其特征向量及与其相对应的特征值,然后,把特征向量按其特征值的大小排列起来。特征值大的那个特征向量就是最好的特征。另外,在变换后的空间中,如果有 m 个彼此关联的特征,可采用前 n 个最大特征值对应的特征向量作为特征,这样既可保证均方误差最小,又可大大减少特征的数目。这就是当前主分量分析(PCA)的思想。

另外一个途径是寻找一种变换,使同一类向量靠得更近些,以便把它聚合到一起去。在这种思想指导下,可以找每一类点与点之间的距离,使它最小化。这样做是应用特征值最小的那些特征向量。

假定有两类模式,测量两种特征都是正态分布,均值是 m_1 和 m_2。这两个分布离得越远越容易识别。所谓离得远不一定是均值相关较远。在这种情况下,不能用点与点间的距离,也不是点与一组点间的距离,而是两个分布间的距离,这是一个统计距离。如果在统计意义上两类离得远就容易识别。如果有 M 个特征,就要计算它们的统计距离,哪个特征上的统计距离最远,哪个特征就最好。一般计算统计距离的方法有许多种。例如,贝叶斯误差概率;疑义度或香农熵;贝叶斯距离;广义柯尔莫哥洛夫距离等。

另外,在 m 很大时,同时分开 m 类比较复杂。这时不如采用树状分类结构,每次分两三类,逐次细分。当然,寻找一个最好的树也并非容易。

关于特征抽取及描述子在图像分析一章已介绍了多种方法,如傅里叶描述子、统计矩描绘子、拓扑描绘子、SIFT 方法、关系描绘、PCA 方法、相似性描绘等都可以转化为特征来使用。在这里就不重复赘述了。

10.2.4 决策边界的拟合问题

在模式分类中,决策边界的拟合也是经常遇到的问题。

在模式识别中,关键一步是求取识别不同类别的边界线(面)。正如前面提到的那样,识别过程包括训练和识别两个阶段,训练过程也是学习的过程。学习可分为有监督学习、无监督学习和半监

督学习。有监督学习是利用一组已知类别(或标记过的)的样本调整分类器的参数,使其达到所要求性能的过程,也称为监督训练或有教师学习。正如人们通过已知病例学习诊断技术那样,计算机要通过学习才能具有识别各种事物和现象的能力。用来进行学习的材料就是与被识别对象属于同类的有限数量的样本。有监督学习中在给予计算机学习样本的同时,还告诉计算机各个样本所属的类别。如果所给的学习样本不带有类别信息(即没有标记信息),就是无监督学习。任何一种学习都有一定的目的,对于模式识别来说,就是要通过有限数量样本的学习,使分类器在对无限多个模式进行分类时所产生的错误概率最小。

不同设计方法的分类器有不同的学习算法。对于贝叶斯分类器来说,就是用学习样本估计特征向量的类条件概率密度函数。在已知类条件概率密度函数形式的条件下,用给定的独立和随机获取的样本集,根据最大似然法或贝叶斯学习估计出类条件概率密度函数的参数。例如,假定模式的特征向量服从正态分布,样本的平均特征向量和样本协方差矩阵就是正态分布的均值向量和协方差矩阵的最大似然估计。在类条件概率密度函数的形式未知的情况下,有各种非参数方法,用学习样本对类条件概率密度函数进行估计。在分类决策规则用判别函数表示的一般情况下,可以确定一个学习目标,例如,使分类器对所给样本进行分类的结果尽可能与"教师"所给的类别一致,然后用迭代优化算法求取判别函数中的参数值。在无监督学习的情况下,用全部学习样本可以估计混合概率密度函数,若认为每一模式类的概率密度函数只有一个极大值,则可以根据混合概率密度函数的形状求出用来把各类分开的分界面。

有监督学习与标记过的数据一起工作,给定的数据集通常被细分为三个子集:训练集、验证集和测试集(通常典型的方法可按如下规律对数据集进行细分,其中50%的数据作为训练集,25%的数据用于验证,测试集也占25%)。用训练集生成分类器参数的过程称为训练。在这种情形下,给定每个模式的类标记,如果分类器在识别给定模式类别时出错,则对参数进行调整。在训练结束时,使用验证集将各种设计与性能目标进行比较。通常,需要多次迭代训练/验证才能建立最接近预期目标的设计。一旦选择了一个设计,最后一步就是确定它将如何执行分类与识别。为此,再使用测试集进行测试,它由系统从未"见过"的模式组成。如果训练集和验证集真正代表了系统在实践中遇到的数据,那么训练/验证的结果应该接近使用测试集得到的性能。如果训练/验证结果是可接受的,但测试结果不能接受,我们认为训练/验证"过度匹配"了系统参数和可用数据,在这种情况下,需要对系统结构进行进一步的调整。当然,所有这一切都假定给定的数据集真正代表了我们想要解决的问题,而且这个问题实际上可以通过可用的技术来解决。

使用有标记的训练数据设计的系统叫有监督学习系统。如果使用未标记的数据训练系统,该系统将在无监督学习模式下自己学习模式类。

1. 欠拟合、理想拟合及过度拟合

图10-12展示了不同线性回归模型对训练集样本的拟合情况,可以发现,第一个模型是一条直线,不能很好地拟合训练集,也就是不能对两类模式进行分类,这就是欠拟合(Underfitting)或者说模型是高偏置的(high bias)拟合。第三个模型是一个高阶多项式,虽然对训练集拟合得很好,但它的特征过多,如果没有足够的数据约束,其泛化能力(即指一个模型应用到新增加样本的分类能力,比如没有出现在训练集的样本)就会很差,也就不能对新样本做出正确的分类,这就是过度拟合(Overfitting)或者说模型是高方差的(high varience)。第二个则是一个理想的拟合。过拟合问题会在特征过多的模型中出现,虽然训练出的函数能很好地拟合训练数据,通过代价函数的衡量也能够得到很小的损失,但因为它要千方百计地拟合训练集,所以通常会是一个非常复杂的曲线,导致无法泛化到新样本中,从而无法对新样本做出正确的分类。不仅是线性回归,其他机器学习算法也都有可能面临过度拟合问题。通常来说过度拟合的解决方法包括:减少特征的个数;使用正则化,减少参数的权重;增加数据量。

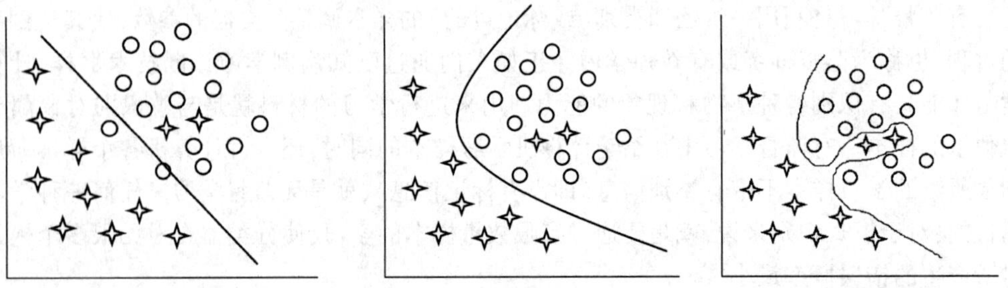

图 10-12　决策面的欠拟合、理想拟合及过拟合的概念

2. 关于正则化

通常过度拟合是由于模型特征过多,过于复杂引起的,可以通过降低特征的权重来简化模型。例如我们尝试将图中较为复杂的模型:$h_w(x)=w_0+w_1x+w_2x^2+w_3x^3+w_4x^4$ 中的参数 w_3 和 w_4 调小来简化模型,如果使 x^3 和 x^4 的参数调整得非常小,甚至接近于 0,那么就相当于在原模型中去掉了这两个高阶项,这样模型就被简化为了二次函数:$h_w(x)=w_0+w_1x+w_2x^2$,从而可以避免过度拟合。然而实际情况中,我们并不知道预测结果与哪个特征的相关度低,所以不知道应该将哪个特征的参数变小,我们可以尝试修改代价函数,将所有参数都变小,如下式所示:

$$L(w)=\frac{1}{2m}\sum_{i=1}^{m}(h_w(x_i)-y_i)^2+\lambda\sum_{j=1}^{n}w_j^2 \tag{10-71}$$

注意,参数 w_j 中的 j 是从 1 开始的,意味着我们只对特征的参数进行缩小,偏置项 w_0 不变,实际上并没有什么差别。上式在原有代价函数的基础上加入了正则化项 $\lambda\sum_{j=1}^{n}w_j^2$,正则化参数 λ 相当于在两个不同目标之间做取舍,一方面是最小化损失值,就是代价函数的前半部分,另一方面是最小化参数,就是代价函数的后半部分。也就是说 λ 要更好地拟合训练集和使控制参数更小,从而使模型更简单,避免过度拟合。所以需要选择合适的 λ 参数,如果过小则起不到简化模型的作用,仍然具有很高的方差及过度拟合现象,如果过大则不能很好地拟合训练数据,具有很高的偏差,比如将 λ 设为 10^{-10},那么所有特征接近于 0,相当于模型变成了一条直线:$h_w(x)=w_0$。

很多机器学习求解模型参数 $\boldsymbol{w}$,以便让损失函数最小。例如,对于一个有 m 个样本的训练集,线性回归的损失函数为:

$$L(w)=\frac{1}{2}\sum_{i=1}^{m}[f_w(\boldsymbol{x}_i)-y_i]^2=\frac{1}{2}\sum_{i=1}^{m}[\boldsymbol{w}^{\mathrm{T}}(\boldsymbol{x}_i)-y_i]^2 \tag{10-72}$$

在上式基础上,添加一个正则项,得到一个新的损失函数:

$$L(w)=\frac{1}{2}\left(\sum_{i=1}^{m}(\boldsymbol{w}^{\mathrm{T}}\boldsymbol{x}_i-y_i)^2+\lambda\sum_{j=1}^{n}w_j^2\right) \tag{10-73}$$

注意,模型的 $\boldsymbol{w}$ 有 n 维,新增加的正则项直接对每个 w 取平方。直观上来讲,当我们最小化当前这个新的损失函数时,一方面要使线性回归本身的误差 $\sum_{i=1}^{m}(\boldsymbol{w}^{\mathrm{T}}\boldsymbol{x}_i-y_i)^2$ 最小化,另一方面,每个 w 不能太大,否则,正则项 $\lambda\sum_{j=1}^{n}w_j^2$ 会很大。正则项又称为惩罚项,用来惩罚各个 w 过大导致的模型过于复杂的情况。正则项中的 λ 用来平衡损失函数和正则项之间的系数,被称为正则化系数,系数越大,正则项的惩罚效果越强。

对于刚刚得到的新损失函数,我们可以对式(10-73)进行求导,以得到梯度,进而可以使用梯度下降法求解。

$$\frac{\partial}{\partial w_j}L(w) = \sum_{i=1}^{m}(\boldsymbol{w}^{\mathrm{T}}\boldsymbol{x}_i - y_i)x_i^{(j)} + \lambda w_j \tag{10-74}$$

线性回归使用二次正则项来惩罚参数 $\boldsymbol{w}$ 的整个过程被称为使用了 L_2 正则化（L_2 Regularization）。其他机器学习模型如逻辑回归和神经网络也可以使用 L_2 正则化。

3. LASSO 回归

如果使用一次正则项来惩罚线性回归的参数 $\boldsymbol{w}$，被称为 LASSO（Least Absolute Shrinkage and Selection Operator）回归（Regression），或者说回归使用了 L_1 正则化：

$$L(w) = \frac{1}{2}\Big(\sum_{i=1}^{m}(\boldsymbol{w}^{\mathrm{T}}\boldsymbol{x} - y)^2 + \lambda\sum_{j=1}^{n}|w_j|\Big) \tag{10-75}$$

可以看到，LASSO 回归主要使用绝对值来做惩罚项。绝对值项在零点有一个突变，它的求导稍微麻烦一些。LASSO 回归求解需要用到次梯度（Subgradient）方法，或者使用近端梯度下降（Promximal Gradient Descent，PGD）法。

正则项来源于于线性代数中范数（Norm）的概念。范数是一个函数，对于函数 N，有 $V \to [0, \infty)$，其中，V 是一个向量空间。也就是说，范数将向量转换为一个非负数标量。常见的范数有：L_1 范数，用 $\|w\|_1$ 来表示，其定义为：$\sum_{i=1}^{n}|w_i|$；L_2 范数，用 $\|w\|_2$ 表示，其定义为：$\sqrt{\sum_{i=1}^{n}w_i^2}$；$L_p$ 范数，用 $\|w\|_p$ 表示，其定义为：$\left(\sum_{i=1}^{n}w_i^p\right)^{1/p}$。

4. 稀疏解与 L_1 正则化

如果训练数据属于高维稀疏（Sparse）特征。正则化正好可以解决上述问题。一种方法是使用一个惩罚项来统计模型中非零参数的个数，即希望模型 $\boldsymbol{w}$ 的零分量尽可能多，非零分量尽可能少。这种方法比较直观，它实际上是 L_0 范数，但在求解时，这种方法会将一个凸优化问题变成非凸优化问题，不方便求解。L_2 正则化增加平方惩罚项，会让参数尽可能小，但不会强制参数为零。L_1 正则化也会惩罚非零参数，能在一定程度上让一些接近零的参数最终为零，近似起到 L_0 的作用。从梯度下降的角度来讲，L_2 是平方项 w^2，其导数是 $2w$，按照导数的方向进行梯度下降，可能不会降到绝对值为零；L_1 是绝对值项 $|w|$，它能够迫使那些接近零的参数最终为零。

5. 正则化系数

对正则化做如下更一般的定义：

$$\min(\mathrm{Loss}(\mathrm{Data} \mid \mathrm{Model}) + \lambda \times \mathrm{complexity}(\mathrm{Model})) \tag{10-76}$$

正则化系数 λ 努力平衡训练数据的拟合程度和模型本身的复杂程度：

（1）正则化系数过大，模型可能比较简单，但是有欠拟合的风险。模型可能没有学到训练数据中的一些特性，预测时也可能不准确；

（2）如果正则化系数过小，模型会比较复杂，但是有过度拟合的风险。模型努力学习训练数据的各类特性，但泛化预测能力可能不高；

（3）理想的正则化系数可以让模型有很好的泛化能力，不过，正则化系数一般与训练数据、业务场景等具体问题相联系，需要通过调整参数找到一个较优的选项。

10.2.5 统计学习理论与支持向量机

传统的模式识别和机器学习方法都是在样本数目足够多的前提下进行研究的，所提出的各种方法只有在样本数趋于无穷大时其性能才有理论上的保证。而在多数实际应用中，样本数目通常是有限的，尤其图像样本更是如此，因为图像所需的存储和计算量都比较大，对它进行大数量级的取样是不可想像的。

统计学习理论是一种研究训练样本有限情况下的机器学习规律的理论。它可以看作是基于数据的机器学习问题的一个特例,即有限样本情况下的特例。统计学习理论从一些观测(训练)样本出发,从而试图得到一些目前不能通过原理进行分析得到的规律,并利用这些规律来分析客观对象,从而可以利用规律来对未来的数据进行较为准确的预测。

统计学习理论主要是研究三个问题:

① 学习的统计性能:通过有限样本能否学习到其中的一些规律?

② 学习算法的收敛性:学习过程是否收敛?收敛的速度如何?

③ 学习过程的复杂性:学习器的复杂性、样本的复杂性、计算的复杂性如何?

如今,统计学习理论在模式分类、回归分析、概率密度估计方面发挥着越来越重要的作用。

统计模式识别问题是基于机器学习的一个范例。而基于机器学习的方法是现代智能技术中十分重要的一个分支,主要研究如何从一些样本出发得出目前不能通过原理分析得到的规律,利用这些规律去分析客观对象,对未来数据或无法观测的数据进行预测。统计学中关于估计的一致性、无偏性和估计方差的界,以及分类错误率等渐近性特征在实际应用中往往得不到满足,而这种问题在高维空间时更是如此。这实际上是包含模式识别和神经网络等在内的现有的机器学习理论和方法中的一个根本问题。Viadimir N. Vapnik 等人在 20 世纪 60 年代就开始研究有限样本情况下的机器学习问题,但由于当时这些研究尚不十分完善,在解决模式识别问题中往往趋于保守,且数学上有很大难度,直到 90 年代以前并没有提出能够将其理论付诸实现的较好方法。加之当时正处在其他学习方法飞速发展的时期,因此这些研究一直没有得到充分的重视。直到 90 年代中,有限样本情况下的机器学习理论研究逐渐成熟起来,形成了一个较完善的理论体系——统计学习理论。同时,也发展了一种新的模式识别方法——支持向量机,它可以较好地解决小样本学习问题。

1. 机器学习理论的基本问题

基于数据的机器学习是现代智能技术中十分重要的一个方面,主要研究如何从一些观测数据(样本)出发得到目前尚不能通过原理分析得到的规律,利用这些规律去分析客观对象,对未来数据或无法观测的数据进行预测。

机器学习问题的基本模型,可以用图 10-13 表示,其中,系统 S 是研究的对象,它在一定输入 $\boldsymbol{x}$ 下得到一定的输出 $\boldsymbol{y}$,LM 是所求的学习机,输出为$\hat{y}$。机器学习的目的是根据给定的已知训练样本求取对系统输入/输出之间依赖关系的估计,使它能对未知输出做尽可能准确的预测。

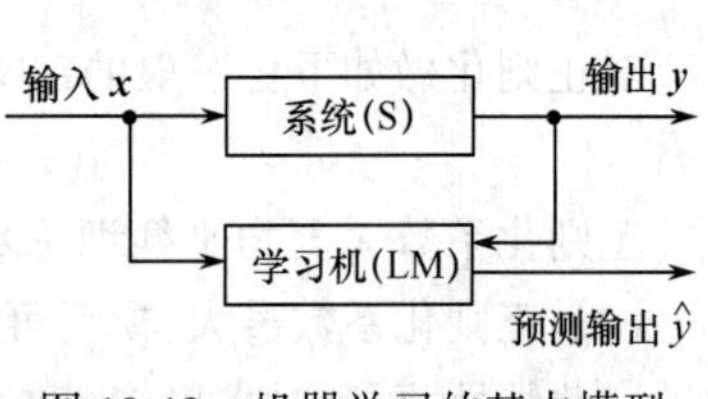

图 10-13　机器学习的基本模型

机器学习问题可以形式化地表示为:已知变量 $\boldsymbol{y}$ 与输入 $\boldsymbol{x}$ 之间存在一定的未知依赖关系,即存在一个未知的联合概率 $F(\boldsymbol{x},\boldsymbol{y})$,机器学习就是根据 n 个独立同分布观测样本

$$(\boldsymbol{x}_1,\boldsymbol{y}_1),(\boldsymbol{x}_2,\boldsymbol{y}_2),\cdots,(\boldsymbol{x}_n,\boldsymbol{y}_n)$$

在一组函数 $\{f(\boldsymbol{x},\omega)\}$ 中求一个最优的函数 $f(\boldsymbol{x},\omega_0)$。使预测的期望风险最小。

$$R(\omega)=\int L[\boldsymbol{y},f(\boldsymbol{x},\omega)]\mathrm{d}F(\boldsymbol{x},\boldsymbol{y}) \tag{10-77}$$

式中,$\{f(\boldsymbol{x},\omega)\}$ 称为预测函数集,$\omega\in\Omega$ 为函数的广义参数,故 $\{f(\boldsymbol{x},\omega)\}$ 可以表示任何函数集;$L[\boldsymbol{y},f(\boldsymbol{x},\omega)]$ 为由于用 $f(\boldsymbol{x},\omega)$ 对 $\boldsymbol{y}$ 进行预测而造成的损失。不同类型的机器学习问题有不同形式的损失函数。预测函数通常也称作学习函数、学习模型或学习机器。

有三类基本的学习机器问题,它们是模式识别、函数逼近和概率密度估计。

对于模式识别问题,系统输出就是类别标号。在两类情况下,$y=\{0,1\}$ 或 $y=\{-1,1\}$ 是二值函数,这时预测函数称作指示函数,也称作判别函数。模式识别问题中损失函数的基本定义可以是

$$L(y,f(\boldsymbol{x},\omega))=\begin{cases}0 & \text{如果 } y=f(\boldsymbol{x},\omega)\\ 1 & \text{如果 } y\neq f(\boldsymbol{x},\omega)\end{cases} \tag{10-78}$$

要使式(10-77)定义的期望风险最小化,必须依赖关于联合概率 $F(\boldsymbol{x},\boldsymbol{y})$ 的信息,在模式识别问题中就是必须已知类先验概率和类条件概率密度。但是,在实际的机器学习问题中,我们只能利用已知样本的信息,因此,期望风险无法计算和最小化。

在实际中,常用算术平均代替式中的数学期望,于是定义

$$R_{\text{emp}}(\omega)=\frac{1}{n}\sum_{i=1}^{n}L[\boldsymbol{y}_i,f(\boldsymbol{x}_i,\omega)] \tag{10-79}$$

来逼近式中的期望风险,也称为经验风险。相应的,对参数 ω 求经验风险 $R_{\text{emp}}(\omega)$ 的最小值就称之为经验风险最小化(ERM)原则。

然而,从期望风险最小化到经验风险最小化并没有可靠的理论依据,所以必然存在着一些问题。

在以往的学习机器实践中,人们往往注重经验风险最小化的实现,但很快便发现,一味追求训练误差最小并不总能达到好的预测效果。将学习机器对未来输出进行正确预测的能力称为推广能力(或称泛化能力)。某些情况下,当训练误差过小反而会导致推广能力的下降。之所以出现这种现象,一是因为学习样本不充分,二是学习机器设计不合理,这两个问题是相互关联的。

所以说,经验风险最小化并不一定意味着期望风险最小,学习机器的复杂性不但与所研究的系统有关,而且要和有限的学习样本相适应。

2. 统计学习理论的核心内容

统计学习理论被认为是目前针对小样本统计估计和预测学习的最佳理论。它从理论上较系统地研究了经验风险最小化原则成立的条件、有限样本下经验风险与期望风险的关系及如何利用这些理论找到新的学习原则和方法等问题。

研究表明,当训练样本数目趋于无穷大时,经验风险的最优值能够收敛到真实风险的最优值,这就是所谓的学习过程的一致性。只有满足一致性条件,才能保证在经验风险最小化原则下得到的最优方法当样本无穷大时趋近于使期望风险最小的最优结果。这种关系如图 10-14 所示。

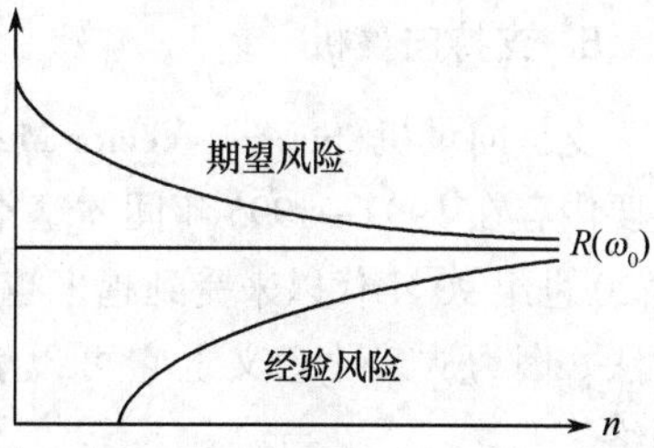

图 10-14 经验风险和真实风险的关系示意图

对于有界损失函数,经验风险最小化学习一致的充要条件是经验风险在如下意义上一致地收敛于真实风险

$$\lim_{n\to\infty}P\{\sup_{\omega}[R(\omega)-R_{\text{emp}}(\omega)]>\varepsilon\}=0 \quad \forall\varepsilon>0 \tag{10-80}$$

式中,P 表示概率,$R_{\text{emp}}(\omega)$ 和 $R(\omega)$ 分别表示在 n 个样本下的经验风险和对于同一 ω 的真实风险。这就是在统计学习理论中的重要定理——学习理论的关键定理。该定理把学习一致性问题转化为上式的一致收敛问题。它既依赖于预测函数集,也依赖于样本的概率分布。

3. VC 维

VC 维(Vapnik-Chervonenkis Dimension)是为了研究函数集在经验风险最小化原则下的学习一致性问题和一致性收敛速度而定义的。

一般来讲,VC 维是一组函数的特性,这种特性是各类函数集都具有的。这里仅考虑两类的模式识别问题。假如存在一个有 h 个样本的样本集能够被一个函数集中的函数按照所有可能的形式分成两类,则称函数集能够把样本数为 h 的样本集打散(shattering)。函数集的 VC 维就是用这个函数集所能打散的最大样本集的样本数目。也就是说,如果存在 h 个样本的样本集能够被函数集打散,而不存在有 $h+1$ 个样本集能够被函数集打散,则函数集的 VC 维就是 h。如果对于任意样本数,总能找到一个样本集能够被这个函数集打散,则函数集的 VC 维就是无穷大。研究表明,经验风险最小化

学习过程一致的充分必要条件是函数集的 VC 维有限,且这时的收敛速度是最快的。

VC 维是统计学习理论中的一个核心概念,它是目前为止对函数集学习性能的最好的描述指标。

实际上,经验风险最小化原则下学习机器的实际风险是由两部分组成,可以写作

$$R(\omega) \leqslant R_{\text{emp}}(\omega)+\Phi \tag{10-81}$$

其中第一部分为训练样本的经验风险,另一部分称为置信范围,也称为 VC 信任(VC confidence)。

4. 结构风险最小化

从前面的讨论中可以看出,传统的机器学习方法中普遍采用的经验风险最小化原则在样本数目有限时是不合理的,因为经验风险和置信范围需要同时最小化。事实上,在传统方法中,我们选择学习模型和算法的过程就是优化置信范围的过程。所以,选择最小经验风险与置信范围之和最小的函数集,可以达到期望风险最小。在实际实现中,我们可以把函数集分成一个函数子集序列,使各个子集能按 VC 的大小排列(也就是按 Φ 的大小排列),这样,在同一个子集中置信范围相同,在每一个子集中寻找最小风险,选择最小经验风险与置信范围之和最小的子集,就可以达到期望风险最小。这个子集中使经验风险最小的函数就是要求的最优函数,这种思想称为结构风险最小化(Structural Risk Minimization),简称 SRM 原则。

在结构风险最小化原则下,一个分类器的设计过程包括以下两方面的任务:

1) 选择一个适当的函数子集(使之对问题来说有最优的分类能力);

2) 从这个子集中选择一个判别函数(使经验风险最小)。

结构风险最小化原则为我们提供了一种不同于经验风险最小化的更科学的学习机器设计原则,而支持向量机则是这一原则的具体应用成果。

5. 支持向量机

支持向量机(Support Vector Machines,简称 SVM 方法)是实现统计学习理论的一种具体方法,其主要内容在 1992—1995 年间才基本完成,目前仍处在不断发展阶段。可以说,统计学习理论之所以从 20 世纪 90 年代以来受到越来越多的重视,在很大程度上是因为提出了支持向量机这一通用学习方法。因为从某种意义上它可以表示成类似神经网络的形式,支持向量机起初也称为支持向量网络。

支持向量机是从线性可分情况下的最优分类面(Optimal Hyperplane)提出的。考虑图 10-15 中所示的二维两类线性可分情况,图中的两类点分别表示两类训练样本,H 是把两类没有错误地分开的分类线,H_1、H_2 分别为过各类样本中离分类线最近的且平行于分类线的直线,H_1 和 H_2 之间的距离叫作两类的分类空隙或分类间隔(margin)。所谓最优分类线就是要求分类线不但能将两类无错误地分开,而且要使两类的分类空隙最大。前者保证经验风险最小,而分类空隙最大实际上就是使置信范围最小,从而使真实风险最小。

设:线性可分样本为(x_i, y_i),$i=1,2,\cdots,n$,$\boldsymbol{x}\in R^d$,$y\in\{+1,-1\}$是类别标号。d 维空间中线性判别函数的一般形式为 $g(\boldsymbol{x})=\boldsymbol{w}\cdot\boldsymbol{x}+b$,分类面方程为

$$\boldsymbol{w}\cdot\boldsymbol{x}+b=0 \tag{10-82}$$

将判别函数归一化,使两类所有样本都满足 $g(\boldsymbol{x})\geqslant 1$,这样,离分离面最近的样本的 $|g(\boldsymbol{x})|=1$,这样分类间隔就等于 $2/\|\boldsymbol{w}\|$,因此,间隔最大等价于使$\|\boldsymbol{w}\|$(或$\|\boldsymbol{w}\|^2$)最小;而要求分类线对所有样本正确分类,就是要求它满足

$$y_i[(\boldsymbol{w}\cdot\boldsymbol{x}_i)+b]-1\geqslant 0 \quad i=1,2,\cdots,n \tag{10-83}$$

因此,满足上述条件且使$\|\boldsymbol{w}\|^2$ 最小的分类面就是最优分类面。过两类样本中离分类面最近的点且平行于最优分类面的超平面 H_1、H_2 上的训练样本就是式(10-83)中使等号成立的那些样本,它们叫

作支持向量(Support Vectors)。因为它们支撑了最优分类面,最优分类面的示意图如图 10-15 所示,图中用圆圈标出的点为支持向量。

最优分类面的问题可以表示成约束优化问题,即在式(10-83)的约束下,求函数

$$\phi(\boldsymbol{w})=\frac{1}{2}\|\boldsymbol{w}\|^2=\frac{1}{2}(\boldsymbol{w}\cdot\boldsymbol{w}) \tag{10-84}$$

的最小值。为此,定义如下拉各朗日函数

$$L(\boldsymbol{w},b,\boldsymbol{\alpha})=\frac{1}{2}(\boldsymbol{w}\cdot\boldsymbol{w})-\sum_{i=1}^{n}\alpha_i\{y_i[(\boldsymbol{w}\cdot\boldsymbol{x}_i)+b]-1\} \tag{10-85}$$

式中,$\alpha_i>0$ 为拉各朗日系数,对 $\boldsymbol{w}$ 和 b 求拉各朗日函数的极小值。

把式(10-85)分别对 $\boldsymbol{w}$ 和 b 求偏微分并令它们等于 0,就可以把原问题转化为如下这种较简单的对偶问题:在约束条件

$$\sum_{i=1}^{n}y_i\alpha_i=0 \qquad \alpha_i\geqslant 0, i=1,2,\cdots,n \tag{10-86}$$

之下对 α_i 求解下列函数的最大值

$$Q(\alpha)=\sum_{i=1}^{n}\alpha_i-\frac{1}{2}\sum_{i,j=1}^{n}\alpha_i\alpha_j y_i y_j(\boldsymbol{x}_i\cdot\boldsymbol{x}_j)。 \tag{10-87}$$

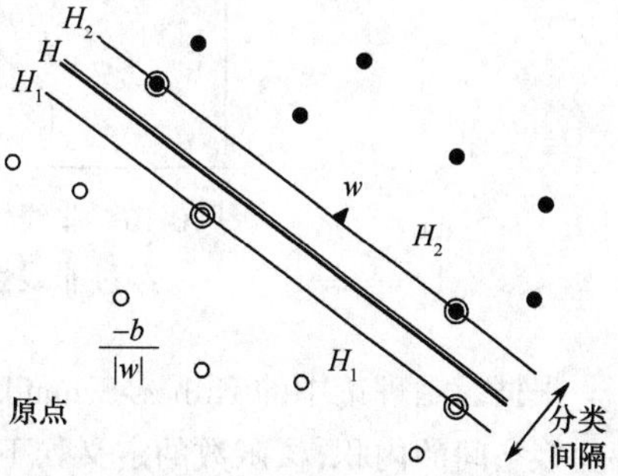

图 10-15　最优分类面示意图

若 α_i^* 为最优解,则 $\boldsymbol{w}^*=\sum_{i=1}^{n}\alpha_i^* y_i\boldsymbol{x}_i$ (10-88)

即最优分类面的权系数向量是训练样本向量的线性组合。

这是一个不等式约束下的二次函数极值问题,存在唯一解。且根据 Kühn-Tucker 条件,这个优化问题的解须满足

$$\alpha_i[y_i(\boldsymbol{w}\cdot\boldsymbol{x}_i+b)-1]=0, i=1,2,\cdots,n \tag{10-89}$$

因此,对多数样本 α_i^* 将为零,取值不为零的 α_i^* 对应于使式(10-83)等号成立的样本,即支持向量,它们通常只是全体样本中的很少一部分。

求解上述问题后得到的最优分类函数是

$$f(\boldsymbol{x})=\operatorname{sgn}\{(\boldsymbol{w}^*\cdot\boldsymbol{x})+b^*\}=\operatorname{sgn}\left\{\sum_{i=1}^{n}\alpha_i^* y_i(\boldsymbol{x}_i\cdot\boldsymbol{x})+b^*\right\} \tag{10-90}$$

由于非支持向量对应的 α_i^* 均为零,因此,式中的求和实际上只对支持向量进行。而 b^* 是分类的阈值,可以由任意一个支持向量用式(10-83)求得,或通过两类中任意一对支持向量取中值求得。

上面讨论的最优分类面仅限于样本线性可分的情况,分类函数(10-90)中只包括待分样本与训练样本中的支持向量的内积运算($\boldsymbol{x}_i\cdot\boldsymbol{x}$),同样,它的求解过程式(10-86)~式(10-88)也只涉及训练样本之间的内积运算($\boldsymbol{x}_i\cdot\boldsymbol{x}_j$),可见,要解决一个特征空间的最优线性分类问题,只要知道该空间的内积运算即可。

如果问题定义的空间不是线性可分的,则必须通过非线性变换来解决这些样本的分类问题。于是,定义非线性变换 $\boldsymbol{\Phi}:R^d\rightarrow F$,将原空间 R^d 映射到另一个高维空间 F,将原空间的向量 $\boldsymbol{x}=[x_1,x_2,\cdots,x_d]$映射成新空间的向量 $\boldsymbol{\Phi}(\boldsymbol{x})=[\boldsymbol{\Phi}_1(\boldsymbol{x}),\boldsymbol{\Phi}_2(\boldsymbol{x}),\cdots,\boldsymbol{\Phi}_N(\boldsymbol{x})]$,使经过映射之后的样本在新的高维空间中变得线性可分,并在空间 F 中求最优分类面。经过映射之后,内积运算变成如下形式($\boldsymbol{\Phi}(\boldsymbol{x})\cdot\boldsymbol{\Phi}(\boldsymbol{x}_i)$)。此时的优化函数式(10-87)变为

$$Q(\alpha)=\sum_{i=1}^{n}\alpha_i-\frac{1}{2}\sum_{i,j=1}^{n}\alpha_i\alpha_j y_i y_j(\boldsymbol{\Phi}(\boldsymbol{x}_i)\cdot\boldsymbol{\Phi}(\boldsymbol{x}_j)) \tag{10-91}$$

相应的判别函数式(10-90)变为

$$f(x) = \mathrm{sgn}\left[\sum_{i=1}^{n} \alpha_i^* y_i(\boldsymbol{\Phi}(\boldsymbol{x}_i) \cdot \boldsymbol{\Phi}(\boldsymbol{x})) + b^*\right] \tag{10-92}$$

非线性映射的理论基础是 Cover 关于样本可分性的理论,该理论指出,一个线性不可分的多维样本空间可以映射到一个全新的线性可分的高维空间进行处理。这种映射必须满足两个条件,首先,映射是非线性的;其次,特征空间的维数必须相当高。这种非线性变换可以解决实际操作中的高维空间计算问题,可以使某些高维映射的内积运算变得简单。非线性映射示意图如图 10-16 所示。

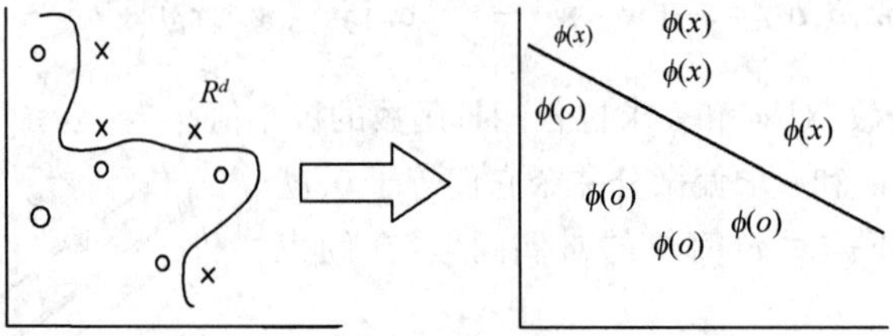

图 10-16　非线性映射示意图,线性不可分的样本空间(左)
经过非线性映射后成为线性可分的新空间(右)

根据泛函理论中的 Hilbert-Schmidt 原理,只要一种核函数 $K(\boldsymbol{x},\boldsymbol{y})$ 满足 Mercer 条件,它就对应某一变换空间的内积,核函数的定义如下

$$K(\boldsymbol{x},\boldsymbol{y}) = \boldsymbol{\Phi}(\boldsymbol{x}) \cdot \boldsymbol{\Phi}(\boldsymbol{y}) \tag{10-93}$$

这样的话,只要选择合适的核函数,然后用内积函数代替分类函数式(10-92)中的内积,就构成了支持向量机,具体形式见式(10-94)。其建立过程不考虑非线性映射的具体形式,而只需进行核函数的计算[式(10-93)]。

$$f(\boldsymbol{x}) = \mathrm{sgn}\left(\sum_{i=1}^{n} \alpha_i^* y_i K(\boldsymbol{x}_i \cdot \boldsymbol{x}) + b^*\right) \tag{10-94}$$

支持向量机求得的分类函数形式上类似于一个神经网络,其输出是若干中间层节点的线性组合,而每个中间层节点对应于输入样本与一个支持向量的内积(非线性样本可用核函数代替)。由于最终的判别函数实际只包含支持向量的内积和求和,因此,识别时的计算复杂度取决于支持向量的个数。

核函数有多种形式,这里列出常用的几种:

(1) 多项式形式核函数　　$K(\boldsymbol{x},\boldsymbol{y}) = (\boldsymbol{x} \cdot \boldsymbol{y}+1)^q$　　(10-95)

(2) 高斯径向基核函数　　$K(\boldsymbol{x},\boldsymbol{y}) = e^{-\|x-y\|^2/2\sigma^2}$　　(10-96)

(3) Sigmoid 核函数　　$K(\boldsymbol{x},\boldsymbol{y}) = \tanh(\kappa \boldsymbol{x} \cdot \boldsymbol{y} - \delta)$　　(10-97)

统计学习理论和支持向量机的算法之所以从 20 世纪 90 年代以来受到很大的重视,在于它们对有限样本情况下模式识别中的一些根本性的问题进行了系统的理论研究,并且在此基础上建立了一种较好的通用学习算法。以往很多困扰学习机器方法的问题,在这里都得到了一定程度的解决。而且,很多传统的学习机器方法都可以看作是支持向量机的一种实现,因而统计学习理论和支持向量机被很多人看作研究学习机器问题的一个基本框架。

10.3　神经网络与深度学习

神经网络的出现可追溯到 20 世纪 40 年代初。1943 年心理学家 W. McCulloch 和数理逻辑学家 W. Pitts 在分析、总结神经元基本特性的基础上,首先提出了神经元的数学模型——二元阈值形式的神经元模型,以及涉及 0-1 和 1-0 状态变化的随机算法,作为神经系统建模的基础。1945 年 J. Von Neumann(冯·诺依曼)领导的设计小组试制成功存储程序式计算机,开启了电子计算机时代,他在研究人脑结构与存储程序式计算机的根本区别时，提出了简单神经元构成的自再生自动机网络结构。但是，由于指令存储式计算机的迅速发展，他放弃了神经网络的研究，我们今天在广泛应用冯·诺依曼的指令程序计算机时，不能忘记冯·诺依曼也是神经网络研究的先驱者之一。随后，1949 年 Hebb 建立了数学模型，这些数学模型试图通过强化或联想来得到学习的概念。

20 世纪 50 年代中期和 60 年代初，F. Rosenblatt 提出了一类所谓的感知机(perceptron)的概念，这项工作首次把人工神经网络研究从理论探讨付诸工程实践。数学证明指出在使用线性可分离的训练集时，感知机会在有限的迭代步骤内收敛到一个解。这个解的形式是超平面参数(系数)，它能够正确地分离由训练集的模式表示的类。当时，许多实验室仿效制作感知机，并分别用于文字识别、声音识别、声呐信号识别，以及学习记忆问题的研究。但是这一研究高潮没有持续多久，由于当时数字计算机处于全胜时期，许多人认为计算机可以解决一切问题，另外由于当时电子技术相对落后，制作规模上与真实神经网络相比拟的神经网络困难重重，且成本极高；对于大多数具有实际意义的模式识别任务来说，基本的感知机难以推广。随后，研究人员试图通过使用多层这样的感知机来提升它的性能，但缺少有效的算法。Nilsson[1965]在 20 世纪 60 年代中期总结了感知机的现状。此外，Minsky 和 Papert 于 1969 年出版的专著“感知机”论证了简单的线性感知机功能有限，连“异或(XOR)”这样的基本问题都不能解决，因此，导致一批研究人员对人工神经网络失去了信心，从此，神经网络的研究进入了低潮。20 世纪 80 年代初期，随着 VLSI 集成电路制作技术飞速发展和广泛应用，1982 年和 1984 年美国物理学家 Hopfield 发表两篇关于人工神经网络的研究论文并引起巨大反响。他引用能量函数(Lyapunov 函数)的概念使得神经网络的平衡稳定状态有了明确的判据方法，并制作出了硬件原理模型，为硬件实现神经网络奠定了坚实的基础，将这些成果用于求解计算机不善于解决的问题，如旅行商最优路径(TSP)问题，取得了令人满意的结果，由此，形成了 80 年代中期人工神经网络研究的新热潮。

1986 年，Rumelhart、Hinton 和 Williams 发表了最新的研究成果，针对多层类感知机单元开发了新训练算法后，大大地改变了研究进程。他们的基本方法称为反向传播(Back Propagation，BP)算法，这为多层网络提供了一种有效的训练方法，这种算法从后向前修正各层之间的连接权重，可以求解感知机不能解决的问题，从实践上证明了人工神经网络有很强的运算能力，否定了 Minsky 等人的错误结论。虽然这种训练算法不能收敛到单层感知机证明意义上的解，但反向传播能够产生彻底改变模式识别领域的结果。

迄今为止研究的模式识别方法，都需要采用人类工程技术将原始数据变换为适合计算机处理的格式。与这些方法不同，神经网络可以使用反向传播从原始数据开始，自动地学习适合于识别的表示。网络中的每层将这一表示“精炼”为多个更抽象的层。这种多层的学习通常称为深度学习，并且这种能力是神经网络应用取得成功的根本原因之一。当今，深度学习的实际实现通常是与大数据集相关的。

当然，它仍然需要人来规定参数，如层数、每层人工神经元的数量及与问题相关的系数等。教会复杂的多层神经网络正确地进行识别并不是一门科学，而是需要设计者具备大量知识和经验的艺术。模式识别的无数应用，尤其是在受限环境中，最好使用更“传统”的方法来处理。

2006 年，Hinton 等人在 *Science* 上发表文章，其主要观点是：(1)多隐藏层的人工神经网络具有优异的特征学习能力；(2)可通过“逐层预训练”(Layer-wise pre-training)来有效克服深层神经网络在训练上的困难，从此引出了深度学习(Deep Learning)的研究，同时也掀起了人工神经网络的又一热潮。在深度学习的逐层预训练算法中，首先将无监督学习应用于网络每一层的预训练，每次只无监督地训练一层，并将该层的训练结果作为其下一层的输入，然后再用有监督学习(BP 算法)微调预训练好的网络。这种深度学习预训练方法在手写体数字识别或者行人检测中，特别是当标注样本数量有限时能使识别效果或者检测效果得到显著提升。Bengio 系统地介绍了深度学习所包含的网络结构和学习方法。目前,常用的深度学习模型有深度置信网络(Deep Belief Network)、层叠自动去噪编码机(Stacked Deoising Autoencoders)、卷积神经网络(Convolutional Neural Network)等。2016年1月28日,英国*Nature*杂志以封面文章形式报道:谷歌旗下人工智能公司深灵(DeepMind)开发的Alph Go在国际象棋对弈中以5:0战胜了卫冕欧洲冠军。Alph Go主要采用价值网络(Value Networks)来评估棋盘的位置,用策略网络(Policy Network)来选择下棋步法,这两种网络都是深层神经网络模型。Alph Go所取得的成果是深度学习带来的人工智能的又一次突破,这也说明了深度学习的巨大潜力。

深度学习在挑战其他求解方法的应用中也表现突出。引入反向传播后的20年间,神经网络在广泛的应用中取得了成功。如语音识别这类应用,在人们的日常生活中已不可或缺。

虽然神经网络的实际应用可以列出很多,但这种技术在图像模式分类中的应用却进展缓慢。我们很快就会看到,在图像处理中使用神经网络的基础是称为卷积神经网络(即CNN或ConvNet)的神经网络结构。CNN的最早应用之一是LeCun等人[1989]关于读取手写美国邮政编码的工作。此后不久又出现了其他一些应用,但直到2012年公布ImageNet Challenge结果后,CNN才被广泛用于图像模式识别。今天,CNN已成为求解复杂图像识别任务的首选方法。

10.3.1 感知机

感知机(perceptron)是二分类的线性分类模型,属于有监督学习算法。输入为事件的特征向量,输出为事件的类别(取+1和-1)。感知机旨在求出将输入空间中的事件分为两类的分离超平面。为求得超平面,感知机引入了基于误分类的损失函数(或称代价函数),一般利用梯度下降法对损失函数进行最优化求解。

1. 感知机基本原理

感知机的基本模型如图10-17所示。

由图可见,这个简单“感知机”的功能是用训练过程找到权重 w_k 和偏置(bias) w_{n+1},形成一个输入模式 $x_1, x_2, \cdots, x_n$ 的乘积之和。这一运算的输出是一个标量值,这个标量值通过一个激活函数,产生这个单元的输出。对于感知机来说,激活函数是一个阈值处理函数。如果阈值处理后的输出为+1,那么这个模式属于类别 c_1;如果阈值处理后的输出为-1,那么这个模式属于类别 c_2。值1和-1有时用于表示两个可能的输出状态。

感知机在几何上可以用图10-18来描述,线性方程 $\boldsymbol{w}\cdot\boldsymbol{x}+b$ 对应特征空间 $\boldsymbol{R}^n$ 中的一个超平面 S,其中 $\boldsymbol{w}$ 是超平面的法向量,b 是超平面的截距。该超平面将特征空间分为两个部分,即将特征向量分为正负两类。因此,超平面 S 成为分离超平面。

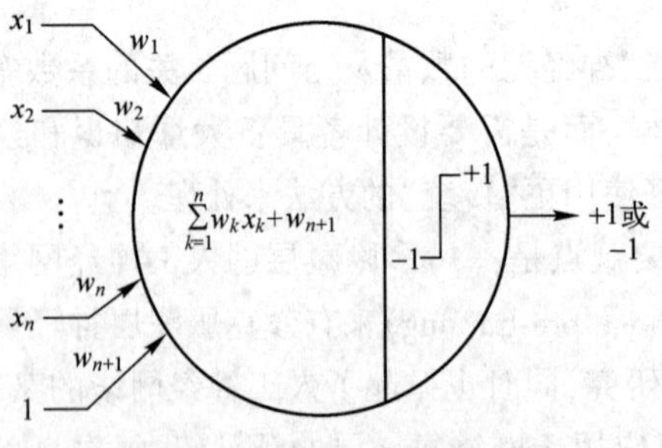

图10-17 感知机的基本模型

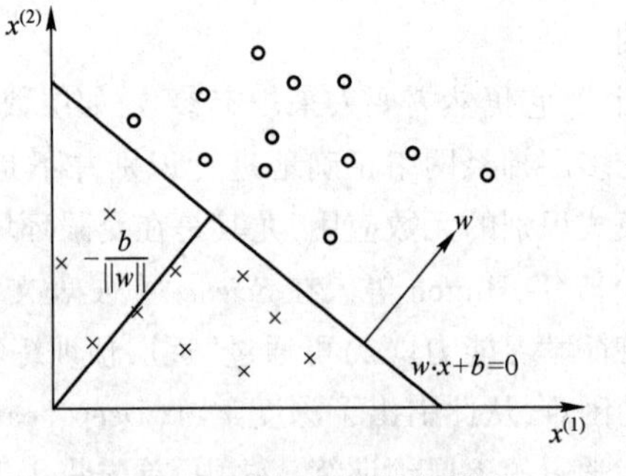

图10-18 感知机的几何描述

如果训练数据集是线性可分的,如图10-19所示,则感知机一定能求得分离的超平面。如果是非线性可分的,如图10-20所示,则无法获得超平面。

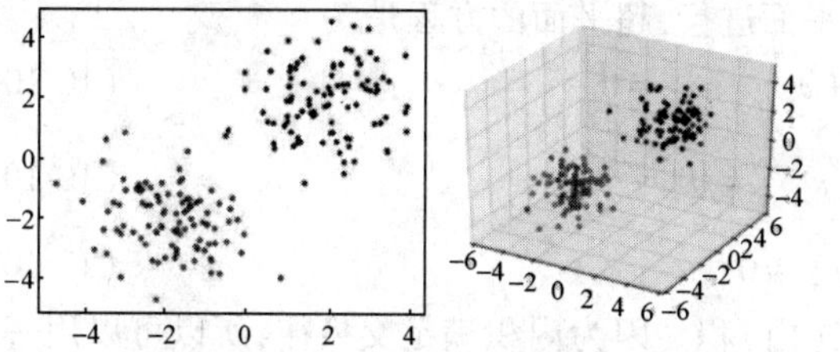

图 10-19　线性可分数据集

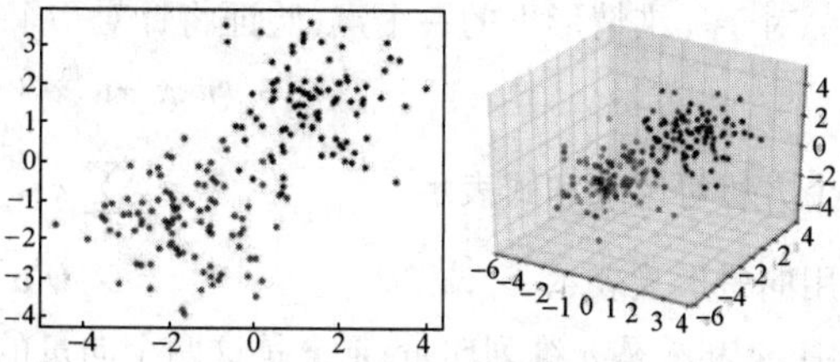

图 10-20　线性不可分数据集

假设训练数据集是线性可分的，为了找出一个能够将训练数据集正事件点和负事件点完全正确分开的超平面，就需要确定感知机模型参数 $\boldsymbol{w}$、b（这里 b 相当于图 10-17 中的 w_{n+1}）。感知机学习的目标函数是：

$$f(\boldsymbol{x})=\operatorname{sign}(\boldsymbol{w}\cdot\boldsymbol{x}+b) \tag{10-98}$$

sign(y)是符号函数：

$$\operatorname{sign}(y)=\begin{cases}+1 & y\geqslant 0\\ -1 & y<0\end{cases} \tag{10-99}$$

在这里 $y=\boldsymbol{w}\cdot\boldsymbol{x}+b$。根据上式可知 $y=0$ 时为分类的边界（超平面 S）。

对于数据集 $\boldsymbol{x}=\{(x_1,y_1),(x_2,y_2),\cdots,(x_n,y_n)\}$，如果能够将数据集的正负事件完全正确地划分到超平面的两侧，即对于所有 $y_i=+1$ 的事件 $\boldsymbol{x}_i$，有 $\boldsymbol{w}\cdot\boldsymbol{x}_i+b>0$，对于所有 $y_i=-1$ 的事件 $\boldsymbol{x}_i$，有 $\boldsymbol{w}\cdot\boldsymbol{x}_i+b<0$，则称这个数据集为线性可分的数据集，否则数据集为线性不可分的。所以，如果数据集是线性可分的，感知机的学习目标就是求得一个能够将训练集正负事件完全分开的超平面，其实就是要确定感知机的模型参数 $\boldsymbol{w}$ 和 b。

单个感知机单元学习两个线性可分离模式类之间的线性边界比较简单。图 10-21 是两个维度上可能最简单的例子：有两个模式类，每个模式类都由单个模式组成。二维情形下的线性边界是 $y=ax+b$ 的一条直线，其中 a 是斜率，b 是 y 的截距，如果 $b=0$，这条直线过原点。因此，b 的作用是在不影响直线斜率的情况下，将直线从原点移为该直线的位置。因此，这种离开坐标原点的“浮动”系数通常称为偏置（bias）。

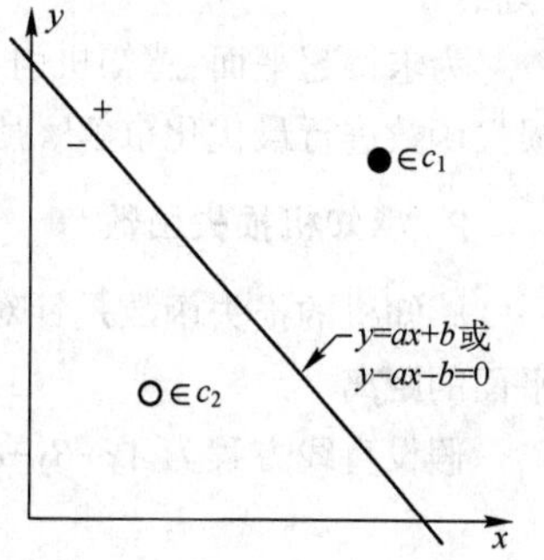

图 10-21　决策边界是一条直线

我们的兴趣是图 10-21 中分离这两个类的一条直线。这是一条按如下方式定位的直线：来自类 c_1 的模式 (x_1,y_1) 位于直线的一侧，来自类 c_2 的模式 (x_2,y_2) 位于直线的另一侧。直线上的点 (x,y) 的轨迹满足公式：$y-ax-b=0$。可以证明，对于直线一侧的任何点来说，把其坐标值代入这个公式会得到一个正值，对于直线另一侧的点来说，会得到一个负值。

一般来说，我们会在更高的维度上处理模式，因此需要更通用的方法来表示。在 n 维情形下的点是向量。一个向量可表示为 $\boldsymbol{X}=[x_1,x_2,\cdots,x_n]^{\mathrm{T}}$。对于分离两个类的边界系数，使用 $\boldsymbol{W}=[w_1,w_2,\cdots,w_n,w_{n+1}]^{\mathrm{T}}$ 来表示，其中 w_{n+1} 是偏置（也就是前边所讲的 b）。这种表示方法中，线的一般公式是 $w_1x_1+w_2x_2+w_3=0$［可将其表示为斜截式 $x_2+(w_1/w_2)x_1+w_3/w_2=0$）］，其中，$w_3$ 是偏置。如图 10-22 所示，我们看到 $y=x_2$，$x=x_1$，$a=w_1/w_2$ 和 $b=w_3/w_2$。如果 $w_1x_1+w_2x_2+w_3>0$，那么我们说任意点 (x_1,x_2) 位于一条直线的正侧，反之则位于一条直线的负侧。对于三维情形下的点，我们使用平面处理该公式，$w_1x_1+w_2x_2+w_3x_3+w_4=0$，但会执行完全相同的验证方法来了解点是在平面的正侧，还是在平面的负侧。

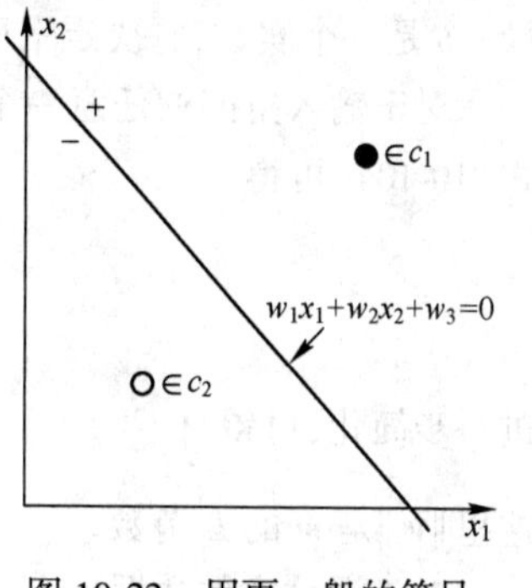

图 10-22　用更一般的符号表示决策边界

对于 n 维情形下的一个点,验证将针对一个超平面进行,超平面的方程是

$$w_1x_1+w_2x_2+\cdots+w_nx_n+w_{n+1}=0 \tag{10-100}$$

这个方程可用求和式表示

$$\sum_{i=1}^{n} w_ix_i + w_{n+1} = 0 \tag{10-101}$$

或用向量形式表示

$$\boldsymbol{w}^{\mathrm{T}}\boldsymbol{x}+w_{n+1}=0 \tag{10-102}$$

式中,$\boldsymbol{w}$ 和 $\boldsymbol{x}$ 是 n 维列向量,$\boldsymbol{w}^{\mathrm{T}}\boldsymbol{x}$ 是这两个向量的点(内)积。因为内积满足交换律,所以可以用等效形式 $\boldsymbol{x}^{\mathrm{T}}\boldsymbol{w}+w_{n+1}=0$ 来表示式(10-102)。我们称 $\boldsymbol{w}$ 为一个权向量,称 w_{n+1} 为偏置。由于偏置总是一个乘以 1 的权重,所以,有时我们引用权向量来表示偏置。

描述一般形式的分类问题时,给定向量总体中的任意模式向量 $\boldsymbol{x}$,我们想要找到一组具有这种性质的权值。

$$\boldsymbol{w}^{\mathrm{T}}\boldsymbol{x}+w_{n+1}=\begin{cases}>0 & \text{如果 } \boldsymbol{x}\in c_1\\ <0 & \text{如果 } \boldsymbol{x}\in c_2\end{cases} \tag{10-103}$$

在 2 维中找到分离两个线性可分模式类的分界线可以通过检验的方法来完成。对三维数据进行可视化检验方法找出分离界面比较困难,但是可行。当 $n>3$ 时,一般通过检验方法不可能找到分离的超平面。我们不得不求助于一种算法来寻找解决方案。感知机就是这种算法的实现,它试图通过迭代地遍历两类中每类的模式来寻找一个解。它从任意权向量和偏置开始,如果类别是线性可分的,则可以保证在有限的迭代次数中收敛。

感知机具有简单而易于实现的优点,感知机预测是用学习得到的感知机模型对新的事件进行预测,因此属于判别模型。感知机是神经网络和支持向量机的基础。下面介绍感知机的基本原理和算法。

为求得超平面,感知机引入了基于误分类的损失函数(或称代价函数),然后利用梯度下降法对损失函数进行最优化求解。所以我们首先要定义损失函数。

2. 感知机损失函数

感知机的损失函数是针对误分类点的,我们的目标是不断地调整参数,以最小化误分类点到超平面的距离。

假设直线方程为 $Ax+By+c=0$,点 P 的坐标为(x_0,y_0),则 P 点到直线的距离为:

$$d=\frac{Ax_0+By_0+C}{\sqrt{A^2+B^2}} \tag{10-104}$$

而 d 维空间中的超平面由方程 $\boldsymbol{w}\cdot\boldsymbol{x}+b=0$ 来确定,其中,$\boldsymbol{w}$ 与 $\boldsymbol{x}$ 都是 d 维列向量,$\boldsymbol{x}=(x_1,x_2,\cdots x_d)^{\mathrm{T}}$为平面上的点,$\boldsymbol{w}=(w_1,w_2,\cdots w_d)^{\mathrm{T}}$为平面的法向量,· 代表向量的点乘,也叫向量的内积或数量积,对两个向量执行点乘运算,就是对这两个向量对应位一一相乘之后求和的操作,点乘的结果是一个标量。b 是一个实数,它决定平面与原点之间的距离。

对于输入空间的任意一个事件(x_i,y_i),所要计算的距离就是这个点到 $\boldsymbol{w}\cdot\boldsymbol{x}+b$ 的距离。代入式(10-104)可得

$$d=\frac{\boldsymbol{w}\cdot\boldsymbol{x}_i+b}{\sqrt{\boldsymbol{w}^2+1}} \tag{10-105}$$

进一步简化,可得

$$d(\boldsymbol{x})=\frac{1}{\|\boldsymbol{w}\|}|\boldsymbol{w}\cdot\boldsymbol{x}_i+b| \tag{10-106}$$

这里$\|\boldsymbol{w}\|$是 $\boldsymbol{w}$ 的 L_2范数。

对于误分类的数据(x_i,y_i)来说:$\boldsymbol{w}\cdot\boldsymbol{x}_i+b>0$ 时,$y_i=-1$;$\boldsymbol{w}\cdot\boldsymbol{x}_i+b<0$ 时,$y_i=+1$。所以

$$d(\boldsymbol{x})=-\frac{1}{\|\boldsymbol{w}\|}\sum y_i(\boldsymbol{w}\cdot\boldsymbol{x}_i+b) \quad \boldsymbol{x}_i\in M \tag{10-107}$$

其中，$y_i \in (+1,-1)$。

因此，误分类点 x_i 到超平面 S 的距离是：

$$-\frac{1}{\|\boldsymbol{w}\|}y_i(\boldsymbol{w}\cdot\boldsymbol{x}_i+b) \tag{10-108}$$

假设超平面 S 的误分类点的集合为 M，那么所有误分类点到 S 的总距离为：

$$-\frac{1}{\|\boldsymbol{w}\|}\sum_{x_i\in M}y_i(\boldsymbol{w}\cdot\boldsymbol{x}_i+b) \tag{10-109}$$

如果不考虑 $1/\|\boldsymbol{w}\|$，就得到感知机学习的损失函数：

$$L(w,b)=-\sum_{x_i\in M}y_i(\boldsymbol{w}\cdot\boldsymbol{x}_i+b) \tag{10-110}$$

这个损失函数就是感知机学习的经验风险函数。

显然，$L(w,b)$ 是非负的。如果所有分类都正确，则损失函数值为 0。而且，分类越正确，则误分类点离超平面越近，损失函数值越小。

因此，一个特定样本的损失函数，在误分类时是参数 $\boldsymbol{w},\boldsymbol{b}$ 的线性函数，正确分类时是 0。

3. 感知机的学习策略

如前边所述，感知机的数据集一定是线性可分的。基本策略是确定参数 $\boldsymbol{w}$ 和 b 来将正类事件和负类事件完全区分开，这就需要定义损失函数并将其最小化，最小化一般采用梯度下降法进行优化。

为清楚起见，我们在这里先介绍一下梯度下降法的概念。

梯度下降(Gradient Descent)法是迭代法的一种，可以用于求解最小二乘问题(线性和非线性都可以)。在求解机器学习算法的模型参数，即无约束优化问题时，梯度下降法是最常用的方法之一，另一种常用的方法是最小二乘法。在求解损失函数的最小值时，可以通过梯度下降法用迭代的方式求解，从而得到最小化的损失函数和模型参数值。反过来，如果我们需要求解损失函数的最大值，就需要用梯度上升法来迭代求解了。在机器学习中，有两种梯度下降法，分别为随机梯度下降法和批量梯度下降法。

梯度的概念大家并不陌生，在图像增强一章已有介绍与应用。对于可微的数量场 $f(x,y,z)$，以 $\left(\frac{\partial f}{\partial x},\frac{\partial f}{\partial y},\frac{\partial f}{\partial z}\right)$ 为分量的矢量场称为 f 的梯度。

梯度下降法是一个最优化算法，常在机器学习和人工智能中用来递归地逼近最小偏差模型。顾名思义，梯度下降法的计算过程就是沿梯度下降的方向求解极小值(当然，也可以沿梯度上升方向求解极大值)。其迭代公式为

$$a_{k+1}=a_k+\boldsymbol{\eta}_k s^{-(k)} \tag{10-111}$$

其中 $s^{-(k)}$ 代表梯度负方向，$\boldsymbol{\eta}_k$ 表示梯度方向上的搜索步长。梯度的方向可以通过对函数求导得到，步长选择比较麻烦，太大了可能会发散，太小了收敛速度又太慢。一般步长是由线性搜索算法来确定的，即把下一个点的坐标看作 a_{k+1} 的函数，然后求满足 $f(a_{k+1})$ 最小值的 a_{k+1} 即可。

一般情况下，如果梯度向量为 0，说明得到了一个极值点，此时梯度的幅值也为 0，而采用梯度下降法进行最优化求解时，算法迭代的终止条件是梯度向量的幅值接近 0，当然，也可以设置一个非常小的常数阈值作为终止条件。

我们举一个非常简单的例子来加以说明，例如，求函数 $f(x)=x^2$ 的最小值。梯度下降法解题步骤如下：

(1) 求 $f(x)$ 的梯度，$\frac{\partial f}{\partial x}=2x$。

(2) 向梯度相反的方向移动 x，即，$x\leftarrow x-\eta\cdot\frac{\partial f}{\partial x}$。其中，$\eta$ 为步长。如果步长足够小，则可以保证

每一次迭代都在减小，但可能导致收敛太慢，如果步长太大，则不能保证每一次迭代都减小，也不能保证收敛，所以要选择合适的步长。

(3) 循环迭代步骤 2，直到 x 的值变化到使得 $f(x)$ 在两次迭代之间的差值足够小(可根据具体问题设置一个足够小的阈值)，也就是说，直到两次迭代计算出来的 $f(x)$ 基本没有变化，则说明此时 $f(x)$ 已经达到局部最小值了。

(4) 此时，求出的这个 x 就会使 $f(x)$ 最小。

梯度下降法处理一些复杂的非线性函数会出现问题，如 Rosenbrock 函数：在数学最优化中，Rosenbrock 函数是一个用来测试最优化算法性能的非凸函数，由 Howard Harry Rosenbrock 在 1960 年提出。也称为 Rosenbrock 山谷或 Rosenbrock 香蕉函数，或简称香蕉函数。Rosenbrock 函数的定义如下：

$$f(x,y)=(a-x)^2+b(y-x^2)^2 \tag{10-112}$$

Rosenbrock 函数的每个等高线大致呈抛物线形，其全域最小值也位于抛物线的山谷中。很容易找到这个山谷，但由于山谷内的值变化不大，要找到全域的最小值相当困难。其全域最小值位于 $(x,y)=(1,1)$ 点，函数值为 $f(x,y)=0$。有时第二项的系数不同，但不会影响全域最小值的位置。由于谷底很平。优化过程是之字形地向极小值点靠近的，速度非常缓慢，如图 10-23 所示。

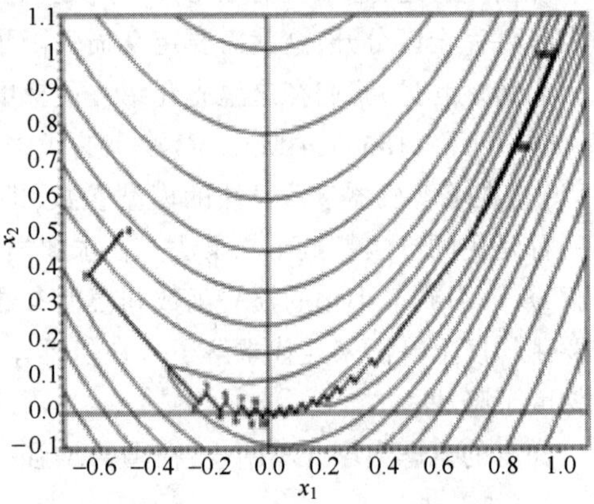

图 10-23 Rosenbrock 函数优化

梯度下降法的主要缺点是靠近极小值时收敛速度减慢和直线搜索时可能会产生一些问题。这就是梯度下降法的基本思路。

下边我们回到主题。

误分类点的个数不是参数的连续可导函数，所以将损失函数定义为误分类点到超平面的距离。

输入空间的任意一点 x_0 到超平面 s 的距离为

$d(\boldsymbol{x})=\frac{1}{\|\boldsymbol{w}\|}|\boldsymbol{w}\cdot\boldsymbol{x}_0+b|$，$\|\boldsymbol{w}\|$ 是 $\boldsymbol{w}$ 的 L_2 范数(即向量中各元素绝对值之和)

对于误分类点 x_i 有： $-\frac{1}{\|\boldsymbol{w}\|}(\boldsymbol{w}\cdot\boldsymbol{x}_i+b)\cdot y_i$ (10-113)

对所有 M 个分类点的集合，误分类点的总距离

$$-\frac{1}{\|\boldsymbol{w}\|}\sum y_i(\boldsymbol{w}\cdot\boldsymbol{x}_i+b)\quad \boldsymbol{x}_i\in M \tag{10-114}$$

如果不考虑 $1/\|\boldsymbol{w}\|$，就得到感知机学习的损失函数：

$$L(w,b)=-\sum_{x_i\in M}y_i(\boldsymbol{w}\cdot\boldsymbol{x}_i+b) \tag{10-115}$$

4. 感知机学习算法

感知机采用随机梯度下降法最小化经验损失函数。即：

$$\min_{w,b}L(w,b)=-\sum_{x_i\in M}y_i(\boldsymbol{w}\cdot\boldsymbol{x}_i+b) \tag{10-116}$$

$$\frac{\partial}{\partial w}L(w,b)=-\sum_{x_i\in M}y_ix_i \tag{10-117}$$

$$\frac{\partial}{\partial b}L(w,b)=-\sum_{x_i\in M}y_i \tag{10-118}$$

原始形式的 w,b 的迭代(对于一个随机误分类点)

$$w_{i+1}=w_i+\eta y_ix_i \tag{10-119}$$

$$b_{i+1}=b_i+\eta y_i \tag{10-120}$$

感知机学习算法有原始形式和对偶形式,其差别只是参数更新方式不同,但根本上都是梯度下降法。

(1) 原始形式算法

步骤如下:

(1) 选定初值 w_0,b_0;

(2) 在训练集中选取数据(x_i,y_i);

(3) 如果 $y_i(\boldsymbol{w}\cdot\boldsymbol{x}_i+b)\leqslant 0$,更新参数 w,b;

(4) 转至(2),直到训练集中没有误分类点为止。

例 设一个事件的正分类点为 $x_1=[3,3]^{\mathrm{T}},x_2=[4,3]^{\mathrm{T}}$,负分类点为 $x_3=[1,1]^{\mathrm{T}}$,求其分类面。

解:由前边所述的原理,最优化损失函数为:

$$\min_{w,b}L(w,b)=-\sum_{x_i\in M}y_i(\boldsymbol{w}\cdot\boldsymbol{x}_i+b)$$

设步长 $\eta=1$。

(1) 取初始值:$\boldsymbol{w}_0=0,b_0=0$;

(2) 对于 $\boldsymbol{x}_1=[3,3]^{\mathrm{T}}$,损失函数为:$y_1(\boldsymbol{w}_0\cdot\boldsymbol{x}_1+b_0)=0$,未正确分类;

更新:按 $\boldsymbol{w}_{i+1}=\boldsymbol{w}_i+\eta y_i\boldsymbol{x}_i$ 和 $b_{i+1}=b_i+\eta y_i$ 的关系更新,即:

$\boldsymbol{w}_1=\boldsymbol{w}_0+y_1\boldsymbol{x}_1=[3,3]^{\mathrm{T}},\quad b_1=b_0+y_1=1,\quad (y_1=+1)$

对 $\boldsymbol{w}_1,b_1$,得到模型:$y_i(\boldsymbol{w}_1\cdot\boldsymbol{x}_i+b_1)=3x^{(1)}+3x^{(2)}+1$

(3) $\boldsymbol{x}_1=[3,3]^{\mathrm{T}},y_1(\boldsymbol{w}_1\boldsymbol{x}_1+b_1)=1(3\times3+3\times3+1)=19>0$,正确分类;

$\boldsymbol{x}_2=[4,3]^{\mathrm{T}},y_1(\boldsymbol{w}_1\boldsymbol{x}_2+b_1)=1(3\times4+3\times3+1)=20>0$,正确分类;

$\boldsymbol{x}_3=[1,1]^{\mathrm{T}},y_3(\boldsymbol{w}_1\boldsymbol{x}_3+b_1)=-1(3\times1+3\times1+1)=-7<0$,未正确分类;

(4) 更新:$\boldsymbol{w}_2=\boldsymbol{w}_1+y_3\boldsymbol{x}_3=[3,3]^{\mathrm{T}}+y_3[1,1]^{\mathrm{T}}=[2,2]^{\mathrm{T}},b_2=b_1+y_3=0,\quad (y_3=-1)$

对 $\boldsymbol{w}_2,b_2$,得到模型:$\boldsymbol{w}_2\cdot\boldsymbol{x}_i+b_2=2x^{(1)}+2x^{(2)}+0$

$\boldsymbol{x}_1=[3,3]^{\mathrm{T}},y_1(\boldsymbol{w}_2\boldsymbol{x}_1+b_2)=1([2,2]^{\mathrm{T}}[3,3]^{\mathrm{T}}+0)=2\times3+2\times3+0=12>0$,正确分类;

$\boldsymbol{x}_2=[4,3]^{\mathrm{T}},y_1(\boldsymbol{w}_2\boldsymbol{x}_2+b_2)=1([2,2]^{\mathrm{T}}[4,3]^{\mathrm{T}}+0)=2\times4+2\times3+0=14>0$,正确分类;

$\boldsymbol{x}_3=[1,1]^{\mathrm{T}},y_3(\boldsymbol{w}_2\cdot\boldsymbol{x}_3+b_2)=-1\left(\begin{bmatrix}2\\2\end{bmatrix}\begin{bmatrix}1 & 1\end{bmatrix}+0\right)=2\times1+2\times1=-4<0$,未正确分类;

(5) 更新:$\boldsymbol{w}_3=\boldsymbol{w}_2+y_3\boldsymbol{x}_3=[2,2]^{\mathrm{T}}-[1,1]^{\mathrm{T}}=[1,1]^{\mathrm{T}},b_3=b_2+y_3=-1,(y_3=-1)$

$\boldsymbol{x}_1=[3,3]^{\mathrm{T}},y_1(\boldsymbol{w}_3\boldsymbol{x}_1+b_2)=1([1,1]^{\mathrm{T}}[3,3]^{\mathrm{T}}-1)=1\times3+1\times3-1=5>0$,正确分类;

$\boldsymbol{x}_2=[4,3]^{\mathrm{T}},y_1(\boldsymbol{w}_3\boldsymbol{x}_2+b_2)=1([1,1]^{\mathrm{T}}[4,3]^{\mathrm{T}}-1)=1\times4+1\times3-1=6>0$,正确分类;

$\boldsymbol{x}_3=[1,1]^{\mathrm{T}},y_3(\boldsymbol{w}_3\cdot\boldsymbol{x}_3+b_3)=-1(1\times1+1\times1-1)=-1$,未正确分类;

(6) 更新:$\boldsymbol{w}_4=\boldsymbol{w}_3+y_3\boldsymbol{x}_3=[1,1]^{\mathrm{T}}-[1,1]^{\mathrm{T}}=[0,0]^{\mathrm{T}},b_4=b_3+y_3=-1-1=-2$

$\boldsymbol{x}_1=[3,3]^{\mathrm{T}},y_1(\boldsymbol{w}_4\boldsymbol{x}_1+b_4)=1([0,0]^{\mathrm{T}}[3,3]^{\mathrm{T}}-2)=0-2=-2<0$,未正确分类;

$\boldsymbol{x}_2=[4,3]^{\mathrm{T}},y_1(\boldsymbol{w}_4\boldsymbol{x}_2+b_4)=1([0,0]^{\mathrm{T}}[4,3]^{\mathrm{T}}-2)=0-2=-2<0$,未正确分类;

$\boldsymbol{x}_3=[1,1]^{\mathrm{T}},y_3(\boldsymbol{w}_4\cdot\boldsymbol{x}_3+b_3)=-1(0-2)=2>$,正确分类;

(7) 更新:$\boldsymbol{w}_5=\boldsymbol{w}_4+y_1\boldsymbol{x}_1=[0,0]^{\mathrm{T}}+[3,3]^{\mathrm{T}}=[3,3]^{\mathrm{T}},b_5=b_4+y_1=-2+1=-1$

$\boldsymbol{x}_1=[3,3]^{\mathrm{T}},y_1(\boldsymbol{w}_5\boldsymbol{x}_1+b_5)=1([3,3]^{\mathrm{T}}[3,3]^{\mathrm{T}}-1)=18-1=17>0$,正确分类;

$\boldsymbol{x}_2=[4,3]^{\mathrm{T}},y_1(\boldsymbol{w}_5\boldsymbol{x}_2+b_5)=1([3,3]^{\mathrm{T}}[4,3]^{\mathrm{T}}-1)=21-1=20>0$,正确分类;

$\boldsymbol{x}_3=[1,1]^{\mathrm{T}},y_3(\boldsymbol{w}_5\cdot\boldsymbol{x}_3+b_5)=-1([3,3]^{\mathrm{T}}[1,1]^{\mathrm{T}}-1)=-5<0$,未正确分类;

(8) 更新:$\boldsymbol{w}_6=\boldsymbol{w}_5+y_3\boldsymbol{x}_3=[3,3]^{\mathrm{T}}-[1,1]^{\mathrm{T}}=[2,2]^{\mathrm{T}},b_6=b_5+y_3=-1-1=-2$

$\boldsymbol{x}_1=[3,3]^{\mathrm{T}},y_1(\boldsymbol{w}_6\boldsymbol{x}_1+b_6)=1([2,2]^{\mathrm{T}}[3,3]^{\mathrm{T}}-2)=12-2=10>0$,正确分类;

$\boldsymbol{x}_2=[4,3]^{\mathrm{T}}, y_1(\boldsymbol{w}_6\boldsymbol{x}_2+b_6)=1([2,2]^{\mathrm{T}}[4,3]^{\mathrm{T}}-2)=14-2=12>0$,正确分类;

$\boldsymbol{x}_3=[1,1]^{\mathrm{T}}, y_3(\boldsymbol{w}_6\cdot\boldsymbol{x}_3+b_6)=-1([2,2]^{\mathrm{T}}[1,1]^{\mathrm{T}}-2)=-2<0$,未正确分类;

(9) 更新:$\boldsymbol{w}_7=\boldsymbol{w}_6+y_3\boldsymbol{x}_3=[2,2]^{\mathrm{T}}-[1,1]^{\mathrm{T}}=[1,1]^{\mathrm{T}}, b_7=b_6+y_3=-2-1=-3$

$\boldsymbol{x}_1=[3,3]^{\mathrm{T}}, y_1(\boldsymbol{w}_7\boldsymbol{x}_1+b_7)=1([1,1]^{\mathrm{T}}[3,3]^{\mathrm{T}}-3)=6-3=3>0$,正确分类;

$\boldsymbol{x}_2=[4,3]^{\mathrm{T}}, y_1(\boldsymbol{w}_7\boldsymbol{x}_2+b_7)=1([1,1]^{\mathrm{T}}[4,3]^{\mathrm{T}}-3)=7-3=4>0$,正确分类;

$\boldsymbol{x}_3=[1,1]^{\mathrm{T}}, y_3(\boldsymbol{w}_7\cdot\boldsymbol{x}_3+b_7)=-1([1,1]^{\mathrm{T}}[1,1]^{\mathrm{T}}-3)=1>0$,正确分类;

至此,对所有的点,$y_i(\boldsymbol{w}_7\cdot\boldsymbol{x}_i+b_7)>0$,没有误分类点,损失函数达到最小。所以,分离超平面为:$x^{(1)}+x^{(2)}-3=0$

感知机模型为:
$$f(x)=\mathrm{sign}(x^{(1)}+x^{(2)}-3)$$

从这个例子可以看到,整个过程更新是每遇到一个分类错误的样本就对 $\boldsymbol{w}$ 和 b 进行更新,以调整分隔超平面。

(2) 对偶形式算法

前面介绍了感知机算法的原始形式,对算法执行速度的优化还可以用其对偶形式。该方法是每次梯度的迭代都是选择一个样本来更新 $\boldsymbol{w}$ 和 $\boldsymbol{b}$ 向量。经过若干次迭代得到最终结果。对于从来都没有误分类过的样本,它选择参与 $\boldsymbol{w}$ 和 $\boldsymbol{b}$ 迭代修改的次数是 0,对于被多次误分类而更新的样本,它参与 $\boldsymbol{w}$ 和 $\boldsymbol{b}$ 迭代修改的次数假设为 n_i。则 w 和 b 关于(x_i, y_i)的增量分别为 $\alpha_i y_i x_i$ 和 $\alpha_i y_i$,这里 $\alpha_i=n_i\eta$。如果令 $\boldsymbol{w}$ 向量初始值为 0 向量,最后学习到的 w 和 b 可以分别表示为:

$$w=\sum_{x_i\in M}\eta y_i\cdot x_i=\sum_{i=1}^{n}\alpha_i y_i\cdot x_i=\sum_{i=1}^{n}n_i\eta y_i\cdot x_i \tag{10-121}$$

$$b=\sum_{x_i\in M}\eta y_i=\sum_{x_i\in M}\alpha_i y_i=\sum_{x_i\in M}n_i\eta y_i \tag{10-122}$$

这里 n_i的含义是,如果 n_i的值很大,就意味着这个样本经常被误分,很明显,离超平面越近的点越容易被误分,因为超平面稍微移动一点点,就可能把正侧的点误分为负侧。这样把式(10-121)和式(10-122)代入原始形式的模型中,得到

$$\begin{aligned}f(\boldsymbol{x})=\mathrm{sign}(\boldsymbol{w}\cdot\boldsymbol{x}+b)&=\mathrm{sign}\left(\sum_{j=1}^{N}n_j\eta y_j\boldsymbol{x}_j\cdot\boldsymbol{x}_i+\sum_{j=1}^{N}n_j\eta y_j\right)\\&=\mathrm{sign}\left(\sum_{j=1}^{N}\alpha_j y_j\boldsymbol{x}_j\cdot\boldsymbol{x}_i+\sum_{j=1}^{N}\alpha_j\eta y_j\right)\end{aligned} \tag{10-123}$$

如此,在每一步判断误分类条件的地方,我们用 $y_i(w, x_i+b)\leqslant 0$ 的变形 $y_i\left(\sum_j\alpha_j y_j x_j\cdot x_i+b\right)\leqslant 0$ 来判断误分类。这个判断误分类的形式是计算两个样本 $\boldsymbol{x}_i$和 $\boldsymbol{x}_j$的内积,其计算结果在迭代次数中可以重用。如果事先用矩阵运算计算出所有的样本之间的内积,那么在算法运行时,仅仅一次矩阵内积运算比多次循环计算省时,这也是对偶形式的感知机算法比原始形式算法优越的原因。

对偶形式算法求解步骤如下:

(1) $\alpha=0, b=0$;

(2) 在训练数据集中选取数据(x_i, y_i);

(3) $y_i\left(\sum_{j=1}^{n}\alpha_j y_j\boldsymbol{x}_j\cdot\boldsymbol{x}_i+b\right)=y_i\left(\sum_{j=1}^{N}n_j\eta y_j\boldsymbol{x}_j\cdot\boldsymbol{x}_i+\sum_{j=1}^{N}n_j\eta y_j\right)\leqslant 0$, 更新参数 $n_{i+1}=n_i+1$;

(4) 转至(2),直到训练集中没有误分类点为止。

例 如果正事件点为 $x_1=[3,3]^{\mathrm{T}}, x_2=[4,3]^{\mathrm{T}}$,负事件点为 $x_3=[1,1]^{\mathrm{T}}$,求解分离面。

对于对偶形式采用 $\alpha_i=\alpha_i+\eta, b_i=b_i+\eta y_i$进行更新。

解:(1) 取 $\alpha_i=0, i=1,2,3, b=0, \eta=1$;

（2）计算 Gram 矩阵。对偶形式中训练事件仅以内积的形式出现，为了减少计算量，我们可以预先将训练集样本间的内积计算出来，也就是计算出 Gram 矩阵：

$$G=[x_i,x_j]_{N\times N} \tag{10-124}$$

我们知道，在线性代数中，内积空间中一族向量的格拉姆矩阵（Gramian matrix）是内积的对称矩阵，它的一个重要应用是计算线性无关，即一族向量线性无关当且仅当格拉姆行列式（格拉姆矩阵的行列式）不等于零。有关的知识可参考线性代数理论。

Gram 矩阵的定义形式为：

$$\boldsymbol{G}=\boldsymbol{A}^{\mathrm{T}}\boldsymbol{A}=\begin{bmatrix}\boldsymbol{a}_1^{\mathrm{T}}\\\boldsymbol{a}_2^{\mathrm{T}}\\\vdots\\\boldsymbol{a}_n^{\mathrm{T}}\end{bmatrix}\begin{bmatrix}\boldsymbol{a}_1 & \boldsymbol{a}_2 & \cdots & \boldsymbol{a}_n\end{bmatrix}=\begin{bmatrix}\boldsymbol{a}_1^{\mathrm{T}}\boldsymbol{a}_1 & \boldsymbol{a}_1^{\mathrm{T}}\boldsymbol{a}_2 & \cdots & \boldsymbol{a}_1^{\mathrm{T}}\boldsymbol{a}_n\\\boldsymbol{a}_2^{\mathrm{T}}\boldsymbol{a}_1 & \boldsymbol{a}_2^{\mathrm{T}}\boldsymbol{a}_2 & \cdots & \boldsymbol{a}_2^{\mathrm{T}}\boldsymbol{a}_n\\\vdots & \vdots & \cdots & \vdots\\\boldsymbol{a}_n^{\mathrm{T}}\boldsymbol{a}_1 & \boldsymbol{a}_n^{\mathrm{T}}\boldsymbol{a}_2 & \cdots & \boldsymbol{a}_n^{\mathrm{T}}\boldsymbol{a}_n\end{bmatrix} \tag{10-125}$$

对于上面的矩阵，就是两两向量直接做内积，也就是矩阵相乘。上面的矩阵是自己乘以自己。Gram 矩阵和协方差矩阵的差别在于，Gram 矩阵没有白化，也就是没有减去均值，直接使用两向量做内积。Gram 矩阵也没有标准化（也就是除以两个向量的标准差）。这样，Gram 所表达的意义和协方差矩阵相差不大，只是显得比较粗糙。两个向量的协方差表示两个向量之间的相似程度，协方差越大越相似。对角线的元素的值越大，其所代表的向量或特征越重要。

训练集中仍然有 3 个样本，其中 2 个正样本，1 个负样本，即 $x_1=[3,3]^{\mathrm{T}}$，$x_2=[4,3]^{\mathrm{T}}$，$x_3=[1,1]^{\mathrm{T}}$ 三个向量。

3 个样本形成一个 Gram 矩阵如下：

$$\boldsymbol{G}=\begin{bmatrix}x_1x_1 & x_1x_2 & x_1x_3\\x_2x_1 & x_2x_2 & x_2x_3\\x_3x_1 & x_3x_2 & x_3x_3\end{bmatrix}=\begin{bmatrix}A_{11} & A_{12} & A_{13}\\A_{21} & A_{22} & A_{23}\\A_{31} & A_{32} & A_{33}\end{bmatrix}$$

行 1 列 1 元素 $A_{11}=\langle\boldsymbol{x}_1\cdot\boldsymbol{x}_1\rangle=\begin{bmatrix}3\\3\end{bmatrix}[3\quad 3]=3\times3+3\times3=18$；

行 1 列 2 元素 $A_{12}=\langle\boldsymbol{x}_2\cdot\boldsymbol{x}_1\rangle=\begin{bmatrix}4\\3\end{bmatrix}[3\quad 3]=4\times3+3\times3=21$；

行 1 列 3 元素 $A_{13}=\langle\boldsymbol{x}_3\cdot\boldsymbol{x}_1\rangle=\begin{bmatrix}3\\3\end{bmatrix}[1\quad 1]=3\times1+3\times1=6$；

行 2 列 1 元素 $A_{21}=\langle\boldsymbol{x}_1\cdot\boldsymbol{x}_2\rangle=\begin{bmatrix}3\\3\end{bmatrix}[4\quad 3]=3\times4+3\times3=21$；

行 2 列 2 元素 $A_{22}=\langle\boldsymbol{x}_2\cdot\boldsymbol{x}_2\rangle=\begin{bmatrix}4\\3\end{bmatrix}[4\quad 3]=4\times4+3\times3=25$；

行 2 列 3 元素 $A_{23}=\langle\boldsymbol{x}_3\cdot\boldsymbol{x}_2\rangle=\begin{bmatrix}1\\1\end{bmatrix}[4\quad 3]=4\times1+3\times3=7$；

行 3 列 1 元素 $A_{31}=\langle\boldsymbol{x}_1\cdot\boldsymbol{x}_3\rangle=\begin{bmatrix}3\\3\end{bmatrix}[1\quad 1]=1\times3+1\times3=6$；

行 3 列 2 元素 $A_{21}=\langle\boldsymbol{x}_2\cdot\boldsymbol{x}_3\rangle=\begin{bmatrix}4\\3\end{bmatrix}[1\quad 1]=1\times4+1\times3=7$；

行 3 列 3 元素 $A_{33}=\langle\boldsymbol{x}_3\cdot\boldsymbol{x}_3\rangle=\begin{bmatrix}1\\1\end{bmatrix}[1\quad 1]=1\times1+1\times1=2$。

推出对应的 Gram 矩阵是：

$$G=\begin{bmatrix} x_1x_1 & x_1x_2 & x_1x_3 \\ x_2x_1 & x_2x_2 & x_2x_3 \\ x_3x_1 & x_3x_2 & x_3x_3 \end{bmatrix}=\begin{bmatrix} A_{11} & A_{12} & A_{13} \\ A_{21} & A_{22} & A_{23} \\ A_{31} & A_{32} & A_{33} \end{bmatrix}=\begin{bmatrix} 18 & 21 & 6 \\ 21 & 25 & 7 \\ 6 & 7 & 2 \end{bmatrix}$$

(3) 误分类条件：$y_i\left(\sum_{j=1}^{N}\alpha_j y_j \boldsymbol{x}_j \cdot \boldsymbol{x}_i + b\right) \leqslant 0$

对于 $\boldsymbol{x}_1=[3,3]^{\mathrm{T}}, \alpha_j=0, j=1,2,3$，即：$\alpha_1=0, \alpha_2=0, \alpha_3=0, b=0, \eta=1$

$y_1\left(\sum_{j=1}^{N}\alpha_j y_j \boldsymbol{x}_j \cdot \boldsymbol{x}_i + b\right)=y_1(\alpha_1 y_1 \boldsymbol{x}_1 \cdot \boldsymbol{x}_1+\alpha_2 y_2 \boldsymbol{x}_2 \cdot \boldsymbol{x}_1+\alpha_3 y_3 \boldsymbol{x}_3 \cdot \boldsymbol{x}_1+b)=1\times(0\times1\times[3,3]^{\mathrm{T}}[3,3]+0\times[4,3]^{\mathrm{T}}[3,3]+0\times[1,1]^{\mathrm{T}}[3,3]+b)=0$，未正确分类；

更新：$\alpha_1=\alpha_1+\eta=0+1=1, b=b+\eta y_1=0+1\times(1)=1, (y_1=1)$

即：$\alpha_1=1, \alpha_2=0, \alpha_3=0, b=1$；

对于 $\boldsymbol{x}_1=[3,3]^{\mathrm{T}}$ $\quad y_1\left(\sum_{j=1}^{N}\alpha_j y_j \boldsymbol{x}_j \cdot \boldsymbol{x}_i+b\right)=y_1(\alpha_1 y_1 \boldsymbol{x}_1 \cdot \boldsymbol{x}_1+\alpha_2 y_2 \boldsymbol{x}_2 \cdot \boldsymbol{x}_1+\alpha_3 y_3 \boldsymbol{x}_3 \cdot \boldsymbol{x}_1+b)=1(1\times1\times[3,3]^{\mathrm{T}}\cdot[3,3]^{\mathrm{T}}+0+0+1)=18+0+1=19>0$，正确分类；

对于 $\boldsymbol{x}_2=[4,3]^{\mathrm{T}}$ $\quad y_2\left(\sum_{j=1}^{N}\alpha_j y_j \boldsymbol{x}_j \cdot \boldsymbol{x}_i+b\right)=y_2(\alpha_1 y_1 \boldsymbol{x}_1 \cdot \boldsymbol{x}_2+\alpha_2 y_2 \boldsymbol{x}_2 \cdot \boldsymbol{x}_2+\alpha_3 y_3 \boldsymbol{x}_3 \cdot \boldsymbol{x}_2+b)=1(1\times1\times21+0+0+1)=22>0$，正确分类；

对于 $\boldsymbol{x}_3=[1,1]^{\mathrm{T}}$ $\quad y_3\left(\sum_{j=1}^{N}\alpha_j y_j \boldsymbol{x}_j \cdot \boldsymbol{x}_i+b\right)=y_3(\alpha_1 y_1 \boldsymbol{x}_1 \cdot \boldsymbol{x}_3+\alpha_2 y_2 \boldsymbol{x}_2 \cdot \boldsymbol{x}_3+\alpha_3 y_3 \boldsymbol{x}_3 \cdot \boldsymbol{x}_3+b)=(-1)(1\times1\times6+0+0+1)=-7<0$，未正确分类；

更新：$\alpha_3=\alpha_3+\eta=0+1, b=b+\eta y_3=1+1\times(-1)=0$

$\alpha_1=1, \alpha_2=0, \alpha_3=1, b=0$

对于 $\boldsymbol{x}_3=[1,1]^{\mathrm{T}}$ $\quad y_3\left(\sum_{j=1}^{N}\alpha_j y_j \boldsymbol{x}_j \cdot \boldsymbol{x}_i+b\right)=y_3(\alpha_1 y_1 \boldsymbol{x}_1 \cdot \boldsymbol{x}_3+\alpha_2 y_2 \boldsymbol{x}_2 \cdot \boldsymbol{x}_3+\alpha_3 y_3 \boldsymbol{x}_3 \cdot \boldsymbol{x}_3+b)=(-1)(1\times1\times6+0-1\times2+0)=-4<0$，未正确分类；

更新：$\alpha_3=\alpha_3+\eta=1+1=2, b=b+\eta y_3=0+1\times(-1)=-1$

$\alpha_1=1, \alpha_2=0, \alpha_3=2, b=-1$

对于 $\boldsymbol{x}_3=[1,1]^{\mathrm{T}}$ $\quad y_3\left(\sum_{j=1}^{N}\alpha_j y_j \boldsymbol{x}_j \cdot \boldsymbol{x}_i+b\right)=y_3(\alpha_1 y_1 \boldsymbol{x}_1 \cdot \boldsymbol{x}_3+\alpha_2 y_2 \boldsymbol{x}_2 \cdot \boldsymbol{x}_3+\alpha_3 y_3 \boldsymbol{x}_3 \cdot \boldsymbol{x}_3+b)=(-1)(1\times1\times6+0+2\times(-1)\times2-1)=-1<0$，未正确分类；

更新：$\alpha_3=\alpha_3+\eta=2+1=3, b=b+\eta y_3=-1+1\times(-1)=-2$

$\alpha_1=1, \alpha_2=0, \alpha_3=3, b=-2$

对于 $\boldsymbol{x}_3=[1,1]^{\mathrm{T}}$ $\quad y_3\left(\sum_{j=1}^{N}\alpha_j y_j \boldsymbol{x}_j \cdot \boldsymbol{x}_i+b\right)=y_3(\alpha_1 y_1 \boldsymbol{x}_1 \cdot \boldsymbol{x}_3+\alpha_2 y_2 \boldsymbol{x}_2 \cdot \boldsymbol{x}_3+\alpha_3 y_3 \boldsymbol{x}_3 \cdot \boldsymbol{x}_3+b)=(-1)(1\times1\times6+0+3\times(-1)\times2-2)=2>0$，正确分类；

对于 $\boldsymbol{x}_1=[3,3]^{\mathrm{T}}$ $\quad y_1\left(\sum_{j=1}^{N}\alpha_j y_j \boldsymbol{x}_j \cdot \boldsymbol{x}_i+b\right)=y_1(\alpha_1 y_1 \boldsymbol{x}_1 \cdot \boldsymbol{x}_1+\alpha_2 y_2 \boldsymbol{x}_2 \cdot \boldsymbol{x}_1+\alpha_3 y_3 \boldsymbol{x}_3 \cdot \boldsymbol{x}_1+b)=(1)(1\times1\times18+0+3\times(-1)\times6-2)=-2<0$，未正确分类；

更新：$\alpha_1=\alpha_1+\eta=1+1=2, b=b+\eta y_1=-2+1\times(1)=-1$

$\alpha_1=2, \alpha_2=0, \alpha_3=3, b=-1$；

对于 $\boldsymbol{x}_1=[3,3]^{\mathrm{T}}$ $\quad y_1\left(\sum_{j=1}^{N}\alpha_j y_j \boldsymbol{x}_j \cdot \boldsymbol{x}_i+b\right)=y_1(\alpha_1 y_1 \boldsymbol{x}_1 \cdot \boldsymbol{x}_1+\alpha_2 y_2 \boldsymbol{x}_2 \cdot \boldsymbol{x}_1+\alpha_3 y_3 x_3 \cdot \boldsymbol{x}_1+b)=(1)(2\times1\times18+0+3\times(-1)\times6-1)=17>0$，正确分类；

对于 $\boldsymbol{x}_3=[1,1]^{\mathrm{T}}$ $\quad y_3\left(\sum_{j=1}^{N}\alpha_j y_j \boldsymbol{x}_j \cdot \boldsymbol{x}_i+b\right)=y_3(\alpha_1 y_1 \boldsymbol{x}_1 \cdot \boldsymbol{x}_3+\alpha_2 y_2 \boldsymbol{x}_2 \cdot \boldsymbol{x}_3+\alpha_3 y_3 \boldsymbol{x}_3 \cdot \boldsymbol{x}_3+b)=(-1)$

$(2\times1\times6+0+3\times(-1)\times2-1)=-5<0$,未正确分类；

更新：$\alpha_3=\alpha_3+\eta=3+1=4, b=b+\eta y_3=-1+1\times(-1)=-2$

$\alpha_3=4, \alpha_2=0, \alpha_1=2, b=-2$；

对于 $\boldsymbol{x}_3=[1,1]^{\mathrm{T}}$ $\quad y_3\left(\sum_{j=1}^{N}\alpha_j y_j \boldsymbol{x}_j\cdot\boldsymbol{x}_i+b\right)=y_3(\alpha_1 y_1\boldsymbol{x}_1\cdot\boldsymbol{x}_3+\alpha_2 y_2\boldsymbol{x}_2\cdot\boldsymbol{x}_3+\alpha_3 y_3\boldsymbol{x}_3\cdot\boldsymbol{x}_3+b)=(-1)$ $(2\times1\times6+0+4\times(-1)\times2-2)=-2<0$,未正确分类；

更新：$\alpha_3=\alpha_3+\eta=4+1=5, b=b+\eta y_3=-2+1\times(-1)=-3$

$\alpha_3=5, \alpha_2=0, \alpha_1=2, b=-3$；

对于 $\boldsymbol{x}_3=[1,1]^{\mathrm{T}}$ $\quad y_3\left(\sum_{j=1}^{N}\alpha_j y_j \boldsymbol{x}_j\cdot\boldsymbol{x}_i+b\right)=y_3(\alpha_1 y_1\boldsymbol{x}_1\cdot\boldsymbol{x}_3+\alpha_2 y_2\boldsymbol{x}_2\cdot\boldsymbol{x}_3+\alpha_3 y_3\boldsymbol{x}_3\cdot\boldsymbol{x}_3+b)=(-1)$ $(2\times1\times6+0+5\times(-1)\times2-3)=1>0$,正确分类；

对于 $\boldsymbol{x}_1=[3,3]^{\mathrm{T}}$ $\quad y_1\left(\sum_{j=1}^{N}\alpha_j y_j \boldsymbol{x}_j\cdot\boldsymbol{x}_i+b\right)=y_1(\alpha_1 y_1\boldsymbol{x}_1\cdot\boldsymbol{x}_1+\alpha_2 y_2\boldsymbol{x}_2\cdot\boldsymbol{x}_1+\alpha_3 y_3\boldsymbol{x}_3\cdot\boldsymbol{x}_1+b)=(1)(2\times$ $1\times18+0+5\times(-1)\times6-3)=3>0$,正确分类；

对于 $\boldsymbol{x}_2=[4,3]^{\mathrm{T}}$ $\quad y_2\left(\sum_{j=1}^{N}\alpha_j y_j \boldsymbol{x}_j\cdot\boldsymbol{x}_i+b\right)=y_2(\alpha_1 y_1\boldsymbol{x}_1\cdot\boldsymbol{x}_2+\alpha_2 y_2\boldsymbol{x}_2\cdot\boldsymbol{x}_2+\alpha_3 y_3\boldsymbol{x}_3\cdot\boldsymbol{x}_2+b)=(1)(2\times$ $1\times21+0+5\times(-1)\times7-3)=4>0$,正确分类；

因此，$\alpha_1=2, \alpha_2=0, \alpha_3=5, b=-3$；

$$\boldsymbol{w}=\sum_{j=1}^{N}\alpha_j y_j\boldsymbol{x}_j=\alpha_1 y_1\boldsymbol{x}_1+\alpha_2 y_2\boldsymbol{x}_2+\alpha_3 y_3\boldsymbol{x}_3=2\times1\times\boldsymbol{x}_1+0\times\boldsymbol{x}_2+5\times(-1)\times\boldsymbol{x}_3$$

$$=2\boldsymbol{x}_1-5\boldsymbol{x}_3=2\begin{bmatrix}3\\3\end{bmatrix}-5\begin{bmatrix}1\\1\end{bmatrix}=\begin{bmatrix}6\\6\end{bmatrix}-\begin{bmatrix}5\\5\end{bmatrix}=\begin{bmatrix}1\\1\end{bmatrix}=[1\quad 1]^{\mathrm{T}}$$

$b=-3$

分离超平面为：$x^{(1)}+x^{(2)}-3=0$

感知机模型为：$f(x)=\mathrm{sign}(x^{(1)}+x^{(2)}-3)$

显然，对偶算法与原始算法一致。得到的决策界面如图 10-24 所示。

对偶形式的目的是降低每次迭代的运算量，但需要注意的是并不是在任何情况下都能降低运算量，只有特征空间的维数大于数据集时才会降低运算量。在感知机的原始算法中，每一轮迭代我们都要判断某个输入事件是否为误判点，也就是对于 x_i、y_i，是否有 $y_i(\boldsymbol{w}\boldsymbol{x}_i+b)\leqslant0$ 的关系存在。这里的运算主要是求输入事件 $\boldsymbol{x}_i$ 和权值向量 $\boldsymbol{w}$ 的内积，由于特征空间维数很高，所以就要耗费大量的时间，计算很慢。

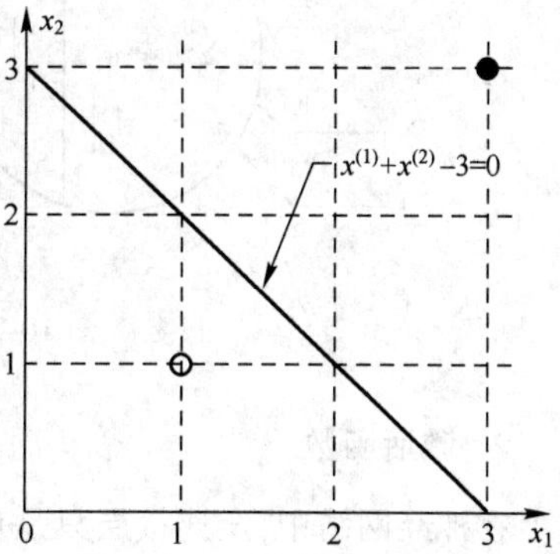

图 10-24　算法实例得到的决策边界

对比一下对偶形式的算法可以看出，对于事件 (x_i, y_i) 是否误判的条件是 $y_i\left(\sum_{j=1}^{n}\alpha_j y_j\boldsymbol{x}_j\cdot\boldsymbol{x}_i+b\right)\leqslant0$，这里所有的输入事件都仅仅以内积的形式出现，所以，可以预先计算输入事件两两之间的内积，得到的就是所谓的 Gram 矩阵 $\boldsymbol{G}=[x_i, x_j]_{N\times N}$，这样在做误判检测时，在 Gram 矩阵中查表就可以得到内积 $\boldsymbol{x}_j\cdot\boldsymbol{x}_i$，查表当然比计算来得快。就是说，在对偶形式的计算中，把每轮迭代中的事件复杂度从特征空间的维度转移到了训练集的大小上，但也增加了计算 Gram 矩阵的时间，所以对维度高、数量少的训练数据可以提高迭代的效率。

例如，在计算 $y_i\left(\sum_{j=1}^{N}\alpha_j y_j\boldsymbol{x}_j\cdot\boldsymbol{x}_i+b\right)$ 时，i 是从 $1\sim N$ 计算的，前面的 $\alpha_j y_j$ 是个常数，后面的 $\boldsymbol{x}_j\cdot\boldsymbol{x}_i$ 会

对每个样本做内积,所以要计算:

$$\begin{gathered}\alpha_1 y_1 \boldsymbol{x}_1 \cdot \boldsymbol{x}_1+\alpha_2 y_2 \boldsymbol{x}_2 \cdot \boldsymbol{x}_1+\cdots+\alpha_N y_N \boldsymbol{x}_N \cdot \boldsymbol{x}_1 \\ \alpha_1 y_1 \boldsymbol{x}_1 \cdot \boldsymbol{x}_2+\alpha_2 y_2 \boldsymbol{x}_2 \cdot \boldsymbol{x}_2+\cdots+\alpha_N y_N \boldsymbol{x}_N \cdot \boldsymbol{x}_2 \\ \cdots \\ \alpha_1 y_1 \boldsymbol{x}_1 \cdot \boldsymbol{x}_N+\alpha_2 y_2 \boldsymbol{x}_2 \cdot \boldsymbol{x}_N+\cdots+\alpha_N y_N \boldsymbol{x}_N \cdot \boldsymbol{x}_N\end{gathered} \tag{10-126}$$

将后面要做内积的 $\boldsymbol{x}_1 \cdot \boldsymbol{x}_1+\boldsymbol{x}_2 \cdot \boldsymbol{x}_1+\cdots+\boldsymbol{x}_N \cdot \boldsymbol{x}_1$ 提取出来,组成的矩阵就是 Gram 矩阵。这就是 Gram 矩阵在对偶形式计算中的作用。

感知机是一个简单的算法,编程实现也不太难。虽然它已经不是一个在实践中广泛运用的算法,但它是支持向量机、神经网络与深度学习的基础。因此。感知机可以说是最古老的分类方法之一,早在 1957 年就已经提出了。它的分类模型在大多数时候泛化能力不强,但是它的原理却值得好好研究。因为研究透了感知机模型,学习支持向量机、神经网络和深度学习也就没有太大的难度了。

10.3.2 多层前馈神经网络

1. 人工神经元模型

神经网络是由相互连接的类似感知机的计算元素形成的,这些计算元素称为人工神经元。神经元执行的计算与感知机相同,但它们的处理结果与感知机不同。感知机使用一个"硬"阈值处理函数,它输出两个值来执行分类,如+1 和−1。假设在感知机网络中,在对感知机进行阈值处理之前,输出是一个大于零且无限小的值,阈值处理后,这个非常小的信号将变成+1。然而,符号相反的类似小信号会导致信号在 1 到−1 之间大幅波动。神经网络是由各层计算单元构成的,其中一个单元的输出会影响后续所有单元的行为。感知机对小信号的敏感性会在这些单元的互连系统中导致严重的稳定性问题,使得感知机不适合于分层的结构。解决方法是将激活函数的特性从一个硬限制器变为一个平滑函数。图 10-25 中显示了感知机与神经元使用的激活函数。

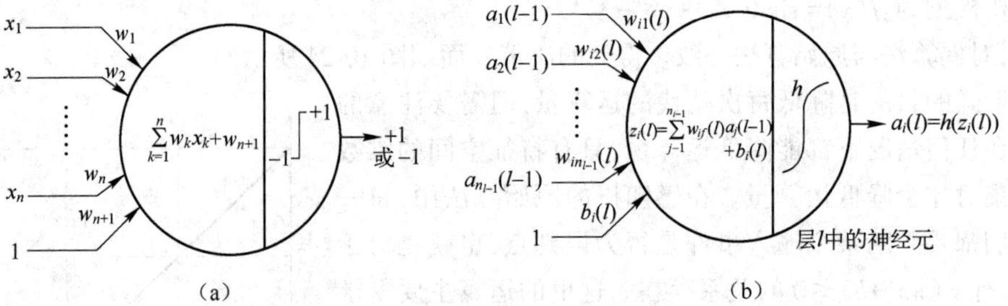

图 10-25 感知机(a)与神经元(b)的激活函数

2. 激活函数

在神经网络中,全连接层只是对数据做仿射变换(affine transformation),而多个仿射变换的叠加仍然是一个仿射变换。解决该问题的一个方法是引入非线性变换,例如对隐藏变量使用按元素运算的非线性函数进行变换,再作为下一个全连接层的输入。这个非线性函数被称为激活函数(activation function)。下面我们介绍几个常用的激活函数。

(1) ReLU 函数

ReLU(rectified linear unit)函数提供了一个很简单的非线性变换。给定元素 x,定义

$$\mathrm{ReLU}(x)=\max(x,0) \tag{10-127}$$

由图 10-26 可以看出,ReLU 函数只保留正数元素,并将负数元素清零。

显然,当输入为负数时,ReLU 函数的导数为 0;当输入为正数时,ReLU 函数的导数为 1。尽管输

入为 0 时 ReLU 函数不可导，但是我们可以取此处的导数为 0。

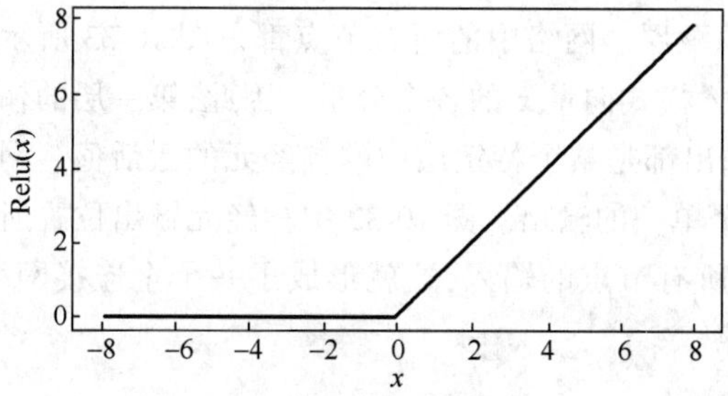

图 10-26　ReLU 函数

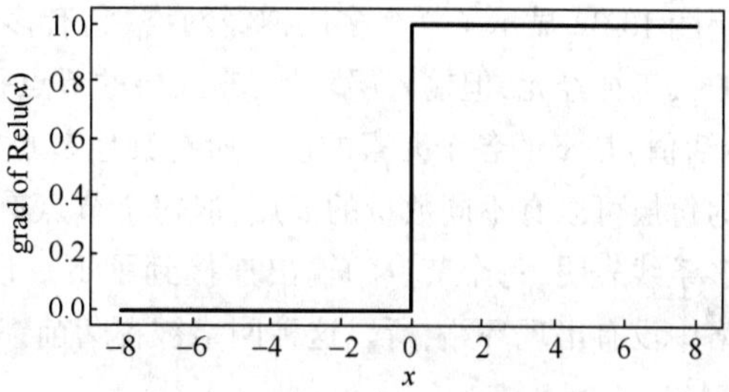

图 10-27　ReLU 函数的导数

（2）sigmoid 函数

sigmoid 函数可以将元素的值变换到 0 和 1 之间：

$$\operatorname{sigmoid}(x)=\frac{1}{1+e^{-x}} \tag{10-128}$$

sigmoid 函数在早期的神经网络中较为普遍，目前逐渐被更简单的 ReLU 函数所取代。图 10-28 是 sigmoid 函数。当输入接近 0 时，sigmoid 函数接近线性变换。

sigmoid 函数的导数：　　$\operatorname{sigmoid}'(x)=\operatorname{sigmoid}(x)[1-\operatorname{sigmoid}(x)]$　　（10-129）

当输入为 0 时，sigmoid 函数的导数达到最大值 0.25；当输入越偏离 0 时，sigmoid 函数的导数越接近 0（见图 10-29）。

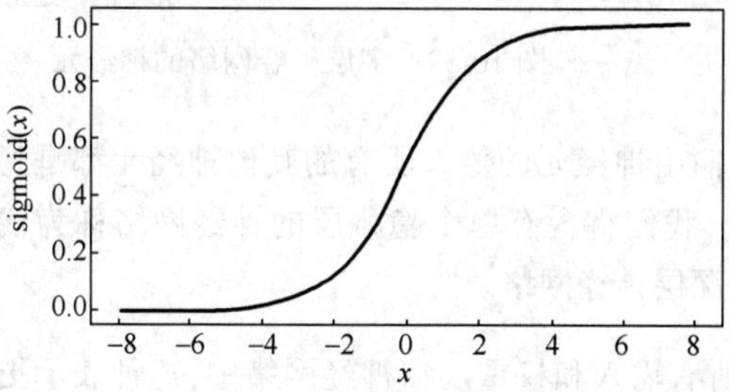

图 10-28　sigmoid 函数

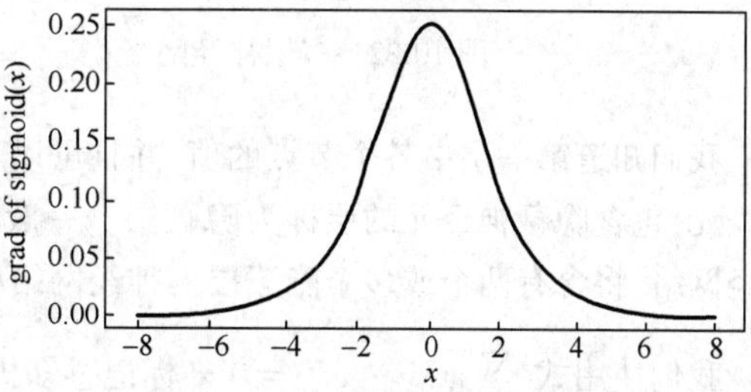

图 10-29　sigmoid 函数的导数

（3）tanh 函数

tanh（双曲正切）函数可以将元素的值变换到-1 和 1 之间（见图 10-30）：

$$\tanh(x)=1-\exp(-2x)+\exp(-2x) \tag{10-130}$$

当输入接近 0 时，tanh 函数接近线性变换。虽然该函数的形状和 sigmoid 函数的形状很像，但 tanh 函数关于坐标系原点对称。

tanh 函数的导数：　　$\tanh'(x)=1-\tanh^2(x)$　　（10-131）

当输入为 0 时，tanh 函数的导数达到最大值 1；当输入越偏离 0 时，tanh 函数的导数越接近 0（见图 10-31）。

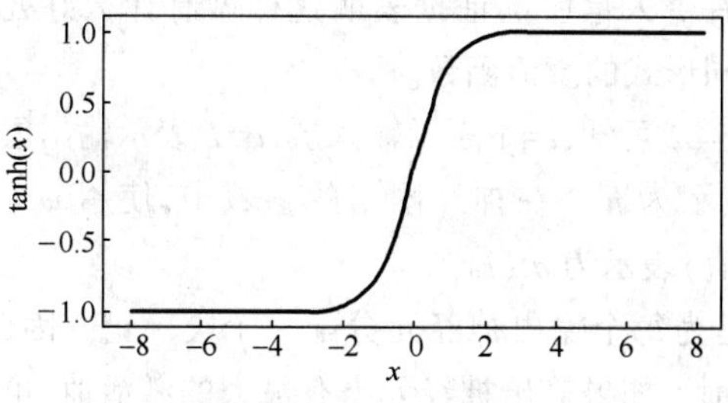

图 10-30　tanh 函数

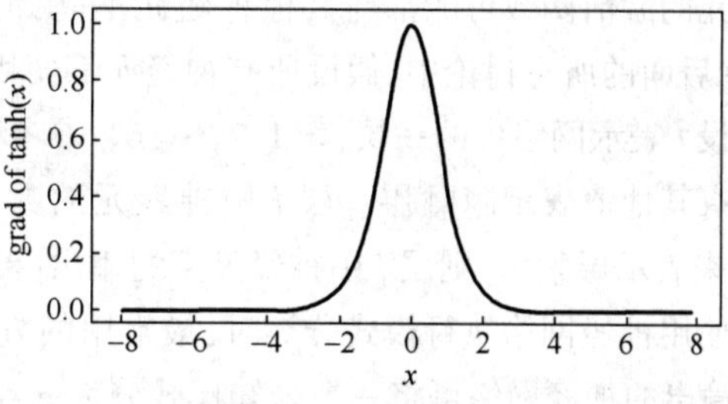

图 10-31　tanh 函数的导数

3. 全连接神经网络

图 10-32 显示了一个多层神经网络,它有多个隐藏层。网络中的所有节点都是图 10-33 所示形式的人工神经元,但输入层除外,输入层的节点是输入模式向量 $\boldsymbol{x}$ 的各个分量。因此,第一层的输出(激活值)是 $\boldsymbol{x}$ 的各个元素的值。所有其他节点的输出都是某个特定层中的神经元的激活值。网络中的每层可以有不同数量的节点,但每个节点有一个单一的输出。图 10-32 中神经元输出位置所示的多条线表明,每个节点的输出连接到了下一层中所有节点的输入,这就形成了一个全连接网络。网络中没有出现环路,所以这种网络被称为前馈网络。

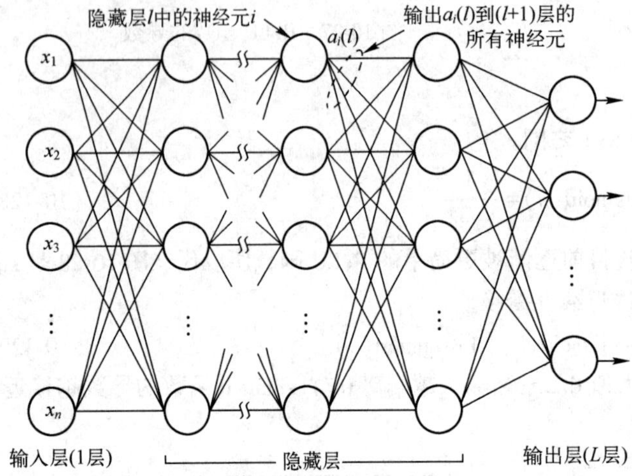

图 10-32　多层神经网络

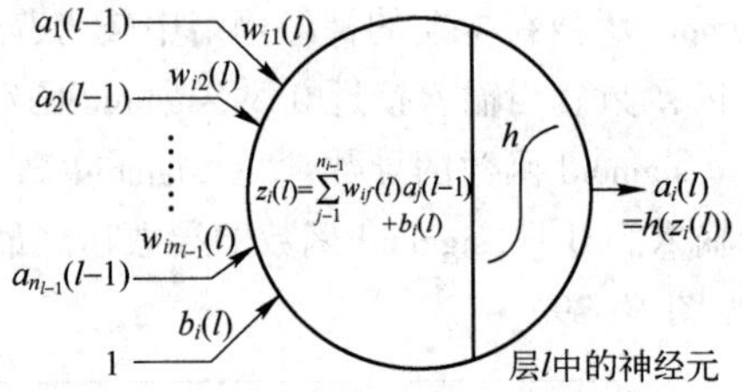

图 10-33　多层神经网络的神经元

我们知道第一层中各个节点的值,并且可以观察输出神经元的值。所有的其他神经元都是隐藏神经元,包含隐藏神经元的层称为隐藏层。一般来说,我们将含有单个隐藏层的神经网络称为浅层神经网络,将含有两个或多个隐藏层的神经网络称为深层神经网络。

我们使用式 $\sum_{i=1}^{n} w_i x_i + w_{i+1} = 0$ 来标记感知机的所有输入和权重。在神经网络中,这种表示更复杂,因为我们必须解释一层内和层与层之间的神经元权重、输入和输出。我们暂时忽略层的表示,而用 w_{ij} 表示连接神经元 j 的输出和神经元 i 的输入的权重。也就是说,第一个下标代表接收信号的神经元,第二个下标代表发送信号的神经元。因为 i 的字母顺序在 j 之前,因此这里让 i 发送而让 j 接收。

注意每个神经元的输出到达下一层中所有神经元的输入方式,因此将这类结构称为全连接网络。因为偏置只取决于包含它的神经元,因此用单个下标表示一个偏置与一个神经元的联系。例如,使用 b_i 表示网络的某一层中与第 i 个神经元相关连的偏置。这里遵循惯例用 b 而不用前边有过的 w_{n+1} 表示偏置。这样,权重、偏置和激活函数完全定义了一个神经网络。虽然神经网络中任何一个神经元的激活函数可能都与其他神经元不同,但没有令人信服的证据表明这样做有什么好处。所以,在后面的所有讨论中,假设所有神经元都使用相同形式的激活函数。

设 l 表示网络中的一层,$l=1,2,\cdots,L$。参考图 10-32 可知,$l=1$ 表示输入层,$l=L$ 表示输出层,而 l 的所有其他值表示隐藏层。层 l 中神经元的数量表示为 n_l。在神经网络的参数中,使用 $w_{ij}(l)$ 和 $b_i(l)$ 来表示层索引,则层 l 中神经元 k 的输出(激活值)表示为 $a_k(l)$。

使用神经网络执行模式分类时,最常用的方法是为每个输出神经元分配一个类标记。因此,有 n_L 个输出的神经网络可将一个未知模式分为 n_L 个类别。如果输出神经元 k 有最大的激活值,也就是说,如果 $a_k(L)>a_j(L)$,$j=1,2,\cdots,N_l$,$j\neq k$,那么网络将一个未知模式向量 $\boldsymbol{x}$ 分配给类 c_k。

4. 正向传播前馈神经网络

正向传播前馈神经网络将输入层(即 $\boldsymbol{x}$ 的值)映射到输出层。输出层中的值用于确定一个输入向量的类别。

(1) 正向传播方程

第 1 层的输出是输入向量 $\boldsymbol{x}$ 的各个分量:

$$a_j(1)=x_j \quad j=1,2,\cdots,n \tag{10-132}$$

式中,n 是 $\boldsymbol{x}$ 的维数。如图 10-25(b)和图 10-32 中所说明的那样,神经元 i 在层 l 执行的计算为

$$z_i(l)=\sum_{j=1}^{n_{l-1}} w_{ij}(l)a_j(l-1)+b_j(l) \tag{10-133}$$

式中,$i=1,2,\cdots,n_l$,$l=2,\cdots,L$。$z_i(l)$ 称为层 l 中神经元 i 的净(或总)输入,有时也表示为 net_i。这一表示的原因是,$z_i(l)$ 是由来自层 $l-1$ 的所有输出形成的。层 l 中神经元 i 的输出(激活值)是

$$a_i(l)=h(z_i(l)) \quad i=1,2,\cdots,n_l \tag{10-134}$$

式中,h 是一个激活函数。网络输出节点 i 的值为 $a_i(l)=h(z_i(l))$。

式(10-132)到式(10-134)描述了将一个全连接前馈网络的输入映射到其输出所需的全部操作。

(2) 矩阵公式

前边讨论的细节表明,在神经网络计算的过程中会涉及大量单独的计算。如果编写一个计算机程序来自动执行刚才讨论过的步骤,会发现代码的效率很低,因为都要求循环计算,而这需要大量的节点索引和层索引。使用矩阵运算可以开发出更简捷(计算速度更快)的计算程序。这意味着要把式(10-132)至式(10-134)写为下面的形式。

首先,注意到第 1 层的输出数量总与一个输入模式 $\boldsymbol{x}$ 的维数相同,因此其矩阵(向量)形式很简单:

$$\boldsymbol{a}(1)=\boldsymbol{x} \tag{10-135}$$

从式(10-133)可知,求和项只是两个向量的内积[见 $\sum_{i=1}^{n} w_i x_i + w_{n+1}=0$ 和 $\boldsymbol{w}^{\mathrm{T}}\boldsymbol{x}+w_{n+1}=0$]。然而,通过第 1 层后,必须为每层中的所有节点计算这个公式。这意味着如果要逐个节点地执行计算,就需要一个循环。解决方案是形成一个矩阵 $\boldsymbol{W}(l)$,它包含 l 层中的所有权重。这个矩阵的结构很简单,也就是矩阵的每行都包含层 l 中的一个节点的权重:

$$\boldsymbol{W}(l)=\begin{bmatrix} w_{11}(l) & w_{12}(l) & \cdots & w_{1n_{l-1}}(l) \\ w_{21}(l) & w_{22}(l) & \cdots & w_{2n_{l-1}}(l) \\ \vdots & \vdots & \cdots & \vdots \\ w_{n_l1}(l) & w_{n_l2}(l) & \cdots & w_{n_ln_{l-1}}(l) \end{bmatrix} \tag{10-136}$$

然后,对 l 层,可以同时得到所有的乘积之和来计算 $z_i(l)$:

$$\boldsymbol{z}(l)=\boldsymbol{W}(l)\boldsymbol{a}(l-1)+\boldsymbol{b}(l), \quad l=2,3,\cdots,L \tag{10-137}$$

式中,$\boldsymbol{a}(l-1)$ 是 $n_{l-1}\times1$ 维列向量,它包含 $l-1$ 层的输出,$\boldsymbol{b}(l)$ 是 $n_{l-1}\times1$ 维列向量,它包含 l 层的所有神经元的偏置,$\boldsymbol{z}(l)$ 是 $n_l\times1$ 维列向量,它包含 l 层中所有节点的净输入值 $z_i(l)$,$i=1,2,\cdots,n_l$。

由于激活函数是单独应用到每个净输入的,因此网络在任何一层的输出都可用向量形式表示为

$$\boldsymbol{a}(l)=h[\boldsymbol{z}(l)]=\begin{bmatrix} h(z_1(l)) \\ h(z_2(l)) \\ \vdots \\ h(z_{n_l}(l)) \end{bmatrix} \tag{10-138}$$

实现式(10-135)至式(10-138)只需要一系列矩阵运算,而不需要循环。

式(10-135)到式(10-138)是对逐节点计算的显著改进,但它们仅用于一个模式。要对多个模式向量分类,就要对每个模式使用循环,并在每个循环迭代中使用相同的矩阵公式集。我们想要的是一组矩阵公式,这组公式能够处理单次正向传播中的所有模式。将式(10-135)到式(10-138)扩展为更一般的公式很简单。首先将所有输入模式向量排列 $n\times n_p$ 维矩阵 $\boldsymbol{X}$ 为一列,与以前一样,其中 n 是向量的维数,n_p 是模式向量的数量。根据式(10-135)有

$$\boldsymbol{A}(1)=\boldsymbol{X} \tag{10-139}$$

式中,矩阵 $\boldsymbol{A}(1)$ 的每列都包含一个模式的初始激活值(即向量值)。这是式(10-135)的直接扩展,只是现在处理的是一个 $n\times n_p$ 矩阵,而不是一个 $n\times 1$ 向量。

网络的参数不变,因为我们处理多个模式向量,因此,权重矩阵由式(10-136)给出。这个矩阵的大小为 $n_l\times n_{l-1}$。$l=2$ 时,$\boldsymbol{W}(2)$ 的大小为 $n_2\times n$,因为 n_1 总等于 n。然后,用 $\boldsymbol{A}(2)$ 代替 $\boldsymbol{a}(2)$ 展开式(10-137)中的乘积项,得到矩阵乘积 $\boldsymbol{W}(2)\boldsymbol{A}(2)$,其大小为 $(n_2\times n)(n\times n_p)=n_2\times n_p$。为此,我们必须对第 2 层加一个偏置向量,偏置向量的大小为 $n_2\times 1$。显然,我们不能让一个大小为 $n_2\times n_p$ 的矩阵和一个大小为 $n_2\times 1$ 的向量相加。然而,如权重矩阵那样,偏置向量不变,因为我们处理多个模式向量。我们只需为每个输入向量考虑一个相同的偏置向量 $\boldsymbol{b}(2)$。为了这样做,我们创建一个大小为 $n_2\times n_p$ 的矩阵 $\boldsymbol{B}(2)$,它是把 $\boldsymbol{b}(2)$ 水平地级联 n_p 次形成的。于是,式(10-137)就以矩阵形式写为 $\boldsymbol{Z}(2)=\boldsymbol{W}(2)\boldsymbol{A}(1)+\boldsymbol{B}(2)$。矩阵 $\boldsymbol{Z}(2)$ 的大小是 $n_2\times n_p$,它包含式(10-137)的计算,但针对的是所有输入模式。也就是说,$\boldsymbol{Z}(2)$ 的每列完全是式(10-137)为每个输入模式进行的计算。

刚才讨论的概念适用于神经网络中从任何一层到下一层的过渡,只要我们为网络中的某个位置使用适当的权重和偏置即可。因此,式(10-137)的全矩阵形式是

$$\boldsymbol{Z}(l)=\boldsymbol{W}(l)\boldsymbol{A}(l-1)+\boldsymbol{B}(l) \tag{10-140}$$

式中,$\boldsymbol{W}(l)$ 由式(10-136)给出,$\boldsymbol{B}(l)$ 是一个 $n_l\times n_p$ 矩阵,它的各列是 $\boldsymbol{b}(l)$ 的复制,$\boldsymbol{b}(l)$ 是偏置向量,它包含层 l 中各个神经元的偏置。

剩下的是 l 层的输出矩阵公式。如式(10-138)所示,激活函数单独地应用到向量 $\boldsymbol{Z}(l)$ 的每个元素。因为 $\boldsymbol{Z}(l)$ 的每列都是式(10-139)对某个输入向量的简单应用,因此得出结论

$$\boldsymbol{A}(l)=h[\boldsymbol{Z}(l)] \tag{10-141}$$

式中,激活函数 h 被应用到矩阵 $\boldsymbol{Z}(l)$ 的每个元素。

总结矩阵公式中的维数,我们有:$\boldsymbol{X}$ 和 $\boldsymbol{A}(1)$ 的大小为 $n\times n_p$,$\boldsymbol{Z}(l)$ 的大小为 $n_l\times n_p$,$\boldsymbol{W}(l)$ 的大小为 $n_l\times n_{l-1}$,$\boldsymbol{A}(l-1)$ 的大小为 $n_l\times n_p$,$\boldsymbol{B}(l)$ 的大小为 $n_l\times n_p$,$\boldsymbol{A}(l)$ 的大小为 $n_l\times n_p$。在面向矩阵的语言如 MATLAB 中实现这些操作很简单。如果使用专用硬件,如一个或多个图形处理单元(GPU),可以显著提高性能。

全连通前馈多层神经网络进行矩阵计算的步骤如下:

① 输入模式: $\boldsymbol{A}(1)=\boldsymbol{X}$

② 前馈:对于 $l=2,3,\cdots,L$,计算 $\boldsymbol{Z}(l)=\boldsymbol{W}(l)\boldsymbol{A}(l-1)+\boldsymbol{B}(l)$ 和 $\boldsymbol{A}(l)=h(\boldsymbol{Z}(l))$

③ 输出: $\boldsymbol{A}(L)=h(\boldsymbol{Z}(L))$

上边的公式用于将一组模式中的每个模式分为 n_L 个模式类。输出矩阵 $\boldsymbol{A}(L)$ 的每列包含用于某个模式向量的 n_L 个输出神经元的激活值。这个模式类的成员由具有最高激活值的输出神经元给出。当然,这里假设我们知道网络的权重和偏置。这些公式是在使用反向传播的训练中得到的。

5. 用反向传播训练深层神经网络

一个神经网络完全由其权重、偏置和激活函数来定义。训练一个神经网络是指用一组或多组训练模式来估计这些参数。在训练过程中,我们知道多层神经网络的每个输出神经元的期望响应。然而,我们没有办法知道隐藏神经元的输出值应该是多少。这里推导反向传播方程,它是在多层网络中求解权重值和偏置值的工具。反向传播训练包括 4 个基本步骤:(1) 输入模式向量;(2) 正向传播

通过网络,对训练集的所有模式进行分类并确定分类误差;(3) 反向传播,将输出误差反馈回网络,计算更新参数所需的变化;(4) 更新网络中的权重和偏置。重复这些步骤,直到误差达到可接受的水平。推导反向传播方程所需的主要数学工具仍然是基本微积分中的链式规则。

(1) 反向传播方程

给定一组训练模式和一个多层前馈神经网络结构,训练的方法是求解使得误差(也称代价或目标)函数最小的网络参数。我们的兴趣是分类性能,因此,将一个神经网络的误差函数定义为期望响应和实际响应之差的平均值。令 $\boldsymbol{r}$ 表示一个给定的模式向量 $\boldsymbol{X}$ 的期望响应,$\boldsymbol{a}(L)$ 表示网络对这个输入的实际响应。例如,在 10 个类别识别应用中,$\boldsymbol{r}$ 和 $\boldsymbol{a}(L)$ 是 10 维列向量。$\boldsymbol{a}(L)$ 的 10 个分量是神经网络的 10 个输出,并且除对应于 $\boldsymbol{X}$ 类的元素是 1 外,$\boldsymbol{r}$ 的其他分量都是 0。

输出层中神经元 j 的激活值为 $a_j(L)$。我们将这个神经元的误差定义为

$$E_j=\frac{1}{2}(r_j-a_j(L))^2 \tag{10-142}$$

式中,$j=1,2,\cdots,n_L$,r_j是给定模式 $\boldsymbol{X}$ 的输出神经元 $a_j(L)$ 的期望响应。相对于单一 x 的输出误差是所有输出神经元相对于该向量的误差之和:

$$E=\sum_{j=1}^{n_L}E_j=\frac{1}{2}\sum_{j=1}^{n_L}(r_j-a_j(L))^2=\frac{1}{2}\|\boldsymbol{r}-\boldsymbol{a}(L)\|^2 \tag{10-143}$$

式中,最后一步是根据欧氏向量范数的定义得到的。所有训练模式上的总输出误差定义为各个模式的误差之和。我们希望找到使得这个总误差最小的那些权重。为此,我们使用梯度下降法求解。然而,与感知机不同的是,我们无法计算隐藏节点中权重的梯度。反向传播的优点是通过把输出误差传回网络,可以得到一个等效的结果。

问题的关键是找到一种利用训练模式来调整网络中的所有权重的方案。要这样做,我们需要知道 $\boldsymbol{E}$ 相对于网络中的权重是如何变化的。权重包含在每个节点净输入的表达式中[见式(10-133)],即:$z_i(l)=\sum_{j=1}^{n_{l-1}}w_{ij}(l)a_j(l-1)+b_j(l)$,所以,我们需要的是$\partial E/\partial z_j(l)$,如式(10-133)中定义的那样,其中 $z_j(l)$ 是第 l 层中节点 j 的净输入。为了简化后面的表示,我们用符号 $\delta_j(l)$ 来表示$\partial E/\partial z_j(l)$。因为反向传播从输出开始,并从输出反向工作,所以我们首先查看

$$\delta_j(L)=\partial E/\partial z_j(L) \tag{10-144}$$

采用链式规则,可用输出 $a_j(L)$ 将上式表示为

$$\delta_j(L)=\frac{\partial E}{\partial z_j(L)}=\frac{\partial E}{\partial a_j(L)}\frac{\partial a_j(L)}{\partial z_j(L)}=\frac{\partial E}{\partial a_j(L)}\frac{\partial h(z_j(L))}{\partial z_j(L)}=\frac{\partial E}{\partial a_j(L)}h'(z_j(L) \tag{10-145}$$

式中倒数第二个等式是用式(10-134),即:$a_i(l)=h(z_i(l))$得到的。这个公式可以用来观察或计算 $\delta_j(L)$ 的值。例如,如果使用式(10-142)作为误差测度,$h'(z_j(L))$使用 sigmoid 函数的导数,$h'(z)=\frac{\partial h(z)}{\partial z}=h(z)[1-h(z)]$,那么有

$$\delta_j(L)=h(z_j(L))[1-h(z_j(L))](a_j(L)-r_j) \tag{10-146}$$

式中交换了各项的顺序。$h(z_j(L))$是在正向传播中计算的,$a_j(L)$ 可在网络的输出中观察到,且 r_j 是在训练期间与 $\boldsymbol{X}$ 一起给出的。因此,我们可以计算 $\delta_j(L)$。

因为任何一层中任何神经元的净输入和输出之间的关系相同,式(10-144)对任何隐藏层中的任何节点 j 都成立:

$$\delta_j(l)=\frac{\partial E}{\partial z_j(l)} \tag{10-147}$$

这个公式告诉我们,网络中任何神经元的净输入变化时,E 是如何变化的。接下来要做的是用 $\delta_j(l+1)$ 来表示 $\delta_j(l)$。因为我们在网络中是反向进行的,这意味着如果有这种关系,那么就可从 $\delta_j(l)$ 开始求

$\delta_j(l-1)$。然后使用该结果求 $\delta_j(l-2)$，以此类推，直到到达第 2 层。使用链式规则得到期望的表达式：

$$\begin{aligned}\delta_j(l) = \frac{\partial E}{\partial z_j(l)} &= \sum_i \frac{\partial E}{\partial z_i(l+1)} \frac{\partial z_i(l+1)}{\partial a_j(l)} \frac{\partial a_j(l)}{\partial z_j(l)} \\ &= \sum_i \delta_i(l+1) \frac{\partial z_i(l+1)}{\partial a_j(l)} \frac{\partial a_j(l)}{\partial z_j(l)} = h'(z_j(l)) \sum_i w_{ij}(l+1)\delta_i(l+1)\end{aligned} \tag{10-148}$$

式中，$l=L-1,L-2,\cdots,2$，上式中倒数第二个等式是用式(10-133)和式(10-147)得到的，最后一个等式是用式(10-133)加上一些排列后得到的。

前面的推导告诉我们如何由输出中的误差开始，并获得该误差作为网络中每个节点净输入的函数是如何变化的。这是实现最终目的的中间一步，即用 $\delta_j(l)=\partial E/\partial z_j(l)$ 来得到 $\partial E/\partial b_i(l)$ 和 $\partial E/\partial w_{ij}(l)$ 的表达式。为此，我们再次使用链式规则：

$$\frac{\partial E}{\partial w_{ij}(l)} = \frac{\partial E}{\partial z_i(l)} \frac{\partial z_i(l)}{\partial w_{ij}(l)} = \delta_i(l)\frac{\partial z_i(l)}{\partial w_{ij}(l)} = a_j(l-1)\delta_i(l) \tag{10-149}$$

式中，使用了式(10-133)和式(10-147)，并交换了结果的顺序，以便在我们后面讨论矩阵公式时更清楚。类似地有

$$\frac{\partial E}{\partial b_i(l)} = \delta_i(l) \tag{10-150}$$

现在，我们有了 E 相对于网络权重和偏置的变化率，最后一个步骤是用梯度下降法，使用这些结果来更新网络参数：

$$w_{ij}(l) = w_{ij}(l) - \eta \frac{\partial E(l)}{\partial w_{ij}(l)} = w_{ij}(l) - \alpha\delta_i(l)a_j(l-1) \tag{10-151}$$

和

$$b_i(l) = b_i(l) - \eta \frac{\partial E}{\partial b_i(l)} = b_i(l) - \eta\delta_i(l) \tag{10-152}$$

式中，$l=L-1,L-2,\cdots,2$，η 是在正向传播中计算的，δ 是在反向传播期间计算的。如同感知机那样，η 是在梯度下降法中使用的学习率常数。求最优学习率的方法很多，但是，最终这是一个在设计实验中依赖于问题的参数。一种合理的实验方法是从 η 的一个小值(如 0.001)开始，用来自训练集的向量进行实验，在给定的应用中确定合适的值。应该记住，η 只在训练期间使用，它不影响训练后的工作性能。

(2) 矩阵公式

如同正向传播神经网络方程描述的那样，前边讨论的反向传播方程很好地描述了这种方法的工作原理，但这些方程的具体实现却很繁琐。为简化实现方法，我们采用类似正向传播中所用的方法，推导反向传播的矩阵公式。

与以前一样，把所有模式矩阵 $\boldsymbol{X}$ 排列为向量，把 l 层的各个权重排列为矩阵 $\boldsymbol{W}(l)$。用 $\boldsymbol{D}(l)$ 表示 $\boldsymbol{\delta}(l)$ 的等效矩阵，向量包含 l 层中的各个误差。首先从输出开始求 $\boldsymbol{D}(L)$ 的表达式，并且与以前一样以反向行进。根据式(10-145)，即：

$$\delta_j(L) = \frac{\partial E}{\partial z_j(L)} = \frac{\partial E}{\partial a_j(L)} h'(z_j(L))$$

有

$$\boldsymbol{\delta}(L) = \begin{bmatrix} \delta_1(L) \\ \delta_2(L) \\ \vdots \\ \delta_{n_L}(L) \end{bmatrix} = \begin{bmatrix} \frac{\partial E}{\partial a_1(L)} h'(z_1(L)) \\ \frac{\partial E}{\partial a_2(L)} h'(z_2(L)) \\ \vdots \\ \frac{\partial E}{\partial a_{n_L}(L)} h'(z_{n_L}(L)) \end{bmatrix} = \begin{bmatrix} \frac{\partial E}{\partial a_1(L)} \\ \frac{\partial E}{\partial a_2(L)} \\ \vdots \\ \frac{\partial E}{\partial a_{n_L}(L)} \end{bmatrix} \odot \begin{bmatrix} h'(z_1(L)) \\ h'(z_2(L)) \\ \vdots \\ h'(z_{n_L}(L)) \end{bmatrix} \tag{10-153}$$

式中，⊙表示对应元素相乘（在这种情况下是两个向量相乘）。可把这个符号左侧的向量写为$\partial E/\partial \boldsymbol{a}(L)$，把这个符号右侧的向量写为$h'(\boldsymbol{z}(L))$。于是式(10-153)可写为

$$\boldsymbol{\delta}(L)=\frac{\partial E}{\partial \boldsymbol{a}(L)}\odot h'(\boldsymbol{z}(L)) \tag{10-154}$$

对于一个模式向量，该$n_L\times1$大小的列向量包含所有输出神经元的激活值。使用的误差函数是一个二次函数，它在式(10-143)中以向量形式给出。这个二次函数相对于$\boldsymbol{a}(L)$的偏导数是$(\boldsymbol{a}(L)-\boldsymbol{r})$，将它代入式(10-154)得

$$\boldsymbol{\delta}(L)=(\boldsymbol{a}(L)-\boldsymbol{r})\odot h'(\boldsymbol{z}(L)) \tag{10-155}$$

列向量$\boldsymbol{\delta}(L)$描述了一个模式向量。为了同时描述所有n_p个模式，就形成了矩阵$\boldsymbol{D}(l)$，它的各列来自式(10-155)的$\boldsymbol{\delta}(L)$，这是为一个特定模式向量求解的值。这相当于将式(10-155)直接以矩阵形式写为

$$\boldsymbol{D}(L)=(\boldsymbol{A}(L)-\boldsymbol{R})\odot h'(\boldsymbol{z}(L)) \tag{10-156}$$

$\boldsymbol{A}(L)$的每列是网络对一个模式的输出。类似地，$\boldsymbol{R}$的每列都是一个二值向量，这个向量在一个特定模式向量中的位置是1，在其他位置是0，正如前面所解释的那样。$\boldsymbol{A}(L)-\boldsymbol{R}$的每列都包含$\|\boldsymbol{a}-\boldsymbol{r}\|$的分量。因此，一列元素的平方相加后除以2，就与式(10-143)中定义的误差测度相同。把所有列的计算结果相加，就是所有模式误差的平均测度。类似地，矩阵$h'(\boldsymbol{z}(L))$的列是所有输出神经元的净输入值，其中每列对应于一个模式向量。式(10-156)中的所有矩阵的大小都为$n_L\times n_p$。

采用类似的推理，可用矩阵形式将式(10-148)表示为

$$\boldsymbol{D}(l)=(\boldsymbol{w}^{\mathrm{T}}(l+1)\boldsymbol{D}(l+1))\odot h'(\boldsymbol{Z}(L)) \tag{10-157}$$

通过维数分析，很容易确认$\boldsymbol{D}(l)$为$n_l\times n_p$矩阵。注意，式(10-157)使用了转置后的权重矩阵。这反映了一个事实，即l层的输入来自$l+1$层，因为在反向传播中移动的方向与正向传播相反。

我们用矩阵形式表示权重和偏置更新公式。首先考虑权重矩阵，由式(10-148)和式(10-151)可知，我们需要矩阵$\boldsymbol{W}(L)$、$\boldsymbol{D}(l)$和$\boldsymbol{A}(L-1)$。已知$\boldsymbol{W}(L)$大小为$n_l\times n_{l-1}$，$\boldsymbol{D}(l)$大小为$n_l\times n_p$。$\boldsymbol{A}(L-1)$的每一列是一个模式向量的$l-1$层中各个神经元的输出的集合，共有n_p个模式，因此$\boldsymbol{A}(L-1)$为$n_{l-1}\times n_p$矩阵。由式(10-151)推导$\boldsymbol{A}$后乘$\boldsymbol{D}$，因此还需要$\boldsymbol{A}^{\mathrm{T}}(L-1)$，其为$n_p\times n_{l-1}$的。最后，回顾我们在矩阵公式中构建了一个$n_l\times n_p$的矩阵$\boldsymbol{B}(l)$，它的各列是向量$\boldsymbol{b}(l)$的复制，$\boldsymbol{b}(l)$中包含了$l$层中的所有偏置。

接下来推导偏置的更新。由式(10-152)可知$\boldsymbol{b}(l)$的每个元素$b_i(l)$被更新为$b_i(l)=b_i(l)-\alpha\delta_i(l)$，$i=1,2,\cdots,n_l$，因此针对一个模式有$\boldsymbol{b}(l)=\boldsymbol{b}(l)-\alpha\boldsymbol{\delta}(l)$，而$\boldsymbol{D}(l)$的列是针对训练集中的所有模式$\boldsymbol{\delta}(l)$的。在矩阵公式中使用$\boldsymbol{D}(l)$中列的平均（所有模式的平均误差）来更新$\boldsymbol{b}(l)$。

把这些结果放在一起，就可得到更新网络参数的如下两个公式：

$$\boldsymbol{W}(l)=\boldsymbol{W}(l)-\alpha\boldsymbol{D}(l)\boldsymbol{A}^{\mathrm{T}}(l-1) \tag{10-158}$$

和

$$\boldsymbol{b}(l)=\boldsymbol{b}(l)-\alpha\sum_{k=1}^{n_p}\boldsymbol{\delta}_k(l) \tag{10-159}$$

式中，$\boldsymbol{\delta}_k(l)$是$\boldsymbol{D}(l)$的第k列。如前所述，在水平方向上将$\boldsymbol{b}(l)$级联n_p次，就形成了$n_l\times n_p$的矩阵$\boldsymbol{B}(l)$：

$$\boldsymbol{B}(l)=\underset{n_p次}{级联}\{\boldsymbol{b}(l)\} \tag{10-160}$$

如前所述，使用矩阵公式的反向传播训练前馈全连接多层神经网络的4个主要步骤如下：

① 输入模式： $\boldsymbol{A}(1)=\boldsymbol{X}$

② 正向传播：对于$l=2,\cdots,L$，计算

$\boldsymbol{z}(L)=\boldsymbol{W}(l)\boldsymbol{A}(L-1)+\boldsymbol{b}(l)$；$\boldsymbol{A}(l)=h(\boldsymbol{z}(L))$；$h'(\boldsymbol{Z}(L))$和$\boldsymbol{D}(l)=(\boldsymbol{A}(L)-\boldsymbol{R})\odot h'(\boldsymbol{Z}(L))$

③ 反向传播：对于$l=L-1,L-2,\cdots,2$，计算

$$\boldsymbol{D}(l)=(\boldsymbol{w}^{\mathrm{T}}(l+1)\boldsymbol{D}(l+1))\odot h'(\boldsymbol{Z}(L))$$

④ 更新权重和偏置，对于$l=2,\cdots,L$，令

$$W(l)=W(l)-\eta D(l)A^{\mathrm{T}}(l-1);b(l)=b(l)-\eta\sum_{k=1}^{n_p}\delta_k(l);B(l)=\text{级联}\{b(l)\}$$

其中，$\delta_k(l)$是$D(l)$的列。

步骤①～④用于一个训练代(epoch 有的译为一轮)的训练。X、R 和学习率参数 η 提供给网络训练。通过将权重 $W(1)$、偏置 $B(1)$规定为小随机数来初始化网络。在训练期间，为规定的训练代重复这些步骤，直到预定义的误差测度足够小为止。

我们感兴趣的是两类误差。第一类是分类误差，它通过统计被错误分类模式的计数并除以训练集中的总模式数结果再乘以 100，就得到错误分类模式的百分比。1 减去该结果，再乘以 100，就得到正确的识别百分率。第二类是均方误差(MSE)，它基于 E 的实际值。对于式(10-143)中定义的误差，这个值是取矩阵($A(L)-R$)中一列的元素的平方、相加并除以 2 得到的。对所有的列重复这一运算，并将结果除以 X 中的模式数，就得到了整个训练集上的 MSE。

10.3.3 深度卷积神经网络

在图像识别中，采用神经网络的优点之一是它们能够直接从训练数据中学习模式特征。我们要做的是将一组训练图像直接输入到神经网络中，让网络自己学习必要的特征。一种方法是通过基于线性索引组织像素来直接将图像转换为向量，即让线性索引的每个元素(像素)作为向量的元素。然而，这种方法没有利用图像中像素之间可能存在的任何空间关系，诸如像素形成的角、边缘线段，以及有助于区分一幅图像与另一幅图像的其他特征等。在这一节中，我们讨论一类称为深度卷积神经网络的神经网络(简称 CNNs 或 ConvNets)，它以图像作为输入，非常适合于自动学习和图像分类。为了区分 CNN 和前面所研究的神经网络，我们将前面所讨论的神经网络称为"全连接"神经网络。

1962 年，生物学家胡伯尔(Hubel)和维塞尔(Wiesel)通过对猫脑视觉皮层的研究，发现在视觉皮层中存在一系列复杂构造的细胞，这些细胞对视觉输入空间的局部区域很敏感，被称为"感受野"。感受野以某种方式覆盖整个视觉域，它在输入空间中起局部作用，因而能够更好地挖掘出存在于自然图像中强烈的局部空间相关性。将这些被称为感受野的细胞分为简单细胞和复杂细胞两种类型。根据 Hubel-Wiesel 的层级模型，在视觉皮层中的神经网络有一个层级结构：

外侧膝状体→简单细胞→复杂细胞→低阶超复杂细胞→高阶超复杂细胞

低阶超复杂细胞与高阶超复杂细胞之间的神经网络结构类似于简单细胞和复杂细胞间的神经网络结构。在该层级结构中，处于较高阶段的细胞通常会有这样一个倾向，即选择性地响应刺激模式更复杂的特征；同时还具有一个更大的感受野，对刺激模式位置的变化更加不敏感。1980 年，福库史玛(Fukushima)根据 Huble-Wiesel 的层级模型提出了结构与之类似的神经认知机 (Neocognitron)。神经认知机采用简单细胞层(S-layer，S 层)和复杂细胞层(C-layer，C 层)交替组成，其中 S 层与 Huble-Wiesel 层级模型中的简单细胞层或者低阶超复杂细胞层相对应，C 层对应于复杂细胞层或者高阶超复杂细胞层。S 层能够最大程度地响应感受野内的特定边缘刺激，提取其输入层的局部特征，C 层对来自确切位置的刺激具有局部不敏感性。尽管在神经认知机中没有像 BP 算法那样的全局监督学习过程可利用，但它仍可认为是 CNN 的第一个工程实现网络，卷积和池化(也称作下采 样)分别受 Hubel-Wiesel 概念的简单细胞和复杂细胞的启发，它能够准确识别具有位移和轻微形变的输入模式。随后，LeCun 等人基于 Fukushima 的研究工作用 BP 算法设计并训练了 CNN(该模型称为 LeNet-5)，LeNet-5 是经典的 CNN 结构，后续有许多工作都以此为基础加以改进，它在一些模式识别领域中取得了良好的分类效果。CNN 的基本结构由输入层、卷积层(convolu tional layer)、池化层(pooling layer，也称为取样层)、全连接层及输出层构成。卷积层和池化层一般会取若干个，采用卷积层和池化层交替方式设置，即一个卷积层连接一个池化层，池化层后再连接一个卷积层，以此类推。由于卷积层中输出特征映射的每个神经元与其输入进行局部连接，并通过对应的连接权值与局部输入进行加权求和再加上偏置，得到该神经元输入值，该过程等同于卷积过程，CNN 也由此而得名。

卷积层由多个特征映射（Feature Mapping）组成，每个特征映射由多个神经元组成，它的每一个神经元通过卷积核与上一层特征映射的局部区域相连。卷积核是一个权值阵列（如对于二维图像而言可为 3×3 或 5×5 矩阵）。CNN 的卷积层通过卷积操作提取输入的不同特征，第 1 层卷积层提取低级特征，如边缘、线条、角点等，更高层的卷积层提取更高级的特征。

1. 一种基本的 CNN 结构

图 10-34 是 CNN（LeNet）的基本结构。

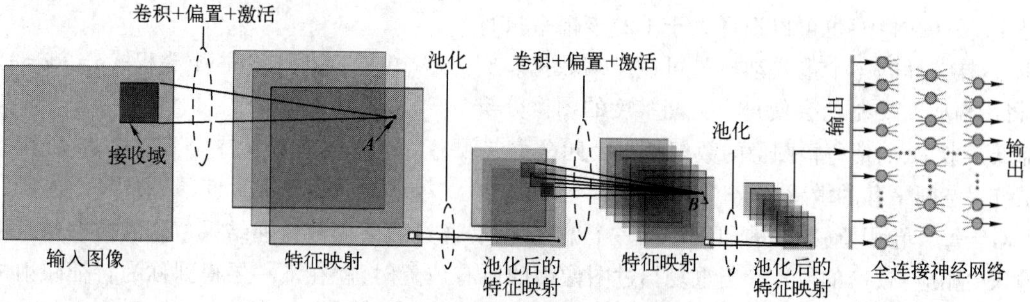

图 10-34　CNN（LeNet）的基本结构

尽管 CNN 和全连接神经网络执行的计算是相似的，除了输入分别是二维阵列和向量外，两者之间还有以下一些区别。

（1）CNN 能够直接由原始图像数据学习二维特征。由于对复杂图像识别任务不需要工程化特征提取的工具，因此拥有一个自身能够由原图像数据学习图像特征的系统是 CNN 的一个关键优势。

（2）各层的连接方式。在一个全连接神经网络中，我们将一层中每个神经元的输出直接馈送到下一层中每个神经元的输入。而在 CNN 中，我们将单个值馈送到一层的每个输入，这个值是上一层输出的一个空间邻域上的卷积（因此称为卷积神经网络）。因此，按照全连接的定义，CNN 并不是全连接的。

（3）从一层到下一层的二维阵列被下取样（池化），以降低对输入中平移变化的敏感度。

当我们研究不同的 CNN 结构时，这些差异和它们的意义将会变得更清楚。

2. CNN 工作的基础

（1）卷积

如上所述，CNN 中的邻域处理是空间卷积。离散卷积的数学表述如下

$$w(x,y)*f(x,y)=\sum_{s=-a}^{a}\sum_{t=-b}^{b}w(s,t)f(x-s,y-t) \tag{10-161}$$

图 10-35 是空间卷积机理的一个例子，其卷积计算如下：

$$105\times0+102\times(-1)+100\times0+103\times(-1)+99\times5+103\times(-1)+101\times0+98\times(-1)+104\times0=89$$

然后将卷积核右移 1 位，用同样的方法计算下一个卷积值，以此类推。

将卷积核随 (x,y) 平移扫描，可以得到本层的输出空间映射值，这时假设输入图像大小是 512×512，卷积核是 3×3，在不考虑零填充（zero padding）的情况下，输出是 510×510。

如上例所示，卷积计算是感受野（或接收域）像素与一组卷积核权重之间的乘积之和。在输入图像中的每个空间位置执行该操作。每个位置 (x,y) 卷积的结果是标量值。当卷积核扫过输入图像的每个像素后，就得到卷积的结果矩阵。应该注意的是，如果要想得到与原图像大小一样的卷积结果，则需要按前边讲到的方法“填充”原图像。如果我们添加一个偏置并通过激活函数传递该结果，CNN

执行的基本卷积计算和前面一节中讨论的神经网络执行的那些基本计算完全可以类比。

图 10-34 中最左边的深色方块部分显示了输入图像中一个位置的邻域(与卷积核大小一致)。用 CNN 的术语来说,这些区域被称为“感受野”或“接收域”。感受野所做的就是在输入图像中选择像素区域。如图 10-34 所示,CNN 执行的第一步操作是卷积。按感受野的形状排列的权重集合形成一个卷积核。移动感受野空间增量的数量称为步幅。空间卷积步幅通常是 1。在 CNN 中,也可以选择大于 1 的步幅来执行卷积,这样选择的一个重要动机是可以压缩数据。例如,将步幅从 1 改为 2,会使每个空间维度的图像分辨率降低一半,从而使每幅图像的数据量减少四分之三。另一个重要动机是替代下采样,它被用来降低系统对空间平移的敏感性。

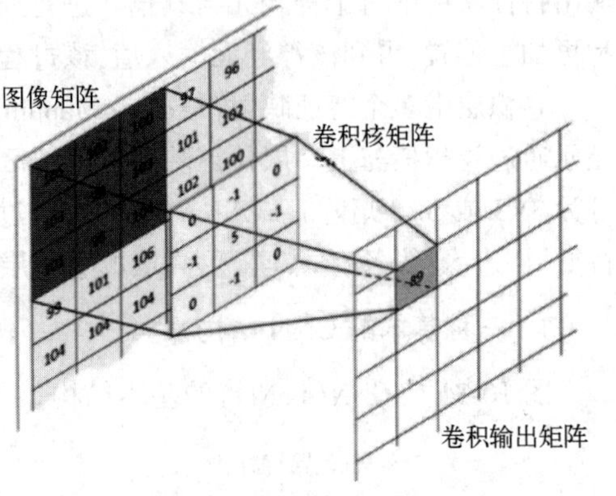

图 10-35　空间卷积举例(卷积核 $a=3,b=3$)

对于每个卷积值(乘积的和),添加一个偏置,然后通过激活函数传递结果。该值被馈送到下一层输入中相应(x,y)的位置。当重复扫过图像中的所有位置时,就在下一层得到称为特征映射的二维阵列。卷积的作用是从输入图像中提取诸如边缘、角点和块等特征。使用相同的权重和单一的偏置来生成对应于输入图像中“感受野”的所有位置的卷积(特征映射)值。这样做是为了在图像中检测特征。为此目的,使用相同的权重和偏置被称为权重(或参数)共享。

图 10-34 显示了网络第一层中的三个特征映射。另外两个特征映射是以相同的方式生成的,但是对每个特征映射使用了不同的权重和偏置。因为每组权重和偏置是不同的,所以每个特征映射通常将包含不同集合的特征,所有特征都从相同的输入图像中提取。特征映射统称为卷积层。因此,图 10-34 中的 CNN 画有两个卷积层。

(2) 池化

如图 10-34 所示,卷积和激活后紧跟着的过程是池化(也称为下采样),这一处理的动机来自 Hubel-Wisel 提出的哺乳动物视觉皮层模型(1959 年)。他们的发现表明,视觉皮层部分由简单和复杂的细胞组成。简单细胞执行特征提取,而复杂细胞将这些特征合并(聚合)为更有意义的整体。在视觉皮层模型中,空间分辨率的降低是实现平移不变性的主要原因。池化是将它建模以减小维度的一种方式。当使用大型图像数据库训练 CNN 时,池化处理具有减少处理数据量的额外优点。我们可以把下采样的结果看成生成池化后的特征映射。换句话说,池化后的特征映射是空间分辨率降低的特征映射。池化是通过将特征映射细分为一组小区域(通常为 2×2)来实现的,这个小区域称为池化邻域,并将这样一个邻域中的所有元素替换为一个单一值。我们假定池化邻域是相邻的(即它们不重叠)。常见的池化方法有三种:(1) 平均池化,其算法是把每个邻域中的值用邻域中的平均值替换;(2) 最大池化,用其元素的最大值替换邻域中的值;(3) L_2池化,该算法所得到的池化值为平方后的邻域值之和的平方根。池化特征映射层统称为池化层。图 10-36 显示了池化算法的计算实例。图 10-34 中使用了 2×2 池化,因此产生的每个池化映射都是前面特征映射的四分之一大小。接收域、卷积、参数共享和池化的使用是 CNN 特有的特性。

池化操作(Pooling)是 CNN 中很常见的一种操作,池化层模仿人的视觉系统对数据进行降维,池化操作通常也叫下采样(Subsampling)或降采样(Downsampling),其主要功能有:①抑制噪声,降低信息冗余;②提升模型的尺度和旋转不变性;③降低模型计算量;④防止过拟合。在深度卷积网络中最常用的是最大池化和平均池化。最大池化如图 10-36(a)所示。

采用最大池化的优点:

① 可以保证特征的位置与旋转不变性，因为不论这个强特征在哪个位置出现，都可以不考虑其出现的位置而把它提取出来。对于图像处理来说这种位置与旋转不变性是很好的特性。

② 可以减少模型参数数量，有利于减少模型过拟合问题。因为经过 Pooling 操作后，往往把 2D 阵列或者 1D 的数组转换为单一数值，这样对于后续的卷积（Convolution）层或者全连接隐藏层来说无疑都把单个滤波的参数或者隐藏层神经元个数减少了。

③ 对于 NLP（Natural Language Processing，自然语言处理）任务来说，最大池化有个额外的好处，就是可以把变长的输入 $\boldsymbol{X}$ 整理成固定长度的输入。因为 CNN 最后往往会接全连接层，而其神经元个数是需要事先定好的，如果输入是不定长的，那么很难设计网络结构。一般来说，CNN 模型输入 $\boldsymbol{X}$ 的长度是不确定的，而通过池化操作，每个滤波器固定取一个值，那么有多少个滤波器，池化层就有多少个神经元，也就是说，池化层神经元个数等于滤波器的个数，这样就可以固定全连接层神经元的个数。

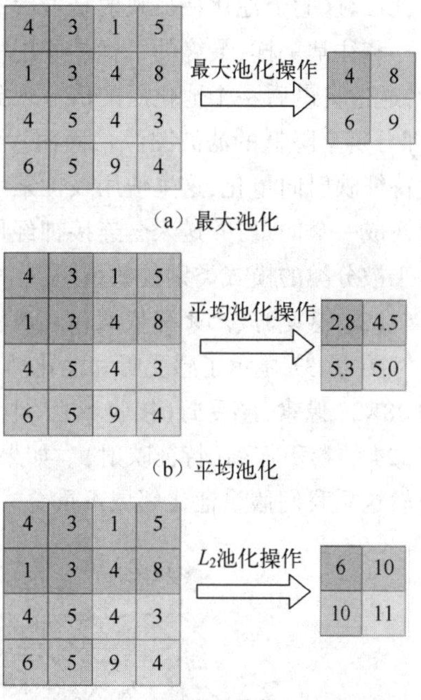

(a) 最大池化
(b) 平均池化
(c) L_2池化

图 10-36　池化算法的计算实例

采取最大池化的主要缺点：

① 特征的位置信息在这一步骤会完全丢失了。在卷积层其实是保留了特征的位置信息的，但是通过取唯一的最大值，在池化层只知道这个最大值是多少，但是其出现的位置信息并没有保留。

② 有时有些强特征会出现多次，但是因为最大池化只保留一个最大值，所以即使某个特征出现多次，现在也只能看到一次，也就是说同一特征的强度信息丢失了。

池化层的另一种类型是平均池化。平均池化是计算每个邻域的平均值而不是最大值。

如图 10-36(b)所示，平均池化的输出与最大池化有所不同，池化结果不是那么极端了。与最大池化的不同之处在于它保留了有关块“次重要”元素的大量信息。尽管最大池化只是通过选择最大值来丢弃它们，但平均池化将它们混合在一起，这在有些情况下是有用的。相比之下，最大池化层在保留局部信息方面效果较差。

由于特征映射是空间卷积的结果，所以我们从前面的章节知道，它们是简单的滤波过程，池化后的特征映射得到较低分辨率的滤波图像。如图 10-34 中所说明的那样，第一层中池化后的特征映射作为网络的下一层的输入。但是，第一层的输入是一幅图像，现在我们有池化后的特征映射（过滤后的图像），将它们输入到第二层。

为了在第二层中生成第一特征映射的值，像以前一样执行卷积、添加偏置和使用激活函数。然后，改变卷积核和偏置，并重复第二个特征映射的过程。对每个其余的特征映射都这样做，只是改变了每个特征映射的卷积核权值和偏置而已。然后，我们考虑下一个池化特征映射的输入，并使用另一组不同的卷积核和偏置对第二层中的每个特征映射执行相同的过程（卷积、加偏置、激活）。当完成后，我们将为每个特征映射中的相同位置生成三个值，其中三个输入中的每个输入都有一个来自相应位置的值。问题是我们如何把这三个单独的值合并在一起？由于卷积是一个线性过程，所以这三个单独的值通过叠加就可以合并在一起了。

在图 10-34 的第一层，有一幅输入图像和三个特征映射，因此，需要三个核来完成所有的卷积。在第二层，有三个输入和七个特征映射，因此所需的卷积核（和偏置）总数为 3×7＝21。每个特征映射被池化以生成相应的池化特征映射，从而生成七个池化特征映射。在图 10-34 中，只有两个特征映射,所以这七个池化特征映射是最后一层的输出。

和往常一样,最终的目标是使用特征进行分类,所以需要一个分类器。如图 10-34 所示,在 CNN 中,通过将最后一个池化层的值输入到全连接神经网络来执行分类。但是 CNN 的输出是 2 维阵列(即分辨率降低的滤波图像),而输入到全连接网络的输入是向量。因此,必须将最后一层的二维池化特征映射向量化,这里使用线性索引来实现。CNN 最后一层中的每个二维阵列通过矩阵拉伸操作转换成一个向量,并送入全连接神经网络进行分类。在任何给定的应用中,全连接网络中的输出数等于被分类的模式类别的数量。

(3) 感受野、池化邻域及相应的特征映射

图 10-37 显示了感受野和池化邻域大小对特征映射和池化特征映射大小的影响。输入图像大小为 28×28 像素,感受野(接收域)大小为 5×5。如果在卷积过程中感受野在图像中,由此产生大小为 24×24 的卷积阵列(特征映射)。如果使用大小为 2×2 的池化邻域,则得到的池化特征映射为12×12。当然这里我们假设池化邻域不重叠。

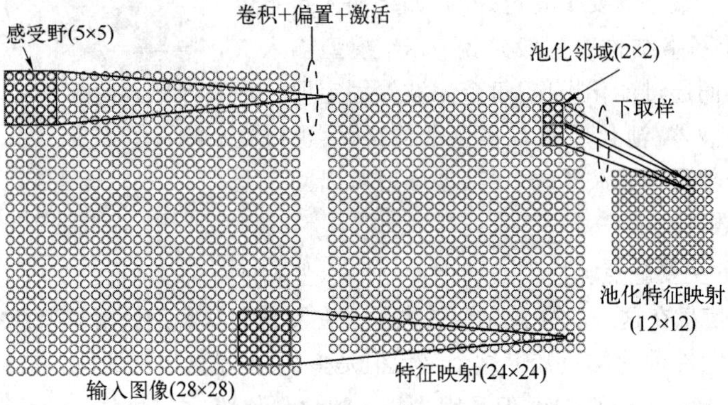

图 10-37　感受野和池化邻域大小对特征映射和池化特征映射大小的影响

与全连接神经网络相比较,把图 10-37 的二维阵列的每个元素想象成一个神经元,则输入中神经元的输出是像素值。第一层特征映射中的神经元输出值就是像素值,该值的大小和形状与感受野相同,并且其系数是在训练期间得到的核与输入图像卷积而产生的。对于每个卷积值,添加一个偏置并通过激活函数传递结果,以生成特征映射中相应神经元的输出值。池化映射中神经元的输出值是由在特征映射中池化神经元的输出值来生成的。由图 10-37 可知,学习特征的本质是由核的系数决定的。注意,特征映射的内容是由卷积检测到的特定特征,池化后的特征是这种效果的低分辨率版本。

CNN 所执行功能如图 10-38 所示。图 10-38 显示了 28×28 图像的 CNN 结构。该 CNN 在第一层中有 6 个特征映射,而在第二层中有 12 个特征映射。它使用大小为 5×5 的感受野(或接收域),以及大小为 2×2 的池化邻域。因此第一层的特征映射为 24×24,每个特征映射都有自己的权重和偏置集,在第一层中总共需要(5×5)×6+6=156 个参数(6 个核,每个核有 25 个权重,还有 6 个偏置)来生成特征映射。

因为使用大小为 2×2 的池化邻域,图 10-38 第一层中的池化特征映射为 12×12,因此将有 6 个大小为 12×12 的数组作为第二层中 12 个特征映射的输入(特征映射的数量通常层与层是不同的)。每个特征映射有其自己的权重和偏置集,因此,总共需要 6×(5×5)×12+12=1812 个参数(即每组 6 个核,每个核有 25 个权重,加上 12 个偏置)。由于我们使用的是大小为 5×5 的感受野,所以第二层的特征映射的大小为 8×8。在第二层中,使用 2×2 的池化邻域生成了 4×4 的池化特征映射。在整个过程中使用 sigmoid 激活函数。

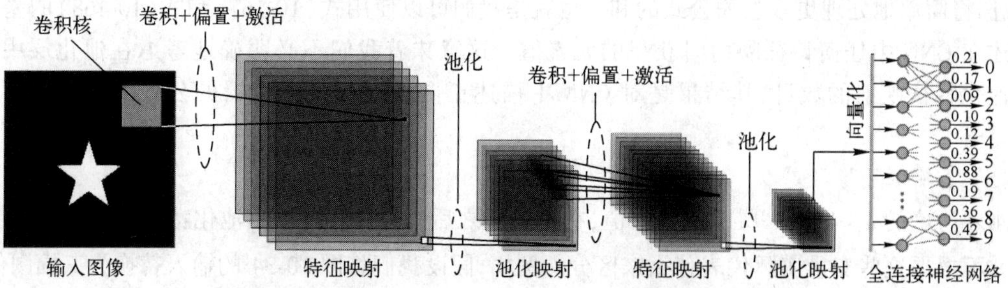

图 10-38　28×28 图像的 CNN 结构(输入图像的识别)

(4) CNN 中的神经元计算

人工神经元执行的基本计算是来自前一层感受野的值与卷积核权值的乘积之和。然后,添加一个偏置,并将结果称为神经元的净输入,用 z_i 表示。即:

$$z_i(l)=\sum_{j=1}^{n_{l-1}} w_{ij}(l)a_j(l-1)+b_j(l) \tag{10-162}$$

生成 z_i 所涉及的和是一个单一和。在 CNN 中,产生特征映射值所执行的计算是二维卷积。这是卷积核系数与图像阵列中与核重叠的相应元素之间乘积的和。参考图 10-34,令 $\boldsymbol{w}(x,y)$ 表示一个卷积核,令 $a(x,y)$ 表示取决于该层的图像或池化特征值。输入中任意点 (x,y) 的卷积值由下式给出:

$$\boldsymbol{w}(x,y)*\boldsymbol{a}(x,y)=\sum_l\sum_k w(l,k)a(x-l,y-k) \tag{10-163}$$

其中 l 和 k 是卷积核的维数。假设 $\boldsymbol{w}$ 的大小为 3×3,可以将上式展开为乘积之和:

$$\begin{aligned}\boldsymbol{w}(x,y)*\boldsymbol{a}(x,y)&=\sum_l\sum_k w(l,k)a(x-l,y-k)\\&=w(1,1)a(x-1,y-1)+w(1,2)a(x-1,y-2)+\cdots+w(3,3)a(x-3,y-3)\end{aligned} \tag{10-164}$$

重新标注 $\boldsymbol{w}$ 和 $\boldsymbol{a}$,上式写为

$$\boldsymbol{w}*\boldsymbol{a}_{xy}=w_1a_1+w_2a_2+\cdots+w_9a_9=\sum_{i=1}^{9}w_ia_i \tag{10-165}$$

式(10-164)和式(10-165)的结果是相同的。如果在上式添加一个偏置并调用结果 z,则得到

$$z=\sum_{j=1}^{9}w_ja_j+b=\boldsymbol{w}*\boldsymbol{a}_{xy}+b \tag{10-166}$$

上式中的形式与式(10-133)相同。因此,得出结论,如果在输入中的任何固定位置 (x,y) 添加了由 CNN 执行的空间卷积计算的偏置,则结果可以与由全连接神经网络中执行的相同的计算形式来表达。这里只是工作在二维情形。如果 z 是神经元的净输入,则使 z 通过激活函数 h 来完成神经元的模拟,以获得神经元的输出:

$$a=h(z) \tag{10-167}$$

这正是计算特征映射值的方法(见图 10-34 中的 A 点)。

现在考虑图 10-34 中的 B 点。如前所述,它的值是通过三个卷积给出的:

$$\begin{aligned}&\boldsymbol{w}_{i,k}^{(1)}*\boldsymbol{a}_{x,y}^{(1)}+\boldsymbol{w}_{i,k}^{(2)}*\boldsymbol{a}_{x,y}^{(2)}+\boldsymbol{w}_{i,k}^{(3)}*\boldsymbol{a}_{x,y}^{(3)}\\&=\sum_l\sum_k w_{l,k}^{(1)}a_{x-l,y-k}^{(1)}+\sum_l\sum_k w_{l,k}^{(2)}a_{x-l,y-k}^{(2)}+\sum_l\sum_k w_{l,k}^{(3)}a_{x-l,y-k}^{(3)}\end{aligned} \tag{10-168}$$

其中,上标指的是图 10-34 中的三个池化特征映射。l、k、x 和 y 的值在所有三个卷积中都是相同的,因为,三个卷积核大小相同,并且它们的移动也一致。我们可以展开这个公式,得到比图 10-34 中的 A 点更长的乘积和。

前面的结果告诉我们,用于获取 CNN 中任何特征映射元素值的公式可以表示为人工神经元所执行的计算形式。这适用于任何特征映射,而不管该特征映射元素的计算涉及多少卷积,在这种情况

下,我们将简单地处理更多卷积公式的和。也就是我们可以使用式(10-167)和式(10-168)的基本形式描述在 CNN 中任何特征映射时获得的元素值。这意味着我们不必明确地考虑在池化层中使用不同池化特征映射的数目,其结果是对 CNN 中描述正向传播和反向传播的公式进行了有意义的简化。

(5) 多输入图像

刚才讨论的 $a_{x,y}$ 是第一层中的像素值,在第一层之后的层中,$a_{x,y}$ 表示池化特征的值。然而,这些公式并不根据这些变量实际代表什么来区分。例如,假设我们将图 10-34 的输入替换为三幅图像,例如 RGB 图像的三个分量。图中计算 A 点值的公式与 B 点计算公式的形式相同,只是权重和偏置不同。因此,前面讨论的一幅输入图像的结果直接适用于多幅输入图像。

(6) 前向传播 CNN 的传递公式

我们在前面的讨论中得出的结论是,可以将卷积核 $\boldsymbol{w}$ 和输入图像的值 $a_{x,y}$ 表达为

$$z_{x,y} = \sum_{l} \sum_{k} w_{l,k} a_{x-l,y-k} + b = w * a_{x,y} + b \tag{10-169}$$

其中,l 和 k 取值范围是卷积核的大小,x 和 y 取值范围是输入图像的大小,b 是偏置。$a_{x,y}$ 的相应值是

$$a_{x,y} = h(z_{x,y}) \tag{10-170}$$

但是,这个 $a_{x,y}$ 与式(10-169)中的不同,这里的 $a_{x,y}$ 表示来自上一层的值。因此,需要额外的符号来区分不同的层。就像全连接神经网络那样,用 c 表示不同的层,并把式(10-169)和式(10-170)写为如下形式:

$$z_{x,y}(c) = \sum_{l} \sum_{k} w_{l,k}(c) a_{x-l,y-k}(c-1) + b(c) = w(c) * a_{x,y}(c-1) + b(c) \tag{10-171}$$

和

$$a_{x,y}(c) = h(z_{x,y}(c)) \tag{10-172}$$

其中,$c=1,2,\cdots,L_c$,L_c 是卷积层的个数,$a_{x,y}(c)$ 表示卷积层 c 中池化特征的值。当 $c=1$ 时

$$a_{x,y}(0) = \{\text{输入图像像素的值}\} \tag{10-173}$$

当 $c=L_c$ 时

$$a_{x,y}(L_c) = \{\text{CNN 最后一层的池化特征的值}\} \tag{10-174}$$

池化不需要任何卷积,池化的唯一功能是减少特征映射的空间维数,所以这里没有显式的池化公式。

式(10-171)到式(10-174)是需要在一个前向通过在 CNN 前向传播卷积部分计算所有数值的公式。如图 10-34 所描述的那样,最后一层的池化特征值被向量化,并输入到全连接前馈神经网络。前向传播的公式在前边已有解释。

(7) 用于 CNN 训练的反向传播方程

CNN 的前向传播公式类似于全连接神经网络的前向传播公式,只是由卷积代替乘法,反向传播公式在许多方面也与全连接神经网络中的公式相似。

在反向传播公式的推导过程中,我们首先定义了 CNN 的输出误差对于网络中每个神经元是如何变化的。误差的形式与全连接神经网络是相同的,但现在它是 x 和 y 的函数,即:

$$\delta_{x,y}(c) = \frac{\partial E}{\partial z_{x,y}(c)} \tag{10-175}$$

我们希望该量与 $\delta_{xy}(c+1)$ 联系起来,再次使用链式规则:

$$\delta_{x,y}(c) = \frac{\partial E}{\partial z_{x,y}(c)} = \sum_{u} \sum_{v} \frac{\partial E}{\partial z_{u,v}(c+1)} \frac{\partial z_{u,v}(c+1)}{\partial z_{x,y}(c)} \tag{10-176}$$

其中 u 和 v 是 z 的取值范围上的任意两个求和变量。这些求和源于链式规则。从定义上看,式(10-176)的双重求和的第一项是 $\delta_{x,y}(c+1)$。所以,上式可写为

$$\delta_{x,y}(c) = \frac{\partial E}{\partial z_{x,y}(c)} = \sum_{u} \sum_{v} \delta_{u,v}(c+1) \frac{\partial z_{u,v}(c+1)}{\partial z_{x,y}(c)} \tag{10-177}$$

把式(10-172)代入式(10-171),并使用式(10-177)得到的 $z_{u,v}$,则有:

$$\delta_{x,y}(c)=\sum_u\sum_v\delta_{u,v}(c+1)\frac{\partial}{\partial z_{x,y}(c)}\left[\sum_l\sum_k w_{l,k}(c+1)h(z_{u-l,v-k}(c))+b(c+1)\right] \tag{10-178}$$

方括号内表达式的导数为零,除非 $u-l=x$ 和 $v-k=y$,并且 $b(c+1)$ 相对于 $z_{xy}(c)$ 的导数为零。如果 $u-l=x$ 和 $v-k=y$,则 $l=u-x$ 和 $k=v-y$。因此,取括号中表达式的导数,则式(10-178)可写为

$$\delta_{x,y}(c)=\sum_u\sum_v\delta_{u,v}(c+1)\left[\sum_{u-x}\sum_{v-y}w_{u-x,v-y}(c+1)h'(z_{x,y}(c))\right] \tag{10-179}$$

括号内的 x、y、u 和 v 的值由括号外的项指定。一旦这些变量的值固定,方括号内的 $u-x$ 和 $v-y$ 就简化为两个常量。因此,双求和的值为 $w_{u-x,v-y}(c+1)h'(z_{x,y}(c))$,可把式(10-179)写成

$$\begin{aligned}\delta_{x,y}(c)&=\sum_u\sum_v\delta_{u,v}(c+1)w_{u-x,v-y}(c+1)h'(z_{x,y}(c))\\&=h'(z_{x,y}(c))\sum_u\sum_v\delta_{u,v}(c+1)w_{u-x,v-y}(c+1)\end{aligned} \tag{10-180}$$

上式第二行的双求和表达式是卷积形式,而位移则是式(10-171)中的负数。因此,式(10-180)可写成

$$\delta_{x,y}(c)=h'(z_{x,y}(c))[\delta_{x,y}(c+1)*w_{-x,-y}(c+1)] \tag{10-181}$$

式中,下标中的负号指出 w 关于两个空间轴上的反转。这与把 w 旋转 180°相同,公式中用 rot 表示旋转。利用这个事实,我们最终通过得出层 c 处的误差表达式把式(10-181)等价地写成

$$\delta_{x,y}(c)=h'(z_{x,y}(c))[\delta_{x,y}(c+1)*\text{rot}180°(w_{x,y}(c+1))] \tag{10-182}$$

但是,卷积核不依赖于 x 和 y,可将上式写成

$$\delta_{x,y}(c)=h'(z_{x,y}(c))[\delta_{x,y}(c+1)*\text{rot}180°(w(c+1))] \tag{10-183}$$

最终目标是计算 E 相对于权重和偏置的变化。按照上面类似的步骤,得到

$$\begin{aligned}\frac{\partial E}{\partial w_{l,k}}&=\sum_x\sum_y\frac{\partial E}{\partial z_{x,y}(c)}\frac{\partial z_{x,y}(c)}{\partial w_{l,k}}=\sum_x\sum_y\delta_{x,y}(c)\frac{\partial z_{x,y}(c)}{\partial w_{l,k}}\\&=\sum_x\sum_y\delta_{x,y}(c)\frac{\partial}{\partial w_{l,k}}\left[\sum_l\sum_k w_{l,k}(c)h(z_{u-l,v-k}(c-1))+b(c)\right]\\&=\sum_x\sum_y\delta_{x,y}(c)h(z_{x-l,y-k}(c-1))\\&=\sum_x\sum_y\delta_{x,y}(c)a_{x-l,y-k}(c-1)\end{aligned} \tag{10-184}$$

其中,最后一行来自式(10-172)。这一行是卷积的形式,但将其与式(10-171)比较,可看到求和变量与其对应的下标之间存在符号反转。以卷积的形式,把式(10-184)最后一行写成:

$$\begin{aligned}\frac{\partial E}{\partial w_{l,k}}&=\sum_x\sum_y\delta_{x,y}(c)a_{-(l-x),-(k-y)}(c-1)=\delta_{l,k}(c)*a_{-l,-k}(c-1)\\&=\delta_{l,k}(c)*\text{rot}180°(a(c-1))\end{aligned} \tag{10-185}$$

同样

$$\frac{\partial E}{\partial b(c)}=\sum_x\sum_y\delta_{x,y}(c) \tag{10-186}$$

使用梯度下降公式中的前两个表达式:

$$w_{l,k}(c)=w_{l,k}(c)-\alpha\frac{\partial E}{\partial w_{l,k}}=w_{l,k}(c)-\alpha\delta_{l,k}(c)*\text{rot}180°(a(c-1)) \tag{10-187}$$

和

$$b(c)=b(c)-\alpha\frac{\partial E}{\partial b(c)}=b(c)-\alpha\sum_x\sum_y\delta_{x,y}(c) \tag{10-188}$$

以上两式更新 CNN 中每个卷积层的权重和偏置。正如我们前面提到的那样,$w_{l,k}$ 代表一层的所有权重。变量 l 和 k 取值范围是二维核的空间维数,它们的大小都相同。

在前向传播中，从卷积层到池化层；在反向传播中，我们以相反的方向传递。但是，池化特征映射比它们对应的特征映射要小。因此，当向相反的方向传递时，我们对每个池化特征映射进行上采样（例如，像素复制），以匹配生成它的特征映射的大小。每个池化特征映射都对应于唯一的特征映射，因此明确地定义了反向传播的路径。

参考图 10-34，反向传播从全连接神经网络的输出开始，更新这个网络的权重。当我们到达神经网络和 CNN 之间的"接口"时，必须逆转用于生成输入向量的向量化方法。也就是说，在使用式（10-187）和式（10-188）进行反向传播之前，我们必须从全连接神经网络传播回来的单个向量中重新产生单个池化特征映射。

CNN 结构中执行反向传播的步骤如下：

① 输入图像：$a(0)$= 层 1 输入的图像像素集。

② 前向传播：对于层 c 中每一个特征映射中对应于位置 (x,y) 的每个神经元，计算：

$$z_{x,y}(c)=w(c)*a_{x,y}(c-1)+b(c);a_{x,y}(c)=h(z_{x,y}(c)),c=1,2,\cdots,L_c$$

③ 反向传播：对于层 c 的每个特征映射中的每个神经元，计算：

$$\delta_{x,y}(c)=h'(z_{x,y}(c))[\delta_{x,y}(c+1)*\mathrm{rot}180°(w_{x,y}(c+1))]\quad c=L_c-1,L_c-2,\cdots,1$$

④ 更新参数：对每一幅特征映射更新权重和偏置

$$w_{l,k}(c)=w_{l,k}(c)-\alpha\delta_{l,k}(c)*\mathrm{rot}180°(a(c-1))$$

$$b(c)=b(c)-\alpha\sum_x\sum_y\delta_{x,y}(c),c=1,2,\cdots,L_c$$

这个过程一直重复到指定数目的训练代，或者神经网络的输出误差达到一个可接受的值为止。记住，对于层 c 中的每个特征映射，$w(c)$ 中的权重和偏置值 $b(c)$ 是不同的。

该网络由一组小的随机权重和偏置初始化。在反向传播中，到达输出池化层的向量（来自全连接网络）必须转换为与该层中的池化特征映射相同大小的二维阵列。由此需要对每个池化特征映射进行上采样，以匹配其相应特征映射的大小。前边的步骤是一个训练代（epoch）或一轮的训练。

（8）CNN 的特点

① CNN 具有一些传统技术所没有的优点，如良好的容错能力、并行处理能力和自学习能力，可处理环境复杂、背景知识不清楚、推理规则不明确情况下的问题，允许样品有较大的缺损、畸变，运行速度快，自适应性能好，具有较高的分辨率。它通过结构重组和减少权值将特征抽取功能融合进多层感知机，省略了识别前复杂的图像特征抽取过程。

② 泛化能力显著优于其他方法，卷积神经网络已被应用于模式分类，物体检测和物体识别等方面。利用卷积神经网络建立模式分类器，将卷积神经网络作为通用的模式分类器，可直接用于灰度图像。

③ CNN 是一个前馈式神经网络，能从一个二维图像中提取其拓扑结构，采用反向传播算法来优化网络结构，求解网络中的未知参数。

④ 这是一类特别设计用来处理二维图像的多层神经网络。CNN 被认为是第一个真正成功采用多层结构网络的具有鲁棒性的深度学习方法。CNN 通过挖掘数据中空间上的相关性来减少网络中可训练参数的数量，达到改进前向传播网络的反向传播算法效率。因为 CNN 需要非常少的数据预处理工作，所以也被认为是一种深度学习的方法。在 CNN 中，图像中的小块区域（也叫"局部感知区域"）被当作层次结构中的底层的输入数据，信息通过前向传播经过网络中的各个层，在每一层中都由滤波器构成，以便能够获得观测数据的一些显著特征。因为局部感知区域能够获得一些基础特征，比如图像中的边界和角点等，这种方法能够提供一定程度对位移、拉伸和旋转的相对不变性。

⑤ CNN 中层次之间的紧密联系和空间信息使得其特别适用于图像处理和理解，并且能够自动从图像抽取出丰富的相关特征。

⑥ CNN 通过结合局部感知区域、共享权重、空间或者时间上的降采样来充分利用数据本身包含的局部性等特征,优化网络结构,并且保证一定程度上的位移和形变的不变性。

⑦ CNN 是一种深度的监督学习下的机器学习模型,具有极强的适应性,善于挖掘数据局部特征,提取全局训练特征和分类,它的权值共享结构使之更类似于生物神经网络,在模式识别各个领域都取得了很好的成果。

⑧ CNN 可以用来识别位移、缩放及其他形式扭曲不变性的二维或三维图像。CNN 的特征提取参数是通过训练数据学习得到的,所以避免了人工特征提取,而从训练数据中进行学习;其次,同一特征映射的神经元共享权值,减少了网络参数,这也是卷积网络相对于全连接网络的一大优势。共享局部权值这一特殊结构更接近于真实的生物神经网络,使 CNN 在图像处理、语音识别领域具有独特的优越性,另一方面权值共享同时降低了网络的复杂性,且多维输入信号(语音、图像)可以直接输入网络的特点,避免了特征提取和分类过程中数据重排的过程。

⑨ CNN 的分类模型与传统模型的不同点在于其可以直接将一幅二维图像输入到模型中,在输出端即可给出分类结果。其优势在于不需复杂的预处理,将特征抽取、模式分类完全放入一个黑匣子中,通过不断优化来获得网络所需参数,在输出层给出所需分类,网络核心就是网络的结构设计与网络的求解。这种求解结构比以往多种算法性能更高。

⑩ 隐藏层参数的个数和隐藏层神经元的个数无关,只和滤波器的大小和滤波器种类的多少有关。隐藏层的神经元个数和原图像(也就是输入的神经元个数)、滤波器的大小和滤波器在图像中的滑动步长都有关。

以上 10 个特点,使 CNN 得到重视和广泛研究及应用。

(9) CNN 实现中应注意的问题

神经网络(包括卷积网)能够直接从训练数据中学习特征,从而减少了对“工程”特征提取的需求。这是一个显著的优势,但它并不意味着神经网络的设计不需要人的介入。相反,设计复杂的神经网络需要大量的技巧和实验。

本章集中研究了神经网络的基本概念,重点是推导全连接和卷积网的反向传播。反向传播是神经网络设计的支柱,这里我们简要地讨论一下全连接和卷积神经网络设计中的一些需要关注的细节问题。

① 设计神经网络结构时的首要问题就是要为网络指定层数。理论上,普适逼近定理(Cybenco [1989])告诉我们,任意复杂的决策函数都可以用具有单个隐藏层的连续前馈神经网络逼近。虽然这个定理没有告诉我们如何计算单个隐藏层的参数,但它确实表明了结构简单的神经网络的能力是非常强大的。实验结果表明,深层神经网络(即具有两个或多个隐藏层的网络)在学习抽象表示方面优于单一隐藏层网络,而抽象表示是学习的重点。目前,还没有用于确定在神经网络中使用的最佳“层数”的理论算法。因此,通常通过经验和实验相结合的方法来确定隐藏层的数量。网络层越多,反向传播遇到所谓的“梯度消失”的概率就越高,因为梯度值太小,梯度下降就不再有效。在卷积网络中,增加的问题是输入的大小随着图像通过网络传播而减小。这有两个原因:其一是卷积本身引起的自然尺寸减小,减小量与感受野(接收域)的大小成正比。解决方案是在执行卷积操作之前使用“填充”。其二是池化。最小池化邻域为 2×2,每层特征映射的大小减少四分之三。解决此问题的方案是提升输入图像,但必须小心,因为感兴趣的特征的相对大小将按比例增加,从而影响到选择感受野的大小。

② 指定层数之后,下一个任务是指定每个层的神经元数量。我们总是知道在第一层和最后一层需要多少个神经元,但内部隐藏层的神经元数量也是一个开放性的问题,没有理论上的“最好”答案。

③ 一旦指定了网络结构,训练是核心部分。虽然本章所讨论的网络相对较简单,但是在理解深度学习方法上有较大的实际意义。一般用于大规模问题的网络可以有数百万节点,并且需要大量的时间来训练。在实际运用时,预训练网络参数是进一步训练或验证识别性能的理想起点。

在训练中经常遇到的问题是过度拟合,也就是对训练集的识别是可接受的,但是对于非训练样本的识别率要低很多。也就是说,网络无法泛化它所学到的内容,并将其用于以前从未遇到过的样本。当没有额外的训练数据时,最常见的方法是人为地扩大训练集。

防止过拟合的另一种主要方法是使用"辍学",这是一种在训练过程中随机丢弃神经网络连接节点的技术。其思想是稍微改变结构,以防止网络对一组固定的参数进行过多的适应。

除了计算速度外,训练的另一个重要方面是效率,其中,随机梯度下降法是另一个重要的改进,它不使用整个训练集,而是随机选择样本,并输入到网络。可以认为,将训练集划分为小批次,然后从每个小批处理中选择单个样本。这种方法通常可导致训练期间更快地收敛。除上述问题题外,大量的研究文献使我们可以很好地了解实用网络的实际要求,其中不乏有大规模、深度卷积神经网络的设计和实现的文献可供参考。

10.4 句法结构模式识别

统计决策识别法是模式识别中应用较广的一种方法。它的基本做法是首先从待识别模式中提取特征参数,然后用这些特征参数把模式表达为特征空间中的点,然后再根据各点之间的距离进行分类和识别。这种识别方法对结构复杂、形式多变的模式来说存在着一系列的困难。首先对比较复杂的模式需要较多的特征才能描述它,而特征提取是比较困难的环节,对于同一模式往往有不同的抽取方法,就目前来看尚没有统一的理论依据。其次,简单的分类并不能代表识别,对于复杂的模式,识别的目的并不是仅仅要求把它分配到某一类别中去,而且还要对不同的对象加以描述,在这方面统计决策法就有极大的局限性。句法结构模式识别法主要着眼于模式结构,采用形式语言理论来分析和描述模式结构,因此,它具有统计识别法所不具备的优点。所以句法结构模式识别法是一种颇受重视的近代识别方法。

10.4.1 形式语言概述

所谓句法结构就是将一个复杂的模式一部分一部分地加以描述,将复杂的模式分成若干子模式,如此分下去直至最简单的子模式(又称基元)为止。这是一种树状结构的表示方法。这种方法类似于语言分析中的句法结构,因此,把这种着眼于结构的模式识别方法叫作结构模式识别。在结构模式识别法中句法结构是借助于形式语言(数理语言)进行描述的。

1. 形式语言的几个基本定义

(1) 字母表(词汇表)

字母表在形式语言中被定义为与问题有关的符号集。例如:

$$V_1=\{A,B,C,\cdots,Z\}\quad V_2=\{a,b,c,d\}\quad V_3=\{0,1\}\quad V_4=\{I,go,to,you,like,in\}$$

等都是字母表的例子。

(2) 句子(链)

这是由字母表中的符号组成的有限长的符号串。例如:

ABBA,0 1 0 1 1 0 1 1,I,like,horse 等均是句子。

(3) 语言

语言是由字母表组成的句子的集合。例如:

$$L_1=\{a,aa,aba,aabba\} \quad L_2=\{a^n b^m a^k \mid n,m,k=0,1,2,\cdots\}$$

均是语言,它们的字母表为 $V=\{a,b\}$。语言可以分为有限的和无限的,上例中 L_1 是有限的,L_2 是无限的。

(4) 文法

文法是一种语言中构成句子所必须遵守的规则的有限集。

(5) V^*

它是由字母表的符号组成的所有句子的集合,当然,也包括空句子在内。

(6) $V^+=V^*-\lambda$

它表示不包括空句子在内的所有句子集合,λ 为空句子。例如:

$$V=\{0,1\} \quad V^*=\{\lambda,0,1,00,01,10,11,000,\cdots\} \quad V^+=\{0,1,00,01,10,11,000,\cdots\}$$

以上是形式语言中的基本定义。利用上述定义可以分析一个英文句子,如"The boy moves quickly",利用形式语言可把句子表示成如图 10-39 所示的树形结构。

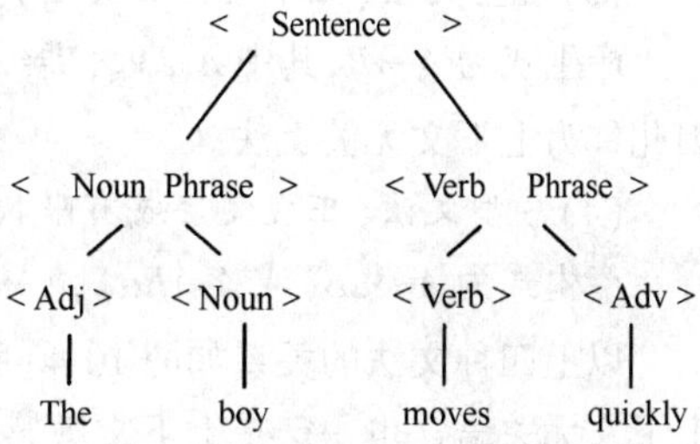

图 10-39 语言分析中的树状结构

2. 树状结构中语言分析的四个基本要素

(1) 终止符

例如,树状结构中的"The,boy,moves,quickly"均是终止符。

(2) 非终止符

例如,<Sentence>,<Noun Phrase>,<Verb Phrase>是非终止符。

(3) 产生式(也称为重写规则)

例如

<Sentence>→<Noun Phrase>,<Verb Phrase> (r_1)

<Noun Phrase>→<Adj><Noun> (r_2)

<Verb Phrase>→<Verb><Adv> (r_3)

<Adj>→The (r_4)

<Noun>→boy (r_5)

<Verb>→moves (r_6)

<Adv>→quickly (r_7)

其中,$r_1,r_2,\cdots,r_7$ 是序号。

(4) 起始符

例如,<Sentence>

以上四元素就构成了文法,有了文法就可以构成句子,每一个句子都必须遵循文法规则。以上述句子为例其产生过程如下:

<Sentence>⇒<Noun Phrase>,<Verb Phrase>

⇒<Adj><Noun><Verb Phrase>

⇒The<Noun><Verb Phrase>

⇒The boy <Verb Phrase>

⇒The boy <Verb><Adv>

⇒The boy moves <Adv>

⇒The boy moves quickly

其中⇒表示变换操作。

3. 短语结构文法

由前边的四元素可以构成短语结构文法。如第 8 章所述，短语结构文法为一个四元式。即

$$G=(V_N,V_T,P,S) \tag{10-189}$$

式中，V_N 为非终端符；V_T 为终端符；P 为产生式；S 为起始符，$S\in V_N$。

根据产生式形式的不同，又可分为不同的文法类型，这就是所谓的霍金斯分类。

(1) 0 型文法（无约束文法）

产生式的一般形式为 $\alpha\rightarrow\beta$（α 在 V^+ 中，β 在 V^* 中）。在这种类型中，产生式没有限制，所以又称无约束文法。

(2) 1 型文法（上下文敏感文法）

产生式为 $\alpha_1A\alpha_2\rightarrow\alpha_1B\alpha_2$，其中 $\alpha_1,\alpha_2,B\in V^*$，$A\in V_N$，$B\neq\lambda$，$B$ 代替 A 的条件必须是上下文为 α_1 和 α_2，即和上文 α_1 及下文 α_2 有关。

(3) 2 型文法（上下文无关文法）

产生式为 $A\rightarrow B$，其中 $A\in V_N$，$B\neq\lambda$，$B\neq A$。这种文法不考虑出现 A 的上下文就可以用 B 代替 A，因此称为上下文无关文法。

(4) 3 型文法（正规文法或有限状态文法）

产生式为 $A\rightarrow aB$（或 $A\rightarrow B\alpha$），$A\rightarrow a$，式中 $A,B\in V_N$，$a\in V_T$。

以上四种文法的关系如图 10-40 所示。这种关系可概括如下：正规语言一定是上下文无关语言，上下文无关语言也一定是上下文敏感的语言，上下文敏感的语言一定是无约束的语言。反之，能认识上下文无关的语言就能认识正规语言，能认识上下文敏感语言的机器也一定能认识上下文无关和正规语言。

除了上述文法外还有加以修改后的文法，如程序文法、标号文法、转换网络文法等。

对于各种不同的语言，如何去识别呢？在识别过程中，每一种语言都与某一特定的识别器相对应。与 0 型语言相对应的识别器是图灵机；与 1 型语言相对应的识别器是线性约束自动机；与 2 型语言相对应的识别器是推下自动机；正规型语言与有限自动机相对应。

自动机（又称抽象信息转换器）的模型如图 10-41 所示。它是由输入带、输出带、辅助存储器和一个具有有穷个规则的控制器组成的装置。通常把没有输入带的自动机叫作生成器，把没有输出带的自动机叫作识别器。输入带和输出带都假定是被分成一个个的方格，每个方格刚好印一个符号。输入头可以在带上左右移动，每次移动一个方格，也可以原地不动。有时也可以擦去原来的符号并印上一个新的符号。输出头一次可以印一系列符号，但只允许向右移动。自动机的辅助存储器可以是任何类型的数据存储器。有穷控制对应着规则的集合，而规则描述了系统中的信息根据当前输入符号及存储器中当前存取的信息的变化规律。

4. 有限状态自动机

有限状态自动机只能接受所有由有限状态文法（也称为正规文法、正则文法、右线性文法）所定义的语言。

一个确定性的有限状态自动机是一个五元式

$$M=(\Sigma,Q,\delta,q_0,F) \tag{10-190}$$

式中，Σ 为输入符号的有限集合；Q 为状态的有限集合；q_0 为初始状态；F 为终止状态集合，$F\subseteq Q$；δ 为状态转移函数，是从 $Q\times\Sigma$ 到 Q（下一状态函数）的映射。

一个非确定的有限状态自动机是一个五元式

$$M=(\Sigma,Q,\delta,q_0,F) \tag{10-191}$$

式中，Σ 为输入符号有限集合；Q 为状态有限集合；q_0 为初始状态；F 为终止状态集；δ 为 $Q\times\Sigma$ 到 Q 的子集的一个映射。非确定性有限状态自动机与确定性有限状态自动机的区别在于非确定性自动机可以从一个状态转移到若干个状态。即 $\delta(q,a)=\{q_1,q_2,\cdots,q_m\}$。

有限状态自动机如图 10-42 所示。有限控制处于 Q 中的一个状态，它以顺序方式从左到右地从输入带上读出符号。开始时，有限控制处在状态 q_0，并从最左面的符号扫描。$\delta(q,a)=q'$、$q,q'\in Q$，$a\in\Sigma$，它们所表示的意思是：自动机 M 处于状态 q，扫描输入一个符号 a，转移到状态 q'，输入头向右移一格。这种映射常用状态转移图来表示。图 10-43 便是 $\delta(q,a)=q'$ 的状态转移图。

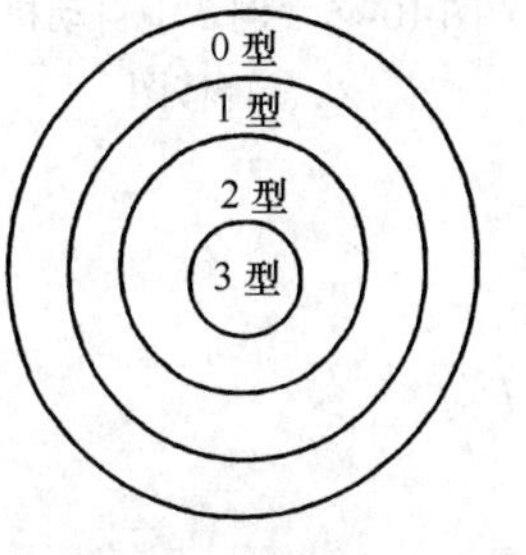

图 10-40　4 种文法的关系

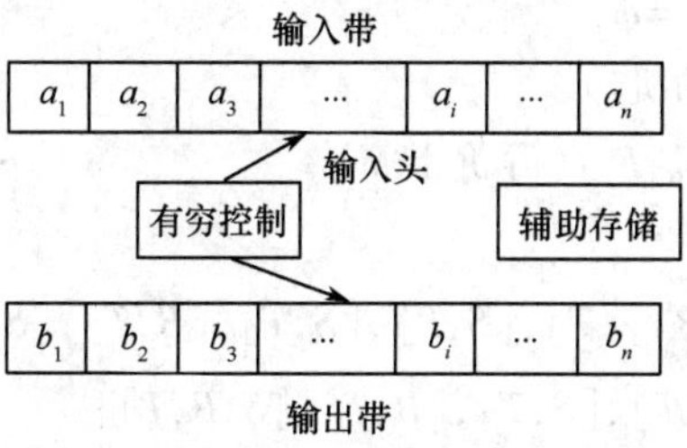

图 10-41　自动机模型

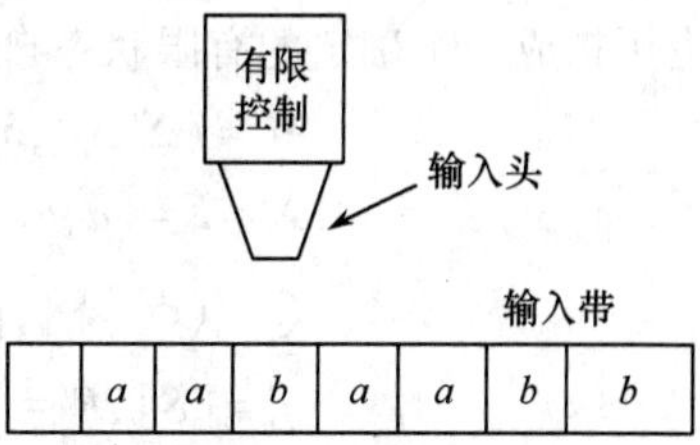

图 10-42　有限状态自动机

例 1：给定一个有限状态自动机

$$M=(\Sigma,Q,\delta,q_0,F)$$

式中，$\Sigma=\{0,1\}$；$Q=\{q_0,q_1,q_2,q_3\}$；$F=\{q_0\}$。M 的状态转移图如图 10-44 所示。M 所接受的典型句子是 1 0 1 1 0 1，此时 $\delta(q_0,\ 1\,0\,1\,1\,0\,1)=q_0\in F$。

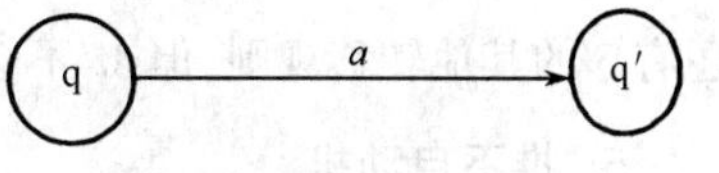

图 10-43　$\delta(q,a)=q'$ 的状态转移图

例 2：给定一个非确定的有限状态自动机

$$M=(\Sigma,Q,\delta,q_0,F)$$

式中　$\Sigma=\{0,1\}$，　$Q=\{q_0,q_1,q_2,q_3,q_4\}$，　$F=\{q_2,q_4\}$

$$\delta(q_0,0)=\{q_0,q_3\}\quad \delta(q_1,0)=\phi\quad \delta(q_2,0)=\{q_2\}\quad \delta(q_3,0)=\{q_4\}\quad \delta(q_4,0)=\{q_4\}$$

$$\delta(q_0,1)=\{q_0,q_1\}\quad \delta(q_1,1)=\{q_2\}\quad \delta(q_2,1)=\{q_2\}\quad \delta(q_3,1)=\phi\quad \delta(q_4,1)=\{q_4\}$$

其状态转移图如图 10-45 所示。由图可以看出被 M 接受的典型句子是 0 1 0 1 1，因为 $\delta(q_0,01011)=q_2\in F$。

关于正规文法与有限状态自动机之间的关系可用下述定理来说明：

设：$G=(V_N,V_T,P,S)$ 是一正规文法，则存在一个有限状态自动机 $M=(\Sigma,Q,\delta,q_0,F)$，具有性质 $T(M)=L(G)$，式中，$\Sigma=V_T$；$Q=V_N\cup\{T\}$；$q_0=S$；如果 P 包含产生式 $S\rightarrow\lambda$，则 $F=\{S,T\}$，否则 $F=\{T\}$；如果 $B\rightarrow a$ 在 P 中，$B\in V_N$，$a\in V_T$ 那么状态 T 在 $\delta(B,a)$ 中；$\delta(B,a)$ 包含所有 $C\in V_N$ 使 $B\rightarrow aC$ 在 P 中及 $\delta(T,a)=\phi$，对于每个 $a\in V_T$。

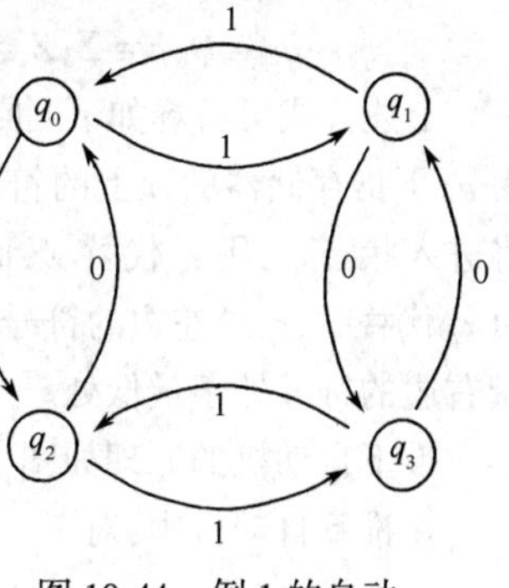

图 10-44　例 1 的自动机状态转移图

另外，给定一个有限状态自动机 $M=(\Sigma,Q,\delta,q_0,F)$，则存在一个有限状态文法 $G=(V_N,V_T,P,S)$，且 $L(G)=T(A)$，式中，$V_N=Q$；$V_T=\Sigma$；$S=q_0$；如果 $\delta(B,a)=C$，$B,C\in Q$，$a\in\Sigma$，则 $B\rightarrow aC$ 在 P 中；如果 $\delta(B,a)=C$，且 $C\in F$，$B\rightarrow a$ 在 P 中。

例 3：给定正规文法如下

$$G=(V_N,V_T,P,S)\quad V_N=\{S,B\}\quad V_T=\{a,b\}$$

$$P:S\rightarrow aB\quad B\rightarrow aB\quad B\rightarrow bS\quad B\rightarrow a$$

可构成一个非确定的有限状态自动机：

$$M=(\Sigma,Q,\delta,q_0,F)$$

并且 $T(M)=L(G)$

其中 $\Sigma=V_T=\{a,b\}$　$Q=V_N\cup\{T\}=\{S,B,T\}$　$q_0\in S$　$F=\{T\}$

δ 给出如下　$\delta(S,a)=\{B\}$，由于 $S\to aB$ 在 P 中

$\delta(S,b)=\phi$，

$\delta(B,a)=\{B,T\}$，由于 $B\to aB$ 在 P 中

$\delta(B,b)=\{S\}$，由于 $B\to bS$ 在 P 中

$\delta(T,a)=\delta\{T,b\}=\phi$，

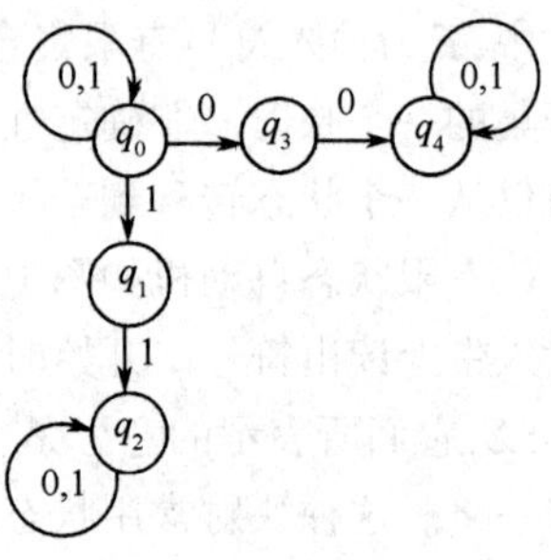

图 10-45　例 2 中自动机状态转移图

也可构成一个确定的有限状态自动机：

$M'=(\Sigma',Q',\delta'q'_0,F')$（等价于 M）

$\Sigma'=\Sigma=\{a,b\}$

$Q'=(\phi,[S],[B],[T],[S,B],[S,T],[B,T],[S,B,T])$

$q'_0=[S],F'=\{[T],[S,T],[B,T],[S,B,T]\}$

$\delta'([B],a)=[B]$　$\delta'([S],b)=\phi$　$\delta'([B],a)=[B,T]$　$\delta'([B],b)=[S]$

$\delta'([B,T],a)=[B,T]$　$\delta'([B,T],b)=[S]$　$\delta'(\phi,a)=\delta'(\phi,b)=\phi$

还有 δ' 的其他转移规则，但 M' 不会达到 ϕ、$[S]$、$[B]$ 及 $[B,T]$ 以外的状态。

5. 推下自动机

上下文无关的语言可以由推下自动机来接受。这种自动机与有限状态自动机不同之处在于多加了一个下推存储器，按照先入后出的规则存入或取出符号。一个推下自动机是一个 7 元式

$$M_P=(\Sigma,Q,\Gamma,\delta,q_0,Z_0,F) \tag{10-192}$$

式中，Σ 为输入符号有限集；Q 为状态的有限集；Γ 是下推符号有限集；q_0 为初始状态；Z_0 为最初出现在下推存储器中的起始符，$Z_0\in\Gamma$；F 为终止状态集；δ 为从 $Q\times(\Sigma\cup\{\lambda\})\times\Gamma$ 到 $Q\times\Gamma^*$ 的有限子集的映射。

$$\delta(q,a,Z)=\{(q_1,r_1),(q_2,r_2),\cdots,(q_m,r_m)\},$$

$$q_1\cdots q_m\in Q;a\in\Sigma;Z\in\Gamma;r_1,r_2,\cdots;r_m\in\Gamma^*$$

上述公式可解释如下：推下自动机在状态 q，其输入符号为 a，下推存储器的顶上的符号为 Z 时，对于任何 i，$1\leqslant i\leqslant m$，将进入状态 q_i，用 r_i 代替 Z，而且输入头前进一个符号。当 Z 由 r_i 代替时，r_i 最左边的符号将处于下推存储器的最高处，而最右边的符号处于最低处。

推下自动机的原理如图 10-46 所示。

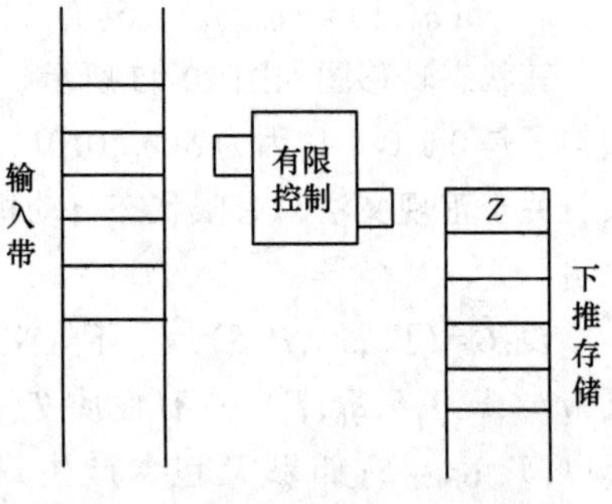

图 10-46　推下自动机原理模型

在推下自动机中，对于下列两种情况认为 X 被接受：

$$T(M_P)=\{X\mid_{X\in\Sigma^*},\delta(q_0,X,Z_0)=(q_f,r),q_f\in F\}$$

即从初始状态开始，转移至终止状态集合，不管下推存储器的内容如何，此时则认为 X 被接受了。

$$N(M_P)=\{X\mid_{X\in\Sigma^*},\delta(q_0,X,Z_0)=(q_f,\lambda)\}$$

即不管 q_f 是否在 F 内，只要下推存储器变为空的，就认为 X 被接受。

上下文无关语言与推下自动机 M_P 之间的关系可以用以下定理表示：

(1) 如 L 是上下文无关语言，则存在一个推下自动机 M_P，使得 $L=N(M_P)$。

(2) 对某些推下自动机 M_P 而言，如果 L 是 $N(M_P)$，并且仅当对某些推下自动机 M'_P 而言，L 是 $T(M'_P)$。

(3) 对某些推下自动机 M_P 而言,如果 L 是 $N(M_P)$,则 L 是上下文无关的语言。对于上下文无关文法 G,可以构造一个推下自动机 M_P,使得 $N(M_P)=L(G)$。

例 4:有推下自动机 M_P　　　$M_P=(\Sigma,Q,\Gamma,\delta,q_0,Z_0,F)$

式中　$\Sigma=\{0,1\}$　$Q=\{q_0,q_1,q_2\}$　$\Gamma=\{2,0\}$　$Z_0=\{Z\}$　$F=\{q_0\}$　$\delta(q_0,0,Z)=(q_1,02)$

$\delta(q_1,0,0)=(q_1,00)$　$\delta(q_1,1,0)=(q_2,\lambda)$　$\delta(q_2,1,0)=(q_2,\lambda)$　$\delta(q_2,\lambda,Z)=(q_0,\lambda)$

令 $X=0\,0\,1\,1$,则有　$(q_0,Z)\xrightarrow{0}(q_1,02)\xrightarrow{0}(q_1,002)\xrightarrow{1}$

$$(q_2,02)\xrightarrow{1}(q_2,2)\xrightarrow{\lambda}(q_0,\lambda)$$

需要指出的一点是,正规文法产生正规语言,一定能找到一个确定的有限自动机接受它。而上下文无关文法不一定能找到一个确定的推下自动机去接受同一语言。因此,对上下文无关的语言来说,非确定的推下自动机有多种选择,在程序上去实现要依次去试,这叫结构分析或剖析。

6. 图灵机和线性约束自动机

图灵机可接受 0 型语言,线性约束自动机可接受 1 型语言。图灵机的基本模型如图 10-47 所示。它由带有一个读/写头的有限控制部分和输入带组成。带的右端是无限的。开始时,对于某一个有限的 n,最左边的 n 个方格为输入链所占据,其余无穷多个方格为空白。

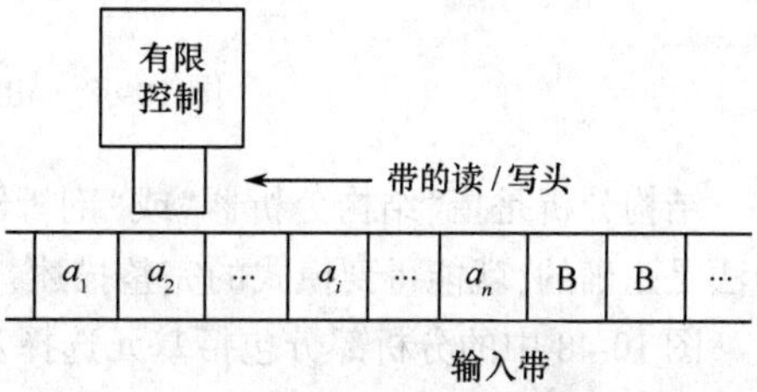

图 10-47　基本图灵机模型

一个图灵机是一个 6 元式

$$T_p=(\Sigma,Q,\Gamma,\delta,q_0,F) \qquad (10\text{-}193)$$

式中,Q 是状态的有限集;Γ 是带上符号有限集,这些符号中包括一个空白符号 B;Σ 为输入符号集,是 Γ 的不包括 B 的子集;q_0 为是初始状态,$q_0\in Q$;F 为终止状态集,$F\subseteq Q$;δ 为从 $Q\times\Gamma$ 到 $Q\times(\Gamma-\{B\})\times\{L,R\}$ 的一个映射。

图灵机与 0 型语言的关系有如下定理:

(1) 如果 L 是由 0 型文法产生的语言,则 L 会被一个图灵机所接受。

(2) 如果 L 被一个图灵机所接受,则 L 是由一个 0 型文法产生。

一个线性约束自动机是一个 6 元式

$$M_p=(\Sigma,Q,\Gamma,\delta,q_0,F) \qquad (10\text{-}194)$$

式中,Σ 为输入符号集,$\Sigma\subseteq\Gamma$;Q 为状态有限集;q_0 为初始状态,$q_0\in Q$;F 为终止状态集;$F\subseteq Q$。Σ 包含两个特殊符号 ¢ 和 $,它们分别是输入链左边及右边的结束标志,其功能是防止读写头离开输入带上输入出现的部分。

由定义可见,线性约束自动机实质上是永远不会离开输入带上输入所在部分的一个非确定图灵机。上下文有关的语言与线性约束自动机的关系可由下列定理描述:

(1) 如果 L 是上下文有关语言,则 L 由一个(非确定)线性约束自动机所接受。

(2) 如果 L 由一个线性约束自动机所接受,则 L 是上下文有关的语言。

7. 结构分析(剖析)

结构分析的任务是给出一个由符号组成的句子 X 后,如何从起始符 S 推导出 X,也就是如何构造一棵 X 的剖析树。当给定一个文法 G 和一个句子 X 时,要求回答"$X\in L(G)$?"的问题。根据文法产生的规则,如果能找到一棵产生该句子的树,那么 $X\in L(G)$,同时也知道了树状结构。

寻找剖析树的文法有多种,一种是从上往下的过程,找左边吻合的产生式换成右边的符号;另外一种文法是从下往上的过程,找右边的吻合的产生式换成左边的符号;此外,还有其他方法,如希克法及厄利剖析法等。

10.4.2 句法结构方法

句法结构方法的模式识别系统框图如图 10-48 所示。它由识别及分析两部分组成。识别部分包括预处理、基元抽取和结构分析。预处理主要包括编码、滤波、复原、增强及缝隙填补等一系列操作。基元抽取包括分割、特征(基元)抽取。这部分在分割的过程中抽取基元并显示基元相互关系,以便利用子模式进行描述。基元一定是模式的一部分,与统计识别中特征提取稍有不同,基元的选择要考虑容易识别,所以基元不一定是模式中最小的基本元素。基元的选择要尽可能少,而且容易被识别。

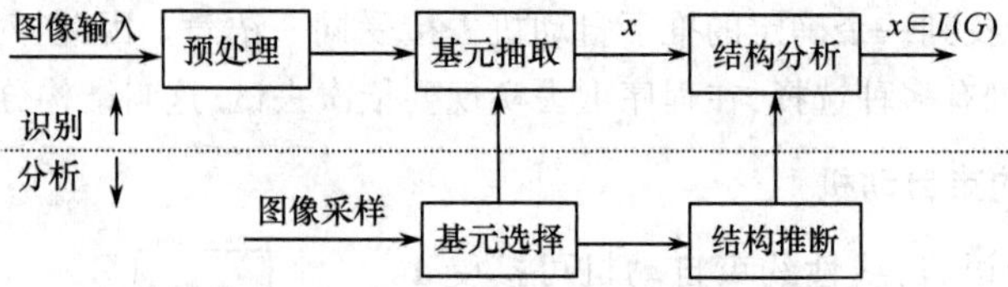

图 10-48　句法结构方法模式识别系统框图

结构分析是指“结构分析器”或“剖析器”。它可判别所得到的表达式在句法上是否正确。如果句法是正确的,就能得到模式的完整描述,即一个剖析式或剖析树。

图 10-48 中的分析部分包括基元选择及结构推断。模式分析是为模式识别服务的。基元选择提供参考模式基元,供识别部分作为匹配模板用,以完成识别任务。

一类模式可以用一个文法来表示,在机器中只存文法就可以了。简单的文法目前可由机器来作文法推断,较复杂的实用文法尚需人和机器配合来推断。

基元选择和结构推断是相互关联的,基元选择得复杂一些,句法结构就可简单些;如果基元选择得很简单,文法就比较复杂,所以二者之间要折中考虑。

根据模式的不同,模式结构的表示方法也有所不同。一维模式大都用一维链来描述。对于二维模式,关系变得复杂了。所以,句法模式识别推广到多维时,形式语言就不适用了,需要加以推广,以适应识别的要求。

关于模式结构的表示方法,一维图形用链码串,多维模式则用树图结构,这些在第 8 章已有详细讨论,在此不再赘述。

句法方法在①波形分析;②声音识别与理解;③文字识别;④二维数学表示式;⑤指纹分类;⑥图像分析与理解;⑦机器部件识别;⑧自动视觉检查和⑨LANDSAT 资源勘探用陆地卫星数据解释等领域多有应用。

10.4.3 误差校正句法分析

1. 噪声和干扰问题

在模式识别中,经常存在噪声与干扰。在句法结构法的讨论中没有考虑噪声和干扰问题。决策理论法较容易解决噪声和干扰问题,但只能作分类,不能给出描绘,也不知道模式结构。因此,在类别很多时,只作分类没有意义。句法方法能给出结构,可重新构造模式。但在有噪声时,可能会认错基元。因此,在句法结构法中如何解决噪声干扰问题是一个重要课题。对解决这样的问题,曾有各种考虑:

(1) 在推断文法时就考虑噪声和干扰样品;

(2) 在预处理中尽可能去掉噪声;

(3) 用随机文法,借用统计方法给句子出现加上概率分布,但推断这种文法更困难;

(4) 采用转换文法；

(5) 采用误差校正剖析；

(6) 把决策理论和句法结构结合起来使用。

2. 随机文法

为解决噪声干扰问题可采用随机文法进行识别。随机文法是一个四元式，它与一般文法不同点在于每一个产生式与一定概率相联系，四元式为如下形式

$$G_S=(V_N,V_T,P_S,S) \tag{10-195}$$

式中，V_N 为非终端符有限集；V_T 为终端符有限集；S 为起始符，$S\in V_N$；P_S 为随机产生式有限集。

产生式形式如下 $\alpha_i \xrightarrow{P_{ij}} \beta_{ij} \quad j=1,2,\cdots,N; i=1,2,\cdots,K$

式中，$\alpha_i\in(V_N\cup V_T)^*$，$V_N\in(V_N\cup V_T)^*$，$\beta_{ij}\in(V_N\cup V_T)^*$，$P_{ij}$是与使用这个随机产生式相联系的概率。

$$0<P_{ij}\leqslant 1, \quad \sum_{j=1}^{N}P_{ij}=1 \tag{10-196}$$

假定 $x_i \xrightarrow{P_{ij}} \beta_{ij}$是在 P_S 中，则链 $\xi=r_1\alpha_1 r_2$ 能以概率 P_{ij}被 $\eta=r_1\beta_{ij}r_2$ 所代换。把这个导出式表示为

$$\xi \overset{P_{ij}}{\Rightarrow} \eta$$

并且可以认为 ξ 以概率 P_{ij}直接产生 η。

如果存在一个链的序列 $\omega_1,\omega_2,\cdots,\omega_{n+1}$，使得

$$\xi_1=\omega_1,\eta=\omega_{n+1},\omega_i \overset{P_{ij}}{\Rightarrow} \omega_{i+1} \quad i=1,2,\cdots,n$$

则我们说 ξ 以概率 $P=\prod_{i=1}^{m}P_i$ 产生 η。

在有噪声的情况下，标准模式出现的概率仍然较大。既然一个模式用一个句子表示，那么一类具有确定概率分布的模式可用一组句子表示，每个句子有相应的$[x,P(x)]$，这组句子称为随机语言，它可以由一个随机文法 G_S 来表征。通常记作 $L(G_S)$。

当有 m 类模式时，就有 m 个文法 $G_{S1},G_{S2},\cdots,G_{Sm}$来表征这 m 类模式，此时 m 有个条件概率 $P(x|G_{S1}),P(x|G_{S2}),\cdots,P(x|G_{Sm})$，当输入一个未知句子 y 时，就可根据最大似然办法来决定 y 属于哪一类。其原理框图如图 10-49 所示。这实际上就是一个最大似然分类器。

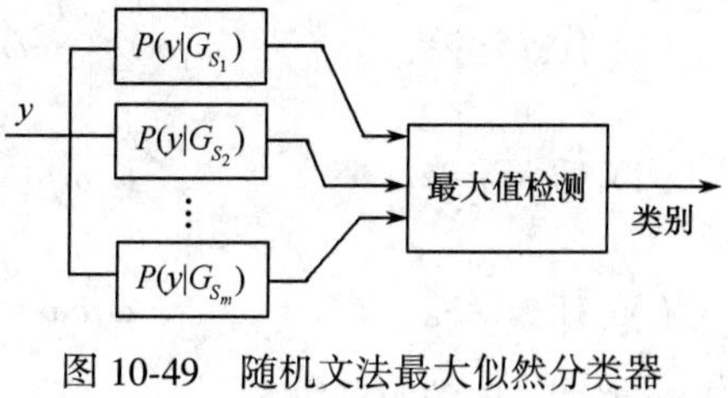

图 10-49 随机文法最大似然分类器

因为随机文法产生式除了指派的概率以外，实际上和非随机文法一样，所以，一个随机文法所产生的语言的集合与非随机方式产生的相同。定义$\overline{G}_S$为表征文法，它是由随机文法 G_S 中去掉每个随机产生式相关联的概率而得到的。于是

$$\overline{G}_S=(V_N,V_T,P,S) \tag{10-197}$$

它显然是非随机的文法。基于表征文法的概念，仅当 $\overline{G}_S$ 是 0 型、1 型、2 型、3 型文法时，把非随机文法 $\overline{G}_S$ 称为 0 型(无限制)，1 型(上下文有关)，2 型(上下文无关)，3 型(正规)文法。

如果 L_S 是一个随机正规语言，则它就是一个随机上下文无关语言。如果 L_S 是一个不包含 λ 的上下文无关语言，则它就是一个随机上下文敏感语言。如果 L_S 是一个随机上下文敏感语言，则它就是一个随机无限制语言。

随机文法在一定程度上能解决噪声干扰问题，但这方面的困难在于各产生式的概率不易确定。

在随机文法中，如果 G_S 满足条件 $$\sum_{x\in L(G_S)}P(x)=1 \tag{10-198}$$

则 G_S 被称为一致性文法。对于随机文法的一致性了解如下：对于随机有限状态文法，用检验马尔科夫链的方法去检验一致性条件；对随机上下文无关文法用检验多重类型分支过程的方法检验一致性条件；对随机上下文有关文法如何检验一致性条件尚没有解决；对于随机正规文法一致性条件是显而易见的，因为每个随机 3 型文法都是一致性的。

3. 随机有限自动机

对于一个随机正规文法产生的语言，可以设计一个随机有限自动机来接受该语言。一个随机有限自动机是一个五元式

$$\boldsymbol{M}_S=(\boldsymbol{\Sigma},\boldsymbol{Q},\boldsymbol{M},\boldsymbol{\Pi}_0,\boldsymbol{F}) \tag{10-199}$$

式中，$\boldsymbol{\Sigma}$ 为输入符号集；$\boldsymbol{Q}$ 为内部状态有限集；$\boldsymbol{M}$ 为 $\boldsymbol{\Sigma}$ 到 $n\times n$ 随机状态转移矩阵的映射（n 是 Q 中状态数目）；$\boldsymbol{\Pi}_0$ 为初始状态分布，它是一个 n 维向量；$\boldsymbol{F}$ 为终止状态有限集。

对于给定的随机有限状态文法 G_S 可以构成一个随机有限自动机。其步骤如下：

设 $\quad G_S(V_N,V_T,P_S,S)\quad \boldsymbol{M}_S=(\boldsymbol{\Sigma},\boldsymbol{Q},\boldsymbol{M},\boldsymbol{\Pi}_0,\boldsymbol{F})$

（1）$\boldsymbol{M}_S$ 中的 $\boldsymbol{\Sigma}$ 等于 V_T，即 $\boldsymbol{\Sigma}=V_T$；

（2）$\boldsymbol{M}_S$ 状态集 Q 等于非终端符集 V_N 和两个附加状态 T、R 的并集，T、R 分别对应于终止和拒绝状态。拒绝状态主要是为了规范化。

（3）$\boldsymbol{\Pi}_0$ 是行向量，在 S 状态位置上，分量等于 1，其他位置等于 0；

（4）最终状态集只有一个元素，那就是 T。

（5）状态转移矩阵 $\boldsymbol{M}$ 是在文法的随机产生式 P_S 的基础上形成的。如果 P_S 中有产生式$A_i \xrightarrow{P_{ij}^1} a_l A_f$，则对于状态转移矩阵 $\boldsymbol{M}(a_l)$ 第 i 行第 j 列的元素就是 P_{ij}^1。

用随机文法解决噪声和干扰问题的缺点是为了推断随机文法和与每条产生式相联系的概率，需要大量的样品，有时同时推断出文法和概率值是很困难的。

4. 误差校正句法分析

考虑用随机文法解决噪声和干扰问题存在的缺点，试图在文法演变过程中去消除噪声及干扰，这就是所谓的转换文法。通常把经过误差校正后的扩大文法看成是一种转换文法，它是把原来没有考虑噪声的文法变成有噪声的文法，用来解决噪声与干扰问题，这种方法称为误差校正句法分析。

在有噪声的情况下，可能产生分割误差和基元识别误差。按结构分可有三种类型：

（1）代换误差： $\quad \omega_1 a\omega_2 \left| \overset{T_S}{—} \omega_1 b\omega_2\right.$，对所有的 $a,b\in V_T,a\neq b$

（2）插入误差： $\quad \omega_1\omega_2 \left| \overset{T_I}{—} \omega_1 a\omega_2\right.$，对所有的 $a\in V_T$

（3）抹去误差： $\quad \omega_1 a\omega_2 \left| \overset{T_D}{—} \omega_1\omega_2\right.$，对所有的 $a\in V_T$

定义两条链的距离如下：

两条链 $x,y\in V_T^*$ 之间的距离 $d^L(x,y)$ 定义为从 x 导出 y 所需的最小转换数目。有时称为利汶施坦距离。

例如，给出一个句子 $x=cbabdbb$，另一个句子 $y=cbbabbdb$。于是有

$$x=cbabdbb \left| \overset{T_S}{—} cbabbbb \right| \overset{T_S}{—} cbabbbdb \left| \overset{T_I}{—} cbbabbdb=y \right.$$

从 x 转换到 y 所需的最少转换为 3，所以 $d^L(x,y)=3$。

如果把非负数 σ,γ,δ 分别加到转换 T_S,T_D,T_I 上，就可以定义一种加权的利汶施坦距离。

设：$x,y\in V_T^*$ 是两条链，J 是从 x 导出 y 所用到的转换序列，则 x 和 y 之间的加权利汶施坦距离，

表示成如下形式

$$d^{W}(x,y)=\min_{J}\{\sigma\cdot k_j+r\cdot m_j+\delta\cdot n_j\} \tag{10-200}$$

其中 k_j,m_j,n_j 分别表示 J 中的代换、抹去、插入转换的数目。

一种加权度量反映了存在于不同终端符上的同一类误差的差别。在一条链 $\omega_1 a\omega_2$ 中，$a\in V_T$，$\omega_1,\omega_2\in V_T^*$，与终端符 a 的误差转换相关联的加权量定义如下：

(1) $\omega_1 a\omega_2 \left| \xrightarrow{T_S,S(a,b)} \right. \omega_1 b\omega_2, b\in V_T, b\neq a$，其中 $S(a,b)$ 是用 b 代换 a 的代价，设 $S(a,a)=0$。

(2) $\omega_1 a\omega_2 \left| \xrightarrow{T_D,D(a)} \right. \omega_1\omega_2$，其中 $D(a)$ 是从 $\omega_1 a\omega_2$ 中除去 a 的代价。

(3) $\omega_1 a\omega_2 \left| \xrightarrow{T_I,I(a,b)} \right. \omega_1 ba\omega_2, b\in V_T$，其中 $I(a,b)$ 是把 b 插入到 a 前面的代价。

(4) $x \left| \xrightarrow{T_I,I'(b)} \right. xb, b\in V_T$ 其中 $I'(b)$ 是在链 x 的末尾插入 b 的代价。

设 $x,y\in V_T^*$ 是两条链，J 是从 x 导出 y 所用的转换序列，$|J|$ 为与 J 中转换相关联的加权量的总和。于是，x 和 y 之间的加权距离 $d^W(x,y)$ 可定义为下式

$$d^{W}(x,y)=\min_{J}\{|J|\} \tag{10-201}$$

式(10-201)可用图 10-50 来加以说明。

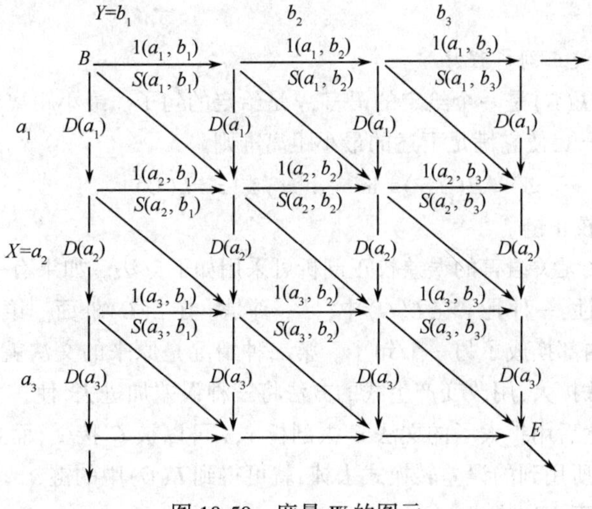

图 10-50　度量 W 的图示

图中，从 B 到 E，网络中每一条路径对应于从 x 导出 y 所需的转换序列。水平分支表示一个插入转换，垂直分支表示抹去转换，对角线分支表示一个代换或无误差转换。分配到 x 中某个特定符号上的特定类型转换的加权量标在与其相对应的分支上。设 J 为网络上的一条路径，则 $|J|$ 是与 J 中每一分支有关联的加权量的总和。距离 $d^W(x,y)$ 是与最小加权路径相关联的总加权量。

5. 句法结构的分类与聚合的基本概念

(1) 最小距离分类

最小距离分类是研究句子之间的距离，根据距离大小来分类。

假设有 m 个模式类 $\omega_1,\omega_2,\cdots,\omega_m$。每一类有一个模板链，共有 m 个模板 $x_1,x_2,\cdots,x_m$。当输入一个链 y 时，则可计算利汶施坦距离 $d(x_i,y)$ 或加权利汶施坦距离 $d^W(x_i,y)$，$i=1,2,\cdots,m$。如果：

$$d(x_i,y)<d(x_j,y)\quad i\neq j \tag{10-202}$$

则指定 y 为 ω_i 类。

（2）最近邻域分类

对于 m 个模式类 $\omega_1,\omega_2,\cdots,\omega_m$，每一类中有若干个模板链

$$x_i=\{x_i^1,x_i^2,\cdots,x_i^n\},i=1,2,\cdots,m$$

计算 $d(x_i^k,y)$ 或 $d^W(x_i^k,y)$，$i=1,2,\cdots,n$，如果：

$$\min_k\{d(x_i^k,y)\}<\min\{d(x_i^l,y)\} \tag{10-203}$$

则指定 y 为 ω_i 类。

（3）句子到句子的聚合

如果输入的是一组样本 $x=\{x_1,x_2,\cdots,x_n\}$，输出要把 x 分成 m 个聚合类，可按下述步骤进行：

（1）令 $j=1,m=1$，指定 x_j 到 C_m 类；

（2）将 j 增加 1，对所有的 i 计算

$$D_i=\min\{d(x_l^1,x_j)\}\quad 1\leqslant i\leqslant m$$

令 $D_k=\min(D_i)$，如果 $D_k\leqslant t$，则指定 x_j 到 C_k 类；$D_k>t$，则对 x_j 建立一个新类别，m 再增加 1。这里 t 是某一阈值。

（3）重复步骤（2），直到 x 中每一样本都被指定到一类为止。

在利用距离的概念时，需要在一类中找到一个或少数几个基本样板作参考，如果这一要求做不到，就需要很多样板作参考，这就要存储许多句子，此时就不如用文法推断了。

6. 误差校正剖析

（1）最小距离误差校正剖析程序

这是一种算法。设 $L(G)$ 是一个给定的语言，y 是给定的句子。最小距离误差校正剖析的实质是在 $L(G)$ 中寻找一个句子 x，使它满足下述的最小距离准则。

$$d(x,y)=\min\{d(z,y)\mid z\in L(G)\} \tag{10-204}$$

在这里 x 称为 y 的误差校正链。

例如，对一个上下文无关语言的误差校正剖析可采用如下方法。如果有一个语言 $L(G)$，现在有一条链 y，y 有两种可能性，一种是 y 在 $L(G)$ 中，另一种是 y 在 $L(G)$ 外面。第一种情况可能是由于噪声的原因使 y 在 $L(G)$ 内部换成了另一个句子。第二种情况是原来的文法就不能产生 y。在第二种情况下，可将原来的文法扩大，用改变产生式的方法将三种误差加进去，使扩大了的文法产生的语言包括受噪声影响的链，然后用扩大了的文法 G' 去剖析 y，y 可以被 G' 接受，而且可以知道最少用了几次误差转换。最后再把所用到的误差转换式去掉，就可得到 $L(G)$ 中的链 x，x 就是 y 的误差校正链。

扩大的文法可用如下方法构成：

假如给定一个上下文无关文法　　$G=(V_N,V_T,P,S)$

扩大的文法为　　$G'=(V'_N,V'_T,P',S')$

则：1）$V'_N=V_N\cup\{S'\}\cup\{E_a\mid a\in V_T\}$，$V'_T\geqslant V_T$

2）如果 $A\to\alpha_0b_1\alpha_1b_2\cdots b_m\alpha_m,m\geqslant 0$ 是 P 中的一个产生式，$a_i\in V_N^*$，$b_i\in V_T$。于是把 $A\to\alpha_0E_{b1}\alpha_1E_{b2}\cdots E_{bm}\alpha_m$ 合并到 P' 中去，其中 $E_{bi}\in V_N^*$ 是一个新的非终端符。

3）在 P' 中加入下列产生式：

$S'\to S$

$S'\to S'a$ 对所有的 $a\in V_T$

$E_a\to a$ 对所有的 $a\in V_T$

$E_a\to b$ 所有 $b\neq a\in V_T$

$E_a\to\lambda$

$E_a\to bE_a$ 所有 $b\in V_T$

在求链与语言之间的距离过程中，结构分析用扩大的文法 G' 设计。

(2) 最近邻域结构识别

如果有两个模式类 ω_1 和 ω_2，分别用文法 G_1 和 G_2 加以描述。输入链 y，如果

$$d[L(G_1),y]<d[L(G_2),y] \tag{10-205}$$

则判定 y 是 ω_1 类。如果

$$d[L(G_2),y]<d[L(G_1),y] \tag{10-206}$$

则判定 y 属于 ω_2 类。

若有 m 类，就应把每类文法都扩大，然后进行剖析。记下每类文法剖析所用的误差转换次数，这就表示输入 y 和每类之间的距离。最后检测与某类语言的距离最小，则 y 属于该类。除了决定 y 属于哪一类外，还可以知道 y 的误差校正链 x。

这种结构识别，首先要知道各类文法，有了原来的文法 G 去产生扩大的文法 G'，再进行剖析，所以称为误差校正剖析 ECP(Error Correcting Parsing)。

分类器框图如图 10-51 所示。

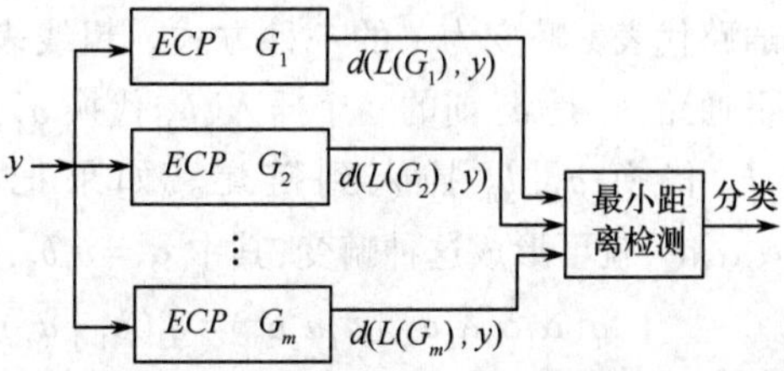

图 10-51 链到语言最小距离分类器

(3) 句法模式聚合步骤

如果有 n 个样本 $x_1,x_2,\cdots,x_n$，首先对 x_1 推断一个文法 $G_1^{(1)}$，然后将 x_2 和 $G_1^{(1)}$ 作误差校正剖析，计算 x_2 和 $L(G_1^{(1)})$ 的距离，如果距离较小，则将 x_1 和 x_2 分为一类，重新推断包括 x_1 和 x_2 的文法 $G_2^{(1)}$；如果距离较大，则将 x_2 另立一类，并推断第二类文法 $G_1^{(2)}$。这样对样本依次做下去，直到每个样本都被分到某一类中去。每一类中，每次有新的链加进来，就重新推断这一类文法。结果，n 个样本被分到 m 类中，并形成 m 类文法。综上所述，聚合步骤可归纳如下：

① 从 x_1 推断文法 $G_1^{(1)}$；

② 为 $G_1^{(1)}$ 构造一个误差校正剖析 $A_1^{(1)}$；

③ 用 $A_1^{(1)}$ 确定 x_2 是否与 x_1 相似，如果 x_1 和 x_2 相似，则归入一类，且从 $\{x_1,x_2\}$ 推断文法 $G_2^{(1)}$，如果 x_1 和 x_2 不相似，则从 x_2 推断文法 $G_1^{(2)}$；

④ 重复步骤(2)，为 $G_2^{(1)}$ 构造 $A_2^{(1)}$ 或为 $G_1^{(2)}$ 构造 $A_1^{(2)}$；

⑤ 对新样本重复步骤(3)，直到所有样本都考虑到为止。

(4) 随机误差校正剖析

随机误差校正剖析是在误差产生式增加了概率值的剖析方法。按照误差转换的符号，与 T_S、T_I、T_D 三类转换相关联的畸变概率可定义如下：

① 代替误差 $$\omega_1 a\omega_2 \left| \xrightarrow{T_S,q_S(b\mid a)} \omega_1 b\omega_2 \right.$$

式中，$q_S(b\mid a)$ 是用 b 代换 a，且 $a\neq b$ 的概率。

② 插入误差 $$\omega_1 a\omega_2 \left| \xrightarrow{T_I,q_I(b\mid a)} \omega_1 ba\omega_2 \right.$$

式中，$q_I(b\mid a)$ 是 a 在前边插入终止符 b 的概率。

③ 抹去误差 $$\omega_1 a\omega_2 \left| \xrightarrow{T_D,q_D(a)} \omega_1 \omega_2 \right.$$

式中，$q_D(a)$ 是抹去 a 的概率。

④ 在一条链的末尾插入误差 $$x \left| \xrightarrow{T_I,q_I'(a)} xa \right.$$

式中，$q_I'(a)$ 是在一条链的末端插入终止符 a 的概率。

令 $q_S(b\mid a)$ 是 a 不发生误差的概率,可以认为它是在 a 上发生无误差转换的概率。

假定对于每一个终止符最多只能有一个误差存在,如果

$$\sum_{b\in V_{\mathrm{T}}} q_S(b\mid a)+q_D(a)+\sum_{b\in V_{\mathrm{T}}} q_I(b\mid a)=1$$

$$b\neq a\ 且对于所有的\ a\in V_{\mathrm{T}} \tag{10-207}$$

则这种单误差模型上的畸变概率是一致的。

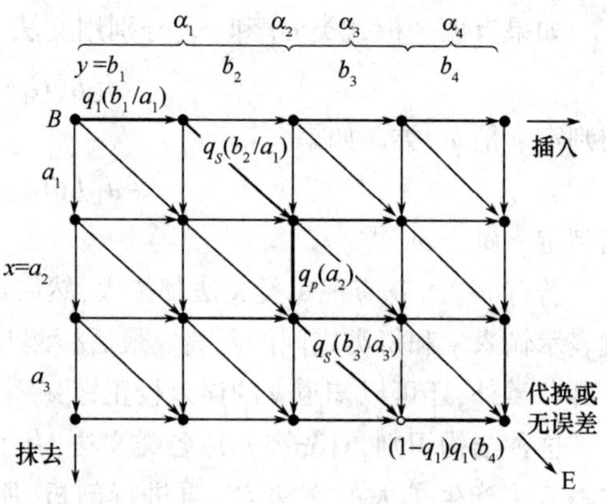

图 10-52 用网络描述的随机畸变模型

下面可以通过一个例子来说明如何从一条链 $x=a_1a_2a_3$ 畸变为另一条链 $y=b_1b_2b_3b_4$。畸变过程可由图 10-52 来说明。在图 10-52 中,水平分支表示插入转换,垂直分支表示抹去转换,对角线分支表示代换转换或无误差转换。图中,从点 B 到点 E 的每一条通路代表 x 畸变为 y 的一种方式。粗线表示的是如下通路,b_1 是 a_1 前的一个插入,b_2 代换 a_1,a_2 被抹去,b_3 代换 a_3,b_4 插入到链尾。如果把 y 分成 $\alpha_1\alpha_2\alpha_3\alpha_4$,就可形成这种畸变,其中 $\alpha_1=b_1b_2$,$\alpha_2=\lambda$,$\alpha_3=b_3$,$\alpha_4=b_4$。这样就有

$$q(\alpha_1\alpha_2\alpha_3\alpha_4\mid a_1a_2a_3)=q_I(b_1\mid a_1)q_S(b_1\mid a_1)q_D(a_2)q_S(b_3\mid a_3)(1-q_I')q_I'(b_4) \tag{10-208}$$

当然,x 畸变到 y 可以有很多路径,可以说畸变概率 $q(y\mid x)$ 是从 B 点到 E 点可能性最大的通路相联系的概率。

对于 $a\in V_{\mathrm{T}}$,$\alpha\in V_{\mathrm{T}}^*$,符号 a 畸变 α 的概率可按下式计算[畸变概率表示为 $q(\alpha\mid a)$];

$$q(\alpha\mid a)=\begin{cases}q_D(a) & 如果\ \alpha=\lambda\\ \max\{q_S(b\mid a),q_I(b\mid a)q_{\mathrm{D}}(a)\} & 如果\ a=b\\ q_I(b_1\mid a)\cdots q_I(b_{L-1}\mid a)\max[q_S(b_L\mid a),q_I(b_L\mid a)q_D(a)] & \end{cases}$$

$$如果\ \alpha=b_1,b_2,\cdots,b_l,l>1 \tag{10-209}$$

把 $\alpha(\alpha\in V_{\mathrm{T}}^*)$ 插入到一条链末尾的概率为

$$q'(a)=\begin{cases}1-q_I' & 当\ a=\lambda\\ (1-q_I')q_I'(b_1)q_I'(b_2)\cdots q_I'(b_l) & a=b_1,b_2,\cdots,b_l,l\geqslant 1\end{cases} \tag{10-210}$$

式中

$$q_I'=\sum_{a\in V_{\mathrm{T}}} q_I'(a)$$

假定

$$q(\alpha_1\alpha_2\cdots\alpha_{n+1}\mid a_1a_2\cdots a_n)=q(\alpha_1\mid a_1)\cdots q(\alpha_n\mid a_n)q(\alpha_{n+1})$$

式中,$a_1,a_2,\cdots,a_n\in V_{\mathrm{T}}$,$\alpha_1,\alpha_2,\cdots,\alpha_n,\alpha_{n+1}\in V_{\mathrm{T}}^*$ 则对于 x 畸变为 y 的概率如下

$$q(y\mid x)=\max_i\left\{\left[\sum_{j=1}^{n} q(\alpha_j^i\mid a_j)\right]q'(a_{n+1})\right\} \tag{10-211}$$

式中,$\alpha_1^i,\alpha_2^i,\cdots,\alpha_n^i,\alpha_{n+1}^i$,$|\alpha_j^i|\geqslant 0$,是 y 分成 $n+1$ 段子链的一种划分。

(5) 最大似然误差校正剖析

设 $L(G_S)$ 是一个随机上下文无关语言,另外有一条噪声链 y。可提出一个最大似然误差校正剖析算法,该算法在于找出一条链 x,$x\in L(G_S)$,使得

$$q(y\mid x)P(x)=\max_{z\in l(G_S)}\{q(y\mid z)P(z)\} \tag{10-212}$$

$q(y\mid z)$ 的计算可如前面介绍的方法进行。y 要对 $L(G_S)$ 中每个句子进行计算,然后指出畸变概率最大的情况,所以算法与 ECP 相似。

首先构成随机扩展文法。方法如下:

输入一个随机上下文无关文法　　$G_S=(V_{\mathrm{N}},V_{\mathrm{T}},P,S)$

输出是一个随机扩展文法　　$G_S'=(V_{\mathrm{N}}',V_{\mathrm{T}}',P_S',S')$

其步骤如下：

① $V'_N = V_N \cup \{S'\} \cup \left\{E_a \middle|_{a \in V_T}\right\}$；

② $V'_T \supseteq V_T$；

③ 如果 $A \xrightarrow{P} a_0 b_1 a_1 b_2 \cdots b_m a_m, m \geqslant 0$ 是 P_S 中的一个产生式，a_i 在 V_N^* 中，b_i 在 V_T 中，于是在 P'_S 中加入产生式 $A \xrightarrow{P} a_0 E_{b1} a_1 E_{b2} \cdots E_{bm} a_m, m \geqslant 0$，其中每个 E_{b_i} 都是一个新的非终止符，$E_{b_i} \in V'_N$；

④ 在 P'_S 中加入下列产生式：

(a) $S' \xrightarrow{1-q'_I} S$，其中 $q'_I = \sum_{a \in V'_T} q'_I(a)$；

(b) $S' \xrightarrow{q'_I(a)} S'a$，对于所有的 $a \in V'_T$；

⑤ 对于所有的 $a \in V_T$，在 P'_S 中加入下列产生式

(a) $E_a \xrightarrow{q_S(a|a)} a$；

(b) $E_a \xrightarrow{q_S(b|a)} b$，对所有的 $b \in V'_T, b \neq a$；

(c) $E_a \xrightarrow{q_D(a)} \lambda$；

(d) $E_a \xrightarrow{q_I(b|a)} bE_a$，对所有的 $b \in V'_T$。

假定 y 是 x 的一个误差畸变链，$x = a_1 a_2 \cdots a_n$。用第三步中加到 P'_S 的产生式，可知

$$S \underset{G'_S}{\overset{P_i}{\Rightarrow}} X_0$$

式中，$X = E_{a1} E_{a2} \cdots E_{an}$，当且仅当 $S \underset{G'_S}{\overset{P_i}{\Rightarrow}} x$，式中，$P_i$ 是 G'_S 中 x 的第 i 个导出式的概率。首先用步骤④的(b)，可进一步导出 $S' \underset{G'_S}{\overset{P_i}{\Rightarrow}} Xa_{n+1}$，式中，$P'_i = P_i q'(d_{n+1})$。如果 $a_1, a_2, \cdots, a_{n+1}$ 是 y 的一种划分，则步骤⑤中的产生式产生 $E_{ai} \underset{G'_S}{\overset{q(a_i | a_i)}{\Longrightarrow}} a_i$，对所有的 $1 \leqslant i \leqslant n$。步骤⑤中的(a)、(b)、(c)、(d)分别对应于非误差转换、代换转换、抹去转换和允许多重插入的插入转换。于是，由 G_S 产生的随机语言是

$$L(G'_S) = \{(y, P(y)) \mid_{y \in V_T^*}, P(y) = \sum_{x \in G_S} \sum_{i=1}^{r} q^i(y \mid x) P(x)\} \tag{10-213}$$

其中 r 是从 x 导出 y 的相异转换序列的数目。$q^i(y \mid x)$ 是与第 i 个序列相联系的概率，$1 \leqslant i \leqslant r$。

最大似然误差校正剖析的方框图如图 10-53 所示。

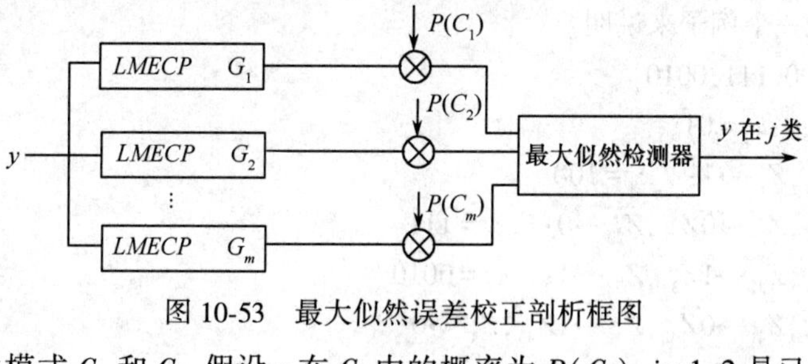

图 10-53 最大似然误差校正剖析框图

如果有两个句法模式 C_1 和 C_2，假设 x 在 C_i 中的概率为 $P(C_i)$，$i=1,2$ 是已知的，如果考虑贝叶斯分类，运用贝叶斯规则可知 x 在第 j 类的后验概率为

$$P(C_j \mid x) = \frac{P(x \mid C_j) P(C_j)}{\sum_{i=1}^{2} P(x \mid C_i) P(C_i)} \quad i = 1,2 \tag{10-214}$$

于是,贝叶斯决策规则为

$$x \in \begin{cases} C_1 & 如果\ P(C_1 \mid x) > P(C_2 \mid x) \\ C_2 & 如果\ P(C_1 \mid x) < P(C_2 \mid x) \end{cases} \tag{10-215}$$

有时候往往会出现两个文法产生同一个句子的情况,如 C_1 类产生英文字母 B,C_2 类产生数字 8,在有噪声干扰时,B 和 8 可能在两类交叠处,也可能在两类之外。对于交叠处的可以用随机文法计算概率,用最大似然分类器解决。在两类之外可用最大似然误差校正剖析来解决。

10.4.4 文法推断

在句法模式识别中,有两个问题比较困难,一是噪声和干扰,另一个就是文法推断。文法推断是在解决了被研究模式的基元提取问题后,研究如何构成能正确描述这类模式的文法。这实际上是句法结构的学习问题。即从句子中学习文法。由于模式可分别用链、树、图来表示,所以就有链文法推断、树文法推断以及图文法推断。

文法推断课题主要涉及推断一个未知文法 G 的句法规则所有的方法,推断的依据是 G 产生的语言 $L(G)$ 中句子或链的一个有限集合 S_{T},也可能还有 $L(G)$ 的补集中的链的有限集合。推断出的文法是一种规则,它描述 $L(G)$ 中的给定有限集合,并预测给定集合以外的链,这些链与给定集合在某种意义上具有同样的性质。文法推断框图如图 10-54 所示。

1. 有限状态文法推断

有限状态文法可用下述方法实现:

输入 k 个样本 X^+,$X^+=\{x_1,x_2,\cdots,x_k\}$。式中,$x_i=a_{i1},a_{i2},a_{i3},\cdots a_{in}$,$V_V=\{X^+$中不同的终止符$\}$。对 k 个样本中的一条链 x_i 寻找其产生式 P_i。因为正规文法的产生式只有两种形式,即 $A\to aB(A,B\in V_{\mathrm{N}})$ 及 $A\to a(a\in V_{\mathrm{T}})$,所以对于每一条链,其产生式规则为

$$\begin{aligned}
P_i:&S\to a_{i1}Z_{i1},\quad Z_{i1}\in V_{\mathrm{N}}\\
&Z_{i1}\to a_{i2}Z_{i2},\quad Z_{i2}\in V_{\mathrm{N}}\\
&Z_{i2}\to a_{i3}Z_{i3},\quad Z_{i3}\in V_{\mathrm{N}}\\
&\quad\vdots\\
&Z_{i(n-3)}\to a_{i(n-2)}Z_{i(n-2)}\\
&Z_{i(n-2)}\to a_{i(n-1)}Z_{i(n-1)}\\
&Z_{i(n-1)}\to a_{in}\\
&V_{Ni}=\{S,Z_{i1},Z_{i2},\cdots,Z_{i(n-1)}\}\\
&G_i=\{V_{N_i},V_{\mathrm{T}},P_i,S\}
\end{aligned}$$

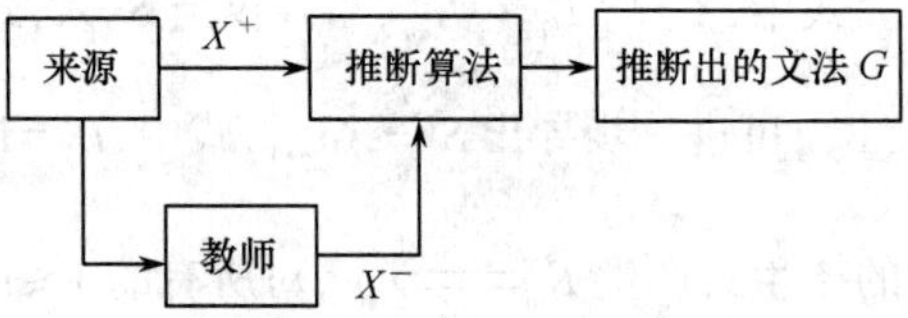

图 10-54 文法推断框图

上述方法可通过一个例子来说明。

例 5:$X^+=\{01,100,111,0010\}$

$V_{\mathrm{T}}=\{0,1\}$; $x_1=01$,

$P_1:S\to 0Z_{11},Z_{11}\to 1$; $x_2=100$

$P_2:S\to 1Z_{21},Z_{21}\to 0Z_{22},Z_{22}\to 0$; $x_3=111$

$P_3:S\to 1Z_{31},Z_{31}\to 1Z_{32},Z_{32}\to 1$; $x_4=0010$

$P_4:S\to 0Z_{41},Z_{41}\to 0Z_{42},Z_{42}\to 1Z_{43},Z_{43}\to 0$

$V_{\mathrm{N}}=\{S,Z_{11},Z_{21},Z_{22},Z_{31},Z_{32},Z_{41},Z_{42},Z_{43}\}$

所以这个文法共有 9 个非终端符,2 个终端符,12 个产生式。

2. 上下文无关文法的推断

在实用中,用有限数目的句子来推断文法一般总能用正规文法产生这些句子,但是有时 V_{N} 会很大。如果采用上下文无关文法来推断,V_{N} 的数目会大大减小,因此,实现起来自动机的状态也会大大减少。

上下文无关文法的推断大致有两种方法，一种方法是 Pumping Lemma 方法，另一种方法是采用具有结构性样本的推断法。

上下文无关的语言有一个特性，即，如果一个句子可以分成5段 UVWXY，这个句子在 X^+ 内，那么形如 UV^kWX^kY 的句子也在 X^+ 内（UVWXY 定理）。例如 $aba \in X^+$，用人—机对话的方式，逐个询问机器 a,b,aa,ab,ba 是否在 X^+ 内，如果机器回答 $b \in X^+$，则检验 $a^2ba^2, a^3ba^3, \cdots a^kba^k$ 是否在 X^+ 内，如果它们都在 X^+ 内，则得到产生式

$$S \to aSa$$

$$S \to b$$

这种方法的缺点是需要大量的外界信息，X^+ 中的句子也较多。

采用具有结构特性的样本的方法是不仅要知道句子，还要知道句子的结构。为说明方便起见，此结构用括弧来表示。

例如，$x_1 = a+a+a \in X^+$，结构信息为[[a]+[a]+[a]]。结构树如图10-55所示。产生这个句子的文法 G_1 的产生式为

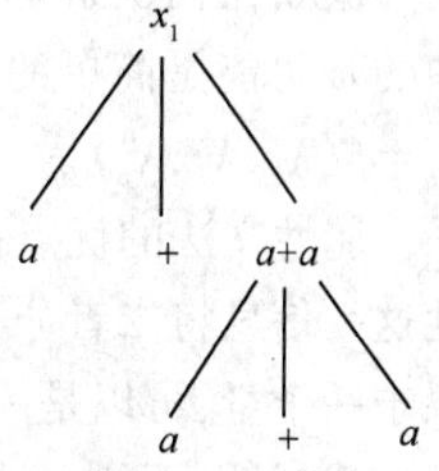

图10-55　结构树

$$N_1 \to a \quad N_2 \to N_1+N_1 \quad N_3 \to N_1+N_2 \quad S \to N_2$$

$$L(G_1) = \{a+a, a+a+a, a+a+a+a, \cdots\}$$

$x_2 = (a+a)+a$ 它的结构信息为

$$[[([[a]+[a]])]+[a]]$$

求出产生 X_2 的文法 G_2 的产生式

$$N_1 \to a \quad N_2 \to N_1+N_2 \quad N_3 \to (N_2) \quad N_4 \to N_3+N_1 \quad S \to N_4$$

$$L(G) = \{(a+a)+a, (a+a+a)+a, \cdots\}$$

$$L(G_1 \cup G_2) \geqslant L(G_1) \cup L(G_2)$$

这种方法需要知道句子的结构，这对于模式识别来说是可以做到的。用这个方法推断出的文法，由于基本模式数目很少，可能得到的文法质量不高，但这个缺点可用 ECP 来补偿。

3. 图文法推断

定义正样本集 $X^+ = \{x_1, x_2, \cdots, x_h\}$ 和负样本集 $X^- = \{x_1, x_2, \cdots, x_l\}$，而 $X = \{x_1, x_2, \cdots, x_n\} = \{X^+, X^-\}$。

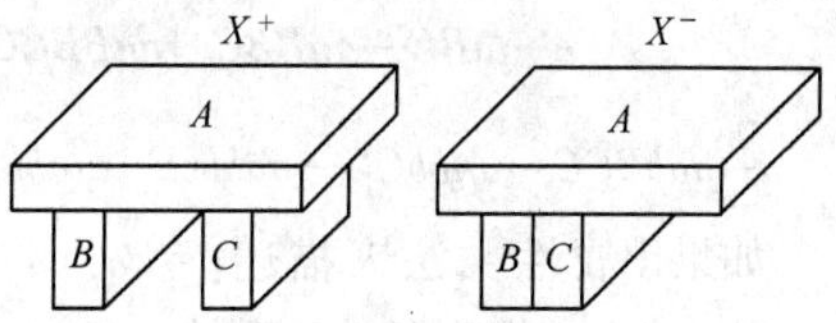

图10-56　拱形物体

如果 X^+ 和 X^- 分别是图10-56所示的景物，希望有个文法产生这个图形。此图的关系图如图10-57所示。

图文法规则如下：

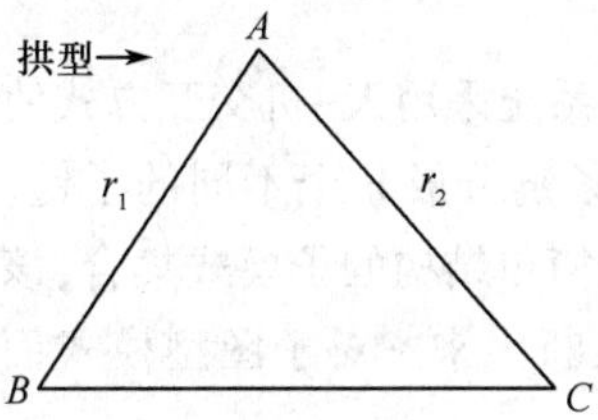

r_1 = 必须由其支撑

r_2 = 在左边但不能靠紧

物体→A

物体→B

物体→C

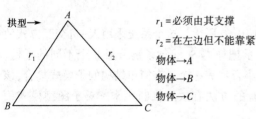

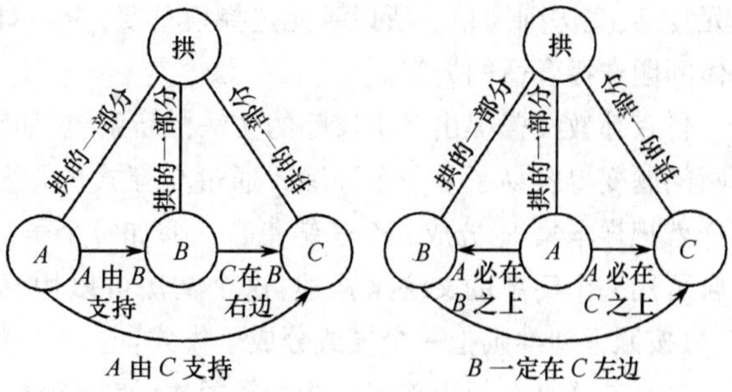

图10-57　关系图

第一个样本进来，只有 A 在 B、C 上，B 在 C 的左边；第二个样本进来，B 与 C 不能靠得太近；第三个样本进来，A 一定在 B、C 上而不能在下面；第四个样本，等等。按上述步骤，从根向下不断加入新的关系就可推断出图文法。

4. 树文法推断

链可以看成是只有一枝的树,而树是多枝的链。如果只对于树支全从根开始的这种特殊形状的树,则可直接把链的方法搬过来用。

5. 上下文敏感文法推断

对于上下文敏感的文法(即上下文有关的文法)还没有推断办法。对于这类问题可用两种办法解决,一种是上下文无关程序文法,另一种是用属性文法。

6. 关于属性文法

在属性文法中,每一个基元都由两部分组成,基元为(b,X_b)。式中,b表示名字,X_b表示属性或语义信息,这是识别基元的根据。在使用产生式时,要考虑属性之间的关系。

例如,图10-58的树图,子模式为(B,X_B),B的属性由a,b,c的属性得到。$X_B=\phi(X_a,X_b,X_c)$。式中的ϕ可能是简单的函数,也可能是复杂的运算式。上例中的产生式规则为$B\to abc$,属性规则为$X_B=\phi(X_a,X_b,X_c)$。

属性文法的优点在于当每个模式结构一样只是大小不同的情况,可利用属性这一信息将二者分开。属性往往是识别基元时所需要的特征量。属性并不限于一个量,可以是一组参量。属性的计算顺序是从基元属性计算起,然后是子模式属性,再往上计算模式属性。

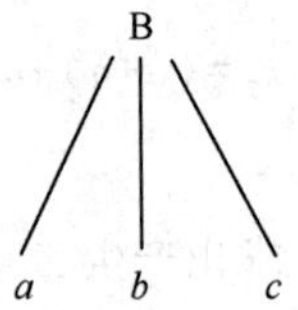

图10-58 树图

例如,$L=\{a^n b^n c^n \mid_{n=1,2,\cdots}\}$是上下文无关语言,基元如图10-59(a)所示,其所描述的图形如图10-59(b)所示的两个三角形。用上下文无关文法描述如下

$$G=(V_{\mathrm{N}},V_{\mathrm{T}},P,S)\quad V_{\mathrm{N}}=\{A,B,C\}\quad V_{\mathrm{T}}=\{a,b,c\}\quad S=A$$

$$P:①A\to aBC\quad ②B\to aBB\quad ③C\to CC\quad ④B\to b\quad ⑤C\to c$$

产生$a^2b^2c^2$的过程如下

$$A\overset{①}{\to}aBC\overset{②}{\to}aaBBC\overset{③}{\to}aaBBCC$$

$$\overset{④}{\to}aabBCC\overset{④}{\to}aabbCC\overset{⑤}{\to}aabbcC\overset{⑤}{\to}aabbcc=a^2b^2c^2$$

如果用属性文法来描述:令$a=a(l)$,$b=b(l)$,$c=c(l)$,其中l代表长度(属性),则$L(G)=\{a(l),b(l),c(l)\}$。由这个例子可见,基元简单,文法复杂,基元复杂,文法则简单。所以基元选择很重要,应针对具体问题选择合适的方案。

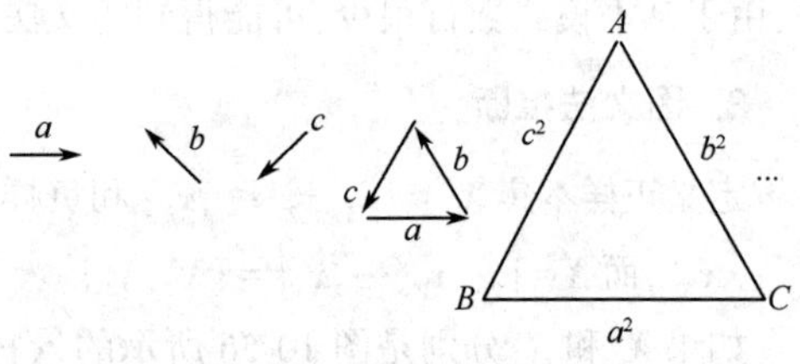

(a) (b)

图10-59 基元及其所描述的图形

付京孙教授曾提出一个实际的文法推断系统,如图10-60所示。这个系统采用人-机交互方式使推断问题变得容易了。一个训练者通过交互式图形显示把样本S_t的每条链分成n个不同的子链。这样就把样本集S_t分成n个子链集合。假如每个子链集合代表一个具有简单结构的子模式集合,该集合可用一个简单的文法来描述,这个文法可以用已有的方法有效地推断出来。对于图型模式而言,可按照下列准则把一个模式分成子模式:

(1) 选择具有简单连接结构的子模式,使每个子链集合的文法都容易推断。

(2) 对模式进行分割,以便充分利用重复出现的子模式。这种分割方式使得可以利用一个能接受多次出现的子链的模板文法,并且还为推断提供更多的子链样本。

把样本链集合S_t分割成n个子链集合$\omega_1,\omega_2,\cdots,\omega_n$后,可对每个子链集合推断一个文法,这样

就得到 n 个不同的文法 $G_1, G_2, \cdots, G_n$。设从 ω_j 推断的文法为 $G_j=(V_{N_j}, V_{T_j}, P_j, S_j)$，$j=1,2,\cdots,n$。而整体文法为 $G=(V_N, V_T, P, S)$，终端符集合 V_{Tj}属于 V_T，可能的例外是连接符 C_j 的集合，C_j 被看作是 G_j 中的终端符，G 中的非终端符，即 $C_j \in V_{Tj}$ 及 $C_j \in V_N$。

以上介绍的是文法推断的基本概念和方法，基本思路是从样本出发推断出文法。详细实施方法请参考有关专著。

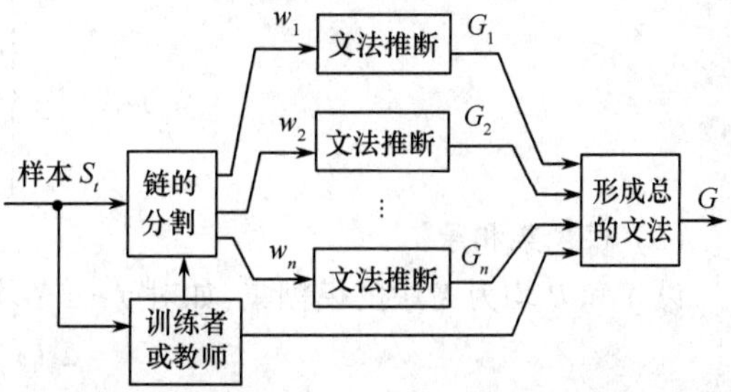

图 10-60　一个文法推断系统框图

10.5　模糊识别法

在模式识别中，有些问题是极其复杂的，要使计算机识别某一模式，就要分析综合所有的特征，计算和比较大量的信息后才能做出判断。而人在识别过程中只根据一些模糊的印象就可以做到较准确的识别。例如，在一堆照片中找一个人，只要说“找一位长脸型、皮肤白晰、高鼻梁、大眼睛的人”就可以找出来。而如果计算机识别就必须给出“面部轮廓长宽比在 1.4 以上、鼻子长 6 厘米以上、高 2.5 厘米以上、宽 3 厘米以下”等之类的数字。如果有一张照片其他条件都符合，只是鼻高 2 厘米，计算机也不会认可。计算机帮助人工作时这种丝毫不肯通融的性质在模式识别中有时反而成为累赘。这主要原因是计算机是建立在二值逻辑基础上，它对事物分析的结论是“非假”即“真”。这种二值逻辑不适于处理模糊事物。在人的日常活动中，模糊概念普遍存在。例如，“暖和”、“不冷”、“较重”、“较轻”、“长点”、“短点”等均是一些既有区别又有联系的无一定明确分界的概念。这些概念都不能用人工语言及传统的数学模型来描述。为了描述并分析自然界及人类社会中各种模糊事物，人们就要探索能表现事物模糊性的数学工具。

根据人辨识事物的思维逻辑，吸取人脑的识别特点，模糊集合论把数学从二值逻辑转向连续逻辑，这就更接近人类大脑的识别活动。由此，产生了一种相当独特的识别方法——模糊识别法，有人认为模糊识别是模糊数学最成功的应用范例之一。

10.5.1　模糊集合及其运算

1. 基本概念

在自然界及人类生活中有许多概念没有明确的外延，没有明确外延的概念就称作模糊概念。模糊概念是客观事物本质属性在人们头脑中的反映，是人类社会长期发展过程中约定俗成的东西。

(1) 论域

论域是指被讨论的全体对象，有时也称为空间，论域元素总是分明的。论域中元素从属于模糊集合的程序不是绝对的 0 或 1，它可介于 0 和 1 之间。在模糊数学中，把元素对普通集合的绝对隶属关系加以灵活化，提出隶属度的概念。隶属度用隶属函数来描述。

(2) 隶属函数(或从属函数)

论域 $X=\{x\}$ 上的模糊集合 $\underset{\sim}{A}$ 由从属函数 $\mu_{\underset{\sim}{A}}(x)$ 来表征，其中 $\mu_{\underset{\sim}{A}}(x)$ 在实数轴闭区间[0,1]中取值，$\mu_{\underset{\sim}{A}}(x)$ 的大小反映 x 对 $\underset{\sim}{A}$ 的从属程度。任意论域 $X=\{x\}$ 上的模糊集合 $\underset{\sim}{A}$ 是指 x 中具有某种性质的元素整体，这些元素具有某个不分明的界限。对 X 中任一元素可以用[0,1]间的数来表征该元素从属于 $\underset{\sim}{A}$ 的程度。$\mu_{\underset{\sim}{A}}(x)$ 接近于 1，表示 x 从属 $\underset{\sim}{A}$ 的程度很高；$\mu_{\underset{\sim}{A}}(x)$ 接近于 0，说明 x 从属于 $\underset{\sim}{A}$ 的程度很低。例如，$\underset{\sim}{A}$ 若表示远大于 0 的实数，即 $\underset{\sim}{A}=\{x \mid x \gg 0\}$，则 $\underset{\sim}{A}$ 的从属函数可写成下式形式

$$\mu_{\underset{\sim}{A}}(x)=\begin{cases}0 & x\leqslant 0\\ \dfrac{1}{1+\dfrac{100}{x^{2}}} & x>0\end{cases} \tag{10-216}$$

(3) 模糊集相等

设 $\underset{\sim}{A}$ 和 $\underset{\sim}{B}$ 均为 X 中的模糊集，如对 $\forall x\in X$ 均有

$$\mu_{\underset{\sim}{A}}(x)=\mu_{\underset{\sim}{B}}(x) \tag{10-217}$$

则称 $\underset{\sim}{A}$ 和 $\underset{\sim}{B}$ 相等，即

$$\underset{\sim}{A}=\underset{\sim}{B}\Leftrightarrow\mu_{\underset{\sim}{A}}(x)=\mu_{\underset{\sim}{B}}(x) \tag{10-218}$$

式中，$\forall x$ 表示所有的 x，符号⇔表示等价关系。

(4) 子集

设 $\underset{\sim}{A}$ 和 $\underset{\sim}{B}$ 均为 X 中的模糊集，如果对 $\forall x\in X$ 均有

$$\mu_{\underset{\sim}{A}}(x)\leqslant\mu_{\underset{\sim}{B}}(x) \tag{10-219}$$

则称 $\underset{\sim}{B}$ 包含 $\underset{\sim}{A}$ 或称 $\underset{\sim}{A}$ 为 $\underset{\sim}{B}$ 的子集，记为 $\underset{\sim}{A}\subseteq\underset{\sim}{B}$，即

$$\underset{\sim}{A}\subseteq\underset{\sim}{B}\Leftrightarrow\mu_{\underset{\sim}{A}}(x)\leqslant\mu_{\underset{\sim}{B}}(x) \tag{10-220}$$

(5) 空集

$\underset{\sim}{A}$ 为 X 中的模糊集，如对 $\forall x\in X$ 时，均有

$$\mu_{\underset{\sim}{A}}(x)=0 \tag{10-221}$$

则 $\underset{\sim}{A}$ 称为空集，记为 ϕ，即

$$\underset{\sim}{A}=\phi\Leftrightarrow\mu_{\underset{\sim}{A}}(x)=0 \tag{10-222}$$

(6) 并集

如果 $\underset{\sim}{A}$、$\underset{\sim}{B}$、$\underset{\sim}{C}$ 是 X 中的模糊集，如对 $\forall x\in X$ 有

$$\mu_{\underset{\sim}{C}}(x)=\vee\left[\mu_{\underset{\sim}{A}}(x),\mu_{\underset{\sim}{B}}(x)\right] \tag{10-223}$$

则 $\underset{\sim}{C}$ 就叫作 $\underset{\sim}{A}$ 与 $\underset{\sim}{B}$ 的并集，$\underset{\sim}{C}=\underset{\sim}{A}\cup\underset{\sim}{B}$，即

$$\underset{\sim}{C}=\underset{\sim}{A}\cup\underset{\sim}{B}\Leftrightarrow\mu_{\underset{\sim}{C}}(x)=\vee\left[\mu_{\underset{\sim}{A}}(x),\mu_{\underset{\sim}{B}}(x)\right] \tag{10-224}$$

(7) 全集

$\underset{\sim}{A}$ 为 X 中的模糊集，如对 $\forall x\in X$ 时，均有

$$\mu_{\underset{\sim}{A}}(x)=1 \tag{10-225}$$

则称 $\underset{\sim}{A}$ 为全集，记做 Ω，即

$$\underset{\sim}{A}=\Omega\Leftrightarrow\mu_{\underset{\sim}{A}}(x)=1 \tag{10-226}$$

(8) 交集

假如 $\underset{\sim}{A}$、$\underset{\sim}{B}$、$\underset{\sim}{C}$ 是 X 中的模糊集，如对 $\forall x\in X$ 有

$$\mu_{\underset{\sim}{C}}(x)=\wedge\left[\mu_{\underset{\sim}{A}}(x),\mu_{\underset{\sim}{B}}(x)\right] \tag{10-227}$$

那么 $\underset{\sim}{C}$ 就叫作 $\underset{\sim}{A}$ 与 $\underset{\sim}{B}$ 的交集，记做 $\underset{\sim}{C}=\underset{\sim}{A}\cap\underset{\sim}{B}$，即

$$\underset{\sim}{C}=\underset{\sim}{A}\cap\underset{\sim}{B}\Leftrightarrow\mu_{\underset{\sim}{C}}(x)=\wedge\left[\mu_{\underset{\sim}{A}}(x),\mu_{\underset{\sim}{B}}(x)\right] \tag{10-228}$$

式中，∧表示求最小值，作前置式用时，∧可换成 min；同样并集中的∨表示求最大值，作前置式用时，∨可换成 max。

(9) 补集

假如 $\underset{\sim}{A}$ 是 X 中的模糊集，它的补集 $\bar{\underset{\sim}{A}}$ 由下式表示

$$\mu_{\bar{\underset{\sim}{A}}}(x)=1-\mu_{\underset{\sim}{A}}(x),\ \forall x\in X \tag{10-229}$$

$$\bar{\underset{\sim}{A}}\Leftrightarrow\mu_{\bar{\underset{\sim}{A}}}(x)$$

2. 模糊集的表示

(1) 模糊集的台

模糊集 $\underset{\sim}{A}$ 的台是 X 中能使 $\mu_{\underset{\sim}{A}}(x)>0$ 的元素的集合。

(2) 模糊独点集

一个模糊独点集是它的台只有一个元素的集合。可记为$\mu_{\underset{\sim}{A}}=\mu_0/x_0$。

如$\underset{\sim}{A}$的台仅有有限个元素$x_1,x_2,\cdots,x_n$，且$\mu(x_i)=\mu_i$，则

$$\mu_A=\mu_1/x_1\cup\mu_2/x_2\cup\cdots\cup\mu_n/x_n \tag{10-230}$$

(3) λ水平集(λ截集)

设$\underset{\sim}{A}$为$X=\{x\}$中的模糊集，则$\underset{\sim}{A}$的水平集为

$$A_\lambda=\{x\mid\mu_{\underset{\sim}{A}}(x)\geqslant\lambda\} \tag{10-231}$$

3. 模糊集合的代数运算

(1) 代数积

模糊集合$\underset{\sim}{A}$和$\underset{\sim}{B}$的代数积记做$\underset{\sim}{A}\cdot\underset{\sim}{B}$，它的隶属函数为

$$\mu_{\underset{\sim}{A}\cdot\underset{\sim}{B}}=\mu_{\underset{\sim}{A}}*\mu_{\underset{\sim}{B}} \tag{10-232}$$

(2) 代数和

$\underset{\sim}{A}$和$\underset{\sim}{B}$的代数和为$\underset{\sim}{A}+\underset{\sim}{B}$，它的隶属函数为

$$\mu_{\underset{\sim}{A}+\underset{\sim}{B}}=\begin{cases}\mu_{\underset{\sim}{A}}+\mu_{\underset{\sim}{B}} & (\mu_{\underset{\sim}{A}}+\mu_{\underset{\sim}{B}}\leqslant 1)\\ 1 & (\mu_{\underset{\sim}{A}}+\mu_{\underset{\sim}{B}}>1)\end{cases} \tag{10-233}$$

(3) 环和

$\underset{\sim}{A}$和$\underset{\sim}{B}$的环和记做$\underset{\sim}{A}\oplus\underset{\sim}{B}$，它的隶属函数为

$$\mu_{\underset{\sim}{A}\oplus\underset{\sim}{B}}=\mu_{\underset{\sim}{A}}+\mu_{\underset{\sim}{B}}-\mu_{\underset{\sim}{A}}\cdot\mu_{\underset{\sim}{B}} \tag{10-234}$$

4. 模糊集合运算的基本性质

如普通集一样，模糊集合运算满足自反律、反对称律、传递律、幂等律、交换律、结合律、吸收律、分配律、复归律、对偶律。

5. 模糊熵

关于熵的概念在前边已有介绍，它是随机事件的不确定性的度量。在定义模糊熵时，也希望它具有普通熵的性质。

设$\underset{\sim}{A}$和$\underset{\sim}{B}$是X中的模糊集，则

$$d(\underset{\sim}{A},\underset{\sim}{B})=\frac{1}{n}\sum_{i=1}^{n}\left|\mu_{\underset{\sim}{A}}(x_i)-\mu_{\underset{\sim}{B}}(x_i)\right| \tag{10-235}$$

叫作相对汉明距离。

设$\underset{\sim}{A}$和$\underset{\sim}{B}$是X中的模糊集，则

$$R(\underset{\sim}{A},\underset{\sim}{B})=\frac{1}{\sqrt{n}}\cdot\sqrt{\sum_{i=1}^{n}[\mu_{\underset{\sim}{A}}(x_i)-\mu_{\underset{\sim}{B}}(x_i)]^2} \tag{10-236}$$

称为$\underset{\sim}{A}$,$\underset{\sim}{B}$的欧氏距离。

如果用A°表示与模糊集有最小欧氏距离的普通集合，显然

$$\mu_{\underset{\sim}{A^\circ}}(x_i)=\begin{cases}0 & [\mu_{\underset{\sim}{A}}(x_i)<0.5]\\ 1 & [\mu_{\underset{\sim}{A}}(x_i)\geqslant 0.5]\end{cases}$$

令$L(\underset{\sim}{A})=2d(\underset{\sim}{A},A^\circ)$，则$L(\underset{\sim}{A})$定义为模糊集$\underset{\sim}{A}$的模糊熵，即

$$L(\underset{\sim}{A})=\frac{2}{n}\sum_{i=1}^{n}\left|\mu_{\underset{\sim}{A}}(x_i)-\mu_{A^\circ}(x_i)\right| \tag{10-237}$$

模糊熵具有如下性质：

(1) $L(\underset{\sim}{A})\geqslant 0$

(2) 若对任意 x,均有 $\mu_{\underset{\sim}{A}}(x)=0$ 或 $\mu_{\underset{\sim}{A}}(x)=1$,则 $L(A)=0$,也就是当 A 是普通集时,$L(\underset{\sim}{A})=0$;

(3) 若对任意 x,均有 $\mu_{\underset{\sim}{A}}(x)=\frac{1}{2}$时,则 $L(\underset{\sim}{A})$ 达到极大,$L(\underset{\sim}{A})_{\max}=1$;

(4) 若对任意 x,均有 $\mu_{\underset{\sim}{A}}(x)\geqslant\frac{1}{2}$,且 $\mu_{\underset{\sim}{B}}(x)\geqslant\mu_{\underset{\sim}{A}}(x)$ 或 $\mu_{\underset{\sim}{A}}(x)\leqslant\frac{1}{2}$,且 $\mu_{\underset{\sim}{B}}(x)\leqslant\mu_{\underset{\sim}{A}}(x)$ 时,有 $L(\underset{\sim}{A})\geqslant L(\underset{\sim}{B})$。

10.5.2 模糊关系及性质

1. 普通关系

(1) 直积集合

设有两个集合 A 和 B,在 A 中取一个元素 x,在 B 中取一个元素 y,把它们搭配起来成为序偶 (x,y),所有这种序偶的全体构成一个集合就是直积集合,即

$$A\times B=\{(x,y)\mid x\in A,y\in B\} \tag{10-238}$$

序偶与顺序有关,也就是 $(x,y)\neq(y,x)$。例如,$A=(0,1)$,$B=(a,b,c)$,则有

$$A\times B=\{(0,a),(0,b),(0,c),(1,a),(1,b),(1,c)\}$$

$$B\times A=\{(a,0),(b,0),(c,0),(a,1),(b,1),(c,1)\}$$

(2) 关系

两个集合 A 和 B,其直积 $A\times B$ 的子集 R 称为 A 和 B 之间的二元关系,$A\times A$ 的子集称为 A 的二元关系(或 A 中的关系),R 可记做:$R\subseteq A\times B$ 或 $R\subseteq A\times A$。一般把直积 $A\times A\times\cdots A$ 的子集称为 A 上的 n 元关系。若 $(x,y)\in A$,$(x,y)\in R$,则 x 和 y 有关系 R,记做 xRy,若 $(x,y)\overline{\in} R$,记做 $x\overline{R}y$。关系 R 可用矩阵来表示,关系矩阵是元素仅为 0 和 1 的矩阵。

例如,$X=\{x_1,x_2,x_3\}$,$Y=\{y_1,y_2\}$。则 $R=\{(x_1,y_1),(x_2,y_1),(x_2,y_2),(x_3,y_2)\}$,关系矩阵表示如下

$$R=\begin{bmatrix}1 & 0\\ 1 & 1\\ 0 & 1\end{bmatrix}$$

若 $I=\{(x,x)\mid x\in X\}$,则称 I 为恒等关系。其相应矩阵为单位矩阵。若 $E=\{(x,y)\mid x,y\in X\}$,即 $\forall x,y\in X$ 有 xRy,则称 E 为全称关系,相应矩阵为 $M_E=E$。

(3) 关系的运算

假设 R 和 S 是 X 到 Y 的关系,即 $R\subseteq X\times Y$,$S\subseteq X\times Y$。R 和 S 相应的矩阵为 M_R 和 M_S,且 $M_R=[a_{ij}]$,$M_S=[b_{ij}]$,则关系运算就对应了矩阵的运算,运算的定义如下:

① 相等

$$R=S\Leftrightarrow \boldsymbol{M}_R=\boldsymbol{M}_S\Leftrightarrow a_{ij}=b_{ij} \tag{10-239}$$

② 包含

$$R\subseteq S\Leftrightarrow \boldsymbol{M}_R\subseteq\boldsymbol{M}_S\Leftrightarrow a_{ij}\leqslant b_{ij} \tag{10-240}$$

③ 并

设

$$\boldsymbol{M}_{R\cup S}=[c_{ij}]\quad c_{ij}=a_{ij}\vee b_{ij}$$

则

$$R\cup S\Leftrightarrow \boldsymbol{M}_{R\cup S}=\boldsymbol{M}_R\vee\boldsymbol{M}_S \tag{10-241}$$

④ 交

设

$$\boldsymbol{M}_{R\cap S}=[c_{ij}]$$

则

$$R\cap S\Leftrightarrow \boldsymbol{M}_{R\cap S}=\boldsymbol{M}_R\wedge\boldsymbol{M}_S \tag{10-242}$$

式中,$c_{ij}=a_{ij}\wedge b_{ij}$

⑤ 补

设 $$M_R=[c_{ij}]$$
则 $$\overline{R}\Leftrightarrow\overline{M}_R=\overline{M}_R \quad c_{ij}=a_{ij} \tag{10-243}$$

⑥ 合成

若 X 到 T 的关系为 R,Y 到 Z 的关系为 S,把 X 到 Z 的由下式定义的关系称为 R 和 S 的合成关系,记为 $R\circ S$,其相应的运算称为合成运算

$$M_{R\circ S}=M_R\circ M_S$$

如果 $M_{R\circ S}=[c_{ij}]$,则 $$c_{ij}=\bigvee_{k=1}^{n}(a_{ik}\wedge b_{kj}) \tag{10-244}$$

(4) 关系性质

① 自反性和反自反性:R 是 X 里的关系。若 R 是自反关系,则以 $(\forall x)(x\in X\to xRx)$ 表示,其相应矩阵满足

$$M_1\leqslant M_R$$

若 R 是反自反关系,则以 $(\forall x)(x\in X\to x\overline{R}y)$ 表示,其相应矩阵对角线元素皆为 0。

② 对称和反对称性:R 是对称关系,则以

$(\forall x)(\forall y)(x\in X\wedge y\in Y\wedge xRy\to yRx)$ 表示,相应矩阵满足

$$M_R^{\mathrm{T}}=M_R \quad (M_R^{\mathrm{T}}\text{ 是 }M_R\text{ 的转置}) \tag{10-245}$$

R 是反对称关系,则以 $(\forall x)(\forall y)(x\in X\wedge y\in X\wedge xRy\wedge yRx\to x=y)$

$$M_R\wedge M_R^{\mathrm{T}}\leqslant M_1 \tag{10-246}$$

③ 传递性:R 为传递关系,则以 $(\forall x)(\forall y)(\forall z)(x\in X\wedge y\in X\wedge z\in X\wedge xRy\wedge yRx\to xRz)$ 表示。相应矩阵满足

$$M_R\circ M_R\leqslant M_R \tag{10-247}$$

以上是关系的三个性质。如果 R 满足自反性和对称性就称为相容关系;如果 R 满足自反性、对称性和传递性,则称 R 为等价关系。

对于一个集,根据某种关系或某种观点把集中某些元看成相等或同类,把某些元看成不相等或不同类,叫作分类。分类所采用的关系或观点是一个等价关系,因此,对于一个集,有一个等价关系,就有一种分类;反之,若有一种分类,就有一个等价关系。

2. 模糊关系

模糊关系是普通关系的拓广。普通关系描述元素之间是否有关连,而模糊关系描述元素之间的关联是多少。

(1) 模糊关系

直积空间 $X\times Y=\{(X,Y)\mid x\in X,y\in Y\}$ 中的模糊关系 $\underset{\sim}{R}$ 是 $X\times Y$ 中的模糊集 $\underset{\sim}{R}$,$\underset{\sim}{R}$ 的隶属函数用 $\mu_{\underset{\sim}{R}}(x,y)$ 表示。特殊情况下 $X\times X$ 中的模糊关系就称为 X 上的模糊关系。一般 $X=X_1\times X_2\times\cdots\times X_n$ 中的 n 项模糊关系 $\underset{\sim}{R}$ 是 X 中的模糊集 $\underset{\sim}{R}$,$\underset{\sim}{R}$ 的隶属函数用 $\mu_{\underset{\sim}{R}}(x_1,x_2,\cdots,x_n)$ 表示。

(2) 模糊关系的运算

① 相等 $$\underset{\sim}{R}_1=\underset{\sim}{R}_2\Leftrightarrow\mu_{\underset{\sim}{R}_1}(x,y)=\mu_{\underset{\sim}{R}_2}(x,y),\ \forall x,y\in X \tag{10-248}$$

② 包含 $$\underset{\sim}{R}_1\subseteq\underset{\sim}{R}_2\Leftrightarrow\mu_{\underset{\sim}{R}_1}(x,y)\leqslant\mu_{\underset{\sim}{R}_2}(x,y),\ \forall x,y\in X \tag{10-249}$$

③ 并 $$\underset{\sim}{R}_1\cup\underset{\sim}{R}_2\Leftrightarrow\mu_{\underset{\sim}{R}_1\cup\underset{\sim}{R}_2}(x,y)=\vee[\mu_{\underset{\sim}{R}_1}(x,y),\mu_{\underset{\sim}{R}_2}(x,y)],\ \forall x,y\in X \tag{10-250}$$

④ 交 $$\underset{\sim}{R}_1\cap\underset{\sim}{R}_2\Leftrightarrow\mu_{\underset{\sim}{R}_1\cap\underset{\sim}{R}_2}(x,y)=\wedge[\mu_{\underset{\sim}{R}_1}(x,y),\mu_{\underset{\sim}{R}_2}(x,y)],\ \forall x,y\in X \tag{10-251}$$

⑤ 补 $$\overline{\underset{\sim}{R}}\Leftrightarrow\mu_{\overline{\underset{\sim}{R}}}(x,y)=1-\mu_{\underset{\sim}{R}}(x,y) \tag{10-252}$$

⑥ 合成 $$\underset{\sim}{R}_1\circ\underset{\sim}{R}_2\Leftrightarrow\mu_{\underset{\sim}{R}_1\circ\underset{\sim}{R}_2}(x,y)=\vee[\mu_{\underset{\sim}{R}_1}(x,z)\wedge\mu_{\underset{\sim}{R}_2}(z,y)],\ \forall x,y\in X \tag{10-253}$$

若 $\underset{\sim}{R}$ 为 X 上的模糊关系,$X=\{x_1,x_2,\cdots,x_n\}$,则 $\underset{\sim}{R}$ 可表示成 n 阶方阵。模糊关系矩阵的运算基本上和普通关系运算一致,仅是在模糊运算中 $\vee$ 表示 max,$\wedge$ 表示 min。

(3) 模糊关系的性质

① 自反性和反自反性：$\underset{\sim}{R}$ 是 X 中的模糊关系，对 $\forall x \in X$，若有 $\mu_{\underset{\sim}{R}}(x,y)=1$ 成立，则称 $\underset{\sim}{R}$ 满足自反性，相应矩阵满足

$$\boldsymbol{M}_I \leqslant \boldsymbol{M}_{\underset{\sim}{R}} \tag{10-254}$$

若 $\mu_{\underset{\sim}{R}}(x,y)=0$，则称 $\underset{\sim}{\boldsymbol{R}}$ 具有反自反性，即 $\underset{\sim}{\boldsymbol{R}}$ 对角线元素皆为 0。

② 对称性和反对称性：$\underset{\sim}{R}$ 是 X 中模糊关系，对 $\forall x,y \in X\times X$，若 $\mu_{\underset{\sim}{R}}(x,y)=\mu_{\underset{\sim}{R}}(y,x)$ 成立，则称 $\underset{\sim}{R}$ 具有对称性，相应矩阵满足

$$\underset{\sim}{\boldsymbol{R}}^{\mathrm{T}}=\underset{\sim}{\boldsymbol{R}} \tag{10-255}$$

若 $\mu_{\underset{\sim}{R}}(x,y)=\mu_{\underset{\sim}{R}}(y,x) \Leftrightarrow \mu_{\underset{\sim}{R}}(x,y)=\mu_{\underset{\sim}{R}}(y,x)=0$，则称 $\underset{\sim}{R}$ 满足反对称性，相应矩阵满足

$$\underset{\sim}{\boldsymbol{R}} \circ \underset{\sim}{\boldsymbol{R}}^{\mathrm{T}} \leqslant I \tag{10-256}$$

③ 传递性：$\underset{\sim}{\boldsymbol{R}}$ 是 X 中模糊关系，$\forall (x,y),(y,z),(x,z) \in X\times X$，若均存在 $\mu_{\underset{\sim}{R}}(x,z) \geqslant \vee_y [\mu_{\underset{\sim}{R}}(x,y) \wedge \mu_{\underset{\sim}{R}}(y,z)]$ 成立，则称 $\underset{\sim}{\boldsymbol{R}}$ 满足传递性，相应矩阵满足

$$\underset{\sim}{\boldsymbol{R}} \circ \underset{\sim}{\boldsymbol{R}} \leqslant \underset{\sim}{\boldsymbol{R}} \text{ 或 } \underset{\sim}{\boldsymbol{R}}^2 \leqslant \underset{\sim}{\boldsymbol{R}} \tag{10-257}$$

若 $\underset{\sim}{\boldsymbol{R}}$ 满足自反性和对称性，则称 $\underset{\sim}{\boldsymbol{R}}$ 为模糊相容关系；若满足自反性、对称性和传递性，则称 $\underset{\sim}{R}$ 为模糊等价关系。与普通关系一样，模糊集分类所依据的关系也是模糊等价关系。

10.5.3 模糊模式识别的方法

在通常的模式识别中，模式是明确、清晰、肯定的。但也有很多实际问题，模式本身就不很明确，因此，描述这些模式最好用模糊集，对“模糊模式”可用模糊识别法来识别。

1. 隶属原则和模糊模式识别的直接方法

设 $\underset{\sim}{A}_1,\underset{\sim}{A}_2,\cdots,\underset{\sim}{A}_n$ 是论域 U 上的 n 个模糊子集，若对每一个 $\underset{\sim}{A}_i$ 都建立一个隶属函数 $\mu_{\underset{\sim}{A}_i}(u)$，对于任一元素 $u_0 \in U$，若满足

$$\mu_{\underset{\sim}{A}_i}(u_0)=\max[\mu_{\underset{\sim}{A}_1}(u_0),\mu_{\underset{\sim}{A}_2}(u_0),\cdots,\mu_{\underset{\sim}{A}_n}(u_0)] \tag{10-258}$$

则认为 u_0 隶属于 $\underset{\sim}{A}_i$，这就是隶属原则。

直接计算元素的隶属函数来判断模式归属的方法称为模糊识别的直接方法，其识别效果依赖于模式隶属函数。如何合理地确定出隶属函数，至今仍无规律可循，而主要靠实际经验。下边以实例说明如何建立隶属函数。

例 6：三角形的模糊分类。

在模式识别中，任何复杂的图像都可以看成是由简单的几何图形组成的，研究了简单几何图形的分类及其组成规律，便可进一步识别复杂的图像。

如果给出一个三角形，如何判断它是等腰三角形、直角三角形、等腰直角三角形、等边三角形、一般三角形等，这是一个分类问题。当然，这里所说的各种三角形并不是几何中严格定义的三角形，而是在人们头脑中带有一定模糊性的概念。因此，这是一个模糊分类问题。任何三角形都可用三个边 a、b、c 及三个顶角 A、B、C 来表示。把等腰三角形、等边三角形、直角三角形、等腰直角三角形看成是模糊集 $\underset{\sim}{I}$、$\underset{\sim}{E}$、$\underset{\sim}{R}$、$\underset{\sim}{IR}$。要运用直接方法识别，首先要确定它们的隶属函数。

取论域：

$U=\{(A,B,C)\mid A>0,B>0,C>0,A+B+C=180°\}$，其中 A、B、C 表示三角形的三个内角，由此，可定义它们的隶属函数，进一步求得模糊几何图形的隶属度。

设 $\mu_{\underset{\sim}{I}}(A,B,C)$、$\mu_{\underset{\sim}{R}}(A,B,C)$、$\mu_{\underset{\sim}{E}}(A,B,C)$、$\mu_{\underset{\sim}{IR}}(A,B,C)$、$\mu_{\underset{\sim}{T}}(A,B,C)$ 分别为等腰三角形、直角三角形、等边三角形、等腰直角三角形及非典型一般三角形的隶属函数，则有

$$\mu_{\underset{\sim}{I}}(A,B,C)=\left[1-\frac{1}{60}\min(A-B,B-C)\right]^2 \tag{10-259}$$

$$\mu_{\underset{\sim}{R}}(A,B,C)=\left[1-\frac{1}{90}|A-90|\right]^2 \tag{10-260}$$

$$\mu_{\underset{\sim}{E}}(A,B,C)=\left[1-\frac{1}{180}(A-C)\right]^2 \tag{10-261}$$

$$\mu_{\underset{\sim}{IR}}(A,B,C)=\min\left\{\left[1-\frac{1}{60}\min(A-B,B-C)\right]^2,\left[1-\frac{1}{90}|A-90|\right]^2\right\} \tag{10-262}$$

$$\mu_{\underset{\sim}{T}}(A,B,C)=\min\{[1-\mu_{\underset{\sim}{I}}(A,B,C)],[1-\mu_{\underset{\sim}{E}}(A,B,C)],[1-\mu_{\underset{\sim}{R}}(A,B,C)]\} \tag{10-263}$$

如果有三角形甲，其内角分别为95°、50°、35°；三角形乙，其内角分别为120°、40°、20°，根据隶属原则能确定它们分属哪一类三角形。

$$\mu_{\underset{\sim}{I}}(95,50,35)=\left[1-\frac{1}{60}\min(95-50,50-35)\right]^2=\left(1-\frac{15}{60}\right)^2=0.562$$

$$\mu_{\underset{\sim}{R}}(95,50,35)=\left[1-\frac{1}{90}\min(95-90)\right]^2=\left(1-\frac{5}{90}\right)^2=0.892$$

$$\mu_{\underset{\sim}{E}}(95,50,35)=\left[1-\frac{1}{180}\min(95-35)\right]^2=\left(1-\frac{60}{180}\right)^2=0.444$$

$$\mu_{\underset{\sim}{IR}}(95,50,35)=\min\left[\mu_{\underset{\sim}{I}}(95,50,35),\mu_{\underset{\sim}{R}}(95,50,35)\right]=0.562$$

$$\mu_{\underset{\sim}{T}}(95,50,35)=\min(1-0.562,1-0.892,1-0.444)=0.108$$

由隶属原则，判定三角形甲是直角三角形。

$$\mu_{\underset{\sim}{I}}(120,40,20)=\left[1-\frac{1}{60}\min(120-40,40-20)\right]^2=\left(1-\frac{20}{60}\right)^2=0.444$$

$$\mu_{\underset{\sim}{R}}(120,40,20)=\left[1-\frac{1}{90}(120-90)\right]^2=\left(1-\frac{30}{90}\right)^2=0.444$$

$$\mu_{\underset{\sim}{E}}(120,40,20)=\left[1-\frac{1}{180}(120-20)\right]^2=\left(1-\frac{100}{180}\right)^2=0.198$$

$$\mu_{\underset{\sim}{IR}}(120,40,20)=\min\left[\mu_{\underset{\sim}{I}}(120,40,20),\mu_{\underset{\sim}{R}}(120,40,20)\right]=0.444$$

$$\mu_{\underset{\sim}{T}}(120,40,20)=\min(1-0.444,1-0.444,1-0.198)=0.556$$

由隶属原则，判定三角形乙是一般三角形。

2. 择近原则与模糊模式识别的间接方法

择近原则是根据贴近度建立起来的一种判别方法。根据择近原则识别模式的方法就是模式识别的间接方法。下面首先说明贴近度的概念。

若 $\underset{\sim}{A}$ 与 $\underset{\sim}{B}$ 为论域 U 上的模糊集，称由下式所规定的数为 $\underset{\sim}{A}$ 与 $\underset{\sim}{B}$ 的贴近度，记为 $(\underset{\sim}{A},\underset{\sim}{B})$，即

$$(\underset{\sim}{A},\underset{\sim}{B})=\frac{1}{2}[\underset{\sim}{A}\otimes\underset{\sim}{B}+(1-\underset{\sim}{A}\odot\underset{\sim}{B})] \tag{10-264}$$

为说明贴近度，再引入下述概念：

对于论域 U 上的模糊集 $\underset{\sim}{A}$，称 $$\bigwedge_{u\in U}\mu_{\underset{\sim}{A}}(u)=\inf_{u\in U}\mu_{\underset{\sim}{A}}(u) \tag{10-265}$$

为模糊集 $\underset{\sim}{A}$ 的下模，记为 $\underset{=}{\underset{\sim}{A}}$；称 $$\bigvee_{u\in U}\mu_{\underset{\sim}{A}}(u)=\sup_{u\in U}\mu_{\underset{\sim}{A}}(u) \tag{10-266}$$

为模糊集 A 的上模，记为 $\overline{\underset{\sim}{A}}$。

对于论域 U 上的模糊集 $\underset{\sim}{A}$ 与 $\underset{\sim}{B}$，称 $\underset{\sim}{A}\otimes\underset{\sim}{B}$ 为 $\underset{\sim}{A}$ 与 $\underset{\sim}{B}$ 的内积，$\underset{\sim}{A}\odot\underset{\sim}{B}$ 为 $\underset{\sim}{A}$ 与 $\underset{\sim}{B}$ 的外积，即

$$\underset{\sim}{A}\otimes\underset{\sim}{B}=\bigvee_{u\in U}[\mu_{\underset{\sim}{A}}(u)\wedge\mu_{\underset{\sim}{B}}(u)] \tag{10-267}$$

$$\underset{\sim}{A}\odot\underset{\sim}{B}=\bigwedge_{u\in U}\left[\mu_{\underset{\sim}{A}}(u)\vee\mu_{\underset{\sim}{B}}(u)\right] \tag{10-268}$$

模糊集的上模与下模,内积与外积有如下性质

$$(\underset{\sim}{A}\otimes\underset{\sim}{B})^{c}=\underset{\sim}{A}^{c}\odot\underset{\sim}{B}^{c}\quad(\underset{\sim}{A}^{c}\text{ 为 }\underset{\sim}{A}\text{ 的补集}) \tag{10-269}$$

$$\underset{\sim}{A}\otimes\underset{\sim}{A}=\overline{\underset{\sim}{A}} \tag{10-270}$$

$$\underset{\sim}{A}\odot\underset{\sim}{A}=\underline{\underset{\sim}{A}} \tag{10-271}$$

$$\underset{\sim}{A}\otimes\underset{\sim}{A}\leqslant\overline{\underset{\sim}{A}}\wedge\overline{\underset{\sim}{B}} \tag{10-272}$$

$$\underset{\sim}{A}\odot\underset{\sim}{B}\geqslant\underline{\underset{\sim}{A}}\wedge\underline{\underset{\sim}{B}} \tag{10-273}$$

若 $\underset{\sim}{B}\supseteq\underset{\sim}{A}$,则 $$\underset{\sim}{A}\otimes\underset{\sim}{B}=\overline{\underset{\sim}{A}} \tag{10-274}$$

若 $\underset{\sim}{B}\subseteq\underset{\sim}{A}$,则 $$\underset{\sim}{A}\odot\underset{\sim}{B}=\underline{\underset{\sim}{A}} \tag{10-275}$$

例 7:$U=\{a,b,c,d,e,f\}$

$$\underset{\sim}{A}=0.5/a+0.7/b+1/c+0.9/d+0.6/e+0.3/f$$

$$\underset{\sim}{B}=0.7/a+0.8/b+0.9/c+1/d+0.7/e+0.5/f$$

求:$\underset{\sim}{A}\otimes\underset{\sim}{B}$ 及 $\underset{\sim}{A}\odot\underset{\sim}{B}$

$$\begin{aligned}\underset{\sim}{A}\otimes\underset{\sim}{B}&=(0.5\wedge0.7)\vee(0.7\wedge0.8)\vee(1\wedge0.9)\vee(0.9\wedge1)\vee(0.6\wedge0.7)\vee(0.3\wedge0.5)\\&=0.5\vee0.7\vee0.9\vee0.9\vee0.6\vee0.3=0.9\end{aligned}$$

$$\begin{aligned}\underset{\sim}{A}\odot\underset{\sim}{B}&=(0.5\vee0.7)\wedge(0.7\vee0.8)\wedge(1\vee0.9)\wedge(0.9\vee1)\wedge(0.6\vee0.7)\wedge(0.3\vee0.5)\\&=0.7\wedge0.8\wedge1\wedge1\wedge0.7\wedge0.5=0.5\end{aligned}$$

$\underset{\sim}{A}$ 与 $\underset{\sim}{B}$ 的贴近度为 $$(\underset{\sim}{A},\underset{\sim}{B})=\frac{1}{2}[0.9+(1-0.5)]=0.7$$

对于模糊集来说,最佳贴近的必要条件是 $\underset{\sim}{A}\otimes\underset{\sim}{B}$ 尽可能大,而 $\underset{\sim}{A}\odot\underset{\sim}{B}$ 尽可能小。

设 U 上有 n 个模糊子集,$\underset{\sim}{A}_1,\underset{\sim}{A}_2,\cdots\underset{\sim}{A}_n$,若有 $i\in\{1,2,\cdots,n\}$ 使

$$(\underset{\sim}{B},\underset{\sim}{A}_i)=\max_{1\leqslant j\leqslant i}(\underset{\sim}{B},\underset{\sim}{A}_j) \tag{10-276}$$

则称 $\underset{\sim}{B}$ 与 $\underset{\sim}{A}_i$ 最贴近。

若 $\underset{\sim}{A}_1,\underset{\sim}{A}_2,\cdots,\underset{\sim}{A}_n$ 是 n 个已知模式,$\underset{\sim}{A}_i$ 满足式(10-276),则可断言 $\underset{\sim}{B}$ 应归入模式 $\underset{\sim}{A}_i$,这个原理称为择近原则。

在模糊模式识别中,有两大类型:一类是实物模型是模糊的,被识别对象是确定的,因而考虑的是元素对模糊集的关系,一般采用隶属原则归类;另一类是不但模型是模糊的,被识别对象也是模糊的,这时考虑的是模糊集与模糊集之间的关系,使用择近原则分类。

3. 模糊聚类分析

聚类分析是将所考察的模式进行合理分类的数学方法。为了确定各样本之间的关系,常常用两种量来衡量样本间的接近程度,这就是相似系数和距离。相似系数越接近于 1,样本越接近,距离越小样本也越接近。相似系数有夹角余弦、相关系数等几种定义。如果用 d_{ij} 表示样本 X_i 与 X_j 样本之间的距离,则也有如下一些距离的定义:

(1) 绝对值距离(Absolute value distance) $$d_{ij}=\sum_{k=1}^{m}|x_{ik}-x_{jk}| \tag{10-277}$$

(2) 欧氏距离(Euclidean distance) $$d_{ij}=\sqrt{\sum_{k=1}^{m}(x_{ik}-x_{jk})^{2}} \tag{10-278}$$

(3) 马氏距离(Mahalanobis distance) $$d_{ij}=\sqrt{(X_i-X_j)V^{-1}(X_i-X_j)^{\mathrm{T}}} \tag{10-279}$$

式中,V 是一个 $m\times m$ 阶的协方差矩阵,其元素为

$$V_{ij}=\frac{1}{n-1}\sum_{k=1}^{m}(x_{ki}-\overline{y}_i)(x_{kj}-\overline{y}_j)$$

（4）兰氏距离（Lance and Williams distance） $$d_{ij}=\sum_{k=1}^{n}\frac{|x_{ik}-x_{jk}|}{|x_{ik}+x_{jk}|} \tag{10-280}$$

聚类分析的基本思想是将比较接近的样本归为一类。系统聚类法可分三个步骤进行：第一，计算各样本之间的距离，将距离最近的两点合并为一类；第二，定义类与类之间的距离，将最近的两类合并为新的一类；第三，反复做第二步，使类与类之间不断合并，最后完成聚类分析。

类与类之间的定义有最小距离法、最大距离法、中间距离法、重心法等。

除系统聚类法外，还有所谓动态聚类法，它不同于系统聚类法的一次形成分类结果，而是首先选择聚类中心，然后进行初始分类，此后，再根据某种最优原则进行反复修改，直到分类合理为止。聚类中心的选择方法有人为选择、随机选择、重心法、密度法等。初始聚类形成后的修改方法可采用成批修改法或逐个修改法。相比之下，在很多情况下动态聚类法相当实用。

ISODAT 分类法是一种模糊聚类分析法。它是区别于硬分类的软分类。对于有些问题，常常不应认为样本一定属于某一类而不属于其他任何类。也就是样本从某些特征考虑应属于这一类，而从另外一些特征来看又好像应属于另一类，在这种情况下可借助于模糊集理论，认为样本以某种隶属程度属于这一类，而又以某种隶属程度属于另一类。这样一来，每一类都是样本集上的一个模糊子集。

设一样本集 $\boldsymbol{X}=\{x_1,x_2,\cdots,x_n\}$，若要将其分成 c 类，则它的每一个分类结果都对应一个矩阵 $\boldsymbol{U}$，由于每一类都是一个模糊子集，所以分类矩阵 $\boldsymbol{U}$ 是一个模糊矩阵。模糊矩阵 $\boldsymbol{U}$ 应满足下述三个条件：

① $u_{ij}\in[0,1]$，即矩阵元素在 0 与 1 之间取值；

② $\sum_{i=1}^{c}u_{ij}=1$，即每列元素之和为 1，对一个样本而言，它对种类的隶属度之和为 1；

③ $\sum_{j=1}^{n}u_{ij}>0$，这一条件保证了每一类不空。

由此可见，对应样本集 $\boldsymbol{X}$ 的任一种 c 组分类，都有一个模糊矩阵 $\boldsymbol{U}$ 与之对应；反之任一满足上述条件的矩阵 $\boldsymbol{U}$ 也都对应着样本集 $\boldsymbol{X}$ 上的一种 c 组软分类。

用 M_{fc} 代表所有矩阵 $\boldsymbol{U}$ 的集合，则称它为 $\boldsymbol{X}$ 的 c 组软分类空间。

为了获得合理的软分类，必须遵循某种分类准则，也就是要有一个聚类准则和聚类判据。一般用下式作为聚类依据

$$J_m(U,V)=\sum_{k=1}^{n}\sum_{i=1}^{c}(u_{ik})^m\|x_k-V_i\|^2 \tag{10-281}$$

式中，V_i 代表第 i 类聚类中心，$\|x_k-V_i\|^2$ 表示样本 x_k 与聚类中心 V_i 的距离平方。式（10-281）的实际意义就是各类样本到该类聚类中心的距离平方和。聚类准则是求出 U,V，使式（10-281）所表示的泛函达到最小，故此准则又可写成下式

若 $U^*\in M_{fc},V^*\in V$，使 $$J_m(U^*,V^*)=\min[J_m(U,V)] \tag{10-282}$$

则 U^* 即是 X 上的最佳 c 组软分类。

式（10-281）中的 m 是一个参数，m 越大，则分类越模糊，一般 $m>1$，如果 $m=1$ 就是硬分类。

以上对模糊集及模糊识别方法作了简要的介绍。模糊识别法是正处于发展阶段的识别方法。除了前面介绍过的几种方法外，还有基于模糊逻辑、模糊语言及模糊概率理论的识别方法，这些识别方法既有其数学基础（模糊数学）又更接近于人的思维方法。例如，在二值逻辑中，是“非真即假”的一刀切的判断方法，而在自然命题中，许多事情的判断并非如此绝对，而是多带有模糊性质。例如，“今天天气很好”，“他很胖”等判断就是模糊判断。模糊判断有其客观标准，只是不能简单地用 0 和 1 来区分罢了。所以模糊逻辑是研究模糊命题的连续性逻辑。所谓模糊语言就是带有模糊性的语言。它包括自然语言。模糊语言和模糊推理逻辑的任务是对人类的语言和思维进行定量分析，为人

类的智能寻找合适的数学模型。模糊语言包括语言集合、似然推理及模糊文法。在模糊语言中对词义、词法和句法作了定义。由于单词的序列与对象的集合之间不仅存在着一种一一对应的明确形式,而且往往有着某种模糊关系,因此,模糊语言的概念比历来的形式语言有更广泛、更一般的意义,也更加接近自然语言。利用模糊似然推理及模糊文法进行的模糊识别也更加接近人类的自然思维方法。由于人类的思维活动是一个具有大量模糊性的推理过程,并且人们总是根据需要汲取尽量少的模糊信息进行综合推理,从而得出正确判断。所以人类识别活动比任何机器都优越。由此可以设想采用连续逻辑的识别机理是新型计算机的发展方向之一。模糊识别法在图像分类及处理中将有更加广阔的研究与应用前景。

10.6 模式识别的几种应用

模式识别的应用较广,大致可有如下几个方面:字符识别、语音识别和理解;医学诊断;遥感图像解译;人脸和指纹鉴别;污染监测;自动检查和自动化;可靠性;社会经济;考古等。下面介绍一些实例。

10.6.1 生物特征识别

生物特征是人的内在属性,具有很强的自身稳定性和个体差异性,因此是身份验证的最理想依据。生物特征包括人脸、指纹、虹膜、掌纹、DNA 等。人脸包含丰富的人类思想和情感信息,利用人脸特征进行身份验证由于具有直接、方便、友好、使用者无任何心理障碍等优点,因而有着极其广泛的应用前景。

1. 指纹识别

指纹是重要的生物特征之一(见图 10-61)。指纹具有两大特性,第一是没有两个人的指纹是相同的;第二是当指纹不受损伤时终生不变。所以它是识别人最有力的手段之一。指纹本身是一个无穷类问题,在应用中有不同的情况。一种情况是对指纹进行核对查找,这是一个匹配问题。当然不是匹配每根隆线,而是匹配特征。如果档案数目很大,就要进行分类,把无穷类问题变成有限类问题,以减轻匹配负担。指纹分析是标准的结构分析,分成小块后只需测量隆线的斜率,通常采用 0 到 7,八个方向。

首先,指纹分为七类(平斗、左箕、右箕、平弓、帐弓、左双箕、右双箕)。第一类再分为十八个小类,然后测量斜率。总的过程是分类、分层、分窗口,在这个过程中包括细化,连接断线等处理。尔后整个窗口用一个树代表,树的每一个分支是窗口中的一根隆线,然后找出文法,最后做一树状自动机。据有关专家的研究,实验中大约有 10% 的指纹由于噪声大而难以识别。识别一个指纹大约要 50s,40s 用于前后处理,10s 用于结构分析。美国在 1965 年开始进行指纹识别自动化研究,在 1972 年完成了叫作 FINGER 的系统。北京大学“模式识别国家实验室”的指纹识别历经十几年的研究,已在公安部门及银行中得到了实际应用。

2. 人脸识别

人脸识别技术(Face Recognition)就是利用计算机分析人脸图像,从中提取有效的识别信息,用来辨认身份的一门技术,它是典型的模式识别问题。完整的人脸识别问题不仅涉及图像处理、计算机视觉、人工智能、优化理论等诸多学科的知识,同时与认知学、神经科学、生理心理学的研究领域都有密切联系。如同人的指纹一样,人脸也具有唯一性。人脸识别有广泛的应用前景,如:

① 在国家安全、公共安全领域有广泛用途,如身份认证、智能门禁、智能视频监控、海关身份验证、司机驾照验证等都是典型的应用;在刑事侦察领域,参照人脸图像库对特定人进行跟踪识别;在民事和经济领域中,各类银行卡、金融卡、信用卡、储蓄卡的持卡人的身份验证,社会保险的身份验证

等都具有重要的应用价值。

② 网络信息安全领域：网络信息安全是随着网络技术发展出现的一个需要解决的迫切问题。而利用人脸识别技术可以进行网络安全登录控制，应用于程序安全使用、数据库安全访问、文件加密、局域网和电子商务安全控制等。

③ 家庭娱乐领域：人脸识别也具有一些有趣的应用，比如能够识别主人身份的智能玩具、家政机器人，具有真实人脸图像的虚拟游戏玩家等。

④ 人-机交互领域：人脸识别技术是当前“多模态”人-机交互研究的主要内容之一，其目的是使人与计算机交互如同人与人之间交互一样轻松、自然。

图 10-61　指纹识别

⑤ 虚拟现实领域：虚拟环境中，有效的人脸识别与跟踪研究成果可以借助人像库和三维人脸重建技术，构造更加逼真的人脸。虚拟主持人便是其应用之一。

⑥ 人脸的识别、跟踪与重建也是 MPEG—4 标准中的重要内容，是先进的人—机界面、可视电话/会议电视、计算机动画领域的关键技术。

人脸识别系统取样方便，可以不接触目标就进行识别，具有方便性和直观性，从而开发研究的实际意义更大。与指纹图像不同的是，人脸图像受到很多因素的干扰，如：人脸表情的多样性；在成像过程中的光照、图像尺寸、旋转、姿势变化等，使得同一个人，在不同环境下拍摄所得到的人脸图像有很大差异，给识别带来很大难度。因此人脸识别是一项具有挑战性的模式识别课题。

人脸识别技术（Face Recognition Technology，FRT）的研究可以追溯到 19 世纪末。英国的高尔顿爵士发明的一套机械装置，利用人的侧脸轮廓上的五个代表点及其导出的一组特征进行人脸的匹配和识别。

此后，一直到 20 世纪 60 年代中后期，W. Bledsoe 最先建立了半自动的人脸识别系统。该系统使用手工方式确定一些点，然后利用这些点建立参数进行分类器的设计。

进入 20 世纪 70 年代，人脸识别的研究形成了第一次高潮。这些方法基本上采用人脸的一些几何特征点，通过标准的模式分类技术，进行人脸识别。这些方法对图像的约束条件较多，提取的特征数目较少，自动提取特征的准确度较低。

从 20 世纪 70 年代到 80 年代末，人脸识别陷入低谷。进入 20 世纪 90 年代以来，人脸识别研究受到了前所未有的重视。其原因是多方面的：首先是来自于信息安全和商贸系统的需要，如证件核实、保安监视、身份鉴别等的需求带动了人脸识别技术研究的兴起；其次是计算机运算速度的提高，为人脸识别系统实用化提供了条件；另外，计算机网络的广泛应用，神经网络分类器的一些研究成果也推动了这一领域的发展。

20 世纪 90 年代前期，研究的重点在人脸分割，特征提取，基于统计或神经网络的分类器设计方面。该时期的人脸识别数据库比较小，且研究多集中在静态人脸图像上。存在的主要问题是：静态图像识别存在局限性，识别复杂场景中的人脸图像比较困难，相比之下，动态视频图像序列下的识别相对容易解决。后来一些学者把注意力从静态图像转为动态的视频图像序列来识别人脸。但是，在将理论付诸实用的过程中，人们发现单样本进行识别的重要性和困难性，单单一张照片很难反映出人脸丰富的三维信息，所以，一些研究小组把注意力放在通过多张照片构造出三维人脸图像上来。主要方法有基于代数特征的方法（Algebraic Features Based）和基于神经网络的方法（Neural Network Based）等。

(1) 人脸识别系统的基本组成

一个典型的人脸识别系统的原理框图如图 10-62 所示。

由图可见,人脸识别主要由以下几个功能模块组成。

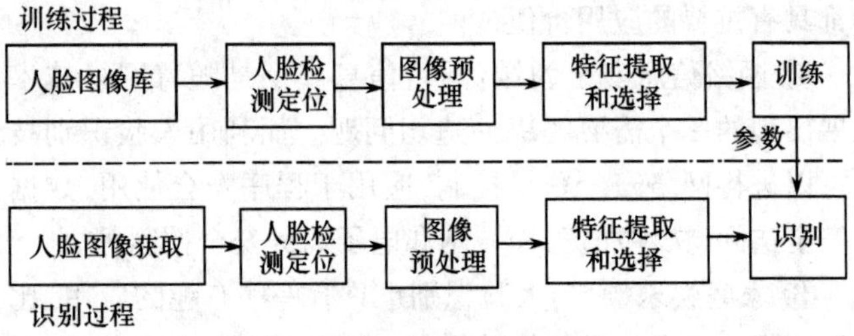

图 10-62　人脸识别系统原理框图

① 图像获取:图像获取模块完成获取人脸图像功能。图像有可能来自于摄像机或是扫描仪等设备。

② 人脸检测定位:处理分析输入的图像,判断其中是否有人脸,如果存在人脸则找到人脸存在的位置,并将人脸从背景中分离出来。输入的图像可能是静态的也可能是动态的,可能是彩色的也可能是单色的,可能是简单背景的也可能是复杂背景的,可能有一个或多个人脸,要根据不同情况做相应的处理。这一部分的工作在整个系统中是非常重要的,它直接影响后续的特征提取和识别等工作的成功与否。

③ 图像预处理:预处理的主要作用在于尽可能的去除或者减小光照、成像系统、外部环境等对待处理图像的干扰,为后续处理提供高质量的图像。图像预处理主要包括归一化、消除噪声、消除光照影响等处理,以便使不同人脸图像尽可能在同一条件下完成特征抽取、训练和识别。

④ 特征提取和选择:对预处理后的人脸图像按照某种策略抽取用于识别的特征是人脸识别的重要环节。如何提取稳定和有效的特征是识别系统成败的关键。具体的特征形式随识别方法的不同而不同,比如在基于几何特征的识别方法中,这一步主要是提取特征点,然后构造特征向量;在统计识别方法中,特征脸方法就是利用图像相关矩阵的特征向量构造特征脸;模板匹配方法用相关系数作为特征等。

⑤ 训练:训练过程也就是分类器的设计过程。这一步将生成可用于识别的参数。在人脸识别问题中就是把输入的不同人像归入某个人这一类。这部分的基本做法是在样本训练集基础上确定某个判决规则,使按这种规则对被识别对象进行分类所造成的错误识别率最小或引起的损失最小。

⑥ 识别:根据训练所得的参数完成人脸的识别工作,也就是把输入的人脸图像与库中的人脸图像进行比较匹配的过程,最后给出识别结果。

概括地说,人脸识别一般划分为两个过程:一是训练过程,也称为分类器的设计过程;另外就是识别过程,也称为分类决策过程。

(2) 人脸识别基本算法

在近 40 年研究发展中,形成了多种人脸识别算法,大体可分为:基于几何特征的方法(Geometrical Features Based)、基于神经网络的方法(Neural Network Based)和基于代数特征的方法(Algebraic Features Based)的三类算法。

1) 基于几何特征的方法

基于几何特征的方法(Geometrical Features Based)是早期的人脸识别算法。该方法要求选取的特征矢量有一定的独特性,既要反映不同人脸的差异,还要具有一定的弹性,以减少或者消除光照差异等影响。几何特征向量是以人脸器官的形状和几何关系为基础的特征向量,其分量通常包括人脸指定两点间的欧式距离、曲率、角度等。

当前比较普遍的一些算法有:特征脸算法(Eigenface)、基于 Fisher 线性判别分析算法、弹性图匹配方法(Elastic Graph Matching)、局部特征分析算法(Local Feature Analysis,LFA)、非线性子空间算法(Non-Linear SubSpace)。

该方法的主要优点是:①算法提出较早,由于现在各种优秀特征提取算法(如动态模板、活动轮廓等)的提出,使得人脸的几何特征描述越来越充分,在表情分析方面,人脸的几何特征仍然是最有力的判据;②基于几何特征的人脸识别算法符合人类识别的机理,易于理解;③对每幅图像只需要存储一个特征矢量,存储量小;④对光照变化不太敏感。算法的不足是:①是对图像的约束条件较多,提取的特征数目较少,自动提取特征的准确度较低;②是从图像中抽取稳定的特征比较困难,特别是人脸图像受到遮挡时更是如此;③是对强烈的表情变化和姿态变化的鲁棒性较差;④是一般几何特征只描述了部件的基本形状与结构关系,忽略了局部细微特征,造成部分信息丢失,因此,该方法较适合于粗分类。

2) 基于神经网络的方法

神经网络(Neural Network)用于人脸识别较早。早期用于人脸识别的神经网络主要是 Kohonen 自联想映射神经网络,当人脸图像受噪声污染严重或部分缺损时,用 Kohonen 网络恢复完整的人脸的效果较好。Cottrell 等人使用级联 BP 神经网络进行人脸识别,对部分受损的、光照有所变化的人脸图像识别能力也较好。

基于神经网络的方法将人脸直接用灰度图(二维矩阵)表征,通过训练把模式的特性隐含在神经网络的结构和参数之中,即设计特定结构神经网络作为决策分类器。所选用的神经网络有:反向传播神经网络(Back Propagation NN),卷积神经网络(Convolution NN),支持向量机(SVM)等。

该算法的主要优点是:①神经网络作为分类器具有很好的适应性和扩展性;②可以通过学习的过程获得其他方法难以实现的关于人脸识别的规律和规则的隐性表达。对于复杂的、难以显式描述的模式具有一定的优势;③神经网络在结构上更类似于人脑,编码存储方式是分布式的,信息处理方式是并行的,如果能用硬件实现,就能显著提高速度。其缺点是:构造模型太大,参数繁多。由于原始图像数据量十分庞大,因此神经元数目通常很多,训练时间很长。当网络结构比较复杂,网络有许多参数(网络的层数、节点个数、学习速度等)需要调整时可能导致过拟合(Overfitting)问题。

3) 基于代数特征的方法

这类算法是采用代数特征向量,即人脸图像在由"特征脸"张成的降维子空间上的投影。基于代数特征识别的主要原理是利用统计方法提取特征,从而形成子空间进行识别。

基于代数特征的方法的基本处理过程为:将图像看作一个数值矩阵,对其进行 SVD 分解,得到的奇异值作为人脸图像的描述。由于奇异值向量与图像有一一对应的关系而且具有较好的稳定性和各种变换的不变性,代数特征反映了图像的本质,可以用作人脸特征的描述。

Sirovich 和 Kirby 首先将 K-L 变换用于人脸图像的最优表示;Turk 和 Pentland 进一步提出了"特征脸"方法,该方法以训练样本集的总体散布矩阵为产生矩阵,经 K-L 变换后得到相应的一组特征向量,称为"特征脸",这样,就产生了一个由"特征脸"向量张成的子空间,每一幅人脸图像通过投影都可以获得一组坐标系数,这组坐标系数表明了人脸在子空间中的位置。实验表明其具有较强的稳定性,可以作为人脸识别的依据。

由于代数特征向量具有一定的稳定性,识别系统对不同的倾斜角度,甚至不同的表情均有一定的鲁棒性。其主要不足是对表情的描述不够充分,难以用于表情分析。

(3) 当前的一些主流算法

1) 特征脸(Eigenface)算法

特征脸算法是从主分量分析(Principal Component Analysis,PCA)导出的一种人脸识别和描述技术。PCA 实质上是 K-L 展开的递推实现方案,K-L 变换是图像预处理中的一种最优正交变换,其生成矩阵一般为训练样本的总体散布矩阵。特征脸方法就是将包含人脸的图像区域看作是一种随机向量,因此可以采用 K-L 变换获得其正交 K-L 基底。对应其中较大特征值的基底具有与人脸相似的形状,因此又称为特征脸。利用这些基底的线性组合可以描述、表达和逼近人脸图像,因此可以进行人脸识别和合成。

在传统特征脸方法的基础上,研究者注意到特征值大的特征向量(即特征脸)并不一定是分类性能最好的向量,而且对 K-L 变换而言,外在因素带来的图像差异和人脸本身带来的差异是无法区分的。实验表明,特征脸方法随着光照、角度和人脸尺寸等因素的引入,识别率急剧下降,因此特征脸算法还存在着理论缺陷。

特征脸算法的优点:①图像的原始灰度数据直接用来学习和识别,不需要任何低级或中级处理;②不需要人脸的几何和反射知识;③通过降维可以有效的对高维数据进行压缩;④与其他匹配方法相比,识别简单有效。

特征脸算法存在的不足:①图像中所有的像素被赋予了同等的地位,但是角度、光照、尺寸及表情等干扰会导致识别率下降,因此,在识别前必须先进行尺度归一化处理;②只能处理正面人脸图像;在姿态和光照变化时识别率明显下降;③要求背景单一,对于复杂的背景,需要首先进行图像分割处理;④学习时间长,只能离线计算。

2）基于 Fisher 线性判别分析算法

Fisher 线性判别准则是模式识别的经典算法,Fisher 准则假设了不同类别在模式空间是线性可分的,而引起它们可分的主要原因是不同人脸之间的差异。Fisher 脸方法是对特征脸方法的一种很好的改进,特征脸很大程度上反映了光照等差异,而 Fisher 脸压制了图像中与识别信息无关的差异。根据 P. N. Beelhumeur 的实验结果,对于 160 幅人脸图像(一共有 16 人,每人 10 幅不同条件下的图像),采用 K-L 变换的识别率是 81%,采用 Fisher 方法的识别率为 97.4%。很显然,采用 Fisher 脸有了很大的改进。

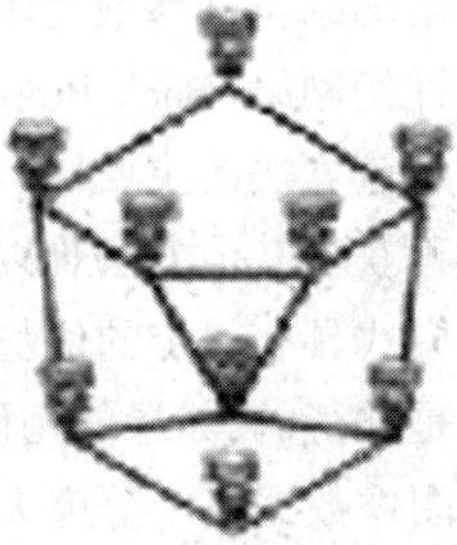

图 10-63　人脸稀疏图(示意)

3）弹性图匹配方法

弹性图匹配方法(Elastic Graph Matching)是一种基于动态链接结构(Dynamic Link Architecture,DLA)的方法。它将人脸用格状的稀疏图(即拓扑图)表示,图中的节点用图像位置的 Gabor 小波分解得到的特征向量标记,图的边用连接节点的距离向量标记(图 10-63)。匹配时,首先寻找与输入图像最相似的模型图,再对图中的每个节点位置进行最佳匹配,这样产生一个变形图,其节点逼近模型图的对应点的位置。Wiscott 等人使用弹性图匹配方法,以 FERET 图像库做实验,准确率达到 97.3%。

由于它采用变形匹配方式,能在一定程度上容忍姿态的变化,而且由于小波变换的特性,能容忍一定光照的变化。

其优点是:①人脸稀疏图(即拓扑图)的顶点采用了小波变换特征,对光照、位移、旋转及尺度变化都不敏感。②弹性图匹配法能保留二维图像的空间相关信息。而特征脸方法在将图像排成一维向量后,丢失了很多空间相关的信息。

由以上两点可以看出,弹性图匹配法是比特征脸算法优越的一种人脸识别算法。

目前,其主要缺点是对每个存储的人脸都需要计算其模型图,计算量和存储量都较大。

4）局部特征分析算法

局部特征分析算法(Local Feature Analysis LFA)是利用人脸的先验结构知识和人脸图像的灰度分布知识,先粗略找出人脸的特征点,然后利用人脸弹性图来对其进行调整,最后在各个特征点处计算 Gabor 变换系数集合,并以此来表示人脸的特征。

Penev 和 Atick 提出基于局部特征分析的方法,用于克服主成分分析法(PCA)不能提取物体局部结构性特征的不足。由于主成分分析(PCA)本质上是一个非拓扑的线性滤波器,降维后损失的结构信息无法在后续过程中弥补。而局部信息和拓扑性质在模式识别分类中非常重要,同时这些特征更符合生物神经系统的识别机制。此方法对基于全局 PCA 模型提出一种局部特征的拓扑表示。该算法的特征点是预先估算出来的,而不是在整个图中检索,因此大大地降低了计算量。

5）非线性子空间算法

非线性子空间分析法(Non-Linear Subspace)是近年兴起的一种人脸识别方法,它代表了一种主流发展趋势。主要有基于内核机(Kernel Machines)方法(如 K-SVM,K-PCA、K-LDA)、局部线性嵌入方法(LLE)、拉普拉斯特征脸算法(LE)等。其主要思路:用较少数量的特征对样本进行描述,不同于线性子空间分析法,而是采用非线性映射实现降维,构造人脸特征子空间,进而通过分类器实现人脸识别与跟踪。

非线性子空间算法的最大特点是能够用非线性映射表示高阶人脸特征所含的有效信息,除具有线性子空间方法基于事例、特征学习与降维的特点之外,还具有有效建模(Lead more sensible modeling)和固有特征维发现(Discover intrinsic dimension)的优点。但是在高阶带来的计算量增加和寻找有效映射上仍需要改进。以核主分量分析(KPCA)为例,KPCA 是在数据的高阶统计的低维表示的基础上,引入了更高阶统计独立分量分析,具有比主分量分析(PCA)更有效的识别效果。

6) 基于神经网络的深度学习方法

值得注意的是近年来深度学习在人脸识别领域的突出表现,在 LFW(Labeled Faces in the Wild)数据集上识别精度超过 95%;相关文献显示一些方法的精度为:face++(99.5%)、DeepFace(97.35%)、FR+FCN(96.45%)、DeepID(97.45%)、FaceNet(99.63%)、baidu 的方法(99.77%)、pose+shape+expression augmentation(98.07%)等。LFW 数据集是目前用得最多的人脸图像数据库。该数据库共 13233 幅图像,其中含 5749 人,1680 人有两幅及以上的图像,4069 人只有一幅图像。图像为 250×250 大小的 JPEG 格式。绝大多数为彩色图像,少数为灰度图像。该数据库采集的是自然条件下人脸图像,目的是提高自然条件下人脸识别的精度。该数据集有 6 种评价标准:

① 非监督的(Unsupervised);

② 没有外部数据的限制性图像(Image-restricted with no outside data);

③ 没有外部数据的非限制性图像(Unrestricted with no outside data);

④ 有无标签外部数据的限制性图像(Image-restricted with label-free outside data);

⑤ 有无标签外部数据的非限制性图像(Unrestricted with label-free outside data);

⑥ 不受外部数据标签限制的图像(Unrestricted with labeled outside data)。

目前,人在该数据集上的识别准确率为 94.27%~99.20%。在该数据集的第⑥种评价标准下(不受外部数据标签的限制的图像),许多方法已经赶上(超过)人的识别精度,比如 face++,DeepID3,FaceNet 等。

(4) 人脸识别中的相似度比较方法

将待识别图像映射到特征空间后,需要确定训练集中的哪幅图像与之最相似。一般有两种方法确定图像间的相似度。一种方法是比较两幅图像 N 维向量间的距离;第二种方法是估算两幅图像的相似度。当测量向量距离时,我们希望,最相似的两幅图像的向量之间距离最小;当计算相似度时,我们希望找到相似度最大的两幅图像,相似度越大的图像越相似。计算向量间距离和相似度的方法有很多,这里介绍五种。

① L_1 准则:L_1 准则又称城市阻塞准则或和准则,实际上它来自明氏距离(Minkowski distance)。明氏距离的定义如下

$$L_p = D(A,B) = \left(\sum_i |A_i - B_i|^p \right)^{1/p} \tag{10-283}$$

当 $p=1$ 时,该距离演化为 L_1 准则,也就是绝对距离。

图像 A 和图像 B 的 L_1 准则可以表示为

$$L_1(A,B) = \sum_{i=1}^{N} |A_i - B_i| \tag{10-284}$$

② L_2 准则:L_2 准则又称欧式准则,它同样来自明氏距离。当 $p=2$ 时,即得到 L_2 准则,它的平方根又称欧式距离。图像 A 和图像 B 的 L_2 准则为

$$L_2(A,B) = \left(\sum_i |A_i - B_i|^2 \right)^{1/2} \tag{10-285}$$

③ 协方差:协方差方法也称为角度方法,它计算两个归一化向量间的角度。通过两个归一化向量的点积来计算。图像 A 和图像 B 之间的协方差为

$$\operatorname{cov}(A,B)=\frac{A}{\|A\|}\cdot\frac{B}{\|B\|} \tag{10-286}$$

协方差是表示相似度的尺度。

④ 马氏距离:当特征向量之间具有相关性,而且各个特征向量对距离测度的贡献不一样的时候,可以采用马氏距离(Mahalanobis distance)。其定义为

$$D(A,B)=\sqrt{(F_A-F_B)^{\mathrm{T}}C^{-1}(F_A-F_B)} \tag{10-287}$$

式中,C 代表特征向量的协方差矩阵。

马氏距离是向量间距离的尺度。

⑤ 相关性:相关性表示了两幅图像像素间的变化测度。它计算出来的结果在-1 到 1 之间,-1 表示两幅图像互不相关,1 表示两幅图像完全一样。图像 A 和图像 B 之间的相关性可表示为

$$\operatorname{corr}(A,B)=\sum_{i=1}^{N}\frac{(A_i-\mu_A)(B_i-\mu_B)}{\sigma_A\sigma_B} \tag{10-288}$$

式中,μ_A 表示 A 的均值,σ_A 表示 A 的标准差,μ_B 表示 B 的均值,σ_B 表示 B 的标准差。

(5) 人脸识别实例之一——非线性子空间算法实现人脸识别

人脸识别中特征的维数通常都是非常高的,实际上在这样高维空间中的分布很不紧凑,因而不利于分类,计算上的复杂度也非常大。为了得到人脸图像的较紧凑分布,Kirby 和 Turk 等人首次把主分量分析的子空间思想引入到人脸识别中,并获取了较大的成功。随后子空间分析方法就引起了人们的广泛注意,从而成为了当前人脸识别的主流方法之一。

子空间分析的思想就是根据一定的性能目标来寻找一线性或非线性的空间变换,把原始数据压缩到一个低维子空间,使数据在子空间中的分布更加紧凑,为数据的更好描述提供了手段。从而,也大大降低了计算的复杂度。

目前在人脸识别中较为成功应用的线性子空间方法有:主分量分析(principal component analysis,PCA)、线性判决分析(linear discriminant analysis,LDA)、矢量量化(vector quantization,VQ)、独立分量分析(independent component analysis,ICA)和非负矩阵因子(non-negative matrix factorization,NMF)等方法。基于核技术的非线性子空间分析方法有:核主分量分析(kernel principal component analysis,KPCA)和核 Fisher 判决分析(kernel fisher discriminant analysis,KFDA)等。

1) 主分量分析法(PCA)

主分量分析法的主要思想是选择样本点分布方差大的坐标轴进行投影,降低维数并使信息量损失最少,这样就把问题转化为求样本数据协方差矩阵的特征值问题。

PCA 方法将包含人脸图像区域看作一种随机变量,因此,可以采用 K-L 变换得到正交变换基,对应其中较大的特征值的基底具有与人脸相似的形状。PCA 利用这些基底的线性组合可以描述和逼近人脸,因此可以进行人脸的识别和重建。其主要步骤如下

① 计算特征脸:特征脸是通过计算一系列训练集图像像素点的协方差矩阵的特征向量确定的。假设训练集中有 P 幅人脸图像,每幅图像的像素构成一个 N 维列向量,

$$\boldsymbol{x}^i=[x_1^i,x_2^i,\cdots,x_N^i]^{\mathrm{T}} \tag{10-289}$$

这 P 幅图像的平均值向量为

$$\boldsymbol{m}=\frac{1}{P}\sum_{i=1}^{P}x^i \tag{10-290}$$

每个人脸图像 $\boldsymbol{x}^i$ 与平均值向量 $\boldsymbol{m}$ 的差值向量为

$$\overline{\boldsymbol{x}^i}=\boldsymbol{x}^i-\boldsymbol{m} \tag{10-291}$$

将所有图像的向量结合在一起,形成了一个 $N \times P$ 大小的矩阵

$$\overline{\boldsymbol{X}}=\left\lfloor \overline{\boldsymbol{x}}^1, \overline{\boldsymbol{x}}^2, \cdots, \overline{\boldsymbol{x}}^P \right\rfloor \tag{10-292}$$

将矩阵 $\overline{\boldsymbol{X}}$ 的转置矩阵与 $\overline{\boldsymbol{X}}$ 相乘得到其协方差矩阵

$$\boldsymbol{\Omega}=\overline{\boldsymbol{X}}\,\overline{\boldsymbol{X}}^{\mathrm{T}} \tag{10-293}$$

假设 $P<N$,求解协方差矩阵的非零特征值及其对应的特征向量。将计算出来的特征值由大到小排列,对应的特征向量也按顺序排列。最大特征值对应的特征向量反映了图像间的最大差异,第二个最大特征值对应的特征向量反映了图像间的第二大差异,以此类推,最小的特征值对应的特征向量反映了图像间的最小差异。

通过特征空间映射识别人脸有三个基本步骤。首先,通过对训练集图像进行训练创建特征空间;其次,训练集图像被映射到特征空间;最后,将待测图像映射到特征空间,通过与映射到特征空间的训练集图像进行比较,实现人脸识别。

② 创建特征空间:依照下述步骤创建特征空间。

(a) 计算每幅图像像素矩阵与均值矩阵的差值:即利用式(10-290)计算训练集中图像的均值矩阵,利用式(10-291)计算图像像素矩阵与均值矩阵的差值;

(b) 创建数据矩阵:即用式(10-292)形成 $N \times P$ 的数据矩阵,其中 P 为训练集中图像的个数;

(c) 计算协方差矩阵:用式(10-293)计算数据矩阵的协方差矩阵;

(d) 计算协方差矩阵的特征值和特征向量:协方差矩阵的特征值和特征向量满足下式,

$$\boldsymbol{\lambda V}=\boldsymbol{\Omega V} \tag{10-294}$$

这里,$\boldsymbol{V}$ 为特征值所对应的特征向量的集合。

(e) 对特征向量进行排序:将协方差矩阵的特征值 $\lambda_i \in \lambda$ 按由大到小的顺序进行排序,特征值所对应的特征向量 $\boldsymbol{V}_i \in \boldsymbol{V}$ 也按同样的顺序排列。排序只针对非零特征值所对应的特征向量。这个排序后的特征向量集就是特征空间 $\boldsymbol{V}$,$\boldsymbol{V}$ 中的每一列代表一个列向量。

$$\boldsymbol{V}=[\boldsymbol{v}_1, \boldsymbol{v}_2, \cdots, \boldsymbol{v}_P] \tag{10-295}$$

③ 映射训练集图像:应用下式将训练集图像向量($\overline{\boldsymbol{x}}^i$)映射到特征空间。

$$\widetilde{\boldsymbol{x}}^i=\boldsymbol{V}^{\mathrm{T}}\overline{\boldsymbol{x}}^i \tag{10-296}$$

④ 识别待测图像:每一幅待测图像首先都要通过减去均值向量得到一列向量,然后被投影到由 $\boldsymbol{V}$ 定义的特征空间中。即

$$\overline{\boldsymbol{y}}^i=\boldsymbol{y}^i-\boldsymbol{m} \text{ 式中,} \boldsymbol{m}=\frac{1}{P}\sum_{i=1}^{P}\boldsymbol{x}^i \tag{10-297}$$

且

$$\widetilde{\boldsymbol{y}}^i=\boldsymbol{V}^{\mathrm{T}}\overline{\boldsymbol{y}}^i \tag{10-298}$$

将待测图像的投影与每一个训练集的投影进行比较,与待测图像投影最接近的训练集图像就是我们要识别的训练集中的图像。

2) 核主分量分析法(KPCA)

主成分分析(PCA)算法是从高维数据集合中提取特征的一种有效的方法。它是通过求解特征值或者使用可以估算主成分的迭代算法来实现的。PCA 对数据集合进行正交变换,生成的新的列向量的值称为主成分(principal components),我们可以用主成分来表示原始数据。通常情况下,少量的主成分就足以表示绝大部分的数据结构。这些主成分有时被称为数据的因素(factors)或潜在变量(latent variables)。

20 世纪 90 年代中期,出现了被称为基于核学习的模式分析新方法,使得高效的分析非线性问题成为可能。基于核的学习方法,首先以支持向量机(Support Vector Machine,SVM)的形式出现,用来摆脱计算和统计上的困难,然后很快就产生了基于核的算法,它能够解决分类以外的问题,如特征提取等。

受到 SVM 中核方法的启发，Scholkopf 等提出了 Kernel PCA（KPCA）的方法。由于核方法能够表征输入数据的非线性关系，大量理论研究和实验表明，就图像表征和图像重建而言，KPCA 要优于 PCA。

核（kernel）是一个函数 K，这类核学习算法的基本思想是：对于原空间中线性不可分的数据，首先经过一个非线性映射 Φ，将原空间的数据映射到一个维数可以很大的高维特征空间，即核空间中，$F=\{\Phi(X),X\in\mathbb{R}^n\}$，如图 10-64 所示。只要选择满足 Mercer 条件的核函数 K，就可以在这个特征空间中隐含地进行运算，实现数据在高维空间中的线性分类，或近似线性分类，这样就可以利用一些线性算法来实现相对于原空间为非线性的算法，从而提高算法的性能。利用核函数 K 代替原空间中的内积，就对应于将数据通过一个映射运算映射到某个高维特征空间中，高维特征空间是由核函数定义的。选定了一个核函数，也就对应地定义了一个高维特征空间。特征空间中所有的运算都是通过原空间中的内积核函数来隐含实现的。我们可以利用此思想，在特征空间中实现一般的线性算法，此算法相对于原空间来说却是非线性的，这将会大大地提高算法的效率。其优点是：

① 核方法以统计学习理论为指导，具有坚实的理论基础。

② 利用核方法所训练的学习机器具有非常好的推广能力，因为它遵守了结构风险最小化原则。

③ 核方法的抗干扰能力较强。

④ 核方法具有强大的非线性和高维处理能力，利用核函数在高维空间中处理非线性问题很好地解决了高维空间中维数灾难问题。

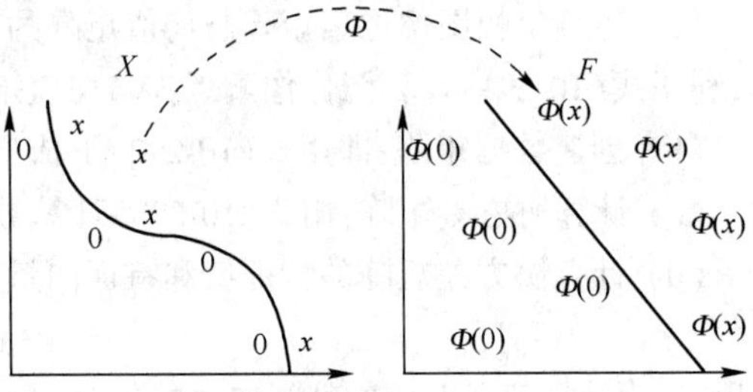

图 10-64　核非线性映射

KPCA 算法的步骤归结如下：

① 选定核函数 $K_{ij}=k(x_i,x_j)$，根据式 $K_{ij}=k(x_i,x_j)=\boldsymbol{\Phi}(x_i)\cdot\boldsymbol{\Phi}(x_j)$ 计算核矩阵 K。核函数的选择主要有以下三种：

a. 多项式核函数：$K(x,y)=((x,y)+1)^q$；

b. 高斯径向基核函数：$K(x,y)=\exp\left(-\dfrac{\|x-y\|^2}{2\sigma}\right)$；

c. Sigmoid 核函数：$K(x,x_i)=\tanh(v(x,y)+c)$，其中 v 和 c 是满足一定条件的参数。

② 求解特征方程 $m\lambda^{\Phi}a=Ka$，并根据

$$u_i^k\cdot u_j^k=\left(\sum_{i=1}^{m}\alpha_i^k\boldsymbol{\Phi}(x_i)\right)\cdot\left(\sum_{j=1}^{m}\alpha_j^k\boldsymbol{\Phi}(x_j)\right)=\sum_{i,j=1}^{m}\alpha_i^k\alpha_j^k k(i,j)=\alpha^k K\alpha^k=\lambda_k^{\Phi}(\alpha^k\cdot\alpha^k)=1$$

将特征向量归一化。

③ 对于测试样本，利用

$$\begin{aligned}
&\boldsymbol{u}^{\mathrm{T}}\cdot\boldsymbol{\Phi}(x)=[u^1,u^2,\cdots,u^l]^{\mathrm{T}}\cdot\boldsymbol{\Phi}(x)\\
&=[u^1\cdot\boldsymbol{\Phi}(x),u^2\cdot\boldsymbol{\Phi}(x),\cdots,u^l\cdot\boldsymbol{\Phi}(x)]^{\mathrm{T}}\\
&=\left[\sum_{i=1}^{m}\alpha_i^1(\boldsymbol{\Phi}(x_i)\cdot\boldsymbol{\Phi}(x)),\sum_{i=1}^{m}\alpha_i^2(\boldsymbol{\Phi}(x_i)\cdot\boldsymbol{\Phi}(x)),\cdots,\sum_{i=1}^{m}\alpha_i^l(\boldsymbol{\Phi}(x_i)\cdot\boldsymbol{\Phi}(x))\right]^{\mathrm{T}}\\
&=\left[\sum_{i=1}^{m}\alpha_i^1 k(x_i,x),\sum_{i=1}^{m}\alpha_i^2 k(x_i,x),\cdots,\sum_{i=1}^{m}\alpha_i^l k(x_i,x)\right]^{\mathrm{T}}\\
&=[y_1,y_2,\cdots,y_l]^{\mathrm{T}}=\boldsymbol{y}
\end{aligned}$$

求得其非线性主分量。$\boldsymbol{y}$ 就是测试样本 $\boldsymbol{x}$ 对应的非线性主分量。

核主分量分析就是在特征空间中进行主分量分析。因此，核主分量分析有着和主分量分析相同的特性，如在特征空间中，各个主分量之间是不相关的，大部分的能量集中在前面的最大几个主分量

上等。与主分量分析不同的是,由于非线性映射的缘故,高维空间中的图像向量在原始的输入空间中可能没有相对应的图像,所以我们不能像主分量分析那样在输入空间中重建图像。另外,在原始输入空间中非线性主分量可能没有明确的含义。图 10-65 是在二维空间中的一些样本上,经过线性PCA,二次多项式核函数以及高斯径向基核函数(RBF)相对应的 KPCA 变换后的主分量及非线性主分量的图示结果。在降维和特征提取方面,KPCA 比 PCA 能够抽取更多的主分量。如果训练样本的数量 m 大于样本的维数 n,对于 PCA 来说,最多能够获得 n 个主分量,而 KPCA 则能够获得 m 个非线性主分量。

从核函数的选择方面来看,KPCA 可以看作 PCA 的一般形式。事实上,当核函数 $K(x,y)=(x,y)$ 时,KPCA 就变为了常规的 PCA 算法。因此,PCA 是 KPCA 的一个特例,这和支持向量机与线性最优超平面的关系类似。

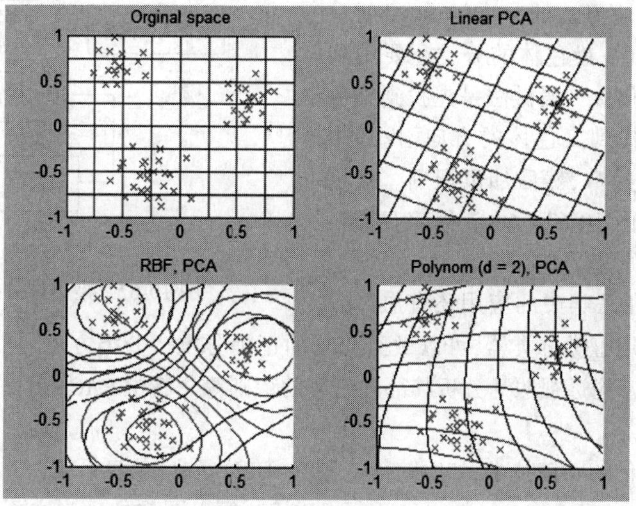

图 10-65　二维空间中三种不同的核函数对应的主分量

与其他的一些非线性算法,如与神经网络相比,KPCA 不涉及非线性优化算法,所需要的工具只是普通的线性代数。从结构上来说,它无需知道网络的结构和具体的维数;从具体的映射方式来看,它没必要知道非线性映射的具体形式,通过核函数它可以在输入空间就能方便地计算非线性问题,克服了一般非线性算法的复杂性问题。另外,通过选择适当的核函数,就能够有效地提取识别所需要的信息。具体的算法实现,可参考有关文献。

主成分分析是最为常用的特征提取方法,被广泛应用到各领域,如图像处理、综合评价、语音识别、故障诊断等。它通过对原始数据的加工处理,简化问题处理的难度并提高数据信息的信噪比,以改善抗干扰能力。

我们要研究的是变量或者特征的主成分,这些特征与输入变量成非线性关系。在这些特征的变量是通过获得输入变量间更高的相关性得到的。在图像分析时,这相当于在输入像素的点积空间中找到主成分。

最近几年,尤其是 SVM 的研究展开后,关于核方法的研究受到重视。最新的理论研究成果表明,通过与核方法的有机融合而形成的基于核的主成分分析方法(KPCA)不仅特别适合处理非线性问题,且能提供更多的信息。由于篇幅关系在这里就不详细叙述了,如感兴趣,可参考有关文献。

人脸识别的试验数据如图 10-66 所示。

该实验采用 KPCA 人脸识别算法,使用美国的 Yale 人脸库进行试验,图像库中共 15 人,每人 11 张照片,人脸数目共计为 165。

利用 PCA 算法及 KPCA 算法进行人脸识别的实验结果的识别率分别为 87.5%和 93.3%。

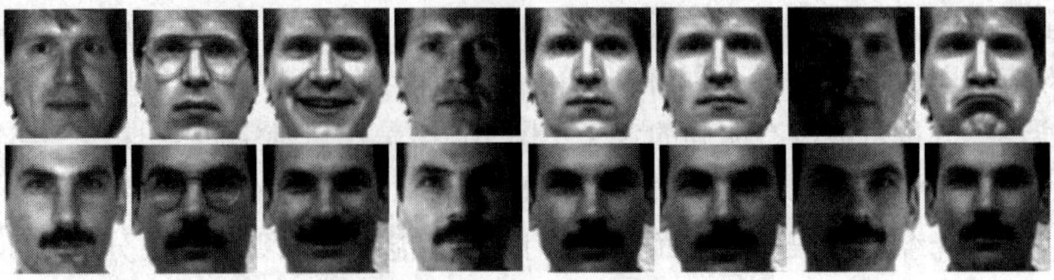

图 10-66 部分人脸图像

10.6.2 模式识别在医学上的应用

模式识别在医学图像方面的应用在逐渐增多。

染色体分类是句法方法的一个例子,目前只用于形状分类,其实真正染色体的分类还要用到染色体本身灰度的变化。一般做法是先找到染色体,然后扫描、分开、找到染色体的方向,找到中心,测量臂长、灰度等参数,然后加以识别。染色体分类系统的框图如图 10-67 所示。目前有资料报导染色体的正确识别率为 93.7%。

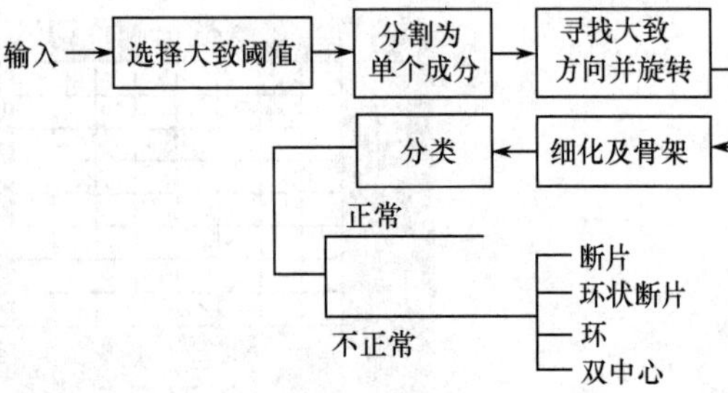

图 10-67 染色体分类系统框图

除染色体分类,在医学中的应用还有血球分类。目前有的医院使用五类分类器,可以做到 95%的正确分类。分类方法与染色体分类大致相同。此外,还有细胞分类,X 光透视照片分析肺部肿瘤辅助识别等。其中 PACS 就是一种重要的医院综合系统。

新一代医院数字化的关键技术,如医院信息系统(HIS)、临床信息系统(CIS)、医学影像归档与传输系统(Picture archiving and communication system PACS)等以图像处理为主要技术的系统在医疗系统已得到广泛应用。其中 PACS 已成为医院医学影像类科室(如放射科、超声科、核医学科等)建设的重点。20 世纪 50 年代,提出了 PACS 概念。1982 年 PACS 的研究仅限于一些研究机构内的小型系统,而主要部件仍处于规划期。1983 年由于美国军方对 PACS 的重视而促进了它的发展。

1992 年美国国内和海外的诸多医学节点上均安装了 PACS 和远程医学放射系统。随着 20 世纪 90 年代,微电子、计算机存储与网络技术的突破性进展,使得 PACS 发展非常迅速。1993 年后有了 PACS 第二代系统的概念,特别是 DICOM 标准 3.0(医学数字影像通信标准 3.0)的发布推动了 PACS 标准化进程,解决 PACS 内部构件接口间信息通信无缝融合与自由对接的难题。宽带网络技术应用克服了 PACS 网络中的瓶颈,特别是存储系统大规模商业化,使 PACS 应用实践进入了实质阶段。1997 年 PACS 进入成熟期。由于 PACS 的先进性、可操作性、经济性(降低医疗成本)等,现已成为国内多数医院数字化医学影像科建设的热点。

PACS 的基本结构主要由成像设备(图像获取计算机)、PACS 控制器、图像显示工作站、网络组成。实施 PACS 的基本条件是医学影像(即成像设备)自身数字化。

DICOM 标准接口的设置使设备能与 PACS 实现无缝融合与自由对接。PACS 的工作流程是,成像设备(获取图像的计算机)得到图像文件后,通过文本信息的描述进入数据库系统,然后进行图像文件归档与控制,最后数据图像在显示工作站自由显示。PACS 控制器是 PACS 系统核心,它由 2 个重要组件构成:工作流服务器是 PACS 的数据控制单元;数据库服务器提供医学图像文件归档、索引与查询服务,同时又能与医院信息系统(HIS)、放射医学信息系统(RIS)、临床信息系统(CIS)进行数据交换。数据库服务器中图像文件归档系统是 PACS 的要害部分,它由在线(On-line)、近线(Near-line)、离线(Off-line)存储构成,医学影像数据量非常大(CT 扫描 10MB、胸片 20MB、DSA 造影 80MB

等),实现 PACS 存储功能(通常占 PACS 投资成本 40%~60%)是成功应用 PACS 的首要条件。小型 PACS 系统服务器的存储量是几十 GB。大中型 PACS 系统则分别有:在线存储(几十至几百 GB,甚至上百个 TB 等,如大型磁盘阵列等)、近线存储(大容量的磁带库,速度慢)、离线存储(存储介质如光盘、磁带,永久保存)。图像显示工作站(高分辨影像诊断工作站,显示器 2K×2. 5K×12bits)是 PACS 系统的窗口,也是医学影像诊断的基础,它为用户提供良好操作界面,实施图像(组织、测量、文档处理等)多种操作。网络是 PACS 系统信息流动的通路,分为低速(以太网 100Mbit/s)、中速(光纤分部式数据传输)、高速(速度>155Mbit/s 异步式传输)。图 10-68 是 PACS 系统的组成,对具有 DICOM 接口的设备,采用标准的 DICOM 接口。而对于没有 DICOM 接口的设备,采用视频采集技术,并且提供 DICOM 网关,将非 DICOM 格式的图像转换成 DICOM 格式。同时将病人的基本信息资料与图像资料自动结合,存入 PACS 数据库,便于后期的查询和处理。图 10-69 为图像采集与存储模块;图 10-70 为图像归档与管理模块;图 10-71 是影像显示模块;图 10-72 为图像处理模块;图 10-73 为报告模块。

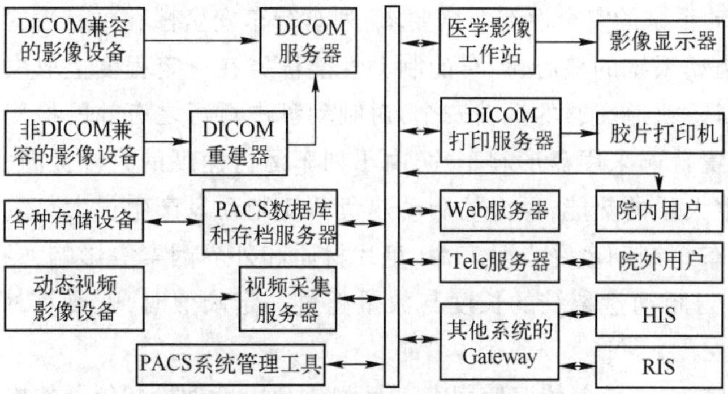

图 10-68 PACS 系统的组成

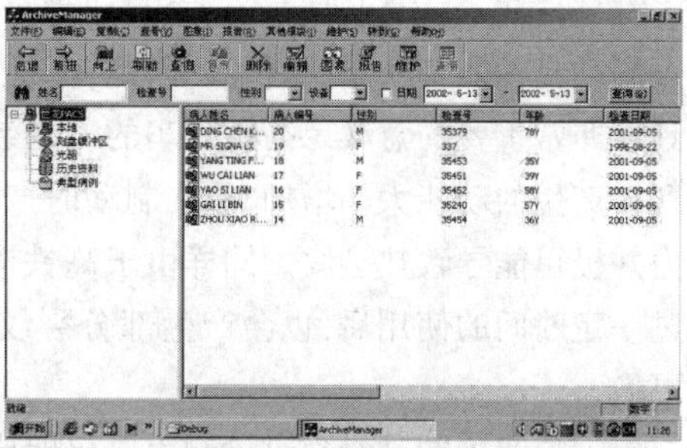

图 10-69 图像采集与存储模块

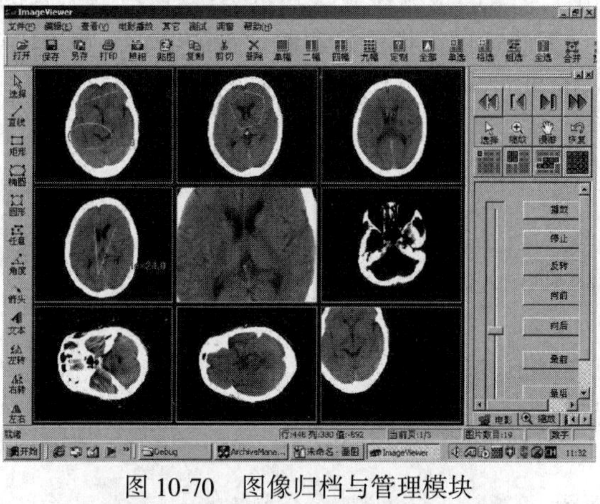

图 10-70 图像归档与管理模块

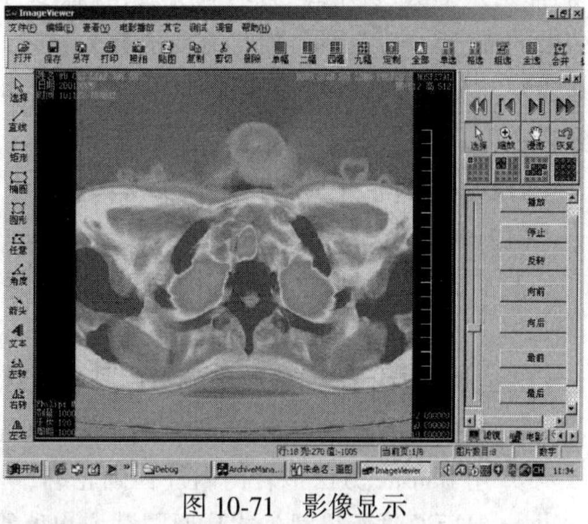

图 10-71 影像显示

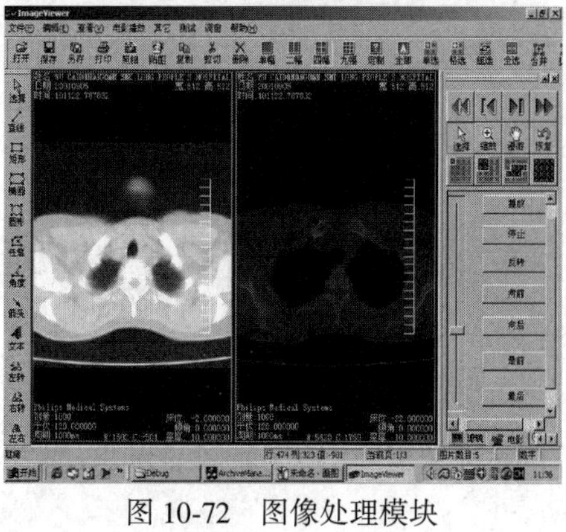

图 10-72 图像处理模块

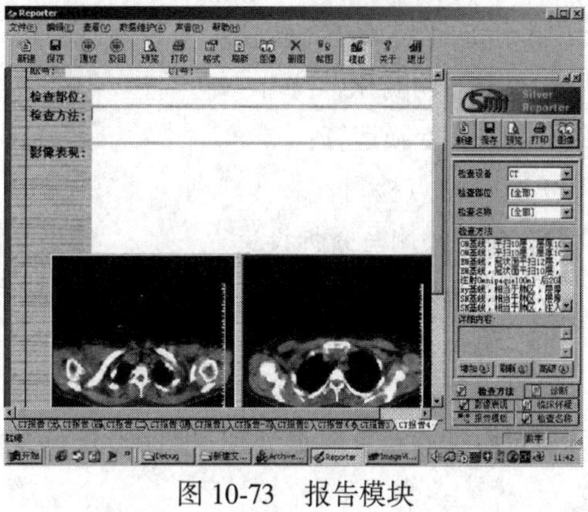

图 10-73 报告模块

10.6.3 模式识别在自动检测中的应用

模式识别的一个较为广泛的应用领域是自动检测，它包括自动视觉检查及工业零件的自动识别等。在生产过程中，为了排除次品和查出与故障有关的零件隐患等，要在生产过程中用目测方法对产品进行外观检查，但目测法有因人而异和漏检的问题。为此，有必要研制能在一定的标准条件下定量的一个不漏地进行检查的装置，这就是利用模式识别技术的自动外观检查装置。

1. 高铁动车组制动盘摩擦面裂纹智能检测设备

随着城市化的发展和人口密度的增加，高速铁路作为城际间重要的交通工具已成为一种新的低碳环保的出行方式，它的建设与运营受到越来越多的关注，并取得了令人瞩目的快速发展。列车的各项性能指标也相应提高。相对于常规的铁路长途运输，高速铁路交通运输具有列车利用率高、列车行车间隔短、频繁制动等特点，对列车制动系统的安全性有严格要求，列车行车安全性和可靠性的关键部件之一就是制动系统，而制动盘是制动系统的核心，列车的制动性能优劣在一定程度上取决于制动盘性能和状态的好坏。因此，保证高铁轨道交通的运营安全，对制动盘进行行之有效的检测具有非常重要的意义。高铁列车的制动装置普遍采用盘形刹车片，由于列车运行速度的大幅提高，列车产生的动能大幅增加，故在制动时产生大量的热能，巨大的制动热负荷使制动盘产生很大热应力并极可能导致热裂纹。同样由于高铁动车组制动盘受自身寿命、盘片材质和外界因素等影响，经过一定时间的使用后，也会产生部分裂纹，当制动盘裂纹的长度与数量超过一定阈值时，就要及时更换。

目前我国制动盘裂纹检测手段仍然比较落后，大多依旧使用人工目测或利用手动检测仪器的检测方式，效率低、费用高、劳动强度大、隐患多，同时由于受人的检测经验及技术熟练程度制约，检测结果的准确性难以保证，而且需要消耗大量时间，已经无法适应大批量检测制动盘的需求。快速、准确的制动盘裂纹智能检测装置是当前安全检测的急需，研究一套高铁制动盘裂纹智能检测系统是十分有必要的。

裂纹检测算法主要包括三大子模块：

(1) 刹车盘内外径检测模块

① 包括彩色转灰度图像，中值滤波去除部分噪声点；

② 二值化设置阈值；

③ sobel 边缘检测，检测出轮盘内外径边缘轮廓，并进一步去除部分干扰；

④ 根据边缘点纵向梯度值收集内外半圆轮廓点；

⑤ 用 Ransac 方法拟合出内外径圆轮廓；

⑥ 然后通过所得圆公式从原图截取出所需盘面图。

(2) Halcon 图像预处理模块

① 直方图均衡化；

② gamma 变换运算；

③ DOG 角点检测。

(3) 裂纹检测与分析模块

① 针对灰度图像，对每个像素点进行非线性映射；

② 二值化，膨胀操作；

③ 对区域进行 hough 变换检测直线；

④ 对裂纹进行进一步处理，根据设计好的规则判断合并近邻裂纹，并在原图显示出检测到的裂纹。

系统框图如图 10-74 所示。

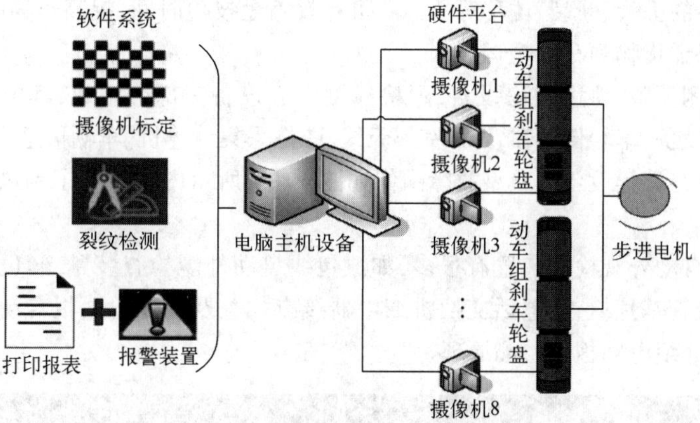

图 10-74　高铁制动盘裂纹检测系统框图

其中机械装置负责对 CMOS 工业摄像机和列车轮对的固定,同时控制被测轮对同步旋转。CMOS 摄像机和采集卡主要负责制动盘裂纹图像的采集,电脑主机负责制动盘裂纹图像的存储、裂纹检测处理识别以及显示。

图像采集系统在整个系统中有着至关重要的作用。它将现实的制动盘裂纹图像通过输入设备采集下来,将图像的模拟信号转化为数字信号,最后输入到电脑主机中。采集图像的优劣将直接影响后续图像处理的难度和速度,因此,该装备模块将根据具体检测要求加以选型和设计。

图像检测系统为整个系统的核心,主要实现对裂纹图像的预处理、定量标定、裂纹检测、裂纹统计等功能。其处理流程如图 10-75 所示。当下达图像采集命令后,步进电机控制制动轮盘匀速旋转。转动指定角度后,摄像头采集制动轮盘的局部照片并保存。经过多轮旋转,得到刹车盘各部位的待处理图片。图 10-76 为系统测量界面之一。

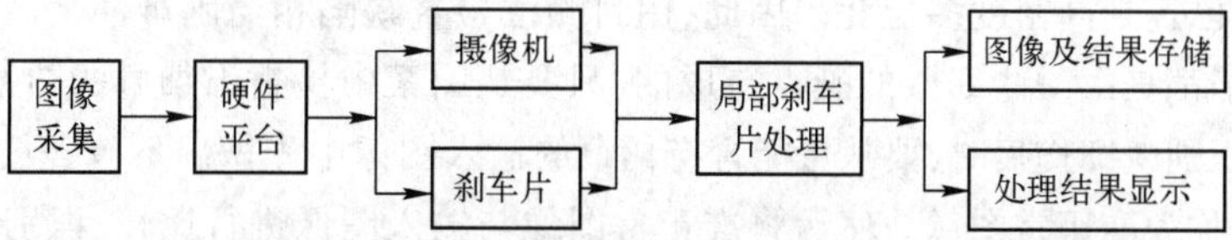

图 10-75　处理流程

图 10-76　测量界面

2. TFDS 货车运行故障动态图象检测系统

该系统通过布置于钢轨之间的高速相机阵列,拍摄通过列车整车车底、侧下部图像,经数字化处理后显示于监视器上，室内检车员对采集的图像通过人机结合的方式，对车辆不同工位的关键部件进行分析，发现部件的丢失、断裂、位移等故障。可有效缩短技检时间，提高车辆的检修质量，减轻检车员的劳动强度，保证货物列车安全运行。

系统由轨边探测设备、轨边机房设备、列检检测中心设备三部分组成，其中包括高速数字摄像机、补偿光源、防护设备、车轮传感器、AEI 室外天线、图像采集计算机、车辆信息采集计算机、TFDS 系统服务器、信息浏览终端等设备。典型故障图像如图 10-77 所示图中显示了副风缸排水堵和闸调节器连杆丢失的图像。

目前已实用的自动外观检查装置有很多，如漆包线自动外观检查装置，彩色显像管阴罩的自动外观检查装置，二极管基片检查，电话交换机继电器接点检查及印制电路板自动外观检查等都已付诸实用。下面简要介绍电路板的检测原理。

图 10-77　副风缸排水堵及闸调器连接杆丢失图像

3. 印制电路板自动外观检查装置

在电子技术高度发展的今天，几乎所有的电气装置中都要用到印制电路板，特别是电子计算机中的印制电路板，已达到高密度多层化。因此，用目测法检查缺陷相当困难甚至已不可能。大部分印制电路板的缺陷都是由一些细微的疵点造成的，只要从图案中检查出细微的图案差错，就能防止大部分缺陷。在识别微细伤痕时，要从可能含有伤痕的输入图像中先做出不包含任何伤痕的图像作为模板，这种模板称为准正常图像。然后将准正常图像与输入图像进行比较，识别出与准正常图像有差别的部分，判定其为疵点或伤痕。

准正常图像的制作方法如图 10-78 所示。图(a)是输入图像，其中有微小的斑疵。为消除图像中的疵点，首先把图像放大，如图(b)、(c)把黑色部分放大，紧接着再把黑色部分等量缩小，则图中的白色疵点去掉了。然后均匀放大白色部分，再等量缩小，如图(d)、(e)所示，此时黑色疵斑也去掉了。最后得到图(e)所示的准正常图像。

印制电路板外观检查装置的方框图如图 10-79 所示。这种装置用摄像机来检查，首先把图像转换成 240×320 个像素点阵，然后作二值处理，提取细微部分，从而判定伤痕。这种方法处理一张图像约需$\frac{1}{60}$s。

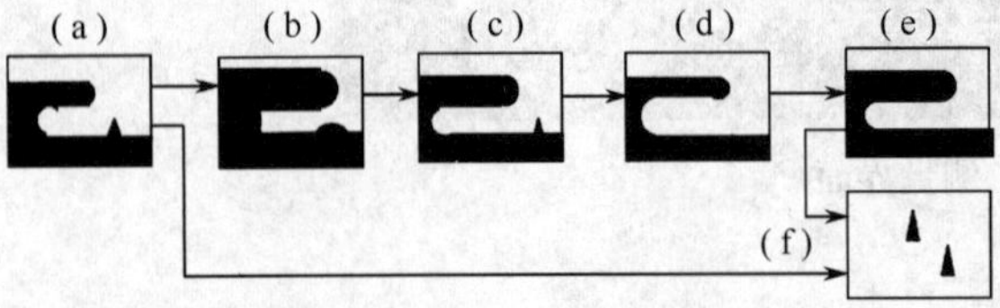

图 10-78　印制电路板缺陷检查原理

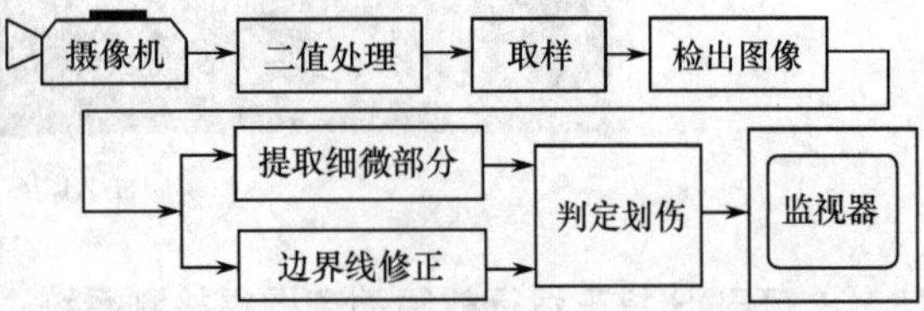

图 10-79　印制电路板自动外观检查装置框图

思考题

1. 试说明统计模式识别的原理。
2. 常用的决策规则有哪些?
3. Fisher 线性判别要解决的基本问题是什么?
4. 最近邻域分类法的基本思路是什么?
5. 线性判别函数在两类分类器中如何应用?
6. 在什么情况下可用贝叶斯分类法?
7. 在特征抽取中的断线如何处理?
8. 考虑两类决策问题,如果 $X>Q$,判决为 W_1,否则,判决为 W_2,指出错误概率是

$$P = P(W_1)\int_{-\infty}^{Q} P(X/W_1)\,\mathrm{d}X + P(W_2)\int_{Q}^{\infty} P(X/W_2)\,\mathrm{d}X$$

对上式求导,指出 P 极小的条件是 Q 满足 $P(Q/W_1)P(W_1)=P(Q/W_2)P(W_2)$。

9. 如何用最小风险求类别?
10. 试设计一个三类贝叶斯分类器,画出其框图,并说明其操作。
11. 什么是欠拟合?什么是过度拟合?它们对分类有什么影响?
12. 机器学习问题的基本模型是什么?其形式化的表示又是什么?
13. VC 维定义的目的是什么?
14. 结构风险最小化的思想是什么?
15. 试述支持向量机的基本原理及可解决模式分类中的什么问题而提出的。
16. d 维空间中线性判别函数的一般形式为 $g(\boldsymbol{x})=\boldsymbol{w}\cdot\boldsymbol{x}+b$,分类面方程为:$\boldsymbol{w}\cdot\boldsymbol{x}+b=0$,如果将判别函数归一化,使两类所有样本都满足 $g(\boldsymbol{x})\geqslant 1$,这样离分离面最近的样本是什么?这样分类间隔等于多少?
17. 如果问题定义的空间不是线性可分的,如何解决这些样本的分类问题。试述其基本思路。
18. 列出常用的几种核函数。
19. 试述感知机的基本原理。
20. 写出感知机学习的目标函数,解释其基本物理意义。
21. 感知机的损失函数是针对什么提出的?如果分类越正确,损失函数呈现什么趋势?
22. 什么是梯度下降法?给出梯度下降法的几个操作步骤。
23. 感知机学习算法有哪几种形式?其差别是什么?
24. 给出感知机梯度下降法的原始形式算法的步骤。
25. 设一个事件的正分类点为 $\boldsymbol{x}_1=[5,5]^{\mathrm{T}}$,$\boldsymbol{x}_2=[5,4]^{\mathrm{T}}$,负分类点为 $\boldsymbol{x}_3=[2,2]^{\mathrm{T}}$,用梯度下降法原始形式求其分类面。
26. 给出感知机梯度下降法的对偶形式算法的步骤。
27. 设一个事件的正分类点为 $\boldsymbol{x}_1=[5,5]^{\mathrm{T}}$,$\boldsymbol{x}_2=[5,4]^{\mathrm{T}}$,负分类点为 $\boldsymbol{x}_3=[2,2]^{\mathrm{T}}$,用梯度下降法的对偶形式求其分类面。
28. Gram 矩阵是如何计算的?
29. 感知机梯度下降法的对偶形式算法有什么优点?
30. 感知机与神经元的激活函数有什么区别?
31. 给出几个常用的激活函数。
32. 给出多层神经网络的概念框图。
33. 给出全连通前馈多层神经网络进行矩阵计算的步骤。
34. 一个神经网络由什么来定义?反向传播训练包括哪几个基本步骤?
35. 给定一组训练模式和一个多层前馈神经网络结构,训练的方法和目的是什么?
36. 反向传播训练深层神经网络的优势是什么?
37. 使用矩阵公式的反向传播训练前馈全连接多层神经网络由哪几个主要步骤组成?

38. 在神经网络训练期间，为规定的训练代重复问题 34 中的步骤，直到预定义的误差测度足够小为止。我们关心的误差有哪几种？如何计算？

39. 给出 CNN 的基本结构，其中特征映射和池化映射各起什么作用？

40. CNN 中的邻域处理是空间卷积，离散卷积的数学表述是什么？

41. CNN 中的空间卷积步幅如何决定？有什么特点？

42. 有哪几种池化方法？各有什么优点？如何计算？

43. 池化有什么功能？简述之。

44. 最大池化的主要缺点是什么？

45. CNN 中的神经元是如何计算的？

46. CNN 结构中执行反向传播的步骤是什么？

47. CNN 实现中应注意的细节是什么？

48. 句法结构模式识别的基本思想是什么？

49. 树状结构中语言分析的四个基本要素是什么？举例说明。

50. 文法类型有多少？如何判断文法的类型？这些类型的文法是什么关系？

51. 有限状态自动机能接受什么样的文法定义的语言？

52. 推下自动机可接受什么样的语言？这种自动机与有限状态自动机不同之处在哪里？

53. 图灵机可接受什么类型的语言？

54. 线性约束自动机可接受什么类型的语言？

55. 结构分析的任务是什么？

56. 请给出句法结构方法的模式识别系统框图。

57. 在句法结构法中为解决噪声干扰问题曾有哪些考虑？

58. 试解释一下随机文法的含义？

59. 文法推断实质上是解决什么问题的？有哪几种基本文法推断方法？

60. 请给出文法推断系统框图。

61. 试解释隶属函数的定义。

62. 试解释模糊集的相等、子集、空集、并集、全集、交集、补集的基本概念。

63. 模糊集合运算的基本性质有哪些？

64. 以三角形为例，给出模糊分类方法。

65. 模糊聚类分析中定义了哪几种主要的距离？表达式是什么？

参 考 文 献

1 本肇编著．画像の情报处理．コロナ社,1978

2 藤尾．画像量との视觉系．信学誌,59卷,第11号,1976

3 R. C. 冈萨雷斯,伍茨著．阮秋琦译．数字图像处理(第四版)．北京:电子工业出版社,2020

4 胡征,樊昌信编著．沃尔什变换及其在通信中的应用．北京:人民邮电出版社,1980

5 付京孙著．戴汝为,胡启恒译．模式识别及其应用．北京:科学出版社,1983

6 张丽英．视频信号的自适应增量编码装置．北方交通大学,硕士论文,1982

7 阮秋琦．全电视信号实时Walsh-Hadamard变换编码研究．全国图像处理学术会议,1983

8 Qiuqi Ruan. The realization and application of a fast searching algorithm of the correlation matching. IEEE ICCT' 92,1992

9 Qiuqi Ruan,yuan bao zong. Super Intelligent visual auditory information processing system. IEEE SMC',U. S. A,Chicago,1992

10 Qiuqi Ruan. Landslide hazard remote sensing information system. 12Th Asian conf. on remote sensing,1991

11 阮秋琦．模式识别与分类的发展动向．北方交大学报,Vol 17,第2期,1993

12 阮秋琦．计算机听视觉信息处理的现状及发展．电信科学,1993

13 阮秋琦．智能视听信息处理系统研究．PC WORLD特刊,1995. 5

14 Qiuqi Ruan. Research of the image coding based on the Wavelet transformation. IEEE,SIP'95,Amarican. Las vigas 1995

15 阮秋琦．信息高速公路与智能信息处理技术．电子科技导报,Vol9,1995

16 Qiuqi Ruan. Wavelet transformation image coding based on the human visual specificity. Icsp'96,Beijing,1996

17 边肇祺,张学工．模式识别．北京:清华大学出版社,2000

18 仵冀颖,阮秋琦．曲率驱动的基于亥姆霍兹涡量方程的图像修复模型．计算机研究与发展,vol. 44,no. 5,2007,pp. 860-866

19 付树军,阮秋琦,王文洽．基于各向异性扩散方程的局部非纹理图像修整与去噪．信号处理,vol. 23,no. 4,2007,pp. 548-551

20 Jiying Wu,Qiuqi Ruan,Gaoyun An. Bi-directional diffusion image inpainting and denoising model,Journal of Electronics(China),vol. 25,no. 5,pp. 622-628,2008. (ISSN: 0217-9822)

21 Tian Y,Ruan Q,An G,et al. Action Recognition Using Local Consistent Group Sparse Coding with Spatio-Temporal Structure[C]//Proceedings of the 2016 ACM on Multimedia Conference. ACM,2016: 317-321.

22 Liu Shuai,Ruan Qiuqi,Jin Yi. Orthogonal Tensor Rank One Differential Graph Preserving Projections with its application to Facial Expression Recognition,Neurocomputing,vol. 82,pp. 238-249,2012. 04.

23 仵冀颖,阮秋琦．曲率驱动的基于亥姆霍兹涡量方程的图像修复模型．计算机研究与发展,vol. 44,no. 5,pp. 860-866,2007

24 Gaoyun An,Jiying Wu,Qiuqi Ruan. Independent gabor analysis of multiscale Total Variation-based quotient image,Signal Processing Letters IEEE,vol. 15,pp. 186-189,2008

注:更详细的参考文献可通过电子工业出版社的华信网下载:www. hxedu. com. cn。